国家出版基金项目
NATIONAL PUBLICATION FOUNDATION

“十四五”时期国家重点出版物出版专项规划项目

# 中国东北栽培大豆种质资源群体的生态遗传与育种贡献

## Eco-genetic bases and breeding impacts of the cultivated soybean germplasm in Northeast China

盖钧镒 任海祥 杜维广 傅蒙蒙 赵晋铭◉著



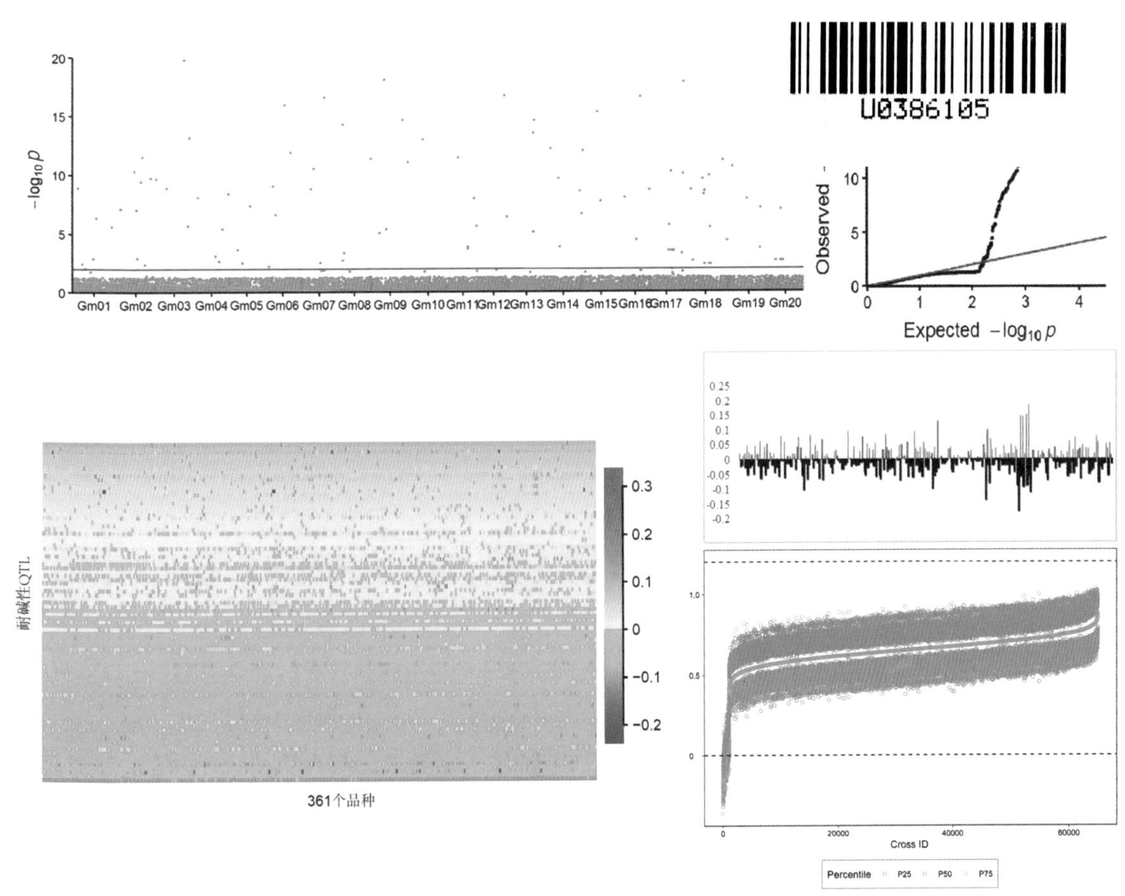


黑龙江科学技术出版社
HEILONGJIANG SCIENCE AND TECHNOLOGY PRESS

**图书在版编目（CIP）数据**

中国东北栽培大豆种质资源群体的生态遗传与育种贡献／盖钧镒等著. —哈尔滨：黑龙江科学技术出版社，2022.12

ISBN 978-7-5719-1121-8

Ⅰ.①中… Ⅱ.①盖… Ⅲ.①大豆-栽培-种质资源-研究-中国 Ⅳ.①S565.102.4

中国版本图书馆 CIP 数据核字（2021）第 198793 号

**中国东北栽培大豆种质资源群体的生态遗传与育种贡献**

Eco-genetic bases and breeding impacts of the cultivated soybean germplasm in Northeast China

盖钧镒　任海祥　杜维广　傅蒙蒙　赵晋铭　著

---

**项目总监**　薛方闻　侯　擘
**项目策划**　朱佳新　梁祥崇
**责任编辑**　侯　擘　回　博　刘　杨　宋秋颖　梁祥崇
**封面设计**　欣鲲鹏
**出　　版**　黑龙江科学技术出版社
地址：哈尔滨市南岗区公安街 70-2 号　邮编：150007
电话：（0451）53642106　传真：（0451）53642143
网址：www.lkcbs.cn
**发　　行**　全国新华书店
**印　　刷**　哈尔滨市石桥印务有限公司
**开　　本**　889 mm×1194 mm　1/16
**印　　张**　46.25
**字　　数**　1 700 千字　电子资料字数：10 080 千字
**版　　次**　2022 年 12 月第 1 版
**印　　次**　2022 年 12 月第 1 次印刷
**书　　号**　ISBN 978-7-5719-1121-8
**定　　价**　780.00 元

---

## 《中国东北栽培大豆种质资源群体的生态遗传与育种贡献》著作组

**主　著**　盖钧镒　任海祥　杜维广　傅蒙蒙　赵晋铭

**参　著**（以姓氏笔画排序）

王　磊　王树宇　王继亮　王燕平　田中艳　白艳凤　齐玉鑫　孙国宏　孙晓环　孙滨成　苏江顺　李　文　宋豫红　宗春美　董全中　董清山　程延喜

## 东北大豆资源研究合作组参加单位与人员

南京农业大学：盖钧镒　赵晋铭　赵团结　傅蒙蒙　王吴彬　王　磊　陈造业

黑龙江省农业科学院牡丹江分院：杜维广　任海祥　王燕平　董清山　宗春美　齐玉鑫　孙晓环　白艳凤　孙国宏　李　文　刘长远

黑龙江省农业科学院克山分院：杨兴勇　董全中　张　勇

黑龙江省农垦科学院作物开发研究所：王德亮　王继亮

黑龙江省垦丰种业北安农垦科研所：宋豫红　包荣军

黑龙江省农业科学院大庆分院：田中艳　杨　柳

内蒙古呼伦贝尔市农业科学研究所：孙滨成　郭荣起

辽宁省铁岭市农业科学院：付连舜　王树宇　董友魁

吉林省长春市农业科学院：程延喜　郑朝春

吉林省白城市农业科学院：顾广霞　苏江顺

# 前　言



大豆是中国的原产作物。古代关内长江、黄河流域的农民将一年生野生大豆进行长期种植，驯化为栽培大豆。中国最早的诗歌总集《诗经》就记载："蓺之荏菽，荏菽旆旆。""荏菽"就是现称的大豆。随着中原文化向关外扩展，大豆向北传到了辽河流域农业地区。秦汉时期，大豆就已经向东传到了朝鲜半岛和日本列岛。明代，随着郑和下西洋的文化交流，大豆也向南传到了东南亚地区。18 世纪，大豆又向西传到欧洲，然后又到了美洲。美国农民发现了大豆的经济价值，又大规模到中国和东亚来引种。美国农业部大力支持大豆研究，推动了大豆生产的快速发展。到 20 世纪中叶，美国的大豆生产超过了一直领先的中国。然后南美大量引进北美的品种和技术，快速扩展大豆产区。目前，南美和北美已经是世界上最具优势的大豆种植地区。中国的耕地面积只有 18 亿亩，要以世界 7% 左右的耕地养活世界近 20% 的人口，很难兼顾到大豆产业的足量发展。

目前，全世界大豆的产量约为 3.5 亿 t，美洲占了 90% 左右。近年来，中国政府在确保谷物（口粮）生产的基础上，大力发展营养食物的生产。大豆除作为主要的植物蛋白来源外，还作为饲料应用于动物肉品生产。中国大约有 1.5 亿亩的大豆播种面积，常年可生产 1 500 万 ~2 000万 t 大豆，基本上满足了食品加工的需求，但满足不了饲料大豆的需求，需要进口 9 000 万 ~1 亿 t 大豆，油脂供食用，蛋白质供饲用。本来以为国际市场相互调剂，大豆来源有所依靠，但近年来国际形势提醒我们，没有一定程度的自给，会受到限制。处在霸权条件下的国际市场不一定可靠，我们必须有两手准备。鉴于此，国家及时提出了"大豆振兴计划"作为应对策略，最近更提出了要"打好种业翻身仗"，要求在有限的耕地面积上持续提高大豆产量和品质，持续提高大豆的自给能力。其出路在于持续不断地提高大豆生产的科技水平。

中国的大豆生产，历史上以关内为主。清代关外东北地区随着农耕逐步代替游牧，扩大了大豆生产规模。1949 年前后，黄淮地区大豆生产约占全国的45%，东北约占 35%，南方约占 20%。20 世纪 60 年代以后，关内大量发展旱改水和玉米等高产作物，大豆生产重点移向东北。近 30 年来，东北大豆产量占全国大豆生产的 50% ~55%，黄淮地区占 30% ~35%，南方占 10% ~15%，东北成为全国大豆生产的重点地区。近年来东北大力发展水稻生产，大豆种植区域向北部高寒地区集中，面积有所下降。国家为保障大豆的供给，出台了系列政策力挺相对稳定的大豆种植面积。我们最近关于全球大豆遗传资源的研究结果表明，中国东北大豆资源群体与关内大豆资源群体的遗传关系比与美洲大豆资源群体的遗传关系还要远些。一方面，说明东北大豆资源群体从关内引到东北后衍生出了东北大豆资源次级群体。追溯其历史，该次级群体的形成与 20 世纪三四十年代日本占领东北期间所进行的大豆研究和近半个世纪大豆种植中心转移到东北有关。另一方面，还说明美国从中国东北引进的大豆资源在美洲大豆的发展中起到了决定性的作用。美国的研究表明，其大豆亲本系谱中最主要的亲本不超过 20 个，其中大部分来自中国东北。因而追根溯源，目前全世界 90% 左右的大豆种质都与中国东北的大豆种质群体密切相关。中国东北大豆种质在全世界大豆生产中占有极为重要的地位，作为来源地的东北为全世界做出如此重大的贡献，这是十分值得骄傲的。

美国从中国东北引进的大豆种质资源，当时的产量也不过 50 ~ 100 kg/亩，但在百年的时间里，科学技术的改进使大豆被引到美国后变为经济作物而得到快速发展，现在美洲大豆平均产量在 200 kg/亩左右。这与美国农业部的决策有关，农业部在 20 世纪中期就在主产区建立了大豆研究室，在各个大豆生产州安置了大豆研究岗位。第一步先改良了大豆的机械化栽培特性（抗裂荚性和抗倒性），实现了大豆栽培机械化。第二步提高了大豆耐肥性，使之适应高肥条件下的轮作制度。第三步改进了大豆的抗病、虫性，使之适于轻简化、规模化、机械化栽培，目前已进入了传统育种与分子育种结合的现代化育种阶段。

中国东北大豆种质资源在全世界的重大贡献，美国/美洲成功利用中国东北大豆种质资源的案例，使我们考虑应该重点研究这批大豆种质资源，应该研究全世界的大豆种质资源，为我国大豆产业发展所用。我们先从东北大豆资源开始，联络了 9 个东北大豆研究单位开展合作研究。首先，要搜集东北地区大豆种质资源。尽管东北的大豆资源很丰富、很重要，但是经过战争和耕作制度的变迁，许多资源已经被湮灭。经各育种单位挖掘，最终获得了 361 份材料，这是本项研究的基石。其次，对于资源的研究，以往主要方法是编目、形态描述、相片图集以及系谱分析等，现代则关注到了资源的生态特征和遗传特征，特别是分子遗传特征和群体基因组特征。因此邀请代表东北不同生态区的 9 个单位共同对同一组材料进行多环境的联合试验，在形态鉴定和农艺经济性状观察的基础上进行简化基因组测序、重要性状 QTL/基因定位、优化组合设计等，结合所获得的研究结果还回顾了这批资源已经做出的育种贡献，试图为利用好这批资源提供现代育种所必需的东北资源群体的生态遗传信息。

经各单位先后约 10 年的努力，这项合作研究已告一段落。为把所得的结果与大豆科技界共享，经黑龙江科学技术出版社的推动，拟由该出版社作为研究专著出版，书名定为《中国东北栽培大豆种质资源群体的生态遗传与育种贡献》。所含内容为，在“引论”介绍大豆种质资源基本知识的基础上，还有“东北栽培大豆资源群体的形成、扩展与遗传基因组分化”“东北大豆熟期组的划分及主要农艺性状的生态变异”“东北大豆种质资源群体生育期性状 QTL－等位变异的构成与生态分化”“东北大豆种质资源群体籽粒性状 QTL－等位变异的构成与生态分化”“东北大豆种质资源群体株型和产量相关性状 QTL－等位变异的构成与生态分化”“东北大豆资源群体耐盐碱性 QTL－等位变异的构成与生态分化”“东北大豆资源群体综合性状优化组合设计与育种策略”“东北栽培大豆资源群体的育种贡献”和“东北大豆种质资源特征特性与系谱”共 9 章。这 9 章以纸质形式出版，便于随时翻阅。本书还包含了供试 361 份资源的表型、分子标记、QTL 定位结果，以及精细图谱与系谱的电子数据，并以电子版形式出版，便于容纳值得查考的系统数据。

本书是一项规模化协作研究结果的专著，既包含大豆种质资源群体的基础性工作，又包含育种所需性状的表型和基因型（QTL－等位变异）信息。读者利用它们可以全面了解各资源材料的详细表型和遗传构成，可以利用所提供的数据在东北各地区进行表型和基因型设计育种。

本书的出版是各参研单位研究人员通力合作的结果。作为试验研究的专著，所获结果（包括图表）都是从观察记载的大量数据整理出来的，9 个参研单位的研究人员都做了结果整理和分析工作，都是不同程度上的作者，因而本书作者由一个大型著作组组成。按各参著人员的分工，著作组包含5位主著和17位参著；除所列作者外，还有15位参研人员为本研究做了贡献（详见著作组名单）。特别要强调的是，本书的出版是黑龙江科学技术出版社梁祥崇主任大力推动的结果，梁主任为本书从内容组织到版面设计再到经费筹措都做了大量的工作。在此一并致以深切的谢意！

2021. 7. 12

# 目　录

**电子附件二**



注：电子附件（U盘）见封三

# 引　论

栽培大豆籽粒中包含约40%的蛋白质、20%的油脂及异黄酮等多种功能性营养物质，其中大豆蛋白质含有人体必需的氨基酸，大豆油脂含有人体必需的脂肪酸。所以栽培大豆营养价值高，是世界上最重要的农作物之一，提供了世界上2/3家畜和水产饲料中的蛋白质和约1/4人类的食用油[1, 2]。目前，大豆成为世界范围内种植区域扩展最为迅速的农作物之一，种植区域扩展到35°S～53°N之间，种植面积约占世界可耕地的6%[1, 3, 4]。

随着我国人民生活水平的提高和饮食结构的调整，近年来大豆需求量持续攀升、进口量持续增长，2020年大豆的进口量首次超过1亿t，成为对外依存度极高的大宗农产品。东北地区是我国大豆主产区之一，该地区种质资源曾对世界大豆生产特别是目前世界的大豆主要产区——美洲产生重要影响。在“大豆振兴计划”及种源“卡脖子”技术攻关的任务背景下，开展东北大豆代表性种质资源的生态遗传与育种贡献研究，具有特别重要的意义。

## 一、栽培大豆的起源及传播

### （一）栽培大豆的起源

栽培作物是由野生种经长期的驯化、选择形成的，为研究作物的起源和驯化，农耕史、群体遗传和进化提供了重要的视角，同时也为提高现代作物产量和品质提供了重要参考，受到分子生物学家、群体遗传学家、考古学家等广泛的关注[5, 6]。栽培大豆一般认为是在6 000～9 000年前在我国由野生大豆驯化而来的。随着我国考古技术的进步，越来越多春秋时期以前的大豆遗存实物出土，展现了大豆在我国从野生到栽培的进化过程，栽培大豆在商周以后已广为应用[7]。同时，大量古文献中的记载也展现了大豆在我国的悠久历史。大豆最初称为“菽”，大约在秦汉后称为“大豆”。目前，有关大豆的最早文献记载来自《诗经》。《诗经·国风·豳风·七月》：“六月食郁及薁，七月亨葵及菽。”《诗经·小雅·小宛》：“中原有菽，庶民采之。”《诗经·小雅·采菽》：“采菽采菽，筐之莒之。”《吕氏春秋·士容论·审时》：“大菽则圆，小菽则抟以芳。”而在西汉的文献《氾胜之书》中记载：“大豆保岁易为，宜古之所以备凶年也。”除文献资料之外，殷墟甲骨文中也发现了有关大豆的记载[8]。

虽然栽培大豆起源于我国，但具体起源地点存在一些争议，有黄河中下游起源说、南方起源说、东北起源说等多种假说。此外，东亚地区多个地点也发现了大豆遗存物，一些学者认为大豆可能在东亚多地同时驯化[9, 10]，而更多的研究结果倾向于大豆属于单起源中心的假设[11, 12]。

在我国，北方地区不仅有考古发掘的最早大豆实物、最早的文字记载，同时也是我国野生大豆资源最丰富的地区，一些学者提出我国北方地区最有可能是大豆起源中心[13]。日本学者福田[14]认为中国东北地区广泛分布半野生大豆，同时当地品种具有原始性，因此中国东北地区可能是栽培大豆的起源中心。李福山[15]根据考古资源、文字记载及野生豆特征，认为栽培大豆起源于河北东部至东北（东）南部。然而，福田认为半野生大豆主要分布在东北地区可能受到了研究材料的影响，我国的黄河中下游及长江流域也存在着大量分化程度较低的大豆类型[16]。根据考古证据，20 世纪 90 年代以前，我国出土的大豆遗存主要分布在东北地区，而随着新的考古方法的使用，已在东北、华北、华中、西北等广大地区发掘出大豆遗迹[17]。从文献角度，《管子·戒》记载“（齐桓公）北伐山戎，出冬葱与戎菽，布之天下”，是广泛采用的证明大豆起源于东北地区的史料，但这与《诗经》的记载冲突。有学者根据考古及文献资料认为在山戎的戎菽之前，华北地区已经存在了菽，即所谓的“荏菽”[18]。因此，历史上以游牧为主的东北地区作为大豆起源中心仍需更可靠的证据。

Hymowitz[19]根据考古文献、作物形态、生理和生态的地理变化和分布，认为栽培大豆起源于黄河地区。许多学者采用分子标记及考古资料等证据均支持该假说[9, 20-22]。王金陵根据南方大豆强短日照的特性，提出大豆起源于我国南方的观点。盖钧镒等[23]根据细胞器 DNA 等证据、Guo 等[24]根据标记信息的聚类分析均支持这一结论，Zhang 等[25]根据 700 份南方栽培大豆、175 份野生大豆的分子标记聚类分析，进一步指出位于长江中下游二熟制春夏作大豆品种生态区内的夏-秋播生态型可能是最原始的栽培大豆生态型。然而到目前为止，栽培大豆起源于我国南方地区的观点仍缺乏考古证据的支持[9]。Han 等[12]根据 404 份栽培大豆、72 份野生大豆及 36 份半野生大豆的测序结果分析，指出栽培大豆可能起源于黄淮地区。总之，栽培大豆的最早发源地点众说纷纭，有待进一步确定。

### （二）栽培大豆在世界范围的传播



栽培大豆自驯化以后，开始了在邻近国家的传播。文献资料表明，大豆在 16 世纪已经传播到缅甸、印度、印度尼西亚、朝鲜、日本、马来西亚、尼泊尔、菲律宾、泰国和越南[1]。最初学者认为，大豆在中国驯化后首先随着商业贸易从陆路传播到东南亚各国[26, 27]。而随着新的证据出现，大豆可能更早地由中国传播到朝鲜半岛和日本[26]。

栽培大豆被欧洲人认识和了解的时间较晚，欧洲人对栽培大豆的认识晚于大豆制品。欧洲与亚洲的交流在地理大发现时代（15 世纪中叶到 17 世纪中叶）之前通过陆上丝绸之路而之后主要通过海路来实现。意大利神职人员 Valignano 于 1583 年在日本学习期间首次提到了大豆制品-miso；在 1656 年，荷兰东印度公司派遣的使者在拜谒我国皇帝（清顺治皇帝）的记录中提到了豆腐，在 1665 年，Friar Domingo Navarette 则将豆腐描述为我国广泛食用的、便宜的食物[27]。在 1967 年，Boxer 提供的一份西班牙传教士 Diego de San Francisco1615 年对东京监狱的描述中首次提到了大豆，而大豆作为动物饲料使用的最早西方记录则来自 Le Comte（1697）[27]。对大豆及其制品间的关系，欧洲人认识得更晚一些。德国植物学家 Engelbert Kämpfer 于 1690—1692 年间到访日本，其在 1712 年的著作 *Amoenitatum Exoticum* 中以插图的形式描述了大豆及其制品——酱油（soy sauce）的制作方法[28]，自此欧洲人才将两者联系起来。

相较于大豆，大豆制品到达欧洲的时间较早。例如，酱油早在 1673—1674 年已被荷兰东印度公司由日本出口到欧洲并获得了极大的成功[27]。大豆在欧洲的种植时间可能早于 1737 年，林奈（Linnaeus）在其著作《克利福特园》（*Hortus Cliffortianus*）中已经提到了大豆。大豆在欧洲种植最早的确切时间为 1740 年，法国传教士将大豆种植在巴黎植物园。其后，大豆分别于 1790 年、

1804 年和 1817 年被种植在了英国、克罗地亚和塞尔维亚。欧洲各国早期种植大豆的目的不同，荷兰、英国和法国主要是用于分类学研究或展示，而克罗地亚和塞尔维亚则是用作提高鸡蛋产量的饲料[27]。

大豆引入美洲最早的记录为 1765 年，当时大豆引入美国的目的是用于生产酱油；直到 1915 年，大豆才开始作为饲料作物种植，其籽粒也首次经粗加工后用作食用油；此后不久，大豆逐渐从饲草作物转变为重要的粒用型作物，到了 20 世纪 30 年代，美国已经开始建立大豆育种项目[29-31]。而大豆引入加拿大最早的确切记录的时间为 1893 年[27]。

大豆引入南美洲最早的记录为 D'Utra 于 1882 年发表的报告，其次为 Dafert 于 1893 年发表的将大豆作为牧草的研究[27]。南美洲目前是世界大豆主要产地之一，大豆引入阿根廷和巴西的时间依次在 1882 年和 20 世纪 20 年代[32, 33]。而大豆引入非洲的时间也较晚，在 1858 年才引入埃及种植，后来由于大豆价格的增长和营养价值受到重视，开始在非洲大面积种植，其中尼日利亚、南非、乌干达和津巴布韦是非洲的几个大豆主产国[34, 35]。

刘学勤[35, 36]根据文献资料及对世界大豆群体的分析，绘制了大豆在世界范围的传播及演化路线。由于均有证据表明黄淮地区（O – HCNN）和长江地区（SNHN）为起源中心且这两个区域彼此相邻，因此将这两个区域都作为栽培大豆的起源中心。大豆从起源中心向外传播经四条路线。第一条路线从起源中心向北传递到中国东北地区（A – NCHN），形成了第一个栽培大豆二级中心，然后继续向北传递到俄罗斯西伯利亚中东部（A1 – RUFE），其中更早熟的部分传递到欧洲，在瑞典南部（A2 – SSWE）形成了特殊的早熟群体，这条传播路线倾向于适应短的全生季条件。第二条传播路线是传递到朝鲜半岛（B – KORP）和日本（B – JPAN），这条传播路线上的大豆群体对其他地理群体的影响较小。第三条传播路线则是从中国南方（O – SCHN）到东南亚（C – SEAS）及南亚（C1 – SASI），并进一步传递到非洲（C2 – AFRI），大豆在这条传播路线适应低纬度的光钝感条件。第四条路线则是传递到北美北部（D – NNAM），同时这些材料也用于北美南部（D – SNAM）的育种工作，其中北美南部的材料引入中南美洲（D1 – CSAM），形成了第三级的衍生中心——中南美群体。

## 二、世界、中国和东北的大豆生产变化及趋势

### （一）世界大豆生产中心的转移及生产趋势

大豆的种植和生产在第二次世界大战前已从我国传至世界各地，世界大豆生产中心存在着明显的转移过程。历史上，大豆为五谷之一，在我国广泛种植。大豆在西周和春秋时期成为重要的粮食作物，到了战国时期更成为和粟一样重要的作物，该时期大豆主要种植在黄河流域；汉至宋代以前，大豆种植区域迅速扩展，分布在西自四川，东至长江三角洲，北起东北地区，南至岭南的广大区域；而宋初为了防备南方荒灾，大力推广大豆在南方地区的种植，随着对大豆认识的加深，大豆栽培区域继续扩大。

由于清政府鼓励关内移民迁往辽东，东北地区在清初时成为我国大豆主产区[38]；其后，虽然也有东北大豆输入关内的记载，如清康熙二十四年（1685 年）开海禁，关东豆、麦每年至上海千余万石（石为容量单位，1 石粮食约 50 kg）及乾隆年间对私运大豆出口治罪的事例，但总的来说该地区在鸦片战争之前仍处于自给自足的自然经济状态[37, 38]；鸦片战争后（1861 年）营口开放

为商埠，大豆及其制品向关内输入量增加，而1870年清政府取消东北地区封禁政策促使大量移民迁入，更促进了大豆在东北地区的发展[38]。甲午战争后，日本得知豆粕可做肥料后开始大量进口东北豆粕，营口港在1892—1901年十年间，平均每年输出豆粕达299.5万担（担为重量单位，1担粮食约50 kg），1902年输出豆粕达460万担、豆油28万担、大豆340万担，进一步促进了大豆的生产[38]。日俄战争（1904—1905年）后，原由俄国控制的东北北部减少种植小麦及清政府禁种鸦片更进一步促进了大豆种植面积的增加[38]。其后，东北大豆于1908年打开了欧洲市场，欧美市场在第一次世界大战（1914—1918年）期间对东北榨制的豆油的需求及“一战”后对大豆的需求促进了东北大豆种植面积的进一步扩展，东北大豆种植面积从1912年的148万 $hm^2$ 增至1931年的420万 $hm^2$；然而1929年世界资本主义经济危机波及东北大豆，至1932年时东北大豆种植面积则显著下降到387.8万 $hm^2$[38]。

东北成为世界大豆生产中心的时间主要为20世纪前10年后期至30年代早期[33]。这一时期东北大豆产量迅速增加，其产量由1908年的107.5万t增至1930年的536万t，1931年东北大豆产量（522.7万t）占世界大豆产量（800万t）的65.3%[39]。而该时期东北大豆产量的增长主要是由种植面积增加造成的，例如1924—1931年间大豆产量增长的98%是由于种植面积扩大造成的，其种植面积增长了151%，单产水平则下降了21%[33]。

大豆在美国经历了20世纪30年代的飞速发展、40年代的加速发展（特别是第二次世界大战加速了大豆在美国的种植），50—70年代之间的迅速发展，在80年代虽然因农业债务危机大豆发展出现停滞，但在90年代恢复增长[33, 40]。其中30—70年代期间美国都在世界大豆市场中占据着支配性地位，美国农业部的数据显示1970年美国大豆产量已占世界产量的73%[33]。数据显示美国大豆总产在1924—1973年间增长了313倍。与东北地区大豆总产增长的因素不同，美国大豆总产的提高既有种植面积的增加又有单产水平的提高，种植面积的增加仍是主要原因。在该期间（1924—1973年），美国大豆种植面积扩大了36倍而每英亩（1英亩=4 048.58平方米）产量也增长了8.7倍[33, 41]。在美国，大豆最初（20年代）种植在密西西比河谷的玉米带上，该时期大豆的种植和加工规模较小。随着种植制度和技术的进步，大豆在30年代中期快速发展；随后的几十年，大豆扩展到了美国中西部和南部地区，在50年代中期已经将玉米带变为玉米－大豆带[33]。而美国大豆主产州也随着时间有所变化，1920年美国大豆总产的85%来源于美国南部地区，其中东南大西洋沿岸的北卡罗来纳州和弗吉尼亚州分别占全美大豆产量的55%和19%；到1924年中部玉米带的伊利诺伊州、印第安纳州、密苏里州、俄亥俄州分别为全美大豆产量第一、第三、第四、第五州；到1934年，玉米带的伊利诺伊州、印第安纳州和艾奥瓦州成为美国大豆产量前三的州，占美国大豆总产的80%以上，其中伊利诺伊州约占60%；20世纪40—60年代，玉米带的三州继续保持前三的位置，但北部大湖区的明尼苏达州和南部三角洲区的阿肯色州、密西西比州发展迅速；至此，美国大豆生产总体形成了包括中部玉米带、南部三角洲、北部大湖区等在内的生产区域[42]。

在20世纪70年代之后，位于南美洲的阿根廷开始对大豆品种进行改良并推广免耕直播技术；同时巴西通过鼓励农民组建农场联合体等方法实现了大豆的规模化生产经营[41]。自70年代之后，美国在世界大豆贸易中的支配地位日益受到南美洲大豆生产国的挑战，南美洲逐渐成为世界大豆生产的中心之一[33, 41]。巴西大豆的生产变化是南美洲大豆发展中的生动例子，具有较好的代表性。巴西大豆发展的两次机遇是60—70年代和90年代之后，前一时期主要是由于国家主导发展及美国大豆的国际供应危机，后一时期则由于农业－新自由主义以及欧盟和中国对大豆的需求[33]。巴西大豆产业1961—2014年发展的主要动力是种植区域的扩大，该时期巴西大豆种植区域扩展了126倍，扩展的区域主要是位于中西部地区的天然草原和森林；而大豆单产的增加也成为一个越来越重要的因素[33]。

大豆最早是在20世纪20年代引入到巴西最南部地区——南里奥格兰德州（Rio Grande do Sul）；直到40年代，大豆在巴西还是用于生产干草。从40年代起，大豆在巴西开始用作食用油和动物饲料；而在70年代之后，由于一系列政治、经济和生态因素等的综合影响，国际大豆价格上涨，进一步促进了巴西大豆的种植。而在90年代之后，由于英国及欧洲其他国家发生了疯牛病及中国自改革开放后对肉类需求的增加促进了对豆粕的需求，巴西大豆进一步加速发展[33]。

综上所述，大豆在先秦以前在我国的黄河流域大面积种植，汉代至宋代前扩展至全国大部分地区，宋初之后在南方迅速发展，而在清初时东北地区已成为我国大豆主产区，在20世纪初至30年代期间，东北成为世界大豆生产的中心，其后世界大豆生产中心转移到美国，70年代之后转移到南美洲，形成了目前美洲（美国、巴西、阿根廷）为世界主要大豆生产中心的格局。

从世界范围看，美国、巴西、阿根廷占世界大豆产量的80%以上；另外中国、印度、巴拉圭、加拿大、乌克兰、俄罗斯等国也是大豆主产国，2018—2019年度产量分别约占全球的4.4%、3.2%、2.5%、2.0%、1.2%和1.1%[41]。我国已经从大豆主产国变为大豆进口国，因此有必要对我国大豆生产现状进行分析。

### （二）我国的大豆生产和消费现状

大豆是我国传统农作物，是我国主要粮食作物之一，在畜牧、加工、医疗、保健等领域广泛应用，因此大豆产业具有经济、政治和社会的三重属性，对我国的粮食安全、产业安全和经济安全具有重要的战略意义。自1996年进口大豆进入国内市场，我国大豆产业受到全面冲击。我国大豆市场对外依存度长期维持在80%以上，严重影响了国家粮食安全，其中2018年的大豆贸易直接成为中美贸易摩擦的砝码，更导致我国大豆关联产业受到重大影响，再一次拉响了粮食安全的警报。因此，国家提出的“大豆振兴计划”及对种业发展的重视具有重要的战略意义。

我国大豆生产在中华人民共和国成立后总体上可分为以下几个阶段：1950—1957年恢复发展时期、1958—1978年停滞下滑时期、1979—2003年波动增长时期、2004—2014年下降时期、2015年至今迎来大豆增长新机遇时期[43-45]。具体地说，1949年后，当时大豆销售价格远超玉米，种植大豆比较效益较好，再加上农村土地改革和合作化运动的正常开展，1949—1957年间我国大豆为恢复增长时期，大豆种植面积从1949年的831.9万$hm^2$增加到1 274.8万$hm^2$，总产也从509万t增长至1 005万t。而在1958—1978年间，由于粮食供应紧张，单产水平低的大豆种植面积受到压缩，在70年代后化肥良种技术的进步推动了种植玉米收益快速增加，相当于大豆的2倍，再加上种植大豆不能享受种植经济作物的国家物质奖励，大豆生产呈停滞下滑趋势，种植面积在1978年降至714.4万$hm^2$，产量仅为757万t，城市居民出现“吃豆难”的问题。而在1979—2003年阶段，政府注意到大豆产需之间的矛盾，随着农村家庭联产承包责任制的实行和国家大幅提高大豆价格，再加上高产栽培技术的推广，大豆生产在波动中缓慢增长，该时期大豆产量集中在900万~1 160万t，2004年达到1 740万t；其后由于竞争作物比较效益挤压、进口大豆抑价效应、生产成本上涨等因素的综合作用，在2004—2014年阶段中国大豆生产明显下滑，大豆产量从2004年的1 740万t降至2014年的1 268.57万t。自2015年我国农业供给侧结构改革不断推进，大豆生产补贴逐年提高，大豆播种面积和产量至2018年实现三连增，分别达到840万 $hm^2$ 和1 600万t，大豆生产进入新阶段。而在2019年，基于国内大豆产需缺口不断扩大，为实施好新形势下国家粮食安全战略，积极应对复杂国际贸易环境，促进我国大豆生产恢复，提升国产大豆自给水平，农业农村部提出了"大豆振兴计划"。在该计划的指导下，2019年我国大豆种植面积达到935万 $hm^2$，产量达到1 810万t；2020年我国大豆种植面积达到1.48亿亩，产量达到1 960万t，达到历史新高；2021年继续实施"大豆振兴计划"，稳定大豆种植面积。此外，2021年中央一号文件中有关种业的描述表明种业发展已上升到国家层面，这为我国大豆的发展再次注入新的动力。

大豆在我国各省均有种植。根据自然条件、耕作栽培制度、大豆品种生态类型，可将我国划分为北方春作大豆区、黄淮海流域春夏作大豆区和南方多作大豆区。各区域大豆播种面积随时间推移呈明显的变化，其中北方春作大豆区种植面积增加明显，从1978年占全国的39%增至2012年的51%；黄淮海流域春夏作大豆区则从1978年的44%下降到2012年的32%；同期南方多作大豆区则变化不大，维持在17%左右[46]。而在省级水平上，大豆生产存在明显的集中趋势，主要集中在黑龙江省、内蒙古自治区、安徽省、四川省和河南省，占全国总面积的70%以上，如2017年上述5个地区大豆种植面积约占全国的73.49%[47]。

我国大豆消费自1994年起快速增长，从1 500万t增长至1亿多t，而我国大豆总产虽有所提升，但主要依赖进口大豆满足市场需求[48]。自1996年以来，由于畜牧业的发展，我国由大豆出口国转为大豆进口国，之后大豆进口数量猛增，2000年大豆进口量0.1亿t，2010年约0.5亿t，2014年以来进口量几乎均在0.8亿t以上，2020年大豆进口量突破1亿t，并且预计在未来一段时间内均维持这一进口水平[47, 48]。进口大豆的大量涌入使得我国大豆消费市场对外依存度持续上升，1996年时进口大豆仅占全国大豆消费量的7.77%，而至2003年达到52.65%，到2015年更达到历史性的87.39%，严重影响我国粮食安全。随着我国农业供给侧结构改革和"大豆振兴计划"的实施，我国大豆对外依存度有所下降，2018年我国大豆对外依存度虽仍高达84%，但实现了连续三年下降，累计下降4.6个百分点[45]。目前我国大豆产业的基本现状是大豆总产有所提高，大豆消费量快速增加，我国大豆市场供应主要依赖进口大豆，但进口依存度随着我国农业种植业结构调整和"大豆振兴计划"的实施而有所下降。

### （三）东北的大豆生产现状

东北地区，包括黑龙江、吉林、辽宁和内蒙古的东四盟（市），地跨38°N~53°N，是我国大豆的传统优势产区，在我国大豆生产中占据重要地位。我国大豆生产呈现向东北地区集中的趋势，东北在我国大豆生产中的重要性进一步增强。东北地区大豆种植面积及产量占全国的比例分别从1988年的45.15%、50.36%增至2017年的60.87%、60.28%[49]。东北不同地区大豆生产趋势差别较大，其中黑龙江和内蒙古的大豆生产呈显著的扩张趋势，是东北大豆种植面积扩张的主要原因，其种植面积占全国的比例从1988年的29.91%、3.83%依次增至2017年的45.31%、

12.00%；而吉林和辽宁的大豆生产则下降明显，其占全国大豆种植面积的比例从1988年的6.71%和4.70%降至2017年的2.67%和0.90%[49]。

东北大豆生产在地级市水平也呈明显的集中趋势。1900—2005年间，占东北大豆产量5%以上的地级市稳定在6~7个，集中在黑龙江北部的齐齐哈尔市、佳木斯市、黑河市和绥化市以及内蒙古的呼伦贝尔市，特别是呼伦贝尔市和黑河市，其产量较起始年份提高了50%；而到了2010—2016年间，占东北大豆产量5%以上的地级市则减少到4个，集中在黑龙江的齐齐哈尔市、绥化市、黑河市以及内蒙古的呼伦贝尔市，其中黑河市成为东北最重要的大豆生产基地，所占的比例由2010年的16.71%增至2016年的21.90%[50]。

“大豆振兴计划”的实施为东北大豆的发展提供了新的动力。在该计划的支持下，2019年全国大豆种植面积增加92.13万$hm^2$，其中东北地区增加了86.67万$hm^2$（黑龙江、内蒙古和吉林分别新增66.67万$hm^2$、13.33万$hm^2$和6.67万$hm^2$）[51]。可以预期，东北地区大豆种植面积和产量必将继续提升，在我国大豆生产中的地位将会更加重要。

最近，国家明确提出要“打好种业翻身仗”“解决种业‘卡脖子’问题”，其背后的核心逻辑是落实“藏粮于技”战略，保障粮食安全。因此，提升包括大豆育种在内的大豆生产各环节的科技水平是东北大豆发展的根本途径。基于东北地区特别是黑河地区在我国大豆生产中的重要地位，盖钧镒院士等专家及韩天富领导的国家大豆产业技术体系以黑河市为试验区域，不断提高当地大豆生产科技水平，开展大豆高产攻关和新品种、新技术的示范推广，努力闯出一条可复制、可推广的大豆产量和效益提升的技术路线。目前，在该地区所建立的高产示范田亩产已超过200 kg，达到世界同纬度大豆生产的先进水平，初步展现了科技水平提升对大豆产业发展的重要作用，为全国大豆产业发展提供了一个样板。

## 三、栽培大豆种质资源的构成、保存与利用

### （一）大豆种质资源的构成

种质资源是在复杂多样的自然环境和耕作条件下，经历漫长的自然选择和人工选择演变而来的，一般包括作物的近缘野生种、地方品种、育成品种和品系等。栽培大豆［*Glycine max*（L.）Merr.］，又称大豆，属豆科（Leguminosae），蝶形花亚科（Papilionaae），大豆属（*Glycine Willd*），其中大豆属包含 *Glycine* 和 *Soja* 亚属[52]。*Glycine* 包括26个多年野生种，主要分布在澳大利亚和太平洋的一些岛屿上，其中短绒线野大豆（*G. tomentella* Hayata）和烟豆（*G. tabacina* Benth.）向北延伸至我国福建和台湾地区[32]。*Soja* 亚属则包含一年生野生大豆（*Glycine soja Sieb.* et Zucc.）和栽培大豆。Skvortzow 将在黑龙江北部发现的表型性状表现在野生大豆和栽培大豆间的类型称为半野生大豆（*G. gracilis*）[53]。

野生大豆指一年生野生大豆，缠绕性强，主茎分枝分化不明显。百粒重1~3 g，种皮外有泥膜，成熟时极易炸荚。一年生野生大豆分布在中国、日本、朝鲜、韩国和俄罗斯西伯利亚中东部，其中90%分布在我国境内[54]。我国十分重视野生大豆资源考察搜集，自1978年以来开展了多次搜集工作，其中1979—1982年搜集了5 939份；1996—2000年间搜集了600份，2001—2010年搜集到1 979份[55]。2021年中央一号文件提出要加强农业种质资源保护开发利用，“打好种业

翻身仗”，对种质资源的保护和利用提出了更高的要求。截至2021年5月，全国多个省市已开始推进新一轮的农业种质资源普查，为种业科技创新提供物质基础。

半野生大豆在分类上的地位存在争议。半野生大豆形态上变异丰富，种皮颜色有黑、褐、黄、绿、双色及各种中间颜色。茎包含缠绕、弱缠绕、匍匐、蔓生、半蔓生、半直立、直立多种类型，百粒重分布在3～10 g甚至10 g以上[56]。关于半野生大豆的分类地位有多种说法，包括野生大豆与栽培大豆进化过程的中间类型、栽培大豆与野生大豆天然杂交后代、野生大豆内一个变种的多种假说，而多数研究结果认为半野生大豆是野生大豆向栽培大豆进化过程中形成的过渡种(intermediate species)[10, 12]。

栽培大豆一般包含地方品种和育成品种[57]。我国拥有约5 000年的大豆栽培历史，再加上我国地域广大，自然条件及栽培条件复杂多样，经我国先民长期选择，形成了丰富多样的地方品种或农家品种[57, 58]。而育成品种是育种家按照育种目标定向培育的结果，是目前我国大豆生产中的主要品种类型。我国早在1913年就在吉林省公主岭试验站建立了第一个大豆育种基地。而在南京，王绶教授采用系统选育方法培育的金大332于1923年起在长江中下游推广。至2005年，我国共育成约1 300个大豆品种[59]。

随着育种方法的发展，通过转基因技术培育品种成为育种的一个选择。转基因技术，即人工分离与修饰基因后，导入受体植物转基因组中，从而获得人们意愿的理想作物植株[60]。转基因大豆是世界大豆生产中使用的主要类型，2019年全球29个国家种植的转基因作物面积已达1.904亿 $hm^2$，是1996年的112倍；全球转基因大豆种植面积达9 190万 $hm^2$，占全球大豆种植面积的74%，占全球转基因作物种植面积的48%。[61]转基因技术虽然是一项里程碑式的生物技术，但是也引发了公众的一些疑虑和一些技术问题（如外源DNA导入的随机性、表达的不可控、大片段外源DNA插入对表型特征的未知性影响等），因此转基因技术在植物育种中的应用受到极大的限制，转基因作物在世界各国受到严格的监管。截至目前，我国主要农作物（如水稻、小麦、玉米、大豆等）并未有转基因品种投入商业化生产。

近年来，随着生物技术的发展，以CRISPR/Cas为代表的基因编辑技术可定向编辑单个或多个基因，最终实现无外源基因导入而定向改良目标性状。不同于一般的转基因品种，一些国家（如阿根廷、日本、美国等）对基因编辑产品监管较为宽松，如最终植物中没有引入外源DNA将不受监管[62]。而在我国，李家洋院士团队提出的基因组编辑技术管理框架也倾向于将不含外源基因片段且无脱靶效应等条件的基因编辑产品视作常规育种品种，无须进行额外监管[63]。我国虽没有进行转基因大豆品种的商业化种植，但也围绕构建高效稳定规模化遗传转化体系、转基因育种、基因编辑技术、转基因检测、安全性评价等方面展开相关研究[60, 64]。例如，中国农科院作物科学研究所植物转基因技术研究中心、大豆育种技术创新与新品种选育创新团队建立了大豆单碱基编辑技术体系，实现了大豆基因的单碱基替换[65]。

### （二）大豆种质资源的保存

全球共有70个国家收集保存了较多的大豆种质资源，共计17余万份大豆育成品种和地方品种，10 000份与3 000份左右的一年生与多年生野生大豆品种[66]。作为栽培大豆的起源中心，中国拥有丰富的种质资源。中国国家大豆基因库（Chinese National Soybean Genebank，CNSGB）中，野生大豆共入库 9 926 份，栽培大豆共入库 26 810 份，其中国外引进 3 045 份，国内种质 23 765 份。国内种质包括 20 381 份地方品种和 3 384 份选育品种。按照生态类型，国内种质包括 3 983 份东北种质、8 240 份黄淮种质和 11 542 份南方种质。而其他国家，美国的农业部搜集了全世界 87 个国家的大豆资源，保存了世界第二多的大豆品种，包括 19 557 个栽培品种、1 181 份一年生野生大豆及 1 038 份多年生野生大豆品种。除此之外，位于中国江苏的南京农业大学大豆所及台湾的亚洲蔬菜开发中心均保存了超 15 000 份栽培大豆及一些野生大豆品种[66, 67]。而日本的国立农业生物资源所（National Institute of Agrobiological Sciences Genebank，NIAS）也搜集、保存了 11 300 份本国及海外的地方品种、育成品种及品系。近年来，巴西也保存了超过 2 000 份本国及来自美国、中国、日本和韩国的大豆品种[67]。除了上述国家外，俄罗斯及澳大利亚也保存着较多的大豆种质资源[66]。

### （三）大豆种质资源的评价与利用

对品种培育而言，找到含有关键性基因的种质资源是培育生产上突破性品种的关键。从历史来看，小麦及水稻中矮秆资源的发现和利用，推动了“第一次绿色革命”，促进了农业的发展。而我国杂交水稻的培育成功就与矮败不育种质的发现密不可分。稀有种质资源对育种的成效具有决定性作用。因此，找到优异资源是突破品种水平、破解目前育成品种遗传基础狭窄的关键。

美国对大豆种质资源评价较早，1927 年开始从中国、朝鲜、日本及苏联引入种质资源，到 1949 年时已经有专人进行保存和鉴定，至 20 世纪 80 年代初，已经鉴定出了一些抗病（疫霉根腐病、菌核病、细菌性斑疹病等）、抗虫（食叶型害虫、红蜘蛛等）、抗逆（倒伏、寒冷、缺铁）的重要种质资源[68]。我国大豆种质资源评价虽然开展较晚，但已经鉴定出了诸如长花序、短叶柄、扁茎及蛋白质含量 50% 以上、油脂含量 23% 以上，以及无脂肪酸氧化酶、胰蛋白酶抑制剂等各种类型的材料[69]。

种质资源利用的最早形式为引种。目前世界上大豆的主要生产国，美国是在 1765 年、阿根廷在 1882 年而巴西则在 20 世纪 20 年代引进的大豆[32, 33]。中国大豆种质对世界大豆的发展起到重要作用，如引进至美国的“Richland”“Dunfield”“Mukden”“Peking”“CNS”等成为美国大豆育种的基础材料。而在 50 年代时，抗胞囊线虫材料北京小黑豆（Peking）的发现和利用挽救了美国南部地区的大豆生产。美国的大豆引入巴西、阿根廷后在南美迅速扩展，成为世界大豆的最主要产区。目前北美和南美大豆生产占据了全世界的 85% 左右，其种质主要来源于中国，尤其是中国东北。随着对种质资源的重视程度的提高，我国也从美国、日本、加拿大、俄罗斯等多个国家引进约 3 000 份具有高产、抗病虫等优异基因的大豆种质资源，特别是来自日本的十胜长叶和美国的阿姆索（Amsoy）已对我国大豆品种的改良发挥了重要作用[59, 68]。

大豆种质资源利用的主要方式是参与育种。然而参与广泛育种的种质资源数目较少，这使得栽培大豆的遗传基础较为狭窄。在育种进程中引入含有一些优异基因的野生大豆，可能对破解大豆遗传瓶颈有重要意义，其中一年生较多年生野生大豆更多地参与育种，这与一年生野生大豆与栽培大豆间杂交可育，而多年生野生大豆存在杂交不育或杂交不实的问题有关。我国利用野生大豆已经培育出 200 多份各具特色的新种质，其中审定的品种达 20 余个[70]。吉林省农科院利用野生大豆通过远缘杂交途径，获得了具有野生表现型的大豆质 - 核不育系及同型保持系[71]。而在分子标记辅助方面，采用DNA导入技术将野生大豆的优良性状导入栽培大豆中，已经培育了一些新品种[59]。种业是农业发展的“芯片”，随着2021年指导“三农”工作的中央一号文件的发布，我国种业发展存在的“卡脖子”问题受到广泛关注，而加强种质资源的研究和利用正是解决该问题的关键之一。

种质资源的鉴定及利用随着生物技术及分子技术的发展已经深入到QTL/基因水平。利用鉴定到的QTL/基因开展分子育种的技术比传统育种技术更为精准、高效，是育种技术发展的方向[72,73]。李家洋等人领导团队完成的“水稻高产优质性状形成的分子机理及品种设计”荣获国家自然科学奖一等奖，更被视为“新绿色革命的起点”，展现了分子设计育种的广阔应用前景[74]。同时，根据种质资源在QTL/基因水平的研究结果开发的基因组育种芯片也具有广阔的应用前景。基因组育种芯片是检测生物个体功能基因的有效工具，它能够帮助育种家整合多种育种资源，有目的地聚合多个功能基因，借助芯片信息可将抗病、高产、优质等基因组合在一起，培育出最优品种。随着分子育种的发展，加强知识产权保护在分子育种领域越来越突出。种质资源不能申请专利，而由其获得的基因及其标记则可获得知识产权，典型的例子为美国的孟山都公司利用生物技术找到了中国大豆品种高产及抗病毒基因，然后在包括我国在内的101个国家申请了64项专利。自此，我国即使使用自己的大豆基因资源培育转基因品种也需要向其付专利费[75]。

### （四）栽培大豆的熟期组划分

作为典型的短日照作物，大豆对光温的反应敏感，单一品种仅能适应较为狭窄的范围，而大豆的种植范围又特别广泛。为了方便大豆新品种的推广及种质资源的交流，十分有必要形成一个大豆研究者/育种家都能接受的大豆分类标准，特别是和地理、季节变化有关的大豆生育期类型的划分标准。

我国研究者立足我国农业生产实际，依据耕作制度（复种制度）提出了大豆生态区划的概念并对全国大豆进行划分。王金陵首先在1943年将全国划为春大豆区、夏作大豆冬闲区、夏作大豆区、秋大豆区、大豆两获区[76]；吕世霖等在此基础上将全国调整为北方春大豆区、黄淮海地区夏大豆区、长江地区夏大豆区、东南春夏秋大豆区和华南四季大豆区[77-79]；盖钧镒[80]将之进一步细化和调整，最终形成了6个生态区、每个生态区内1~3个亚区的划分体系。而国际上大豆的主产地区（如北美洲及南美洲）一般为生态条件相对一致的平原地区，大豆在这些区域均为一熟制，因此该方法虽然在国内被广泛接受，但并未受到国际上的认可。

生育期是大豆最重要的适应性生态性状[81]，因此，国内外学者均尝试采用生育期长度对大豆进行分类。我国对大豆熟期组的划分最早开始于20世纪50年代。王金陵[82]最早根据全国24份代表品种将大豆分为极早熟、早熟、早中熟、中熟、中迟熟、迟熟、极迟熟类型。其后，王国勋[83]、郝耕[84]均对熟期组的划分进行了研究，但由于未与国际上通用的标准品种进行比较，不利于国际间的交流。而北美熟期组的划分最初是根据在同一条件下的表现将大豆品种划分为早熟、中熟、晚熟及扩展形成的极早熟、早熟、中熟、晚熟等类型，随后研究人员很快意识到这种划分方法仅适应于特定地域[85]。其后经过发展，北美大豆熟期组的划分方法在20世纪40年代基本确定。基本方法为各地引进或育成品种首先在当地与标准品种进行对比，初步确定熟期组归属，每个熟期组内存在10~15 d的差异[86]。最早美国农业部确定了Ⅰ~Ⅶ7个熟期组（MGⅠ~

MGⅦ)，以后出现了更早熟、更晚熟的类型，包括更早熟的 MG000 ~ MG0 和更晚熟的 MGⅧ ~ MGⅩ，加起来全世界共有 MG000 ~ MGⅩ13 个熟期组类型。然后，70 年代美国农业部确定由设置在美国北部和南部的专业机构分别对早熟组（MG000 ~ MGⅣ）及晚熟组（MGV ~ MGⅩ）进行统一鉴定，定期公布[87]。北美这套采用相对长度来对大豆进行熟期组划分的方法不仅简单有效，而且不同国家和地区的划分结果可相互比较，已成为国际上通用的大豆品种划分方法。这套方法首先是由汪越胜等[88]引入国内并明确了全国各省大豆的熟期组分布[89]。近年来，在韩天富领导的国家大豆产业技术体系的支持下，许多地区对本地材料进行了熟期组的划分，这为我国不同地区间及与国际上大豆品种的相互引种及交流提供了基础。熟期组划分有助于促进广适性品种的培育和新品种的推广应用，有利于加强国内外种质资源的交换和国际学术交流，有利于科学制定品种布局和引种方案。鉴于熟期组划分的重要性，2020 年国家农作物品种审定委员会在盖钧镒院士的建议下决定，在国家大豆品种区域试验中开展生育期组鉴定工作。

### （五）东北大豆种质资源对世界大豆生产的贡献

大豆在世界范围内大规模种植是在“一战”以后，当时中国东北是世界大豆的主要产区，因此东北大豆种质资源对世界大豆，特别是后来的大豆生产中心——美洲有重要影响。例如，Dorsett 和 Morse 在 20 世纪 20 年代中期曾到中国东北地区收集了大量大豆种质资源[90]。东北地区的一些种质资源，特别是 Mandarin（Ottawa）、S－100 和 Richland 对北美大豆生产的发展起到重要作用。而位于南美洲的巴西和阿根廷，其遗传基础主要来源于美国，因此南美地区的遗传基础中的部分也间接来自中国东北[54]。Liu 等[36]研究表明，北美洲（包括美国北部、美国南部）以及南美地区的大豆种质的基因组结构与我国东北大豆种质的基因组结构最接近（图 0－1），说明占全世界大豆产量 90% 的大豆种质与我国东北大豆种质资源有关，可见东北大豆资源在全世界大豆生产中占有十分重要的地位。

而上述重要种质资源几乎均是在近 100 年从松花江地区引入北美的，比如 Mandarin（Ottawa）是 1913 年从黑龙江省、S－100 是 1912 年从黑龙江省及 Richland 是 1926 年从吉林省引入北美地区的。由于当时松花江地区材料的熟期组主要分布在 MG0 和 MGⅠ，这些引入北美的材料主要影响了北美的 MGⅠ ~ MGⅤ[31, 91]材料的遗传基础。而目前东北大豆的种植区已经扩展到东北全境，熟期组扩展并已经形成了 MG000 ~ MGⅢ。从世界范围看，一般将北纬 47°以北的地区称为高寒地区，其主要分布在中国、俄罗斯和北美地区[4]。近年来高寒地区的大豆种植面积迅速增长，如加拿大和俄罗斯的大豆种植面积在 2014 年已分别增至 2.2 $Mhm^2$ 和 1.9 $Mhm^2$[92]。随着世界气候的变化，可以预见高寒地区在世界大豆生产中的地位越来越重要。如上所述，中国的大豆资源尤其是东北的大豆资源，是当今世界最主要产区北美和南美大豆的主要种质来源，中国东北地区的大豆资源为全世界大豆产业的发展做出了重要贡献。

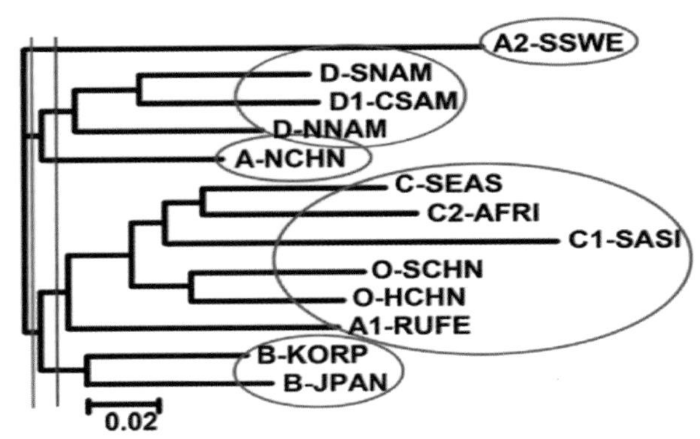


图 0－1　全世界 13 个地理区域栽培大豆的基因组聚类（Liu，2020）

注："O"表示来自中国的起源中心黄淮流域（O－HCHN）、长江及长江以南流域（O－SCHN）；"A""B"代表从起源中心进化形成的二级中心，前者为中国东北（A－NCHN），后者包括朝鲜半岛（B－KORP）和日本列岛（B－JPAN）；"C""D"代表由起源中心和二级中心进化形成的三级中心，包括东南亚（C－SEAS）、北美北部（D－NNAM）和北美南部（D－SNAM）；"A1""A2""C1""C2""D1"代表衍生中心，包括俄罗斯西伯利亚中东部（A1－RUFE）、瑞典南部（A2－SSWE）、南亚（C1－SASI）、非洲（C2－AFRI）和中南美（D1－CSAM）。

## 四、复杂农艺性状遗传解析方法及大豆主要农艺性状遗传研究现状

作物育种性状涉及两大类：质量性状和数量性状。前者常由少数基因控制，后者常由多数基因控制。对质量性状的遗传常用孟德尔分离分析方法，再用分子标记进行基因连锁定位。大部分重要的农艺性状都是数量性状，其表达受到多基因及环境因素的共同影响。经典的数量遗传学研究建立了一系列数量遗传学的统计方法和理论体系，用来推断数量性状的遗传模型，但无法确定控制性状的基因及其位置和发挥作用的机理[93, 94]。20 世纪 80 年代以后，随着分子技术的发展，基于分子标记的数量性状基因座（quantitative trait loci，QTL）定位方法开始逐步形成与发展，成为数量性状遗传基础解析的主要手段。目前，QTL 定位主要有两种方法：以分离群体为基础的连锁分析（linkage analysis）和以自然群体为基础的连锁不平衡关联分析（association analysis）[95]。连锁分析是利用染色体交换和重组的原理，确定基因或遗传标记在染色体上的相对位置，然后利用统计模型推算遗传标记与数量性状连锁的情况，并估计其效应[94, 96]。随着基因组计划的展开和测序技术的发展，分子标记特别是 SNP 标记分型成本迅速降低，基于单基因座考虑的连锁不平衡（linkage disequilibrium，LD）分析（关联分析）日益受到科研人员的重视。连锁不平衡分析是利用自然群体中位点间的连锁不平衡关系将分子标记与 QTL 联系起来的方法。群体中位点间连锁不平衡现象的保持主要是由于位点间的重组，通过测定标记位点与潜在 QTL 间的连锁不平衡程度即可断定 QTL 所在的位置[97]。目前度量 LD 水平的方法较多，其中最常用的方法是 $D'$ 和 $R^2$。$D'$ 反映了群体的重组历史，而 $R^2$ 还反映了突变历史，更能反映定位精度[98, 99]。相较于连锁分析，关联分析具有：①精度高，利用自然群体在历史上积累的重组信息，LD 衰减速度很快，数量性状精细定位，可直达单基因水平，但要求群体大且含有充足的遗传信息；②广度大，能检测同一位点的多个等位变异；③耗时短，不需要专门构建分析群体[100]。全基因组关联分析（GWAS）是指

利用全基因组范围内高密度分子标记对群体进行扫描，找出标记与性状 QTL 间的对应关系[95]。而对特定群体，LD 分析策略的选择和分辨率取决于群体内的 LD 水平及等位基因或单倍型的频率[101]。全基因组关联分析是 Risch 等最先在 1996 年提出的定位功能基因的研究思路，最初用在人类研究中[102-105]。与在人类及动物研究中的应用相比，关联分析在植物中的运用相对较晚，Thornsberry 等于 2001 年将关联分析引入植物后，随着植物基因组测序、高密度 SNP 分型等技术的发展，特别是由于植物种质资源具有永久固定性，一次分型后即可针对不同性状进行研究，GWAS 在植物复杂性状的研究中逐渐应用并受到广泛关注[106-108]。

关联分析在植物中广泛使用，取得了许多重要结果，但仍有许多需改进的地方。比如植物中最早的关联分析认为 *Dwarg*8 控制玉米的开花期性状，但随后的研究表明这种关联主要是由于群体结构和遗传背景导致的假关联[108, 109]。除此之外，多重测验、稀有变异等问题也是 GWAS 分析方法改进的方向。

群体结构是引起关联分析假阳性的最主要原因[110]。关联定位的理论群体是经过长期自然交配的独立群体，LD 显示了基因的自然区段。当定位群体存在不同的群体结构时，非连锁位点间会产生或增强其 LD 水平，导致无关基因与性状间产生假关联（spurious association），称为假阳性[111]。因此，群体结构较为单一或者群体结构效应不明显的大群体是应用关联分析最适宜的群体类型[100]。而在实际研究中，自然群体由于生殖隔离或近交系数等原因，很容易形成复杂且难以鉴别的群体结构。目前已提出多种统计方法来校正 GWAS 群体的群体结构以适应理论群体[112]。常用的群体结构校正方法为 Genomic Control（GC）[113]、Structure Association（SA）[114, 115]、Mixed Linear Model（MLM）[116]和主成分分析（PCA）[117]。目前，最常用的关联分析方法是 MLM 模型，该方法除了对群体结构进行校正外，同时考虑由于家系结构而导致的假阳性。为了进一步提高计算效率，提出了许多基于 MLM 模型的关联方法。但这些方法均为单位点模型，而数量性状往往受多个微效位点的控制，因此采用该类方法往往会导致过高估计检测到的 QTL 的遗传贡献总和及假阳性。

由于单位点模型的局限性，发展多位点模型是解决这些不足的有效方法，最近已经提出了多位点混合线性模型[118-120]。但多位点模型也存在着运算时间和计算机内存分布的问题，而贺建波等[121]开发了一个限制性二阶段多位点模型的 GWAS 方法（RTM-GWAS），该方法使用 SNP 构成的具备复等位变异的 SNPLDB 标记，采用小区原始数据以避免引入更多的试验误差，在多位点模型下通过逐步回归的方法进行 GWAS 分析，目前已经在如百粒重[122]、异黄酮含量[123]及初花期[124]等性状方面获得了较为理想的结果。

大豆的遗传学研究随着分子测序技术的发展进入了基因组学时代。大豆中第一个参考基因组来自美国的现代栽培品种 Williams 82[125]，其后又有多个栽培大豆及野生大豆参考基因组公布，如中黄 13[126]。考虑到单个基因组不能代表一个物种所有的遗传信息，我国学者更进一步构建了大豆的泛基因组，为基因组学的研究提供了新的思路和方法[127, 128]。

大豆基因组学的研究促进了大豆功能基因组学的研究，基于分子标记的 QTL 定位方法成为数量性状遗传基础解析的主要手段。自 Keim 等[129]首先报道大豆 QTL 定位以来，大豆主要农艺性状均被报道了大量的 QTL。大豆基因组参考序列的公布及 SSR、SNP 等大批量分子标记的开发，极大地促进了大豆功能基因组学的发展。截至目前，共确定了 24 个大豆功能基因，大豆一些重要农艺性状，如炸荚性、适应性等的遗传机理得到一定程度的阐述[130]。



大豆是典型的短日照植物，在短日照条件下提早开花而在长日照条件下延迟开花[3]。每一个大豆品种仅能适应较窄的纬度范围，而在世界范围内大豆种植区域则不断扩展，因此生育期相关性状是大豆重要的生态及适应性性状[35, 131]。目前，已经鉴定了 11 个控制花期和成熟期的位点：包括 *E1* 和 *E2*[132]、*E3*[133]、*E4*[134]、*E5*[135]、*E6*[136]、*E7*[137]、*E8*[138]、*E9*[139]、*E10*[140] 和 *J*[141]，其中 *E1* ~ *E4*，*E9* 和 *J* 被克隆而 *GmFT4* 被认为是 *E10* 可能的候选基因[142]。除此之外，与花期相关的 *DT1*（*Gm19g37890*）及 *GmFT5a* 也被克隆[143, 144]。*E1*（*Glyma06g23026*）基因是豆科特有的生育期基因，其在短日照条件下表达受到抑制而在长日照条件下表达呈双峰型，且其抑制开花功能最强，是光周期调控大豆开花信号通路的核心，Xia 等采用近等基因系克隆出了该基因，目前该基因已经鉴定了最少 5 个等位基因（*e1 - as*，*e1 - nl*，*e1 - fs*，*e1 - re*，*e1 - p*），其中 *E1* 与 *e1 - as* 是最常见的变异类型[145, 146]。*E1* 在大豆基因组中含有两个同源基因［*E1La*（*Glyma04g24640*）和 *E1Lb*（*Glyma18g22670*）］，它们的功能与 *E1* 相似但相对较弱，均通过抑制拟南芥开花基因 *FLOWERING LOCUS T*（*FT*）在大豆中的同源拷贝 *GmFT2a* 和 *GmFT5a* 的表达从而控制大豆开花[146 - 148]。*E2*（*Glyma10g36600*）是拟南芥 *GI*（*GIGANTEA*）基因在大豆中的同源拷贝，该基因的隐性基因型（*e2 - ns*）通过上调 *GmFT2a* 的表达量来促进开花，该基因对大豆在地区间的适应性起重要作用[149]。而 *E2* 的等位基因 *e2 - ns* 在大豆群体中分布最为广泛，其次分别是 *E2* 的两个显性等位基因 *E2 - in* 和 *E2 - dl*[150]。由于不同大豆品种对不同光质条件的反应不同[151]，研究人员在人工控制的不同光质条件下定位得到了 *E3* 和 *E4*，*E3* 位点在高的 R：FR（红光：远红光）延长光照至 20 h 的试验中被发现，而 *E4* 位点则在低的 R：FR（红光：远红光）延长光照至 20 h 的试验中被发现[133, 134]。*E3*（*Glyma19g41210*）和 *E4*（*Glyma20g22160*）归属于光敏色素 *A* 的拷贝基因，分别是 *GmPHYA3* 和 *GmPHYA2*[152, 153]。*E3* 含有 4 个等位基因，*E4* 则含有 6 个等位基因，*E3* 在大范围的纬度区间内均有功能，而 *E4* 仅在高纬度地区出现[154, 155]。*E5* 位点到目前为止仍未确定位置，Dissanayaka 等使用 3 个群体对该位点进行定位，但不同群体间定位结果并不一致，因此推断该基因可能并不存在[156]。至于 *E6* ~ *E8*，目前并没有定位到相关候选基因[154]。*E9* 是从野生与栽培大豆构成群体中鉴定出来的，是属于拟南芥开花基因 *FLOWERING LOCUS T*（*FT*）在大豆中的同源拷贝 *GmFT2a*[157]。*J* 基因是大豆长童期性状的经典基因，目前已经被克隆，是拟南芥 *flowering - time ELF3* 的同源基因（*Glyma04g050200. 1*）[158, 159]。这些位点中，*E6*、*E9*（*GmFT2a*）和 *J* 的显性等位基因促进大豆提早开花而其他基因的显性等位基因则延迟开花和成熟，其中 *E1* 能够延长花期 16 ~ 23 d，缩短生殖生长 1 ~ 5 d；*E2* 能同时延长始花期和成熟期 7 ~ 14 d、14 ~ 17 d；*E3* 能延长始花期和成熟期 4 ~ 6 d；*E4* 能延迟开花 1 ~ 6 d，延长成熟期 8 ~ 20 d，同时 *E3* 对 *E4* 有上位性作用[132, 134, 149, 160]。



上述功能基因的确认也在一定程度上解释了大豆种植区域的扩展。大豆从中国的温带地区（32°S ~ 40°N）向南扩展至低纬度地区，向北扩展至高纬度地区。在此过程中，*J* 基因在短日照条件下通过抑制 *E1* 基因促进大豆开花，低纬度地区通过选择其自然存在的功能缺失等位变异延迟大豆营养生长时期从而提高了产量；而在长日照条件下，通过选择 *E1*、*E2*、*E3*、两个旁系同源基因 *Tof11*/*Gp11* 和 *Tof12*/*Gp12*[161] 的功能缺失等位变异从而使大豆适应高纬度地区。

但总的来说，上述位点主要是从孟德尔试验出发获取的，涉及的材料数目极其有限。而大豆熟期组已经从最初的少数几个组扩展至13个熟期组类型，这说明控制生育期性状的位点远远超出上述所研究的位点[160]。国内外利用连锁定位及关联分析的方法定位到大量与生育期相关的QTL位点，仅收录到SoyBase（www. soybase. org）中的初熟期（pod maturity）QTL有179个，初花期（first flower）QTL 104个，生育后期QTL 40个，生育前期/后期及其比值QTL 15个（2017/03/21）。而采用关联分析方法，Zhang等[162]通过对309份美国农业部收集的大豆品种进行全基因组关联分析，分别获得了27个生育前期、6个全生育期及18个生育后期QTL位点。Rodrigo等[163]采用141个热带大豆品种在巴西试验，采用GWAS方法获得了72个全生育期和40个初花期QTL位点。最近几年，大豆在中亚地区发展迅速，如大豆2006年在哈萨克斯坦仅种植45 000 $hm^2$，而至2016年已达到120 000 $hm^2$[164]。Zatybekov等[164]采用113份材料在哈萨克斯坦全境进行试验，对包括生育期相关性状在内的多个表型性状进行GWAS定位，为该国大豆发展提供了基础。

相对于生育期相关性状，大豆其他性状如籽粒性状、株型和产量性状的研究仍需加强。虽然没有确定到相关功能基因，但检测到了大量QTL信息。大豆籽粒性状包括籽粒的外形（如粒长、粒宽、粒厚等），粒重（如百粒重），发芽相关（如硬实，出苗率等），营养性状（如蛋白质含量、油脂含量及其相关组分构成），次级代谢产物（如异黄酮等物质）等。生产上最常考察的性状则是百粒重及蛋白质含量、油脂含量。作为重要的产量及商品性相关的性状，百粒重性状已经报道了大量QTL位点。目前，SoyBase上已经报道了314个相关位点（2017/03/21）。这些位点分布在所有的染色体上，这表明了该性状的复杂性。Zhang等[122]通过对366份中国大豆地方品种进行GWAS分析，检测到了55个QTL及其263个等位变异（alleles），并且注释了39个候选基因。Yan等[165]通过对166个大豆品种进行关联分析，获得了17个控制百粒重性状的QTL。大豆蛋白质与油脂含量是大豆两个重要的品质性状，然而大部分研究认为这两个性状间存在显著的负相关。SoyBase中报道了312个与油脂含量相关、231个与蛋白质含量相关的QTL。Bandillo等[166]通过对美国种质库中超过12 000份材料进行关联分析，发现有些位点同时影响了蛋白质和油脂性状，特别是在15号染色体（Chr 15）和20号染色体（Chr 20）上。

大豆株型包括一系列性状，如分枝、株高、叶形及其分布、花序形态等，它不仅包括植株各器官空间排列方式和形态特征，而且包括与作物群体光合作用直接相关的生理机能性状。这些性状中，大豆常规考察的农艺性状通常包括株高、主茎节数等。产量是大豆生产的核心问题，但受多种因素的影响。杜维广[167]认为生物量、表观收获指数、生育期等是产量相关的重要性状，而产量构成单个要素如百粒重、单株荚数、每荚粒数等对产量改良没有明显效果。前人对影响产量的各因素均进行过相关研究，如环境条件（如水分[168, 169]、光照[170]、气象因子[171, 172]、土壤养分[173]等）、栽培方式（如密度、播期、行株距等）[174, 175]、品种改良等。盖钧镒[176]研究表明，品种改良是决定大豆增产的根本依据，肥料农药的投入和栽培技术是实现大豆品种潜力的必要保证。我国大豆生产较世界主要的生产国水平较低，造成这种现象的原因是多样的，单产水平低是影响我国大豆生产的关键因素[39]。农业生产本质上是植物储存光能的过程，实现大豆超高产有赖于单位面积上光能利用效率的提高[177]。为此，作物科学家提出了株型和群体结构最优化的问题。狭义的大豆株型仅指植株高效受光态势的茎叶构成，一般指大豆植株的高低、分枝、分枝长度和分枝角度等；广义上则几乎包括与光能截取和利用密切相关的全株形态和生理性状，又称作理想株型[178]。赵团结等[179]总结前人对理想株型的构成及特点的描述，将我国对理想株型的研究归纳为3个阶段，第一个阶段为早期单一株型性状的研究，第二个阶段是根据已有品种对外延推测研究方法的探索，第三个阶段是从超高产实践探索的理想株型，但总的来说，目前理想株型仍处于探索阶段，有待进一步研究。

目前，SoyBase 上已经收录了 244 个有关株高的 QTL，而仅收集到 37 个主茎节数 QTL。除此之外，也对这些性状进行了关联分析。Zhang 等[162]通过 309 份材料定位了 27 个株高相关 QTL；Zhang 等[180]通过 219 份材料定位到 3 个株高相关 QTL；Rodrigo 等[181]通过 169 份材料定位到 28 个控制株高的 SNP；Sonah 等[182]通过 304 份材料定位到 1 个株高相关位点；Fang 等[183]通过对 809 份材料的研究定位到 9 个相关位点。而对主茎节数，Fang 等[183]定位到 12 个位点；Zhang 等[180]通过 219 份材料定位到 8 个相关位点。

SoyBase 中收录了多个产量相关性状的 QTL。地上部生物量虽然对大豆高产有重要影响，但对该性状的 QTL 定位研究较少，SoyBase 中仅收录了与该性状类似的茎重量、植株重量及粒重的共 39 个 QTL，分别为 6 个、5 个及 28 个。SoyBase 中收录了多达 165 个产量（seed yield）QTL、48 个主茎荚数（pod number）QTL，而未收录表观收获指数相关 QTL。

随着对不同性状间 QTL 定位研究的加深，越来越多的研究表明，大豆中各性状的遗传基础间存在着广泛的关联。如 Li 等[124]通过 GWAS 方法对 NAM 群体进行初花期定位，获得了多达 139 个 QTL，而这些 QTL 的候选基因则涉及多个生物途径。Fang 等[183]对 809 个代表全球的大豆品种的包括生育期相关性状在内的 84 个性状进行了 GWAS 定位，并构建了这些性状间的网络，在构成的网络中存在着一些明显的节点，这些节点同时控制着多个性状。

## 五、东北大豆资源群体的再搜集和研究

### （一）东北代表性大豆资源群体在东北各地区的生态试验

1. 东北大豆种质资源群体的再搜集

在过去一段时间，国内大豆产业特别是种业受到较大冲击，虽然我国对种质资源的保护和利用特别重视，但一些主要科研和育种单位仍存在着种质资源丢失的问题。为了进一步保护和挖掘东北地区种质资源，本团队于 2010—2012 年间根据王彬如等[184]的东北春大豆区划结果，从东北主要生态区内的主要育种单位重新征集了 1923—2012 年间育种和生产上常用的地方品种、育成品种及在育种上广泛使用的少部分国外种质，共 361 份（表 0－1）。

**表 0－1　东北大豆种质资源群体品种编号、名称及其来源**

| 编号 | 名称 | 来源 | 编号 | 名称 | 来源 | 编号 | 名称 | 来源 |
|---|---|---|---|---|---|---|---|---|
| F001 | 黑河 28 | 黑龙江 | F010 | 北豆 38 | 黑龙江 | F019 | 九丰 2 号 | 黑龙江 |
| F002 | 东大 1 号 | 黑龙江 | F011 | 孙吴大白眉 | 黑龙江 | F020 | 东农 49 | 黑龙江 |
| F003 | 丰收 24 | 黑龙江 | F012 | 蒙豆 9 号 | 内蒙古 | F021 | 黑河 50 | 黑龙江 |
| F004 | 东农 45 | 黑龙江 | F013 | 蒙豆 19 | 内蒙古 | F022 | 北豆 24 | 黑龙江 |
| F005 | 黑河 7 号 | 黑龙江 | F014 | 黑河 32 | 黑龙江 | F023 | 北丰 9 号 | 黑龙江 |
| F006 | 蒙豆 11 | 内蒙古 | F015 | 丰收 11 | 黑龙江 | F024 | 黑河 24 | 黑龙江 |
| F007 | 北丰 3 号 | 黑龙江 | F016 | 黑河 29 | 黑龙江 | F025 | 黑河 52 | 黑龙江 |
| F008 | 黑河 33 | 黑龙江 | F017 | 北豆 16 | 黑龙江 | F026 | 垦鉴豆 27 | 黑龙江 |
| F009 | 黑河 40 | 黑龙江 | F018 | 华疆 2 号 | 黑龙江 | F027 | 黑河 38 | 黑龙江 |

续表 0 - 1

| 编号 | 名称 | 来源 | 编号 | 名称 | 来源 | 编号 | 名称 | 来源 |
|---|---|---|---|---|---|---|---|---|
| F028 | 黑河 19 | 黑龙江 | F064 | 丰收 21 | 黑龙江 | F100 | 吉育 83 | 吉林省 |
| F029 | 蒙豆 26 | 内蒙古 | F065 | 蒙豆 12 | 内蒙古 | F101 | 垦鉴豆 4 号 | 黑龙江 |
| F030 | 红丰 3 号 | 黑龙江 | F066 | 蒙豆 28 | 内蒙古 | F102 | 垦丰 19 | 黑龙江 |
| F031 | 黑河 43 | 黑龙江 | F067 | 北豆 9 号 | 黑龙江 | F103 | 合丰 39 | 黑龙江 |
| F032 | 丰收 17 | 黑龙江 | F068 | 东农 38 | 黑龙江 | F104 | CN210（Franklin） | 美国 |
| F033 | 北豆 23 | 黑龙江 | F069 | 垦丰 7 号 | 黑龙江 | F105 | 合丰 51 | 黑龙江 |
| F034 | 黑河 45 | 黑龙江 | F070 | 蒙豆 10 | 内蒙古 | F106 | 合丰 35 | 黑龙江 |
| F035 | 垦鉴豆 28 | 黑龙江 | F071 | 北豆 30 | 黑龙江 | F107 | 合丰 30 | 黑龙江 |
| F036 | 黑河 27 | 黑龙江 | F072 | 黑河 36 | 黑龙江 | F108 | 嫩丰 9 号 | 黑龙江 |
| F037 | 北豆 14 | 黑龙江 | F073 | 黑河 53 | 黑龙江 | F109 | Beeson | 美国 |
| F038 | 东农 43 | 黑龙江 | F074 | 蒙豆 14 | 内蒙古 | F110 | 黑农 30 | 黑龙江 |
| F039 | 北豆 5 号 | 黑龙江 | F075 | 北豆 3 号 | 黑龙江 | F111 | 合丰 25 | 黑龙江 |
| F040 | 蒙豆 5 号 | 内蒙古 | F076 | 垦农 8 号 | 黑龙江 | F112 | 牡丰 3 号 | 黑龙江 |
| F041 | 蒙豆 16 | 内蒙古 | F077 | 东生 1 号 | 黑龙江 | F113 | 东农 46 | 黑龙江 |
| F042 | 丰收 19 | 黑龙江 | F078 | 垦农 30 | 黑龙江 | F114 | 嫩丰 13 | 黑龙江 |
| F043 | 黑河 8 号 | 黑龙江 | F079 | 绥农 20 | 黑龙江 | F115 | 黑农 31 | 黑龙江 |
| F044 | 黑河 18 | 黑龙江 | F080 | 垦农 34 | 黑龙江 | F116 | 黑河 20 | 黑龙江 |
| F045 | 蒙豆 6 号 | 内蒙古 | F081 | 丰收 6 号 | 黑龙江 | F117 | 北豆 10 | 黑龙江 |
| F046 | 克山 1 号 | 黑龙江 | F082 | 绥农 15 | 黑龙江 | F118 | 牡丰 1 号 | 黑龙江 |
| F047 | 北豆 20 | 黑龙江 | F083 | 垦农 29 | 黑龙江 | F119 | 紫花 1 号 | 吉林省 |
| F048 | 垦鉴豆 38 | 黑龙江 | F084 | 合丰 22 | 黑龙江 | F120 | 绥农 6 号 | 黑龙江 |
| F049 | 垦丰 21 | 黑龙江 | F085 | 垦丰 22 | 黑龙江 | F121 | 红丰 8 号 | 黑龙江 |
| F050 | 丰收 10 | 黑龙江 | F086 | 黑农 35 | 黑龙江 | F122 | 垦农 24 | 黑龙江 |
| F051 | 合丰 40 | 黑龙江 | F087 | 黑生 101 | 黑龙江 | F123 | 北豆 18 | 黑龙江 |
| F052 | 绥农 8 号 | 黑龙江 | F088 | 延农 9 号 | 吉林省 | F124 | 合丰 23 | 黑龙江 |
| F053 | 北疆 2 号 | 黑龙江 | F089 | 黑河 51 | 黑龙江 | F125 | 合丰 47 | 黑龙江 |
| F054 | 红丰 12 | 黑龙江 | F090 | 合丰 46 | 黑龙江 | F126 | 阿姆索（Amsoy） | 美国 |
| F055 | 丰收 25 | 黑龙江 | F091 | 丰收 12 | 黑龙江 | F127 | 绥农 3 号 | 黑龙江 |
| F056 | 合丰 42 | 黑龙江 | F092 | 垦农 28 | 黑龙江 | F128 | 蒙豆 30 | 内蒙古 |
| F057 | 哈北 46 - 1 | 黑龙江 | F093 | 合丰 26 | 黑龙江 | F129 | 红丰 11 | 黑龙江 |
| F058 | 黑河 48 | 黑龙江 | F094 | 嫩丰 12 | 黑龙江 | F130 | 丰收 2 号 | 黑龙江 |
| F059 | 九丰 4 号 | 黑龙江 | F095 | 十胜长叶 | 日本 | F131 | 合丰 5 号 | 黑龙江 |
| F060 | 合丰 29 | 黑龙江 | F096 | 黑农 28 | 黑龙江 | F132 | 东农 50 | 黑龙江 |
| F061 | 蒙豆 36 | 内蒙古 | F097 | 白宝珠 | 黑龙江 | F133 | 黑农 10 | 黑龙江 |
| F062 | 克交 4430 - 20 | 黑龙江 | F098 | 垦农 18 | 黑龙江 | F134 | 绥农 5 号 | 黑龙江 |
| F063 | 黑农 6 号 | 黑龙江 | F099 | 垦丰 20 | 黑龙江 | F135 | 北豆 8 号 | 黑龙江 |

续表 0-1

| 编号 | 名称 | 来源 | 编号 | 名称 | 来源 | 编号 | 名称 | 来源 |
|---|---|---|---|---|---|---|---|---|
| F136 | 垦丰 13 | 黑龙江 | F172 | 黑农 23 | 黑龙江 | F208 | 垦丰 17 | 黑龙江 |
| F137 | 牡丰 2 号 | 黑龙江 | F173 | 红丰 2 号 | 黑龙江 | F209 | 绥农 22 | 黑龙江 |
| F138 | 嫩丰 17 | 黑龙江 | F174 | 北豆 21 | 黑龙江 | F210 | 东农 54 | 黑龙江 |
| F139 | 元宝金 | 吉林省 | F175 | 东农 48 | 黑龙江 | F211 | 长农 24 | 吉林省 |
| F140 | 垦丰 14 | 黑龙江 | F176 | 合丰 45 | 黑龙江 | F212 | 垦鉴豆 26 | 黑龙江 |
| F141 | 绥无腥 1 号 | 黑龙江 | F177 | 合丰 50 | 黑龙江 | F213 | 绥农 35 | 黑龙江 |
| F142 | 克拉克 63（Clark63） | 美国 | F178 | 绥农 10 | 黑龙江 | F214 | 黑农 64 | 黑龙江 |
| F143 | 垦农 19 | 黑龙江 | F179 | 牡丰 6 号 | 黑龙江 | F215 | 黑农 65 | 黑龙江 |
| F144 | 垦鉴豆 35 | 黑龙江 | F180 | 嫩丰 19 | 黑龙江 | F216 | 垦农 22 | 黑龙江 |
| F145 | 北丰 11 | 黑龙江 | F181 | 垦丰 23 | 黑龙江 | F217 | 垦丰 10 | 黑龙江 |
| F146 | 垦豆 25 | 黑龙江 | F182 | 绥农 30 | 黑龙江 | F218 | 垦丰 16 | 黑龙江 |
| F147 | 垦豆 27 | 黑龙江 | F183 | 绥农 4 号 | 黑龙江 | F219 | 绥农 34 | 黑龙江 |
| F148 | 嫩丰 1 号 | 黑龙江 | F184 | 黑农 26 | 黑龙江 | F220 | 黑农 11 | 黑龙江 |
| F149 | 嫩丰 18 | 黑龙江 | F185 | 垦丰 15 | 黑龙江 | F221 | 东农 52 | 黑龙江 |
| F150 | 垦农 26 | 黑龙江 | F186 | 合丰 33 | 黑龙江 | F222 | 垦豆 26 | 黑龙江 |
| F151 | 合农 60 | 黑龙江 | F187 | 东农 4 号 | 黑龙江 | F223 | 绥农 26 | 黑龙江 |
| F152 | 绥农 14 | 黑龙江 | F188 | 群选 1 号 | 吉林省 | F224 | 黑农 33 | 黑龙江 |
| F153 | 吉育 69 | 吉林省 | F189 | 垦农 5 号 | 黑龙江 | F225 | 垦鉴豆 7 号 | 黑龙江 |
| F154 | 嫩丰 4 号 | 黑龙江 | F190 | 北豆 22 | 黑龙江 | F226 | 黑农 16 | 黑龙江 |
| F155 | 绥农 27 | 黑龙江 | F191 | 荆山璞 | 黑龙江 | F227 | 抗线 2 号 | 黑龙江 |
| F156 | 吉育 69 | 吉林省 | F192 | 嫩丰 7 号 | 黑龙江 | F228 | 吉育 87 | 吉林省 |
| F157 | 抗线 5 号 | 黑龙江 | F193 | 黑农 57 | 黑龙江 | F229 | 垦农 23 | 黑龙江 |
| F158 | 黑农 41 | 黑龙江 | F194 | 垦丰 11 | 黑龙江 | F230 | 抗线 6 号 | 黑龙江 |
| F159 | 垦鉴豆 43 | 黑龙江 | F195 | 垦农 31 | 黑龙江 | F231 | 绥农 31 | 黑龙江 |
| F160 | 北丰 14 | 黑龙江 | F196 | 黑农 43 | 黑龙江 | F232 | 东农 47 | 黑龙江 |
| F161 | 合丰 43 | 黑龙江 | F197 | 垦豆 30 | 黑龙江 | F233 | 东农 42 | 黑龙江 |
| F162 | 合丰 56 | 黑龙江 | F198 | 丰收 27 | 黑龙江 | F234 | 黑农 47 | 黑龙江 |
| F163 | 黑农 3 号 | 黑龙江 | F199 | 黑农 44 | 黑龙江 | F235 | 黑农 53 | 黑龙江 |
| F164 | 嫩丰 14 | 黑龙江 | F200 | 绥农 33 | 黑龙江 | F236 | 垦丰 9 号 | 黑龙江 |
| F165 | 抗线 4 号 | 黑龙江 | F201 | 九农 29 | 吉林省 | F237 | 牡丰 7 号 | 黑龙江 |
| F166 | 吉林 48 | 吉林省 | F202 | 绥农 32 | 黑龙江 | F238 | 嫩丰 20 | 黑龙江 |
| F167 | 垦农 4 号 | 黑龙江 | F203 | 四粒黄 | 黑龙江 | F239 | 绥农 29 | 黑龙江 |
| F168 | 合丰 55 | 黑龙江 | F204 | 九农 13 | 吉林省 | F240 | 吉育 58 | 吉林省 |
| F169 | 吉林 26 | 吉林省 | F205 | 吉育 57 | 吉林省 | F241 | 合丰 48 | 黑龙江 |
| F170 | 黑农 34 | 黑龙江 | F206 | 吉育 63 | 吉林省 | F242 | 黑农 54 | 黑龙江 |
| F171 | 早铁荚青 | 黑龙江 | F207 | 垦丰 5 号 | 黑龙江 | F243 | 黑农 48 | 黑龙江 |

续表 0－1

| 编号 | 名称 | 来源 | 编号 | 名称 | 来源 | 编号 | 名称 | 来源 |
|---|---|---|---|---|---|---|---|---|
| F244 | 垦豆 28 | 黑龙江 | F280 | 黑农 62 | 黑龙江 | F316 | 天鹅蛋 | 辽宁 |
| F245 | 黑农 61 | 黑龙江 | F281 | 吉育 73 | 吉林省 | F317 | 黄宝珠 | 吉林省 |
| F246 | 吉科 1 号 | 吉林省 | F282 | 吉科 3 号 | 吉林省 | F318 | 长农 14 | 吉林省 |
| F247 | 四粒黄（吉林） | 吉林省 | F283 | 九农 12 | 吉林省 | F319 | 吉林 3 号 | 吉林省 |
| F248 | 抗线 8 号 | 黑龙江 | F284 | 吉林 39 | 吉林省 | F320 | 吉育 93 | 吉林省 |
| F249 | 垦丰 18 | 黑龙江 | F285 | 长农 19 | 吉林省 | F321 | 吉育 101 | 吉林省 |
| F250 | 牡豆 8 号 | 黑龙江 | F286 | 九农 31 | 吉林省 | F322 | 吉林 1 号 | 吉林省 |
| F251 | 黑农 40 | 黑龙江 | F287 | 东农 37 | 黑龙江 | F323 | 通农 9 号 | 吉林省 |
| F252 | 吉育 64 | 吉林省 | F288 | 黑农 51 | 黑龙江 | F324 | 吉育 88 | 吉林省 |
| F253 | 黑农 67 | 黑龙江 | F289 | 九农 28 | 吉林省 | F325 | 吉育 91 | 吉林省 |
| F254 | 吉育 67 | 吉林省 | F290 | 吉育 92 | 吉林省 | F326 | 铁丰 19 | 辽宁 |
| F255 | 吉林 43 | 吉林省 | F291 | 抗线 7 号 | 黑龙江 | F327 | 九农 26 | 吉林省 |
| F256 | 铁豆 42 | 辽宁 | F292 | 紫花 4 号 | 黑龙江 | F328 | 吉育 86 | 吉林省 |
| F257 | 抗线 3 号 | 黑龙江 | F293 | 长农 15 | 吉林省 | F329 | 九农 33 | 吉林省 |
| F258 | 吉育 84 | 吉林省 | F294 | 长农 5 号 | 吉林省 | F330 | 长农 18 | 吉林省 |
| F259 | 吉育 59 | 吉林省 | F295 | 长农 13 | 吉林省 | F331 | 吉育 90 | 吉林省 |
| F260 | 嫩丰 15 | 黑龙江 | F296 | 长农 16 | 吉林省 | F332 | 通农 13 | 吉林省 |
| F261 | 黑农 32 | 黑龙江 | F297 | 九农 9 号 | 吉林省 | F333 | 吉育 75 | 吉林省 |
| F262 | 吉林 35 | 吉林省 | F298 | 长农 17 | 吉林省 | F334 | 吉育 71 | 吉林省 |
| F263 | 吉林 44 | 吉林省 | F299 | 通农 4 号 | 吉林省 | F335 | 九农 39 | 吉林省 |
| F264 | 长农 20 | 吉林省 | F300 | 吉育 48 | 吉林省 | F336 | 辽豆 3 号 | 辽宁 |
| F265 | 抗线 9 号 | 黑龙江 | F301 | 杂交豆 3 号 | 吉林省 | F337 | 铁丰 28 | 辽宁 |
| F266 | 黑农 39 | 黑龙江 | F302 | 铁荚子 | 吉林省 | F338 | 吉林 30 | 吉林省 |
| F267 | 黑农 58 | 黑龙江 | F303 | 吉育 89 | 吉林省 | F339 | 长农 22 | 吉林省 |
| F268 | 黑农 37 | 黑龙江 | F304 | 吉育 34 | 吉林省 | F340 | 吉农 9 号 | 吉林省 |
| F269 | 吉育 72 | 吉林省 | F305 | 九农 30 | 吉林省 | F341 | 九农 36 | 吉林省 |
| F270 | 东农 53 | 黑龙江 | F306 | 长农 23 | 吉林省 | F342 | 九农 34 | 吉林省 |
| F271 | 吉育 47 | 吉林省 | F307 | 吉育 39 | 吉林省 | F343 | 丰地黄 | 吉林省 |
| F272 | 吉育 35 | 吉林省 | F308 | 铁丰 3 号 | 辽宁 | F344 | 吉林 5 号 | 吉林省 |
| F273 | 黑农 52 | 黑龙江 | F309 | 铁荚四粒黄 | 吉林省 | F345 | 吉农 22 | 吉林省 |
| F274 | 吉林 20 | 吉林省 | F310 | 满仓金 | 吉林省 | F346 | 通化平顶香 | 吉林省 |
| F275 | 吉育 43 | 吉林省 | F311 | 小金黄 1 号 | 吉林省 | F347 | 辽豆 4 号 | 辽宁 |
| F276 | 吉育 85 | 吉林省 | F312 | 吉林 24 | 吉林省 | F348 | 辽豆 14 | 辽宁 |
| F277 | 黑农 69 | 黑龙江 | F313 | 吉农 15 | 吉林省 | F349 | 辽豆 15 | 辽宁 |
| F278 | 长农 21 | 吉林省 | F314 | 集体 3 号 | 吉林省 | F350 | 辽豆 17 | 辽宁 |
| F279 | 四粒荚 | 黑龙江 | F315 | 东农 33 | 黑龙江 | F351 | 辽豆 20 | 辽宁 |

续表 0－1

| 编号 | 名称 | 来源 | 编号 | 名称 | 来源 | 编号 | 名称 | 来源 |
|---|---|---|---|---|---|---|---|---|
| F352 | 辽豆 22 | 辽宁 | F356 | 铁丰 22 | 辽宁 | F360 | 铁丰 34 | 辽宁 |
| F353 | 辽豆 23 | 辽宁 | F357 | 铁丰 24 | 辽宁 | F361 | 铁豆 39 | 辽宁 |
| F354 | 辽豆 24 | 辽宁 | F358 | 铁丰 29 | 辽宁 | | | |
| F355 | 辽豆 26 | 辽宁 | F359 | 铁丰 31 | 辽宁 | | | |

注：编号指牡丹江分院品种编号。

该群体不仅具有衍生后代多的特点，而且在产量、油脂产量、抗病等性状上具有代表性。群体构成如表 0－2，这 361 份材料是由 335 个育成品种（其中包括两个来源的吉育 69）、8 个地方品种、5 个国外品种及 13 个缺失系谱信息的育成品种构成的。从育成时期看，P－1 时期（1920 年之前）仅收集到 1 份材料，而 P－4 时期（1978 年之后）的材料占群体的 85.6%；从地理来源看，来源于松花江地区的品种远多于其他亚区，而高寒地区的品种数目多于辽河地区，两地区间材料数的差异主要体现在 P－4 时期。需要说明的是，地方品种和外来品种的释放时间为其收集或其首次作为亲本使用的时间，部分缺少系谱资料的育成品种释放的时间通过咨询相关单位或根据育成单位释放相邻编号品种的时间推断。

**表 0－2　东北大豆种质资源群体的构成**

| 地理群体 | 时期（整个群体） | | | | | 时期（育成群体） | | | |
|---|---|---|---|---|---|---|---|---|---|
| | P－1 | P－2 | P－3 | P－4 | 总计 | P－2 | P－3 | P－4 | 总计 |
| 辽河地区 | 0 | 0 | 3 | 18 | 21 | 0 | 2 | 18 | 20 |
| 松花江地区 | 1 | 7 | 37 | 220 | 265 | 7 | 30 | 205 | 242 |
| 高寒地区 | 0 | 0 | 4 | 71 | 75 | 0 | 3 | 69 | 72 |
| 东北地区 | 1 | 7 | 44 | 309 | 361 | 7 | 35 | 292 | 334 |

| 育成年代 | 地区 | | | | | 总计 |
|---|---|---|---|---|---|---|
| | 黑龙江 | 吉林省 | 辽宁 | 内蒙古 | 其他 | |
| 1916—1970 | 16 | 15 | 2 | | | 33 |
| 1971—1980 | 13 | 2 | 1 | | | 16 |
| 1981—1990 | 29 | 6 | 4 | | | 39 |
| 1991—2000 | 33 | 10 | 2 | 2 | | 47 |
| 2001—2012 | 134 | 52 | 12 | 11 | | 209 |
| 不明 | 8 | 4 | | | 5 | 17 |
| 总计 | 233 | 89 | 21 | 13 | 5 | 361 |

注：P－1：1920 年之前；P－2：1920—1945 年；P－3：1945—1978 年；P－4：1978 年之后。

2. 东北大豆种质资源群体表型试验

东北地区地域广大，自然条件差异较大。为尽可能代表东北地区的气候类型，我们根据王彬如[184]、潘铁夫[185]、马庆文[186]等对东北地区大豆气候生态区的划分，选取代表东北主要生态区的北安、扎兰屯、克山、牡丹江、佳木斯、大庆、长春、白城、铁岭 9 个试验点，于 2012—2014

年间开展相关表型试验。各试验点基本地理、气象资料见表0－3。

将361份东北春大豆按照生育期长度分为极早熟、早熟、中早熟、中熟、中晚熟、晚熟6组。采用重复内分组试验设计，4次重复，每小区面积1 $m^2$，穴播，每小区4穴，每穴保留4株，初花时至少拥有2穴、每穴中至少3株的小区参与调查。各试验点采用常规田间管理，对生育期性状、籽粒性状、株型性状及产量性状进行调查。

表0－3　各试验点的地理、气象基本资料

| 试验地点 | 纬度（N） | 经度（E） | 海拔/m | 有效积温/℃·d | 干燥度 | 降水/mm | 夏至可照时数/h |
|---|---|---|---|---|---|---|---|
| 北安 | 48.24° | 126.29° | 267.6 | 1 900～2 300 | 0.8 | 500～600 | 15.93～16.92 |
| 扎兰屯 | 48.09° | 122.42° | 316.6 | 1 800～2 300 | 1.2～1.4 | 400～450 | 15.93～16.92 |
| 克山 | 48.02° | 125.52° | 218.5 | 2 300～2 550 | 0.8～1.2 | 500～600 | 15.69～15.98 |
| 牡丹江 | 44.33° | 129.37° | 242.1 | 2 550～2 800 | 0.8～1.2 | 500～600 | 15.69～15.84 |
| 佳木斯 | 46.80° | 130.40° | 80.0 | 2 550～2 800 | 0.8～1.2 | 500～600 | 15.69～15.84 |
| 大庆 | 46.58° | 125.16° | 142.4 | 2 550～2 900 | 1.2～1.4 | 350～500 | 15.72～15.98 |
| 长春 | 43.88° | 125.26° | 225.3 | 2 800～3 050 | 0.8～1.2 | 500～700 | 15.43～15.69 |
| 白城 | 45.62° | 122.83° | 1 530.0 | 2 800～3 050 | 1.2～1.4 | 350～500 | 15.43～15.72 |
| 铁岭 | 42.17° | 123.50° | 66.7 | 3 050～3 300 | 0.9～1.2 | 500～800 | 15.19～15.43 |

注：干燥度 $0.16\sum t/r$（$t$ 为大于10 ℃·d有效积温，$r$ 为同期降水量）。

对生育期性状，按Fehr（1977年）[187]提出的大豆生育时期鉴定方法，调查播种期、出苗期、R1、R2、R8时期，当地霜降时未达到成熟标准的材料仅记录其所达到的生育时期。具体调查项目如下：

播种期：播种当天的日期，以月/日表示。

始花期（R1）：主茎的任何节位上有一朵花开放的植株达小区株数50%以上的日期。

盛花期（R2）：主茎最上部具有充分生长叶片的两个节之中任何一个节位上开花的植株达小区株数50%以上的日期。

完熟期（R8）：全株95%的豆荚达到正常的成熟色泽的植株占小区株数50%以上，种子含水量低于15%的日期。

初花期/生育前期：播种至R1所需的天数。

生育后期：R1至R8所需的天数。

全生育期：播种至R8所需的天数。

生育期结构：初花期天数与全生育期天数的比值。

籽粒性状调查百粒重、蛋白质含量、油脂含量及蛋脂总量，其调查标准如下：

百粒重：将小区植株混合收获，室内脱粒后，随机选取100粒，称重，重量单位为克（g）。

蛋白质及油脂含量的测定：为降低误差，各试验点将收获的各小区种子送至南京农业大学，统一采用FOSS近红外谷物分析仪Infratec TM 1241测定蛋白质、油脂含量。

蛋脂总量为蛋白质与油脂含量的总和。

株型与产量按照邱丽娟和常汝镇[188]的标准进行调查，在品种收获后测量地上部生物量、表观收获指数、产量、主茎荚数、倒伏。地上部生物量和产量换算为 $t/hm^2$。调查标准如下：

地上部生物量：从子叶痕部剪取植株的自然风干重量，记载为重量/穴，重量单位为克（g）。

产量：指符合考种条件的籽粒产量，记载为重量/小区，重量单位为克（g）。

表观收获指数：每穴粒重除以地上部生物量。

主茎荚数：植株主茎上的荚数。

倒伏等级：成熟后期，根据植株倒伏程度分为 4 级。

1 级：不倒伏，全部植株直立，无倾斜。

2 级：倒伏轻，植株倾斜不超过 15°，或 0 < 倒伏植株率≤25%。

3 级：倒伏重，大部分植株倾斜倒伏，但倾斜不超过 45°，或 50% < 倒伏植株率≤75%。

4 级：倒伏严重，植株倾斜超过 45°，或倒伏植株率 > 75%。

上述调查项目中，主茎荚数性状仅在 2013 年调查，分枝数目在 2012—2013 年调查。地上部生物量和产量换算为 $t/hm^2$。生长期间气象资料由各试验点提供。

为便于识别东北大豆种质资源群体各材料的形态特征和系谱来源，对各材料的叶、花、植株和种子摄像并根据“中国大豆育成品种系谱与种质基础（1923—2005）”[59]画出亲本系谱图，加上简要的品种来源、产量表现、特征特性、形态特征和栽培要点，汇编成“东北大豆种质资源群体图谱与系谱”，放在书末，归为第九章（同时将高像素相片置于电子稿中）。

### （二）东北代表性大豆资源群体的分子标记构成

本研究对东北大豆种质资源群体（361 份）进行 RAD - seq（restriction - site - association DNA sequencing），所有的测序工作在深圳华大基因进行。采用 CTAB[189]法从这些材料的新鲜大豆幼苗叶片中提取 DNA，通过 Illumina 的 HiSeq 2000 并采用多元鸟枪法进行基因分析[190]。累计读取序列长度 122.72 Gb，每个序列长度在 400 ~ 600 bp 间，测序深度约为 4.21 × 倍，覆盖度约 3.42%。测序获得的序列参考 Wm82. a1. v. 1. 1[125]，利用 SOAP2 软件[191]进行比对，参数包括序列相似性、两端相似性和序列质量等。然后利用 realSFS 寻找 SNP 位点，最终以“缺失和杂合率≤20%”和最小等位基因（MAF）≥1% 为标准选择 SNP 位点[192]。其中杂合行位点用缺失位点代替并利用 fastPHASE[193]软件对缺失数据进行填补，最终获得 82 966 SNPs。图 0 - 2A 为 SNP 在各染色体中的分布。

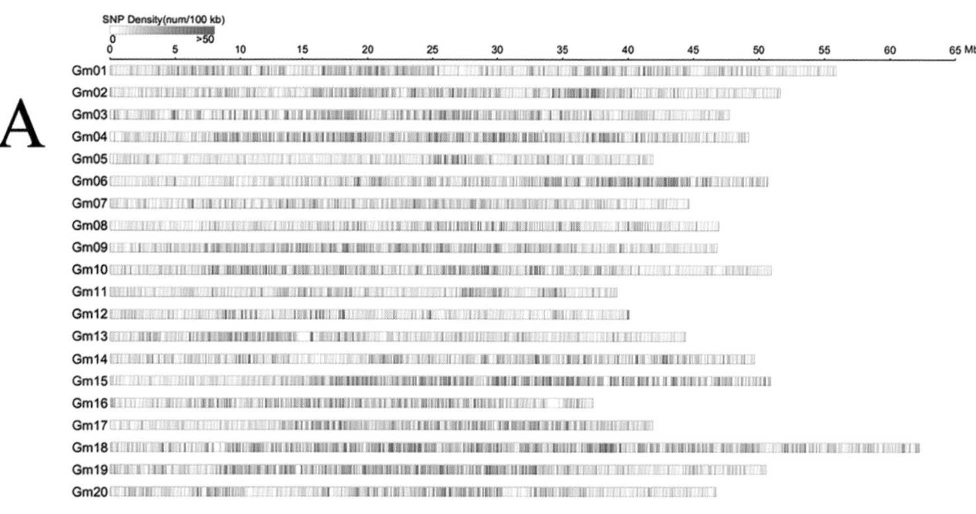

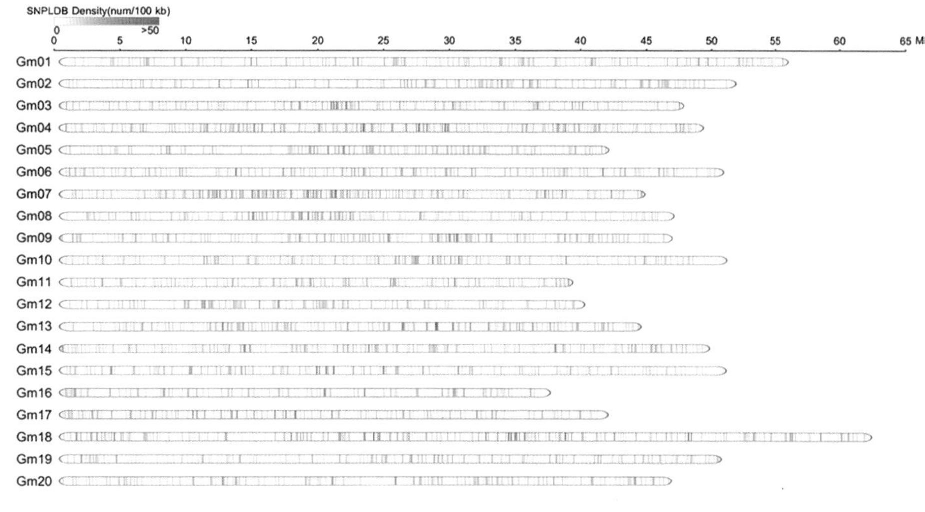


**图 0-2 各染色体 SNP 和 SNPLDB 标记分布情况图示**

注：图示中左侧数字 01~20 分别代表大豆基因组中 1~20 号染色体，其中 A 为 SNP 的分布图示，B 为 SNPLDB 的分布图示。

由于 SNP 标记不具备复等位变异的特性，在自然群体研究中会丢失相关信息。本研究采用 He 等[121]提出的方法将基因组序列按连锁不平衡水平（LD）划分为基因组区段，每区段内含有若干个 SNP，因而每区段可能有多个单倍型，将同区段的多个单倍型看作同一位点的复等位变异。这种具有复等位变异的基因组标记称为 SNPLDB 标记。具体的构建方法：采用 Haploview 软件[194]进行 SNPLDB 划分[195]，通过计算 200 kb 范围内标记间的 $D'$值，若 95% 以上的 SNP 标记的 $D' \geq 0.7$，则认为是同一个区段，游离的单个 SNP 也被认为是一个独立的 SNPLDB 标记。本群体最终构建了 15 501 个 SNPLDB 标记，共含有 41 337 个等位变异。图 0-2B 为 SNPLDB 在各染色体中的分布，SNPLDB 的密度显然小于 SNP，而且均匀度也好一些。这些 SNPLDB 标记和等位变异的信息将在后续各章中仔细分析并用于 QTL 关联定位和优化组合设计。

为便于读者查考，本研究中有关东北大豆种质资源群体各材料、各性状、各试验点 2013、2014 两年的平均数列在附表Ⅰ（附表Ⅰ-1~附表Ⅰ-18）；群体各材料的 SNPLDB 及其等位变异构成列在附表Ⅱ；群体各材料、各性状 QTL 定位信息列在附表Ⅲ（附表Ⅲ-1~附表Ⅲ-18），各性状 QTL 等位变异效应的信息列在附表Ⅳ（附表Ⅳ-1~附表Ⅳ-18）。这些数据因数量大，未以纸质版印出，而纳入电子版中。

# 第一章　东北栽培大豆资源群体的形成、扩展与遗传/基因组分化

## 第一节　东北栽培大豆群体遗传基础的形成与扩展

### 一、栽培大豆在东北的传播与发展

东北地区是我国大豆主产区之一，产量及种植面积占全国约 60%[49]。有学者曾依据东北地区具有广泛的半野生大豆和许多当地大豆品种具有原始性，以及古农史记录、考古资料等认为东北地区为大豆起源中心，但这些证据均不足以支撑东北地区作为大豆起源中心的假设[196]。事实上，东北地区在历史上主要为游牧地区，该地区的耕地在明末清初时仅仅开发了辽河地区[197]。

在辽金时期（公元 907—1234 年）东北地区已经有大规模开发农耕经济的记录，其中就有种植大豆的记录[198]。但该地区建立的农耕经济在多次的战争中消失，至后金（清）统一女真各部前，东北地区仍以游牧、射猎为主[199]。由于清朝初期招民垦荒，关内移民迁入东北，大豆在辽河地区种植[38]。东北大豆迅速发展是在 1860 年后，日俄战争（1904—1905 年）后随南满铁路沿线扩展到松花江地区[38, 200]。其后大豆生产重心逐渐向松花江地区转移，至 20 世纪 20 年代就已经从辽河地区转移至松花江地区[38]。大豆生产在该阶段发展迅速，其面积、产量在 1908 年为 154.3 万 $hm^2$、107.5 万 t，而至 1918 年则增长至 206.8 万 $hm^2$、158 万 t[39]。在此过程中，日本人于 1913 年在公主岭地区建立了东北地区第一个大豆育种中心，开始了科学育种工作[59]。

在“一战”后至日伪时期（1920—1945 年），东北大豆生产分为两个阶段。在九一八事变（1931 年）前，由于大规模人口流入及松花江地区进行开垦工作，大豆生产发展迅速，至 1931 年种植面积达 420.2 万 $hm^2$，产量在 1930 年达到最高，为 536 万 t[38]。而在 1931—1945 年期间，由于东北政局变动，社会动荡，加之自然灾害，农业生产遭到严重破坏。大豆种植面积及产量至 1944 年分别下降到约 320 万 $hm^2$、341 万 t[201]。在此期间，克山、哈尔滨、佳木斯、风城建立了一系列大豆育种机构，1923 年在公主岭农事试验场释放了第一个改良品种[59]。

在抗日战争取得胜利后至改革开放阶段（1945—1978 年），东北大豆生产及育种扩展至高寒地区，达到东北全境。大豆生产及育种中心仍在松花江地区，该时期大豆生产可分为两个阶段。在 1945—1957 年阶段，由于农村土地改革和合作社运动的正常发展，再加上大豆比较效益高，东北大豆种植面积及产量呈恢复性增长，种植面积、产量在 1957 年约为 502 万 $hm^2$、455 万 t[39, 43, 202]（1957 年大豆产量及面积按照 1957 年全国数据与东北地区在 1978 年全国的比例计算）。而在 1958—1978 年阶段，由于粮食供应短缺，单产较低的大豆种植面积大幅下降，而到 70 年代后，大豆种植比较效益的下降及政策的影响，使得大豆种植面积继续下降。至 1978 年，东北

大豆种植面积及产量则下降至 279.77 万 $hm^2$、340.5 万 t[39, 43]。而育种工作则在恢复伪满科研机构的基础上有所发展，释放了 126 个育成品种。

在改革开放后（1978 年后），东北大豆生产及育种重心呈向北部地区转移的趋势，该时段大豆生产可粗略分为两个时期。1978—2009 年阶段呈波动增长的趋势，种植面积在 2009 年达到 544.96 万 $hm^2$，而产量在 2004 年达到历史最高的 945.8 万 t。大豆生产在 2009 年后呈断崖式下跌，至 2013 年时面积及产量已分别降至 332.36 万 $hm^2$ 及 580.2 万 t。东北北部的黑龙江及内蒙古的大豆种植面积及产量在东北地区的占比从 1978 年的 60% 左右增长至 2013 年的 90%[203]。由于对大豆育种工作的重视，一系列国家育种计划促进了东北大豆育种工作的高速发展，至 2005 年，东北地区共释放了 541 个育成品种，满足了生产的需求。

综上，东北大豆清初时已在辽河地区种植，日俄战争（1904—1905 年）后向北扩展至松花江地区，1945—1978 年继续向北扩展至高寒地区。东北大豆生产在历史上历经多次起伏，生产重心则随着种植区域的扩展逐步向北转移，辽河地区、松花江地区及高寒地区分别为 1920 年前、1920—1978 年阶段、1978 年后的生产重心（表 1－1）。东北大豆生产三大区域的分布见图 1－1。

**表 1－1　东北大豆种植发展历程**

| 时期 | 种植范围 | 主产区 | 主要原因 | 育种发展 |
|---|---|---|---|---|
| P－1 时期：清末（1860 年第二次鸦片战争）至“一战”时期（1920 年前） | 辽河地区至松花江、嫩江、牡丹江地区 | 辽河地区 | 1. 清初已在辽河地区种植<br>2. 东北（营口）开埠、许开豆禁及移民开禁（1860 年）<br>3. 日俄战争（1904—1905 年），日本获得南满铁路经营权，大豆种植区域开始北移至松花江、嫩江、牡丹江地区<br>4. 辽河地区土地开垦饱和 | 种植地方品种，日本于 1913 年成立公主岭农试场 |
| P－2 时期：“一战”后至伪满时期（1920—1945 年） | 辽河地区至松花江、嫩江、牡丹江地区 | 松花江、嫩江、牡丹江地区（松花江地区） | 1. 大量移民涌入<br>2. “一战”后欧美市场需求<br>3. 九一八事变前，大面积垦荒<br>4. 伪满时期东北农业整体衰退，大豆种植面积、产量下降 | 1. 公主岭 1923 年育成满仓金<br>2. 伪满政权建立哈尔滨、克山、佳木斯及凤城农试场，培育了 15 个品种 |
| P－3 时期：抗日战争取得胜利后至改革开放时期（1945—1978 年） | 整个东北 | 松花江、嫩江、牡丹江地区（松花江地区） | 1945—1957 年间对伪满时期大豆种植的恢复，1957—1977 年间种植面积迅速缩小 | 在伪满研究基础上进一步发展，培育了 126 个品种 |
| P－4 时期：改革开放后（1978 年后） | 整个东北 | 逐步变为高寒地区（1983 年育成东农 36） | 1. 玉米等作物挤占了原来的大豆种植区<br>2. 培育出极早熟品种（以东农 36 为代表），大豆向玉米等作物不适应的高寒地区发展 | 1. 20 世纪 80 年代开始实施国家大豆育种计划<br>2. 育种单位和育种实力增长迅速，至 2005 年培育出 541 个品种 |

图 1－1　东北地区三地区示意图

注：A＝辽河流域；B＝松花江流域；C＝高寒地区。

## 二、东北大豆群体遗传基础的扩展

本研究采用系谱分析与分子数据相结合的方式对东北大豆群体遗传基础进行分析。其中通过系谱分析明确东北大豆群体随时间变化使用的祖先亲本数目及其贡献变化，通过分析 SNPLDB 标记的等位变异随时间的变化衡量东北大豆群体遗传基础的变化。

供试材料为东北大豆种质资源群体。在该章分析时，由于 P－1 时期仅搜集到 1 个材料（四粒黄），故将其并入 P－2 时期进行分析。这些材料（P－2）在本研究中也被称为东北地区大豆的原始遗传基础。

系谱指每个品种育成过程中历代亲本的具体信息，根据系谱资料可以追踪到其最终祖先亲本[31]。系谱分析中常用的指标是两个品种间的共祖先度（kinship），指两个品种相同的遗传物质来自同一个亲本的概率，用以表示两个品种间遗传关系的密切程度[31, 69]［共祖先度是根据品种的系谱计算出来的，假定两个亲本对子代的遗传贡献均为 1/2。两个品种的共祖先度也是其子代的亲本系数（COP），即个体任一位点的两个相同的等位变异来自同一个亲本的概率］。

本研究群体的系谱资料根据崔章林等[204]、盖钧镒等[59]的研究结论和其他一些已发表的资料追溯至其最初亲本止。祖先亲本对每个育种品种的核贡献值及质贡献值的计算参考崔章林等[204]、盖钧镒等[59]。核贡献值计算的基本假定如下：①所有祖先亲本、育成品系及育成品种均为纯合；②祖先亲本间无亲缘关系；③一个品种分别从其双亲获得一半的遗传物质，每个亲本则获得等量的遗传物质，直至最初的祖先亲本；④亲本材料通过自然突变或诱变获得后代的贡献值为 1.0；

⑤祖先亲本对系选获得后代的贡献值为1.0；⑥通过生物技术导入的DNA对后代无贡献；⑦混合花粉作为独立亲本列出。质贡献值的计算则是除上述①②⑤⑥⑦的假定外，仅最终使用的母本对材料的质贡献值为1.0。其中，对大豆群体贡献率最高的材料构成了细胞核/细胞质的核心祖先亲本。

而对等位变异的分析，做了以下假定：①东北各地区材料的每个等位基因为同一个来源；②每个等位基因首次出现的材料为其来源，该材料释放的时间和地理区域为等位变异出现的时间和来源，其他区域和时期出现的这个等位基因由该等位基因传递过去。

### （一）系谱分析揭示东北地区大豆群体遗传基础的种质构成及扩展

东北大豆生产在P－1时期（1920年前）主要在辽河地区（LRR），同时向松花江地区（SRR）扩展。该阶段辽河地区生产上主要使用六月黄、七月黄、小金黄、大青皮、大金黄和白眉等地方品种，而松花江地区（SRR）则新增了包括铁荚青、猪眼黑、猫眼、羊豆和白露豆等地方品种[43]。

东北大豆遗传基础随育种时间迅速扩展。东北地区大豆科学育种始于P－2时期（1920—1945年）的松花江地区，该时期仅使用6个来源于松花江和辽河地区的材料作为亲本；P－3时期（1945年之后）使用的22个亲本则来源于整个东北地区；而P－4时期（1978年之后）使用的亲本扩展至262个，亲本来源则扩展至全国和世界其他地区。原有种质对群体贡献的下降也表明了东北大豆遗传基础的扩展，P－2时期使用的材料贡献了包括P－3时期群体69.64%的核贡献率，而P－4时期之前使用的种质仅贡献了包括P－4时期群体49.01%的核贡献率。

东北地区遗传基础的扩展与生产重心的变化有关。P－2与P－3时期东北大豆生产重心均在松花江地区，来源于P－1时期生产重心LRR种质资源对群体的核贡献率从P－2时期的16.67%降至P－3时期的9.09%，而生产重心SRR种质资源对群体的核贡献率则从P－2时期的66.67%增至P－3时期的81.82%。P－4时期东北大豆生产重心转移至高寒地区（HLR），而该地区种质对东北大豆群体的核贡献率与P－3时期相比增长一倍，达到10.69%（表1－2）。需要说明的是，P－4时期之前使用的亲本中仅3个小贡献率的亲本（对东北大豆群体贡献率之和仅0.6%）并未在P－4时期使用。

东北大豆细胞质的表现与细胞核贡献率的规律基本一致，但更为保守。从细胞质数目上，细胞质来源从P－2时期的5个增至P－4时期的85个；从贡献率上，P－2时期作为细胞质来源的种质至P－3时期对东北大豆育成品种群体的质贡献率高达76.19%，P－3时期作为细胞质使用的种质对P－4时期东北大豆群体质贡献率也达到63.17%；从来源上，细胞质由松花江地区扩展至整个东北地区及国外，松花江地区最初对群体的细胞质贡献率达到80%，而至P－4时期则降至68.24%。

祖先亲本对大豆群体的贡献呈严重的不平衡，东北大豆群体的遗传物质主要来源于少量祖先亲本。因此，那些贡献了主要遗传物质的亲本材料（核心细胞核亲本/核心细胞质亲本）可以代表各群体的遗传基础，核心亲本对群体贡献率越高，则表明群体多样性水平较低，表1－2为东北各时期大豆群体的核心亲本构成及其对群体的贡献率。P－2与P－3时期东北大豆群体的核心亲本几乎相同，这些核心亲本贡献了各自群体76%以上的遗传基础。而P－4时期核心亲本的构成及各自贡献率与之前的构成及贡献率差异较大，P－4 时期的核心亲本仅贡献了 49% 和 70% 的核、质贡献率。典型的例子为来自日本的十胜长叶和美国的阿姆索，它们在 P－4 时期成为东北地区核心亲本。

**表 1－2　东北地区不同时期核心祖先亲本构成**

| 时期 | 种质数目 | 核贡献率 | | 质贡献率 | |
|---|---|---|---|---|---|
| | | 核心亲本 | 来源 | 核心亲本 | 来源 |
| 直到 P－2 NEC | 6，5 | 四粒黄（28.57%）<br>大白眉（14.28%）<br>金元（14.28%）<br>嘟噜豆（14.28%）<br>小金黄（14.28%）<br>小白眉（14.28%） | SRR（66.67%）<br>LRR（16.67%）<br>Others（16.67%） | 四粒黄（42.86%）<br>大白眉（14.28%）<br>嘟噜豆（14.28%）<br>小金黄（14.28%）<br>小白眉（14.28%） | SRR（80.00%）<br>Others（20.00%） |
| 直到 P－3 NEC | 22，14 | 四粒黄（22.32%）<br>金元（21.13%）<br>大白眉（15.48%）<br>铁荚四粒黄（5.36%）<br>小金黄（5.36%）<br>四粒荚（4.76%）<br>四粒黄－东丰（3.57%）<br>嘟噜豆（2.98%）<br>永丰豆（2.38%）<br>东农 3 号（2.38%） | SRR（81.82%）<br>LRR（9.09%）<br>HLR（4.54%）<br>Others（4.54%） | 四粒黄（45.24%）<br>大白眉（19.05%）<br>小金黄（7.14%）<br>金元（4.76%） | SRR（85.71%）<br>LRR（7.14%）<br>Others（7.14%） |
| 直到 P－4 NEC | 262，85 | 大白眉（8.49%）<br>金元（8.01%）<br>四粒黄（7.58%）<br>十胜长叶（7.34%）<br>四粒荚（4.59%）<br>铁荚四粒黄（3.30%）<br>阿姆索（3.19%）<br>嘟噜豆（2.94%）<br>小粒豆 9 号（1.83%）<br>永丰豆（1.79%） | SRR（55.34%）<br>Exotic（17.94%）<br>HLR（10.69%）<br>LRR（7.63%）<br>SGW（5.72%）<br>Others（2.67%） | 四粒黄 S（23.35%）<br>大白眉（12.28%）<br>小粒豆 9 号（11.98%）<br>五顶珠（6.89%）<br>铁荚子（3.29%）<br>嘟噜豆（3.29%）<br>东农 33（2.69%）<br>十胜长叶（2.69%）<br>一窝蜂（2.10%）<br>小金黄（1.80%） | SRR（68.24%）<br>Exotic（11.76%）<br>HLR（10.59%）<br>LRR（5.88%）<br>Others（3.53%） |

注：直到 P－$x$ NEC：$x$ 时期及其之前在东北地区收集到或释放的品种，其中 $x$＝2，3，4。P－2 为 1920—1945 年，P－3 为 1945—1978 年，P－4 为 1978 年之后。LRR 为辽河流域，SRR 为松花江流域，HLR 为高寒地区，NEC 为东北地区，Exotic 为国外，Others 指国内其他地区，下同。种质数目列中左侧数字是作为亲本使用的种质数目，右侧数字是作为细胞质来源的种质数目。核心亲本列中括号内数字为该亲本对相对应群体的核贡献率或质贡献率。来源列中括号内的数字为相对应来源种质对相对应群体的核贡献率或质贡献率。核心亲本的选择是依据该种质对东北大豆种质资源群体核/质贡献率的大小确定。

### （二）基于全基因组的等位变异在东北大豆群体中的扩展

P－2 时期的东北大豆群体仅含有 27 286 个等位变异，这些等位变异构成了东北地区原始的遗传基础（图 1－2）；该时期的 SNPLDB 标记中等位变异数目分布在 1～6 间，其中仅含有 1 个等位变异和超过 2 个等位变异的比例分别为 44.14%（6 843）和 16.32%（2 529），仅 4 个 SNPLDB 标记含有 6 个等位变异。而发展到 P－3 时期，等位变异数目扩展到 35 720；该时期的 SNPLDB 标记中等位变异数目分布在 1～9 间，SNPLDB 中仅含有 1 个等位变异的比例降至 18.53%（2 873），同时含有 2 个等位变异的比例则增至 53.65%（8 317）。而到 P－4 时期，东北大豆群体所含有的等位变异数目增长至 41 337；与 P－2 时期相比，经过 70 余年的育种发展（1945—），东北大豆群体的遗传基础扩展了 1.5 倍，这些新增的等位变异使得 SNPLDB 标记中所含有的等位变异数目分布在 2 ~ 10，其中含有 2 个等位变异的 SNPLDB 也增至 68.20%（10 572），同时也有 4.16%（645）的 SNPLDB 标记含有最少 6 个等位变异。显然，各位点的等位变异数随着群体的扩展而增加。

东北大豆遗传基础的扩展是在保持原有等位变异的基础上持续增长的。与 P－2 时期相比，P－3时期新增了 8 434 个，同时丢失了 1 727 个等位变异。P－2 及 P－3 时期的等位变异几乎均在 P－4 时期得到保留（仅丢失 10 个），同时新增了 5 617 个等位变异。与 P－2 时期相比，SNPLDB 在P－3 时期有 50.91%（7 892）而在 P－4 时期有 68.25%（10 580）发生了变化。从整个育种进程看，仅 25.90%（4 014）的 SNPLDB 标记未产生变化。这些未变化的 SNPLDB 标记中含有 2 ~ 5 个不等的等位变异，其中 84.23%（3 381）的标记含有 2 个等位变异，仅 2.44%（98）的标记含有 4 或 5 个等位变异。

也就是说，随着 1945 年后 70 余年的育种进程，东北地区含有的等位变异增长 1.5 倍，覆盖全基因组 15 501 个 SNPLDB 含有的等位变异数目从 27 286 增长至 41 337。这些 SNPLDB 中，44% 最初仅含有 1 个等位变异的标记变为至少含有 2 个等位变异。新生和保存已存在的等位变异是东北大豆遗传基础变化的主要模式，而在整个育种过程中，仅 10 个等位变异在传递过程中丢失，而高达 74.10% 的 SNPLDB 标记产生变化。

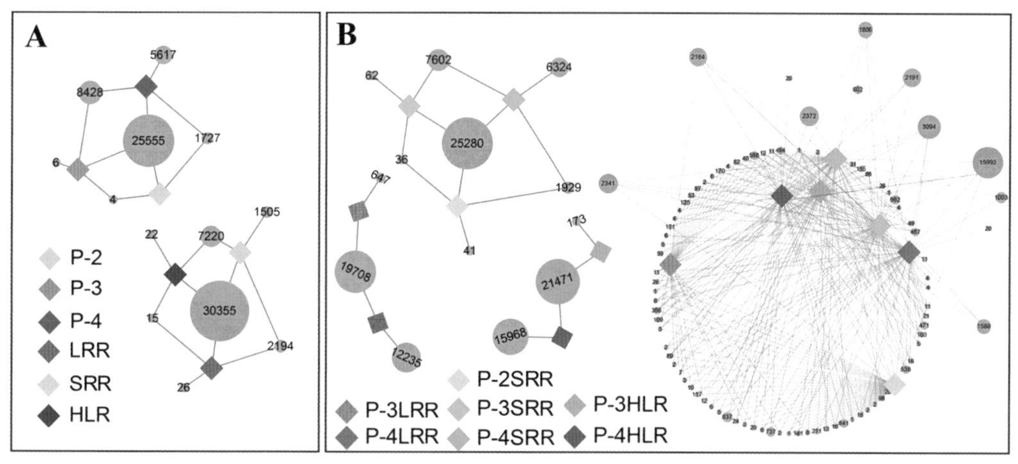


**图 1－2　东北地区不同时期，不同地理群体及各地理群体在各发展时期等位变异的构成**

注：A 为等位变异在东北地区不同时期和不同地理群体的分布；B 为等位变异在各地理群体内及之间的分布。图中菱形色块代表东北不同地理群体、不同时期及各地理群体各发展时期。各橘色圆球的大小表示了等位变异数目的多少，其内数字为具体的等位变异数目。与各菱形色块相连的橘色圆球代表了该菱形色块所具有的等位变异，仅与某一菱形色块相连的橘色圆球代表该菱形色块所特有的等位变异，而与多个菱形色块相连的橘色圆球代表多个菱形色块所共有。

# 第二节　东北三流域间大豆种质资源群体遗传基础的构成与交流

## 一、系谱分析水平上揭示东北三流域间大豆种质资源群体遗传基础的构成与交流

表1－3和图1－3表明三流域间遗传基础存在着充分的交流。在地方品种时代（P－1），辽河地区使用的种质传到松花江地区。而在育种初期（P－2），各地区内的种质贡献了本地区71%～83%的核贡献率，其中一些种质也在多个地区使用。而在1945年后，来自松花江地区的种质占高寒地区和辽河地区不同时期数目的45%～60%和18%～50%，但分别解释了50%～69%和32.93%～50.00%的核贡献率。从核心亲本的角度看，松花江地区的核心亲本同时也是辽河地区和高寒地区的核心亲本（图1－3中红色小球和表1－2）。

经过70余年的育种发展，东北三地区间开始逐步分化并逐渐形成了各自的遗传基础。比如，辽河地区在P－2和P－3时期仅有1个特有种质（即仅在本地区使用的种质），而发展到P－4时期则增至31个，占该地区本时期使用亲本数目的72.09%（31/43）。松花江地区及高寒地区在P－4时期特有的种质也分别占各自使用亲本数目的76.56%、48.65%。而从核贡献率的角度看，各地区特有种质对各自群体的贡献率也呈增长的趋势。辽河地区特有种质对P－3时期群体和P－4时期群体的核贡献率从12.50%增长至39.39%。松花江地区和高寒地区也呈相同的趋势，其中松花江地区从29.17%增至37.95%，而高寒地区则从16.67%增至24.00%。

**表1－3　东北地区三流域间大豆群体的种质基础的交流**

| 地区 | 来源 | P－1 | P－2 | | P－3 | | | P－4 | | | |
|---|---|---|---|---|---|---|---|---|---|---|---|
| | | | P－1 | P－2 | P－1 | P－2 | P－3 | P－1 | P－2 | P－3 | P－4 |
| LRR | LRR | 6 | 1(50.00%) | 1(33.33%) | 1(37.50%) | | 1(12.50%) | 1(2.41%) | | 1(7.78%) | 31(39.39%) |
| | SRR | | | 1(16.67%) | | 1(12.50%) | 1(37.50%) | | 3(16.80%) | 1(0.85%) | 4(15.28%) |
| | NEC | | | | | | | | | | 2(15.56%) |
| SRR | LRR | 6 | 1(14.28%) | 1(14.28%) | 1(1.67%) | | 1(2.50%) | 1(1.15%) | | 1(1.48%) | 4(2.01%) |
| | SRR | 5 | | 4(71.44%) | | 3(61.66%) | 13(29.17%) | | 4(19.15%) | 12(19.65%) | 147(37.95%) |
| | HLR | | | | | | 1(5.00%) | | | 1(0.068%) | 20(6.05%) |
| | NEC | | | | | | | | | | 2(12.50%) |
| HLR | LRR | | | | 1(33.33%) | | | 1(0.48%) | | 1(0.46%) | |
| | SRR | | | | | 2(41.66%) | 1(8.33%) | | 4(30.10%) | 9(16.89%) | 20(21.88%) |
| | HLR | | | | | | 1(16.67%) | | | 1(0.30%) | 36(24.00%) |
| | NEC | | | | | | | | | | 2(9.48%) |

注：LRR为辽河流域，SRR为松花江流域，HLR为高寒地区，NEC为具体来源不清楚却确定来自东北地区。P－2为1920—1945年，P－3为1945—1978年，P－4为1978年之后。表中数字表示祖先个数，括号内的百分数为核贡献率。例如，辽河流域（LRR）P－2的1（16.67%）表示一个祖先也用于P－2的松花江流域（SRR），对P－2时期辽河流域的核贡献率为16.67%。

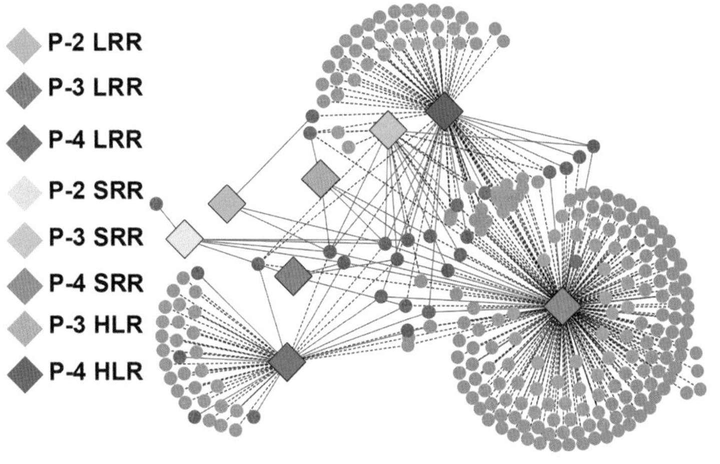


图 1-3 东北三流域间不同时期种质基础的构成

注：P-2 为 1920—1945 年，P-3 为 1945—1978 年，P-4 为 1978 年之后。LRR 为辽河流域，SRR 为松花江流域，HLR 为高寒地区。图中各颜色菱形分别对应各地区各时期。每个小球代表 1 个祖先亲本，其中黄色小球为普通种质，红色小球为核心种质。核心亲本的选择依据该种质对东北大豆种质资源群体核/质贡献率的大小确定。

## 二、等位变异水平上揭示东北三流域间大豆种质资源群体遗传基础的构成与交流

三地区各时期内含有的等位变异均来自整个东北地区，其中松花江地区提供了其他地区 94% 以上的等位变异（表 1-4）。所有等位变异中 73.43%（30 355）为三个地区共有（图 1-2 A），而三地区内特有的等位变异仅占所有等位变异的 3.76%。三地区内含有的等位变异几乎均传递到后期，其中辽河地区 P-3 时期等位变异中仅 3.18% 未传递至该地区 P-4 时期，而松花江地区和高寒地区中仅 0.4% ~0.8% 未传递至 P-4 时期。各地区 P-4 时期与之初期所含等位变异相比，各地区新增了来源于整个东北地区 37% ~42% 的等位变异。而各地区仅在 P-4 时期含有 20、20 和 602 个特有等位变异（图 1-2 B 右侧）。通过以上分析可知，不同地区间等位变异差异并不大，但频率存在较明显的差异，40.93% 标记（6 344/15 501）在区域间分布频率经卡方检验达到显著水平（$P<0.05$）。这些标记共含有所有等位变异的 48.93%（20 225/41 337），其中 84.04%（16 998/20 225）在区域间分布频率的变异系数达到 15% 以上。

表 1-4 东北三地区不同时期等位变异的来源

| 群体 | 总计 | 来源 | | | | | | |
|---|---|---|---|---|---|---|---|---|
| | | P-2 SRR | P-3 LRR | P-3 SRR | P-3 HLR | P-4 LRR | P-4 SRR | P-4 HLR |
| P-2 SRR | 27 286 | 27 286 (100.00%) | | | | | | |
| P-3 LRR | 20 355 | 18 490 (90.84%) | 870 (4.27%) | 923 (4.53%) | 72 (0.35%) | | | |
| P-3 SRR | 32 980 | 25 316 (76.76%) | 457 (1.39%) | 6 953 (21.08%) | 254 (0.77%) | | | |

续表 1－4

| 群体 | 总计 | 来源 | | | | | | |
|---|---|---|---|---|---|---|---|---|
| | | P－2 SRR | P－3 LRR | P－3 SRR | P－3 HLR | P－4 LRR | P－4 SRR | P－4 HLR |
| P－3 HLR | 21 644 | 19 683 | 247 | 1 103 | 611 | | | |
| | | (90. 94%) | (1. 14%) | (5. 10%) | (2. 82%) | | | |
| P－4 LRR | 31 943 | 24 900 | 637 | 3 454 | 329 | 533 | 1 839 | 251 |
| | | (77. 95%) | (1. 99%) | (10. 81%) | (1. 03%) | (1. 67%) | (5. 76%) | (0. 79%) |
| P－4 SRR | 41 135 | 27 209 | 864 | 6 897 | 599 | 508 | 4 200 | 858 |
| | | (66. 15%) | (2. 10%) | (16. 77%) | (10. 21%) | (1. 46%) | (1. 23%) | (2. 09%) |
| P－4 HLR | 37 439 | 26 619 | 636 | 5 657 | 535 | 223 | 2 885 | 884 |
| | | (71. 10%) | (1. 70%) | (15. 11%) | (1. 43%) | (0. 60%) | (7. 71%) | (2. 36%) |

注：本研究假定等位变异类型来自最早出现的群体，其余群体出现的该等位变异类型为其扩展的结果。P－2 为 1920—1945 年，P－3 为 1945—1978 年，P－4 为 1978 年之后。LRR 为辽河流域，SRR 为松花江流域，HLR 为高寒地区。

## 三、群体结构分析上揭示不同时期东北各流域大豆种质资源间遗传基础的演化关系

对群体结构分析，使用 SNPLDB 标记进行主成分分析（PCA）。PCA 的计算采用 RTM－GWAS[121] 程序。由于前 3 个主成分代表了群体 77. 94% 的变异且其余解释变异过小，这里通过分析前 3 个主成分来探讨东北三流域间不同时期大豆群体结构的变化。

同时采用群体内材料间遗传距离（$d_{ij}$），根据 Shared Allele 算法进行无根树状遗传关系聚类。

$d_{ij}=1-S_{ij}$

$S_{ij}=\sum_{k=1}^{m}c_{ijk}/(2m)$

其中，$c_{ijk}$ 为第 $i$ 个体与第 $j$ 个体在第 $k$ 个 SNPLDB 标记上共有的等位变异数目，$m$ 为所有 SNPLDB 的数目。

材料间遗传相似系数矩阵由 RTM－GWAS[121] 软件计算，并采用 MEGA6 [205] 软件构建 NJ 聚类树（neighbor－joint tree）。

从各时期间的发展关系看，P－2（1945 年前）和 P－3 时期（1945—1978 年）的品种主要集中在图 1－4 上半部的椭圆中，而 P－4 时期（1978 年之后）的品种则主要集中在该图的下半部椭圆中。而从三个地区看，辽河地区（LRR）的材料倾向于聚集在一起，松花江地区（SRR）和高寒地区（HLR）的材料非常难区分，但也存在着继续分化的趋势。

从 NJ 聚类结果看（图 1－5 和表 1－5），东北不同时期或流域的材料聚集在不同的组内。从各时期看，P－2 和 P－3 时期的材料主要集中在 B 和 E 组，而 P－4 时期的材料则几乎扩展到各个组。其中松花江地区（SRR）和高寒地区（HLR）的材料主要集中在 B 组，而辽河地区（LRR）的材料则主要集中在 E 组。从各地区间材料聚类结果看，高寒地区（HLR）的材料主要集中在 B、D 组，辽河地区的材料主要集中在 E 组，而松花江地区（SRR）的材料则覆盖了所有分类组，特别是在 B、D、E、F 组。

通过以上分析，东北三个地区从相同遗传基础发展而来，已经存在了差异。三地区间存在着

非常频繁的种质和等位变异的交流，其中松花江地区的种质和等位变异在1945年后对其他地区的遗传基础，特别是高寒地区遗传基础的形成提供了较大的贡献。P-4时期在东北历史时期累积的遗传基础上，形成了新的遗传基础。

表1-5　东北大豆群体NJ聚类分析

| 项目 | A | B | C | D | E | F |
|---|---|---|---|---|---|---|
| P-2 SRR | 1 | 5 | | | 2 | |
| P-3 HLR | | 3 | | | | 1 |
| P-3 SRR | 2 | 19 | | 5 | 8 | 3 |
| P-3 LRR | | | | | 2 | 1 |
| P-4 HLR | 3 | 27 | 3 | 28 | 6 | 4 |
| P-4 SRR | 14 | 24 | 16 | 75 | 36 | 55 |
| P-4 LRR | 2 | 3 | | 1 | 10 | 2 |

注：A~F为每个NJ聚类分支的名称。P-2为1920—1945年，P-3为1945—1978年，P-4为1978年之后。LRR为辽河流域，SRR为松花江流域，HLR为高寒地区。

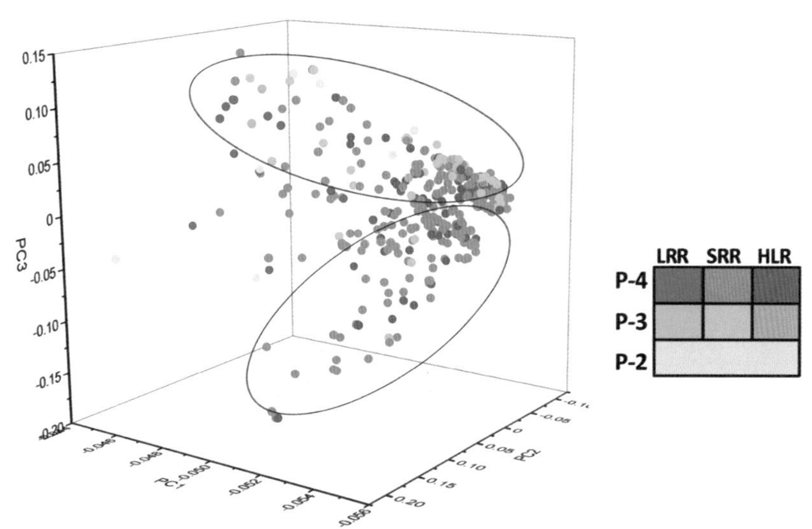


图1-4　东北不同地区不同时期大豆群体的主成分分析（PCA）

注：图例中各颜色模块对应东北不同地区不同时期，图中圆球为东北大豆种质资源群体的种质，圆球颜色对应图例各颜色模块。PCA中第一、第二、第三主成分解释了总变异的75.64%、1.31%、0.99%。P-2为1920—1945年，P-3为1945—1978年，P-4为1978年之后。LRR为辽河流域，SRR为松花江流域，HLR为高寒地区。

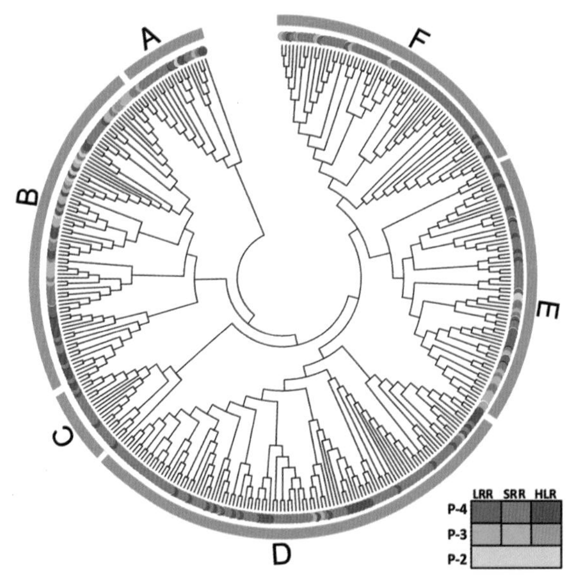


图 1-5　东北不同地区不同时期大豆群体的 NJ 聚类分析

注：A~F 为各组 NJ 聚类名称，图例中各颜色模块对应东北不同地区不同时期。P-2 为 1920—1945 年，P-3 为 1945—1978 年，P-4 为 1978 年之后。LRR 为辽河流域，SRR 为松花江流域，HLR 为高寒地区。

## 四、东北大豆遗传基础扩展对世界大豆育种的潜在影响

遗传多样性是植物遗传育种的基础[206]。世界各主要产区的大豆遗传基础均较为狭窄[207]，然而大豆种植区域在世界范围内仍在持续扩展，这表示世界各地的大豆遗传基础均存在强烈的扩展需求。通过研究种质资源多样性，一方面，可以认识物种的进化过程；另一方面，有助于人们了解并掌握现有资源，为选育符合育种目标的品种类型提供基础材料。

从本研究结果看，虽然东北大豆的遗传基础也较为狭窄，但呈现扩展的趋势，其使用的祖先亲本数目在 P-2 时期为 6 个且主要来源于松花江流域，发展到 P-4 时期使用的祖先亲本已经达到 262 个且来源更为广泛，来源于国外的祖先亲本比例明显增加；其核心祖先亲本对群体的贡献率则明显下降，P-2 时期使用的材料贡献了包括 P-3 时期群体 69.64% 的核贡献率，而 P-4 时期之前使用的种质仅贡献了包括 P-4 时期群体 49.01% 的遗传贡献率。对等位变异的分析也呈相似的规律，且等位变异在传递过程中几乎没有丢失，这体现了东北大豆育种的稳定性和持续性。

通过对东北大豆遗传基础扩展的分析，我们可得到以下启示：

（1）通过引入外部种质特别是国外种质，比仅采用本国种质可更为有效地扩展遗传基础。本研究与前人系谱分析均表明十胜长叶（Tokachi nagaha）和阿姆索（Amsoy）等国外种质对我国东北大豆育种产生了重要影响。本研究使用的群体中包含 CN 210、Clark 63、Beeson、Amsoy 和 Tokachi nagaha，这 5 个国外品种共引入了 455 个新的等位变异，平均每个种质引入 91 个新型等位变异；而 1978 年后东北地区育种新使用的 240 个亲本仅引入了 5 617 个等位变异，即平均每个亲本引入 23.40 个等位变异。

（2）重组是品种改良的主要动力。在育种过程中引入的大量祖先亲本虽然带来的新型等位变

异较少，但却培育出了新的熟期组类型的材料，扩展了大豆的种植区域。因此，这些新型品种类型出现的主要动力为等位变异间重组。传统育种主要是通过两亲本间杂交，随后选择具有优良表型表现的重组后代。而随着分子标记技术的发展，分子育种技术展现了更加高效的育种效率，是未来育种技术发展的主要方向。通过本研究可知，主要以重组为品种改良动力的传统育种在分子育种技术快速发展的现在及以后的分子育种时代仍具有强大的生命力。如何有效地提高品种培育过程中等位变异间的重组效率从而更加高效地改良品种需进一步研究。

东北大豆种质曾对世界特别是北美地区育种产生重要影响，但对北美地区产生重要影响的那批种质资源主要来源于100多年前的松花江流域。而从本研究分析可知，东北地区经近百年的发展，大豆种植范围已经扩展到高寒地区，各流域种质资源间存在着一定程度的遗传差异，特别是新形成的、可在高寒地区种植的MG000～MG00组的品种类型。东北地区曾经对世界大豆的发展起到了重要作用，而通过引入国外种质则更为有效地破解了本地区的遗传瓶颈。因此，东北地区大豆遗传基础的扩展对世界其他地区大豆遗传基础的扩展有重要的潜在意义。



## 第三节　东北三流域间种质资源群体的遗传差异研究

东北地区三流域间遗传基础已经存在了一定程度的分化，本研究使用表型评价及根据分子标记计算三流域遗传多样性、群体水平重组率、选择性牵连效应及三流域受选择区域对大豆最重要适应性性状——生育期及初花期性状的影响来评价基因组差异对三流域适应性的影响。



遗传重组是减数分裂时亲本间遗传物质交换所引起的，在生物进化过程中扮演着重要角色。而对群体历史经历的重组事件进行间接评估的方法是通过研究随机挑选样本构成的自然群体在DNA序列的遗传变异来推断重组率[208－210]。群体水平重组率（population recombination）是通过溯祖理论（coalescent theory）和群体遗传学（population genetics）来推断历史上发生的重组事件[211]。群体水平重组率定义为$\rho=4Ner$，其中$Ne$是理论群体大小，$r$是每一世代中发生重组的概率[212]。本研究使用fastEPRR软件进行计算[211]。对群体水平重组率（$\rho$），我们采用50 kb的窗口，范围内最少含有5个SNP的窗口来计算，其中我们将位于第95%分位数以上的发生群体水平重组的区域定义为高重组率区域，将与其重组率是左右各4个窗口范围内的10倍以上的区域定义为重组热点区域。

作物在驯化和改良的过程中基因组的多态性会受到选择，表现为DNA水平多态性下降。目标基因受到强烈的定向选择，进而引起表型改变，与选择相对应的基因组信息即为选择信号，一般表现为基因的纯合以及某些位点或DNA片段多态性的降低[213]。基因组中大部分位点始终处于随机漂变状态，位点间的连锁不平衡易衰减。而在选择的作用下，群体有益位点的频率则会在短时间内达到较高值，重组作用受到限制而使受选择位点附近中性位点频率增加［也被称为“搭车效应”（hitchhiking effect）］，形成长范围单倍型纯合。这种由选择作用造成的染色体片段多态性水平下降的现象称为选择性牵连（selective sweep）。对选择信号进行检测的方法较多，其中复合多个检测信号的方法将有利于提高检测效力[214]。其中，群体固化指数（$F_{st}$）和核苷酸多样性水平（$\theta_{\pi}$）的结合已被证实是一种很有效力的检测选择性牵连区域的方法，特别是在挖掘与生存环境密切相关的功能区[215]方面。

为了确定东北各区域的选择信号，采用 Li[216]等使用的 $F_{st}$和 $\theta_\pi$ 相结合的方法。方法为：对全基因组 SNP 标记以 50 kb 为窗口、10 kb 为步移进行滑动窗口，通过 VCF tools [217]计算相对应的 $F_{st}$和 $\theta_\pi$。我们需计算各区域群体与东北大豆群体 $F_{st}$的前 5% 和各区域群体与东北大豆群体 $\theta_\pi$ 比值最低的 5%，这两个指标结合的区域则被认为是东北各地区选择性牵连区域。而对东北大豆群体而言，此处采用 *Tajima'D* 来衡量，其中 *Tajima'D* 显著小于 0 的区域为受选择区域，其计算的实现是通过 VCF tools，采用与 $F_{st}$及 $\theta_\pi$ 相同的滑动窗口法。

核苷酸多样性水平（$\theta_\pi$）[218]计算采用如下公式：

$$\theta_\pi = \sum_{ij} x_i x_j \pi_{ij} = 2\sum_{i=1}^{n}\sum_{j=1}^{i-1} x_i x_j \pi_{ij}$$

其中，$x_i$ 和 $x_j$ 分别是第 $i$ 条和第 $j$ 条核苷酸序列在群体中出现的频率，$\pi_{ij}$是第 $i$ 条和第 $j$ 条核苷酸序列间差异核苷酸的比例，$n$ 是样本中核苷酸序列的总数。

群体固化指数（$F_{st}$）计算采用 Weir 等[219]提出的公式：

$$F_{st} = \frac{a}{a+b+c}$$

$$a = \frac{\bar{n}}{n_c}\left\{s^2 - \frac{1}{n-1}\left[\bar{p}(1-\bar{p}) - \frac{r-1}{r}s^2 - \frac{1}{4}\bar{h}\right]\right\}$$

$$b = \frac{\bar{n}}{\bar{n}-1}\left[\bar{p}(1-\bar{p}) - \frac{r-1}{r}s^2 - \frac{2\bar{n}-1}{4n}\bar{h}\right]$$

$$c = \frac{1}{2}\bar{h}$$

其中，$a$ 反映种群间关系的变量，$b$ 反映种群内个体间关系的变量，$c$ 反映个体中配子间关系的变量。

$$\bar{n} = \sum_i \frac{n_i}{r}$$

其中，$\bar{n}$ 为样本的平均大小，$r$ 为种群的数目。

$$n_i = N\_hom[i] + 0.5 \times N\_het[i]$$

其中，$i$ 为种群号，$n_i$ 为每个种群的样本大小。$N\_hom[i]$ 为种群 $i$ 内纯合个体数目，$N\_het[i]$ 为种群 $i$ 内杂合个体数目。

$$n_c = \left(r\bar{n} - \sum_i n_i^2 / r_\pi\right) / (r-1)$$

$$\bar{p} = \sum_i n_i \bar{p}_i / r\bar{n}$$

$$s^2 = \sum_i n_i (\bar{p}_i - \bar{p})^2 / (r-1)\bar{n}$$

$$p_i = 2 \times N\_hom + 0.5 \times N\_het$$

$$\bar{h}\sum_i n_i \bar{h}_i / r\bar{n}$$

其中，$\bar{h}$ 为等位变异的杂合子平均频率，$\bar{h}_i$ 为等位变异中个体的杂合比例，即 $i$ 种群中 $N\_het$ 值。

*Tajima'D* 的计算采用 *Tajima*[220]的计算方法：

$$Tajima'D = \frac{\pi - \theta_w}{\sqrt{e_1 S + e_2 S(S-1)}}$$

其中，$\theta_w = S/a_1$，$a_1 = \sum_{i=1}^{n} 1/i$，$a_2 = \sum_{i=1}^{n} 1/i^2$，$b_1 = (n+1)/3(n-1)$，$b_2 = 2(n^2+n+3)/9n(n-1)$，$c_1 = b_1 - 1/a_1$，$c_2 = b_2 - (n+2)/a_1 n + a_2/a_1^2$，$e_1 = c_1/a_1$，$e_2 = c_2/(a_1^2 + a_2)$，$S$ 为分离位点数。



## 一、东北三地区间种质资源生态性状的表型差异

将东北大豆种质资源群体材料按照地理归属分为三个地理群体，按照表型试验调查。该部分分析所选用的表型为数据较为完整且遗传率水平较高的类型，为各品种在2013—2014年间的生育前期、全生育期、株高、主茎节数、百粒重、蛋白质含量及油脂含量表型数据。在分析时，每个品种的表型值为其在2013—2014年表型值的平均值。

我们选取遗传率较高且表型值较为完整的2013—2014年数据为数据基础，每个品种2013—2014年各性状表型值的平均值作为分析数据来分析三个地区间材料表型的生态差异。

三个地区的生育前期、全生育期、株高、主茎节数、百粒重、蛋白质含量及油脂含量的描述统计分析采用SAS/STAT v 9.1的PROC MEANS程序进行；而三个地区间的差异则通过SAS/STAT v 9.1的PROC GLM程序进行单因素方差分析，平均值间的比较采用Duncan新复极差测验。

表1-6为三地区间部分生态性状的表现。对这些性状而言，三地区材料的差异几乎均达到显著水平，特别是全生育期性状。对全生育期性状而言，高寒地区、松花江地区及辽河地区材料的平均值分别在118 d、128 d及142 d。将东北各地区材料按照生育期长短分为9组，其中前三组的材料几乎均来自高寒地区，而最后两组的材料则几乎均属于辽河地区，至于松花江地区，该地区的材料几乎覆盖了所有分组，主要分布在2~4组。对初花期性状，三地区材料间平均值的绝对差异虽然较全生育期略小，但三地区材料在频数分布上差异更为明显，其中高寒地区的材料仅1个出现在前三组外的第四组；而辽河地区的材料主要分布在最后一组；至于松花江地区，初花期主要集中在组中值为45和49的组。

从表型分析来看，三地区的遗传基础已经产生了差异，其中松花江地区较其他地区拥有更为丰富的变异类型，几乎覆盖了所有的分组类型。从三组间的差异看，高寒地区和辽河地区的表型差异最为明显，这两个地区的材料主要分布在不同的频数组内。

**表1-6 东北三地区间表型性状的差异**

| 性状 | 生态区 | 组中值 | | | | | | | | | 均值 | 变异系数/% | 幅度 |
|---|---|---|---|---|---|---|---|---|---|---|---|---|---|
| | | <43 | 45 | 49 | 53 | 57 | 61 | 65 | 69 | ≥71 | | | |
| 初花期/d | HLR | 12 | 43 | 19 | 1 | | | | | | 45c | 5.38 | 41~52 |
| | SRR | 2 | 57 | 130 | 39 | 19 | 13 | 4 | | 1 | 50b | 9.80 | 42~83 |
| | LRR | | | 1 | 1 | 4 | 3 | | 1 | 11 | 69a | 16.09 | 49~80 |
| | NEC | 14 | 100 | 150 | 41 | 23 | 16 | 4 | 1 | 12 | 50 | 14.35 | 41~83 |

续表 1-6

| 性状 | 生态区 | 组中值 | | | | | | | | | 均值 | 变异系数/% | 幅度 |
|---|---|---|---|---|---|---|---|---|---|---|---|---|---|
| 完熟期/d | | <108.0 | 110.5 | 115.5 | 120.5 | 125.5 | 130.5 | 135.5 | 140.5 | ≥143.0 | | | |
| | HLR | 6 | 12 | 21 | 11 | 16 | 9 | | | | 118c | 6.24 | 103~130 |
| | SRR | 1 | 3 | 6 | 29 | 67 | 114 | 40 | 4 | 1 | 128b | 4.33 | 107~147 |
| | LRR | | | | | | 1 | 3 | 7 | 10 | 142a | 3.56 | 130~148 |
| | NEC | 7 | 15 | 27 | 40 | 83 | 124 | 43 | 11 | 11 | 127 | 6.37 | 103~148 |
| 百粒重/g | | <15.0 | 16.5 | 17.5 | 18.5 | 19.5 | 20.5 | 21.5 | 22.5 | ≥23.0 | | | |
| | HLR | 1 | 5 | 8 | 19 | 16 | 12 | 5 | 4 | 5 | 19.49b | 11.59 | 10.14~25.49 |
| | SRR | 2 | 32 | 32 | 58 | 60 | 54 | 17 | 7 | 3 | 19.08b | 9.88 | 8.73~27.56 |
| | LRR | | 1 | 4 | | 3 | 2 | 2 | 4 | 5 | 20.90a | 12.06 | 16.55~25.16 |
| | NEC | 3 | 38 | 44 | 77 | 79 | 68 | 24 | 15 | 13 | 19.27 | 10.63 | 8.73~27.56 |
| 蛋白质含量/% | | <38.0 | 38.4 | 39.2 | 40.0 | 40.8 | 41.6 | 42.4 | 43.2 | ≥43.6 | | | |
| | HLR | | 5 | 13 | 15 | 17 | 16 | 7 | 1 | 1 | 40.61b | 3.01 | 38.22~45.09 |
| | SRR | 10 | 22 | 53 | 61 | 52 | 42 | 14 | 6 | 5 | 40.29b | 3.38 | 36.40~44.24 |
| | LRR | | | 1 | 3 | 5 | 6 | 5 | 1 | | 41.33a | 2.56 | 39.43~43.47 |
| | NEC | 10 | 27 | 67 | 79 | 74 | 64 | 26 | 8 | 6 | 40.42 | 3.31 | 36.40~45.09 |
| 油脂含量/% | | <19.50 | 19.75 | 20.25 | 20.75 | 21.25 | 21.75 | 22.25 | 22.75 | ≥23.00 | | | |
| | HLR | | 1 | 2 | 10 | 13 | 21 | 14 | 11 | 3 | 21.75c | 3.36 | 19.99~23.08 |
| | SRR | 6 | 6 | 20 | 46 | 63 | 64 | 44 | 12 | 4 | 21.38b | 3.65 | 19.00~23.11 |
| | LRR | | 1 | 8 | 4 | 7 | 1 | | | | 20.75a | 2.33 | 19.98~21.66 |
| | NEC | 6 | 8 | 30 | 60 | 83 | 86 | 58 | 23 | 7 | 21.42 | 3.67 | 19.00~23.11 |
| 主茎节数 | | <13.0 | 13.5 | 14.5 | 15.5 | 16.5 | 17.5 | 18.5 | 19.5 | ≥20.0 | | | |
| | HLR | 6 | 13 | 10 | 9 | 15 | 10 | 10 | 2 | | 15c | 13.29 | 11~19 |
| | SRR | 4 | 2 | 10 | 28 | 45 | 65 | 60 | 40 | 11 | 17b | 9.84 | 11~22 |
| | LRR | | | | | 1 | | 4 | 9 | 7 | 19a | 5.62 | 16~21 |
| | NEC | 10 | 15 | 20 | 37 | 61 | 75 | 74 | 51 | 18 | 17 | 11.66 | 11~22 |
| 株高/cm | | <55 | 59 | 67 | 75 | 83 | 91 | 99 | 107 | ≥111 | | | |
| | HLR | 5 | 14 | 17 | 19 | 10 | 6 | 3 | 1 | | 72c | 17.60 | 50~104 |
| | SRR | 2 | 8 | 14 | 55 | 48 | 58 | 46 | 21 | 13 | 87b | 15.58 | 44~123 |
| | LRR | | | | | 1 | 4 | 7 | 5 | 4 | 101a | 8.78 | 85~121 |
| | NEC | 7 | 22 | 31 | 74 | 59 | 68 | 56 | 27 | 17 | 85 | 17.71 | 44~123 |

注：LRR 为辽河流域，SRR 为松花江流域，HLR 为高寒地区，NEC 为东北地区。同一列数字后不同小写字母表示各组间差异显著性。

## 二、东北及三地区种质资源遗传多样性分析

关于遗传多样性的分析，采用 Powermarker 3.25[221] 对 SNPLDB 标记进行计算多态性信息含量

(polymorphism information content, PIC) 和等位变异丰富度来衡量东北大豆群体遗传多样性。其中等位变异丰富度 ($A$) 指群体内等位变异总数。

$A=\sum A_i$

其中，$A_i$ 为群体中第 $i$ 位点的等位变异数目。

多态性信息含量[222]是一个常用的多样性衡量参数。它不仅考虑到每一个位点的等位变异数，还考虑到这些等位变异的相对频率。计算公式如下：

$PIC=1-\sum P_{lu}^{2}-\sum_{u=1}^{k-1}\sum_{v=u+1}^{k}2P_{lu}^{2}P_{lv}^{2}$

其中，$P_{lu}^{2}$ 和 $P_{lv}^{2}$ 是标记 $l$ 的第 $u$ 和第 $v$ 等位变异的频率。

从等位变异的角度看，分布在全基因组的 15 501 个 SNPLDB 含有 2 ~ 10、共 41 337 个等位变异。而松花江地区、高寒地区及辽河地区分别含有东北大豆群体等位变异总数的 99.85%、90.99% 和 78.84% (表 1 - 7)。三地区间稀有等位变异数目的变异系数 ($CV$) 达到 51.77%，而中高频等位变异数目的变异系数差异仅 1.12%。表 1 - 8 为东北地区及其各地区在 20 条染色体上遗传多样性的分布，东北及各地区在各个染色体上的遗传多样性分布趋势一致，而各染色体的多样性水平则存在明显差异。关于等位变异丰富度，Gm04 和 Gm18 含有最多的等位变异数目，而 Gm11 和 Gm12 则含有最低的等位变异数目。如东北大豆群体中，Gm04、Gm18 分别含有所有等位变异的 6.65% (2 748) 及 7.73% (3 197)，而 Gm11 和 Gm12 则仅含有 3.36% (1 387) 和 3.64% (1 505)。而从异质性的角度看，辽河地区的 $PIC$ 平均值在 0.221 而至高寒地区则下降至 0.198，即东北各地区异质性随种植区域的扩展呈下降的趋势。总的来说，东北大豆育种对异质性的影响较为轻微而对等位变异丰富度的影响更为明显。

**表 1 - 7 依据 SNPLDB 或 SNP 标记评估东北及其各地区遗传多样性、群体水平重组率**

| 区域 | 遗传丰富度 (等位变异数目) | | | | | 异质性 | | 群体水平重组率 ($10^{-5}$) CM/bp |
|---|---|---|---|---|---|---|---|---|
| | 总数 | 比例/% | 均值 | 变幅 | 稀有等位变异数目 | *PIC* 均值 | *PIC* 范围 | |
| LRR | 32 590 | 78.84 | 2.10 | 1 ~ 9 | 4 145 | 0.221 | 0 ~ 0.836 | 0.22 |
| SRR | 41 274 | 99.85 | 2.66 | 1 ~ 10 | 13 518 | 0.212 | 0 ~ 0.797 | 7.33 |
| HLR | 37 612 | 90.99 | 2.43 | 1 ~ 9 | 9 622 | 0.198 | 0 ~ 0.834 | 0.90 |
| NEC | 41 337 | 100.00 | 2.67 | 2 ~ 10 | 13 428 | 0.214 | 0.022 ~ 0.799 | 12.96 |

注：LRR 为辽河流域，SRR 为松花江流域，HLR 为高寒地区，NEC 为东北地区。*PIC* 表示多态性信息含量；稀有等位变异表示最小等位变异小于 0.05。

**表 1 - 8 东北地区及各生态亚群染色体上的遗传多样性**

| 染色体 | LRR | | SRR | | HLR | | NEC | | 染色体 | LRR | | SRR | | HLR | | NEC | |
|---|---|---|---|---|---|---|---|---|---|---|---|---|---|---|---|---|---|
| | No. | *PIC* | No. | *PIC* | No. | *PIC* | No. | *PIC* | | No. | *PIC* | No. | *PIC* | No. | *PIC* | No. | *PIC* |
| Gm01 | 1 510 | 0.17 | 1 958 | 0.19 | 1 749 | 0.19 | 1 958 | 0.19 | Gm11 | 1 057 | 0.16 | 1 383 | 0.16 | 1 226 | 0.14 | 1 387 | 0.16 |
| Gm02 | 1 789 | 0.23 | 2 212 | 0.20 | 2 081 | 0.20 | 2 214 | 0.20 | Gm12 | 1 178 | 0.17 | 1 502 | 0.16 | 1 373 | 0.13 | 1 505 | 0.16 |
| Gm03 | 1 647 | 0.25 | 2 161 | 0.26 | 2 031 | 0.26 | 2 161 | 0.27 | Gm13 | 1 909 | 0.25 | 2 326 | 0.22 | 2 117 | 0.20 | 2 337 | 0.22 |
| Gm04 | 2 177 | 0.26 | 2 745 | 0.17 | 2 301 | 0.14 | 2 748 | 0.18 | Gm14 | 1 508 | 0.18 | 1 922 | 0.18 | 1 759 | 0.19 | 1 925 | 0.19 |
| Gm05 | 1 241 | 0.15 | 1 701 | 0.15 | 1 572 | 0.15 | 1 702 | 0.15 | Gm15 | 1 969 | 0.33 | 2 259 | 0.28 | 2 050 | 0.25 | 2 263 | 0.28 |

续表 1－8

| 染色体 | LRR | | SRR | | HLR | | NEC | | 染色体 | LRR | | SRR | | HLR | | NEC | |
|---|---|---|---|---|---|---|---|---|---|---|---|---|---|---|---|---|---|
| | No. | *PIC* | No. | *PIC* | No. | *PIC* | No. | *PIC* | | No. | *PIC* | No. | *PIC* | No. | *PIC* | No. | *PIC* |
| Gm06 | 1 690 | 0.24 | 2 036 | 0.24 | 1 828 | 0.21 | 2 049 | 0.24 | Gm16 | 1 335 | 0.27 | 1 644 | 0.28 | 1 560 | 0.28 | 1 647 | 0.28 |
| Gm07 | 1 658 | 0.16 | 2 363 | 0.20 | 2 169 | 0.20 | 2 364 | 0.20 | Gm17 | 1 564 | 0.27 | 1 925 | 0.28 | 1 799 | 0.23 | 1 925 | 0.28 |
| Gm08 | 1 293 | 0.18 | 1 634 | 0.16 | 1 517 | 0.16 | 1 639 | 0.17 | Gm18 | 2 421 | 0.21 | 3 194 | 0.19 | 2 850 | 0.17 | 3 197 | 0.19 |
| Gm09 | 1 944 | 0.27 | 2 317 | 0.23 | 2 120 | 0.20 | 2 318 | 0.23 | Gm19 | 1 727 | 0.25 | 2 131 | 0.27 | 1 945 | 0.26 | 2 134 | 0.27 |
| Gm10 | 1 615 | 0.25 | 1 944 | 0.24 | 1 801 | 0.23 | 1 945 | 0.25 | Gm20 | 1 358 | 0.17 | 1 917 | 0.18 | 1 764 | 0.17 | 1 919 | 0.18 |

注：LRR 为辽河流域，SRR 为松花江流域，HLR 为高寒地区，NEC 为东北地区。*PIC* 为多态性信息含量。

## 三、东北及三地区种质资源群体水平重组率分析

东北三地区群体水平重组率存在较大的差异。东北大豆群体的平均重组率高达 $12.96\times10^{-5}$ CM/bp，松花江地区的平均重组率在 $7.33\times10^{-5}$CM/bp，而辽河地区仅在 $0.22\times10^{-5}$CM/bp。东北大豆群体在各染色体上发生群体水平重组的数目存在较大的差异，Gm05、Gm11、Gm12、Gm08 仅 14～42 个窗口发生重组，而 Gm19、Gm15、Gm04、Gm18、Gm17 则有 141～183 个窗口发生了重组（表 1－9，图 1－6）。东北三个地区在染色体上发生重组的难易程度相差较大，Gm03 和 Gm19 在高寒地区更容易发生重组，这些染色体在高寒地区约有 40 个窗口发生了重组，而其他染色体发生重组的窗口数不超过 29 个。Gm04、Gm15、Gm17、Gm19 在松花江地区更容易发生重组，这些染色体在松花江地区约有 140 个窗口发生重组，而其他染色体则不超过 80 个。Gm13 和 Gm15 在辽河地区较容易发生重组，约有 30 个窗口发生了重组，而其他染色体则不超过 26 个窗口。

从群体水平重组率平均值角度看，东北大豆群体中各染色体的平均重组率水平相近，除了 Gm11、Gm18、Gm20 的重组率水平在 $5.50\times10^{-5}$～$9.03\times10^{-5}$CM/bp 及 Gm10 达到 $21.37\times10^{-5}$ CM/bp。而对各地区，辽河地区除 Gm13 的平均重组率水平达到 $0.97\times10^{-5}$CM/bp外，其余各染色体没有超过 $0.39\times10^{-5}$ CM/bp 水平的。而大部分染色体在松花江地区的平均重组率分布在 $6.17\times10^{-5}$～$9.36\times10^{-5}$ CM/bp，Gm11 和 Gm18 仅在 $2.00\times10^{-5}$ CM/bp水平，Gm02、Gm03、Gm17 的平均重组率水平达到 $10.73\times10^{-5}$CM/bp。除 Gm05 在高寒地区达到 $2.24\times10^{-5}$ CM/bp 外，其余染色体不超过 $1.85\times10^{-5}$CM/bp。染色体上发生重组的区域不存在一定的规律，比如在 Gm01 上发生重组的区域主要位于染色体两端，而 Gm04 和 Gm19 则分布在整条染色体上。

本研究将在第 95% 分位数以上的区域定义为高重组率的区域，明确各地区内重组率较高的染色体区域。对高重组率区域来说，东北及各地区共检测到 336 个区域，其中仅 25% 的区域出现在 2 个群体以上。也就是说，三地区及东北地区共检测到 16.8 Mb，其中 12.6Mb 为各地区特有，结果表明不同地区在高重组率的区域上已经存在差异。位于 Gm19 的 21.69～21.73Mb 及 Gm02 的 15.85～15.90 Mb 的选择区域在三个地区均为高重组率区域（图 1－7A），其中 Gm19 的 21.69～21.73 Mb 同时在东北大豆群体中也为高重组率区域。各地区高重组率的窗口数目虽然不同，但相差不大（其中辽河地区最低，仅 94 个，松花江地区为 122 个，而高寒地区则为 109 个），而在不同染色体上的分布相差较大，高寒地区在 Gm03、Gm10、Gm19 均达到 10 个以上（10～11），其

余染色体则在 1 ~9 个之间；辽河地区在 Gm04（16）、Gm13（13）达 13 个以上，而其余则分布在 1 ~7 之间；三地区则在 Gm02、Gm17 分别为 13、17 个窗口，其余染色体不超过 10 个。

相似地，不同地区间重组热点的特异性更加明显，东北及三地区共检测到 115 个重组热点区域，其中东北大豆群体仅与松花江地区间存在 6 个共有重组热点区域（图 1 -7B），而三地区间仅在高寒地区及松花江地区间检测到 1 个共同的重组热点区域（Gm10 的 10.54 ~10.59 Mb）。上述分析表明，重组热点区域比高重组率区域受到了更强烈的选择。

高重组率区域和重组热点区域之间没有相关性。高寒地区一共存在 119 个高重组率或重组热点区域，仅 15.13%（18）的区域同属于两类。与之相似，其他群体（松花江地区及辽河地区的地理群体及整个东北大豆群体）高重组率与重组热点区域中仅 3.20% ~11.88% 同属于各自群体内的两类。即使将 4 个群体中两类选择区域相比，仅仅 13.60%（54）的区域属于任意两群体的两类选择区域。

表 1 -9 东北大豆及三个生态亚群的群体重组率信息

| 染色体 | LRR（$\times10^{-5}$）CM/bp | | | | SRR（$\times10^{-5}$）CM/bp | | | | HLR（$\times10^{-5}$）CM/bp | | | | NEC（$\times10^{-5}$）CM/bp | | | |
|---|---|---|---|---|---|---|---|---|---|---|---|---|---|---|---|---|
| | No. | Min | Max | Mean | No. | Min | Max | Mean | No. | Min | Max | Mean | No. | Min | Max | Mean |
| Gm01 | 12 | 0.06 | 6.18 | 0.28 | 45 | 0.42 | 45.52 | 7.93 | 18 | 0.20 | 14.10 | 1.74 | 57 | 1.94 | 74.86 | 14.96 |
| Gm02 | 10 | 0.24 | 4.50 | 0.26 | 43 | 0.30 | 67.04 | 11.50 | 11 | 0.76 | 16.10 | 1.21 | 43 | 0.14 | 67.84 | 10.75 |
| Gm03 | 14 | 0.24 | 4.66 | 0.39 | 79 | 0.62 | 52.88 | 10.73 | 38 | 0.02 | 15.20 | 1.76 | 87 | 0.24 | 101.84 | 16.65 |
| Gm04 | 26 | 0.26 | 5.66 | 0.32 | 143 | 0.02 | 44.72 | 7.12 | 13 | 0.02 | 16.32 | 0.35 | 169 | 0.28 | 69.58 | 12.79 |
| Gm05 | 3 | 1.74 | 2.10 | 0.30 | 12 | 1.12 | 138.70 | 6.34 | 4 | 1.04 | 59.14 | 2.24 | 14 | 0.92 | 279.30 | 12.73 |
| Gm06 | 9 | 0.16 | 5.90 | 0.25 | 73 | 0.44 | 55.22 | 9.36 | 17 | 0.02 | 14.76 | 0.63 | 91 | 0.72 | 82.04 | 17.48 |
| Gm07 | 4 | 0.52 | 5.46 | 0.30 | 37 | 0.18 | 65.48 | 6.17 | 15 | 0.06 | 23.54 | 1.85 | 48 | 0.24 | 81.46 | 12.57 |
| Gm08 | 2 | 0.60 | 4.22 | 0.12 | 34 | 0.22 | 35.90 | 7.99 | 11 | 0.22 | 18.02 | 0.97 | 42 | 0.78 | 56.72 | 13.61 |
| Gm09 | 16 | 0.02 | 2.18 | 0.14 | 77 | 0.44 | 38.10 | 8.40 | 11 | 0.02 | 9.04 | 0.25 | 94 | 0.56 | 56.24 | 11.37 |
| Gm10 | 22 | 0.02 | 2.86 | 0.21 | 61 | 0.28 | 57.94 | 7.97 | 29 | 0.10 | 22.56 | 1.82 | 94 | 0.06 | 148.20 | 21.37 |
| Gm11 | 0 | 0 | 0 | 0 | 5 | 10.90 | 16.62 | 1.86 | 2 | 2.16 | 4.54 | 0.21 | 14 | 9.98 | 25.28 | 5.50 |
| Gm12 | 2 | 1.10 | 1.86 | 0.07 | 23 | 0.12 | 46.24 | 7.10 | 5 | 2.16 | 9.92 | 0.40 | 31 | 0.42 | 84.14 | 12.00 |
| Gm13 | 31 | 0.04 | 11.82 | 0.97 | 68 | 0.44 | 100.80 | 7.75 | 29 | 0.08 | 23.08 | 1.63 | 80 | 0.02 | 154.34 | 16.74 |
| Gm14 | 7 | 0.02 | 2.38 | 0.10 | 50 | 0.40 | 25.34 | 6.17 | 21 | 0.14 | 13.06 | 1.26 | 70 | 0.22 | 46.82 | 14.79 |
| Gm15 | 36 | 0.02 | 6.24 | 0.16 | 145 | 0.24 | 31.88 | 5.73 | 27 | 0.02 | 13.08 | 0.57 | 176 | 0.02 | 48.78 | 11.06 |
| Gm16 | 23 | 0.02 | 4.16 | 0.28 | 80 | 0.32 | 38.46 | 7.92 | 25 | 0.14 | 17.18 | 1.22 | 105 | 0.58 | 94.08 | 15.20 |
| Gm17 | 26 | 0.04 | 3.14 | 0.22 | 129 | 0.62 | 80.96 | 12.23 | 29 | 0.12 | 12.60 | 0.87 | 141 | 0.50 | 99.52 | 17.46 |
| Gm18 | 19 | 0.06 | 3.14 | 0.11 | 70 | 0.26 | 68.52 | 2.54 | 24 | 0.02 | 18.08 | 0.37 | 152 | 0.26 | 63.36 | 6.86 |
| Gm19 | 18 | 0.06 | 10.52 | 0.12 | 169 | 0.04 | 51.38 | 8.45 | 41 | 0.20 | 19.32 | 0.94 | 183 | 0.26 | 106.24 | 12.46 |
| Gm20 | 5 | 0.32 | 2.20 | 0.18 | 66 | 0.12 | 63.40 | 6.58 | 11 | 0.08 | 15.82 | 0.46 | 69 | 0.02 | 87.64 | 9.03 |
| 总计 | 285 | 0.02 | 11.82 | 0.22 | 1 409 | 0.02 | 138.70 | 7.33 | 381 | 0.02 | 59.14 | 0.90 | 1 760 | 0.02 | 279.30 | 12.96 |

注：LRR 为辽河流域，SRR 为松花江流域，HLR 为高寒地区，NEC 为东北地区。

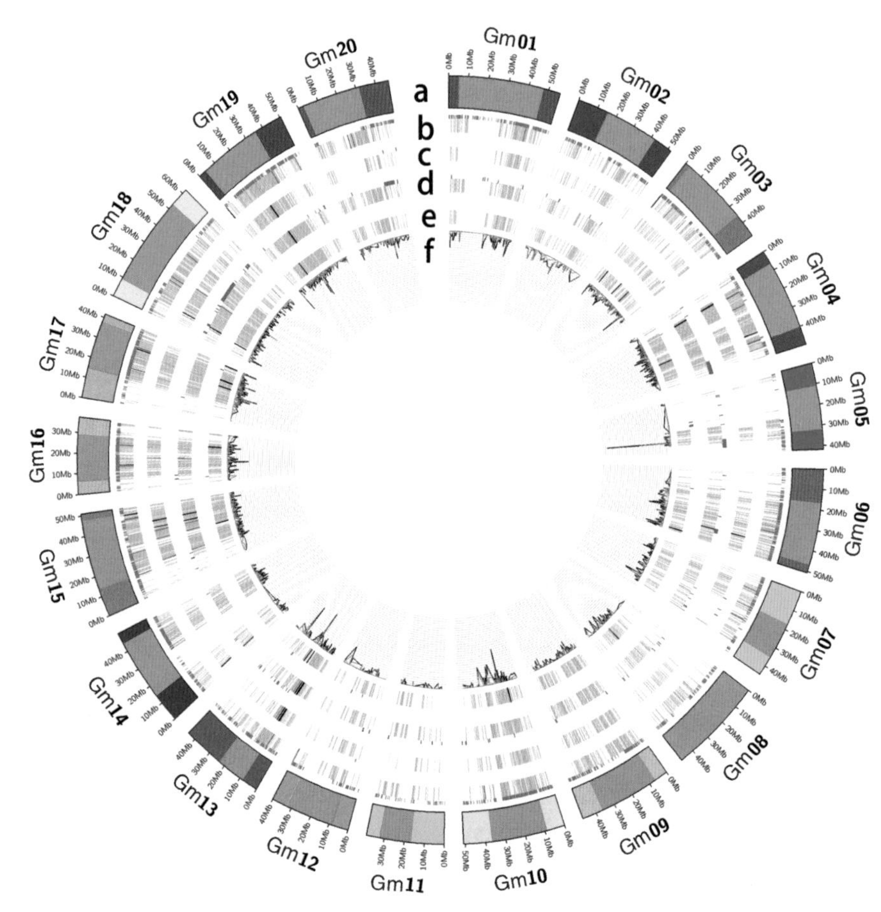


图 1-6　东北及其各地区基因组水平受选择区域分布

注：受选择区域包括高重组率区域、重组热点区域和选择性牵连区域。a 表示染色体结构，各条染色体中浅色区域为异染色质区域（单位为 Mb）。b 为东北地区受选择区域示意图，外圈表示自然选择区域分布，其中蓝色为选择性牵连区域，红色为扩张区域；内圈表示重组率分布，其中黄色为高重组率区域，红色为重组热点区域，黑色为同时为高重组率和重组热点区域，蓝色为中等重组率区域。c 为辽河流域受选择区域示意图，其中外圈表示选择性牵连区域，内圈表示重组率分布，其中黄色为高重组率区域，红色为重组热点区域，黑色为同时为高重组率和重组热点区域，蓝色为中等重组率区域。d 为松花江流域受选择区域示意图，其中外圈表示选择性牵连区域，内圈表示重组率分布，其中黄色为高重组率区域，红色为重组热点区域，黑色为同时为高重组率和重组热点区域，蓝色为中等重组率区域。e 为全基因组受选择区域示意图，其中外圈表示选择性牵连区域，内圈表示重组率分布，其中黄色为高重组率区域，红色为重组热点区域，黑色为同时为高重组率和重组热点区域，蓝色为中等重组率区域。f 为重组率的折线图，其中红色为辽河流域，橙色为松花江流域，绿色为高寒地区，黑色为东北地区。

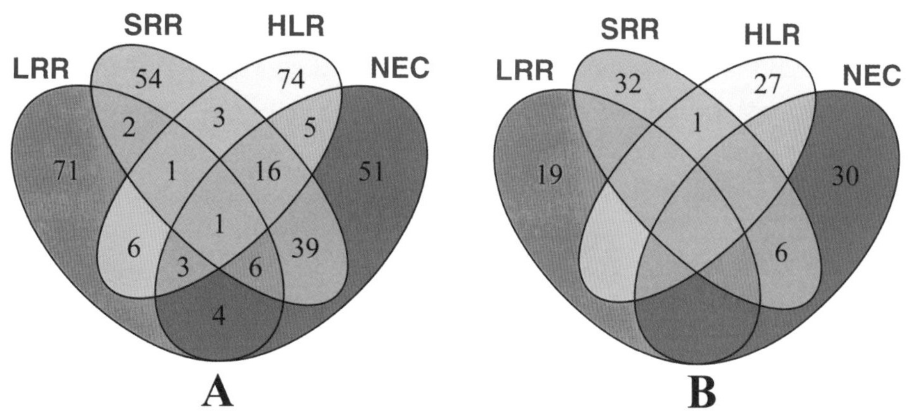


图 1－7　东北及三地区高重组率及重组热点区域分布图

注：A 和 B 分别为高重组率、重组热点区域在不同地理群体间的分布。LRR 为辽河流域，SRR 为松花江流域，HLR 为高寒地区，NEC 为东北地区。

## 四、选择性牵连分析

对东北大豆群体而言，整个染色体上仅 223.65 Mb 的区域 *Tajima'D* 偏离 0，这些区域在染色体上的分布没有规律，其中 Gm05、Gm11、Gm12 仅有 57～92 个受选择区域，而 Gm10、Gm17、Gm12 则分布在 358～391 个受选择区域。在这些区域中，仅 1.45 Mb 的区域属于选择性牵连区域（*Tajima'D*＜0），这些区域主要分布在 Gm01、Gm05 和 Gm14 上（图 1－6b）。

而三个地区受选择区域相差更大（图 1－6c～e）。高寒地区受选择区域仅 2 050 kb，分布在 Gm04、Gm05、Gm06、Gm12、Gm13、Gm16 和 Gm17 上，其中 Gm04、Gm06、Gm16 和 Gm17 仅存在一个受选择区域，而 Gm05 上受选择的区域长度就占 62.44%，特别是 Gm05 的 21.30～22.42 Mb 的区域更长达 1 120 kb，远超其他区域。与之相似，辽河地区受选择的区域仅 540 kb，仅分布在 Gm07、Gm12、Gm20 上，其中 Gm12 上仅存在一个受选择区域（6.45～6.57 Mb），该区域内存在一个耐涝相关基因（*Glyma*12*g*08800）；至于松花江地区，其受选择区域则长达 46.14 Mb，更是分布在所有的染色体上，其中 Gm18、Gm04、Gm20、Gm05 上受选择区域分布在 5.58～16.82 Mb，总长占 81.06%。三个地区受选择的区域中仅 Chr 20 的 36.72～36.77 Mb 区域在松花江和辽河地区同时检测到。与整个东北地区相比，Chr 18 的 4.1～4.5 Mb 区域在松花江和东北地区同时检测到。

## 五、不同流域群体基因组受选择区域对各区域适应性的影响

东北各地区自然条件差异较大，大豆从辽河地区逐步扩展到高寒地区的过程中，在基因组水平必然发生一系列的变化。选择性牵连区域是品种适应当地生产条件的结果，这些区域一般含有较优秀的抗逆或农艺性状相关基因，通过研究这些区域，我们更容易发现大豆驯化过程中的重要基因。群体重组率反映了群体的历史重组水平，这些高重组率或重组热点区域在东北大豆扩展过程中及各地区未来品种改良过程中发挥着重要作用。本研究以对大豆最重要的适应性性状——生

育期及花期为例进行说明。

从结果看，辽河地区在 *GmCRY1a*（*Glyma04g11010*）（图 1－8A）附近存在 2 个同时为重组热点和高重组率的区域（表 1－10，图 1－8B、C），而在高寒地区时该基因已经被固定（图 1－8C），这说明该基因在东北大豆种植过程中受到强烈选择。该基因是一个重要的光周期调控基因，其与大豆在不同纬度的分布有关[223]，这说明在东北大豆种植区从南往北扩展过程中该基因发挥了重要作用。比较 *GmCRY1a* 及其附近的受选择区域所含有 SNPLDB 标记在辽河地区及高寒地区的多样性，这几个标记在辽河地区所含有的等位变异类型及多样性水平均高于高寒地区。

而在松花江地区，其在 *E1*（*Glyma06g23026*）（图 1－8D）和 *E3*（*Glyma19g41210*）（图 1－8F）附近均有一个重组热点区域和高重组率区域（表 1－10，图 1－8F）。与此同时，*E3* 附近的热点区域也是东北地区重组热点区域。前人报道，*E1* 对大豆花期影响最大，又受到 *E3* 和 *E4* 的调控[146, 153]。而从东北大豆遗传基础和育种历史看，大量的等位变异最初来源于松花江地区，该结果表明 *E1* 和 *E3*，特别是 *E3* 在东北大豆扩展过程中起了重要的作用。而东北三地区在上述几个区域间的差异主要体现在不同等位变异的频率上，比如这几个区域对应 SNPLDB 中的等位变异 1（图 1－8F 中蓝色）随种植区的北移，频率呈上升的趋势，而等位变异 2（图 1－8F 中红色）则相反。*E3* 基因在松花江地区甚至出现了两个新等位变异，其中等位变异 4（图 1－8F 中紫色）在高寒地区的频率较高。上述两个基因在不同区域间等位变异频率或类型的差异，表明其在不同地理群体间产生分化。

松花江地区及高寒地区在 *GmFT5a*（*Glyma16g04830*）位置（图 1－8G）均被固定下来，该基因是一个重要的在短日照条件下诱导大豆开花的基因，这个基因固定可能是东北大豆熟期组变早的重要原因[144]。该基因所在的 SNPLDB 标记在三地区间差别较大，该 SNPLDB 标记在三个地区间的差异主要是等位变异频率差异导致的异质性差异，而不是等位变异类型的差异。从等位变异的角度看，松花江及高寒地区所含有的等位变异类型较辽河地区增多。该基因可能与东北从南到北熟期组变短有关。

*GmCOL4*（*Glyma20g07050*）在松花江地区也被固定了下来（图 1－8H），虽然目前在花期相关性状的定位中并未定位到该基因[224]，但在拟南芥等作物中 CO－FT 调节通路在光周期调控开花中起主导作用，本研究表明松花江地区中这两类基因均被固定下来，表示大豆开花可能也受这一模式的调控。所有该基因的 SNPLDB 位点在松花江地区及高寒地区均含有 4 种等位变异类型，但在松花江地区各等位变异间分布频率相差更大，这或许导致了该位点的固定。

**表 1－10　东北及各区域基因组中受选择区域中影响生育期及花期的相关基因**

| 受选择区域类型 | 地区 | 染色体起始位置/Mb | 距离/kb | 基因功能 |
|---|---|---|---|---|
| 高重组率及重组热点区域 | LRR | 9.71～9.76（04） | 448.008 | *Glyma04g11010*[223]（*GmCRY1a*）光周期主要调节因子 |
| 高重组率及重组热点区域 | LRR | 9.46～9.51（04） | 198.008 | *Glyma04g11010*（*GmCRY1a*） |
| 选择牵连区域 | HLR | 9.48～9.55（04） | 218.785 | *Glyma04g11010*（*GmCRY1a*） |
| 重组热点区域 | SRR | 20.49～20.54（06） | 487.195 | *Glyma06g23026*（*E1*）[146]大豆开花时间主效因子 |

续表 1－10

| 受选择区域类型 | 地区 | 染色体起始位置/Mb | 距离/kb | 基因功能 |
|---|---|---|---|---|
| 高重组率或重组热点区域 | SRR，NEC | 47.64～47.69（19） | 116.059 | *Glyma*19*g*41210（*E*3）[153]与 *E*4（*GmPHYA*2）共同调节 *E*1 |
| 选择牵连区域 | HLR | 4.32～4.41（16） | 203.078 | *Glyma*16*g*04830[144]（*GmFT*5*a*）短日照条件下诱导开花 |
| 选择牵连区域 | SRR | 4.09～4.25（16） | 0（25.023） | *Glyma*16*g*04830（*GmFT*5*a*） |
| 选择牵连区域 | SRR | 10.34～10.43（20） | 570.76 | *Glyma*20*g*07050[289]（*GmCOL*4）大豆昼夜节律调节 |

注：染色体起始位置列中括号内数值为所在染色体。距离列的 0 表明这个基因位于选择区域内部。

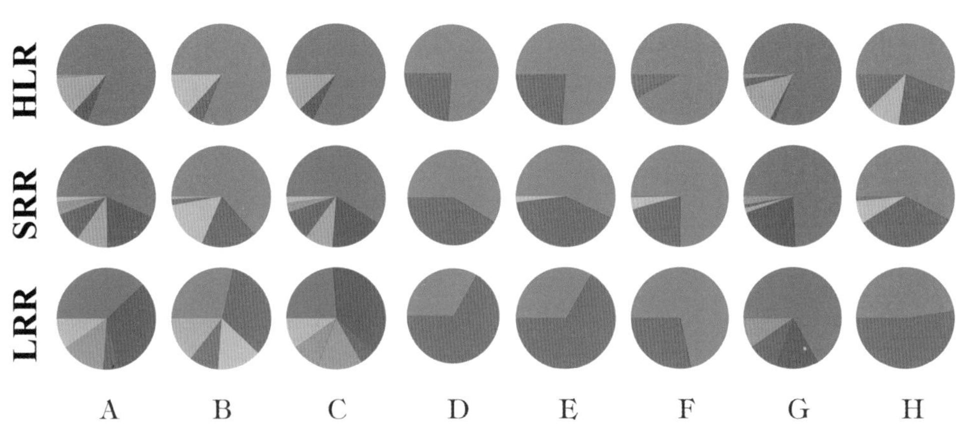


**图 1－8　选择区域内已知生育期/花期基因的 SNPLDB 标记的等位变异分布**

注：A、B、C 标记分别为 Gm04_ BLOCK_ 9157322_ 9355150，Gm04_ BLOCK_ 9697162_ 9797628，Gm04_ BLOCK_ 9472732_ 9507394，附近基因均为 *GmCRY*1*a*（*Glyma*04*g*11010）；D、E 标记分别为 Gm06_ BLOCK_ 19936792_ 20136322 和 Gm06_ BLOCK_ 20399134_ 20598020，附近基因均为 *E*1（*Glyma*06*g*23026）；F 标记为 Gm19_ BLOCK_ 47447775_ 47615233，附近基因为 *E*3（*Glyma*19*g*41210）；G 标记为 Gm16_ BLOCK_ 4132961_ 4319386，包含基因为 *GmFT*5*a*（*Glyma*16*g*04830）；H 标记为 Gm20_ BLOCK_ 10308243_ 10503326，附近基因为 *GmCOL*4（*Glyma*20*g*07050）。圆内扇形颜色和大小表示不同的等位变异类型和相应的比例。

## 六、东北大豆遗传基础扩展可能的原因

大豆在中国拥有很长的种植历史，而在世界范围内，大豆种植历史还很短。东北地区大豆生产在 1860 年以后迅速发展，特别是在第一次世界大战后[225]。从世界范围看，北美地区大豆的大规模种植是在 1915 年之后，而引入南美地区则在 19 世纪后期[26]。从大豆育种的角度看，东北地区也是世界上较早开展大豆育种的地区，比北美大豆育种早了近 30 年[31, 226, 227]。

遗传多样性一般包括等位变异丰富度和频率离散度。含有丰富的等位变异是解决遗传基础狭窄的主要方法[228]。模拟研究表明，等位变异数目能很好地反映出长期和总体选择的结果，而离散度可以预测短期内对特定性状选择的反应[229]。同时，模拟及试验研究也表明，标记等位变异

数目对选择的反应灵敏度低于离散度[230]，但品种改良对遗传多样性的主要影响是显著降低了等位变异数目而对离散度的影响较小[231, 232]。本研究表明，经过过去近70年的育种发展，东北地区的等位变异数目增长了1.5倍，其原因可能如下：首先，最主要的原因可能是群体本身的遗传构成。其次，可能是使用的DNA标记类型，一般研究使用的标记常常不能覆盖全基因组或不含有复等位变异，而本研究所使用的SNPLDB标记既覆盖全基因组又具有复等位变异。第三个原因则可能是东北地区大豆育种的努力。东北地区在中华人民共和国成立前已经建立了相对完整的育种体系而在中华人民共和国成立后又付出了巨大的育种努力，特别是1980年后“国家育种计划”的提出。东北地区育种的持续性使得等位变异数目持续增加，整个历史阶段几乎没有丢失等位变异，在过去的70年中仅仅在1978年后丢失了10个等位变异，再加上东北各地区间频繁的种质交流，使得各地区产生的等位变异可以很迅速地在各地区间扩散。

需要说明的是，东北地区1920年前广泛使用的地方品种并没有在后续的育种中使用，而东北大豆育种进程中又大量使用了当地的地方品种。如东北地区1920年前广泛使用的白眉并没有参与到后续的育种中，但是福寿、金元是直接从新台子和开原的白眉系选得到的。同时来自吉林省的大白眉、辽宁省的晚白眉和东北地区的小白眉也参与了育种[233]。这些育成品种与白眉间关系的不确定可能就导致了一方面东北地区曾经广泛使用的地方品种未参与到育种进程中，另一方面则有大量名字相似的地方品种参与了育种进程。

# 第二章 东北大豆熟期组的划分及主要农艺性状的生态变异

## 第一节 东北大豆熟期组的划分及地理分布

### 一、熟期组的划分方法、标准品种的选择及生态亚区的划分方法

熟期组鉴定方法为以熟期组标准品种相邻两组生育日数平均值的1/2为界，划定不同熟期组在各具体环境的范围，初步划定各品种的熟期组归属，然后统计各品种在不同环境的熟期组归属次数，结合该品种适应的生态条件，最终确定其熟期组归属。

各试验点各年份的方差分析采用SAS/STAT v 9.1的PROC GLM程序进行，其线性模型为：

$y_{ij}=\mu+\alpha_i+\beta_j+\varepsilon_{ij}$

其中，$\mu$ 为群体表型数据的平均值，$\alpha_i$ 为第 $i$ 个基因型的效应，$\beta_j$ 为第 $j$ 个重复的效应，$\varepsilon_{ij}$ 为残差。运算过程中，所有变异来源均做随机效应处理。

遗传率的计算公式则为：

$h^2=\sigma_g^2\ (\sigma_{2g}+\sigma_e^2/r)$

遗传变异系数则为：

$GCV=\sigma_g/\mu\times100\%$

其中，$\sigma_g^2$ 为基因型方差，$\sigma_e^2$ 为误差方差，$r$ 为重复数。

本研究中，选择国际公认的熟期组标准品种及国内研究者鉴定熟期组归属相对一致的材料作为熟期组鉴定标准品种。其中国际公认的熟期组标准品种（表2－1中NO. 编号的品种）在各试验点相应年份的表型数据由中国农业科学院作物科学研究所韩天富课题组提供。对于各熟期组的地理分布范围，通过查询品种志并结合品种的适应区域，从而确定东北品种（系）各熟期组的适应范围。各熟期组具体标准品种见表2－1。

**表2－1 大豆熟期组鉴定标准品种**

| 熟期组 | 品种名称 |
|---|---|
| MG000 | 黑河28，北豆24，NO. 1（PI548594），NO. 2（PI567787） |
| MG00 | 黑河8号，NO. 3（PI548648），NO. 4（PI548596），NO. 5（PI602897），NO. 6（PI592523），黑河45 |
| MG0 | 绥农8号，垦农4号，黑河36，NO. 7（PI629004），NO. 8（PI596541），绥农14，合丰35，NO. 9（PI612764），NO. 10（PI599300） |
| MGⅠ | 吉农9号，合丰43，NO. 12（PI548641），NO. 13（PI614833），NO. 14（PI608438），长农20，黑农37 |
| MGⅡ | 吉育72，吉林43，NO. 15（PI561858），NO. 16（PI567786），NO. 18（PI595843），NO. 19（PI533655） |
| MGⅢ | 铁丰29，辽豆14，铁丰31，NO. 20（PI595926），NO. 21（PI548634） |

注：MG为熟期组；NO. 为北美标准品种编号。

同时，依据各试验点生态条件（积温、光照、降水、纬度、经度、海拔）及各熟期组在各试验点的全生育期表现，对 9 个试验点进行聚类分析，从而确定东北地区不同生态亚区。聚类方法为类平均值法，聚类分析采用 SAS/STAT v 9.1 的 PROC CLUSTER 程序进行。



## 二、东北大豆种质资源群体熟期组的划分及建议的鉴定方法

### （一）东北大豆种质资源群体熟期组的划分及其在东北地区的分布

表 2－2 为相同材料种植在不同试验点不同年份下的表现。同一试验点不同年份间各组生育日数频数具有波动性，不同试验点全生育期性状的平均值随试验点纬度的下降而下降。遗传率除个别环境外均在 90% 以上，表明大豆全生育期性状的表达主要受遗传因素的影响。上述结果表明，大豆品种的实际生育日数在不同环境下是变化的，以相对值来确定各品种熟期组归属更合理。



**表 2－2　各环境生育日数频数分布与变异**

| 环境 | 组中值/d | | | | | | | 总数 | 均值/d | 幅度/d | 遗传率/% | 遗传变异系数/% |
|---|---|---|---|---|---|---|---|---|---|---|---|---|
| | 94 | 104 | 114 | 124 | 134 | 144 | 154 | | | | | |
| 12 北安 | 0 | 1 | 3 | 18 | 54 | 55 | 67 | 198 | 142 | 103～159 | — | — |
| 13 北安 | 0 | 0 | 14 | 28 | 69 | 126 | 2 | 239 | 138 | 110～150 | 98.78 | 4.86 |
| 14 北安 | 0 | 0 | 7 | 11 | 44 | 73 | 110 | 245 | 145 | 114～159 | 99.77 | 3.40 |
| 12 扎兰屯 | 0 | 0 | 19 | 37 | 50 | 67 | 0 | 173 | 134 | 110～144 | 87.17 | 2.70 |
| 14 扎兰屯 | 0 | 0 | 9 | 29 | 60 | 123 | 5 | 226 | 138 | 113～150 | 93.13 | 2.68 |
| 12 克山 | 0 | 4 | 19 | 52 | 118 | 30 | 21 | 244 | 134 | 103～157 | 98.32 | 5.05 |
| 13 克山 | 0 | 4 | 28 | 102 | 158 | 0 | 0 | 292 | 128 | 102～138 | 95.57 | 3.52 |
| 14 克山 | 0 | 13 | 26 | 47 | 140 | 33 | 0 | 259 | 131 | 103～146 | 96.59 | 3.37 |
| 12 牡丹江 | 0 | 8 | 33 | 54 | 52 | 56 | 3 | 206 | 131 | 106～151 | 99.34 | 5.96 |
| 13 牡丹江 | 0 | 11 | 84 | 148 | 35 | 0 | 0 | 278 | 122 | 106～134 | 96.49 | 3.69 |
| 14 牡丹江 | 0 | 13 | 51 | 106 | 94 | 9 | 0 | 273 | 127 | 106～148 | 92.12 | 3.17 |
| 12 佳木斯 | 0 | 6 | 10 | 82 | 125 | 33 | 0 | 256 | 130 | 106～146 | 90.56 | 3.31 |
| 13 佳木斯 | 9 | 43 | 137 | 114 | 40 | 0 | 0 | 343 | 118 | 95～139 | 96.75 | 3.90 |
| 14 佳木斯 | 0 | 33 | 94 | 93 | 107 | 9 | 0 | 336 | 124 | 102～140 | 83.97 | 1.77 |
| 12 大庆 | 1 | 6 | 70 | 123 | 10 | 0 | 0 | 210 | 121 | 97～133 | 87.56 | 2.80 |
| 13 大庆 | 7 | 13 | 63 | 178 | 32 | 0 | 0 | 293 | 122 | 96～135 | 97.13 | 4.32 |
| 14 大庆 | 13 | 39 | 68 | 128 | 20 | 0 | 0 | 268 | 118 | 92～134 | 94.61 | 3.69 |
| 12 长春 | 0 | 3 | 25 | 59 | 110 | 56 | 12 | 265 | 133 | 107～159 | 97.12 | 4.64 |
| 13 长春 | 0 | 15 | 67 | 188 | 70 | 6 | 0 | 346 | 124 | 104～148 | 92.38 | 3.80 |
| 14 长春 | 4 | 39 | 66 | 125 | 63 | 40 | 0 | 337 | 133 | 111～158 | 91.45 | 2.48 |
| 12 白城 | 1 | 12 | 62 | 126 | 43 | 25 | 1 | 270 | 125 | 97～152 | 80.10 | 4.37 |
| 13 白城 | 6 | 49 | 145 | 109 | 37 | 2 | 0 | 348 | 118 | 95～141 | 92.33 | 4.27 |
| 14 白城 | 4 | 39 | 66 | 125 | 64 | 39 | 0 | 337 | 124 | 97～149 | 97.31 | 2.65 |
| 12 铁岭 | 56 | 91 | 44 | 19 | 43 | 25 | 4 | 282 | 114 | 90～151 | 97.71 | 7.68 |
| 13 铁岭 | 16 | 126 | 146 | 55 | 11 | 7 | 0 | 361 | 112 | 90～144 | 99.86 | 5.15 |
| 14 铁岭 | 3 | 20 | 117 | 145 | 57 | 10 | 9 | 361 | 122 | 95～154 | 99.34 | 4.30 |

注：地名前的数字代表年份，如 12 代表 2012 年，余类推。

表2-3为标准品种在各试验点的表现。试验点内同一熟期组的标准品种间生育天数较为一致，不同熟期组间差异较大。相同的标准品种在不同地区的成熟天数存在一定的差异，而不同熟期组标准品种在地区间的稳定性并不一致，其中一些熟期组仅能在部分生态区成熟。表2-4为按照熟期组划分方法在各试验点划分的熟期组参考范围。MG000～MGⅢ从播种到成熟的日数呈逐渐增加趋势，熟期组的范围清晰且不重叠，能够满足熟期组划分的要求。

**表2-3　2012—2014年间大豆生育期鉴定标准品种在9个试验点播种至完熟期的日数**

| 品种 | 熟期组 | 播种至完熟日数/d | | | | | | | | |
|---|---|---|---|---|---|---|---|---|---|---|
| | | 北安 | 扎兰屯 | 克山 | 牡丹江 | 佳木斯 | 大庆 | 长春 | 白城 | 铁岭 |
| 黑河28 | MG000 | 118～120 | 116 | 107～108 | 93～108 | 108 | 96～106 | 108～110 | 101～103 | 92～100 |
| 北豆24 | MG000 | 114～122 | 112～119 | 108～114 | 101～114 | 106～109 | 97～101 | 101～109 | 99～103 | 97～108 |
| 黑河8号 | MG00 | 122～137 | 119～128 | 114～115 | 105～123 | 110～113 | 102～110 | 108～115 | 97～108 | 101～111 |
| 黑河45 | MG00 | 123～133 | 121～128 | 117～121 | 104～122 | 113～117 | 107～114 | 105～120 | 105～115 | 98～111 |
| 绥农8号 | MG0 | 129～146 | 132～141 | 121～132 | 108～123 | 115～132 | 111～122 | 112～134 | 109～118 | 99～117 |
| 垦农4号 | MG0 | 146～151 | 135～146 | 132～139 | 117～129 | 121～140 | 119～123 | 123～135 | 118～124 | 108～122 |
| 合丰35 | MG0 | 141～146 | 139～142 | 131～134 | 117～134 | 122～133 | 114～127 | 114～135 | 114～128 | 106～120 |
| 黑河36 | MG0 | 123～142 | 132 | 128～130 | 111～116 | 119～124 | 108～111 | 120～121 | 110～120 | 101～117 |
| 绥农14 | MG0 | 148～152 | 143 | 133～140 | 121 | 126～132 | 121～128 | 122～125 | 119～122 | 110～122 |
| 吉农9号 | MGⅠ | Im | Im | Im | 133～Im | Im | Im | 134～Im | 134～Im | 122～135 |
| 合丰43 | MGⅠ | 132～155 | 148 | 123～142 | 119～123 | 127～130 | 114～124 | 123～124 | 112～124 | 109～122 |
| 长农20 | MGⅠ | 141～Im | 143 | 132～145 | 124～139 | 132～144 | 124～Im | 128～146 | 125～137 | 105～122 |
| 黑农37 | MGⅠ | 154～Im | Im | 134～138 | 125～135 | 138～145 | 124～125 | 131～137 | 121～131 | 116～121 |
| 吉育72 | MGⅡ | Im | Im | 137～Im | 123～Im | Im | 129～Im | 126～151 | 126～141 | 117～141 |
| 吉林43 | MGⅡ | 149～Im | Im | 130～141 | 124～134 | 126～146 | 126～127 | 126～140 | 121～130 | 110～133 |
| 铁丰29 | MGⅢ | Im | Im | Im | Im | Im | Im | Im | Im | 141～Im |
| 辽豆14 | MGⅢ | 143～Im | Im | Im | 143～Im | Im | Im | Im | 137～Im | 139～153 |
| 铁丰31 | MGⅢ | 143～Im | Im | Im | 143～Im | Im | Im | Im | 146～Im | 144～151 |

| 品种 | 熟期组 | 播种至完熟日数/d | | | | 品种 | 熟期组 | 播种至完熟日数/d | |
|---|---|---|---|---|---|---|---|---|---|
| | | 佳木斯 | 大庆 | 长春 | 铁岭 | | | 北安 | 扎兰屯 |
| NO. 7（PI629004） | MG0 | 115～125 | 116～Im | 120～126 | 103～121 | NO. 1（PI548594） | MG000 | 105～Im | 106～107 |
| NO. 8（PI596541） | MG0 | 114～124 | 117～Im | 117～126 | 105～123 | NO. 2（PI567787） | MG000 | 110～Im | 109～110 |
| NO. 9（PI612764） | MG0 | 119～130 | 121～Im | 138～152 | 126～130 | NO. 3（PI548648） | MG00 | 110～Im | 111～116 |
| NO. 10（PI599300） | MG0 | 131～146 | Im | 141 | 126 | NO. 4（PI548596） | MG00 | 97～Im | 110～112 |
| NO. 12（PI548641） | MGⅠ | 122～135 | 127～Im | 127～133 | 125～131 | NO. 5（PI602897） | MG00 | 115～Im | 112～119 |
| NO. 13（PI614833） | MGⅠ | 136～148 | 128～Im | 131～142 | 124～125 | NO. 6（PI592523） | MG00 | 124～Im | 116～123 |
| NO. 14（PI608438） | MGⅠ | 137～149 | 129～Im | 133～144 | 122～128 | NO. 7（PI629004） | MG0 | 127～Im | 122～127 |
| NO. 15（PI561858） | MGⅡ | 137～144 | 129～Im | 130～138 | 121～128 | NO. 8（PI596541） | MG0 | 126～Im | 121～126 |
| NO. 16（PI567786） | MGⅡ | 139～146 | 131～Im | 134～139 | 125～126 | NO. 9（PI612764） | MG0 | 129～Im | 129～133 |
| NO. 18（PI595843） | MGⅡ | Im | 131～Im | 135～147 | 129～134 | | | | |

续表 2－3

| 品种 | 熟期组 | 播种至完熟日数/d | | | | 品种 | 熟期组 | 播种至完熟日数/d | |
|---|---|---|---|---|---|---|---|---|---|
| | | 佳木斯 | 大庆 | 长春 | 铁岭 | | | 北安 | 扎兰屯 |
| NO. 19（PI533655） | MG Ⅱ | Im | 134～Im | 136～144 | 129～132 | | | | |
| NO. 20（PI595926） | MG Ⅲ | — | — | 156 | 149 | | | | |
| NO. 21（PI548634） | MG Ⅲ | — | — | 143～154 | 137～152 | | | | |

注：表中“—”为未播种；Im 为未成熟。

**表 2－4　各试验点大豆熟期组生育天数的参考范围（2012—2014 年）　　单位：d**

| 熟期组 | 北安 | | | 扎兰屯 | | | 克山 | | |
|---|---|---|---|---|---|---|---|---|---|
| | 2012 | 2013 | 2014 | 2012 | 2013 | 2014 | 2012 | 2013 | 2014 |
| MG000 | ≤123 | ≤123 | ≤128 | ≤113 | | ≤115 | ≤113 | ≤113 | ≤114 |
| MG00 | 124～137 | 115～125 | 129～139 | 114～123 | | 116～127 | 114～125 | 114～121 | 115～125 |
| MG0 | 138～147 | 126～142 | 140～149 | 124～134 | | 128～141 | 126～136 | 122～137 | 126～136 |
| MG Ⅰ | | | 150～160 | 135～142 | | 142～155 | 137～144 | | 137～144 |

| 熟期组 | 牡丹江 | | | 佳木斯 | | | 大庆 | | |
|---|---|---|---|---|---|---|---|---|---|
| | 2012 | 2013 | 2014 | 2012 | 2013 | 2014 | 2012 | 2013 | 2014 |
| MG000 | ≤117 | ≤102 | ≤108 | ≤110 | ≤111 | ≤111 | ≤117 | ≤102 | ≤108 |
| MG00 | 118～126 | 103～110 | 109～114 | 111～123 | 112～116 | 112～119 | 118～126 | 103～110 | 109～114 |
| MG0 | 127～130 | 111～120 | 115～125 | 124～138 | 117～125 | 120～130 | 127～130 | 111～120 | 115～125 |
| MG Ⅰ | 131～133 | 121～130 | 126～139 | 139～149 | 126～132 | 131～140 | 131～133 | 121～130 | 126～139 |
| MG Ⅱ | 134～138 | | | | 133～136 | | 134～138 | | |
| MG Ⅲ | 139～148 | | | | | | | | |

| 熟期组 | 长春 | | | 白城 | | | 铁岭 | | |
|---|---|---|---|---|---|---|---|---|---|
| | 2012 | 2013 | 2014 | 2012 | 2013 | 2014 | 2012 | 2013 | 2014 |
| MG000 | ≤113 | ≤112 | ≤104 | 105～114 | 103～110 | 105～112 | ≤97 | ≤100 | ≤109 |
| MG00 | 114～126 | 113～119 | 105～115 | 115～124 | 111～120 | 113～124 | 98～108 | 101～105 | 110～115 |
| MG0 | 127～136 | 120～126 | 116～133 | 125～130 | 121～123 | 125～131 | 109～119 | 106～115 | 116～122 |
| MG Ⅰ | 137～140 | | | 131～139 | 124～130 | | 120～126 | 116～121 | 123～131 |
| MG Ⅱ | 141～149 | | | ≥140 | ≥131 | | 127～140 | 122～131 | 132～144 |
| MG Ⅲ | ≥150 | | | | | | 141～158 | 132～149 | 145～158 |

根据各生态区域内熟期组的参考范围，按照生育期表现，对东北大豆种质资源群体熟期组归属进行划分，结果见表 2－5。在鉴定过程中，大部分品种的熟期组归属较为清晰，但也有少量品种表现为两熟期的中间类型。这部分品种的熟期组归属则还需考虑其适应地区的生态条件，如吉林 43 则表现为Ⅰ和Ⅱ的中间类型，将其划为Ⅰ组更合适。

表 2－5　东北大豆种质资源群体的熟期组归属

| 熟期组 | 品种 |
| --- | --- |
| MG000 | 黑河 7 号，黑河 28，黑河 33，黑河 40，丰收 11，丰收 24，北豆 16，北豆 24，北豆 38，东大 1 号，蒙豆 11，蒙豆 19，东农 45，华疆 2 号，孙吴大白眉，东农 43 |
| MG00 | 黑河 48，黑河 8 号，黑河 18，黑河 19，黑河 24，黑河 27，黑河 29，黑河 32，黑河 38，黑河 43，黑河 45，黑河 5 号，黑河 52，丰收 17，丰收 19，克山 1 号，北豆 5 号，北豆 14，北豆 23，北丰 3 号，北疆 2 号，垦鉴豆 27，垦鉴豆 28，蒙豆 5 号，蒙豆 6 号，蒙豆 9 号，蒙豆 16，蒙豆 26，东农 49，合丰 40，红丰 3 号，垦鉴豆 38，北丰 9 号，东生 1 号，九丰 2 号，九丰 4 号，蒙豆 36，北豆 20，北豆 22，合丰 42，垦丰 21，合丰 29，绥农 8 号，黑农 6 号，东农 38 |
| MG0 | 黑河 36，黑河 20，黑河 51，黑河 53，丰收 10，丰收 21，克交 4430－20，北垦 9395，蒙豆 10，蒙豆 12，蒙豆 28，蒙豆 30，白宝珠，合丰 46，合丰 51，丰收 12，红丰 2 号，红丰 8 号，红丰 11，红丰 12，垦农 4 号，垦农 5 号，垦农 18，垦农 24，垦农 26，垦农 28，垦农 34，垦鉴豆 7 号，垦鉴豆 35，垦鉴豆 43，垦鉴豆 26，丰收 2 号，丰收 6 号，北丰 11，绥农 15，蒙豆 14，哈北46－1，丰收 25，北豆 30，北豆 18，丰收 27，北豆 3 号，北豆 8 号，北豆 9 号，北豆 10，北豆 21，北丰 14，垦农 8 号，垦丰 7 号，垦丰 11，垦丰 13，垦丰 22，垦农 29，垦农 30，垦农 31，东农 48，黑农 35，黑农 43，黑农 44，垦丰 5 号，垦丰 14，垦丰 17，垦丰 19，垦丰 20，垦豆 25，垦豆 27，垦豆 30，合丰 5 号，合丰 22，合丰 23，合丰 25，合丰 26，合丰 33，合丰 35，合丰 43，合丰 45，合丰 47，绥农 34，合丰 50，合丰 55，合丰 56，合农 60，东农 50，牡丰 3 号，绥农 35，荆山璞，合丰 30，绥农 10，绥农 14，东农 46，黑生 101，合丰 39，绥无腥 1 号，延农 9 号，绥农 20，绥农 30，吉育 69，黑农 3 号，黑农 10，黑农 11，黑农 34，黑农 64，牡丰 1 号，牡丰 2 号，嫩丰 1 号，嫩丰 4 号，嫩丰 7 号，嫩丰 9 号，嫩丰 12，嫩丰 13，嫩丰 14，嫩丰 15，嫩丰 17，嫩丰 18，嫩丰 19，元宝金，十胜长叶，克拉克 63（Clark63），阿姆索（Amsoy），Beeson CN210（富兰克林），早铁荚青，紫花 1 号，绥农 3 号，绥农 4 号，绥农 5 号，绥农 6 号，绥农 22，绥农 26，绥农 27，绥农 31，绥农 32，抗线 4 号，东农 4 号，东农 37，东农 47，东农 53，黑农 65，黑农 16，黑农 48，吉育 58，吉育 69，吉育 67，群选 1 号，黑农 23，黑农 28，黑农 30，黑农 31，黑农 33，黑农 41，黑农 57，四粒黄，吉育 83，吉育 86，杂交豆 3 号，四粒荚，吉林 48 |
| MGⅠ | 垦农 19，垦农 22，垦农 23，抗线 6 号，抗线 8 号，垦豆 26，垦丰 9 号，垦丰 10，垦丰 15，垦丰 16，垦丰 18，垦丰 23，垦豆 28，绥农 33，合丰 48，吉林 26，九农 29，长农 14，长农 20，抗线 7 号，牡丰 6 号，牡丰 7 号，牡豆 8 号，嫩丰 20，满仓金，紫花 4 号，绥农 29，抗线 3 号，东农 33，黑农 54，黑农 58，黑农 69，黑农 67，吉育 35，吉育 47，东农 42，东农 52 ，东农 54，抗线 5 号，抗线 9 号，抗线 2 号，黑农 26，黑农 32，黑农 37，黑农 40，黑农 39，黑农 47，黑农 51，黑农 52，黑农 53，黑农 61，黑农 62，吉林 20，吉林 35，吉林 43，吉育 73，吉育 84，吉育 87，吉育 89，长农 5 号，九农 13，九农 28，九农 31，吉育 57，吉育 59，吉育 64，吉科 1 号，吉科 3 号，吉育 72，长农 24，九农 12，吉育 39，吉育 43，吉育 63，吉育 85，吉育 34，天鹅蛋，四粒黄，铁豆 42 |
| MGⅡ | 丰地黄，铁荚四粒黄，小金黄 1 号，吉林 1 号，吉林 3 号，集体 3 号，吉林 24，吉林 39，吉林 44，吉育 88，吉育 93，吉育 101，长农 13，长农 15，长农 16，长农 17，长农 19，长农 21，吉林 30，吉育 90，吉育 91，吉育 92，长农 22，长农 23，通农 4 号，通农 9 号，通农 13，吉农 9 号，吉农 15，九农 9 号，九农 26，九农 36，吉育 48，吉育 75，九农 34，吉育 71，九农 30，铁荚子，黄宝珠，辽豆 3 号，铁丰 3 号，铁丰 19，铁丰 29 |
| MGⅢ | 吉林 5 号，长农 18，吉农 22，九农 33，通化平顶香，九农 39，辽豆 4 号，辽豆 14，辽豆 15，辽豆 17，辽豆 20，辽豆 22，辽豆 23，辽豆 24，辽豆 26，铁丰 22，铁丰 24，铁丰 28，铁丰 31，铁丰 34 |

为了观察该熟期组鉴定方法的准确性，以牡丹江试验点为例，将参试品种 2012—2014 年及 3 年平均生育日数按熟期组进行分析（图 2－1）。可以看出，不同年份各熟期组的范围不同，但各熟期组在当地按照本研究方法均能分开，不同年份各熟期组生育日数趋势一致且大多数品种生育日数均处于箱体内，这说明本研究划分结果的相对可靠性。

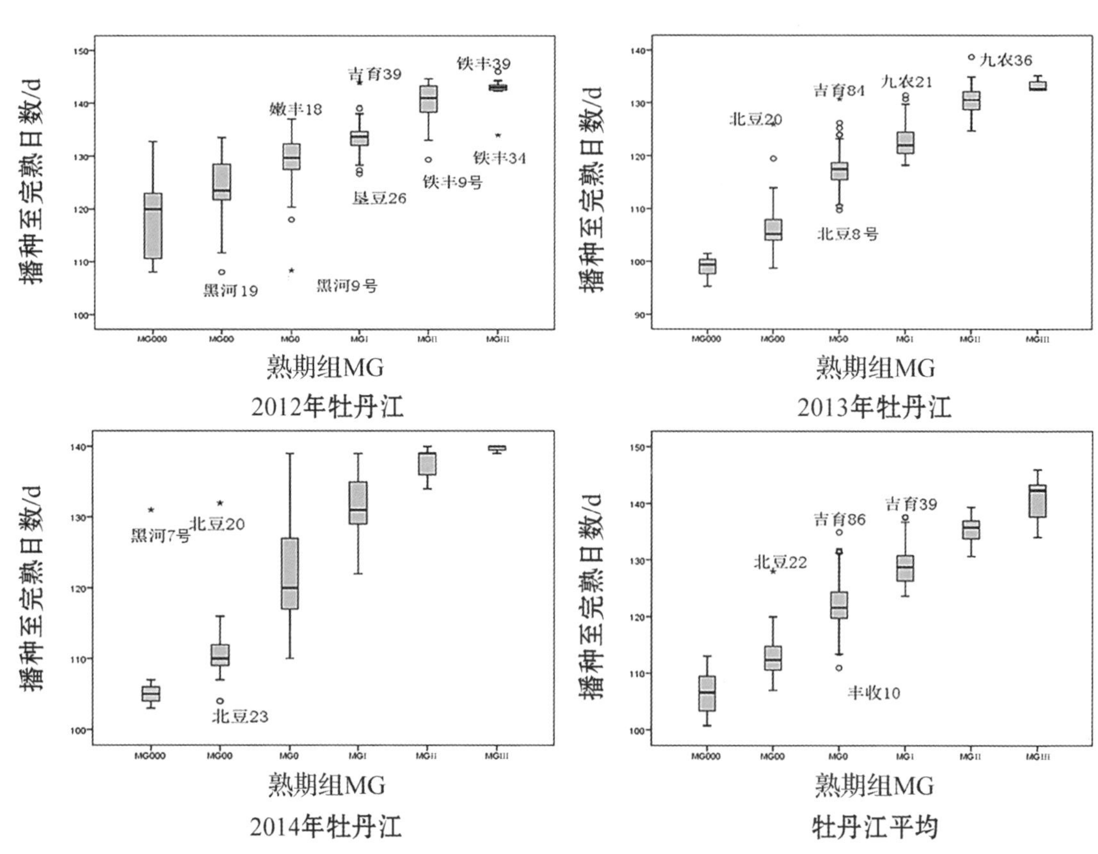


**图 2-1　不同年份参试大豆品种在牡丹江的生育日数箱图**

在东北地区，前人[81]研究发现 MG000～MG Ⅰ 组主要分布在黑龙江，MG Ⅱ 主要分布在吉林省，MG Ⅲ 则主要分布在辽宁。根据这些材料适应范围确定各熟期组地理分布，从本研究结果看，各熟期组在东北地区的分布较为复杂，但总体分布结果与前人研究差异不大（表 2-6）。各熟期组分布示意图如图 2-2A。

**表 2-6　东北大豆生育期组的地域分布**

| 生育期组 | 地域分布 | | | |
|---|---|---|---|---|
| | 黑龙江 | 吉林省 | 辽宁 | 内蒙古 |
| MG000 | 北部山区 | 东部早熟区 | | 兴安盟、呼伦贝尔 |
| MG00 | 中北部 | | | 兴安盟、呼伦贝尔、通辽 |
| MG0 | 中部 | 中南部、延边、敦化、白城、吉林 | | |
| MG Ⅰ | 中南部 | 白城、通化、长春、延边、四平等 | 沈阳、辽阳、海城、锦州 | 呼伦贝尔、呼和浩特、通辽、赤峰 |
| MG Ⅱ | 中南部 | 北至扶余、东至延边，通化 | 昌图以南 | 赤峰 |
| MG Ⅲ | 中南部，东部 | 昌图以南 | | |

注：各熟期组适应范围依据品种审定时建议的推广范围确定。

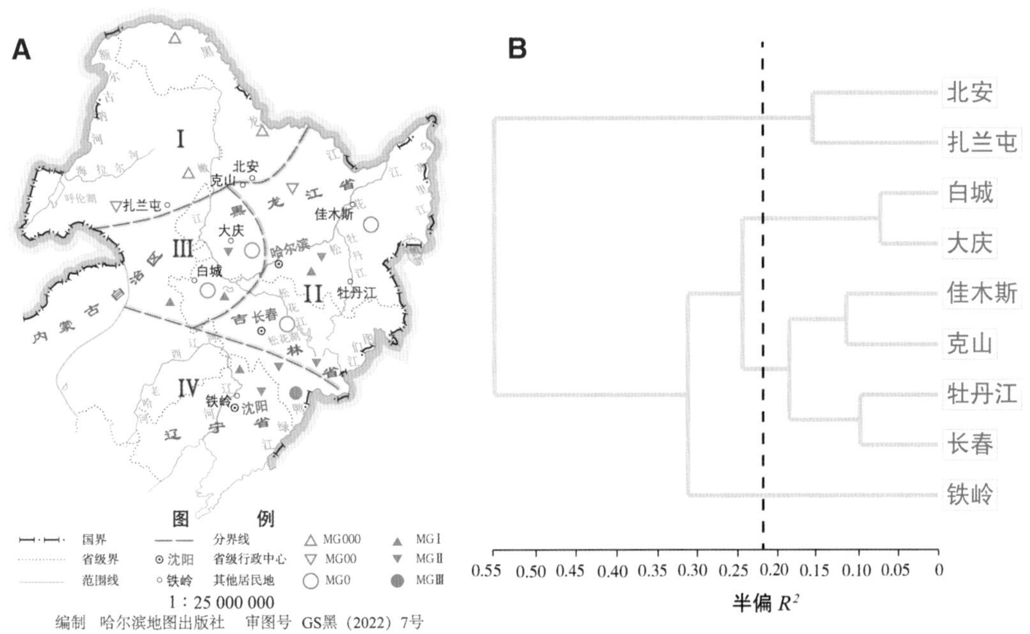


**图 2－2 东北地区各熟期组地域分布及生态亚区划分**

注：A 为熟期组及各生态亚区在东北地区的分布。B 为不同试验点聚类的结果，从虚线处可以将东北地区划分为 4 个生态亚区。半偏 $R^2$ =（$Bk+1-Bk$）/$T$，其中 $Bk+1$、$Bk$ 分别为群体聚类分为 $k+1$、$k$ 时类间平方和，$T$ 为总离差平方和。该指标反映了聚类时每一次合并对信息的损失程度。

## （二）东北大豆熟期组划分的建议方法

### 1. 大豆熟期组鉴定的东北标准品种

大豆熟期组的鉴定依赖于标准品种，而品种适应性和其与环境间存在的互作效应，使得用当地品种作为标准品种进行鉴定更具有说服力。如在北安试验点，MG000～MG0 的北美与东北标准品种在 2012 年、2013 年均正常成熟且生育日数接近，来自北美的标准品种在 2014 年未能成熟，而来自东北的标准品种则表现正常。

为了确定东北标准品种（系），本研究计算各熟期组在不同环境下全生育期的平均数和标准差，处于平均值 ± 标准差范围内的品种视为稳定品种，稳定出现次数多的品种（系）作为各熟期组的标准品种。这些标准品种在生产中曾经被大面积应用，广大育种家对这些品种（系）熟悉且容易获得，适合作为熟期组鉴定的标准品种，结果如表 2－7 所示。

**表 2－7 建议的东北大豆熟期组鉴定标准品种**

| 熟期组 | 品种 |
| --- | --- |
| MG000 | 黑河 40，黑河 33，蒙豆 19，丰收 11，北豆 16 |
| MG00 | 黑河 38 ，北豆 14，垦鉴豆 28，黑河 19，黑河 43 |
| MG0 | 黑生 101，垦农 5 号，垦农 26，垦农 28，丰收 2 号 |

续表 2－7

| 熟期组 | 品种 |
|---|---|
| MG Ⅰ | 吉科 1 号，东农 54，抗线 5 号，垦丰 18，抗线 2 号 |
| MG Ⅱ | 小金黄 1 号，铁荚四粒黄，长农 16，吉林 1 号，九农 30 |
| MG Ⅲ | 九农 39，辽豆 14，长农 18，吉农 22，铁丰 28 |

2. 东北不同地区熟期组参考范围及鉴定方法

根据不同熟期组大豆品种在各大豆生态区多年的表现，划定不同生态区大豆熟期组的参考范围（表 2－8）。由上文分析可知，相同品种在不同鉴定点所鉴定的熟期组归属可能存在一定程度的差异，然而目前东北品种熟期组鉴定没有公认的最适合的鉴定地点，这不利于熟期组鉴定结果的规范，有必要确定不同熟期组最适宜的鉴定地点。通过分析可知，北安在 MG000，特别是 MG00 组各年份熟期组间差异稳定在 10 d 左右，扎兰屯也基本上呈现相同的规律，因此建议北安和扎兰屯作为 MG000、MG00 组的鉴定地点。铁岭则在 MG Ⅱ、MG Ⅲ 熟期组间差异稳定且都在 10 d左右，适合作为这两个熟期组的鉴定地点。而 MG0 和 MG Ⅰ 组在东北地区的适应范围广泛，建议克山和牡丹江作为这两个熟期组的鉴定地点。

目前东北地区的熟期组鉴定刚开始，可以采取两步鉴定的策略，首先在当地对待定品种做初步鉴定，根据初步鉴定的结果再统一安排在相对应的地点进行鉴定。初步鉴定时可以按照本书中给出的东北地区不同生态亚区内各熟期组参考范围进行比对后做初分，然后可在建议的鉴定地点进行联合鉴定，确定品种熟期组归属。熟期组鉴定方法使用习惯后就可直接与本地品种的熟期组比靠。

**表 2－8　不同熟期组在各生态区建议的生育日数范围**　　**单位**：d

| 熟期组 | 北安 | 扎兰屯 | 克山 | 佳木斯 | 牡丹江 | 大庆 | 长春 | 白城 | 铁岭 |
|---|---|---|---|---|---|---|---|---|---|
| MG000 | 114～126 | 115～123 | 106～116 | 107～113 | 104～110 | 99～107 | 103～111 | 101～107 | 97～102 |
| MG00 | 127～138 | 124～133 | 117～126 | 114～121 | 111～117 | 108～116 | 112～120 | 108～115 | 103～109 |
| MG0 | 139～147 | 134～141 | 127～134 | 122～130 | 118～125 | 117～124 | 121～128 | 116～123 | 110～116 |
| MG Ⅰ | 148～155 | 142～147 | 135～142 | 131～137 | 126～132 | 125～129 | 129～136 | 124～131 | 117～125 |
| MG Ⅱ | | | 143～152 | 138～143 | 133～137 | 130～133 | 137～142 | 132～138 | 126～135 |
| MG Ⅲ | | | | | 138～143 | | 143～146 | 139～144 | 136～147 |

3. 大豆熟期组划分的技术要点

我国熟期组鉴定方法自 2001 年盖钧镒等[81]建议以来，逐渐被育种家所接受。但由于环境对生育期性状表达的影响，合适的熟期组归属方法必须考虑一个品种在多个环境的综合表现。因此本研究重点考虑了以下一些要点：首先，是标准品种。标准品种直接决定了鉴定结果的准确性，目前国内的鉴定者所使用的标准品种均是国外已经鉴定了熟期组的品种（系）。由于适应性及环境互作的原因，本研究在直接使用国外品种的基础上新增国内多个学者鉴定熟期组归属一致的品种（系）作为标准品种。这样增加了熟期组鉴定标准品种的数目，提高了各熟期组的代表性，降低了少数标准品种的波动对熟期组鉴定产生的不利影响。其次，大豆熟期组划分中认为相邻熟期组间差异在 10～15 d 时才能充分表现大豆品种（系）在生育期上的差异，只有相邻两熟期组间差值在这个范围的地点才能较好地区分品种的熟期组。鉴于东北高纬度地区光温变化大，地区间生育期差异明显，熟期组地域范围比较小，所以建议在适宜的地点做熟期组鉴定。再次，生育期的长短对熟期组鉴定非常重要。大豆生育期包含营养生长阶段和生殖生长阶段，前者从播种至初花期（R1），后者则从初花期（R1）至完熟期（R8）。我国有些熟期组划分[234, 235]把从出苗至初熟期（R7）认为是生育期。实际上，东北地区早春土壤墒情较好，播种后种子即开始生理活动，直到 R8 时期才结束，因此将东北地区全生育期定为从播种至完熟期（R8）的日数。

4. 东北大豆熟期组鉴定中有待进一步验证的结果

大豆熟期组的形成随育种时间的延长而扩展，美国在 1944 年最早将其分为Ⅰ ~ Ⅶ组，到 20 世纪 70 年代发展成为目前的 000 ~ Ⅹ组。目前，贾鸿昌[4, 235]使用从出苗至 R7 为生育期，以 10 ~ 15 d为标准对东北地区大豆品种进行鉴定，提出了 MG0000 组的概念。在其鉴定的 MG0000 组中包含本试验所鉴定的黑河 28、垦农 8 号、牡丰 1 号，这 3 个品种的生育日数及熟期组在本研究中发生在北安和扎兰屯两地，2 ~ 3 年的表现都并不早于 MG000（表 2 - 9），因而需做进一步验证。

此外，本研究鉴定的 361 份材料中，有 39 份材料前人已有鉴定。除上述 3 份材料外，还有 17 份材料的鉴定结果与本研究不同。原盖钧镒等[81]在南京和哈尔滨将绥农 8 号、黑河 7 号、吉林 20、黄宝珠鉴定为 MG0 组，而本研究将它们分别鉴定为 MG00、MG000、MGⅠ、MGⅡ组。原吴存祥[236]在北京和武汉将吉育 72 鉴定为 MGⅡ组，而本研究则鉴定为 MGⅠ组。原贾鸿昌在黑河将黑河 20 鉴定为 MG000 组，本研究鉴定为 MG0 组；将北丰 11、黑河 33、丰收 11、北豆 16、华疆 2 号鉴定为 MG00 组，本研究鉴定为 MG0、MG000、MG000、MG000、MG000 组；将黑河 38、黑河 43、丰收 24、蒙豆 19 鉴定为 MG0 组，而本研究则鉴定为 MG00、MG00、MG000、MG000 组。吴存祥和贾鸿昌将黑河 48 鉴定为 MG0 组，而本研究则鉴定其为 MG00 组。盖钧镒、吴存祥、贾鸿昌对吉林 30 分别鉴定为 MGⅠ、MGⅡ、MG0 组，本研究则将其鉴定为 MGⅡ组。比对以上结果，在不同地点采用不同比较标准，对同一品种的熟期组鉴定会有不同，上下有一个组的差异，个别的甚至有两个组的差异，说明统一标准、选用适当地点做鉴定的必要性。鉴于上述差异中有些鉴定地点离东北地区太远，本研究的结果可能更接近些，需要时可做进一步的验证。本研究所选取的试验点，基本上代表东北地区生态类型，北安、扎兰屯及其邻近地区可对 MG000、MG00 组，而铁岭邻近地区可对 MGⅡ、MGⅢ组，克山、牡丹江及其邻近地区可对 MG0 和 MGⅠ组做更准确的鉴定。

**表 2 - 9　三个特早熟品种全生育期日数及熟期组鉴定结果**

| 生育期 | 品种 | 北安 | | | 扎兰屯 | |
|---|---|---|---|---|---|---|
| | | 2012 | 2013 | 2014 | 2012 | 2014 |
| 播种至 R8 | 黑河 28 | 118（000，≤123） | 120（00，115 ~ 125） | 145（0，140 ~ 149） | 116（00，114 ~ 123） | — |
| | 垦农 8 号 | 未成熟 | 142（0，126 ~ 142） | 148（0，140 ~ 149） | 未成熟 | 137（0，128 ~ 141） |
| | 牡丰 1 号 | 141（0，138 ~ 147） | 138（0，126 ~ 142） | 148（0，140 ~ 149） | 未成熟 | 138（0，128 ~ 141） |
| 出苗至 R7 | 黑河 28 | 91（00，86 ~ 100） | 103（00，94 ~ 106） | — | 91（000，85 ~ 92） | — |
| | 垦农 8 号 | 未成熟 | 121（Ⅰ，117 ~ 122） | 117（0，113 ~ 118） | 未成熟 | 112（0） |
| | 牡丰 1 号 | 105（0，101 ~ 118） | 120（0，107 ~ 120） | 120（Ⅰ） | 115（0，104 ~ 116） | 112（0） |

注："—"表示缺失；品种在不同环境下的数据表示为：生育日数（熟期组归属，熟期组生育日数范围）。出苗至 R7 栏中，2014 年北安 MG0、MGⅠ标准品种为 115 d、116 d，两组无法准确区分。

## 三、东北大豆品种熟期组生态亚区的分布

根据各试验点生态条件（积温、光照、降水、纬度、经度、海拔）及各熟期组在各试验点的全生育期表现，通过对9个试验点进行聚类分析，大致将东北地区归为4个生态亚区，结果见表2－10及图2－2B。

第一生态亚区（Sub－1）是以北安、扎兰屯为代表的黑龙江、内蒙古北部地区。该亚区的积温较低，一般5月中旬播种，9月中旬成熟。由于积温的原因，一般选用播种到成熟110～120 d[185]的品种。本试验中虽然MG000～MG0及大部分MGⅠ材料能在该亚区正常成熟，但MG000、MG00在该亚区各试验点的差异不大，MG0、MGⅠ则有明显差异，再考虑到当地适宜的成熟天数，当地种植的适宜熟期组为MG000、MG00。

第二生态亚区（Sub－2）是以克山、佳木斯、牡丹江、长春为代表的黑龙江中南部至吉林省长春地区。该地区气候条件较为适宜，播种时间可根据当年气象条件适当提早，一般克山5月中旬，牡丹江、佳木斯5月上旬，长春4月下旬即可播种，成熟在9月中旬，该亚区生育日数根据播种的早晚从120 d至145 d不等。本试验中各试验点的播种主要在5月中旬，因此在当地120～130 d的品种即适合在当地种植。在本试验中，MG000～MGⅠ及部分MGⅡ的材料在这些地区均能正常成熟（其中MGⅢ组中部分品种在长春也可成熟），结合当地无霜期，适宜的熟期组为MG0、MGⅠ。

第三生态亚区（Sub－3）是以白城、大庆为代表的黑龙江西南部至吉林省北部等降水偏少的地区。当地播种较早，一般大庆在4月下旬至5月上旬、白城在4月中下旬即可播种，9月中下旬成熟。一般大庆选用播种至成熟130～140 d、白城选用播种至成熟135～155 d的材料。本试验中各试验点的播种主要在5月中旬，因此在大庆、白城120～130 d的材料即适合在当地种植。本试验中MG000～MGⅠ及部分MGⅡ的材料在这些地区均能正常成熟，结合当地无霜期，适宜的熟期组为MG0和MGⅠ。

第四生态亚区（Sub－4）是以铁岭为代表的辽宁大部分地区。该地区在4月下旬至5月上旬播种，9月中下旬成熟，一般选用播种至成熟145～150 d的品种。本试验中，所有熟期组在当地均能成熟，考虑到本试验在当地播种时间（5月中旬）及各熟期组在当地的表现，适宜的熟期组为MGⅡ、MGⅢ。

需要说明的是，本研究给出的各生态亚区适宜的熟期组是针对整个生态亚区，具体到生态亚区内某一地区时，还需考虑当地的生态条件。如以牡丹江为代表的第二生态亚区适合种植MG0、MGⅠ，但牡丹江处于第二生态亚区偏南部，一些MGⅡ组的材料在当地也能正常成熟。因此，本研究给出的各地区适宜种植的熟期组仅为参考。

表 2-10　东北大豆品种生态亚区的主要生态条件

| 生态亚区 | 试验点 | 积温/℃·d | 降水/mm | 播种 | 初霜期 | 熟期组 | 范围 |
|---|---|---|---|---|---|---|---|
| Sub-1 | 北安、扎兰屯 | 1 800～2 300 | 400～600 | 5 月中旬 | 9 月中旬 | MG000～MGⅠ (MG000, MG00) | 黑龙江和内蒙古北部 |
| Sub-2 | 克山、佳木斯、牡丹江、长春 | 2 300～3 050 | 500～600 | 4 月下旬至 5 月中旬 | 9 月中旬 | MG000～MGⅡ (MG0, MGⅠ) | 黑龙江中南部至吉林省长春 |
| Sub-3 | 白城、大庆 | 2 800～3 080 | 350～500 | 4 月中下旬至 5 月上旬 | 9 月中下旬 | MG000～MGⅡ (MG0, MGⅠ) | 黑龙江西南部、吉林省东北部等降水量少的地区 |
| Sub-4 | 铁岭 | 3 050～3 300 | 500～800 | 4 月下旬至 5 月上旬 | 9 月中下旬 | MG000～MGⅢ (MGⅡ, MGⅢ) | 辽宁大部分地区 |

注：积温为 10 ℃·d 以上活动温度总和，熟期组列中括号内为该生态亚区最适宜熟期组，括号外为可成熟的熟期组。

和前人所划分的生态亚区相比，本研究划分的生态亚区在考虑环境差异的同时考虑了不同熟期组对环境的反应，同一生态亚区内不仅生态因子相似，而且同一熟期组大豆在该生态亚区内的表现较一致，更加适合于指导大豆生产和育种工作。本研究根据各熟期组在各生态亚区的表现给出了不同亚区最适宜种植的熟期组，为新品种的推广和育种亲本的选择提供了直观的范围。

黑龙江省农业局（1981 年）[237]曾划定黑龙江省农作物品种活动积温带（第一积温带积温在 2 700 ℃·d以上，第六积温带在 1 900 ℃·d 以下，其余各积温带间相差约 200 ℃·d)，对大豆生产起到了重要的指导作用。本研究划分的生态亚区与之相比有以下优势：①有利于东北大豆的交流、推广。积温带划分法划定的第四至第六、第一至第三积温带区域大致与本研究所划分的第一/第二、三生态亚区相符，可以根据以往大豆品种适宜种植的积温带初步确定品种对应的熟期组，快速将东北大豆与国际大豆分类标准接轨，便于品种交流。②更加精准地指导品种利用。本研究划分的生态亚区除积温因子外，其余如光照、降水等因子相似性均较高，而大豆除积温外其他因子特别是光也起到重要作用，据此安排品种更加精准。③降低了认识和利用大豆生态规律的难度。大豆许多经济性状如产量、品质等均为数量性状，易受环境因素的影响，东北地区气候的复杂性决定了难以掌握和利用这些数量性状的生态规律。而本研究的生态亚区是依据环境和不同生态类型大豆对环境反应的相似程度划分的，可以降低认识这些复杂性状生态规律的难度，有利于掌握、利用这些规律。需要说明的是，由于本研究所选择的试验点数目不多，所划分的生态亚区仍是初步的，只能反映东北地区整体的趋势。

## 第二节　主要农艺性状的生态分化

由于本群体内的品种育成时间跨度大、熟期组类型丰富，因此可用于明确育种进程对农艺性状的影响和各熟期组材料间农艺性状差异的研究。在本研究中，将每个品种在所有环境下的平均值作为分析数据。将品种按照分组因素（育种年代/熟期组）分组后，采用 SAS/STAT v 9.1 的 PROC MEANS 程序进行描述统计，采用 PROC GLM 程序进行单因素方差分析，各组平均值间多重比较采用 Duncan 新复极差测验。

对农艺性状生态特性的分析，首先区分基因型差异与生态环境对农艺性状的影响。本研究将品种在所有环境下表现的平均值称为该品种在常规田间管理条件下获得的综合值，将品种在特定生态亚区的表型值称为该品种生态区值，品种综合值排除了生态环境差异的影响，其大小反映了品种的遗传差异；品种生态区值反映了基因型与环境的共同作用，品种生态区值与品种综合值比较可检测该生态区对该品种的特定效应。不同品种生态区值平均值间的比较可排除品种变异的影响，检测生态环境对大豆产量/株型性状的影响。

对多年多点试验的方差分析，采用 SAS/STAT v 9.1 的 PROC GLM 程序进行。联合方差分析时采用多年多点随机区组的线性模型：

$$y_{ijkl} = \mu + \alpha_i + \beta_j + \gamma_k + \delta_l(j, k) + A_{ij} + B_{ik} + C_{ijk} + \varepsilon_{ijkl}$$

其中，$\mu$ 为群体表型数据的平均数，$\alpha_i$ 为第 $i$ 个基因型的效应，$\beta_j$ 为第 $j$ 年的效应，$\gamma_k$ 为第 $k$ 个试验点的效应，$\delta_l(j, k)$ 为第 $j$ 年第 $k$ 个试验点第 $l$ 个重复的效应，$A_{ij}$ 为基因型与年份的互作，$B_{ik}$ 为基因型与地点的互作，$C_{ijk}$ 为基因型与年份、地点的互作，$\varepsilon_{ijkl}$ 为残差。运算过程中，所有变异来源均作为随机效应处理。

对熟期组性状，除了进行上述生态特征分析，同时解析了各生态因子对各熟期组生育期相关性状的影响，归纳各熟期组的生态特性。相关性分析采用 SAS/STAT v 9.1 的 PROC CORR 程序进行。

对株型和产量相关性状，在生态分析的基础上进行了各生态亚区高产品种的株型特点、改良方向及改良进展的研究。分析方法如下：首先，对群体在各生态亚区的表现和具体亚区内适宜熟期组品种按照产量的高低进行分组，其中将产量前十的品种归为“高”组，排名后十的品种归为“低”组，其余大豆品种归为“中”组，然后按照分组对群体在各亚区的表现进行单因素分析，用以明确该亚区内高产品种的株型特点。其次，按照分组对各亚区内适宜熟期组品种进行分析，用以明确品种改良的现阶段结果。再次，对各亚区高产组进行分析，从而明确不同亚区间高产型品种的特点。最后，根据以上结果提出当前条件下各亚区高产品种的株型特点及改良方向。

## 一、东北大豆群体生育期相关性状的生态分化及生态特征

### （一）东北大豆种质资源群体的方差分析及描述统计

表 2-11 为生育期相关性状多年多点联合方差分析结果。从结果看，生育期相关性状品种间差异极显著，基因型与年份、地点间各项互作均呈极显著水平。该结果表明，品种在不同环境下的生育期性状的反应是不相同的。

**表 2-11　东北地区大豆生育期性状 9 点 3 年的联合方差分析**

| 变异来源 | 生育前期 | | | 生育后期 | | |
|---|---|---|---|---|---|---|
| | *DF* | *MS* | *F* | *DF* | *MS* | *F* |
| 年份 | 2 | 229 490 | 1 737.48 ** | 2 | 11 303 | 57.96 ** |
| 地点 | 8 | 91 468 | 1 273.95 ** | 8 | 72 708 | 744.43 ** |
| 重复（年份，地点） | 74 | 18.77 | 4.23 ** | 73 | 57.28 | 7.02 ** |
| 基因型 | 360 | 3 000.89 | 21.29 ** | 360 | 2 164.18 | 12.37 ** |
| 年份 × 基因型 | 641 | 113.15 | 3.65 ** | 641 | 173.29 | 3.24 ** |
| 地点 × 基因型 | 2 880 | 60.46 | 1.88 ** | 2 564 | 56.21 | 1.04 ** |

续表 2 - 11

| 变异来源 | 生育前期 | | | 生育后期 | | |
|---|---|---|---|---|---|---|
| | *DF* | *MS* | *F* | *DF* | *MS* | *F* |
| 年份 × 地点 × 基因型 | 4 636 | 35. 54 | 7. 33 ** | 3 840 | 55. 08 | 6. 75 ** |
| 误差 | 23 474 | 4. 44 | | 20 198 | 8. 155 | |

| 变异来源 | 全生育期 | | | 生育期结构（生育前期/全生育期） | | |
|---|---|---|---|---|---|---|
| | *DF* | *MS* | *F* | *DF* | *MS* | *F* |
| 年份 | 2 | 95 993 | 371. 79 ** | 2 | 5. 36 | 1 665. 59 ** |
| 地点 | 8 | 197 501 | 1 792. 86 ** | 8 | 1. 54 | 744. 73 ** |
| 重复（年份，地点） | 74 | 70. 46 | 14. 48 ** | 74 | 0. 001 1 | 4. 40 ** |
| 基因型 | 360 | 4 692. 56 | 19. 42 ** | 360 | 0. 013 | 4. 46 ** |
| 年份 × 基因型 | 641 | 235. 30 | 4. 76 **** | 641 | 0. 002 8 | 2. 45 ** |
| 地点 × 基因型 | 2 563 | 56. 84 | 1. 13 ** | 2 562 | 0. 001 4 | 1. 19 ** |
| 年份 × 地点 × 基因型 | 3 841 | 51. 18 | 10. 52 ** | 3 840 | 0. 001 2 | 4. 58 ** |
| 误差 | 20 294 | 4. 86 | | 20 282 | 0. 000 26 | |

注：生育期结构为生育前期与全生育期的比值；*DF* = 自由度；*MS* = 均方；*，** 分别表示 0. 05，0. 01 水平上差异显著。

表 2 - 12 为各试验点 2012—2014 年间生育期性状的分布和描述统计结果。生育期性状中仅生育前期在所有试验点获得表型。从各试验点平均值看，生育前期在部分试验点间差异达到显著水平，呈现北部地区高于南部地区的趋势。同一生态亚区试验点内频次分布相似且平均值间即使差异达到显著水平，但绝对差异并不大。各试验点上该性状的遗传率虽然存在差异，但均在 85% 以上，联合方差分析的遗传率更达 95%。上述分析表明，生育前期主要受遗传因素的影响，虽然不同试验点间的生育前期存在差异，但存在一定的相似性。

而对生育后期和全生育期，虽然不同生态亚区内可获得表型的材料数存在一定程度的差异，但呈现的规律与生育前期相似。而从遗传率的角度看，全生育期略高于生育后期，其中生育后期在各试验点间主要集中在 80% ~86%，全生育期则集中在 90% ~92%，而联合方差分析的遗传率则高达 93. 45%、95. 38%。

相对于其他生育期性状，生育期结构（生育前期与全生育期的比值）在不同试验点的均值差异虽达到显著水平，但绝对差异极小。同时，该性状更易受到环境因素的影响。该性状的联合方差分析遗传率虽也达到 79. 59%，但除个别试验点外，在大部分试验点的遗传率低于 60%，在扎兰屯甚至仅为 23. 16%。

**表 2 - 12　东北地区大豆在各生态亚区试验点生育期性状的次数分布和描述统计**

| 性状 | 生态亚区/试验点 | 组中值 | | | | | | | | | 总数 | 均值 | 变幅 | $h^2$/% | *GCV*/% |
|---|---|---|---|---|---|---|---|---|---|---|---|---|---|---|---|
| | | <38 | 41 | 47 | 53 | 59 | 65 | 71 | 77 | ≥80 | | | | | |
| 生育前期/d | Sub - 1/北安 | 0 | 0 | 22 | 84 | 140 | 49 | 42 | 17 | 7 | 361 | 60b | 44 ~ 90 | 88. 44 | 12. 91 |
| | Sub - 1/扎兰屯 | 0 | 0 | 1 | 64 | 159 | 74 | 33 | 15 | 15 | 361 | 62a | 49 ~ 106 | 90. 09 | 11. 85 |
| | Sub - 2/克山 | 0 | 3 | 64 | 175 | 63 | 33 | 10 | 1 | 12 | 361 | 55c | 40 ~ 89 | 93. 47 | 14. 53 |
| | Sub - 2/牡丹江 | 0 | 98 | 162 | 50 | 9 | 15 | 11 | 2 | 14 | 361 | 49e | 39 ~ 87 | 86. 72 | 11. 63 |

**续表** 2－12

| 性状 | 生态亚区/试验点 | 组中值 | | | | | | | | | 总数 | 均值 | 变幅 | $h^2$/% | *GCV*/% |
|---|---|---|---|---|---|---|---|---|---|---|---|---|---|---|---|
| | | <38 | 41 | 47 | 53 | 59 | 65 | 71 | 77 | ≥80 | | | | | |
| 生育前期/d | Sub－2/佳木斯 | 0 | 10 | 180 | 124 | 21 | 14 | 4 | 6 | 2 | 361 | 51d | 42～87 | 91.82 | 13.27 |
| | Sub－2/长春 | 0 | 11 | 279 | 48 | 8 | 3 | 2 | 5 | 5 | 361 | 48ef | 42～82 | 92.52 | 12.42 |
| | Sub－3/大庆 | 10 | 120 | 137 | 50 | 21 | 9 | 2 | 6 | 6 | 361 | 47f | 36～83 | 93.58 | 17.07 |
| | Sub－3/白城 | 0 | 10 | 140 | 159 | 32 | 9 | 0 | 4 | 7 | 361 | 52d | 42～86 | 85.81 | 9.20 |
| | Sub－4/铁岭 | 0 | 241 | 99 | 8 | 1 | 11 | 1 | 0 | 0 | 361 | 44g | 38～68 | 91.19 | 10.16 |
| | 总计 | 0 | 7 | 186 | 109 | 37 | 9 | 1 | 10 | 2 | 361 | 51d | 42～81 | 95.54 | 12.22 |
| | | <60.0 | 62.5 | 67.5 | 72.5 | 77.5 | 82.5 | 87.5 | 92.5 | ≥95.0 | | | | | |
| 生育后期/d | Sub－1/北安 | 0 | 1 | 5 | 12 | 23 | 59 | 83 | 73 | 22 | 278 | 86a | 64～99 | 81.70 | 7.20 |
| | Sub－1/扎兰屯 | 0 | 3 | 18 | 38 | 59 | 109 | 42 | 5 | 0 | 274 | 79c | 62～93 | 81.02 | 6.74 |
| | Sub－2/克山 | 0 | 7 | 13 | 39 | 101 | 124 | 28 | 12 | 6 | 330 | 79c | 61～98 | 86.73 | 6.65 |
| | Sub－2/牡丹江 | 0 | 0 | 15 | 32 | 51 | 101 | 83 | 23 | 1 | 306 | 82b | 65～102 | 84.70 | 6.99 |
| | Sub－2/佳木斯 | 3 | 19 | 47 | 106 | 116 | 61 | 3 | 0 | 0 | 355 | 74f | 55～87 | 82.13 | 6.87 |
| | Sub－2/长春 | 0 | 0 | 10 | 28 | 72 | 115 | 84 | 33 | 11 | 353 | 82b | 66～103 | 89.29 | 7.19 |
| | Sub－3/大庆 | 2 | 12 | 25 | 81 | 133 | 62 | 4 | 0 | 0 | 319 | 76e | 57～87 | 82.03 | 6.08 |
| | Sub－3/白城 | 10 | 34 | 47 | 117 | 76 | 55 | 18 | 0 | 0 | 357 | 73fg | 55～89 | 84.13 | 8.31 |
| | Sub－4/铁岭 | 8 | 44 | 75 | 90 | 66 | 56 | 18 | 2 | 2 | 361 | 73g | 54～100 | 76.65 | 9.13 |
| | 总计 | 0 | 8 | 19 | 54 | 119 | 128 | 30 | 3 | 0 | 361 | 78d | 61～94 | 93.45 | 7.28 |
| | | <98 | 102 | 110 | 118 | 126 | 134 | 142 | 150 | ≥154 | | | | | |
| 全生育期/d | Sub－1/北安 | 0 | 0 | 0 | 13 | 13 | 36 | 86 | 109 | 21 | 278 | 143a | 115～159 | 92.36 | 6.17 |
| | Sub－1/扎兰屯 | 0 | 0 | 1 | 15 | 41 | 46 | 139 | 32 | 0 | 274 | 137b | 113～150 | 89.07 | 5.84 |
| | Sub－2/克山 | 0 | 1 | 12 | 28 | 64 | 156 | 37 | 14 | 18 | 330 | 133c | 104～157 | 92.05 | 6.10 |
| | Sub－2/牡丹江 | 0 | 0 | 23 | 54 | 109 | 92 | 24 | 4 | 0 | 306 | 127e | 107～151 | 87.96 | 6.01 |
| | Sub－2/佳木斯 | 0 | 8 | 44 | 93 | 116 | 78 | 14 | 1 | 0 | 354 | 124f | 101～146 | 93.14 | 6.60 |
| | Sub－2/长春 | 0 | 0 | 11 | 43 | 118 | 118 | 49 | 14 | 0 | 353 | 130d | 110～152 | 92.35 | 6.11 |
| | Sub－3/大庆 | 2 | 18 | 33 | 88 | 137 | 41 | 0 | 0 | 0 | 319 | 121h | 94～134 | 91.10 | 5.91 |
| | Sub－3/白城 | 0 | 19 | 47 | 102 | 105 | 52 | 30 | 2 | 0 | 357 | 122g | 99～146 | 91.68 | 7.42 |
| | Sub－4/铁岭 | 3 | 43 | 115 | 102 | 52 | 29 | 10 | 7 | 0 | 361 | 117i | 95～148 | 87.72 | 8.60 |
| | 总计 | 0 | 0 | 27 | 45 | 144 | 108 | 33 | 4 | 0 | 361 | 127e | 106～147 | 95.38 | 6.58 |
| | | <0.33 | 0.34 | 0.36 | 0.38 | 0.40 | 0.42 | 0.44 | 0.46 | ≥0.47 | | | | | |
| 生育期结构 | Sub－1/北安 | 0 | 1 | 25 | 65 | 99 | 53 | 15 | 7 | 13 | 278 | 0.40c | 0.34～0.49 | 55.50 | 4.33 |
| | Sub－1/扎兰屯 | 0 | 0 | 0 | 6 | 38 | 93 | 109 | 27 | 1 | 274 | 0.42a | 0.37～0.47 | 23.16 | 1.60 |
| | Sub－2/克山 | 0 | 0 | 6 | 67 | 133 | 81 | 30 | 9 | 4 | 330 | 0.40c | 0.36～0.49 | 71.99 | 3.64 |
| | Sub－2/牡丹江 | 5 | 72 | 151 | 57 | 15 | 4 | 1 | 1 | 0 | 306 | 0.36g | 0.31～0.45 | 68.75 | 3.69 |
| | Sub－2/佳木斯 | 0 | 0 | 8 | 58 | 151 | 106 | 23 | 7 | 1 | 354 | 0.40c | 0.36～0.47 | 39.49 | 2.51 |
| | Sub－2/长春 | 3 | 46 | 156 | 119 | 19 | 5 | 0 | 2 | 3 | 353 | 0.36f | 0.30～0.52 | 82.35 | 4.64 |
| | Sub－3/大庆 | 3 | 34 | 98 | 108 | 39 | 15 | 14 | 5 | 3 | 319 | 0.37e | 0.32～0.50 | 57.98 | 3.44 |
| | Sub－3/白城 | 0 | 0 | 11 | 48 | 56 | 123 | 85 | 23 | 10 | 356 | 0.41b | 0.35～0.58 | 48.86 | 2.74 |
| | Sub－4/铁岭 | 1 | 31 | 99 | 130 | 71 | 15 | 7 | 5 | 2 | 361 | 0.37e | 0.32～0.48 | 54.36 | 4.46 |
| | 总计 | 0 | 0 | 39 | 134 | 152 | 20 | 8 | 5 | 3 | 361 | 0.39d | 0.35～0.49 | 79.59 | 3.21 |

注：生育期结构为生育前期与全生育期的比值；$h^2$＝遗传率；*GCV*＝遗传变异系数；同一列数字后的不同小写字母说明熟期组间的差异显著性。

## （二）不同育种年代及不同熟期组东北大豆生育期性状的表现

1. 东北大豆按育成年代归组后生育期性状的平均表现和变异

表2－13为不同年代间生育期性状的平均表现。从结果看，不同年代间生育期性状虽然有所差异，但均未达到显著水平。全生育期性状是衡量品种适应范围的重要标志，这表明1970年后东北地区的大豆生产范围并未产生巨大的变化，该结果与东北大豆种植区域历史分布一致。

**表2－13　东北地区不同年代生育期性状的遗传变异分析**

| 育成年代 | 次数 | 生育前期 | | | 生育后期 | | |
|---|---|---|---|---|---|---|---|
| | | 均值/d | CV/% | 变幅/d | 均值/d | CV/% | 变幅/d |
| 1961—1970 | 33 | 54.93a | 13.33 | 44.59～81.27 | 78.49a | 6.92 | 64.79～87.58 |
| 1971—1980 | 16 | 51.43a | 8.17 | 45.97～61.67 | 77.99a | 5.04 | 68.18～83.32 |
| 1981—1990 | 39 | 52.57a | 17.12 | 44.12～80.21 | 76.36a | 7.11 | 62.35～90.50 |
| 1991—2000 | 47 | 50.65a | 11.83 | 41.86～78.72 | 78.32a | 6.44 | 65.00～87.43 |
| 2001—2012 | 209 | 51.32a | 13.50 | 41.63～79.27 | 78.41a | 7.52 | 61.13～93.67 |
| **育成年代** | **次数** | **全生育期** | | | **生育期结构** | | |
| | | 均值/d | CV/% | 变幅/d | 均值 | CV/% | 变幅 |
| 1961—1970 | 33 | 129.66a | 6.39 | 108.57～144.32 | 1.58a | 7.77 | 1.09～1.84 |
| 1971—1980 | 16 | 127.34a | 4.04 | 118.02～138.16 | 1.63a | 7.25 | 1.40～1.82 |
| 1981—1990 | 39 | 126.10a | 6.81 | 106.50～144.88 | 1.59a | 10.39 | 1.06～1.93 |
| 1991—2000 | 47 | 126.99a | 5.91 | 107.49～145.63 | 1.65a | 6.80 | 1.26～1.86 |
| 2001—2012 | 209 | 127.41a | 6.81 | 105.89～146.87 | 1.64a | 7.72 | 1.20～1.92 |

注：同一列数字后的不同小写字母说明年代间的差异显著性，CV＝变异系数。

2. 东北大豆按熟期组归组后生育期性状的平均表现和变异

东北地区大豆生态分化以熟期组为标志，表2－14是根据材料熟期组归组后进行的遗传变异分析。大豆的生育前期、生育后期及全生育期在不同熟期组间有极显著差异，生育期结构在部分熟期组之间有显著差异。生育期结构受开花期的影响，光温对开花期的影响较大[238]，说明不同熟期组对光温的反应并不一致。比较不同熟期组的生育期性状，随着熟期组的变晚，生育前期、生育后期及全生育期呈增加的趋势，全生育期增加较一致，MG000～MGⅠ的前期差别较小，后期差别较大，MGⅡ、MGⅢ则与之相反。各熟期组平均表现，生育前期在MG000～MGⅠ随熟期组的变晚稳定增加约3 d，而MGⅠ～MGⅢ则增加7～10 d；生育后期则在MG000～MGⅠ稳定增加5～7 d，而MGⅠ～MGⅢ变化不明显；各熟期组内全生育期稳定增加约7 d。表明MG000～MGⅠ全生育期区别主要是由生育后期、MGⅡ～MGⅢ是由生育前期长短决定的。从变异系数的角度，各熟期组在全生育期上差异不大，这与熟期组划分的方法有关；而对其余生育期相关性状，MGⅢ的变异均较为丰富，其他熟期组则较为均衡。

表 2-14　不同熟期组生育期性状的遗传变异分析

| 熟期组 | 品种数 | 生育前期 | | | 生育后期 | | |
|---|---|---|---|---|---|---|---|
| | | 均值/d | CV/% | 变幅/d | 均值/d | CV/% | 变幅/d |
| MG000 | 16 | 44. 48f | 3. 42 | 41. 63 ~ 46. 85 | 64. 76e | 3. 26 | 61. 13 ~ 68. 31 |
| MG00 | 45 | 46. 29e | 4. 13 | 42. 22 ~ 50. 90 | 70. 67d | 3. 27 | 65. 89 ~ 78. 06 |
| MG0 | 157 | 49. 26d | 4. 10 | 43. 79 ~ 55. 57 | 77. 75c | 3. 42 | 70. 96 ~ 84. 81 |
| MG Ⅰ | 79 | 52. 10c | 6. 24 | 45. 90 ~ 61. 10 | 81. 68b | 2. 70 | 76. 52 ~ 86. 73 |
| MG Ⅱ | 43 | 59. 50b | 7. 59 | 52. 72 ~ 78. 72 | 83. 77a | 3. 53 | 75. 44 ~ 90. 50 |
| MG Ⅲ | 21 | 70. 98a | 11. 84 | 58. 63 ~ 81. 27 | 82. 72b | 6. 95 | 72. 45 ~ 93. 67 |
| 熟期组 | 品种数 | 全生育期 | | | 生育期结构 | | |
| | | 均值/d | CV/% | 变幅/d | 均值 | CV/% | 变幅 |
| MG000 | 16 | 108. 76f | 1. 86 | 105. 89 ~ 113. 03 | 0. 41a | 3. 28 | 0. 38 ~ 0. 43 |
| MG00 | 45 | 116. 20e | 2. 82 | 109. 86 ~ 125. 98 | 0. 40b | 2. 76 | 0. 37 ~ 0. 42 |
| MG0 | 157 | 125. 97d | 2. 35 | 118. 94 ~ 133. 63 | 0. 39c | 3. 33 | 0. 36 ~ 0. 41 |
| MG Ⅰ | 79 | 131. 38c | 1. 51 | 127. 37 ~ 136. 88 | 0. 38c | 4. 12 | 0. 35 ~ 0. 41 |
| MG Ⅱ | 43 | 136. 94b | 1. 62 | 132. 95 ~ 145. 63 | 0. 39c | 5. 80 | 0. 35 ~ 0. 45 |
| MG Ⅲ | 21 | 142. 97a | 1. 97 | 136. 87 ~ 146. 87 | 0. 42ab | 9. 73 | 0. 37 ~ 0. 49 |

注：*CV* 为变异系数；同一列数字后的不同小写字母说明熟期组间的差异显著性。

### （三）东北大豆品种不同熟期组生育期性状的生态特征

表 2-15 为各熟期组材料生育期相关性状在各生态亚区的表现，鉴于生育期结构在不同熟期组间差异虽然显著但绝对差异较小，不做进一步分析。各熟期组材料生育期性状在各生态亚区试验点内部均呈增长的趋势，同一亚区的表现相似而在其他亚区则差异较大。如 MG000 在北安和扎兰屯的变幅在 114 ~ 126 d，而在白城和大庆主要集中在 101 ~ 111 d。也就是说，各熟期组在不同生态亚区的表现存在一定的规律。

MG000、MG00 的生态特性相似。两熟期组主要分布在第一生态亚区，能在当地无霜期内正常成熟，在第二、三生态亚区比当地品种提前成熟 10 ~ 20 d，在第四生态亚区则比当地品种提前成熟 30 ~ 40 d。生育前期、后期在第一生态亚区平均在 50 d、70 d 左右，在其他亚区略有缩短，比第二、三生态亚区当地品种分别早 3 ~ 5 d、10 ~ 20 d，比第四生态亚区当地品种分别早 10 d、10 ~ 20 d。两组的全生育期与 9 月降水呈低度正相关（$r$ = 0. 4 */0. 42 *），生育前期则与 8 月降水呈低度负相关($r$ = -0. 39 */ -0. 39 *)，生育后期与纬度呈低度正相关（$r$ =0. 45 **/0. 49 **）。

MG0、MG Ⅰ 的生态特性相似。两熟期组主要分布在第二、三生态亚区，能在当地无霜期内正常成熟，在第一生态亚区比当地品种晚成熟 20 ~ 30 d，在第四生态亚区比当地品种早熟 10 ~ 20 d。生育前期在第二、三生态亚区约 50 d，在第一生态亚区比当地品种晚 7 ~ 10 d；在第四生态亚区缩短 10 d 左右，比当地品种缩短 3 ~ 5 d。生育后期在各生态亚区之间差异不大，均在 70 ~ 80 d。MG0、MG Ⅰ 全生育期与 9 月降水呈一般性相关（$r$ =0. 51 **/0. 60 **），前期与 8 月降水呈低度负相关（$r$ = -0. 36 */ -0. 35 *）、与 9 月降水呈低度正相关（$r$ =0. 35 */0. 39 *），后期则与 6 月光照呈低度正相关（$r$=0.36 * /0.39 * ）。

MGⅡ、MGⅢ的生态特征相似。两熟期组最适宜第四生态亚区，这两个熟期组的品种在第一生态亚区完全不能成熟，在第四生态亚区成熟，而这两个熟期组的部分品种可以在第二、三生态亚区成熟。生育前期在第四生态亚区表现为47～58 d，在其他生态亚区则略有延长，在第二、三生态亚区比当地品种延长约10 d，在第一生态亚区比当地品种延长约20 d。MGⅡ、MGⅢ在全生育期与纬度、海拔不相关；在前期MGⅡ与9月降水呈低度正相关（$r$=0.45 ** ）、MGⅢ与降水不相关，MGⅡ与8月光照呈低度正相关（$r$=0.35 * ）、MGⅢ与光照不相关。

需要说明的是，熟期组与环境因素的反应是将表型数据（各试验环境及各熟期组表型数据）与各试验点的地理因素（纬度、经度、海拔）及2012—2014年大豆生长季节的气象因素（降水、温度和光照）进行相关性分析。为了方便描述，将相关系数在0.3～0.5之间称为低度相关，0.5～0.8为一般相关，* 和 ** 分别代表0.05和0.01水平上的显著性。上文中仅列出熟期组与生态因子间较大的相关关系。

**表2－15　各熟期组生育期性状在不同生态亚区的变幅**　　单位：d

| 性状 | 熟期组MG | Sub－1 | | Sub－2 | | | | Sub－3 | | Sub－4 |
|---|---|---|---|---|---|---|---|---|---|---|
| | | 北安 | 扎兰屯 | 克山 | 佳木斯 | 牡丹江 | 长春 | 大庆 | 白城 | 铁岭 |
| 全生育期 | 000 | 114～126 | 115～123 | 106～116 | 107～113 | 104～110 | 99～107 | 103～111 | 101～107 | 97～102 |
| | 00 | 127～138 | 124～133 | 117～126 | 114～121 | 111～117 | 108～116 | 112～120 | 108～115 | 103～109 |
| | 0 | 139～147 | 134～141 | 127～134 | 122～130 | 118～125 | 117～124 | 121～128 | 116～123 | 110～116 |
| | Ⅰ | 148～155 | 142～147 | 135～142 | 131～137 | 126～132 | 125～129 | 129～136 | 124～131 | 117～125 |
| | Ⅱ | Im | Im | 143～152 | 138～143 | 133～137 | 130～133 | 137～142 | 132～138 | 126～135 |
| | Ⅲ | Im | Im | Im | Im | 138～143 | Im | 143～146 | 139～144 | 136～147 |
| 生育前期 | 000 | 48～52 | 51～53 | 44～47 | ≤44 | ≤48 | ≤40 | ≤47 | ≤50 | ≤44 |
| | 00 | 53～56 | 54～56 | 48～50 | ≤44 | ≤48 | 41～43 | ≤47 | ≤50 | ≤44 |
| | 0 | 57～61 | 57～61 | 51～54 | 45～47 | 49～50 | 44～47 | ≤47 | ≤50 | ≤44 |
| | Ⅰ | 62～69 | 62～66 | 55～60 | 48～54 | 51～54 | 48～52 | 48～50 | 51～55 | ≤44 |
| | Ⅱ | ≥70 | 67～78 | 61～69 | 55～67 | 55～63 | 53～64 | 51～59 | 56～64 | 45～52 |
| | Ⅲ | ≥70 | 79～96 | 70～83 | 68～81 | 64～73 | 65～78 | 60～75 | 65～76 | 53～64 |
| 生育后期 | 000 | 66～74 | 64～70 | 62～69 | 65～72 | 58～64 | 59～66 | 66～71 | ≤62 | ≤62 |
| | 00 | 75～82 | 71～75 | 70～76 | 73～78 | 65～70 | 67～73 | 72～78 | 63～68 | 63～67 |
| | 0 | ≥82 | 76～82 | 77～81 | 79～85 | 71～75 | 74～78 | 79～84 | 69～76 | 68～74 |
| | Ⅰ | ≥82 | ≥82 | 82～85 | ≥86 | 76～79 | 79～81 | 85～88 | 77～80 | 75～80 |
| | Ⅱ | Im | Im | ≥86 | ≥86 | ≥79 | 73～77 | 89～95 | ≥81 | 81～86 |
| | Ⅲ | Im | Im | Im | Im | ≥79 | Im | 89～95 | ≥81 | 81～86 |

注：Im＝未成熟。

## 二、东北大豆群体籽粒相关性状的生态分化及生态特征

### （一）东北大豆籽粒性状在各生态亚区试验点的分布和变异

表2－16为不同生态亚区及其试验点内籽粒性状的描述统计。东北地区361个大豆品种蛋白质含量平均值在40.47%，不同试验点间平均值在39.69%～41.29%；油脂含量平均值在21.35%，不同试验点间平均值在20.14%～22.39%；蛋脂总量平均值在61.82%，不同试验点间平均值在60.26%～63.26%；百粒重平均值在19.06 g，不同试验点间平均值在17.61～21.06 g。品种间蛋白质含量常规值变幅在36.71%～44.83%；油脂含量常规值变幅在18.79%～23.01%；蛋脂总量常规值变幅在58.94%～64.87%；百粒重常规值变幅在8.32～27.56 g。不同试验点平均值间东北大豆籽粒性状略有差异，试验点内品种间差异远大于各试验点间平均值的差异。

比较不同试验点间籽粒性状的差异，Sub－3和Sub－4亚区各试验点的蛋白质含量平均水平（40.85%）略高于Sub－1和Sub－2亚区（40.27%），但Sub－1和Sub－2亚区中也存在一些蛋白质含量较高的试验点（如长春为41.10%、扎兰屯为41.29%）；当生态亚区或试验点的蛋白质含量较高时，其蛋白质含量相对高的品种数目相应较多。油脂性状随着试验点的南移，平均数从20.14%增大到22.39%，油脂含量组中值较大组的频数呈向南增多的趋势。不同试验点内品种间差异较大，如扎兰屯品种间变幅为17.20%～22.47%，铁岭在19.78%～24.54%。总的来说，Sub－2、Sub－4亚区的油脂含量（21.68%）高于Sub－1、Sub－3亚区油脂含量（20.66%），各亚区内油脂含量也有差异，如Sub－3的大庆油脂含量水平在20.68%、白城在21.35%。蛋脂总量随着试验点的南移，其平均数从60.26%增大到63.26%，蛋脂总量组中值较大组的频数呈向南增多的趋势。不同试验点内品种间差异较大，如克山品种间变幅为54.00%～63.97%、铁岭为60.61%～66.53%。总的来说，Sub－3和Sub－4的蛋脂总量（62.32%）高于Sub－1和Sub－2亚区（61.37%）；各亚区内蛋脂总量也有差异，如Sub－2的克山蛋脂总量在60.26%、长春在63.06%。百粒重的平均值和不同组频数分布表明Sub－2的百粒重（19.77 g）明显高于其他亚区（18.02 g）；各试验点品种间变幅则相差不大。上述分析说明大豆籽粒性状在不同环境下的频数分布具有波动性，各亚区内不同试验点间的分布较为相似但也存在一些差异，不同亚区间差异较大。这说明籽粒性状表达既受基因型的影响也受环境的影响。

籽粒性状的遗传率较高，各性状多年多点联合方差分析的遗传率约为90%，蛋白质含量、油脂含量、蛋脂总量、百粒重的遗传率分别为88.98%、88.75%、90.81%和91.90%。不同试验点在该类性状上存在较大差异，其中Sub－1各试验点该性状遗传率较其他亚区偏低，如蛋白质性状在Sub－1的北安、扎兰屯为54.55%～62.30%，而在其他亚区则在80%左右。

**表2－16　东北地区大豆在各生态亚区试验点籽粒性状的次数分布和描述统计**

| 性状 | 生态亚区/试验点 | 组中值 | | | | | | | | | | 总数 | 均值 | 变幅 | $h^2$/% | *GCV*/% |
|---|---|---|---|---|---|---|---|---|---|---|---|---|---|---|---|---|
| | | 35.6 | 36.8 | 38.0 | 39.2 | 40.4 | 41.6 | 42.8 | 44.0 | 45.2 | 46.4 | | | | | |
| 蛋白质含量/% | Sub－1/北安 | 2 | 8 | 43 | 87 | 96 | 22 | 14 | 4 | 2 | 0 | 278 | 39.80e | 35.76～44.70 | 62.30 | 2.58 |
| | Sub－1/扎兰屯 | 0 | 6 | 13 | 16 | 79 | 85 | 47 | 21 | 2 | 2 | 271 | 41.29a | 36.37～46.10 | 54.55 | 2.23 |

续表 2-16

| 性状 | 生态亚区/试验点 | 组中值 | | | | | | | | | | 总数 | 均值 | 变幅 | $h^2$/% | GCV/% |
|---|---|---|---|---|---|---|---|---|---|---|---|---|---|---|---|---|
| 蛋白质含量/% | | 35.6 | 36.8 | 38.0 | 39.2 | 40.4 | 41.6 | 42.8 | 44.0 | 45.2 | 46.4 | | | | | |
| | Sub-2/克山 | 8 | 16 | 51 | 86 | 101 | 49 | 10 | 3 | 0 | 0 | 324 | 39.69e | 35.60~44.38 | 77.12 | 3.11 |
| | Sub-2/牡丹江 | 3 | 13 | 52 | 108 | 101 | 50 | 25 | 1 | 0 | 0 | 353 | 39.85e | 35.36~43.62 | 81.73 | 3.25 |
| | Sub-2/佳木斯 | 3 | 12 | 57 | 106 | 93 | 50 | 22 | 5 | 1 | 0 | 349 | 39.87e | 35.58~45.10 | 77.83 | 3.13 |
| | Sub-2/长春 | 0 | 3 | 7 | 49 | 114 | 106 | 66 | 12 | 1 | 1 | 359 | 41.10ab | 36.68~45.90 | 81.87 | 2.96 |
| | Sub-3/大庆 | 0 | 5 | 18 | 73 | 113 | 94 | 38 | 5 | 2 | 0 | 348 | 40.68cd | 36.66~45.33 | 78.95 | 2.79 |
| | Sub-3/白城 | 0 | 2 | 16 | 55 | 100 | 108 | 51 | 14 | 3 | 1 | 350 | 41.00b | 36.80~46.10 | 79.25 | 3.00 |
| | Sub-4/铁岭 | 0 | 0 | 8 | 60 | 128 | 120 | 36 | 7 | 1 | 1 | 361 | 40.87bc | 37.68~45.89 | 71.53 | 2.46 |
| | 总计 | 0 | 4 | 16 | 88 | 129 | 96 | 24 | 3 | 1 | 0 | 361 | 40.47d | 36.71~44.83 | 88.98 | 2.78 |
| 油脂含量/% | | 15.5 | 16.5 | 17.5 | 18.5 | 19.5 | 20.5 | 21.5 | 22.5 | 23.5 | 24.5 | | | | | |
| | Sub-1/北安 | 0 | 1 | 0 | 6 | 83 | 114 | 59 | 12 | 0 | 0 | 275 | 20.45g | 15.77~24.54 | 76.48 | 3.47 |
| | Sub-1/扎兰屯 | 0 | 0 | 2 | 16 | 95 | 113 | 44 | 1 | 0 | 0 | 271 | 20.14f | 17.20~22.47 | 64.89 | 3.15 |
| | Sub-2/克山 | 0 | 0 | 2 | 10 | 61 | 155 | 86 | 10 | 0 | 0 | 324 | 20.58ef | 17.47~22.84 | 77.06 | 3.31 |
| | Sub-2/牡丹江 | 0 | 0 | 0 | 1 | 9 | 40 | 122 | 143 | 38 | 0 | 353 | 21.95b | 18.92~23.84 | 84.17 | 3.50 |
| | Sub-2/佳木斯 | 0 | 0 | 3 | 4 | 23 | 69 | 124 | 115 | 10 | 1 | 349 | 21.50c | 17.75~24.15 | 78.89 | 3.38 |
| | Sub-2/长春 | 0 | 0 | 0 | 0 | 13 | 39 | 109 | 160 | 38 | 0 | 359 | 21.96b | 19.00~23.99 | 86.99 | 3.82 |
| | Sub-3/大庆 | 1 | 4 | 7 | 12 | 52 | 119 | 121 | 32 | 0 | 0 | 348 | 20.68e | 15.77~22.90 | 80.00 | 3.87 |
| | Sub-3/白城 | 0 | 0 | 1 | 4 | 33 | 83 | 131 | 81 | 17 | 0 | 350 | 21.35d | 17.90~23.66 | 83.70 | 4.23 |
| | Sub-4/铁岭 | 0 | 0 | 0 | 0 | 1 | 18 | 84 | 174 | 81 | 3 | 361 | 22.39a | 19.78~24.54 | 76.11 | 3.14 |
| | 总计 | 0 | 0 | 0 | 1 | 13 | 98 | 179 | 69 | 1 | 0 | 361 | 21.35d | 18.79~23.01 | 88.75 | 3.37 |
| 蛋脂总量/% | | 53.7 | 55.1 | 56.5 | 57.9 | 59.3 | 60.7 | 62.1 | 63.5 | 64.9 | 66.3 | | | | | |
| | Sub-1/北安 | 0 | 0 | 4 | 15 | 86 | 123 | 39 | 8 | 0 | 0 | 275 | 60.29f | 54.00~66.53 | 67.74 | 1.45 |
| | Sub-1/扎兰屯 | 0 | 0 | 3 | 9 | 23 | 94 | 98 | 41 | 3 | 0 | 271 | 61.43e | 56.73~64.92 | 62.69 | 1.41 |
| | Sub-2/克山 | 1 | 2 | 15 | 18 | 81 | 140 | 64 | 3 | 0 | 0 | 324 | 60.26f | 54.00~63.97 | 82.74 | 1.93 |
| | Sub-2/牡丹江 | 0 | 0 | 0 | 3 | 27 | 92 | 157 | 67 | 7 | 0 | 353 | 61.80d | 57.74~64.76 | 85.44 | 1.78 |
| | Sub-2/佳木斯 | 0 | 0 | 0 | 9 | 28 | 129 | 151 | 29 | 3 | 0 | 349 | 61.36e | 57.4~64.50 | 81.71 | 1.57 |
| | Sub-2/长春 | 0 | 0 | 0 | 0 | 2 | 31 | 101 | 173 | 51 | 1 | 359 | 63.06b | 59.35~66.31 | 85.12 | 1.59 |
| | Sub-3/大庆 | 0 | 0 | 1 | 13 | 36 | 106 | 157 | 29 | 6 | 0 | 348 | 61.36e | 57.08~65.45 | 82.04 | 1.57 |
| | Sub-3/白城 | 0 | 0 | 0 | 2 | 15 | 52 | 140 | 131 | 9 | 1 | 350 | 62.35c | 58.07~65.83 | 86.48 | 1.66 |
| | Sub-4/铁岭 | 0 | 0 | 0 | 0 | 0 | 13 | 92 | 201 | 53 | 2 | 361 | 63.26a | 60.61~66.53 | 77.61 | 1.31 |
| | 总计 | 0 | 0 | 0 | 0 | 15 | 98 | 190 | 56 | 2 | 0 | 361 | 61.82d | 58.94~64.87 | 90.81 | 1.55 |
| 百粒重/g | | 7.6 | 10.8 | 14.0 | 17.2 | 20.4 | 23.6 | 26.8 | 30.0 | 33.2 | 36.4 | | | | | |
| | Sub-1/北安 | 1 | 0 | 24 | 138 | 105 | 6 | 2 | 1 | 0 | 0 | 277 | 18.37e | 6.20~28.64 | 80.05 | 10.09 |
| | Sub-1/扎兰屯 | 1 | 3 | 37 | 181 | 41 | 7 | 1 | 0 | 0 | 0 | 271 | 17.24g | 6.67~26.22 | 79.36 | 10.05 |
| | Sub-2/克山 | 3 | 0 | 43 | 198 | 85 | 5 | 2 | 0 | 0 | 0 | 336 | 17.61f | 6.13~28.17 | 85.01 | 10.34 |
| | Sub-2/牡丹江 | 1 | 1 | 1 | 97 | 210 | 37 | 6 | 1 | 0 | 0 | 354 | 19.95c | 8.49~29.43 | 85.73 | 9.56 |
| | Sub-2/佳木斯 | 1 | 2 | 0 | 45 | 181 | 102 | 7 | 2 | 1 | 0 | 341 | 21.06a | 8.18~31.99 | 85.20 | 9.74 |

续表 2－16

| 性状 | 生态亚区/试验点 | 组中值 | | | | | | | | | | 总数 | 均值 | 变幅 | $h^2$/% | GCV/% |
|---|---|---|---|---|---|---|---|---|---|---|---|---|---|---|---|---|
| | | 7.6 | 10.8 | 14.0 | 17.2 | 20.4 | 23.6 | 26.8 | 30.0 | 33.2 | 36.4 | | | | | |
| 百粒重/g | Sub－2/长春 | 0 | 3 | 1 | 74 | 201 | 68 | 12 | 0 | 0 | 0 | 359 | 20.47b | 9.51～28.20 | 89.40 | 10.72 |
| | Sub－3/大庆 | 0 | 5 | 47 | 213 | 77 | 6 | 0 | 1 | 0 | 0 | 349 | 17.48fg | 9.69～28.42 | 82.00 | 9.10 |
| | Sub－3/白城 | 2 | 1 | 23 | 177 | 130 | 19 | 1 | 0 | 0 | 0 | 353 | 18.37e | 8.14～35.68 | 76.85 | 10.22 |
| | Sub－4/铁岭 | 0 | 3 | 8 | 197 | 131 | 22 | 0 | 0 | 0 | 0 | 361 | 18.63e | 10.99～24.91 | 75.68 | 8.84 |
| | 总计 | 1 | 2 | 3 | 160 | 175 | 18 | 2 | 0 | 0 | 0 | 361 | 19.06d | 8.32～27.56 | 91.90 | 9.27 |

注：$h^2$＝遗传率；GCV＝遗传变异系数；同一列数字后的不同小写字母说明熟期组间的差异显著性。

表 2－17 为籽粒性状多年多点联合方差分析结果。籽粒各性状品种间均有极显著差异，基因型、年份、地点间各项互作均差异极显著，不同环境下品种的籽粒性状反应并不一致。比较基因型与基因型×环境因子（年份，地点）互作的 $F$ 值可知，虽然环境因素对大豆籽粒性状表达造成影响，但基因型对籽粒性状的影响占主要地位。

**表 2－17　东北地区大豆籽粒性状 9 点 3 年的联合方差分析**

| 变异来源 | 蛋白质含量 | | | 油脂含量 | | |
|---|---|---|---|---|---|---|
| | DF | MS | F | DF | MS | F |
| 年份 | 2 | 438.44 | 43.41 ** | 2 | 56.15 | 14.08 ** |
| 地点 | 8 | 865.52 | 184.05 ** | 8 | 1 812.16 | 1 110.48 ** |
| 重复（年份，地点） | 77 | 1.59 | 1.99 ** | 77 | 0.48 | 1.82 ** |
| 基因型 | 360 | 95.88 | 8.04 ** | 360 | 40.52 | 8.03 ** |
| 年份×基因型 | 641 | 11.03 | 3.31 ** | 641 | 4.50 | 4.52 ** |
| 地点×基因型 | 2 624 | 4.38 | 1.30 ** | 2 621 | 1.59 | 1.58 ** |
| 年份×地点×基因型 | 3 744 | 3.44 | 4.31 ** | 3 734 | 1.02 | 3.91 ** |
| 误差 | 19 779 | 0.80 | | 19 792 | 0.26 | |

| 变异来源 | 蛋脂总量 | | | 百粒重 | | |
|---|---|---|---|---|---|---|
| | DF | MS | F | DF | MS | F |
| 年份 | 2 | 668.58 | 114.54 ** | 2 | 2 380.18 | 130.54 ** |
| 地点 | 8 | 3 443.13 | 1 361.66 ** | 8 | 4 883.80 | 412.07 ** |
| 重复（年份，地点） | 77 | 0.78 | 1.72 ** | 77 | 5.39 | 3.03 ** |
| 基因型 | 360 | 68.30 | 9.45 ** | 360 | 228.45 | 10.88 ** |
| 年份×基因型 | 641 | 6.53 | 3.87 ** | 641 | 17.65 | 2.93 ** |
| 地点×基因型 | 2 621 | 2.45 | 1.43 ** | 2 632 | 9.54 | 1.57 ** |
| 年份×地点×基因型 | 3 734 | 1.74 | 3.82 ** | 3 771 | 6.17 | 3.47 ** |
| 误差 | 19 776 | 0.45 | | 20 088 | 1.78 | |

注：DF＝自由度；MS＝均方。

## （二）不同育种年代不同熟期组东北大豆籽粒性状的平均表现和变异

### 1. 东北大豆按育成年代归组后籽粒性状的平均表现和变异

表2－18中，根据育成年代进行了变异分析，分析的数据是每个品种在所有环境下的平均值。比较不同育成年代间平均数的大小，不同育成年代间籽粒性状的差异很小，但呈现一定的趋势。如蛋白质含量最大差异仅为0.95%，油脂含量最大差异仅为0.54%，蛋脂总量最大差异仅为0.42%，百粒重最大差异仅为0.59 g。蛋脂总量、百粒重不同育成年代间平均数差异不显著，但蛋脂总量随育成年代呈现下降的趋势（从62.16%降至61.74%），百粒重随育成年代呈增加的趋势（从18.68 g增至19.27 g）。蛋白质含量、油脂含量在部分育成年代间差异显著，蛋白质含量随育成年代呈下降的趋势（从41.23%降至40.28%），而油脂含量则随育成年代呈上升的趋势（从20.92%升至21.46%）。需要说明的是，百粒重从1916—1971年间的18.70 g增至1971—1980年的19.29 g，而后从1981年的18.68 g起又呈增加的趋势，直至2001年后达到19.27 g，但总的来说，百粒重随育成年代而增加的趋势并不明显。

不同育成年代内籽粒性状的变幅和变异系数反映了各育成年代的育种成就，从变幅和变异系数看，各育成年代内品种在籽粒性状上的变异范围相似，不同年代均育成在籽粒性状上表现突出的品种。如蛋白质与蛋脂总量虽随育成年代呈下降的趋势，但各育成年代特别是2000年后均育成了一些在蛋白质含量、蛋脂总量上表现突出的品种。百粒重随育成年代呈增加的趋势，但在1991年后特别是2000年后育成的品种在百粒重上分化较大，既有大粒型（25～30 g为大粒型[239]）也有小粒型（<10 g为超小粒型[239]）品种。比较各育成年代内育成品种的变幅/变异系数和不同育成年代的平均数，不同育成年代内品种籽粒性状的差异远大于不同育成年代间育成品种籽粒性状平均值间的差异。

总的来说，品种按育成年代归类，不同育成年代内籽粒性状的变幅差异不大，但呈现一定的趋势和显著性；蛋白质含量和蛋脂总量随育成年代呈现下降趋势，油脂含量和百粒重则呈现上升趋势，其中蛋白质含量从41.23%降至40.28%，蛋脂总量从62.16%降至61.74%，油脂含量从20.92%增至21.46%，百粒重从18.70 g增至19.27 g。然而这种平均趋势并不明显，每个育成年代各性状均有表现突出的品种。

**表2－18 东北地区不同年代、不同熟期组大豆品种籽粒性状的平均表现和变异**

| 归类 | | 次数 | 蛋白质含量/% | | | 油脂含量/% | | |
|---|---|---|---|---|---|---|---|---|
| | | | 均值 | CV | 变幅 | 均值 | CV | 变幅 |
| 育成年代 | 1916—1970 | 33 | 41.23a | 2.85 | 39.19～43.91 | 20.92b | 3.53 | 19.29～22.73 |
| | 1971—1980 | 16 | 40.90ab | 2.38 | 38.99～42.64 | 21.21ab | 3.10 | 20.02～22.39 |
| | 1981—1990 | 39 | 40.79abc | 2.93 | 38.41～43.77 | 21.20ab | 2.89 | 19.87～22.93 |
| | 1991—2000 | 47 | 40.49bc | 2.86 | 37.73～42.96 | 21.30a | 2.59 | 20.06～22.58 |
| | 2001—2015 | 209 | 40.28c | 3.12 | 36.71～44.83 | 21.46a | 3.58 | 18.79～23.01 |
| 熟期组 MG | 000 | 16 | 41.31a | 3.31 | 39.24～44.83 | 21.61ab | 3.22 | 20.05～22.96 |
| | 00 | 45 | 40.63b | 2.12 | 38.59～42.57 | 21.83a | 2.70 | 20.11～22.93 |
| | 0 | 157 | 40.51bc | 2.88 | 37.10～44.18 | 21.46b | 3.04 | 18.79～23.01 |

续表 2－18

| 归类 | | 次数 | 蛋白质含量/% | | | 油脂含量/% | | |
|---|---|---|---|---|---|---|---|---|
| | | | 均值 | *CV* | 变幅 | 均值 | *CV* | 变幅 |
| 熟期组 MG | Ⅰ | 79 | 39.97c | 2.73 | 37.69～42.52 | 21.35b | 2.72 | 19.74～22.67 |
| | Ⅱ | 43 | 40.47bc | 4.23 | 36.71～43.77 | 20.76c | 3.87 | 19.29～22.42 |
| | Ⅲ | 21 | 41.04ab | 2.66 | 38.66～43.26 | 20.42d | 2.25 | 19.52～21.37 |
| 总计 | | 361 | 40.47 | 3.06 | 36.71～44.83 | 21.35 | 3.43 | 18.79～23.01 |

| 归类 | | 次数 | 蛋脂总量/% | | | 百粒重/g | | |
|---|---|---|---|---|---|---|---|---|
| | | | 均值 | *CV* | 变幅 | 均值 | *CV*/% | 变幅 |
| 育成年代 | 1916—1970 | 33 | 62.16a | 1.67 | 59.70～64.40 | 18.70a | 7.74 | 16.09～22.22 |
| | 1971—1980 | 16 | 62.11a | 0.96 | 61.08～62.91 | 19.29a | 8.22 | 17.06～24.11 |
| | 1981—1990 | 39 | 62.00a | 1.51 | 59.38～63.99 | 18.68a | 8.91 | 15.22～22.94 |
| | 1991—2000 | 47 | 61.80a | 1.52 | 59.29～63.74 | 18.89a | 13.21 | 10.15～25.49 |
| | 2001—2015 | 209 | 61.74a | 1.58 | 58.94～64.88 | 19.27a | 10.10 | 8.32～27.56 |
| 熟期组 MG | 000 | 16 | 62.92a | 1.29 | 61.71～64.88 | 19.18b | 8.47 | 17.15～22.83 |
| | 00 | 45 | 62.47b | 1.08 | 60.87～63.74 | 18.98b | 10.30 | 10.14～22.44 |
| | 0 | 157 | 61.97c | 1.23 | 59.73～64.40 | 18.86b | 10.56 | 8.32～27.56 |
| | Ⅰ | 79 | 61.32d | 1.34 | 59.29～63.27 | 19.11b | 8.18 | 15.08～22.16 |
| | Ⅱ | 43 | 61.23d | 2.04 | 58.94～63.99 | 19.09b | 11.39 | 11.07～25.16 |
| | Ⅲ | 21 | 61.46d | 1.50 | 59.49～62.79 | 20.32a | 10.94 | 16.11～23.87 |
| 总计 | | 361 | 61.82 | 1.56 | 58.94～64.88 | 19.06 | 10.18 | 8.32～27.56 |

注：*CV*＝变异系数；同一列数字后的不同小写字母说明熟期组间的差异显著性。

2. 东北大豆按熟期组归组后籽粒性状的平均表现和变异

表 2－18 同时根据熟期组归属进行了变异分析。比较不同熟期组，其平均值差异不大，如蛋白质含量最大差异为 1.34%，油脂含量最大差异为 1.41%，蛋脂总量最大差异为 1.69%，百粒重最大差异则为 1.46 g。虽然不同熟期组的平均值差异不大，但呈现一定的趋势。蛋白质含量呈现随熟期组变晚、以 MG Ⅰ组为最低值的高—低—高分布（MG Ⅰ为 39.97%，MG000、MG Ⅲ 分别为 41.31% 和 41.04%）。油脂含量与蛋脂总量则随熟期组变晚呈下降的趋势（油脂含量从 21.83% 降至 20.42%，蛋脂总量从 62.92% 降至 61.23%）。百粒重则是 MG Ⅲ 最大（20.32 g），在其他熟期组间差异不显著（18.86～19.18 g）。每个熟期组内品种间的差异甚至大于年代间的平均差异。东北各区域均育成了籽粒性状表现突出的品种，但不同熟期组（不同区域）的进展不一定相同。

### （三）东北大豆各熟期组籽粒性状的生态亚区间变异

表 2－18 列出了所有环境下 361 个品种表现的平均值，蛋白质含量、油脂含量、蛋脂总量、百粒重的常规值分别为 40.47%、21.35%、61.82%、19.06 g。表 2－19 为各熟期组在各生态亚区籽粒性状的表现及多重比较结果，反映出环境因素对品种籽粒性状的影响。籽粒性状在不同生

态亚区间的差异达到显著水平，Sub－3 和 Sub－4 的蛋白质含量最高（分别为 40.83%、40.89%），与 Sub－1（40.31%）、Sub－2（40.14%）蛋白质含量差异达到显著水平；4 个生态亚区间油脂含量、蛋脂总量差异均达到显著水平，各亚区油脂含量由高到低为 Sub－4（22.38%）＞Sub－2（21.57%）＞Sub－3（21.12%）＞Sub－1（20.38%）；蛋脂总量由高到低为 Sub－4（63.28%）＞Sub－3（61.95%）＞Sub－2（61.71%）＞Sub－1（60.72%）；Sub－1 和 Sub－3 亚区百粒重最低（均为 17.87 g），与 Sub－2、Sub－4 差异达到显著水平，表现为 Sub－2（19.71 g）＞Sub－4（18.64 g）＞Sub－1 和 Sub－3（17.87 g）。可以看出，Sub－1 综合条件对品种籽粒性状的表达并不有利，Sub－2 较利于油脂性状特别是百粒重性状的表达，Sub－3 适合蛋白质含量、蛋脂总量的表达，Sub－4 适合大豆品质各籽粒性状的表达，特别是油脂含量、蛋脂总量。

从以上分析可知，地理生态环境对籽粒性状的影响是不一致的，这或许与各生态亚区环境因子不同有关。前人[170, 240－243]研究表明生态因子对籽粒性状的影响是复杂的，目前不能明确何种因素是影响大豆籽粒性状的关键因子。蛋白质含量与纬度、生长季节降水、光照时长呈负相关，与温度呈正相关。而油脂含量则与纬度、光照时长、生长季节降水、温度呈正相关，与海拔呈负相关。灌浆期的高温可明显降低大豆粒重，结荚初期增加光照，百粒重有所增加，缺水将导致百粒重降低。比较各生态亚区的环境因子可以看出，Sub－3 和 Sub－4 的纬度、光照时长均较低，特别是 Sub－3 的降水偏低，这些因素可能导致了 Sub－3 和 Sub－4 的蛋白质含量水平较高。Sub－1 的积温明显低于其他亚区，Sub－3 的降水明显低于其他亚区，这或许是造成这两个亚区油脂含量水平较低的原因。而 Sub－2 的温度、降水等自然条件适宜，这或许是该亚区百粒重性状较其他亚区高的原因。

地理生态因素对籽粒性状表达的影响是有限的，各亚区内不同熟期组籽粒性状的表达与所有环境下的结果比较可知，蛋白质含量、油脂含量、蛋脂总量、百粒重平均值在 Sub－1 仅分别低 0.1%～0.4%、0.6%～1.3%、1.0%～1.5%、0.6～1.6 g。在 Sub－2 中油脂含量、百粒重性状也仅分别高 0.1%～0.2%、0.45～1.10 g。而在 Sub－3 中，各熟期组的蛋白质含量及蛋脂总量仅比平均值高 0.1%～0.5%。至于 Sub－4，MG000～MGⅡ的蛋白质含量在该亚区比相应的常规值高 0.2～0.6 个百分点，油脂含量比相应的常规值高 0.7～1.6 个百分点，蛋脂总量则比相应的常规值高约 1 个百分点。

**表 2－19　不同熟期组大豆籽粒性状在不同生态亚区的表现**

| 性状 | 熟期组 MG | 生态亚区 | | | | | | | |
|---|---|---|---|---|---|---|---|---|---|
| | | Sub－1 | | Sub－2 | | Sub－3 | | Sub－4 | |
| | | 均值 | CV/% | 均值 | CV/% | 均值 | CV/% | 均值 | CV/% |
| 蛋白质含量/% | 000 | 40.91a（b） | 6.18 | 41.16a（ab） | 4.88 | 41.84a（a） | 5.10 | 41.53a（ab） | 4.36 |
| | 00 | 40.33b（b） | 5.67 | 40.42bc（b） | 4.21 | 40.92b（a） | 3.29 | 40.99b（a） | 3.45 |
| | 0 | 40.40ab（b） | 5.61 | 40.22c（b） | 4.48 | 40.85b（a） | 3.88 | 40.99b（a） | 3.84 |
| | Ⅰ | 39.76c（b） | 5.07 | 39.63d（b） | 4.20 | 40.54b（a） | 3.92 | 40.60b（a） | 3.75 |
| | Ⅱ | Im | Im | 39.89d（b） | 5.80 | 40.80b（a） | 4.72 | 40.66b（a） | 4.41 |
| | Ⅲ | Im | Im | 40.69b（a） | 3.63 | 40.75b（a） | 3.49 | 40.97b（a） | 3.62 |
| | 总计 | 40.31（b） | 5.60 | 40.14（c） | 4.62 | 40.83（a） | 3.99 | 40.89（a） | 3.89 |

续表 2 - 19

| 性状 | 熟期组 MG | 生态亚区 | | | | | | | |
|---|---|---|---|---|---|---|---|---|---|
| | | Sub - 1 | | Sub - 2 | | Sub - 3 | | Sub - 4 | |
| | | 均值 | *CV*/% | 均值 | *CV*/% | 均值 | *CV*/% | 均值 | *CV*/% |
| 油脂含量/% | 000 | 20.99a (c) | 5.92 | 21.67b (b) | 4.89 | 21.55ab (b) | 5.60 | 22.40b (a) | 4.11 |
| | 00 | 21.11a (d) | 4.45 | 22.00a (b) | 4.32 | 21.66a (c) | 4.31 | 22.82a (a) | 3.34 |
| | 0 | 20.20b (d) | 4.87 | 21.68b (b) | 5.37 | 21.32b (c) | 5.08 | 22.61ab (a) | 1.00 |
| | Ⅰ | 20.00b (d) | 4.01 | 21.50b (b) | 5.17 | 20.94c (c) | 5.08 | 22.36b (a) | 3.67 |
| | Ⅱ | Im | Im | 20.77c (b) | 5.94 | 19.90d (c) | 5.86 | 21.74c (a) | 5.01 |
| | Ⅲ | Im | Im | 20.20d (b) | 4.55 | 19.20e (c) | 6.79 | 21.20d (a) | 4.32 |
| | 总计 | 20.38 (d) | 5.13 | 21.57 (b) | 5.48 | 21.12 (c) | 5.69 | 22.38 (a) | 4.42 |
| 蛋脂总量/% | 000 | 61.86a (d) | 2.53 | 62.83a (c) | 2.51 | 63.38a (b) | 2.18 | 63.92a (a) | 1.94 |
| | 00 | 61.44b (c) | 2.74 | 62.43b (b) | 2.41 | 62.58b (b) | 1.67 | 63.81a (a) | 1.76 |
| | 0 | 60.62c (d) | 2.85 | 61.91c (c) | 2.51 | 62.17c (b) | 1.82 | 63.60a (a) | 1.71 |
| | Ⅰ | 59.83d (d) | 2.82 | 61.14d (c) | 2.77 | 61.48d (b) | 2.22 | 62.96b (a) | 1.76 |
| | Ⅱ | Im | Im | 60.66e (b) | 3.30 | 60.70e (b) | 2.55 | 62.39c (a) | 1.88 |
| | Ⅲ | Im | Im | 60.89de (b) | 2.46 | 59.96f (c) | 2.13 | 62.16d (a) | 1.55 |
| | 总计 | 60.72 (d) | 2.95 | 61.71 (c) | 2.80 | 61.95 (b) | 2.26 | 63.28 (a) | 1.94 |
| 百粒重/g | 000 | 18.54a (b) | 12.60 | 20.17b (a) | 13.11 | 17.16cd (c) | 14.54 | 19.26b (b) | 10.41 |
| | 00 | 18.26ab (c) | 13.05 | 20.11b (a) | 14.65 | 16.95d (d) | 14.61 | 19.31b (b) | 11.94 |
| | 0 | 17.78bc (c) | 14.87 | 19.51c (a) | 14.68 | 17.83bc (c) | 15.01 | 18.65bc (b) | 12.03 |
| | Ⅰ | 17.47c (c) | 13.89 | 19.70bc (a) | 12.93 | 18.63a (b) | 14.58 | 18.23cd (b) | 12.79 |
| | Ⅱ | Im | Im | 19.54c (a) | 16.25 | 18.03ab (b) | 17.63 | 17.69d (b) | 15.70 |
| | Ⅲ | Im | Im | 21.42a (a) | 15.35 | 17.43bcd (b) | 19.79 | 20.23a (a) | 17.48 |
| | 总计 | 17.87 (c) | 14.32 | 19.71 (a) | 14.50 | 17.87 (c) | 15.48 | 18.64 (b) | 13.35 |

注：*CV* = 变异系数；Im = 未成熟；同一列数字后的不同小写字母说明熟期组间的差异显著性，同一行括号内的不同小写字母说明不同生态亚区间的差异显著性。

### （四）对东北地区大豆籽粒性状变异及基因型效应、生态环境效应和品质生态区的认识

本研究表明，东北地区大豆的蛋白质含量、油脂含量、蛋脂总量平均值在 40.47%、21.35%、61.82%，且变异较小。田志刚[244]研究表明东北地区大豆的蛋白质含量、油脂含量、蛋脂总量平均值分别为 41.54%、20.61%、62.16%，李为喜[245]的研究结果分别为 39.50%、19.87%、59.37%。李为喜[245]研究表明全国大豆种质资源蛋白质含量、油脂含量、蛋脂总量分别为 41.15%、19.62%、60.78%。可以看出，不同研究中东北地区大豆的品质性状虽不同，但差异不大，都呈现蛋白质含量较全国水平略低、油脂含量及蛋脂总量水平较全国水平略高的趋势。

将本研究的结果与文献做比较，可能会有些不同，例如，从育成年代上看，呈现蛋白质含量、蛋脂总量随育成年代下降而油脂含量上升的趋势，百粒重随育成年代呈现增加的趋势。万超文[246]通过收集1981—2000年间东北地区220个品种的品质数据分析得出东北大豆蛋白质性状随着时间呈增加、油脂则呈下降的趋势，刘忠堂[247]分析黑龙江省1951—2000年共200个品种也获得相似的结论。显然这种结果的差异与供试品种育成年代、群体构成、试验地点和数量、仪器是否同一等诸多因子有关。鉴于本研究采用了东北三省一区主要育种单位收藏的361个前后跨越约1个世纪的MG000～MGⅢ品种为材料，在全地区4个生态亚区9个试验点，按统一的试验设计进行了为期3年的试验，还用同一组仪器测定籽粒性状，因而本研究的结果和推论是具有较广覆盖度且合乎逻辑的。Hwang[248]研究表明美国农业部（USDA）种质资源信息网（GRIN）的品质数据与重新试验获取的数据仅为中度相关，刘忠堂[247]也认为历史资料可能混有人为因素，因此这类数据有可能并不能反映品种的自然特征。事实上，1981年后的确育出了部分在蛋白质含量和蛋脂总量性状上有突出表现的品种，但未能改变东北地区育成品种蛋白质含量、蛋脂总量下降的趋势。百粒重随年代呈现增加的趋势，与万超文[246]的结果一致；从变幅上既有大粒型又有小粒型，这或许与我国特用大豆的发展有关。

籽粒性状的表型值是由基因型效应、生态环境效应以及基因型与生态环境互作所共同决定的。整个试验表明，东北大豆籽粒品质性状提高的积极因子是品种遗传改良；生态区环境效应的作用也是客观的、显著的，但相对还是有限的。如品种改良已使蛋白质含量从36.71%提高到44.83%，油脂含量从18.79%提高到23.01%，蛋脂总量从58.94%提高到64.88%，百粒重则分布在8.32～27.56 g的范围内。而生态环境对蛋白质含量、油脂含量、蛋脂总量和百粒重的影响则相对较小，最大差距分别仅为0.75%、2.00%、2.56%和1.73 g。前人曾研究过大豆在东北的品质生态区划[243, 249-252]，结合本研究的结果，本研究提出的生态亚区划分相当于一个籽粒品质生态区划的方案。这个方案是纯粹根据生态条件做的区分。这里把品种因子排除了，如果不加以排除，便可能将生态因子和品种因子混在一起，进而夸大了生态因子的作用。以往有些研究因为没有设计品种与生态区正交的完整试验，有可能出现这种情况。从本研究的结果看，东北生态亚区间对籽粒品质性状有一定作用，但更重要的是增强育种力度，弥补不利生态环境的负面作用，发挥有利生态环境的正面作用。

此外，从本试验的结果看，有的生态亚区籽粒品质性状未能充分表达，还有遗传潜力可以实现，从4个籽粒性状在4个生态亚区的表现看，仅Sub-3和Sub-4的蛋白质含量、蛋脂总量，Sub-2和Sub-4的油脂含量和Sub-2的百粒重的表现高于相应的常规值，因而生产上可以通过栽培技术的弥补适当提高籽粒的品质表现。

## 三、东北大豆群体产量、株型相关性状的生态分化及生态特征

### （一）东北大豆产量、株型性状在各生态亚区试验点的分布和变异

表2-20、表2-21为株型、产量相关性状在各试验点的表现，分析数据为各品种多年的平均值。东北地区361个大豆品种的地上部生物量的平均值为8.35 t/hm$^2$，各试验点平均值在5.16～9.59 t/hm$^2$间；小区产量平均值为3.19 t/hm$^2$，各试验点平均值在2.64～4.08 t/hm$^2$间；表观收获指数平均值为0.46，各试验点平均值在0.40～0.55；主茎荚数平均值为45.22，各试验点平均值在22.43～60.69；株高平均值为83.81 cm，各试验点平均值在65.50～100.91 cm；主茎

节数平均值为16.99，各试验点平均值在12.89～19.02；分枝数目平均值2.13，各试验点平均值在1.25～2.75；倒伏程度整体上达到1.86，即倒伏接近2级水平，各试验点倒伏程度略有差异，主要分布在1～2级。品种间地上部生物量常规值变幅在4.21～14.56 t/$hm^2$；小区产量常规值变幅在1.65～4.90 t/$hm^2$；表观收获指数常规值变幅在0.24～0.54；主茎荚数常规值变幅在21.94～75.08；株高常规值变幅在50.32～120.49 cm；主茎节数常规值变幅在11.32～22.02；分枝数目常规值变幅在0.54～5.26；倒伏常规值变幅在1～4级。比较试验点间各性状平均值间的差异，不同试验点间的绝对差异不大，但基本上均达到显著水平，说明环境因素对产量、株型性状表型的实现存在着影响。比较试验点间平均值间差异与品种间差异可知，品种间差异远大于试验点间平均值间差异。

从遗传率的角度，各试验点内株型性状普遍高于产量性状。株型性状中除倒伏的联合方差分析的遗传率约85%外，其余性状则在91%～94%。而各试验点的遗传率存在较大程度的差异，例如株高性状在不同试验点间遗传率分布在78.88%～91.68%。需要说明的是，个别试验点的遗传率显著低于其他试验点，例如分枝数目在北安的遗传率仅44.03%，在同一亚区的扎兰屯则高达81.63%。而产量性状则更加明显，各产量性状的联合方差分析的遗传率除小区产量性状在75%左右外，其余性状均在87%左右。而各试验点在该类性状上差异极大，如小区产量性状在一些试验点（如北安、扎兰屯、铁岭）的遗传率仅在11.56%～33.35%，而在另一些试验点（如大庆）则在81.70%。基于此，本研究中对株型性状中的分枝数目、倒伏程度和产量相关性状在表型和生态分析中仅做描述性分析，不做严格比较，而遗传基础分析（即QTL定位研究）的结果仅供参考。由于本研究采用了相同的试验设计，该结果直接表明通过多试验点联合试验可显著降低试验误差，提高精准度，为进一步研究提供基础。

**表2－20　东北地区大豆在各生态亚区试验点株型性状的次数分布和描述统计**

| 性状 | 生态亚区/试验点 | 组中值 | | | | | | | | | | 总数 | 均值 | 变幅 | $h^2$/% | GCV/% |
|---|---|---|---|---|---|---|---|---|---|---|---|---|---|---|---|---|
| | | 36.8 | 48.4 | 60.0 | 71.6 | 83.2 | 94.8 | 106.4 | 118.0 | 129.6 | 141.2 | | | | | |
| 株高/cm | Sub－1/北安 | | 2 | 13 | 35 | 92 | 102 | 69 | 38 | 7 | 3 | 361 | 93.87b | 48.54～139.13 | 78.88 | 14.79 |
| | Sub－1/扎兰屯 | 1 | 18 | 58 | 98 | 60 | 47 | 11 | 1 | 1 | | 295 | 75.58d | 40.50～128.25 | 81.63 | 14.27 |
| | Sub－2/克山 | | | 16 | 36 | 82 | 83 | 67 | 57 | 17 | 3 | 361 | 96.16b | 54.92～146.80 | 91.68 | 17.12 |
| | Sub－2/牡丹江 | 1 | 6 | 38 | 79 | 116 | 84 | 26 | 3 | | | 353 | 82.14c | 37.06～112.75 | 87.96 | 14.98 |
| | Sub－2/佳木斯 | | | 9 | 27 | 40 | 100 | 91 | 58 | 25 | 8 | 358 | 100.91a | 54.91～142.63 | 90.99 | 15.30 |
| | Sub－2/长春 | | 13 | 47 | 103 | 73 | 60 | 32 | 15 | 9 | 7 | 359 | 83.62c | 45.81～146.83 | 90.11 | 21.71 |
| | Sub－3/大庆 | 11 | 46 | 121 | 114 | 51 | 7 | | | | | 350 | 65.50f | 33.08～96.17 | 88.92 | 17.80 |
| | Sub－3/白城 | 21 | 43 | 71 | 61 | 74 | 51 | 29 | 9 | 2 | | 361 | 74.64d | 31.42～130.54 | 87.67 | 24.68 |
| | Sub－4/铁岭 | 1 | 27 | 108 | 99 | 81 | 36 | 8 | 1 | | | 361 | 72.08e | 42.36～121.50 | 78.94 | 16.95 |
| | 总计 | | 8 | 34 | 90 | 90 | 89 | 40 | 10 | | | 361 | 83.81c | 50.32～120.49 | 94.03 | 17.29 |
| | | 7.95 | 9.85 | 11.75 | 13.65 | 15.55 | 17.45 | 19.35 | 21.25 | 23.15 | 25.05 | | | | | |
| 主茎节数 | Sub－1/北安 | | 1 | 3 | 17 | 48 | 115 | 99 | 61 | 15 | 2 | 361 | 18.41b | 10.62～25.54 | 75.58 | 10.38 |
| | Sub－1/扎兰屯 | | | 2 | 25 | 79 | 103 | 55 | 10 | 1 | | 275 | 17.05c | 11.94～23.00 | 75.24 | 8.69 |
| | Sub－2/克山 | | | 3 | 18 | 29 | 89 | 106 | 78 | 33 | 5 | 361 | 19.02a | 11.23～25.83 | 89.90 | 11.99 |

续表 2－20

| 性状 | 生态亚区/试验点 | 组中值 | | | | | | | | | | 总数 | 均值 | 变幅 | $h^2$/% | $GCV$/% |
|---|---|---|---|---|---|---|---|---|---|---|---|---|---|---|---|---|
| 主茎节数 | | 7.95 | 9.85 | 11.75 | 13.65 | 15.55 | 17.45 | 19.35 | 21.25 | 23.15 | 25.05 | | | | | |
| | Sub－2/牡丹江 | | | 14 | 46 | 182 | 102 | 7 | 2 | | | 353 | 15.84f | 11.21～20.67 | 69.03 | 7.23 |
| | Sub－2/佳木斯 | | | 2 | 19 | 30 | 77 | 159 | 53 | 9 | 1 | 350 | 18.63b | 12.36～24.63 | 82.81 | 9.14 |
| | Sub－2/长春 | | 2 | 18 | 70 | 98 | 73 | 59 | 27 | 7 | 5 | 359 | 16.68de | 10.31～25.02 | 87.78 | 15.80 |
| | Sub－3/大庆 | | 5 | 16 | 53 | 86 | 110 | 65 | 13 | 2 | | 350 | 16.58e | 9.76～24.00 | 83.33 | 11.71 |
| | Sub－3/白城 | 15 | 56 | 86 | 123 | 61 | 16 | 1 | | | | 358 | 12.89g | 7.13～18.57 | 77.77 | 14.50 |
| | Sub－4/铁岭 | | | 6 | 30 | 115 | 108 | 84 | 17 | 1 | | 361 | 17.09c | 11.46～23.07 | 78.47 | 10.33 |
| | 总计 | | | 8 | 38 | 84 | 142 | 79 | 10 | | | 361 | 16.99cd | 11.32～22.02 | 91.40 | 10.76 |
| 分枝数目 | | 0.55 | 1.65 | 2.75 | 3.85 | 4.95 | 6.05 | 7.15 | 8.25 | 9.35 | 10.45 | | | | | |
| | Sub－1/北安 | 35 | 100 | 143 | 71 | 6 | | | | | | 355 | 2.48b | 0.19～5.35 | 44.03 | 18.73 |
| | Sub－1/扎兰屯 | 75 | 53 | 66 | 22 | 6 | | | | | | 222 | 1.86d | 0～5.00 | 81.63 | 61.01 |
| | Sub－2/克山 | 33 | 106 | 94 | 77 | 24 | 10 | 4 | | | | 348 | 2.75a | 0.22～7.63 | 81.11 | 40.74 |
| | Sub－2/牡丹江 | 56 | 168 | 87 | 40 | 2 | | | | | | 353 | 1.98cd | 0～4.75 | 58.93 | 28.65 |
| | Sub－2/佳木斯 | 24 | 129 | 124 | 36 | 15 | 10 | 5 | | | | 343 | 2.54b | 0.19～7.38 | 80.17 | 33.47 |
| | Sub－2/长春 | 97 | 144 | 76 | 28 | 3 | 4 | 3 | 2 | 0 | 2 | 359 | 1.96cd | 0.06～10.07 | 74.39 | 47.42 |
| | Sub－3/大庆 | 202 | 83 | 38 | 14 | 8 | 2 | 1 | | | | 348 | 1.25f | 0～7.44 | 80.63 | 72.76 |
| | Sub－3/白城 | 28 | 120 | 138 | 49 | 15 | 5 | 1 | 1 | 1 | | 358 | 2.55b | 0.08～8.83 | 64.62 | 28.48 |
| | Sub－4/铁岭 | 128 | 157 | 57 | 14 | 5 | | | | | | 361 | 1.59e | 0.27～5.09 | 72.14 | 44.42 |
| | 总计 | 33 | 182 | 105 | 33 | 8 | | | | | | 361 | 2.13c | 0.54～5.26 | 93.94 | 33.30 |
| 倒伏 | | 1.5 | 2.5 | 3.5 | | | | | | | | | | | | |
| | Sub－1/北安 | 252 | 25 | 2 | | | | | | | | 279 | 1.23e | 1～4 | 32.86 | 17.58 |
| | Sub－1/扎兰屯 | 244 | 29 | 2 | | | | | | | | 275 | 1.31e | 1～4 | 53.98 | 20.73 |
| | Sub－2/克山 | 164 | 117 | 80 | | | | | | | | 361 | 2.18b | 1～4 | 83.98 | 33.72 |
| | Sub－2/牡丹江 | 148 | 186 | 27 | | | | | | | | 361 | 2.14b | 1～4 | 26.67 | 11.18 |
| | Sub－2/佳木斯 | 170 | 118 | 62 | | | | | | | | 350 | 2.11b | 1～4 | 78.15 | 26.59 |
| | Sub－2/长春 | 45 | 227 | 89 | | | | | | | | 361 | 2.61a | 1～4 | 74.90 | 17.94 |
| | Sub－3/大庆 | 307 | 38 | 5 | | | | | | | | 350 | 1.42d | 1～4 | 54.30 | 22.04 |
| | Sub－3/白城 | 361 | | | | | | | | | | 361 | 1.00f | 1～1 | — | — |
| | Sub－4/铁岭 | 217 | 103 | 41 | | | | | | | | 361 | 1.80c | 1～4 | 49.49 | 28.60 |
| | 总计 | 232 | 126 | 3 | | | | | | | | 361 | 1.86c | 1～4 | 84.95 | 20.62 |

注：$h^2$＝遗传率；$GCV$＝遗传变异系数；同一列数字后的不同小写字母说明熟期组间的差异显著性。

## 表 2－21 东北地区大豆在各生态亚区试验点产量性状的次数分布和描述统计

| 性状 | 生态亚区/试验点 | 组中值 | | | | | | | | | | 总数 | 均值 | 变幅 | $h^2$/% | GCV/% |
|---|---|---|---|---|---|---|---|---|---|---|---|---|---|---|---|---|
| | | 2.485 | 4.455 | 6.425 | 8.395 | 10.365 | 12.335 | 14.305 | 16.275 | 18.245 | 20.215 | | | | | |
| 地上部生物量/(t/hm²) | Sub－1/北安 | 3 | 24 | 87 | 116 | 35 | 12 | 2 | | | | 279 | 7.81e | 2.26～13.86 | 37.97 | 0.45 |
| | Sub－1/扎兰屯 | 9 | 81 | 135 | 35 | 7 | 4 | | | | | 271 | 6.10f | 1.80～12.82 | 65.43 | 18.18 |
| | Sub－2/克山 | | 3 | 25 | 157 | 108 | 14 | 2 | | | | 309 | 9.03b | 4.83～13.79 | 53.03 | 9.99 |
| | Sub－2/牡丹江 | | 3 | 37 | 213 | 78 | 18 | 3 | 1 | | | 353 | 8.80bc | 4.56～15.40 | 74.16 | 13.15 |
| | Sub－2/佳木斯 | | 9 | 58 | 176 | 73 | 10 | 3 | | | 1 | 330 | 8.56cd | 4.13～20.16 | 66.02 | 13.61 |
| | Sub－2/长春 | 1 | 54 | 129 | 112 | 46 | 12 | 4 | 1 | | | 359 | 7.59e | 2.83～15.51 | 78.28 | 22.68 |
| | Sub－3/大庆 | 25 | 185 | 119 | 16 | 1 | | | | | | 346 | 5.16g | 1.59～9.64 | 80.76 | 19.86 |
| | Sub－3/白城 | 3 | 38 | 52 | 84 | 81 | 57 | 20 | 15 | 5 | 3 | 358 | 9.59a | 2.63～21.12 | 83.48 | 30.22 |
| | Sub－4/铁岭 | | 19 | 114 | 147 | 54 | 18 | 6 | 3 | | | 361 | 8.24d | 4.09～15.91 | 60.34 | 18.88 |
| | 总计 | 0 | 16 | 95 | 166 | 56 | 25 | 3 | | | | 361 | 8.35d | 4.21～14.56 | 87.10 | 17.26 |
| | | 0.652 | 1.436 | 2.22 | 3.004 | 3.788 | 4.572 | 5.356 | 6.140 | 6.924 | 7.708 | | | | | |
| 小区产量/(t/hm²) | Sub－1/北安 | 4 | 12 | 38 | 99 | 90 | 24 | 9 | 3 | | | 279 | 3.28a | 0.26～6.02 | 22.48 | 8.41 |
| | Sub－1/扎兰屯 | 1 | 14 | 125 | 109 | 19 | 3 | | | | | 271 | 2.64e | 0.96～4.52 | 11.56 | 6.13 |
| | Sub－2/克山 | | 17 | 64 | 160 | 57 | 1 | | | | | 299 | 2.89c | 1.12～4.32 | 62.75 | 12.82 |
| | Sub－2/牡丹江 | 1 | 2 | 55 | 174 | 100 | 10 | | | | | 342 | 3.13b | 0.26～4.78 | 41.82 | 8.49 |
| | Sub－2/佳木斯 | | 14 | 101 | 188 | 25 | 2 | | | | | 330 | 2.79d | 1.24～4.38 | 59.35 | 12.08 |
| | Sub－2/长春 | | 5 | 65 | 191 | 75 | 16 | 1 | | | | 353 | 3.08b | 1.18～5.17 | 62.49 | 15.00 |
| | Sub－3/大庆 | 1 | 14 | 54 | 135 | 114 | 19 | 1 | | | | 338 | 3.15b | 0.50～5.41 | 81.70 | 17.10 |
| | Sub－3/白城 | 1 | 6 | 32 | 66 | 95 | 81 | 48 | 19 | 6 | 4 | 358 | 4.08e | 0.98～8.02 | 75.09 | 23.23 |
| | Sub－4/铁岭 | | 9 | 96 | 194 | 56 | 5 | 1 | | | | 361 | 2.91c | 1.21～5.05 | 33.35 | 10.54 |
| | 总计 | | 2 | 36 | 222 | 88 | 13 | | | | | 361 | 3.19c | 1.65～4.90 | 75.52 | 11.59 |
| | | 0.135 | 0.205 | 0.275 | 0.345 | 0.415 | 0.485 | 0.555 | 0.625 | 0.695 | | | | | | |
| 表观收获指数 | Sub－1/北安 | | 1 | 9 | 63 | 156 | 49 | 1 | | | | 279 | 0.41g | 0.22～0.52 | 59.74 | 7.87 |
| | Sub－1/扎兰屯 | | | | 6 | 26 | 152 | 80 | 7 | | | 271 | 0.50b | 0.34～0.65 | 45.51 | 5.57 |
| | Sub－2/克山 | 4 | 8 | 18 | 61 | 142 | 73 | 3 | | | | 309 | 0.40g | 0.11～0.53 | 87.58 | 13.49 |
| | Sub－2/牡丹江 | | | | | 23 | 200 | 127 | 3 | | | 353 | 0.50b | 0.38～0.62 | 42.62 | 3.89 |
| | Sub－2/佳木斯 | | | 2 | 12 | 67 | 221 | 28 | | | | 330 | 0.47c | 0.27～0.56 | 71.52 | 5.95 |
| | Sub－2/长春 | | | 1 | 12 | 99 | 193 | 53 | 1 | | | 359 | 0.47c | 0.30～0.61 | 44.72 | 6.16 |
| | Sub－3/大庆 | | | | 5 | 1 | 62 | 230 | 47 | 1 | | 346 | 0.55a | 0.32～0.70 | 51.49 | 4.47 |
| | Sub－3/白城 | | | 2 | 25 | 152 | 153 | 24 | 2 | | | 358 | 0.45e | 0.30～0.63 | 46.33 | 6.72 |
| | Sub－4/铁岭 | | | 14 | 43 | 122 | 148 | 33 | 1 | | | 361 | 0.44f | 0.24～0.60 | 68.41 | 11.77 |
| | 总计 | | | 2 | 16 | 108 | 226 | 9 | | | | 361 | 0.46d | 0.24～0.54 | 87.97 | 7.18 |
| | | 14.65 | 25.95 | 37.25 | 48.55 | 59.85 | 71.15 | 82.45 | 93.75 | 105.05 | 116.35 | | | | | |
| 主茎荚数 | Sub－1/北安 | 132 | 162 | 30 | 1 | 1 | | | | | | 326 | 22.43f | 9.75～55.48 | 95.98 | 29.70 |
| | Sub－2/克山 | | 14 | 85 | 127 | 56 | 8 | 1 | 1 | | | 292 | 47.36c | 20.75～88.85 | 84.24 | 18.95 |

**续表 2－21**

| 性状 | 生态亚区/试验点 | 组中值 | | | | | | | | | | 总数 | 均值 | 变幅 | $h^2$/% | GCV/% |
|---|---|---|---|---|---|---|---|---|---|---|---|---|---|---|---|---|
| | | 14.65 | 25.95 | 37.25 | 48.55 | 59.85 | 71.15 | 82.45 | 93.75 | 105.05 | 116.35 | | | | | |
| 主茎荚数 | Sub－2/牡丹江 | | 11 | 76 | 161 | 78 | 14 | 3 | | | | 343 | 49.4b | 22.06～81.38 | 87.19 | 18.04 |
| | Sub－2/佳木斯 | 1 | 22 | 93 | 113 | 39 | 10 | 2 | | | | 280 | 45.2d | 12.22～84.00 | 80.67 | 20.50 |
| | Sub－2/长春 | 20 | 93 | 140 | 67 | 27 | 4 | 1 | | | | 352 | 37.58e | 13.83～81.17 | 85.19 | 28.00 |
| | Sub－3/大庆 | 8 | 38 | 105 | 103 | 36 | 15 | 3 | | | | 308 | 43.66d | 12.25～83.58 | 89.92 | 25.26 |
| | Sub－3/白城 | 1 | 3 | 43 | 83 | 104 | 62 | 28 | 14 | 7 | 3 | 348 | 60.69a | 16.11～121.78 | 70.88 | 22.42 |
| | Sub－4/铁岭 | | 15 | 80 | 163 | 81 | 22 | | | | | 361 | 49.16b | 21.66～76.13 | 62.50 | 15.54 |
| | 总计 | | 15 | 131 | 163 | 44 | 8 | | | | | 361 | 45.22d | 21.94～75.08 | 87.59 | 16.21 |

注：$h^2$＝遗传率；GCV＝遗传变异系数；同一列数字后的不同小写字母说明熟期组间的差异显著性。

表 2－22 为产量、株型相关性状多年联合方差分析。各性状品种间均有极显著差异，基因型与环境因子（年份，地点）的互作项均达到极显著水平，不同环境下品种各性状反应不一致，进一步说明了产量、株型相关性状表型构成的复杂性。

**表 2－22　东北地区大豆株型、产量性状 9 点 3 年的联合方差分析**

| 变异来源 | 地上部生物量 | | | 小区产量 | | |
|---|---|---|---|---|---|---|
| | DF | MS | F | DF | MS | F |
| 年份 | 2 | 3 449.20 | 111.89 ** | 2 | 530.45 | 146.19 ** |
| 地点 | 8 | 3 804.87 | 135.33 ** | 8 | 438.14 | 133.29 ** |
| 重复（年份，地点） | 77 | 25.18 | 6.03 ** | 71 | 2.10 | 3.85 ** |
| 基因型 | 360 | 135.94 | 6.58 ** | 360 | 10.56 | 3.17 ** |
| 年份×基因型 | 641 | 17.47 | 2.00 ** | 641 | 2.79 | 1.77 ** |
| 地点×基因型 | 2 597 | 12.27 | 1.39 ** | 2 562 | 2.24 | 1.41 ** |
| 年份×地点×基因型 | 3 810 | 8.93 | 2.14 ** | 3 063 | 1.60 | 2.95 ** |
| 误差 | 19 538 | 4.17 | | 17 552 | 0.54 | |

| 变异来源 | 表观收获指数 | | | 主茎荚数 | | |
|---|---|---|---|---|---|---|
| | DF | MS | F | DF | MS | F |
| 年份 | 2 | 0.950 0 | 70.55 ** | | | |
| 地点 | 8 | 4.690 0 | 394.55 ** | 7 | 126 921.00 | 260.68 ** |
| 重复（年份，地点） | 77 | 0.009 2 | 1.69 ** | 23 | 335.81 | 3.42 ** |
| 基因型 | 360 | 0.800 0 | 6.27 ** | 360 | 1 605.33 | 6.35 ** |
| 年份×基因型 | 641 | 0.012 0 | 1.45 ** | | | |
| 地点×基因型 | 2 597 | 0.009 4 | 1.15 ** | 2 242 | 257.53 | 2.62 ** |
| 年份×地点×基因型 | 3 792 | 0.008 2 | 1.49 ** | | | |
| 误差 | 19 380 | 0.005 5 | | 7 049 | 98.11 | |

| 变异来源 | 株高 | | | 主茎节数 | | |
|---|---|---|---|---|---|---|
| | DF | MS | F | DF | MS | F |
| 年份 | 2 | 238 217 | 213.89 ** | 2 | 359.74 | 11.06 ** |

续表 2-22

| 变异来源 | 株高 | | | 主茎节数 | | |
|---|---|---|---|---|---|---|
| | *DF* | *MS* | *F* | *DF* | *MS* | *F* |
| 地点 | 8 | 463 536.00 | 837.61 ** | 8 | 10 642.00 | 469.09 ** |
| 重复（年份，地点） | 77 | 293.81 | 4.18 ** | 77 | 16.36 | 6.77 ** |
| 基因型 | 360 | 15 698.00 | 14.20 ** | 360 | 273.48 | 10.48 ** |
| 年份×基因型 | 641 | 999.53 | 3.80 ** | 641 | 22.46 | 3.24 ** |
| 地点×基因型 | 2 790 | 368.59 ** | | 2 759 | 10.49 | 1.50 ** |
| 年份×地点×基因型 | 4 263 | 269.10 | 3.82 ** | 4 194 | 7.06 | 2.92 ** |
| 误差 | 22 232 | 70.35 | | 22015 | 2.42 | |

| 变异来源 | 分枝数目 | | | 倒伏 | | |
|---|---|---|---|---|---|---|
| | *DF* | *MS* | *F* | *DF* | *MS* | *F* |
| 年份 | 1 | 417.93 | 50.85 ** | 2 | 248.65 | 110.26 ** |
| 地点 | 8 | 424.06 | 69.78 ** | 8 | 798.62 | 376.40 ** |
| 重复（年份，地点） | 50 | 4.50 | 4.98 ** | 77 | 0.82 | 3.83 ** |
| 基因型 | 360 | 29.62 | 4.12 ** | 360 | 12.44 | 5.47 ** |
| 年份×基因型 | 281 | 5.99 | 2.95 ** | 641 | 1.82 | 1.59 ** |
| 地点×基因型 | 2 678 | 2.93 | 1.40 ** | 2 690 | 1.62 | 1.40 ** |
| 年份×地点×基因型 | 1 720 | 2.08 | 2.30 ** | 4 121 | 1.16 | 5.41 ** |
| 误差 | 13 254 | 0.90 | | 22 374 | 0.21 | |

注：*DF*＝自由度；*MS*＝均方。



## （二）东北大豆按育成年代、熟期组归组后产量和株型性状的平均表现和变异

表2-23、表2-24为根据育成（或搜集）年代、熟期组，对产量、株型性状进行的变异分析，分析的数据是品种在所有环境下的平均值。

不同育成（或搜集）年代间产量相关性状平均数的差异不显著（如地上部生物量相差约0.92 t/hm$^2$，产量相差约0.23 t/hm$^2$，主茎荚数相差约4个），但呈现一定的趋势。地上部生物量、产量呈现先下降后上升的趋势，以1981—1990年为底（地上部生物量分布在8.00～8.92 t/hm$^2$、小区产量则在3.01～3.24 t/hm$^2$）；主茎荚数随育成年代呈上升的趋势。株型性状在部分年代间差异达到显著水平，但绝对差异较小，随育成年代均呈下降的趋势。其中株高变化在81.84～94.88 cm，相差约13 cm；主茎节数变化在16.65～18.17间，相差约2节；分枝数目在1.95～3.05，相差约1个；而倒伏在1.73～2.73间，相差不到1级。不同年代内材料的变幅高于不同年代间，这表明各年代均有表现突出的品种，各年代品种均保留着多样性。

不同熟期组间产量性状差异显著，随着熟期组的变晚，地上部生物量、小区产量、主茎荚数（MG000～MGⅡ）呈增加的趋势，表观收获指数呈下降的趋势。具体地说，地上部生物量从MG000组的5.37 t/hm$^2$增加到MGⅢ组的11.74 t/hm$^2$，小区产量则相应地从2.22 t/hm$^2$增加到3.69 t/hm$^2$，主茎荚数从MG000组的30.80个增加到MGⅡ组的51.09个（MGⅢ组的平均值略有

下降)。对株型性状，各熟期组不同性状基本上差异均达到显著水平，呈现随熟期组变晚而增大的趋势。具体来说，株高从 MG000 组的 59.10 cm 增大到 MGⅢ组的 102.03 cm；主茎节数从 MG000 组的 13.40 增大到 MGⅢ组的 19.71；分枝从 1.74 增大到 3.80（其中 MG00 组达到最小），而倒伏性则从 1.36 增大到 2.46。

**表 2－23　东北地区不同年代、不同熟期组大豆品种株型性状的平均表现和变异**

| 归类 | | 频次 | 株高/cm | | | 主茎节数 | | |
|---|---|---|---|---|---|---|---|---|
| | | | 均值 | CV/% | 变幅 | 均值 | CV/% | 变幅 |
| 育成年代 | 1916—1970 | 33 | 94.88a | 16.02 | 60.11～120.49 | 18.17a | 9.55 | 13.94～22.02 |
| | 1971—1980 | 16 | 88.29ab | 15.42 | 65.88～114.91 | 17.48ab | 9.88 | 14.09～19.71 |
| | 1981—1990 | 39 | 82.64b | 15.76 | 54.20～111.79 | 16.78b | 10.86 | 11.98～19.69 |
| | 1991—2000 | 47 | 82.58b | 18.28 | 52.49～110.71 | 16.67b | 11.14 | 11.92～19.86 |
| | 2001—2012 | 209 | 81.84b | 17.55 | 50.32～117.57 | 16.65b | 11.65 | 11.31～21.59 |
| 熟期组 MG | 000 | 16 | 59.10e | 8.12 | 50.32～66.84 | 13.40f | 7.02 | 11.79～15.08 |
| | 00 | 45 | 69.55d | 17.37 | 52.43～95.60 | 15.07e | 11.55 | 11.32～18.30 |
| | 0 | 157 | 80.49c | 12.48 | 51.79～107.46 | 16.73d | 8.34 | 12.97～19.58 |
| | Ⅰ | 79 | 89.51b | 11.28 | 70.28～112.82 | 17.73c | 6.61 | 15.01～20.35 |
| | Ⅱ | 43 | 100.70a | 10.65 | 78.93～120.49 | 18.60b | 6.80 | 15.27～21.43 |
| | Ⅲ | 21 | 102.03a | 6.38 | 90.29～117.57 | 19.71a | 5.48 | 18.24～22.02 |
| | 群体 | 361 | 83.81 | 14.78 | 50.32～120.49 | 16.99 | 11.36 | 11.32～22.02 |
| 归类 | | 频次 | 分枝数目 | | | 倒伏 | | |
| | | | 均值 | CV/% | 变幅 | 均值 | CV/% | 变幅 |
| 育成年代 | 1916—1970 | 33 | 3.05a | 23.64 | 1.69～4.77 | 2.37a | 17.35 | 1.46～3.00 |
| | 1971—1980 | 16 | 2.24b | 26.86 | 0.87～3.13 | 2.02b | 21.75 | 1.39～3.03 |
| | 1981—1990 | 39 | 2.20b | 47.09 | 0.81～5.26 | 1.95b | 24.74 | 1.18～3.09 |
| | 1991—2000 | 47 | 1.98b | 43.89 | 0.73～5.07 | 1.81bc | 23.70 | 1.19～2.94 |
| | 2001—2012 | 209 | 1.95b | 40.82 | 0.53～4.61 | 1.73c | 23.44 | 1.11～2.95 |
| 熟期组 MG | 000 | 16 | 1.85c | 35.63 | 0.74～3.36 | 1.36e | 9.40 | 1.11～1.66 |
| | 00 | 45 | 1.74c | 44.57 | 0.81～5.07 | 1.52d | 23.02 | 1.17～2.94 |
| | 0 | 157 | 1.99c | 36.99 | 0.54～3.77 | 1.72c | 20.63 | 1.22～2.96 |
| | Ⅰ | 79 | 2.03c | 35.46 | 0.57～4.31 | 1.94b | 20.39 | 1.36～2.84 |
| | Ⅱ | 43 | 2.53b | 33.90 | 0.98～4.77 | 2.42a | 11.93 | 1.92～3.03 |
| | Ⅲ | 21 | 3.80a | 21.86 | 2.01～5.26 | 2.46a | 14.20 | 1.92～3.09 |
| | 群体 | 361 | 2.13 | 41.38 | 0.53～5.26 | 1.86 | 24.98 | 1.00～4.00 |

注：CV＝变异系数；同一列数字后的不同小写字母说明熟期组间的差异显著性。

**表 2－24　东北地区不同年代、不同熟期组大豆品种产量性状的平均表现和变异**

| 归类 | | 频次 | 地上部生物量/（t/hm²） | | | 小区产量/（t/hm²） | | |
|---|---|---|---|---|---|---|---|---|
| | | | 均值 | CV/% | 变幅 | 均值 | CV/% | 变幅 |
| 育成年代 | 1916—1970 | 33 | 8.92a | 18.66 | 5.24～12.26 | 3.20a | 12.20 | 2.32～4.19 |
| | 1971—1980 | 16 | 8.10a | 11.65 | 6.46～9.81 | 3.05a | 7.40 | 2.71～3.58 |

续表 2－24

| 归类 | | 频次 | 地上部生物量/（t/hm²） | | | 小区产量/（t/hm²） | | |
|---|---|---|---|---|---|---|---|---|
| | | | 均值 | CV/% | 变幅 | 均值 | CV/% | 变幅 |
| 育成年代 | 1981—1990 | 39 | 8.00a | 24.04 | 4.29～13.02 | 3.01a | 13.98 | 1.95～4.23 |
| | 1991—2000 | 47 | 8.18a | 18.96 | 4.82～12.12 | 3.10a | 13.99 | 1.74～4.00 |
| | 2001—2012 | 209 | 8.35a | 22.96 | 4.20～14.56 | 3.24a | 15.48 | 1.64～4.90 |
| 熟期组 MG | 000 | 16 | 5.37f | 13.13 | 4.20～7.08 | 2.22e | 11.76 | 1.65～2.53 |
| | 00 | 45 | 6.57e | 13.02 | 5.23～9.37 | 2.75d | 11.40 | 2.11～3.50 |
| | 0 | 157 | 7.74d | 9.80 | 5.10～10.48 | 3.15c | 8.84 | 2.32～4.51 |
| | Ⅰ | 79 | 9.00c | 11.57 | 7.25～12.26 | 3.40b | 9.48 | 2.78～4.30 |
| | Ⅱ | 43 | 10.70b | 12.89 | 7.75～14.51 | 3.49b | 14.33 | 2.71～4.90 |
| | Ⅲ | 21 | 11.74a | 11.73 | 9.57～14.56 | 3.69a | 14.29 | 2.79～4.46 |
| | 群体 | 361 | 8.35 | 21.74 | 4.20～14.56 | 3.19 | 14.67 | 1.65～4.90 |

| 归类 | | 频次 | 表观收获指数 | | | 主茎荚数 | | |
|---|---|---|---|---|---|---|---|---|
| | | | 均值 | CV/% | 变幅 | 均值 | CV/% | 变幅 |
| 育成年代 | 1916—1970 | 33 | 0.44a | 9.64 | 0.34～0.51 | 42.34a | 16.08 | 27.56～61.26 |
| | 1971—1980 | 16 | 0.46a | 7.46 | 0.39～0.50 | 43.70a | 9.05 | 38.93～53.47 |
| | 1981—1990 | 39 | 0.46a | 9.79 | 0.31～0.53 | 43.62a | 15.04 | 25.37～58.22 |
| | 1991—2000 | 47 | 0.46a | 9.88 | 0.24～0.52 | 46.02a | 16.97 | 27.10～65.24 |
| | 2001—2012 | 209 | 0.46a | 9.59 | 0.29～0.54 | 45.91a | 20.08 | 21.94～75.08 |
| 熟期组 MG | 000 | 16 | 0.51a | 3.52 | 0.47～0.54 | 30.80d | 16.95 | 21.94～43.52 |
| | 00 | 45 | 0.49a | 4.33 | 0.45～0.54 | 39.52c | 11.99 | 30.96～51.36 |
| | 0 | 157 | 0.47b | 4.62 | 0.41～0.53 | 44.59b | 13.04 | 24.83～64.48 |
| | Ⅰ | 79 | 0.45c | 5.84 | 0.39～0.50 | 49.53a | 13.51 | 38.10～73.22 |
| | Ⅱ | 43 | 0.40d | 8.84 | 0.24～0.48 | 51.09a | 20.59 | 27.09～69.87 |
| | Ⅲ | 21 | 0.37e | 10.31 | 0.29～0.44 | 44.90b | 27.92 | 26.50～75.08 |
| | 群体 | 361 | 0.46 | 9.50 | 0.24～0.54 | 45.22 | 18.71 | 21.94～75.08 |

注：CV＝变异系数；同一列数字后的不同小写字母说明熟期组间的差异显著性。

### （三）大豆群体及不同熟期组产量、株型性状在东北各生态亚区的生态特征

表 2－25、表 2－26 为东北大豆种质资源群体在各生态亚区的表现，其平均值为各熟期组在不同生态亚区的生态特征值。大豆群体在 Sub－1 表现为植株较高大（87.44 cm）；主茎节数、分枝较多（分别为 18.15、2.24）；基本不倒伏（倒伏程度为 1.27）；主茎荚数远低于其他亚区，仅为 23.10；地上部生物量（6.94 t/hm²）、小区产量（2.95 t/hm²）及表观收获指数较低（0.45）的特点。具体到各熟期组，地上部生物量较各熟期组综合值低 0.30～1.21 t/hm²；MG000/MG00 小区产量高于对应各熟期组综合值 0.04～0.07 t/hm² 而 MG0/MGⅠ组低 0.17～0.26 t/hm²；表观收获指数低 0.01～0.03；主茎荚数则少 7～28；倒伏程度低 0.26～0.55 级，株高除 MGⅠ高于相

对应熟期组约 1.62 cm 外，其余熟期组则高约 4 cm；主茎节数除 MGⅡ组高于其对应熟期组约 2 节外，其余各组高约 1 节。比较 MG000/MG00 在当地与其他亚区的表现，两熟期组在当地表现最好，小区产量高于对应各熟期组平均值 0.04 ~ 0.07 t/hm²，而在其余亚区则分别低于对应各熟期组 0.01 ~ 0.27 t/hm²。

大豆群体在 Sub - 2 表现为植株高大（90.90 cm），主茎节数、分枝较多（分别为 17.58、2.32），但倒伏问题严重（倒伏程度为 2.27），地上部生物量最高（8.59 t/hm²），产量（3.02 t/hm²）、表观收获指数（0.46）、主茎荚数（45.25）较高的特点。具体到各熟期组，MG000 ~ MGⅠ组的地上部生物量高于对应熟期组的平均值 0.12 ~ 0.79 t/hm²；MG00/MGⅢ小区产量性状高 0.03 ~ 0.23 t/hm²，其余熟期组低 0.01 ~ 0.44 t/hm²；株高高于各熟期组相对应综合值 4 ~ 10 cm；倒伏则高于各熟期组对应值 0.31 ~ 0.54。比较 MG0/MGⅠ在该亚区与其他亚区的表现，两熟期组除地上部生物量、倒伏较其他亚区高外，其余各性状在当地的表现一般，未表现出相对应的产量潜力。

大豆群体在 Sub - 3 表现为株高降低（70.67 cm），主茎节数远低于其他亚区（14.72），分枝数目较少（1.94），倒伏程度较轻（倒伏程度为 1.52），地上部生物量一般但小区产量最高（分别为 7.56 t/hm²、3.70 t/hm²），主茎荚数（53.78）及表观收获指数（0.50）最高的特点。具体到各熟期组，地上部生物量低于其综合值 0.21 ~ 1.72 t/hm²（MGⅡ高约 0.07 t/hm²）；MG0 ~ MGⅢ的小区产量高 0.76 ~ 0.90 t/hm²；表观收获指数高 0.03 ~ 0.06；主茎荚数高 2.50 ~ 21.14（MG000 低约 0.3）；株高低 10 ~ 16 cm，主茎节数少 2 ~ 3 节；倒伏低 0.14 ~ 0.82 级。比较 MG0/MGⅠ在该亚区与其他亚区的表现可以看出，两熟期组在当地表现出其对应的产量潜力，小区产量高于其在其他亚区的表现。

大豆群体在 Sub - 4 表现为植株较低（72.08 cm），主茎节数一般（17.09），分枝偏少（1.59），倒伏一般（倒伏程度为 1.80），地上部生物量（8.24 t/hm²）较高但小区产量（2.91 t/hm²）偏低，主茎荚数（49.16）较多但表观收获指数偏低（0.44）的特点。具体到各熟期组，MG000/MG0/MGⅢ组的地上部生物量高 0.14 ~ 0.54 t/hm² 而其余熟期组低 0.22 ~ 1.14 t/hm²；小区产量均低于各熟期组平均值 0.10 ~ 0.57 t/hm²；表观收获指数低 0 ~ 0.06；主茎荚数则多3.35 ~ 7.66（MGⅢ低约 2.62）；不同熟期组株高降低的程度相差较大，MG000 组仅比其综合值低约 3 cm 而 MGⅡ组低约 16 cm；倒伏程度降低 0 ~ 0.32 级（MGⅠ高约 0.04 级），比较 MGⅡ/MGⅢ在该亚区与其他亚区的表现可以看出，除地上部生物量外，各性状在当地的表现一般，没有发挥出品种潜力。

**表 2 - 25　各熟期组大豆株型性状在不同生态亚区的表现**

| 性状 | 熟期组 MG | 生态亚区 | | | | | | | |
|---|---|---|---|---|---|---|---|---|---|
| | | Sub - 1 | | Sub - 2 | | Sub - 3 | | Sub - 4 | |
| | | 均值 | *CV/%* | 均值 | *CV/%* | 均值 | *CV/%* | 均值 | *CV/%* |
| 株高/cm | 000 | 63.21e（a） | 9.35 | 63.56e（a） | 8.37 | 45.16e（b） | 13.79 | 56.18e（c） | 12.34 |
| | 00 | 74.37d（a） | 15.60 | 76.08d（a） | 16.86 | 55.19d（b） | 24.49 | 59.71e（b） | 17.87 |
| | 0 | 84.72c（a） | 12.10 | 87.08c（a） | 12.12 | 67.28c（c） | 16.45 | 69.87d（b） | 15.63 |
| | Ⅰ | 91.13b（a） | 12.69 | 96.51b（b） | 11.48 | 78.52b（c） | 13.29 | 75.39c（c） | 15.25 |
| | Ⅱ | 104.22a（a） | 14.22 | 109.65a（b） | 11.00 | 86.66a（c） | 12.86 | 84.25b（c） | 14.04 |

续表 2－25

| 性状 | 熟期组 MG | 生态亚区 | | | | | | | |
|---|---|---|---|---|---|---|---|---|---|
| | | Sub－1 | | Sub－2 | | Sub－3 | | Sub－4 | |
| | | 均值 | *CV*/% | 均值 | *CV*/% | 均值 | *CV*/% | 均值 | *CV*/% |
| 株高/cm | Ⅲ | 105.99a (a) | 7.59 | 112.63a (a) | 7.73 | 86.34a (b) | 17.08 | 89.89a (b) | 11.84 |
| | 群体 | 87.44 (b) | 17.31 | 90.90 (a) | 17.76 | 70.67 (c) | 22.35 | 72.08 (c) | 19.12 |
| 主茎节数 | 000 | 14.30e (ab) | 9.55 | 13.56f (b) | 7.59 | 11.03d (c) | 11.51 | 14.70d (a) | 9.56 |
| | 00 | 15.99d (a) | 8.98 | 15.62e (a) | 11.96 | 12.76c (b) | 16.31 | 15.21d (a) | 12.06 |
| | 0 | 17.67c (a) | 7.98 | 17.30d (b) | 8.12 | 14.46b (d) | 11.51 | 16.96c (c) | 10.14 |
| | Ⅰ | 18.93b (a) | 8.02 | 18.26c (b) | 6.73 | 15.81a (d) | 9.29 | 17.72bc (c) | 9.32 |
| | Ⅱ | 20.70a (a) | 8.70 | 19.35b (b) | 7.64 | 16.47a (d) | 8.22 | 18.59a (c) | 8.08 |
| | Ⅲ | 21.13a (a) | 4.18 | 20.78a (a) | 5.87 | 16.28a (b) | 13.71 | 18.50ab (c) | 10.83 |
| | 群体 | 18.15 (a) | 12.17 | 17.58 (b) | 11.79 | 14.72 (d) | 14.60 | 17.09 (c) | 11.74 |
| 分枝数目 | 000 | 1.75b (ab) | 52.75 | 2.07bc (a) | 36.06 | 1.59cd (ab) | 48.37 | 1.22d (b) | 49.99 |
| | 00 | 1.73b (ab) | 50.83 | 1.98c (a) | 40.86 | 1.43d (bc) | 75.64 | 1.11cd (c) | 49.60 |
| | 0 | 2.28a (a) | 38.16 | 2.17bc (a) | 40.41 | 1.66cd (b) | 47.72 | 1.37cd (c) | 50.16 |
| | Ⅰ | 2.35a (a) | 36.63 | 2.10bc (ab) | 44.06 | 2.03c (b) | 47.79 | 1.54c (c) | 48.61 |
| | Ⅱ | 2.55a (ab) | 41.88 | 2.59b (ab) | 47.25 | 2.73b (a) | 43.80 | 2.19b (b) | 40.25 |
| | Ⅲ | 2.42a (c) | 44.47 | 4.69a (a) | 40.97 | 3.62a (b) | 30.38 | 3.52a (b) | 29.18 |
| | 群体 | 2.24 (a) | 41.71 | 2.32 (a) | 50.21 | 1.94 (b) | 55.84 | 1.59 (c) | 57.82 |
| 倒伏程度 | 000 | 1.10b (c) | 8.91 | 1.67d (a) | 13.66 | 1.22d (b) | 7.14 | 1.07c (c) | 12.56 |
| | 00 | 1.20b (c) | 24.52 | 1.89c (a) | 25.83 | 1.36c (b) | 17.36 | 1.20c (c) | 37.12 |
| | 0 | 1.25ab (d) | 28.21 | 2.13b (a) | 21.98 | 1.50b (c) | 16.47 | 1.71b (b) | 37.77 |
| | Ⅰ | 1.39a (d) | 37.30 | 2.34b (a) | 22.13 | 1.62a (c) | 15.62 | 1.98b (b) | 37.56 |
| | Ⅱ | Im | Im | 2.91a (a) | 14.18 | 1.65a (c) | 14.51 | 2.42a (b) | 30.85 |
| | Ⅲ | Im | Im | 3.00a (a) | 13.51 | 1.64a (c) | 16.36 | 2.39a (b) | 33.63 |
| | 群体 | 1.27 (d) | 30.56 | 2.27 (a) | 25.56 | 1.52 (c) | 17.43 | 1.80 (b) | 41.96 |

注：Im＝未成熟；同一列数字后的不同小写字母说明熟期组间的差异显著性，同一行括号内的不同小写字母说明不同生态亚区间的差异显著性。

**表 2－26　各熟期组大豆产量性状在不同生态亚区的表现**

| 性状 | 熟期组 MG | 生态亚区 | | | | | | | |
|---|---|---|---|---|---|---|---|---|---|
| | | Sub－1 | | Sub－2 | | Sub－3 | | Sub－4 | |
| | | 均值 | *CV*/% | 均值 | *CV*/% | 均值 | *CV*/% | 均值 | *CV*/% |
| 地上部生物量/(t/hm$^2$) | 000 | 4.86d (b) | 23.03 | 5.93e (a) | 15.94 | 3.65e (c) | 26.06 | 5.91e (a) | 21.24 |
| | 00 | 6.27c (b) | 17.06 | 7.36d (a) | 12.32 | 4.92d (c) | 23.67 | 6.35e (b) | 17.82 |
| | 0 | 7.01b (c) | 16.66 | 8.25c (a) | 9.59 | 6.78c (c) | 15.88 | 7.88d (b) | 16.53 |
| | Ⅰ | 7.79 a (b) | 22.02 | 9.12b (a) | 9.54 | 8.79b (a) | 22.04 | 8.82c (a) | 19.88 |

续表 2-26

| 性状 | 熟期组 MG | 生态亚区 | | | | | | | |
|---|---|---|---|---|---|---|---|---|---|
| | | Sub-1 | | Sub-2 | | Sub-3 | | Sub-4 | |
| | | 均值 | CV/% | 均值 | CV/% | 均值 | CV/% | 均值 | CV/% |
| 地上部生物量/($t/hm^2$) | Ⅱ | Im | Im | 10.49a (ab) | 11.42 | 10.77a (a) | 28.24 | 9.56b (b) | 19.74 |
| | Ⅲ | Im | Im | 10.04a (b) | 27.42 | 11.38a (ab) | 23.28 | 11.88a (a) | 20.34 |
| | 群体 | 6.94 (d) | 21.06 | 8.59 (a) | 17.65 | 7.56 (c) | 35.24 | 8.24 (b) | 24.77 |
| 小区产量/($t/hm^2$) | 000 | 2.26c (a) | 20.34 | 2.21d (a) | 12.98 | 2.04d (a) | 22.89 | 2.12d (a) | 20.59 |
| | 00 | 2.82b (a) | 16.23 | 2.78c (a) | 10.89 | 2.67c (a) | 19.68 | 2.48c (b) | 18.05 |
| | 0 | 2.98b (b) | 14.73 | 3.04b (b) | 8.72 | 3.58b (a) | 15.95 | 3.00b (b) | 13.94 |
| | Ⅰ | 3.14a (b) | 25.94 | 3.08b (b) | 10.52 | 4.30a (a) | 15.40 | 3.03ab (b) | 19.03 |
| | Ⅱ | Im | Im | 3.05b (b) | 16.23 | 4.38a (a) | 25.76 | 2.92b (b) | 19.84 |
| | Ⅲ | Im | Im | 3.92a (a) | 18.03 | 4.45a (a) | 25.30 | 3.25a (b) | 19.54 |
| | 群体 | 2.95 (bc) | 19.66 | 3.02 (b) | 14.45 | 3.70 (a) | 25.91 | 2.91 (c) | 19.01 |
| 表观收获指数 | 000 | 0.52a (ab) | 4.28 | 0.50a (bc) | 4.41 | 0.54a (a) | 3.94 | 0.49a (c) | 9.27 |
| | 00 | 0.48b (c) | 6.22 | 0.49a (b) | 5.02 | 0.52ab (a) | 5.02 | 0.49a (bc) | 7.65 |
| | 0 | 0.45c (c) | 8.55 | 0.47b (b) | 5.21 | 0.51b (a) | 5.12 | 0.47a (b) | 8.55 |
| | Ⅰ | 0.42d (c) | 12.10 | 0.45c (b) | 7.52 | 0.49c (a) | 7.31 | 0.42b (c) | 10.63 |
| | Ⅱ | Im | Im | 0.41e (b) | 8.31 | 0.44d (a) | 11.15 | 0.37c (c) | 11.17 |
| | Ⅲ | Im | Im | 0.43d (a) | 12.91 | 0.43d (a) | 12.72 | 0.31d (b) | 12.08 |
| | 群体 | 0.45 (c) | 10.46 | 0.46 (b) | 8.59 | 0.50 (a) | 8.81 | 0.44 (d) | 14.50 |
| 主茎荚数 | 000 | 23.31ab (c) | 27.53 | 30.24d (b) | 17.96 | 30.50d (b) | 27.84 | 38.46d (a) | 16.49 |
| | 00 | 25.37a (b) | 21.83 | 40.47c (a) | 12.52 | 42.02c (a) | 18.33 | 42.88c (a) | 14.12 |
| | 0 | 23.43ab (d) | 29.32 | 44.29b (c) | 14.10 | 51.40b (a) | 17.80 | 49.28b (b) | 14.94 |
| | Ⅰ | 21.22b (d) | 33.27 | 49.24a (c) | 15.16 | 61.75a (a) | 23.09 | 52.88ab (b) | 19.11 |
| | Ⅱ | Im | Im | 51.11a (b) | 20.28 | 66.26a (a) | 29.31 | 55.74a (b) | 20.85 |
| | Ⅲ | Im | Im | 49.40a (b) | 24.53 | 66.04a (a) | 35.72 | 42.28cd (b) | 25.65 |
| | 群体 | 23.10 (d) | 29.41 | 45.25 (c) | 19.00 | 53.78 (a) | 28.53 | 49.16 (b) | 19.84 |

注：Im = 未成熟；同一列数字后的不同小写字母说明熟期组间的差异显著性，同一行括号内的不同小写字母说明不同生态亚区间的差异显著性。

## （四）东北各生态亚区高产品种改良方向及进展

上文表明，不同生态亚区生态条件对大豆产量性状的影响不一致，因而明确不同生态亚区内高产品种的株型特点、改良方向及改良进展十分必要（表 2-27）。

比较各亚区内大豆群体高、中、低 3 类大豆的产量，差异均达到显著水平。比较 3 类大豆各性状上的差异，地上部生物量在 3 类大豆中差异显著，且该性状与株型性状及主茎荚数均相关，是这些性状的综合表达。地上部生物量随产量的提高而增加，因此，地上部生物量是决定大豆产量的主要因素。

表 2－27　东北各生态亚区所有及适宜熟期组不同产量类型大豆株型特点

| 生态亚区/熟期组 | 类型 | 产量/（t/hm²） | AGB/（t/hm²） | AHI | PNM | LS | NNM | Ph/cm | Bn |
|---|---|---|---|---|---|---|---|---|---|
| Sub－1/MG000～MGⅠ | 高 | 4.27a | 9.86a | 0.43ab | 22.87a | 1.31a | 18.87a | 90.58a | 2.54a（a） |
| | 中 | 2.96b | 6.92b | 0.45a | 23.39a | 1.27a | 17.36b | 82.57a | 2.18a |
| | 低 | 1.28c | 5.49c | 0.40b | 22.43a | 1.03a | 16.82b | 81.56a | 1.28b |
| Sub－1/MG000～MG00 | 高 | 3.36a（c） | 7.12a（c） | 0.46b（a） | 24.70a（c） | 1.34a（c） | 17.50a（b） | 85.28a（a） | 2.40a（a） |
| | 中 | 2.70b | 5.84b | 0.50a | 24.83a | 1.12b | 15.28b | 69.12b | 1.58b |
| | 低 | 1.88c | 4.92c | 0.50a | 23.35a | 1.21ab | 14.71b | 67.11b | 1.72b |
| Sub－2/MG000～MGⅢ | 高 | 4.38a | 11.34a | 0.42c | 48.71a | 2.74a | 20.72a | 111.25a | 4.02a |
| | 中 | 3.00b | 8.61b | 0.46b | 45.61a | 2.25b | 17.55b | 90.68b | 2.23b |
| | 低 | 2.02c | 6.03c | 0.49a | 30.34b | 1.68c | 13.22c | 63.29c | 1.92b |
| Sub－2/MG0～MGⅠ | 高 | 3.64a（c） | 9.30a（b） | 0.47a（a） | 52.71a（b） | 2.17a（b） | 18.38a（ab） | 93.04a（a） | 2.43a（a） |
| | 中 | 3.05b | 8.54b | 0.46ab | 45.82b | 2.18a | 17.62ab | 90.29a | 2.13a |
| | 低 | 2.44c | 7.90b | 0.44b | 41.96b | 2.54a | 16.86b | 86.32a | 2.20a |
| Sub－3/MG000～MGⅢ | 高 | 6.82a | 15.89a | 0.41c | 75.78a | 1.92a | 16.72a | 95.62a | 4.07a |
| | 中 | 3.66b | 7.45b | 0.50b | 53.89b | 1.52b | 14.80b | 70.43b | 1.91b |
| | 低 | 1.65c | 3.02c | 0.53a | 30.31c | 1.20c | 10.17c | 41.77c | 0.89c |
| Sub－3/MG0～MGⅠ | 高 | 5.85a（a） | 11.67a（a） | 0.49a（a） | 64.44a（a） | 1.76a（bc） | 17.33a（b） | 88.62a（a） | 2.95a（a） |
| | 中 | 3.79b | 7.37b | 0.50a | 54.73b | 1.54b | 14.92b | 71.00b | 1.76b |
| | 低 | 2.56c | 5.00c | 0.51a | 47.99b | 1.42b | 12.22c | 54.16c | 1.07c |
| Sub－4/MG000～MGⅢ | 高 | 4.36a | 12.08a | 0.41b | 55.49a | 2.33a | 19.38a | 89.68a | 2.48a |
| | 中 | 2.90b | 8.23b | 0.44ab | 49.40a | 1.81a | 17.12b | 72.16b | 1.58b |
| | 低 | 1.68c | 4.73c | 0.46a | 34.66b | 1.12b | 13.86c | 51.92c | 0.87c |
| Sub－4/MGⅡ～MGⅢ | 高 | 4.10a（b） | 12.89a（a） | 0.34a（b） | 50.35a（b） | 2.70a（a） | 19.42a（a） | 92.03a（a） | 3.19a（a） |
| | 中 | 2.95b | 10.23b | 0.36a | 50.66a | 2.38a | 18.39a | 84.97a | 2.54a |
| | 低 | 2.30c | 8.16c | 0.34a | 55.24a | 2.25a | 18.45a | 85.17a | 2.43a |

注：AGB＝地上部生物量；AHI＝表观收获指数；PNM＝主茎荚数；LS＝倒伏；NNM＝主茎节数；Ph＝株高；Bn＝分枝数目。同一列数字后的不同小写字母说明产量组间的差异显著性，同一行括号内的不同小写字母说明不同生态亚区间高产组的差异显著性。

对 Sub－1 亚区，大豆群体中高产型大豆的主茎节数高于其他类型且达到显著水平，说明该性状在将中间型提高到高产型中起作用；分枝性状仅在低产型与其他类型大豆间差异显著，表明该性状主要是在从低产型提高到中间型中起作用。故该地区大豆产量性状的改良应通过地上部生物量的改良来实现，将低产品种提高到产量中间型时应首先关注分枝数目的提高，将中间型提高到高产型时首先关注主茎节数的提高，其次关注株高和分枝数目的增加，最后统筹考虑其他性状。由当地最适宜熟期组各类型大豆性状分析可知，低产品种与中间型品种除地上部生物量外各性状差异不显著，继续改良这类品种难度较大；而中间型与高产型的株高、分枝、主茎节数差异均显著，故对株高、分枝、主茎节数的提高均应重点关注。比较该亚区高产型大豆与其他亚区高产型大豆的区别，该亚区高产型大豆的地上部生物量和主茎荚数明显低于其他亚区，而本群体在本地这两个性状优势有限，需引进相应的资源。

现根据大豆群体在当地的表现和该地区适宜熟期组高产品种特点，初步提出本群体在当地可构建的理想株型：大豆地上部生物量在9.86 t/hm$^2$ 左右，主茎节数在19 节左右，株高在90 cm 左右，分枝在2.54 左右，表观收获指数在0.46 左右，主茎荚数在25 个左右，倒伏程度在1.3 级左右，其产量可能达到4.27 t/hm$^2$ 左右。

同理，在Sub-2 亚区，将低产型提高到中间型时应首先关注主茎节数、株高、主茎荚数的提高，将中间型提高到高产型时应首先关注主茎节数、株高、分枝的提高，其他性状统筹考虑即可。从当地最适宜熟期组各类型大豆性状分析可知，低产品种与中间型品种在各性状上差异均不显著，继续改良这类品种难度较大；而中间型与高产型仅主茎节数差异达到显著水平，故对主茎节数的提高应重点关注，其余性状统筹考虑即可。本亚区高产品种与其他亚区相比，在地上部生物量上有提高的空间，而本群体在当地有些材料表现较好，因此可以采用本群体进行改良。根据上文数据，该地区高产大豆的理想株型如下：大豆地上部生物量在11.34 t/hm$^2$ 左右，主茎节数在21 节左右，株高在110 cm 左右，分枝在2~4，而表观收获指数在0.47 左右，主茎荚数在48~52 个，倒伏程度在2 级左右，其产量可能达到4.38 t/hm$^2$，甚至更高。

对Sub-3 亚区，将低产型提高到中间型及将中间型提高到高产型时，均应同步关注主茎荚数、株高、分枝、主茎节数的提高，其余性状统筹考虑。从当地最适宜熟期组各类型大豆性状分析可知，将低产品种提高到产量中间型时，应重点考虑对株高、分枝、主茎节数的改良；而将中间型提高到高产型时则需同步关注主茎荚数、株高、分枝、主茎节数的提高。与其他亚区高产类型相比，当地高产类型各性状表现较为突出，而群体在各性状上均有表现突出的品种，因此可使用该群体对当地高产株型进行改良。根据上文数据，该地区高产大豆的理想株型如下：大豆地上部生物量在15.89 t/hm$^2$ 左右，主茎节数在17 节左右，株高在95 cm 左右，分枝在3~4，表观收获指数在0.49 左右，主茎荚数在76 个左右，倒伏程度在2 级左右，其产量可能达到6.82 t/hm$^2$，甚至更高。

Sub-4 亚区将低产型提高到中间型应同步关注主茎荚数、株高、分枝、主茎节数的提高；将中间型提高到高产型应重点关注株高、分枝、主茎节数的提高，其余性状统筹考虑。从当地最适宜熟期组各类型大豆性状分析可知，地上部生物量构成组分（主茎荚数、株高、分枝、主茎节数）在各类大豆间差异不显著，表明当地已经对这些性状进行了较强烈的选择，通过对单独某一性状进行改良从而达到提高地上部生物量较难实现，需统筹考虑地上部生物量构成性状的改良。比较当地高产株型与其他亚区高产大豆，该地区大豆主茎荚数特别是表观收获指数低于群体在当地的表现，而群体有些品种这两个性状在当地的表现较好，因此可以采用本群体进行改良。根据上文数据，该地区高产大豆的理想株型如下：大豆地上部生物量在12.89 t/hm$^2$ 左右，主茎节数在19 节左右，株高在90 cm 左右，分枝在2~3，表观收获指数在0.41 左右，主茎荚数在55 个左右，倒伏程度在2 级左右，其产量可能达到4.36 t/hm$^2$，甚至更高。

为了方便各生态亚区内育种家对产量性状的改良，表2-28 为各生态亚区内在产量性状上表现较为突出的材料，供育种家参考。

表 2-28　东北各生态亚区高产品种

| 生态亚区 | 品种 | | | | |
|---|---|---|---|---|---|
| Sub-1 | 合丰 29 | 蒙豆 5 号 | 垦鉴豆 27 | 绥农 8 号 | 北豆 14 |
| | 红丰 3 号 | 黑农 6 号 | 垦鉴豆 28 | 蒙豆 26 | 北豆 22 |
| Sub-2 | 吉育 34 | 吉育 89 | 丰收 27 | 黑农 53 | 北豆 21 |
| | 垦农 24 | 黑农 62 | 垦丰 10 | 垦豆 25 | 九农 28 |
| Sub-3 | 吉育 86 | 吉育 43 | 满仓金 | 天鹅蛋 | 长农 5 号 |
| | 吉科 3 号 | 抗线 8 号 | 长农 20 | 东农 54 | 抗线 7 号 |
| Sub-4 | 吉育 92 | 吉育 71 | 铁丰 31 | 辽豆 20 | 辽豆 14 |
| | 辽豆 26 | 辽豆 22 | 吉育 91 | 长农 19 | 吉林 5 号 |

### （五）对东北地区大豆产量、株型相关性状变异的认识

产量性状是大豆生产中最重要也是最复杂的性状，该性状的改良一直是大豆育种的中心工作。本书通过采用东北代表性群体的多年多点试验来研究该地区产量、株型性状。由于试验小区较小，只做趋势性分析，不做严格比较。赵团结等[179]在超高产育种的研究中建议东北地区超级种的潜力要达到4.95 t/hm$^2$。王曙明[253]则建议按照生育期长短将目标进行细化，其中生育日数在115 d（早熟组）的超级种指标为3.75 t/hm$^2$，生育日数在116～130 d（中熟组）的超级种指标为4.05 t/hm$^2$，生育日数在130 d以上（晚熟组）的超级种指标为4.20 t/hm$^2$。本研究结果表明，目前东北地区大豆产量分布在1.65～4.90 t/hm$^2$之间，早熟组（MG000/MG00）大豆的品种潜力为1.65～3.50 t/hm$^2$，中熟组（MG0/MGⅠ）在2.32～4.51 t/hm$^2$，晚熟组（MGⅡ/MGⅢ）在2.71～4.90 t/hm$^2$间。本研究中的种植密度偏小，适当增加密度可能还会增加产量。从本研究的结果看，品种产量的遗传潜力在生产上基本尚未得到实现。东北大豆育成品种群体内或者利用该群体育种可能存在或选育出满足高产目标的品种。事实上，本研究在各生态亚区选取的高产品种在生产上已经表现出高产的特性，如辽豆14创造了东北春大豆超高产纪录，达到4.908 t/hm$^2$[254]。

通过产量、株型与熟期组的关系可知，随着熟期组的变晚，大豆产量、地上部生物量、主茎荚数、株高、主茎节数、分枝得到了明显提高，表观收获指数和抗倒伏的能力均显著下降，该结果启示对不同熟期组大豆产量性状的改良应采取不同的策略。遗传率及育种经验也表明，对产量性状直接进行改良的效果并不好，而通过对产量相关性状的改良从而达到提高大豆产量的方法是可行的[167]。对早熟组（MG000/MG00）大豆的改良应重点关注大豆地上部生物量性状的提高，而对晚熟组（MGⅡ/MGⅢ）则应加大对表观收获指数及抗倒伏性状的改良。

# 第三章 东北大豆种质资源群体生育期性状 QTL-等位变异的构成与生态分化

## 第一节 东北大豆种质资源群体在东北及各生态亚区生育期性状的遗传解析

供试材料的熟期组变异幅度大，晚熟品种在北部试验点不能正常生长成熟，早熟品种在南部试验点生育期大幅度缩减，加上各试验点自然和栽培条件的影响，有部分数据缺失。因此本研究仅采用2013—2014年间各亚区内稳定成熟的品种（指至少在亚区内一半以上的试验环境中成熟）参与性状QTL定位分析。各生态亚区内表型联合方差分析采用随机区组的线性模型，所有变异来源均按随机效应处理。模型如下：

$Y_{ijk}=\mu+\alpha_i+\beta_j+\gamma_{k(j)}+(\alpha\beta)_{ij}+\varepsilon_{ijk}$

其中，$\mu$ 为群体表型数据的平均数，$\alpha_i$ 为第 $i$ 个基因型的效应，$\beta_j$ 为第 $j$ 个环境的效应，$\gamma_{k(j)}$ 为第 $j$ 个环境内第 $k$ 个重复的效应，$(\alpha\beta)_{ij}$ 为基因型与环境的互作，$\varepsilon_{ijk}$ 为残差。

$h^2=\sigma_g^2/(\sigma_g^2+\sigma_{ge}^2/r+\sigma_e^2/nr)$

$GCV=\sigma_g/\mu\times100\%$

其中，$\sigma_g^2$ 为基因型方差，$\sigma_{ge}^2$ 为基因型与环境互作方差，$\sigma_e^2$ 为误差方差，$n$、$r$ 分别为环境及重复数。

对生育期性状而言，生育前期在4个亚区均有361份品种正常生长，可以参与定位研究，而其他性状在4个亚区中分别有208、290、306和361份材料参与定位研究。表3-1为各亚区内生育期各性状的描述统计，表3-2则为各亚区生育期各性状方差分析结果。生育期各性状不仅在各亚区内存在较大变异，而且亚区均值间有系统的显著差异。生育期各性状随着种植区域的北移均呈增加的趋势，例如生育前期在南部的Sub-4亚区平均表现为43.09 d而在最北部的Sub-1增至59.85 d。不同生育期性状的遗传率存在明显的差异，其中生育前期和全生育期具有较高的遗传率，各亚区内遗传率均在92%以上。生育后期的遗传率则略低，不同生态亚区变化在86.27%～96.87%。而生育期结构（生育前期/全生育期）的遗传率远低于其他性状，遗传率在各亚区间变化在69.16%～88.40%。

**表3-1 东北大豆种质资源群体全区及各生态亚区生育期性状描述统计**

| 性状 | 生态亚区 | 组中值 | | | | | | | | | 总数 | 均值 | 幅度 | $h^2$/% | $GCV$/% |
|---|---|---|---|---|---|---|---|---|---|---|---|---|---|---|---|
| | | <43 | 46 | 52 | 58 | 64 | 70 | 76 | 82 | >85 | | | | | |
| 生育前期/d | Sub-1 | 0 | 14 | 69 | 151 | 57 | 37 | 23 | 5 | 5 | 361 | 59.85a | 46～93 | 92.13 | 13.41 |
| | Sub-2 | 15 | 211 | 80 | 37 | 5 | 1 | 4 | 7 | 1 | 361 | 49.54b | 41～87 | 97.88 | 13.01 |

续表 3－1

| 性状 | 生态亚区 | 组中值 | | | | | | | | | 总数 | 均值 | 幅度 | $h^2$/% | GCV/% |
|---|---|---|---|---|---|---|---|---|---|---|---|---|---|---|---|
| | | <43 | 46 | 52 | 58 | 64 | 70 | 76 | 82 | >85 | | | | | |
| 生育前期/d | Sub－3 | 79 | 201 | 43 | 20 | 5 | 2 | 1 | 8 | 2 | 361 | 46.73c | 39～87 | 96.11 | 15.48 |
| | Sub－4 | 239 | 101 | 7 | 1 | 8 | 5 | 0 | 0 | 0 | 361 | 43.09d | 37～72 | 94.54 | 11.31 |
| | NEC | 14 | 198 | 93 | 34 | 9 | 1 | 4 | 8 | 0 | 361 | 49.80b | 41～83 | 98.60 | 13.29 |
| | | 57.5 | 62.5 | 67.5 | 72.5 | 77.5 | 82.5 | 87.5 | 92.5 | >95.0 | | | | | |
| 生育后期/d | Sub－1 | 0 | 1 | 5 | 12 | 24 | 51 | 72 | 39 | 4 | 208 | 84.61a | 64.55～97.27 | 88.87 | 7.15 |
| | Sub－2 | 0 | 6 | 18 | 49 | 94 | 110 | 13 | 0 | 0 | 290 | 77.84b | 61.88～87.03 | 96.87 | 6.73 |
| | Sub－3 | 7 | 16 | 28 | 66 | 113 | 72 | 4 | 0 | 0 | 306 | 75.53c | 55.53～86.67 | 92.99 | 7.78 |
| | Sub－4 | 4 | 25 | 48 | 119 | 111 | 43 | 8 | 1 | 2 | 361 | 74.15d | 55.00～99.88 | 86.27 | 7.73 |
| | | <98.0 | 101.5 | 108.5 | 115.5 | 122.5 | 129.5 | 136.5 | 143.5 | 150.5 | | | | | |
| 全生育期/d | Sub－1 | 0 | 0 | 0 | 9 | 8 | 29 | 35 | 75 | 52 | 208 | 139.74a | 114.27～150.73 | 95.79 | 6.18 |
| | Sub－2 | 0 | 0 | 19 | 39 | 86 | 125 | 21 | 0 | 0 | 290 | 124.56b | 105.00～136.43 | 98.03 | 5.58 |
| | Sub－3 | 3 | 19 | 30 | 62 | 127 | 49 | 15 | 1 | 0 | 306 | 119.91c | 95.13～140.78 | 95.77 | 6.79 |
| | Sub－4 | 3 | 24 | 67 | 155 | 53 | 38 | 6 | 12 | 3 | 361 | 117.18d | 94.13～147.86 | 93.93 | 7.64 |
| | | 0.33 | 0.35 | 0.37 | 0.39 | 0.41 | 0.43 | 0.45 | 0.47 | 0.49 | | | | | |
| 生育期结构 | Sub－1 | 0 | 2 | 28 | 78 | 68 | 26 | 5 | 1 | 0 | 208 | 0.39a | 0.35～0.46 | 69.57 | 4.12 |
| | Sub－2 | 0 | 19 | 126 | 125 | 19 | 1 | 0 | 0 | 0 | 290 | 0.38b | 0.35～0.43 | 88.40 | 3.43 |
| | Sub－3 | 0 | 39 | 168 | 75 | 18 | 4 | 2 | 0 | 0 | 306 | 0.37c | 0.34～0.45 | 69.16 | 3.37 |
| | Sub－4 | 11 | 114 | 157 | 59 | 3 | 5 | 4 | 5 | 3 | 361 | 0.36d | 0.32～0.49 | 74.24 | 5.70 |

注：$h^2$＝遗传率；GCV＝遗传变异系数。同一列数字后的不同小写字母说明亚区间的差异显著性。

**表 3－2　东北大豆种质资源群体生育期性状方差分析表**

| 性状 | 变异来源 | Sub－1 | | | Sub－2 | | | Sub－3 | | | Sub－4 | | |
|---|---|---|---|---|---|---|---|---|---|---|---|---|---|
| | | DF | MS | F | DF | MS | F | DF | MS | F | DF | MS | F |
| 生育前期 | 环境 | 2 | 8 167.82 | 129.44** | 7 | 45 338.00 | 1 370.16** | 3 | 9 259.70 | 178.79** | 1 | 236 064.00 | 5374.47** |
| | 重复（环境） | 8 | 6.05 | 1.94* | 24 | 10.40 | 2.56** | 12 | 23.18 | 5.14** | 6 | 33.89 | 45.12** |
| | 基因型 | 360 | 726.17 | 12.18** | 360 | 1 073.31 | 39.81** | 360 | 843.78 | 25.41** | 360 | 198.06 | 18.28** |
| | 环境×基因型 | 719 | 60.20 | 19.34** | 2 440 | 27.75 | 6.82** | 1 068 | 33.24 | 7.38** | 360 | 10.83 | 14.42** |
| | 误差 | 2 872 | 3.11 | | 8 200 | 4.07 | | 4 234 | 4.51 | | 2 144 | 0.75 | |
| 生育后期 | 环境 | 2 | 12 353.00 | 255.94** | 7 | 20 931.00 | 297.16** | 3 | 7 630.41 | 67.90** | 1 | 49 265.00 | 341.06** |
| | 重复（环境） | 8 | 1.74 | 0.51 | 24 | 48.70 | 8.38** | 12 | 80.30 | 12.54** | 6 | 104.40 | 81.27** |
| | 基因型 | 207 | 444.33 | 8.97** | 289 | 881.04 | 31.49** | 305 | 542.39 | 13.48** | 360 | 302.02 | 7.28** |
| | 环境×基因型 | 414 | 50.07 | 14.60** | 1 988 | 28.14 | 4.84** | 878 | 40.64 | 6.35** | 360 | 41.49 | 32.30** |
| | 误差 | 1 650 | 3.43 | | 6 765 | 5.81 | | 3 455 | 6.40 | | 2 144 | 1.28 | |
| 全生育期 | 环境 | 2 | 9 252.50 | 259.31** | 7 | 30 905.00 | 357.55** | 3 | 8 990.73 | 69.42** | 1 | 69 647.00 | 779.63** |
| | 重复（环境） | 8 | 1.84 | 0.97 | 24 | 61.10 | 13.07** | 12 | 91.01 | 19.91** | 6 | 48.92 | 92.43** |

续表 3-2

| 性状 | 变异来源 | Sub-1 | | | Sub-2 | | | Sub-3 | | | Sub-4 | | |
|---|---|---|---|---|---|---|---|---|---|---|---|---|---|
| | | *DF* | *MS* | *F* | *DF* | *MS* | *F* | *DF* | *MS* | *F* | *DF* | *MS* | *F* |
| 全生育期 | 基因型 | 207 | 838.53 | 23.67 ** | 289 | 1 527.09 | 49.95 ** | 305 | 1 003.01 | 22.22 ** | 360 | 674.09 | 16.42 ** |
| | 环境×基因型 | 414 | 35.82 | 18.96 ** | 1 988 | 30.76 | 6.58 ** | 878 | 45.61 | 9.98 ** | 360 | 41.05 | 77.55 ** |
| | 误差 | 1 650 | 1.89 | | 6 766 | 4.67 | | 3 457 | 4.57 | | 2 144 | 0.53 | |
| 生育期结构 | 环境 | 2 | 0.197 | 161.02 ** | 7 | 1.48 | 1 429.07 ** | 3 | 0.40 | 191.36 ** | 1 | 11.27 | 2 411.88 ** |
| | 重复（环境） | 8 | 0.000 08 | 0.65 | 24 | 0.000 6 | 2.89 ** | 12 | 0.001 | 5.04 ** | 6 | 0.004 | 51.01 ** |
| | 基因型 | 207 | 0.004 | 3.39 ** | 289 | 0.006 | 8.38 ** | 305 | 0.004 | 3.23 ** | 360 | 0.005 | 3.92 ** |
| | 环境×基因型 | 414 | 0.001 | 10.31 ** | 1 988 | 0.000 7 | 3.64 ** | 878 | 0.001 | 4.36 ** | 360 | 0.001 | 17.08 ** |
| | 误差 | 1 649 | 0.000 1 | | 6 765 | 0.000 2 | | 3 455 | 0.000 2 | | 2 144 | 0.000 07 | |
| | | NEC | | | | | | | | | | | |
| 生育前期 | 环境 | 16 | 73 936 | 1 426.67 ** | | | | | | | | | |
| | 重复（环境） | 50 | 15.59 | 4.32 ** | | | | | | | | | |
| | 基因型 | 360 | 2 587.29 | 65.10 ** | | | | | | | | | |
| | 环境×基因型 | 5 667 | 40.62 | 11.26 ** | | | | | | | | | |
| | 误差 | 17 450 | 3.61 | | | | | | | | | | |

注：*DF*＝自由度。*MS*＝均方，其中在生育前期、生育后期、全生育期中保留 2 位小数，在生育期结构中根据误差值的大小保留 2～5 位小数。*、** 分别表示在 0.05、0.01 水平上差异显著。

**表 3-3 东北全区及各生态亚区生育期性状定位结果总汇**

| 性状 | 生态亚区 | QTL | 未定位到微效 QTL $R^2$ | 大效应 QTL | 小效应 QTL | 共有 QTL | 已报道 QTL |
|---|---|---|---|---|---|---|---|
| 生育前期 | Sub-1 | 71（83.79） | 8.34 | 25（68.04） | 46（15.75） | 4（16.47） | 22（29.64） |
| | Sub-2 | 76（81.87） | 16.01 | 21（65.52） | 55（16.35） | 7（31.95） | 28（31.22） |
| | Sub-3 | 71（61.29） | 34.85 | 16（55.53） | 55（16.76） | 7（25.26） | 16（19.00） |
| | Sub-4 | 11（62.84） | 31.70 | 11（62.84） | 0 | 5（41.79） | 3（14.26） |
| | NEC | 81（77.85） | 20.75 | 22（63.30） | 59（14.55） | 12（23.31） | 26（32.26） |
| | 总计 | 290 | | 95 | 195 | 15 | 89 |
| 生育后期 | Sub-1 | 40（77.71） | 11.16 | 22（72.13） | 18（5.58） | 2（6.85） | 9（8.68） |
| | Sub-2 | 61（72.74） | 24.13 | 21（60.43） | 40（12.31） | 5（7.25） | 17（19.14） |
| | Sub-3 | 62（74.55） | 18.44 | 22（63.20） | 40（11.35） | 4（7.41） | 15（13.91） |
| | Sub-4 | 84（85.82） | 0.45 | 28（68.05） | 56（17.77） | 5（7.42） | 18（9.27） |
| | 总计 | 239 | | | | 8 | 58 |
| 全生育期 | Sub-1 | 41（90.71） | 5.08 | 21（84.51） | 20（6.20） | 5（12.50） | 17（59.56） |
| | Sub-2 | 62（82.68） | 15.35 | 25（72.63） | 37（10.05） | 10（20.26） | 43（63.39） |
| | Sub-3 | 62（84.98） | 10.79 | 23（72.71） | 39（12.27） | 7（10.21） | 31（34.89） |
| | Sub-4 | 74（93.78） | 0.15 | 26（77.80） | 48（15.98） | 4（8.37） | 46（48.94） |
| | 总计 | 226 | | | | 13 | 128 |

续表 3-3

| 性状 | 生态亚区 | QTL | 未定位到微效 QTL $R^2$ | 大效应 QTL | 小效应 QTL | 共有 QTL | 已报道 QTL |
|---|---|---|---|---|---|---|---|
| 生育期结构 | Sub-1 | 37 (53.12) | 16.45 | 17 (44.23) | 20 (8.89) | 1 (0.83) | 2 (4.14) |
| | Sub-2 | 57 (38.53) | 49.87 | 14 (25.41) | 43 (13.13) | 2 (1.63) | 3 (1.93) |
| | Sub-3 | 53 (35.15) | 34.01 | 10 (19.67) | 43 (15.48) | 1 (0.78) | 8 (3.82) |
| | 总计 | 145 | | | | 2 | 13 |

注：QTL、大效应 QTL、小效应 QTL、共有 QTL、已报道 QTL 列中，括号外为相对应位点数目，括号内为这些 QTL 表型解释率之和。大效应 QTL 指表型解释率超过 1% 的位点；小效应 QTL 则为表型解释率不超过 1% 的位点。

表 3-3 为生育期性状 QTL 定位结果总汇。不同生育期性状的 QTL 定位功效存在较大程度的差异，其中生育期结构 QTL 定位功效较差。从定位到的 QTL 位点数目看，生育期结构定位到 145 个位点而其余性状则比之多 81~145 个位点。从未定位到的微效 QTL 所占的表型变异看，生育期结构中各亚区未定位到的微效 QTL 占表型变异的 16%~40%，而其余性状未解释部分占 0.15%~34.85%。同时，不同生育期性状的定位功效也受到生态环境的影响。例如，Sub-4 在生育后期和全生育期具有较好的定位效果，其定位的 QTL 位点及表型解释率之和均高于其他亚区，但生育前期定位到的位点数比其他亚区少 60 个以上，且在生育期结构中未定位到任何位点。

各亚区 QTL 定位结果仅能解释该亚区各性状部分表型变异，而且仅极少数位点在亚区间共享。如本研究定位得到的控制生育前期的 290 个位点中仅 15 个位点出现在多个亚区，而生育期结构定位得到的 145 个位点中仅 2 个贡献率较低的位点出现在多个亚区。以上分析说明，特定生态条件下解析的控制某一性状的遗传体系仅为该性状遗传体系的一部分，且不同生态条件下解析的同一性状的遗传体系相差较大，通过相同材料群体在不同生态条件下进行 QTL 定位有助于我们完整理解相应性状的遗传体系。因为在特定环境下定位到的 QTL 是该环境条件下表达出来的部分，有些则因环境限制并未表达，因而在各个环境下定位到的全部 QTL 组成了该性状 QTL 的总体。

将定位到的位点按照贡献率 1% 区分为大贡献率和小贡献率位点，各性状均呈现以较少的大贡献率位点解释了大量的表型变异，而大量的小贡献率位点仅解释了少量的表型变异。如 NEC 及 Sub-1~Sub-3 在生育前期定位的位点中大贡献率位点数占该亚区位点数目的 16%~26%，而表型解释率则占 55%~68%；小贡献率位点数目虽然占主导地位，却仅贡献了 14%~17% 的表型变异。总地说来，控制生育期性状的遗传体系是由少量的大效应位点及大量的小效应位点共同构成的。

将本书定位结果与前人结果相比较，生育前期、生育后期分别有 30.69%、24.27% 的位点与前人报道结果位置相近，而全生育期更有多达 56.60% 的位点处于前人已经报道的位点范围内，这在一定程度上说明了本定位方法的准确性。文献中并未有生育期结构定位结果的报告，本书将所获生育期结构 QTL 结果与已确定功能的影响大豆花期/生育期基因或大豆基因组中拟南芥花期同源基因比较，也有 13 个位点与这些基因的位置较近。

## 第二节 东北全区及各亚区全基因组关联分析检测到的生育期性状 QTL

表3－4 至 表3－7 为生育前期、生育后期、全生育期及生育期结构所定QTL位点的信息，图 3－1 为这些性状在不同生态亚区/东北全区所定位点的 QQ 图。从表 3－3 可知这些生育期性状在不同亚区间定位的 QTL 位点相差较大，但从图 3－1 可知，控制生育期性状的 QTL 区域在染色体上的分布具有偏好性。虽然控制生育期各性状的位点分布在 20 条染色体上，但在 Chr 06、Chr 18 上分布较多而在 Chr 11 上分布较少（表 3－8）。具体来说，生育前期共定位到 290 个 QTL，在 Chr 06、Chr 18、Chr 19 则分布了超 20 个位点，其中 Chr 06 达到 27 个；而 Chr 01、Chr 11、Chr 12、Chr 16 上分布不超过 8 个位点，其中 Chr 11 仅 4 个位点。生育后期共定位到 239 个 QTL，其在 Chr 05、Chr 06、Chr 18 上含有 18～19 个位点而 Chr 07、Chr 11、Chr 12 仅 4～6 个位点。而全生育期共定位到 226 个 QTL，Chr 08、Chr 11 仅含有 5～6 个而 Chr 03、Chr 18 则分布着 20～22 个位点，其他染色体上分布 8～15 个位点。生育期结构仅定位到 145 个 QTL，Chr 03、Chr 06、Chr 09、Chr 10 各有11～15 个位点，而 Chr 11、Chr 14、Chr 19 仅各有 2 个位点。

控制各性状位点的解释率差异较大，仅极少量位点的解释率超 3%。具体来说，生育前期 QTL 位点在东北全区（NEC）解释率在 0.01%～7.74%，仅 6 个位点的表型解释率超 3%，贡献率最高的位点为 Chr 05，约 40 Mb 的 *q－DTF*－5－14（7.74%）。Sub－1 中，位点表型解释率在 0.03%～9.66%，仅 8 个位点超 3%，其中位于 Chr 05 约 40.7 Mb 的 *q－DTF*－5－15 的解释率高达 9.66%。Sub－2 中，位点表型解释率在 0.01%～14.00%，7 个位点的表型解释率超 3%；Sub－3 中，表型解释率在 0.01%～10.91%，仅 4 个位点的表型解释率超 3%；Sub－4 中，定位的 11 个位点的表型解释率在 1.90%～23.17%，其中 8 个位点的表型解释率超 3%（表 3－4）。

对生育后期，Sub－1 中，位点解释率在 0.06%～9.90%，7 个位点超过 3%，其中位于 Chr 10的 26.7～26.9 Mb 的 *q－FTM*－10－6 表型解释率达到 9.90%；Sub－2 中，位点解释率在 0.02%～7.20%，仅 8 个位点超过 3%，其中位于 Chr 18 的 58.2～58.3 Mb 的 *q－FTM*－18－16 表型解释率达到 7.20%；Sub－3 中，位点表型解释率在 0.03%～9.58%，仅 6 个位点超过 3%，其中位于 Chr 18 的 58.4～58.5 Mb 的 *q－FTM*－18－17 表型解释率达到 9.58%；Sub－4 中，位点表型解释率分布在 0.03%～6.69%，仅 6 个位点超过 3%，其中位于 Chr 05 的 18.9～19.1 Mb 的 *q－FTM*－5－13 和 Chr 06 的 31.7～31.9 Mb 的 *q－FTM*－6－14 的表型解释率达到 6% 以上（表 3－5）。

全生育期 QTL，Sub－1 中，位点解释率在 0.02%～13.27%，其中 11 个位点超过 3%，特别是位于 Chr 10 的 18.7～18.8 Mb 的 *q－DM*－10－2（10.84%）和位于 Chr 18 约 59.1 Mb 的 *q－DM*－18－21（13.27%）的解释率均在 10% 以上；Sub－2 中，位点解释率在 0.01%～8.83%，其中 9 个位点超过 3%，特别是位于 Chr 09 约 13.9 Mb 的 *q－DM*－9－4（7.47%）和位于 Chr 18 的 58.2～58.3 Mb 的 *q－DM*－18－18（8.83%）；Sub－3 中，位点解释率在 0.02%～10.30%，其中 9 个位点超过 3%，其中位于 Chr 18 的 58.4～58.5 Mb 的 *q－DM*－18－19 解释率达到 10.30% 而其余位点均未超过 7%；Sub－4 中，位点解释率在 0.02%～8.91%，其中 8 个位点超过 3%，仅 Chr 05 的 40.7～40.9 Mb 的 *q－DM*－5－12（8.91%）的解释率略高（表 3－6）。

生育期结构位点的解释率亚区间差异较大，Sub－1 中位点解释率分布在 0.11%～6.44%，仅 6 个位点超过 3%，其中位于 Chr 06 约 48.8 Mb 的 *q－GPS*－6－14 解释率达到 6.44%；Sub－2 中位点解释率在0.03%～3.54%，仅Chr 03的9.1～9.2 Mb的*q-GPS-3-5*（3.17%）和Chr 16约31.8 Mb的*q-GPS-16-3*（3.54%）解释率超3%；Sub-3中，位点解释率为0.05%～3.49%，仅位于Chr 20约38.7 Mb的*q-GPS-20-5*的解释率达到3.49%（表3-7）。

这些定位位点中含有许多前人已经确定的影响大豆花期的重要QTL，特别是一些花期相关基因和花期同源基因。生育前期位点中包括*J*（*Glyma04g05280*）、*E1*（*Glyma06g23026*）、*E2*（*Glyma10g36600*）、*E3*（*Glyma19g41210*）、*DT2*（*Glyma18g50910*）。生育后期中含有*E2*（*Glyma10g36600*）、*E3*（*Glyma19g41210*）、*E4*（*Glyma20g22160*）和*E9*（*Glyma16g26660*）。全生育期则含有如*J*（*Glyma04g05280*）、*DT1*（*Glyma19g37890*）、*DT2*（*Glyma18g50910*）、*E9*（*Glyma16g26660*），其中*DT2*（*Glyma18g50910*）、*GmTOE6*（*Glyma10g22390*）、*GmFULb/GmFUL1a*（*Glyma04g31847*）和*GmSPL9c*（*Glyma03g29901*）则在3个及以上的亚区中出现。由于生育期结构没有定位研究的报道，本研究将该性状与花期/生育期确定功能的基因及大豆基因组中拟南芥花期同源基因相比较，其中13个位点与这些功能基因位置较为接近，因此这些功能基因可能影响了生育期结构的表达。

为了确定这些QTL的功能，我们将各性状QTL候选基因的功能注释进行分类，见图3-2。各性状候选基因的功能均可初步分为四类，第一类是与花发育、光形态建成及胚发育有关的基因，其中在生育前期占该性状的21.09%（31/147），生育后期则达到34.10%，全生育期中该类占38.29%，其中花发育部分明显超过其他类型，而生育期结构中该类占到注释基因的42.86%，远超该性状候选基因注释的其他类别。第二、第三类分别与运输及信号转导、初级代谢有关。第四类则主要为一些其他或者未知的生物过程。

**表3-4　东北全区和各生态亚区生育前期QTL定位结果**

| QTL | SNPLDB（等位变异数目） | $-\log_{10}P$（生态亚区） | $R^2$/% | 已报道QTL | 候选基因 | 基因功能（类别） |
|---|---|---|---|---|---|---|
| *q-DTF-1-1* | Gm01_528408（2） | 46.18（1） | 1.44 | | *Glyma01g00380* | Pollen exine formation（Ⅰ） |
| *q-DTF-1-2* | Gm01_BLOCK_15649243_15750023（3） | 164.91（NEC） | 1.04 | 16-1 | | |
| *q-DTF-1-3* | Gm01_22192486（2） | 89.57（NEC） | 0.55 | 16-1 | | |
| *q-DTF-1-4* | Gm01_BLOCK_30255283_30261505（5） | 69.33（4） | 3.51 | 16-1 | *Glyma01g00341* | Pollen exine formation（Ⅰ） |
| *q-DTF-1-5* | Gm01_30618399（2） | 2.14（NEC） | 0.01 | 16-1 | | |
| *q-DTF-1-6* | Gm01_BLOCK_43644553_43843201（4） | 44.87（2） | 0.49 | | *Glyma01g32090* | |
| *q-DTF-1-7* | Gm01_BLOCK_47023574_47023597（2） | 9.65（1） | 0.27 | | *Glyma01g34630* | Protein folding（Ⅲ） |
| *q-DTF-1-8* | Gm01_BLOCK_50665066_50856399（5） | 307.65（NEC） | 7.27 | *GmTOE3a* | *Glyma01g39520* | Flower development（Ⅰ） |
| *q-DTF-2-1* | Gm02_BLOCK_475383_670929（4） | 267.86（NEC） | 1.72 | | *Glyma02g00700* | Biological process（Ⅳ） |
| *q-DTF-2-2* | Gm02_BLOCK_5400727_5466739（3） | 8.59（NEC） | 0.05 | | *Glyma02g06730* | Leaf morphogenesis（Ⅰ） |
| *q-DTF-2-3* | Gm02_BLOCK_6909468_6909489（2） | 19.71（2） | 0.20 | *GmFT2c* | *Glyma02g07650* | Regulation of flower development（Ⅰ） |
| *q-DTF-2-4* | Gm02_9368912（2） | 1.41（3） | 0.01 | | *Glyma02g11560* | Chromatin silencing（Ⅲ） |
| *q-DTF-2-5* | Gm02_BLOCK_12053287_12248842（3） | 143.80（2） | 1.56 | 16-2/*GmAP1d* | *Glyma02g13420* | Flower development（Ⅰ） |

续表 3－4

| QTL | SNPLDB（等位变异数目） | $-\log_{10}P$（生态亚区） | $R^2$/% | 已报道 QTL | 候选基因 | 基因功能（类别） |
|---|---|---|---|---|---|---|
| *q－DTF－2－6* | Gm02_ 13318467（2） | 1.99（1） | 0.04 | 16－2 | *Glyma*02*g*15550 | Biological process（Ⅳ） |
| *q－DTF－2－7* | Gm02_ BLOCK_ 13615118_ 13679966（3） | 19.31（2） | 0.20 | | | |
| *q－DTF－2－8* | Gm02_ 15604213（2） | 1.51（2） | 0.01 | 13－2 | *Glyma*02*g*17055 | |
| *q－DTF－2－9* | Gm02_ BLOCK_ 20354760_ 20552271（4） | 149.16（NEC） | 0.95 | 13－2 | *Glyma*02*g*21570 | |
| *q－DTF－2－10* | Gm02_ BLOCK_ 21107267_ 21174431（5） | 122.23（NEC） | 0.79 | | | |
| *q－DTF－2－11* | Gm02_ BLOCK_ 23553425_ 23697195（8） | 49.02（3） | 0.72 | 13－2 | | |
| *q－DTF－2－12* | Gm02_ BLOCK_ 24059036_ 24258685（5） | 203.28（NEC） | 1.31 | | | |
| *q－DTF－2－13* | Gm02_ BLOCK_ 24551379_ 24746037（8） | 7.64（2） | 0.11 | 13－4 | | |
| *q－DTF－2－14* | Gm02_ 25331820（2） | 6.35（2） | 0.06 | | | |
| *q－DTF－2－15* | Gm02_ BLOCK_ 28380835_ 28451460（5） | 73.64（NEC） | 0.47 | | *Glyma*02*g*27171 | Biological process（Ⅳ） |
| *q－DTF－2－16* | Gm02_ BLOCK_ 47109248_ 47125452（3） | 9.18（1） | 0.29 | | *Glyma*02*g*43540 | Photomorphogenesis（Ⅰ） |
| *q－DTF－2－17* | Gm02_ 47990631（2） | 3.99（2） | 0.03 | | | |
| *q－DTF－3－1* | Gm03_ BLOCK_ 4882463_ 5081896（6） | 20.53（NEC） | 0.14 | | *Glyma*03*g*04620 | Photomorphogenesis |
| *q－DTF－3－2* | Gm03_ BLOCK_ 6051233_ 6051502（5） | 70.68（2） | 0.78 | | | |
| *q－DTF－3－3* | Gm03_ BLOCK_ 11210259_ 11290736（5） | 5.44（3） | 0.09 | | *Glyma*03*g*06012 | Signal transduction（Ⅱ） |
| *q－DTF－3－4* | Gm03_ 13985525（2） | 16.47（3） | 0.20 | | *Glyma*03*g*09207 | Oligopeptide transport（Ⅱ） |
| *q－DTF－3－5* | Gm03_ BLOCK_ 15722746_ 15921368（8） | 13.91（3） | 0.23 | | *Glyma*03*g*12251 | Response to red or far red light（Ⅰ） |
| *q－DTF－3－6* | Gm03_ BLOCK_ 16963699_ 17159588（9） | 310.00（2） | 5.04 | | *Glyma*03*g*12251 | Response to red or far red light（Ⅰ） |
| *q－DTF－3－6* | Gm03_ BLOCK_ 16963699_ 17159588（9） | 307.65（NEC） | 3.30 | | *Glyma*03*g*12251 | Response to red or far red light（Ⅰ） |
| *q－DTF－3－7* | Gm03_ 24519654（2） | 9.59（3） | 0.11 | | | |
| *q－DTF－3－8* | Gm03_ 25494124（2） | 3.47（3） | 0.04 | | | |
| *q－DTF－3－9* | Gm03_ 25890264（2） | 1.83（2） | 0.01 | | *Glyma*03*g*13886 | Recognition of pollen（Ⅰ） |
| *q－DTF－3－10* | Gm03_ BLOCK_ 27776188_ 27969356（6） | 32.04（2） | 0.36 | | *Glyma*03*g*21650 | Metal ion transport（Ⅱ） |
| *q－DTF－3－11* | Gm03_ BLOCK_ 29877354_ 30003125（5） | 13.93（NEC） | 0.10 | | *Glyma*03*g*23283 | |
| *q－DTF－3－12* | Gm03_ BLOCK_ 33821529_ 34020745（6） | 307.65（NEC） | 2.69 | | *Glyma*03*g*26630 | Protein prenylation（Ⅲ） |
| *q－DTF－3－13* | Gm03_ BLOCK_ 34022549_ 34097575（3） | 8.64（3） | 0.11 | | | |

续表 3-4

| QTL | SNPLDB（等位变异数目） | $-\log_{10}P$（生态亚区） | $R^2$/% | 已报道QTL | 候选基因 | 基因功能（类别） |
|---|---|---|---|---|---|---|
| *q-DTF-3-14* | Gm03_ BLOCK_ 35565806_ 35605208（6） | 101.32（NEC） | 0.66 | | *Glyma03g27790* | Ubiquitin-dependent protein catabolic process（Ⅲ） |
| *q-DTF-3-15* | Gm03_ BLOCK_ 42701163_ 42899703（3） | 26.97（2） | 0.28 | *GmTFL1a* | *Glyma03g35250* | Regulation of flower development（Ⅰ） |
| *q-DTF-3-16* | Gm03_ BLOCK_ 43706578_ 43839510（4） | 11.34（1） | 0.38 | | | |
| *q-DTF-3-17* | Gm03_ 45518090（2） | 2.46（NEC） | 0.01 | *GmPHYA4* | *Glyma03g38620* | Far-red light photoreceptor activity（Ⅰ） |
| *q-DTF-3-18* | Gm03_ BLOCK_ 47299442_ 47401016（4） | 197.85（NEC） | 1.27 | *GmLCL2* | *Glyma03g42260* | Long-day photoperiodism（Ⅰ） |
| *q-DTF-4-1* | Gm04_ BLOCK_ 4174137_ 4368977（7） | 84.97（2） | 0.96 | | | |
| *q-DTF-4-2* | Gm04_ 4560979（2） | 5.25（1） | 0.14 | *J* gene | *Glyma04g05280* | Regulation of flower development（Ⅰ） |
| *q-DTF-4-3* | Gm04_ BLOCK_ 5462881_ 5569031（4） | 310.00（2） | 3.80 | | | |
| *q-DTF-4-4* | Gm04_ 8038546（2） | 5.06（2） | 0.05 | | *Glyma04g09770* | Ethylene biosynthetic process（Ⅱ） |
| *q-DTF-4-5* | Gm04_ BLOCK_ 10490899_ 10617426（6） | 100.32（NEC） | 0.65 | | *Glyma04g12120* | Intracellular protein transport（Ⅱ） |
| *q-DTF-4-6* | Gm04_ 14516725（2） | 2.42（1） | 0.06 | | *Glyma04g14551* | Biological process（Ⅳ） |
| *q-DTF-4-7* | Gm04_ BLOCK_ 21896229_ 21996322（7） | 141.52（3） | 2.03 | | *Glyma04g20400* | Biological process（Ⅳ） |
| *q-DTF-4-7* | Gm04_ BLOCK_ 21896229_ 21996322（7） | 307.65（NEC） | 3.74 | | *Glyma04g20400* | Biological process（Ⅳ） |
| *q-DTF-4-8* | Gm04_ 26817836（2） | 9.37（1） | 0.27 | | | |
| *q-DTF-4-9* | Gm04_ BLOCK_ 28402054_ 28497072（5） | 36.60（1） | 1.23 | *E1La* | *Glyma04g24640* | Regulation of transcription（Ⅳ） |
| *q-DTF-4-10* | Gm04_ 29289977（2） | 10.21（2） | 0.10 | | | |
| *q-DTF-4-11* | Gm04_ BLOCK_ 29588144_ 29662524（4） | 45.32（NEC） | 0.29 | | | |
| *q-DTF-4-12* | Gm04_ 34306302（2） | 3.08（3） | 0.03 | | *Glyma04g20400* | Biological process（Ⅳ） |
| *q-DTF-4-13* | Gm04_ BLOCK_ 38552113_ 38750785（7） | 18.28（3） | 0.28 | *GmCDF1* | *Glyma04g33410* | Regulation of transcription（Ⅲ） |
| *q-DTF-4-14* | Gm04_ BLOCK_ 43123388_ 43304064（9） | 124.55（1） | 4.44 | | *Glyma04g36725* | Pollen development（Ⅰ） |
| *q-DTF-4-14* | Gm04_ BLOCK_ 43123388_ 43304064（9） | 42.48（NEC） | 0.30 | | *Glyma04g36725* | Pollen development（Ⅰ） |
| *q-DTF-4-15* | Gm04_ BLOCK_ 44481934_ 44669597（6） | 27.82（1） | 0.97 | *GmLFY* | *Glyma04g37900* | Flower development（Ⅰ） |
| *q-DTF-4-16* | Gm04_ BLOCK_ 44973349_ 45159996（7） | 4.58（1） | 0.21 | | | |

续表 3－4

| QTL | SNPLDB（等位变异数目） | $-\log_{10}P$（生态亚区） | $R^2$/% | 已报道QTL | 候选基因 | 基因功能（类别） |
|---|---|---|---|---|---|---|
| *q－DTF*－4－17 | Gm04_ BLOCK_ 46056889_ 46200563（7） | 66.38（3） | 0.95 | | | |
| *q－DTF*－4－18 | Gm04_ BLOCK_ 47093420_ 47267263（6） | 28.60（1） | 1.00 | | | |
| *q－DTF*－4－19 | Gm04_ BLOCK_ 47739239_ 47937863（4） | 21.26（2） | 0.23 | | | |
| *q－DTF*－5－1 | Gm05_ BLOCK_ 779003_ 898861（4） | 27.12（NEC） | 0.18 | | *Glyma*05*g*01230 | Response to cyclopentenone（Ⅳ） |
| *q－DTF*－5－2 | Gm05_ 4966122（2） | 2.83（3） | 0.03 | | | |
| *q－DTF*－5－3 | Gm05_ 11943687（2） | 27.89（NEC） | 0.17 | | | |
| *q－DTF*－5－4 | Gm05_ 12321433（2） | 71.90（4） | 3.48 | | | |
| *q－DTF*－5－4 | Gm05_ 12321433（2） | 307.65（NEC） | 2.94 | | | |
| *q－DTF*－5－5 | Gm05_ 13417135（2） | 1.43（1） | 0.03 | | | |
| *q－DTF*－5－6 | Gm05_ 14768751（2） | 157.71（2） | 1.70 | | | |
| *q－DTF*－5－7 | Gm05_ BLOCK_ 18932932_ 19132793（5） | 38.60（3） | 0.54 | | | |
| *q－DTF*－5－8 | Gm05_ BLOCK_ 25095143_ 25295131（5） | 62.01（NEC） | 0.40 | | *Glyma*05*g*21164 | Glycolysis（Ⅲ） |
| *q－DTF*－5－9 | Gm05_ BLOCK_ 31383769_ 31581759（8） | 65.30（2） | 0.75 | | *Glyma*05*g*25750 | Potassium ion transmembrane transport（Ⅱ） |
| *q－DTF*－5－9 | Gm05_ BLOCK_ 31383769_ 31581759（8） | 135.59（NEC） | 0.89 | | *Glyma*05*g*25750 | Potassium ion transmembrane transport（Ⅱ） |
| *q－DTF*－5－10 | Gm05_ BLOCK_ 31599573_ 31773904（9） | 58.96（2） | 0.69 | | | |
| *q－DTF*－5－10 | Gm05_ BLOCK_ 31599573_ 31773904（9） | 96.76（NEC） | 0.65 | | | |
| *q－DTF*－5－11 | Gm05_ BLOCK_ 33963671_ 34117393（6） | 43.33（NEC） | 0.29 | | *Glyma*05*g*28350 | Protein phosphorylation（Ⅲ） |
| *q－DTF*－5－12 | Gm05_ BLOCK_ 34477425_ 34676212（5） | 23.13（3） | 0.33 | | | |
| *q－DTF*－5－13 | Gm05_ 38665611（2） | 304.91（2） | 3.40 | *GmFKF*1－1 | *Glyma*05*g*34530 | Positive regulation of flower development（Ⅰ） |
| *q－DTF*－5－13 | Gm05_ 38665611（2） | 281.32（NEC） | 1.79 | *GmFKF*1－1 | *Glyma*05*g*34530 | Positive regulation of flower development（Ⅰ） |
| *q－DTF*－5－14 | Gm05_ BLOCK_ 40093134_ 40221204（6） | 307.65（NEC） | 7.74 | | *Glyma*05*g*36300 | Transmembrane transport（Ⅱ） |
| *q－DTF*－5－15 | Gm05_ BLOCK_ 40732257_ 40930476（6） | 257.90（1） | 9.66 | | | |
| *q－DTF*－5－15 | Gm05_ BLOCK_ 40732257_ 40930476（6） | 310.00（2） | 14.00 | | | |

续表 3 - 4

| QTL | SNPLDB（等位变异数目） | $-\log_{10}P$（生态亚区） | $R^2$/% | 已报道QTL | 候选基因 | 基因功能（类别） |
|---|---|---|---|---|---|---|
| *q - DTF* - 5 - 15 | Gm05_ BLOCK_ 40732257_ 40930476（6） | 305.00（3） | 10.91 | | | |
| *q - DTF* - 5 - 15 | Gm05_ BLOCK_ 40732257_ 40930476（6） | 292.45（4） | 23.17 | | | |
| *q - DTF* - 6 - 1 | Gm06_ BLOCK_ 2964331_ 3158269（6） | 46.35（3） | 0.66 | | *Glyma*06*g*03560 | Response to UV - B（Ⅰ） |
| *q - DTF* - 6 - 2 | Gm06_ BLOCK_ 3270871_ 3438948（6） | 307.65（NEC） | 2.83 | | | |
| *q - DTF* - 6 - 3 | Gm06_ BLOCK_ 5783455_ 5980655（6） | 11.87（NEC） | 0.09 | | *Glyma*06*g*07900 | Biological process（Ⅳ） |
| *q - DTF* - 6 - 4 | Gm06_ 9235479（2） | 47.60（1） | 1.49 | | *Glyma*06*g*12090 | Response to high light intensity（Ⅰ） |
| *q - DTF* - 6 - 5 | Gm06_ 9266227（2） | 4.69（1） | 0.12 | | | |
| *q - DTF* - 6 - 6 | Gm06_ 19637365（2） | 162.16（3） | 2.24 | 26 - 15/*E*1 | *Glyma*06*g*23026 | Regulation of transcription（Ⅲ） |
| *q - DTF* - 6 - 7 | Gm06_ BLOCK_ 21311130_ 21362500（4） | 71.86（NEC） | 0.46 | | *Glyma*06*g*23570 | Protein transport（Ⅱ） |
| *q - DTF* - 6 - 8 | Gm06_ 23536687（2） | 7.81（NEC） | 0.04 | 26 - 12 | | |
| *q - DTF* - 6 - 9 | Gm06_ 27478171（2） | 20.31（NEC） | 0.12 | 26 - 12 | *Glyma*06*g*29960 | Regulation of flower development（Ⅰ） |
| *q - DTF* - 6 - 10 | Gm06_ BLOCK_ 28102517_ 28205216（4） | 307.65（NEC） | 2.11 | 26 - 12 | | |
| *q - DTF* - 6 - 11 | Gm06_ 30737030（2） | 2.00（3） | 0.02 | | | |
| *q - DTF* - 6 - 12 | Gm06_ BLOCK_ 31084754_ 31225436（6） | 6.49（1） | 0.26 | | | |
| *q - DTF* - 6 - 13 | Gm06_ BLOCK_ 31767165_ 31893661（6） | 24.05（1） | 0.84 | 3 - 1 | *Glyma*06*g*31550 | Abscisic acid mediated signaling pathway（Ⅱ） |
| *q - DTF* - 6 - 14 | Gm06_ BLOCK_ 32602292_ 32697906（8） | 24.94（1） | 0.92 | | | |
| *q - DTF* - 6 - 15 | Gm06_ BLOCK_ 33174739_ 33369074（6） | 2.78（3） | 0.05 | | | |
| *q - DTF* - 6 - 16 | Gm06_ BLOCK_ 34405121_ 34604760（6） | 10.37（NEC） | 0.08 | 3 - 1 | *Glyma*06*g*33611 | Biological process（Ⅳ） |
| *q - DTF* - 6 - 17 | Gm06_ BLOCK_ 34651092_ 34734612（4） | 6.85（1） | 0.24 | | | |
| *q - DTF* - 6 - 18 | Gm06_ BLOCK_ 35713945_ 35804935（3） | 3.94（1） | 0.12 | | | |
| *q - DTF* - 6 - 19 | Gm06_ 36882023（2） | 96.97（2） | 1.02 | 7 - 1 | *Glyma*06*g*35101 | |
| *q - DTF* - 6 - 20 | Gm06_ BLOCK_ 37913052_ 37930041（2） | 8.61（NEC） | 0.05 | | *Glyma*06*g*36210 | Oxidation-reduction process（Ⅳ） |
| *q - DTF* - 6 - 21 | Gm06_ 38960542（2） | 228.35（2） | 2.50 | 7 - 1 | *Glyma*06*g*36650 | Regulation of flower development（Ⅰ） |

续表 3-4

| QTL | SNPLDB（等位变异数目） | $-\log_{10}P$（生态亚区） | $R^2$/% | 已报道 QTL | 候选基因 | 基因功能（类别） |
|---|---|---|---|---|---|---|
| *q-DTF-6-22* | Gm06_ BLOCK_ 40665236_ 40740472（4） | 15.42（1） | 0.51 | 7-1 | *Glyma06g38151* | Response to red or far red light（Ⅰ） |
| *q-DTF-6-23* | Gm06_ BLOCK_ 42971643_ 42971834（2） | 4.09（NEC） | 0.02 | 12-1 | *Glyma06g39990* | Defense response（Ⅱ） |
| *q-DTF-6-24* | Gm06_ BLOCK_ 44160126_ 44351599（4） | 125.58（3） | 1.74 | 2-1 | *Glyma06g41241* | Defense response（Ⅱ） |
| *q-DTF-6-25* | Gm06_ BLOCK_ 48441344_ 48466219（3） | 3.57（1） | 0.11 | | | |
| *q-DTF-6-26* | Gm06_ 48523986（2） | 4.16（1） | 0.11 | | | |
| *q-DTF-6-27* | Gm06_ BLOCK_ 49518359_ 49582463（7） | 81.64（1） | 2.83 | 1-3 | *Glyma06g46210* | Photomorphogenesis（Ⅰ） |
| *q-DTF-7-1* | Gm07_ BLOCK_ 12706_ 176248（6） | 12.58（1） | 0.47 | | *Glyma07g00520* | Floral organ abscission（Ⅰ） |
| *q-DTF-7-2* | Gm07_ BLOCK_ 7768936_ 7888031（6） | 40.50（4） | 1.90 | 2-2 | *Glyma07g09170* | Oxidation-reduction process（Ⅳ） |
| *q-DTF-7-3* | Gm07_ BLOCK_ 14274467_ 14474162（4） | 28.91（1） | 0.95 | Vegetative period 1-2 | *Glyma07g14860* | Oxidation-reduction process（Ⅳ） |
| *q-DTF-7-3* | Gm07_ BLOCK_ 14274467_ 14474162（4） | 246.26（NEC） | 1.58 | Vegetative period 1-2 | *Glyma07g14860* | Oxidation-reduction process（Ⅳ） |
| *q-DTF-7-4* | Gm07_ BLOCK_ 19266254_ 19266513（3） | 71.06（4） | 3.50 | | | |
| *q-DTF-7-5* | Gm07_ 21000729（2） | 21.36（1） | 0.64 | | | |
| *q-DTF-7-6* | Gm07_ BLOCK_ 25194369_ 25298259（9） | 38.88（1） | 1.42 | | *Glyma07g19040* | Signal transduction（Ⅱ） |
| *q-DTF-7-6* | Gm07_ BLOCK_ 25194369_ 25298259（9） | 152.46（3） | 2.22 | | *Glyma07g19040* | Signal transduction（Ⅱ） |
| *q-DTF-7-6* | Gm07_ BLOCK_ 25194369_ 25298259（9） | 40.97（4） | 2.61 | | *Glyma07g19040* | Signal transduction（Ⅱ） |
| *q-DTF-7-7* | Gm07_ BLOCK_ 28401744_ 28507794（4） | 67.23（4） | 3.34 | | | |
| *q-DTF-7-8* | Gm07_ 29425673（2） | 8.23（3） | 0.10 | | | |
| *q-DTF-7-9* | Gm07_ 33278828（2） | 307.65（NEC） | 2.10 | | *Glyma07g28850* | Jasmonic acid mediated signaling pathway（Ⅱ） |
| *q-DTF-7-10* | Gm07_ 33303110（2） | 70.59（3） | 0.93 | | | |
| *q-DTF-7-11* | Gm07_ 33960104（2） | 9.90（1） | 0.28 | | | |
| *q-DTF-7-12* | Gm07_ BLOCK_ 34495789_ 34505258（4） | 33.77（2） | 0.37 | | | |
| *q-DTF-7-13* | Gm07_ BLOCK_ 36570573_ 36593428（6） | 57.28（2） | 0.64 | *GmSPL3d* | *Glyma07g31880* | Flower development（Ⅰ） |
| *q-DTF-7-14* | Gm07_ BLOCK_ 39211778_ 39308212（3） | 307.65（NEC） | 2.00 | | *Glyma07g34340* | Biological process（Ⅳ） |

续表 3－4

| QTL | SNPLDB（等位变异数目） | $-\log_{10}P$（生态亚区） | $R^2$/% | 已报道QTL | 候选基因 | 基因功能（类别） |
|---|---|---|---|---|---|---|
| *q－DTF－7－15* | Gm07_ BLOCK_ 42633372_ 42795323（6） | 16.71（NEC） | 0.12 | | *Glyma07g37800* | Transport（Ⅱ） |
| *q－DTF－8－1* | Gm08_ 16278103（2） | 3.03（NEC） | 0.01 | | *Glyma08g20960* | Regulation of flower development（Ⅰ） |
| *q－DTF－8－2* | Gm08_ BLOCK_ 18140968_ 18158884（5） | 71.62（2） | 0.79 | | *Glyma08g23494* | Biological process（Ⅳ） |
| *q－DTF－8－3* | Gm08_ 23183262（2） | 4.17（3） | 0.04 | *GmCOL1a*/*GmCOL1* | *Glyma08g28370* | Regulation of flower development（Ⅰ） |
| *q－DTF－8－4* | Gm08_ BLOCK_ 25459202_ 25658708（4） | 2.23（3） | 0.03 | | | |
| *q－DTF－8－5* | Gm08_ 25666898（2） | 3.92（1） | 0.10 | | | |
| *q－DTF－8－6* | Gm08_ BLOCK_ 28094612_ 28121642（3） | 18.73（3） | 0.25 | | | |
| *q－DTF－8－7* | Gm08_ 29318775（2） | 122.53（1） | 4.08 | | *Glyma08g32390* | |
| *q－DTF－8－8* | Gm08_ BLOCK_ 29633958_ 29833930（6） | 29.49（2） | 0.34 | | | |
| *q－DTF－8－9* | Gm08_ BLOCK_ 31538981_ 31715401（5） | 12.77（1） | 0.45 | | | |
| *q－DTF－8－10* | Gm08_ 31715728（2） | 21.50（1） | 0.65 | | *Glyma08g32790* | Actin filament organization（Ⅲ） |
| *q－DTF－8－11* | Gm08_ BLOCK_ 43004125_ 43202691（5） | 30.98（2） | 0.35 | | *Glyma08g43390* | Response to salt stress（Ⅳ） |
| *q－DTF－8－12* | Gm08_ BLOCK_ 43386142_ 43537136（5） | 62.68（3） | 0.87 | | | |
| *q－DTF－8－13* | Gm08_ 44932711（2） | 78.12（NEC） | 0.48 | | *Glyma08g45590* | Response to salicylic acid stimulus（Ⅱ） |
| *q－DTF－8－14* | Gm08_ BLOCK_ 45241690_ 45304233（4） | 48.31（1） | 1.59 | | | |
| *q－DTF－9－1* | Gm09_ BLOCK_ 4190922_ 4192893（3） | 150.45（2） | 1.63 | 24－2 | *Glyma09g05110* | Transport（Ⅱ） |
| *q－DTF－9－2* | Gm09_ 9830882（2） | 1.78（2） | 0.01 | 21－3 | *Glyma09g05735* | Regulation of flower development（Ⅰ） |
| *q－DTF－9－3* | Gm09_ BLOCK_ 14853753_ 14880575（7） | 17.31（1） | 0.64 | Vegetative period 1－4 | | |
| *q－DTF－9－4* | Gm09_ BLOCK_ 15313797_ 15388929（6） | 135.00（2） | 1.50 | | | |
| *q－DTF－9－5* | Gm09_ BLOCK_ 17383342_ 17427512（6） | 98.66（2） | 1.10 | Vegetative period 1－4 | *Glyma09g15470* | |
| *q－DTF－9－6* | Gm09_ BLOCK_ 18077696_ 18149090（6） | 42.54（3） | 0.60 | | | |
| *q－DTF－9－7* | Gm09_ 23913685（2） | 1.99（NEC） | 0.01 | Vegetative period 1－4 | | |

续表 3-4

| QTL | SNPLDB（等位变异数目） | $-\log_{10}P$（生态亚区） | $R^2$/% | 已报道QTL | 候选基因 | 基因功能（类别） |
|---|---|---|---|---|---|---|
| *q-DTF-9-8* | Gm09_ 24870101（2） | 243.18（3） | 3.49 | 3-4 | *Glyma09g15329* | Nucleic acid binding（Ⅲ） |
| *q-DTF-9-9* | Gm09_ BLOCK_ 27838493_ 27985401（7） | 60.20（3） | 0.86 | 3-4 | *Glyma09g22854* | Endonucleolytic cleavage involved in rRNA processing（Ⅲ） |
| *q-DTF-9-10* | Gm09_ BLOCK_ 35525405_ 35712574（5） | 10.24（1） | 0.37 | 24-2 | *Glyma09g28470* | Transport（Ⅱ） |
| *q-DTF-9-11* | Gm09_ BLOCK_ 35759651_ 35873834（5） | 37.36（3） | 0.52 | | | |
| *q-DTF-9-12* | Gm09_ BLOCK_ 40976346_ 40976378（4） | 11.85（1） | 0.40 | | *Glyma09g34820* | DNA mediated transformation（Ⅲ） |
| *q-DTF-9-13* | Gm09_ BLOCK_ 43178967_ 43361542（7） | 61.97（3） | 0.88 | | *Glyma09g38050* | Regulation of transcription（Ⅲ） |
| *q-DTF-10-1* | Gm10_ BLOCK_ 3731840_ 3930105（8） | 13.40（2） | 0.18 | | *Glyma10g05051* | Embryo development ending in seed dormancy（Ⅰ） |
| *q-DTF-10-2* | Gm10_ BLOCK_ 7090842_ 7153928（4） | 113.89（3） | 1.58 | | *Glyma10g08660* | Biological process（Ⅳ） |
| *q-DTF-10-3* | Gm10_ 21455279（2） | 1.64（3） | 0.01 | 13-10 | *Glyma10g08386* | Protein polymerization |
| *q-DTF-10-4* | Gm10_ BLOCK_ 23805671_ 23805708（2） | 18.13（3） | 0.22 | | | |
| *q-DTF-10-5* | Gm10_ BLOCK_ 24676338_ 24859976（4） | 15.60（2） | 0.17 | 13-10 | *Glyma10g17510* | Biological process（Ⅳ） |
| *q-DTF-10-6* | Gm10_ BLOCK_ 25663564_ 25863475（7） | 94.92（3） | 1.35 | | | |
| *q-DTF-10-7* | Gm10_ 31949233（2） | 3.61（1） | 0.09 | 13-10 | *Glyma10g19710* | Biological process（Ⅳ） |
| *q-DTF-10-8* | Gm10_ 34515296（2） | 6.96（1） | 0.19 | 13-10 | | |
| *q-DTF-10-9* | Gm10_ 35412619（2） | 1.83（2） | 0.01 | | | |
| *q-DTF-10-10* | Gm10_ BLOCK_ 38491818_ 38677558（7） | 21.49（1） | 0.78 | 13-10 | *Glyma10g29970* | Embryo development ending in seed dormancy（Ⅰ） |
| *q-DTF-10-11* | Gm10_ BLOCK_ 38889043_ 38945138（5） | 12.40（1） | 0.44 | | | |
| *q-DTF-10-12* | Gm10_ BLOCK_ 45245539_ 45392167（2） | 91.16（3） | 1.22 | *E2* | *Glyma10g36600* | Flower development（Ⅰ） |
| *q-DTF-10-13* | Gm10_ 46589617（2） | 310.00（2） | 8.01 | 24-4 | *Glyma10g38810* | Protein phosphorylation（Ⅲ） |
| *q-DTF-10-13* | Gm10_ 46589617（2） | 305.00（3） | 5.40 | 24-4 | *Glyma10g38810* | Protein phosphorylation（Ⅲ） |
| *q-DTF-10-13* | Gm10_ 46589617（2） | 159.43（4） | 8.85 | 24-4 | *Glyma10g38810* | Protein phosphorylation（Ⅲ） |
| *q-DTF-10-13* | Gm10_ 46589617（2） | 307.65（NEC） | 4.39 | 24-4 | *Glyma10g38810* | Protein phosphorylation（Ⅲ） |
| *q-DTF-11-1* | Gm11_ 5657747（2） | 2.34（2） | 0.02 | | *Glyma11g08010* | N-terminal protein myristoylation（Ⅲ） |
| *q-DTF-11-2* | Gm11_ BLOCK_ 7804116_ 7882060（7） | 16.50（3） | 0.26 | | *Glyma11g11020* | Response to light stimulus（Ⅰ） |

续表 3－4

| QTL | SNPLDB（等位变异数目） | $-\log_{10}P$（生态亚区） | $R^2$/% | 已报道QTL | 候选基因 | 基因功能（类别） |
|---|---|---|---|---|---|---|
| *q－DTF－11－3* | Gm11_ 20834016（2） | 1.95（1） | 0.04 | 11－2 | | |
| *q－DTF－11－4* | Gm11_ BLOCK_ 29725520_ 29921737（7） | 4.97（2） | 0.08 | | *Glyma11g29320* | Protein glycosylation（Ⅲ） |
| *q－DTF－12－1* | Gm12_ BLOCK_ 3109025_ 3171802（3） | 85.82（2） | 0.92 | 25－2 | *Glyma12g04800* | |
| *q－DTF－12－2* | Gm12_ 11411300（2） | 3.94（1） | 0.10 | | | |
| *q－DTF－12－3* | Gm12_ 18148479（2） | 2.03（NEC） | 0.01 | | | |
| *q－DTF－12－4* | Gm12_ 19987651（2） | 35.83（1） | 1.10 | | | |
| *q－DTF－12－5* | Gm12_ 30299342（2） | 4.08（1） | 0.11 | | | |
| *q－DTF－12－6* | Gm12_ 31624394（2） | 4.80（NEC） | 0.03 | | | |
| *q－DTF－12－7* | Gm12_ BLOCK_ 33198150_ 33275126（4） | 51.49（1） | 1.70 | | *Glyma12g30091* | |
| *q－DTF－13－1* | Gm13_ 2014199（2） | 2.06（2） | 0.02 | 11－4 | *Glyma13g01860* | Transport（Ⅱ） |
| *q－DTF－13－2* | Gm13_ BLOCK_ 8139323_ 8234393（6） | 49.34（NEC） | 0.33 | | *Glyma13g07691* | Regulation of transcription（Ⅲ） |
| *q－DTF－13－3* | Gm13_ BLOCK_ 10725919_ 10898875（7） | 33.43（1） | 1.18 | 11－4 | *Glyma13g09380* | Biological process（Ⅳ） |
| *q－DTF－13－4* | Gm13_ BLOCK_ 16641771_ 16812620（5） | 4.21（1） | 0.17 | 25－1 | *Glyma13g13300* | Lipid metabolic process（Ⅳ） |
| *q－DTF－13－5* | Gm13_ 17422521（2） | 1.32（NEC） | 0.01 | 25－1 | | |
| *q－DTF－13－6* | Gm13_ BLOCK_ 19029475_ 19228009（5） | 14.37（NEC） | 0.10 | 25－1 | *Glyma13g15590* | Signal transduction（Ⅱ） |
| *q－DTF－13－7* | Gm13_ BLOCK_ 22535363_ 22682467（4） | 307.65（NEC） | 7.00 | 25－1 | *Glyma13g18581* | Regulation of plant-type hypersensitive response（Ⅳ） |
| *q－DTF－13－8* | Gm13_ BLOCK_ 23118543_ 23250337（3） | 126.79（4） | 6.63 | | | |
| *q－DTF－13－9* | Gm13_ 23783992（2） | 2.21（3） | 0.02 | | | |
| *q－DTF－13－10* | Gm13_ BLOCK_ 25308006_ 25504934（5） | 152.58（2） | 1.68 | 21－1 | *Glyma13g21803* | Regulation of transcription（Ⅲ） |
| *q－DTF－13－11* | Gm13_ 30847931（2） | 4.05（NEC） | 0.02 | | | |
| *q－DTF－13－12* | Gm13_ BLOCK_ 31665835_ 31827788（4） | 2.77（2） | 0.03 | | | |
| *q－DTF－13－13* | Gm13_ BLOCK_ 31926131_ 31941748（4） | 11.74（NEC） | 0.08 | | | |
| *q－DTF－13－14* | Gm13_ BLOCK_ 32331416_ 32361641（3） | 9.55（2） | 0.10 | *GmSPL3a* | *Glyma13g31090* | Positive regulation of flower development（Ⅰ） |
| *q－DTF－13－15* | Gm13_ BLOCK_ 32853739_ 32853974（2） | 2.75（3） | 0.03 | | | |
| *q－DTF－13－16* | Gm13_ BLOCK_ 39220800_ 39272406（4） | 47.41（4） | 2.17 | | *Glyma13g37980* | Recognition of pollen（Ⅰ） |

续表 3－4

| QTL | SNPLDB（等位变异数目） | $-\log_{10}P$（生态亚区） | $R^2$/% | 已报道QTL | 候选基因 | 基因功能（类别） |
|---|---|---|---|---|---|---|
| *q－DTF*－14－1 | Gm14_ BLOCK_ 2250607_ 2262227（3） | 2.91（NEC） | 0.02 | | | |
| *q－DTF*－14－2 | Gm14_ BLOCK_ 2569489_ 2693043（4） | 43.01（NEC） | 0.28 | | *Glyma*14*g*04470 | Response to sucrose stimulus（Ⅲ） |
| *q－DTF*－14－3 | Gm14_ BLOCK_ 6020318_ 6020513（2） | 4.53（3） | 0.05 | | *Glyma*14*g*08050 | Regulation of defense response（Ⅱ） |
| *q－DTF*－14－4 | Gm14_ BLOCK_ 6387928_ 6583078（10） | 136.90（NEC） | 0.91 | | *Glyma*14*g*08050 | Regulation of defense response（Ⅱ） |
| *q－DTF*－14－5 | Gm14_ BLOCK_ 13664142_ 13860323（5） | 72.95（1） | 2.46 | | *Glyma*14*g*14113 | Photomorphogenesis（Ⅰ） |
| *q－DTF*－14－6 | Gm14_ 16971460（2） | 17.21（2） | 0.17 | 21－1 | | |
| *q－DTF*－14－7 | Gm14_ 25609860（2） | 9.26（3） | 0.11 | 21－1 | *Glyma*14*g*14181 | |
| *q－DTF*－14－8 | Gm14_ BLOCK_ 32442185_ 32641878（5） | 10.22（3） | 0.15 | 21－1 | *Glyma*14*g*26690 | Protein transport（Ⅱ） |
| *q－DTF*－14－9 | Gm14_ BLOCK_ 35605335_ 35605345（3） | 129.35（NEC） | 0.82 | | | |
| *q－DTF*－14－10 | Gm14_ BLOCK_ 43439845_ 43550457（4） | 7.10（3） | 0.10 | 21－1 | *Glyma*14*g*34750 | Transmembrane transport（Ⅱ） |
| *q－DTF*－14－11 | Gm14_ BLOCK_ 46081636_ 46170267（4） | 10.72（1） | 0.36 | | *Glyma*14*g*36850 | Glycolysis（Ⅲ） |
| *q－DTF*－14－12 | Gm14_ 47422046（2） | 10.73（3） | 0.13 | | | |
| *q－DTF*－14－13 | Gm14_ BLOCK_ 47456437_ 47461092（4） | 17.02（2） | 0.19 | | *Glyma*14*g*38700 | Defense response（Ⅱ） |
| *q－DTF*－14－14 | Gm14_ BLOCK_ 47846016_ 48044794（5） | 10.67（2） | 0.13 | | | |
| *q－DTF*－14－15 | Gm14_ BLOCK_ 49106903_ 49166925（4） | 28.72（3） | 0.39 | | *Glyma*14*g*40190 | Sexual reproduction（Ⅰ） |
| *q－DTF*－14－15 | Gm14_ BLOCK_ 49106903_ 49166925（4） | 195.10（NEC） | 1.25 | | *Glyma*14*g*40190 | Sexual reproduction（Ⅰ） |
| *q－DTF*－15－1 | Gm15_ BLOCK_ 703016_ 902228（7） | 24.76（3） | 0.37 | | *Glyma*15*g*00540 | |
| *q－DTF*－15－2 | Gm15_ 2169769（2） | 3.17（3） | 0.03 | | *Glyma*15*g*01446 | DNA methylation（Ⅲ） |
| *q－DTF*－15－3 | Gm15_ BLOCK_ 4661819_ 4766426（4） | 23.16（2） | 0.25 | | *Glyma*15*g*06070 | Biological process（Ⅳ） |
| *q－DTF*－15－4 | Gm15_ 5894335（2） | 1.42（NEC） | 0.01 | *GmSPL3b* | *Glyma*15*g*08270 | Regulation of vegetative phase change（Ⅰ） |
| *q－DTF*－15－5 | Gm15_ BLOCK_ 6934412_ 6987672（4） | 12.15（3） | 0.17 | | *Glyma*15*g*09420 | Response to high light intensity（Ⅰ） |
| *q－DTF*－15－6 | Gm15_ BLOCK_ 8344147_ 8540354（4） | 12.48（NEC） | 0.08 | 12－3 | *Glyma*15*g*10791 | Protein glycosylation（Ⅲ） |
| *q－DTF*－15－7 | Gm15_ BLOCK_ 22924288_ 23120700（6） | 269.47（2） | 3.05 | | *Glyma*15*g*23640 | |

续表 3－4

| QTL | SNPLDB（等位变异数目） | $-\log_{10}P$（生态亚区） | $R^2$/% | 已报道 QTL | 候选基因 | 基因功能（类别） |
|---|---|---|---|---|---|---|
| *q－DTF*－15－8 | Gm15_ BLOCK_ 29797491_ 29996631（7） | 128. 79（1） | 4. 53 | | *Glyma*15*g*27480 | Embryo development（Ⅰ） |
| *q－DTF*－15－9 | Gm15_ BLOCK_ 32832673_ 33012990（5） | 15. 11（2） | 0. 18 | | | |
| *q－DTF*－15－10 | Gm15_ BLOCK_ 34011352_ 34211189（8） | 46. 76（3） | 0. 68 | | | |
| *q－DTF*－15－11 | Gm15_ BLOCK_ 34993782_ 35193746（7） | 111. 91（2） | 1. 25 | | *Glyma*15*g*29926 | Double-stranded RNA binding（Ⅲ） |
| *q－DTF*－15－12 | Gm15_ BLOCK_ 40822834_ 40861275（7） | 8. 22（NEC） | 0. 07 | | *Glyma*15*g*35941 | |
| *q－DTF*－15－13 | Gm15_ 40912893（2） | 20. 17（NEC） | 0. 12 | | | |
| *q－DTF*－15－14 | Gm15_ BLOCK_ 41321285_ 41520839（7） | 10. 96（2） | 0. 14 | | *Glyma*15*g*35941 | |
| *q－DTF*－15－15 | Gm15_ BLOCK_ 42360049_ 42414498（6） | 52. 29（3） | 0. 74 | | | |
| *q－DTF*－15－16 | Gm15_ BLOCK_ 47989791_ 48117176（6） | 61. 21（NEC） | 0. 40 | | *Glyma*15*g*41130 | Response to auxin stimulus（Ⅱ） |
| *q－DTF*－15－17 | Gm15_ BLOCK_ 50060907_ 50157727（5） | 111. 98（2） | 1. 23 | | *Glyma*15*g*42385 | |
| *q－DTF*－16－1 | Gm16_ BLOCK_ 5997901_ 5998148（2） | 2. 34（1） | 0. 05 | | *Glyma*16*g*06320 | Biological process（Ⅳ） |
| *q－DTF*－16－2 | Gm16_ BLOCK_ 14182979_ 14375027（6） | 13. 26（2） | 0. 16 | 13－7/ *GmAP*1*a* | *Glyma*16*g*13070 | Flower development（Ⅰ） |
| *q－DTF*－16－3 | Gm16_ 19219236（2） | 6. 49（2） | 0. 06 | 13－7 | *Glyma*16*g*17661 | Nucleosome assembly（Ⅳ） |
| *q－DTF*－16－3 | Gm16_ 19219236（2） | 14. 82（NEC） | 0. 09 | 13－7 | *Glyma*16*g*17661 | Nucleosome assembly（Ⅳ） |
| *q－DTF*－16－4 | Gm16_ BLOCK_ 26362231_ 26446565（8） | 37. 84（2） | 0. 45 | | | |
| *q－DTF*－16－5 | Gm16_ BLOCK_ 26776272_ 26903205（6） | 83. 87（2） | 0. 93 | 9－3 | *Glyma*16*g*23115 | |
| *q－DTF*－16－6 | Gm16_ BLOCK_ 36289049_ 36379857（9） | 30. 58（NEC） | 0. 22 | | *Glyma*16*g*33451 | Metabolic process（Ⅳ） |
| *q－DTF*－16－7 | Gm16_ 37288852（2） | 310. 00（2） | 4. 56 | 13－8 | | |
| *q－DTF*－17－1 | Gm17_ 133549（2） | 30. 36（NEC） | 0. 18 | | *Glyma*17*g*00386 | |
| *q－DTF*－17－2 | Gm17_ 2143517（2） | 2. 13（2） | 0. 02 | | *Glyma*17*g*03200 | Mitochondrial RNA modification（Ⅲ） |
| *q－DTF*－17－3 | Gm17_ BLOCK_ 3684479_ 3684490（2） | 1. 40（NEC） | 0. 01 | | *Glyma*17*g*04890 | Vesicle-mediated transport（Ⅱ） |
| *q－DTF*－17－4 | Gm17_ BLOCK_ 4885563_ 5078835（7） | 249. 85（3） | 3. 71 | | *Glyma*17*g*06810 | N-terminal protein myristoylation（Ⅲ） |
| *q－DTF*－17－4 | Gm17_ BLOCK_ 4885563_ 5078835（7） | 307. 65（NEC） | 2. 39 | | *Glyma*17*g*06810 | N-terminal protein myristoylation（Ⅲ） |

续表 3 - 4

| QTL | SNPLDB（等位变异数目） | $-\log_{10}P$（生态亚区） | $R^2$/% | 已报道QTL | 候选基因 | 基因功能（类别） |
|---|---|---|---|---|---|---|
| *q - DTF* - 17 - 5 | Gm17_ BLOCK_ 22408055_ 22604887（6） | 78. 12（2） | 0. 87 | | *Glyma17g23640* | |
| *q - DTF* - 17 - 6 | Gm17_ 23528265（2） | 5. 29（3） | 0. 06 | | | |
| *q - DTF* - 17 - 7 | Gm17_ BLOCK_ 26654610_ 26854593（7） | 57. 47（1） | 1. 99 | | *Glyma17g23240* | Embryo sac egg cell differentiation（Ⅰ） |
| *q - DTF* - 17 - 8 | Gm17_ BLOCK_ 32024574_ 32106694（6） | 36. 50（3） | 0. 52 | | *Glyma17g29414* | Embryo development ending in seed dormancy（Ⅰ） |
| *q - DTF* - 17 - 9 | Gm17_ BLOCK_ 35058215_ 35255794（5） | 77. 71（3） | 1. 08 | | *Glyma17g31911* | |
| *q - DTF* - 17 - 10 | Gm17_ 37964387（2） | 26. 07（1） | 0. 79 | | *Glyma17g33880* | Meiotic DNA double-strand break formation（Ⅲ） |
| *q - DTF* - 17 - 11 | Gm17_ BLOCK_ 39519552_ 39584468（5） | 11. 35（1） | 0. 40 | | *Glyma19g05236* | Protein phosphorylation（Ⅲ） |
| *q - DTF* - 17 - 12 | Gm17_ 41144639（2） | 46. 36（3） | 0. 60 | | *Glyma19g05236* | Protein phosphorylation（Ⅲ） |
| *q - DTF* - 17 - 12 | Gm17_ 41144639（2） | 75. 77（4） | 3. 68 | | *Glyma19g05236* | Protein phosphorylation（Ⅲ） |
| *q - DTF* - 18 - 1 | Gm18_ BLOCK_ 804050_ 915411（5） | 198. 16（2） | 2. 20 | | | |
| *q - DTF* - 18 - 2 | Gm18_ 1016378（2） | 78. 28（1） | 2. 52 | 21 - 4 | | |
| *q - DTF* - 18 - 3 | Gm18_ BLOCK_ 1286527_ 1345857（7） | 226. 48（NEC） | 1. 48 | Repro ductive period photo - thermal sensitivity 1 - 1 | *Glyma18g01830* | Negative regulation of abscisic acid mediated signaling pathway（Ⅱ） |
| *q - DTF* - 18 - 4 | Gm18_ BLOCK_ 2739133_ 2748789（3） | 48. 24（2） | 0. 51 | | *Glyma18g03470* | Specification of floral organ identity（Ⅰ） |
| *q - DTF* - 18 - 5 | Gm18_ BLOCK_ 11754835_ 11954738（7） | 115. 73（3） | 1. 65 | | *Glyma18g12521* | Defense response（Ⅱ） |
| *q - DTF* - 18 - 6 | Gm18_ BLOCK_ 13583831_ 13654726（3） | 8. 07（3） | 0. 11 | | *Glyma18g13780* | Biological process（Ⅳ） |
| *q - DTF* - 18 - 7 | Gm18_ BLOCK_ 15286714_ 15417711（4） | 153. 30（3） | 2. 15 | | *Glyma18g14860* | Metabolic process（Ⅳ） |
| *q - DTF* - 18 - 8 | Gm18_ 17154876（2） | 2. 25（NEC） | 0. 01 | | *Glyma18g16720* | Protein folding（Ⅲ） |
| *q - DTF* - 18 - 9 | Gm18_ BLOCK_ 18444876_ 18625383（4） | 2. 72（2） | 0. 03 | | *Glyma18g17410* | QTL Oxidation-reduction process（Ⅳ） |
| *q - DTF* - 18 - 10 | Gm18_ BLOCK_ 22356429_ 22389633（6） | 32. 63（2） | 0. 37 | 10 - 2 | *Glyma18g20146* | |
| *q - DTF* - 18 - 11 | Gm18_ BLOCK_ 26859190_ 26995234（5） | 31. 21（3） | 0. 43 | | | |
| *q - DTF* - 18 - 12 | Gm18_ 27467805（2） | 74. 86（3） | 0. 99 | | | |
| *q - DTF* - 18 - 13 | Gm18_ BLOCK_ 32106317_ 32174022（5） | 211. 60（NEC） | 1. 36 | Reproductive period 1 - 3 | *Glyma18g28130* | Carbohydrate metabolic process（Ⅲ） |

续表 3－4

| QTL | SNPLDB（等位变异数目） | $-\log_{10}P$（生态亚区） | $R^2$/% | 已报道 QTL | 候选基因 | 基因功能（类别） |
|---|---|---|---|---|---|---|
| *q－DTF*－18－14 | Gm18_ BLOCK_ 40831394_ 40880918（7） | 135.00（NEC） | 0.88 | 15－2 | | |
| *q－DTF*－18－15 | Gm18_ BLOCK_ 44320715_ 44484135（4） | 32.01（2） | 0.35 | *GmSPL9b* | *Glyma*18*g*36960 | Anther development（Ⅰ） |
| *q－DTF*－18－16 | Gm18_ 55824566（2） | 106.46（1） | 3.50 | *GmGAL*1 | *Glyma*18*g*45780 | Flower development（Ⅰ） |
| *q－DTF*－18－17 | Gm18_ BLOCK_ 58003984_ 58053410（4） | 65.98（1） | 2.19 | | | |
| *q－DTF*－18－18 | Gm18_ BLOCK_ 58405478_ 58521742（6） | 24.37（NEC） | 0.17 | | *Glyma*18*g*48930 | Protein phosphorylation（Ⅲ） |
| *q－DTF*－18－19 | Gm18_ BLOCK_ 58528098_ 58542426（6） | 118.65（1） | 4.12 | | | |
| *q－DTF*－18－20 | Gm18_ BLOCK_ 59995574_ 60006087（6） | 59.19（1） | 2.02 | *DT*2 | *Glyma*18*g*50910 | Ovule development（Ⅰ） |
| *q－DTF*－18－21 | Gm18_ 61066310（2） | 1.71（NEC） | 0.01 | *GmCOL*1*b* | *Glyma*18*g*51320 | Regulation of flower development（Ⅰ） |
| *q－DTF*－19－1 | Gm19_ 2155475（2） | 11.2（NEC） | 0.06 | | *Glyma*19*g*02670 | Signal transduction（Ⅱ） |
| *q－DTF*－19－2 | Gm19_ BLOCK_ 2976934_ 3167896（6） | 30.29（1） | 1.05 | | *Glyma*19*g*03190 | Biological process（Ⅳ） |
| *q－DTF*－19－3 | Gm19_ BLOCK_ 5655490_ 5854276（3） | 8.71（1） | 0.27 | *GmCOL*2*b* | *Glyma*19*g*05170 | Regulation of flower development（Ⅰ） |
| *q－DTF*－19－4 | Gm19_ 5937596（2） | 32.29（NEC） | 0.19 | | | |
| *q－DTF*－19－5 | Gm19_ BLOCK_ 14506576_ 14506605（2） | 26.53（NEC） | 0.16 | | | |
| *q－DTF*－19－6 | Gm19_ BLOCK_ 18797833_ 18978466（4） | 10.86（3） | 0.15 | | | |
| *q－DTF*－19－7 | Gm19_ 20608686（2） | 28.18（3） | 0.36 | | | |
| *q－DTF*－19－8 | Gm19_ 22755897（2） | 11.89（1） | 0.34 | | | |
| *q－DTF*－19－9 | Gm19_ BLOCK_ 22955042_ 23055997（8） | 241.51（2） | 2.74 | | | |
| *q－DTF*－19－10 | Gm19_ BLOCK_ 23056332_ 23230812（6） | 62.62（2） | 0.70 | | | |
| *q－DTF*－19－11 | Gm19_ BLOCK_ 23341159_ 23541083（6） | 15.77（1） | 0.57 | | *Glyma*19*g*15470 | Protein phosphorylation（Ⅲ） |
| *q－DTF*－19－12 | Gm19_ BLOCK_ 23816470_ 23847882（7） | 5.11（2） | 0.06 | | | |
| *q－DTF*－19－13 | Gm19_ 25086767（2） | 4.17（1） | 0.11 | | *Glyma*19*g*15470 | Protein phosphorylation（Ⅲ） |
| *q－DTF*－19－14 | Gm19_ 25983244（2） | 128.41（2） | 1.37 | | | |
| *q－DTF*－19－15 | Gm19_ BLOCK_ 31748874_ 31948866（6） | 12.30（2） | 0.15 | | *Glyma*19*g*25980 | Oxidation-reduction process（Ⅳ） |
| *q－DTF*－19－16 | Gm19_ 35299466（2） | 177.68（3） | 2.47 | *GmFT*5*b* | *Glyma*19*g*28400 | Positive regulation of flower development（Ⅰ） |

续表 3－4

| QTL | SNPLDB（等位变异数目） | $-\log_{10}P$（生态亚区） | $R^2$/% | 已报道 QTL | 候选基因 | 基因功能（类别） |
|---|---|---|---|---|---|---|
| *q－DTF*－19－17 | Gm19_ BLOCK_ 40085491_ 40281589（5） | 196.14（2） | 2.18 | | | |
| *q－DTF*－19－18 | Gm19_ BLOCK_ 40492413_ 40492483（2） | 3.45（2） | 0.03 | | | |
| *q－DTF*－19－19 | Gm19_ BLOCK_ 41275557_ 41441772（4） | 153.45（1） | 5.33 | 2－3/ *GmSPL9d* | *Glyma*19*g*32800 | Anther development（Ⅰ） |
| *q－DTF*－19－20 | Gm19_ BLOCK_ 46456175_ 46468223（3） | 7.33（3） | 0.10 | | | |
| *q－DTF*－19－21 | Gm19_ BLOCK_ 47275375_ 47309110（6） | 35.60（1） | 1.23 | 5－2/*E3* | *Glyma*19*g*41210 | Response to far red light（Ⅰ） |
| *q－DTF*－20－1 | Gm20_ 6135902（2） | 3.37（2） | 0.03 | 20－3 | *Glyma*19*g*41371 | Biological process（Ⅳ） |
| *q－DTF*－20－2 | Gm20_ BLOCK_ 8015458_ 8214120（10） | 42.95（2） | 0.52 | 20－3 | | |
| *q－DTF*－20－3 | Gm20_ 17035906（2） | 12.52（3） | 0.15 | 20－3 | *Glyma*20*g*11950 | Cellular amino acid metabolic process |
| *q－DTF*－20－4 | Gm20_ BLOCK_ 19134133_ 19251740（8） | 34.37（NEC） | 0.24 | | *Glyma*20*g*13540 | Transport（Ⅱ） |
| *q－DTF*－20－5 | Gm20_ BLOCK_ 22659532_ 22859202（7） | 112.84（1） | 3.94 | 20－3 | *Glyma*20*g*16540 | mRNA modification（Ⅲ） |
| *q－DTF*－20－6 | Gm20_ 25906483（2） | 2.15（3） | 0.02 | 20－3 | *Glyma*20*g*16630 | Regulation of transcription（Ⅲ） |
| *q－DTF*－20－7 | Gm20_ BLOCK_ 35060676_ 35141802（6） | 63.42（2） | 0.71 | 21－2 | *Glyma*20*g*25291 | Protein phosphorylation（Ⅲ） |
| *q－DTF*－20－8 | Gm20_ BLOCK_ 38499943_ 38499970（3） | 3.18（1） | 0.10 | | *Glyma*20*g*29930 | Biological process（Ⅳ） |
| *q－DTF*－20－9 | Gm20_ BLOCK_ 41607020_ 41607046（2） | 2.64（NEC） | 0.01 | | *Glyma*20*g*33110 | Mitosis（Ⅲ） |
| *q－DTF*－20－10 | Gm20_ BLOCK_ 43288485_ 43487632（5） | 93.02（3） | 1.29 | | *Glyma*20*g*35420 | Plastoquinone biosynthetic process（Ⅰ） |
| *q－DTF*－20－11 | Gm20_ 44518382（2） | 26.47（3） | 0.33 | | *Glyma*20*g*36390 | Transport（Ⅱ） |

| 亚区 | 生育前期 QTL 贡献率组中值 | | | | | | | | | 位点数目 | 贡献率/% | 位点平均贡献率/% | 变幅/% |
|---|---|---|---|---|---|---|---|---|---|---|---|---|---|
| | 0.25 | 0.75 | 1.25 | 1.75 | 2.25 | 2.75 | 3.25 | 3.75 | >4.00 | | | | |
| Sub－1 | 35 | 11 | 9 | 3 | 3 | 2 | 0 | 2 | 6 | 71 | 83.79 | 1.18 | 0.03～9.66 |
| Sub－2 | 42 | 13 | 5 | 5 | 2 | 2 | 2 | 1 | 4 | 76 | 81.87 | 1.08 | 0.01～14.00 |
| Sub－3 | 40 | 15 | 4 | 3 | 5 | 0 | 1 | 1 | 2 | 71 | 61.29 | 0.86 | 0.01～10.91 |
| Sub－4 | 0 | 0 | 0 | 1 | 1 | 1 | 2 | 3 | 3 | 11 | 62.84 | 5.71 | 1.90～23.17 |
| NEC | 49 | 10 | 6 | 3 | 4 | 3 | 1 | 1 | 4 | 81 | 77.85 | 0.96 | 0.01～7.74 |

注：QTL 的命名由 4 部分组成，依次为 QTL 标志－性状－染色体－在染色体的相对位置。如 *q－DTF*－1－1，其中“*q*－”表示该位点为 QTL，“－*DTF*”表示该 QTL 控制生育前期，“－1”表示 1 号染色体而其后的“－1”表示该位点的物理位置，即在该条染色体的 QTL 中排在第一位。在候选基因功能分类中，Ⅰ表示与花发育相关，Ⅱ表示与信号的转导和运输相关，Ⅲ表示与初级代谢相关，Ⅳ表示其他生物途径。

表 3-5　东北各生态亚区生育后期 QTL 定位结果

| QTL | SNPLDB（等位变异数目） | $-\log_{10}P$（生态亚区） | $R^2$/% | 已报道 QTL | 候选基因 | 基因功能（类别） |
|---|---|---|---|---|---|---|
| *q-FTM-1-1* | Gm01_ BLOCK_ 1866404_ 2047701（6） | 203.59（2） | 3.91 | | *Glyma01g02525* | Ovule development（Ⅰ） |
| *q-FTM-1-2* | Gm01_ 2102823（2） | 2.07（2） | 0.03 | | | |
| *q-FTM-1-3* | Gm01_ BLOCK_ 3300328_ 3300739（2） | 1.53（1） | 0.06 | | *Glyma01g04270* | Embryo development ending in seed dormancy（Ⅰ） |
| *q-FTM-1-4* | Gm01_ 3969491（2） | 2.40（4） | 0.06 | | | |
| *q-FTM-1-5* | Gm01_ 17346995（2） | 36.44（2） | 0.64 | | | |
| *q-FTM-1-6* | Gm01_ 27901905（2） | 28.10（4） | 0.90 | | | |
| *q-FTM-1-7* | Gm01_ 50195269（2） | 1.49（3） | 0.03 | | *Glyma01g37810* | Response to cadmium ion（Ⅳ） |
| *q-FTM-2-1* | Gm02_ BLOCK_ 30071_ 172513（5） | 23.31（4） | 0.83 | | *Glyma02g00700* | Photomorphogenesis（Ⅰ） |
| *q-FTM-2-2* | Gm02_ BLOCK_ 2728417_ 2789954（4） | 25.48（4） | 0.88 | | *Glyma02g04381* | Drug transmembrane transport（Ⅰ） |
| *q-FTM-2-3* | Gm02_ BLOCK_ 3741584_ 3780112（5） | 40.51（4） | 1.43 | | | |
| *q-FTM-2-4* | Gm02_ BLOCK_ 4384382_ 4516373（5） | 27.67（1） | 1.75 | | | |
| *q-FTM-2-5* | Gm02_ BLOCK_ 6909468_ 6909489（2） | 2.60（1） | 0.11 | *GmFT2c/ GmFTL7* | *Glyma02g07650* | Photoperiodism（Ⅰ） |
| *q-FTM-2-6* | Gm02_ BLOCK_ 7257616_ 7282876（4） | 40.99（2） | 0.76 | | | |
| *q-FTM-2-7* | Gm02_ 7332638（2） | 35.82（3） | 1.19 | | | |
| *q-FTM-2-8* | Gm02_ 10355389（2） | 22.61（3） | 0.74 | | *Glyma02g12120* | Embryo development ending in seed dormancy（Ⅰ） |
| *q-FTM-2-9* | Gm02_ 12783497（2） | 2.95（3） | 0.08 | | | |
| *q-FTM-2-10* | Gm02_ 13839291（2） | 9.52（2） | 0.15 | | *Glyma02g15550* | Salicylic acid biosynthetic process（Ⅱ） |
| *q-FTM-2-10* | Gm02_ 13839291（2） | 4.85（4） | 0.13 | | *Glyma02g15550* | Salicylic acid biosynthetic process（Ⅱ） |
| *q-FTM-2-11* | Gm02_ BLOCK_ 13952609_ 14076595（8） | 100.69（2） | 1.95 | | | |
| *q-FTM-2-12* | Gm02_ 24444011（2） | 1.62（4） | 0.04 | 7-1 | | |
| *q-FTM-2-13* | Gm02_ BLOCK_ 36735281_ 36934976（8） | 18.02（1） | 1.28 | 7-1 | *Glyma02g33320* | Response to jasmonic acid stimulus（Ⅱ） |
| *q-FTM-2-14* | Gm02_ 43772175（2） | 9.45（4） | 0.28 | | *Glyma02g38673* | |
| *q-FTM-2-15* | Gm02_ BLOCK_ 43807114_ 43946942（4） | 59.70（2） | 1.10 | | | |
| *q-FTM-2-16* | Gm02_ BLOCK_ 48214844_ 48369857（6） | 14.36（3） | 0.57 | | *Glyma02g43540* | Photomorphogenesis（Ⅰ） |

续表 3 - 5

| QTL | SNPLDB（等位变异数目） | $-\log_{10}P$（生态亚区） | $R^2$/% | 已报道 QTL | 候选基因 | 基因功能（类别） |
|---|---|---|---|---|---|---|
| *q - FTM* - 2 - 17 | Gm02_ BLOCK_ 48692815_ 48780874（4） | 7. 13（3） | 0. 27 | | | |
| *q - FTM* - 3 - 1 | Gm03_ BLOCK_ 2356515_ 2469885（7） | 15. 66（2） | 0. 33 | | *Glyma*03*g*02940 | Biological process（Ⅳ） |
| *q - FTM* - 3 - 2 | Gm03_ BLOCK_ 4708613_ 4813745（7） | 19. 09（4） | 0. 73 | | *Glyma*03*g*04620 | Histone methylation（Ⅲ） |
| *q - FTM* - 3 - 3 | Gm03_ BLOCK_ 5083996_ 5181313（6） | 21. 03（1） | 1. 38 | | | |
| *q - FTM* - 3 - 4 | Gm03_ BLOCK_ 12125628_ 12324125（9） | 13. 96（4） | 0. 59 | | | |
| *q - FTM* - 3 - 5 | Gm03_ BLOCK_ 16963699_ 17159588（9） | 92. 35（2） | 1. 81 | | *Glyma*03*g*13886 | Recognition of pollen（Ⅰ） |
| *q - FTM* - 3 - 6 | Gm03_ BLOCK_ 25971825_ 25971887（2） | 8. 20（4） | 0. 24 | | | |
| *q - FTM* - 3 - 7 | Gm03_ BLOCK_ 27345535_ 27533548（7） | 5. 06（1） | 0. 42 | | *Glyma*03*g*21650 | Metal ion transport（Ⅰ） |
| *q - FTM* - 3 - 8 | Gm03_ BLOCK_ 29845113_ 29867713（3） | 4. 60（1） | 0. 27 | | *Glyma*03*g*23283 | |
| *q - FTM* - 3 - 9 | Gm03_ 42480229（2） | 7. 00（2） | 0. 11 | *GmTFL*1*a* | *Glyma*03*g*35250 | Regulation of flower development（Ⅰ） |
| *q - FTM* - 4 - 1 | Gm04_ BLOCK_ 3019232_ 3068189（3） | 28. 60（3） | 0. 98 | | *Glyma*04*g*04521 | Recognition of pollen（Ⅰ） |
| *q - FTM* - 4 - 2 | Gm04_ BLOCK_ 3091152_ 3289076（6） | 77. 48（4） | 2. 81 | | | |
| *q - FTM* - 4 - 3 | Gm04_ BLOCK_ 7027684_ 7028281（2） | 1. 19（4） | 0. 02 | | *Glyma*04*g*09325 | Biological process（Ⅳ） |
| *q - FTM* - 4 - 4 | Gm04_ 7981771（2） | 1. 49（4） | 0. 03 | | | |
| *q - FTM* - 4 - 5 | Gm04_ 13660333（2） | 56. 33（1） | 3. 35 | | | |
| *q - FTM* - 4 - 6 | Gm04_ BLOCK_ 15539474_ 15739342（10） | 18. 98（4） | 0. 80 | | *Glyma*04*g*14970 | Response to karrikin（Ⅱ） |
| *q - FTM* - 4 - 7 | Gm04_ 18943437（2） | 11. 24（4） | 0. 34 | | *Glyma*04*g*18971 | RNA modification（Ⅲ） |
| *q - FTM* - 4 - 8 | Gm04_ 18943471（2） | 47. 32（4） | 1. 56 | | | |
| *q - FTM* - 4 - 9 | Gm04_ 19645017（2） | 2. 03（2） | 0. 03 | | | |
| *q - FTM* - 4 - 10 | Gm04_ BLOCK_ 20637194_ 20637274（2） | 2. 73（1） | 0. 12 | | | |
| *q - FTM* - 4 - 11 | Gm04_ 21231301（2） | 2. 60（4） | 0. 06 | 3 - 4 | | |
| *q - FTM* - 4 - 12 | Gm04_ BLOCK_ 39768483_ 39962456（5） | 10. 27（4） | 0. 38 | *GmCDF*1 | *Glyma*04*g*33410 | Regulation of transcription（Ⅳ） |
| *q - FTM* - 4 - 13 | Gm04_ BLOCK_ 43075112_ 43103960（4） | 57. 07（2） | 1. 06 | 5 - 1 | *Glyma*04*g*36725 | Pollen development（Ⅰ） |

续表 3-5

| QTL | SNPLDB（等位变异数目） | $-\log_{10}P$（生态亚区） | $R^2$/% | 已报道 QTL | 候选基因 | 基因功能（类别） |
|---|---|---|---|---|---|---|
| *q-FTM*-5-1 | Gm05_ BLOCK_ 1256532_ 1406750（8） | 17.10（4） | 0.69 | | *Glyma*05*g*01670 | |
| *q-FTM*-5-2 | Gm05_ BLOCK_ 3265176_ 3371665（3） | 2.47（4） | 0.08 | | *Glyma*05*g*03710 | Signal transduction（Ⅱ） |
| *q-FTM*-5-3 | Gm05_ BLOCK_ 5783155_ 5925435（4） | 1.58（4） | 0.05 | | | |
| *q-FTM*-5-4 | Gm05_ 5992723（2） | 8.31（3） | 0.25 | | | |
| *q-FTM*-5-5 | Gm05_ 6776507（2） | 3.93（4） | 0.10 | *GmFULc*/ *GmFUL2a* | *Glyma*05*g*07380 | Ovule development（Ⅰ） |
| *q-FTM*-5-6 | Gm05_ BLOCK_ 9881350_ 9881371（4） | 15.87（2） | 0.30 | | | |
| *q-FTM*-5-7 | Gm05_ 13287399（2） | 41.29（4） | 1.35 | | | |
| *q-FTM*-5-8 | Gm05_ 13400640（2） | 17.80（4） | 0.55 | | | |
| *q-FTM*-5-9 | Gm05_ 13549282（2） | 24.34（4） | 0.77 | | | |
| *q-FTM*-5-10 | Gm05_ 14768751（2） | 3.38（4） | 0.09 | | | |
| *q-FTM*-5-11 | Gm05_ 17825016（2） | 7.98（4） | 0.23 | | | |
| *q-FTM*-5-12 | Gm05_ 18016008（2） | 32.88（3） | 1.09 | | | |
| *q-FTM*-5-13 | Gm05_ BLOCK_ 18932932_ 19132793（5） | 173.45（4） | 6.69 | | | |
| *q-FTM*-5-14 | Gm05_ BLOCK_ 19593931_ 19593981（2） | 6.79（2） | 0.11 | | | |
| *q-FTM*-5-15 | Gm05_ 24307839（2） | 1.96（3） | 0.05 | | *Glyma*05*g*21164 | Glycolysis（Ⅲ） |
| *q-FTM*-5-16 | Gm05_ BLOCK_ 25095143_ 25295131（5） | 5.13（4） | 0.21 | | | |
| *q-FTM*-5-17 | Gm05_ BLOCK_ 32935960_ 33055498（4） | 91.64（1） | 5.90 | | *Glyma*05*g*27145 | |
| *q-FTM*-5-18 | Gm05_ BLOCK_ 37027716_ 37116424（5） | 44.90（3） | 1.63 | | *Glyma*05*g*32020 | Ubiquitin-dependent protein catabolic process（Ⅲ） |
| *q-FTM*-5-19 | Gm05_ 37548944（2） | 79.89（4） | 2.73 | | | |
| *q-FTM*-6-1 | Gm06_ BLOCK_ 2964331_ 3158269（6） | 40.20（4） | 1.45 | | *Glyma*06*g*04950 | Biological process（Ⅳ） |
| *q-FTM*-6-2 | Gm06_ BLOCK_ 3597735_ 3673282（3） | 2.14（1） | 0.12 | 4-1 | | |
| *q-FTM*-6-3 | Gm06_ 4377045（2） | 1.98（3） | 0.05 | | | |
| *q-FTM*-6-4 | Gm06_ BLOCK_ 5034428_ 5211817（6） | 24.16（1） | 1.58 | | | |
| *q-FTM*-6-5 | Gm06_ BLOCK_ 8623131_ 8804169（4） | 67.08（4） | 2.35 | | *Glyma*06*g*12020 | Photosynthesis（Ⅳ） |
| *q-FTM*-6-6 | Gm06_ 14689418（2） | 22.20（2） | 0.38 | | *Glyma*06*g*18340 | Biological process（Ⅳ） |

续表 3-5

| QTL | SNPLDB（等位变异数目） | $-\log_{10}P$（生态亚区） | $R^2$/% | 已报道 QTL | 候选基因 | 基因功能（类别） |
|---|---|---|---|---|---|---|
| *q-FTM-6-7* | Gm06_ BLOCK_ 16634607_ 16673302（3） | 10.23（2） | 0.18 | Reproductive period 1-1 | *Glyma06g20000* | Regulation of transcription（Ⅳ） |
| *q-FTM-6-8* | Gm06_ 18031103（2） | 3.69（3） | 0.10 | | *Glyma06g21821* | Embryo development ending in seed dormancy（Ⅰ） |
| *q-FTM-6-9* | Gm06_ 19281491（2） | 21.60（1） | 1.20 | *GmFULa/GmFUL1b*, *E1* | *Glyma06g22650* | Ovule development（Ⅰ） |
| *q-FTM-6-10* | Gm06_ BLOCK_ 26047011_ 26164437（5） | 15.21（2） | 0.30 | | | |
| *q-FTM-6-11* | Gm06_ 27928029（2） | 2.69（3） | 0.07 | | | |
| *q-FTM-6-12* | Gm06_ BLOCK_ 29293360_ 29363857（5） | 9.36（1） | 0.63 | | *Glyma06g30185* | Protein targeting to membrane（Ⅲ） |
| *q-FTM-6-13* | Gm06_ BLOCK_ 31267016_ 31465815（7） | 106.94（2） | 2.05 | | *Glyma06g31550* | Intracellular signal transduction（Ⅱ） |
| *q-FTM-6-14* | Gm06_ BLOCK_ 31767165_ 31893661（6） | 157.99（4） | 6.06 | | | |
| *q-FTM-6-15* | Gm06_ 33661954（2） | 1.55（4） | 0.03 | | | |
| *q-FTM-6-16* | Gm06_ 38320900（2） | 2.37（3） | 0.06 | | *Glyma06g36351* | Embryo development（Ⅰ） |
| *q-FTM-6-17* | Gm06_ BLOCK_ 42292137_ 42485696（3） | 4.76（3） | 0.16 | | *Glyma06g39930* | Recognition of pollen（Ⅰ） |
| *q-FTM-6-18* | Gm06_ BLOCK_ 49230745_ 49407265（4） | 68.30（3） | 2.44 | | *Glyma06g46210* | Auxin mediated signaling pathway（Ⅱ） |
| *q-FTM-7-1* | Gm07_ BLOCK_ 8306781_ 8307356（3） | 35.10（4） | 1.17 | | *Glyma07g09850* | |
| *q-FTM-7-2* | Gm07_ BLOCK_ 8382283_ 8481116（6） | 16.72（2） | 0.34 | | | |
| *q-FTM-7-3* | Gm07_ BLOCK_ 25194369_ 25298259（9） | 22.05（1） | 1.57 | | *Glyma07g23672* | |
| *q-FTM-7-3* | Gm07_ BLOCK_ 25194369_ 25298259（9） | 26.04（4） | 1.03 | | *Glyma07g23672* | |
| *q-FTM-7-4* | Gm07_ BLOCK_ 37749703_ 37945433（6） | 150.19（2） | 2.86 | *GmSPL3d* | *Glyma07g31880* | Ovule development（Ⅰ） |
| *q-FTM-8-1* | Gm08_ 7032742（2） | 9.76（1） | 0.51 | | *Glyma08g10480* | Protein import into peroxisome matrix（Ⅲ） |
| *q-FTM-8-2* | Gm08_ BLOCK_ 7472047_ 7657692（4） | 42.01（1） | 2.59 | | | |
| *q-FTM-8-3* | Gm08_ 23275183（2） | 74.06（4） | 2.51 | *GmCOL1a/GmCOL1*, *GmFUL3a* | *Glyma08g28370* | Regulation of flower development（Ⅰ） |
| *q-FTM-8-4* | Gm08_ BLOCK_ 26528315_ 26728307（3） | 16.26（3） | 0.56 | | *Glyma08g32390* | |

续表 3－5

| QTL | SNPLDB（等位变异数目） | $-\log_{10}P$（生态亚区） | $R^2$/% | 已报道 QTL | 候选基因 | 基因功能（类别） |
|---|---|---|---|---|---|---|
| *q－FTM－8－5* | Gm08_ 27347307（2） | 7.99（4） | 0.23 | | | |
| *q－FTM－8－6* | Gm08_ BLOCK_ 28094612_ 28121642（3） | 46.93（1） | 2.83 | | | |
| *q－FTM－8－7* | Gm08_ 34688274（2） | 4.13（2） | 0.06 | *GmAP1c* | *Glyma08g36380* | Ovule development（Ⅰ） |
| *q－FTM－8－8* | Gm08_ BLOCK_ 34717099_ 34867786（5） | 157.84（2） | 2.99 | *GmAP1c* | | |
| *q－FTM－8－9* | Gm08_ BLOCK_ 42130886_ 42315406（2） | 4.32（3） | 0.12 | | *Glyma08g42230* | Protein import into peroxisome matrix（Ⅲ） |
| *q－FTM－8－10* | Gm08_ 44240141（2） | 88.63（4） | 3.06 | | *Glyma08g45100* | Biological process（Ⅳ） |
| *q－FTM－8－11* | Gm08_ BLOCK_ 44994252_ 45051414（3） | 19.33（4） | 0.64 | | | |
| *q－FTM－9－1* | Gm09_ BLOCK_ 4193129_ 4372559（7） | 41.78（4） | 1.54 | | *Glyma09g05110* | Thiamine pyrophosphate transport（Ⅱ） |
| *q－FTM－9－2* | Gm09_ 6122769（2） | 2.58（3） | 0.07 | *GMG*Ⅰ*c*/ *GMG*Ⅰ2 | *Glyma09g07240* | Flower development（Ⅰ） |
| *q－FTM－9－3* | Gm09_ BLOCK_ 13905886_ 13937909（5） | 269.62（2） | 5.23 | | *Glyma09g13220* | Nucleotide phosphorylation（Ⅲ） |
| *q－FTM－9－4* | Gm09_ BLOCK_ 14853753_ 14880575（7） | 129.72（3） | 4.88 | | | |
| *q－FTM－9－5* | Gm09_ BLOCK_ 19382860_ 19582513（6） | 15.93（4） | 0.60 | | *Glyma09g15946* | |
| *q－FTM－9－6* | Gm09_ 21746908（2） | 10.40（1） | 0.55 | | *Glyma09g17743* | Abscisic acid biosynthetic process（Ⅱ） |
| *q－FTM－9－7* | Gm09_ 22119591（2） | 72.67（2） | 1.30 | | | |
| *q－FTM－9－8* | Gm09_ BLOCK_ 23418314_ 23539766（7） | 79.80（1） | 5.28 | | *Glyma09g18490* | |
| *q－FTM－9－8* | Gm09_ BLOCK_ 23418314_ 23539766（7） | 34.89（2） | 0.69 | | *Glyma09g18490* | |
| *q－FTM－9－9* | Gm09_ BLOCK_ 25190799_ 25314768（5） | 1.67（1） | 0.10 | | *Glyma09g20483* | DNA repair（Ⅲ） |
| *q－FTM－9－10* | Gm09_ BLOCK_ 31908575_ 32106113（6） | 35.79（2） | 0.70 | | *Glyma09g25470* | Seed coat development（Ⅰ） |
| *q－FTM－9－11* | Gm09_ BLOCK_ 33473119_ 33638679（6） | 66.17（3） | 2.43 | | *Glyma09g26751* | Jasmonic acid mediated signaling pathway（Ⅱ） |
| *q－FTM－9－12* | Gm09_ BLOCK_ 33754218_ 33754549（3） | 2.62（4） | 0.09 | | | |
| *q－FTM－9－13* | Gm09_ 35349061（2） | 6.65（2） | 0.10 | | *Glyma09g28360* | Mitochondrial mRNA modification（Ⅲ） |
| *q－FTM－9－14* | Gm09_ BLOCK_ 38879333_ 38897455（3） | 5.20（3） | 0.18 | | *Glyma09g31920* | Cellulose biosynthetic process（Ⅳ） |
| *q－FTM－9－15* | Gm09_ BLOCK_ 41708655_ 41904831（5） | 113.08（3） | 4.15 | | *Glyma09g36500* | Transcription from RNA polymerase Ⅲ promoter（Ⅳ） |

续表 3－5

| QTL | SNPLDB（等位变异数目） | $-\log_{10}P$（生态亚区） | $R^2$/% | 已报道 QTL | 候选基因 | 基因功能（类别） |
|---|---|---|---|---|---|---|
| *q－FTM－9－16* | Gm09_ BLOCK_ 44959937_ 45145063（5） | 84. 87（1） | 5. 50 | | | |
| *q－FTM－9－17* | Gm09_ BLOCK_ 45247793_ 45259227（3） | 35. 41（4） | 1. 18 | *GmSOC1-like/Gm-SOC1b* | *Glyma*09*g*40230 | Ovule development（Ⅰ） |
| *q－FTM－10－1* | Gm10_ BLOCK_ 5868609_ 5903690（3） | 3. 95（1） | 0. 23 | 5－5 | *Glyma*10*g*06820 | Response to abscisic acid stimulus（Ⅱ） |
| *q－FTM－10－2* | Gm10_ BLOCK_ 7925563_ 8125320（7） | 8. 39（3） | 0. 37 | 5－5 | *Glyma*10*g*08660 | Biological process（Ⅳ） |
| *q－FTM－10－3* | Gm10_ BLOCK_ 16743694_ 16869542（4） | 45. 22（1） | 2. 79 | | *Glyma*10*g*14916 | Regulation of flower development（Ⅰ） |
| *q－FTM－10－4* | Gm10_ BLOCK_ 20870249_ 21069230（6） | 60. 88（4） | 2. 20 | | *Glyma*10*g*17370 | Photorespiration（Ⅳ） |
| *q－FTM－10－5* | Gm10_ BLOCK_ 23174552_ 23349686（7） | 14. 79（1） | 1. 04 | | *Glyma*10*g*19040 | Biological process（Ⅳ） |
| *q－FTM－10－6* | Gm10_ BLOCK_ 26721380_ 26920864（5） | 144. 24（1） | 9. 90 | | | |
| *q－FTM－10－7* | Gm10_ 33247512（2） | 2. 39（2） | 0. 03 | | *Glyma*10*g*25370 | |
| *q－FTM－10－8* | Gm10_ BLOCK_ 34839206_ 35039101（4） | 2. 64（3） | 0. 11 | | *Glyma*10*g*26450 | Pollen development（Ⅰ） |
| *q－FTM－10－9* | Gm10_ 36449175（2） | 2. 75（4） | 0. 07 | *GmPHYA*1 | *Glyma*10*g*28170 | Response to far red light（Ⅰ） |
| *q－FTM－10－10* | Gm10_ BLOCK_ 37044776_ 37162628（4） | 8. 22（2） | 0. 16 | *GmPHYA*1 | | |
| *q－FTM－10－11* | Gm10_ BLOCK_ 38945293_ 38945374（3） | 2. 22（1） | 0. 13 | | *Glyma*10*g*30100 | Cellular membrane fusion（Ⅳ） |
| *q－FTM－10－12* | Gm10_ 44812066（2） | 12. 20（2） | 0. 20 | *E2/GMG* Ⅰ *a/GMG* Ⅰ 3 | *Glyma*10*g*36600 | Long-day photoperiodism（Ⅰ） |
| *q－FTM－10－13* | Gm10_ BLOCK_ 48632915_ 48794772（3） | 46. 17（1） | 2. 79 | | *Glyma*10*g*41270 | |
| *q－FTM－11－1* | Gm11_ BLOCK_ 3266950_ 3452328（6） | 191. 89（2） | 3. 68 | | *Glyma*11*g*04950 | Metabolic process（Ⅲ） |
| *q－FTM－11－2* | Gm11_ 5657747（2） | 39. 32（4） | 1. 28 | | *Glyma*11*g*08010 | N-terminal protein myristoylation（Ⅳ） |
| *q－FTM－11－3* | Gm11_ 17029654（2） | 3. 13（3） | 0. 08 | 8－1 | *Glyma*11*g*20325 | Chromatin silencing（Ⅲ） |
| *q－FTM－11－4* | Gm11_ BLOCK_ 29725520_ 29921737（7） | 18. 83（3） | 0. 75 | | *Glyma*11*g*29320 | Protein glycosylation（Ⅲ） |
| *q－FTM－11－5* | Gm11_ BLOCK_ 30392284_ 30588246（5） | 121. 03（2） | 2. 28 | | | |
| *q－FTM－12－1* | Gm12_ BLOCK_ 957814_ 1018785（5） | 136. 81（4） | 5. 12 | | *Glyma*12*g*01430 | Ubiquitin-dependent protein catabolic process（Ⅲ） |

续表 3－5

| QTL | SNPLDB（等位变异数目） | $-\log_{10}P$（生态亚区） | $R^2$/% | 已报道QTL | 候选基因 | 基因功能（类别） |
| --- | --- | --- | --- | --- | --- | --- |
| *q－FTM*－12－2 | Gm12_ BLOCK_ 12555952_ 12754939（6） | 6. 06（4） | 0. 26 | | *Glyma*12*g*13951 | Biological process（Ⅳ） |
| *q－FTM*－12－3 | Gm12_ BLOCK_ 21706367_ 21871500（5） | 24. 44（4） | 0. 87 | | *Glyma*12*g*20685 | Seed germination（Ⅰ） |
| *q－FTM*－12－4 | Gm12_ 28568273（2） | 4. 01（4） | 0. 11 | | | |
| *q－FTM*－12－5 | Gm12_ 30665591（2） | 42. 21（2） | 0. 74 | | | |
| *q－FTM*－12－6 | Gm12_ BLOCK_ 35040289_ 35240158（4） | 17. 93（4） | 0. 62 | | *Glyma*12*g*31130 | Biological process（Ⅳ） |
| *q－FTM*－13－1 | Gm13_ BLOCK_ 2924816_ 2935021（3） | 5. 79（3） | 0. 20 | | *Glyma*13*g*03370 | Biological process（Ⅳ） |
| *q－FTM*－13－2 | Gm13_ 4913450（2） | 3. 67（2） | 0. 05 | | *Glyma*13*g*04610 | Protein ubiquitination（Ⅲ） |
| *q－FTM*－13－3 | Gm13_ 6195001（2） | 1. 62（2） | 0. 02 | | *Glyma*13*g*05430 | Floral organ formation（Ⅰ） |
| *q－FTM*－13－4 | Gm13_ BLOCK_ 7662030_ 7802556（6） | 16. 38（1） | 1. 10 | *GmCOL2a*/ *GmCOL5* | *Glyma*13*g*07030 | Regulation of flower development（Ⅰ） |
| *q－FTM*－13－5 | Gm13_ BLOCK_ 10943874_ 10975552（5） | 11. 78（4） | 0. 44 | | *Glyma*13*g*09380 | Biological process（Ⅳ） |
| *q－FTM*－13－6 | Gm13_ BLOCK_ 13751874_ 13924208（4） | 5. 05（4） | 0. 18 | | *Glyma*13*g*11200 | Ovule development（Ⅰ） |
| *q－FTM*－13－7 | Gm13_ BLOCK_ 32953388_ 33091154（4） | 52. 07（2） | 0. 96 | *GmSPL3a* | *Glyma*13*g*31090 | Ovule development（Ⅰ） |
| *q－FTM*－13－8 | Gm13_ BLOCK_ 36810237_ 36897211（3） | 36. 17（1） | 2. 16 | | *Glyma*13*g*35230 | Oxidation-reduction process（Ⅱ） |
| *q－FTM*－14－1 | Gm14_ BLOCK_ 876262_ 907722（5） | 8. 95（3） | 0. 35 | | *Glyma*14*g*02300 | Signal transduction（Ⅱ） |
| *q－FTM*－14－2 | Gm14_ 1780281（2） | 12. 49（3） | 0. 39 | | | |
| *q－FTM*－14－3 | Gm14_ BLOCK_ 3557369_ 3731119（8） | 40. 40（1） | 2. 70 | | *Glyma*14*g*05270 | Response to auxin stimulus（Ⅱ） |
| *q－FTM*－14－4 | Gm14_ 3797239（2） | 1. 89（4） | 0. 04 | | | |
| *q－FTM*－14－5 | Gm14_ BLOCK_ 6387928_ 6583078（10） | 170. 39（2） | 3. 34 | | *Glyma*14*g*08050 | Regulation of defense response（Ⅳ） |
| *q－FTM*－14－5 | Gm14_ BLOCK_ 6387928_ 6583078（10） | 46. 25（3） | 1. 82 | | *Glyma*14*g*08050 | Regulation of defense response（Ⅳ） |
| *q－FTM*－14－6 | Gm14_ 26147165（2） | 32. 87（1） | 1. 88 | | | |
| *q－FTM*－14－7 | Gm14_ 26167080（2） | 2. 93（4） | 0. 07 | | | |
| *q－FTM*－14－8 | Gm14_ 27392316（2） | 1. 58（2） | 0. 02 | | *Glyma*14*g*22991 | Carbohydrate metabolic process（Ⅲ） |
| *q－FTM*－14－9 | Gm14_ BLOCK_ 28714601_ 28816334（4） | 36. 22（3） | 1. 29 | | *Glyma*14*g*24040 | Biological process（Ⅳ） |
| *q－FTM*－14－10 | Gm14_ BLOCK_ 35605335_ 35605345（3） | 11. 95（4） | 0. 39 | | *Glyma*14*g*29145 | RNA methylation（Ⅲ） |
| *q－FTM*－14－11 | Gm14_ 35625289（2） | 2. 17（3） | 0. 05 | | | |

续表 3 – 5

| QTL | SNPLDB（等位变异数目） | $-\log_{10}P$（生态亚区） | $R^2$/% | 已报道 QTL | 候选基因 | 基因功能（类别） |
|---|---|---|---|---|---|---|
| *q – FTM* – 14 – 12 | Gm14_ BLOCK_ 40001486_ 40199543（3） | 2. 15（3） | 0. 07 | Reproductive period 1 – 6 | | |
| *q – FTM* – 14 – 13 | Gm14_ BLOCK_ 42725305_ 42925079（4） | 171. 99（3） | 6. 43 | Reproductive period 1 – 6 | *Glyma*14*g*34340 | |
| *q – FTM* – 14 – 14 | Gm14_ BLOCK_ 49106903_ 49166925（4） | 135. 89（3） | 4. 99 | | *Glyma*14*g*40190 | Lipid metabolic process（Ⅱ） |
| *q – FTM* – 14 – 14 | Gm14_ BLOCK_ 49106903_ 49166925（4） | 74. 73（4） | 2. 63 | | *Glyma*14*g*40190 | Lipid metabolic process（Ⅱ） |
| *q – FTM* – 15 – 1 | Gm15_ BLOCK_ 956062_ 1025225（4） | 15. 63（3） | 0. 56 | | *Glyma*15*g*03360 | Response to absence of light（Ⅰ） |
| *q – FTM* – 15 – 1 | Gm15_ BLOCK_ 956062_ 1025225（4） | 52. 50（4） | 1. 82 | | *Glyma*15*g*03360 | Response to absence of light（Ⅰ） |
| *q – FTM* – 15 – 2 | Gm15_ BLOCK_ 1959339_ 2155712（5） | 15. 47（3） | 0. 58 | | | |
| *q – FTM* – 15 – 3 | Gm15_ BLOCK_ 2463960_ 2663523（4） | 12. 94（1） | 0. 80 | | | |
| *q – FTM* – 15 – 4 | Gm15_ BLOCK_ 5751472_ 5889617（3） | 19. 75（3） | 0. 68 | *GmSPL3b* | *Glyma*15*g*08270 | Ovule development（Ⅰ） |
| *q – FTM* – 15 – 5 | Gm15_ 8780968（2） | 3. 53（4） | 0. 09 | | *Glyma*15*g*12260 | Response to salt stress（Ⅳ） |
| *q – FTM* – 15 – 6 | Gm15_ BLOCK_ 13387370_ 13569974（5） | 18. 99（4） | 0. 68 | | *Glyma*15*g*17330 | |
| *q – FTM* – 15 – 7 | Gm15_ BLOCK_ 15826448_ 15955459（7） | 145. 45（4） | 5. 57 | | *Glyma*15*g*18760 | Response to salt stress（Ⅳ） |
| *q – FTM* – 15 – 8 | Gm15_ BLOCK_ 19356261_ 19372024（2） | 1. 39（4） | 0. 03 | | *Glyma*15*g*21391 | |
| *q – FTM* – 15 – 9 | Gm15_ BLOCK_ 25627717_ 25786016（5） | 4. 34（2） | 0. 10 | | *Glyma*15*g*24720 | Biological process（Ⅳ） |
| *q – FTM* – 16 – 1 | Gm16_ 3991259（2） | 58. 01（2） | 1. 03 | | | |
| *q – FTM* – 16 – 2 | Gm16_ BLOCK_ 4495777_ 4690552（3） | 6. 74（3） | 0. 23 | *GmFT5a*/*GmFTL4*, *GmFT3a*/*GmFTL1* | *Glyma*16*g*04830 | Photoperiodism（Ⅰ） |
| *q – FTM* – 16 – 3 | Gm16_ 7235879（2） | 2. 02（2） | 0. 03 | 9 – 1 | *Glyma*16*g*08120 | |
| *q – FTM* – 16 – 4 | Gm16_ BLOCK_ 11639975_ 11691582（5） | 15. 84（2） | 0. 31 | 9 – 1 | | |
| *q – FTM* – 16 – 5 | Gm16_ BLOCK_ 17562401_ 17737436（5） | 9. 16（4） | 0. 35 | 9 – 1 | *Glyma*16*g*16290 | Response to salt stress（Ⅳ） |
| *q – FTM* – 16 – 6 | Gm16_ BLOCK_ 21082222_ 21082378（3） | 3. 86（4） | 0. 13 | 9 – 1 | *Glyma*16*g*19364 | Glycolysis（Ⅲ） |

续表 3－5

| QTL | SNPLDB（等位变异数目） | $-\log_{10}P$（生态亚区） | $R^2$/% | 已报道 QTL | 候选基因 | 基因功能（类别） |
|---|---|---|---|---|---|---|
| *q－FTM*－16－7 | Gm16_ 29394116（2） | 1.81（4） | 0.04 | *E9/GmFT2a/GmFTL3*，*GmFT2b/GmFTL5* | *Glyma*16*g*26660 | Regulation of flower development（Ⅰ） |
| *q－FTM*－16－8 | Gm16_ 29438088（2） | 1.55（3） | 0.04 | *E9/GmFT2a/GmFTL3*，*GmFT2b/GmFTL5* | | |
| *q－FTM*－16－9 | Gm16_ 34726102（2） | 2.87（2） | 0.04 | | *Glyma*16*g*31320 | Resolution of meiotic recombination intermediates（Ⅲ） |
| *q－FTM*－16－10 | Gm16_ BLOCK_ 36289049_ 36379857（9） | 25.95（4） | 1.02 | | *Glyma*16*g*33451 | Metabolic process（Ⅲ） |
| *q－FTM*－17－1 | Gm17_ 4195494（2） | 1.58（2） | 0.02 | | *Glyma*17*g*05960 | Biological process（Ⅳ） |
| *q－FTM*－17－2 | Gm17_ 4308227（2） | 15.91（2） | 0.27 | | | |
| *q－FTM*－17－3 | Gm17_ BLOCK_ 13264404_ 13426938（5） | 9.07（3） | 0.36 | Reproductive period 1－7 | *Glyma*17*g*16675 | Anaphase（Ⅲ） |
| *q－FTM*－17－4 | Gm17_ 15701330（2） | 3.02（4） | 0.08 | *GmTOE2a* | *Glyma*17*g*18640 | Ovule development（Ⅰ） |
| *q－FTM*－17－5 | Gm17_ 16524459（2） | 44.16（4） | 1.45 | *GmTOE2a* | | |
| *q－FTM*－17－6 | Gm17_ BLOCK_ 20138363_ 20138364（2） | 163.10（2） | 3.01 | Reproductive period 1－7 | | |
| *q－FTM*－17－6 | Gm17_ BLOCK_ 20138363_ 20138364（2） | 54.44（4） | 1.81 | Reproductive period 1－7 | | |
| *q－FTM*－17－7 | Gm17_ 21969203（2） | 1.60（4） | 0.04 | Reproductive period 1－7 | *Glyma*17*g*23240 | Embryo sac egg cell differentiation（Ⅰ） |
| *q－FTM*－17－8 | Gm17_ BLOCK_ 22408055_ 22604887（6） | 68.22（3） | 2.51 | Reproductive period 1－7 | | |
| *q－FTM*－17－9 | Gm17_ BLOCK_ 25207349_ 25407190（5） | 5.39（1） | 0.38 | Reproductive period 1－7 | *Glyma*17*g*24602 | Cellular response to glucose stimulus（Ⅲ） |
| *q－FTM*－17－10 | Gm17_ BLOCK_ 32024574_ 32106694（6） | 19.22（3） | 0.74 | Reproductive period 1－7 | *Glyma*17*g*29414 | Embryo development ending in seed dormancy（Ⅰ） |
| *q－FTM*－17－11 | Gm17_ 33705741（2） | 2.37（1） | 0.10 | Reproductive period 1－7 | | |

续表 3-5

| QTL | SNPLDB（等位变异数目） | $-\log_{10}P$（生态亚区） | $R^2$/% | 已报道QTL | 候选基因 | 基因功能（类别） |
|---|---|---|---|---|---|---|
| *q-FTM*-17-12 | Gm17_ BLOCK_ 39638460_ 39801567（7） | 12.19（3） | 0.51 | | *Glyma*17*g*36230 | Photomorphogenesis（Ⅰ） |
| *q-FTM*-17-13 | Gm17_ BLOCK_ 39803022_ 39896964（7） | 35.84（4） | 1.32 | | | |
| *q-FTM*-17-14 | Gm17_ 40877512（2） | 35.46（2） | 0.62 | | | |
| *q-FTM*-17-15 | Gm17_ 41555234（2） | 11.08（1） | 0.59 | | | |
| *q-FTM*-17-16 | Gm17_ BLOCK_ 41674440_ 41784130（5） | 29.06（4） | 1.03 | | | |
| *q-FTM*-18-1 | Gm18_ BLOCK_ 1411420_ 1420663（3） | 67.31（1） | 4.16 | *GmELF*4 | *Glyma*18*g*03130 | |
| *q-FTM*-18-2 | Gm18_ BLOCK_ 3555272_ 3643132（4） | 8.27（2） | 0.16 | | *Glyma*18*g*05275 | Protein phosphorylation（Ⅲ） |
| *q-FTM*-18-3 | Gm18_ 5857934（2） | 77.63（2） | 1.39 | | *Glyma*18*g*07040 | Mismatch repair（Ⅲ） |
| *q-FTM*-18-4 | Gm18_ BLOCK_ 9596740_ 9674277（4） | 23.19（4） | 0.80 | | *Glyma*18*g*10460 | Histidine biosynthetic process（Ⅲ） |
| *q-FTM*-18-5 | Gm18_ 17254571（2） | 1.94（1） | 0.08 | | *Glyma*18*g*16761 | Proteolysis（Ⅲ） |
| *q-FTM*-18-6 | Gm18_ BLOCK_ 17267095_ 17353558（4） | 81.81（3） | 2.93 | | | |
| *q-FTM*-18-7 | Gm18_ 27234598（2） | 1.66（3） | 0.04 | Reproductive period 1-3 | | |
| *q-FTM*-18-8 | Gm18_ 27655405（2） | 11.13（4） | 0.33 | Reproductive period 1-3 | | |
| *q-FTM*-18-9 | Gm18_ 30328719（2） | 46.83（2） | 0.82 | Reproductive period 1-3 | | |
| *q-FTM*-18-10 | Gm18_ BLOCK_ 36869476_ 37069240（7） | 26.52（2） | 0.54 | Reproductive period 1-3 | | |
| *q-FTM*-18-11 | Gm18_ 44297144（2） | 22.37（2） | 0.38 | *GmSPL9b* | *Glyma*18*g*36960 | Anther development（Ⅰ） |
| *q-FTM*-18-12 | Gm18_ BLOCK_ 45302482_ 45493959（3） | 2.17（3） | 0.07 | Reproductive period 1-3 | *Glyma*18*g*38103 | |
| *q-FTM*-18-13 | Gm18_ BLOCK_ 46666550_ 46822612（6） | 16.30（3） | 0.64 | Reproductive period 1-3 | *Glyma*18*g*38935 | |
| *q-FTM*-18-14 | Gm18_ BLOCK_ 54878924_ 55059528（5） | 3.34（4） | 0.14 | *GmGAL*1/ *GmSOC*1/ *GmSOC*1*a* | *Glyma*18*g*45780 | Ovule development（Ⅰ） |
| *q-FTM*-18-15 | Gm18_ BLOCK_ 56626824_ 56812808（6） | 10.41（4） | 0.41 | | *Glyma*18*g*47630 | Pollen development（Ⅰ） |

续表 3－5

| QTL | SNPLDB（等位变异数目） | $-\log_{10}P$（生态亚区） | $R^2$/% | 已报道 QTL | 候选基因 | 基因功能（类别） |
|---|---|---|---|---|---|---|
| *q－FTM*－18－16 | Gm18_ BLOCK_ 58197364_ 58341700（5） | 307.65（2） | 7.20 | | *Glyma*18*g*48930 | Protein phosphorylation（Ⅲ） |
| *q－FTM*－18－17 | Gm18_ BLOCK_ 58405478_ 58521742（6） | 244.24（3） | 9.58 | | | |
| *q－FTM*－18－18 | Gm18_ 58856851（2） | 3.79（2） | 0.06 | | | |
| *q－FTM*－18－18 | Gm18_ 58856851（2） | 1.71（3） | 0.04 | | | |
| *q－FTM*－18－19 | Gm18_ BLOCK_ 61584788_ 61691504（5） | 117.79（2） | 2.22 | | *Glyma*18*g*52540 | Biological process（Ⅳ） |
| *q－FTM*－19－1 | Gm19_ BLOCK_ 603876_ 735436（6） | 25.55（2） | 0.51 | | *Glyma*19*g*00880 | Photosystem Ⅱ assembly（Ⅳ） |
| *q－FTM*－19－2 | Gm19_ BLOCK_ 1291623_ 1489812（8） | 45.42（3） | 1.74 | | | |
| *q－FTM*－19－3 | Gm19_ BLOCK_ 3882176_ 3978028（6） | 98.93（2） | 1.88 | | | |
| *q－FTM*－19－4 | Gm19_ 4637698（2） | 16.62（4） | 0.51 | *GmCOL*2*b*/ *GmCOL*13 | *Glyma*19*g*05170 | Regulation of flower development（Ⅰ） |
| *q－FTM*－19－5 | Gm19_ BLOCK_ 11424018_ 11620555（6） | 27.12（3） | 1.02 | | *Glyma*19*g*09890 | Cellular response to salt stress（Ⅳ） |
| *q－FTM*－19－6 | Gm19_ BLOCK_ 12013875_ 12212796（8） | 61.95（3） | 2.34 | | | |
| *q－FTM*－19－7 | Gm19_ BLOCK_ 13284652_ 13458112（7） | 283.49（2） | 5.57 | | *Glyma*19*g*11090 | |
| *q－FTM*－19－8 | Gm19_ BLOCK_ 22955042_ 23055997（8） | 114.92（3） | 4.34 | | | |
| *q－FTM*－19－9 | Gm19_ BLOCK_ 24475977_ 24675791（5） | 4.37（3） | 0.12 | | | |
| *q－FTM*－19－10 | Gm19_ BLOCK_ 30237141_ 30435103（5） | 62.50（3） | 2.26 | | *Glyma*19*g*24980 | Pollen development（Ⅰ） |
| *q－FTM*－19－11 | Gm19_ BLOCK_ 30997744_ 31189226（5） | 7.72（2） | 0.16 | | | |
| *q－FTM*－19－12 | Gm19_ BLOCK_ 32215759_ 32375097（6） | 30.60（4） | 1.11 | | *Glyma*19*g*25980 | Oxidation-reduction process（Ⅱ） |
| *q－FTM*－19－13 | Gm19_ BLOCK_ 38566550_ 38683832（6） | 42.79（3） | 1.58 | *GmFDL*19 | *Glyma*19*g*30230 | Abscisic acid mediated signaling pathway（Ⅱ） |
| *q－FTM*－19－14 | Gm19_ BLOCK_ 47815899_ 47877439（5） | 47.81（2） | 0.90 | *E*3/*Gm-PHYA*3 | *Glyma*19*g*41210 | Response to far red light（Ⅰ） |
| *q－FTM*－20－1 | Gm20_ BLOCK_ 4549612_ 4647713（4） | 34.20（3） | 1.21 | | *Glyma*20*g*04130 | Phosphate ion transport（Ⅱ） |
| *q－FTM*－20－2 | Gm20_ BLOCK_ 8015458_ 8214120（10） | 123.27（4） | 4.77 | | *Glyma*20*g*06615 | Ovule development（Ⅰ） |
| *q－FTM*－20－3 | Gm20_ BLOCK_ 8847820_ 9044895（3） | 3.02（4） | 0.08 | | | |

续表 3 - 5

| QTL | SNPLDB（等位变异数目） | $-\log_{10}P$（生态亚区） | $R^2$/% | 已报道 QTL | 候选基因 | 基因功能（类别） |
|---|---|---|---|---|---|---|
| *q - FTM* - 20 - 4 | Gm20_ 15065914（2） | 1.46（3） | 0.03 | | | |
| *q - FTM* - 20 - 5 | Gm20_ BLOCK_ 19134133_ 19251740（8） | 134.72（1） | 9.40 | | *Glyma*20*g*13540 | Transport（Ⅱ） |
| *q - FTM* - 20 - 6 | Gm20_ BLOCK_ 25535160_ 25555331（4） | 8.21（4） | 0.29 | | *Glyma*20*g*18280 | |
| *q - FTM* - 20 - 7 | Gm20_ 31571296（2） | 40.32（3） | 1.35 | | | |
| *q - FTM* - 20 - 8 | Gm20_ BLOCK_ 32473024_ 32501686（3） | 240.36（2） | 4.57 | *E4/Gm-PHYA2* | *Glyma*20*g*22160 | Photomorphogenesis（Ⅰ） |
| *q - FTM* - 20 - 9 | Gm20_ 32503073（2） | 1.97（4） | 0.05 | *E4/Gm-PHYA2* | | |
| *q - FTM* - 20 - 10 | Gm20_ BLOCK_ 44181405 44223527（3） | 6.59（1） | 0.38 | | *Glyma*20*g*35420 | Phosphatidylglycerol biosynthetic process（Ⅱ） |

| 亚区 | 生育后期 QTL 贡献率组中值 | | | | | | | | | 位点数目 | 贡献率/% | 位点平均贡献率/% | 变幅/% |
|---|---|---|---|---|---|---|---|---|---|---|---|---|---|
| | 0.25 | 0.75 | 1.25 | 1.75 | 2.25 | 2.75 | 3.25 | 3.75 | >4.00 | | | | |
| Sub - 1 | 13 | 5 | 5 | 4 | 1 | 5 | 1 | 0 | 6 | 40 | 77.71 | 1.94 | 0.06 ~ 9.90 |
| Sub - 2 | 29 | 11 | 5 | 3 | 3 | 2 | 2 | 2 | 4 | 61 | 72.74 | 1.19 | 0.02 ~ 7.20 |
| Sub - 3 | 29 | 11 | 6 | 4 | 4 | 2 | 0 | 0 | 6 | 62 | 74.55 | 1.20 | 0.03 ~ 9.58 |
| Sub - 4 | 40 | 16 | 12 | 4 | 2 | 4 | 1 | 0 | 5 | 84 | 85.82 | 1.02 | 0.03 ~ 6.69 |

注：QTL 的命名由 4 部分组成，依次为 QTL 标志 - 性状 - 染色体 - 在染色体的相对位置。如 *q - FTM* - 1 - 1，其中"*q* -"表示该位点为 QTL，"- *FTM*"表示该 QTL 控制生育后期性状，"- 1"表示 1 号染色体而其后的"- 1"表示该位点的物理位置在本研究定位的在该条染色体的 QTL 中排在第一位。在候选基因功能分类中，Ⅰ表示与花发育相关，Ⅱ表示为信号的转导与运输相关，Ⅲ表示与初级代谢相关，Ⅳ表示其他生物途径。

**表 3 - 6　东北各生态亚区全生育期 QTL 定位结果**

| QTL | SNPLDB（等位变异数目） | $-\log_{10}P$（生态亚区） | $R^2$/% | 已报道 QTL | 候选基因 | 基因功能（类别） |
|---|---|---|---|---|---|---|
| *q - DM* - 1 - 1 | Gm01_ BLOCK_ 1477092_ 1523474（7） | 11.44（3） | 0.30 | | | |
| *q - DM* - 1 - 2 | Gm01_ BLOCK_ 1866404_ 2047701（6） | 307.65（2） | 5.06 | | *Glyma*01*g*01940 | Biological process（Ⅳ） |
| *q - DM* - 1 - 3 | Gm01_ 7950701（2） | 4.20（4） | 0.05 | 1 - 2 | | |
| *q - DM* - 1 - 4 | Gm01_ 18568721（2） | 1.61（4） | 0.02 | | | |
| *q - DM* - 1 - 5 | Gm01_ 19893361（2） | 2.2（4） | 0.03 | | | |
| *q - DM* - 1 - 6 | Gm01_ 24628197（2） | 8.22（2） | 0.09 | | | |
| *q - DM* - 1 - 7 | Gm01_ 34896051（2） | 9.71（1） | 0.22 | 13 - 2 | | |
| *q - DM* - 1 - 8 | Gm01_ 35651288（2） | 19.03（4） | 0.28 | 13 - 2 | | |
| *q - DM* - 1 - 9 | Gm01_ BLOCK_ 36038216_ 36238214（4） | 108.32（1） | 3.08 | 13 - 2 | *Glyma*01*g*27240 | DNA repair（Ⅲ） |
| *q - DM* - 1 - 10 | Gm01_ BLOCK_ 36877461_ 37077250（4） | 3.72（1） | 0.11 | 13 - 2 | | |

续表 3-6

| QTL | SNPLDB（等位变异数目） | $-\log_{10}P$（生态亚区） | $R^2$/% | 已报道 QTL | 候选基因 | 基因功能（类别） |
|---|---|---|---|---|---|---|
| *q-DM*-1-11 | Gm01_ BLOCK_ 43100302_ 43151171（5） | 281.26（2） | 3.54 | 13-2 | *Glyma*01*g*31860 | Defense response（Ⅳ） |
| *q-DM*-1-12 | Gm01_ BLOCK_ 43173973_ 43364041（3） | 184.99（2） | 2.23 | 13-2 | | |
| *q-DM*-2-1 | Gm02_ 29476（2） | 3.01（3） | 0.05 | | | |
| *q-DM*-2-2 | Gm02_ 4324519（2） | 1.99（2） | 0.02 | | *Glyma*02*g*05420 | |
| *q-DM*-2-3 | Gm02_ BLOCK_ 7015505_ 7140904（7） | 317.91（2） | 4.07 | 22-4, *GmFT*2*c* | *Glyma*02*g*07650 | Regulation of flower development（Ⅰ） |
| *q-DM*-2-3 | Gm02_ BLOCK_ 7015505_ 7140904（7） | 5.67（3） | 0.17 | 22-4, *GmFT*2*c* | | |
| *q-DM*-2-4 | Gm02_ 10355389（2） | 5.90（2） | 0.06 | 19-1 | *Glyma*02*g*12120 | Embryo development ending in seed dormancy（Ⅰ） |
| *q-DM*-2-5 | Gm02_ BLOCK_ 13850845_ 13878024（4） | 117.25（4） | 2.04 | | *Glyma*02*g*15445 | Intracellular signal transduction（Ⅱ） |
| *q-DM*-2-6 | Gm02_ BLOCK_ 21238791_ 21423405（5） | 18.77（3） | 0.43 | | *Glyma*02*g*21970 | Protein phosphorylation（Ⅲ） |
| *q-DM*-2-7 | Gm02_ 23817758（2） | 1.88（2） | 0.02 | 28-1 | | |
| *q-DM*-2-8 | Gm02_ BLOCK_ 24059036_ 24258685（5） | 130.68（4） | 2.32 | 28-1 | | |
| *q-DM*-2-9 | Gm02_ 35922224（2） | 4.55（3） | 0.08 | | | |
| *q-DM*-2-10 | Gm02_ BLOCK_ 45253233_ 45390766（5） | 12.00（3） | 0.28 | | *Glyma*02*g*40051 | Protein ubiquitination（Ⅲ） |
| *q-DM*-2-11 | Gm02_ BLOCK_ 48214844_ 48369857（6） | 25.18（3） | 0.59 | | *Glyma*02*g*43540 | Photoperiodism（Ⅰ） |
| *q-DM*-3-1 | Gm03_ BLOCK_ 2485916_ 2505495（5） | 27.59（3） | 0.63 | | *Glyma*03*g*02651 | |
| *q-DM*-3-2 | Gm03_ BLOCK_ 5183468_ 5255100（7） | 10.92（3） | 0.29 | 19-3 | *Glyma*03*g*04920 | Lipid transport（Ⅱ） |
| *q-DM*-3-3 | Gm03_ BLOCK_ 6822075_ 6916053（7） | 16.74（3） | 0.42 | 19-3 | *Glyma*03*g*06550 | |
| *q-DM*-3-4 | Gm03_ BLOCK_ 12125628_ 12324125（9） | 172.76（2） | 2.18 | 20-2 | | |
| *q-DM*-3-4 | Gm03_ BLOCK_ 12125628_ 12324125（9） | 57.35（3） | 1.36 | 20-2 | | |
| *q-DM*-3-5 | Gm03_ BLOCK_ 14227489_ 14422346（5） | 53.64（4） | 0.9 | 20-2 | | |
| *q-DM*-3-6 | Gm03_ 14752251（2） | 2.51（3） | 0.04 | 20-2 | *Glyma*03*g*11750 | Response to high light intensity（Ⅰ） |
| *q-DM*-3-7 | Gm03_ 16958800（2） | 1.63（1） | 0.03 | | | |
| *q-DM*-3-8 | Gm03_ BLOCK_ 16963699_ 17159588（9） | 254.98（4） | 5.15 | | | |

续表 3 - 6

| QTL | SNPLDB（等位变异数目） | $-\log_{10}P$（生态亚区） | $R^2$/% | 已报道QTL | 候选基因 | 基因功能（类别） |
|---|---|---|---|---|---|---|
| *q-DM-3-9* | Gm03_ BLOCK_ 18922646_ 19094931（3） | 6.04（1） | 0.13 | | *Glyma*03*g*14872 | |
| *q-DM-3-10* | Gm03_ BLOCK_ 19369861_ 19447686（4） | 141.29（2） | 1.71 | | | |
| *q-DM-3-11* | Gm03_ BLOCK_ 21849331_ 22015634（5） | 8.88（1） | 0.26 | | | |
| *q-DM-3-12* | Gm03_ 23548910（2） | 2.15（3） | 0.03 | | | |
| *q-DM-3-13* | Gm03_ BLOCK_ 27140827_ 27314739（8） | 9.56（1） | 0.32 | | *Glyma*03*g*21650 | Metalion transport（Ⅱ） |
| *q-DM-3-14* | Gm03_ BLOCK_ 28899572_ 28944436（5） | 13.65（4） | 0.24 | | | |
| *q-DM-3-15* | Gm03_ BLOCK_ 33821529_ 34020745（6） | 297.00（4） | 6.14 | 16-4 | *Glyma*03*g*26630 | Protein prenylation（Ⅲ） |
| *q-DM-3-16* | Gm03_ BLOCK_ 38083308_ 38112248（4） | 166.18（2） | 2.02 | 27-6, *GmSPL9c* | *Glyma*03*g*29901 | Vegetative to reproductive phase transition of meristem（Ⅰ） |
| *q-DM-3-17* | Gm03_ BLOCK_ 38207859_ 38367602（5） | 13.95（3） | 0.33 | 27-6, *GmSPL9c* | | |
| *q-DM-3-18* | Gm03_ BLOCK_ 39350750_ 39510542（5） | 11.16（4） | 0.20 | 27-6, *GmSPL9c* | | |
| *q-DM-3-19* | Gm03_ BLOCK_ 41995764_ 42144307（3） | 136.67（4） | 2.39 | 27-6, *GmTFL1a* | *Glyma*03*g*35250 | |
| *q-DM-3-20* | Gm03_ BLOCK_ 47260036_ 47292047（4） | 15.27（4） | 0.25 | *GmLCL2* | *Glyma*03*g*42260 | Response to red or far red light（Ⅰ） |
| *q-DM-4-1* | Gm04_ BLOCK_ 2362527_ 2393784（4） | 107.14（3） | 2.40 | | *Glyma*04*g*03230 | Transport（Ⅱ） |
| *q-DM-4-2* | Gm04_ BLOCK_ 3657048_ 3781823（5） | 173.43（4） | 3.19 | *J* gene | *Glyma*04*g*05280 | Regulation of flower development（Ⅰ） |
| *q-DM-4-3* | Gm04_ BLOCK_ 4020845_ 4111149（5） | 33.92（4） | 0.57 | *J* gene | | |
| *q-DM-4-4* | Gm04_ BLOCK_ 8846420_ 8956055（5） | 157.36（4） | 2.85 | 8-5, *GmCRY1a* | | |
| *q-DM-4-5* | Gm04_ BLOCK_ 9373769_ 9472674（8） | 14.13（2） | 0.21 | 8-5, *GmCRY1a* | *Glyma*04*g*11010 | Response to blue light（Ⅰ） |
| *q-DM-4-6* | Gm04_ BLOCK_ 20108155_ 20263035（6） | 191.24（2） | 2.37 | 28-2, *GmFULb* | | |
| *q-DM-4-6* | Gm04_ BLOCK_ 20108155_ 20263035（6） | 35.61（4） | 0.61 | 28-2, *GmFULb* | | |
| *q-DM-4-7* | Gm04_ BLOCK_ 20640159_ 20777200（6） | 11.29（4） | 0.20 | 28-2, *GmFULb* | | |
| *q-DM-4-8* | Gm04_ BLOCK_ 21896229_ 21996322（7） | 23.94（3） | 0.58 | 28-2, *GmFULb* | | |

续表 3－6

| QTL | SNPLDB（等位变异数目） | $-\log_{10}P$（生态亚区） | $R^2$/% | 已报道 QTL | 候选基因 | 基因功能（类别） |
|---|---|---|---|---|---|---|
| *q－DM－4－9* | Gm04_ BLOCK_ 23281579_ 23469490（6） | 171.57（1） | 5.31 | 28－2，*GmFULb* | *Glyma*04*g*31847 | Positive regulation of flower development（Ⅰ） |
| *q－DM－4－10* | Gm04_ BLOCK_ 26819696_ 26995691（7） | 16.63（2） | 0.22 | 28－2，*GmFULb* | | |
| *q－DM－4－11* | Gm04_ BLOCK_ 31245142_ 31363647（8） | 22.85（1） | 0.67 | 28－2，*GmFULb* | | |
| *q－DM－4－12* | Gm04_ BLOCK_ 37836850_ 37909066（5） | 35.09（2） | 0.43 | 28－2，*GmFULb* | | |
| *q－DM－4－13* | Gm04_ BLOCK_ 38149768_ 38213443（4） | 4.43（2） | 0.05 | 28－2，*GmFULb* | | |
| *q－DM－4－14* | Gm04_ 40810922（2） | 1.60（4） | 0.02 | 18－3 | *Glyma*04*g*34620 | Protein glycosylation（Ⅲ） |
| *q－DM－4－15* | Gm04_ 43058449（2） | 84.78（4） | 1.39 | 32－1 | *Glyma*04*g*36540 | DNA replication（Ⅲ） |
| *q－DM－5－1* | Gm05_ BLOCK_ 5693713_ 5719689（3） | 210.03（2） | 2.57 | beginning 2－2 | | |
| *q－DM－5－2* | Gm05_ 8553236（2） | 3.19（4） | 0.04 | 16－1 | *Glyma*05*g*08680 | Biological process（Ⅳ） |
| *q－DM－5－3* | Gm05_ 13287399（2） | 131.15（4） | 2.25 | beginning 2－2 | | |
| *q－DM－5－4* | Gm05_ 15132800（2） | 11.07（3） | 0.21 | 31－1 | | |
| *q－DM－5－5* | Gm05_ 20264812（2） | 9.22（4） | 0.13 | 31－1 | | |
| *q－DM－5－6* | Gm05_ 22568185（2） | 38.36（1） | 0.96 | 31－1 | | |
| *q－DM－5－7* | Gm05_ 24218567（2） | 4.65（4） | 0.06 | 31－1 | | |
| *q－DM－5－8* | Gm05_ 24254726（2） | 2.13（4） | 0.02 | 31－1 | | |
| *q－DM－5－9* | Gm05_ BLOCK_ 25324269_ 25488476（5） | 128.54（2） | 1.57 | 31－1 | | |
| *q－DM－5－10* | Gm05_ 33784365（2） | 48.80（3） | 1.02 | | *Glyma*05*g*27821 | Protein phosphorylation（Ⅲ） |
| *q－DM－5－11* | Gm05_ BLOCK_ 38776974_ 38956925（6） | 40.01（4） | 0.69 | *GmFKF*1－1 | *Glyma*05*g*34530 | Response to blue light（Ⅰ） |
| *q－DM－5－12* | Gm05_ BLOCK_ 40732257_ 40930476（6） | 312.00（4） | 8.91 | | *Glyma*05*g*37170 | |
| *q－DM－6－1* | Gm06_ BLOCK_ 14242272_ 14385731（4） | 52.30（2） | 0.63 | 34－1，*GmLFY*2 | *Glyma*06*g*17170 | Flower development（Ⅰ） |
| *q－DM－6－2* | Gm06_ BLOCK_ 15887539_ 16087077（6） | 307.65（2） | 4.40 | 34－1 | *Glyma*06*g*20000 | Regulation of transcription（Ⅲ） |
| *q－DM－6－2* | Gm06_ BLOCK_ 15887539_ 16087077（6） | 9.81（3） | 0.25 | 34－1 | | |
| *q－DM－6－3* | Gm06_ BLOCK_ 16362772_ 16558286（6） | 8.51（4） | 0.16 | 34－1 | | |
| *q－DM－6－4* | Gm06_ 18031103（2） | 3.32（3） | 0.06 | beginning 2－1 | *Glyma*06*g*21440 | Vegetative phase change（Ⅰ） |

续表 3－6

| QTL | SNPLDB（等位变异数目） | $-\log_{10}P$（生态亚区） | $R^2$/% | 已报道QTL | 候选基因 | 基因功能（类别） |
|---|---|---|---|---|---|---|
| *q－DM－6－5* | Gm06_ 21072696（2） | 2.20（4） | 0.03 | beginning 2－1 | | |
| *q－DM－6－6* | Gm06_ BLOCK_ 25722627_ 25729037（3） | 32.48（4） | 0.52 | beginning 2－1 | | |
| *q－DM－6－7* | Gm06_ 27578192（2） | 32.87（3） | 0.67 | beginning 2－1 | | |
| *q－DM－6－8* | Gm06_ BLOCK_ 27653971_ 27654004（3） | 2.40（1） | 0.06 | beginning 2－1 | *Glyma06g29960* | Regulation of flower development（Ⅰ） |
| *q－DM－6－9* | Gm06_ BLOCK_ 28499880_ 28596550（5） | 106.55（4） | 1.85 | beginning 2－1 | | |
| *q－DM－6－10* | Gm06_ BLOCK_ 31767165_ 31893661（6） | 42.13（3） | 0.96 | 33－2 | | |
| *q－DM－6－11* | Gm06_ BLOCK_ 32401434_ 32601186（6） | 153.29（2） | 1.89 | 33－2 | | |
| *q－DM－6－12* | Gm06_ BLOCK_ 32602292_ 32697906（8） | 212.53（1） | 6.97 | 33－2 | *Glyma06g31550* | Intracellular signal transduction（Ⅱ） |
| *q－DM－6－13* | Gm06_ 32903220（2） | 5.31（4） | 0.07 | 33－2 | | |
| *q－DM－6－14* | Gm06_ 49984949（2） | 13.79（1） | 0.32 | | *Glyma06g47670* | Nucleotide biosynthetic Process（Ⅲ） |
| *q－DM－7－1* | Gm07_ 177479（2） | 5.72（4） | 0.08 | | *Glyma07g00280* | |
| *q－DM－7－2* | Gm07_ BLOCK_ 13834146_ 13864585（3） | 61.84（4） | 1.01 | | *Glyma07g14480* | Pollen sperm cell differentiation（Ⅰ） |
| *q－DM－7－3* | Gm07_ BLOCK_ 15734545_ 15840799（7） | 13.39（4） | 0.25 | 24－7 | *Glyma07g16120* | Production of siRNA involved in RNA interference（Ⅲ） |
| *q－DM－7－4* | Gm07_ BLOCK_ 20482646_ 20531327（6） | 54.12（2） | 0.67 | | | |
| *q－DM－7－5* | Gm07_ BLOCK_ 24369245_ 24567320（6） | 82.45（3） | 1.88 | | | |
| *q－DM－7－6* | Gm07_ BLOCK_ 25194369_ 25298259（9） | 197.10（4） | 3.80 | | | |
| *q－DM－7－7* | Gm07_ BLOCK_ 26037182_ 26064892（5） | 38.90（1） | 1.06 | | *Glyma07g20421* | |
| *q－DM－7－8* | Gm07_ 33278828（2） | 112.29（4） | 1.89 | | | |
| *q－DM－7－9* | Gm07_ BLOCK_ 36720140_ 36846591（5） | 254.69（2） | 3.18 | *GmSPL3d* | *Glyma07g31880* | Flower development（Ⅰ） |
| *q－DM－7－10* | Gm07_ BLOCK_ 37749703_ 37945433（6） | 3.53（3） | 0.11 | *GmSPL3d* | | |
| *q－DM－7－11* | Gm07_ BLOCK_ 42475088_ 42559314（4） | 64.98（1） | 1.77 | 34－6 | *Glyma07g37670* | Methionine biosynthetic Process（Ⅲ） |
| *q－DM－7－12* | Gm07_ BLOCK_ 44632700_ 44679593（3） | 15.77（2） | 0.18 | | *Glyma07g40260* | Mitotic cell cycle checkpoint（Ⅳ） |

续表 3-6

| QTL | SNPLDB（等位变异数目） | $-\log_{10}P$（生态亚区） | $R^2$/% | 已报道 QTL | 候选基因 | 基因功能（类别） |
|---|---|---|---|---|---|---|
| *q-DM-8-1* | Gm08_ 22333333（2） | 2.00（3） | 0.03 | *GmCOL1a* | *Glyma08g28370* | Regulation of flower development（Ⅰ） |
| *q-DM-8-2* | Gm08_ BLOCK_ 25919808_ 26021747（6） | 4.84（2） | 0.07 | | | |
| *q-DM-8-3* | Gm08_ BLOCK_ 30320715_ 30453625（8） | 72.61（1） | 2.11 | | | |
| *q-DM-8-4* | Gm08_ BLOCK_ 33910086_ 34107229（4） | 29.86（2） | 0.36 | *GmAP1c* | *Glyma08g36380* | Flower development（Ⅰ） |
| *q-DM-8-5* | Gm08_ 41405041（2） | 123.38（4） | 2.10 | | *Glyma08g41440* | RNA metabolic process（Ⅲ） |
| *q-DM-8-6* | Gm08_ 44240141（2） | 107.59（4） | 1.80 | | *Glyma08g44700* | Positive regulation of flavonoid biosynthetic process（Ⅳ） |
| *q-DM-9-1* | Gm09_ BLOCK_ 1591540_ 1789988（6） | 10.62（4） | 0.20 | 5-2 | | |
| *q-DM-9-2* | Gm09_ BLOCK_ 2178364_ 2263075（4） | 141.08（2） | 1.71 | 5-2 | *Glyma09g03201* | Protein phosphorylation（Ⅲ） |
| *q-DM-9-3* | Gm09_ BLOCK_ 11953849_ 12102887（2） | 4.11（4） | 0.50 | | *Glyma09g11840* | Biological process（Ⅳ） |
| *q-DM-9-4* | Gm09_ BLOCK_ 13905886_ 13937909（5） | 307.65（2） | 7.47 | | | |
| *q-DM-9-5* | Gm09_ BLOCK_ 19382860_ 19582513（6） | 228.41（3） | 5.50 | | | |
| *q-DM-9-6* | Gm09_ BLOCK_ 24623240_ 24808653（4） | 229.90（4） | 4.41 | | *Glyma09g19750* | Regulation of transcription（Ⅲ） |
| *q-DM-9-7* | Gm09_ BLOCK_ 25934536_ 26086697（3） | 46.93（1） | 1.23 | | *Glyma09g21070* | Nucleotide transport（Ⅱ） |
| *q-DM-9-8* | Gm09_ BLOCK_ 28349578_ 28389105（3） | 27.29（1） | 0.70 | | *Glyma09g22854* | Biological process（Ⅳ） |
| *q-DM-9-9* | Gm09_ BLOCK_ 37053350_ 37252429（6） | 111.42（2） | 1.37 | 5-1 | *Glyma09g30441* | Protein phosphorylation（Ⅲ） |
| *q-DM-9-10* | Gm09_ BLOCK_ 41406096_ 41595990（3） | 55.77（4） | 0.91 | 27-2 | | |
| *q-DM-9-11* | Gm09_ BLOCK_ 41708655_ 41904831（5） | 204.41（3） | 4.84 | 27-2 | *Glyma09g35930* | |
| *q-DM-9-12* | Gm09_ BLOCK_ 45879171_ 46019332（6） | 53.49（3） | 1.22 | 28-5，*GmSOC1-like* | *Glyma09g40230* | Flower development（Ⅰ） |
| *q-DM-10-1* | Gm10_ BLOCK_ 6377182_ 6451543（5） | 18.46（1） | 0.51 | | *Glyma10g07680* | RNA methylation（Ⅲ） |
| *q-DM-10-2* | Gm10_ BLOCK_ 18702236_ 18818673（5） | 303.60（1） | 10.84 | 24-9 | *Glyma10g15910* | Response to cadmium Ion（Ⅳ） |
| *q-DM-10-3* | Gm10_ BLOCK_ 24178865_ 24377307（6） | 87.00（3） | 1.98 | 24-9 | | |

续表 3 - 6

| QTL | SNPLDB（等位变异数目） | $-\log_{10}P$（生态亚区） | $R^2$/% | 已报道 QTL | 候选基因 | 基因功能（类别） |
|---|---|---|---|---|---|---|
| *q - DM* - 10 - 4 | Gm10_ BLOCK_ 25663564_ 25863475（7） | 309. 10（2） | 3. 96 | 24 - 9 | | |
| *q - DM* - 10 - 5 | Gm10_ BLOCK_ 27347697_ 27546843（6） | 31. 06（4） | 0. 54 | 24 - 9, *GmTOE6* | | |
| *q - DM* - 10 - 6 | Gm10_ BLOCK_ 27592327_ 27780355（5） | 151. 20（2） | 1. 84 | 24 - 9, *GmTOE6* | *Glyma*10*g*22390 | Vegetative to reproductive Phase transition of meristem（Ⅰ） |
| *q - DM* - 10 - 6 | Gm10_ BLOCK_ 27592327_ 27780355（5） | 7. 12（3） | 0. 18 | 24 - 9, *GmTOE6* | | |
| *q - DM* - 10 - 7 | Gm10_ BLOCK_ 27852839_ 28052551（5） | 41. 88（4） | 0. 70 | 24 - 9, *GmTOE6* | | |
| *q - DM* - 10 - 8 | Gm10_ 36449175（2） | 1. 32（3） | 0. 02 | 24 - 9, *GmPHYA*1 | *Glyma*10*g*28170 | Response to continuous far red light stimulus by the high - irradiance response system（Ⅰ） |
| *q - DM* - 10 - 9 | Gm10_ BLOCK_ 38261712_ 38456598（4） | 10. 22（2） | 0. 13 | 24 - 9 | *Glyma*10*g*29481 | Biological process（Ⅳ） |
| *q - DM* - 10 - 10 | Gm10_ BLOCK_ 50019020_ 50033544（4） | 40. 63（4） | 0. 67 | | *Glyma*10*g*43280 | Protein ubiquitination（Ⅲ） |
| *q - DM* - 11 - 1 | Gm11_ 118104（2） | 2. 41（1） | 0. 05 | | *Glyma*11*g*00440 | Response to high light intensity（Ⅰ） |
| *q - DM* - 11 - 2 | Gm11_ 13556251（2） | 3. 15（3） | 0. 05 | 35 - 1 | | |
| *q - DM* - 11 - 3 | Gm11_ BLOCK_ 29925833_ 29965292（3） | 256. 59（1） | 8. 56 | | *Glyma*11*g*29320 | Protein glycosylation（Ⅲ） |
| *q - DM* - 11 - 4 | Gm11_ BLOCK_ 30392284_ 30588246（5） | 110. 53（3） | 2. 51 | | | |
| *q - DM* - 11 - 5 | Gm11_ 33374390（2） | 42. 68（2） | 0. 48 | 22 - 2 | *Glyma*11*g*32090 | |
| *q - DM* - 12 - 1 | Gm12_ BLOCK_ 1021719_ 1161684（5） | 84. 88（3） | 1. 91 | | *Glyma*12*g*01930 | Regulation of carbohydrate metabolic process（Ⅳ） |
| *q - DM* - 12 - 2 | Gm12_ BLOCK_ 1251482_ 1451154（6） | 27. 90（4） | 0. 48 | | | |
| *q - DM* - 12 - 3 | Gm12_ BLOCK_ 3840219_ 4033583（5） | 14. 25（3） | 0. 33 | 35 - 2 | *Glyma*12*g*05760 | Biological process（Ⅳ） |
| *q - DM* - 12 - 4 | Gm12_ BLOCK_ 8980705_ 9126483（5） | 22. 48（4） | 0. 38 | | *Glyma*12*g*11110 | Pollen tube growth（Ⅰ） |
| *q - DM* - 12 - 5 | Gm12_ 20217759（2） | 96. 92（1） | 2. 64 | | | |
| *q - DM* - 12 - 6 | Gm12_ 28475651（2） | 1. 56（3） | 0. 02 | | | |
| *q - DM* - 12 - 7 | Gm12_ 28568273（2） | 120. 45（3） | 2. 65 | | | |
| *q - DM* - 12 - 8 | Gm12_ BLOCK_ 34532660_ 34576133（3） | 33. 99（2） | 0. 40 | | *Glyma*12*g*30870 | Microsporogenesis（Ⅰ） |
| *q - DM* - 13 - 1 | Gm13_ BLOCK_ 10433937_ 10543159（7） | 76. 38（4） | 1. 34 | 22 - 8 | | |

续表 3－6

| QTL | SNPLDB（等位变异数目） | $-\log_{10}P$（生态亚区） | $R^2$/% | 已报道 QTL | 候选基因 | 基因功能（类别） |
|---|---|---|---|---|---|---|
| *q－DM－*13－2 | Gm13_ BLOCK_ 10725919_ 10898875（7） | 104. 82（4） | 1. 86 | 22－8 | | |
| *q－DM－*13－3 | Gm13_ BLOCK_ 11563717_ 11644841（9） | 118. 18（1） | 3. 56 | 22－8 | *Glyma*13*g*09380 | Biological process（Ⅳ） |
| *q－DM－*13－4 | Gm13_ BLOCK_ 13189596_ 13384406（4） | 31. 59（3） | 0. 69 | | *Glyma*13*g*10826 | Biological process（Ⅳ） |
| *q－DM－*13－5 | Gm13_ BLOCK_ 27938498_ 28133162（6） | 157. 38（1） | 4. 76 | *GmSPL3c* | *Glyma*13*g*24590 | Flower development（Ⅰ） |
| *q－DM－*13－6 | Gm13_ BLOCK_ 29477377_ 29652800（6） | 65. 99（3） | 1. 50 | | *Glyma*13*g*26460 | Signal transduction（Ⅱ） |
| *q－DM－*13－7 | Gm13_ BLOCK_ 31252820_ 31304233（7） | 304. 91（4） | 6. 38 | | | |
| *q－DM－*13－8 | Gm13_ BLOCK_ 31994278_ 32055716（4） | 41. 73（4） | 0. 69 | | | |
| *q－DM－*13－9 | Gm13_ BLOCK_ 32331416_ 32361641（3） | 18. 30（3） | 0. 39 | | *Glyma*13*g*28260 | Biological process（Ⅳ） |
| *q－DM－*14－1 | Gm14_ BLOCK_ 25590436_ 25590478（3） | 29. 08（2） | 0. 34 | | | |
| *q－DM－*14－2 | Gm14_ 28585790（2） | 1. 39（2） | 0. 01 | | *Glyma*14*g*24040 | |
| *q－DM－*14－3 | Gm14_ BLOCK_ 28714601_ 28816334（4） | 19. 85（3） | 0. 44 | | | |
| *q－DM－*14－4 | Gm14_ BLOCK_ 32002327_ 32054454（4） | 15. 68（2） | 0. 19 | | | |
| *q－DM－*14－5 | Gm14_ BLOCK_ 32442185_ 32641878（5） | 78. 19（1） | 2. 19 | | *Glyma*14*g*26690 | Small GTPase mediated signal transduction（Ⅱ） |
| *q－DM－*14－5 | Gm14_ BLOCK_ 32442185_ 32641878（5） | 162. 33（3） | 3. 76 | | | |
| *q－DM－*14－6 | Gm14_ 35625289（2） | 2. 73（2） | 0. 02 | | | |
| *q－DM－*14－7 | Gm14_ BLOCK_ 42725305_ 42925079（4） | 225. 80（3） | 5. 36 | | *Glyma*14*g*34340 | |
| *q－DM－*14－8 | Gm14_ BLOCK_ 44396886_ 44416108（3） | 20. 61（3） | 0. 44 | | *Glyma*14*g*35463 | Biological process（Ⅳ） |
| *q－DM－*14－9 | Gm14_ BLOCK_ 48876637_ 48991649（5） | 45. 51（1） | 1. 25 | | *Glyma*14*g*40190 | Sexual reproduction（Ⅰ） |
| *q－DM－*14－10 | Gm14_ BLOCK_ 49106903_ 49166925（4） | 191. 47（3） | 4. 47 | | | |
| *q－DM－*15－1 | Gm15_ BLOCK_ 956062_ 1025225（4） | 136. 06（4） | 2. 40 | | *Glyma*15*g*01520 | |
| *q－DM－*15－2 | Gm15_ BLOCK_ 9430902_ 9626056（6） | 31. 51（2） | 0. 40 | 31－2 | *Glyma*15*g*12761 | Protein phosphorylation（Ⅲ） |
| *q－DM－*15－3 | Gm15_ BLOCK_ 14788993_ 14945516（5） | 172. 15（2） | 2. 11 | 31－2 | *Glyma*15*g*18210 | DNA endoreduplication（Ⅲ） |

续表 3-6

| QTL | SNPLDB（等位变异数目） | $-\log_{10}P$（生态亚区） | $R^2$/% | 已报道QTL | 候选基因 | 基因功能（类别） |
|---|---|---|---|---|---|---|
| *q-DM*-15-4 | Gm15_ 20550183（2） | 4.24（2） | 0.04 | 31-2 | | |
| *q-DM*-15-5 | Gm15_ BLOCK_ 31188125_ 31199722（4） | 3.62（4） | 0.06 | | | |
| *q-DM*-15-6 | Gm15_ 31199747（2） | 74.27（1） | 1.97 | | *Glyma*15*g*28641 | Response to cadmium ion（Ⅳ） |
| *q-DM*-15-7 | Gm15_ BLOCK_ 34011352_ 34211189（8） | 36.65（1） | 1.07 | | *Glyma*15*g*31854 | Embryo development ending in seed dormancy（Ⅰ） |
| *q-DM*-15-7 | Gm15_ BLOCK_ 34011352_ 34211189（8） | 35.84（4） | 0.64 | | | |
| *q-DM*-15-8 | Gm15_ BLOCK_ 34993782_ 35193746（7） | 5.59（3） | 0.16 | | | |
| *q-DM*-15-9 | Gm15_ 36569882（2） | 7.10（4） | 0.10 | | | |
| *q-DM*-15-10 | Gm15_ BLOCK_ 42360049_ 42414498（6） | 15.46（4） | 0.28 | | *Glyma*15*g*36801 | |
| *q-DM*-15-11 | Gm15_ 47600340（2） | 1.48（1） | 0.02 | | | |
| *q-DM*-16-1 | Gm16_ 6536287（2） | 2.74（3） | 0.04 | | *Glyma*16*g*07280 | Biological process（Ⅳ） |
| *q-DM*-16-2 | Gm16_ BLOCK_ 7857187_ 7993110（7） | 20.41（4） | 0.37 | | *Glyma*16*g*08430 | Biological process（Ⅳ） |
| *q-DM*-16-3 | Gm16_ BLOCK_ 17737714_ 17853416（6） | 16.78（1） | 0.49 | | | |
| *q-DM*-16-4 | Gm16_ 19219236（2） | 4.24（2） | 0.04 | | *Glyma*16*g*17661 | Nucleosome assembly（Ⅲ） |
| *q-DM*-16-4 | Gm16_ 19219236（2） | 13.69（4） | 0.20 | | | |
| *q-DM*-16-5 | Gm16_ BLOCK_ 25400839_ 25596442（6） | 65.71（4） | 1.13 | beginning 1-2 | *Glyma*16*g*22050 | Pollen sperm cell differentiation（Ⅰ） |
| *q-DM*-16-6 | Gm16_ 31278814（2） | 4.70（3） | 0.08 | *E9/GmFT2a* | *Glyma*16*g*26660 | Regulation of flower development（Ⅰ） |
| *q-DM*-16-7 | Gm16_ BLOCK_ 36490640_ 36502391（4） | 16.22（4） | 0.27 | | | |
| *q-DM*-16-8 | Gm16_ 37138271（2） | 3.08（1） | 0.06 | | *Glyma*16*g*33671 | Regulation of flower development（Ⅰ） |
| *q-DM*-17-1 | Gm17_ BLOCK_ 7595103_ 7754048（6） | 27.89（3） | 0.65 | | *Glyma*17*g*10305 | |
| *q-DM*-17-2 | Gm17_ BLOCK_ 8830135_ 8893850（4） | 23.66（4） | 0.39 | | *Glyma*17*g*11820 | Sucrose metabolic process（Ⅳ） |
| *q-DM*-17-3 | Gm17_ BLOCK_ 15278002_ 15455685（5） | 56.98（4） | 0.96 | 27-4，*GmTOE2a* | *Glyma*17*g*18640 | Flower development（Ⅰ） |
| *q-DM*-17-4 | Gm17_ BLOCK_ 19407350_ 19607219（4） | 7.02（3） | 0.15 | 27-4 | | |
| *q-DM*-17-5 | Gm17_ BLOCK_ 20138363_ 20138364（2） | 139.36（3） | 3.10 | 27-4 | *Glyma*17*g*20473 | Translation（Ⅲ） |
| *q-DM*-17-6 | Gm17_ BLOCK_ 22408055_ 22604887（6） | 97.46（2） | 1.20 | 27-4 | | |

续表 3－6

| QTL | SNPLDB（等位变异数目） | $-\log_{10}P$（生态亚区） | $R^2$/% | 已报道 QTL | 候选基因 | 基因功能（类别） |
|---|---|---|---|---|---|---|
| *q－DM*－17－6 | Gm17_ BLOCK_ 22408055_ 22604887（6） | 134.32（3） | 3.10 | 27－4 | | |
| *q－DM*－17－7 | Gm17_ BLOCK_ 32421639_ 32428975（4） | 72.82（1） | 2.00 | | *Glyma*17*g*29681 | Response to red or far red Light（Ⅰ） |
| *q－DM*－17－7 | Gm17_ BLOCK_ 32421639_ 32428975（4） | 62.88（3） | 1.39 | | | |
| *q－DM*－17－8 | Gm17_ BLOCK_ 35410984_ 35609832（6） | 106.58（2） | 1.31 | | | |
| *q－DM*－17－9 | Gm17_ BLOCK_ 37683738_ 37881216（6） | 37.09（3） | 0.85 | 27－4 | *Glyma*17*g*33880 | Meiotic chromosome segregation（Ⅱ） |
| *q－DM*－18－1 | Gm18_ 12125758（2） | 1.40（2） | 0.01 | | | |
| *q－DM*－18－2 | Gm18_ BLOCK_ 17267095_ 17353558（4） | 72.06（2） | 0.86 | | *Glyma*18*g*16761 | |
| *q－DM*－18－3 | Gm18_ BLOCK_ 17906914_ 17957985（4） | 110.11（3） | 2.47 | | | |
| *q－DM*－18－4 | Gm18_ BLOCK_ 23123698_ 23239644（5） | 19.63（4） | 0.34 | 34－5 | | |
| *q－DM*－18－5 | Gm18_ BLOCK_ 26859190_ 26995234（5） | 19.49（1） | 0.52 | | | |
| *q－DM*－18－6 | Gm18_ BLOCK_ 28601916_ 28801316（7） | 76.45（2） | 0.93 | 34－5 | *Glyma*18*g*20820 | Transmembrane transport（Ⅱ） |
| *q－DM*－18－7 | Gm18_ 30399157（2） | 4.43（4） | 0.06 | 34－5 | | |
| *q－DM*－18－8 | Gm18_ BLOCK_ 32297383_ 32496976（4） | 87.39（3） | 1.94 | 34－5 | | |
| *q－DM*－18－9 | Gm18_ BLOCK_ 32776040_ 32975989（5） | 20.11（4） | 0.33 | 34－5 | | |
| *q－DM*－18－10 | Gm18_ BLOCK_ 35422681_ 35435419（6） | 59.17（2） | 0.72 | 34－5 | | |
| *q－DM*－18－11 | Gm18_ BLOCK_ 35435446_ 35632552（6） | 125.43（2） | 1.54 | 34－5 | | |
| *q－DM*－18－12 | Gm18_ BLOCK_ 36869476_ 37069240（7） | 103.63（4） | 1.84 | 34－5 | | |
| *q－DM*－18－13 | Gm18_ 37130340（2） | 23.91（2） | 0.27 | 34－5 | | |
| *q－DM*－18－14 | Gm18_ BLOCK_ 40693238_ 40704955（4） | 7.87（2） | 0.10 | 34－5 | | |
| *q－DM*－18－15 | Gm18_ BLOCK_ 41326363_ 41400088（6） | 35.50（4） | 0.61 | 34－5 | | |
| *q－DM*－18－16 | Gm18_ 52933196（2） | 2.21（3） | 0.03 | 19－8 | *Glyma*18*g*43420 | Intracellular protein transport（Ⅱ） |
| *q－DM*－18－17 | Gm18_ BLOCK_ 55192509_ 55228140（5） | 54.28（4） | 0.92 | 19－8，*GmGAL*1 | *Glyma*18*g*45780 | Flower development（Ⅰ） |

续表 3-6

| QTL | SNPLDB（等位变异数目） | $-\log_{10}P$（生态亚区） | $R^2$/% | 已报道 QTL | 候选基因 | 基因功能（类别） |
|---|---|---|---|---|---|---|
| *q-DM-18-18* | Gm18_ BLOCK_ 58197364_ 58341700（5） | 307.65（2） | 8.83 | *DT2/GmFUL3b* | | |
| *q-DM-18-19* | Gm18_ BLOCK_ 58405478_ 58521742（6） | 307.65（3） | 10.30 | *DT2/GmFUL3b* | | |
| *q-DM-18-20* | Gm18_ BLOCK_ 58698451_ 58823382（5） | 40.69（3） | 0.91 | *DT2/GmFUL3b* | | |
| *q-DM-18-21* | Gm18_ BLOCK_ 59075915_ 59117338（5） | 307.65（1） | 13.27 | *DT2/GmFUL3b* | *Glyma18g50910* | Positive regulation of flower development（Ⅰ） |
| *q-DM-18-22* | Gm18_ BLOCK_ 60234896_ 60245212（3） | 1.91（4） | 0.03 | *GmCOL1b* | *Glyma18g51320* | Regulation of flower development（Ⅰ） |
| *q-DM-19-1* | Gm19_ BLOCK_ 3502421_ 3628428（5） | 66.50（2） | 0.81 | | *Glyma19g03590* | Protein import into nucleus（Ⅱ） |
| *q-DM-19-2* | Gm19_ 4637686（2） | 1.89（1） | 0.03 | | | |
| *q-DM-19-3* | Gm19_ 5937596（2） | 2.48（2） | 0.02 | *GmCOL2b* | *Glyma19g05170* | Regulation of flower development（Ⅰ） |
| *q-DM-19-4* | Gm19_ BLOCK_ 12013875_ 12212796（8） | 53.56（3） | 1.26 | | *Glyma19g10120* | Nitrate transport（Ⅱ） |
| *q-DM-19-5* | Gm19_ BLOCK_ 21347881_ 21386285（7） | 122.06（1） | 3.63 | | | |
| *q-DM-19-6* | Gm19_ BLOCK_ 22939559_ 22941358（2） | 3.48（2） | 0.03 | | | |
| *q-DM-19-7* | Gm19_ BLOCK_ 22955042_ 23055997（8） | 273.29（3） | 6.79 | | | |
| *q-DM-19-8* | Gm19_ BLOCK_ 37869130_ 38058437（4） | 60.44（4） | 1.00 | 24-4，*GmFDL19* | *Glyma19g30230* | Response to abscisic acid stimulus（Ⅳ） |
| *q-DM-19-9* | Gm19_ BLOCK_ 44550587_ 44749870（6） | 21.61（4） | 0.38 | 24-4，*DT1* | *Glyma19g37890* | Regulation of flower development（Ⅰ） |
| *q-DM-19-10* | Gm19_ BLOCK_ 48609133_ 48609357（2） | 4.99（1） | 0.11 | 9-3 | *Glyma19g42880* | Biological process（Ⅳ） |
| *q-DM-20-1* | Gm20_ BLOCK_ 2080417_ 2223133（6） | 22.07（1） | 0.63 | 12-1 | *Glyma20g02561* | |
| *q-DM-20-2* | Gm20_ 2846652（2） | 6.53（2） | 0.07 | 12-1 | | |
| *q-DM-20-3* | Gm20_ 6135902（2） | 87.44（4） | 1.44 | 12-1 | | |
| *q-DM-20-4* | Gm20_ 6743073（2） | 17.78（2） | 0.19 | 12-1 | | |
| *q-DM-20-5* | Gm20_ BLOCK_ 8015458_ 8214120（10） | 26.12（2） | 0.37 | *cqR8-001* | | |
| *q-DM-20-5* | Gm20_ BLOCK_ 8015458_ 8214120（10） | 312.31（4） | 6.92 | *cqR8-001* | | |
| *q-DM-20-6* | Gm20_ 14710709（2） | 16.82（3） | 0.33 | *cqR8-001* | | |
| *q-DM-20-7* | Gm20_ BLOCK_ 19134133_ 19251740（8） | 134.51（1） | 4.08 | *cqR8-001* | | |

续表 3－6

| QTL | SNPLDB（等位变异数目） | $-\log_{10}P$（生态亚区） | $R^2$/% | 已报道 QTL | 候选基因 | 基因功能（类别） |
|---|---|---|---|---|---|---|
| *q－DM－20－7* | Gm20_ BLOCK_ 19134133_ 19251740（8） | 252.38（2） | 3.20 | *cqR*8－001 | | |
| *q－DM－20－8* | Gm20_ 21145439（2） | 2.67（2） | 0.02 | *cqR*8－001 | | |
| *q－DM－20－9* | Gm20_ BLOCK_ 33553944_ 33730115（6） | 108.62（1） | 3.16 | *cqR*8－001 | *Glyma*20*g*23760 | Water transport（Ⅱ） |
| *q－DM－20－9* | Gm20_ BLOCK_ 33553944_ 33730115（6） | 47.73（2） | 0.59 | *cqR*8－001 | | |
| *q－DM－20－10* | Gm20_ BLOCK_ 35673231_ 35850862（5） | 107.13（2） | 1.30 | 24－8 | *Glyma*20*g*26360 | Biological process（Ⅳ） |

| 亚区 | 全生育期 QTL 贡献率组中值 | | | | | | | | | 位点数目 | 贡献率/% | 位点平均贡献率/% | 变幅/% |
|---|---|---|---|---|---|---|---|---|---|---|---|---|---|
| | 0.25 | 0.75 | 1.25 | 1.75 | 2.25 | 2.75 | 3.25 | 3.75 | >4.00 | | | | |
| Sub－1 | 30 | 7 | 4 | 6 | 5 | 1 | 2 | 2 | 5 | 62 | 82.68 | 1.33 | 0.02～13.27 |
| Sub－2 | 30 | 9 | 5 | 5 | 2 | 2 | 2 | 1 | 6 | 62 | 84.98 | 1.37 | 0.01～8.83 |
| Sub－3 | 34 | 14 | 6 | 5 | 6 | 1 | 1 | 1 | 6 | 74 | 93.78 | 1.27 | 0.02～10.30 |
| Sub－4 | 14 | 6 | 4 | 2 | 3 | 1 | 2 | 2 | 7 | 41 | 90.71 | 2.21 | 0.02～8.91 |

注：QTL 中，如 *q－DM－*1－1，*－DM* 表示全生育期，－1 表示 1 号染色体，－1 表示根据染色体上物理位置排序。候选基因功能分类中，Ⅰ：花发育；Ⅱ：信号转导与运输；Ⅲ：初级代谢；Ⅳ：其他生物途径。

**表 3－7　东北各生态亚区生育期结构 QTL 定位结果**

| QTL | SNPLDB（等位变异数目） | $-\log_{10}P$（生态亚区） | $R^2$/% | 已报道 QTL | 候选基因 | 基因功能（类别） |
|---|---|---|---|---|---|---|
| *q－GPS－*1－1 | Gm01_ BLOCK_ 2259015_ 2289718（2） | 1.98（2） | 0.05 | | *Glyma*01*g*02340 | Cytokinin metabolic process（Ⅰ） |
| *q－GPS－*1－2 | Gm01_ 20687440（2） | 9.05（2） | 0.30 | | | |
| *q－GPS－*1－3 | Gm01_ BLOCK_ 29294519_ 29467314（3） | 13.56（1） | 1.55 | | *Glyma*01*g*22861 | |
| *q－GPS－*1－4 | Gm01_ BLOCK_ 42950450_ 43092571（5） | 10.29（2） | 0.43 | | *Glyma*01*g*31860 | Salicylic acid biosynthetic process（Ⅰ） |
| *q－GPS－*1－5 | Gm01_ 45157845（2） | 2.23（3） | 0.12 | *GmFT*2*c*/ *GmFTL*7 | *Glyma*02*g*07650 | Positive regulation of flower development（Ⅰ） |
| *q－GPS－*2－1 | Gm02_ BLOCK_ 5662504_ 5662674（2） | 3.77（1） | 0.35 | | *Glyma*02*g*07270 | Response to UV－B（Ⅰ） |
| *q－GPS－*2－2 | Gm02_ 13318467（2） | 4.00（2） | 0.12 | | *Glyma*02*g*14790 | Carbon fixation（Ⅱ） |
| *q－GPS－*2－3 | Gm02_ BLOCK_ 17578647_ 17715375（4） | 44.50（2） | 1.67 | | *Glyma*02*g*19430 | |
| *q－GPS－*2－4 | Gm02_ 18664806（2） | 6.93（3） | 0.45 | | | |
| *q－GPS－*2－5 | Gm02_ 19880180（2） | 2.95（1） | 0.26 | | | |
| *q－GPS－*2－6 | Gm02_ 29182087（2） | 4.16（3） | 0.25 | | *Glyma*02*g*28106 | Embryo sac egg cell differentiation（Ⅰ） |
| *q－GPS－*2－7 | Gm02_ BLOCK_ 42896456_ 43063667（5） | 21.85（1） | 2.73 | | *Glyma*02*g*37261 | Biological process（Ⅳ） |

续表 3-7

| QTL | SNPLDB（等位变异数目） | $-\log_{10}P$（生态亚区） | $R^2$/% | 已报道QTL | 候选基因 | 基因功能（类别） |
|---|---|---|---|---|---|---|
| *q-GPS-2-8* | Gm02_ BLOCK_ 45253233_ 45390766（5） | 13.67（2） | 0.55 | | *Glyma02g39495* | Embryo sac egg cell differentiation（Ⅰ） |
| *q-GPS-3-1* | Gm03_ BLOCK_ 4813802_ 4863333（6） | 12.55（2） | 0.54 | | *Glyma03g04620* | Photomorphogenesis（Ⅰ） |
| *q-GPS-3-2* | Gm03_ BLOCK_ 5183468_ 5255100（7） | 9.73（3） | 0.91 | | | |
| *q-GPS-3-3* | Gm03_ 5289693（2） | 2.10（3） | 0.11 | | | |
| *q-GPS-3-4* | Gm03_ BLOCK_ 6191667_ 6211712（4） | 4.88（2） | 0.20 | | | |
| *q-GPS-3-5* | Gm03_ BLOCK_ 9075063_ 9203940（6） | 82.22（2） | 3.17 | | *Glyma03g08280* | Response to blue light（Ⅰ） |
| *q-GPS-3-6* | Gm03_ 13153923（2） | 8.01（1） | 0.81 | | | |
| *q-GPS-3-7* | Gm03_ BLOCK_ 15722746_ 15921368（8） | 38.16（2） | 1.56 | | *Glyma03g12251* | Response to red or far red light（Ⅰ） |
| *q-GPS-3-8* | Gm03_ 21825909（2） | 40.58（2） | 1.44 | | | |
| *q-GPS-3-8* | Gm03_ 21825909（2） | 11.60（3） | 0.78 | | | |
| *q-GPS-3-9* | Gm03_ BLOCK_ 34769238_ 34962336（8） | 12.01（1） | 1.76 | | *Glyma03g27470* | Glucuronoxylan metabolic process（Ⅱ） |
| *q-GPS-3-10* | Gm03_ BLOCK_ 36210310_ 36409995（7） | 11.02（1） | 1.57 | | *Glyma03g28930* | Protein folding（Ⅱ） |
| *q-GPS-3-11* | Gm03_ BLOCK_ 40883791_ 40983710（7） | 15.82（3） | 1.39 | *GmTOE1a* | *Glyma03g33470* | Vegetative to reproductive phase transition of meristem（Ⅰ） |
| *q-GPS-3-12* | Gm03_ 41623118（2） | 3.05（2） | 0.09 | | | |
| *q-GPS-3-13* | Gm03_ BLOCK_ 43244990_ 43284963（4） | 2.70（3） | 0.24 | | *Glyma03g36110* | Vegetative to reproductive phase transition of meristem（Ⅰ） |
| *q-GPS-3-14* | Gm03_ BLOCK_ 44200981_ 44203625（2） | 1.82（3） | 0.09 | *GmPHYA4* | *Glyma03g38620* | Photomorphogenesis（Ⅰ） |
| *q-GPS-3-15* | Gm03_ 47299438（2） | 6.54（3） | 0.42 | *GmLCL2* | *Glyma03g42260* | Long-day photoperiodism（Ⅰ） |
| *q-GPS-4-1* | Gm04_ 8206880（2） | 1.88（3） | 0.10 | | *Glyma04g10200* | Response to abscisic acid stimulus（Ⅰ） |
| *q-GPS-4-2* | Gm04_ 11663494（2） | 7.72（2） | 0.25 | | *Glyma04g12200* | Lipid metabolic process（Ⅱ） |
| *q-GPS-4-3* | Gm04_ BLOCK_ 38552113_ 38750785（7） | 9.13（3） | 0.86 | *GmCDF1* | *Glyma04g33410* | Regulation of transcription（Ⅳ） |
| *q-GPS-4-4* | Gm04_ BLOCK_ 42868609_ 42879569（3） | 3.23（1） | 0.37 | | *Glyma04g36630* | Vegetative to reproductive phase transition of meristem（Ⅰ） |
| *q-GPS-4-5* | Gm04_ BLOCK_ 44481934_ 44669597（6） | 3.42（3） | 0.36 | *GmLFY/GmLFY1* | *Glyma04g37900* | Flower development（Ⅰ） |

续表 3－7

| QTL | SNPLDB（等位变异数目） | $-\log_{10}P$（生态亚区） | $R^2$/% | 已报道 QTL | 候选基因 | 基因功能（类别） |
|---|---|---|---|---|---|---|
| *q－GPS－4－6* | Gm04_ BLOCK_ 44973349_ 45159996（7） | 6.79（1） | 1.04 | | | |
| *q－GPS－4－7* | Gm04_ 45897590（2） | 13.46（2） | 0.45 | | | |
| *q－GPS－5－1* | Gm05_ BLOCK_ 1256532_ 1406750（8） | 4.33（1） | 0.78 | | *Glyma05g01670* | |
| *q－GPS－5－2* | Gm05_ BLOCK_ 2527976_ 2535670（3） | 16.36（2） | 0.59 | | *Glyma05g03710* | Signal transduction（Ⅲ） |
| *q－GPS－5－3* | Gm05_ 8659024（2） | 2.86（2） | 0.08 | | *Glyma05g09120* | Root epidermal cell differentiation（Ⅳ） |
| *q－GPS－5－4* | Gm05_ BLOCK_ 9881350_ 9881371（4） | 38.46（2） | 1.44 | | | |
| *q－GPS－5－5* | Gm05_ 19557243（2） | 8.61（2） | 0.28 | | | |
| *q－GPS－5－6* | Gm05_ 30473927（2） | 2.65（3） | 0.15 | | | |
| *q－GPS－5－7* | Gm05_ BLOCK_ 34708314_ 34860560（5） | 20.70（2） | 0.82 | | *Glyma05g29215* | Leaf development（Ⅰ） |
| *q－GPS－6－1* | Gm06_ BLOCK_ 1267892_ 1440171（4） | 5.67（1） | 0.72 | | *Glyma06g01860* | Response to light stimulus（Ⅰ） |
| *q－GPS－6－2* | Gm06_ 10426096（2） | 22.26（1） | 2.44 | | *Glyma06g13320* | Protein phosphorylation（Ⅱ） |
| *q－GPS－6－3* | Gm06_ BLOCK_ 10632225_ 10632230（2） | 1.42（2） | 0.03 | | | |
| *q－GPS－6－4* | Gm06_ BLOCK_ 13326126_ 13514926（5） | 29.68（2） | 1.15 | *GmLFY2* | *Glyma06g17170* | Flower development（Ⅰ） |
| *q－GPS－6－5* | Gm06_ BLOCK_ 18494522_ 18657349（2） | 35.62（1） | 4.03 | *GmFULa/ GmFUL1b* | *Glyma06g22650* | Ovule development（Ⅰ） |
| *q－GPS－6－6* | Gm06_ BLOCK_ 18704009_ 18894153（4） | 61.04（2） | 2.29 | | | |
| *q－GPS－6－7* | Gm06_ BLOCK_ 26047011_ 26164437（5） | 8.99（1） | 1.18 | | *Glyma06g32870* | Biological process（Ⅳ） |
| *q－GPS－6－8* | Gm06_ 30598617（2） | 1.96（2） | 0.05 | | | |
| *q－GPS－6－9* | Gm06_ BLOCK_ 33174739_ 33369074（6） | 6.78（2） | 0.31 | | | |
| *q－GPS－6－10* | Gm06_ 38320900（2） | 8.31（3） | 0.55 | | *Glyma06g36351* | Embryo development（Ⅰ） |
| *q－GPS－6－11* | Gm06_ BLOCK_ 42553298_ 42752954（3） | 3.21（2） | 0.12 | | *Glyma06g39930* | Recognition of pollen（Ⅰ） |
| *q－GPS－6－12* | Gm06_ BLOCK_ 47331483_ 47331857（4） | 23.15（2） | 0.88 | | *Glyma06g46210* | Auxin homeostasis（Ⅰ） |
| *q－GPS－6－13* | Gm06_ BLOCK_ 47725776_ 47825451（8） | 25.19（1） | 3.31 | | | |
| *q－GPS－6－14* | Gm06_ BLOCK_ 48820377_ 48841117（4） | 52.78（1） | 6.44 | | | |
| *q－GPS－7－1* | Gm07_ BLOCK_ 2584492_ 2646995（5） | 12.98（1） | 1.66 | | *Glyma07g03810* | Response to gibberellin stimulus（Ⅰ） |

续表 3－7

| QTL | SNPLDB（等位变异数目） | $-\log_{10}P$（生态亚区） | $R^2$/% | 已报道QTL | 候选基因 | 基因功能（类别） |
|---|---|---|---|---|---|---|
| *q－GPS－7－2* | Gm07_ BLOCK_ 24045533_ 24099114（4） | 24.25（1） | 2.92 | | | |
| *q－GPS－7－3* | Gm07_ BLOCK_ 25632071_ 25722986（6） | 42.30（2） | 1.66 | | *Glyma07g23672* | |
| *q－GPS－7－4* | Gm07_ 33065070（2） | 1.77（3） | 0.09 | | | |
| *q－GPS－8－1* | Gm08_ 220625（2） | 10.44（3） | 0.70 | | *Glyma08g00510* | Protein phosphorylation（Ⅱ） |
| *q－GPS－8－2* | Gm08_ 8972349（2） | 2.45（1） | 0.21 | | *Glyma08g12956* | |
| *q－GPS－8－3* | Gm08_ BLOCK_ 11257183_ 11267646（3） | 2.85（3） | 0.21 | | *Glyma08g15715* | Brassinosteroid biosynthetic process（Ⅰ） |
| *q－GPS－8－4* | Gm08_ BLOCK_ 18340418_ 18538077（4） | 6.34（3） | 0.51 | | *Glyma08g23494* | Biological process（Ⅳ） |
| *q－GPS－8－5* | Gm08_ 32110146（2） | 2.06（2） | 0.05 | | | |
| *q－GPS－9－1* | Gm09_ 3230814（2） | 1.79（3） | 0.09 | | *Glyma09g04770* | Pollen sperm cell differentiation（Ⅰ） |
| *q－GPS－9－2* | Gm09_ BLOCK_ 7085582_ 7258706（9） | 13.32（2） | 0.63 | | *Glyma09g07760* | Biological process（Ⅳ） |
| *q－GPS－9－3* | Gm09_ 12103249（2） | 5.00（3） | 0.31 | | *Glyma09g11615* | Biological process（Ⅳ） |
| *q－GPS－9－4* | Gm09_ 18450535（2） | 1.88（1） | 0.15 | | *Glyma09g15760* | Vegetative to reproductive phase transition of meristem（Ⅰ） |
| *q－GPS－9－5* | Gm09_ 22119591（2） | 16.15（2） | 0.55 | | *Glyma09g17743* | Abscisic acid biosynthetic process（Ⅰ） |
| *q－GPS－9－6* | Gm09_ 24809649（2） | 9.19（3） | 0.61 | | *Glyma09g20483* | DNA repair（Ⅱ） |
| *q－GPS－9－7* | Gm09_ 28593693（2） | 1.14（3） | 0.05 | | *Glyma09g22854* | Endonucleolytic cleavage involved in rrna processing（Ⅱ） |
| *q－GPS－9－8* | Gm09_ 32414835（2） | 1.95（3） | 0.10 | | *Glyma09g26141* | Synapsis（Ⅱ） |
| *q－GPS－9－9* | Gm09_ BLOCK_ 36500790_ 36567320（6） | 21.37（3） | 1.77 | | *Glyma09g29050* | Signal transduction（Ⅲ） |
| *q－GPS－9－10* | Gm09_ 44861389（2） | 7.85（1） | 0.79 | | *Glyma09g40130* | Root development（Ⅳ） |
| *q－GPS－9－11* | Gm09_ 45474240（2） | 1.42（1） | 0.11 | *GmSOC1-like/GmSOC1b* | *Glyma09g40230* | Ovule development（Ⅰ） |
| *q－GPS－10－1* | Gm10_ BLOCK_ 9922082_ 9948174（3） | 4.09（3） | 0.30 | | *Glyma10g10225* | Ovule development（Ⅰ） |
| *q－GPS－10－2* | Gm10_ BLOCK_ 10662773_ 10861547（5） | 27.97（2） | 1.09 | | | |
| *q－GPS－10－3* | Gm10_ 12103531（2） | 1.75（2） | 0.04 | | | |
| *q－GPS－10－4* | Gm10_ 16636283（2） | 8.19（1） | 0.83 | | | |

续表 3-7

| QTL | SNPLDB（等位变异数目） | $-\log_{10}P$（生态亚区） | $R^2$/% | 已报道QTL | 候选基因 | 基因功能（类别） |
|---|---|---|---|---|---|---|
| *q-GPS*-10-5 | Gm10_ BLOCK_ 18929361_ 19126796（5） | 6.12（2） | 0.27 | | *Glyma*10*g*15910 | Response to cadmium ion（Ⅲ） |
| *q-GPS*-10-6 | Gm10_ BLOCK_ 21869841_ 21890755（4） | 3.38（2） | 0.12 | | | |
| *q-GPS*-10-7 | Gm10_ 23723371（2） | 27.08（1） | 3.01 | | | |
| *q-GPS*-10-8 | Gm10_ BLOCK_ 25663564_ 25863475（7） | 17.35（2） | 0.74 | | | |
| *q-GPS*-10-9 | Gm10_ 36538608（2） | 13.70（2） | 0.46 | *GmPHYA*1 | *Glyma*10*g*28170 | Response to far red light（Ⅰ） |
| *q-GPS*-10-10 | Gm10_ 39093319（2） | 15.72（3） | 1.08 | | *Glyma*10*g*30100 | Cellular membrane fusion（Ⅳ） |
| *q-GPS*-10-11 | Gm10_ 39204153（2） | 2.44（3） | 0.13 | | | |
| *q-GPS*-10-12 | Gm10_ 39709433（2） | 2.33（1） | 0.20 | | | |
| *q-GPS*-10-13 | Gm10_ BLOCK_ 46333914_ 46439805（3） | 27.39（1） | 3.18 | | *Glyma*10*g*38890 | Response to salt stress（Ⅲ） |
| *q-GPS*-11-1 | Gm11_ 4841463（2） | 1.41（3） | 0.07 | *GmTOE*3*b* | *Glyma*11*g*05720 | Flower development（Ⅰ） |
| *q-GPS*-11-2 | Gm11_ BLOCK_ 34137511_ 34137512（2） | 2.10（3） | 0.11 | | *Glyma*11*g*32301 | Response to high light intensity（Ⅰ） |
| *q-GPS*-12-1 | Gm12_ BLOCK_ 2806414_ 2945752（4） | 6.55（3） | 0.53 | | *Glyma*12*g*05110 | Biological process（Ⅳ） |
| *q-GPS*-12-2 | Gm12_ BLOCK_ 8476217_ 8526600（2） | 1.48（1） | 0.11 | | *Glyma*12*g*11110 | Pollen tube growth（Ⅰ） |
| *q-GPS*-12-3 | Gm12_ BLOCK_ 8644965_ 8844939（4） | 3.82（2） | 0.16 | | | |
| *q-GPS*-12-4 | Gm12_ 14720288（2） | 2.67（2） | 0.07 | | | |
| *q-GPS*-12-5 | Gm12_ 19310623（2） | 8.19（1） | 0.83 | | *Glyma*12*g*18636 | Response to red or far red light（Ⅰ） |
| *q-GPS*-12-5 | Gm12_ 19310623（2） | 6.12（2） | 0.19 | | | |
| *q-GPS*-12-6 | Gm12_ 26800465（2） | 5.20（3） | 0.32 | | | |
| *q-GPS*-12-7 | Gm12_ 28746601（2） | 5.92（3） | 0.38 | | | |
| *q-GPS*-12-8 | Gm12_ 29099573（2） | 4.76（1） | 0.45 | | | |
| *q-GPS*-12-9 | Gm12_ BLOCK_ 38281130_ 38391286（3） | 9.47（1） | 1.08 | | *Glyma*12*g*35330 | Carbohydrate biosynthetic process（Ⅱ） |
| *q-GPS*-13-1 | Gm13_ BLOCK_ 583066_ 659175（4） | 5.54（3） | 0.45 | | *Glyma*13*g*00960 | DNA-dependent DNA replication（Ⅱ） |
| *q-GPS*-13-2 | Gm13_ BLOCK_ 2504952_ 2584197（5） | 32.15（2） | 1.24 | | *Glyma*13*g*02620 | Floral organ formation（Ⅰ） |
| *q-GPS*-13-3 | Gm13_ 2910894（2） | 17.87（3） | 1.24 | | | |
| *q-GPS*-13-4 | Gm13_ BLOCK_ 7662030_ 7802556（6） | 5.28（3） | 0.51 | *GmCOL*2*a*/ *GmCOL*5 | *Glyma*13*g*07030 | Regulation of flower development（Ⅰ） |

续表 3-7

| QTL | SNPLDB（等位变异数目） | $-\log_{10}P$（生态亚区） | $R^2$/% | 已报道 QTL | 候选基因 | 基因功能（类别） |
|---|---|---|---|---|---|---|
| *q-GPS*-13-5 | Gm13_ BLOCK_ 12005208_ 12203504（4） | 2.58（3） | 0.23 | | *Glyma*13*g*10400 | |
| *q-GPS*-13-6 | Gm13_ 22946497（2） | 2.55（1） | 0.22 | | *Glyma*13*g*20260 | |
| *q-GPS*-13-7 | Gm13_ BLOCK_ 23529002_ 23726847（6） | 2.98（1） | 0.50 | | | |
| *q-GPS*-13-8 | Gm13_ 28951523（2） | 1.90（3） | 0.10 | | *Glyma*13*g*25732 | |
| *q-GPS*-13-9 | Gm13_ 38172752（2） | 2.19（3） | 0.12 | | *Glyma*13*g*37360 | Embryo sac egg cell differentiation（Ⅰ） |
| *q-GPS*-13-10 | Gm13_ 44330881（2） | 5.42（3） | 0.34 | | *Glyma*13*g*45010 | |
| *q-GPS*-14-1 | Gm14_ 8807698（2） | 23.71（1） | 2.61 | | *Glyma*14*g*10605 | Biological process（Ⅳ） |
| *q-GPS*-14-2 | Gm14_ BLOCK_ 42925410_ 42933683（2） | 1.95（3） | 0.10 | | *Glyma*14*g*34750 | Transport（Ⅲ） |
| *q-GPS*-15-1 | Gm15_ BLOCK_ 4661819_ 4766426（4） | 30.91（1） | 3.72 | | *Glyma*15*g*06070 | Biological process（Ⅳ） |
| *q-GPS*-15-2 | Gm15_ BLOCK_ 12390035_ 12392985（2） | 1.58（2） | 0.04 | | *Glyma*15*g*16130 | Positive regulation of DNA repair（Ⅱ） |
| *q-GPS*-15-3 | Gm15_ BLOCK_ 30472127_ 30510759（5） | 24.84（3） | 1.97 | | *Glyma*15*g*28100 | Brassinosteroid biosynthetic process（Ⅰ） |
| *q-GPS*-15-4 | Gm15_ BLOCK_ 31188125_ 31199722（4） | 5.68（1） | 0.72 | | | |
| *q-GPS*-16-1 | Gm16_ BLOCK_ 12287917_ 12487423（7） | 10.96（3） | 1.01 | | *Glyma*16*g*12090 | Alkaloid biosynthetic process（Ⅰ） |
| *q-GPS*-16-2 | Gm16_ BLOCK_ 15741554_ 15940860（4） | 3.40（3） | 0.29 | | *Glyma*16*g*14953 | Regulation of actin filament polymerization（Ⅳ） |
| *q-GPS*-16-3 | Gm16_ BLOCK_ 31755385_ 31840045（4） | 94.20（2） | 3.54 | | *Glyma*16*g*27810 | Pollen tube growth（Ⅰ） |
| *q-GPS*-16-4 | Gm16_ BLOCK_ 32015798_ 32118729（8） | 32.38（3） | 2.73 | | | |
| *q-GPS*-16-5 | Gm16_ BLOCK_ 32137926_ 32291423（6） | 11.20（3） | 0.98 | | | |
| *q-GPS*-17-1 | Gm17_ BLOCK_ 12892465_ 13088320（4） | 4.86（2） | 0.20 | | *Glyma*17*g*16675 | Anaphase（Ⅱ） |
| *q-GPS*-17-2 | Gm17_ 13809803（2） | 1.87（3） | 0.10 | | | |
| *q-GPS*-17-3 | Gm17_ 33648615（2） | 1.48（1） | 0.11 | | *Glyma*17*g*30760 | Response to red or far red light（Ⅰ） |
| *q-GPS*-17-4 | Gm17_ BLOCK_ 35410984_ 35609832（6） | 44.18（2） | 1.73 | | *Glyma*17*g*33001 | |
| *q-GPS*-17-5 | Gm17_ BLOCK_ 35905809_ 36090746（5） | 11.83（3） | 0.98 | | | |
| *q-GPS*-17-6 | Gm17_ 36430742（2） | 3.94（1） | 0.37 | | | |
| *q-GPS*-17-7 | Gm17_ BLOCK_ 39803022_ 39896964（7） | 37.19（2） | 1.49 | | *Glyma*17*g*36230 | G2 phase of mitotic cell cycle（Ⅱ） |

续表 3 - 7

| QTL | SNPLDB（等位变异数目） | $-\log_{10}P$（生态亚区） | $R^2$/% | 已报道QTL | 候选基因 | 基因功能（类别） |
|---|---|---|---|---|---|---|
| *q - GPS* - 17 - 8 | Gm17_ 41202159 (2) | 2.45 (2) | 0.07 | | *Glyma*17*g*37450 | |
| *q - GPS* - 17 - 9 | Gm17_ 41555234 (2) | 19.59 (2) | 0.67 | | | |
| *q - GPS* - 18 - 1 | Gm18_ 3772525 (2) | 34.41 (3) | 2.47 | | *Glyma*18*g*05275 | Protein phosphorylation (Ⅱ) |
| *q - GPS* - 18 - 2 | Gm18_ 5857934 (2) | 8.05 (3) | 0.53 | | *Glyma*18*g*07040 | Nuclear-transcribed mrna catabolic process (Ⅱ) |
| *q - GPS* - 18 - 3 | Gm18_ BLOCK_ 9206581_ 9221692 (5) | 31.96 (3) | 2.52 | | *Glyma*18*g*10324 | Response to chitin (Ⅲ) |
| *q - GPS* - 18 - 4 | Gm18_ BLOCK_ 10250610_ 10331141 (5) | 23.75 (2) | 0.93 | | *Glyma*18*g*11512 | |
| *q - GPS* - 18 - 5 | Gm18_ 14107646 (2) | 7.47 (2) | 0.24 | | | |
| *q - GPS* - 18 - 6 | Gm18_ 14114030 (2) | 15.62 (2) | 0.53 | | | |
| *q - GPS* - 18 - 7 | Gm18_ 26786764 (2) | 2.56 (2) | 0.07 | | | |
| *q - GPS* - 19 - 1 | Gm19_ BLOCK_ 32378720_ 32441607 (4) | 51.79 (2) | 1.94 | | *Glyma*19*g*25980 | Oxidation-reduction process (Ⅳ) |
| *q - GPS* - 19 - 2 | Gm19_ BLOCK_ 46925647_ 47109003 (5) | 7.42 (2) | 0.32 | *E3/Gm-PHYA3* | *Glyma*19*g*41210 | Red light signaling pathway (Ⅰ) |
| *q - GPS* - 20 - 1 | Gm20_ BLOCK_ 9361108_ 9482569 (3) | 12.05 (2) | 0.44 | | *Glyma*20*g*06615 | Ovule development (Ⅰ) |
| *q - GPS* - 20 - 2 | Gm20_ BLOCK_ 14690539_ 14690788 (2) | 2.04 (2) | 0.05 | | | |
| *q - GPS* - 20 - 3 | Gm20_ BLOCK_ 33340849_ 33340902 (3) | 11.62 (3) | 0.85 | | *Glyma*20*g*23760 | Response to salt stress (Ⅲ) |
| *q - GPS* - 20 - 4 | Gm20_ BLOCK_ 37798430_ 37896753 (4) | 2.25 (2) | 0.10 | | *Glyma*20*g*28880 | Positive regulation of cell proliferation (Ⅳ) |
| *q - GPS* - 20 - 5 | Gm20_ BLOCK_ 38728969_ 38737712 (4) | 45.59 (3) | 3.49 | | | |
| *q - GPS* - 20 - 6 | Gm20_ 45733112 (2) | 2.03 (2) | 0.05 | | *Glyma*20*g*38090 | |

| 亚区 | 生育期结构 QTL 贡献率组中值 | | | | | | | | | 位点数目 | 贡献率/% | 位点平均贡献率/% | 变幅/% |
|---|---|---|---|---|---|---|---|---|---|---|---|---|---|
| | 0.25 | 0.75 | 1.25 | 1.75 | 2.25 | 2.75 | 3.25 | 3.75 | >4.00 | | | | |
| Sub - 1 | 12 | 8 | 3 | 4 | 1 | 3 | 3 | 1 | 2 | 37 | 53.12 | 1.44 | 0.11 ~ 6.44 |
| Sub - 2 | 32 | 11 | 6 | 5 | 1 | 0 | 1 | 1 | 0 | 57 | 38.54 | 0.68 | 0.03 ~ 3.54 |
| Sub - 3 | 30 | 13 | 4 | 2 | 1 | 2 | 1 | 0 | 0 | 53 | 35.15 | 0.66 | 0.05 ~ 3.49 |

注：QTL 中，如 *q - GPS* - 1 - 1，- *GPS* 表示生育期结构，- 1 表示 1 号染色体，- 1 表示根据染色体上物理位置排序。候选基因功能分类中，Ⅰ：花发育；Ⅱ：信号转导与运输；Ⅲ：初级代谢；Ⅳ：其他生物途径。

表 3－8　生育期性状 QTL 在染色体上的分布

| 染色体 | 总位点 | DTF | DTM | DM | GPS | 染色体 | 总位点 | DTF | DTM | DM | GPS |
|---|---|---|---|---|---|---|---|---|---|---|---|
| Gm01 | 31 | 8 | 7 | 12 | 5 | Gm11 | 13 | 4 | 5 | 5 | 2 |
| Gm02 | 47 | 17 | 17 | 11 | 8 | Gm12 | 29 | 7 | 6 | 8 | 9 |
| Gm03 | 56 | 18 | 9 | 20 | 15 | Gm13 | 40 | 16 | 8 | 9 | 10 |
| Gm04 | 50 | 19 | 13 | 15 | 7 | Gm14 | 33 | 15 | 14 | 10 | 2 |
| Gm05 | 46 | 15 | 19 | 12 | 7 | Gm15 | 35 | 17 | 9 | 11 | 4 |
| Gm06 | 65 | 27 | 18 | 14 | 14 | Gm16 | 28 | 7 | 10 | 8 | 5 |
| Gm07 | 31 | 15 | 4 | 12 | 4 | Gm17 | 39 | 12 | 16 | 9 | 9 |
| Gm08 | 34 | 14 | 11 | 6 | 5 | Gm18 | 62 | 21 | 19 | 22 | 7 |
| Gm09 | 48 | 13 | 17 | 12 | 11 | Gm19 | 43 | 21 | 14 | 10 | 2 |
| Gm10 | 46 | 13 | 13 | 10 | 13 | Gm20 | 32 | 11 | 10 | 10 | 6 |

注：DTF、DTM、DM、GPS 分别为生育前期、生育后期、全生育期和生育期结构。

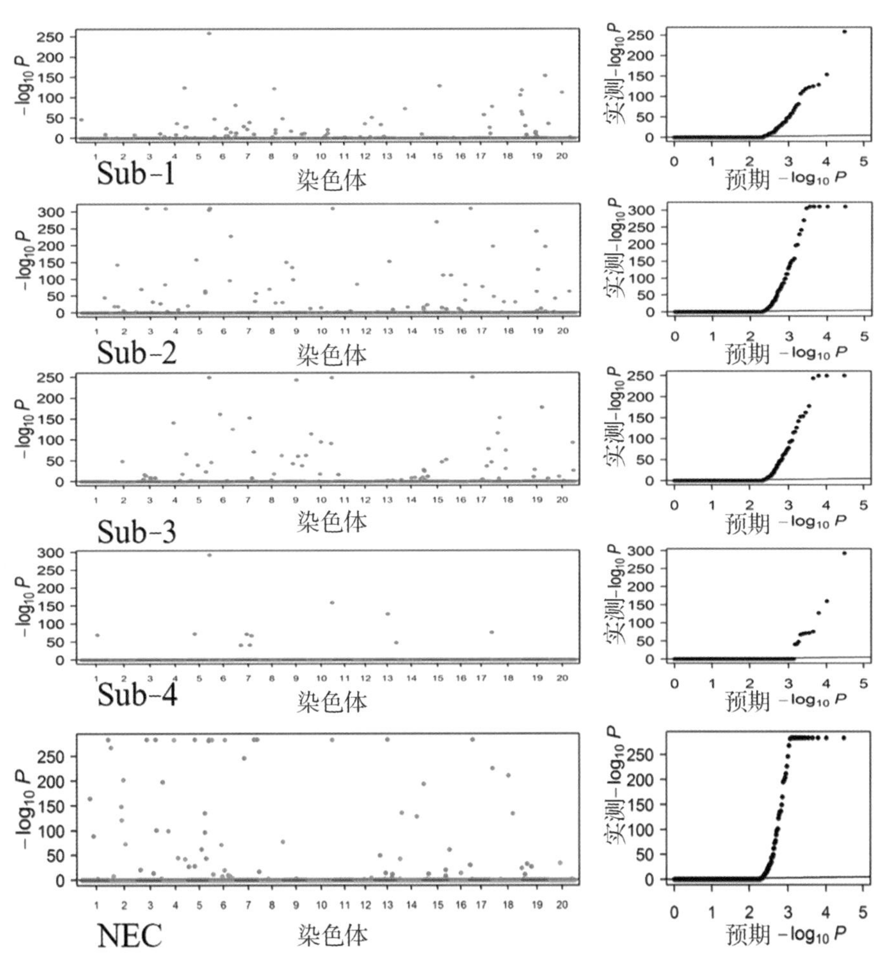


图 3－1　东北大豆群体在各生态亚区及东北全区生育前期性状位点的曼哈顿图和 QQ 图

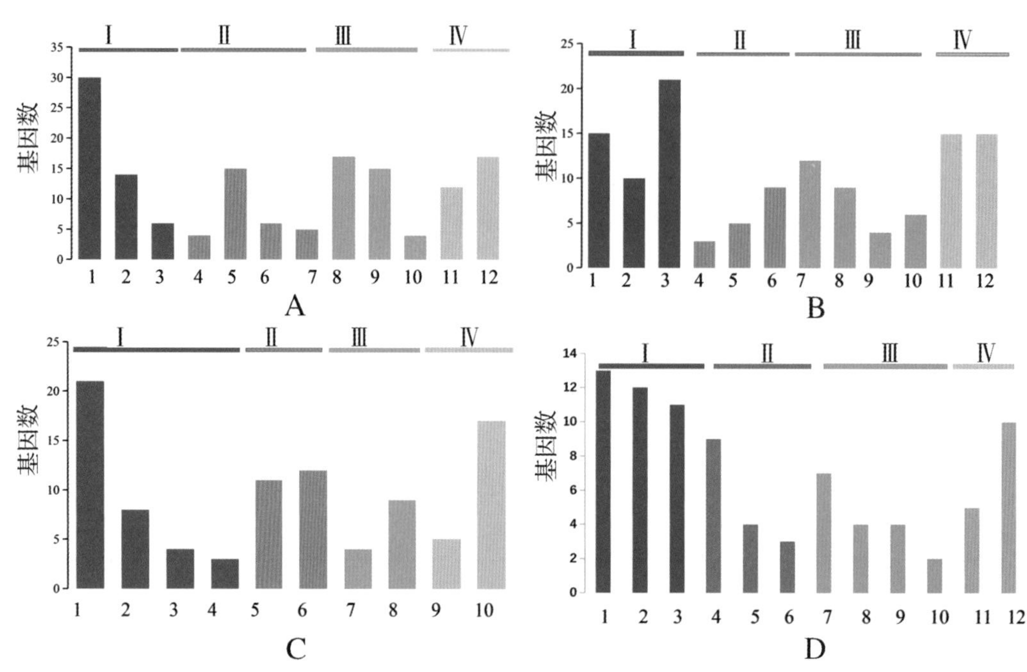


**图 3-2　东北各生态亚区生育期性状候选基因功能注释分布**

注：A～D 分别为生育前期、生育后期、全生育期、生育期结构；Ⅰ：花发育；Ⅱ：信号转导与运输；Ⅲ：初级代谢；Ⅳ：其他生物途径。在 A 图中，1：花发育相关；2：光形态建成相关；3：胚发育相关；4：信号转导相关；5：转运相关；6：植物激素调节；7：防御反应；8：蛋白质代谢相关；9：核酸代谢相关；10：碳水化合物代谢相关；11：其他生物途径；12：未知生物途径。在 B 图中，1：花发育相关；2：光形态建成相关；3：胚发育相关；4：信号转导相关；5：转运相关；6：植物激素调节；7：蛋白质代谢相关；8：核酸代谢相关；9：碳水化合物代谢相关；10：其他代谢相关；11：其他生物途径；12：未知生物途径。在 C 图中，1：花发育相关；2：光形态建成相关；3：胚发育相关；4：营养期转变过程相关；5：蛋白质代谢相关；6：核酸代谢相关；7：信号转导相关；8：转运相关；9：其他生物途径；10：未知生物途径。D 图中，1：光形态建成相关；2：胚发育相关；3：花发育相关；4：植物激素调节；5：环境压力相关；6：信号转导相关；7：核酸代谢相关；8：碳水化合物代谢相关；9：蛋白质代谢相关；10：油脂代谢相关；11：其他生物途径；12：未知生物途径。

## 第三节　生育期性状 QTL 贡献率在亚区间的变异

由表 3-3 可知，相同性状在不同生态亚区的定位结果存在较大程度的差异。表 3-9 为控制生育期性状亚区间分布位点在不同生态亚区的贡献率。从贡献率看，这些在多个亚区间分布的位点以贡献率超 1% 的类型为主。在多个亚区间分布的、控制生育前期的 15 个位点中，有 12 个在一个或多个生态亚区的贡献率超 1%。相似地，生育后期 8 个位点中的 6 个、全生育期 13 个位点中的 12 个在至少一个生态亚区中的贡献率超 1%。

从位点效应解释率的稳定性看，生育前期及生育后期在亚区间位点解释率的变异系数在 50% 以上的位点数目仅在 20%（3/15）、25%（2/8），而全生育期则高达 61.54%（8/13）。也就是说，控制全生育期的位点较生育前期及生育后期的位点对环境因素更为敏感。该分析也表明，相同位点对性状的影响在不同环境下具有一定的稳定性，但其在特定生态条件下对性状的影响会有所增强。

相同等位变异的基因型效应值在不同生态条件下变化更大。这种差异既体现在等位变异效应值数值大小上，也体现在对性状的影响上，其中在数值上的差异更大。从表 3-10 可知，相同等位变异在不同生态亚区间的效应值均不相同，其中一些差异较大，如 *q-DTF*-4-7 的 a3 在 Sub-3 中的效应值为 -1.07 d 而在 NEC 中则达到 -10.36 d。而一些等位变异在不同生态条件下效应值则呈现方向性的变化，但这些等位变异均出现在含有复等位变异的 QTL 中，其效应值一般并不突出。以生育前期为例，这些共享 QTL 共含有 82 个等位变异，其中的 31.71%（26）存在方向性变化，其中的 69.23%（18/26）在某些生态亚区的效应值在 0~1 d 之间。也就是说，等位变异在不同生态条件下对性状的影响虽有差异，但主要影响是一致的，这对分子设计育种十分重要。但也存在一些 QTL 的等位变异在不同生态条件下对性状的影响不同，这说明按生态区进行育种设计的合理性。

需要说明的是，由于生育期结构在各亚区定位的 QTL 存在极大差异，定位到的 145 个位点中仅有 2 个小贡献率（均在 1% 以下）的 QTL 在多个亚区间分布，本研究仅列出这 2 个位点在亚区间的分布情况，不做进一步分析。

**表 3-9　生育期性状共享 QTL 在各生态亚区贡献率变异**

| QTL | SNPLDB | $R^2$/% | | | | | *CV*/% |
|---|---|---|---|---|---|---|---|
| | | NEC | Sub-1 | Sub-2 | Sub-3 | Sub-4 | |
| *q-DTF*-3-6 | Gm03_ BLOCK_ 16963699_ 17159588 | 3.30 | | 5.04 | | | 29.51 |
| *q-DTF*-4-7 | Gm04_ BLOCK_ 21896229_ 21996322 | 3.74 | | | 2.03 | | 41.91 |
| *q-DTF*-4-14 | Gm04_ BLOCK_ 43123388_ 43304064 | 0.30 | 4.44 | | | | 123.52 |
| *q-DTF*-5-4 | Gm05_ 12321433 | 2.94 | | | | 3.48 | 11.90 |
| *q-DTF*-5-9 | Gm05_ BLOCK_ 31383769_ 31581759 | 0.89 | | 0.75 | | | 12.07 |
| *q-DTF*-5-10 | Gm05_ BLOCK_ 31599573_ 31773904 | 0.65 | | 0.69 | | | 4.22 |
| *q-DTF*-5-13 | Gm05_ 38665611 | 1.79 | | 3.40 | | | 43.87 |
| *q-DTF*-5-15 | Gm05_ BLOCK_ 40732257_ 40930476 | | 9.66 | 14.00 | 10.91 | 23.17 | 42.27 |
| *q-DTF*-7-3 | Gm07_ BLOCK_ 14274467_ 14474162 | 1.58 | 0.95 | | | | 35.22 |
| *q-DTF*-7-6 | Gm07_ BLOCK_ 25194369_ 25298259 | | 1.42 | | 2.22 | 2.61 | 29.12 |
| *q-DTF*-10-13 | Gm10_ 46589617 | 4.39 | | 8.01 | 5.40 | 8.85 | 31.67 |
| *q-DTF*-14-15 | Gm14_ BLOCK_ 49106903_ 49166925 | 1.25 | | | 0.39 | | 74.16 |
| *q-DTF*-16-3 | Gm16_ 19219236 | 0.09 | | 0.06 | | | 28.28 |
| *q-DTF*-17-4 | Gm17_ BLOCK_ 4885563_ 5078835 | 2.39 | | | 3.71 | | 30.60 |
| *q-DTF*-17-12 | Gm17_ 41144639 | | | | 0.60 | 3.68 | 101.77 |
| *q-FTM*-2-10 | Gm02_ 13839291 | | | 0.15 | | 0.13 | 10.10 |
| *q-FTM*-7-3 | Gm07_ BLOCK_ 25194369_ 25298259 | | 1.57 | | | 1.03 | 29.37 |
| *q-FTM*-9-8 | Gm09_ BLOCK_ 23418314_ 23539766 | | 5.28 | 0.69 | | | 108.73 |
| *q-FTM*-14-5 | Gm14_ BLOCK_ 6387928_ 6583078 | | | 3.34 | 1.82 | | 41.66 |
| *q-FTM*-14-14 | Gm14_ BLOCK_ 49106903_ 49166925 | | | | 4.99 | 2.63 | 43.80 |
| *q-FTM*-15-1 | Gm15_ BLOCK_ 956062_ 1025225 | | | | 0.56 | 1.82 | 74.87 |

续表 3－9

| QTL | SNPLDB | $R^2$/% | | | | | CV/% |
|---|---|---|---|---|---|---|---|
| | | NEC | Sub－1 | Sub－2 | Sub－3 | Sub－4 | |
| *q－FTM*－17－6 | Gm17_ BLOCK_ 20138363_ 20138364 | | | 3. 01 | | 1. 81 | 35. 21 |
| *q－FTM*－18－18 | Gm18_ 58856851 | | | 0. 06 | 0. 04 | | 28. 28 |
| *q－DM*－2－3 | Gm02_ BLOCK_ 7015505_ 7140904 | | | 4. 07 | 0. 17 | | 130. 08 |
| *q－DM*－3－4 | Gm03_ BLOCK_ 12125628_ 12324125 | | | 2. 18 | 1. 36 | | 32. 76 |
| *q－DM*－4－6 | Gm04_ BLOCK_ 20108155_ 20263035 | | | 2. 37 | | 0. 61 | 83. 52 |
| *q－DM*－6－2 | Gm06_ BLOCK_ 15887539_ 16087077 | | | 4. 40 | 0. 25 | | 126. 21 |
| *q－DM*－10－6 | Gm10_ BLOCK_ 27592327_ 27780355 | | | 1. 84 | 0. 18 | | 116. 22 |
| *q－DM*－14－5 | Gm14_ BLOCK_ 32442185_ 32641878 | | 2. 19 | | 3. 76 | | 37. 32 |
| *q－DM*－15－7 | Gm15_ BLOCK_ 34011352_ 34211189 | | 1. 07 | | | 0. 64 | 35. 56 |
| *q－DM*－16－4 | Gm16_ 19219236 | | | 0. 04 | | 0. 20 | 94. 28 |
| *q－DM*－17－6 | Gm17_ BLOCK_ 22408055_ 22604887 | | | 1. 20 | 3. 10 | | 62. 49 |
| *q－DM*－17－7 | Gm17_ BLOCK_ 32421639_ 32428975 | | 2. 00 | | 1. 39 | | 25. 45 |
| *q－DM*－20－5 | Gm20_ BLOCK_ 8015458_ 8214120 | | | 0. 37 | | 6. 92 | 127. 07 |
| *q－DM*－20－7 | Gm20_ BLOCK_ 19134133_ 19251740 | | 4. 08 | 3. 20 | | | 17. 09 |
| *q－DM*－20－9 | Gm20_ BLOCK_ 33553944_ 33730115 | | 3. 16 | 0. 59 | | | 96. 92 |
| *q－GPS*－3－8 | Gm03_ 21825909 | | | 1. 44 | 0. 78 | | 42. 04 |
| *q－GPS*－12－5 | Gm12_ 19310623 | | 0. 83 | 0. 19 | | | 88. 73 |

**表 3－10　生育期性状亚区间共享 QTL 等位变异在各亚区效应值变异**

| QTL | 区域 | 等位变异 | | | | | | | | | |
|---|---|---|---|---|---|---|---|---|---|---|---|
| | | a1 | a2 | a3 | a4 | a5 | a6 | a7 | a8 | a9 | a10 |
| *q－DTF*－3－6 | Sub－2 | －1. 06 | 1. 04 | －3. 36 | 1. 70 | 4. 73 | －1. 13 | 2. 01 | 37. 01 | －4. 89 | |
| | NEC | 0. 09 | －3. 74 | 0. 35 | 1. 54 | 5. 96 | －2. 18 | 5. 85 | 22. 80 | 3. 69 | |
| *q－DTF*－4－7 | Sub－3 | －0. 10 | 1. 99 | －1. 07 | 0. 24 | －0. 68 | －6. 21 | 6. 87 | | | |
| | NEC | －0. 07 | 7. 47 | －10. 36 | －6. 20 | －5. 55 | 2. 20 | 6. 32 | | | |
| *q－DTF*－4－14 | Sub－1 | 0. 76 | －1. 94 | －2. 47 | 2. 28 | 1. 19 | 4. 12 | －1. 59 | 7. 03 | －0. 74 | |
| | NEC | －0. 74 | 0. 44 | －0. 04 | －0. 30 | －0. 27 | 3. 84 | 2. 47 | 0. 12 | －5. 16 | |
| *q－DTF*－5－4 | Sub－4 | －0. 10 | 8. 93 | | | | | | | | |
| | NEC | －0. 17 | 15. 41 | | | | | | | | |
| *q－DTF*－5－9 | Sub－2 | －2. 79 | 1. 52 | －2. 19 | 1. 74 | 3. 67 | 3. 29 | －1. 36 | 0. 93 | — | |
| | NEC | －1. 11 | 2. 26 | －1. 25 | 2. 15 | －2. 98 | 0. 72 | －2. 80 | －1. 69 | — | |
| *q－DTF*－5－10 | Sub－2 | 0. 92 | 3. 42 | －1. 73 | －4. 04 | －1. 19 | 0. 78 | －1. 53 | －6. 94 | 3. 94 | |
| | NEC | 0. 57 | 2. 84 | －2. 85 | －3. 68 | 3. 06 | －3. 78 | －2. 11 | －0. 50 | 1. 10 | |
| *q－DTF*－5－13 | Sub－2 | －8. 74 | 0. 12 | | | | | | | | |
| | NEC | －8. 06 | 0. 11 | | | | | | | | |

续表 3 - 10

| QTL | 区域 | 等位变异 | | | | | | | | | |
|---|---|---|---|---|---|---|---|---|---|---|---|
| | | a1 | a2 | a3 | a4 | a5 | a6 | a7 | a8 | a9 | a10 |
| *q - DTF* - 5 - 15 | Sub - 1 | -0. 41 | -1. 90 | 1. 75 | 14. 33 | -0. 91 | -2. 35 | | | | |
| | Sub - 2 | 0. 73 | -1. 37 | -0. 79 | 2. 34 | -2. 69 | -0. 07 | | | | |
| | Sub - 3 | -0. 51 | -0. 41 | 0. 43 | 10. 72 | -2. 18 | 4. 70 | | | | |
| | Sub - 4 | -0. 46 | -0. 26 | 0. 63 | 7. 59 | -0. 79 | 1. 53 | | | | |
| *q - DTF* - 7 - 3 | Sub - 1 | -1. 15 | 0. 93 | 1. 99 | -0. 81 | | | | | | |
| | NEC | -1. 29 | 1. 45 | 1. 80 | -2. 91 | | | | | | |
| *q - DTF* - 7 - 6 | Sub - 1 | -1. 77 | 3. 13 | -0. 90 | 1. 55 | 5. 42 | 0. 16 | 10. 80 | 0. 86 | -4. 91 | |
| | Sub - 3 | -0. 61 | -0. 31 | 0. 17 | 0. 19 | 1. 16 | -1. 39 | 19. 65 | 4. 77 | 7. 93 | |
| | Sub - 4 | -0. 25 | -1. 01 | -0. 47 | -0. 57 | 4. 05 | 5. 62 | 5. 85 | -0. 40 | 13. 29 | |
| *q - DTF* - 10 - 13 | Sub - 2 | -0. 14 | 12. 23 | | | | | | | | |
| | Sub - 3 | -0. 10 | 9. 18 | | | | | | | | |
| | Sub - 4 | -0. 02 | 2. 07 | | | | | | | | |
| | NEC | -0. 13 | 11. 56 | | | | | | | | |
| *q - DTF* - 14 - 15 | Sub - 3 | 0. 17 | -0. 24 | 0. 94 | -5. 37 | | | | | | |
| | NEC | 1. 07 | -0. 76 | -1. 18 | -6. 99 | | | | | | |
| *q - DTF* - 16 - 3 | Sub - 2 | -1. 77 | 0. 03 | | | | | | | | |
| | NEC | -3. 31 | 0. 06 | | | | | | | | |
| *q - DTF* - 17 - 4 | Sub - 3 | -2. 57 | 1. 12 | 3. 05 | 0. 43 | 10. 00 | 4. 03 | 13. 38 | — | — | |
| | NEC | -1. 07 | 0. 27 | 2. 87 | -3. 74 | -3. 18 | 4. 30 | 13. 17 | — | — | |
| *q - DTF* - 17 - 12 | Sub - 3 | -0. 24 | 21. 40 | | | | | | | | |
| | Sub - 4 | -0. 13 | 11. 52 | | | | | | | | |
| *q - FTM* - 2 - 10 | Sub - 2 | -1. 30 | 1. 17 | | | | | | | | |
| | Sub - 4 | -0. 37 | 0. 33 | | | | | | | | |
| *q - FTM* - 7 - 3 | Sub - 1 | 0. 09 | 0. 14 | 0. 67 | -4. 50 | -9. 88 | -2. 89 | -1. 54 | 4. 55 | 20. 37 | |
| | Sub - 4 | -0. 84 | 0. 40 | 0. 32 | -0. 83 | 4. 85 | 4. 58 | 4. 28 | 4. 90 | 3. 24 | |
| *q - FTM* - 9 - 8 | Sub - 1 | 0. 33 | 0. 07 | -5. 07 | -6. 80 | 7. 21 | 12. 74 | -1. 50 | | | |
| | Sub - 2 | 1. 14 | -2. 43 | 1. 07 | -4. 87 | 1. 65 | 3. 42 | -2. 50 | | | |
| *q - FTM* - 14 - 5 | Sub - 2 | -1. 96 | 0. 82 | 0. 93 | 4. 30 | -2. 10 | 4. 71 | -6. 85 | -2. 07 | 1. 36 | 2. 27 |
| | Sub - 3 | -0. 42 | -0. 21 | -0. 30 | 1. 32 | 5. 39 | -0. 87 | -6. 79 | -1. 42 | 5. 04 | 6. 64 |
| *q - FTM* - 14 - 14 | Sub - 3 | 1. 43 | -2. 07 | 2. 35 | -9. 41 | | | | | | |
| | Sub - 4 | 0. 41 | -0. 11 | -0. 66 | -5. 70 | | | | | | |
| *q - FTM* - 15 - 1 | Sub - 3 | -0. 37 | 2. 08 | -1. 42 | -0. 68 | | | | | | |
| | Sub - 4 | -1. 33 | 2. 43 | 0. 99 | 9. 07 | | | | | | |
| *q - FTM* - 17 - 6 | Sub - 2 | 0. 05 | -3. 63 | | | | | | | | |
| | Sub - 4 | 0. 06 | -4. 17 | | | | | | | | |

续表 3－10

| QTL | 区域 | 等位变异 | | | | | | | | | |
|---|---|---|---|---|---|---|---|---|---|---|---|
| | | a1 | a2 | a3 | a4 | a5 | a6 | a7 | a8 | a9 | a10 |
| *q－FTM*－18－18 | Sub－2 | －3.35 | 0.05 | | | | | | | | |
| | Sub－3 | －1.88 | 0.03 | | | | | | | | |
| *q－DM*－2－3 | Sub－2 | 0.51 | －3.76 | －0.85 | 4.64 | －2.35 | 1.51 | 7.95 | | | |
| | Sub－3 | 0.79 | －0.70 | －1.33 | －0.42 | 0.63 | －2.61 | －3.62 | | | |
| *q－DM*－3－4 | Sub－2 | －1.46 | －2.46 | 1.27 | 2.58 | －0.12 | －0.21 | 8.46 | 3.40 | 7.97 | |
| | Sub－3 | 0.61 | 1.33 | －0.81 | －0.58 | －1.33 | －5.19 | 4.47 | －4.21 | 2.22 | |
| *q－DM*－4－6 | Sub－2 | 0.54 | －9.96 | －0.50 | －1.49 | 4.90 | 9.60 | | | | |
| | Sub－4 | －1.94 | 11.41 | 11.27 | 25.19 | －0.33 | 3.73 | | | | |
| *q－DM*－6－2 | Sub－2 | －1.91 | 1.78 | 3.39 | 5.84 | －9.81 | －2.21 | | | | |
| | Sub－3 | －0.96 | 1.31 | 1.40 | －4.34 | －1.07 | －2.49 | | | | |
| *q－DM*－10－6 | Sub－2 | 7.71 | －1.80 | －6.60 | －3.62 | －6.28 | | | | | |
| | Sub－3 | 2.32 | －1.80 | 2.03 | －2.91 | －2.99 | | | | | |
| *q－DM*－14－5 | Sub－1 | 0.02 | 0.23 | －8.52 | 12.42 | －10.35 | | | | | |
| | Sub－3 | －0.33 | 0.50 | －13.12 | 3.72 | 14.96 | | | | | |
| *q－DM*－15－7 | Sub－1 | －0.30 | 1.47 | －0.69 | －1.49 | －10.05 | 13.85 | 10.85 | 4.22 | | |
| | Sub－4 | －1.06 | －0.95 | 7.31 | －6.14 | 11.52 | 6.11 | 2.69 | 2.69 | | |
| *q－DM*－16－4 | Sub－2 | －2.26 | 0.04 | | | | | | | | |
| | Sub－4 | －5.68 | 0.10 | | | | | | | | |
| *q－DM*－17－6 | Sub－2 | －4.12 | －1.99 | 5.21 | 4.21 | 8.18 | 2.93 | | | | |
| | Sub－3 | －4.49 | －1.95 | 7.20 | 3.63 | 5.79 | 0.44 | | | | |
| *q－DM*－17－7 | Sub－1 | －0.57 | 2.83 | 0.53 | －18.83 | | | | | | |
| | Sub－3 | 3.09 | －8.97 | 2.01 | －2.29 | | | | | | |
| *q－DM*－20－5 | Sub－2 | －0.71 | 0.13 | 0.61 | 0.43 | －1.60 | 9.52 | 3.74 | －2.17 | 3.92 | 3.38 |
| | Sub－4 | －0.88 | －0.44 | 1.26 | 1.49 | －3.48 | 20.01 | 1.81 | －2.21 | 2.44 | 2.66 |
| *q－DM*－20－7 | Sub－1 | －0.72 | 3.68 | －3.38 | －3.69 | 2.89 | －1.45 | －10.78 | －9.61 | | |
| | Sub－2 | 1.28 | －0.09 | －3.61 | 2.06 | －6.75 | －0.46 | －2.90 | －1.01 | | |
| *q－DM*－20－9 | Sub－1 | 0.47 | 1.89 | －5.01 | －2.09 | 3.06 | 5.65 | | | | |
| | Sub－2 | 1.08 | －1.59 | －2.22 | 1.83 | 6.16 | 2.33 | | | | |
| *q－GPS*－3－8 | Sub－2 | －0.000 4 | 0.025 | | | | | | | | |
| | Sub－3 | －0.000 4 | 0.025 | | | | | | | | |
| *q－GPS*－12－5 | Sub－1 | 0.010 | －0.001 | | | | | | | | |
| | Sub－2 | 0.007 | －0.005 | | | | | | | | |

注：红色字体表示该等位变异在不同生态亚区/东北地区间效应值的正负不同。

# 第四节 生育期性状不同亚区 QTL 的合并

本研究对东北大豆群体2013—2014年在4个生态亚区的9个试验点进行生育期性状鉴定，并按照生态亚区分别进行GWAS QTL定位分析。各亚区定位的控制各生育期性状的位点相差较大，如东北全区与各亚区定位得到的控制生育前期的290个位点中仅15个位点在多个环境中出现，且没有位点在所有环境下定位到。这表明相同群体在不同环境条件下定位结果存在较大差异，这与前人的研究结果一致。比如Yerlan采用194份春小麦（spring wheat）在哈萨克斯坦三大区域进行试验（2013—2015年），12个性状在3年的试验中共定位到的114个位点中，仅1个位点出现在两个区域中，即使加上同一区域内不同年份间也仅12个位点出现在多个环境中[255]。Jia等[256]在中国5个地点对916份谷子（*Setaria italica*）的47个性状进行GWAS定位，其在5个地点共定位到603个位点，仅59个出现在两个以上的地点，其结果表明，在某一地点表达的位点（甚至极其显著的位点）可能在其他地点检测不到。拟南芥作为自花授粉作物，是进行GWAS研究的理想作物[257]。前人研究表明，在实验室条件和大田条件下对拟南芥花期定位的QTL几乎不同，这更加表明了环境对定位的影响[258]。

环境因素对性状的表达会造成影响，但控制同一性状的遗传体系理论上应具有稳定性，而实际结果则并不如此，这可能与以下因素有关。一个可能的原因就是GWAS定位方法的准确性。GWAS定位的基本原理是根据标记与潜在控制性状的位点（QTL）之间的连锁不平衡程度来判断QTL所在的位置。也就是说，GWAS定位结果一方面与所选用的标记类型及密度有关，另一方面则与所选用标记和目标“位点”的连锁不平衡（linkage disequilibrium，LD）水平有关。因此，通过GWAS定位得到的位点可能并不是真正控制该性状的QTL位点，只是与真正控制该性状位点呈LD关联的“标签”。如生育前期在东北4个亚区内贡献率最高的位点均为*q-DTF*-5-15，但在整个东北地区联合定位中并未得到该位点，而是在该位点附近（约500 kb）定位到了另一个贡献率最高的位点（*q-DTF*-5-14）。因此，我们推测这两个位点可能均是同一个QTL的“标签”QTL。

鉴于直接定位得到的位点可能存在一定的“偏差”，将这些有“偏差”的位点去伪存真，找出确实的QTL（即对这些QTL进行合并分析）便十分有必要，但目前还没有公认的标准方法[259]。在拟南芥的一些研究中，有人建议将最短染色体长度的1/4作为标准（约4.4 Mb），在油菜中则有人建议将1.5 Mb作为标准，而在大豆的一些研究中有人建议将2.0~2.1Mb作为一个QTL的标准[122, 259-263]。基于此，我们将合并标准先定为1.0 Mb，若在该范围内仅定位到1个位点，则认为该位点为真的QTL；若在某一位点1.0 Mb范围内存在多个位点，则这些位点均为某一位点的“标签”QTL，它们对应着同一个真的QTL。本研究通过该方法对东北及各亚区定位的控制生育前期的QTL进行合并，所得各区域位点数目减少得较少，但亚区间共有的位点则增长了4倍，占所有QTL的比例从5.17%增至28.43%。这些亚区间共享的位点数目不仅增加，其表型解释率也迅速增长，从16.47%~41.79%增至38.17%~59.08%。如Sub-1中与其他亚区共享位点从4个增至28个，表型解释率从16.47%增至48.26%（表3-11）。需要说明的是，本研究采用的标记为 RAD（restriction-site-association DNA sequencing）技术获取的 SNP 标记类型，因此标记的数目和类型较为单一。而随着测序成本的下降，其他的一些如结构变异（SV）标记类型也被大量检测，且研究表明这类标记在大豆农艺性状的调控中发挥重要作用[128]。因此，随着测序深度的加深、使用标记类型的丰富，定位精度会有所提高，本研究采用的合并标准（<1.0 Mb）将可调低。

考虑到所定位点间可能存在较高的 LD，从 GWAS 定位的原理可知，这些 LD 水平较高的位点可能对应着同一个 QTL。在人类疾病的研究中，通常将处于 $R^2>0.5\%$ 的多个 SNP 视作同一个位点[264]。而在生育前期定位的 290 个位点中，有 28 个位点的 LD 水平较高（$R^2>0.5\%$），其主要分布在同一条染色体上，但也有一些分布在不同染色体上。分布在同一染色体上的高 LD 位点的距离几乎均在 1 Mb 以上，但也存在甚至长达 18 Mb 的位点。最有代表性的是大豆重要的生育期基因 *E1*，若按照 LD 水平合并后，该区域在除 Sub－4 的所有环境中均定位到，这在一定程度上说明按照 LD 水平合并有其合理性。对分布在不同染色体上而呈现高 LD 位点（如表 3－12 中的 *q－DTF*－12－3、*q－DTF*－4－7 和 *q－DTF*－4－9），其原因仍需继续研究，但可能与参考基因组及其拼接有关，具体例子见本章第五节中“五、东北大豆生育期性状的重要 QTL 与染色体区段”内容。

以上将处于高 LD 水平的位点视为同一个位点，再加上将 1 Mb 区间认为 1 个 QTL 的基础上，对定位结果进一步进行分析。从结果看，与仅使用 1 Mb 分析后的位点相比，总位点数目略有下降，亚区间共有部分的表型解释率略有增加（表 3－11）。

**表 3－11　按照距离，距离＋LD 合并 QTL**

| 亚区 | 原始 QTL | | 不超过 1 Mb | | 不超过 1 Mb 同时考虑 LD | |
|---|---|---|---|---|---|---|
| | QTL（$R^2$） | 共享 QTL（$R^2$） | QTL | 共享 QTL（$R^2$） | QTL | 共享 QTL（$R^2$） |
| Sub－1 | 71（83.79） | 4（16.47） | 59 | 28（48.26） | 56 | 27（49.17） |
| Sub－2 | 76（81.87） | 7（31.95） | 66 | 32（59.08） | 66 | 34（60.46） |
| Sub－3 | 71（61.29） | 7（25.26） | 67 | 30（38.17） | 63 | 29（40.92） |
| Sub－4 | 11（62.84） | 5（41.79） | 11 | 8（55.27） | 9 | 7（58.77） |
| NEC | 81（77.85） | 12（23.31） | 74 | 33（51.78） | 67 | 34（56.51） |
| 总计 | 290 | 15 | 204 | 58 | 185 | 55 |

注：高 LD 指位点间 $R^2$ 高于 0.5%。

另一个可能的原因是特定环境下定位的位点为控制该性状遗传体系中的一部分。从本研究定位结果可知，东北及各亚区定位结果仅解释了部分表型变异，即特定生态环境条件下定位得到的结果仅为控制该性状遗传体系的一部分。根据本性状 QTL 的候选基因的蛋白质互作网络来分析这些位点是否属于同一遗传体系。从结果看，本研究定位到的 QTL 找到 173 个候选基因，其中 76 个间存在蛋白质互作关系。这些存在蛋白质互作关系的候选基因可构成 6 个互作网络，详见图 3－3。从图中可知，C～F 中仅包含 2 个互作基因，B 中含有的 5 个互作基因几乎均与氧化还原反应（oxidation－reduction process）有关，其余候选基因均集中在 A 中，其中 A 可细分为 a1～a4 共 4 部分。a1 部分均与光周期/花发育有关，该部分通过 *Glyma*07*g*00520 与 a2 相连，该基因是一个与花发育有关的基因；a2 部分主要与防御反应和蛋白质代谢有关，该部分通过与蛋白质折叠有关的基因（*Glyma*01*g*34630）与 a3 相连；a3 和 a4 均有与花发育及初级代谢有关的基因网络，其通过核酸代谢（*Glyma*09*g*15329）与感光的基因（*Glyma*15*g*09420）相连。从这些位点在亚区间的分布可知，大量的位点仅分布在特定的环境中（50/76）。因此，尽管这些 QTL 的候选基因并未经过验证，但经过该分析可合理推测各亚区得到的位点属于同一遗传体系内，特定环境条件下仅定位到遗传体系中的一部分。



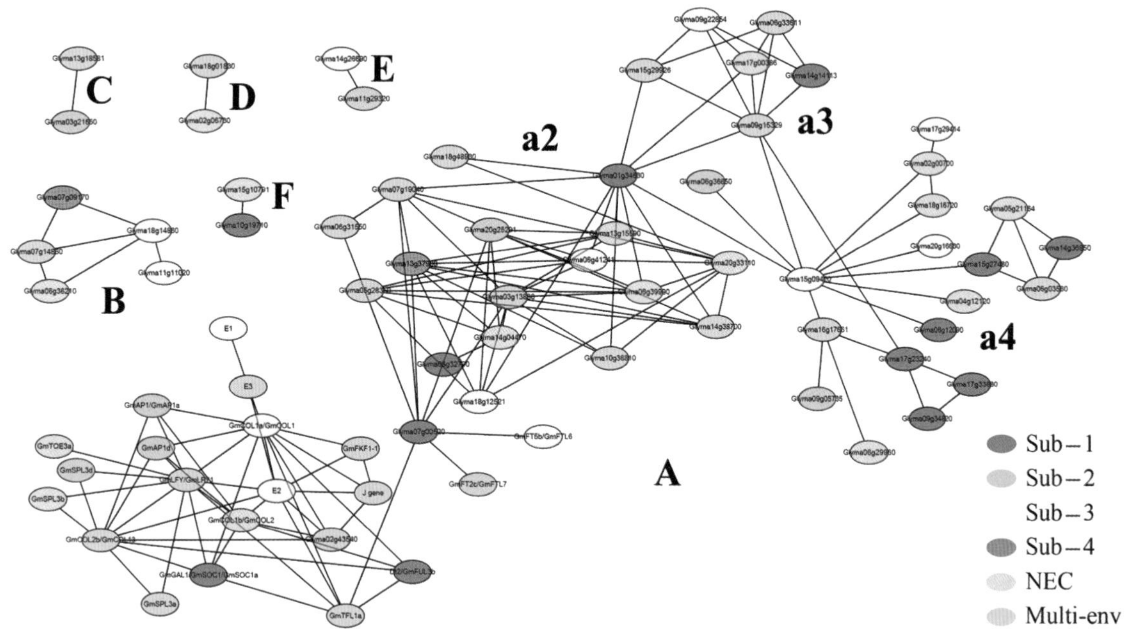


图 3-3　东北各生态亚区生育前期蛋白质互作网络分析



# 第五节　生育期性状重要 QTL 与染色体区段

## 一、东北及各生态亚区生育前期重要 QTL 与染色体区段

大豆是典型的短日照植物，光温反应敏感。大豆对光温的反应直接决定了其适应范围，其中初花期就是大豆光周期反应的重要生态指标[265]。我们通过分生态亚区共定位到 290 个 QTL，包括已经确定对大豆生育期重要的如 *J*（*Glyma*04*g*05280）、*E1*（*Glyma*06*g*23026）、*E2*（*Glyma*10*g*36600）、*E3*（*Glyma*19*g*41210）、*DT2*（*Glyma*18*g*50910）。拟南芥作为模式作物，通过在大豆基因组中寻找拟南芥花期相关的同源基因及其功能分析可加速理解大豆开花的分子机制[154]。本书定位结果中，一些拟南芥花期同源基因首次定位到也属于控制大豆花期的 QTL。虽然并未确定这些花期同源基因就是相对应 QTL 的功能基因，但为解析这些 QTL 的功能提供了一种可能。

Gai 等[124, 266]认为数量性状受主基因加微效多基因体系控制，其中一些大效应的基因为主基因，而很难被检测出来的位点则为小效应位点。因此，一个数量性状可能直接或间接受到多个不同功能的基因控制[124]。基于此，盖钧镒等[160]认为控制大豆花期相关性状的 QTL 或者基因远不止已经报道的 *E* 系列或 *J* 基因。从本研究看，认为对大豆生育前期有重要影响的花期基因仅在部分亚区定位到而且贡献率相对并不大，基本符合盖钧镒等的观点。如被认为对大豆生育期产生重要作用的 *E*1 基因仅在 Sub－3 中定位到，表型解释率仅 2.24%，即使由于 LD 等的原因将多个位点视作同一个 QTL，该位点虽然在东北地区具有一定的稳定性，但对该性状的贡献率仍有限（该位点/区段在除 Sub－4 外的环境均定位到，表型解释率在 1.02% ~2.86%）。

对生育前期，经上述合并处理后（处于 1 Mb 距离内及位点间呈高 LD 状态，表 3－12），以贡献率较大（解释率 >3%）为标准，共确定了 25 个对东北地区生育前期相对重要的位点/区段（表 3－13）。上述区段中的 76% 在多个生态条件下检测到，其中 Chr 05 的 40.09 ~40.93 Mb、Chr 10 的 46.6 Mb、Chr 19 的 18.8 ~23.9 Mb、Chr 04 的 21.9 ~29.7 Mb 区段，特别是前两个区段对整个东北地区该性状具有较大的贡献，其余区段则主要在特定或某两个亚区中对该性状起重要作用。Chr 05 的 40.1 ~40.9 Mb 区段内含 *q－DTF*－5－14 和 *q－DTF*－5－15，其中前者为 NEC（7.74%）后者为 4 个生态亚区内贡献率最高的位点（9.66% ~23.17%）。Chr 10 约 46.6 Mb 区段的 *q－DTF*－10－13，其在除 Sub－1 外的所有环境均检测到，其贡献率分布在 4.39% ~8.85%。

与前人研究结果相比，上述 25 个区段中有 52% 与前人研究结果相一致，其中包括已确定功能的花期基因如 *J* 基因、*E*1*La*。而那些新的相对重要的位点/区段则扩展了我们对该性状的认识，为下一步深入研究提供了基础。

**表 3－12　东北及各生态亚区生育期各性状定位结果中 LD 水平高的 QTL**

| 性状 | QTL 1 | QTL 2 | 距离/bp | $D'$ | $R^2$/% |
|---|---|---|---|---|---|
| 生育前期 | *q－DTF*－2－9 | *q－DTF*－2－10 | 554 996 | 0.97 | 0.53 |
| | *q－DTF*－2－9 | *q－DTF*－2－11 | 3 001 154 | 0.95 | 0.50 |
| | *q－DTF*－2－9 | *q－DTF*－2－15 | 7 828 564 | 0.97 | 0.54 |
| | *q－DTF*－2－10 | *q－DTF*－2－15 | 7 344 193 | 0.96 | 0.51 |
| | *q－DTF*－3－10 | *q－DTF*－3－11 | 1 907 998 | 0.93 | 0.57 |
| | *q－DTF*－4－7 | *q－DTF*－12－3 | NA | 0.91 | 0.56 |
| | *q－DTF*－4－9 | *q－DTF*－12－3 | NA | 0.86 | 0.58 |
| | *q－DTF*－6－6 | *q－DTF*－6－7 | 1 673 765 | 0.98 | 0.55 |
| | *q－DTF*－6－6 | *q－DTF*－6－10 | 8 465 152 | 0.90 | 0.70 |
| | *q－DTF*－6－6 | *q－DTF*－6－20 | 18 275 687 | 0.90 | 0.69 |
| | *q－DTF*－6－10 | *q－DTF*－6－20 | 9 707 836 | 0.94 | 0.72 |
| | *q－DTF*－6－15 | *q－DTF*－6－20 | 4 543 978 | 0.99 | 0.50 |
| | *q－DTF*－6－12 | *q－DTF*－6－17 | 3 425 656 | 0.94 | 0.69 |
| | *q－DTF*－6－12 | *q－DTF*－6－18 | 4 488 509 | 0.94 | 0.71 |
| | *q－DTF*－6－17 | *q－DTF*－6－18 | 979 333 | 0.95 | 0.77 |
| | *q－DTF*－7－4 | *q－DTF*－7－6 | 5 927 856 | 0.97 | 0.54 |
| | *q－DTF*－7－4 | *q－DTF*－7－7 | 9 135 231 | 0.97 | 0.79 |
| | *q－DTF*－7－6 | *q－DTF*－7－7 | 3 103 485 | 0.99 | 0.52 |
| | *q－DTF*－13－4 | *q－DTF*－13－6 | 2 216 855 | 0.95 | 0.52 |
| | *q－DTF*－13－7 | *q－DTF*－13－8 | 436 076 | 0.87 | 0.68 |
| | *q－DTF*－17－12 | *q－DTF*－19－7 | NA | 0.75 | 0.56 |
| | *q－DTF*－19－6 | *q－DTF*－19－8 | 3 777 431 | 0.92 | 0.65 |
| 生育后期 | *q－FTM*－3－7 | *q－FTM*－3－8 | 2 311 565 | 0.94 | 0.51 |
| | *q－FTM*－4－1 | *q－FTM*－4－2 | 22 963 | 0.97 | 0.61 |
| | *q－FTM*－4－7 | *q－FTM*－4－8 | 34 | 1.00 | 0.94 |

续表 3-12

| 性状 | QTL 1 | QTL 2 | 距离/bp | $D'$ | $R^2$/% |
|---|---|---|---|---|---|
| 生育后期 | *q-FTM*-5-3 | *q-FTM*-5-16 | 19 169 708 | 0.82 | 0.51 |
| | *q-FTM*-5-3 | *q-FTM*-5-6 | 3 955 915 | 0.86 | 0.66 |
| | *q-FTM*-5-6 | *q-FTM*-5-16 | 15 213 772 | 0.85 | 0.54 |
| | *q-FTM*-14-3 | *q-FTM*-14-4 | 66 120 | 0.96 | 0.51 |
| | *q-FTM*-14-11 | *q-FTM*-14-12 | 4 376 197 | 0.99 | 0.83 |
| | *q-FTM*-16-4 | *q-FTM*-16-6 | 9 390 640 | 0.80 | 0.50 |
| | *q-FTM*-17-7 | *q-FTM*-17-10 | 10 055 371 | 0.92 | 0.66 |
| 全生育期 | *q-DM*-4-7 | *q-DM*-4-12 | 17 268 907 | 0.96 | 0.71 |
| | *q-DM*-4-7 | *q-DM*-4-13 | 17 573 284 | 0.90 | 0.56 |
| | *q-DM*-4-7 | *q-DM*-18-5 | 6 355 075 | 0.97 | 0.67 |
| | *q-DM*-4-12 | *q-DM*-4-13 | 376 593 | 0.91 | 0.61 |
| | *q-DM*-4-12 | *q-DM*-18-5 | NA | 0.97 | 0.67 |
| | *q-DM*-18-5 | *q-DM*-4-13 | 11 354 253 | 0.93 | 0.56 |
| | *q-DM*-6-5 | *q-DM*-6-6 | 4 656 341 | 0.89 | 0.53 |
| | *q-DM*-6-5 | *q-DM*-6-8 | 6 581 308 | 0.89 | 0.75 |
| | *q-DM*-6-6 | *q-DM*-6-8 | 1 931 377 | 0.96 | 0.57 |
| | *q-DM*-7-4 | *q-DM*-7-5 | 4 084 674 | 0.97 | 0.57 |
| | *q-DM*-7-4 | *q-DM*-7-7 | 5 582 246 | 0.94 | 0.65 |
| | *q-DM*-7-5 | *q-DM*-7-7 | 1 695 647 | 0.97 | 0.63 |
| | *q-DM*-14-4 | *q-DM*-14-5 | 639 551 | 0.95 | 0.60 |
| | *q-DM*-14-4 | *q-DM*-14-6 | 3 622 962 | 0.98 | 0.72 |
| | *q-DM*-14-5 | *q-DM*-14-6 | 3 183 104 | 0.97 | 0.77 |
| | *q-DM*-18-2 | *q-DM*-18-3 | 690 890 | 0.97 | 0.64 |
| | *q-DM*-18-4 | *q-DM*-18-8 | 9 373 278 | 0.88 | 0.62 |
| | *q-DM*-18-4 | *q-DM*-18-9 | 9 852 291 | 0.971 | 0.67 |
| | *q-DM*-18-6 | *q-DM*-18-9 | 4 374 073 | 0.98 | 0.529 |
| | *q-DM*-18-8 | *q-DM*-18-9 | 678 606 | 1.00 | 0.70 |
| | *q-DM*-18-11 | *q-DM*-18-12 | 1 633 794 | 0.91 | 0.56 |
| 生育期结构 | *q-GPS*-6-7 | *q-GPS*-6-9 | 7 010 302 | 0.95 | 0.52 |

注：NA 表示两位点分布在不同的染色体上。

**表 3-13 染色体中控制生育前期的重要区段**

| 序号 | 生育前期重要染色体区段/Mb | 含有的 QTL | 各亚区解释率/% | | | | | 已报道 QTL/基因 |
|---|---|---|---|---|---|---|---|---|
| | | | NEC | Sub-1 | Sub-2 | Sub-3 | Sub-4 | |
| 1 | 30.26~30.62（01） | *q-DTF*-1-4~*q-DTF*-1-5 | 0.01 | | | | 3.51 | First flower 16-1 |
| 2 | 50.67~50.86（01） | *q-DTF*-1-8 | 7.27 | | | | | *GmTOE3a*（*Glyma*01*g*39520） |

续表 3 - 13

| 序号 | 生育前期重要染色体区段/Mb | 含有的 QTL | 各亚区解释率/% | | | | | 已报道 QTL/基因 |
|---|---|---|---|---|---|---|---|---|
| | | | NEC | Sub - 1 | Sub - 2 | Sub - 3 | Sub - 4 | |
| 3 | 20.35 ~ 25.33（02） | q - DTF - 2 - 9 ~ q - DTF - 2 - 14 | 3.05 | | 0.17 | 0.72 | | First flower 13 - 4 |
| 4 | 16.96 ~ 17.16（03） | q - DTF - 3 - 6 | 3.30 | | 5.04 | | | |
| 5 | 4.17 ~ 5.57（04）和 18.15（12） | q - DTF - 4 - 1 ~ q - DTF - 4 - 3<br>q - DTF - 12 - 3 | 0.01 | 0.14 | 4.76 | | | *J* gene（*Glyma04g05280*） |
| 6 | 21.90 ~ 29.66（04） | q - DTF - 4 - 7 ~ q - DTF - 4 - 11 | 4.03 | 1.50 | 0.10 | 2.03 | | *E1La*（*Glyma04g24640*） |
| 7 | 43.12 ~ 43.30（04） | q - DTF - 4 - 14 | 0.30 | 4.44 | | | | |
| 8 | 11.94 ~ 12.32（05） | q - DTF - 5 - 3 ~ q - DTF - 5 - 4 | 3.11 | | | | 3.48 | |
| 9 | 38.67 ~ 38.67（05） | q - DTF - 5 - 13 | 1.79 | | 3.40 | | | *GmFKF1* - 1（*Glyma05g34530*） |
| 10 | 40.09 ~ 40.93（05） | q - DTF - 5 - 14 ~ q - DTF - 5 - 15 | 7.74 | 9.66 | 14.00 | 10.91 | 23.17 | |
| 11 | 48.44 ~ 49.58（06） | q - DTF - 6 - 25 ~ q - DTF - 6 - 27 | | 3.05 | | | | First flower 1 - 3 |
| 12 | 19.27 ~ 29.43（07） | q - DTF - 7 - 4 ~ q - DTF - 7 - 8 | | 2.06 | | 2.32 | 9.45 | |
| 13 | 29.32 ~ 29.83（08） | q - DTF - 8 - 7 ~ q - DTF - 8 - 8 | | 4.08 | 0.34 | | | |
| 14 | 23.91 ~ 24.87（09） | q - DTF - 9 - 7 ~ q - DTF - 9 - 8 | 0.01 | | | 3.49 | | First flower 3 - 4 |
| 15 | 46.59（10） | q - DTF - 10 - 13 | 4.39 | | 8.01 | 5.40 | 8.85 | First flower 24 - 4 |
| 16 | 22.54 ~ 23.78（13） | q - DTF - 13 - 7 ~ q - DTF - 13 - 9 | 7.00 | | | 0.02 | 6.63 | First flower 25 - 1 |
| 17 | 22.92 ~ 23.12（15） | q - DTF - 15 - 7 | | | 3.05 | | | |
| 18 | 29.80 ~ 30 .00（15） | q - DTF - 15 - 8 | | 4.53 | | | | |
| 19 | 36.29 ~ 37.29（16） | q - DTF - 16 - 6 ~ q - DTF - 16 - 7 | 0.22 | | 4.56 | | | First flower 13 - 8 |
| 20 | 4.89 ~ 5.08（17） | q - DTF - 17 - 4 | 2.39 | | | 3.71 | | |
| 21 | 41.14（17）和 18.80 ~ 23.85（19） | q - DTF - 17 - 12 | | | | | | |
| | | q - DTF - 19 - 6 ~ q - DTF - 19 - 12 | | 0.91 | 3.50 | 1.11 | 3.68 | |
| 22 | 55.82（18） | q - DTF - 18 - 16 | | 3.50 | | | | |
| 23 | 58.00 ~ 58.54（18） | q - DTF - 18 - 17 ~ q - DTF - 18 - 19 | 0.17 | 6.31 | | | | |
| 24 | 40.09 ~ 41.44（19） | q - DTF - 19 - 17 ~ q - DTF - 19 - 19 | | 5.33 | 2.21 | | | *GmSPL9d*（*Glyma19g32800*） |
| 25 | 22.66 ~ 22.86（20） | q - DTF - 20 - 5 | | 3.94 | | | | First flower 20 - 3 |

注：表格中序号是依据区段在染色体中的顺序及其物理位置排序。下同。生育前期染色体重要区段括号外为在染色体的物理位置，括号内为所在染色体；其中“和”连接在不同染色体上呈高 LD 的位点/区段。

## 二、东北及各生态亚区生育后期重要 QTL 与染色体区段

生育后期是大豆重要的生态性状，相同品种在不同生态条件下的表现存在较大差异，其在一些生态条件下可顺利成熟而在另一些生态条件下不能成熟，这也表明了分生态亚区定位的合理性和必要性。生育期性状是大豆光周期的重要指标，虽然大豆从播种至成熟整个生命过程均存在光周期反应，但光周期的研究一般采用生育前期（初花期）和全生育期，尤其是初花期；而大豆对当地的适应性的研究则更多地基于全生育期的研究[147, 267]。因此，前人在生育后期的研究偏少。

本书采用不同分生态亚区定位的方法共定位到生育后期多达 239 个 QTL，其中包括已知的功

能基因，如 *E2*（*Glyma10g36600*）、*E3*（*Glyma19g41210*）、*E4*（*Glyma20g22160*）和 *E9*（*Glyma16g26660*）。然而从表型解释率和稳定性的角度看，这几个位点并不是控制东北各亚区生育后期的重要位点。除 *E4* 在东北各亚区间表现较为稳定且在 Sub－2 亚区的表型解释率达到 4.57%外，其余位点在各亚区的表型解释率不超过 0.2% 且稳定性较差。

为确定对该性状有重要影响的染色体区段，我们将定位位点按照生育前期位点处理方法处理后（高 LD 位点见表 3－12），确定了对生育后期有重要影响的 29 个位点/区段（表 3－14）。其中 Chr 05 的 5.8～25.3 Mb、Chr 20 的 31.6～32.5 Mb 和 Chr 17 的 22.0～32.0 Mb 区段为东北地区控制生育后期重要的区段，而其他位点则主要为特定亚区或某两个亚区内重要的位点区段。具体地说，Chr 05 的 5.8～25.3 Mb 区段与大豆基因组内拟南芥花期同源基因 *GmFULc/GmFUL2a*（*Glyma05g07380*）相近，该区段分布在 Sub－2～Sub－4 的环境中，其在 Sub－4 的解释率高达 10.04%，而在其他亚区仅在 0.41%～1.39%。Chr 20 的 31.6～32.5 Mb 区段内含 *E4/GmPHYA2*（*Glyma20g22160*），其在 Sub－2 的解释率为 4.57%，而在 Sub－3/Sub－4 仅为 0.05%～1.35%。Chr 17 的 22.0～32.1 Mb 区段与前人报道的 QTL Reproductive period 1－7 位置接近，其在 Sub－3 的解释率达到 3.25%，而在 Sub－1 和 Sub－4 仅在 0.40% 以下。这些对东北地区生育后期贡献较大的位点/区段中有多达 72.41%（21/29）为本研究首次报道，对整个东北地区贡献较大的 3 个位点均与前人报道的基因或 QTL 接近，这在一定程度上说明了将定位结果按照 LD 及物理位置处理后进行分析的合理性。

比较有意思的是，在 Sub－2 和 Sub－4 均定位到的 Chr 17 的 20.1 Mb 的区段与在东北地区稳定表达的 Chr 17 的 22.0～32.1 Mb 区段间相差约 1.9 Mb。若认为这两个区段对应同一个 QTL，则该区段内在东北 4 个亚区均有分布且在 Sub－2 和 Sub－3 解释率均超 3%。这也从一定程度上说明本研究中采用的物理位置 1 Mb 合并具有一定的保守性。

**表 3－14　染色体中控制生育后期重要区段**

| 序号 | 生育后期重要染色体区段/Mb | 含有的 QTL | 各亚区解释率/% | | | | 已报道 QTL/基因 |
|---|---|---|---|---|---|---|---|
| | | | Sub－1 | Sub－2 | Sub－3 | Sub－4 | |
| 1 | 1.87～2.10（01） | *q－FTM－1－1～q－FTM－1－2* | | 3.94 | | | |
| 2 | 13.66～13.66（04） | *q－FTM－4－5* | 3.35 | | | | |
| 3 | 5.78～25.30（05） | *q－FTM－5－3～q－FTM－5－16* | | 0.41 | 1.39 | 10.04 | *GmFULc/GmFUL2a*（*Glyma05g07380*） |
| 4 | 32.94～33.06（05） | *q－FTM－5－17* | 5.90 | | | | |
| 5 | 31.27～31.89（06） | *q－FTM－6－13～q－FTM－6－14* | | 2.05 | | 6.06 | |
| 6 | 7.03～7.66（08） | *q－FTM－8－1～q－FTM－8－2* | 3.10 | | | | |
| 7 | 34.69～34.87（08） | *q－FTM－8－7～q－FTM－8－8* | | 3.05 | | | *GmAP1c*（*Glyma08g36380*） |
| 8 | 44.24～45.05（08） | *q－FTM－8－10～q－FTM－8－11* | | | | 3.70 | |
| 9 | 13.91～14.88（09） | *q－FTM－9－3～q－FTM－9－4* | | 5.23 | 4.88 | | |
| 10 | 23.42～23.54（09） | *q－FTM－9－8* | 5.28 | 0.69 | | | |
| 11 | 41.71～41.90（09） | *q－FTM－9－15* | | | 4.15 | | |

续表 3－14

| 序号 | 生育后期重要染色体区段/Mb | 含有的 QTL | 各亚区解释率/% | | | | 已报道 QTL/基因 |
|---|---|---|---|---|---|---|---|
| | | | Sub－1 | Sub－2 | Sub－3 | Sub－4 | |
| 12 | 44.96～45.26（09） | *q－FTM－9－16～q－FTM－9－17* | 5.50 | | | 1.18 | *GmSOC1－like/GmSOC1b*（*Glyma09g40230*） |
| 13 | 26.72～26.92（10） | *q－FTM－10－6* | 9.90 | | | | |
| 14 | 3.27～3.45（11） | *q－FTM－11－1* | | 3.68 | | | |
| 15 | 0.96～1.02（12） | *q－FTM－12－1* | | | | 5.12 | |
| 16 | 6.39～6.58（14） | *q－FTM－14－5* | | 3.34 | 1.82 | | |
| 17 | 42.73～42.93（14） | *q－FTM－14－13* | | | 6.43 | | Reproductive period 1－6 |
| 18 | 49.11～49.17（14） | *q－FTM－14－14* | | | 4.99 | 2.63 | |
| 19 | 15.83～15.96（15） | *q－FTM－15－7* | | | | 5.57 | |
| 20 | 20.14～20.14（17） | *q－FTM－17－6* | | 3.01 | | 1.81 | Reproductive period 1－7 |
| 21 | 21.97～32.11（17） | *q－FTM－17－7～q－FTM－17－10* | 0.38 | | 3.25 | 0.04 | Reproductive period 1－7 |
| 22 | 1.41～1.42（18） | *q－FTM－18－1* | 4.16 | | | | *GmELF4*（*Glyma18g03130*） |
| 23 | 58.20～58.86（18） | *q－FTM－18－16～q－FTM－18－18* | | 7.26 | 9.62 | | |
| 24 | 11.42～12.21（19） | *q－FTM－19－5～q－FTM－19－6* | | | 3.36 | | |
| 25 | 13.28～13.46（19） | *q－FTM－19－7* | | 5.57 | | | |
| 26 | 22.96～23.06（19） | *q－FTM－19－8* | | | 4.34 | | |
| 27 | 8.02～9.04（20） | *q－FTM－20－2～q－FTM－20－3* | | | | 4.85 | |
| 28 | 19.13～19.25（20） | *q－FTM－20－5* | 9.4 | | | | |
| 29 | 31.57～32.50（20） | *q－FTM－20－7～q－FTM－20－9* | | 4.57 | 1.35 | 0.05 | *E4/GmPHYA2*（*Glyma20g22160*） |

注：表格中序号是依据区段在染色中的体顺序及其物理位置排序。生育后期染色体重要区段括号外为在染色体的物理位置，括号内为所在染色体。

## 三、东北及各生态亚区全生育期重要 QTL 与染色体区段

全生育期是大豆向新的种植区段扩展的基础，是不同区段间大豆引种能否成功的前提条件。本研究定位到分布的 226 个 QTL 中包含 *J*（*Glyma04g05280*）、*DT1*（*Glyma19g37890*）、*DT2*（*Glyma18g50910*）、*E9*（*Glyma16g26660*）等重要的影响全生育期的功能基因及其他一些拟南芥的花期同源基因。

我们采用生育前期的方法对这些位点进行整理后，确定了 34 个可能对东北地区的大豆全生育期有重要影响的区段（表 3－15）。其中 Chr 18 的 58.2～59.1 Mb、Chr 04 的 20.1～38.2 Mb（包括与之呈高 LD 水平的 Chr 18 约 27.0 Mb 区段）、Chr 06 的 31.8～32.9 Mb 和 Chr 07 的 20.5～26.0 Mb 区段可能对东北各亚区均有重要影响。具体地说，Chr 18 的 58.2～59.1 Mb 区段在所表达的 Sub－1～Sub－3 中均为对应亚区表型解释率最高的区段，该区段与 *DT2* 极近，可能就是该基因对东北大豆全生育期的表达具有重要影响。而 Chr 04 的 20.1～38.2 Mb 及与呈高 LD 的 Chr 18 约 27.0 Mb 共同构成的区段在东北 4 个生态亚区均定位到，其在 Sub－1 和 Sub－2 的解释率在 3% 以上而在另两个亚区仅在 1% 以下。而 Chr 06 的 31.8～32.9 Mb 区段与 Chr 04 的 20.1～38.2 Mb

区段表现相似。Chr 07 的 20.5～26.0 Mb 在东北 4 个亚区均有表达且贡献相对平均，除在 Sub－4 的贡献率达到 3.80% 外，在其余亚区分布在 0.67%～1.88%。除上述对东北地区有重要影响的位点/区段，其余的则可能主要在特定或少数几个亚区间发挥重要作用。例如 Chr 06 的 15.9～16.6 Mb 区段，该区段在 Sub－2～Sub－4 均有表达，但 Sub－2 的解释率为 4.40%，而在其余亚区则在 0.25% 以下。Chr 11 的 30 Mb 区段虽然仅在 Sub－1 和 Sub－3 表达，但其在 Sub－1 的解释率高达 8.56%。这些重要位点/区段中的 58.8% 与前人已报道的基因/QTL 处于相近的区段，其中对东北地区全生育期影响较大的 4 个中的 3 个区段几乎均属于前人报道的 QTL/基因。

**表 3－15　染色体中控制全生育期重要区段**

| 序号 | 全生育期重要染色体区段/Mb | 含有的 QTL | 各亚区解释率/% | | | | 已报道 QTL/基因 |
|---|---|---|---|---|---|---|---|
| | | | Sub－1 | Sub－2 | Sub－3 | Sub－4 | |
| 1 | 1.48～2.05（01） | *q*－*DM*－1－1～*q*－*DM*－1－2 | | 5.06 | 0.30 | | |
| 2 | 34.90～37.08（01） | *q*－*DM*－1－7～*q*－*DM*－1－10 | 3.41 | | | 0.28 | Pod maturity 13－2 |
| 3 | 43.10～43.36（01） | *q*－*DM*－1－11～*q*－*DM*－1－12 | | 5.77 | | | Pod maturity 13－2 |
| 4 | 7.02～7.14（02） | *q*－*DM*－2－3 | | 4.07 | 0.17 | | Pod maturity 22－4，*GmFT2c/GmFTL7* |
| 5 | 16.96～17.16（03） | *q*－*DM*－3－7～*q*－*DM*－3－8 | 0.03 | | | 5.15 | |
| 6 | 33.82～34.02（03） | *q*－*DM*－3－15 | | | | 6.14 | Pod maturity 16－4 |
| 7 | 3.66～4.11（04） | *q*－*DM*－4－2～*q*－*DM*－4－3 | | | | 3.76 | *J* gene（*Glyma*04*g*05280） |
| 8 | 20.11～38.21（04）和 26.86～27.00（18） | *q*－*DM*－4－6～*q*－*DM*－4－13<br>*q*－*DM*－18－5 | 6.50 | 3.07 | 0.58 | 0.81 | *GmFULb/GmFUL1a*（*Glyma*04*g*31847） |
| 9 | 40.73～40.93（05） | *q*－*DM*－5－12 | | | | 8.91 | |
| 10 | 15.89～16.56（06） | *q*－*DM*－6－2～*q*－*DM*－6－3 | | 4.40 | 0.25 | 0.16 | Pod maturity 34－1 |
| 11 | 31.77～32.90（06） | *q*－*DM*－6－10～*q*－*DM*－6－13 | 6.97 | 1.89 | 0.96 | 0.07 | Pod maturity 33－2 |
| 12 | 20.48～26.06（07） | *q*－*DM*－7－4～*q*－*DM*－7－7 | 1.06 | 0.67 | 1.88 | 3.80 | |
| 13 | 36.72～37.95（07） | *q*－*DM*－7－9～*q*－*DM*－7－10 | | 3.18 | 0.11 | | *GmSPL3d*（*Glyma*07*g*31880） |
| 14 | 13.91～13.94（09） | *q*－*DM*－9－4 | | 7.47 | | | |
| 15 | 19.38～19.58（09） | *q*－*DM*－9－5 | | | 5.50 | | |
| 16 | 24.62～24.81（09） | *q*－*DM*－9－6 | | | | 4.41 | |
| 17 | 41.41～41.90（09） | *q*－*DM*－9－10～*q*－*DM*－9－11 | | | 4.84 | 0.91 | Pod maturity 27－2 |
| 18 | 18.70～18.82（10） | *q*－*DM*－10－2 | 10.84 | | | | Pod maturity 24－9 |
| 19 | 25.66～25.86（10） | *q*－*DM*－10－4 | | 3.96 | | | Pod maturity 24－9 |
| 20 | 29.93～30.59（11） | *q*－*DM*－11－3～*q*－*DM*－11－4 | 8.56 | | 2.51 | | |
| 21 | 10.43～11.64（13） | *q*－*DM*－13－1～*q*－*DM*－13－3 | 3.56 | | | 3.20 | Pod maturity 22－8 |
| 22 | 27.94～28.13（13） | *q*－*DM*－13－5 | 4.76 | | | | *GmSPL3c*（*Glyma*13*g*24590） |
| 23 | 31.25～32.36（13） | *q*－*DM*－13－7～*q*－*DM*－13－9 | | | 0.39 | 7.07 | |
| 24 | 32.00～35.63（14） | *q*－*DM*－14－4～*q*－*DM*－14－6 | 2.19 | 0.21 | 3.76 | | |
| 25 | 42.73～42.93（14） | *q*－*DM*－14－7 | | | 5.36 | | |
| 26 | 48.88～49.17（14） | *q*－*DM*－14－9～*q*－*DM*－14－10 | 1.25 | | 4.47 | | |
| 27 | 19.41～20.14（17） | *q*－*DM*－17－4～*q*－*DM*－17－5 | | | 3.25 | | Pod maturity 27－4 |

续表 3－15

| 序号 | 全生育期重要染色体区段/Mb | 含有的 QTL | 各亚区解释率/% | | | | 已报道 QTL/基因 |
|---|---|---|---|---|---|---|---|
| | | | Sub－1 | Sub－2 | Sub－3 | Sub－4 | |
| 28 | 22.41～22.60（17） | *q－DM－17－6* | | 1.20 | 3.10 | | Pod maturity 27－4 |
| 29 | 58.20～59.12（18） | *q－DM－18－18～q－DM－18－21* | 13.27 | 8.83 | 11.21 | | *DT2/GmFUL3b*（*Glyma18g50910*） |
| 30 | 21.35～21.39（19） | *q－DM－19－5* | 3.63 | | | | |
| 31 | 22.94～23.06（19） | *q－DM－19－6～q－DM－19－7* | | 0.03 | 6.79 | | |
| 32 | 8.02～8.21（20） | *q－DM－20－5* | | 0.37 | | 6.92 | *cqR8* Full maturity－001 |
| 33 | 19.13～19.25（20） | *q－DM－20－7* | 4.08 | 3.20 | | | *cqR8* Full maturity－001 |
| 34 | 33.55～33.73（20） | *q－DM－20－9* | 3.16 | 0.59 | | | *cqR8* Full maturity－001 |

注：表格中序号是依据区段在染色体中的顺序及其物理位置排序。全生育期染色体重要区段括号外为在染色体的物理位置，括号内为所在染色体；其中“和”连接在不同染色体上呈高 LD 的位点/区段。

## 四、东北及各生态亚区生育期结构重要 QTL 与染色体区段

本研究中生育期结构指的是生育前期在全生育期中所占的比例。目前对该性状的研究并不多，未见有 QTL 研究的报道。本研究在东北的 4 个亚区对该性状进行定位研究，在其中的 Sub－1～Sub－3 共定位到 145 个相关位点。我们采用与初花期相同的方法对这些位点进行处理，共确定了 9 个对该性状有重要影响的区段（表 3－16）。其中 Chr 17 的 35.4～36.4 Mb、Chr 16 的 31.8～32.3 Mb 和 Chr 06 的 18.5～18.9 Mb 区段对东北地区均有重要影响，而其余位点则主要在特定的生态亚区起重要作用。具体地说，Chr 17 的 35.4～36.4 Mb 区段内含 *q－GPS－17－4～q－GPS－17－6* 位点，在东北 3 个亚区均表达，其在 Sub－1 的解释率在 0.37% 而在 Sub－2 则达到 1.73%。位于 Chr 16 的 31.8～32.3 Mb 和 Chr 06 的 18.5～18.9 Mb 区段在东北地区的表现较为稳定，其在 Sub－2～Sub－3 和 Sub－1～Sub－2 的解释率几乎均在 3% 以上，其中后者与拟南芥花期同源基因 *GmFULa/GmFUL1b*（*Glyma06g22650*）的位置相似。其余的位点/区段则主要在特定亚区对该性状起重要作用。

**表 3－16 染色体中控制生育期结构重要区段**

| 序号 | 生育期结构重要染色体区段/Mb | 含有的 QTL | 各亚区解释率/% | | | 已报道 QTL/基因 |
|---|---|---|---|---|---|---|
| | | | Sub－1 | Sub－2 | Sub－3 | |
| 1 | 9.08～9.20（03） | *q－GPS－3－5* | | 3.17 | | |
| 2 | 18.49～18.89（06） | *q－GPS－6－5～q－GPS－6－6* | 4.03 | 2.29 | | *GmFULa/GmFUL1b*（*Glyma06g22650*） |
| 3 | 47.33～48.84（06） | *q－GPS－6－12～q－GPS－6－14* | 9.75 | 0.88 | | |
| 4 | 23.72～23.72（10） | *q－GPS－10－7* | 3.01 | | | |
| 5 | 46.33～46.44（10） | *q－GPS－10－13* | 3.18 | | | |
| 6 | 4.66～4.77（15） | *q－GPS－15－1* | 3.72 | | | |
| 7 | 31.76～32.29（16） | *q－GPS－16－3～q－GPS－16－5* | | 3.54 | 3.71 | |
| 8 | 35.41～36.43（17） | *q－GPS－17－4～q－GPS－17－6* | 0.37 | 1.73 | 0.98 | |
| 9 | 37.80～38.74（20） | *q－GPS－20－4～q－GPS－20－5* | | 0.10 | 3.49 | |

注：表格中序号是依据区段在染色体中的顺序及其物理位置排序。生育期结构染色体重要区段括号外为在染色体的物理位置，括号内为所在染色体。

## 五、东北大豆生育期性状的重要 QTL 与染色体区段

生育期由一组相互有关的性状共同决定。从以上研究分析可知，染色体上一些区段对特定的生育期性状具有重要的影响。因此，我们对上述 4 个生育期性状定位的位点进行分析，确定那些对生育期性状具有重要影响的位点/区段。表 3－17 为这些检测到的位点及其经处理后的分布情况。4 个生育期性状在东北各区及东北全区定位到的生育前期共 808 个位点，其中 12.62%（102/808）的位点不止一次定位到，但出现 3 次及以上的仅有 2.47% 的位点。重复定位到的位点中 80.39%（82/102）表现为一因多效，这说明生育期性状间具有广泛的关联。因此，染色体上可能存在一些对多个生育期性状表达产生影响的重要区段。我们按照以上研究提到的方法对这些位点进行处理，大量位点间距离较近并存在高 LD 的现象（高 LD 位点见表 3－18）。在定位得到的 808 个标记中，14.60%（118）间存在高 LD 关系，经 LD 及物理距离在 1 Mb 范围内处理后，影响生育期性状的位点/区段压缩为 236 个。这些位点/区段中的 66.10% 出现过多次，这些多次出现位点/区段中的 92.31% 对多个生育期性状均有影响，且这些位点检测到的次数较为均匀，其中 14 个检测到 8 次以上的位点几乎在 4 个生育期性状中均检测到，可能是对生育期性状具有重要影响的区段，详见表 3－19。

从结果看，这些区段存在一些已知的控制花期基因或拟南芥花期同源基因。这些区段中的 42.86%（6/14）存在这些基因，其中最为重要的 3 个区段均含有这些花期基因。将这 14 个重要区段与 4 个生育期性状的共 97 个重要区段进行比较发现，这 14 个区段几乎均为其他性状已确定的重要区段，但也有原先并未入选的特定生育期性状重要区段被确认为对生育期性状有重要影响的区段。确定特定生育期性状重要区段间关系最典型的是东北地区生育期性状最重要的包含 *E1* 的 Chr 06 的 18.0～39.0 Mb 区段。对个别生育期性状研究时，仅在生育前期 *E1* 基因附近检测到，且对生育前期表达影响有限，而将生育期各性状的位点统一分析时，由于 LD 及物理距离的原因，该区段对生育期性状所涉及的 16 次检验中检测到 15 次，该区段表现出对生育期性状极强的影响能力，这与前人认为 *E1* 对生育期影响最大的观点是一致的。另一个典型的例子是呈高 LD 的含有 *E1* 两个同源基因所构成的区段。在单独分析时并不能确定控制生育期性状在染色体间位点的关系，且不能深刻认识 *E1* 同源基因对生育期性状的影响。而通过将这些生育期相关定位位点统一分析，*E1* 的两个同源基因对生育期性状的重要影响因其相互间存在着强烈 LD 的关系很容易得到识别。前人研究表明，大豆基因中 *E1* 基因存在的两个同源基因与 *E1* 功能相似但较弱。从本书研究结果看，*E1* 及其存在强烈 LD 关系的同源基因对东北大豆生育期性状均存在较强的影响。需要特别说明的是，上述存在于不同染色体上呈高度 LD 关系的区段可能与参考基因组及其拼接有关。如由于本研究使用的参考基因组为 Wm82. a1. V1. 1 版本，在该版本中，*E1* 的两个同源基因 *E1La*（*Glyma04g24640*）与 *E1Lb*（*Glyma18g22670*）分布在不同的染色体，而在 Wm82. a2. V1 中则分别位于 Chr 04 约 36.75 Mb（*Glyma04g156400*）和约 26.12 Mb（*Glyma04g143300*）区段。

单个生育期性状表现不突出但对生育期性状有综合影响的区段的例子则为 Chr 16 的 11.64～21.08 Mb 区段。该区段在生育期性状单独分析时并未表现出对各性状重要的影响，而采用联合分析时，该区段展现了其对生育期性状稳定的影响，深化了我们对相关性状的认识。除了上述两个区段外，本研究还确定了一些花期同源基因及一些新的重要区段，深入研究这些区段可能会让我

们更清晰地认识生育期性状间的联系。

表 3－17　多次检测到的生育期性状位点次数分布统计

| 分类 | 类型 | 次数 | | | | | | 总计 |
|---|---|---|---|---|---|---|---|---|
| | | 1 | 2 | 3 | 4～5 | 6～7 | 8～15 | |
| 位点 | 一因多效 | | 63（76.83[b]） | 11（13.41[b]） | 7（8.54[b]） | 1（1.22[b]） | | 82（10.15[a]） |
| | 特定效应 | 706（97.25[b]） | 19（2.62[b]） | | 1（0.14[b]） | | | 726（89.85[a]） |
| | 总计 | 706（87.38[b]） | 82（10.15[b]） | 11（1.36[b]） | 8（0.09[b]） | 1（0.021[b]） | | 808 |
| 染色体区段 | 一因多效 | | 33（22.92） | 38（26.39[b]） | 40（27.78[b]） | 19（13.19[b]） | 14（9.72[b]） | 144（61.02[a]） |
| | 特定效应 | 80（86.96[b]） | 11（11.96[b]） | 1（1.09[b]） | | | | 92（38.98[a]） |
| | 总计 | 80（33.90[b]） | 44（18.64[b]） | 39（16.52[b]） | 40（16.95[b]） | 19（8.05[b]） | 14（5.93[b]） | 236 |

注：括号内 a 表示在每列的比例，b 表示在每行的比例。

表 3－18　东北全区及各生态亚区生育期性状中高 LD 水平的位点

| 位点 1 | 位点 2 | 距离/bp | $D'$ | $R^2$/% |
|---|---|---|---|---|
| Gm01_ BLOCK_ 15649243_ 15750023 | Gm01_ BLOCK_ 29294519_ 29467314 | 13 544 496 | 0.91 | 0.64 |
| Gm01_ BLOCK_ 43173973_ 43364041 | Gm01_ BLOCK_ 43644553_ 43843201 | 280 512 | 0.89 | 0.62 |
| Gm02_ BLOCK_ 17578647_ 17715375 | Gm02_ BLOCK_ 20354760_ 20552271 | 2 639 385 | 0.95 | 0.54 |
| Gm02_ BLOCK_ 17578647_ 17715375 | Gm02_ BLOCK_ 21107267_ 21174431 | 3 391 892 | 0.94 | 0.51 |
| Gm02_ BLOCK_ 20354760_ 20552271 | Gm02_ BLOCK_ 21107267_ 21174431 | 554 996 | 0.97 | 0.53 |
| Gm02_ BLOCK_ 20354760_ 20552271 | Gm02_ BLOCK_ 23553425_ 23697195 | 3 001 154 | 0.95 | 0.50 |
| Gm02_ BLOCK_ 17578647_ 17715375 | Gm02_ BLOCK_ 28380835_ 28451460 | 10 665 460 | 0.95 | 0.52 |
| Gm02_ BLOCK_ 20354760_ 20552271 | Gm02_ BLOCK_ 28380835_ 28451460 | 7 828 564 | 0.97 | 0.54 |
| Gm02_ BLOCK_ 21107267_ 21174431 | Gm02_ BLOCK_ 28380835_ 28451460 | 7 206 404 | 0.96 | 0.51 |
| Gm03_ BLOCK_ 9075063_ 9203940 | Gm03_ 14752251 | 5 548 311 | 0.93 | 0.53 |
| Gm03_ 13153923 | Gm03_ 14752251 | 1 598 328 | 0.99 | 0.83 |
| Gm03_ 14752251 | Gm03_ BLOCK_ 15722746_ 15921368 | 970 495 | 0.94 | 0.54 |
| Gm03_ 16958800 | Gm03_ BLOCK_ 27345535_ 27533548 | 10 386 735 | 0.97 | 0.67 |
| Gm03_ 16958800 | Gm03_ BLOCK_ 29845113_ 29867713 | 12 886 313 | 0.95 | 0.50 |
| Gm03_ 16958800 | Gm03_ BLOCK_ 27345535_ 27533548 | 10 574 748 | 0.97 | 0.51 |
| Gm03_ BLOCK_ 27345535_ 27533548 | Gm03_ BLOCK_ 27776188_ 27969356 | 242 640 | 0.96 | 0.57 |
| Gm03_ BLOCK_ 27345535_ 27533548 | Gm03_ BLOCK_ 29845113_ 29867713 | 2 311 565 | 0.94 | 0.59 |
| Gm03_ BLOCK_ 27345535_ 27533548 | Gm03_ BLOCK_ 27776188_ 27969356 | 623 821 | 0.96 | 0.52 |
| Gm03_ BLOCK_ 27776188_ 27969356 | Gm03_ BLOCK_ 28899572_ 28944436 | 930 216 | 0.94 | 0.53 |
| Gm03_ BLOCK_ 27776188_ 27969356 | Gm03_ BLOCK_ 29845113_ 29867713 | 1 875 757 | 0.96 | 0.53 |
| Gm03_ BLOCK_ 27776188_ 27969356 | Gm03_ BLOCK_ 29877354_ 30003125 | 1 907 998 | 0.93 | 0.52 |
| Gm03_ BLOCK_ 27776188_ 27969356 | Gm03_ BLOCK_ 28899572_ 28944436 | 1 168 248 | 0.94 | 0.66 |
| Gm04_ BLOCK_ 3019232_ 3068189 | Gm04_ BLOCK_ 3091152_ 3289076 | 22 963 | 0.97 | 0.61 |
| Gm04_ BLOCK_ 3019232_ 3068189 | Gm04_ BLOCK_ 3657048_ 3781823 | 588 859 | 0.87 | 0.52 |

续表 3-18

| 位点 1 | 位点 2 | 距离/bp | $D'$ | $R^2$/% |
|---|---|---|---|---|
| Gm04_ 18943437 | Gm04_ 18943471 | 34 | 1.00 | 0.94 |
| Gm04_ BLOCK_ 20108155_ 20263035 | Gm04_ BLOCK_ 28402054_ 28497072 | 8 139 019 | 0.95 | 0.53 |
| Gm04_ BLOCK_ 20640159_ 20777200 | Gm04_ BLOCK_ 38149768_ 38213443 | 17 372 568 | 0.90 | 0.56 |
| Gm04_ BLOCK_ 20640159_ 20777200 | Gm04_ BLOCK_ 37836850_ 37909066 | 17 059 650 | 0.96 | 0.71 |
| Gm04_ BLOCK_ 20640159_ 20777200 | Gm18_ BLOCK_ 26859190_ 26995234 | NA | 0.97 | 0.67 |
| Gm04_ BLOCK_ 37836850_ 37909066 | Gm04_ BLOCK_ 38149768_ 38213443 | 240 702 | 0.91 | 0.61 |
| Gm04_ BLOCK_ 20640159_ 20777200 | Gm12_ 18148479 | NA | 0.87 | 0.51 |
| Gm04_ BLOCK_ 21896229_ 21996322 | Gm12_ 18148479 | NA | 0.91 | 0.56 |
| Gm04_ BLOCK_ 28402054_ 28497072 | Gm12_ 18148479 | NA | 0.86 | 0.58 |
| Gm04_ BLOCK_ 37836850_ 37909066 | Gm18_ BLOCK_ 26859190_ 26995234 | NA | 0.97 | 0.67 |
| Gm04_ BLOCK_ 38149768_ 38213443 | Gm18_ BLOCK_ 26859190_ 26995234 | NA | 0.93 | 0.56 |
| Gm04_ BLOCK_ 37836850_ 37909066 | Gm12_ 18148479 | NA | 0.87 | 0.53 |
| Gm05_ BLOCK_ 5783155_ 5925435 | Gm05_ BLOCK_ 25095143_ 25295131 | 19 169 708 | 0.82 | 0.51 |
| Gm05_ BLOCK_ 9881350_ 9881371 | Gm05_ BLOCK_ 25095143_ 25295131 | 15 213 772 | 0.85 | 0.54 |
| Gm05_ BLOCK_ 5783155_ 5925435 | Gm05_ BLOCK_ 9881350_ 9881371 | 3 955 915 | 0.86 | 0.66 |
| Gm06_ 19637365 | Gm06_ BLOCK_ 37913052_ 37930041 | 18 275 687 | 0.90 | 0.69 |
| Gm06_ 19637365 | Gm06_ BLOCK_ 29293360_ 29363857 | 9 655 995 | 0.88 | 0.50 |
| Gm06_ 19637365 | Gm06_ BLOCK_ 28102517_ 28205216 | 8 465 152 | 0.90 | 0.70 |
| Gm06_ 19637365 | Gm06_ BLOCK_ 27653971_ 27654004 | 8 016 606 | 0.87 | 0.73 |
| Gm06_ 19637365 | Gm06_ BLOCK_ 26047011_ 26164437 | 6 409 646 | 0.89 | 0.68 |
| Gm06_ 19637365 | Gm06_ BLOCK_ 25722627_ 25729037 | 6 085 262 | 0.89 | 0.51 |
| Gm06_ 19637365 | Gm06_ BLOCK_ 21311130_ 21362500 | 1 673 765 | 0.98 | 0.55 |
| Gm06_ 19637365 | Gm06_ 21072696 | 1 435 331 | 0.99 | 0.95 |
| Gm06_ 21072696 | Gm06_ BLOCK_ 37913052_ 37930041 | 16 840 356 | 0.92 | 0.71 |
| Gm06_ 21072696 | Gm06_ BLOCK_ 33174739_ 33369074 | 12 102 043 | 0.93 | 0.51 |
| Gm06_ 21072696 | Gm06_ BLOCK_ 28102517_ 28205216 | 7 029 821 | 0.92 | 0.72 |
| Gm06_ 21072696 | Gm06_ BLOCK_ 27653971_ 27654004 | 6 581 275 | 0.89 | 0.75 |
| Gm06_ 21072696 | Gm06_ BLOCK_ 26047011_ 26164437 | 4 974 315 | 0.90 | 0.70 |
| Gm06_ 21072696 | Gm06_ BLOCK_ 25722627_ 25729037 | 4 649 931 | 0.90 | 0.53 |
| Gm06_ 21072696 | Gm06_ BLOCK_ 21311130_ 21362500 | 238 434 | 0.96 | 0.54 |
| Gm06_ BLOCK_ 25722627_ 25729037 | Gm06_ BLOCK_ 37913052_ 37930041 | 12 184 015 | 0.99 | 0.54 |
| Gm06_ BLOCK_ 25722627_ 25729037 | Gm06_ BLOCK_ 28102517_ 28205216 | 2 373 480 | 0.98 | 0.53 |
| Gm06_ BLOCK_ 25722627_ 25729037 | Gm06_ BLOCK_ 27653971_ 27654004 | 1 924 934 | 0.96 | 0.57 |
| Gm06_ BLOCK_ 25722627_ 25729037 | Gm06_ BLOCK_ 26047011_ 26164437 | 317 974 | 0.93 | 0.54 |
| Gm06_ BLOCK_ 26047011_ 26164437 | Gm06_ BLOCK_ 37913052_ 37930041 | 11 748 615 | 0.96 | 0.73 |
| Gm06_ BLOCK_ 26047011_ 26164437 | Gm06_ BLOCK_ 33174739_ 33369074 | 7 010 302 | 0.95 | 0.52 |

续表 3－18

| 位点 1 | 位点 2 | 距离/bp | $D'$ | $R^2$/% |
|---|---|---|---|---|
| Gm06_ BLOCK_ 26047011_ 26164437 | Gm06_ BLOCK_ 28102517_ 28205216 | 1 938 080 | 0. 98 | 0. 73 |
| Gm06_ BLOCK_ 26047011_ 26164437 | Gm06_ BLOCK_ 27653971_ 27654004 | 1 489 534 | 0. 96 | 0. 80 |
| Gm06_ BLOCK_ 27653971_ 27654004 | Gm06_ BLOCK_ 37913052_ 37930041 | 10 259 048 | 0. 93 | 0. 78 |
| Gm06_ BLOCK_ 27653971_ 27654004 | Gm06_ BLOCK_ 33174739_ 33369074 | 5 520 735 | 0. 96 | 0. 53 |
| Gm06_ BLOCK_ 27653971_ 27654004 | Gm06_ BLOCK_ 29293360_ 29363857 | 1 639 356 | 0. 95 | 0. 53 |
| Gm06_ BLOCK_ 27653971_ 27654004 | Gm06_ BLOCK_ 28102517_ 28205216 | 448 513 | 0. 95 | 0. 79 |
| Gm06_ BLOCK_ 28102517_ 28205216 | Gm06_ BLOCK_ 37913052_ 37930041 | 9 707 836 | 0. 94 | 0. 72 |
| Gm06_ BLOCK_ 31084754_ 31225436 | Gm06_ BLOCK_ 35713945_ 35804935 | 4 488 509 | 0. 94 | 0. 71 |
| Gm06_ BLOCK_ 31084754_ 31225436 | Gm06_ BLOCK_ 34651092_ 34734612 | 3 425 656 | 0. 94 | 0. 69 |
| Gm06_ BLOCK_ 33174739_ 33369074 | Gm06_ BLOCK_ 37913052_ 37930041 | 4 543 978 | 0. 99 | 0. 50 |
| Gm06_ BLOCK_ 34651092_ 34734612 | Gm06_ BLOCK_ 35713945_ 35804935 | 979 333 | 0. 95 | 0. 77 |
| Gm06_ BLOCK_ 42553298_ 42752954 | Gm06_ BLOCK_ 42971643_ 42971834 | 218 689 | 0. 85 | 0. 50 |
| Gm07_ BLOCK_ 19266254_ 19266513 | Gm07_ BLOCK_ 20482646_ 20531327 | 1 216 133 | 0. 97 | 0. 72 |
| Gm07_ BLOCK_ 19266254_ 19266513 | Gm07_ BLOCK_ 24369245_ 24567320 | 5 102 732 | 0. 98 | 0. 67 |
| Gm07_ BLOCK_ 19266254_ 19266513 | Gm07_ BLOCK_ 25194369_ 25298259 | 5 927 856 | 0. 97 | 0. 54 |
| Gm07_ BLOCK_ 19266254_ 19266513 | Gm07_ BLOCK_ 25632071_ 25722986 | 6 365 558 | 0. 97 | 0. 75 |
| Gm07_ BLOCK_ 19266254_ 19266513 | Gm07_ BLOCK_ 26037182_ 26064892 | 6 770 669 | 0. 95 | 0. 76 |
| Gm07_ BLOCK_ 19266254_ 19266513 | Gm07_ BLOCK_ 28401744_ 28507794 | 9 135 231 | 0. 97 | 0. 79 |
| Gm07_ BLOCK_ 20482646_ 20531327 | Gm07_ BLOCK_ 24369245_ 24567320 | 3 837 918 | 0. 97 | 0. 57 |
| Gm07_ BLOCK_ 20482646_ 20531327 | Gm07_ BLOCK_ 25632071_ 25722986 | 5 100 744 | 0. 96 | 0. 63 |
| Gm07_ BLOCK_ 20482646_ 20531327 | Gm07_ BLOCK_ 26037182_ 26064892 | 5 505 855 | 0. 94 | 0. 65 |
| Gm07_ BLOCK_ 20482646_ 20531327 | Gm07_ BLOCK_ 28401744_ 28507794 | 7 870 417 | 0. 97 | 0. 68 |
| Gm07_ BLOCK_ 24369245_ 24567320 | Gm07_ BLOCK_ 25632071_ 25722986 | 1 064 751 | 0. 98 | 0. 59 |
| Gm07_ BLOCK_ 24369245_ 24567320 | Gm07_ BLOCK_ 26037182_ 26064892 | 1 469 862 | 0. 97 | 0. 63 |
| Gm07_ BLOCK_ 24369245_ 24567320 | Gm07_ BLOCK_ 28401744_ 28507794 | 3 834 424 | 0. 99 | 0. 66 |
| Gm07_ BLOCK_ 25194369_ 25298259 | Gm07_ BLOCK_ 28401744_ 28507794 | 3 103 485 | 0. 99 | 0. 52 |
| Gm07_ BLOCK_ 25632071_ 25722986 | Gm07_ BLOCK_ 26037182_ 26064892 | 314 196 | 0. 94 | 0. 68 |
| Gm07_ BLOCK_ 25632071_ 25722986 | Gm07_ BLOCK_ 28401744_ 28507794 | 2 678 758 | 0. 98 | 0. 71 |
| Gm07_ BLOCK_ 26037182_ 26064892 | Gm07_ BLOCK_ 28401744_ 28507794 | 2 336 852 | 0. 97 | 0. 75 |
| Gm08_ 25666898 | Gm08_ BLOCK_ 26528315_ 26728307 | 861 417 | 0. 86 | 0. 69 |
| Gm08_ BLOCK_ 25459202_ 25658708 | Gm08_ BLOCK_ 34717099_ 34867786 | 9 058 391 | 0. 97 | 0. 62 |
| Gm08_ BLOCK_ 25459202_ 25658708 | Gm08_ BLOCK_ 33910086_ 34107229 | 8 251 378 | 0. 95 | 0. 68 |
| Gm08_ BLOCK_ 30320715_ 30453625 | Gm08_ BLOCK_ 34717099_ 34867786 | 4 263 474 | 0. 95 | 0. 51 |
| Gm08_ BLOCK_ 33910086_ 34107229 | Gm08_ BLOCK_ 34717099_ 34867786 | 609 870 | 0. 92 | 0. 55 |
| Gm09_ BLOCK_ 13905886_ 13937909 | Gm09_ BLOCK_ 17383342_ 17427512 | 3 445 433 | 0. 95 | 0. 51 |
| Gm09_ BLOCK_ 45247793_ 45259227 | Gm09_ 45474240 | 215 013 | 0. 96 | 0. 58 |
| Gm10_ BLOCK_ 21869841_ 21890755 | Gm10_ BLOCK_ 24676338_ 24859976 | 2 785 583 | 0. 99 | 0. 54 |

续表 3 - 18

| 位点 1 | 位点 2 | 距离/bp | $D'$ | $R^2$/% |
|---|---|---|---|---|
| Gm12_ BLOCK_ 957814_ 1018785 | Gm12_ BLOCK_ 1021719_ 1161684 | 2 934 | 0.99 | 0.66 |
| Gm12_ BLOCK_ 2806414_ 2945752 | Gm12_ BLOCK_ 3109025_ 3171802 | 163 273 | 0.86 | 0.51 |
| Gm13_ BLOCK_ 2504952_ 2584197 | Gm13_ BLOCK_ 2924816_ 2935021 | 340 619 | 0.97 | 0.70 |
| Gm13_ BLOCK_ 12005208_ 12203504 | Gm13_ BLOCK_ 13189596_ 13384406 | 986 092 | 0.95 | 0.62 |
| Gm13_ BLOCK_ 16641771_ 16812620 | Gm13_ BLOCK_ 19029475_ 19228009 | 2 216 855 | 0.95 | 0.52 |
| Gm13_ BLOCK_ 22535363_ 22682467 | Gm13_ BLOCK_ 23118543_ 23250337 | 436 076 | 0.87 | 0.68 |
| Gm14_ BLOCK_ 3557369_ 3731119 | Gm14_ 3797239 | 66 120 | 0.96 | 0.51 |
| Gm14_ BLOCK_ 32002327_ 32054454 | Gm14_ BLOCK_ 32442185_ 32641878 | 387 731 | 0.95 | 0.60 |
| Gm14_ BLOCK_ 32002327_ 32054454 | Gm14_ 35625289 | 3 570 835 | 0.98 | 0.72 |
| Gm14_ BLOCK_ 32002327_ 32054454 | Gm14_ BLOCK_ 40001486_ 40199543 | 7 947 032 | 0.96 | 0.61 |
| Gm14_ BLOCK_ 32442185_ 32641878 | Gm14_ 35625289 | 2 983 411 | 0.97 | 0.77 |
| Gm14_ BLOCK_ 32442185_ 32641878 | Gm14_ BLOCK_ 40001486_ 40199543 | 7 359 608 | 0.90 | 0.66 |
| Gm14_ 35625289 | Gm14_ BLOCK_ 40001486_ 40199543 | 4 376 197 | 0.99 | 0.83 |
| Gm14_ BLOCK_ 42725305_ 42925079 | Gm14_ BLOCK_ 42925410_ 42933683 | 331 | 0.98 | 0.87 |
| Gm14_ BLOCK_ 42725305_ 42925079 | Gm14_ BLOCK_ 43439845_ 43550457 | 514 766 | 0.82 | 0.53 |
| Gm14_ BLOCK_ 42925410_ 42933683 | Gm14_ BLOCK_ 43439845_ 43550457 | 506 162 | 0.86 | 0.60 |
| Gm15_ BLOCK_ 32832673_ 33012990 | Gm15_ BLOCK_ 34993782_ 35193746 | 1 980 792 | 0.98 | 0.50 |
| Gm16_ BLOCK_ 11639975_ 11691582 | Gm16_ BLOCK_ 14182979_ 14375027 | 2 491 397 | 0.96 | 0.56 |
| Gm16_ BLOCK_ 11639975_ 11691582 | Gm16_ BLOCK_ 21082222_ 21082378 | 9 390 640 | 0.80 | 0.50 |
| Gm16_ BLOCK_ 15741554_ 15940860 | Gm16_ BLOCK_ 21082222_ 21082378 | 5 141 362 | 0.96 | 0.52 |
| Gm17_ 21969203 | Gm17_ BLOCK_ 32024574_ 32106694 | 10 055 371 | 0.92 | 0.66 |
| Gm17_ 21969203 | Gm17_ BLOCK_ 32421639_ 32428975 | 10 452 436 | 0.89 | 0.62 |
| Gm17_ BLOCK_ 32024574_ 32106694 | Gm17_ BLOCK_ 32421639_ 32428975 | 314 945 | 0.96 | 0.65 |
| Gm17_ 41144639 | Gm19_ 20608686 | NA | 0.75 | 0.56 |
| Gm18_ BLOCK_ 17267095_ 17353558 | Gm18_ BLOCK_ 17906914_ 17957985 | 553 356 | 0.97 | 0.64 |
| Gm18_ BLOCK_ 22356429_ 22389633 | Gm18_ BLOCK_ 23123698_ 23239644 | 734 065 | 0.93 | 0.70 |
| Gm18_ BLOCK_ 22356429_ 22389633 | Gm18_ BLOCK_ 32297383_ 32496976 | 9 907 750 | 0.85 | 0.57 |
| Gm18_ BLOCK_ 23123698_ 23239644 | Gm18_ BLOCK_ 32297383_ 32496976 | 9 057 739 | 0.89 | 0.62 |
| Gm18_ BLOCK_ 22356429_ 22389633 | Gm18_ BLOCK_ 32776040_ 32975989 | 10 386 407 | 0.94 | 0.62 |
| Gm18_ BLOCK_ 23123698_ 23239644 | Gm18_ BLOCK_ 32776040_ 32975989 | 9 536 396 | 0.97 | 0.67 |
| Gm18_ BLOCK_ 28601916_ 28801316 | Gm18_ BLOCK_ 32776040_ 32975989 | 3 974 724 | 0.98 | 0.53 |
| Gm18_ BLOCK_ 32297383_ 32496976 | Gm18_ BLOCK_ 32776040_ 32975989 | 279 064 | 1.00 | 0.70 |
| Gm18_ BLOCK_ 35435446_ 35632552 | Gm18_ BLOCK_ 36869476_ 37069240 | 1 236 924 | 0.90 | 0.56 |
| Gm19_ BLOCK_ 18797833_ 18978466 | Gm19_ 22755897 | 3 777 431 | 0.92 | 0.65 |
| Gm19_ BLOCK_ 31748874_ 31948866 | Gm19_ BLOCK_ 32215759_ 32375097 | 266 893 | 0.98 | 0.51 |
| Gm19_ BLOCK_ 46456175_ 46468223 | Gm19_ BLOCK_ 46925647_ 47109003 | 457 424 | 0.92 | 0.59 |
| Gm20_ BLOCK_ 38499943_ 38499970 | Gm20_ BLOCK_ 38728969_ 38737712 | 228 999 | 0.93 | 0.50 |

注：NA 表示两位点分布在不同的染色体上。

**表 3-19　染色体中控制生育期性状重要区段**

| 序号 | 生育期性状重要染色体区段/Mb | 位点数目 | 性状解释率/% | | | | 各生育期性状重要区段/Mb | 已报道基因 |
|---|---|---|---|---|---|---|---|---|
| | | | DTF | DM | FTM | GPS | | |
| 1 | 15.65~30.62 (01) | 11 | 2 (1.60~3.51) | 2 (0.05~0.09) | 2 (0.64~0.90) | 2 (0.30~1.55) | 30.26~30.62 (01, DTF) | |
| 2 | 17.58~29.18 (02) | 14 | 3 (0.17~3.52) | 3 (0.02~2.32) | 1 (0.04~0.04) | 3 (0.26~1.67) | 20.35~25.33 (02, DTF) | |
| 3 | 16.96~30.00 (03) | 17 | 3 (0.15~5.41) | 4 (0.03~5.39) | 3 (0.24~1.81) | 2 (0.78~1.44) | 16.96~17.16 (03, DTF), 16.96~17.16 (03, DM) | |
| 4 | 18.94~38.75 (04), 18.15 (12), 22.36~37.13 (18) | 37 (19+1+17) | 4 (0.47~5.40) | 4 (2.52~6.53) | 4 (0.04~2.29) | 2 (0.07~0.86) | 21.90~29.66 (04, DTF), 20.11~38.21 (04, DM), 18.15 (12, DTF), 26.86~27.00 (18, DM) | *E1La* (*Glyma04g24640*) / *GmFULb/GmFUL1a* (*Glyma04g31847*) / *E1Lb* (*Glyma18g22670*) |
| 5 | 4.97~25.49 (05) | 28 | 5 (0.03~3.51) | 4 (0.21~4.14) | 3 (0.41~10.04) | 1 (1.80) | 11.94~12.32 (05, DTF), 5.78~25.30 (05, FTM) | *GmFULc/GmFUL2a* (*Glyma05g07380*) / *GmTOE2b* (*Glyma05g18041*) |
| 6 | 18.03~38.96 (06) | 34 | 4 (2.31~3.52) | 4 (1.69~7.03) | 4 (0.23~6.09) | 3 (0.55~5.21) | 31.27~31.89 (06, FTM), 31.77~32.90 (06, DM), 18.49~18.89 (06, GPS) | *E1* (*Glyma06g23026*) |
| 7 | 19.27~29.43 (07) | 10 | 3 (2.06~9.45) | 4 (0.67~3.80) | 2 (1.03~1.57) | 2 (1.66~2.92) | 19.27~29.43 (7, DTF), 20.48~26.06 (07, DM) | |
| 8 | 25.46~34.87 (08) | 15 | 3 (0.28~5.28) | 2 (0.43~2.11) | 4 (0.23~3.05) | 1 (0.05) | 29.32~29.83 (08, DTF), 34.69~34.87 (08, FTM) | *GmAP1c* (*Glyma08g36380*) |
| 9 | 13.91~19.58 (09) | 7 | 3 (0.60~2.60) | 2 (5.50~7.47) | 3 (0.60~5.23) | 1 (0.15) | 13.91~14.88 (09, DTF), 13.91~13.94 (09, DM), 19.38~19.58 (09, DM) | |
| 10 | 20.87~28.05 (10) | 13 | 2 (0.17~1.58) | 3 (1.24~5.80) | 2 (2.20~10.94) | 2 (0.86~3.01) | 26.72~26.92 (10, DTF), 25.66~25.86 (10, DM), 23.72 (10, GPS) | *GmTOE6* (*Glyma10g22390*) |
| 11 | 11.64~21.08 (16) | 8 | 2 (0.09~0.22) | 3 (0.04~0.49) | 2 (0.31~0.48) | 1 (1.30) | | *GmAP1/GmAP1a* (*Glyma16g13070*) |
| 12 | 21.97~32.43 (17) | 7 | 3 (0.58~1.99) | 3 (1.20~4.49) | 3 (0.04~3.25) | | 21.97~32.11 (17, DTM) 22.41~22.60 (17, DM) | |
| 13 | 58.00~61.69 (18) | 11 | 2 (0.18~8.33) | 4 (0.03~13.27) | 2 (9.48~9.62) | | 58.00~58.54 (18, DTF) 58.20~58.86 (18, FTM) 58.20~59.12 (18, DM) | |
| 14 | 39.52~41.78 (17) and 18.80~25.98 (19) | 20 (8+12) | 4 (1.11~4.87) | 3 (0.03~6.79) | 4 (0.59~4.97) | 1 (2.23) | 41.14 (17, DTF), 18.80~23.85 (19, DTF), 22.96~23.06 (19, FTM), 22.94~23.06 (19, DM), 21.35~21.39 (19, DM) | |

注：表格中序号是依据区段在染色体中的顺序及其物理位置排序。生育期性状重要染色体区段数据中括号内为染色体数，如 18.03~38.96（06）表示 6 号染色体上 18.03~38.96 Mb 区段。位点列表示该区段所包含的 QTL 数目。性状解释率列中数据括号外为检测到的次数，括号内为贡献率的范围，如 DTF 列中 4（2.31~3.52）表示该区段在 DTF 性状中检测到 4 次，其贡献率分布在 2.31%~3.52%。

# 第六节　生育期性状 QTL－等位变异体系的建立及应用





## 一、生育前期 QTL－等位变异体系的建立及应用

### （一）生育前期 QTL－等位变异体系的建立

图 3－4 为各生态亚区及东北地区的生育前期各 QTL 的等位变异效应值图，其中负效等位变异使生育前期提前，正效等位变异则使之延后，这些 QTL 及其等位变异在群体内的分布即构成 QTL－等位变异（QTL－allele）矩阵。图 3－4 直观地表明大部分 QTL 内等位变异效应值绝对值差异较大，因此需要加强对种质资源的研究，从而确定目标 QTL/基因的最优的等位变异类型。而东北及不同亚区内定位到的等位变异数目和变幅存在一定的差异，但其总体及在各熟期组内的分布规律基本均呈现单峰态对称分布，效应值超 ±6 d 的等位变异较少；而东北及各亚区内定位的等位变异数目及变幅在不同熟期组间也存在一定程度的差异，其中早熟组（MG000～00）所含有的等位变异数目偏少，而效应值范围也较其他熟期组偏小，特别是 MG000，这表明可从其他熟期组类型中引入更优异的等位变异，进一步改良该性状在早熟组的表达，培育更加早熟的材料（表 3－20）。图 3－5 为东北及各生态亚区生育前期 QTL－等位变异矩阵，通过该矩阵可直观获取 QTL 的等位变异在群体内的分布情况。该矩阵以不同颜色的色块表示等位变异效应值的大小，每一行表示同一 QTL 内不同等位变异在群体内的分布，每一列表示群体内特定材料内所含有的等位变异。

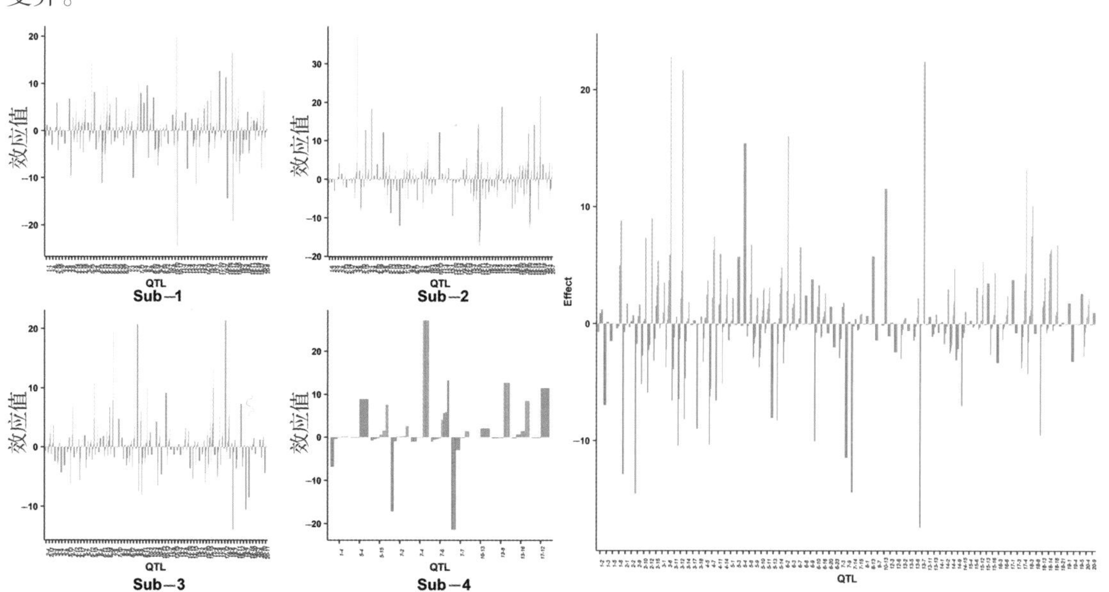


**图 3－4　东北全区及各生态亚区生育前期 QTL 的等位变异效应值分布**

注：同一 QTL 中不同颜色表示不同的等位变异。各 QTL 内等位变异按照效应值大小依次排序。

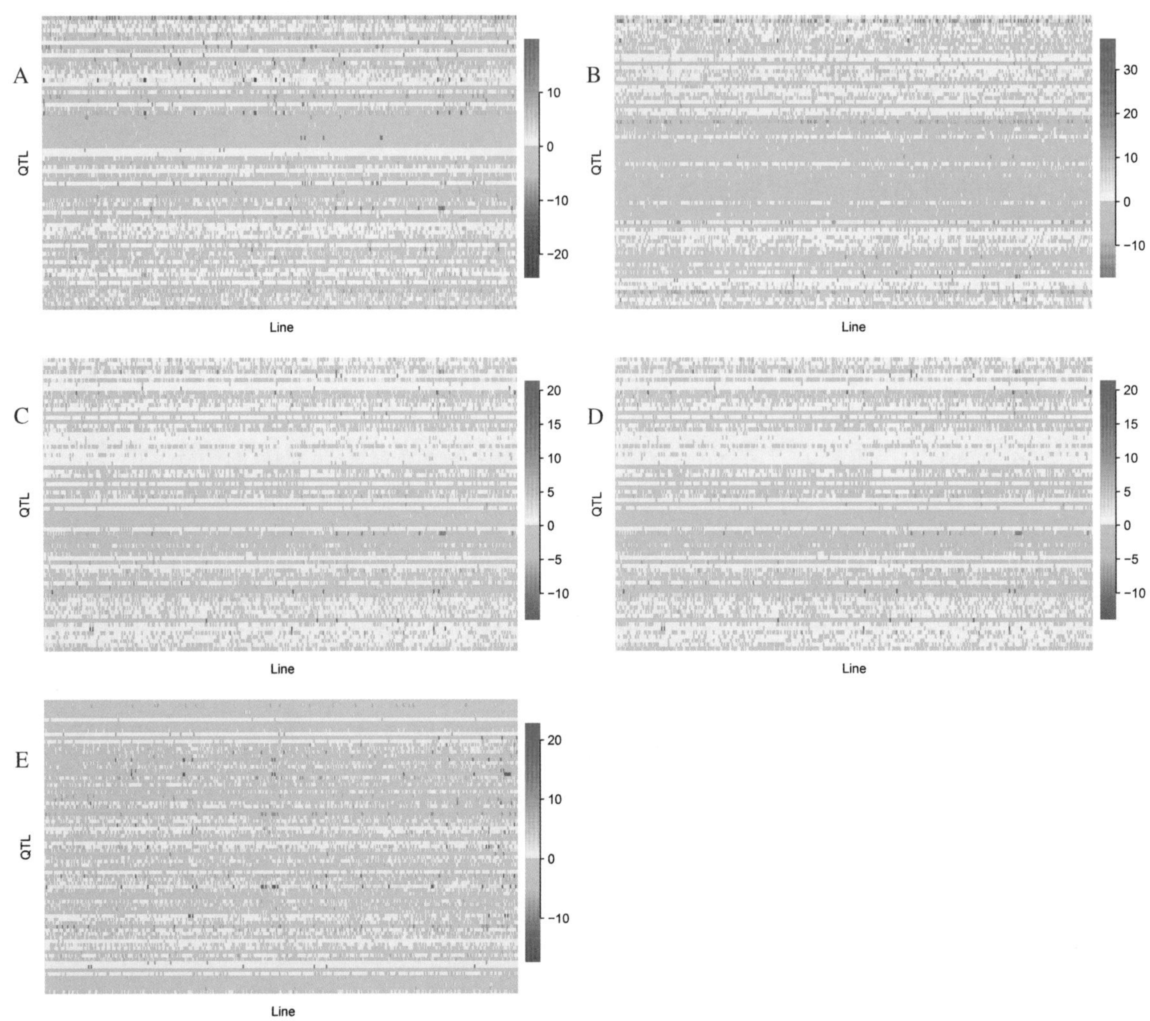


图 3－5　东北全区及各生态亚区生育前期 QTL－等位变异矩阵

注：图中 A～E 依次为 Sub－1、Sub－2、Sub－3、Sub－4、整个东北地区构建的 QTL－等位变异矩阵。

例如，Sub－1 中共定位到 292 个等位变异，效应值分布在－24.43～19.93，其中仅 12.33%（36/292）的效应值超 ±6 d（表 3－20）。Sub－1 等位变异中正负等位变异数目基本相同，其中负效和正效等位变异数目分别为 147 和 145 个，这些等位变异在效应值的分布上呈现近似正态分布（表 3－20）。各熟期组内等位变异的分布规律与所有等位变异相似，各熟期组内负效与正效等位变异数目的差异分布在 0～8 个间，频次分布也呈现为近似正态分布。而从等位变异数目及其分布、变幅及效应值超 ±6 d 的数目可知，早熟组在该性状上有进一步改良的空间。MG000、MG00 分别含有 196、237 个等位变异，即 Sub－1 等位变异中的 96、55 个并未出现在这两组（表 3－20）。从变幅及超 ±6 d 等位变异数目看，MG000 组中最小、最大的效应值分别为－19.20 d、8.20 d，定位结果为可使生育前期提前的等位变异类型（效应值为－24.43 d）及使生育前期延后的等位变异类型（效应值为 8.20 d）均未出现在该熟期组，小于－6 d 的 17 个等位变异中仅 7 个而超 6 d 的 19 个等位变异仅 3 个分布在该组中，这表明该组可通过引入更优的等位变异（即负效效应值较小等位变异）和排除正效等位变异进一步改良该性状，引入负效效应值较小的等位变异可能更加有效；MG00 组的极端效应值与定位结果中的虽然相同，但小于 -6 d 等位变异中仅 10 个而超 6 d 等位变异仅 10 个分布在该组中，这表明该组可通过引入更优的等位变异（即负效效应值较小等位变异）和排除正效等位变异进一步改良该性状，其中排除正效效应值较大的等位变异可能更加有效（表 3 -20）。东北地区及其他亚区定位的等位变异数目及变幅虽然与 Sub -1 有所不同，但所呈现的规律与之相同。比较特定熟期组内分布的等位变异与群体分布的等位变异可知，其余熟期组内分布着特定熟期组所不具有的等位变异，这表明可通过引入其他甚至相差较远熟期组的等位变异来改良该性状。例如 Sub -1 定位结果中群体内有 10 个小于 -6 d等位变异并未分布在 MG000 组中，而其余熟期组内则含有 7 ~16 个小于 -6 d 的等位变异，这些等位变异可用来改良 MG000 组（表 3 -20）。

通过以上分析可知，虽然东北地区及各亚区内定位得到的 QTL 及其等位变异的数目及效应值有所差异，但其在群体及各熟期组分布的规律相同。从第二章分析可知，东北大豆从南部地区扩展到北部地区，即分布在北部地区的 MG000 -00 -0 是由南部地区的 MGⅢ - Ⅱ - Ⅰ经过人工选择（育种）形成的。因此，通过分析东北地区及各亚区定位结果的 QTL - allele 矩阵中的一个即可分析不同熟期组间在该性状上的遗传分化动力，从而为进一步改良目标性状提供更加有效的途径。

**表 3 -20 东北全区及各生态亚区生育前期 QTL - 等位变异在各熟期组的分布**

| 生态亚区 | 熟期组 | 生育前期等位变异组中值/d | | | | | | | | | 总计 | 变幅/d |
|---|---|---|---|---|---|---|---|---|---|---|---|---|
| | | < -8 | -7 | -5 | -3 | -1 | 1 | 3 | 5 | >6 | | |
| Sub -1 | MG000 | 6 | 1 | 8 | 18 | 69 | 63 | 17 | 11 | 3 | 196（102，94） | -19.20 ~8.20 |
| | MG00 | 7 | 3 | 12 | 27 | 73 | 74 | 16 | 15 | 10 | 237（122，115） | -24.43 ~19.93 |
| | MG0 | 11 | 5 | 14 | 34 | 78 | 84 | 23 | 17 | 17 | 283（142，141） | -24.43 ~19.93 |
| | MGⅠ | 7 | 6 | 13 | 31 | 77 | 78 | 20 | 15 | 14 | 261（134，127） | -24.43 ~19.93 |
| | MGⅡ | 6 | 3 | 12 | 26 | 72 | 73 | 20 | 15 | 15 | 242（119，123） | -24.43 ~19.93 |
| | MGⅢ | 3 | 4 | 10 | 19 | 69 | 66 | 16 | 13 | 10 | 210（105，105） | -24.43 ~19.93 |
| | 总计 | 11 | 6 | 17 | 35 | 78 | 84 | 23 | 19 | 19 | 292（147，145） | -24.43 ~19.93 |
| Sub -2 | MG000 | 4 | 3 | 9 | 17 | 68 | 76 | 16 | 7 | 5 | 205（101，104） | -17.31 ~14.59 |
| | MG00 | 7 | 5 | 11 | 23 | 86 | 93 | 29 | 9 | 7 | 270（132，138） | -17.31 ~14.59 |
| | MG0 | 11 | 8 | 15 | 28 | 99 | 102 | 38 | 13 | 12 | 326（161，165） | -17.31 ~37.01 |
| | MGⅠ | 8 | 7 | 16 | 24 | 95 | 97 | 30 | 11 | 13 | 301（150，151） | -17.31 ~21.62 |
| | MGⅡ | 10 | 3 | 14 | 26 | 88 | 88 | 29 | 9 | 11 | 278（141，137） | -17.31 ~37.01 |
| | MGⅢ | 7 | 6 | 10 | 18 | 79 | 81 | 24 | 11 | 13 | 249（120，129） | -17.31 ~37.01 |
| | 总计 | 11 | 8 | 17 | 30 | 100 | 103 | 40 | 14 | 16 | 339（166，173） | -17.31 ~37.01 |
| Sub -3 | MG000 | 0 | 0 | 3 | 16 | 70 | 90 | 5 | 2 | 1 | 187（89，98） | -5.64 ~10.12 |
| | MG00 | 2 | 0 | 7 | 23 | 76 | 103 | 9 | 2 | 6 | 228（108，120） | -8.51 ~19.65 |
| | MG0 | 4 | 3 | 6 | 31 | 89 | 115 | 15 | 9 | 9 | 281（133，148） | -13.92 ~21.40 |
| | MGⅠ | 2 | 4 | 5 | 26 | 84 | 113 | 13 | 8 | 3 | 258（121，137） | -8.51 ~7.93 |
| | MGⅡ | 3 | 3 | 3 | 21 | 74 | 102 | 12 | 6 | 10 | 234（104，130） | -10.54 ~21.44 |

**续表** 3－20

| 生态亚区 | 熟期组 | 生育前期等位变异组中值/d | | | | | | | | | 总计 | 变幅/d |
|---|---|---|---|---|---|---|---|---|---|---|---|---|
| | | <－8 | －7 | －5 | －3 | －1 | 1 | 3 | 5 | >6 | | |
| Sub－3 | MGⅢ | 2 | 3 | 1 | 14 | 67 | 98 | 12 | 7 | 12 | 216（87，129） | －13.92～21.40 |
| | 总计 | 4 | 4 | 7 | 31 | 89 | 116 | 15 | 9 | 13 | 288（135，153） | －13.92～21.40 |
| Sub－4 | MG000 | 0 | 1 | 0 | 1 | 16 | 6 | 0 | 1 | 0 | 25（18，7） | －6.86～4.05 |
| | MG00 | 2 | 0 | 0 | 1 | 19 | 9 | 0 | 2 | 2 | 35（22，13） | －21.42～27.13 |
| | MG0 | 0 | 1 | 0 | 1 | 20 | 9 | 1 | 2 | 3 | 37（22，15） | －6.86～12.71 |
| | MGⅠ | 2 | 1 | 0 | 1 | 18 | 10 | 1 | 2 | 3 | 38（22，16） | －21.42～27.13 |
| | MGⅡ | 2 | 0 | 0 | 1 | 19 | 9 | 1 | 2 | 6 | 40（22，18） | －21.42～27.13 |
| | MGⅢ | 2 | 0 | 0 | 0 | 15 | 7 | 2 | 1 | 7 | 34（17，17） | －21.42～27.13 |
| | 总计 | 2 | 1 | 0 | 1 | 20 | 10 | 2 | 3 | 7 | 46（24，22） | －21.42～27.13 |
| NEC | MG000 | 3 | 2 | 3 | 11 | 83 | 86 | 15 | 4 | 4 | 211（102，109） | －14.52～9.00 |
| | MG00 | 6 | 5 | 2 | 19 | 99 | 91 | 22 | 8 | 7 | 259（131，128） | －14.52～16.03 |
| | MG0 | 13 | 5 | 5 | 27 | 113 | 104 | 34 | 13 | 17 | 331（163，168） | －17.39～22.80 |
| | MGⅠ | 6 | 4 | 4 | 26 | 105 | 100 | 33 | 10 | 11 | 299（145，154） | －17.39～21.65 |
| | MGⅡ | 8 | 4 | 4 | 21 | 106 | 97 | 30 | 7 | 13 | 290（143，147） | －14.52～22.80 |
| | MGⅢ | 6 | 0 | 4 | 20 | 93 | 90 | 24 | 8 | 14 | 259（123，136） | －14.52～22.80 |
| | 总计 | 13 | 6 | 6 | 30 | 113 | 105 | 36 | 13 | 20 | 342（168，174） | －17.39～22.80 |

注：总计栏的括号内前面数字为负效等位变异数，后面数字为正效等位变异数。





## （二）生育前期 QTL－等位变异体系的应用

### 1. 东北大豆生育前期的熟期组间遗传分化动力分析

由以上研究分析可知，东北及各亚区内定位结果中等位变异在各熟期组中分布的规律相似。而由第二章分析可知，各熟期组在该性状上差异达到显著水平。由于 NEC 定位时所采用的环境数目及所含有等位变异数目最多，因此本研究中以 NEC 定位结果讨论各熟期组在该性状上的遗传分化动力。

表 3－21 为各 QTL 内等位变异在东北地区新形成的熟期组内的分布情况。为方便描述，我们将分布在东北地区原有熟期组（MGⅠ－Ⅱ－Ⅲ）中的等位变异称为东北大豆种质资源群体原有等位变异（简称原有等位变异），将仅分布在新形成熟期组（MG0－00－000）的等位变异称为东北大豆种质资源群体新生等位变异（简称新生等位变异），将在原有熟期组中分布而未在新形成熟期组分布的等位变异称为东北大豆种质资源群体排除等位变异（简称排除等位变异）。而在等位变异效应值的描述中，我们使用"－""＋"分别描述负效等位变异、正效等位变异。

从结果看，MGⅢ至 MG000 内等位变异数目依次为 259（"－"vs"＋"＝123 vs 136）、290（"－"vs"＋"＝143 vs 147）、299（"－"vs"＋"＝145 vs 154）、331（"－"vs"＋"＝163 vs 168）、259（"－"vs"＋"＝131 vs 128）、211（"－"vs"＋"＝102 vs 109）个。将 MG0、

MG00 和 MG000 与 MGⅠ+Ⅱ+Ⅲ相比，各熟期组中的 327（“-”vs“+”=160 vs 167）、256（“-”vs“+”=129 vs 127）、210（“-”vs“+”=101 vs 109）个为原有等位变异，这些等位变异分布在 81 个 QTL 中；同时也分别有 11（来源于 11 个 QTL，“-”vs“+”=5 vs 6）、82（来源于 52 个 QTL，“-”vs“+”=36 vs 46）和 128（来源于 64 个 QTL，“-”vs“+”=64 vs 64）个被排除；而各熟期组仅有 4（来源于 3 个 QTL，“-”vs“+”=3 vs 1）、3（来源于 2 个 QTL，“-”vs“+”=2 vs 1）、1（来源于 1 个 QTL，其效应值为负）个等位变异新生。

从第二章分析可知，随着大豆种植区段的北移，形成的新型熟期组在该性状呈明显降低。而从本部分分析可知，该性状在新形成熟期组中的降低主要是由原有等位变异的排除和极少数新生等位变异造成的。从理论上说，该性状随着熟期组的变早而降低应该是通过引入/新生负效等位变异、排除正效等位变异造成的。而事实上，本研究中各新形成熟期组排除等位变异中正效和负效的数目几乎相同，虽然新生等位变异中负效类型较多，但新生等位变异数目太少，几乎可忽略不计。这就表明，该性状在大豆新形成熟期组（MG0-00-000）中并没有经历直接选择，正效和负效的等位变异受到相同的选择压力。因此，各熟期组在该性状上的差异主要是由保留下的等位变异间重组的结果。

由以上分析，通过人工选择形成该性状在新熟期组差异的遗传动力如下：首先为原有等位变异的继承，其占到本试验群体该性状遗传构成的 58.19%（199/342）；其次为育种过程中排除等位变异，其占到本试验群体该性状遗传构成的 40.64%（139/342），由于排除等位变异同时会引起保留等位变异间的重组，因此排除等位变异及其引起的重组是人工选择形成该性状遗传差异的第二遗传动力；而第三遗传动力则为新生等位变异，考虑到新生等位变异数目极少，该动力对熟期组间的遗传分化的贡献很低。

新熟期组形成的遗传机制是遗传及育种研究者关注的重点内容。在前人的研究中，针对这一问题的研究主要利用少量对生育前期和全生育期有影响的已知功能基因（比如 *E* 系列和 *J* 基因）及其等位变异组合来试图解释熟期组间遗传分化的机制，但效果并不理想[4, 145, 150, 158, 268]。而在本研究中，我们通过直接比较 RTM-GWAS 方法构建的控制该性状的 QTL-等位变异矩阵在各熟期组间的遗传构成来探究熟期组间遗传分化的遗传机制。从结果看，高达 82.72%（67/81）的 QTL 在原有熟期组和新形成熟期组间发生了改变（表 3-17），该结果可以解释为什么前人采用少量基因无法清晰探究熟期组间遗传差异的机制。遗传动力分析表明，新生等位变异并不是新熟期组形成的主要原因，直接保留及排除后的等位变异间的重组对新熟期组的形成至关重要，因此需高度重视重组在新熟期组形成中的作用。该结果同时表明通过杂交（即人工利用重组）可进一步培育出更早熟的材料。事实上，Liu 等已报道了比 MG000 组对照品种（Maple Presto、OAC Vision）早开花 3~5 d 同时早熟 7~15 d 的材料（Dengke 2、Hujiao 07-2479、Hujiao 07-2123）[269]。同时，Jia 等报道 Hujiao 07-2479、Hujiao 07-2123 开花明显早于 MG000 组的对照品种，建议将之划分到更早熟的 MG0000 组[4]。上述结果更直观地显示了重组的潜力。

表 3-21　东北种质资源群体中 MG Ⅰ ~ Ⅲ至 MG0，MG00 和 MG000 的生育前期等位变异变化图示

| QTL | a1 | a2 | a3 | a4 | a5 | a6 | a7 | a8 | a9 |
|---|---|---|---|---|---|---|---|---|---|
| *q-DTF*-1-2 | | | | | | | | | |
| *q-DTF*-1-3 | | | | | | | | | |
| *q-DTF*-1-5 | yz | | | | | | | | |
| ***q-DTF*-1-8** | | yz | | z | y | | | | |
| *q-DTF*-2-1 | z | | | | | | | | |
| *q-DTF*-2-2 | | | | | | | | | |
| *q-DTF*-2-9 | | | | | | | | | |
| *q-DTF*-2-10 | yz | | | | | | | | |
| *q-DTF*-2-12 | x y | yz | | | | | | | |
| *q-DTF*-2-15 | | | | | z | | | | |
| *q-DTF*-3-1 | | | | | | z | | | |
| ***q-DTF*-3-6** | | yz | | | | yz | z | | yz |
| *q-DTF*-3-11 | | x z | z | | | | | | |
| ***q-DTF*-3-12** | | z | | | z | yz | | | |
| *q-DTF*-3-14 | yz | z | z | | | yz | | | |
| *q-DTF*-3-17 | | | | | | | | | |
| *q-DTF*-3-18 | yz | | | | | | | | |
| *q-DTF*-4-5 | | yz | | | yz | | | | |
| ***q-DTF*-4-7** | | yz | yz | | x yz | yz | | | |
| *q-DTF*-4-11 | x z | | y | | | | | | |
| ***q-DTF*-4-14** | y | | | z | | yz | | yz | x z |
| *q-DTF*-5-1 | z | | | | | | | | |
| *q-DTF*-5-3 | | z | | | | | | | |
| ***q-DTF*-5-4** | | x yz | | | | | | | |
| *q-DTF*-5-8 | yz | | | | z | | | | |
| *q-DTF*-5-9 | z | yz | yz | | | y | | | |
| ***q-DTF*-5-10** | z | | | yz | z | | yz | | z |
| *q-DTF*-5-11 | yz | | | | | yz | | | |
| *q-DTF*-5-13 | yz | | | | | | | | |
| ***q-DTF*-5-14** | z | | | | yz | | | | |
| ***q-DTF*-6-2** | yz | | | | z | z | | | |
| ***q-DTF*-6-3** | z | | | yz | yz | yz | | | |
| *q-DTF*-6-7 | | | | yz | | | | | |
| *q-DTF*-6-8 | | y | | | | | | | |
| *q-DTF*-6-9 | | z | | | | | | | |
| *q-DTF*-6-10 | yz | | | | | | | | |
| ***q-DTF*-6-16** | | z | yz | | | yz | | | |
| *q-DTF*-6-20 | | | | | | | | | |
| *q-DTF*-6-23 | yz | | | | | | | | |
| *q-DTF*-7-3 | z | | | | | | | | |
| *q-DTF*-7-9 | z | | | | | | | | |

| QTL | a1 | a2 | a3 | a4 | a5 | a6 | a7 | a8 | a9 | a10 |
|---|---|---|---|---|---|---|---|---|---|---|
| *q-DTF*-7-14 | y z | z | | | | | | | | |
| ***q-DTF*-7-15** | | | | | z | z | | | | |
| *q-DTF*-8-1 | | | | | | | | | | |
| *q-DTF*-8-13 | | yz | | | | | | | | |
| *q-DTF*-9-7 | y z | | | | | | | | | |
| ***q-DTF*-10-13** | | yz | | | | | | | | |
| *q-DTF*-12-3 | | | | | | | | | | |
| *q-DTF*-12-6 | x z | | | | | | | | | |
| *q-DTF*-13-2 | z | | yz | | z | | | | | |
| *q-DTF*-13-5 | y z | | | | | | | | | |
| *q-DTF*-13-6 | | z | | | z | | | | | |
| ***q-DTF*-13-7** | y z | | | x y z | | | | | | |
| *q-DTF*-13-11 | | | | | | | | | | |
| *q-DTF*-13-13 | y z | | | | | | | | | |
| *q-DTF*-14-1 | | | | | | | | | | |
| *q-DTF*-14-2 | z | yz | | | | | | | | |
| ***q-DTF*-14-4** | XY | | | x y z | | XY | | | yz | y |
| *q-DTF*-14-9 | y | yz | | | | | | | | |
| *q-DTF*-14-15 | z | | | | | | | | | |
| *q-DTF*-15-4 | | | | | | | | | | |
| *q-DTF*-15-6 | z | | | y z | | | | | | |
| ***q-DTF*-15-12** | y | | | | | z | yz | | | |
| *q-DTF*-15-13 | | y | | | | | | | | |
| ***q-DTF*-15-16** | y z | | | z | | y z | | | | |
| *q-DTF*-16-3 | | | | | | | | | | |
| ***q-DTF*-16-6** | z | | | z | | | z | yz | | |
| *q-DTF*-17-1 | y z | | | | | | | | | |
| *q-DTF*-17-3 | z | | | | | | | | | |
| ***q-DTF*-17-4** | z | z | | | z | y z | x z | | | |
| ***q-DTF*-18-3** | | | | | z | y z | yz | | | |
| *q-DTF*-18-8 | y z | | | | | | | | | |
| ***q-DTF*-18-13** | y z | | yz | | yz | | | | | |
| ***q-DTF*-18-14** | y z | | | z | yz | y z | z | | | |
| ***q-DTF*-18-18** | | | | XY | yz | y z | | | | |
| *q-DTF*-18-21 | | | | | | | | | | |
| *q-DTF*-19-1 | | x yz | | | | | | | | |
| *q-DTF*-19-4 | X Z | | | | | | | | | |
| *q-DTF*-19-5 | | yz | | | | | | | | |
| ***q-DTF*-20-4** | z | z | z | | z | | y | | | |
| *q-DTF*-20-9 | | | | | | | | | | |

续表 3-21

| 熟期组 | 等位变异总数 | | 继承等位变异 | | 已改变等位变异 | | 新生等位变异 | | 排除等位变异 | |
|---|---|---|---|---|---|---|---|---|---|---|
| | 等位变异数目 | QTL 数目 | 等位变异数目 | QTL 数目 | 等位变异数目 | QTL 数目 | 等位变异数目 | QTL 数目 | 等位变异数目 | QTL 数目 |
| Ⅰ+Ⅱ+Ⅲ | 338(165,173) | 81 | [Ⅰ:299(145,154); | | Ⅱ:290(143,147); | | Ⅲ:259(123,136)] | | | |
| 0 vs Ⅰ+Ⅱ+Ⅲ | 331(163,168) | 81 | 327(160,167) | 81 | 15(8,7) | 13 | 4(3,1) | 3 | 11(5,6) | 11 |
| 00 vs Ⅰ+Ⅱ+Ⅲ | 259(131,128) | 81 | 256(129,127) | 81 | 85(38,47) | 52 | 3(2,1) | 2 | 82(36,46) | 52 |
| 000 vs Ⅰ+Ⅱ+Ⅲ | 211(102,109) | 81 | 210(101,109) | 81 | 129(65,64) | 65 | 1(1,0) | 1 | 128(64,64) | 64 |
| 0-00-000 vsⅠ+Ⅱ+Ⅲ | 337(167,170) | 81 | 199(104,95) | 81 | 143(71,72) | 67 | 4(3,1) | 3 | 139(68,71) | 66 |

注：Ⅰ+Ⅱ+Ⅲ表示 MGⅠ~Ⅲ这三个熟期组的总和。在表的上部，a1~a10 为各 QTL 内按照效应值从小到大依次排列的等位变异。在表格中，白色、灰色格子分别表示负效、正效等位变异。格子中“x”“y”“z”表示与 MGⅠ~Ⅲ相比，分别在 MG0、MG00、MG000 中排除的等位变异。“X”“Y”“Z”表示与 MGⅠ~Ⅲ相比，分别在 MG0、MG00、MG000 中新生的等位变异，其中浅黄色和深黄色分别表示新生等位变异依次为负效、正效。在表的下部，0 vs Ⅰ+Ⅱ+Ⅲ表示 MG0 与 MGⅠ~Ⅲ中等位变异的比较，00 vs Ⅰ+Ⅱ+Ⅲ 和 000 vs Ⅰ+Ⅱ+Ⅲ的意义与之相同。0-00-000 vs Ⅰ+Ⅱ+Ⅲ表示 MG0~000 与 MGⅠ~Ⅲ中等位变异的比较。继承等位变异指等位变异来源于 MGⅠ~Ⅲ；已改变等位变异指与 MGⅠ~Ⅲ中等位变异比较发生了排除或者新生；新生等位变异指等位变异未出现在 MGⅠ~Ⅲ；排除等位变异指等位变异未出现在目标熟期组内。QTL 加粗表示该位点的贡献率超 1%。在等位变异数目列中，括号外数字为等位变异数目，括号内依次为负效等位变异和正效等位变异的数目。

2. 新熟期组（MG0-00-000）形成中重要生育前期 QTL 及候选基因

表 3-21 直观地描述了等位变异在不同熟期组间的分布及传递。从结果看，不同 QTL 在 MG0-00-000 形成中发挥的作用相差较大。来自 67 个 QTL 的 143 个等位变异在新熟期组形成中发挥了作用。这些 QTL 根据其在新熟期组形成中已改变等位变异的数目可分为 5 类，其中 31 个 QTL 仅有 1 个等位变异发生改变，而有 2、3、4、5 个等位变异改变的 QTL 数目则分别为 14、10、6、6（表 3-22）。具体到各熟期组，MG0 的形成中共有来自 13 个 QTL 的 15 个等位变异发生改变，而 MG00 和 MG000 形成中分别有来自 52 个 QTL 的 85 个等位变异及来自 65 个 QTL 的 129 个等位变异发生改变。与此同时，有来自 5 个 QTL 的 5 个等位变异同时在 MG0-00-000 及来自 46 个 QTL 的 66 个等位变异同时在 MG00-000 中发生改变。因此，那些在多个熟期组形成中发生变化的 QTL 可能更加重要。

考虑到新生等位变异在新熟期组形成中起到的作用极小（仅产生了 4 个新生等位变异且无等位变异在所有新形成熟期组中出现），那些排除更多正效等位变异及较大表型解释率的 QTL 可能是新熟期组形成中更为重要的类型。表 3-22 中列出的 24 个 QTL 为新熟期组形成中的主效 QTL。这些 QTL 中，*q-DTF-18-14* 的 4 个正效等位变异在新熟期组（特别是 MG00 和 MG000）形成的育种过程中均被汰除，而有 5 个 QTL 在育种过程中分别汰除了 3 个正效等位变异、14 个 QTL 在育种过程中分别汰除了 2 个正效等位变异及 4 个仅丢失了 1 个正效等位变异但贡献率较高的 QTL（表 3-22）。在 MG0、MG00、MG000 形成中，本研究定位的 81 个位点分别汰除了 8、38、65 个正效等位变异，而上述 24 个 QTL 则在 3 个熟期组中分别排除了 6、35、47 个正效等位变异，这也在一定程度上说明了按照本方法选定的 24 个 QTL 的准确性。而从候选基因角度，前人所确定的、决定生育前期的主效功能基因中仅 *DT2*（*q-DTF-18-18*）包含在这 24 个在新熟期组形成中起重要作用的 QTL 中。该结果一方面表明了已知功能基因并不是在熟期组分化中起主要作用，另一方面也说明东北大豆种质资源群体在该性状的遗传机制与前人所用的群体类型（MGⅠ~Ⅶ）

存在较大的差异。

而这些主效功能基因主要与花发育功能及植物激素响应相关，在 24 个关键 QTL 所确定的 19 个候选基因中有 13 个与花发育相关，还有 3 个候选基因与植物激素响应相关。在上述候选基因中，*q*－*DTF*－18－3 的候选基因 *Glyma*18*g*03130 的功能与 Karrikin 激素相关。Karrikin 是一类新型激素，其分子结构与独脚金内酯（Strigolactone）相似，控制着植物发育[270]，是近年来植物生物学研究的热点。该基因在大豆发育过程中的作用有待进一步研究。

**表 3－22　由 MG Ⅰ～Ⅲ引起新熟期组（MG0－00－000）形成的生育前期 QTL－等位变异分析**

| 已改变等位变异数目/位点 | 已改变等位变异总数 | 同时在 MG0－000 中改变 | 同时在 MG00－000 中改变 | MG0 | MG00 | MG000 |
|---|---|---|---|---|---|---|
| 1 | 31（31） | 2（2） | 15（15） | 4（4） | 19（19） | 29（29） |
| 2 | 28（14） | 1（1） | 12（10） | 4（4） | 16（11） | 25（14） |
| 3 | 30（10） | 0（0） | 16（10） | 1（1） | 19（10） | 27（10） |
| 4 | 24（6） | 1（1） | 14（6） | 1（1） | 16（6） | 23（6） |
| 5 | 30（6） | 1（1） | 9（5） | 5（3） | 15（6） | 25（6） |
| 总计 | 143（67） | 5（5） | 66（46） | 15（13） | 85（52） | 129（65） |

新熟期组形成的重要 QTL－等位变异

| QTL | $R^2$/% | 已改变＋等位变异 | | | 候选基因 | 基因功能（分类） |
|---|---|---|---|---|---|---|
| | | MG0 | MG00 | MG000 | | |
| *q*－*DTF*－18－14（4） | 0.88 | 0 | 2 | 4 | *Glyma*18*g*36960 | The anther development（Ⅰ） |
| *q*－*DTF*－3－6（3） | 3.30 | 0 | 2 | 3 | | |
| *q*－*DTF*－4－14（3） | 0.30 | 1 | 2 | 2 | *Glyma*04*g*33410 | Regulation of transcription（Ⅱ） |
| *q*－*DTF*－6－3（3） | 0.09 | 0 | 3 | 3 | *Glyma*06*g*07920 | Regulation of flower development（Ⅰ） |
| *q*－*DTF*－17－4（3） | 2.39 | 1 | 1 | 3 | *Glyma*17*g*06871 | Response to abscisic acid stimulus（Ⅱ） |
| *q*－*DTF*－18－3（3） | 1.36 | 0 | 2 | 3 | *Glyma*18*g*03130 | Response to karrikin（Ⅱ） |
| *q*－*DTF*－1－8（2） | 7.27 | 0 | 1 | 1 | *Glyma*01*g*39520 | Flower development（Ⅰ） |
| *q*－*DTF*－3－12（2） | 2.69 | 0 | 1 | 2 | *Glyma*03*g*26285 | Photoperiodism（Ⅰ） |
| *q*－*DTF*－4－7（2） | 3.74 | 1 | 2 | 2 | | |
| *q*－*DTF*－5－10（2） | 0.65 | 0 | 1 | 2 | *Glyma*05*g*25460 | Embryo development ending in seed dormancy（Ⅰ） |
| *q*－*DTF*－6－2（2） | 2.83 | 0 | 2 | 2 | *Glyma*06*g*04640 | Gibberellic acid mediated signaling pathway（Ⅱ） |
| *q*－*DTF*－6－16（2） | 0.08 | 0 | 2 | 2 | | |
| *q*－*DTF*－7－15（2） | 0.12 | 0 | 0 | 2 | *Glyma*07*g*37670 | Methionine biosynthetic process（Ⅲ） |
| *q*－*DTF*－14－4（2） | 0.91 | 0 | 2 | 1 | *Glyma*14*g*08380 | Response to other organism（Ⅰ） |
| *q*－*DTF*－15－12（2） | 0.07 | 0 | 1 | 2 | *Glyma*15*g*35900 | Photoperiodism（Ⅰ） |
| *q*－*DTF*－15－16（2） | 0.40 | 0 | 1 | 2 | *Glyma*15*g*40990 | Glutamine secretion（Ⅲ） |
| *q*－*DTF*－16－6（2） | 0.22 | 0 | 1 | 2 | *Glyma*16*g*33391 | Photoperiodism（Ⅰ） |
| *q*－*DTF*－18－13（2） | 1.36 | 0 | 2 | 2 | *Glyma*18*g*28130 | Seed development（Ⅰ） |
| *q*－*DTF*－18－18（2） | 0.17 | 1 | 2 | 2 | *Glyma*18*g*50910（*DT*2） | Ovule development（Ⅰ） |
| *q*－*DTF*－20－4（2） | 0.24 | 0 | 1 | 1 | | |

**续表** 3 - 22

| 新熟期组形成的重要 QTL - 等位变异 | | | | | | |
|---|---|---|---|---|---|---|
| QTL | $R^2$/% | 已改变 +等位变异 | | | 候选基因 | 基因功能（分类） |
| | | MG0 | MG00 | MG000 | | |
| *q - DTF* - 5 - 4（1） | 2.94 | 1 | 1 | 1 | | |
| *q - DTF* - 5 - 14（1） | 7.74 | 0 | 1 | 1 | *Glyma*05*g*36140 | Embryo development ending in seed dormancy（Ⅰ） |
| *q - DTF* - 10 - 13（1） | 4.39 | 0 | 1 | 1 | *Glyma*10*g*38770 | Flower morphogenesis（Ⅰ） |
| *q - DTF* - 13 - 7（1） | 7.00 | 1 | 1 | 1 | *Glyma*13*g*18851 | Regulation of flower development（Ⅰ） |
| 已改变 + 等位变异总数 | 6/8 | 35/38 | 47/65 | 50/71（MG0 - 000） | | |

注：已改变等位变异指与 MGⅠ～Ⅲ相比，在 MG0 - 000 形成中等位变异存在排除或者新生。已改变等位变异/位点指每个位点中发生改变的等位变异数目。同时在 MG0 - 000 中改变指同时在 MG0、MG00、MG000 中发生改变的等位变异数目，同时在 MG00 - 000 中改变，指同时在 MG00、MG000 中发生改变的等位变异数目。MG0、MG00、MG000 指在特定熟期组中发生改变的等位变异。在上述列中，括号外为等位变异数目，括号内为涉及的 QTL 的数目。在表的下半部分：QTL 指在新熟期组（MG0 - 000）形成中起主要作用的 QTL，其中括号内数据为该 QTL 所含有的排除的正效等位变异；已改变 + 等位变异是在指定熟期组中排除的正效等位变异数目；基因功能（分类）可分为四类，即Ⅰ与花发育相关，Ⅱ与植物发育有关，Ⅲ与代谢相关，Ⅳ与未知生物通路有关。

3. 东北全区及各生态亚区生育前期设计育种

由以上研究分析可知，可通过优化控制生育前期的等位变异进一步改良该性状。本研究提出的 RTM - GWAS 方法能够很好地解析复杂性状的遗传基础、鉴定携带优异变异类型的材料和针对特定地区的性状进行特异的亲本组合预测，从而提高育种功效，为该地区品种改良提出优化的亲本组合。表 3 - 23 为该性状利用在不同亚区获得的 QTL - allele 的矩阵信息，然后利用关联分析时 SNPLDB 和表型间的关系，采用连锁模型及随机模型对所有的可能杂交组合进行基因型值预测。每个组合随机模拟产生 2 000 个纯合家系，并估算各杂交组合基因型值的平均值、最小和最大值，第 25%、50%、75%、100% 分位数。为在合适选择压的条件下进一步培育早熟材料，本研究使用第 25% 分位数为指标筛选连锁模型下的最优组合类型，结果见表 3 - 23。

从结果看，Sub - 1 预测的最优组合的第 25% 分位数分布在 34 ~ 37 d，比亲本可提早 10 ~ 15 d，个别组合提前 18 d。这些组合所使用的亲本呈现明显的偏好，Sub - 1 中共使用了 14 个亲本，其中垦丰 22 使用了 9 次，远超其他亲本；而 11 个亲本每个使用次数则不超过 3 次。这些亲本的熟期组则主要集中在 MG000 和 MG00，仅 2 个亲本为 MG0，其中包括垦丰 22。也就是说，可通过引入其他熟期组类型进一步改良早熟组（MG00 - 000）。

其余生态亚区内预测组合与 Sub - 1 类似，例如，Sub - 2 中预测组合比其亲本提早 15 ~ 20 d，个别组合甚至达到 25 d。该亚区使用的 19 个亲本中红丰 8 号、吉育 93 分别使用了 14 和 6 次，远超其他亲本。从熟期组分布看，在该亚区使用亲本的熟期组范围更广泛，甚至包括 MGⅡ组材料。

从总体上看，4 个亚区使用的亲本存在较大程度的差异，共使用了 44 个亲本，其中垦丰 21（MG0）、北豆 14（MG00）、垦丰 22（MG0）、红丰 8 号（MG0）、北豆 8 号（MG0）使用了 10 次以上。

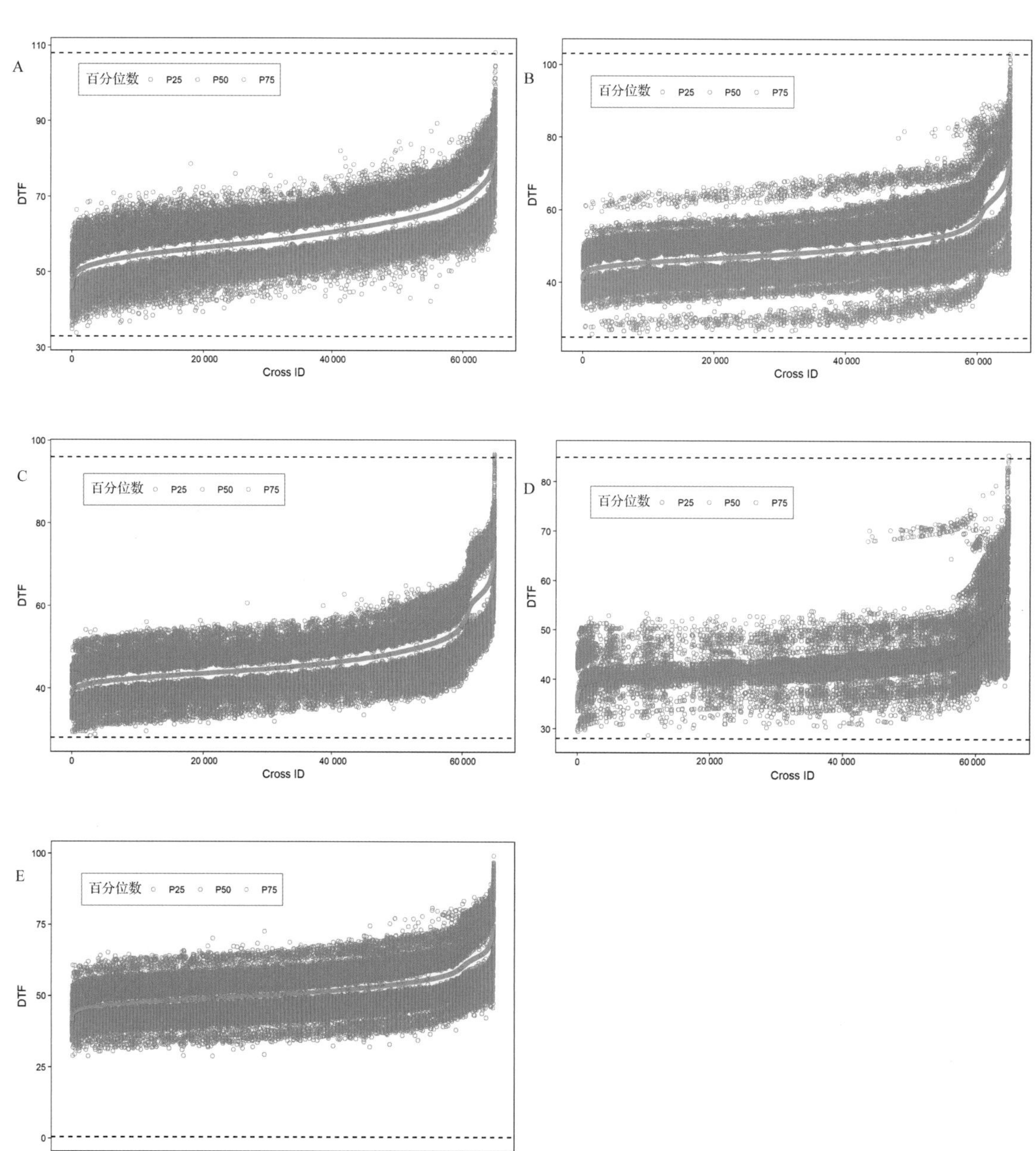


图 3－6　东北全区及各生态亚区预测亲本组合后代表型值

注：A～E 依次代表 Sub－1、Sub－2、Sub－3、Sub－4、整个东北地区预测亲本组合后代表型值。DTF 表示生育前期。

表 3－23　各生态亚区内依据 QTL－等位变异矩阵改良生育前期的优化组合设计

| 生态亚区 | 母本（熟期组） | 生育前期/d | 父本（熟期组） | 生育前期/d | 预测后代群体均值/d | 预测后代群体 $25^{th}$/d |
|---|---|---|---|---|---|---|
| Sub－1 | 北豆 16（MG000） | 48 | 垦丰 22（MG0） | 54 | 50.21（50.67） | 33.89（37.19） |
| | 北豆 16（MG000） | 48 | 孙吴大白眉（MG000） | 46 | 46.94（47.16） | 34.93（35.13） |
| | 红丰 3 号（MG00） | 50 | 垦丰 22（MG0） | 54 | 51.86（52.3） | 35.72（39.59） |

续表 3 - 23

| 生态亚区 | 母本（熟期组） | 生育前期/d | 父本（熟期组） | 生育前期/d | 预测后代群体均值/d | 预测后代群体 25th/d |
|---|---|---|---|---|---|---|
| Sub - 1 | 北豆 16（MG000） | 48 | 蒙豆 5 号（MG00） | 48 | 47.44（48.22） | 35.79（36.41） |
| | 红丰 3 号（MG00） | 50 | 孙吴大白眉（MG000） | 46 | 48.00（48.09） | 35.90（35.80） |
| | 垦鉴豆 28（MG00） | 52 | 孙吴大白眉（MG000） | 46 | 48.57（48.89） | 36.21（37.10） |
| | 北豆 14（MG00） | 52 | 北豆 38（MG000） | 48 | 49.67（49.81） | 36.44（35.64） |
| | 垦丰 22（MG0） | 54 | 垦鉴豆 28（MG00） | 52 | 53.29（52.81） | 36.60（39.45） |
| | 北豆 23（MG00） | 51 | 垦丰 22（MG0） | 54 | 52.12（52.68） | 36.66（39.78） |
| | 北豆 23（MG00） | 51 | 孙吴大白眉（MG000） | 46 | 48.42（48.48） | 36.66（36.08） |
| | 红丰 3 号（MG00） | 50 | 蒙豆 5 号（MG00） | 48 | 49.13（49.24） | 36.85（37.18） |
| | 垦丰 22（MG0） | 54 | 东农 45（MG000） | 47 | 50.17（50.20） | 36.91（38.07） |
| | 北豆 14（MG00） | 52 | 垦丰 22（MG0） | 54 | 53.40（52.95） | 37.00（37.14） |
| | 北豆 30（MG0） | 53 | 垦丰 22（MG0） | 54 | 53.42（53.49） | 37.04（39.51） |
| | 北豆 14（MG00） | 52 | 孙吴大白眉（MG000） | 46 | 49.32（49.02） | 37.11（33.97） |
| | 垦丰 22（MG0） | 54 | 华疆 2 号（MG000） | 46 | 49.46（50.24） | 37.11（38.84） |
| | 北豆 14（MG00） | 52 | 丰收 11（MG000） | 47 | 49.15（49.25） | 37.18（35.43） |
| | 东农 43（MG000） | 49 | 垦丰 22（MG0） | 54 | 51.12（51.81） | 37.28（40.25） |
| | 北豆 23（MG00） | 51 | 蒙豆 5 号（MG00） | 48 | 49.51（49.68） | 37.37（37.61） |
| | 北豆 14（MG00） | 52 | 东农 45（MG000） | 47 | 49.31（49.97） | 37.46（36.37） |
| Sub - 2 | 丰收 11（MG000） | 42 | 红丰 8 号（MG0） | 47 | 43.84（44.72） | 25.85（24.59） |
| | 红丰 8 号（MG0） | 47 | 华疆 2 号（MG000） | 42 | 44.70（45.02） | 26.21（24.33） |
| | 红丰 8 号（MG0） | 47 | 蒙豆 9 号（MG00） | 43 | 45.22（45.08） | 26.67（25.56） |
| | 红丰 8 号（MG0） | 47 | 合农 60（MG0） | 44 | 45.04（45.55） | 26.72（25.06） |
| | 红丰 8 号（MG0） | 47 | 垦鉴豆 28（MG00） | 43 | 45.14（45.78） | 26.75（26.10） |
| | 吉育 93（MG Ⅱ） | 52 | 黑河 24（MG00） | 42 | 47.33（47.46） | 26.87（27.38） |
| | 吉育 93（MG Ⅱ） | 52 | 垦鉴豆 27（MG00） | 43 | 46.92（48.04） | 26.88（28.05） |
| | 北豆 23（MG00） | 44 | 红丰 8 号（MG0） | 47 | 45.31（45.79） | 27.04（26.62） |
| | 红丰 8 号（MG0） | 47 | 黑河 24（MG00） | 42 | 44.51（44.80） | 27.06（26.00） |
| | 黑河 8 号（MG00） | 42 | 红丰 8 号（MG0） | 47 | 44.23（45.13） | 27.07（27.18） |
| | 吉育 93（MG Ⅱ） | 52 | 黑河 38（MG00） | 43 | 47.79（46.4） | 27.09（26.55） |
| | 红丰 8 号（MG0） | 47 | 蒙豆 14（MG0） | 45 | 45.20（46.14） | 27.13（26.09） |
| | 北丰 3 号（MG00） | 42 | 红丰 8 号（MG0） | 47 | 44.78（44.66） | 27.19（26.04） |
| | 黑河 7 号（MG000） | 42 | 红丰 8 号（MG0） | 47 | 44.39（44.32） | 27.19（25.53） |
| | 吉育 93（MG Ⅱ） | 52 | 蒙豆 9 号（MG00） | 43 | 46.34（47.32） | 27.20（27.06） |
| | 吉育 93（MG Ⅱ） | 52 | 华疆 2 号（MG000） | 42 | 47.43（47.75） | 27.22（25.56） |
| | 红丰 8 号（MG0） | 47 | 东农 43（MG000） | 41 | 44.52（44.40） | 27.27（24.84） |
| | 绥农 5 号（MG0） | 45 | 红丰 8 号（MG0） | 47 | 46.09（46.07） | 27.32（25.54） |
| | 吉育 93（MG Ⅱ） | 52 | 北豆 14（MG00） | 44 | 47.73（48.95） | 27.41（29.24） |
| | 红丰 8 号（MG0） | 47 | 丰收 24（MG000） | 46 | 45.95（45.88） | 27.52（24.91） |

续表 3－23

| 生态亚区 | 母本（熟期组） | 生育前期/d | 父本（熟期组） | 生育前期/d | 预测后代群体均值/d | 预测后代群体 25th/d |
|---|---|---|---|---|---|---|
| Sub－3 | 垦丰21（MG00） | 41 | 北豆8号（MG0） | 43 | 41.25（41.83） | 28.50（29.46） |
| | 垦丰21（MG00） | 41 | 丰收21（MG0） | 42 | 41.52（41.39） | 28.89（29.67） |
| | 垦丰21（MG00） | 41 | 黑河8号（MG00） | 39 | 39.92（40.24） | 29.37（29.81） |
| | 垦丰21（MG00） | 41 | 孙吴大白眉（MG000） | 39 | 39.65（39.95） | 29.42（29.80） |
| | 黑河33（MG000） | 40 | 北豆8号（MG0） | 43 | 41.77（41.40） | 29.64（30.60） |
| | 垦丰21（MG00） | 41 | 北丰9号（MG00） | 39 | 40.25（40.30） | 29.65（30.32） |
| | 垦丰21（MG00） | 41 | 白宝珠（MG0） | 40 | 40.29（39.83） | 29.65（29.44） |
| | 垦丰21（MG00） | 41 | 东农50（MG0） | 44 | 42.86（42.40） | 29.67（30.06） |
| | 垦丰21（MG00） | 41 | 黑河32（MG00） | 40 | 40.46（41.04） | 29.68（30.73） |
| | 垦丰21（MG00） | 41 | 黑河18（MG00） | 39 | 39.62（40.12） | 29.74（30.16） |
| | 丰收11（MG000） | 39 | 北豆8号（MG0） | 43 | 41.03（41.40） | 29.78（30.39） |
| | 垦丰21（MG00） | 41 | 黑河40（MG000） | 39 | 40.29（40.03） | 29.82（29.84） |
| | 垦丰21（MG00） | 41 | 东农45（MG000） | 39 | 39.97（39.75） | 29.93（30.17） |
| | 垦丰21（MG00） | 41 | 丰收11（MG000） | 39 | 40.17（39.92） | 30.01（29.64） |
| | 垦丰21（MG00） | 41 | 黑河7号（MG000） | 39 | 40.32（40.43） | 30.09（29.99） |
| | 垦丰21（MG00） | 41 | 蒙豆19（MG000） | 40 | 40.45（40.32） | 30.11（30.30） |
| | 垦丰21（MG00） | 41 | 北豆16（MG000） | 39 | 40.34（39.83） | 30.19（29.94） |
| | 垦丰21（MG00） | 41 | 蒙豆5号（MG00） | 40 | 40.14（41.05） | 30.19（31.03） |
| | 垦丰21（MG00） | 41 | 垦鉴豆28（MG00） | 40 | 40.43（40.46） | 30.20（30.49） |
| | 垦丰21（MG00） | 41 | 东大1号（MG000） | 39 | 40.39（39.85） | 30.20（29.56） |
| Sub－4 | 垦丰22（MG0） | 41 | 北豆8号（MG0） | 40 | 40.47（40.54） | 28.72（28.72） |
| | 北豆14（MG00） | 40 | 东大1号（MG000） | 37 | 38.63（39.26） | 29.53（26.24） |
| | 北豆14（MG00） | 40 | 北豆8号（MG0） | 40 | 39.81（40.68） | 29.83（25.51） |
| | 北豆8号（MG0） | 40 | 东大1号（MG000） | 37 | 38.45（38.58） | 29.88（29.88） |
| | 北豆14（MG00） | 40 | 垦鉴豆28（MG00） | 39 | 39.05（40.22） | 29.96（21.21） |
| | 北豆14（MG00） | 40 | 北丰3号（MG00） | 40 | 39.77（39.60） | 30.19（21.98） |
| | 黑河7号（MG000） | 39 | 北豆8号（MG0） | 40 | 39.27（39.74） | 30.24（37.11） |
| | 垦丰22（MG0） | 41 | 东大1号（MG000） | 37 | 39.05（38.99） | 30.24（30.24） |
| | 北豆38（MG000） | 39 | 北豆8号（MG0） | 40 | 39.45（39.39） | 30.31（30.31） |
| | 孙吴大白眉（MG000） | 39 | 北豆8号（MG0） | 40 | 39.62（39.58） | 30.34（37.02） |
| | 北豆14（MG00） | 40 | 黑河40（MG000） | 39 | 39.14（39.66） | 30.38（25.70） |
| | 垦丰21（MG00） | 40 | 北豆14（MG00） | 40 | 39.87（39.74） | 30.46（24.80） |
| | 北豆14（MG00） | 40 | 黑河50（MG00） | 40 | 39.91（39.87） | 30.46（21.71） |
| | 垦丰22（MG0） | 41 | 黑河52（MG00） | 39 | 39.83（40.10） | 30.54（30.54） |
| | 北豆14（MG00） | 40 | 北豆23（MG00） | 40 | 39.76（40.95） | 30.56（26.58） |

续表 3-23

| 生态亚区 | 母本（熟期组） | 生育前期/d | 父本（熟期组） | 生育前期/d | 预测后代群体均值/d | 预测后代群体 $25^{th}$/d |
|---|---|---|---|---|---|---|
| Sub-4 | 北豆 14（MG00） | 40 | 蒙豆 16（MG00） | 40 | 39.14（40.09） | 30.60（26.54） |
| | 丰收 11（MG000） | 39 | 垦丰 22（MG0） | 41 | 40.01（39.91） | 30.61（30.61） |
| | 垦丰 22（MG0） | 41 | 蒙豆 9 号（MG00） | 39 | 39.87（39.85） | 30.61（30.61） |
| | 北豆 14（MG00） | 40 | 绥农 22（MG0） | 40 | 39.57（40.30） | 30.67（26.48） |
| | 北豆 8 号（MG0） | 40 | 克交 4430-20（MG0） | 40 | 39.93（39.99） | 30.68（37.68） |

注：预测群体后代均值、预测群体后代 $25^{th}$（第 25% 分位数）列中括号外为连锁模型预测值，括号内为随机模型预测值。

## 二、生育后期 QTL-等位变异体系的建立和应用

### （一）生育后期 QTL-等位变异体系的建立

图 3-7 为各生态亚区的生育后期 QTL 的等位变异效应值，表 3-24 则为各亚区内控制生育后期 QTL 的等位变异在不同熟期组的分布，其中负效等位变异加速大豆成熟，而正效等位变异则延迟大豆成熟。图 3-7 直观地表示了 QTL 内等位变异效应值的情况，相同 QTL 内等位变异的效应值存在较大程度的差异。虽然不同亚区内定位得到的等位变异数目及变幅有所差异，但呈现的规律相似。从等位变异效应值的分布看，各亚区内及熟期组内正负等位变异数目虽然略有差异，但差异等位变异的效应值主要集中在 -1 ~ +1 间（表 3-24）。不同熟期组及群体内等位变异的分布基本呈现近似正态分布，效应值在 ±6 d 之外的数目较少；而各熟期组内仅含有定位结果中部分等位变异，其中早熟组则含有较少的等位变异（表 3-24）。该结果表明，各熟期组特别是早熟组（MG000）均可从其他熟期组引入等位变异从而进一步改进目标性状，培育出更加早熟的品种。

各亚区内定位得到位点中的等位变异数目虽然存在较大的差异，但在各亚区及熟期组内的分布均近似正态。各亚区内等位变异的效应值分布，除 Sub-4 中负效等位变异数目低于正效等位变异外（“-” vs “+” =145 vs 180），其余亚区内负效与正效等位变异数目接近，甚至负效等位变异数目略高于正效等位变异。考虑到 Sub-1、Sub-2 和 Sub-3 在定位研究时为降低定位误差仅使用了部分东北大豆种质资源群体内的材料，而 Sub-4 则使用了完整的东北大豆种质资源群体，因此在生育后期等位变异的研究中以 Sub-4 进行相关分析。

Sub-4 中共定位到 325 个等位变异，效应值分布在 -11.71 ~ 12.85，其中仅 5.82% （17/292）的效应值超 ±6 d。Sub-4 等位变异中负效为 145 个而正效为 180 个；各熟期组内等位变异的分布规律与之相同。频次分布更清晰地表明了这种等位变异在各熟期组所呈现的单峰态对称分布。从等位变异数目及其分布、变幅及效应值超 ±6 d 的数目可知，早熟组在该性状上有进一步改良的空间。MG000、MG00 分别含有 214、265 个等位变异，即 Sub-4 中定位得到的等位变异中 111、60 个并未出现在这两组；而从变幅及超 ±6 d 等位变异数目看，虽然效应值最小、最大的等位变异分布在了这两个熟期组内，但小于 -6 d 的 9 个等位变异中仅 3 个而超 6 d 的 8 个等位变异仅 3 个分布在 MG000 中（表 3-24）。这表明该组可进一步通过引入更优的等位变异（即负效效

应值较小等位变异）和汰除正效等位变异进一步改良该性状，其中引入负效效应值较小的等位变异可能更加有效；而超 ±6 d 等位变异虽然在 MG00 中分布的数目较多，超 ±6 d 的 17 个等位变异中的 11 个分布在该组中，但该组仍可通过类似 MG000 的改良策略进行进一步改良。

比较特定熟期组内分布的等位变异与群体分布的等位变异可知，各熟期组仅包含了定位结果中的部分等位变异类型，这表明可通过引入其他熟期组甚至与熟期组相差较远的类型来改良特定熟期组。

通过以上分析，虽然东北各亚区内定位得到的 QTL 及其等位变异的数目及效应值有所差异，但其在群体及各熟期组分布规律相同。从第二章分析可知，东北大豆从南部地区扩展到北部地区，即分布在北部地区的 MG000 - 00 - 0 是由南部地区的 MGⅢ - Ⅱ - Ⅰ经过育种形成的。因此，通过分析东北地区及各亚区定位结果的 QTL - allele 矩阵中的一个即可分析该性状在不同熟期组间的遗传分化动力，为进一步改良目标性状提供更加有效的途径。

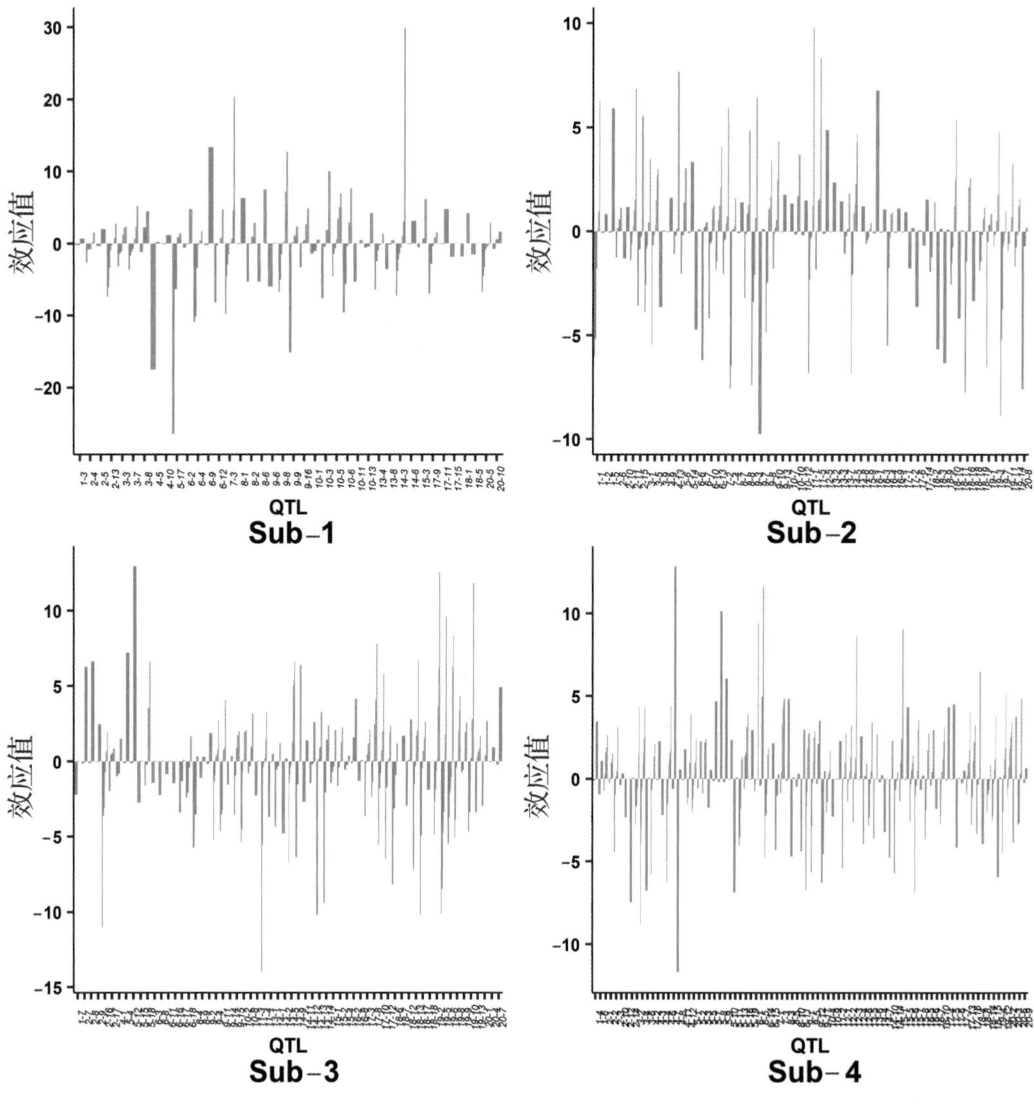


图 3 - 7　东北各生态亚区生育后期 QTL - 等位变异效应值分布

表 3-24　东北各生态亚区生育后期 QTL-等位变异在各熟期组的分布

| 生态亚区 | 熟期组 | 生育后期等位变异组中值/d | | | | | | | | | 总计 | 变幅/d |
|---|---|---|---|---|---|---|---|---|---|---|---|---|
| | | < -8 | -7 | -5 | -3 | -1 | 1 | 3 | 5 | >6 | | |
| Sub-1 | MG000 | 5 | 6 | 6 | 7 | 38 | 41 | 9 | 4 | 4 | 120 (62, 58) | -26.46 ~ 13.32 |
| | MG00 | 3 | 9 | 8 | 10 | 44 | 44 | 12 | 5 | 6 | 141 (74, 67) | -10.23 ~ 20.37 |
| | MG0 | 5 | 10 | 8 | 13 | 47 | 44 | 14 | 9 | 9 | 159 (83, 76) | -15.16 ~ 13.32 |
| | MGⅠ | 6 | 9 | 6 | 13 | 44 | 44 | 13 | 8 | 9 | 152 (78, 74) | -26.46 ~ 29.92 |
| | MGⅡ | 5 | 8 | 7 | 12 | 44 | 42 | 13 | 7 | 6 | 144 (76, 68) | -17.50 ~ 20.37 |
| | MGⅢ | 4 | 7 | 5 | 8 | 42 | 39 | 9 | 6 | 6 | 126 (66, 60) | -26.46 ~ 29.92 |
| | 总计 | 8 | 10 | 8 | 13 | 48 | 44 | 14 | 10 | 11 | 166 (87, 79) | -26.46 ~ 29.92 |
| Sub-2 | MG000 | 1 | 9 | 2 | 8 | 67 | 62 | 2 | 2 | 2 | 155 (87, 68) | -9.75 ~ 9.78 |
| | MG00 | 2 | 9 | 5 | 9 | 73 | 75 | 10 | 6 | 2 | 191 (98, 93) | -9.75 ~ 8.31 |
| | MG0 | 2 | 10 | 9 | 16 | 83 | 84 | 14 | 9 | 7 | 234 (120, 114) | -9.75 ~ 9.78 |
| | MGⅠ | 0 | 10 | 8 | 14 | 79 | 81 | 11 | 9 | 5 | 217 (111, 106) | -7.59 ~ 7.67 |
| | MGⅡ | 1 | 7 | 5 | 9 | 79 | 78 | 7 | 8 | 5 | 199 (101, 98) | -9.75 ~ 9.78 |
| | MGⅢ | 1 | 5 | 4 | 12 | 74 | 70 | 6 | 9 | 4 | 185 (96, 89) | -8.87 ~ 9.78 |
| | 总计 | 2 | 11 | 9 | 18 | 83 | 86 | 15 | 11 | 7 | 242 (123, 119) | -9.75 ~ 9.78 |
| Sub-3 | MG000 | 6 | 2 | 7 | 16 | 56 | 62 | 10 | 1 | 6 | 166 (87, 79) | -11.04 ~ 12.55 |
| | MG00 | 5 | 4 | 13 | 25 | 63 | 70 | 21 | 6 | 8 | 215 (110, 105) | -10.24 ~ 9.60 |
| | MG0 | 8 | 4 | 15 | 28 | 70 | 70 | 24 | 8 | 14 | 241 (125, 116) | -14.01 ~ 12.55 |
| | MGⅠ | 6 | 2 | 14 | 26 | 70 | 70 | 22 | 6 | 12 | 228 (118, 110) | -11.04 ~ 12.95 |
| | MGⅡ | 4 | 2 | 8 | 22 | 63 | 65 | 21 | 7 | 11 | 203 (99, 104) | -14.01 ~ 12.95 |
| | MGⅢ | 5 | 2 | 10 | 20 | 61 | 62 | 16 | 5 | 5 | 186 (98, 88) | -14.01 ~ 9.60 |
| | 总计 | 8 | 4 | 16 | 29 | 74 | 71 | 25 | 8 | 15 | 250 (131, 119) | -14.01 ~ 12.95 |
| Sub-4 | MG000 | 1 | 2 | 11 | 15 | 76 | 88 | 14 | 4 | 3 | 214 (105, 109) | -11.71 ~ 12.85 |
| | MG00 | 2 | 5 | 12 | 25 | 81 | 99 | 28 | 9 | 4 | 265 (125, 140) | -11.71 ~ 12.85 |
| | MG0 | 2 | 6 | 16 | 30 | 88 | 109 | 45 | 14 | 6 | 316 (142, 174) | -11.71 ~ 12.85 |
| | MGⅠ | 2 | 3 | 10 | 23 | 86 | 104 | 37 | 12 | 8 | 285 (124, 161) | -11.71 ~ 12.85 |
| | MGⅡ | 2 | 4 | 8 | 21 | 85 | 97 | 28 | 13 | 5 | 263 (120, 143) | -11.71 ~ 12.85 |
| | MGⅢ | 1 | 2 | 9 | 16 | 79 | 91 | 35 | 10 | 3 | 246 (107, 139) | -11.71 ~ 12.85 |
| | 总计 | 2 | 7 | 16 | 30 | 90 | 109 | 47 | 16 | 8 | 325 (145, 180) | -11.71 ~ 12.85 |

注：总计栏的括号内前面数字为负效等位变异数，后面数字为正效等位变异数。

## （二）生育后期 QTL-等位变异体系的应用

1. 东北大豆生育后期的熟期组间遗传分化动力分析

表 3-25 为各 QTL 内等位变异在熟期组间的分布与传递示意图。从等位变异效应值分析，新形成熟期组内负效等位变异所占的比例与原有熟期组差异不大，但具体到各熟期组间则呈明显的

增加趋势。负效等位变异在MGⅠ-Ⅱ-Ⅲ中的比例为43.51%而在MG0-00-000中为44.55%；具体各熟期组间上升明显，其在MGⅢ中为43.49%，而在MG000中则升至49.06%（表3-25）。比较等位变异在熟期组间的传递，引起负效等位变异比例上升是由于新生更多的负效等位变异及排除更多的正效等位变异。例如，MG0-00-000中共新生了17个等位变异，其中11个效应值为负；排除了113个等位变异，其中65.49%为正效等位变异（表3-25）。熟期组间呈现与之类似的规律，例如MG000中出现的10个新生等位变异中的7个为负而汰除的104个等位变异中68个为正效。新形成的熟期组虽然从原有熟期组中继承的负效等位变异比例有变化，但差别不大，主要在48%~49%。

从等位变异数目在不同熟期组间分布分析，MGⅢ至MG000内等位变异数目依次为246（“-”vs“+”=107 vs 139）、263（“-”vs“+”=120 vs 143）、285（“-”vs“+”=124 vs 161）、316（“-”vs“+”=142 vs 174）、265（“-”vs“+”=125 vs 140）、214（“-”vs“+”=105 vs 109）（表3-25）。将MG0、MG00和MG000与MGⅠ+Ⅱ+Ⅲ相比，各熟期组中的299（“-”vs“+”=131 vs 168）、250（“-”vs“+”=116 vs 134）、204（“-”vs“+”=98 vs 106）个为原有等位变异，这些等位变异分布在84个QTL中；同时也分别有9（来源于7个QTL，“-”vs“+”=3 vs 6）、58（来源于44个QTL，“-”vs“+”=18 vs 40）和104（来源于58个QTL，“-”vs“+”=36 vs 68）个被排除；各熟期组有17（来源于14个QTL，“-”vs“+”=11 vs 6）、15（来源于13个QTL，“-”vs“+”=9 vs 6）、10（来源于10个QTL，“-”vs“+”=7 vs 3）个等位变异新生（表3-25）。

通过以上分析可知，通过人工选择形成该性状在新熟期组差异的遗传动力如下：首先为原有等位变异的继承，占本试验群体该性状遗传构成的60.00%（195/325）。其次为育种过程中汰除等位变异特别是正效等位变异，占本试验群体该性状遗传构成的34.77%（113/325），其中正效等位变异高达65.49%（74/113），因此排除等位变异及其引起的重组为人工选择形成该性状在新熟期组差异的第二遗传动力。而第三遗传动力则为新生等位变异，特别是负效等位变异，虽然新生等位变异仅为17个，其中11个为负效。

生育后期是大豆重要的生态性状，与生育前期一样都是决定新熟期组形成的重要性状。这两个性状在熟期组间遗传分化的动力是相同的，依据重要性依次为从原有熟期组中继承已存在等位变异，约占60%（在生育前期中占58.19%而在生育后期占60%）；排除原有熟期组中已有等位变异，该因素在生育前期高达40.64%，而在生育后期则为34.76%；新生等位变异在新熟期组形成中作用较小，其在生育前期中仅占约1.17%，而在生育后期则为5.23%。两性状虽然在表型上均随熟期组的变异降低明显，遗传动力相似，但熟期组间遗传分化的人工选择机制差异明显。生育前期在新形成熟期组汰除等位变异中，正效和负效的数目几乎相同，而新生等位变异数目极少，几乎可忽略不计；但生育后期则更多倾向于引入/新生负效等位变异、汰除正效等位变异。

表 3-25　东北种质资源群体 MG Ⅰ～Ⅲ至 MG0，MG00 和 MG000 生育后期的等位变异变化图示

| QTL | a1 | a2 | a3 | a4 | a5 | a6 | a7 | a8 | a9 | a10 | QTL | a1 | a2 | a3 | a4 | a5 | a6 | a7 | a8 | a9 | a10 |
|---|---|---|---|---|---|---|---|---|---|---|---|---|---|---|---|---|---|---|---|---|---|
| *q-DTF*-1-4 | | yz | | | | | | | | | *q-DTF*-9-5 | z | yz | | z | z | | | | | |
| *q-DTF*-1-6 | | | | | | | | | | | *q-DTF*-9-12 | | z | z | | | | | | | |
| *q-DTF*-2-1 | | yz | z | z | | | | | | | *q-DTF*-9-17 | XYZ | | | | | | | | | |
| *q-DTF*-2-2 | | z | | | | | | | | | *q-DTF*-10-4 | | | | | XYZ | | | | | |
| *q-DTF*-2-3 | z | | | | xyz | | | | | | *q-DTF*-10-9 | | | | | | | | | | |
| *q-DTF*-2-10 | | | | | | | | | | | *q-DTF*-11-2 | | z | | | | | | | | |
| *q-DTF*-2-12 | | | | | | | | | | | *q-DTF*-12-1 | y | | | | y | | | | | |
| *q-DTF*-2-14 | yz | | | | | | | | | | *q-DTF*-12-2 | | z | yz | | yz | XYZ | | | | |
| *q-DTF*-3-2 | | | | | | | | | | | *q-DTF*-12-3 | | | | z | yz | | | | | |
| *q-DTF*-3-4 | z | XYZ | | | | | | | | | *q-DTF*-12-4 | | yz | | | | | | | | |
| *q-DTF*-3-6 | XYZ | | | | | | | | | | *q-DTF*-12-6 | | z | | | | | | | | |
| *q-DTF*-4-2 | yz | | yz | XYZ | | z | | | | | *q-DTF*-13-5 | z | z | | | | | | | | |
| *q-DTF*-4-3 | | | | | | | | | | | *q-DTF*-13-6 | yz | | | z | | | | | | |
| *q-DTF*-4-4 | yz | | | | | | | | | | *q-DTF*-14-4 | | | | | | | | | | |
| *q-DTF*-4-6 | xyz | | z | yz | | z | z | y | yz | | *q-DTF*-14-7 | z | | | | | | | | | |
| *q-DTF*-4-7 | | | | | | | | | | | *q-DTF*-14-10 | y | | yz | | | | | | | |
| *q-DTF*-4-8 | | | | | | | | | | | *q-DTF*-14-14 | z | | | | | | | | | |
| *q-DTF*-4-11 | | | | | | | | | | | *q-DTF*-15-1 | | | | xy | | | | | | |
| *q-DTF*-4-12 | | | | yz | | | | | | | *q-DTF*-15-5 | | yz | | | | | | | | |
| *q-DTF*-5-1 | | yz | z | | z | | | yz | | | *q-DTF*-15-6 | | | | | | | | | | |
| *q-DTF*-5-2 | | | yz | | | | | | | | *q-DTF*-15-7 | z | | y | | | yz | | | | |
| *q-DTF*-5-3 | | | z | yz | | | | | | | *q-DTF*-15-8 | | | | | | | | | | |
| *q-DTF*-5-5 | | | | | | | | | | | *q-DTF*-16-5 | yz | | | | | | | | | |
| *q-DTF*-5-7 | | z | | | | | | | | | *q-DTF*-16-6 | | | yz | | | | | | | |
| *q-DTF*-5-8 | | z | | | | | | | | | *q-DTF*-16-7 | z | | | | | | | | | |
| *q-DTF*-5-9 | | z | | | | | | | | | *q-DTF*-16-10 | z | | | | | | z | z | yz | |
| *q-DTF*-5-10 | | yz | | | | | | | | | *q-DTF*-17-4 | | yz | | | | | | | | |
| *q-DTF*-5-11 | z | | | | | | | | | | *q-DTF*-17-5 | | yz | | | | | | | | |
| *q-DTF*-5-13 | | z | | | | | | | | | *q-DTF*-17-6 | XYZ | | | | | | | | | |
| *q-DTF*-5-16 | | yz | | | z | | | | | | *q-DTF*-17-7 | | | | | | | | | | |
| *q-DTF*-5-19 | | yz | | | | | | | | | *q-DTF*-17-13 | | x z | z | | yz | | x z | | | |
| *q-DTF*-6-1 | | | | | | z | | | | | *q-DTF*-17-16 | | | | z | y | | | | | |
| *q-DTF*-6-5 | | | yz | xyz | | | | | | | *q-DTF*-18-4 | | | | y | | | | | | |
| *q-DTF*-6-14 | | z | | | yz | | | | | | *q-DTF*-18-8 | yz | | | | | | | | | |
| *q-DTF*-6-15 | | yz | | | | | | | | | *q-DTF*-18-14 | | yz | z | | | | | | | |
| *q-DTF*-7-1 | | xyz | | | | | | | | | *q-DTF*-18-15 | z | z | | | | yz | | | | |
| *q-DTF*-7-3 | | XYZ | | | x z | x z | yz | | yz | | *q-DTF*-19-4 | X Z | | | | | | | | | |
| *q-DTF*-8-3 | | z | | | | | | | | | *q-DTF*-19-12 | XY | | | z | | z | | | | |
| *q-DTF*-8-5 | XYZ | | | | | | | | | | *q-DTF*-20-2 | | yz | X | z | | y | XY | yz | z | XY |
| *q-DTF*-8-10 | | | | | | | | | | | *q-DTF*-20-3 | XY | | XY | | | | | | | |
| *q-DTF*-8-11 | | | yz | | | | | | | | *q-DTF*-20-6 | | XY | | yz | | | | | | |
| *q-DTF*-9-1 | z | yz | | | yz | z | | | | | *q-DTF*-20-9 | | | | | | | | | | |

续表 3－25

| 熟期组 | 等位变异总数 | | 继承等位变异 | | 已变化等位变异 | | 新生等位变异 | | 排除等位变异 | |
|---|---|---|---|---|---|---|---|---|---|---|
| | 等位变异数目 | QTL数目 | 等位变异数目 | QTL数目 | 等位变异数目 | QTL数目 | 等位变异数目 | QTL数目 | 等位变异数目 | QTL数目 |
| Ⅰ＋Ⅱ＋Ⅲ | 308(134,174) | 84 | ［Ⅰ:285(124,161)； | | Ⅱ:263(120,143)； | | Ⅲ:246(107,139)］ | | | |
| 0 vs Ⅰ＋Ⅱ＋Ⅲ | 316(142,174) | 84 | 299(131,168) | 84 | 26(14,12) | 20 | 17(11,6) | 14 | 9(3,6) | 7 |
| 00 vs Ⅰ＋Ⅱ＋Ⅲ | 265(125,140) | 84 | 250(116,134) | 84 | 73(27,46) | 52 | 15(9,6) | 13 | 58(18,40) | 44 |
| 000 vs Ⅰ＋Ⅱ＋Ⅲ | 214(105,109) | 84 | 204(98,106) | 84 | 114(43,71) | 64 | 10(7,3) | 10 | 104(36,68) | 58 |
| 0－00－000 vsⅠ＋Ⅱ＋Ⅲ | 321(143,178) | 84 | 195(95,100) | 84 | 130(50,80) | 68 | 17(11,6) | 14 | 113(39,74) | 62 |

注：Ⅰ＋Ⅱ＋Ⅲ表示 MGⅠ～Ⅲ这三个熟期组的总和。在表的上部，a1～a10 为各 QTL 内按照效应值从小到大依次排列的等位变异。在表格中，白色、灰色格子分别表示负效、正效等位变异。格子中“x”“y”“z”表示与 MGⅠ～Ⅲ相比，分别在 MG0、MG00、MG000 中排除的等位变异。“X”“Y”“Z”表示与 MGⅠ～Ⅲ相比，分别在 MG0、MG00、MG000 中新生的等位变异，其中浅黄色和深黄色分别表示新生等位变异依次为负效、正效。在表的下部，0 vs Ⅰ＋Ⅱ＋Ⅲ表示 MG0 与 MGⅠ～Ⅲ中等位变异的比较，00 vs Ⅰ＋Ⅱ＋Ⅲ 和 000 vs Ⅰ＋Ⅱ＋Ⅲ的意义则与之相同。0－00－000 vs Ⅰ＋Ⅱ＋Ⅲ表示 MG0～000 与 MGⅠ～Ⅲ中等位变异的比较。继承等位变异指等位变异来源于 MGⅠ～Ⅲ；已改变等位变异指与 MGⅠ～Ⅲ中等位变异比较发生了排除或者新生；新生等位变异指等位变异未出现在 MGⅠ～Ⅲ；排除等位变异指等位变异未出现在目标熟期组内。在等位变异数目列中，括号外数字为等位变异数目，括号内依次为负效等位变异和正效等位变异的数目。

2. 新熟期组（MG0－00－000）形成中的重要生育后期 QTL 及候选基因

表 3－25 直观地描述了等位变异在不同熟期组间的分布及传递。结果表明不同 QTL 在 MG0－00－000 形成中发挥的作用相差较大。来自 68 个 QTLs 的 130 个等位变异在新熟期组形成中发挥了作用（表 3－26）。这些 QTL 根据其在新熟期组形成中已改变等位变异的数目可分为 5 类，其中 38 个 QTL 仅有 1 个等位变异发生改变，而有 2、3、4、大于等于 5 个等位变异改变的 QTL 数目则分别为 32、12、28、20（表 3－26）。具体到各熟期组，MG0 的形成中共有来自 20 个 QTL 的 26 个等位变异发生改变，而 MG00 和 MG000 形成中分别有来自 52 个 QTL 的 73 个等位变异及来自 64 个 QTL 的 114 个等位变异发生改变。与此同时，来自 3 个 QTL 的 13 个等位变异同时在 MG0－00－000 及来自 38 个 QTL 的 45 个等位变异在 MG00－000 中发生改变（表 3－26）。因此，那些在多个熟期组形成中发生变化的 QTL 可能更加重要。

从该性状在熟期组间的遗传动力分析可知，在新熟期组形成中排除更多的正效和新生更多负效等位变异的 QTL 更为重要。表 3－26 中列出的 20 个 QTL 为新熟期组形成中的 QTL，其中 2 个 QTL 有 5 个等位变异、5 个 QTL 有 3～4 个等位变异、13 个 QTL 有 1～2 个等位变异在新熟期组形成中发挥作用。在 MG0、MG00、MG000 形成中，本研究定位的位点分别新生了 11、9、7 个负效等位变异，而上述位点则包括了 3、2、1 个；本研究定位的位点分别排除了 5、38、67 个，而上述位点则包括了 4、22、42 个。因此这些位点具有较好的代表性。

具体地说，*q－FTM－20－2* 和 *q－FTM－7－3* 在新熟期组形成中分别有 5 个等位变异发生了新生负效或丢失正效，其中前者的候选基因（*Glyma20g06615*）与胚珠发育相关；在 5 个有 3～4 个等位变异在熟期组形成中发挥作用的 QTL 中，*q－FTM－4－6* 的候选基因 *Glyma04g14970* 与 Karrikin 激素相关，需进一步研究；13 个有 1～2 个等位变异在熟期组形成中发挥作用的 QTL 候选基因的功能较为复杂，涉及多种代谢途径，也在一定程度上表明了生育后期的表达受多个生物途径的影响。

**表 3-26 由 MG Ⅰ ~ Ⅲ引起新熟期组（MG0-00-000）生育后期降低的 QTL-等位变异分析**

| 已改变等位变异数目/位点 | 已改变等位变异总数 | 同时在 MG0-000 中改变 | 同时在 MG 0、00 中改变 | 同时在 MG 0、000 中改变 | 同时在 MG 00-000 中改变 | MG0 | MG00 | MG000 |
|---|---|---|---|---|---|---|---|---|
| 1 | 38（38） | 6（6） | 1（1） | 1（1） | 16（16） | 8（8） | 24（24） | 36（36） |
| 2 | 32（16） | 3（3） | 3（2） | 0（0） | 9（9） | 6（5） | 19（14） | 25（14） |
| 3 | 12（4） | 0（0） | 1（1） | 0（0） | 3（3） | 1（1） | 5（4） | 10（4） |
| 4 | 28（7） | 2（2） | 0（0） | 2（1） | 11（7） | 4（3） | 13（7） | 28（7） |
| ≥5 | 20（3） | 2（2） | 2（1） | 2（1） | 6（3） | 7（3） | 12（3） | 14（3） |
| 总计 | 130（68） | 13（13） | 7（5） | 5（3） | 45（38） | 26（20） | 73（52） | 113（64） |

新熟期组形成的重要 QTL-等位变异

| QTL | $R^2$/% | 已改变+等位变异 | | | 候选基因 | 基因功能（分类） |
|---|---|---|---|---|---|---|
| | | MG0 | MG00 | MG000 | | |
| *q-FTM*-20-2（5） | 4.77 | 1/0 | 0/2 | 0/3 | *Glyma*20*g*06615 | Ovule development（Ⅰ） |
| *q-FTM*-7-3（5） | 1.03 | 1/2 | 1/2 | 1/4 | *Glyma*07*g*23672 | |
| *q-FTM*-4-6（4） | 0.80 | 0/0 | 0/2 | 0/3 | *Glyma*04*g*14970 | Response to karrikin（Ⅱ） |
| *q-FTM*-17-13（3） | 1.32 | 0/1 | 0/1 | 0/3 | | |
| *q-FTM*-19-12（3） | 1.11 | 1/0 | 1/0 | 0/2 | *Glyma*19*g*25980 | Oxidation-reduction process（Ⅱ） |
| *q-FTM*-16-10（3） | 1.02 | 0/0 | 0/1 | 0/3 | *Glyma*16*g*33451 | Metabolic process（Ⅲ） |
| *q-FTM*-2-1（3） | 0.83 | 0/0 | 0/1 | 0/3 | *Glyma*02*g*00700 | Photomorphogenesis（Ⅰ） |
| *q-FTM*-6-5（2） | 2.35 | 0/1 | 0/2 | 0/2 | *Glyma*06*g*12020 | Photosynthesis（Ⅳ） |
| *q-FTM*-9-1（2） | 1.54 | 0/0 | 0/1 | 0/2 | *Glyma*09*g*05110 | Thiamine pyrophosphate transport（Ⅱ） |
| *q-FTM*-17-16（2） | 1.03 | 0/0 | 0/1 | 0/1 | | |
| *q-FTM*-12-3（2） | 0.87 | 0/0 | 0/1 | 0/2 | *Glyma*12*g*20685 | Seed germination（Ⅰ） |
| *q-FTM*-5-1（2） | 0.69 | 0/0 | 0/1 | 0/2 | *Glyma*05*g*01670 | |
| *q-FTM*-9-5（2） | 0.60 | 0/0 | 0/0 | 0/2 | *Glyma*09*g*15946 | |
| *q-FTM*-12-2（2） | 0.26 | 0/0 | 0/2 | 0/2 | *Glyma*12*g*13951 | Biological process（Ⅳ） |
| *q-FTM*-5-16（2） | 0.21 | 0/0 | 0/1 | 0/2 | | |
| *q-FTM*-9-12（2） | 0.09 | 0/0 | 0/0 | 0/2 | | |
| *q-FTM*-5-3（2） | 0.05 | 0/0 | 0/1 | 0/2 | | |
| *q-FTM*-6-14（1） | 6.06 | 0/0 | 0/1 | 0/1 | | |
| *q-FTM*-15-7（1） | 5.57 | 0/0 | 0/1 | 0/1 | *Glyma*15*g*18760 | Response to salt stress（Ⅳ） |
| *q-FTM*-12-1（1） | 5.12 | 0/0 | 0/1 | 0/0 | *Glyma*12*g*01430 | Ubiquitin-dependent protein catabolic process（Ⅲ） |
| 新生负效等位变异总数 | | 3/11 | 2/9 | 1/7 | 3/11（在 MG0-000 内） | |
| 排除正效等位变异总数 | | 4/5 | 22/38 | 42/67 | 46/72（在 MG0-000 内） | |

注：已改变等位变异指与 MG Ⅰ ~ Ⅲ相比，在 MG0-000 形成中等位变异存在排除正效等位变异或者新生负效等位变异。已改变等位变异/位点指每个位点中发生改变的等位变异数目。同时在 MG0-000 中改变指同时在 MG0、MG00、MG000 中发生改变的等位变异数目，同时在 MG00-000 中改变，指同时在 MG00、MG000 中发生改变的等位变异数目。MG0、MG00、MG000 指在特定熟期组中发生改变的等位变异。在上述列中，括号外为等位变异数目，括号内为涉及的 QTL 的数目。在表的下半部分：QTL 指在新熟期组形成（MG0-000）中起主要作用的 QTL，其中括号内数据为该 QTL 在新熟期组形成中排除正效与新生负效等位变异之和；在已改变等位变异列中，"/" 前数字表示新生负效等位变异数目，"/" 后数字表示排除正效等位变异数目。基因功能（分类）可分为四类，即Ⅰ与花发育相关，Ⅱ与植物发育有关，Ⅲ与代谢相关，Ⅳ与未知生物通路有关。

3. 东北及各生态亚区生育后期设计育种

由上文分析可知，可通过优化控制生育后期的等位变异进一步改良该性状。表 3－27 为该性状使用第 25% 分位数为指标筛选连锁模型下的最优组合类型。

从结果看，Sub－1 预测的最优组合的第 25% 分位数为 52.29～57.62 d，比亲本可提早 10～15 d，个别组合提前 18 d。这些组合所使用的亲本呈现明显的偏好，Sub－1 使用的 15 个亲本中，黑河 7 号、丰收 24 分别使用了 13 和 6 次，远超其他亲本。这些亲本的熟期组则全部为 MG000 和 MG00。其余生态亚区内预测组合与 Sub－1 类似，例如，Sub－2 中预测组合比其亲本提早 3～10 d。该亚区使用的 11 个亲本中丰收 24 高达 10 次，远超其他亲本。从总体上看，4 个亚区使用的亲本存在较大程度的差异，其共使用了 19 个亲本，其中黑河 7 号（MG000）使用了 32 次而丰收 24（MG000）、蒙豆 11（MG000）、东大 1 号（MG000）、北豆 38（MG000）和孙吴大白眉（MG000）使用了 10 次以上。从上述亲本的熟期组分布看，该性状改良的 19 个亲本均为 MG000 和 MG00，在一定程度上表明通过改良该性状进而培育早熟品种的难度较大。

**表 3－27　各亚区内依据 QTL－等位变异矩阵改良生育后期的优化组合设计**

| 生态亚区 | 母本（熟期组） | 生育后期/d | 父本（熟期组） | 生育后期/d | 预测后代群体均值/d | 预测后代群体 $25^{th}$/d |
|---|---|---|---|---|---|---|
| Sub－1 | 黑河 7 号（MG000） | 67.45 | 东农 43（MG000） | 65.27 | 66.15（66.22） | 52.29（51.95） |
| | 黑河 7 号（MG000） | 67.45 | 黑河 33（MG000） | 65.91 | 67.59（66.21） | 53.96（52.01） |
| | 黑河 7 号（MG000） | 67.45 | 蒙豆 19（MG000） | 70.09 | 68.50（68.25） | 54.05（53.98） |
| | 黑河 7 号（MG000） | 67.45 | 孙吴大白眉（MG000） | 70.09 | 68.46（69.05） | 54.50（55.24） |
| | 北豆 24（MG000） | 70.09 | 黑河 7 号（MG000） | 67.45 | 68.21（68.90） | 54.55（55.45） |
| | 北豆 16（MG000） | 70.09 | 黑河 7 号（MG000） | 67.45 | 68.41（68.47） | 54.63（54.55） |
| | 黑河 7 号（MG000） | 67.45 | 丰收 24（MG000） | 64.55 | 66.41（66.73） | 55.06（55.13） |
| | 东农 43（MG000） | 65.27 | 黑河 33（MG000） | 65.91 | 65.43（65.28） | 55.91（55.44） |
| | 黑河 7 号（MG000） | 67.45 | 蒙豆 11（MG000） | 69.73 | 69.47（69.36） | 56.00（56.44） |
| | 黑河 7 号（MG000） | 67.45 | 蒙豆 6 号（MG00） | 70.00 | 68.90（68.48） | 56.05（54.61） |
| | 黑河 33（MG000） | 65.91 | 丰收 24（MG000） | 64.55 | 65.49（65.27） | 56.33（55.00） |
| | 东大 1 号（MG000） | 67.45 | 丰收 24（MG000） | 64.55 | 65.87（66.00） | 56.63（56.49） |
| | 黑河 7 号（MG000） | 67.45 | 黑河 50（MG00） | 72.09 | 69.93（69.79） | 56.64（56.18） |
| | 黑河 7 号（MG000） | 67.45 | 东农 45（MG000） | 72.64 | 70.34（69.51） | 56.80（55.89） |
| | 蒙豆 6 号（MG00） | 70.00 | 丰收 24（MG000） | 64.55 | 67.26（67.04） | 56.94（56.65） |
| | 东农 43（MG000） | 65.27 | 东大 1 号（MG000） | 67.45 | 66.31（66.00） | 57.13（56.64） |
| | 蒙豆 19（MG000） | 70.09 | 丰收 24（MG000） | 64.55 | 67.09（67.18） | 57.30（56.26） |
| | 黑河 7 号（MG000） | 67.45 | 蒙豆 9 号（MG00） | 74.82 | 71.02（71.18） | 57.31（58.11） |
| | 蒙豆 11（MG000） | 69.73 | 丰收 24（MG000） | 64.55 | 66.99（67.14） | 57.32（57.71） |
| | 丰收 11（MG000） | 74.27 | 黑河 7 号（MG000） | 67.45 | 71.31（70.32） | 57.62（56.04） |
| Sub－2 | 北豆 38（MG000） | 66.91 | 黑河 33（MG000） | 63.06 | 64.97（65.06） | 56.88（56.72） |
| | 黑河 33（MG000） | 63.06 | 丰收 24（MG000） | 61.88 | 62.37（62.51） | 57.20（57.26） |
| | 孙吴大白眉（MG000） | 65.31 | 丰收 24（MG000） | 61.88 | 63.78（63.33） | 57.41（56.36） |
| | 北豆 38（MG000） | 66.91 | 丰收 24（MG000） | 61.88 | 64.17（64.57） | 57.70（58.43） |

续表 3-27

| 生态亚区 | 母本（熟期组） | 生育后期/d | 父本（熟期组） | 生育后期/d | 预测后代群体均值/d | 预测后代群体 25th/d |
|---|---|---|---|---|---|---|
| Sub-2 | 北豆 16（MG000） | 65.41 | 北豆 38（MG000） | 66.91 | 66.06（66.03） | 57.71（57.75） |
| | 东大 1 号（MG000） | 63.28 | 丰收 24（MG000） | 61.88 | 62.84（62.86） | 57.78（57.50） |
| | 蒙豆 11（MG000） | 64.44 | 丰收 24（MG000） | 61.88 | 63.54（63.55） | 57.79（57.99） |
| | 黑河 33（MG000） | 63.06 | 蒙豆 11（MG000） | 64.44 | 63.75（63.70） | 57.87（57.74） |
| | 东农 45（MG000） | 65.69 | 丰收 24（MG000） | 61.88 | 63.95（63.54） | 58.32（57.84） |
| | 黑河 7 号（MG000） | 62.68 | 蒙豆 11（MG000） | 64.44 | 63.59（63.79） | 58.35（58.43） |
| | 黑河 7 号（MG000） | 62.68 | 孙吴大白眉（MG000） | 65.31 | 64.02（63.66） | 58.50（57.86） |
| | 蒙豆 19（MG000） | 64.75 | 丰收 24（MG000） | 61.88 | 63.39（63.41） | 58.53（58.26） |
| | 北豆 38（MG000） | 66.91 | 东大 1 号（MG000） | 63.28 | 64.72（65.13） | 58.54（59.08） |
| | 北豆 24（MG000） | 66.50 | 北豆 38（MG000） | 66.91 | 66.69（66.94） | 58.61（59.13） |
| | 蒙豆 11（MG000） | 64.44 | 东大 1 号（MG000） | 63.28 | 63.87（63.60） | 58.66（57.95） |
| | 黑河 7 号（MG000） | 62.68 | 丰收 24（MG000） | 61.88 | 62.43（62.22） | 58.72（58.35） |
| | 蒙豆 11（MG000） | 64.44 | 蒙豆 19（MG000） | 64.75 | 64.40（64.43） | 58.72（58.46） |
| | 北豆 16（MG000） | 65.41 | 丰收 24（MG000） | 61.88 | 63.80（63.48） | 58.88（58.74） |
| | 北豆 24（MG000） | 66.50 | 丰收 24（MG000） | 61.88 | 64.22（63.75） | 58.92（58.13） |
| | 黑河 7 号（MG000） | 62.68 | 北豆 38（MG000） | 66.91 | 64.80（65.03） | 58.95（59.01） |
| Sub-3 | 黑河 7 号（MG000） | 55.69 | 孙吴大白眉（MG000） | 58.20 | 56.93（56.60） | 47.83（47.80） |
| | 黑河 7 号（MG000） | 55.69 | 丰收 24（MG000） | 59.13 | 57.18（57.59） | 49.09（48.28） |
| | 黑河 7 号（MG000） | 55.69 | 黑河 33（MG000） | 58.25 | 57.10（56.89） | 49.14（49.53） |
| | 北豆 24（MG000） | 59.69 | 孙吴大白眉（MG000） | 58.20 | 58.97（59.02） | 49.47（48.90） |
| | 黑河 7 号（MG000） | 55.69 | 蒙豆 11（MG000） | 62.13 | 58.51（58.71） | 50.20（50.29） |
| | 孙吴大白眉（MG000） | 58.20 | 蒙豆 11（MG000） | 62.13 | 60.37（60.14） | 50.27（50.54） |
| | 孙吴大白眉（MG000） | 58.20 | 蒙豆 9 号（MG00） | 60.50 | 59.24（59.25） | 50.52（50.66） |
| | 黑河 7 号（MG000） | 55.69 | 黑河 27（MG00） | 63.19 | 59.43（59.32） | 50.71（50.41） |
| | 黑河 7 号（MG000） | 55.69 | 东大 1 号（MG000） | 57.38 | 56.29（56.81） | 50.87（51.07） |
| | 孙吴大白眉（MG000） | 58.20 | 华疆 2 号（MG000） | 61.94 | 60.06（60.30） | 50.96（50.14） |
| | 北豆 24（MG000） | 59.69 | 黑河 33（MG000） | 58.25 | 58.80（58.94） | 51.02（51.24） |
| | 北豆 24（MG000） | 59.69 | 黑河 7 号（MG000） | 55.69 | 57.66（57.69） | 51.10（50.94） |
| | 蒙豆 11（MG000） | 62.13 | 东大 1 号（MG000） | 57.38 | 59.76（59.73） | 51.19（50.13） |
| | 孙吴大白眉（MG000） | 58.20 | 东大 1 号（MG000） | 57.38 | 57.72（57.48） | 51.21（49.49） |
| | 黑河 33（MG000） | 58.25 | 蒙豆 11（MG000） | 62.13 | 59.98（60.10） | 51.29（51.35） |
| | 孙吴大白眉（MG000） | 58.20 | 蒙豆 19（MG000） | 58.94 | 58.19（58.80） | 51.36（50.96） |
| | 黑河 7 号（MG000） | 55.69 | 蒙豆 9 号（MG00） | 60.50 | 57.79（57.97） | 51.43（49.77） |
| | 东大 1 号（MG000） | 57.38 | 丰收 24（MG000） | 59.13 | 58.60（57.86） | 51.51（49.06） |
| | 丰收 11（MG000） | 61.93 | 黑河 7 号（MG000） | 55.69 | 58.97（59.12） | 51.64（51.05） |
| | 北豆 24（MG000） | 59.69 | 丰收 24（MG000） | 59.13 | 59.25（59.23） | 51.75（48.27） |

续表 3－27

| 生态亚区 | 母本（熟期组） | 生育后期/d | 父本（熟期组） | 生育后期/d | 预测后代群体均值/d | 预测后代群体 $25^{th}$/d |
|---|---|---|---|---|---|---|
| Sub－4 | 黑河 7 号（MG000） | 55.13 | 蒙豆 11（MG000） | 55.00 | 55.15（55.39） | 49.92（50.41） |
| | 蒙豆 11（MG000） | 55.00 | 东大 1 号（MG000） | 58.25 | 56.65（56.58） | 49.98（49.94） |
| | 北豆 38（MG000） | 60.25 | 东大 1 号（MG000） | 58.25 | 58.80（59.50） | 50.09（51.64） |
| | 黑河 7 号（MG000） | 55.13 | 东大 1 号（MG000） | 58.25 | 57.05（56.63） | 50.91（50.07） |
| | 黑河 7 号（MG000） | 55.13 | 北豆 38（MG000） | 60.25 | 57.55（57.52） | 50.99（50.75） |
| | 北豆 38（MG000） | 60.25 | 蒙豆 11（MG000） | 55.00 | 57.56（57.22） | 51.12（50.02） |
| | 黑河 7 号（MG000） | 55.13 | 丰收 24（MG000） | 57.50 | 56.38（56.42） | 51.32（51.53） |
| | 东大 1 号（MG000） | 58.25 | 丰收 24（MG000） | 57.50 | 57.74（57.71） | 51.46（50.57） |
| | 蒙豆 11（MG000） | 55.00 | 丰收 24（MG000） | 57.50 | 56.15（56.26） | 51.47（51.72） |
| | 北豆 38（MG000） | 60.25 | 丰收 24（MG000） | 57.50 | 59.16（58.36） | 51.86（51.34） |
| | 东农 43（MG000） | 60.63 | 北豆 38（MG000） | 60.25 | 59.96（60.25） | 52.23（52.86） |
| | 黑河 7 号（MG000） | 55.13 | 东农 45（MG000） | 60.75 | 57.90（58.03） | 52.33（51.77） |
| | 东农 45（MG000） | 60.75 | 蒙豆 11（MG000） | 55.00 | 57.85（57.85） | 52.67（52.67） |
| | 蒙豆 9 号（MG00） | 60.13 | 蒙豆 11（MG000） | 55.00 | 57.46（57.57） | 52.67（52.75） |
| | 北豆 38（MG000） | 60.25 | 东农 45（MG000） | 60.75 | 60.28（60.61） | 52.71（52.92） |
| | 东农 45（MG000） | 60.75 | 东大 1 号（MG000） | 58.25 | 59.52（59.91） | 52.82（52.66） |
| | 黑河 7 号（MG000） | 55.13 | 蒙豆 9 号（MG00） | 60.13 | 57.70（57.66） | 52.85（52.91） |
| | 蒙豆 9 号（MG00） | 60.13 | 东大 1 号（MG000） | 58.25 | 58.96（59.13） | 52.88（52.87） |
| | 黑河 29（MG00） | 63.25 | 蒙豆 11（MG000） | 55.00 | 59.15（59.27） | 52.89（53.05） |
| | 北豆 38（MG000） | 60.25 | 蒙豆 19（MG000） | 63.13 | 61.01（62.31） | 52.98（55.23） |

注：预测群体后代均值、预测群体后代 $25^{th}$（第 25% 分位数）列中括号外为连锁模型预测值，括号内为随机模型预测值。

## 三、全生育期 QTL－等位变异体系的建立和应用

### （一）全生育期 QTL－等位变异体系的建立

图 3－8 为各生态亚区的全生育期 QTL 的等位变异效应值，表 3－28 则为各亚区内控制全生育期 QTL 的等位变异的分布情况，其中负效等位变异加速大豆成熟，正效等位变异则延迟大豆成熟。图 3－8 表明相同 QTL 内等位变异的效应值存在较大程度的差异，加强种质资源的研究有助于优异等位变异类型的发掘。虽然不同亚区内定位得到的等位变异数目及变幅有所差异，但呈现的规律相似。从等位变异效应值的分布看，各亚区内及熟期组正负等位变异数目虽然略有差异，但差异等位变异的效应值主要集中在 －2～＋2 d；不同熟期组及群体内等位变异的分布基本呈现正态分布，效应值在 ±6 d 之外的数目较少。而各熟期组仅含有定位结果中部分等位变异，其中早熟组含有较少的等位变异（表 3－28）。该结果表明各熟期组特别是早熟组（MG000）均可从其他熟期组引入等位变异从而进一步改进目标性状，培育出更加早熟的品种。

各亚区内定位得到位点中的等位变异数目虽然存在较大的差异，但在各亚区及熟期组内的分布均近似正态。而各亚区内负效与正效等位变异数目接近。考虑到 Sub－1、Sub－2 和 Sub－3 在定位研究时因晚熟材料不能正常成熟仅使用了部分东北大豆种质资源群体内的材料，Sub－4 则使用了完整的东北大豆种质资源群体，因此在全生育期等位变异的研究中以 Sub－4 进行相关分析。

Sub－4 中共定位到 325 个等位变异，效应值分布在－49.02～48.74 d，其中仅 22.77%（74/325）的效应值超 ±6 d。Sub－4 等位变异中负效为 166 个而正效为 159 个；各熟期组内等位变异的分布规律与之相同（表 3－28）。频次分布更清晰地表明了这种等位变异在各熟期组所呈现的正态分布。从等位变异数目及其分布、变幅及效应值超 ±6 d 的数目可知，早熟组在该性状上有进一步改良的空间。MG000、MG00 分别含有 213、249 个等位变异，即 Sub－4 中定位得到等位变异中的 112、76 个并未出现在这两组；而从变幅及超 ±6 d 等位变异数目看，效应值最小、最大的等位变异均未分布在这两个熟期组内，这表明该组可进一步通过引入更优的等位变异（即负效效应值较小的等位变异）和汰除正效等位变异进一步改良该性状，其中引入负效等位变异可能更加有效（表 3－28）。

比较特定熟期组内分布的等位变异与群体分布的等位变异可知，各熟期组仅包含了定位结果中的部分等位变异类型，这表明可通过引入其他熟期组甚至与熟期组相差较远的类型改良特定熟期组。

通过以上分析，虽然东北各亚区内定位得到的 QTL 及其等位变异的数目及效应值有所差异，但其在群体及各熟期组分布规律相同。从第二章分析可知，东北大豆从南部地区扩展到北部地区，即分布在北部地区的 MG000－00－0 是由南部地区的 MGⅢ－Ⅱ－Ⅰ经过育种形成的。因此，通过分析东北地区及各亚区定位结果的 QTL－allele 矩阵中的一个即可分析不同熟期组间在该性状上的遗传分化动力，从而为进一步改良目标性状提供更加有效的途径。



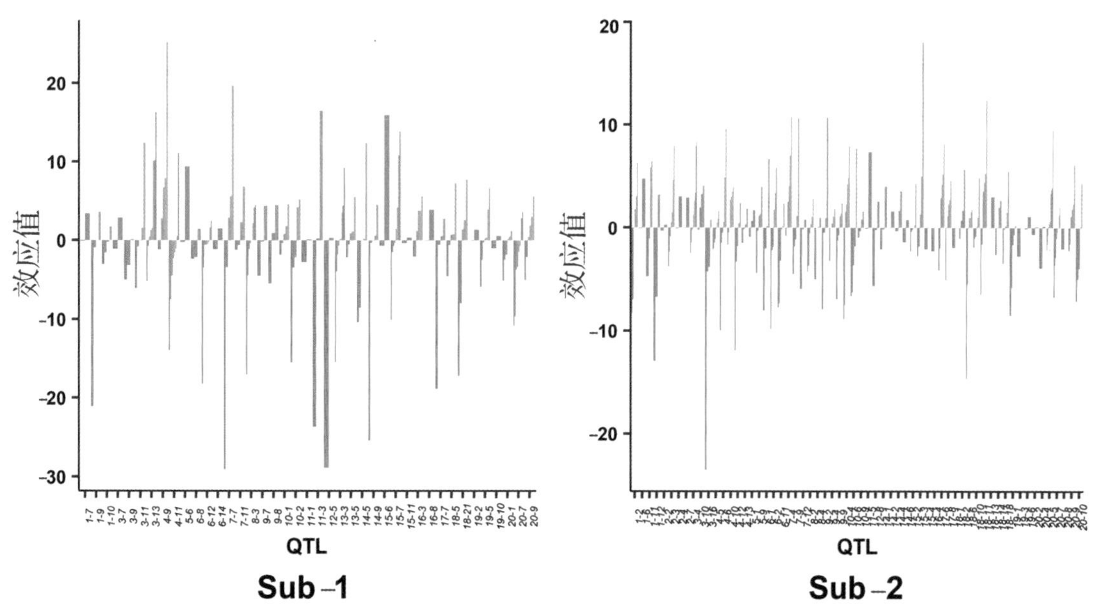

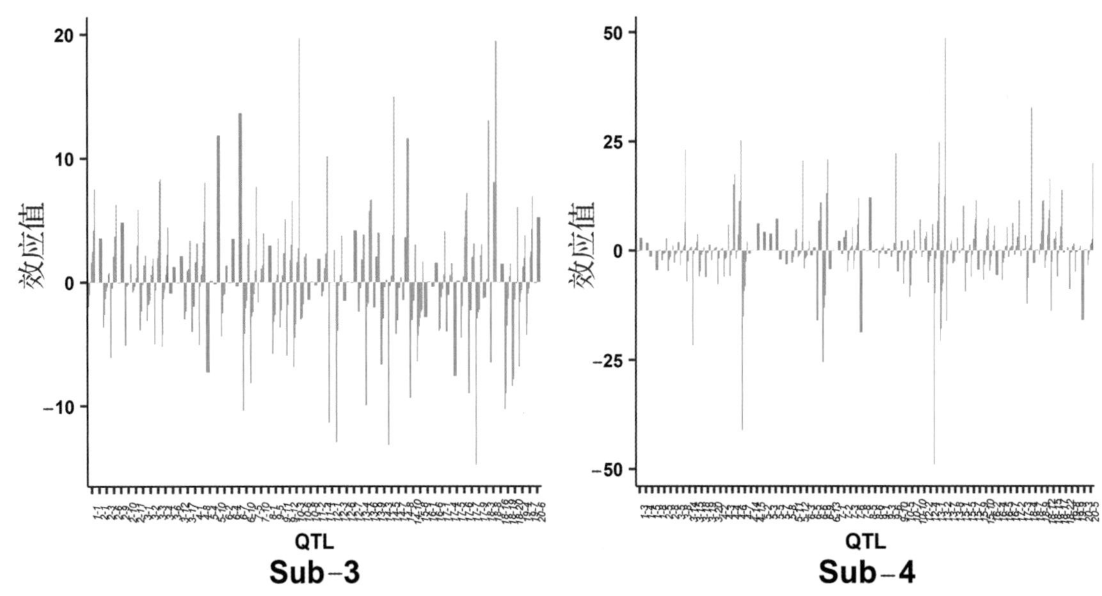


图 3-8 东北各生态亚区全生育期 QTL-等位变异效应值分布

表 3-28 东北各生态亚区全生育期 QTL-等位变异在各熟期组的分布

| 亚区 | 熟期组 | 全生育期等位变异组中值/d | | | | | | | | | 总计 | 变幅/d |
|---|---|---|---|---|---|---|---|---|---|---|---|---|
| | | < -8 | -7 | -5 | -3 | -1 | 1 | 3 | 5 | >6 | | |
| Sub-1 | MG000 | 7 | 2 | 8 | 12 | 34 | 34 | 9 | 7 | 4 | 117 (63, 54) | -28.85~10.16 |
| | MG00 | 8 | 3 | 7 | 17 | 39 | 37 | 11 | 11 | 12 | 145 (74, 71) | -29.04~16.48 |
| | MG0 | 15 | 3 | 10 | 19 | 43 | 42 | 17 | 15 | 20 | 184 (90, 94) | -25.37~25.25 |
| | MG Ⅰ | 15 | 2 | 10 | 17 | 43 | 41 | 15 | 14 | 16 | 173 (87, 86) | -29.04~25.25 |
| | MG Ⅱ | 11 | 3 | 9 | 14 | 39 | 39 | 13 | 13 | 12 | 153 (76, 77) | -29.04~25.25 |
| | MG Ⅲ | 8 | 2 | 5 | 11 | 37 | 39 | 8 | 13 | 12 | 135 (63, 72) | -29.04~25.25 |
| | 总计 | 17 | 3 | 10 | 19 | 43 | 42 | 17 | 15 | 20 | 186 (92, 94) | -29.04~25.25 |
| Sub-2 | MG000 | 6 | 11 | 7 | 16 | 56 | 53 | 14 | 10 | 8 | 181 (96, 85) | -23.49~12.40 |
| | MG00 | 6 | 9 | 11 | 21 | 62 | 62 | 20 | 15 | 13 | 219 (109, 110) | -14.66~12.40 |
| | MG0 | 10 | 12 | 13 | 27 | 68 | 73 | 31 | 19 | 19 | 272 (130, 142) | -23.49~18.03 |
| | MG Ⅰ | 6 | 9 | 13 | 25 | 63 | 70 | 26 | 22 | 13 | 247 (116, 131) | -14.66~18.03 |
| | MG Ⅱ | 9 | 11 | 9 | 22 | 56 | 65 | 17 | 21 | 13 | 223 (107, 116) | -14.66~18.03 |
| | MG Ⅲ | 5 | 5 | 7 | 20 | 52 | 63 | 13 | 12 | 7 | 184 (89, 95) | -23.49~10.76 |
| | 总计 | 10 | 12 | 14 | 28 | 68 | 73 | 31 | 23 | 19 | 278 (132, 146) | -23.49~18.03 |
| Sub-3 | MG000 | 5 | 7 | 9 | 25 | 68 | 48 | 26 | 3 | 3 | 194 (114, 80) | -14.74~19.45 |
| | MG00 | 8 | 7 | 12 | 33 | 71 | 53 | 28 | 7 | 10 | 229 (131, 98) | -13.12~14.96 |
| | MG0 | 11 | 9 | 13 | 39 | 75 | 56 | 38 | 12 | 20 | 273 (147, 126) | -14.74~19.70 |
| | MG Ⅰ | 8 | 7 | 11 | 36 | 72 | 55 | 37 | 11 | 17 | 254 (134, 120) | -13.12~19.70 |
| | MG Ⅱ | 6 | 6 | 9 | 30 | 69 | 49 | 32 | 9 | 17 | 227 (120, 107) | -14.74~19.70 |
| | MG Ⅲ | 6 | 3 | 8 | 28 | 61 | 46 | 31 | 10 | 10 | 203 (106, 97) | -13.12~19.45 |
| | 总计 | 12 | 9 | 14 | 39 | 75 | 57 | 39 | 12 | 21 | 278 (149, 129) | -14.74~19.70 |

续表 3－28

| 亚区 | 熟期组 | 全生育期等位变异组中值/d | | | | | | | | | 总计 | 变幅/d |
|---|---|---|---|---|---|---|---|---|---|---|---|---|
| | | <－8 | －7 | －5 | －3 | －1 | 1 | 3 | 5 | >6 | | |
| Sub－4 | MG000 | 14 | 7 | 7 | 15 | 73 | 59 | 18 | 5 | 15 | 213（116，97） | －25.48～16.47 |
| | MG00 | 14 | 10 | 11 | 20 | 80 | 69 | 18 | 9 | 18 | 249（135，114） | －21.58～25.19 |
| | MG0 | 23 | 11 | 17 | 27 | 85 | 77 | 26 | 12 | 36 | 314（163，151） | －49.02～48.74 |
| | MGⅠ | 19 | 10 | 14 | 24 | 85 | 71 | 24 | 14 | 31 | 292（152，140） | －49.02～48.74 |
| | MGⅡ | 17 | 8 | 7 | 24 | 85 | 70 | 22 | 12 | 32 | 277（141，136） | －49.02～48.74 |
| | MGⅢ | 10 | 4 | 6 | 22 | 75 | 66 | 20 | 8 | 26 | 237（117，120） | －49.02～48.74 |
| | 总计 | 23 | 11 | 17 | 28 | 87 | 77 | 27 | 15 | 40 | 325（166，159） | －49.02～48.74 |

注：总计栏的括号内前面数字为负效等位变异数，后面数字为正效等位变异数。





### （二）全生育期 QTL－等位变异体系的应用

1. 东北大豆全生育期熟期组间遗传分化动力分析

表 3－29 为各 QTL 内等位变异在熟期组间的分布与传递示意图。从等位变异效应值分析，新形成熟期组内负效等位变异所占的比例相似，但具体到各熟期组间则呈增加趋势。负效等位变异在 MGⅠ－Ⅱ－Ⅲ和 MG0－00－000 均约为 51.00%；而具体各熟期组间则上升明显，其在 MGⅢ中为 49.37% 而在 MG000 中则升至 54.46%。比较等位变异在熟期组间的传递，引起负效等位变异比例上升的是排除更多的正效等位变异（表 3－29）。例如，MG0－00－000 中排除了 128 个等位变异，其中 69 个为正效等位变异（表 3－29）。而熟期组间呈现与之类似的规律，各新形成熟期组内排除等位变异中均呈现正效等位变异数目高于负效等位变异。

从等位变异数目在不同熟期组间分布分析可知，MGⅢ至 MG000 内等位变异数目依次为 237（“－” vs “＋” ＝117 vs 120）、277（“－” vs “＋” ＝141 vs 136）、292（“－” vs “＋” ＝152 vs 140）、314（“－” vs “＋” ＝163 vs 151）、249（“－” vs “＋” ＝135 vs 114）、213（“－” vs “＋” ＝116 vs 97）个。将 MG0、MG00 和 MG000 与 MGⅠ－Ⅱ－Ⅲ相比，各熟期组中的 305（“－” vs “＋” ＝159 vs 146）、243（“－” vs “＋” ＝132 vs 111）、210（“－” vs “＋” ＝115 vs 95）个为原有等位变异，这些等位变异分布在 74 个 QTL 中；同时也分别有 8（来源于 7 个 QTLs，均为正效等位变异）、73（来源于 44 个 QTLs，“－” vs “＋” ＝30 vs 43）和 106（来源于 49 个 QTL，“－” vs “＋” ＝47 vs 59）个被排除；而各熟期组有 3～6 个等位变异新生（表 3－29）。

通过以上分析可知，通过人工选择形成该性状在新熟期组差异的遗传动力如下：首先为原有等位变异的继承，其占到本试验群体该性状遗传构成的 57.85%（188/325）。其次为育种过程中排除等位变异特别是正效等位变异，其占到本试验群体该性状遗传构成的 39.38%（128/325），其中正效等位变异为 53.91%（69/128），因此排除等位变异及其引起的重组为人工选择形成该性状在新熟期组差异的第二遗传动力。而第三遗传动力则为新生等位变异。

大豆生育期的长短是由生育前期和生育后期共同决定的，该性状遗传动力及其所占等位变异的比例与生育前期和后期相似，而该性状人工选择机制则明显受到两性状的影响。从以上研究分析可知，生育前期在新形成熟期组排除等位变异中正效和负效的数目几乎相同，生育后期则呈现明显的差异，即呈现引入更多的新生负效等位变异、排除更多正效等位变异，而全生育期则呈现与生育后期类似的规律，但程度明显低于生育后期。

前人研究表明，生育前期和全生育期较生育后期对光周期更加敏感，因此前人对生育后期的研究较少。本研究表明，生育期缩短过程中生育后期受到了更强的人工选择，是形成新熟期组的关键性状，因此加大对生育后期性状的研究可为进一步培育早熟品种提供遗传基础。生育前期性状虽受到广泛关注，但其在缩短全生育期性状上贡献较低，通过对该性状的选择可进一步培育更早熟的种质。

**表 3-29　东北种质资源群体 MGⅠ～Ⅲ至 MG0，MG00 和 MG000 全生育期的等位变异变化图示**

| QTL | a1 | a2 | a3 | a4 | a5 | a6 | a7 | a8 | a9 |
|---|---|---|---|---|---|---|---|---|---|
| *q-DTF*-1-3 | | y | | | | | | | |
| *q-DTF*-1-4 | | yz | | | | | | | |
| *q-DTF*-1-5 | | | | | | | | | |
| *q-DTF*-1-8 | XYZ | | | | | | | | |
| *q-DTF*-2-5 | | z | z | | | | | | |
| *q-DTF*-2-8 | yz | | | xy | | | | | |
| *q-DTF*-3-5 | | | | | z | | | | |
| *q-DTF*-3-8 | | z | | | yz | yz | | | yz |
| *q-DTF*-3-14 | z | | | | | | | | |
| *q-DTF*-3-15 | | | z | yz | z | | | | |
| *q-DTF*-3-18 | yz | yz | | | | | | | |
| *q-DTF*-3-19 | | | | | | | | | |
| *q-DTF*-3-20 | | | | | | | | | |
| *q-DTF*-4-2 | | z | | | | | | | |
| *q-DTF*-4-3 | z | | | | z | | | | |
| *q-DTF*-4-4 | z | | | yz | yz | | | | |
| *q-DTF*-4-6 | | xy | yz | | | z | | | |
| *q-DTF*-4-7 | yz | z | | | yz | | | | |
| *q-DTF*-4-14 | | | | | | | | | |
| *q-DTF*-4-15 | | yz | | | | | | | |
| *q-DTF*-5-2 | | y | | | | | | | |
| *q-DTF*-5-3 | | z | | | | | | | |
| *q-DTF*-5-5 | | xy | | | | | | | |
| *q-DTF*-5-7 | | | | | | | | | |
| *q-DTF*-5-8 | y | | | | | | | | |
| *q-DTF*-5-11 | z | | yz | | | z | | | |
| *q-DTF*-5-12 | yz | | | z | z | yz | | | |
| *q-DTF*-6-3 | yz | z | z | z | | | | | |
| *q-DTF*-6-5 | | | | | | | | | |
| *q-DTF*-6-6 | | | | | | | | | |
| *q-DTF*-6-9 | y | | | | z | | | | |
| *q-DTF*-6-13 | y | | | | | | | | |

| QTL | a1 | a2 | a3 | a4 | a5 | a6 | a7 | a8 | a9 | a10 |
|---|---|---|---|---|---|---|---|---|---|---|
| *q-DTF*-8-5 | | yz | | | | | | | | |
| *q-DTF*-8-6 | | | | | | | | | | |
| *q-DTF*-9-1 | | | z | | z | z | | | | |
| *q-DTF*-9-3 | | | | | | | | | | |
| *q-DTF*-9-6 | | | yz | yz | | | | | | |
| *q-DTF*-9-10 | | | | | | | | | | |
| *q-DTF*-10-5 | | z | | | | | | | | |
| *q-DTF*-10-7 | yz | | | | | | | | | |
| *q-DTF*-10-10 | | | | x z | | | | | | |
| *q-DTF*-12-2 | y | | | | y | y | | | | |
| *q-DTF*-12-4 | z | xyz | | | yz | | | | | |
| *q-DTF*-13-1 | yz | | | | z | X Z | z | | | |
| *q-DTF*-13-2 | z | y | y | z | | | yz | | | |
| *q-DTF*-13-7 | XY | | | | | | yz | | | |
| *q-DTF*-13-8 | | z | z | | | | | | | |
| *q-DTF*-15-1 | | | | xy | | | | | | |
| *q-DTF*-15-5 | z | | | | | | | | | |
| *q-DTF*-15-7 | | | | X | yz | XY | | yz | | |
| *q-DTF*-15-9 | | | | | | | | | | |
| *q-DTF*-15-10 | | | | | | y | | | | |
| *q-DTF*-16-2 | z | z | | | | | yz | | | |
| *q-DTF*-16-4 | | | | | | | | | | |
| *q-DTF*-16-5 | | | yz | | | x z | | | | |
| *q-DTF*-16-7 | | | | | | | | | | |
| *q-DTF*-17-2 | | | | z | | | | | | |
| *q-DTF*-17-3 | | z | y | | | | | | | |
| *q-DTF*-18-4 | | z | yz | | yz | | | | | |
| *q-DTF*-18-7 | yz | | | | | | | | | |
| *q-DTF*-18-9 | | | z | yz | yz | | | | | |
| *q-DTF*-18-12 | yz | yz | | | | yz | y | | | |
| *q-DTF*-18-15 | yz | yz | | yz | xyz | yz | | | | |
| *q-DTF*-18-17 | y | | z | yz | yz | | | | | |

续表 3－29

| QTL | a1 | a2 | a3 | a4 | a5 | a6 | a7 | a8 | a9 |
|---|---|---|---|---|---|---|---|---|---|
| *q-DTF*-7-1 | | z | | | | | | | |
| *q-DTF*-7-2 | | | z | | | | | | |
| *q-DTF*-7-3 | z | z | | z | | | xyz | | |
| *q-DTF*-7-6 | | yz | | | | XYZ | x z | yz | x z |
| *q-DTF*-7-8 | z | | | | | | | | |

| QTL | a1 | a2 | a3 | a4 | a5 | a6 | a7 | a8 | a9 | a10 |
|---|---|---|---|---|---|---|---|---|---|---|
| *q-DTF*-18-22 | | | | | | | | | | |
| *q-DTF*-19-8 | y | | | | | | | | | |
| *q-DTF*-19-9 | z | | y | z | | | | | | |
| *q-DTF*-20-3 | y | | | | | | | | | |
| *q-DTF*-20-5 | XY | X | | | z | yz | XY | y | z | yz |

| 熟期组 | 等位变异总数 | | 继承等位变异 | | 已变化等位变异 | | 新生等位变异 | | 排除等位变异 | |
|---|---|---|---|---|---|---|---|---|---|---|
| | 等位变异数目 | QTL数目 | 等位变异数目 | QTL数目 | 等位变异数目 | QTL数目 | 等位变异数目 | QTL数目 | 等位变异数目 | QTL数目 |
| Ⅰ＋Ⅱ＋Ⅲ | 316(162,154) | 74 | [Ⅰ:292(152,140); | | Ⅱ:277(141,136); | | Ⅲ:237(117,120)] | | | |
| 0 vs Ⅰ＋Ⅱ＋Ⅲ | 314(163,151) | 74 | 305(159,146) | 74 | 13(0,13) | 11 | 5(0,5) | 4 | 8(0,8) | 7 |
| 00 vs Ⅰ＋Ⅱ＋Ⅲ | 249(135,114) | 74 | 243(132,111) | 74 | 79(33,46) | 45 | 6(3,3) | 5 | 73(30,43) | 44 |
| 000 vs Ⅰ＋Ⅱ＋Ⅲ | 213(116,97) | 74 | 210(115,95) | 74 | 109(48,61) | 50 | 3(1,2) | 3 | 106(47,59) | 49 |
| 0－00－000 vsⅠ＋Ⅱ＋Ⅲ | 322(165,157) | 74 | 188(103,85) | 74 | 137(63,74) | 60 | 9(4,5) | 6 | 128(59,69) | 59 |

注：Ⅰ＋Ⅱ＋Ⅲ表示 MGⅠ～Ⅲ这三个熟期组的总和。在表的上部，a1～a10 为各 QTL 内按照效应值从小到大依次排列的等位变异。在表格中，白色、灰色格子分别表示负效、正效等位变异。格子中“x”“y”“z”表示与 MGⅠ～Ⅲ相比，分别在 MG0、MG00、MG000 中排除的等位变异。“X”“Y”“Z”表示与 MGⅠ～Ⅲ相比，分别在 MG0、MG00、MG000 中新生的等位变异，其中浅黄色和深黄色分别表示新生等位变异依次为负效、正效。在表的下部，0 vs Ⅰ＋Ⅱ＋Ⅲ表示 MG0 与 MGⅠ～Ⅲ中等位变异的比较，00 vs Ⅰ＋Ⅱ＋Ⅲ 和 000 vs Ⅰ＋Ⅱ＋Ⅲ的意义则与之相同。0－00－000 vs Ⅰ＋Ⅱ＋Ⅲ表示 MG0～000 与 MGⅠ～Ⅲ中等位变异的比较。继承等位变异指等位变异来源于 MGⅠ～Ⅲ；已改变等位变异指与 MGⅠ～Ⅲ中等位变异比较发生了排除或者新生；新生等位变异指等位变异未出现在 MGⅠ～Ⅲ；排除等位变异指等位变异未出现在目标熟期组内。在等位变异数目列中，括号外数字为等位变异数目，括号内依次为负效等位变异和正效等位变异的数目。

### 2. 新熟期组（MG0－00－000）全生育期形成中的重要 QTL 及候选基因

表 3－29 直观地描述了等位变异在不同熟期组间的分布及传递。从结果来看，不同 QTL 在 MG0－00－000 形成中发挥的作用相差较大。来自 60 个 QTL 的 137 个等位变异在新熟期组形成中发挥了作用。这些 QTL 根据其在新熟期组形成中已改变等位变异的数目可分为 5 类，其中 26 个 QTL 仅有 1 个等位变异发生改变，而有 2、3、4、大于等于 5 个等位变异改变的 QTL 数目则分别为 10、12、8、4（表 3－29）。具体到各熟期组，MG0 的形成中共有来自 15 个 QTL 的 20 个等位变异发生改变，而 MG00 和 MG000 形成中分别有来自 45 个 QTL 的 79 个等位变异及来自 50 个 QTL 的 109 个等位变异发生改变；与此同时，其中有来自 5 个 QTL 的 5 个等位变异同时在 MG0－00－000 及来自 4～30 个 QTL 的 5～48 个等位变异同时在 2 个早熟组中发生改变（表 3－29）。因此，那些在多个熟期组形成中发生变化的 QTL 可能更加重要。

从该性状在熟期组间的遗传动力分析可知，在新熟期组形成中排除了更多的正效等位变异和新生了更多负效等位变异的 QTL 在新熟期组形成中更为重要。表 3－30 中列出的 19 个 QTL 为新熟期组形成中的主效 QTL，其中 *q－DM－20－5* 不仅在熟期组形成中有多达 7 个等位变异发挥作用，同时贡献率也高达 6.92%。而除该位点外，其余位点则由 2～3 个等位变异在熟期组形成中发挥作用。通过评价这些 QTL 内所含有的引入负效及排除正效等位变异数目，也表明这些位点具有较好的代表性。例如，这些位点引入的新生负效等位变异占所有新生负效等位变异的 75%，排除的正效等位变异占所有等位变异的 67%。然而，19 个在新熟期组形成中对全生育期有重要影响的 QTL 中仅 4 个可找到候选基因，其中仅 *q*－*DM*－18－15 的候选基因 *Glyma*18*g*45780 直接与花发育相关。建议通过在目标区段加密标记等方式对这些 QTL 区段进行进一步分析。

**表 3－30　由 MG Ⅰ～Ⅲ引起新熟期组（MG0－00－000）全生育期降低的 QTL－等位变异分析**

| 已改变等位变异数目/位点 | 已改变等位变异总数 | 同时在 MG0－000 中改变 | 同时在 MG 0、00 中改变 | 同时在 MG 0、000 中改变 | 同时在 MG 00－000 中改变 | MG0 | MG00 | MG000 |
|---|---|---|---|---|---|---|---|---|
| 1 | 26（26） | 1（1） | 2（2） | 1（1） | 5（5） | 4（4） | 15（15） | 17（17） |
| 2 | 20（10） | 0（0） | 2（2） | 1（1） | 7（5） | 3（3） | 11（7） | 16（10） |
| 3 | 36（12） | 1（1） | 1（1） | 0（0） | 13（9） | 2（2） | 19（11） | 31（11） |
| 4 | 32（8） | 1（1） | 1（1） | 1（1） | 14（7） | 4（3） | 18（8） | 28（8） |
| ≥5 | 23（4） | 2（2） | 2（1） | 2（1） | 9（4） | 7（3） | 16（4） | 17（4） |
| 总计 | 137（60） | 5（5） | 8（7） | 5（4） | 48（30） | 20（15） | 79（45） | 109（50） |

新熟期组形成的重要 QTL－等位变异

| QTL | $R^2$/% | 已改变 +等位变异 | | | 候选基因 | 基因功能（分类） |
|---|---|---|---|---|---|---|
| | | MG0 | MG00 | MG000 | | |
| *q*－*DM*－20－5（7） | 6.92 | 2/0 | 1/3 | 0/4 | | |
| *q*－*DM*－3－8（3） | 5.15 | 0/0 | 0/3 | 0/3 | *Glyma*03*g*26630 | Protein prenylation（Ⅲ） |
| *q*－*DM*－3－15（3） | 6.14 | 0/0 | 0/1 | 0/3 | | |
| *q*－*DM*－7－6（3） | 3.80 | 0/2 | 0/1 | 0/3 | | |
| *q*－*DM*－18－9（3） | 0.33 | 0/0 | 0/2 | 0/3 | | |
| *q*－*DM*－18－15（3） | 0.61 | 0/1 | 0/3 | 0/3 | *Glyma*18*g*45780 | Flower development（Ⅰ） |
| *q*－*DM*－18－17（3） | 0.92 | 0/0 | 0/2 | 0/3 | | |
| *q*－*DM*－4－4（2） | 2.85 | 0/0 | 0/2 | 0/2 | | |
| *q*－*DM*－4－6（2） | 0.61 | 0/0 | 0/1 | 0/2 | *Glyma*05*g*37170 | |
| *q*－*DM*－5－12（2） | 8.91 | 0/0 | 0/1 | 0/2 | *Glyma*07*g*16120 | Production of siRNA involved in RNA interference（Ⅲ） |
| *q*－*DM*－7－3（2） | 0.25 | 0/1 | 0/1 | 0/2 | | |
| *q*－*DM*－9－1（2） | 0.20 | 0/0 | 0/0 | 0/2 | *Glyma*09*g*19750 | Regulation of transcription（Ⅲ） |
| *q*－*DM*－9－6（2） | 4.41 | 0/0 | 0/2 | 0/2 | | |
| *q*－*DM*－12－2（2） | 0.48 | 0/0 | 0/2 | 0/0 | | |
| *q*－*DM*－13－1（2） | 1.34 | 0/0 | 0/0 | 0/2 | | |
| *q*－*DM*－13－7（2） | 6.38 | 1/0 | 1/1 | 0/1 | | |
| *q*－*DM*－15－7（2） | 0.64 | 0/0 | 0/2 | 0/2 | | |
| *q*－*DM*－18－4（2） | 0.34 | 0/0 | 0/2 | 0/2 | | |
| *q*－*DM*－18－12（2） | 1.84 | 0/0 | 0/2 | 0/1 | | |
| 新生负效等位变异总数 | | 3/4 | 2/3 | 0/1 | 3/4（在 MG0－000 内） | |
| 排除正效等位变异总数 | | 4/8 | 31/43 | 42/59 | 46/69（在 MG0－000 内） | |

注：已改变等位变异指与 MG Ⅰ～Ⅲ相比，在 MG0－000 形成中存在排除正效等位变异或者新生负效等位变异。已改变等位变异/位点指每个位点中发生改变的等位变异数目。同时在 MG0－000 中改变指同时在 MG0、MG00、MG000 中发生改变的等位变异数目，同时在 MG00－000 中改变指同时在 MG00、MG000 中发生改变的等位变异数目。MG0、MG00、MG000 指在特定熟期组中发生改变的等位变异。在上述列中，括号外为等位变异数目，括号内为涉及的 QTL 的数目。在表的下半部分：QTL 指对新熟期组形成（MG0－000）中起主要作用的 QTL，其中括号内数据为该 QTL 所含有的排除的正效等位变异与新生负效等位变异之和；已改变等位变异是在指定熟期组中新生负效等位变异及排除的正效等位变异数目；基因功能（分类）可分为四类，即Ⅰ与花发育相关，Ⅱ与植物发育有关，Ⅲ与代谢相关，Ⅳ与未知生物通路有关。

3. 东北各生态亚区全生育期设计育种

由以上研究分析可知，可通过进一步优化控制全生育期的等位变异进一步改良该性状。表3－31为该性状使用第25%分位数为指标筛选连锁模型下的最优组合类型。

从结果看，各亚区内涉及的亲本数目存在一定程度的差异，各亚区使用的亲本数目分布在12～19个。各亚区使用亲本存在明显的偏好性，其中Sub－1和Sub－2分别使用了16和19个亲本，其中东农43使用次数远超其他材料，其在Sub－1和Sub－2中分别使用了14和18次，而其余亲本使用次数不超过5次。Sub－3中虽然仅使用了12个亲本，但亲本使用的次数差异较小，其中3个材料（黑河7号、北豆16、华疆2号）使用在6～9次间，其余材料使用次数在1～4次；Sub－4使用了18个亲本，其中丰收21使用了多达16次，其余材料使用次数则不超过3次。比较第25%分位数的预测值与其亲本，各亚区预测后代均比其亲本早约10 d以上。虽然这些亲本几乎均来自MG00和MG000组，但仍可通过重组进一步培育更加早熟的品种类型。

**表3－31　各亚区内依据QTL－等位变异矩阵改良全生育期的优化组合设计**

| 生态亚区 | 母本（熟期组） | 全生育期/d | 父本（熟期组） | 全生育期/d | 预测后代群体均值/d | 预测后代群体25th/d |
|---|---|---|---|---|---|---|
| Sub－1 | 东农43（MG000） | 114.27 | 孙吴大白眉（MG000） | 115.82 | 114.52（114.88） | 98.75（99.92） |
| | 黑河7号（MG000） | 114.73 | 东农43（MG000） | 114.27 | 114.87（115.05） | 100.01（100.83） |
| | 东农43（MG000） | 114.27 | 丰收24（MG000） | 117.82 | 115.91（116.44） | 101.05（102.29） |
| | 东农43（MG000） | 114.27 | 东大1号（MG000） | 116.18 | 115.84（114.68） | 101.22（100.32） |
| | 东农43（MG000） | 114.27 | 蒙豆19（MG000） | 118.82 | 116.51（116.89） | 101.37（101.89） |
| | 北豆16（MG000） | 118.55 | 东农43（MG000） | 114.27 | 115.85（116.58） | 101.44（101.63） |
| | 东农43（MG000） | 114.27 | 黑河33（MG000） | 117.64 | 116.28（116.21） | 102.05（102.06） |
| | 北豆24（MG000） | 118.73 | 东农43（MG000） | 114.27 | 116.81（116.53） | 102.23（101.58） |
| | 北丰3号（MG00） | 120.73 | 东农43（MG000） | 114.27 | 117.53（117.00） | 102.46（102.11） |
| | 东农43（MG000） | 114.27 | 黑河40（MG000） | 119.27 | 117.24（117.22） | 102.50（102.41） |
| | 黑河7号（MG000） | 114.73 | 黑河40（MG000） | 119.27 | 116.58（117.16） | 103.19（105.07） |
| | 东农43（MG000） | 114.27 | 东农45（MG000） | 119.64 | 118.08（117.52） | 103.47（102.80） |
| | 东农43（MG000） | 114.27 | 蒙豆9号（MG00） | 122.91 | 118.37（118.44） | 103.68（104.00） |
| | 东农43（MG000） | 114.27 | 北豆38（MG000） | 121.73 | 117.80（117.49） | 103.71（102.74） |
| | 北豆16（MG000） | 118.55 | 黑河7号（MG000） | 114.73 | 116.92（117.21） | 103.89（105.33） |
| | 黑河7号（MG000） | 114.73 | 蒙豆11（MG000） | 121.18 | 117.18（118.64） | 103.93（106.32） |
| | 东农43（MG000） | 114.27 | 蒙豆11（MG000） | 121.18 | 117.55（118.27） | 104.17（105.29） |
| | 黑河7号（MG000） | 114.73 | 东农45（MG000） | 119.64 | 117.72（117.33） | 104.19（103.44） |
| | 东农45（MG000） | 119.64 | 黑河33（MG000） | 117.64 | 117.66（119.09） | 104.90（106.18） |
| | 黑河8号（MG00） | 129.45 | 东农45（MG000） | 119.64 | 125.17（125.42） | 104.96（105.34） |
| Sub－2 | 东农43（MG000） | 106.16 | 东大1号（MG000） | 105.31 | 105.74（105.54） | 92.49（92.74） |
| | 黑河7号（MG000） | 105.00 | 东农43（MG000） | 106.16 | 105.48（105.66） | 92.97（91.29） |
| | 东农43（MG000） | 106.16 | 黑河33（MG000） | 107.34 | 106.86（107.23） | 93.98（94.26） |
| | 东农43（MG000） | 106.16 | 东农45（MG000） | 107.75 | 107.00（106.86） | 94.02（93.54） |

续表 3－31

| 生态亚区 | 母本（熟期组） | 全生育期/d | 父本（熟期组） | 全生育期/d | 预测后代群体均值/d | 预测后代群体 $25^{th}$/d |
|---|---|---|---|---|---|---|
| Sub－2 | 东农 43（MG000） | 106.16 | 蒙豆 19（MG000） | 107.38 | 106.70（107.17） | 94.10（94.26） |
| | 东农 43（MG000） | 106.16 | 黑河 40（MG000） | 109.25 | 107.79（107.53） | 94.44（95.28） |
| | 东农 43（MG000） | 106.16 | 蒙豆 11（MG000） | 109.09 | 107.07（107.36） | 94.55（94.53） |
| | 北丰 3 号（MG00） | 109.72 | 东农 43（MG000） | 106.16 | 107.35（108.52） | 94.57（95.90） |
| | 东农 43（MG000） | 106.16 | 孙吴大白眉（MG000） | 106.84 | 106.51（106.61） | 94.57（94.41） |
| | 北豆 24（MG000） | 109.03 | 东农 43（MG000） | 106.16 | 107.42（107.50） | 94.69（95.25） |
| | 东农 43（MG000） | 106.16 | 丰收 24（MG000） | 108.06 | 107.27（107.19） | 94.74（94.85） |
| | 东农 43（MG000） | 106.16 | 黑河 29（MG00） | 110.53 | 108.01（108.52） | 94.81（96.45） |
| | 丰收 11（MG000） | 109.81 | 东农 43（MG000） | 106.16 | 107.92（107.80） | 95.06（94.32） |
| | 北豆 16（MG000） | 108.59 | 东农 43（MG000） | 106.16 | 107.65（107.20） | 95.35（95.44） |
| | 黑河 7 号（MG000） | 105.00 | 孙吴大白眉（MG000） | 106.84 | 105.71（105.40） | 95.68（93.06） |
| | 东农 43（MG000） | 106.16 | 蒙豆 9 号（MG00） | 109.25 | 107.39（107.72） | 95.73（96.21） |
| | 东农 43（MG000） | 106.16 | 北豆 38（MG000） | 109.25 | 107.73（107.91） | 95.81（95.65） |
| | 黑河 7 号（MG000） | 105.00 | 蒙豆 19（MG000） | 107.38 | 105.83（106.39） | 95.87（93.92） |
| | 东农 43（MG000） | 106.16 | 华疆 2 号（MG000） | 110.53 | 108.56（109.02） | 96.33（96.31） |
| | 东农 43（MG000） | 106.16 | 黑河 52（MG00） | 111.94 | 109.10（108.44） | 96.47（93.18） |
| Sub－3 | 北豆 16（MG000） | 100.80 | 孙吴大白眉（MG000） | 97.73 | 99.27（99.31） | 88.24（88.97） |
| | 北豆 16（MG000） | 100.80 | 黑河 7 号（MG000） | 95.13 | 97.91（98.04） | 88.67（90.17） |
| | 黑河 7 号（MG000） | 95.13 | 孙吴大白眉（MG000） | 97.73 | 96.37（96.91） | 88.82（88.96） |
| | 黑河 7 号（MG000） | 95.13 | 华疆 2 号（MG000） | 100.94 | 98.16（98.12） | 89.11（89.51） |
| | 黑河 7 号（MG000） | 95.13 | 黑河 33（MG000） | 98.69 | 96.91（97.05） | 89.33（88.72） |
| | 孙吴大白眉（MG000） | 97.73 | 华疆 2 号（MG000） | 100.94 | 99.47（99.66） | 89.82（89.02） |
| | 北丰 3 号（MG00） | 104.73 | 黑河 7 号（MG000） | 95.13 | 100.20（100.47） | 89.99（90.19） |
| | 黑河 7 号（MG000） | 95.13 | 东农 45（MG000） | 102.38 | 98.37（98.94） | 90.19（90.53） |
| | 黑河 7 号（MG000） | 95.13 | 东大 1 号（MG000） | 96.81 | 95.85（96.19） | 90.23（90.13） |
| | 北豆 16（MG000） | 100.80 | 东大 1 号（MG000） | 96.81 | 98.88（98.57） | 90.29（90.88） |
| | 丰收 11（MG000） | 101.07 | 黑河 7 号（MG000） | 95.13 | 97.84（98.13） | 90.43（91.17） |
| | 黑河 7 号（MG000） | 95.13 | 丰收 24（MG000） | 101.63 | 98.34（98.42） | 90.49（91.83） |
| | 孙吴大白眉（MG000） | 97.73 | 东大 1 号（MG000） | 96.81 | 97.40（97.09） | 90.50（89.06） |
| | 北豆 16（MG000） | 100.80 | 黑河 33（MG000） | 98.69 | 99.58（99.54） | 90.64（90.37） |
| | 北豆 16（MG000） | 100.80 | 蒙豆 19（MG000） | 99.00 | 99.63（99.77） | 90.70（91.69） |
| | 北豆 16（MG000） | 100.80 | 华疆 2 号（MG000） | 100.94 | 101.19（100.80） | 90.76（91.84） |
| | 丰收 24（MG000） | 101.63 | 华疆 2 号（MG000） | 100.94 | 101.06（101.42） | 90.77（91.76） |
| | 北豆 24（MG000） | 99.25 | 华疆 2 号（MG000） | 100.94 | 99.56（100.13） | 90.81（91.47） |
| | 蒙豆 19（MG000） | 99.00 | 华疆 2 号（MG000） | 100.94 | 100.17（100.18） | 90.82（91.11） |
| | 北豆 16（MG000） | 100.80 | 北豆 24（MG000） | 99.25 | 99.81（100.09） | 90.84（92.00） |

续表 3 - 31

| 生态亚区 | 母本（熟期组） | 全生育期/d | 父本（熟期组） | 全生育期/d | 预测后代群体均值/d | 预测后代群体 $25^{th}$/d |
|---|---|---|---|---|---|---|
| Sub - 4 | 丰收 19（MG00） | 104.63 | 丰收 21（MG0） | 111.63 | 108.20（107.23） | 78.44（74.52） |
| | 黑河 7 号（MG000） | 94.13 | 丰收 21（MG0） | 111.63 | 103.64（105.67） | 79.06（70.97） |
| | 丰收 21（MG0） | 111.63 | 东大 1 号（MG000） | 95.63 | 103.89（102.55） | 79.29（71.77） |
| | 蒙豆 11（MG000） | 95.13 | 丰收 21（MG0） | 111.63 | 103.42（102.50） | 79.30（68.12） |
| | 丰收 19（MG00） | 104.63 | 蒙豆 11（MG000） | 95.13 | 99.74（99.89） | 79.32（79.49） |
| | 东农 43（MG000） | 100.50 | 丰收 21（MG0） | 111.63 | 104.58（106.23） | 81.14（71.96） |
| | 黑河 40（MG000） | 100.38 | 丰收 21（MG0） | 111.63 | 104.85（106.38） | 81.29（72.57） |
| | 北豆 38（MG000） | 99.25 | 丰收 21（MG0） | 111.63 | 104.16（105.29） | 81.37（75.58） |
| | 蒙豆 10（MG0） | 112.88 | 蒙豆 11（MG000） | 95.13 | 104.29（104.39） | 81.45（81.61） |
| | 东农 45（MG000） | 100.00 | 丰收 21（MG0） | 111.63 | 106.40（105.72） | 81.99（75.42） |
| | 黑河 7 号（MG000） | 94.13 | 蒙豆 10（MG0） | 112.88 | 103.16（103.13） | 82.03（79.87） |
| | 黑河 52（MG00） | 104.38 | 丰收 21（MG0） | 111.63 | 108.22（108.02） | 82.13（73.60） |
| | 北丰 3 号（MG00） | 101.75 | 丰收 21（MG0） | 111.63 | 106.92（107.93） | 82.18（77.13） |
| | 黑河 8（MG00） | 105.75 | 丰收 21（MG0） | 111.63 | 107.80（110.2） | 82.65（76.83） |
| | 黑河 33（MG000） | 100.38 | 丰收 21（MG0） | 111.63 | 105.30（106.32） | 82.84（71.26） |
| | 黑河 7 号（MG000） | 94.13 | 东大 1 号（MG000） | 95.63 | 94.73（95.34） | 83.20（80.57） |
| | 丰收 21（MG0） | 111.63 | 丰收 24（MG000） | 100.38 | 105.69（106.90） | 83.33（74.98） |
| | 孙吴大白眉（MG000） | 101.00 | 丰收 21（MG0） | 111.63 | 107.18（105.79） | 83.38（71.99） |
| | 黑河 50（MG00） | 103.50 | 丰收 21（MG0） | 111.63 | 107.58（106.65） | 83.38（72.79） |
| | 蒙豆 9 号（MG00） | 98.75 | 丰收 21（MG0） | 111.63 | 107.43（106.34） | 83.61（72.73） |

注：预测群体后代均值、预测群体后代 $25^{th}$（第 25% 分位数）列中括号外为连锁模型预测值，括号内为随机模型预测值。

## 四、生育期结构 QTL - 等位变异体系的建立

图 3 - 9 为各生态亚区的生育期结构 QTL 的等位变异效应值，表 3 - 32 则为各亚区内控制该性状 QTL 的等位变异在不同熟期组的分布。从结果看，相同 QTL 内等位变异的效应值间存在较大程度的差异（图 3 - 9）。虽然不同亚区内定位得到的等位变异数目及变幅有所差异，但呈现的规律相似。从等位变异效应值的分布看，各亚区内及熟期组内正负等位变异数目虽然略有差异，但差异等位变异的效应值主要集中在 -0.008 ~ 0.010 间。不同熟期组及群体内等位变异的分布基本呈现近似正态分布，效应值在 0.022 和 -0.020 之外的数目较少（表 3 - 32）。而各熟期组内仅含有定位结果中部分等位变异，其中早熟组则含有较少的等位变异。该结果表明各熟期组特别是早熟组（MG000）均可从其他熟期组引入等位变异从而进一步改进目标性状，培育出更加早熟的品种。

各亚区内定位得到位点中的等位变异数目虽然存在较大的差异，但在各亚区及熟期组内的分布规律相似，均近似正态。其中 Sub - 2 定位 QTL 内所含有的等位变异数目高于其他亚区，本部

分以之为例进行说明。Sub－2 中共定位到 209 个等位变异，但这些等位变异的效应值差异极小，效应值分布在－0.04～0.03，其中仅 7 个的效应值超出－0.020 及 0.022 之外（表 3－32）。从效应值看，这些总体及分布在各熟期组内所含有的正负等位变异数目虽略有差异但相差不大，如定位的 209 个等位变异中 105 个为负效而 104 个为正效等位变异；从等位变异数目及其分布、变幅及效应值超－0.020 及 0.022 的数目可知，各熟期组在该性状上有进一步改良的空间（表 3－32）。例如，MG000、MG00 分别含有 149、175 个等位变异，即 Sub－2 中定位得到等位变异中的 60、34 个并未出现在这两组。虽然效应值最小、最大的等位变异均分布在这两个熟期组内，但仍有部分极值等位变异未出现在这两个熟期组内，这表明该组可根据育种目标进一步改良该性状。从第二章分析可知，生育期结构在熟期组间差异极小。同时，控制该性状 QTL 的解释率较低及它们等位变异的效应值较小。因此本研究仅对各亚区控制该性状的等位变异进行上述简单描述，而不做进一步分析。

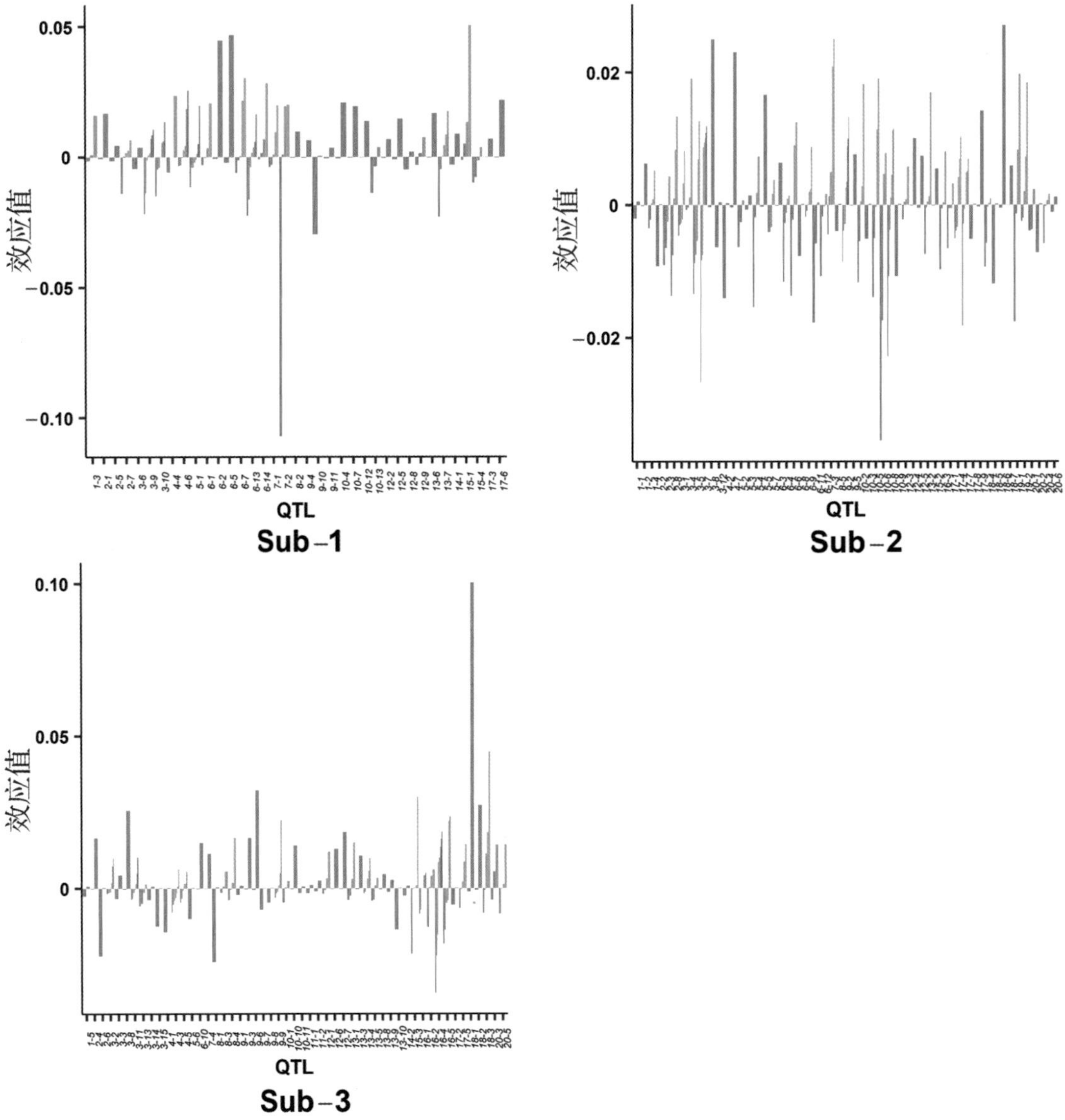


图 3－9　东北各生态亚区生育期结构 QTL－等位变异效应值分布

表 3-32　东北各亚区生育期结构 QTL-等位变异在各熟期组的分布

| 亚区 | 熟期组 | 生育期结构等位变异组中值 | | | | | | | | | 总计 | 变幅 |
|---|---|---|---|---|---|---|---|---|---|---|---|---|
| | | < -8 | -7 | -5 | -3 | -1 | 1 | 3 | 5 | >6 | | |
| Sub-1 | MG000 | 1 | 1 | 3 | 18 | 45 | 11 | 2 | 5 | 2 | 88 (45, 43) | -0.02～0.05 |
| | MG00 | 3 | 1 | 3 | 21 | 47 | 16 | 2 | 8 | 7 | 108 (51, 57) | -0.11～0.05 |
| | MG0 | 4 | 2 | 5 | 21 | 48 | 20 | 4 | 15 | 5 | 124 (55, 69) | -0.03～0.05 |
| | MGⅠ | 4 | 1 | 3 | 20 | 47 | 19 | 4 | 14 | 4 | 116 (51, 65) | -0.11～0.05 |
| | MGⅡ | 5 | 1 | 3 | 20 | 48 | 15 | 5 | 10 | 3 | 110 (52, 58) | -0.11～0.05 |
| | MGⅢ | 3 | 0 | 2 | 19 | 44 | 14 | 4 | 6 | 4 | 96 (46, 50) | -0.11～0.05 |
| | 总计 | 5 | 2 | 5 | 21 | 48 | 20 | 5 | 15 | 7 | 128 (56, 72) | -0.11～0.05 |
| Sub-2 | MG000 | 2 | 2 | 8 | 31 | 73 | 18 | 9 | 3 | 3 | 149 (72, 77) | -0.04～0.03 |
| | MG00 | 2 | 3 | 12 | 40 | 76 | 26 | 10 | 5 | 1 | 175 (89, 86) | -0.04～0.03 |
| | MG0 | 3 | 5 | 16 | 46 | 80 | 29 | 13 | 8 | 3 | 203 (103, 100) | -0.04～0.03 |
| | MGⅠ | 3 | 6 | 16 | 44 | 79 | 29 | 8 | 5 | 2 | 192 (101, 91) | -0.04～0.03 |
| | MGⅡ | 1 | 4 | 14 | 40 | 75 | 25 | 9 | 8 | 2 | 178 (91, 87) | -0.04～0.03 |
| | MGⅢ | 2 | 5 | 10 | 35 | 72 | 21 | 8 | 5 | 1 | 159 (81, 78) | -0.04～0.02 |
| | 总计 | 3 | 6 | 17 | 46 | 80 | 32 | 13 | 8 | 4 | 209 (105, 104) | -0.04～0.03 |
| Sub-3 | MG000 | 1 | 2 | 4 | 20 | 73 | 16 | 9 | 2 | 6 | 133 (64, 69) | -0.02～0.03 |
| | MG00 | 3 | 3 | 6 | 24 | 76 | 17 | 10 | 6 | 6 | 151 (74, 77) | -0.02～0.04 |
| | MG0 | 5 | 3 | 8 | 30 | 80 | 19 | 12 | 6 | 7 | 170 (86, 84) | -0.03～0.03 |
| | MGⅠ | 5 | 3 | 6 | 28 | 79 | 18 | 9 | 5 | 6 | 159 (81, 78) | -0.03～0.10 |
| | MGⅡ | 5 | 3 | 6 | 26 | 79 | 16 | 7 | 6 | 7 | 155 (79, 76) | -0.03～0.10 |
| | MGⅢ | 3 | 2 | 6 | 26 | 74 | 13 | 6 | 3 | 3 | 136 (73, 63) | -0.03～0.03 |
| | 总计 | 5 | 3 | 8 | 30 | 80 | 19 | 13 | 7 | 9 | 174 (86, 88) | -0.03～0.10 |

注：总计栏的括号内前面数字为负效等位变异数，后面数字为正效等位变异数。

大豆是典型的短日照植物，单个品种的适应范围较窄，因此生育期性状是大豆最重要的生态及适应性性状。生育期相关性状是一组相互关联的性状，其中前人研究较多的为生育前期和全生育期。本研究对生育前期、生育后期、全生育期、生育期结构（生育前期/全生育期）在内四个生育期相关性状进行了分生态亚区 QTL 定位。从结果看，环境对性状定位结果影响较大，相同群体在不同生态亚区内定位的位点差异极大，如生育前期定位得到了 290 个 QTL，其中仅 15 个 QTL 在多个环境中检测到。为降低由于标记类型、密度等原因对 GWAS 定位结果产生的“偏差”，本研究尝试以 1 Mb 物理位置及位点间高 LD 为标准对定位得到的位点进行合并。采用该标准处理后，亚区间分布的位点数目及解释率增加明显。例如，Sub-1 与其他亚区间共有位点从 4 个增至 28 个，表型解释率也从 16.47% 增至 48.26%。

虽然环境对定位结果影响较大，但这些位点在染色体上的分布呈现一定的趋势。本研究通过比较合并后位点在不同亚区间分布情况，确定了一批对某个或多个生育期性状有重要影响的区段。这些区段中包括一些已确认对生育期性状有重要影响的功能基因，但大部分区段未确定功能基因，可做进一步研究。

RTM－GWAS 是在多位点模型下通过逐步回归方法进行 GWAS 定位的方法。该方法不仅定位功效较高，且可通过建立 QTL－等位变异矩阵的方式获取目标性状相对彻底的遗传信息。本研究通过比较 QTL－等位变异矩阵在东北地区原有熟期组（MGⅠ－Ⅱ－Ⅲ）向高纬度扩展过程中新形成的熟期组（MG0－00－000）的异同，揭示生育期性状在新形成熟期组中的人工选择机制。从研究结果看，虽然不同生育期相关性状（生育前期、生育后期、全生育期）所含有的 QTL 及等位变异数目差异较大，但其在新熟期组中的人工选择机制是基本一致的。对生育期性状而言，继承原有熟期组内所含的等位变异、排除等位变异而导致的重组为主要的人工选择机制，而新生等位变异的作用则极其有限。该结果直接表明了重组对生育期性状改良的巨大效果和潜力，如何提高重组效率，选择有效的重组型可能是进一步提高育种功效的关键之一，需进一步进行研究。

需要说明的是，生育期相关性状的人工选择机制虽然呈现了引入更多的负效等位变异、汰除更多正效等位变异的趋势，但总体上受到选择的正负效应的等位变异数目相差不大。该结果表明生育期性状在新熟期组形成中并未受到直接选择，因此使用基于 QTL－等位变异矩阵预测的优异组合可能会进一步培育出更早熟的品种类型，满足生产的实际需求。

# 第四章 东北大豆种质资源群体籽粒性状 QTL-等位变异的构成与生态分化

## 第一节 东北大豆群体在东北各生态亚区籽粒性状的遗传解析

由于东北南部地区相对晚熟材料在北部地区不能正常成熟，而大量缺失数据会对定位结果造成较大影响，因此本研究仅采用2013—2014年间各亚区内稳定成熟的品种（指至少在亚区内一半以上的试验环境中成熟）参与定位分析。各生态区内表型联合方差分析采用随机区组的线性模型，所有变异来源均按随机效应处理。方差分析的线性模型与生育期相关性状一致。

对籽粒性状而言，Sub-1～Sub-4中分别有188、290、304和361份材料参与定位研究。表4-1为各亚区内生育期各性状的描述统计，表4-2则为各亚区籽粒性状方差分析结果。从结果看，籽粒各性状在各亚区内表现存在波动，相同性状在不同亚区间的均值存在差值，其中油脂性状、蛋脂总量的均值在各亚区间差异达到显著水平，而蛋白质性状与百粒重性状在部分亚区间差异达到显著水平，但总地说来各籽粒性状在亚区间的绝对差异较小。而籽粒性状在各亚区内遗传率均较高，几乎均在80%以上。

表4-3为各籽粒性状在不同生态亚区的定位结果，各亚区在籽粒性状上呈现从北部向南部亚区定位位点数目增加的现象。各籽粒性状在Sub-1中均定位在32～35个位点，而在Sub-4时仅百粒重性状定位到59个而其余籽粒性状则定位到71～75个位点。Sub-2和Sub-3则定位到53～66个位点间，这可能是不同亚区定位使用的群体样本量差异造成的。从这些位点解释的表型变异看，各亚区均存在相当一部分表型变异未获得解释，即特定生态环境下解析的籽粒性状遗传体系仅是控制该性状遗传体系的部分。

将位点按照1%贡献率为标准进行分类，籽粒性状在各亚区内定位到的大贡献率位点数目与小位点数目较为固定，如籽粒性状在Sub-1中的大贡献率位点分布在14～18而小贡献率位点在14～20，Sub-4中大贡献率位点主要在24～27而小贡献率位点则在43～51间（表4-3）。虽然各性状定位位点中小贡献率位点的数目高于大贡献位点，但大贡献率位点则解释了主要的遗传变异。如Sub-1中蛋白质定位到14个大效应位点和20个小效应位点，其中大效应位点共解释了45.07%的表型变异而小效应位点仅解释了8.41%（表4-3）。各性状定位位点中仅极少量分布在亚区间，如蛋白质定位结果中仅6个位点分布在亚区间。也就是说，控制大豆籽粒性状的遗传体系在亚区间存在较大程度的差异，各遗传体系以较少的大贡献率位点为主、大量小贡献率位点共同构成。

将本研究中定位位点与前人研究结果相比较，除蛋脂总量由于前人研究较少外，其余各性状位点中的66.83%～84.31%均为前人已报道位点，这些位点也解释了各亚区遗传变异的主要部分，这说明了本研究的相对准确性。

**表 4－1　东北大豆种质资源群体各亚区籽粒性状描述统计**

| 性状 | 生态亚区 | 组中值 | | | | | | | | | 总数 | 均值 | 幅度 | $h^2$/% | $GCV$/% |
|---|---|---|---|---|---|---|---|---|---|---|---|---|---|---|---|
| 蛋白质含量/% | | <38.0 | 38.5 | 39.5 | 40.5 | 41.5 | 42.5 | 43.5 | 44.5 | >45.0 | | | | | |
| | Sub－1 | 4 | 17 | 36 | 61 | 44 | 13 | 8 | 3 | 2 | 188 | 40.64 b | 36.64～45.56 | 76.67 | 3.07 |
| | Sub－2 | 13 | 58 | 77 | 71 | 52 | 12 | 6 | 1 | 0 | 290 | 39.99 c | 35.86～44.71 | 94.60 | 3.29 |
| | Sub－3 | 5 | 19 | 59 | 82 | 87 | 34 | 14 | 3 | 1 | 304 | 40.84 a | 37.09～45.61 | 86.67 | 3.01 |
| | Sub－4 | 7 | 22 | 73 | 99 | 103 | 35 | 16 | 5 | 1 | 361 | 40.77 b | 36.60～46.08 | 83.06 | 3.04 |
| 油脂含量/% | | <19.00 | 19.35 | 20.05 | 20.75 | 21.45 | 22.15 | 22.85 | 23.55 | >22.70 | | | | | |
| | Sub－1 | 8 | 29 | 61 | 56 | 24 | 9 | 1 | 0 | 0 | 188 | 20.38 d | 17.01～22.67 | 82.97 | 3.64 |
| | Sub－2 | 0 | 3 | 5 | 42 | 83 | 116 | 34 | 7 | 0 | 290 | 21.80 b | 19.17～23.35 | 94.14 | 3.22 |
| | Sub－3 | 4 | 14 | 39 | 79 | 85 | 61 | 21 | 1 | 0 | 304 | 21.21 c | 17.78～23.32 | 89.88 | 4.02 |
| | Sub－4 | 0 | 1 | 8 | 21 | 48 | 98 | 101 | 69 | 15 | 361 | 22.45 a | 19.21～24.73 | 86.29 | 3.83 |
| 蛋脂总量/% | | 58.45 | 59.35 | 60.25 | 61.15 | 62.05 | 62.95 | 63.85 | 64.75 | 66.10 | | | | | |
| | Sub－1 | 3 | 25 | 48 | 58 | 29 | 21 | 3 | 1 | 0 | 188 | 61.03 d | 58.02～64.51 | 80.50 | 1.68 |
| | Sub－2 | 4 | 5 | 33 | 83 | 93 | 54 | 15 | 3 | 0 | 290 | 61.79 c | 58.34～64.95 | 95.10 | 1.68 |
| | Sub－3 | 1 | 8 | 23 | 59 | 104 | 88 | 19 | 1 | 1 | 304 | 62.04 b | 58.66～65.24 | 87.90 | 1.51 |
| | Sub－4 | 0 | 0 | 6 | 21 | 62 | 97 | 119 | 48 | 8 | 361 | 63.22 a | 60.03～66.68 | 83.14 | 1.58 |
| 百粒重/g | | <10.0 | 11.1 | 13.3 | 15.5 | 17.7 | 19.9 | 22.1 | 24.3 | >25.4 | | | | | |
| | Sub－1 | 1 | 1 | 1 | 31 | 70 | 69 | 12 | 1 | 2 | 188 | 18.41 b | 6.59～27.76 | 84.25 | 11.09 |
| | Sub－2 | 2 | 0 | 0 | 5 | 72 | 125 | 74 | 7 | 4 | 289 | 19.95 a | 8.20～29.49 | 96.50 | 10.69 |
| | Sub－3 | 3 | 0 | 2 | 42 | 131 | 99 | 24 | 2 | 1 | 304 | 18.42 b | 8.97～26.17 | 86.27 | 10.41 |
| | Sub－4 | 1 | 1 | 5 | 65 | 146 | 105 | 30 | 8 | 0 | 361 | 18.37 b | 9.09～25.16 | 82.41 | 10.67 |

注：$h^2$＝遗传率；$GCV$＝遗传变异系数。同一列数字后的不同小写字母说明亚区间的差异显著性。

**表 4－2　东北大豆种质资源群体籽粒性状方差分析表**

| 性状 | 变异来源 | Sub－1 | | | Sub－2 | | | Sub－3 | | | Sub－4 | | |
|---|---|---|---|---|---|---|---|---|---|---|---|---|---|
| | | $DF$ | $MS$ | $F$ | $DF$ | $MS$ | $F$ | $DF$ | $MS$ | $F$ | $DF$ | $MS$ | $F$ |
| 蛋白质性状 | 环境 | 2 | 2 883.74 | 600.81 ** | 7 | 898.00 | 236.04 ** | 3 | 90.76 | 24.16 ** | 1 | 1 034.61 | 143.43 ** |
| | 重复（环境） | 8 | 0.61 | 0.72 | 24 | 1.45 | 1.97 ** | 12 | 1.18 | 1.38 | 6 | 5.54 | 6.96 ** |
| | 基因型 | 187 | 22.26 | 4.44 ** | 289 | 56.49 | 18.21 ** | 303 | 24.80 | 7.18 ** | 360 | 14.69 | 5.88 ** |
| | 环境×基因型 | 374 | 5.12 | 6.03 ** | 1 996 | 3.12 | 4.25 ** | 865 | 3.51 | 4.09 ** | 356 | 2.50 | 3.14 ** |
| | 误差 | 1 448 | 0.85 | | 6 723 | 0.73 | | 3 187 | 0.86 | | 2129 | 0.80 | |
| 油脂性状 | 环境 | 2 | 174.40 | 160.61 ** | 7 | 633.88 | 536.90 ** | 3 | 274.19 | 235.68 ** | 1 | 11.97 | 7.13 * |
| | 重复（环境） | 8 | 0.10 | 0.42 | 24 | 0.44 | 1.99 ** | 12 | 0.26 | 0.83 | 6 | 1.05 | 3.54 ** |
| | 基因型 | 187 | 7.31 | 6.02 ** | 289 | 16.20 | 16.77 ** | 303 | 11.45 | 9.38 ** | 360 | 6.79 | 7.28 ** |
| | 环境×基因型 | 373 | 1.23 | 5.28 ** | 1 995 | 0.97 | 4.44 ** | 865 | 1.24 | 4.00 ** | 356 | 0.93 | 3.16 ** |
| | 误差 | 1 459 | 0.23 | | 6 722 | 0.22 | | 3 188 | 0.31 | | 2 128 | 0.30 | |

续表 4-2

| 性状 | 变异来源 | Sub-1 | | | Sub-2 | | | Sub-3 | | | Sub-4 | | |
|---|---|---|---|---|---|---|---|---|---|---|---|---|---|
| | | *DF* | *MS* | *F* | *DF* | *MS* | *F* | *DF* | *MS* | *F* | *DF* | *MS* | *F* |
| 蛋脂总量 | 环境 | 2 | 1663.23 | 634.93 ** | 7 | 2 110.84 | 1 101.5 ** | 3 | 453.99 | 231.85 ** | 1 | 823.12 | 247.92 ** |
| | 重复(环境) | 8 | 0.49 | 0.84 | 24 | 0.62 | 1.41 | 12 | 0.56 | 1.46 | 6 | 2.10 | 5.55 ** |
| | 基因型 | 187 | 14.42 | 5.34 ** | 289 | 34.70 | 19.93 ** | 303 | 14.23 | 7.94 ** | 360 | 9.53 | 5.93 ** |
| | 环境×基因型 | 373 | 2.76 | 4.68 ** | 1 995 | 1.75 | 3.96 ** | 865 | 1.82 | 4.75 ** | 356 | 1.61 | 4.25 ** |
| | 误差 | 1 446 | 0.59 | | 6 722 | 0.44 | | 3 187 | 0.38 | | 2 128 | 0.38 | |
| 百粒重 | 环境 | 2 | 908.03 | 52.95 ** | 7 | 1978.57 | 308.84 ** | 3 | 1 680.57 | 186.54 ** | 1 | 2 498.4 | 82.69 ** |
| | 重复(环境) | 8 | 9.83 | 8.30 ** | 24 | 2.59 | 1.86 ** | 12 | 2.72 | 1.13 | 6 | 27.29 | 7.60 ** |
| | 基因型 | 187 | 52.67 | 6.20 ** | 289 | 146.99 | 28.15 ** | 303 | 60.63 | 6.94 ** | 360 | 37.12 | 5.68 ** |
| | 环境×基因型 | 372 | 8.58 | 7.25 ** | 2 005 | 5.24 | 3.75 ** | 873 | 8.87 | 3.69 ** | 360 | 6.54 | 1.82 ** |
| | 误差 | 1 482 | 1.18 | | 6 791 | 1.40 | | 3 231 | 2.40 | | 2 141 | 3.59 | |

注：*DF* = 自由度。*MS* = 均方，在各性状中保留 2 位小数。*、** 分别表示在 0.05、0.01 水平上差异显著。

**表 4-3 东北各亚区籽粒性状 QTL 定位结果**

| 性状 | 生态亚区 | QTL | 未定位到微效 QTL $R^2$ | 大效应 QTL | 小效应 QTL | 共有 QTL | 已报道 QTL |
|---|---|---|---|---|---|---|---|
| 蛋白质含量 | Sub-1 | 34 (53.48) | 23.19 | 14 (45.07) | 20 (8.41) | 2 (3.23) | 25 (45.02) |
| | Sub-2 | 66 (59.41) | 35.17 | 20 (47.22) | 46 (12.21) | 3 (3.57) | 47 (38.42) |
| | Sub-3 | 58 (56.42) | 30.25 | 18 (41.83) | 40 (14.59) | 6 (5.40) | 46 (47.16) |
| | Sub-4 | 71 (65.96) | 17.10 | 26 (50.55) | 45 (15.41) | 2 (2.49) | 56 (56.59) |
| | 总计 | 222 | | | | 6 | 169 |
| 油脂含量 | Sub-1 | 32 (62.18) | 20.79 | 18 (57.31) | 14 (4.87) | 5 (17.59) | 29 (60.53) |
| | Sub-2 | 53 (57.86) | 36.28 | 21 (47.84) | 32 (10.02) | 9 (12.93) | 44 (48.40) |
| | Sub-3 | 59 (62.95) | 26.93 | 20 (49.98) | 39 (12.97) | 9 (23.30) | 49 (47.62) |
| | Sub-4 | 75 (70.87) | 15.42 | 24 (53.26) | 51 (18.51) | 6 (6.95) | 62 (56.17) |
| | 总计 | 204 | | | | 14 | 172 |
| 蛋脂总量 | Sub-1 | 35 (57.66) | 22.84 | 15 (48.69) | 20 (8.97) | 3 (14.91) | 3 (4.23) |
| | Sub-2 | 61 (60.97) | 34.13 | 19 (45.81) | 42 (15.16) | 3 (8.84) | 6 (9.18) |
| | Sub-3 | 62 (60.58) | 27.32 | 20 (48.26) | 42 (12.32) | 2 (3.27) | 2 (3.22) |
| | Sub-4 | 75 (70.40) | 12.74 | 27 (55.76) | 48 (14.64) | 2 (3.60) | 5 (4.01) |
| | 总计 | 228 | | | | 5 | 15 |
| 百粒重 | Sub-1 | 32 (66.66) | 17.59 | 15 (59.64) | 17 (7.02) | 2 (13.44) | 21 (47.65) |
| | Sub-2 | 58 (68.06) | 29.84 | 20 (58.86) | 38 (11.20) | 4 (10.55) | 37 (31.01) |
| | Sub-3 | 55 (54.18) | 19.61 | 18 (42.89) | 37 (11.29) | 3 (7.78) | 38 (35.74) |
| | Sub-4 | 59 (55.05) | 15.75 | 16 (36.10) | 43 (18.95) | 1 (1.87) | 39 (37.99) |
| | 总计 | 199 | | | | 5 | 133 |

注：QTL、大效应 QTL、小效应 QTL、共有 QTL、已报道 QTL 列中，括号外为相对应位点数目，括号内为这些 QTL 表型解释率之和。大效应 QTL 指表型解释率超过 1% 的位点；小效应 QTL 则为表型解释率不超过 1% 的位点。

# 第二节　东北各亚区全基因组关联分析检测到的籽粒性状QTL

表4－4～表4－7为蛋白质含量、油脂含量、蛋脂总量及百粒重定位结果，图4－1为各亚区蛋白质中达到显著水平位点的曼哈顿图，表4－8为各性状定位结果在染色体上的分布。籽粒性状在染色体上的分布存在一定的共性和差异。控制这些性状的位点均分布在20条染色体上且对不同染色体存在一定程度的偏好性，但均对Chr 18存在偏好性。这表明Chr 18可能对大豆籽粒性状的表达具有较大程度的影响。具体地说，前人[271]研究表明控制蛋白质含量的QTL主要分布在Chr 20、Chr 15、Chr 18、Chr 06，特别是Chr 20。而本研究中各染色体上分布7～19个位点，上述染色体上虽也分布着较多的QTL（0～15个位点），但在Chr 03、Chr 04上分布着更多的QTL（17、19个位点）。各染色体上分布5～19个控制油脂含量性状的位点，其中Chr 14、Chr 18上含有17、19个位点。蛋脂总量在各染色体上分布6～20个不等的位点，其中Chr 03、Chr 05、Chr 08、Chr 13、Chr 14含有16个及以上的位点。而百粒重在各染色体分布5～18个QTL，其中Chr 18上分布多达18个，而在Chr 08、Chr 15上仅分布着5个QTL。

各性状不同亚区内定位的位点解释率有较大程度的差异，其中仅少量位点的解释率超3%。对蛋白质含量，Sub－1中位点解释率分布在0.10%～7.42%，Sub－2分布在0.02%～5.80%，Sub－3在0.05%～5.05%，而Sub－4则在0.06%～4.60%；解释率超3%的位点在Sub－1～Sub－3中含有5～6个，而在Sub－4中则为3个（表4－4）。与前人结果相比，本研究定位得到的各亚区内解释率最高的1～2个位点几乎均在前人报道的QTL区间内。具体地说，*q－Pro*－10－8和*q－Pro*－17－9位点仅在Sub－1中表达且其解释率在7.4%左右，分别与前人报道的*Seed protein* 40－1和*Seed protein* 36－16位置相近；而Sub－2亚区内贡献率最高的*q－Pro*－3－5则为本研究首次报道，其比该亚区第二高位点的解释率高约2%；Sub－3中贡献率最高的两个位点分别为*q－Pro*－20－2（5.05%）、*q－Pro*－9－14（4.07%），它们与前人报道的*Seed protein* 37－8和*Seed protein* 34－6位置相近；Sub－4中贡献率最高的两个位点，即*q－Pro*－17－10和*q－Pro*－19－10，解释率均在4.6%左右且均与前人报道的*Seed protein* 36－16和*Seed protein* 16－2位置相近（表4－4）。

对油脂含量，Sub－1中位点解释率分布在0.07%～10.02%，Sub－2～Sub－4依次分布在0.03%～4.74%、0.04%～6.31%、0.05%～4.75%。各亚区位点中仅3～7个位点的解释率超3%，其中各亚区内贡献率最高的两个位点依次为*q－Oil*－9－4（10.02%）和*q－Oil*－19－6（7.50%）、*q－Oil*－4－2（4.74%）和*q－Oil*－13－4（4.34%）、*q－Oil*－13－4（6.31%）和*q－Oil*－12－2（5.01%）、*q－Oil*－18－3（4.75%）和*q－Oil*－9－9（4.12%）。这些解释率超3%的位点中的3个为本研究首次发表（表4－5）。

对蛋脂总量（表4－6），Sub－2～Sub－4亚区间位点解释率范围相似，其定位位点中贡献率最低值在0.02%～0.06%，而最高值分布在5.29%～5.84%；Sub－1位点解释率的变幅则在0.10%～10.90%。各亚区内解释率高于3%的位点有5～6个，Sub－1和Sub－2中贡献率最高的位点均为*q－Tpo*－4－1，Sub－3中贡献率最高的位点为*q－Tpo*－19－4，Sub－4中为*q－Tpo*－12－1。

不同生态亚区百粒重定位位点解释率有较大程度差异，其中 Sub-1 中位点解释率分布在 0.09%~9.89%，Sub-2~Sub-4 分布在 0.02%~11.31%、0.04%~6.04%和 0.09%~6.69%（表4-7）。各亚区内含有的解释率超3%位点数目存在较大差异，其中 Sub-1 和 Sub-2 中分别有7个，而 Sub-3 和 Sub-4 则仅有2~4个。Sub-1 中解释率超3%的7个位点中5个与前人定位的 QTL 区间类似，其中 *q-Sw-18-3*（9.89%）和 *q-Sw-15-4*（8.19%）为该亚区中解释率最高的位点；而 Sub-2 中7个位点有4个为本研究新定位到的，其中 *q-Sw-4-11*（11.31%）为该亚区贡献率最高的位点，*q-Sw-6-1* 的解释率虽然在3.76%，但其在 Sub-1 中的贡献率也达到6.47%，是比较重要的一个位点；Sub-3 中4个解释率高于3%的位点中3个与前人报道的 QTL 区间相似，其中该亚区内贡献率最高的 *q-Sw-9-13* 解释率达到6.04%，其在 Sub-1 中的解释率也高达6.97%，也是一个比较重要的位点；Sub-4 中仅存在2个解释率超3%的位点，与前人报道的 QTL 区间相似，其中 *q-Sw-11-3* 解释率为6.69%，而 *q-Sw-4-1* 解释率则为3.49%（表4-7）。

图4-2为不同性状候选基因功能注释结果。其候选基因可分为4类，一类与光周期、花发育等有关，一类与植物激素调节、信号转导和运输有关，一类则与初级代谢相关，而一类则为其他及未知生物过程。各类性状几乎主要集中在植物激素调节、信号转导和运输有关，初级代谢相关，其中蛋白质与这两类相关的候选基因比例分别为44.56%、41.30%，油脂性状分别在35%、40%，蛋脂总量分别在37.5%、25.0%，籽粒性状中与初级代谢有关的候选基因比例达到45.94%。

**表4-4　东北各亚区蛋白质含量 QTL 定位结果**

| QTL | SNPLDB（等位变异数） | $-\log_{10}P$（生态亚区） | $R^2$/% | 已报道 QTL（Seed protein） | 候选基因 | 基因功能（类别） |
|---|---|---|---|---|---|---|
| *q-Pro-1-1* | Gm01_BLOCK_1456807_1456815(4) | 3.64(4) | 0.28 | 3-4 | *Glyma01g01940* | |
| *q-Pro-1-2* | Gm01_24340203(2) | 24.65(2) | 0.58 | | | |
| *q-Pro-1-3* | Gm01_BLOCK_34564389_34761683(4) | 3.76(4) | 0.29 | | | |
| *q-Pro-1-4* | Gm01_35014152(2) | 2.00(2) | 0.04 | | *Glyma01g26570* | Protein folding(Ⅱ) |
| *q-Pro-1-5* | Gm01_BLOCK_39768564_39957597(6) | 23.81(3) | 1.40 | | | |
| *q-Pro-1-6* | Gm01_41263574(2) | 5.10(4) | 0.29 | | | |
| *q-Pro-1-7* | Gm01_BLOCK_41779714_41978906(7) | 24.86(3) | 1.50 | | *Glyma01g31260* | Polysaccharide catabolic process(Ⅱ) |
| *q-Pro-1-8* | Gm01_BLOCK_43100302_43151171(5) | 4.96(4) | 0.41 | | *Glyma01g31860* | Defense response(Ⅳ) |
| *q-Pro-1-9* | Gm01_49034176(2) | 19.03(3) | 0.95 | 40-4 | | |
| *q-Pro-1-10* | Gm01_BLOCK_51481760_51659725(5) | 131.66(2) | 3.43 | 13-1 | *Glyma01g39760* | Oxidation-reduction process(Ⅱ) |
| *q-Pro-1-11* | Gm01_52395685(2) | 8.00(2) | 0.18 | | | |
| *q-Pro-1-12* | Gm01_BLOCK_52581641_52587720(3) | 4.65(3) | 0.24 | | | |

续表 4-4

| QTL | SNPLDB（等位变异数） | $-\log_{10}P$（生态亚区） | $R^2$/% | 已报道 QTL（Seed protein） | 候选基因 | 基因功能(类别) |
|---|---|---|---|---|---|---|
| *q-Pro*-1-13 | Gm01_BLOCK_54611551_54755289(6) | 44.08(2) | 1.17 | 36-9 | *Glyma*01*g*43900 | Embryo sac development( Ⅰ ) |
| *q-Pro*-2-1 | Gm02_13074311(2) | 2.76(3) | 0.11 | | | |
| *q-Pro*-2-2 | Gm02_13318467(2) | 8.55(2) | 0.19 | 36-12 | *Glyma*02*g*14790 | Tricarboxylic acid cycle( Ⅱ ) |
| *q-Pro*-2-3 | Gm02_19080059(2) | 4.10(4) | 0.22 | 27-1 | | |
| *q-Pro*-2-4 | Gm02_26798156(2) | 117.64(2) | 2.96 | 27-1 | | |
| *q-Pro*-2-5 | Gm02_27940465(2) | 1.42(4) | 0.06 | | | |
| *q-Pro*-2-6 | Gm02_BLOCK_28552871_28747617(5) | 14.52(4) | 1.08 | | *Glyma*02*g*27365 | Biological process( Ⅳ ) |
| *q-Pro*-2-7 | Gm02_30488057(2) | 7.64(4) | 0.45 | 27-1 | | |
| *q-Pro*-2-8 | Gm02_46122373(2) | 1.69(4) | 0.08 | | | |
| *q-Pro*-2-9 | Gm02_BLOCK_46122409_46191454(5) | 3.24(2) | 0.11 | 37-4 | *Glyma*02*g*40920 | Protein folding( Ⅱ ) |
| *q-Pro*-3-1 | Gm03_BLOCK_1168555_1367066(5) | 5.31(4) | 0.43 | cqSeed protein-010 | *Glyma*03*g*01570 | RNA processing( Ⅱ ) |
| *q-Pro*-3-2 | Gm03_BLOCK_18485929_18491142(3) | 8.09(4) | 0.54 | | *Glyma*03*g*14520 | Proteolysis( Ⅱ ) |
| *q-Pro*-3-3 | Gm03_22019857(2) | 3.44(2) | 0.07 | | | |
| *q-Pro*-3-4 | Gm03_23595853(2) | 6.43(4) | 0.37 | | | |
| *q-Pro*-3-5 | Gm03_BLOCK_24343855_24483129(9) | 214.33(2) | 5.80 | | | |
| *q-Pro*-3-6 | Gm03_BLOCK_27140827_27314739(8) | 48.77(2) | 1.32 | | *Glyma*03*g*21650 | Metal ion transport( Ⅲ ) |
| *q-Pro*-3-7 | Gm03_32482366(2) | 6.05(1) | 0.59 | 36-34 | *Glyma*03*g*25730 | Regulation of auxin mediated signaling pathway( Ⅲ ) |
| *q-Pro*-3-8 | Gm03_BLOCK_32966091_33132284(5) | 8.07(2) | 0.23 | | | |
| *q-Pro*-3-9 | Gm03_BLOCK_36210310_36409995(7) | 17.85(2) | 0.52 | 36-37 | *Glyma*03*g*28930 | Protein folding( Ⅱ ) |
| *q-Pro*-3-10 | Gm03_BLOCK_36943540_37139190(6) | 20.16(4) | 1.52 | | | |
| *q-Pro*-3-11 | Gm03_38565132(2) | 4.99(4) | 0.28 | 36-37 | | |
| *q-Pro*-3-12 | Gm03_41623118(2) | 2.19(3) | 0.08 | 36-35 | *Glyma*03*g*34150 | Biological process( Ⅳ ) |
| *q-Pro*-3-13 | Gm03_43342844(2) | 34.24(4) | 2.25 | | | |
| *q-Pro*-3-14 | Gm03_43946329(2) | 1.60(2) | 0.03 | 27-4 | *Glyma*03*g*39620 | Petal formation( Ⅰ ) |
| *q-Pro*-3-15 | Gm03_BLOCK_44899275_45063856(4) | 4.79(4) | 0.36 | | | |
| *q-Pro*-3-16 | Gm03_BLOCK_45585122_45784092(6) | 40.67(4) | 2.98 | | | |
| *q-Pro*-3-17 | Gm03_BLOCK_46362491_46492503(5) | 13.3(3) | 0.79 | | | |

续表 4-4

| QTL | SNPLDB (等位变异数) | $-\log_{10}P$ (生态亚区) | $R^2$/% | 已报道 QTL (Seed protein) | 候选基因 | 基因功能(类别) |
|---|---|---|---|---|---|---|
| *q-Pro*-4-1 | Gm04_994678(2) | 1.45(2) | 0.02 | 4-4 | *Glyma*04*g*01421 | Gluconeogenesis(Ⅱ) |
| *q-Pro*-4-2 | Gm04_5229776(2) | 5.78(2) | 0.12 | 12-2 | *Glyma*04*g*06780 | Positive regulation of abscisic acid biosynthetic process(Ⅲ) |
| *q-Pro*-4-3 | Gm04_7565104(2) | 1.42(3) | 0.05 | 37-3 | *Glyma*04*g*09325 | Biological process(Ⅳ) |
| *q-Pro*-4-4 | Gm04_BLOCK_10490899_10617426(6) | 6.56(3) | 0.44 | 19-1 | | |
| *q-Pro*-4-5 | Gm04_BLOCK_15100871_15263324(6) | 53.08(3) | 3.04 | 36-4 | *Glyma*04*g*14970 | Response to Karrikin (Ⅲ) |
| *q-Pro*-4-6 | Gm04_BLOCK_17170390_17334417(9) | 119.68(2) | 3.22 | 36-4 | *Glyma*04*g*16100 | Vegetative to reproductive phase transition of meristem(Ⅰ) |
| *q-Pro*-4-7 | Gm04_21775639(2) | 22.60(2) | 0.53 | 36-4 | *Glyma*04*g*20400 | Biological process(Ⅳ) |
| *q-Pro*-4-8 | Gm04_BLOCK_22386887_22584399(5) | 17.05(4) | 1.20 | | | |
| *q-Pro*-4-9 | Gm04_BLOCK_23716824_23851634(6) | 33.85(4) | 2.49 | | | |
| *q-Pro*-4-10 | Gm04_25994446(2) | 1.53(4) | 0.07 | | | |
| *q-Pro*-4-11 | Gm04_BLOCK_26344685_26544600(5) | 8.13(3) | 0.50 | | | |
| *q-Pro*-4-12 | Gm04_27993724(2) | 2.26(1) | 0.19 | 36-4 | | |
| *q-Pro*-4-12 | Gm04_27993724(2) | 3.82(3) | 0.16 | | | |
| *q-Pro*-4-13 | Gm04_BLOCK_28744257_28944237(7) | 57.51(2) | 1.52 | | | |
| *q-Pro*-4-14 | Gm04_32054482(2) | 5.02(2) | 0.11 | 36-4 | | |
| *q-Pro*-4-15 | Gm04_34306302(2) | 21.47(4) | 1.37 | 36-4 | | |
| *q-Pro*-4-16 | Gm04_BLOCK_38552113_38750785(7) | 19.72(2) | 0.57 | 36-4 | *Glyma*04*g*33110 | Long-day photoperiodism(Ⅰ) |
| *q-Pro*-4-17 | Gm04_BLOCK_43123388_43304064(9) | 9.77(4) | 0.90 | 36-4 | *Glyma*04*g*36725 | Pollen development(Ⅰ) |
| *q-Pro*-4-18 | Gm04_BLOCK_45297404_45490169(4) | 8.07(3) | 0.46 | 36-4 | *Glyma*04*g*39221 | |
| *q-Pro*-4-19 | Gm04_BLOCK_48650103_48755462(4) | 5.80(3) | 0.34 | 4-1 | *Glyma*04*g*42951 | Methionine biosynthetic process (Ⅱ) |
| *q-Pro*-5-1 | Gm05_BLOCK_1554612_1563965(3) | 3.73(4) | 0.25 | | *Glyma*05*g*02140 | |
| *q-Pro*-5-2 | Gm05_BLOCK_1897499_2087211(5) | 9.31(3) | 0.57 | | *Glyma*05*g*02140 | |
| *q-Pro*-5-3 | Gm05_5753896(2) | 2.26(4) | 0.11 | | | |
| *q-Pro*-5-4 | Gm05_9713051(2) | 1.72(2) | 0.03 | | | |
| *q-Pro*-5-5 | Gm05_13549282(2) | 1.73(3) | 0.06 | 36-1 | | |
| *q-Pro*-5-6 | Gm05_32327318(2) | 2.47(4) | 0.12 | 36-1 | | |
| *q-Pro*-5-7 | Gm05_BLOCK_35789939_35971604(9) | 7.38(2) | 0.27 | 41-1 | *Glyma*05*g*30630 | Regulation of actin filament polymerization(Ⅱ) |

续表 4－4

| QTL | SNPLDB（等位变异数） | $-\log_{10}P$（生态亚区） | $R^2$/% | 已报道 QTL（Seed protein） | 候选基因 | 基因功能（类别） |
|---|---|---|---|---|---|---|
| *q－Pro*－5－8 | Gm05_BLOCK_41895021_41903705(3) | 16.06(4) | 1.07 | 12－1 | *Glyma*05*g*38550 | Response to auxin stimulus(Ⅲ) |
| *q－Pro*－6－1 | Gm06_10415045(2) | 34.19(3) | 1.76 | | *Glyma*06*g*13270 | Amino acid transport(Ⅱ) |
| *q－Pro*－6－2 | Gm06_BLOCK_20393269_20395450(3) | 1.40(1) | 0.10 | cqSeed protein－012 | *Glyma*06*g*30630 | Biological process(Ⅳ) |
| *q－Pro*－6－3 | Gm06_BLOCK_23730950_23731012(2) | 1.83(2) | 0.03 | | | |
| *q－Pro*－6－4 | Gm06_27587487(2) | 3.67(3) | 0.16 | | | |
| *q－Pro*－6－4 | Gm06_27587487(2) | 12.27(4) | 0.75 | | | |
| *q－Pro*－6－5 | Gm06_BLOCK_27653971_27654004(3) | 13.90(2) | 0.34 | | | |
| *q－Pro*－6－6 | Gm06_BLOCK_29800806_29814664(3) | 92.93(2) | 2.35 | | | |
| *q－Pro*－6－7 | Gm06_BLOCK_31225477_31246736(3) | 3.76(1) | 0.42 | | | |
| *q－Pro*－6－8 | Gm06_31651249(2) | 1.46(3) | 0.05 | | | |
| *q－Pro*－6－9 | Gm06_BLOCK_31767165_31893661(6) | 67.87(3) | 3.88 | | | |
| *q－Pro*－6－10 | Gm06_BLOCK_32401434_32601186(6) | 21.03(1) | 2.61 | | | |
| *q－Pro*－6－11 | Gm06_BLOCK_32602292_32697906(8) | 34.80(1) | 4.58 | 28－1 | *Glyma*06*g*31550 | Abscisic acid mediated signaling pathway(Ⅲ) |
| *q－Pro*－6－12 | Gm06_BLOCK_35811559_36006969(4) | 6.27(4) | 0.46 | | | |
| *q－Pro*－6－13 | Gm06_37168066(2) | 6.52(3) | 0.30 | 28－1 | | |
| *q－Pro*－6－14 | Gm06_BLOCK_46115572_46202336(6) | 17.08(4) | 1.30 | 13－2 | *Glyma*06*g*42880 | Vesicle-mediated transport(Ⅲ) |
| *q－Pro*－6－15 | Gm06_BLOCK_48259047_48314511(6) | 36.75(3) | 2.12 | 13－2 | *Glyma*06*g*45590 | Protein phosphorylation(Ⅱ) |
| *q－Pro*－7－1 | Gm07_247088(2) | 11.88(3) | 0.58 | | *Glyma*07*g*00520 | Regulation of protein dephosphorylation(Ⅱ) |
| *q－Pro*－7－2 | Gm07_BLOCK_6148712_6316640(7) | 4.05(4) | 0.41 | 24－4 | *Glyma*07*g*07450 | Chloroplast RNA processing(Ⅱ) |
| *q－Pro*－7－3 | Gm07_16319275(2) | 5.37(1) | 0.52 | | | |
| *q－Pro*－7－4 | Gm07_21000729(2) | 29.18(4) | 1.90 | 41－9 | | |
| *q－Pro*－7－5 | Gm07_23689131(2) | 7.40(4) | 0.43 | 41－9 | | |
| *q－Pro*－7－6 | Gm07_34056034(2) | 31.89(3) | 1.64 | 41－9 | | |
| *q－Pro*－7－6 | Gm07_34056034(2) | 26.95(4) | 1.74 | | | |
| *q－Pro*－7－7 | Gm07_BLOCK_36933382_36940967(5) | 15.76(2) | 0.43 | 41－9 | *Glyma*07*g*32110 | Response to heat(Ⅳ) |
| *q－Pro*－7－8 | Gm07_38617106(2) | 115.7(2) | 2.91 | 41－9 | *Glyma*07*g*33660 | |

续表 4-4

| QTL | SNPLDB<br>（等位变异数） | $-\log_{10}P$<br>（生态亚区） | $R^2$/<br>% | 已报道 QTL<br>(Seed protein) | 候选基因 | 基因功能（类别） |
|---|---|---|---|---|---|---|
| *q-Pro*-8-1 | Gm08_6988554(2) | 16.39(4) | 1.03 | 30-4 | *Glyma*08*g*09830 | |
| *q-Pro*-8-2 | Gm08_BLOCK_11970511_12057080(5) | 7.03(2) | 0.21 | 34-4 | *Glyma*08*g*16340 | |
| *q-Pro*-8-3 | Gm08_BLOCK_15202536_15288851(3) | 3.71(1) | 0.42 | | *Glyma*08*g*20140 | Meristem maintenance(Ⅰ) |
| *q-Pro*-8-4 | Gm08_BLOCK_16760470_16839374(3) | 32.41(2) | 0.81 | | *Glyma*08*g*21980 | Microtubule-based movement(Ⅳ) |
| *q-Pro*-8-4 | Gm08_BLOCK_16760470_16839374(3) | 19.97(3) | 1.06 | | | |
| *q-Pro*-8-5 | Gm08_BLOCK_22367130_22564029(4) | 12.76(4) | 0.91 | | *Glyma*08*g*28111 | Transcription(Ⅳ) |
| *q-Pro*-8-6 | Gm08_BLOCK_33667223_33866552(4) | 74.37(2) | 1.90 | | *Glyma*08*g*36221 | Metabolic process(Ⅱ) |
| *q-Pro*-8-6 | Gm08_BLOCK_33667223_33866552(4) | 15.15(3) | 0.85 | | | |
| *q-Pro*-8-7 | Gm08_BLOCK_44316017_44390137(4) | 5.02(3) | 0.30 | 21-1 | *Glyma*08*g*44921 | Transmembrane transport(Ⅲ) |
| *q-Pro*-9-1 | Gm09_1251220(2) | 5.03(2) | 0.11 | | | |
| *q-Pro*-9-2 | Gm09_BLOCK_1591540_1789988(6) | 71.68(2) | 1.89 | 36-27 | *Glyma*09*g*02401 | Salicylic acid biosynthetic process(Ⅲ) |
| *q-Pro*-9-3 | Gm09_3753443(2) | 1.84(4) | 0.09 | 5-4 | *Glyma*09*g*04970 | Protein desumoylation (Ⅱ) |
| *q-Pro*-9-4 | Gm09_BLOCK_8438742_8631856(4) | 148.38(2) | 3.84 | 36-29 | *Glyma*09*g*08940 | |
| *q-Pro*-9-5 | Gm09_BLOCK_18077696_18149090(6) | 33.54(3) | 1.94 | 36-29 | *Glyma*09*g*15470 | Ethylene biosynthetic process(Ⅲ) |
| *q-Pro*-9-6 | Gm09_BLOCK_19382860_19582513(6) | 2.10(4) | 0.22 | 36-30 | | |
| *q-Pro*-9-7 | Gm09_22119591(2) | 16.51(4) | 1.04 | | *Glyma*09*g*18490 | |
| *q-Pro*-9-8 | Gm09_BLOCK_22973289_23143919(6) | 23.68(2) | 0.65 | | *Glyma*09*g*18490 | |
| *q-Pro*-9-9 | Gm09_23776055(2) | 2.47(3) | 0.10 | | *Glyma*09*g*18490 | |
| *q-Pro*-9-10 | Gm09_23913668(2) | 4.18(1) | 0.39 | 36-30 | *Glyma*09*g*18490 | |
| *q-Pro*-9-11 | Gm09_27986406(2) | 50.68(2) | 1.24 | 36-30 | | |
| *q-Pro*-9-12 | Gm09_BLOCK_28009070_28068638(4) | 41.74(4) | 2.93 | | | |
| *q-Pro*-9-13 | Gm09_BLOCK_29229910_29251395(5) | 13.68(1) | 1.73 | 37-10 | *Glyma*09*g*23706 | Metabolic process(Ⅱ) |
| *q-Pro*-9-14 | Gm09_BLOCK_43178967_43361542(7) | 70.30(3) | 4.07 | 34-6 | *Glyma*09*g*37802 | Protein autophosphorylation(Ⅱ) |
| *q-Pro*-10-1 | Gm10_23640514(2) | 4.33(2) | 0.09 | 42-1 | | |
| *q-Pro*-10-2 | Gm10_23640526(2) | 2.12(3) | 0.08 | | | |

续表 4 - 4

| QTL | SNPLDB (等位变异数) | $-\log_{10}P$ (生态亚区) | $R^2$/% | 已报道 QTL (Seed protein) | 候选基因 | 基因功能(类别) |
|---|---|---|---|---|---|---|
| *q - Pro* - 10 - 3 | Gm10_23666544(2) | 8.38(4) | 0.50 | | | |
| *q - Pro* - 10 - 4 | Gm10_BLOCK_26065902_26241451(4) | 45.86(2) | 1.17 | 42 - 1 | | |
| *q - Pro* - 10 - 5 | Gm10_BLOCK_33261387_33460476(4) | 4.98(4) | 0.37 | 36 - 40 | *Glyma*10*g*25381 | Positive regulation of flower development(Ⅰ) |
| *q - Pro* - 10 - 6 | Gm10_BLOCK_40716068_40833323(4) | 18.42(4) | 1.30 | | | |
| *q - Pro* - 10 - 7 | Gm10_BLOCK_41339744_41348158(2) | 2.27(2) | 0.04 | | | |
| *q - Pro* - 10 - 8 | Gm10_41625942(2) | 62.75(1) | 7.40 | 40 - 1 | *Glyma*10*g*32320 | Protein N-linked Glycosylation (Ⅱ) |
| *q - Pro* - 10 - 9 | Gm10_BLOCK_48242076_48426970(3) | 9.55(3) | 0.50 | | *Glyma*10*g*41270 | |
| *q - Pro* - 11 - 1 | Gm11_BLOCK_4866305_5052404(6) | 3.01(1) | 0.50 | 34 - 7 | *Glyma*11*g*07230 | |
| *q - Pro* - 11 - 2 | Gm11_10517062(2) | 9.51(3) | 0.45 | 25 - 2 | *Glyma*11*g*14810 | Protein phosphorylation(Ⅱ) |
| *q - Pro* - 11 - 3 | Gm11_15761967(2) | 17.36(4) | 1.09 | 25 - 2 | *Glyma*11*g*19120 | Protein import into peroxisome matrix(Ⅲ) |
| *q - Pro* - 11 - 4 | Gm11_20334247(2) | 5.21(3) | 0.23 | 25 - 2 | | |
| *q - Pro* - 11 - 5 | Gm11_24462111(2) | 16.62(3) | 0.82 | 25 - 2 | | |
| *q - Pro* - 11 - 6 | Gm11_33229137(2) | 27.47(1) | 3.04 | 26 - 6 | *Glyma*11*g*31880 | Biological process(Ⅳ) |
| *q - Pro* - 11 - 6 | Gm11_33229137(2) | 35.68(2) | 0.86 | | | |
| *q - Pro* - 11 - 6 | Gm11_33229137(2) | 29.84(3) | 1.53 | | | |
| *q - Pro* - 11 - 7 | Gm11_BLOCK_34836658_34950305(5) | 18.75(4) | 1.37 | | *Glyma*11*g*33180 | Auxin biosynthetic process(Ⅲ) |
| *q - Pro* - 11 - 8 | Gm11_36522210(2) | 1.95(3) | 0.07 | | *Glyma*11*g*34710 | Biological process(Ⅳ) |
| *q - Pro* - 11 - 9 | Gm11_BLOCK_38259925_38265759(3) | 12.24(2) | 0.30 | | *Glyma*11*g*37091 | Meiotic DNA double-strand break formation(Ⅱ) |
| *q - Pro* - 12 - 1 | Gm12_BLOCK_4839244_4875027(3) | 20.86(1) | 2.39 | 3 - 11 | *Glyma*12*g*07100 | Biological process(Ⅳ) |
| *q - Pro* - 12 - 2 | Gm12_6329689(2) | 2.56(1) | 0.22 | 28 - 3 | *Glyma*12*g*08580 | DNA recombination(Ⅱ) |
| *q - Pro* - 12 - 3 | Gm12_BLOCK_6336311_6520780(6) | 14.31(4) | 1.11 | | | |
| *q - Pro* - 12 - 4 | Gm12_12343075(2) | 1.37(3) | 0.05 | | | |
| *q - Pro* - 12 - 5 | Gm12_BLOCK_12775158_12775201(2) | 12.42(1) | 1.30 | 34 - 8 | | |
| *q - Pro* - 12 - 6 | Gm12_BLOCK_33198150_33275126(4) | 35.66(4) | 2.50 | | *Glyma*12*g*29771 | |
| *q - Pro* - 12 - 7 | Gm12_34526609(2) | 19.76(4) | 1.25 | | | |
| *q - Pro* - 12 - 8 | Gm12_BLOCK_34633379_34729512(3) | 25.08(2) | 0.62 | | *Glyma*12*g*31130 | Biological process(Ⅳ) |

续表 4-4

| QTL | SNPLDB<br>(等位变异数) | $-\log_{10}P$<br>(生态亚区) | $R^2$/<br>% | 已报道 QTL<br>(Seed protein) | 候选基因 | 基因功能(类别) |
|---|---|---|---|---|---|---|
| *q-Pro*-13-1 | Gm13_BLOCK_2818042_2818043(2) | 1.42(4) | 0.06 | 26-13 | *Glyma*13*g*02790 | Biological process(Ⅳ) |
| *q-Pro*-13-2 | Gm13_BLOCK_6316546_6332562(2) | 2.52(2) | 0.05 | 26-13 | *Glyma*13*g*06025 | rRNA processing(Ⅱ) |
| *q-Pro*-13-3 | Gm13_BLOCK_10091630_10285065(6) | 14.59(3) | 0.89 | 36-19 | *Glyma*13*g*09083 | Gibberellic acid mediated signaling pathway(Ⅲ) |
| *q-Pro*-13-4 | Gm13_15731733(2) | 1.96(2) | 0.03 | 36-23 | | |
| *q-Pro*-13-5 | Gm13_18760985(2) | 1.59(1) | 0.12 | 36-21 | | |
| *q-Pro*-13-6 | Gm13_BLOCK_29477377_29652800(6) | 36.59(1) | 4.61 | 21-6 | *Glyma*13*g*26460 | Signal transduction(Ⅲ) |
| *q-Pro*-13-7 | Gm13_35725369(2) | 2.28(4) | 0.11 | 24-2 | *Glyma*13*g*34073 | Protein phosphorylation(Ⅱ) |
| *q-Pro*-14-1 | Gm14_1704204(2) | 1.50(4) | 0.07 | | | |
| *q-Pro*-14-2 | Gm14_BLOCK_2039835_2238991(7) | 71.14(2) | 1.90 | | *Glyma*14*g*03500 | Unsaturated fatty acid biosynthetic process(Ⅱ) |
| *q-Pro*-14-3 | Gm14_3296814(2) | 2.34(1) | 0.20 | | *Glyma*14*g*04690 | Signal transduction(Ⅲ) |
| *q-Pro*-14-4 | Gm14_BLOCK_9429707_9628830(3) | 6.64(4) | 0.44 | 21-8 | *Glyma*14*g*11083 | Biological process(Ⅳ) |
| *q-Pro*-14-5 | Gm14_20104086(2) | 1.67(2) | 0.03 | 28-4 | | |
| *q-Pro*-14-6 | Gm14_24284307(2) | 19.73(3) | 0.99 | 28-4 | | |
| *q-Pro*-14-7 | Gm14_48075756(2) | 3.86(4) | 0.21 | | *Glyma*14*g*38910 | Metabolic process(Ⅱ) |
| *q-Pro*-14-8 | Gm14_49578368(2) | 6.69(2) | 0.14 | | *Glyma*14*g*40600 | Glucuronoxylan metabolic process(Ⅱ) |
| *q-Pro*-15-1 | Gm15_230835(2) | 3.68(4) | 0.20 | 1-5 | | |
| *q-Pro*-15-2 | Gm15_BLOCK_584319_604769(3) | 14.82(3) | 0.78 | 1-5 | | |
| *q-Pro*-15-3 | Gm15_BLOCK_1959339_2155712(5) | 11.42(2) | 0.32 | cqSeed protein-008 | *Glyma*15*g*03101 | Pollen tube development(Ⅰ) |
| *q-Pro*-15-4 | Gm15_7709582(2) | 2.38(1) | 0.20 | cqSeed protein-001 | *Glyma*15*g*10700 | Protein autophosphorylation(Ⅱ) |
| *q-Pro*-15-5 | Gm15_BLOCK_9430902_9626056(6) | 46.36(3) | 2.66 | 39-2 | *Glyma*15*g*13580 | Biological process(Ⅳ) |
| *q-Pro*-15-6 | Gm15_BLOCK_10125212_10294382(5) | 9.66(4) | 0.74 | 39-2 | | |
| *q-Pro*-15-7 | Gm15_20550183(2) | 8.17(2) | 0.18 | 41-2 | | |
| *q-Pro*-15-8 | Gm15_BLOCK_26877819_27076096(5) | 24.33(3) | 1.39 | 41-2 | | |
| *q-Pro*-15-9 | Gm15_BLOCK_33559244_33567966(5) | 15.4(4) | 1.14 | 27-2 | | |
| *q-Pro*-15-10 | Gm15_BLOCK_40822834_40861275(7) | 55.19(3) | 3.21 | 27-3 | *Glyma*15*g*35941 | |
| *q-Pro*-16-1 | Gm16_BLOCK_104650_110112(3) | 3.54(4) | 0.23 | 41-5 | *Glyma*16*g*00240 | Embryo sac egg cell differentiation(Ⅰ) |

续表 4－4

| QTL | SNPLDB<br>（等位变异数） | $-\log_{10}P$<br>（生态亚区） | $R^2$/<br>% | 已报道 QTL<br>（Seed protein） | 候选基因 | 基因功能（类别） |
|---|---|---|---|---|---|---|
| *q－Pro*－16－2 | Gm16_6536018(2) | 3.13(2) | 0.06 | | *Glyma*16*g*07280 | Biological process(Ⅳ) |
| *q－Pro*－16－3 | Gm16_7744598(2) | 2.94(3) | 0.12 | | *Glyma*16*g*08390 | |
| *q－Pro*－16－4 | Gm16_10194673(2) | 2.89(4) | 0.15 | | | |
| *q－Pro*－16－5 | Gm16_BLOCK_11823550_12020947(4) | 7.47(1) | 0.92 | | | |
| *q－Pro*－16－6 | Gm16_BLOCK_21082222_21082378(3) | 25.39(1) | 2.92 | | | |
| *q－Pro*－16－7 | Gm16_BLOCK_23050838_23250178(4) | 35.98(2) | 0.92 | | *Glyma*16*g*20730 | Protein Glycosylation(Ⅱ) |
| *q－Pro*－16－8 | Gm16_BLOCK_24882704_25065987(7) | 4.88(1) | 0.79 | | *Glyma*16*g*21852 | Cysteine biosynthetic process(Ⅱ) |
| *q－Pro*－16－9 | Gm16_BLOCK_31908147_31909713(3) | 130.01(2) | 3.32 | | *Glyma*16*g*27980 | Protein maturation(Ⅱ) |
| *q－Pro*－16－10 | Gm16_37138271(2) | 7.44(4) | 0.44 | 41－6 | *Glyma*16*g*34370 | Jasmonic acid mediated signaling pathway(Ⅲ) |
| *q－Pro*－17－1 | Gm17_BLOCK_5387260_5587256(4) | 11.98(2) | 0.32 | | *Glyma*17*g*07341 | Response to Karrikin (Ⅲ) |
| *q－Pro*－17－2 | Gm17_BLOCK_7036589_7215625(5) | 8.33(4) | 0.65 | | | |
| *q－Pro*－17－3 | Gm17_8082932(2) | 15.76(1) | 1.68 | | *Glyma*17*g*09570 | Protein phosphorylation(Ⅱ) |
| *q－Pro*－17－4 | Gm17_13809803(2) | 11.36(2) | 0.26 | 26－2 | | |
| *q－Pro*－17－5 | Gm17_BLOCK_15717972_15782305(4) | 49.48(4) | 3.49 | 37－5 | *Glyma*17*g*18380 | N-terminal protein myristoylation (Ⅱ) |
| *q－Pro*－17－6 | Gm17_17737692(2) | 7.71(4) | 0.45 | 36－15 | | |
| *q－Pro*－17－7 | Gm17_BLOCK_24865280_24865281(2) | 1.50(2) | 0.02 | 36－15 | *Glyma*17*g*24602 | Cellular response to glucose stimulus(Ⅱ) |
| *q－Pro*－17－8 | Gm17_BLOCK_27700072_27899350(7) | 26.86(3) | 1.61 | 36－14 | *Glyma*17*g*26531 | Biological process(Ⅳ) |
| *q－Pro*－17－9 | Gm17_BLOCK_32666099_32803174(5) | 59.54(1) | 7.42 | 36－16 | *Glyma*17*g*29800 | |
| *q－Pro*－17－10 | Gm17_BLOCK_35769952_35842671(6) | 62.55(4) | 4.59 | 36－16 | *Glyma*17*g*32400 | |
| *q－Pro*－18－1 | Gm18_BLOCK_1050745_1058736(5) | 4.79(4) | 0.40 | 26－12 | | |
| *q－Pro*－18－2 | Gm18_BLOCK_1112326_1152177(4) | 1.85(3) | 0.12 | 26－12 | *Glyma*18*g*01830 | Negative regulation of abscisic acid mediated signaling pathway(Ⅲ) |
| *q－Pro*－18－3 | Gm18_BLOCK_7317014_7504444(9) | 26.69(3) | 1.68 | 26－8 | *Glyma*18*g*08590 | Biological process(Ⅳ) |
| *q－Pro*－18－4 | Gm18_BLOCK_9805715_9928202(5) | 8.67(1) | 1.14 | 26－8 | *Glyma*18*g*11080 | Embryo sac egg cell differentiation(Ⅰ) |
| *q－Pro*－18－5 | Gm18_28016490(2) | 5.85(1) | 0.57 | | | |

续表 4－4

| QTL | SNPLDB（等位变异数） | $-\log_{10}P$（生态亚区） | $R^2$/% | 已报道 QTL（Seed protein） | 候选基因 | 基因功能（类别） |
|---|---|---|---|---|---|---|
| *q－Pro*－18－6 | Gm18_BLOCK_34639618_34795699(8) | 6.79(3) | 0.51 | | | |
| *q－Pro*－18－7 | Gm18_BLOCK_35833360_36027902(7) | 67.82(2) | 1.81 | | | |
| *q－Pro*－18－8 | Gm18_BLOCK_40831394_40880918(7) | 15.16(1) | 2.07 | 34－9 | | |
| *q－Pro*－18－9 | Gm18_BLOCK_42500802_42698681(3) | 2.84(4) | 0.19 | 34－9 | *Glyma*18*g*36455 | Biological process(Ⅳ) |
| *q－Pro*－18－10 | Gm18_BLOCK_58197364_58341700(5) | 31.39(4) | 2.26 | | | |
| *q－Pro*－18－11 | Gm18_BLOCK_58528098_58542426(6) | 16.70(1) | 2.18 | 30－10 | *Glyma*18*g*49000 | Histone H3-K9 methylation(Ⅱ) |
| *q－Pro*－18－12 | Gm18_58856851(2) | 2.03(1) | 0.16 | | | |
| *q－Pro*－18－13 | Gm18_BLOCK_58946361_59013549(5) | 43.45(2) | 1.14 | | | |
| *q－Pro*－18－14 | Gm18_BLOCK_60020629_60209844(6) | 39.41(2) | 1.05 | | | |
| *q－Pro*－18－15 | Gm18_BLOCK_61068060_61068073(2) | 4.65(1) | 0.44 | | *Glyma*18*g*51061 | Auxin polar transport(Ⅲ) |
| *q－Pro*－19－1 | Gm19_132684(2) | 25.78(2) | 0.61 | 41－8 | *Glyma*19*g*00230 | Carbohydrate metabolic process(Ⅱ) |
| *q－Pro*－19－2 | Gm19_BLOCK_2535314_2535339(2) | 2.84(3) | 0.12 | 33－4 | | |
| *q－Pro*－19－3 | Gm19_BLOCK_4873308_4873651(3) | 4.38(3) | 0.23 | 33－4 | | |
| *q－Pro*－19－4 | Gm19_BLOCK_11916953_11916959(2) | 7.28(3) | 0.34 | | | |
| *q－Pro*－19－5 | Gm19_BLOCK_18217047_18417019(7) | 11.89(2) | 0.36 | 34－10 | | |
| *q－Pro*－19－6 | Gm19_BLOCK_20175245_20373252(6) | 18.94(2) | 0.53 | 34－10 | | |
| *q－Pro*－19－7 | Gm19_BLOCK_32958024_33139368(5) | 10.28(3) | 0.62 | 34－10 | | |
| *q－Pro*－19－8 | Gm19_BLOCK_46751127_46751148(2) | 2.78(1) | 0.24 | 16－2 | *Glyma*19*g*42240 | Calcium ion transport(Ⅲ) |
| *q－Pro*－19－9 | Gm19_47645880(2) | 5.01(3) | 0.22 | | | |
| *q－Pro*－19－10 | Gm19_BLOCK_47660663_47715521(4) | 64.72(4) | 4.60 | | | |
| *q－Pro*－19－11 | Gm19_BLOCK_47815899_47877439(5) | 5.86(4) | 0.47 | | | |
| *q－Pro*－19－12 | Gm19_47895601(2) | 6.38(2) | 0.14 | | | |
| *q－Pro*－19－13 | Gm19_BLOCK_48327403_48405159(4) | 41.56(3) | 2.29 | | | |

续表 4－4

| QTL | SNPLDB（等位变异数） | $-\log_{10}P$（生态亚区） | $R^2$/% | 已报道 QTL（Seed protein） | 候选基因 | 基因功能（类别） |
|---|---|---|---|---|---|---|
| *q－Pro*－20－1 | Gm20_3456485(2) | 12.45(4) | 0.77 | 37－8 | | |
| *q－Pro*－20－2 | Gm20_BLOCK_8015458_8214120(10) | 84.49(3) | 5.05 | 37－8 | | |
| *q－Pro*－20－3 | Gm20_11179344(2) | 30.00(4) | 1.95 | 37－8 | | |
| *q－Pro*－20－4 | Gm20_19282486(2) | 2.61(3) | 0.10 | 37－8 | | |
| *q－Pro*－20－5 | Gm20_21145439(2) | 1.78(2) | 0.03 | 37－8 | | |
| *q－Pro*－20－6 | Gm20_28043691(2) | 1.92(4) | 0.09 | 1－2 | | |
| *q－Pro*－20－7 | Gm20_BLOCK_29658258_29845799(3) | 4.99(3) | 0.26 | 1－2 | *Glyma*20*g*20930 | Biological process(Ⅳ) |
| *q－Pro*－20－8 | Gm20_31195267(2) | 8.68(1) | 0.88 | 1－2 | | |
| *q－Pro*－20－9 | Gm20_BLOCK_33277953_33279557(3) | 4.81(1) | 0.54 | 1－2 | *Glyma*20*g*23385 | Protein N-linked Glycosylation (Ⅱ) |
| *q－Pro*－20－10 | Gm20_BLOCK_39020468_39022916(2) | 1.96(4) | 0.09 | 36－26 | *Glyma*20*g*30351 | Biological process(Ⅳ) |
| *q－Pro*－20－11 | Gm20_40450303(2) | 4.77(2) | 0.10 | | | |
| *q－Pro*－20－12 | Gm20_BLOCK_41065731_41262772(4) | 127.27(2) | 3.28 | 35－3 | *Glyma*20*g*31760 | Biological process(Ⅳ) |
| *q－Pro*－20－13 | Gm20_44518393(2) | 1.35(2) | 0.02 | | *Glyma*20*g*36390 | Transport(Ⅲ) |

| 亚区 | 组中值 | | | | | | | | | 位点数目 | 贡献率/% | 位点平均贡献率/% | 变幅/% |
|---|---|---|---|---|---|---|---|---|---|---|---|---|---|
| | 0.25 | 0.75 | 1.25 | 1.75 | 2.25 | 2.75 | 3.25 | 3.75 | >4.00 | | | | |
| Sub－1 | 12 | 8 | 2 | 2 | 3 | 2 | 1 | 0 | 4 | 34 | 53.48 | 1.57 | 0.10～7.42 |
| Sub－2 | 35 | 11 | 6 | 5 | 1 | 2 | 4 | 1 | 1 | 66 | 59.43 | 0.90 | 0.02～5.80 |
| Sub－3 | 27 | 13 | 3 | 7 | 2 | 1 | 2 | 1 | 2 | 58 | 56.42 | 0.97 | 0.05～5.05 |
| Sub－4 | 37 | 8 | 13 | 4 | 3 | 3 | 1 | 0 | 2 | 71 | 65.96 | 0.93 | 0.06～4.60 |

注：QTL 的命名由 4 部分组成，依次为 QTL 标志－性状－染色体－在染色体的相对位置。如 *q－Pro*－1－1，其中"*q*－"表示该位点为 QTL，"－*Pro*"表示该 QTL 控制蛋白质含量性状，"－1"表示 1 号染色体，而其后的"－1"表示该位点的物理位置在本研究定位的该条染色体的 QTL 中排在第一位。在基因功能分类中，Ⅰ表示为光周期、花发育相关，Ⅱ表示为信号的转导与运输相关，Ⅲ表示为初级代谢相关，Ⅳ表示为其他生物途径。表 4－5～4－7 同。

**表 4－5　东北各亚区油脂含量 QTL 定位结果**

| QTL | SNPLDB（等位变异数） | $-\log_{10}P$（生态亚区） | $R^2$/% | 已报道 QTL（Seed oil） | 候选基因 | 基因功能（类别） |
|---|---|---|---|---|---|---|
| *q－Oil*－1－1 | Gm01_BLOCK_423351_495422(5) | 3.16(2) | 0.09 | 23－2 | | |
| *q－Oil*－1－2 | Gm01_528408(2) | 2.39(1) | 0.17 | 23－2 | *Glyma*01*g*00870 | Glycolysis(Ⅱ) |
| *q－Oil*－1－3 | Gm01_BLOCK_5201611_5399734(4) | 8.96(4) | 0.55 | 23－2 | *Glyma*01*g*05430 | Biological process(Ⅳ) |
| *q－Oil*－1－4 | Gm01_7737073(2) | 27.30(4) | 1.51 | 42－20 | | |

续表 4 - 5

| QTL | SNPLDB<br>（等位变异数） | $-\log_{10}P$<br>（生态亚区） | $R^2$/<br>% | 已报道 QTL<br>（Seed oil） | 候选基因 | 基因功能（类别） |
|---|---|---|---|---|---|---|
| *q-Oil*-1-5 | Gm01_14740207(2) | 11.39(2) | 0.23 | 42-20 | | |
| *q-Oil*-1-6 | Gm01_24627938(2) | 14.69(3) | 0.59 | 42-20 | | |
| *q-Oil*-1-7 | Gm01_BLOCK_25420923_25421155(2) | 16.97(2) | 0.36 | 42-20 | | |
| *q-Oil*-1-8 | Gm01_30457281(2) | 3.74(3) | 0.13 | 42-20 | | |
| *q-Oil*-1-9 | Gm01_38685056(2) | 3.63(1) | 0.28 | 42-20 | *Glyma*01*g*28780 | Biological process(Ⅳ) |
| *q-Oil*-2-1 | Gm02_BLOCK_3224504_3386591(6) | 23.97(2) | 0.60 | 26-1 | *Glyma*02*g*04010 | Pollen tube development(Ⅲ) |
| *q-Oil*-2-2 | Gm02_3784008(2) | 5.98(2) | 0.12 | 26-1 | | |
| *q-Oil*-2-3 | Gm02_BLOCK_6710106_6719328(4) | 13.49(4) | 0.81 | 20-2 | *Glyma*02*g*08690 | RNA methylation(Ⅱ) |
| *q-Oil*-2-4 | Gm02_13318467(2) | 11.40(2) | 0.23 | 43-10 | *Glyma*02*g*14790 | Tricarboxylic acid cycle(Ⅱ) |
| *q-Oil*-2-5 | Gm02_BLOCK_15499233_15510543(3) | 14.13(4) | 0.80 | | *Glyma*02*g*17181 | Positive regulation of flavonoid biosynthetic process(Ⅱ) |
| *q-Oil*-2-6 | Gm02_15613873(2) | 6.20(4) | 0.30 | | | |
| *q-Oil*-2-7 | Gm02_19518514(2) | 31.48(4) | 1.75 | 43-11 | | |
| *q-Oil*-2-8 | Gm02_21498912(2) | 2.11(3) | 0.07 | 43-11 | | |
| *q-Oil*-2-9 | Gm02_28489961(2) | 1.38(4) | 0.05 | 43-11 | | |
| *q-Oil*-2-10 | Gm02_BLOCK_48214844_48369857(6) | 11.17(4) | 0.76 | 24-3 | *Glyma*02*g*43540 | Photomorphogenesis(Ⅲ) |
| *q-Oil*-3-1 | Gm03_BLOCK_2582455_2749717(5) | 9.69(2) | 0.25 | 43-31 | | |
| *q-Oil*-3-2 | Gm03_BLOCK_3332440_3457650(6) | 13.89(1) | 1.57 | 43-31 | *Glyma*03*g*03490 | Response to abscisic acid stimulus(Ⅰ) |
| *q-Oil*-3-3 | Gm03_5970000(2) | 2.67(4) | 0.12 | 39-14 | *Glyma*03*g*05691 | Biological process(Ⅳ) |
| *q-Oil*-3-4 | Gm03_BLOCK_13923275_13981683(4) | 2.78(4) | 0.19 | cqSeed oil-005 | | |
| *q-Oil*-3-5 | Gm03_BLOCK_15722746_15921368(8) | 45.74(2) | 1.14 | 39-15 | | |
| *q-Oil*-3-6 | Gm03_BLOCK_17811842_18010313(7) | 9.13(4) | 0.67 | 39-15 | | |
| *q-Oil*-3-7 | Gm03_BLOCK_18922646_19094931(3) | 59.10(3) | 2.60 | 39-15 | *Glyma*03*g*14872 | |
| *q-Oil*-3-8 | Gm03_BLOCK_24343855_24483129(9) | 123.25(2) | 3.01 | 39-15 | | |
| *q-Oil*-3-9 | Gm03_BLOCK_27776188_27969356(6) | 6.38(3) | 0.33 | 39-15 | *Glyma*03*g*22060 | Signal transduction(Ⅰ) |
| *q-Oil*-3-10 | Gm03_BLOCK_36943540_37139190(6) | 16.16(1) | 1.81 | mqSeed oil-024 | *Glyma*03*g*28930 | Protein folding(Ⅱ) |
| *q-Oil*-3-11 | Gm03_BLOCK_40883791_40983710(7) | 38.79(4) | 2.48 | 28-3 | *Glyma*03*g*33360 | Threonine catabolic process(Ⅱ) |

续表 4－5

| QTL | SNPLDB<br>（等位变异数） | $-\log_{10}P$<br>（生态亚区） | $R^2$/<br>% | 已报道 QTL<br>（Seed oil） | 候选基因 | 基因功能（类别） |
| --- | --- | --- | --- | --- | --- | --- |
| *q－Oil*－3－12 | Gm03_BLOCK_44024588_44035691（3） | 13. 92（3） | 0. 60 | 28－3 | *Glyma*03*g*37400 | Response to brassinosteroid stimulus（Ⅰ） |
| *q－Oil*－3－13 | Gm03_45573972（2） | 41. 38（1） | 4. 03 | 28－3 | *Glyma*03*g*39570 | Proteolysis（Ⅱ） |
| *q－Oil*－3－14 | Gm03_46298745（2） | 18. 34（2） | 0. 39 | 28－3 | | |
| *q－Oil*－4－1 | Gm04_BLOCK_4020845_4111149（5） | 9. 67（2） | 0. 25 | 39－3 | | |
| *q－Oil*－4－2 | Gm04_BLOCK_4174137_4368977（7） | 195. 68（2） | 4. 74 | 39－3 | *Glyma*04*g*05471 | Protein catabolic process（Ⅱ） |
| *q－Oil*－4－3 | Gm04_BLOCK_11621710_11663458（5） | 92. 37（2） | 2. 18 | | *Glyma*04*g*12500 | Biological process（Ⅳ） |
| *q－Oil*－4－3 | Gm04_BLOCK_11621710_11663458（5） | 104. 27（3） | 4. 82 | | | |
| *q－Oil*－4－4 | Gm04_13954906（2） | 1. 41（4） | 0. 05 | | | |
| *q－Oil*－4－5 | Gm04_BLOCK_15539474_15739342（10） | 55. 86（3） | 2. 75 | | *Glyma*04*g*15093 | Defense response（Ⅰ） |
| *q－Oil*－4－6 | Gm04_19537246（2） | 1. 54（4） | 0. 06 | | | |
| *q－Oil*－4－7 | Gm04_22813665（2） | 2. 37（2） | 0. 04 | | | |
| *q－Oil*－4－8 | Gm04_26236819（2） | 1. 75（2） | 0. 03 | | | |
| *q－Oil*－4－9 | Gm04_BLOCK_38552113_38750785（7） | 55. 45（2） | 1. 35 | | *Glyma*04*g*33110 | Long-day photoperiodism（Ⅲ） |
| *q－Oil*－4－10 | Gm04_BLOCK_43123388_43304064（9） | 7. 17（2） | 0. 24 | | *Glyma*04*g*36725 | Pollen development（Ⅲ） |
| *q－Oil*－4－10 | Gm04_BLOCK_43123388_43304064（9） | 32. 15（3） | 1. 62 | | | |
| *q－Oil*－4－11 | Gm04_BLOCK_43821487_43821488（3） | 21. 10（4） | 1. 21 | | | |
| *q－Oil*－5－1 | Gm05_3670289（2） | 8. 59（4） | 0. 44 | 42－1 | *Glyma*05*g*04561 | |
| *q－Oil*－5－2 | Gm05_BLOCK_7951533_8107061（4） | 24. 61（2） | 0. 58 | | *Glyma*05*g*08100 | Drug transmembrane transport（Ⅰ） |
| *q－Oil*－5－3 | Gm05_17071583（2） | 6. 33（2） | 0. 12 | 42－3 | | |
| *q－Oil*－5－4 | Gm05_BLOCK_26571755_26771724（6） | 33. 57（4） | 2. 11 | 42－3 | *Glyma*05*g*21726 | Response to auxin stimulus（Ⅰ） |
| *q－Oil*－5－5 | Gm05_BLOCK_41895021_41903705（3） | 2. 81（4） | 0. 16 | cqSeed oil－008 | *Glyma*05*g*38550 | Response to auxin stimulus（Ⅰ） |
| *q－Oil*－6－1 | Gm06_BLOCK_1267892_1440171（4） | 31. 66（3） | 1. 42 | 36－2 | *Glyma*06*g*01860 | Transport（Ⅰ） |
| *q－Oil*－6－2 | Gm06_BLOCK_5617956_5651924（3） | 61. 26（2） | 1. 40 | cqSeed oil－006 | *Glyma*06*g*07720 | Biological process（Ⅳ） |
| *q－Oil*－6－3 | Gm06_BLOCK_15278070_15475784（5） | 46. 58（3） | 2. 13 | 4－6 | | |
| *q－Oil*－6－3 | Gm06_BLOCK_15278070_15475784（5） | 8. 74（4） | 0. 57 | 4－6 | | |

续表 4 - 5

| QTL | SNPLDB (等位变异数) | $-\log_{10}P$ (生态亚区) | $R^2$/% | 已报道 QTL (Seed oil) | 候选基因 | 基因功能(类别) |
|---|---|---|---|---|---|---|
| *q - Oil* - 6 - 4 | Gm06_BLOCK_15887539_16087077(6) | 42.21(3) | 1.97 | 4 - 6 | *Glyma*06*g*19077 | Biological process(Ⅳ) |
| *q - Oil* - 6 - 5 | Gm06_BLOCK_16362772_16558286(6) | 7.12(3) | 0.36 | 4 - 6 | | |
| *q - Oil* - 6 - 6 | Gm06_BLOCK_34405121_34604760(6) | 8.89(3) | 0.47 | Seed oil plus protein 1 - 2 | | |
| *q - Oil* - 6 - 7 | Gm06_37168066(2) | 1.61(3) | 0.05 | 31 - 2 | | |
| *q - Oil* - 6 - 8 | Gm06_45233361(2) | 7.63(4) | 0.38 | | *Glyma*06*g*42020 | Defense response(Ⅰ) |
| *q - Oil* - 6 - 9 | Gm06_BLOCK_48259047_48314511(6) | 84.60(2) | 2.02 | | *Glyma*06*g*45590 | Protein phosphorylation(Ⅱ) |
| *q - Oil* - 6 - 10 | Gm06_BLOCK_49599694_49713025(6) | 12.49(4) | 0.84 | 43 - 7 | *Glyma*06*g*47010 | |
| *q - Oil* - 7 - 1 | Gm07_BLOCK_6342245_6445305(7) | 30.43(2) | 0.77 | 25 - 2 | *Glyma*07*g*07890 | Biological process(Ⅳ) |
| *q - Oil* - 7 - 2 | Gm07_BLOCK_15050959_15135087(7) | 66.41(2) | 1.61 | | *Glyma*07*g*15300 | |
| *q - Oil* - 7 - 2 | Gm07_BLOCK_15050959_15135087(7) | 57.56(3) | 2.71 | | | |
| *q - Oil* - 7 - 3 | Gm07_BLOCK_21032126_21132098(5) | 79.43(2) | 1.87 | 34 - 7 | | |
| *q - Oil* - 7 - 4 | Gm07_23656004(2) | 24.14(4) | 1.32 | 34 - 7 | | |
| *q - Oil* - 7 - 5 | Gm07_23689131(2) | 9.79(4) | 0.50 | 34 - 7 | | |
| *q - Oil* - 7 - 6 | Gm07_BLOCK_26037182_26064892(5) | 21.95(1) | 2.33 | 34 - 7 | | |
| *q - Oil* - 7 - 6 | Gm07_BLOCK_26037182_26064892(5) | 5.43(2) | 0.14 | 34 - 7 | | |
| *q - Oil* - 8 - 1 | Gm08_BLOCK_3834542_3913462(4) | 23.14(3) | 1.04 | | *Glyma*08*g*05461 | Biological process(Ⅳ) |
| *q - Oil* - 8 - 2 | Gm08_BLOCK_10839805_11022010(5) | 15.29(2) | 0.38 | 30 - 3 | *Glyma*08*g*15241 | |
| *q - Oil* - 8 - 3 | Gm08_25919696(2) | 4.36(4) | 0.20 | Seed oil plus protein 1 - 1 | | |
| *q - Oil* - 8 - 4 | Gm08_31151792(2) | 3.89(1) | 0.31 | Seed oil plus protein 1 - 1 | | |
| *q - Oil* - 8 - 5 | Gm08_31472709(2) | 2.61(3) | 0.09 | Seed oil plus protein 1 - 1 | | |
| *q - Oil* - 8 - 6 | Gm08_BLOCK_36693300_36838624(3) | 24.55(3) | 1.06 | Seed oil plus protein 1 - 1 | *Glyma*08*g*38150 | Endocytosis(Ⅰ) |
| *q - Oil* - 8 - 7 | Gm08_BLOCK_36958853_37157326(4) | 4.66(4) | 0.30 | Seed oil plus protein 1 - 1 | | |
| *q - Oil* - 8 - 8 | Gm08_37823614(2) | 10.99(3) | 0.43 | Seed oil plus protein 1 - 1 | | |

续表 4－5

| QTL | SNPLDB（等位变异数） | $-\log_{10}P$（生态亚区） | $R^2$/% | 已报道 QTL（Seed oil） | 候选基因 | 基因功能（类别） |
|---|---|---|---|---|---|---|
| *q－Oil*－8－9 | Gm08_BLOCK_39319238_39319561（2） | 15.38（4） | 0.82 | Seed oil plus protein 1－1 | | |
| *q－Oil*－8－10 | Gm08_BLOCK_43229536_43229673（3） | 3.00（3） | 0.13 | Seed oil plus protein 1－1 | *Glyma*08*g*43390 | Pentose-phosphate shunt（Ⅱ） |
| *q－Oil*－8－11 | Gm08_BLOCK_45217877_45237840（3） | 34.21（1） | 3.41 | Seed oil plus protein 1－1 | *Glyma*08*g*46110 | Carbohydrate metabolic process（Ⅱ） |
| *q－Oil*－9－1 | Gm09_3230814（2） | 1.98（1） | 0.14 | 42－26 | *Glyma*09*g*04382 | Biological process（Ⅳ） |
| *q－Oil*－9－2 | Gm09_BLOCK_20492633_20692609（5） | 9.59（1） | 1.07 | 39－13 | *Glyma*09*g*16841 | Biological process（Ⅳ） |
| *q－Oil*－9－3 | Gm09_21547526（2） | 2.82（4） | 0.12 | 39－13 | | |
| *q－Oil*－9－4 | Gm09_BLOCK_23418314_23539766（7） | 89.25（1） | 10.02 | 39－13 | *Glyma*09*g*18880 | Chromatin assembly or disassembly（Ⅱ） |
| *q－Oil*－9－4 | Gm09_BLOCK_23418314_23539766（7） | 25.78（4） | 1.68 | 39－13 | | |
| *q－Oil*－9－5 | Gm09_23913685（2） | 2.18（4） | 0.09 | 39－13 | | |
| *q－Oil*－9－6 | Gm09_BLOCK_27010347_27209913（4） | 14.14（2） | 0.34 | 39－13 | *Glyma*09*g*21970 | Carbohydrate metabolic process（Ⅱ） |
| *q－Oil*－9－7 | Gm09_BLOCK_27838493_27985401（7） | 10.64（4） | 0.76 | 39－13 | | |
| *q－Oil*－9－8 | Gm09_BLOCK_38803286_38879103（5） | 24.08（2） | 0.58 | 37－10 | *Glyma*09*g*32970 | Endoplasmic reticulum unfolded protein response（Ⅳ） |
| *q－Oil*－9－9 | Gm09_BLOCK_39523118_39600466（6） | 65.87（4） | 4.12 | 37－10 | | |
| *q－Oil*－9－10 | Gm09_BLOCK_43870894_44035820（5） | 3.76（1） | 0.47 | | *Glyma*09*g*38800 | Glucose catabolic process（Ⅱ） |
| *q－Oil*－10－1 | Gm10_BLOCK_3731840_3930105（8） | 104.67（2） | 2.54 | 34－6 | *Glyma*10*g*05051 | Ovule development（Ⅲ） |
| *q－Oil*－10－2 | Gm10_BLOCK_17895350_18093232（4） | 3.00（4） | 0.20 | 43－35 | | |
| *q－Oil*－10－3 | Gm10_BLOCK_23805671_23805708（2） | 2.07（2） | 0.03 | 43－35 | | |
| *q－Oil*－10－4 | Gm10_BLOCK_25102717_25209340（7） | 35.00（2） | 0.87 | 43－35 | | |
| *q－Oil*－10－4 | Gm10_BLOCK_25102717_25209340（7） | 40.12（3） | 1.91 | 43－35 | | |
| *q－Oil*－10－5 | Gm10_BLOCK_25866978_26065855（4） | 3.25（4） | 0.21 | 43－35 | | |
| *q－Oil*－10－6 | Gm10_29937985（2） | 19.00（3） | 0.77 | 19－3 | | |
| *q－Oil*－10－7 | Gm10_39151947（2） | 4.71（4） | 0.22 | 43－34 | *Glyma*10*g*30530 | Vesicle-mediated transport（Ⅰ） |
| *q－Oil*－10－8 | Gm10_48800664（2） | 3.44（4） | 0.16 | 29－3 | | |
| *q－Oil*－11－1 | Gm11_4841463（2） | 3.40（3） | 0.12 | 4－5 | *Glyma*11*g*06900 | Lipid transport（Ⅰ） |

续表 4-5

| QTL | SNPLDB<br>(等位变异数) | $-\log_{10}P$<br>(生态亚区) | $R^2$/<br>% | 已报道 QTL<br>(Seed oil) | 候选基因 | 基因功能(类别) |
|---|---|---|---|---|---|---|
| *q-Oil*-11-2 | Gm11_7412315(2) | 1.92(3) | 0.06 | 24-11 | | |
| *q-Oil*-11-3 | Gm11_BLOCK_7602695_7800774(6) | 62.54(4) | 3.91 | 24-11 | | |
| *q-Oil*-11-4 | Gm11_BLOCK_7962963_8094969(7) | 11.91(3) | 0.63 | 24-11 | *Glyma*11*g*11020 | Regulation of hormone levels (Ⅰ) |
| *q-Oil*-11-5 | Gm11_18643143(2) | 1.98(4) | 0.08 | 24-14 | *Glyma*11*g*21565 | Transcription(Ⅳ) |
| *q-Oil*-11-6 | Gm11_20047596(2) | 1.70(4) | 0.07 | 24-14 | | |
| *q-Oil*-11-7 | Gm11_20101553(2) | 1.62(1) | 0.11 | 24-14 | | |
| *q-Oil*-11-8 | Gm11_BLOCK_35443632_35583237(4) | 6.88(3) | 0.32 | | | |
| *q-Oil*-12-1 | Gm12_BLOCK_548877_548947(2) | 1.65(1) | 0.11 | 44-2 | *Glyma*12*g*02330 | Glycolysis(Ⅱ) |
| *q-Oil*-12-2 | Gm12_BLOCK_1251482_1451154(6) | 106.99(3) | 5.01 | 44-2 | | |
| *q-Oil*-12-3 | Gm12_8030056(2) | 19.97(4) | 1.08 | 32-2 | | |
| *q-Oil*-12-4 | Gm12_BLOCK_10419180_10443940(4) | 41.70(4) | 2.50 | 44-2 | | |
| *q-Oil*-12-5 | Gm12_12019225(2) | 11.04(4) | 0.57 | 44-2 | | |
| *q-Oil*-12-6 | Gm12_BLOCK_18882558_18882752(2) | 8.77(1) | 0.76 | 44-2 | | |
| *q-Oil*-12-7 | Gm12_BLOCK_19147014_19147018(3) | 16.91(4) | 0.96 | 44-2 | | |
| *q-Oil*-12-8 | Gm12_19315520(2) | 2.63(1) | 0.19 | 44-2 | | |
| *q-Oil*-12-9 | Gm12_27793325(2) | 2.00(4) | 0.08 | 44-2 | | |
| *q-Oil*-12-10 | Gm12_31948196(2) | 1.22(1) | 0.07 | 44-2 | *Glyma*12*g*28610 | Embryo development(Ⅲ) |
| *q-Oil*-13-1 | Gm13_BLOCK_3525425_3642098(5) | 59.70(2) | 1.41 | | *Glyma*13*g*03430 | Aromatic amino acid family biosynthetic process(Ⅱ) |
| *q-Oil*-13-2 | Gm13_BLOCK_8246449_8299077(5) | 9.08(4) | 0.59 | 24-25 | | |
| *q-Oil*-13-3 | Gm13_BLOCK_9177270_9322069(8) | 32.63(3) | 1.57 | 24-25 | | |
| *q-Oil*-13-4 | Gm13_BLOCK_9922025_10011933(6) | 180.71(2) | 4.34 | 24-25 | *Glyma*13*g*09083 | Gibberellic acid mediated signaling pathway(Ⅰ) |
| *q-Oil*-13-4 | Gm13_BLOCK_9922025_10011933(6) | 133.61(3) | 6.31 | 24-25 | | |
| *q-Oil*-13-4 | Gm13_BLOCK_9922025_10011933(6) | 44.23(4) | 2.76 | 24-25 | | |
| *q-Oil*-13-5 | Gm13_BLOCK_31252820_31304233(7) | 5.94(2) | 0.19 | 38-4 | *Glyma*13*g*28260 | Biological process(Ⅳ) |
| *q-Oil*-13-6 | Gm13_32953250(2) | 2.85(3) | 0.09 | 37-8 | | |

续表 4 - 5

| QTL | SNPLDB（等位变异数） | $-\log_{10}P$（生态亚区） | $R^2$/% | 已报道 QTL（Seed oil） | 候选基因 | 基因功能（类别） |
| --- | --- | --- | --- | --- | --- | --- |
| *q - Oil* - 13 - 7 | Gm13_BLOCK_33524594_33721209(7) | 55.63(3) | 2.63 | 37 - 8 | *Glyma*13*g*31020 | Signal transduction( Ⅰ ) |
| *q - Oil* - 13 - 8 | Gm13_BLOCK_34322120_34432468(4) | 26.99(4) | 1.61 | 37 - 8 | | |
| *q - Oil* - 13 - 9 | Gm13_BLOCK_38915929_38939616(4) | 8.07(4) | 0.50 | | *Glyma*13*g*37980 | Protein phosphorylation( Ⅱ ) |
| *q - Oil* - 14 - 1 | Gm14_341047(2) | 4.26(1) | 0.34 | | *Glyma*14*g*01070 | Regulation of transcription from RNA polymerase Ⅱ promoter( Ⅳ ) |
| *q - Oil* - 14 - 2 | Gm14_BLOCK_518753_556736(2) | 4.02(4) | 0.19 | | | |
| *q - Oil* - 14 - 3 | Gm14_BLOCK_1758800_1780259(3) | 33.07(4) | 1.91 | | *Glyma*14*g*02790 | Proline transport( Ⅰ ) |
| *q - Oil* - 14 - 4 | Gm14_BLOCK_4697548_4863442(4) | 8.90(2) | 0.22 | 42 - 28 | *Glyma*14*g*06610 | Intra-Golgi vesicle-mediated transport( Ⅰ ) |
| *q - Oil* - 14 - 5 | Gm14_BLOCK_6318288_6349711(3) | 7.61(2) | 0.17 | 2 - 6 | *Glyma*14*g*08380 | Response to other organism( Ⅰ ) |
| *q - Oil* - 14 - 6 | Gm14_BLOCK_7560106_7742664(5) | 6.94(4) | 0.47 | 2 - 6 | *Glyma*14*g*09440 | Glycolysis( Ⅱ ) |
| *q - Oil* - 14 - 7 | Gm14_15775949(2) | 4.09(4) | 0.19 | mqSeed oil - 005 | | |
| *q - Oil* - 14 - 8 | Gm14_BLOCK_18055527_18101386(5) | 35.28(3) | 1.62 | 42 - 11 | *Glyma*14*g*16655 | |
| *q - Oil* - 14 - 9 | Gm14_23902742(2) | 51.00(3) | 2.18 | 42 - 11 | *Glyma*14*g*21120 | RNA 5′-end processing( Ⅱ ) |
| *q - Oil* - 14 - 10 | Gm14_24377203(2) | 2.39(3) | 0.08 | 42 - 11 | | |
| *q - Oil* - 14 - 11 | Gm14_28489162(2) | 2.12(4) | 0.09 | 42 - 11 | | |
| *q - Oil* - 14 - 12 | Gm14_BLOCK_35605335_35605345(3) | 14.80(4) | 0.84 | 42 - 11 | | |
| *q - Oil* - 14 - 13 | Gm14_BLOCK_37496231_37638988(3) | 17.34(3) | 0.75 | 42 - 11 | | |
| *q - Oil* - 14 - 14 | Gm14_38844456(2) | 1.91(2) | 0.03 | 42 - 11 | | |
| *q - Oil* - 14 - 15 | Gm14_BLOCK_45693486_45693506(2) | 19.95(4) | 1.08 | 28 - 1 | *Glyma*14*g*37100 | Biological process( Ⅳ ) |
| *q - Oil* - 14 - 16 | Gm14_BLOCK_46392111_46402561(3) | 18.49(4) | 1.06 | 28 - 1 | | |
| *q - Oil* - 14 - 17 | Gm14_49578456(2) | 5.46(2) | 0.10 | 25 - 1 | *Glyma*14*g*40600 | Glucuronoxylan metabolic process ( Ⅱ ) |
| *q - Oil* - 15 - 1 | Gm15_BLOCK_6706056_6902122(6) | 37.06(1) | 4.00 | 2 - 4 | *Glyma*15*g*09420 | Response to endoplasmic reticulum stress( Ⅳ ) |
| *q - Oil* - 15 - 2 | Gm15_BLOCK_10788174_10934622(3) | 29.08(2) | 0.66 | 27 - 2 | *Glyma*15*g*14200 | Amino acid transport( Ⅰ ) |
| *q - Oil* - 15 - 3 | Gm15_BLOCK_14788993_14945516(5) | 146.41(2) | 3.47 | 39 - 8 | *Glyma*15*g*18210 | DNA endoreduplication( Ⅱ ) |

续表 4 - 5

| QTL | SNPLDB（等位变异数） | $-\log_{10}P$（生态亚区） | $R^2$/% | 已报道 QTL（Seed oil） | 候选基因 | 基因功能（类别） |
|---|---|---|---|---|---|---|
| *q - Oil* - 15 - 4 | Gm15_BLOCK_17786667_17985852(3) | 23.08(4) | 1.32 | 39 - 8 | *Glyma*15*g*20200 | Pollen exine formation(Ⅲ) |
| *q - Oil* - 15 - 5 | Gm15_BLOCK_20834193_21031263(3) | 4.93(3) | 0.21 | 39 - 8 | *Glyma*15*g*22384 | Response to auxin stimulus(Ⅰ) |
| *q - Oil* - 15 - 6 | Gm15_BLOCK_31916216_32041247(6) | 2.59(4) | 0.22 | Seed oil plus protein 1 - 4 | *Glyma*15*g*29271 | Protein Glycosylation(Ⅱ) |
| *q - Oil* - 15 - 7 | Gm15_BLOCK_36255010_36454998(8) | 56.85(3) | 2.72 | Seed oil plus protein 1 - 4 | | |
| *q - Oil* - 15 - 7 | Gm15_BLOCK_36255010_36454998(8) | 15.02(4) | 1.06 | Seed oil plus protein 1 - 4 | | |
| *q - Oil* - 15 - 8 | Gm15_37912611(2) | 2.55(3) | 0.08 | | | |
| *q - Oil* - 15 - 9 | Gm15_BLOCK_40874951_40912882(7) | 5.22(3) | 0.30 | Seed oil plus protein 1 - 5 | *Glyma*15*g*35941 | |
| *q - Oil* - 15 - 10 | Gm15_43307095(2) | 6.93(2) | 0.14 | Seed oil plus protein 1 - 5 | *Glyma*15*g*37460 | Biological process(Ⅳ) |
| *q - Oil* - 15 - 11 | Gm15_BLOCK_49033247_49232501(6) | 9.87(4) | 0.68 | 29 - 2 | *Glyma*15*g*41901 | |
| *q - Oil* - 15 - 12 | Gm15_BLOCK_50540391_50738645(3) | 6.30(1) | 0.61 | 29 - 2 | *Glyma*15*g*43050 | Biological process(Ⅳ) |
| *q - Oil* - 16 - 1 | Gm16_BLOCK_2263253_2426558(5) | 12.14(3) | 0.59 | 20 - 3 | *Glyma*16*g*02840 | Response to abscisic acid stimulus(Ⅰ) |
| *q - Oil* - 16 - 2 | Gm16_BLOCK_4832470_4835380(4) | 18.40(3) | 0.83 | 20 - 3 | *Glyma*16*g*05520 | Heat acclimation(Ⅰ) |
| *q - Oil* - 16 - 3 | Gm16_BLOCK_7857187_7993110(7) | 18.71(1) | 2.14 | 43 - 20 | *Glyma*16*g*08430 | Biological process(Ⅳ) |
| *q - Oil* - 16 - 4 | Gm16_BLOCK_14182979_14375027(6) | 25.27(2) | 0.63 | 43 - 20 | *Glyma*16*g*13400 | Response to heat(Ⅰ) |
| *q - Oil* - 16 - 5 | Gm16_17261583(2) | 5.65(1) | 0.47 | 43 - 20 | | |
| *q - Oil* - 16 - 5 | Gm16_17261583(2) | 11.00(4) | 0.57 | 43 - 20 | | |
| *q - Oil* - 16 - 6 | Gm16_21938935(2) | 3.48(3) | 0.12 | 37 - 9 | | |
| *q - Oil* - 16 - 7 | Gm16_25066015(2) | 1.93(4) | 0.08 | 37 - 9 | *Glyma*16*g*21831 | Blue light signaling pathway(Ⅲ) |
| *q - Oil* - 17 - 1 | Gm17_BLOCK_2366788_2422009(4) | 30.03(4) | 1.79 | | *Glyma*17*g*03680 | Plastid organization(Ⅳ) |
| *q - Oil* - 17 - 2 | Gm17_3962122(2) | 4.29(3) | 0.15 | | *Glyma*17*g*06810 | N-terminal protein myristoylation(Ⅱ) |
| *q - Oil* - 17 - 3 | Gm17_BLOCK_4885563_5078835(7) | 58.04(4) | 3.68 | | | |
| *q - Oil* - 17 - 4 | Gm17_5135357(2) | 1.49(4) | 0.06 | | | |
| *q - Oil* - 17 - 5 | Gm17_11537310(2) | 1.62(3) | 0.05 | 5 - 5 | *Glyma*17*g*14750 | Carbohydrate metabolic process(Ⅱ) |
| *q - Oil* - 17 - 6 | Gm17_17447061(2) | 8.77(4) | 0.45 | mqSeed oil - 011 | | |

续表 4 - 5

| QTL | SNPLDB（等位变异数） | $-\log_{10}P$（生态亚区） | $R^2$/% | 已报道 QTL（Seed oil） | 候选基因 | 基因功能(类别) |
|---|---|---|---|---|---|---|
| *q - Oil* - 17 - 7 | Gm17_BLOCK_22760429_22939605(4) | 3.73(4) | 0.24 | mqSeed oil - 011 | | |
| *q - Oil* - 17 - 8 | Gm17_BLOCK_26654610_26854593(7) | 16.02(3) | 0.82 | 42 - 14 | | |
| *q - Oil* - 17 - 8 | Gm17_BLOCK_26654610_26854593(7) | 3.56(4) | 0.31 | 42 - 14 | | |
| *q - Oil* - 17 - 9 | Gm17_BLOCK_33705742_33708112(4) | 6.66(3) | 0.31 | 42 - 30 | *Glyma*17*g*30760 | Response to red or far red light (Ⅲ) |
| *q - Oil* - 18 - 1 | Gm18_BLOCK_525897_570837(3) | 63.40(4) | 3.77 | | *Glyma*18*g*01260 | Biological process(Ⅳ) |
| *q - Oil* - 18 - 2 | Gm18_BLOCK_1928332_2007638(6) | 146.72(2) | 3.51 | 42 - 31 | *Glyma*18*g*03470 | Specification of floral organ identity(Ⅲ) |
| *q - Oil* - 18 - 3 | Gm18_BLOCK_2334449_2348078(5) | 76.63(4) | 4.75 | 42 - 31 | | |
| *q - Oil* - 18 - 4 | Gm18_BLOCK_7846553_7925027(6) | 31.86(3) | 1.50 | | | |
| *q - Oil* - 18 - 5 | Gm18_BLOCK_8867754_8991491(5) | 7.36(1) | 0.84 | | *Glyma*18*g*10180 | Response to abscisic acid stimulus(Ⅰ) |
| *q - Oil* - 18 - 6 | Gm18_BLOCK_12605238_12608444(3) | 3.51(3) | 0.15 | 27 - 10 | *Glyma*18*g*13105 | Phloem transport(Ⅲ) |
| *q - Oil* - 18 - 7 | Gm18_BLOCK_14100540_14107635(5) | 10.40(1) | 1.15 | 27 - 10 | | |
| *q - Oil* - 18 - 8 | Gm18_19932464(2) | 6.41(3) | 0.24 | 42 - 32 | | |
| *q - Oil* - 18 - 9 | Gm18_BLOCK_30262406_30320853(4) | 53.76(3) | 2.41 | 42 - 32 | | |
| *q - Oil* - 18 - 10 | Gm18_BLOCK_30536793_30736296(6) | 113.41(2) | 2.70 | 42 - 32 | | |
| *q - Oil* - 18 - 11 | Gm18_33530525(2) | 2.10(2) | 0.03 | 42 - 32 | | |
| *q - Oil* - 18 - 11 | Gm18_33530525(2) | 6.96(3) | 0.26 | 42 - 32 | | |
| *q - Oil* - 18 - 12 | Gm18_BLOCK_35080016_35250643(7) | 5.58(3) | 0.29 | 42 - 32 | | |
| *q - Oil* - 18 - 13 | Gm18_BLOCK_37130417_37290676(4) | 13.52(1) | 1.39 | 42 - 32 | *Glyma*18*g*18491 | Protein transport(Ⅳ) |
| *q - Oil* - 18 - 14 | Gm18_BLOCK_37601053_37601059(2) | 1.41(3) | 0.04 | 42 - 32 | | |
| *q - Oil* - 18 - 15 | Gm18_BLOCK_38406865_38578589(9) | 15.45(4) | 1.12 | 42 - 32 | | |
| *q - Oil* - 18 - 16 | Gm18_BLOCK_47318984_47347155(5) | 42.75(2) | 1.02 | 4 - 7 | | |
| *q - Oil* - 18 - 17 | Gm18_49520531(2) | 6.82(4) | 0.34 | 4 - 8 | *Glyma*18*g*40780 | Indoleacetic acid biosynthetic process(Ⅰ) |
| *q - Oil* - 18 - 18 | Gm18_BLOCK_54466908_54628566(5) | 10.31(3) | 0.50 | 6 - 2 | *Glyma*18*g*44960 | Transmembrane transport(Ⅰ) |

续表 4－5

| QTL | SNPLDB（等位变异数） | $-\log_{10}P$（生态亚区） | $R^2$/% | 已报道 QTL（Seed oil） | 候选基因 | 基因功能（类别） |
|---|---|---|---|---|---|---|
| *q－Oil*－18－19 | Gm18_58856888（2） | 8.92（3） | 0.34 | | *Glyma*18*g*49450 | |
| *q－Oil*－19－1 | Gm19_6021245（2） | 14.80（2） | 0.31 | 43－24 | *Glyma*19*g*05580 | |
| *q－Oil*－19－2 | Gm19_BLOCK_14086692_14262621（7） | 43.70（4） | 2.78 | 43－23 | | |
| *q－Oil*－19－3 | Gm19_BLOCK_16955495_17112668（7） | 10.38（1） | 1.27 | cq－003 | *Glyma*19*g*14000 | Isopentenyl diphosphate biosynthetic process（Ⅱ） |
| *q－Oil*－19－4 | Gm19_28735183（2） | 17.51（3） | 0.71 | cq－003 | | |
| *q－Oil*－19－5 | Gm19_BLOCK_41275557_41441772（4） | 28.44（1） | 2.91 | 43－26 | *Glyma*19*g*33740 | Biological process（Ⅳ） |
| *q－Oil*－19－6 | Gm19_BLOCK_45657453_45838384（5） | 69.71（1） | 7.50 | 43－26 | *Glyma*19*g*38867 | Biological process（Ⅳ） |
| *q－Oil*－20－1 | Gm20_BLOCK_2927033_3002555（7） | 52.33（1） | 5.75 | 27－7 | *Glyma*20*g*03330 | Biological process（Ⅳ） |
| *q－Oil*－20－2 | Gm20_BLOCK_8015458_8214120（10） | 30.31（1） | 3.58 | mqSeed oil－019 | | |
| *q－Oil*－20－2 | Gm20_BLOCK_8015458_8214120（10） | 70.74（2） | 1.77 | mqSeed oil－019 | | |
| *q－Oil*－20－3 | Gm20_8423302（2） | 23.40（1） | 2.19 | mqSeed oil－019 | | |
| *q－Oil*－20－4 | Gm20_BLOCK_21460153_21656125（5） | 38.56（2） | 0.90 | mqSeed oil－019 | *Glyma*20*g*15800 | Carbohydrate metabolic process（Ⅱ） |
| *q－Oil*－20－5 | Gm20_BLOCK_25146582_25146638（3） | 1.56（4） | 0.09 | 2－2 | | |
| *q－Oil*－20－6 | Gm20_26020272（2） | 59.36（2） | 1.32 | 2－2 | *Glyma*20*g*17990 | Positive regulation of metalloenzyme activity（Ⅱ） |
| *q－Oil*－20－7 | Gm20_BLOCK_28049165_28057821（3） | 1.69（3） | 0.07 | 2－2 | | |
| *q－Oil*－20－8 | Gm20_BLOCK_38821742_38994068（6） | 47.04（2） | 1.14 | 42－39 | *Glyma*20*g*30351 | Biological process（Ⅳ） |
| *q－Oil*－20－9 | Gm20_BLOCK_41355059_41373363（4） | 150.81（2） | 3.55 | 33－3 | *Glyma*20*g*32720 | |
| *q－Oil*－20－10 | Gm20_42452556（2） | 20.54（3） | 0.84 | 33－3 | | |
| *q－Oil*－20－11 | Gm20_42887716（2） | 1.75（4） | 0.07 | 33－3 | | |
| *q－Oil*－20－12 | Gm20_BLOCK_43520063_43697026（6） | 10.19（1） | 1.19 | 33－3 | *Glyma*20*g*35420 | Phosphatidylglycerol biosynthetic process（Ⅱ） |
| *q－Oil*－20－12 | Gm20_BLOCK_43520063_43697026（6） | 73.38（2） | 1.75 | 33－3 | | |
| *q－Oil*－20－13 | Gm20_BLOCK_45595057_45681441（5） | 6.51（4） | 0.44 | 13－5 | *Glyma*20*g*37840 | Protein autophosphorylation（Ⅱ） |

续表 4 - 5

| 亚区 | 组中值 | | | | | | | | | 位点数目 | 贡献率/% | 位点平均贡献率/% | 变幅/% |
|---|---|---|---|---|---|---|---|---|---|---|---|---|---|
| | 0.25 | 0.75 | 1.25 | 1.75 | 2.25 | 2.75 | 3.25 | 3.75 | >4.00 | | | | |
| Sub - 1 | 11 | 3 | 5 | 2 | 3 | 1 | 1 | 1 | 5 | 32 | 62.18 | 1.94 | 0.07 ~ 10.02 |
| Sub - 2 | 24 | 8 | 7 | 4 | 2 | 2 | 2 | 2 | 2 | 53 | 57.86 | 1.09 | 0.03 ~ 4.74 |
| Sub - 3 | 28 | 11 | 3 | 6 | 3 | 5 | 0 | 0 | 3 | 59 | 62.95 | 1.07 | 0.04 ~ 6.31 |
| Sub - 4 | 34 | 17 | 8 | 6 | 2 | 3 | 0 | 3 | 2 | 75 | 70.87 | 0.94 | 0.05 ~ 4.75 |

注:QTL 的命名由 4 部分组成,依次为 QTL 标志 - 性状 - 染色体 - 在染色体的相对位置。如 *q - Oil* - 1 - 1,其中“*q* - ”表示该位点为 QTL,“ - *Oil*” 表示该 QTL 控制油脂含量性状,“ - 1”表示为 1 号染色体,而其后的“ - 1”表示该位点的物理位置在本研究定位的该条染色体的 QTL 中排在第一位。在基因功能分类中,I 表示为光周期、花发育相关,Ⅱ表示为信号的转导与运输相关,Ⅲ表示为初级代谢相关,IV 表示为其他生物途径。

**表 4 - 6　东北各亚区蛋脂总量 QTL 定位结果**

| QTL | SNPLDB(等位变异数) | $-\log_{10}P$(生态亚区) | $R^2$/% | 已报道 P&O QTL | 候选基因 | 基因功能(类别) |
|---|---|---|---|---|---|---|
| *q - Tpo* - 1 - 1 | Gm01_BLOCK_1456807_1456815(4) | 31.86(4) | 2.34 | | *Glyma*01*g*01940 | Biological process(Ⅳ) |
| *q - Tpo* - 1 - 2 | Gm01_29819814(2) | 1.49(3) | 0.05 | | *Glyma*01*g*23196 | |
| *q - Tpo* - 1 - 3 | Gm01_BLOCK_37650360_37713292(5) | 4.19(3) | 0.27 | | *Glyma*01*g*27970 | Response to salt stress(Ⅲ) |
| *q - Tpo* - 1 - 4 | Gm01_41270222(2) | 13.91(2) | 0.33 | | *Glyma*01*g*31260 | Starch metabolic process(Ⅱ) |
| *q - Tpo* - 1 - 5 | Gm01_BLOCK_41779714_41978906(7) | 25.78(2) | 0.74 | | | |
| *q - Tpo* - 1 - 6 | Gm01_BLOCK_49773389_49853564(4) | 1.97(4) | 0.17 | | *Glyma*01*g*37290 | N-terminal protein myristoylation (Ⅱ) |
| *q - Tpo* - 1 - 7 | Gm01_BLOCK_49915379_50038255(4) | 50.23(2) | 1.31 | | | |
| *q - Tpo* - 1 - 8 | Gm01_BLOCK_51764959_51802626(4) | 3.00(4) | 0.24 | | *Glyma*01*g*40010 | Nitrate transport(Ⅲ) |
| *q - Tpo* - 2 - 1 | Gm02_BLOCK_5375533_5375706(3) | 26.95(3) | 1.40 | | *Glyma*02*g*06730 | Organ development(Ⅳ) |
| *q - Tpo* - 2 - 2 | Gm02_BLOCK_17974326_18163960(3) | 1.91(4) | 0.09 | | | |
| *q - Tpo* - 2 - 3 | Gm02_BLOCK_21238791_21423405(5) | 4.73(4) | 0.37 | | *Glyma*02*g*22730 | Biological process(Ⅳ) |
| *q - Tpo* - 2 - 4 | Gm02_BLOCK_21907486_22103711(4) | 4.98(3) | 0.29 | | | |
| *q - Tpo* - 2 - 5 | Gm02_BLOCK_24259993_24404776(5) | 20.81(4) | 1.53 | | | |
| *q - Tpo* - 2 - 6 | Gm02_BLOCK_25947339_25973168(3) | 7.17(4) | 0.50 | | | |
| *q - Tpo* - 2 - 7 | Gm02_BLOCK_27176620_27376003(7) | 15.12(2) | 0.46 | | | |

续表 4－6

| QTL | SNPLDB（等位变异数） | $-\log_{10}P$（生态亚区） | $R^2$/% | 已报道 P&O QTL | 候选基因 | 基因功能（类别） |
|---|---|---|---|---|---|---|
| q－*Tpo*－2－8 | Gm02_BLOCK_28024009_28132494(4) | 42.09(4) | 3.10 | | | |
| q－*Tpo*－2－9 | Gm02_BLOCK_47288688_47355073(5) | 3.25(4) | 0.30 | | *Glyma*02*g*42420 | Lipid metabolic process(Ⅱ) |
| q－*Tpo*－2－10 | Gm02_BLOCK_50395255_50517169(4) | 32.34(2) | 0.85 | | *Glyma*02*g*47210 | Protein folding(Ⅱ) |
| q－*Tpo*－2－11 | Gm02_51615805(2) | 8.47(1) | 0.90 | | *Glyma*02*g*47850 | Protein targeting to mitochondrion(Ⅱ) |
| q－*Tpo*－3－1 | Gm03_BLOCK_5832015_5833795(3) | 2.80(1) | 0.33 | | *Glyma*03*g*05691 | Biological process(Ⅳ) |
| q－*Tpo*－3－2 | Gm03_BLOCK_10191299_10265762(7) | 8.44(2) | 0.28 | | *Glyma*03*g*12251 | Response to red or far red light(Ⅰ) |
| q－*Tpo*－3－3 | Gm03_BLOCK_11531412_11531428(2) | 1.63(4) | 0.08 | | | |
| q－*Tpo*－3－4 | Gm03_BLOCK_12125628_12324125(9) | 14.75(4) | 1.33 | | | |
| q－*Tpo*－3－5 | Gm03_BLOCK_13891087_13897848(2) | 8.22(3) | 0.38 | | | |
| q－*Tpo*－3－6 | Gm03_14752198(2) | 2.78(3) | 0.11 | | | |
| q－*Tpo*－3－7 | Gm03_BLOCK_14979696_15028928(4) | 7.58(2) | 0.21 | | | |
| q－*Tpo*－3－8 | Gm03_16710809(2) | 4.52(2) | 0.10 | | *Glyma*03*g*13886 | Protein phosphorylation(Ⅱ) |
| q－*Tpo*－3－9 | Gm03_BLOCK_16963699_17159588(9) | 45.43(2) | 1.27 | | | |
| q－*Tpo*－3－10 | Gm03_BLOCK_19791434_19981900(5) | 2.77(3) | 0.19 | | | |
| q－*Tpo*－3－11 | Gm03_21825909(2) | 57.86(2) | 1.44 | | | |
| q－*Tpo*－3－12 | Gm03_25278613(2) | 3.29(4) | 0.18 | | | |
| q－*Tpo*－3－13 | Gm03_BLOCK_27345535_27533548(7) | 85.55(2) | 2.31 | | *Glyma*03*g*21650 | Cation transport(Ⅲ) |
| q－*Tpo*－3－14 | Gm03_33771442(2) | 17.78(2) | 0.42 | | *Glyma*03*g*26630 | Protein prenylation(Ⅱ) |
| q－*Tpo*－3－15 | Gm03_34101183(2) | 1.92(1) | 0.16 | | | |
| q－*Tpo*－3－16 | Gm03_BLOCK_36762935_36890198(4) | 2.22(4) | 0.19 | | *Glyma*03*g*28930 | Protein folding(Ⅱ) |
| q－*Tpo*－3－17 | Gm03_BLOCK_40678827_40755833(5) | 38.43(2) | 1.03 | | *Glyma*03*g*33035 | Phosphatidylinositol phosphorylation(Ⅳ) |
| q－*Tpo*－3－18 | Gm03_BLOCK_43706578_43839510(4) | 5.60(2) | 0.16 | | *Glyma*03*g*37050 | Proline transport(Ⅲ) |
| q－*Tpo*－3－19 | Gm03_BLOCK_44899275_45063856(4) | 19.28(4) | 1.42 | | *Glyma*03*g*38870 | Glucose metabolic process(Ⅱ) |
| q－*Tpo*－3－20 | Gm03_47255368(2) | 1.38(4) | 0.06 | | *Glyma*03*g*42100 | Biological process(Ⅳ) |

续表 4 – 6

| QTL | SNPLDB<br>(等位变异数) | $-\log_{10}P$<br>(生态亚区) | $R^2$/<br>% | 已报道<br>P&O QTL | 候选基因 | 基因功能(类别) |
|---|---|---|---|---|---|---|
| *q – Tpo* – 4 – 1 | Gm04_BLOCK_3091152_3289076(6) | 80.10(1) | 10.90 | | *Glyma*04*g*04521 | Recognition of pollen(Ⅰ) |
| *q – Tpo* – 4 – 1 | Gm04_BLOCK_3091152_3289076(6) | 215.5(2) | 5.84 | | *Glyma*04*g*04521 | Recognition of pollen(Ⅰ) |
| *q – Tpo* – 4 – 2 | Gm04_BLOCK_6468272_6559621(5) | 32.44(2) | 0.87 | | *Glyma*04*g*08380 | Oxygen transport(Ⅲ) |
| *q – Tpo* – 4 – 3 | Gm04_BLOCK_15539474_15739342(10) | 82.49(3) | 4.82 | | *Glyma*04*g*14970 | Response to karrikin(Ⅲ) |
| *q – Tpo* – 4 – 4 | Gm04_BLOCK_20287827_20487777(4) | 10.88(3) | 0.60 | | *Glyma*04*g*18971 | RNA modification(Ⅱ) |
| *q – Tpo* – 4 – 5 | Gm04_22729026(2) | 2.37(1) | 0.21 | | | |
| *q – Tpo* – 4 – 6 | Gm04_BLOCK_29936232_30004557(5) | 12.98(3) | 0.71 | | | |
| *q – Tpo* – 4 – 7 | Gm04_BLOCK_31245142_31363647(8) | 31.68(3) | 1.88 | | *Glyma*04*g*27662 | Negative regulation of abscisic acid biosynthetic process(Ⅲ) |
| *q – Tpo* – 4 – 8 | Gm04_36085975(2) | 1.48(1) | 0.12 | | | |
| *q – Tpo* – 4 – 9 | Gm04_BLOCK_44880601_44938888(3) | 1.53(4) | 0.11 | | *Glyma*04*g*39030 | Protein transport(Ⅱ) |
| *q – Tpo* – 4 – 10 | Gm04_BLOCK_47594177_47599598(3) | 5.42(3) | 0.28 | | *Glyma*04*g*42167 | Cysteine biosynthetic process (Ⅱ) |
| *q – Tpo* – 5 – 1 | Gm05_BLOCK_1256532_1406750(8) | 24.21(1) | 3.45 | | *Glyma*05*g*01670 | |
| *q – Tpo* – 5 – 2 | Gm05_BLOCK_2177893_2253981(4) | 15.80(2) | 0.42 | | | |
| *q – Tpo* – 5 – 3 | Gm05_BLOCK_3894352_4011587(5) | 54.05(3) | 2.97 | | *Glyma*05*g*04350 | Nitrate transport(Ⅲ) |
| *q – Tpo* – 5 – 4 | Gm05_BLOCK_7670976_7867470(5) | 7.12(2) | 0.21 | | *Glyma*05*g*07630 | Amino acid transport(Ⅲ) |
| *q – Tpo* – 5 – 5 | Gm05_10306680(2) | 1.38(1) | 0.11 | | | |
| *q – Tpo* – 5 – 6 | Gm05_11147160(2) | 5.14(2) | 0.11 | | | |
| *q – Tpo* – 5 – 7 | Gm05_11198828(2) | 12.37(2) | 0.29 | | | |
| *q – Tpo* – 5 – 8 | Gm05_13549282(2) | 2.06(4) | 0.10 | | | |
| *q – Tpo* – 5 – 9 | Gm05_13549843(2) | 7.09(4) | 0.43 | | | |
| *q – Tpo* – 5 – 10 | Gm05_18260887(2) | 2.28(2) | 0.04 | | | |
| *q – Tpo* – 5 – 11 | Gm05_22368693(2) | 34.43(3) | 1.73 | | | |
| *q – Tpo* – 5 – 12 | Gm05_24218567(2) | 4.44(4) | 0.26 | | | |
| *q – Tpo* – 5 – 13 | Gm05_BLOCK_25324269_25488476(5) | 24.04(3) | 1.30 | | *Glyma*05*g*21164 | Glycolysis(Ⅱ) |
| *q – Tpo* – 5 – 14 | Gm05_BLOCK_26571755_26771724(6) | 39.66(3) | 2.23 | | *Glyma*05*g*21726 | Embryo development ending in seed dormancy(Ⅰ) |

续表 4－6

| QTL | SNPLDB（等位变异数） | $-\log_{10}P$（生态亚区） | $R^2$/% | 已报道 P&O QTL | 候选基因 | 基因功能（类别） |
|---|---|---|---|---|---|---|
| q－*Tpo*－5－15 | Gm05_BLOCK_33963671_34117393(6) | 30.74(3) | 1.75 | | *Glyma*05*g*28350 | Protein phosphorylation(Ⅱ) |
| q－*Tpo*－5－16 | Gm05_BLOCK_40038322_40055446(4) | 1.61(3) | 0.10 | | *Glyma*05*g*36150 | Biological process(Ⅳ) |
| q－*Tpo*－6－1 | Gm06_BLOCK_13326126_13514926(5) | 23.10(2) | 0.63 | | *Glyma*06*g*19077 | Biological process(Ⅳ) |
| q－*Tpo*－6－2 | Gm06_BLOCK_14455722_14648723(4) | 17.83(1) | 2.26 | | | |
| q－*Tpo*－6－3 | Gm06_BLOCK_15569110_15713936(6) | 20.33(4) | 1.61 | | | |
| q－*Tpo*－6－4 | Gm06_BLOCK_28499880_28596550(5) | 102.90(2) | 2.72 | 1－2 | *Glyma*06*g*29960 | Regulation of flower development(Ⅰ) |
| q－*Tpo*－6－5 | Gm06_32098140(2) | 3.31(4) | 0.18 | 1－2 | *Glyma*06*g*31550 | Response to abscisic acid stimulus(Ⅲ) |
| q－*Tpo*－6－6 | Gm06_BLOCK_32192297_32290453(6) | 47.94(2) | 1.30 | 1－2 | | |
| q－*Tpo*－6－7 | Gm06_BLOCK_34405121_34604760(6) | 18.26(4) | 1.45 | 1－2 | | |
| q－*Tpo*－6－8 | Gm06_BLOCK_35245357_35445068(3) | 21.35(4) | 1.50 | 1－2 | | |
| q－*Tpo*－6－9 | Gm06_35709871(2) | 6.45(4) | 0.39 | 1－2 | | |
| q－*Tpo*－6－10 | Gm06_40660610(2) | 20.49(4) | 1.37 | | *Glyma*06*g*38151 | Response to red or far red light(Ⅰ) |
| q－*Tpo*－6－11 | Gm06_BLOCK_48705157_48712035(4) | 3.21(2) | 0.09 | | *Glyma*06*g*46210 | Auxin homeostasis(Ⅲ) |
| q－*Tpo*－6－12 | Gm06_BLOCK_49979757_49984681(3) | 1.88(1) | 0.22 | | *Glyma*06*g*47010 | |
| q－*Tpo*－7－1 | Gm07_BLOCK_4368039_4488550(4) | 26.82(2) | 0.70 | | *Glyma*07*g*05290 | Biological process(Ⅳ) |
| q－*Tpo*－7－2 | Gm07_BLOCK_10425945_10428533(3) | 34.77(4) | 2.48 | | *Glyma*07*g*12130 | Glycerol metabolic process(Ⅱ) |
| q－*Tpo*－7－3 | Gm07_BLOCK_11008344_11205881(4) | 138.88(2) | 3.65 | | | |
| q－*Tpo*－7－4 | Gm07_12477371(2) | 3.05(4) | 0.17 | | | |
| q－*Tpo*－7－5 | Gm07_BLOCK_20623711_20674441(5) | 10.51(4) | 0.84 | | *Glyma*07*g*19850 | Biological process(Ⅳ) |
| q－*Tpo*－7－6 | Gm07_21000729(2) | 56.59(4) | 4.01 | | | |
| q－*Tpo*－7－7 | Gm07_21910946(2) | 2.56(4) | 0.14 | | | |
| q－*Tpo*－7－8 | Gm07_23656007(2) | 16.55(3) | 0.80 | | | |
| q－*Tpo*－7－9 | Gm07_BLOCK_26362633_26509011(5) | 68.34(3) | 3.76 | | | |

续表 4－6

| QTL | SNPLDB（等位变异数） | $-\log_{10}P$（生态亚区） | $R^2$/% | 已报道 P&O QTL | 候选基因 | 基因功能（类别） |
|---|---|---|---|---|---|---|
| *q－Tpo－7－10* | Gm07_38617106(2) | 12.10(3) | 0.57 | | *Glyma07g33660* | |
| *q－Tpo－7－11* | Gm07_43124954(2) | 17.17(4) | 1.13 | | *Glyma07g37800* | Transport(Ⅲ) |
| *q－Tpo－8－1* | Gm08_BLOCK_1825873_1984769(4) | 14.88(1) | 1.89 | | *Glyma08g02761* | Glucuronoxylan metabolic process(Ⅱ) |
| *q－Tpo－8－2* | Gm08_BLOCK_3362667_3384758(5) | 9.01(3) | 0.54 | | *Glyma08g04620* | Protein dephosphorylation(Ⅱ) |
| *q－Tpo－8－3* | Gm08_BLOCK_11970511_12057080(5) | 13.60(4) | 1.06 | | *Glyma08g16140* | Biological process(Ⅳ) |
| *q－Tpo－8－4* | Gm08_BLOCK_15576852_15724449(2) | 6.80(1) | 0.71 | | *Glyma08g20140* | RNA processing(Ⅱ) |
| *q－Tpo－8－5* | Gm08_BLOCK_23101973_23143299(3) | 2.21(3) | 0.11 | 1－1 | *Glyma08g29010* | Histone H3-K4 methylation(Ⅱ) |
| *q－Tpo－8－6* | Gm08_BLOCK_25919808_26021747(6) | 6.64(1) | 1.01 | 1－1 | | |
| *q－Tpo－8－7* | Gm08_27347307(2) | 3.06(2) | 0.06 | 1－1 | | |
| *q－Tpo－8－8* | Gm08_31525745(2) | 4.24(1) | 0.42 | 1－1 | | |
| *q－Tpo－8－9* | Gm08_32157198(2) | 3.39(2) | 0.07 | 1－1 | | |
| *q－Tpo－8－10* | Gm08_35444618(2) | 25.81(2) | 0.62 | 1－1 | *Glyma08g36711* | DNA repair(Ⅱ) |
| *q－Tpo－8－11* | Gm08_BLOCK_43386142_43537136(5) | 165.48(2) | 4.41 | 1－1 | *Glyma08g43390* | Response to salt stress(Ⅲ) |
| *q－Tpo－8－12* | Gm08_44240141(2) | 7.90(4) | 0.49 | 1－1 | | |
| *q－Tpo－8－13* | Gm08_BLOCK_44316017_44390137(4) | 22.13(1) | 2.80 | 1－1 | | |
| *q－Tpo－8－13* | Gm08_BLOCK_44316017_44390137(4) | 57.60(3) | 3.11 | 1－1 | | |
| *q－Tpo－8－14* | Gm08_BLOCK_46488760_46637095(4) | 38.50(1) | 4.90 | | *Glyma08g48240* | Protein targeting to membrane(Ⅱ) |
| *q－Tpo－8－15* | Gm08_46686487(2) | 21.90(3) | 1.08 | | | |
| *q－Tpo－8－16* | Gm08_BLOCK_46993216_46993462(2) | 3.73(2) | 0.08 | | | |
| *q－Tpo－9－1* | Gm09_BLOCK_5688068_5688138(2) | 1.64(3) | 0.06 | | *Glyma09g06740* | Protein targeting to chloroplast(Ⅱ) |
| *q－Tpo－9－2* | Gm09_21746908(2) | 42.61(1) | 5.14 | | *Glyma09g17743* | Abscisic acid biosynthetic process(Ⅲ) |
| *q－Tpo－9－3* | Gm09_BLOCK_28280709_28309883(4) | 76.29(2) | 1.99 | | *Glyma09g22854* | Biological process(Ⅳ) |
| *q－Tpo－9－4* | Gm09_33121024(2) | 3.07(3) | 0.12 | | | |
| *q－Tpo－9－5* | Gm09_37834718(2) | 2.31(3) | 0.09 | | | |
| *q－Tpo－9－6* | Gm09_BLOCK_43178967_43361542(7) | 55.17(4) | 4.30 | | *Glyma09g38050* | Regulation of transcription(Ⅳ) |

续表 4 – 6

| QTL | SNPLDB（等位变异数） | $-\log_{10}P$（生态亚区） | $R^2$/% | 已报道 P&O QTL | 候选基因 | 基因功能(类别) |
|---|---|---|---|---|---|---|
| *q – Tpo* – 9 – 7 | Gm09_45344341(2) | 29.32(4) | 2.00 | | *Glyma*09*g*41380 | Lipid biosynthetic process(Ⅱ) |
| *q – Tpo* – 9 – 8 | Gm09_BLOCK_45879171_46019332(6) | 19.96(3) | 1.16 | | | |
| *q – Tpo* – 10 – 1 | Gm10_BLOCK_14945925_15143034(4) | 5.92(4) | 0.46 | | *Glyma*10*g*13230 | Chloroplast organization(Ⅳ) |
| *q – Tpo* – 10 – 2 | Gm10_BLOCK_15197754_15376142(3) | 36.93(2) | 0.94 | | | |
| *q – Tpo* – 10 – 3 | Gm10_20523698(2) | 5.33(2) | 0.11 | | | |
| *q – Tpo* – 10 – 4 | Gm10_23724010(2) | 11.11(4) | 0.71 | | | |
| *q – Tpo* – 10 – 5 | Gm10_25317031(2) | 2.90(1) | 0.27 | | | |
| *q – Tpo* – 10 – 6 | Gm10_34515296(2) | 8.94(4) | 0.56 | | | |
| *q – Tpo* – 10 – 7 | Gm10_BLOCK_37403527_37583212(2) | 1.84(4) | 0.09 | | *Glyma*10*g*28180 | Nucleotide biosynthetic process (Ⅱ) |
| *q – Tpo* – 10 – 8 | Gm10_BLOCK_41874036_41889039(2) | 2.05(4) | 0.10 | | *Glyma*10*g*33550 | Regulation of transcription(Ⅳ) |
| *q – Tpo* – 10 – 9 | Gm10_44812066(2) | 1.97(4) | 0.10 | | *Glyma*10*g*37675 | Embryo development ending in seed dormancy(Ⅰ) |
| *q – Tpo* – 10 – 10 | Gm10_45425024(2) | 1.32(1) | 0.10 | | | |
| *q – Tpo* – 10 – 11 | Gm10_46656245(2) | 3.16(3) | 0.13 | | *Glyma*10*g*38920 | N-terminal protein myristoylation (Ⅱ) |
| *q – Tpo* – 11 – 1 | Gm11_9520308(2) | 3.25(4) | 0.18 | | | |
| *q – Tpo* – 11 – 2 | Gm11_17029654(2) | 1.62(2) | 0.03 | | *Glyma*11*g*20325 | Maintenance of chromatin silencing(Ⅱ) |
| *q – Tpo* – 11 – 3 | Gm11_19688990(2) | 3.19(4) | 0.18 | | | |
| *q – Tpo* – 11 – 4 | Gm11_32667656(2) | 16.00(4) | 1.05 | | *Glyma*11*g*31721 | Glucuronoxylan metabolic process (Ⅱ) |
| *q – Tpo* – 11 – 5 | Gm11_33229137(2) | 11.08(1) | 1.21 | | | |
| *q – Tpo* – 11 – 5 | Gm11_33229137(2) | 57.33(2) | 1.43 | | | |
| *q – Tpo* – 11 – 6 | Gm11_36572276(2) | 8.67(3) | 0.40 | | *Glyma*11*g*34710 | Biological process(Ⅳ) |
| *q – Tpo* – 12 – 1 | Gm12_BLOCK_957814_1018785(5) | 69.70(4) | 5.29 | | *Glyma*12*g*01430 | Ubiquitin-dependent protein catabolic process(Ⅱ) |
| *q – Tpo* – 12 – 2 | Gm12_BLOCK_8980705_9126483(5) | 12.58(1) | 1.69 | | *Glyma*12*g*11110 | Pollen tube growth(Ⅰ) |
| *q – Tpo* – 12 – 3 | Gm12_11311536(2) | 2.13(2) | 0.04 | | | |
| *q – Tpo* – 12 – 4 | Gm12_BLOCK_13100874_13300078(4) | 92.42(2) | 2.41 | | *Glyma*12*g*13951 | Biological process(Ⅳ) |
| *q – Tpo* – 12 – 5 | Gm12_29093582(2) | 2.42(2) | 0.05 | | | |
| *q – Tpo* – 12 – 6 | Gm12_BLOCK_33198150_33275126(4) | 9.47(4) | 0.71 | | *Glyma*12*g*30091 | Response to auxin stimulus(Ⅲ) |
| *q – Tpo* – 13 – 1 | Gm13_BLOCK_50697_107908(4) | 44.40(2) | 1.16 | | *Glyma*13*g*00470 | Response to cytokinin stimulus (Ⅲ) |

续表 4-6

| QTL | SNPLDB（等位变异数） | $-\log_{10}P$（生态亚区） | $R^2$/% | 已报道 P&O QTL | 候选基因 | 基因功能(类别) |
|---|---|---|---|---|---|---|
| q-Tpo-13-2 | Gm13_BLOCK_1358908_1552367(5) | 8.86(2) | 0.26 | | *Glyma*13*g*01860 | Transport(Ⅲ) |
| q-Tpo-13-3 | Gm13_BLOCK_2911083_2911160(3) | 14.19(2) | 0.36 | | *Glyma*13*g*03370 | Biological process(Ⅳ) |
| q-Tpo-13-4 | Gm13_4803580(2) | 7.73(1) | 0.82 | | *Glyma*13*g*04031 | Gibberellic acid mediated signaling pathway(Ⅲ) |
| q-Tpo-13-5 | Gm13_BLOCK_7223839_7341353(6) | 16.15(4) | 1.30 | | *Glyma*13*g*06715 | Jasmonic acid mediated signaling pathway(Ⅲ) |
| q-Tpo-13-6 | Gm13_BLOCK_15728075_15728106(2) | 8.58(4) | 0.54 | | | |
| q-Tpo-13-7 | Gm13_BLOCK_17561539_17757065(7) | 16.70(4) | 1.39 | | *Glyma*13*g*14127 | Biological process(Ⅳ) |
| q-Tpo-13-8 | Gm13_BLOCK_18767091_18939443(5) | 59.50(2) | 1.57 | | | |
| q-Tpo-13-8 | Gm13_BLOCK_18767091_18939443(5) | 23.18(4) | 1.76 | | | |
| q-Tpo-13-9 | Gm13_BLOCK_20169454_20169751(3) | 6.30(3) | 0.32 | | | |
| q-Tpo-13-10 | Gm13_BLOCK_23529002_23726847(6) | 8.78(4) | 0.75 | | *Glyma*13*g*20260 | Biological process(Ⅳ) |
| q-Tpo-13-11 | Gm13_BLOCK_25800146_25967840(6) | 19.92(2) | 0.57 | | *Glyma*13*g*22530 | Response to light stimulus(Ⅰ) |
| q-Tpo-13-12 | Gm13_BLOCK_27938498_28133162(6) | 38.27(4) | 2.94 | | *Glyma*13*g*25200 | Biological process(Ⅳ) |
| q-Tpo-13-13 | Gm13_BLOCK_30593006_30595025(3) | 17.38(1) | 2.10 | | *Glyma*13*g*27430 | Response to UV(Ⅰ) |
| q-Tpo-13-14 | Gm13_BLOCK_31396396_31595991(4) | 2.38(1) | 0.34 | | | |
| q-Tpo-13-15 | Gm13_BLOCK_33524594_33721209(7) | 16.57(2) | 0.49 | | *Glyma*13*g*30420 | |
| q-Tpo-13-16 | Gm13_BLOCK_38778023_38914695(7) | 32.95(3) | 1.91 | | *Glyma*13*g*37980 | Recognition of pollen(Ⅰ) |
| q-Tpo-13-17 | Gm13_BLOCK_42811984_42987898(2) | 1.90(1) | 0.16 | | *Glyma*13*g*43760 | Embryo development ending in seed dormancy(Ⅰ) |
| q-Tpo-14-1 | Gm14_73361(2) | 1.89(4) | 0.09 | | *Glyma*14*g*00431 | |
| q-Tpo-14-2 | Gm14_BLOCK_5558127_5573936(2) | 20.45(4) | 1.36 | | *Glyma*14*g*08050 | Protein ubiquitination(Ⅱ) |
| q-Tpo-14-3 | Gm14_8257448(2) | 1.68(3) | 0.06 | | *Glyma*14*g*09730 | |
| q-Tpo-14-4 | Gm14_BLOCK_8789958_8806939(2) | 39.79(2) | 0.98 | | | |
| q-Tpo-14-5 | Gm14_BLOCK_10756192_10910659(4) | 5.87(4) | 0.45 | | *Glyma*14*g*11986 | Meiotic chromosome segregation(Ⅱ) |

续表 4-6

| QTL | SNPLDB<br>（等位变异数） | $-\log_{10}P$<br>（生态亚区） | $R^2$/<br>% | 已报道<br>P&O QTL | 候选基因 | 基因功能（类别） |
|---|---|---|---|---|---|---|
| *q-Tpo*-14-6 | Gm14_20104086(2) | 18.00(4) | 1.19 | | *Glyma*14*g*18380 | Protein phosphorylation(Ⅱ) |
| *q-Tpo*-14-7 | Gm14_20162480(2) | 16.55(3) | 0.80 | | | |
| *q-Tpo*-14-8 | Gm14_23114216(2) | 39.36(3) | 2.00 | | *Glyma*14*g*20560 | |
| *q-Tpo*-14-9 | Gm14_23149867(2) | 1.64(4) | 0.08 | | | |
| *q-Tpo*-14-10 | Gm14_BLOCK_25590436_25590478(3) | 11.34(1) | 1.36 | | *Glyma*10*g*13230 | Chloroplast organization(Ⅳ) |
| *q-Tpo*-14-11 | Gm14_32054474(2) | 2.15(4) | 0.11 | | | |
| *q-Tpo*-14-12 | Gm14_39383495(2) | 3.71(3) | 0.15 | | | |
| *q-Tpo*-14-13 | Gm14_BLOCK_46081636_46170267(4) | 3.66(3) | 0.22 | | *Glyma*14*g*36850 | Response to salt stress(Ⅲ) |
| *q-Tpo*-14-14 | Gm14_BLOCK_47216788_47378201(7) | 5.64(1) | 0.94 | | *Glyma*14*g*38700 | Defense response(Ⅲ) |
| *q-Tpo*-14-15 | Gm14_49005055(2) | 9.20(2) | 0.21 | | *Glyma*14*g*39940 | Glycerol ether metabolic process (Ⅱ) |
| *q-Tpo*-14-16 | Gm14_49578456(2) | 2.35(3) | 0.09 | | | |
| *q-Tpo*-15-1 | Gm15_193437(2) | 25.71(3) | 1.28 | | *Glyma*15*g*00540 | |
| *q-Tpo*-15-2 | Gm15_10438873(2) | 2.58(3) | 0.10 | | *Glyma*15*g*13580 | Biological process(Ⅳ) |
| *q-Tpo*-15-3 | Gm15_14456290(2) | 6.34(1) | 0.66 | | *Glyma*15*g*18210 | DNA endoreduplication(Ⅱ) |
| *q-Tpo*-15-4 | Gm15_BLOCK_14788993_14945516(5) | 8.66(4) | 0.70 | | | |
| *q-Tpo*-15-5 | Gm15_25050094(2) | 1.31(4) | 0.06 | | | |
| *q-Tpo*-15-6 | Gm15_36781012(2) | 25.29(1) | 2.94 | | | |
| *q-Tpo*-15-7 | Gm15_41068856(2) | 7.03(3) | 0.32 | | | |
| *q-Tpo*-15-8 | Gm15_BLOCK_49033247_49232501(6) | 20.20(1) | 2.75 | | *Glyma*15*g*41901 | |
| *q-Tpo*-16-1 | Gm16_2810350(2) | 1.69(4) | 0.08 | | *Glyma*16*g*03875 | Pollen development(Ⅰ) |
| *q-Tpo*-16-2 | Gm16_BLOCK_8934627_9134622(3) | 3.29(1) | 0.39 | | *Glyma*16*g*09705 | Post-translational protein modification(Ⅱ) |
| *q-Tpo*-16-3 | Gm16_11704809(2) | 73.47(2) | 1.85 | | | |
| *q-Tpo*-16-4 | Gm16_12685520(2) | 1.64(3) | 0.06 | | | |
| *q-Tpo*-16-5 | Gm16_26460851(2) | 7.26(3) | 0.33 | | | |
| *q-Tpo*-16-6 | Gm16_BLOCK_32318950_32485429(6) | 32.13(1) | 4.29 | | *Glyma*16*g*28900 | Transport(Ⅲ) |
| *q-Tpo*-16-7 | Gm16_BLOCK_35582667_35763287(7) | 5.25(1) | 0.89 | | *Glyma*16*g*33140 | |
| *q-Tpo*-17-1 | Gm17_2199947(2) | 2.10(3) | 0.08 | | *Glyma*17*g*03680 | Regulation of protein dephosphorylation(Ⅱ) |
| *q-Tpo*-17-2 | Gm17_BLOCK_3230655_3377478(3) | 8.05(4) | 0.56 | | *Glyma*17*g*05580 | Cytokinin metabolic process(Ⅲ) |

续表 4-6

| QTL | SNPLDB<br>（等位变异数） | $-\log_{10}P$<br>（生态亚区） | $R^2$/<br>% | 已报道<br>P&O QTL | 候选基因 | 基因功能（类别） |
|---|---|---|---|---|---|---|
| *q-Tpo*-17-3 | Gm17_BLOCK_3914740_3920054(3) | 133.07(2) | 3.46 | | | |
| *q-Tpo*-17-4 | Gm17_BLOCK_11765321_11845093(3) | 2.20(3) | 0.11 | | *Glyma*17*g*15170 | Biological process(Ⅳ) |
| *q-Tpo*-17-5 | Gm17_15268801(2) | 9.19(1) | 0.99 | | | |
| *q-Tpo*-17-6 | Gm17_BLOCK_22408055_22604887(6) | 1.53(4) | 0.19 | | *Glyma*17*g*23240 | Embryo sac egg cell differentiation(Ⅰ) |
| *q-Tpo*-17-7 | Gm17_23976616(2) | 1.98(4) | 0.10 | | *Glyma*17*g*24130 | Photomorphogenesis(Ⅰ) |
| *q-Tpo*-17-8 | Gm17_BLOCK_23984020_23984021(2) | 6.33(4) | 0.38 | | | |
| *q-Tpo*-17-9 | Gm17_28364559(2) | 2.41(3) | 0.09 | | | |
| *q-Tpo*-17-10 | Gm17_31345384(2) | 1.44(2) | 0.02 | | | |
| *q-Tpo*-17-11 | Gm17_BLOCK_37342555_37522789(6) | 5.32(4) | 0.49 | | *Glyma*17*g*33880 | RNA splicing(Ⅱ) |
| *q-Tpo*-17-12 | Gm17_37974263(2) | 3.70(4) | 0.21 | | | |
| *q-Tpo*-18-1 | Gm18_3292045(2) | 30.56(2) | 0.74 | | *Glyma*18*g*04980 | |
| *q-Tpo*-18-2 | Gm18_BLOCK_7317014_7504444(9) | 54.58(3) | 3.19 | | *Glyma*18*g*08070 | Proteolysis(Ⅱ) |
| *q-Tpo*-18-3 | Gm18_BLOCK_9805715_9928202(5) | 7.99(4) | 0.65 | | *Glyma*18*g*11512 | |
| *q-Tpo*-18-4 | Gm18_9988456(2) | 38.41(2) | 0.94 | | | |
| *q-Tpo*-18-5 | Gm18_14109762(2) | 1.36(3) | 0.05 | | | |
| *q-Tpo*-18-6 | Gm18_14123518(2) | 5.42(3) | 0.24 | | | |
| *q-Tpo*-18-7 | Gm18_BLOCK_18004498_18201692(5) | 4.32(4) | 0.38 | | *Glyma*18*g*17395 | Proteolysis(Ⅱ) |
| *q-Tpo*-18-8 | Gm18_BLOCK_36349374_36546130(5) | 65.07(3) | 3.58 | | | |
| *q-Tpo*-18-9 | Gm18_43901660(2) | 2.51(1) | 0.23 | | | |
| *q-Tpo*-18-10 | Gm18_BLOCK_46388430_46584265(5) | 68.99(2) | 1.82 | | *Glyma*18*g*38935 | Response to red or far red light(Ⅰ) |
| *q-Tpo*-18-11 | Gm18_51243827(2) | 2.52(4) | 0.13 | | *Glyma*18*g*42051 | Nucleobase-containing compound metabolic process(Ⅱ) |
| *q-Tpo*-18-12 | Gm18_BLOCK_57450883_57491160(5) | 13.66(3) | 0.79 | | *Glyma*18*g*48100 | Purine nucleobase transport(Ⅲ) |
| *q-Tpo*-18-13 | Gm18_BLOCK_57655197_57848410(5) | 37.91(3) | 2.09 | | | |
| *q-Tpo*-18-14 | Gm18_58856851(2) | 2.02(3) | 0.07 | | *Glyma*18*g*49630 | Response to jasmonic acid stimulus(Ⅲ) |
| *q-Tpo*-18-15 | Gm18_58930105(2) | 9.08(3) | 0.42 | | | |
| *q-Tpo*-19-1 | Gm19_BLOCK_9253503_9263831(3) | 4.48(4) | 0.31 | | *Glyma*19*g*07557 | DNA-dependent transcription(Ⅱ) |

续表 4-6

| QTL | SNPLDB（等位变异数） | $-\log_{10}P$（生态亚区） | $R^2$/% | 已报道 P&O QTL | 候选基因 | 基因功能（类别） |
|---|---|---|---|---|---|---|
| *q-Tpo*-19-2 | Gm19_BLOCK_17370633_17570484(9) | 21.40(3) | 1.31 | | *Glyma*19*g*14930 | Embryo sac development( Ⅰ ) |
| *q-Tpo*-19-3 | Gm19_BLOCK_20387220_20585362(8) | 11.57(2) | 0.38 | | *Glyma*19*g*16980 | |
| *q-Tpo*-19-4 | Gm19_BLOCK_22955042_23055997(8) | 99.68(3) | 5.71 | | | |
| *q-Tpo*-19-5 | Gm19_BLOCK_26447182_26646131(6) | 18.61(2) | 0.53 | | *Glyma*19*g*22420 | DNA-dependent transcription( Ⅱ ) |
| *q-Tpo*-19-6 | Gm19_28735183(2) | 3.75(3) | 0.16 | | | |
| *q-Tpo*-19-6 | Gm19_28735183(2) | 27.19(4) | 1.84 | | | |
| *q-Tpo*-19-7 | Gm19_37302196(2) | 23.12(2) | 0.56 | | *Glyma*19*g*29730 | Biological process( Ⅳ ) |
| *q-Tpo*-19-8 | Gm19_BLOCK_37869130_38058437(4) | 23.14(4) | 1.70 | | | |
| *q-Tpo*-19-9 | Gm19_47890147(2) | 2.30(2) | 0.04 | | *Glyma*19*g*42880 | Biological process( Ⅳ ) |
| *q-Tpo*-19-10 | Gm19_BLOCK_48327403_48405159(4) | 13.49(3) | 0.74 | | | |
| *q-Tpo*-20-1 | Gm20_BLOCK_8015458_8214120(10) | 175.48(2) | 4.84 | | *Glyma*20*g*06615 | Ovule development( Ⅰ ) |
| *q-Tpo*-20-2 | Gm20_BLOCK_8847820_9044895(3) | 57.16(4) | 4.15 | | | |
| *q-Tpo*-20-3 | Gm20_BLOCK_19724097_19728880(3) | 2.64(2) | 0.07 | | *Glyma*20*g*14478 | |
| *q-Tpo*-20-4 | Gm20_25963045(2) | 6.62(3) | 0.30 | | *Glyma*20*g*18656 | DNA-dependent DNA replication( Ⅱ ) |
| *q-Tpo*-20-5 | Gm20_BLOCK_26034448_26053854(3) | 4.87(3) | 0.25 | | | |
| *q-Tpo*-20-6 | Gm20_34862906(2) | 4.65(2) | 0.10 | | *Glyma*20*g*25150 | Ethylene biosynthetic process( Ⅲ ) |
| *q-Tpo*-20-7 | Gm20_BLOCK_44570444_44748088(7) | 13.62(4) | 1.16 | | *Glyma*20*g*36390 | Transport( Ⅲ ) |
| *q-Tpo*-20-8 | Gm20_46487664(2) | 15.88(3) | 0.77 | | *Glyma*20*g*39020 | Carbohydrate transport( Ⅲ ) |

| 亚区 | 组中值 | | | | | | | | | 位点数目 | 贡献率/% | 位点平均贡献率/% | 变幅/% |
|---|---|---|---|---|---|---|---|---|---|---|---|---|---|
| | 0.25 | 0.75 | 1.25 | 1.75 | 2.25 | 2.75 | 3.25 | 3.75 | >4.00 | | | | |
| Sub-1 | 13 | 7 | 3 | 2 | 2 | 3 | 1 | 0 | 4 | 35 | 57.66 | 1.65 | 0.10~10.90 |
| Sub-2 | 29 | 13 | 7 | 4 | 2 | 1 | 1 | 1 | 3 | 61 | 60.97 | 1.00 | 0.02~5.84 |
| Sub-3 | 33 | 9 | 6 | 4 | 3 | 1 | 2 | 2 | 2 | 62 | 60.58 | 0.98 | 0.05~5.71 |
| Sub-4 | 38 | 10 | 12 | 6 | 3 | 1 | 1 | 0 | 4 | 75 | 70.40 | 0.94 | 0.06~5.29 |

注:QTL 的命名由 4 部分组成,依次为 QTL 标志-性状-染色体-在染色体的相对位置。如 *q-Tpo*-1-1,其中"*q*-"表示该位点为 QTL,"-*Tpo*"表示该 QTL 控制蛋脂总量性状,"-1"表示为 1 号染色体,而其后的"-1"表示该位点的物理位置在本研究定位的该条染色体的 QTL 中排在第一位。在基因功能分类中,Ⅰ表示为光周期、花发育相关,Ⅱ表示为信号的转导与运输相关,Ⅲ表示为初级代谢相关,Ⅳ表示为其他生物途径。

表 4-7　东北各亚区百粒重 QTL 定位结果

| QTL | SNPLDB（等位变异数） | $-\log_{10}P$（生态亚区） | $R^2$/% | 已报道 QTL（100-SW） | 候选基因 | 基因功能（类别） |
|---|---|---|---|---|---|---|
| *q-Sw*-1-1 | Gm01_BLOCK_25412_47137(2) | 2.64(3) | 0.11 | 18-12 | *Glyma*01*g*00341 | Pollen exine formation(Ⅰ) |
| *q-Sw*-1-2 | Gm01_BLOCK_1111005_1284416(3) | 13.28(3) | 0.72 | cq-010 | *Glyma*01*g*01940 | Biological process(Ⅳ) |
| *q-Sw*-1-3 | Gm01_BLOCK_2259015_2289718(2) | 3.70(3) | 0.16 | cq-010 | | |
| *q-Sw*-1-4 | Gm01_5764233(2) | 5.71(2) | 0.09 | | | |
| *q-Sw*-1-5 | Gm01_6313248(2) | 1.78(1) | 0.11 | | *Glyma*01*g*05805 | |
| *q-Sw*-1-6 | Gm01_7737068(2) | 29.21(4) | 2.50 | | | |
| *q-Sw*-1-7 | Gm01_BLOCK_8634107_8634233(2) | 11.96(1) | 0.99 | | *Glyma*01*g*07443 | Response to cold(Ⅳ) |
| *q-Sw*-1-8 | Gm01_12541045(2) | 1.79(2) | 0.02 | | | |
| *q-Sw*-1-9 | Gm01_18083704(2) | 10.90(4) | 0.87 | | *Glyma*01*g*14373 | Biological process(Ⅳ) |
| *q-Sw*-1-10 | Gm01_BLOCK_36038216_36238214(4) | 8.83(1) | 0.86 | | *Glyma*01*g*27240 | DNA recombination(Ⅲ) |
| *q-Sw*-1-11 | Gm01_52710708(2) | 1.28(3) | 0.04 | 30-1 | *Glyma*01*g*41150 | Protein processing(Ⅲ) |
| *q-Sw*-2-1 | Gm02_BLOCK_4599212_4619390(4) | 30.62(2) | 0.59 | 51-1 | *Glyma*02*g*05420 | |
| *q-Sw*-2-2 | Gm02_9556036(2) | 12.48(1) | 1.03 | 49-8 | *Glyma*02*g*11335 | Histone phosphorylation(Ⅲ) |
| *q-Sw*-2-3 | Gm02_20567307(2) | 1.60(2) | 0.02 | 34-3 | *Glyma*02*g*21570 | |
| *q-Sw*-2-4 | Gm02_25676312(2) | 12.09(4) | 0.98 | 36-3 | *Glyma*02*g*25457 | |
| *q-Sw*-2-5 | Gm02_29182087(2) | 2.29(4) | 0.15 | | *Glyma*02*g*28106 | Embryo sac egg cell differentiation(Ⅰ) |
| *q-Sw*-2-6 | Gm02_BLOCK_32820000_33019787(8) | 67.83(2) | 1.38 | | *Glyma*02*g*30597 | Regulation of transcription(Ⅳ) |
| *q-Sw*-2-6 | Gm02_BLOCK_32820000_33019787(8) | 16.37(3) | 1.09 | | | |
| *q-Sw*-2-7 | Gm02_BLOCK_39784379_39982486(6) | 66.64(2) | 1.33 | | *Glyma*02*g*34931 | Biological process(Ⅳ) |
| *q-Sw*-2-8 | Gm02_45248870(2) | 3.98(4) | 0.29 | 37-10 | | |
| *q-Sw*-2-9 | Gm02_BLOCK_45843641_46034539(6) | 17.37(3) | 1.07 | 37-10 | | |
| *q-Sw*-2-10 | Gm02_BLOCK_46122409_46191454(5) | 4.05(1) | 0.46 | 37-10 | *Glyma*02*g*40640 | Metabolic process(Ⅲ) |
| *q-Sw*-2-11 | Gm02_BLOCK_50653271_50718632(6) | 19.44(2) | 0.41 | | *Glyma*02*g*47450 | Response to red or far red light(Ⅰ) |
| *q-Sw*-3-1 | Gm03_BLOCK_2356515_2469885(7) | 8.79(4) | 1.00 | | *Glyma*03*g*02940 | Biological process(Ⅳ) |
| *q-Sw*-3-2 | Gm03_BLOCK_6483290_6614439(8) | 118.44(2) | 2.39 | 32-3 | *Glyma*03*g*06550 | Ribosome biogenesis(Ⅲ) |

续表 4-7

| QTL | SNPLDB（等位变异数） | $-\log_{10}P$（生态亚区） | $R^2$/% | 已报道 QTL（100-SW） | 候选基因 | 基因功能（类别） |
|---|---|---|---|---|---|---|
| *q-Sw-3-3* | Gm03_BLOCK_11210259_11290736(5) | 51.05(2) | 1.00 | | | |
| *q-Sw-3-4* | Gm03_BLOCK_12125628_12324125(9) | 8.38(1) | 1.07 | | *Glyma03g09207* | Anthocyanin-containing compound biosynthetic process(Ⅲ) |
| *q-Sw-3-5* | Gm03_17684924(2) | 2.22(4) | 0.14 | | | |
| *q-Sw-3-6* | Gm03_BLOCK_19447704_19647693(4) | 11.93(2) | 0.24 | | *Glyma03g14872* | |
| *q-Sw-3-7* | Gm03_BLOCK_38946151_38946349(2) | 6.93(3) | 0.33 | 25-3 | | |
| *q-Sw-3-8* | Gm03_BLOCK_39663775_39848625(5) | 182.82(2) | 3.63 | 25-3 | *Glyma03g31510* | Double fertilization forming a zygote and endosperm(Ⅰ) |
| *q-Sw-3-9* | Gm03_42480235(2) | 1.88(4) | 0.12 | per plant 5-3 | | |
| *q-Sw-3-10* | Gm03_BLOCK_47260036_47292047(4) | 13.11(3) | 0.75 | | *Glyma03g42060* | |
| *q-Sw-4-1* | Gm04_BLOCK_3959848_3999358(5) | 36.89(4) | 3.49 | 38-2 | | |
| *q-Sw-4-2* | Gm04_BLOCK_4174137_4368977(7) | 122.77(2) | 2.46 | 38-2 | *Glyma04g05471* | Proteolysis(Ⅲ) |
| *q-Sw-4-3* | Gm04_BLOCK_6265791_6319053(4) | 8.90(4) | 0.85 | | | |
| *q-Sw-4-4* | Gm04_BLOCK_6468272_6559621(5) | 13.44(2) | 0.28 | | *Glyma04g08380* | Oxygen transport(Ⅱ) |
| *q-Sw-4-5* | Gm04_BLOCK_9373769_9472674(8) | 49.17(3) | 2.98 | 50-9 | *Glyma04g11180* | Metabolic process(Ⅲ) |
| *q-Sw-4-6* | Gm04_BLOCK_18716355_18768008(5) | 29.94(2) | 0.60 | 5-2 | | |
| *q-Sw-4-7* | Gm04_19743602(2) | 10.42(3) | 0.51 | 5-2 | | |
| *q-Sw-4-8* | Gm04_BLOCK_23925558_24124761(6) | 3.82(3) | 0.29 | 45-3 | *Glyma04g21090* | |
| *q-Sw-4-9* | Gm04_26044901(2) | 23.23(4) | 1.96 | 45-3 | | |
| *q-Sw-4-10* | Gm04_43451925(2) | 1.79(3) | 0.07 | 45-3 | *Glyma04g36950* | Jasmonic acid biosynthetic process(Ⅱ) |
| *q-Sw-4-11* | Gm04_45191469(2) | 307.65(2) | 11.31 | | *Glyma04g38291* | Starch biosynthetic process(Ⅲ) |
| *q-Sw-4-12* | Gm04_BLOCK_46473895_46671344(5) | 29.97(2) | 0.60 | 50-2 | *Glyma04g40720* | Translational elongation(Ⅳ) |
| *q-Sw-4-13* | Gm04_BLOCK_47739239_47937863(4) | 16.82(2) | 0.33 | 50-2 | *Glyma04g42167* | Cysteine biosynthetic process(Ⅲ) |
| *q-Sw-5-1* | Gm05_20332382(2) | 3.01(4) | 0.21 | 36-13 | | |
| *q-Sw-5-2* | Gm05_27084690(2) | 2.02(1) | 0.13 | 37-12 | | |

续表 4 - 7

| QTL | SNPLDB（等位变异数） | $-\log_{10}P$（生态亚区） | $R^2$/% | 已报道 QTL（100 - SW） | 候选基因 | 基因功能（类别） |
|---|---|---|---|---|---|---|
| *q - Sw* - 5 - 3 | Gm05_33761407(2) | 27.44(4) | 2.34 | | *Glyma*05*g*27900 | Oligosaccharide metabolic process (Ⅲ) |
| *q - Sw* - 5 - 4 | Gm05_BLOCK_34894187_35091229(7) | 47.30(2) | 0.97 | | *Glyma*05*g*29921 | Defense response( Ⅱ ) |
| *q - Sw* - 5 - 5 | Gm05_BLOCK_37027716_37116424(5) | 12.54(3) | 0.76 | | *Glyma*05*g*32020 | Ubiquitin-dependent protein catabolic process( Ⅲ ) |
| *q - Sw* - 5 - 6 | Gm05_BLOCK_37188953_37387145(5) | 8.17(3) | 0.51 | | | |
| *q - Sw* - 5 - 7 | Gm05_BLOCK_40093134_40221204(6) | 15.03(2) | 0.32 | 1 - 3 | *Glyma*05*g*36300 | Transmembrane transport( Ⅱ ) |
| *q - Sw* - 6 - 1 | Gm06_BLOCK_720755_846689(5) | 65.31(1) | 6.47 | | *Glyma*06*g*00800 | Nucleoside metabolic process ( Ⅲ ) |
| *q - Sw* - 6 - 1 | Gm06_BLOCK_720755_846689(5) | 188.95(2) | 3.76 | | | |
| *q - Sw* - 6 - 2 | Gm06_1969608(2) | 41.16(1) | 3.71 | | *Glyma*06*g*02850 | Biological process( Ⅳ ) |
| *q - Sw* - 6 - 3 | Gm06_16335101(2) | 5.91(2) | 0.10 | 36 - 16 | *Glyma*06*g*19850 | Leaf senescence( Ⅳ ) |
| *q - Sw* - 6 - 4 | Gm06_BLOCK_25729315_25749267(4) | 5.63(3) | 0.34 | 49 - 6 | | |
| *q - Sw* - 6 - 5 | Gm06_28246060(2) | 2.73(3) | 0.11 | 49 - 6 | *Glyma*06*g*29686 | Mrna modification( Ⅲ ) |
| *q - Sw* - 6 - 6 | Gm06_BLOCK_46502826_46695936(5) | 21.17(4) | 2.03 | 24 - 1 | *Glyma*06*g*43020 | Carbohydrate metabolic process ( Ⅲ ) |
| *q - Sw* - 6 - 7 | Gm06_BLOCK_50259961_50296638(5) | 2.05(4) | 0.26 | 49 - 4 | *Glyma*06*g*47670 | Nucleotide biosynthetic process ( Ⅲ ) |
| *q - Sw* - 7 - 1 | Gm07_BLOCK_523195_591105(4) | 3.92(1) | 0.40 | | *Glyma*07*g*00520 | Regulation of protein dephosphorylation( Ⅲ ) |
| *q - Sw* - 7 - 2 | Gm07_1906728(2) | 2.24(2) | 0.03 | 7 - 6 | | |
| *q - Sw* - 7 - 3 | Gm07_BLOCK_1936828_1953342(3) | 82.73(2) | 1.58 | 7 - 6 | *Glyma*07*g*02490 | Biological process( Ⅳ ) |
| *q - Sw* - 7 - 4 | Gm07_6639006(2) | 14.05(4) | 1.15 | 45 - 4 | *Glyma*07*g*08011 | Biological process( Ⅳ ) |
| *q - Sw* - 7 - 5 | Gm07_BLOCK_7018398_7050921(4) | 3.46(4) | 0.35 | | | |
| *q - Sw* - 7 - 6 | Gm07_32921270(2) | 4.36(4) | 0.32 | | | |
| *q - Sw* - 7 - 7 | Gm07_BLOCK_37749703_37945433(6) | 3.49(4) | 0.44 | | | |
| *q - Sw* - 7 - 8 | Gm07_BLOCK_37952256_38039747(5) | 25.72(3) | 1.50 | 42 - 5 | *Glyma*07*g*33300 | Transcription factor import into nucleus( Ⅱ ) |
| *q - Sw* - 7 - 9 | Gm07_BLOCK_41887362_41915288(2) | 2.72(3) | 0.11 | 13 - 11 | *Glyma*07*g*36550 | Response to abscisic acid stimulus( Ⅱ ) |
| *q - Sw* - 8 - 1 | Gm08_BLOCK_10419021_10539470(4) | 14.40(2) | 0.29 | 13 - 1 | *Glyma*08*g*14735 | |
| *q - Sw* - 8 - 2 | Gm08_BLOCK_28594559_28596007(5) | 3.62(1) | 0.42 | 10 - 2 | *Glyma*08*g*32390 | |

续表 4-7

| QTL | SNPLDB (等位变异数) | $-\log_{10}P$ (生态亚区) | $R^2$/% | 已报道 QTL (100-SW) | 候选基因 | 基因功能(类别) |
|---|---|---|---|---|---|---|
| *q-Sw-8-3* | Gm08_29842887(2) | 13.08(4) | 1.06 | 10-2 | | |
| *q-Sw-8-4* | Gm08_32237271(2) | 29.43(1) | 2.59 | 10-2 | | |
| *q-Sw-8-5* | Gm08_41554253(2) | 4.78(1) | 0.36 | | *Glyma08g*42100 | Biological process(Ⅳ) |
| *q-Sw-9-1* | Gm09_591096(2) | 2.00(3) | 0.08 | | | |
| *q-Sw-9-2* | Gm09_761696(2) | 109.97(2) | 2.08 | | *Glyma09g*01350 | Malate transport(Ⅱ) |
| *q-Sw-9-3* | Gm09_BLOCK_1920251_1933451(2) | 3.18(3) | 0.14 | 35-6 | *Glyma09g*02800 | Oxidation-reduction process(Ⅲ) |
| *q-Sw-9-4* | Gm09_BLOCK_6187733_6187889(3) | 9.17(2) | 0.17 | 34-6 | *Glyma09g*07461 | Biological process(Ⅳ) |
| *q-Sw-9-5* | Gm09_BLOCK_14853753_14880575(7) | 6.35(2) | 0.16 | 15-6 | *Glyma09g*13220 | Nucleotide metabolic process(Ⅲ) |
| *q-Sw-9-6* | Gm09_BLOCK_15047401_15047466(2) | 22.78(3) | 1.18 | 15-6 | | |
| *q-Sw-9-7* | Gm09_16774220(2) | 6.00(4) | 0.45 | 30-5 | | |
| *q-Sw-9-8* | Gm09_23913685(2) | 5.08(3) | 0.23 | 15-6 | *Glyma09g*19520 | |
| *q-Sw-9-9* | Gm09_BLOCK_37053350_37252429(6) | 4.57(4) | 0.54 | 40-4 | *Glyma09g*30441 | Protein phosphorylation(Ⅲ) |
| *q-Sw-9-10* | Gm09_38399130(2) | 4.13(4) | 0.30 | 3-4 | | |
| *q-Sw-9-11* | Gm09_BLOCK_38803286_38879103(5) | 2.85(1) | 0.34 | 3-4 | *Glyma09g*31920 | Golgi vesicle transport(Ⅱ) |
| *q-Sw-9-12* | Gm09_41273321(2) | 9.83(4) | 0.78 | 3-4 | *Glyma09g*34820 | DNA mediated transformation(Ⅲ) |
| *q-Sw-9-13* | Gm09_BLOCK_43178967_43361542(7) | 68.15(1) | 6.97 | 27-3 | *Glyma09g*38050 | Regulation of transcription(Ⅳ) |
| *q-Sw-9-13* | Gm09_BLOCK_43178967_43361542(7) | 101.76(3) | 6.04 | 27-3 | | |
| *q-Sw-10-1* | Gm10_BLOCK_313860_513840(4) | 8.09(3) | 0.47 | 12-6 | *Glyma10g*01241 | Biological process(Ⅳ) |
| *q-Sw-10-2* | Gm10_BLOCK_3026040_3184200(7) | 72.18(3) | 4.27 | | *Glyma10g*03963 | Pollen exine formation(Ⅰ) |
| *q-Sw-10-3* | Gm10_BLOCK_13770198_13889339(3) | 5.58(1) | 0.50 | | *Glyma10g*12560 | Phosphatidylglycerol biosynthetic process(Ⅲ) |
| *q-Sw-10-4* | Gm10_BLOCK_17669059_17868646(6) | 18.76(3) | 1.15 | | *Glyma10g*15125 | |
| *q-Sw-10-5* | Gm10_22594030(2) | 253.82(2) | 5.02 | | *Glyma10g*19040 | Biological process(Ⅳ) |
| *q-Sw-10-6* | Gm10_BLOCK_23174552_23349686(7) | 13.68(2) | 0.31 | | | |
| *q-Sw-10-7* | Gm10_30051595(2) | 4.78(4) | 0.35 | 34-8 | | |
| *q-Sw-10-8* | Gm10_BLOCK_33510453_33510503(2) | 42.71(2) | 0.78 | 34-8 | *Glyma10g*25370 | |
| *q-Sw-10-9* | Gm10_35088103(2) | 3.75(2) | 0.06 | 34-8 | | |

续表 4－7

| QTL | SNPLDB（等位变异数） | $-\log_{10}P$（生态亚区） | $R^2$/% | 已报道 QTL（100－SW） | 候选基因 | 基因功能（类别） |
|---|---|---|---|---|---|---|
| q－Sw－10－10 | Gm10_BLOCK_39549615_39619689(3) | 5.07(2) | 0.09 | 37－6 | *Glyma10g31740* | Biological process(Ⅳ) |
| q－Sw－10－11 | Gm10_40440079(2) | 3.03(3) | 0.13 | 12－7 | | |
| q－Sw－10－12 | Gm10_BLOCK_42973663_42973999(2) | 5.04(4) | 0.37 | | *Glyma10g34800* | Proteolysis(Ⅲ) |
| q－Sw－11－1 | Gm11_BLOCK_505613_613165(4) | 1.87(4) | 0.20 | 6－3 | *Glyma11g01405* | Guanosine tetraphosphate metabolic process(Ⅲ) |
| q－Sw－11－2 | Gm11_BLOCK_3266950_3452328(6) | 3.11(4) | 0.40 | 6－3 | Glyma11g04950 | Metabolic process(Ⅲ) |
| q－Sw－11－3 | Gm11_BLOCK_8567759_8763159(5) | 70.05(4) | 6.69 | 25－2 | | |
| q－Sw－11－4 | Gm11_BLOCK_9317811_9319811(3) | 8.28(2) | 0.15 | 25－2 | *Glyma11g12186* | Protein phosphorylation(Ⅲ) |
| q－Sw－11－5 | Gm11_BLOCK_18039886_18223738(5) | 9.97(1) | 1.02 | 20－3 | *Glyma11g21565* | Transcription(Ⅳ) |
| q－Sw－11－6 | Gm11_22894276(2) | 3.68(3) | 0.16 | 11－1 | | |
| q－Sw－11－7 | Gm11_BLOCK_37857985_38057209(5) | 11.41(4) | 1.13 | | *Glyma11g36331* | Regulation of transcription from RNA polymerase Ⅱ promoter(Ⅳ) |
| q－Sw－12－1 | Gm12_BLOCK_1451163_1504769(4) | 2.45(4) | 0.26 | 43－3 | *Glyma12g02330* | Gluconeogenesis(Ⅲ) |
| q－Sw－12－2 | Gm12_BLOCK_2515796_2712309(4) | 6.07(1) | 0.60 | 43－3 | *Glyma12g03180* | RNA splicing(Ⅲ) |
| q－Sw－12－3 | Gm12_BLOCK_24578513_24778247(5) | 34.36(3) | 1.99 | | *Glyma12g22395* | Biological process(Ⅳ) |
| q－Sw－12－4 | Gm12_BLOCK_24879902_24988026(3) | 1.89(4) | 0.16 | | | |
| q－Sw－12－5 | Gm12_28493321(2) | 8.70(3) | 0.42 | 35－4 | | |
| q－Sw－12－6 | Gm12_31706731(2) | 1.56(4) | 0.09 | 50－15 | | |
| q－Sw－12－7 | Gm12_BLOCK_35372827_35372837(2) | 1.56(2) | 0.02 | 36－4 | *Glyma12g32330* | Carbohydrate metabolic process(Ⅲ) |
| q－Sw－13－1 | Gm13_1235947(2) | 4.27(3) | 0.19 | 10－6 | *Glyma13g01860* | Transport(Ⅱ) |
| q－Sw－13－2 | Gm13_BLOCK_2258692_2416385(4) | 5.19(3) | 0.31 | | *Glyma13g02760* | |
| q－Sw－13－3 | Gm13_BLOCK_6316546_6332562(2) | 3.53(4) | 0.25 | | *Glyma13g06025* | Rrna processing(Ⅲ) |
| q－Sw－13－4 | Gm13_15676962(2) | 1.51(1) | 0.09 | 46－1 | | |
| q－Sw－13－5 | Gm13_BLOCK_26852430_26925410(5) | 8.15(4) | 0.83 | 13－6 | | |
| q－Sw－13－6 | Gm13_BLOCK_27079185_27164212(6) | 68.31(3) | 3.99 | 13－6 | | |
| q－Sw－13－7 | Gm13_BLOCK_27283093_27361890(5) | 27.58(3) | 1.60 | 13－6 | | |

续表 4-7

| QTL | SNPLDB<br>(等位变异数) | $-\log_{10}P$<br>(生态亚区) | $R^2$/<br>% | 已报道 QTL<br>(100-SW) | 候选基因 | 基因功能(类别) |
|---|---|---|---|---|---|---|
| *q-Sw-13-8* | Gm13_BLOCK_27526627_27726250(7) | 3.66(2) | 0.11 | 13-6 | *Glyma13g23850* | Unsaturated fatty acid biosynthetic process(Ⅲ) |
| *q-Sw-13-9* | Gm13_31598256(2) | 1.97(4) | 0.12 | 49-13 | *Glyma13g28260* | Biological process(Ⅳ) |
| *q-Sw-13-10* | Gm13_BLOCK_32953388_33091154(4) | 52.18(1) | 5.02 | 45-6 | *Glyma13g29675* | |
| *q-Sw-13-11* | Gm13_BLOCK_44390029_44390330(2) | 8.17(2) | 0.14 | | *Glyma13g44970* | Indoleacetic acid biosynthetic process(Ⅱ) |
| *q-Sw-14-1* | Gm14_BLOCK_6073309_6264986(5) | 58.79(2) | 1.15 | 36-14 | *Glyma14g07680* | Jasmonic acid mediated signaling pathway(Ⅱ) |
| *q-Sw-14-2* | Gm14_7396473(2) | 1.74(4) | 0.11 | 3-8 | *Glyma14g09361* | Biological process(Ⅳ) |
| *q-Sw-14-3* | Gm14_8480991(2) | 7.43(4) | 0.58 | 3-8 | *Glyma14g10320* | Lipid metabolic process(Ⅲ) |
| *q-Sw-14-4* | Gm14_19300615(2) | 1.84(2) | 0.02 | 13-2 | | |
| *q-Sw-14-5* | Gm14_20123039(2) | 3.22(3) | 0.14 | 13-2 | | |
| *q-Sw-14-6* | Gm14_22119125(2) | 6.62(4) | 0.51 | 13-2 | *Glyma14g19810* | Biological process(Ⅳ) |
| *q-Sw-14-7* | Gm14_35625289(2) | 2.62(2) | 0.04 | | | |
| *q-Sw-14-8* | Gm14_38221099(2) | 26.60(1) | 2.32 | | *Glyma14g29145* | Ribosome biogenesis(Ⅲ) |
| *q-Sw-14-9* | Gm14_BLOCK_40001486_40199543(3) | 4.63(3) | 0.25 | | | |
| *q-Sw-14-10* | Gm14_BLOCK_40770753_40789611(4) | 21.34(2) | 0.42 | | | |
| *q-Sw-14-11* | Gm14_BLOCK_43239612_43439339(6) | 6.90(3) | 0.47 | | *Glyma14g34750* | Transmembrane transport(Ⅱ) |
| *q-Sw-14-12* | Gm14_BLOCK_49106903_49166925(4) | 50.12(3) | 2.83 | | *Glyma14g40190* | Lipid metabolic process(Ⅲ) |
| *q-Sw-15-1* | Gm15_BLOCK_9955042_10005705(4) | 37.12(2) | 0.72 | 29-2 | *Glyma15g13370* | Embryo development ending in seed dormancy(Ⅰ) |
| *q-Sw-15-2* | Gm15_BLOCK_12083863_12228095(4) | 9.51(4) | 0.90 | 29-2 | *Glyma15g16130* | Positive regulation of DNA repair(Ⅲ) |
| *q-Sw-15-3* | Gm15_14669475(2) | 1.62(1) | 0.10 | 33-2 | *Glyma15g18176* | Cation transport(Ⅱ) |
| *q-Sw-15-4* | Gm15_BLOCK_19628049_19827061(6) | 80.45(1) | 8.19 | 50-6 | *Glyma15g21391* | |
| *q-Sw-15-5* | Gm15_37092272(2) | 1.91(1) | 0.12 | 49-11 | | |
| *q-Sw-16-1* | Gm16_BLOCK_14182979_14375027(6) | 232.58(2) | 4.69 | | *Glyma16g13400* | Response to heat(Ⅳ) |
| *q-Sw-16-1* | Gm16_BLOCK_14182979_14375027(6) | 18.67(4) | 1.87 | | | |
| *q-Sw-16-2* | Gm16_18526618(2) | 2.68(1) | 0.18 | 30-6 | | |
| *q-Sw-16-3* | Gm16_28078623(2) | 6.42(4) | 0.49 | 34-18 | *Glyma16g24001* | Signal transduction(Ⅱ) |
| *q-Sw-16-4* | Gm16_BLOCK_30776589_30834827(5) | 43.17(3) | 2.49 | | *Glyma16g26671* | |

续表 4-7

| QTL | SNPLDB（等位变异数） | $-\log_{10}P$（生态亚区） | $R^2$/% | 已报道 QTL（100-SW） | 候选基因 | 基因功能（类别） |
|---|---|---|---|---|---|---|
| *q-Sw*-16-5 | Gm16_31301699(2) | 4.35(4) | 0.32 | | | |
| *q-Sw*-16-6 | Gm16_BLOCK_35943645_36016627(4) | 5.20(2) | 0.11 | | *Glyma*16*g*33140 | |
| *q-Sw*-16-7 | Gm16_BLOCK_36402209_36405193(4) | 10.73(3) | 0.62 | | | |
| *q-Sw*-17-1 | Gm17_BLOCK_3230655_3377478(3) | 9.90(4) | 0.87 | | | |
| *q-Sw*-17-2 | Gm17_4195494(2) | 2.30(3) | 0.09 | 21-2 | *Glyma*17*g*05960 | Biological process(Ⅳ) |
| *q-Sw*-17-3 | Gm17_12145586(2) | 47.15(2) | 0.87 | 43-2 | *Glyma*17*g*16675 | Cell proliferation(Ⅳ) |
| *q-Sw*-17-4 | Gm17_BLOCK_13141413_13247041(5) | 11.54(4) | 1.15 | 43-2 | | |
| *q-Sw*-17-5 | Gm17_16686100(2) | 2.09(3) | 0.08 | | | |
| *q-Sw*-17-6 | Gm17_BLOCK_28092105_28290966(8) | 27.51(4) | 2.83 | 34-17 | *Glyma*17*g*27250 | Virus-host interaction(Ⅳ) |
| *q-Sw*-17-7 | Gm17_29685800(2) | 1.43(3) | 0.05 | 34-17 | | |
| *q-Sw*-17-8 | Gm17_BLOCK_37683738_37881216(6) | 83.70(2) | 1.66 | 50-3 | *Glyma*17*g*33880 | Reciprocal meiotic recombination(Ⅲ) |
| *q-Sw*-17-9 | Gm17_40447969(2) | 2.36(3) | 0.09 | 50-3 | *Glyma*17*g*36230 | N-terminal protein myristoylation(Ⅲ) |
| *q-Sw*-18-1 | Gm18_BLOCK_2739133_2748789(3) | 91.03(2) | 1.74 | | *Glyma*18*g*03470 | Carbohydrate metabolic process(Ⅲ) |
| *q-Sw*-18-2 | Gm18_BLOCK_6622252_6682768(4) | 36.68(1) | 3.49 | 15-4 | | |
| *q-Sw*-18-3 | Gm18_BLOCK_7099011_7293865(9) | 93.02(1) | 9.89 | 15-4 | *Glyma*18*g*08070 | Proteolysis(Ⅲ) |
| *q-Sw*-18-4 | Gm18_BLOCK_7317014_7504444(9) | 61.92(3) | 3.77 | 15-4 | | |
| *q-Sw*-18-5 | Gm18_9012920(2) | 5.10(1) | 0.39 | 15-4 | *Glyma*18*g*10200 | Proteolysis(Ⅲ) |
| *q-Sw*-18-6 | Gm18_BLOCK_14110011_14113815(5) | 6.34(3) | 0.41 | per plant 6-6 | | |
| *q-Sw*-18-7 | Gm18_BLOCK_19986454_20179136(5) | 36.07(2) | 0.72 | per plant 6-6 | *Glyma*18*g*18910 | Metabolic process(Ⅲ) |
| *q-Sw*-18-7 | Gm18_BLOCK_19986454_20179136(5) | 11.32(3) | 0.65 | per plant 6-6 | | |
| *q-Sw*-18-8 | Gm18_BLOCK_29316738_29490100(8) | 19.72(3) | 1.28 | cq-001 | *Glyma*18*g*29510 | |
| *q-Sw*-18-9 | Gm18_BLOCK_34432102_34631930(7) | 3.35(4) | 0.34 | cq-001 | | |
| *q-Sw*-18-10 | Gm18_BLOCK_35422681_35435419(6) | 22.83(4) | 2.19 | cq-001 | | |
| *q-Sw*-18-11 | Gm18_BLOCK_36869476_37069240(7) | 28.51(4) | 2.86 | cq-001 | *Glyma*18*g*32310 | Response to blue light(Ⅰ) |

续表 4－7

| QTL | SNPLDB（等位变异数） | $-\log_{10}P$（生态亚区） | $R^2$/% | 已报道 QTL（100－SW） | 候选基因 | 基因功能（类别） |
| --- | --- | --- | --- | --- | --- | --- |
| *q－Sw*－18－12 | Gm18_BLOCK_37310130_37310174(2) | 3.70(4) | 0.26 | cq－001 | | |
| *q－Sw*－18－13 | Gm18_BLOCK_38406865_38578589(9) | 8.03(4) | 0.97 | cq－001 | *Glyma*18*g*32760 | Terpenoid biosynthetic process (Ⅲ) |
| *q－Sw*－18－14 | Gm18_42498501(2) | 1.34(2) | 0.02 | 27－1 | *Glyma*18*g*36455 | Biological process(Ⅳ) |
| *q－Sw*－18－15 | Gm18_43481144(2) | 10.18(3) | 0.50 | | | |
| *q－Sw*－18－16 | Gm18_55790440(2) | 2.22(2) | 0.03 | 11－4 | *Glyma*18*g*46220 | Response to cold(Ⅳ) |
| *q－Sw*－18－17 | Gm18_BLOCK_55855280_55872915(3) | 11.26(3) | 0.61 | 11－4 | | |
| *q－Sw*－18－18 | Gm18_BLOCK_58197364_58341700(5) | 37.69(3) | 2.18 | 11－4 | *Glyma*18*g*48930 | Protein phosphorylation(Ⅲ) |
| *q－Sw*－19－1 | Gm19_2293675(2) | 10.20(4) | 0.81 | | *Glyma*19*g*02670 | Signal transduction(Ⅱ) |
| *q－Sw*－19－2 | Gm19_BLOCK_8925269_9025907(5) | 67.28(2) | 1.32 | 13－10 | *Glyma*19*g*07557 | Generation of precursor metabolites and energy(Ⅲ) |
| *q－Sw*－19－3 | Gm19_BLOCK_9253503_9263831(3) | 5.41(3) | 0.29 | | | |
| *q－Sw*－19－4 | Gm19_12733860(2) | 20.45(2) | 0.36 | 13－10 | | |
| *q－Sw*－19－5 | Gm19_BLOCK_13284652_13458112(7) | 214.38(2) | 4.33 | 13－10 | *Glyma*19*g*10170 | Biological process(Ⅳ) |
| *q－Sw*－19－6 | Gm19_BLOCK_16955495_17112668(7) | 85.25(2) | 1.71 | | *Glyma*19*g*14700 | Regulation of transcription(Ⅳ) |
| *q－Sw*－19－7 | Gm19_BLOCK_23816470_23847882(7) | 17.77(4) | 1.85 | | | |
| *q－Sw*－19－8 | Gm19_BLOCK_26227646_26427133(8) | 21.19(1) | 2.22 | | | |
| *q－Sw*－19－9 | Gm19_BLOCK_28526589_28688919(7) | 3.41(4) | 0.47 | | *Glyma*19*g*23140 | Biological process(Ⅳ) |
| *q－Sw*－19－10 | Gm19_BLOCK_34126024_34324623(6) | 33.91(2) | 0.69 | 12－5 | *Glyma*19*g*26950 | Positive regulation of flavonoid biosynthetic process(Ⅲ) |
| *q－Sw*－19－11 | Gm19_BLOCK_45657453_45838384(5) | 63.22(2) | 1.24 | 13－9 | *Glyma*19*g*38867 | Biological process(Ⅳ) |
| *q－Sw*－19－12 | Gm19_BLOCK_47815899_47877439(5) | 6.78(2) | 0.15 | 12－3 | *Glyma*19*g*42240 | Nucleosome assembly(Ⅱ) |
| *q－Sw*－19－13 | Gm19_BLOCK_48649493_48821238(4) | 4.10(4) | 0.41 | 4－6 | | |
| *q－Sw*－20－1 | Gm20_BLOCK_2848688_2880415(4) | 4.00(4) | 0.40 | 12－8 | *Glyma*20*g*03040 | |
| *q－Sw*－20－2 | Gm20_BLOCK_4050027_4249892(3) | 9.13(2) | 0.17 | 24－2 | *Glyma*20*g*04130 | Phosphate ion transport(Ⅱ) |
| *q－Sw*－20－3 | Gm20_5050191(2) | 2.45(3) | 0.10 | 24－2 | | |
| *q－Sw*－20－4 | Gm20_BLOCK_8608073_8724097(4) | 10.02(1) | 0.97 | cq－003 | *Glyma*20*g*06615 | Response to cold(Ⅳ) |

续表 4-7

| QTL | SNPLDB<br>(等位变异数) | $-\log_{10}P$<br>(生态亚区) | $R^2$/<br>% | 已报道 QTL<br>(100-SW) | 候选基因 | 基因功能(类别) |
|---|---|---|---|---|---|---|
| *q*-*Sw*-20-5 | Gm20_12226055(2) | 5.54(4) | 0.42 | cq-003 | | |
| *q*-*Sw*-20-6 | Gm20_BLOCK_16567928_16767902(6) | 29.18(1) | 2.93 | cq-003 | *Glyma20g*11950 | Cellular amino acid biosynthetic process(Ⅲ) |
| *q*-*Sw*-20-7 | Gm20_BLOCK_19134133_19251740(8) | 40.25(3) | 2.46 | cq-003 | *Glyma20g*13540 | Transport(Ⅱ) |
| *q*-*Sw*-20-8 | Gm20_BLOCK_21252441_21452358(4) | 156.95(2) | 3.08 | cq-003 | *Glyma20g*15800 | Carbohydrate metabolic process (Ⅲ) |
| *q*-*Sw*-20-9 | Gm20_BLOCK_23999422_24199079(7) | 15.86(3) | 1.02 | 9-1 | *Glyma20g*17116 | Ubiquitin-dependent protein catabolic process(Ⅲ) |
| *q*-*Sw*-20-10 | Gm20_BLOCK_30077860_30243556(5) | 3.94(4) | 0.44 | 9-1 | *Glyma20g*21151 | Amino acid transport(Ⅱ) |
| *q*-*Sw*-20-11 | Gm20_BLOCK_37345034_37426885(3) | 6.54(4) | 0.57 | 37-11 | *Glyma20g*28880 | N-terminal protein myristoylation (Ⅲ) |
| *q*-*Sw*-20-12 | Gm20_42269642(2) | 30.84(1) | 2.72 | 31-3 | *Glyma20g*34131 | Chloroplast RNA processing(Ⅲ) |

| 亚区 | 组中值 | | | | | | | | | 位点数目 | 贡献率/% | 位点平均贡献率/% | 变幅/% |
|---|---|---|---|---|---|---|---|---|---|---|---|---|---|
| | 0.25 | 0.75 | 1.25 | 1.75 | 2.25 | 2.75 | 3.25 | 3.75 | >4.00 | | | | |
| Sub-1 | 12 | 5 | 3 | 0 | 2 | 3 | 1 | 1 | 5 | 32 | 66.66 | 2.08 | 0.09~9.89 |
| Sub-2 | 29 | 9 | 6 | 4 | 3 | 0 | 1 | 2 | 4 | 58 | 68.06 | 1.17 | 0.02~11.31 |
| Sub-3 | 28 | 9 | 6 | 3 | 3 | 2 | 0 | 2 | 2 | 55 | 54.18 | 0.99 | 0.04~6.04 |
| Sub-4 | 30 | 13 | 5 | 3 | 3 | 3 | 1 | 0 | 1 | 59 | 55.05 | 0.93 | 0.09~6.69 |

注:QTL 的命名由 4 部分组成,依次为 QTL 标志-性状-染色体-在染色体的相对位置。如 *q*-*Sw*-1-1,其中"*q*-"表示该位点为 QTL,"-*Sw*"表示该 QTL 控制百粒重性状,"-1"表示为 1 号染色体,而其后的"-1"表示该位点的物理位置在本研究定位的该条染色体的 QTL 中排在第一位。在基因功能分类中,Ⅰ表示为光周期、花发育相关,Ⅱ表示为信号的转导与运输相关,Ⅲ表示为初级代谢相关,Ⅳ表示为其他生物途径。

**表 4-8 东北各亚区籽粒性状 QTL 在染色体上的分布**

| 染色体 | 总位点 | 蛋白质含量 | 油脂含量 | 蛋脂总量 | 百粒重 | 染色体 | 总位点 | 蛋白质含量 | 油脂含量 | 蛋脂总量 | 百粒重 |
|---|---|---|---|---|---|---|---|---|---|---|---|
| Gm01 | 41 | 13 | 9 | 8 | 11 | Gm11 | 30 | 9 | 8 | 6 | 7 |
| Gm02 | 41 | 9 | 10 | 11 | 11 | Gm12 | 31 | 8 | 10 | 6 | 7 |
| Gm03 | 61 | 17 | 14 | 20 | 10 | Gm13 | 44 | 7 | 9 | 17 | 11 |
| Gm04 | 53 | 19 | 11 | 10 | 13 | Gm14 | 53 | 8 | 17 | 16 | 12 |
| Gm05 | 36 | 8 | 5 | 16 | 7 | Gm15 | 35 | 10 | 12 | 8 | 5 |
| Gm06 | 44 | 15 | 10 | 12 | 7 | Gm16 | 31 | 10 | 7 | 7 | 7 |
| Gm07 | 34 | 8 | 6 | 11 | 9 | Gm17 | 40 | 10 | 9 | 12 | 9 |
| Gm08 | 39 | 7 | 11 | 16 | 5 | Gm18 | 67 | 15 | 19 | 15 | 18 |
| Gm09 | 45 | 14 | 10 | 8 | 13 | Gm19 | 42 | 13 | 6 | 10 | 13 |
| Gm10 | 40 | 9 | 8 | 11 | 12 | Gm20 | 46 | 13 | 13 | 8 | 12 |

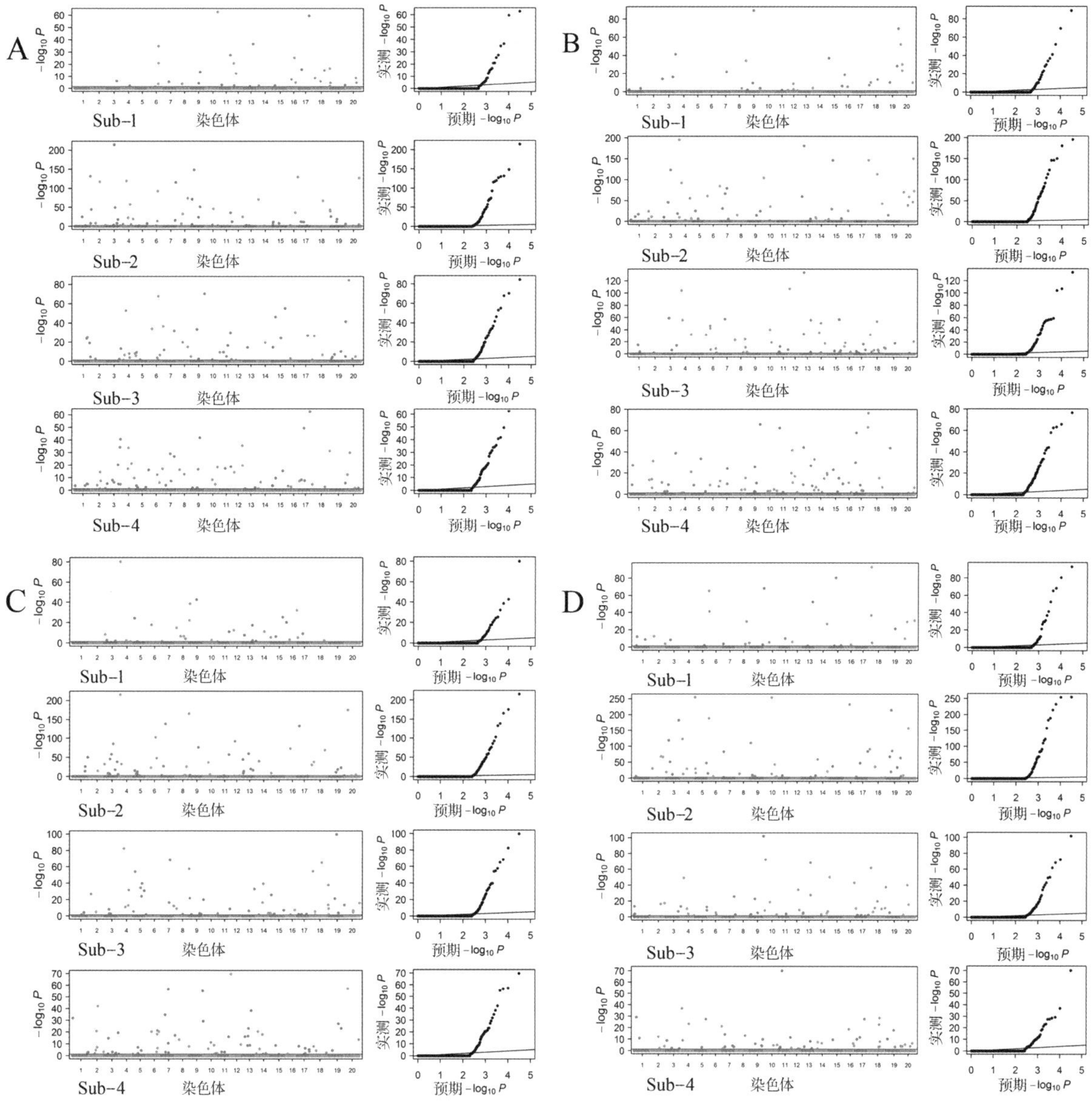

图 4-1　东北大豆群体在各生态亚区关联的籽粒性状位点的曼哈顿图和 QQ 图

注：A、B、C、D 依次为蛋白质含量、油脂含量、蛋脂总量和百粒重。

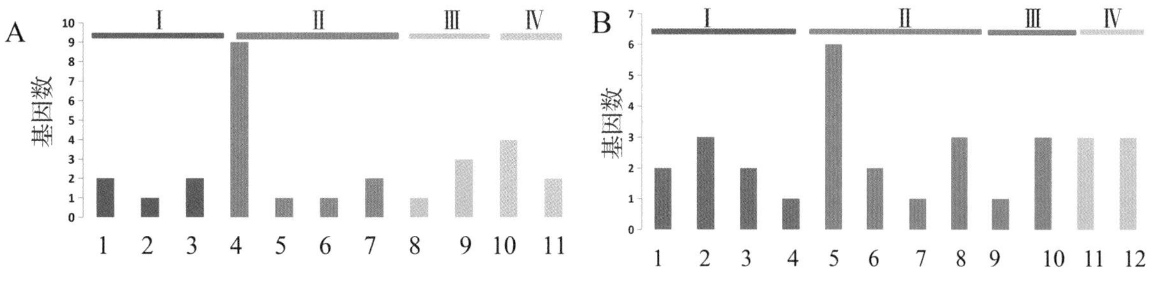

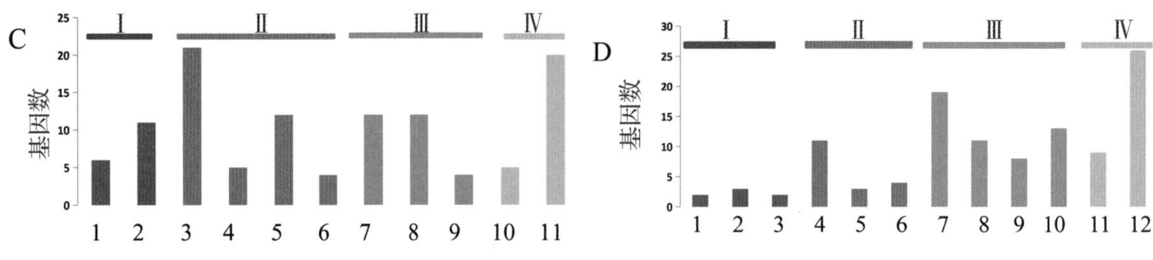


**图 4-2　东北各亚区籽粒性状候选基因功能归类**

注：A～D 分别为蛋白质含量、油脂含量、蛋脂总量、百粒重；Ⅰ：光周期、花发育相关；Ⅱ：植物激素调节、信号转导与运输；Ⅲ：初级代谢；Ⅳ：其他生物途径。在 A 图中，1：花发育相关；2：光形态建成相关；3：营养期转变过程相关；4：蛋白质代谢相关；5：碳水化合物代谢相关；6：核酸代谢相关；7：其他初级代谢相关；8：信号转导相关；9：植物激素调节；10：其他生物途径；11：未知生物途径。在 B 图中，1：外界环境响应相关；2：植物激素调节；3：转运相关；4：信号转导相关；5：蛋白质代谢相关；6：核酸代谢相关；7：碳水化合物代谢相关；8：其他代谢相关；9：花发育相关；10：光形态建成相关；11：其他生物途径；12：未知生物途径。在 C 图中，1：光形态建成相关；2：胚发育相关；3：蛋白质代谢相关；4：碳水化合物代谢相关；5：核酸代谢相关；6：脂类代谢相关；7：转运相关；8：植物激素调节；9：环境压力相关；10：其他生物途径；11：未知生物途径。在 D 图中，1：花发育相关；2：胚发育相关；3：光形态建成相关；4：转运相关；5：信号转导相关；6：植物激素调节；7：蛋白质代谢相关；8：核酸代谢相关；9：碳水化合物代谢相关；10：其他代谢相关；11：其他生物途径；12：未知生物途径。

## 第三节　不同生态亚区籽粒性状 QTL 构成

为明确环境因素对位点表达的影响，对不同亚区间分布的控制该性状的位点进行分析。表 4-9 为亚区间分布控制籽粒性状的位点，不同性状亚区间分布位点对环境的稳定性及贡献率存在较大差异。从解释率上，这些亚区间分布的位点解释率除蛋白质含量外，其余性状则以 1% 以上的大贡献率位点为主。而从稳定性上，除油脂含量的位点中有 64.28% 贡献率的变异系数在 50% 以上外，其余性状表现均较为稳定。

具体地说，蛋白质含量共有 6 个位点在多个亚区间出现，仅 *q-Pro*-11-6 在 3 个亚区间出现，其余位点仅出现在 2 个亚区间（表 4-9）。从贡献率的角度，在亚区间较稳定的位点对蛋白质含量的表型解释率较低，除 *q-Pro*-7-6 在 Sub-3 和 Sub-4 对蛋白质含量的解释率均在 1% 以上外，其余位点均有在某一生态亚区的表型解释率在 1% 以下，而 *q-Pro*-4-12 和 *q-Pro*-6-4 在各亚区的表型解释率均在 1% 以下（表 4-9）。油脂含量共有 14 个位点在多个亚区中定位到，其中 *q-Oil*-13-4 不仅在 3 个生态亚区中定位到，且在各亚区的贡献率均较高，分布在 2.76%～6.31%；而 *q-Oil*-18-11 虽在 2 个生态区定位到，但解释率均较低（0.03%～0.26%）；除此之外，其余在亚区间分布的位点则在某个生态亚区对性状的解释率较大，特别是 *q-Oil*-9-4，其在 Sub-1 中对性状的解释率高达 10.02%（表 4-9）。蛋脂总量和百粒重分别有 5 个位点在 2 个生态亚区中定位到，且这些位点对各亚区的表型解释率以在 1% 以上为主。具体地说，亚区间分布的 5 个控制蛋脂总量的位点在亚区内对性状的解释率在 1% 以上，特别是 *q-Tpo*-4-1，其在 Sub-1 和 Sub-2 的贡献率分布在 5.84%～10.90%（表 4-9）。控制百粒重的 5 个 QTL 中，仅 *q-Sw*-18-7 在各亚区中对性状的贡献率在 1% 以下，其余位点对该性状的表型解释率均在 1% 以上。特别是 *q-Sw*-9-13，其在 Sub-1 和 Sub-3 中对性状的贡献率均在 6% 以上（表 4-9）。

表 4-10 为这些位点等位变异在各亚区内的效应值分布。从结果看，含有复等位变异的 QTL

内一些等位变异呈现方向性的差异，即在某些生态亚区呈现正向效应而在另一些亚区则呈现负向效应。与生育期相关性状不同，籽粒性状等位变异在不同生态亚区间的效应值差异不大。这些QTL的等位变异在亚区间的效应值虽然存在一定的差异，但主要是同方向上的差异，但一些等位变异在不同生态条件下也存在方向性变化，这充分说明了分生态区定位的必要性。





**表4-9 籽粒性状共有QTL在各生态亚区的贡献率变异**

| QTL | SNPLDB | $R^2$/% | | | | CV/% |
|---|---|---|---|---|---|---|
| | | Sub-1 | Sub-2 | Sub-3 | Sub-4 | |
| *q-Pro-4-12* | Gm04_27993724 | 0.19 | | 0.16 | | 12.12 |
| *q-Pro-6-4* | Gm06_27587487 | | | 0.16 | 0.75 | 91.69 |
| *q-Pro-7-6* | Gm07_34056034 | | | 1.64 | 1.74 | 4.18 |
| *q-Pro-8-4* | Gm08_BLOCK_16760470_16839374 | | 0.81 | 1.06 | | 18.91 |
| *q-Pro-8-6* | Gm08_BLOCK_33667223_33866552 | | 1.90 | 0.85 | | 54.00 |
| *q-Pro-11-6* | Gm11_33229137 | 3.04 | 0.86 | 1.53 | | 61.69 |
| *q-Oil-4-3* | Gm04_BLOCK_11621710_11663458 | | 2.18 | 4.82 | | 53.34 |
| *q-Oil-4-10* | Gm04_BLOCK_43123388_43304064 | | 0.24 | 1.62 | | 104.93 |
| *q-Oil-6-3* | Gm06_BLOCK_15278070_15475784 | | | 2.13 | 0.57 | 81.71 |
| *q-Oil-7-2* | Gm07_BLOCK_15050959_15135087 | | 1.61 | 2.71 | | 36.01 |
| *q-Oil-7-6* | Gm07_BLOCK_26037182_26064892 | 2.33 | 0.14 | | | 125.39 |
| *q-Oil-9-4* | Gm09_BLOCK_23418314_23539766 | 10.02 | | | 1.68 | 100.81 |
| *q-Oil-10-4* | Gm10_BLOCK_25102717_25209340 | | 0.87 | 1.91 | | 52.91 |
| *q-Oil-13-4* | Gm13_BLOCK_9922025_10011933 | | 4.34 | 6.31 | 2.76 | 39.79 |
| *q-Oil-15-7* | Gm15_BLOCK_36255010_36454998 | | | 2.72 | 1.06 | 62.11 |
| *q-Oil-16-5* | Gm16_17261583 | 0.47 | | | 0.57 | 13.60 |
| *q-Oil-17-8* | Gm17_BLOCK_26654610_26854593 | | | 0.82 | 0.31 | 63.83 |
| *q-Oil-18-11* | Gm18_33530525 | | 0.03 | 0.26 | | 112.16 |
| *q-Oil-20-2* | Gm20_BLOCK_8015458_8214120 | 3.58 | 1.77 | | | 47.85 |
| *q-Oil-20-12* | Gm20_BLOCK_43520063_43697026 | 1.19 | 1.75 | | | 26.94 |
| *q-Tpo-4-1* | Gm04_BLOCK_3091152_3289076 | 10.90 | 5.84 | | | 42.75 |
| *q-Tpo-8-13* | Gm08_BLOCK_44316017_44390137 | 2.80 | | 3.11 | | 7.42 |
| *q-Tpo-11-5* | Gm11_33229137 | 1.21 | 1.43 | | | 11.79 |
| *q-Tpo-13-8* | Gm13_BLOCK_18767091_18939443 | | 1.57 | | 1.76 | 8.07 |
| *q-Tpo-19-6* | Gm19_28735183 | | | 0.16 | 1.84 | 118.79 |
| *q-Sw-2-6* | Gm02_BLOCK_32820000_33019787 | | 1.38 | 1.09 | | 16.60 |
| *q-Sw-6-1* | Gm06_BLOCK_720755_846689 | 6.47 | 3.76 | | | 37.46 |
| *q-Sw-9-13* | Gm09_BLOCK_43178967_43361542 | 6.97 | | 6.04 | | 10.11 |
| *q-Sw-16-1* | Gm16_BLOCK_14182979_14375027 | | 4.69 | | 1.87 | 60.79 |
| *q-Sw-18-7* | Gm18_BLOCK_19986454_20179136 | | 0.72 | 0.65 | | 7.23 |

表 4－10　籽粒性状亚区间共有 QTL 等位变异在各亚区的效应值

| QTL | 亚区 | 等位变异 | | | | | | | | | |
|---|---|---|---|---|---|---|---|---|---|---|---|
| | | a1 | a2 | a3 | a4 | a5 | a6 | a7 | a8 | a9 | a10 |
| *q－Pro*－4－12 | Sub－1 | －0.01 | 0.98 | | | | | | | | |
| *q－Pro*－4－12 | Sub－3 | －0.01 | 1.01 | | | | | | | | |
| *q－Pro*－6－4 | Sub－3 | －0.99 | 0.01 | | | | | | | | |
| *q－Pro*－6－4 | Sub－4 | －1.74 | 0.02 | | | | | | | | |
| *q－Pro*－7－6 | Sub－3 | －0.03 | 2.57 | | | | | | | | |
| *q－Pro*－7－6 | Sub－4 | －0.04 | 3.26 | | | | | | | | |
| *q－Pro*－8－4 | Sub－2 | －0.30 | 0.48 | 0.07 | | | | | | | |
| *q－Pro*－8－4 | Sub－3 | －0.10 | 0.26 | －0.67 | | | | | | | |
| *q－Pro*－8－6 | Sub－2 | －0.04 | 0.32 | －0.54 | 1.49 | | | | | | |
| *q－Pro*－8－6 | Sub－3 | －0.11 | 0.48 | 0.19 | 0.57 | | | | | | |
| *q－Pro*－11－6 | Sub－1 | －0.05 | 2.10 | | | | | | | | |
| *q－Pro*－11－6 | Sub－2 | －0.03 | 1.51 | | | | | | | | |
| *q－Pro*－11－6 | Sub－3 | －0.05 | 2.24 | | | | | | | | |
| *q－Oil*－4－3 | Sub－2 | 0.06 | －0.23 | 0.31 | －1.89 | 1.29 | | | | | |
| *q－Oil*－4－3 | Sub－3 | －0.15 | 0.01 | 0.48 | －0.24 | 2.19 | | | | | |
| *q－Oil*－4－10 | Sub－2 | －0.12 | 0.09 | －0.08 | 0.19 | 0.06 | －0.22 | 0.18 | －0.65 | 0.51 | — |
| *q－Oil*－4－10 | Sub－3 | －0.04 | －0.25 | －0.16 | －0.11 | 1.59 | 0.41 | 0.03 | 0.02 | 1.15 | — |
| *q－Oil*－6－3 | Sub－3 | 0.55 | －0.49 | －0.63 | 0.49 | 0.78 | | | | | |
| *q－Oil*－6－3 | Sub－4 | 0.14 | －0.13 | －0.13 | －0.05 | 0.25 | | | | | |
| *q－Oil*－7－2 | Sub－2 | －0.30 | 0.09 | 0.01 | －0.09 | 0.67 | 0.86 | 1.09 | | | |
| *q－Oil*－7－2 | Sub－3 | －0.25 | 0.29 | －0.35 | －0.32 | 0.43 | 1.70 | 3.52 | | | |
| *q－Oil*－7－6 | Sub－1 | 0.17 | －0.43 | 0.83 | 2.78 | －1.63 | | | | | |
| *q－Oil*－7－6 | Sub－2 | －0.39 | 0.51 | 0.79 | 1.00 | 0.73 | | | | | |
| *q－Oil*－9－4 | Sub－1 | 0.02 | －0.20 | 0.45 | 1.90 | －3.97 | －0.06 | 1.08 | | | |
| *q－Oil*－9－4 | Sub－4 | 0.04 | －0.22 | －0.08 | 0.53 | 1.44 | 0.45 | 0.07 | | | |
| *q－Oil*－10－4 | Sub－2 | 0.08 | －0.11 | 0.09 | 0.21 | －0.26 | －0.11 | －1.20 | | | |
| *q－Oil*－10－4 | Sub－3 | 0.03 | 0.02 | －0.06 | －0.02 | －0.85 | 1.65 | －1.05 | | | |
| *q－Oil*－13－4 | Sub－2 | 0.05 | 0.28 | －0.34 | 0.08 | －0.65 | －1.69 | | | | |
| *q－Oil*－13－4 | Sub－3 | －0.51 | 1.72 | 0.53 | 1.43 | －2.25 | －2.53 | | | | |
| *q－Oil*－13－4 | Sub－4 | 0.04 | －0.03 | －0.41 | 0.16 | 0.20 | －1.07 | | | | |
| *q－Oil*－15－7 | Sub－3 | 0.47 | －1.05 | －0.04 | －0.90 | －0.45 | －0.54 | －0.89 | －0.47 | | |
| *q－Oil*－15－7 | Sub－4 | －0.01 | 0.69 | －0.18 | －0.43 | －0.81 | －0.03 | 0.35 | －0.68 | | |
| *q－Oil*－16－5 | Sub－1 | －0.01 | 0.90 | | | | | | | | |
| *q－Oil*－16－5 | Sub－4 | －0.01 | 1.22 | | | | | | | | |
| *q－Oil*－17－8 | Sub－3 | 0.10 | 0.26 | －0.65 | 0.15 | －0.46 | 0.90 | －0.61 | | | |

续表 4-10

| QTL | 亚区 | 等位变异 | | | | | | | | | |
|---|---|---|---|---|---|---|---|---|---|---|---|
| | | a1 | a2 | a3 | a4 | a5 | a6 | a7 | a8 | a9 | a10 |
| *q-Oil*-17-8 | Sub-4 | -0.05 | 0.004 | -0.17 | 0.55 | -0.38 | 0.28 | 0.78 | | | |
| *q-Oil*-18-11 | Sub-2 | -0.24 | 0.01 | | | | | | | | |
| *q-Oil*-18-11 | Sub-3 | -0.47 | 0.02 | | | | | | | | |
| *q-Oil*-20-2 | Sub-1 | -0.08 | -0.15 | 0.19 | 0.67 | -0.12 | 0.89 | 0.58 | -0.70 | 0.21 | -0.31 |
| *q-Oil*-20-2 | Sub-2 | -0.15 | 0.09 | -0.16 | 0.08 | -0.56 | 1.48 | 2.16 | 0.48 | -0.13 | 1.24 |
| *q-Oil*-20-12 | Sub-1 | 0.03 | 0.15 | -0.68 | -0.35 | -0.61 | -0.07 | | | | |
| *q-Oil*-20-12 | Sub-2 | 0.12 | -0.08 | -0.36 | 0.69 | -1.25 | -1.16 | | | | |
| *q-Tpo*-4-1 | Sub-1 | -0.01 | -0.02 | 0.23 | -1.78 | 0.77 | 2.70 | | | | |
| *q-Tpo*-4-1 | Sub-2 | -0.15 | 0.05 | 0.37 | 0.26 | 0.05 | 1.46 | | | | |
| *q-Tpo*-8-13 | Sub-1 | 0.26 | -0.55 | 0.19 | 0.29 | | | | | | |
| *q-Tpo*-8-13 | Sub-3 | 0.02 | -0.27 | 0.33 | 0.15 | | | | | | |
| *q-Tpo*-11-5 | Sub-1 | -0.02 | 1.03 | | | | | | | | |
| *q-Tpo*-11-5 | Sub-2 | -0.03 | 1.49 | | | | | | | | |
| *q-Tpo*-13-8 | Sub-2 | 0.49 | -0.78 | -0.87 | -0.90 | 1.99 | | | | | |
| *q-Tpo*-13-8 | Sub-4 | -0.17 | 0.35 | -0.90 | 1.14 | 0.80 | | | | | |
| *q-Tpo*-19-6 | Sub-3 | -0.98 | 0.02 | | | | | | | | |
| *q-Tpo*-19-6 | Sub-4 | -0.36 | 0.01 | | | | | | | | |
| *q-Sw*-16-1 | Sub-2 | 0.18 | -0.64 | 2.60 | 2.13 | -2.10 | -3.03 | | | | |
| *q-Sw*-16-1 | Sub-4 | 0.14 | -0.13 | 0.53 | -0.18 | -1.45 | -1.56 | | | | |
| *q-Sw*-18-7 | Sub-2 | 0.14 | -0.72 | -0.57 | -2.49 | 0.26 | | | | | |
| *q-Sw*-18-7 | Sub-3 | -0.05 | 0.49 | 1.68 | -1.05 | -3.67 | | | | | |
| *q-Sw*-2-6 | Sub-2 | 0.21 | -0.71 | 1.11 | -1.49 | 1.37 | 0.76 | 3.33 | -4.13 | | |
| *q-Sw*-2-6 | Sub-3 | 0.01 | -0.51 | 0.87 | 0.32 | 0.30 | -1.48 | 3.39 | -1.63 | | |
| *q-Sw*-6-1 | Sub-1 | -0.48 | 0.40 | 0.75 | 0.45 | 1.39 | | | | | |
| *q-Sw*-6-1 | Sub-2 | -0.31 | 0.58 | 0.93 | -0.38 | -6.27 | | | | | |
| *q-Sw*-9-13 | Sub-1 | 0.20 | -0.15 | 0.58 | 0.20 | -0.30 | -1.47 | -7.28 | | | |
| *q-Sw*-9-13 | Sub-3 | 0.53 | -0.84 | 0.55 | 0.15 | 0.31 | -1.46 | -7.58 | | | |

注:红色字体表示该等位变异在不同生态亚区间效应值的正负不同。

# 第四节　东北大豆种质资源籽粒性状的重要 QTL 与区域

## 一、东北各亚区蛋白质含量的重要 QTL 与区域

蛋白质含量是大豆品种改良的重要目标,因此对该性状的遗传定位研究较多。本研究定位的 222 个位点中的 76% 均属于前人报道的 QTL 区间内,这一方面在一定程度上说明了本研究定位结

果的准确性,另一方面也说明了前人对该性状研究的重视。本研究定位中得到的新位点大部分贡献率较低,但也有一些解释率较高的位点。

依据 1 Mb 及 LD 水平合并后(由于 LD 水平合并的位点见表 4-11),东北各亚区共定位到 164 个控制蛋白质含量表达的位点/区域,20.73%(34)的位点在亚区出现,其中 11 个位点在 2 个以上的亚区出现。表 4-12 为解释率超 3% 的 21 个位点/区域,这些区域可能对东北地区大豆蛋白质含量的表达具有重要的作用。

对东北地区来说,位于 Chr 19 的 46.75 ~ 48.41 Mb 和 Chr 06 的 31.23 ~ 36.01 Mb 区域可能是对蛋白质含量性状具有重要影响的区域。其中前一个区域在东北所有地区均有表达,在南部地区对性状的影响更大,在 Sub-3 和 Sub-4 则高达 2.51% ~ 5.07%,而北部地区 Sub-1 和 Sub-2 解释率仅在 0.14% ~ 0.24%;后一个区域虽然没有在 Sub-2 定位到,但表现出在北部地区对性状的影响高于南部,其解释率从最北部 Sub-1 的 7.61% 降至 Sub-3 的 3.93%,而在 Sub-4 降至 0.46%,这两个位点/区域很好地体现了环境因素对位点表达的影响。其余位点/区域主要体现在特定的生态亚区内,虽然有些也在多个亚区间分布,但其在不同环境中的分布呈明显的偏向。如 Chr 10 的 40.72 ~ 41.63 Mb,该区域虽然也在 3 个亚区均有分布,但其在 Sub-1 的解释率高达 7.40%,而在其他亚区仅在 0.04% ~ 1.30%(表 4-12)。

**表 4-11 东北各亚区籽粒性状定位结果中 LD 高的 QTL**

| 性状 | QTL 1 | QTL 2 | 距离/bp | $D'$ | $R^2$/% |
|---|---|---|---|---|---|
| 蛋白质含量 | *q-Pro*-4-8 | *q-Pro*-4-11 | 3 760 286 | 0.89 | 0.60 |
| | *q-Pro*-4-8 | *q-Pro*-4-9 | 1 132 425 | 0.84 | 0.52 |
| | *q-Pro*-4-9 | *q-Pro*-4-11 | 2 493 051 | 0.90 | 0.62 |
| | *q-Pro*-6-2 | *q-Pro*-6-5 | 7 258 521 | 0.92 | 0.76 |
| | *q-Pro*-6-5 | *q-Pro*-6-6 | 2 146 802 | 0.95 | 0.53 |
| | *q-Pro*-6-2 | *q-Pro*-6-6 | 9 405 356 | 0.89 | 0.51 |
| | *q-Pro*-6-7 | *q-Pro*-6-12 | 4 564 823 | 0.93 | 0.75 |
| | *q-Pro*-16-4 | *q-Pro*-16-5 | 1 628 877 | 0.97 | 0.50 |
| | *q-Pro*-16-4 | *q-Pro*-16-6 | 10 887 549 | 0.84 | 0.61 |
| 油脂含量 | *q-Oil*-1-1 | *q-Oil*-1-2 | 32 986 | 0.97 | 0.58 |
| | *q-Oil*-7-3 | *q-Oil*-7-6 | 4 905 084 | 0.95 | 0.60 |
| | *q-Oil*-18-8 | *q-Oil*-18-14 | 17 668 589 | 0.80 | 0.53 |
| | *q-Oil*-18-9 | *q-Oil*-18-10 | 215 940 | 0.88 | 0.61 |
| | *q-Oil*-18-9 | *q-Oil*-18-12 | 4 759 163 | 0.88 | 0.55 |
| | *q-Oil*-18-10 | *q-Oil*-18-12 | 4 343 720 | 0.91 | 0.57 |
| 蛋脂总量 | *q-Tpo*-2-4 | *q-Tpo*-2-5 | 2 156 282 | 0.88 | 0.55 |
| | *q-Tpo*-2-4 | *q-Tpo*-2-8 | 5 920 298 | 0.92 | 0.64 |
| | *q-Tpo*-2-5 | *q-Tpo*-2-8 | 3 619 233 | 0.90 | 0.58 |
| | *q-Tpo*-3-2 | *q-Tpo*-3-5 | 3 625 325 | 0.94 | 0.59 |
| | *q-Tpo*-3-5 | *q-Tpo*-3-7 | 1 081 848 | 0.99 | 0.67 |
| | *q-Tpo*-6-6 | *q-Tpo*-6-8 | 2 954 904 | 0.90 | 0.64 |
| | *q-Tpo*-10-1 | *q-Tpo*-10-2 | 54 720 | 0.96 | 0.84 |
| | *q-Tpo*-10-1 | *q-Tpo*-14-10 | NA | 0.82 | 0.51 |
| | *q-Tpo*-10-2 | *q-Tpo*-14-10 | NA | 0.83 | 0.50 |

续表 4-11

| 性状 | QTL 1 | QTL 2 | 距离/bp | $D'$ | $R^2$/% |
|---|---|---|---|---|---|
| 百粒重 | *q-Sw*-9-1 | *q-Sw*-9-2 | 170 600 | 0.94 | 0.64 |
| | *q-Sw*-12-3 | *q-Sw*-12-4 | 101 655 | 0.93 | 0.51 |
| | *q-Sw*-14-7 | *q-Sw*-14-9 | 4 376 197 | 0.99 | 0.83 |
| | *q-Sw*-14-7 | *q-Sw*-14-10 | 5 145 464 | 0.99 | 0.78 |
| | *q-Sw*-14-9 | *q-Sw*-14-10 | 571 210 | 0.99 | 0.83 |
| | *q-Sw*-18-6 | *q-Sw*-20-6 | NA | 0.86 | 0.53 |
| | *q-Sw*-18-8 | *q-Sw*-18-9 | 4 942 002 | 0.88 | 0.54 |

**表 4-12　与蛋白质含量关联的重要染色体区域**

| 序号 | 与蛋白质含量关联的重要染色体区域/Mb | 含有的 QTL | 各亚区解释率/% | | | | 已报道 QTL(Seed protein) |
|---|---|---|---|---|---|---|---|
| | | | Sub-1 | Sub-2 | Sub-3 | Sub-4 | |
| 1 | 51.48 ~ 52.59(01) | *q-Pro*-1-10 ~ *q-Pro*-1-12 | | 3.61 | 0.24 | | 36-16 |
| 2 | 23.60 ~ 24.48(03) | *q-Pro*-3-4 ~ *q-Pro*-3-5 | | 5.80 | | 0.37 | |
| 3 | 43.34 ~ 46.49(03) | *q-Pro*-3-13 ~ *q-Pro*-3-17 | | 0.03 | 0.79 | 5.59 | 26-6 |
| 4 | 15.10 ~ 15.26(04) | *q-Pro*-4-5 | | | 3.04 | | 16-2 |
| 5 | 17.17 ~ 17.33(04) | *q-Pro*-4-6 | | 3.22 | | | 27-3 |
| 6 | 21.78 ~ 26.54(04) | *q-Pro*-4-7 ~ *q-Pro*-4-11 | | 0.53 | 0.50 | 3.76 | |
| 7 | 31.23 ~ 36.01(06) | *q-Pro*-6-7 ~ *q-Pro*-6-12 | 7.61 | | 3.93 | 0.46 | 40-1 |
| 8 | 8.44 ~ 8.63(09) | *q-Pro*-9-4 | | 3.84 | | | 37-5 |
| 9 | 43.18 ~ 43.36(09) | *q-Pro*-9-14 | | | 4.07 | | 36-29 |
| 10 | 40.72 ~ 41.63(10) | *q-Pro*-10-6 ~ *q-Pro*-10-8 | 7.40 | 0.04 | | 1.30 | 27-4 |
| 11 | 33.23 (11) | *q-Pro*-11-6 | 3.04 | 0.86 | 1.53 | | 36-4 |
| 12 | 29.48 ~ 29.65(13) | *q-Pro*-13-6 | 4.61 | | | | 36-16 |
| 13 | 40.82 ~ 40.86(15) | *q-Pro*-15-10 | | | 3.21 | | 36-4 |
| 14 | 10.19 ~ 21.08(16) | *q-Pro*-16-4 ~ *q-Pro*-16-6 | 3.84 | | | 0.15 | 13-1 |
| 15 | 31.91 ~ 31.91(16) | *q-Pro*-16-9 | | 3.32 | | | 36-4 |
| 16 | 15.72 ~ 15.78(17) | *q-Pro*-17-5 | | | | 3.49 | 35-3 |
| 17 | 32.67 ~ 32.80(17) | *q-Pro*-17-9 | 7.42 | | | | 37-8 |
| 18 | 35.77 ~ 35.84(17) | *q-Pro*-17-10 | | | | 4.59 | 34-6 |
| 19 | 46.75 ~ 48.41(19) | *q-Pro*-19-8 ~ *q-Pro*-19-13 | 0.24 | 0.14 | 2.51 | 5.07 | 28-1 |
| 20 | 8.02 ~ 8.21(20) | *q-Pro*-20-2 | | | 5.05 | | 21-6 |
| 21 | 40.45 ~ 41.26(20) | *q-Pro*-20-11 ~ *q-Pro*-20-12 | | 3.38 | | | |

注:表格中序号是按照染色体及其物理位置排序。蛋白质含量染色体重要区域括号外为染色体的物理位置,括号内为所在染色体。

## 二、东北各亚区油脂含量的重要 QTL 与区域

本书采用相同群体在不同生态条件下对该性状进行定位研究，共得到 204 个控制油脂含量的位点，其中 84% 的位点属于前人已报道位点。按照 1 Mb 及 LD 标准（高 LD 水平位点见表 4 – 11）对 QTL 进行合并后分析。合并后位点/区间为 154 个，其中 21 个位点/区域在特定亚区中的解释率达到 3% 以上，可能对油脂性状具有重要影响。

对东北地区大豆油脂含量有重要影响的位点/区域可能为 Chr 18 的 19.93 ~ 38.58 Mb 和 Chr 13 的 8.25 ~ 10.01 Mb 区域。前一个位点/区域在东北 4 个亚区均定位到，其解释率分布较为均匀且在 1% 以上，其中 Sub – 3 达到 3.24%。后一个位点虽然并未在 Sub – 1 中表达，但其在表达的亚区中解释率均在 3% 以上，在 Sub – 3 的解释率更高达 7.88%。其余的一些区域/位点主要在特定的亚区表达，其中的一些位点虽然在多个亚区定位到，但在特定生态亚区内对性状的贡献率更高。最典型的例子为 Chr 09 的 23.42 ~ 23.91 Mb 区域。该区域在 Sub – 1 中的表型解释率高达 10.02%，而在 Sub – 4 中的表型解释率仅为 1.77%（表 4 – 13）。

**表 4 – 13　与油脂含量关联的重要染色体区域**

| 序号 | 油脂性状重要染色体区域/Mb | 含有的 QTL | 各亚区解释率/% | | | | 已报道 QTL(Seed oil) |
|---|---|---|---|---|---|---|---|
| | | | Sub – 1 | Sub – 2 | Sub – 3 | Sub – 4 | |
| 1 | 24.34 ~ 24.48(03) | *q – Oil* – 3 – 8 | | 3.01 | | | 39 – 15 |
| 2 | 45.57 ~ 46.30(03) | *q – Oil* – 3 – 13 ~ *q – Oil* – 3 – 14 | 4.03 | 0.39 | | | 28 – 3 |
| 3 | 4.02 ~ 4.37(04) | *q – Oil* – 4 – 1 ~ *q – Oil* – 4 – 2 | | 4.99 | | | 39 – 3 |
| 4 | 11.62 ~ 11.66(04) | *q – Oil* – 4 – 3 | | 2.18 | 4.82 | | |
| 5 | 15.28 ~ 16.56(06) | *q – Oil* – 18 – 17 | | | 4.46 | 0.57 | 4 – 6 |
| 6 | 45.22 ~ 45.24(08) | *q – Oil* – 8 – 11 | 3.41 | | | | Seed oil plus protein 1 – 1 |
| 7 | 23.42 ~ 23.91(09) | *q – Oil* – 9 – 4 ~ *q – Oil* – 9 – 5 | 10.02 | | | 1.77 | 39 – 13 |
| 8 | 38.80 ~ 39.60(09) | *q – Oil* – 9 – 8 ~ *q – Oil* – 9 – 9 | | 0.58 | | 4.12 | 37 – 10 |
| 9 | 7.41 ~ 8.09(11) | *q – Oil* – 11 – 2 ~ *q – Oil* – 11 – 4 | | | 0.69 | 3.91 | 24 – 11 |
| 10 | 0.55 ~ 1.45(12) | *q – Oil* – 12 – 1 ~ *q – Oil* – 12 – 2 | 0.11 | | 5.01 | | 44 – 2 |
| 11 | 8.25 ~ 10.01(13) | *q – Oil* – 13 – 2 ~ *q – Oil* – 13 – 4 | | 4.34 | 7.88 | 3.35 | 24 – 25 |
| 12 | 6.71 ~ 6.90(15) | *q – Oil* – 15 – 1 | 4.00 | | | | 2 – 4 |
| 13 | 14.79 ~ 14.95(15) | *q – Oil* – 15 – 3 | | 3.47 | | | 39 – 8 |
| 14 | 3.96 ~ 5.14(17) | *q – Oil* – 17 – 2 ~ *q – Oil* – 17 – 4 | | | 0.15 | 3.74 | |
| 15 | 0.53 ~ 0.57(18) | *q – Oil* – 18 – 1 | | | | 3.77 | |
| 16 | 1.93 ~ 2.35(18) | *q – Oil* – 18 – 2 ~ *q – Oil* – 18 – 3 | | 3.51 | | 4.75 | 42 – 31 |
| 17 | 19.93 ~ 38.58(18) | *q – Oil* – 18 – 8 ~ *q – Oil* – 18 – 15 | 1.39 | 2.73 | 3.24 | 1.12 | 42 – 32 |
| 18 | 45.66 ~ 45.84(19) | *q – Oil* – 19 – 6 | 7.50 | | | | 43 – 26 |
| 19 | 2.93 ~ 3.00(20) | *q – Oil* – 20 – 1 | 5.75 | | | | 27 – 7 |
| 20 | 8.02 ~ 8.42(20) | *q – Oil* – 20 – 2 ~ *q – Oil* – 20 – 3 | 5.77 | 1.77 | | | mqseed oil – 019 |
| 21 | 41.36 ~ 41.37(20) | *q – Oil* – 20 – 9 | | 3.55 | | | 33 – 3 |

注：表格中序号是按照染色体及其物理位置排序。油脂含量染色体重要区域括号外为染色体的物理位置，括号内为所在染色体。

## 三、东北各亚区蛋脂总量的重要 QTL 与区域

大豆作为人类主要的蛋白质及油脂来源,这两个性状一直是大豆品质改良的重要内容。大量研究表明,这两个性状间呈一定程度的负相关,同时改良这两个性状的难度较大。因此,前人对由蛋白质含量和油脂含量构成的复合性状 - 蛋脂总量的定位研究较少。

本研究通过大规模的表型试验获得了较为理想的表型,尝试对该性状进行遗传解析。从结果看,本研究定位到多达 228 个控制该性状的位点。为了确定相对重要的影响该性状的位点,采用同生育前期分析的思路,确定较为重要的位点/区域(高 LD 位点信息见表 4 - 11)。经处理后,控制该性状的位点/区域降为 173 个,其中 30 个在多个区域出现。这些位点/区域中有 19 个在特定或多个生态亚区中的贡献率达到 3% 以上,是对该性状有重要影响的区域(表 4 - 14)。

对该性状影响最大的区域可能是 Chr 08 的 43. 39 ~ 44. 39 Mb 区域,该区域在 Sub - 1 ~ Sub - 3 的解释率几乎在 3% 及以上而在 Sub - 4 同时也有所表达,与该区域相邻的 46. 49 ~ 46. 99 Mb 的区域在 Sub - 1 ~ Sub - 3 亚区均有表达,且在 Sub - 1 的解释率达到 4. 90%。另外,也有些区域对部分生态亚区有所影响。如 Chr 04 的 3. 09 ~ 3. 29 Mb 区域虽然仅在 Sub - 1 和 Sub - 2 表达,但为这 2 个亚区内贡献率最高的位点。与该类位点相似的位点/区域还包括 Chr 20 的 8. 02 ~ 9. 04 Mb 及 Chr 07 的 10. 43 ~ 11. 21 Mb 区域。除了上述两类外,其余位点/区域主要在特定生态亚区表达,也有部分位点在多个亚区表达,但其在特定环境的解释率明显高于其他亚区(表 4 - 14)。

**表 4 - 14　与蛋脂总量关联的重要染色体区域**

| 序号 | 蛋脂总量性状重要染色体区域/Mb | 含有的 QTL | 各亚区解释率/% | | | | 已报道 QTL (Seed oil plus protein) |
|---|---|---|---|---|---|---|---|
| | | | Sub - 1 | Sub - 2 | Sub - 3 | Sub - 4 | |
| 1 | 21. 24 ~ 28. 13(02) | *q - Tpo* - 2 - 3 ~ *q - Tpo* - 2 - 8 | | 0. 46 | 0. 29 | 5. 50 | |
| 2 | 3. 09 ~ 3. 29(04) | *q - Tpo* - 4 - 1 | 10. 90 | 5. 84 | | | |
| 3 | 15. 54 ~ 15. 74(04) | *q - Tpo* - 4 - 3 | | | 4. 82 | | |
| 4 | 1. 26 ~ 2. 25(05) | *q - Tpo* - 5 - 1 ~ *q - Tpo* - 5 - 2 | 3. 45 | 0. 42 | | | |
| 5 | 32. 10 ~ 35. 71(06) | *q - Tpo* - 6 - 6 ~ *q - Tpo* - 6 - 9 | | 1. 30 | | 3. 52 | 1 - 2 |
| 6 | 10. 43 ~ 11. 21(07) | *q - Tpo* - 7 - 2 ~ *q - Tpo* - 7 - 3 | | 3. 65 | | 2. 48 | |
| 7 | 20. 62 ~ 21. 91(07) | *q - Tpo* - 7 - 5 ~ *q - Tpo* - 7 - 7 | | | | 4. 99 | |
| 8 | 26. 36 ~ 26. 51(07) | *q - Tpo* - 7 - 9 | | | 3. 76 | | |
| 9 | 43. 39 ~ 44. 39(08) | *q - Tpo* - 8 - 11 ~ *q - Tpo* - 8 - 13 | 2. 80 | 4. 41 | 3. 11 | 0. 49 | 1 - 1 |
| 10 | 46. 49 ~ 46. 99(08) | *q - Tpo* - 8 - 14 ~ *q - Tpo* - 8 - 16 | 4. 90 | 0. 08 | 1. 08 | | |
| 11 | 21. 75 ~ 21. 75(09) | *q - Tpo* - 9 - 2 | 5. 14 | | | | |
| 12 | 43. 18 ~ 43. 36(09) | *q - Tpo* - 9 - 6 | | | | 4. 30 | |
| 13 | 0. 96 ~ 1. 02(12) | *q - Tpo* - 12 - 1 | | | | 5. 29 | |
| 14 | 32. 32 ~ 32. 49(16) | *q - Tpo* - 16 - 6 | 4. 29 | | | | |
| 15 | 3. 23 ~ 3. 92(17) | *q - Tpo* - 17 - 2 ~ *q - Tpo* - 17 - 3 | | 3. 46 | | 0. 56 | |
| 16 | 7. 32 ~ 7. 50(18) | *q - Tpo* - 18 - 2 | | | 3. 19 | | |
| 17 | 36. 35 ~ 36. 55(18) | *q - Tpo* - 18 - 8 | | | 3. 58 | | |
| 18 | 22. 96 ~ 23. 06(19) | *q - Tpo* - 19 - 4 | | | 5. 71 | | |
| 19 | 8. 02 ~ 9. 04(20) | *q - Tpo* - 20 - 1 ~ *q - Tpo* - 20 - 2 | | 4. 84 | | 4. 15 | |

注:表格中序号是按照染色体及其物理位置排序。蛋脂总量性状重要染色体区域括号外为染色体的物理位置,括号内为所在染色体。

## 四、东北各亚区百粒重性状的重要 QTL 与区域

本研究采用分生态区定位的策略共定位到 199 个位点，其中 66.8% 的位点处于前人已经报道的位点区间内。按照 1 Mb 及高 LD 标准（表 4－11 为高 LD 水平位点）对该性状定位位点进行合并处理，从而确定重要区段。合并后位点降至 155 个，35 个位点/区域在多个亚区出现。表 4－15 中的 17 个位点/区域为本研究中解释率超 3% 的区域，这些区域可能对该性状的表达具有重要影响。

合并后的 155 个位点/区域中仅 3 个分布在 3 个亚区中，仅 Chr 13 的 26.85～26.93 Mb 在亚区间的贡献率超 3%。而除了该区域外，Chr 18 的 6.62～6.68 Mb 区域、Chr 09 的 43.18～43.36 Mb 及 Chr 06 的 0.72～0.85 Mb 区域对东北部分区域有重要影响。其中前两个区域在 Sub－1 和 Sub－3 亚区中对该性状影响更大，最高的解释率达 13.38%，而最低也达到 3.77%；最后一个区域则主要表达在 Sub－1 和 Sub－2 中。除此之外，其余位点区域虽然在多个亚区内表达，但主要表现在特定生态亚区内。

表 4－15　染色体中控制百粒重性状的重要区域

| 序号 | 百粒重性状的重要染色体区域/Mb | 含有的 QTL | 各亚区解释率/% | | | | 已报道 QTL (Seed weight) |
|---|---|---|---|---|---|---|---|
| | | | Sub－1 | Sub－2 | Sub－3 | Sub－4 | |
| 1 | 38.95～38.95(03) | *q－Sw－3－7～q－Sw－3－8* | | 3.63 | 0.33 | | 25－3 |
| 2 | 3.96～4.00(04) | *q－Sw－4－1～q－Sw－4－2* | | 2.46 | | 3.49 | 38－2 |
| 3 | 45.19～45.19(04) | *q－Sw－4－11* | | 11.31 | | | |
| 4 | 0.72～0.85(06) | *q－Sw－6－1* | 6.47 | 3.76 | | | |
| 5 | 1.97～1.97(06) | *q－Sw－6－2* | 3.71 | | | | |
| 6 | 43.18～43.36(09) | *q－Sw－9－13* | 6.97 | | 6.04 | | 27－3 |
| 7 | 3.03～3.18(10) | *q－Sw－10－2* | | | 4.27 | | |
| 8 | 22.59～22.59(10) | *q－Sw－10－5～q－Sw－10－6* | | 5.33 | | | |
| 9 | 8.57～8.76(11) | *q－Sw－11－3～q－Sw－11－4* | | 0.15 | | 6.69 | 25－2 |
| 10 | 26.85～26.93(13) | *q－Sw－13－5～q－Sw－13－8* | | 0.11 | 5.59 | 0.83 | 13－6 |
| 11 | 32.95～33.09(13) | *q－Sw－13－10* | 5.02 | | | | 45－6 |
| 12 | 19.63～19.83(15) | *q－Sw－15－4* | 8.19 | | | | 50－6 |
| 13 | 14.18～14.38(16) | *q－Sw－16－1* | | 4.69 | | 1.87 | |
| 14 | 6.62～6.68(18) | *q－Sw－18－2～q－Sw－18－4* | 13.38 | | 3.77 | | 15－4 |
| 15 | 36.87～37.07(18) | *q－Sw－18－11～q－Sw－18－12* | | | | 3.12 | cq Seed weight －001 |
| 16 | 12.73～12.73(19) | *q－Sw－19－4～q－Sw－19－5* | | 4.69 | | | 13－10 |
| 17 | 21.25～21.45(20) | *q－Sw－20－8* | | 3.08 | | | cq Seed weight －003 |

注：表格中序号是按照染色体及其物理位置排序。百粒重性状的重要染色体区域括号外为染色体的物理位置，括号内为所在染色体。

## 五、东北各亚区籽粒性状的重要 QTL 与区域

大豆籽粒性状作为大豆重要的育种指标，前人对该类性状进行了较多的研究。由于这 4 个性状

间存在较为紧密的联系，本研究通过对定位得到的控制各性状位点进行分析，寻找染色体中对该类性状有重要影响的区域。表4-16为对籽粒性状控制位点的描述统计，本研究对东北4个生态亚区的4个籽粒性状进行检测。本研究共定位到801个控制该类性状的位点，其中6.12%的位点存在一因多效的现象，这些位点中的83.67%仅检测到2次，而Gm11_33229137检测到5次。将这些位点按照LD及物理位置进行处理后（LD位点见表4-17），这些位点可归为275个区域，61.09%检测到多次，54.18%的区域存在一因多效。其中检测到7次以上的位点/区域为19个，且几乎均在四类籽粒性状中检测到，占一因多效中的12.75%，这些区域可能对籽粒性状具有重要影响（表4-16）。

将所有籽粒性状定位结果放在一起有助于我们找到对该类性状有持续影响的区域。如表4-18确定的重要区段几乎均对所有籽粒性状产生影响，而在单独检验时很难发现这种现象。如东北地区籽粒性状最为重要的区域为Chr 16的7.74~21.94 Mb区域，该区域在本研究检测的16次中共检测到13次，对本研究涉及的籽粒性状均有影响。该区域在单独检测时虽然在蛋白质性状中检测到，但并非特别突出的区域，其贡献率在Sub-1中仅为3.84%，而在Sub-4只有0.15%。由于该类性状在大豆研究中并未确定相关功能的基因，本节对这些区域可能包含的候选基因不作分析。

**表4-16　多次检测到的籽粒性状QTL位点次数统计**

| 分类 | 类型 | 次数 | | | | | | 总计 |
|---|---|---|---|---|---|---|---|---|
| | | 1 | 2 | 3 | 4 | 5~6 | 7~13 | |
| 位点 | 一因多效 | | 41(83.67b) | 5(10.20b) | 2(4.08b) | 1(2.04b) | | 49(6.12a) |
| | 特定效应 | 730(97.07b) | 21(2.79b) | 1(0.13b) | | | | 752(93.88a) |
| | 总计 | 730(91.13b) | 62(7.74b) | 6(0.75b) | 2(0.25b) | 1(0.12b) | | 801 |
| 染色体区域 | 一因多效 | | 45(30.20b | 34(22.82b) | 27(18.12b) | 24(16.11b) | 19(12.75b) | 149(54.18a) |
| | 特定效应 | 107(84.92b) | 18(14.28b) | 1(0.79b) | | | | 126(45.82a) |

**表4-17　东北及各亚区籽粒相关性状中高LD水平的位点**

| 位点1 | 位点2 | 距离/bp | $D'$ | $R^2$/% |
|---|---|---|---|---|
| Gm01_BLOCK_423351_495422 | Gm01_528408 | 105 057 | 0.97 | 0.58 |
| Gm02_BLOCK_21907486_22103711 | Gm02_BLOCK_28552871_28747617 | 6 645 385 | 0.96 | 0.63 |
| Gm02_BLOCK_21907486_22103711 | Gm02_BLOCK_28024009_28132494 | 6 116 523 | 0.92 | 0.64 |
| Gm02_BLOCK_21907486_22103711 | Gm02_BLOCK_24259993_24404776 | 2 352 507 | 0.88 | 0.55 |
| Gm02_BLOCK_24259993_24404776 | Gm02_BLOCK_28552871_28747617 | 4 292 878 | 0.90 | 0.55 |
| Gm02_BLOCK_24259993_24404776 | Gm02_BLOCK_28024009_28132494 | 3 764 016 | 0.90 | 0.58 |
| Gm02_BLOCK_28024009_28132494 | Gm02_BLOCK_28552871_28747617 | 528 862 | 0.98 | 0.67 |
| Gm03_BLOCK_10191299_10265762 | Gm03_BLOCK_13891087_13897848 | 3 699 788 | 0.94 | 0.59 |
| Gm03_BLOCK_13891087_13897848 | Gm03_BLOCK_15722746_15921368 | 1 831 659 | 0.96 | 0.55 |
| Gm03_BLOCK_13891087_13897848 | Gm03_BLOCK_14979696_15028928 | 1 088 609 | 0.99 | 0.67 |
| Gm03_BLOCK_27345535_27533548 | Gm03_BLOCK_27776188_27969356 | 430 653 | 0.96 | 0.52 |
| Gm04_BLOCK_3959848_3999358 | Gm04_BLOCK_4020845_4111149 | 60 997 | 0.94 | 0.61 |
| Gm04_BLOCK_10490899_10617426 | Gm04_BLOCK_11621710_11663458 | 1 130 811 | 0.96 | 0.52 |

续表 4－17

| 位点 1 | 位点 2 | 距离/bp | $D'$ | $R^2/\%$ |
|---|---|---|---|---|
| Gm04_BLOCK_15100871_15263324 | Gm04_BLOCK_15539474_15739342 | 438 603 | 0. 94 | 0. 55 |
| Gm04_BLOCK_18716355_18768008 | Gm04_BLOCK_22386887_22584399 | 3 670 532 | 0. 85 | 0. 59 |
| Gm04_BLOCK_18716355_18768008 | Gm04_BLOCK_26344685_26544600 | 7 628 330 | 0. 86 | 0. 54 |
| Gm04_BLOCK_18716355_18768008 | Gm04_BLOCK_29936232_30004557 | 11 219 877 | 0. 89 | 0. 64 |
| Gm04_BLOCK_22386887_22584399 | Gm04_BLOCK_23716824_23851634 | 1 329 937 | 0. 84 | 0. 52 |
| Gm04_BLOCK_22386887_22584399 | Gm04_BLOCK_23925558_24124761 | 1 538 671 | 0. 89 | 0. 50 |
| Gm04_BLOCK_22386887_22584399 | Gm04_BLOCK_26344685_26544600 | 3 957 798 | 0. 89 | 0. 60 |
| Gm04_BLOCK_22386887_22584399 | Gm04_BLOCK_29936232_30004557 | 7 549 345 | 0. 88 | 0. 64 |
| Gm04_BLOCK_23716824_23851634 | Gm04_BLOCK_23925558_24124761 | 208 734 | 0. 90 | 0. 51 |
| Gm04_BLOCK_23716824_23851634 | Gm04_BLOCK_26344685_26544600 | 2 627 861 | 0. 90 | 0. 62 |
| Gm04_BLOCK_23716824_23851634 | Gm04_BLOCK_29936232_30004557 | 6 219 408 | 0. 83 | 0. 51 |
| Gm04_BLOCK_23925558_24124761 | Gm04_BLOCK_26344685_26544600 | 2 419 127 | 0. 93 | 0. 58 |
| Gm04_BLOCK_26344685_26544600 | Gm04_BLOCK_29936232_30004557 | 3 591 547 | 0. 86 | 0. 56 |
| Gm06_16335101 | Gm06_BLOCK_16362772_16558286 | 27 671 | 0. 93 | 0. 55 |
| Gm06_BLOCK_20393269_20395450 | Gm06_BLOCK_25729315_25749267 | 5 336 046 | 0. 94 | 0. 77 |
| Gm06_BLOCK_20393269_20395450 | Gm06_BLOCK_27653971_27654004 | 7 260 702 | 0. 92 | 0. 76 |
| Gm06_BLOCK_20393269_20395450 | Gm06_BLOCK_29800806_29814664 | 9 407 537 | 0. 89 | 0. 51 |
| Gm06_BLOCK_25729315_25749267 | Gm06_BLOCK_27653971_27654004 | 1 924 656 | 0. 95 | 0. 85 |
| Gm06_BLOCK_25729315_25749267 | Gm06_BLOCK_29800806_29814664 | 4 071 491 | 0. 98 | 0. 54 |
| Gm06_BLOCK_25729315_25749267 | Gm06_BLOCK_31767165_31893661 | 6 037 850 | 0. 96 | 0. 50 |
| Gm06_BLOCK_25729315_25749267 | Gm06_BLOCK_32401434_32601186 | 6 672 119 | 0. 97 | 0. 51 |
| Gm06_BLOCK_27653971_27654004 | Gm06_BLOCK_29800806_29814664 | 2 146 835 | 0. 95 | 0. 53 |
| Gm06_BLOCK_31225477_31246736 | Gm06_BLOCK_32192297_32290453 | 966 820 | 0. 99 | 0. 75 |
| Gm06_BLOCK_31225477_31246736 | Gm06_BLOCK_35245357_35445068 | 4 019 880 | 0. 93 | 0. 75 |
| Gm06_BLOCK_31225477_31246736 | Gm06_BLOCK_35811559_36006969 | 4 586 082 | 0. 93 | 0. 75 |
| Gm06_BLOCK_32192297_32290453 | Gm06_BLOCK_35245357_35445068 | 3 053 060 | 0. 90 | 0. 64 |
| Gm06_BLOCK_32192297_32290453 | Gm06_BLOCK_35811559_36006969 | 3 619 262 | 0. 90 | 0. 64 |
| Gm06_BLOCK_35245357_35445068 | Gm06_BLOCK_35811559_36006969 | 566 202 | 0. 99 | 0. 85 |
| Gm07_BLOCK_21032126_21132098 | Gm07_BLOCK_26037182_26064892 | 5 005 056 | 0. 95 | 0. 60 |
| Gm09_591096 | Gm09_761696 | 170 600 | 0. 94 | 0. 64 |
| Gm10_BLOCK_13770198_13889339 | Gm10_BLOCK_25102717_25209340 | 11 332 519 | 0. 95 | 0. 60 |
| Gm10_BLOCK_14945925_15143034 | Gm10_BLOCK_15197754_15376142 | 251 829 | 0. 96 | 0. 84 |
| Gm10_BLOCK_14945925_15143034 | Gm14_BLOCK_25590436_25590478 | NA | 0. 82 | 0. 51 |
| Gm10_BLOCK_15197754_15376142 | Gm14_BLOCK_25590436_25590478 | NA | 0. 83 | 0. 50 |
| Gm12_BLOCK_24578513_24778247 | Gm12_BLOCK_24879902_24988026 | 301 389 | 0. 93 | 0. 51 |
| Gm13_32953250 | Gm13_BLOCK_32953388_33091154 | 138 | 0. 95 | 0. 61 |
| Gm14_BLOCK_5558127_5573936 | Gm14_BLOCK_6318288_6349711 | 760 161 | 0. 80 | 0. 61 |

续表 4-17

| 位点 1 | 位点 2 | 距离/bp | $D'$ | $R^2/\%$ |
|---|---|---|---|---|
| Gm14_35625289 | Gm14_BLOCK_37496231_37638988 | 1 870 942 | 0.98 | 0.92 |
| Gm14_35625289 | Gm14_BLOCK_40001486_40199543 | 4 376 197 | 0.99 | 0.83 |
| Gm14_35625289 | Gm14_BLOCK_40770753_40789611 | 5 145 464 | 0.99 | 0.78 |
| Gm14_BLOCK_37496231_37638988 | Gm14_BLOCK_40001486_40199543 | 2 505 255 | 0.97 | 0.78 |
| Gm14_BLOCK_37496231_37638988 | Gm14_BLOCK_40770753_40789611 | 3 274 522 | 0.97 | 0.74 |
| Gm14_BLOCK_40001486_40199543 | Gm14_BLOCK_40770753_40789611 | 769 267 | 0.90 | 0.69 |
| Gm15_BLOCK_17786667_17985852 | Gm15_BLOCK_19628049_19827061 | 1 841 382 | 0.93 | 0.66 |
| Gm15_BLOCK_20834193_21031263 | Gm15_BLOCK_26877819_27076096 | 6 043 626 | 0.90 | 0.55 |
| Gm16_BLOCK_8934627_9134622 | Gm16_10194673 | 1 260 046 | 0.90 | 0.70 |
| Gm16_BLOCK_8934627_9134622 | Gm16_BLOCK_14182979_14375027 | 5 248 352 | 0.89 | 0.56 |
| Gm16_10194673 | Gm16_BLOCK_11823550_12020947 | 1 628 877 | 0.97 | 0.50 |
| Gm16_10194673 | Gm16_BLOCK_14182979_14375027 | 3 988 306 | 0.97 | 0.71 |
| Gm16_10194673 | Gm16_BLOCK_21082222_21082378 | 10 887 549 | 0.84 | 0.61 |
| Gm17_23976616 | Gm17_BLOCK_32666099_32803174 | 8 689 483 | 0.92 | 0.56 |
| Gm17_23976616 | Gm17_BLOCK_33705742_33708112 | 9 729 126 | 0.90 | 0.54 |
| Gm18_BLOCK_14110011_14113815 | Gm20_BLOCK_16567928_16767902 | NA | 0.86 | 0.53 |
| Gm18_19932464 | Gm18_BLOCK_37601053_37601059 | 17 668 589 | 0.80 | 0.53 |
| Gm18_BLOCK_29316738_29490100 | Gm18_BLOCK_30262406_30320853 | 945 668 | 0.86 | 0.52 |
| Gm18_BLOCK_29316738_29490100 | Gm18_BLOCK_30536793_30736296 | 1 220 055 | 0.90 | 0.57 |
| Gm18_BLOCK_29316738_29490100 | Gm18_BLOCK_34432102_34631930 | 5 115 364 | 0.88 | 0.54 |
| Gm18_BLOCK_29316738_29490100 | Gm18_BLOCK_35080016_35250643 | 5 763 278 | 0.90 | 0.52 |
| Gm18_BLOCK_29316738_29490100 | Gm18_BLOCK_35833360_36027902 | 6 516 622 | 0.86 | 0.51 |
| Gm18_BLOCK_30262406_30320853 | Gm18_BLOCK_30536793_30736296 | 274 387 | 0.88 | 0.61 |
| Gm18_BLOCK_30262406_30320853 | Gm18_BLOCK_34432102_34631930 | 4 169 696 | 0.85 | 0.55 |
| Gm18_BLOCK_30262406_30320853 | Gm18_BLOCK_35080016_35250643 | 4 817 610 | 0.88 | 0.55 |
| Gm18_BLOCK_30536793_30736296 | Gm18_BLOCK_34432102_34631930 | 3 895 309 | 0.96 | 0.66 |
| Gm18_BLOCK_30536793_30736296 | Gm18_BLOCK_35080016_35250643 | 4 543 223 | 0.91 | 0.57 |
| Gm18_BLOCK_30536793_30736296 | Gm18_BLOCK_35833360_36027902 | 5 296 567 | 0.87 | 0.54 |
| Gm18_BLOCK_30536793_30736296 | Gm18_BLOCK_36349374_36546130 | 5 812 581 | 0.97 | 0.51 |
| Gm18_BLOCK_34432102_34631930 | Gm18_BLOCK_35080016_35250643 | 647 914 | 0.89 | 0.54 |
| Gm18_BLOCK_34432102_34631930 | Gm18_BLOCK_35833360_36027902 | 1 401 258 | 0.87 | 0.53 |
| Gm18_BLOCK_34432102_34631930 | Gm18_BLOCK_36349374_36546130 | 1 917 272 | 1.00 | 0.50 |
| Gm18_BLOCK_36349374_36546130 | Gm18_BLOCK_36869476_37069240 | 520 102 | 0.99 | 0.67 |
| Gm18_BLOCK_36349374_36546130 | Gm18_BLOCK_37130417_37290676 | 781 043 | 0.92 | 0.65 |
| Gm18_BLOCK_36869476_37069240 | Gm18_BLOCK_37130417_37290676 | 260 941 | 0.91 | 0.59 |
| Gm19_BLOCK_11916953_11916959 | Gm19_12733860 | 816 907 | 0.93 | 0.86 |
| Gm19_47645880 | Gm19_47890147 | 244 267 | 0.77 | 0.51 |
| Gm20_BLOCK_25146582_25146638 | Gm20_BLOCK_26034448_26053854 | 887 866 | 0.82 | 0.60 |

表 4－18　控制籽粒性状的重要染色体区域

| 序号 | 籽粒性状的重要染色体区域/Mb | 位点数目 | 性状解释率/% | | | | 各生育期性状重要区域/Mb |
|---|---|---|---|---|---|---|---|
| | | | *Sw* | *Pro* | *Oil* | *Tpo* | |
| 1 | 38.57～47.29(03) | 18 | 3(0.12～3.63) | 3(0.03～5.87) | 4(0.39～4.03) | 2(1.19～1.48) | 43.34～46.49(03,*Pro*),<br>45.57～46.30(03,*Oil*),<br>38.95～38.95(03,*Sw*) |
| 2 | 13.77～26.24(10)<br>25.59～25.59(14) | 18 | 3(0.50～5.33) | 3(0.08～1.26) | 3(0.41～1.91) | 3(1.05～1.63) | 22.59～22.59(10,*Sw*) |
| 3 | 7.74～21.94(16) | 12 | 3(0.18～4.69) | 3(0.12～3.84) | 4(0.12～2.61) | 3(0.06～1.85) | 10.19～21.08(16,*Pro*) |
| 4 | 19.93～38.58(18) | 18 | 3(0.72～6.62) | 3(0.51～1.81) | 4(1.12～3.24) | 1(3.58～3.58) | 19.93～38.58(18,*Oil*),<br>36.35～36.55(18,*Tpo*),<br>36.87～37.07(18,*Sw*) |

注:表格中序号是按照染色体及其物理位置排序。籽粒相关性状重要染色体区域列中括号为染色体数,如7.74～21.94(16)表示16号染色体上7.74～21.94 Mb区域。位点列表示该区域所包含的QTL数目。性状解释率列中*Sw*、*Pro*、*Oil*、*Tpo*分别表示百粒重、蛋白质含量、油脂含量、蛋脂总量。性状解释率列中数据括号外为检测到的次数,括号内为贡献率的范围,如*Sw*列中3(0.18～4.69)表示该区域在*Sw*性状中检测到3次,其贡献率分布在0.18%～4.69%。

# 第五节　籽粒性状QTL－等位变异体系的建立和应用

## 一、蛋白质含量QTL－等位变异体系的建立和应用

### (一)蛋白质含量QTL－等位变异体系的建立

图4－3为各生态亚区蛋白质含量QTL－等位变异效应值分布图,表4－19为各亚区内控制该性状QTL的等位变异在不同熟期组的分布。从图4－3可知,相同QTL内等位变异的效应值存在较大程度的差异。虽然不同亚区内定位得到的等位变异数目及变幅有所差异,但呈现的规律相似。从等位变异效应值的分布看,各亚区内及熟期组内正负等位变异数目虽然略有差异,但差异等位变异的效应值主要集中在－1.0～0.6间;不同熟期组及群体内等位变异的分布基本呈现正态分布,效应值在±2.6之外的数目较少(表4－19)。而各熟期组内仅含有定位结果中部分等位变异,因此各组均可从其他熟期组内引入等位变异从而进一步改进目标性状,培育出蛋白质含量更高的品种。

各亚区内定位得到位点中的等位变异数目虽然存在较大的差异,但在各亚区及熟期组内的分布均呈正态。各亚区内负效与正效等位变异数目接近。其他亚区在定位研究时为降低定位误差仅使用了部分东北大豆种质资源群体内的材料,而Sub－4则使用了完整的东北大豆种质资源群体。在蛋白质性状等位变异的研究中以Sub－4进行相关分析。

Sub－4中共定位到243个等位变异,效应值分布在－3.01%～4.52%,其中仅8个效应值在±2.6%之外。从效应值看,这些总体及分布在各熟期组内所含有的正负等位变异数目虽略有差异但相差不大,如定位的243个等位变异中123个为负效,而120个为正效等位变异(表4－19)。从等位变异数目及其分布、变幅及效应值超－0.02及0.022的数目可知,各熟期组在该性状上有进一步改良的空间,例如,MG000、MG00中有46～83个控制该性状的等位变异丢失。从效应值的角度

看,虽然除 MG000 外,其余各熟期组内几乎包含了所有超 2.6% 的等位变异,但同时也包含了几乎所有的 -2.6% 的等位变异,因此,排除更多负效等位变异可能对改良该性状更为有效。而对 MG000,该熟期组可通过引入其他熟期组内的大效应正效等位变异和排除更多负效等位变异进行相关改良。

通过以上分析可知,虽然东北各亚区内定位得到的 QTL 及其等位变异的数目及效应值有所差异,但其在群体及各熟期组分布规律相同。

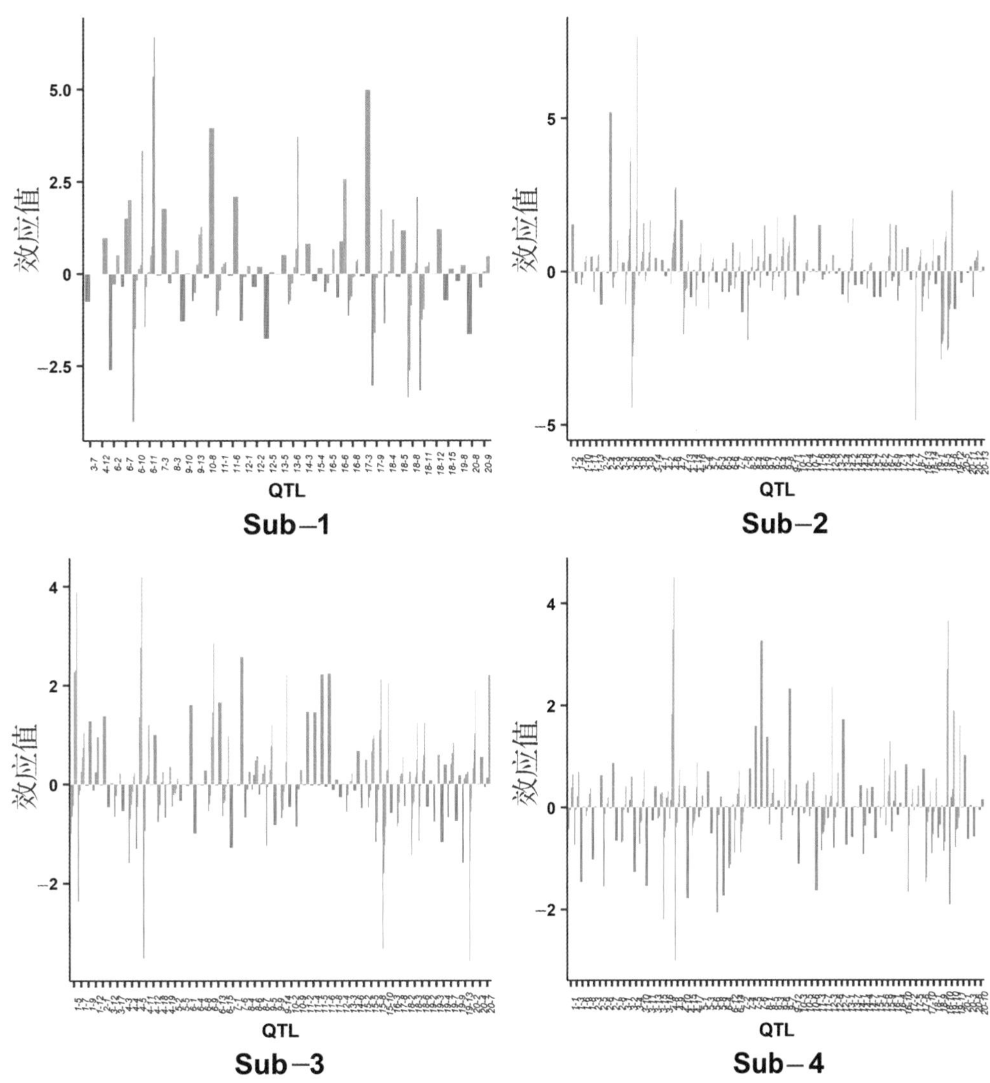


图 4-3　东北各亚区蛋白质含量 QTL-等位变异效应值

表 4－19　东北各亚区蛋白质含量 QTL－等位变异在各熟期组的分布

| 亚区 | 熟期组 | 组中值/% | | | | | | | | | 总计 | 变幅/% |
|---|---|---|---|---|---|---|---|---|---|---|---|---|
| | | <－2.6 | －2.2 | －1.4 | －0.6 | 0.2 | 1 | 1.8 | 2.6 | >3.0 | | |
| Sub－1 | MG000 | 1 | 0 | 4 | 18 | 42 | 6 | 4 | 0 | 4 | 79(39,40) | －3.17～5.35 |
| | MG00 | 4 | 0 | 7 | 22 | 46 | 7 | 5 | 0 | 3 | 94(49,45) | －3.35～4.98 |
| | MG0 | 6 | 0 | 11 | 24 | 50 | 12 | 7 | 1 | 6 | 117(57,60) | －4.00～6.43 |
| | MG Ⅰ | 4 | 0 | 10 | 24 | 49 | 11 | 7 | 1 | 4 | 110(54,56) | －4.00～6.43 |
| | MG Ⅱ | 4 | 0 | 5 | 22 | 49 | 10 | 5 | 1 | 3 | 99(47,52) | －3.17～4.98 |
| | MG Ⅲ | 2 | 0 | 5 | 21 | 45 | 10 | 3 | 1 | 3 | 90(44,46) | －3.03～3.97 |
| | 总计 | 6 | 0 | 11 | 24 | 50 | 12 | 7 | 1 | 6 | 117(57,60) | －4.00～6.43 |
| Sub－2 | MG000 | 1 | 4 | 5 | 33 | 100 | 13 | 4 | 3 | 2 | 165(82,83) | －2.78～5.20 |
| | MG00 | 2 | 7 | 6 | 38 | 116 | 21 | 6 | 2 | 2 | 200(97,103) | －2.90～4.07 |
| | MG0 | 5 | 7 | 12 | 52 | 124 | 25 | 12 | 5 | 4 | 246(120,126) | －4.87～7.68 |
| | MG Ⅰ | 3 | 6 | 8 | 48 | 118 | 22 | 8 | 5 | 4 | 222(108,114) | －4.46～7.68 |
| | MG Ⅱ | 3 | 6 | 8 | 43 | 112 | 20 | 9 | 5 | 3 | 209(103,106) | －2.90～5.20 |
| | MG Ⅲ | 3 | 6 | 6 | 39 | 104 | 15 | 6 | 4 | 2 | 185(94,91) | －4.87～7.68 |
| | 总计 | 5 | 7 | 12 | 52 | 124 | 27 | 12 | 5 | 4 | 248(120,128) | －4.87～7.68 |
| Sub－3 | MG000 | 0 | 1 | 4 | 34 | 86 | 13 | 3 | 5 | 0 | 146(72,74) | －2.37～2.86 |
| | MG00 | 2 | 1 | 8 | 44 | 98 | 17 | 3 | 7 | 0 | 180(90,90) | －3.58～2.86 |
| | MG0 | 3 | 1 | 12 | 56 | 108 | 23 | 8 | 9 | 1 | 221(108,113) | －3.58～4.19 |
| | MG Ⅰ | 2 | 1 | 9 | 52 | 102 | 20 | 5 | 5 | 2 | 198(99,99) | －3.51～4.19 |
| | MG Ⅱ | 2 | 1 | 11 | 44 | 98 | 14 | 5 | 5 | 2 | 182(92,90) | －3.51～4.19 |
| | MG Ⅲ | 2 | 1 | 9 | 42 | 94 | 13 | 4 | 3 | 2 | 170(87,83) | －3.51～4.19 |
| | 总计 | 3 | 1 | 12 | 56 | 108 | 23 | 8 | 9 | 2 | 222(108,114) | －3.58～4.19 |
| Sub－4 | MG000 | 0 | 0 | 4 | 33 | 113 | 6 | 1 | 1 | 2 | 160(74,86) | －1.79～3.65 |
| | MG00 | 0 | 3 | 6 | 42 | 127 | 12 | 3 | 2 | 2 | 197(94,103) | －2.20～4.52 |
| | MG0 | 1 | 3 | 14 | 59 | 129 | 22 | 5 | 3 | 4 | 240(121,119) | －3.01～4.52 |
| | MG Ⅰ | 1 | 2 | 10 | 56 | 126 | 16 | 3 | 0 | 2 | 216(112,104) | －3.01～4.52 |
| | MG Ⅱ | 1 | 2 | 8 | 47 | 123 | 14 | 4 | 2 | 4 | 205(102,103) | －3.01～4.52 |
| | MG Ⅲ | 1 | 2 | 3 | 43 | 119 | 11 | 3 | 2 | 2 | 186(92,94) | －3.01～4.52 |
| | 总计 | 1 | 3 | 14 | 61 | 130 | 22 | 5 | 3 | 4 | 243(123,120) | －3.01～4.52 |

注：总计栏的括号内前面数字为负效等位变异数，后一数字为正效等位变异数。

## （二）蛋白质含量 QTL－等位变异体系的应用

由第二章分析可知，各熟期组均培育出籽粒性状差异较大的品种且不同熟期组间籽粒性状的绝对差异极小，因此进一步分析该类性状在熟期组间遗传分化动力的意义不大。而从第一章分析可知，东北大豆随着种植区域的扩展逐渐分布在辽河流域、松花江流域和高寒地区且各区域的遗传基础逐渐产生分化，其中松花江流域为东北其他亚区提供了主要的遗传基础。辽河流域大致相当于 Sub－4，松花江流域大致相当于 Sub－2，高寒地区大致相当于 Sub－1，Sub－3 大体接近松花江流域［该亚区自然环境恶劣（该地区处于苏打盐碱地集中区且降水量偏低），大豆种植业发展较晚］。基于此，本研究以 QTL－等位变异体系探究 Sub－2 亚区与其他亚区间的遗传分化动力，明确籽粒性状在亚区间人工选择机制，为促进东北各亚区间种质资源交流、进一步改良该类性状提供理论基础。

由于不同亚区定位时为降低误差所采用的品种数目差异较大，同时各亚区定位得到的等位变异的分布规律类似，本研究对籽粒性状亚区间遗传分化动力分析及亚区间差异重要的 QTL 及候选基因分析均采用 Sub－4 亚区定位的 QTL。

1. 东北大豆蛋白质性状在亚区间遗传分化动力分析

表 4－20 为各 QTL 内等位变异在 Sub－2 亚区与其他亚区间变化情况。从结果看，Sub－2、Sub－4、Sub－3 与 Sub－1 分别有 243（“－”vs“＋”＝123 vs 120）、181（“－”vs“＋”＝89 vs 92）、185（“－”vs“＋”＝94 vs 91）、213（“－”vs“＋”＝105 vs 108）个等位变异。该结果表明 Sub－2 和 Sub－1 在蛋白质含量性状的遗传基础较为宽广，Sub－3 与 Sub－4 则较为狭窄。该结果可能与东北大豆生产与育种历史及现状有关。由第一章分析可知，Sub－1 与 Sub－2 为东北地区 1920 年之后的大豆生产重心，该阶段采用科学育种，育种活动频繁；而 Sub－4 作为东北地区大豆生产重心时（1920 之前）生产采用的是地方品种。

将 Sub－4、Sub－3、Sub－1 与 Sub－2 相比，各亚区分别有 181（“－”vs“＋”＝89 vs 92）、185（“－”vs“＋”＝94 vs 91）、213（“－”vs“＋”＝105 vs 108）个为 Sub－2 中分布的等位变异，这些等位变异分布在 71 个 QTL 中；同时也分别有 62（来源于 49 个 QTL，“－”vs“＋”＝34 vs 28）、58（来源于 42 个 QTL，“－”vs“＋”＝29 vs 29）和 30（来源于 26 个 QTL，“－”vs“＋”＝18 vs 12）个被排除；各亚区未有新生等位变异（表 4－20）。比较其他亚区与 Sub－2 的等位变异，Sub 4－3－1 共拥有 236 个等位变异，其中 146 个等位变异直接来源于 Sub－2，而来源于 59 个 QTL 的 97 个等位变异在其他亚区间则发生了汰除，未有任何新生等位变异出现在其他亚区间（表 4－20）。

通过以上分析可知，Sub－2 亚区有控制蛋白质性状表达的所有等位变异，而其他亚区与之相比，遗传分化最大的动力为 Sub－2 中原有等位变异的继承，占该性状遗传构成的 60.08%（146/243）。其次则为育种过程中汰除 Sub－2 中的等位变异，占 39.91%（97/243），因此汰除等位变异及其引起的重组为不同生态亚区间遗传差异的第二遗传动力。

分析各亚区所拥有的正负等位变异，各亚区分布的正负等位变异数目相近，但发生汰除的等位变异中负效数目略高于正效。该结果表明，该性状在各亚区并未受到直接选择，正负等位变异受到相似的选择压力，但呈现汰除更多负效等位变异的趋势。

**表 4－20　东北种质资源群体中 Sub－2 与其他亚区的蛋白质含量性状等位变异变化**

| QTL | a1 | a2 | a3 | a4 | a5 | a6 | a7 | a8 | a9 | QTL | a1 | a2 | a3 | a4 | a5 | a6 | a7 | a8 | a9 |
|---|---|---|---|---|---|---|---|---|---|---|---|---|---|---|---|---|---|---|---|
| *q-Pro*-1-1 | | | | xy | | | | | | *q-Pro*-9-6 | xy | | | y | | | | | |
| *q-Pro*-1-3 | | | | xy | | | | | | *q-Pro*-9-7 | | xy | | | | | | | |
| *q-Pro*-1-6 | x z | | | | | | | | | *q-Pro*-9-12 | y | | y | y | | | | | |
| *q-Pro*-1-8 | | | xy | | x | | | | | *q-Pro*-10-3 | xy | | | | | | | | |
| *q-Pro*-2-3 | x | | | | | | | | | *q-Pro*-10-5 | | | | yz | | | | | |
| *q-Pro*-2-5 | | xyz | | | | | | | | *q-Pro*-10-6 | x | | xy | | | | | | |
| *q-Pro*-2-6 | xy | | xyz | | | | | | | *q-Pro*-11-3 | xy | | | | | | | | |
| *q-Pro*-2-7 | | y | | | | | | | | *q-Pro*-11-7 | z | | x | | | | | | |
| *q-Pro*-2-8 | xy | | | | | | | | | *q-Pro*-12-3 | x z | x | | | | | | | |
| *q-Pro*-3-1 | x z | x | | | | | | | | *q-Pro*-12-6 | x | | | x | | | | | |
| *q-Pro*-3-2 | | x | | | | | | | | *q-Pro*-12-7 | | xy | | | | | | | |
| *q-Pro*-3-4 | x | | | | | | | | | *q-Pro*-13-1 | yz | | | | | | | | |
| *q-Pro*-3-10 | xyz | | | | | yz | | | | *q-Pro*-13-7 | | | | | | | | | |
| *q-Pro*-3-11 | xy | | | | | | | | | *q-Pro*-14-1 | | x z | | | | | | | |
| *q-Pro*-3-13 | | | | | | | | | | *q-Pro*-14-4 | xy | | | | | | | | |
| *q-Pro*-3-15 | x | | | | | | | | | *q-Pro*-14-7 | | | | | | | | | |
| *q-Pro*-3-16 | y | | x | | | | | | | *q-Pro*-15-1 | x | | | | | | | | |
| *q-Pro*-4-8 | | | xy | xyz | | | | | | *q-Pro*-15-6 | yz | | y | | xy | | | | |
| *q-Pro*-4-9 | yz | xyz | | | xy | z | | | | *q-Pro*-15-9 | | | | | x z | | | | |
| *q-Pro*-4-10 | | | | | | | | | | *q-Pro*-16-1 | | | | | | | | | |
| *q-Pro*-4-15 | xy | | | | | | | | | *q-Pro*-16-4 | | | | | | | | | |
| *q-Pro*-4-17 | z | y | | y | z | | | | x | *q-Pro*-16-10 | | | | | | | | | |
| *q-Pro*-5-1 | | | | | | | | | | *q-Pro*-17-2 | yz | | x | | x | | | | |
| *q-Pro*-5-3 | | xy | | | | | | | | *q-Pro*-17-5 | | x | | x | | | | | |
| *q-Pro*-5-6 | x | | | | | | | | | *q-Pro*-17-6 | | | | | | | | | |
| *q-Pro*-5-8 | x z | | | | | | | | | *q-Pro*-17-10 | yz | xy | | | | | | | |
| *q-Pro*-6-4 | z | | | | | | | | | *q-Pro*-18-1 | x | xy | | | x | | | | |
| *q-Pro*-6-12 | y | x | | | | | | | | *q-Pro*-18-9 | xy | | | | | | | | |
| *q-Pro*-6-14 | y | | yz | | | x | | | | *q-Pro*-18-10 | | x | | xyz | y | | | | |
| *q-Pro*-7-2 | x | y | y | | | | | | | *q-Pro*-19-10 | | | | y | | | | | |
| *q-Pro*-7-4 | | xyz | | | | | | | | *q-Pro*-19-11 | y | | z | | | | | | |
| *q-Pro*-7-5 | | yz | | | | | | | | *q-Pro*-20-1 | | y | | | | | | | |
| *q-Pro*-7-6 | | xy | | | | | | | | *q-Pro*-20-3 | x | | | | | | | | |
| *q-Pro*-8-1 | | x | | | | | | | | *q-Pro*-20-6 | | | | | | | | | |
| *q-Pro*-8-5 | | | | yz | | | | | | *q-Pro*-20-10 | | | | | | | | | |
| *q-Pro*-9-3 | | | | | | | | | | | | | | | | | | | |

| 亚区 | 等位变异总数 | | 继承等位变异 | | 已改变等位变异 | | 新生等位变异 | | 排除等位变异 | |
|---|---|---|---|---|---|---|---|---|---|---|
| | 继承等位变异 | QTL数目 | 等位变异数目 | QTL数目 | 等位变异数目 | QTL数目 | 等位变异数目 | QTL数目 | 等位变异数目 | QTL数目 |
| 2 | 243(123,120) | 71 | | | | | | | | |
| 4 vs 2 | 181(89,92) | 71 | 181(89,92) | 71 | 62(34,28) | 49 | 0 | 0 | 62(34,28) | 49 |
| 3 vs 2 | 185(94,91) | 71 | 185(94,91) | 71 | 58(29,29) | 42 | 0 | 0 | 58(29,29) | 42 |
| 1 vs 2 | 213(105,108) | 71 | 213(105,108) | 71 | 30(18,12) | 26 | 0 | 0 | 30(18,12) | 26 |
| 4－3－1 vs2 | 236(120,116) | 71 | 146(69,77) | 71 | 97(54,43) | 59 | 0 | 0 | 97(54,43) | 59 |

注:1、2、3、4 依次表示 Sub - 1、Sub - 2、Sub - 3、Sub - 4,4 - 3 - 1 表示 Sub - 4、Sub - 3 与 Sub - 1 的总和。在表的上部,a1 ~ a9 为各 QTL 内按照效应值从小到大依次排列的等位变异。在表格中,白色、灰色格子分别表示负效、正效等位变异。格子中 x、y、z 表示与 Sub - 2 相比,分别在 Sub - 4、Sub - 3、Sub - 1 中排除的等位变异。在表的下部,4 - 3 - 1 vs 2 表示 Sub - 4、Sub - 3、Sub - 1 的总和与 Sub - 2 中等位变异的比较,4 vs 2、3 vs 2 和 1 vs 2 的意义与之相同。继承等位变异指等位变异来源于 Sub - 2;已改变等位变异指与 Sub - 2 中等位变异比较发生了排除或者新生;新生等位变异指等位变异未出现在 Sub - 2 而出现在其他亚区;排除等位变异指等位变异未出现在目标亚区内。在等位变异数目列中,括号外数字为等位变异数目,括号内依次为负效等位变异和正效等位变异的数目。

2. 各亚区间蛋白质性状遗传分化重要 QTL 及候选基因

表 4 - 20 直观地描述了等位变异在不同亚区间的分布及传递。结果表明,不同 QTL 在不同生态亚区蛋白质性状遗传基础分化形成中发挥的作用相差较大。来自 59 个 QTL 的 97 个等位变异在 Sub - 2 与其他亚区的分化中发挥了作用(表 4 - 21)。这些 QTL 根据其在其他亚区形成中已改变等位变异的数目可分为 5 类,其中 35 个 QTL 仅有 1 个等位变异发生改变,而有 2、3、4、5 个等位变异改变的 QTL 数目则分别为 13、9、1、1(表 4 - 21)。具体到各生态亚区,Sub - 4 的形成中共有来自 49 个 QTL 的 62 个等位变异发生改变,而 Sub - 3 和 Sub - 1 形成中分别有来自 42 个 QTL 的 58 个等位变异及来自 26 个 QTL 的 30 个等位变异发生改变。与此同时,分别有来自 7 ~ 22 个不等的 QTL 的 7 ~ 22 个等位变异同时在 Sub - 2 与其他亚区的分化中发挥作用(表 4 - 21)。因此,那些在多个亚区间状态发生变化的 QTL 可能更加重要。

表 4 - 21 为在亚区蛋白质性状遗传分化中起重要作用的 14 个 QTL 及其候选基因。这 14 个 QTL 中共有 41 个等位变异在遗传分化过程中发挥作用,占所有改变等位变异的 42.27%;占具体亚区的 32.26% ~ 44.83%。因此这些位点具有较好的代表性。具体地说,*q - Pro* - 4 - 17 中共 5 个等位变异在除 Sub - 2 的其他亚区中发生汰除,其候选基因(*Glyma*04*g*36725)与胚珠发育相关。而其余 QTL 的候选基因功能涉及多种生物途径,也在一定程度上表明该性状的表达受多种途径的影响。

**表 4 - 21 亚区间蛋白质性状遗传分化的 QTL - 等位变异分析**

| 已改变等位变异数目/位点 | 已改变等位变异总数 | 同时在 Sub 4 - 3 - 1 中改变 | 同时在 Sub 4 - 3 中改变 | 同时在 Sub 4 - 1 中改变 | 同时在 Sub 3 - 1 中改变 | Sub - 4 | Sub - 3 | Sub - 1 |
|---|---|---|---|---|---|---|---|---|
| 1 | 35(35) | 2 (2) | 13(13) | 5(5) | 4(4) | 27(27) | 22(22) | 12(12) |
| 2 | 26(13) | 2 (2) | 5(5) | 1(1) | 2(2) | 18(12) | 13(9) | 7(6) |
| 3 | 27(9) | 2 (2) | 3(3) | 1(1) | 3(3) | 14(8) | 18(9) | 6(6) |
| 4 | 4(1) | 1 (1) | 1(1) | 0(0) | 1(1) | 2(1) | 3(1) | 3(1) |
| 5 | 5(1) | 0 (0) | 0(0) | 0(0) | 0(0) | 1(1) | 2(1) | 2(1) |
| 总计 | 97 (59) | 7 (7) | 22(22) | 7(7) | 10(10) | 62(49) | 58(42) | 30(26) |

亚区间蛋白质性状遗传分化的主效 QTL - 等位变异

| QTL | $R^2$/% | 已改变等位变异 | | | 候选基因 | 基因功能(分类) |
|---|---|---|---|---|---|---|
| | | Sub - 4 | Sub - 3 | Sub - 1 | | |
| *q - Pro* - 4 - 17(5) | 0.9 | 1 | 2 | 2 | *Glyma*04*g*36725 | pollen development(Ⅰ) |
| *q - Pro* - 4 - 9(4) | 2.49 | 2 | 3 | 3 | *Glyma*04*g*20400 | biological process(Ⅳ) |
| *q - Pro* - 4 - 8(3) | 1.2 | 2 | 3 | 1 | *Glyma*04*g*20400 | biological process(Ⅳ) |
| *q - Pro* - 6 - 14(3) | 1.3 | 1 | 2 | 1 | *Glyma*06*g*42880 | vesicle-mediated transport(Ⅲ) |

续表 4－21

| 亚区间蛋白质性状遗传分化的主效 QTL－等位变异 | | | | | | |
|---|---|---|---|---|---|---|
| QTL | $R^2$/% | 已改变等位变异 | | | 候选基因 | 基因功能(分类) |
| | | Sub－4 | Sub－3 | Sub－1 | | |
| *q－Pro*－7－2(3) | 0.41 | 1 | 2 | 0 | *Glyma*07*g*07450 | chloroplast RNA processing(Ⅱ) |
| *q－Pro*－9－12(3) | 2.93 | 0 | 3 | 0 | | |
| *q－Pro*－12－3(3) | 1.11 | 2 | 1 | 1 | *Glyma*12*g*08580 | DNA recombination(Ⅱ) |
| *q－Pro*－15－6(3) | 0.74 | 1 | 3 | 1 | *Glyma*15*g*13580 | biological process(Ⅳ) |
| *q－Pro*－17－2(3) | 0.65 | 2 | 1 | 1 | *Glyma*17*g*09570 | protein phosphorylation(Ⅱ) |
| *q－Pro*－18－1(3) | 0.40 | 3 | 1 | 0 | *Glyma*18*g*01830 | negative regulation of abscisic acid mediated signaling pathway(Ⅲ) |
| *q－Pro*－18－10(3) | 2.26 | 2 | 2 | 1 | *Glyma*18*g*49000 | histone H3－K9 methylation(Ⅱ) |
| *q－Pro*－17－5(2) | 3.49 | 2 | 0 | 0 | *Glyma*17*g*18380 | N-terminal protein myristoylation(Ⅱ) |
| *q－Pro*－17－10(2) | 4.59 | 1 | 2 | 1 | *Glyma*17*g*32400 | |
| *q－Pro*－19－10(1) | 4.60 | 0 | 1 | 0 | *Glyma*19*g*42240 | calcium ion transport(Ⅲ) |
| 排除等位变异总数 | | 20/62 | 26/58 | 12/30 | 41/97(在 Sub 4－3－1 内) | |

注:已改变等位变异指与 Sub－2 相比,Sub－4、Sub－3 和 Sub－1 的等位变异存在排除或者新生。已改变等位变异/位点表示每个位点中发生改变的等位变异数目。同时在 Sub 4－3－1 中改变指同时在 Sub－4、Sub－3、Sub－1 中发生改变的等位变异数目,同时在 Sub 4－3 中改变、同时在 Sub 4－1 中改变、同时在 Sub 3－1 中改变的含义与之相似,指同时在上述亚区中发生改变的等位变异数目。Sub－4、Sub－3、Sub－1 指在特定亚区中发生改变的等位变异。在上述列中,括号外为等位变异数目,括号内为涉及的 QTL 的数目。在表的下半部分:QTL 指在亚区间蛋白质性状遗传分化差异中起主要作用的 QTL,其中括号内数据为该 QTL 所发生改变的等位变异数目。基因功能(分类)可分为 4 类,即Ⅰ与光周期、花发育相关,Ⅱ与植物激素、信号转导和运输有关,Ⅲ与初级代谢相关,Ⅳ与其他及未知生物过程有关。

3. 东北各亚区蛋白质含量设计育种

由以上研究分析可知,可通过优化控制蛋白质含量的等位变异进一步改良该性状。表 4－22 为该性状使用第 75% 分位数为指标筛选连锁模型下的最优组合类型。

各亚区优化组合存在较大程度的差异,而从预测后代表型与亲本表型可知,预测后代的表型值均高于其亲本。虽然大部分组合中使用的亲本为高蛋白品种(>45%),但均存在一些蛋白质水平较低的亲本。例如,Sub－1 所选用的 20 个组合中有 11 个组合中亲本的蛋白质含量不足 44%。其中蛋白质含量最低的仅为 42.38%(合丰 55)。

各亚区内涉及的亲本数目存在一定程度的差异,各亚区使用的亲本数目分布在 14～20 个。而各亚区使用亲本存在明显的偏好性, Sub－1 使用了 14 个亲本,仅 3 个亲本使用次数超过 4 次,其中东农 50 使用了 12 次;Sub－2～Sub－4 分别使用了 20 个亲本,而蒙豆 11 则在各亚区内使用了 18～19 次,其他亲本使用次数不超过 3 次。从熟期组的角度,各亚区所选用的亲本以早熟类型(MG000－00－0)为主。结合各亚区内最适宜熟期组类型可知,除 Sub－1 外,在东北其他亚区,结合其他性状改良的基础上对该性状进行改良可能更为有效。

表 4－22　各亚区内依据 QTL－等位变异矩阵改良蛋白质含量的优化组合设计

| 生态亚区 | 母本(熟期组) | 表型 | 父本(熟期组) | 表型 | 预测群体后代均值 | 预测群体后代 75th |
|---|---|---|---|---|---|---|
| Sub－1 | 丰收 12(MG0) | 45.56 | 蒙豆 11(MG000) | 44.75 | 45.24(45.14) | 48.30(48.07) |
| | 丰收 12(MG0) | 45.56 | 东农 50(MG0) | 45.54 | 45.49(45.47) | 48.16(48.78) |
| | 黑农 43(MG0) | 44.58 | 东农 50(MG0) | 45.54 | 45.01(45.08) | 47.82(48.12) |
| | 东农 48(MG0) | 44.23 | 东农 50(MG0) | 45.54 | 44.87(44.98) | 47.54(48.08) |
| | 绥农 10(MG0) | 43.42 | 东农 50(MG0) | 45.54 | 44.67(44.48) | 47.45(47.73) |
| | 东农 45(MG000) | 42.51 | 蒙豆 11(MG000) | 44.75 | 43.77(43.57) | 47.44(46.89) |
| | 东农 45(MG000) | 42.51 | 东农 50(MG0) | 45.54 | 43.96(44.24) | 47.40(48.50) |
| | 合丰 45(MG0) | 43.21 | 东农 50(MG0) | 45.54 | 44.41(44.26) | 47.34(47.67) |
| | 垦丰 22(MG0) | 42.67 | 丰收 12(MG0) | 45.56 | 44.14(44.18) | 47.31(47.04) |
| | 蒙豆 11(MG000) | 44.75 | 东农 50(MG0) | 45.54 | 45.12(45.13) | 47.31(47.40) |
| | 丰收 12(MG0) | 45.56 | 黑农 43(MG0) | 44.58 | 45.16(45.13) | 47.29(47.23) |
| | 黑农 43(MG0) | 44.58 | 蒙豆 11(MG000) | 44.75 | 44.65(44.70) | 47.29(47.2) |
| | 垦丰 14(MG0) | 43.61 | 东农 50(MG0) | 45.54 | 44.58(44.63) | 47.20(47.74) |
| | 合丰 45(MG0) | 43.21 | 蒙豆 11(MG000) | 44.75 | 44.16(43.91) | 47.17(46.77) |
| | 东农 48(MG0) | 44.23 | 蒙豆 11(MG000) | 44.75 | 44.56(44.50) | 47.17(46.90) |
| | 垦丰 19(MG0) | 43.01 | 东农 50(MG0) | 45.54 | 44.08(44.32) | 47.16(47.83) |
| | 黑农 48(MG0) | 43.36 | 东农 50(MG0) | 45.54 | 44.47(44.29) | 47.15(47.42) |
| | 东农 50(MG0) | 45.54 | 东大 1 号(MG000) | 42.59 | 44.18(43.92) | 47.12(47.26) |
| | 垦丰 19(MG0) | 43.01 | 蒙豆 11(MG000) | 44.75 | 43.93(43.92) | 47.09(47.11) |
| | 合丰 55(MG0) | 42.38 | 东农 50(MG0) | 45.54 | 44.19(44.09) | 47.07(47.61) |
| Sub－2 | 蒙豆 11(MG000) | 44.71 | 东农 50(MG0) | 43.82 | 44.29(44.13) | 47.11(46.97) |
| | 丰收 12(MG0) | 43.73 | 蒙豆 11(MG000) | 44.71 | 44.31(44.16) | 46.83(46.84) |
| | 垦丰 14(MG0) | 43.37 | 蒙豆 11(MG000) | 44.71 | 43.94(43.82) | 46.67(47.08) |
| | 丰收 11(MG000) | 43.29 | 蒙豆 11(MG000) | 44.71 | 44.04(43.89) | 46.64(46.57) |
| | 黑农 43(MG0) | 43.03 | 蒙豆 11(MG000) | 44.71 | 43.88(43.82) | 46.60(46.46) |
| | 东农 48(MG0) | 43.19 | 蒙豆 11(MG000) | 44.71 | 43.94(43.84) | 46.52(46.62) |
| | 绥农 10(MG0) | 42.89 | 蒙豆 11(MG000) | 44.71 | 43.77(43.74) | 46.51(46.97) |
| | 黑河 29(MG00) | 42.82 | 蒙豆 11(MG000) | 44.71 | 43.83(43.80) | 46.40(46.47) |
| | 蒙豆 11(MG000) | 44.71 | 克拉克 63(MG0) | 42.25 | 43.49(43.28) | 46.16(45.98) |
| | 丰收 6 号(MG0) | 42.18 | 蒙豆 11(MG000) | 44.71 | 43.52(43.44) | 46.14(46.04) |
| | 蒙豆 11(MG000) | 44.71 | 黑河 36(MG0) | 41.98 | 43.36(43.33) | 46.10(45.87) |
| | 蒙豆 6 号(MG00) | 41.68 | 蒙豆 11(MG000) | 44.71 | 43.20(43.25) | 46.07(46.58) |
| | 黑河 7 号(MG000) | 42.26 | 蒙豆 11(MG000) | 44.71 | 43.51(43.53) | 46.05(46.21) |
| | 蒙豆 9(MG00) | 42.13 | 蒙豆 11(MG000) | 44.71 | 43.40(43.43) | 46.05(46.19) |
| | 丰收 2 号(MG0) | 42.52 | 东农 50(MG0) | 43.82 | 43.15(43.15) | 46.05(46.05) |
| | 蒙豆 5 号(MG00) | 41.83 | 蒙豆 11(MG000) | 44.71 | 43.28(43.37) | 46.03(46.30) |
| | 蒙豆 11(MG000) | 44.71 | 四粒黄(MG0) | 41.84 | 43.44(43.31) | 46.03(46.03) |
| | 黑农 48(MG0) | 42.03 | 蒙豆 11(MG000) | 44.71 | 43.34(43.41) | 46.02(46.12) |
| | 嫩丰 1 号(MG0) | 41.84 | 蒙豆 11(MG000) | 44.71 | 43.30(43.47) | 46.01(46.07) |
| | 丰收 12(MG0) | 43.73 | 东农 50(MG0) | 43.82 | 43.79(43.73) | 45.99(46.42) |

续表 4-22

| 生态亚区 | 母本(熟期组) | 表型 | 父本(熟期组) | 表型 | 预测群体后代均值 | 预测群体后代 $75^{th}$ |
|---|---|---|---|---|---|---|
| Sub-3 | 垦丰 14(MG0) | 44.58 | 蒙豆 11(MG000) | 45.61 | 45.25(45.06) | 47.25(47.13) |
| | 蒙豆 11(MG000) | 45.61 | 东农 50(MG0) | 44.07 | 44.77(44.89) | 47.14(47.50) |
| | 蒙豆 11(MG000) | 45.61 | 垦农 22(MG Ⅰ) | 43.71 | 44.69(44.69) | 46.77(46.85) |
| | 东农 48(MG0) | 43.71 | 蒙豆 11(MG000) | 45.61 | 44.76(44.63) | 46.65(46.59) |
| | 东农 42(MG Ⅰ) | 43.04 | 蒙豆 11(MG000) | 45.61 | 44.33(44.29) | 46.62(46.79) |
| | 绥农 10(MG0) | 43.18 | 蒙豆 11(MG000) | 45.61 | 44.52(44.46) | 46.53(46.84) |
| | 垦丰 14(MG0) | 44.58 | 东农 50(MG0) | 44.07 | 44.36(44.45) | 46.44(46.82) |
| | 黑农 43(MG0) | 43.39 | 蒙豆 11(MG000) | 45.61 | 44.50(44.53) | 46.43(46.60) |
| | 红丰 12(MG0) | 43.29 | 蒙豆 11(MG000) | 45.61 | 44.50(44.39) | 46.38(46.36) |
| | 黑河 29(MG00) | 43.39 | 蒙豆 11(MG000) | 45.61 | 44.59(44.51) | 46.36(46.81) |
| | 通农 13(MG Ⅱ) | 43.35 | 蒙豆 11(MG000) | 45.61 | 44.50(44.43) | 46.36(46.26) |
| | 丰收 11(MG000) | 44.09 | 蒙豆 11(MG000) | 45.61 | 44.85(44.93) | 46.25(46.47) |
| | 合丰 45(MG0) | 43.08 | 蒙豆 11(MG000) | 45.61 | 44.34(44.27) | 46.25(46.52) |
| | 蒙豆 11(MG000) | 45.61 | 东农 53(MG0) | 43.24 | 44.47(44.43) | 46.23(46.33) |
| | 蒙豆 11(MG000) | 45.61 | 吉林 48(MG0) | 42.48 | 44.10(44.01) | 46.22(46.21) |
| | 九农 29(MG Ⅰ) | 42.77 | 蒙豆 11(MG000) | 45.61 | 44.21(44.29) | 46.20(46.16) |
| | 蒙豆 11(MG000) | 45.61 | 垦农 19(MG Ⅰ) | 43.10 | 44.36(44.36) | 46.20(46.13) |
| | 蒙豆 6 号(MG00) | 42.56 | 蒙豆 11(MG000) | 45.61 | 44.05(44.09) | 46.19(46.18) |
| | 蒙豆 5 号(MG00) | 43.09 | 蒙豆 11(MG000) | 45.61 | 44.32(44.34) | 46.17(46.26) |
| | 铁荚子(MG Ⅱ) | 43.63 | 蒙豆 11(MG000) | 45.61 | 44.67(44.63) | 46.16(46.29) |
| Sub-4 | 蒙豆 11(MG000) | 46.08 | 东农 50(MG0) | 44.71 | 45.49(45.48) | 47.37(47.44) |
| | 通化平顶香(MGⅢ) | 43.93 | 蒙豆 11(MG000) | 46.08 | 45.07(44.98) | 47.19(47.75) |
| | 垦丰 14(MG0) | 44.34 | 蒙豆 11(MG000) | 46.08 | 45.26(45.17) | 46.98(46.85) |
| | 九丰 4 号(MG00) | 42.68 | 蒙豆 11(MG000) | 46.08 | 44.40(44.56) | 46.97(47.35) |
| | 黑河 29(MG00) | 44.00 | 蒙豆 11(MG000) | 46.08 | 45.10(45.02) | 46.91(46.78) |
| | 丰收 6 号(MG0) | 44.19 | 蒙豆 11(MG000) | 46.08 | 45.14(45.03) | 46.89(46.49) |
| | 九农 12(MG Ⅰ) | 43.16 | 蒙豆 11(MG000) | 46.08 | 44.66(44.54) | 46.82(46.77) |
| | 丰收 11(MG000) | 44.09 | 蒙豆 11(MG000) | 46.08 | 45.10(45.15) | 46.73(46.80) |
| | 丰收 2 号(MG0) | 43.76 | 蒙豆 11(MG000) | 46.08 | 44.92(45.00) | 46.61(46.72) |
| | 黑河 29(MG00) | 44.00 | 东农 50(MG0) | 44.71 | 44.36(44.37) | 46.59(46.59) |
| | 辽豆 17(MG Ⅲ) | 43.47 | 蒙豆 11(MG000) | 46.08 | 44.74(44.82) | 46.57(46.60) |
| | 铁丰 29(MG Ⅱ) | 42.6 | 蒙豆 11(MG000) | 46.08 | 44.35(44.42) | 46.53(46.77) |
| | 通农 4 号(MG Ⅱ) | 43.48 | 蒙豆 11(MG000) | 46.08 | 44.82(44.77) | 46.51(46.36) |
| | 蒙豆 11(MG000) | 46.08 | 黑河 36(MG0) | 43.45 | 44.81(44.70) | 46.44(46.47) |
| | 东农 48(MG0) | 43.03 | 蒙豆 11(MG000) | 46.08 | 44.54(44.56) | 46.43(46.08) |
| | 通农 9 号(MG Ⅱ) | 42.84 | 蒙豆 11(MG000) | 46.08 | 44.56(44.50) | 46.39(46.37) |
| | 绥农 10(MG0) | 43.63 | 蒙豆 11(MG000) | 46.08 | 44.76(44.81) | 46.39(46.44) |
| | 垦丰 22(MG0) | 42.41 | 蒙豆 11(MG000) | 46.08 | 44.23(44.29) | 46.37(46.54) |
| | 丰收 10(MG0) | 43.00 | 蒙豆 11(MG000) | 46.08 | 44.57(44.67) | 46.36(46.34) |
| | 蒙豆 5 号(MG00) | 42.63 | 蒙豆 11(MG000) | 46.08 | 44.29(44.34) | 46.36(46.43) |

注:预测群体后代均值、预测群体后代 $75^{th}$(第 75% 分位数)列中括号外为连锁模型预测值,括号内为随机模型预测值。

## 二、油脂含量 QTL－等位变异体系的建立和应用

### （一）油脂含量 QTL－等位变异体系的建立

图 4－4 为各生态亚区油脂 QTL－等位变异效应值分布图，表 4－23 为各亚区内控制该性状 QTL 的等位变异在不同熟期组的分布。从结果看，相同 QTL 内等位变异的效应值存在较大程度的差异。例如 Sub－1 中定位得到的 *q－Oil*－3－2 含有 6 个等位变异，其中 5 个等位变异效应值分布在－0.13%～0.15%，而另一个等位变异的效应值则高达 0.33%。虽然不同亚区内定位得到的等位变异数目及变幅有所差异，但呈现的规律相似。从等位变异效应值的分布看，各亚区内及熟期组内正负等位变异数目虽然略有差异，但差异等位变异的效应值主要集中在－0.8～0.8 间。不同熟期组及群体内等位变异的分布基本呈现正态分布，效应值在±1.4%之外的数目较少。而各熟期组内仅含有定位结果中部分等位变异，因此各组均可从其他熟期组内引入等位变异从而进一步改进目标性状，培育出油脂含量更高的品种。

各亚区内定位得到位点中的等位变异数目虽然存在较大的差异，但在各亚区及熟期组内的分布均呈正态分布。各亚区内负效与正效等位变异数目接近。考虑到其余亚区在定位研究时为降低定位误差仅使用了部分东北大豆种质资源群体内的材料，而 Sub－4 则使用了完整的东北大豆种质资源群体。在油脂性状等位变异的研究中用 Sub－4 进行相关分析。

Sub－4 中共定位到 277 个效应值分布在－3.44%～1.90%的等位变异，其中仅 11 个的效应值在±1.40%之外。从效应值看，这些总体及分布在各熟期组内所含有的正负等位变异数目虽略有差异，但相差不大，如定位的 277 个等位变异中正负效应值的等位变异数目仅相差 3 个。从等位变异数目及其分布、变幅及效应值超±1.4%的数目可知，各熟期组在该性状上有进一步改良的空间，例如 MG000、MG00 中有 53～97 个控制该性状的等位变异丢失。从效应值的角度看，虽然除 MG000 外，其余各熟期组内几乎包含了所有超 1.0%的等位变异，但同时也包含了几乎所有的－1.0%的等位变异，因此，排除更多负效等位变异可能对改良该性状更为有效。而对 MG000，该熟期组可通过引入其他熟期组内的大效应正效等位变异和排除更多负效等位变异进行相关改良。

通过以上分析可知，虽然东北各亚区内定位得到的 QTL 及其等位变异数目及效应值有所差异，但其在群体及各熟期组的分布规律则相同。

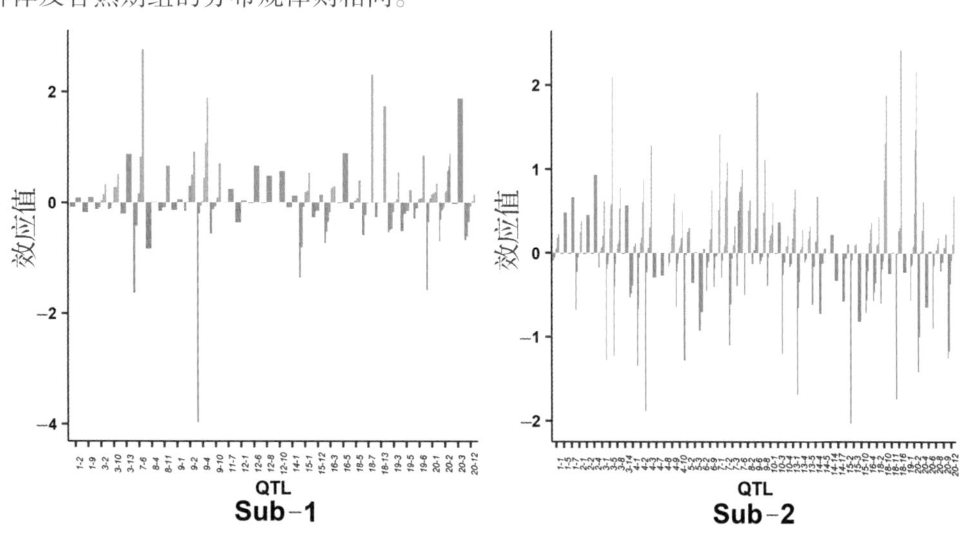

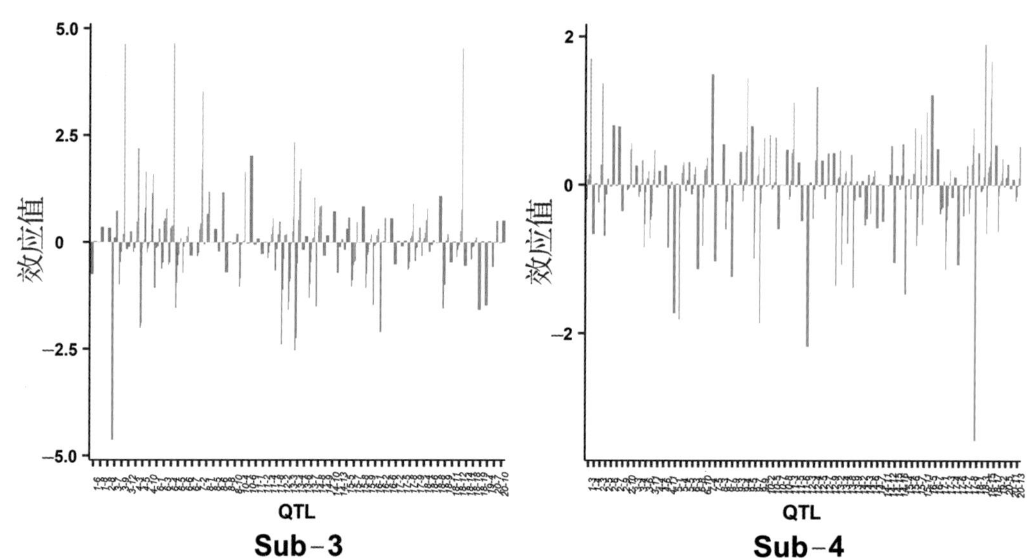


图 4-4　东北各亚区油脂含量 QTL-等位变异效应分布

表 4-23　东北各亚区油脂含量 QTL-等位变异在各熟期组的分布

| 亚区 | 熟期组 | 组中值/% | | | | | | | | | 总计 | 变幅/% |
|---|---|---|---|---|---|---|---|---|---|---|---|---|
| | | < -1.4 | -1.2 | -0.8 | -0.4 | 0 | 0.4 | 0.8 | 1.2 | > 1.4 | | |
| Sub-1 | MG000 | 1 | 1 | 3 | 10 | 55 | 11 | 6 | 0 | 2 | 89(48,41) | -1.58~1.89 |
| | MG00 | 1 | 1 | 3 | 16 | 64 | 15 | 7 | 0 | 2 | 109(59,50) | -1.63~1.90 |
| | MG0 | 2 | 1 | 6 | 20 | 65 | 21 | 10 | 1 | 5 | 131(67,64) | -3.97~2.78 |
| | MG Ⅰ | 2 | 1 | 4 | 18 | 63 | 18 | 8 | 0 | 4 | 118(62,56) | -1.63~2.78 |
| | MG Ⅱ | 3 | 1 | 1 | 17 | 57 | 14 | 6 | 0 | 3 | 102(55,47) | -3.97~2.78 |
| | MG Ⅲ | 3 | 0 | 2 | 16 | 57 | 12 | 5 | 1 | 2 | 98(54,44) | -3.97~2.78 |
| | 总计 | 3 | 1 | 6 | 20 | 65 | 21 | 10 | 1 | 5 | 132(68,64) | -3.97~2.78 |
| Sub-2 | MG000 | 0 | 4 | 2 | 17 | 103 | 17 | 7 | 0 | 1 | 151(76,75) | -1.28~2.10 |
| | MG00 | 2 | 4 | 8 | 26 | 106 | 30 | 12 | 2 | 5 | 195(93,102) | -1.74~2.43 |
| | MG0 | 5 | 8 | 14 | 31 | 113 | 41 | 18 | 5 | 7 | 242(115,127) | -2.02~2.43 |
| | MG Ⅰ | 4 | 7 | 13 | 30 | 113 | 33 | 17 | 3 | 4 | 224(111,113) | -2.02~2.43 |
| | MG Ⅱ | 4 | 4 | 11 | 22 | 110 | 32 | 14 | 2 | 5 | 204(97,107) | -2.02~2.43 |
| | MG Ⅲ | 1 | 4 | 4 | 17 | 106 | 28 | 14 | 2 | 3 | 179(81,98) | -1.89~1.91 |
| | 总计 | 5 | 8 | 14 | 32 | 116 | 42 | 20 | 5 | 7 | 249(118,131) | -2.02~2.43 |
| Sub-3 | MG000 | 3 | 2 | 8 | 21 | 86 | 19 | 6 | 4 | 3 | 152(77,75) | -2.40~2.02 |
| | MG00 | 6 | 5 | 11 | 31 | 93 | 28 | 6 | 3 | 8 | 191(101,90) | -4.63~4.65 |
| | MG0 | 13 | 7 | 17 | 37 | 100 | 33 | 13 | 5 | 11 | 236(126,110) | -4.63~4.65 |
| | MG Ⅰ | 13 | 7 | 15 | 34 | 99 | 29 | 11 | 3 | 9 | 220(120,100) | -4.63~4.65 |
| | MG Ⅱ | 13 | 6 | 12 | 32 | 92 | 28 | 11 | 0 | 10 | 204(110,94) | -4.63~4.63 |
| | MG Ⅲ | 12 | 6 | 6 | 27 | 92 | 23 | 5 | 4 | 8 | 183(98,85) | -2.40~4.65 |
| | 总计 | 16 | 7 | 17 | 37 | 100 | 35 | 13 | 5 | 13 | 243(129,114) | -4.63~4.65 |

续表 4－23

| 亚区 | 熟期组 | 组中值/% | | | | | | | | | 总计 | 变幅/% |
|---|---|---|---|---|---|---|---|---|---|---|---|---|
| | | < －1.4 | －1.2 | －0.8 | －0.4 | 0 | 0.4 | 0.8 | 1.2 | >1.4 | | |
| Sub－4 | MG000 | 1 | 2 | 2 | 20 | 127 | 24 | 2 | 2 | 0 | 180(92,88) | －2.17～1.37 |
| | MG00 | 1 | 2 | 12 | 23 | 138 | 36 | 5 | 4 | 3 | 224(109,115) | －1.81～1.90 |
| | MG0 | 5 | 7 | 13 | 32 | 148 | 48 | 10 | 5 | 5 | 273(133,140) | －3.44～1.90 |
| | MG Ⅰ | 2 | 5 | 11 | 27 | 143 | 43 | 8 | 4 | 2 | 245(120,125) | －2.17～1.90 |
| | MG Ⅱ | 4 | 5 | 9 | 28 | 142 | 30 | 7 | 2 | 2 | 229(121,108) | －3.44～1.90 |
| | MG Ⅲ | 4 | 6 | 8 | 20 | 137 | 32 | 4 | 2 | 2 | 215(112,103) | －3.44～1.68 |
| | 总计 | 6 | 9 | 14 | 32 | 148 | 48 | 10 | 5 | 5 | 277(137,140) | －3.44～1.90 |

注：总计栏的括号内前面数字为负效等位变异数，后一数字为正效等位变异数。

### （二）油脂含量 QTL－等位变异体系的应用

1. 东北大豆油脂含量在亚区间遗传分化动力分析

表 4－24 为各 QTL 内等位变异在 Sub－2 亚区与其他亚区间的变化情况。从结果看，Sub－2、Sub－4、Sub－3 与 Sub－1 分别有 274（“－” vs“＋” = 136 vs 138）、214（“－” vs“＋” = 111 vs 103）、213（“－” vs“＋” = 105 vs 108）、240（“－” vs“＋” = 117 vs 123）个等位变异。将Sub－4、Sub－3、Sub－1 与 Sub－2 相比，各亚区分别有 213（“－” vs“＋” = 110 vs 103）、212（“－” vs“＋” = 105 vs 107）、238（“－” vs“＋” = 117 vs 121）个为 Sub－2 中分布的等位变异，这些等位变异分布在 75 个 QTL 中；同时也分别有 62（来源于 47 个 QTL，“－” vs“＋” = 27 vs 35）、63（来源于 45 个 QTL，“－” vs“＋” = 31 vs 32）和 38（来源于 31 个 QTL，“－” vs“＋” = 19 vs 19）个被排除；而各亚区中仅有 1～2 个新生等位变异（表 4－24）。比较其他亚区与 Sub－2 的等位变异，Sub 4－3－1 共拥有 274 个等位变异，其中 168 个等位变异直接来源于 Sub－2，而来源于 65 个 QTL 的 109 个等位变异在其他亚区间发生了改变，其中仅来源于 3 个 QTL 的 3 个等位变异为其他亚区内新生（表 4－20）。

通过以上分析可知，Sub－2 亚区几乎有控制油脂性状表达的所有等位变异，其他亚区与之相比，遗传分化最大的动力为 Sub－2 中原有等位变异的继承，占该性状遗传构成的 61.31%（168/274）。其次为育种过程中汰除 Sub－2 中的等位变异，占 38.69%（106/274），因此由汰除等位变异及其引起的重组为不同生态亚区间遗传差异的第二遗传动力。而其他亚区间新生的等位变异仅 3 个，因此新生等位变异对油脂性状在亚区间遗传分化的贡献最小。

分析各亚区所拥有的正负等位变异，各亚区分布及汰除的正负等位变异数目相近。该结果表明，该性状在各亚区并未受到直接选择，正负等位变异受到相似的选择压力。

表 4－24　东北种质资源群体中 Sub－2 与其他亚区的油脂含量性状等位变异变化

| QTL | a1 | a2 | a3 | a4 | a5 | a6 | a7 | a8 | a9 |
|---|---|---|---|---|---|---|---|---|---|
| q-*Oil*-1-3 | | | x | x | | | | | |
| q-*Oil*-1-4 | x | | | | | | | | |
| q-*Oil*-2-3 | | | | xy | | | | | |
| q-*Oil*-2-5 | x | | | | | | | | |
| q-*Oil*-2-6 | | x | | | | | | | |
| q-*Oil*-2-7 | | yz | | | | | | | |
| q-*Oil*-2-9 | yz | | | | | | | | |
| q-*Oil*-2-10 | | | | | x | | | | |
| q-*Oil*-3-3 | | | | | | | | | |
| q-*Oil*-3-4 | x | | | | | | | | |
| q-*Oil*-3-6 | y | | | | xy | xy | | | |
| q-*Oil*-3-11 | xy | | y | | | | y | | |
| q-*Oil*-4-4 | | | | | | | | | |
| q-*Oil*-4-6 | | z | | | | | | | |
| q-*Oil*-4-11 | | z | | | | | | | |
| q-*Oil*-5-1 | x z | | | | | | | | |
| q-*Oil*-5-4 | y | | | | x | x | | | |
| q-*Oil*-5-5 | | | x z | | | | | | |
| q-*Oil*-6-3 | | | yz | | yz | | | | |
| q-*Oil*-6-8 | yz | | | | | | | | |
| q-*Oil*-6-10 | xy | | x | yz | | | | | |
| q-*Oil*-7-4 | | xy | | | | | | | |
| q-*Oil*-7-5 | yz | | | | | | | | |
| q-*Oil*-8-3 | | y | | | | | | | |
| q-*Oil*-8-7 | xy | x | | | | | | | |
| q-*Oil*-8-9 | x | | | | | | | | |
| q-*Oil*-9-3 | | x z | | | | | | | |
| q-*Oil*-9-4 | | x | | y | | | yz | | |
| q-*Oil*-9-5 | | xy | | | | | | | |
| q-*Oil*-9-7 | yz | y | | xyz | y | y | | | |
| q-*Oil*-9-9 | yz | x | | | | | | | |
| q-*Oil*-10-2 | | | | xy | | | | | |
| q-*Oil*-10-5 | | | | xyz | | | | | |
| q-*Oil*-10-7 | xy | | | | | | | | |
| q-*Oil*-10-8 | | x | | | | | | | |
| q-*Oil*-11-3 | x | | | | yz | yz | | | |
| q-*Oil*-11-5 | | | | | | | | | |
| q-*Oil*-11-6 | y | | | | | | | | |
| q-*Oil*-12-3 | y | | | | | | | | |
| q-*Oil*-12-4 | | | | y | | | | | |
| q-*Oil*-12-5 | | x | | | | | | | |
| q-*Oil*-12-7 | xy | | | | | | | | |
| q-*Oil*-12-9 | | xy | | | | | | | |
| q-*Oil*-13-2 | yz | | | | | | | | |
| q-*Oil*-13-4 | xyz | | | | | y | | | |
| q-*Oil*-13-8 | xy | | x | z | | | | | |
| q-*Oil*-13-9 | X | | | | | | | | |
| q-*Oil*-14-2 | | | | | | | | | |
| q-*Oil*-14-3 | x z | | | | | | | | |
| q-*Oil*-14-6 | | x | | | y | | | | |
| q-*Oil*-14-7 | | | | | | | | | |
| q-*Oil*-14-11 | xy | | | | | | | | |
| q-*Oil*-14-12 | | xy | x z | | | | | | |
| q-*Oil*-14-15 | | | | | | | | | |
| q-*Oil*-14-16 | | | | | | | | | |
| q-*Oil*-15-4 | z | | | | | | | | |
| q-*Oil*-15-6 | | | | x | yz | x z | | | |
| q-*Oil*-15-7 | | xy | x | | y | | xy | | |
| q-*Oil*-15-11 | x z | | | | | y | | | |
| q-*Oil*-16-5 | | xy | | | | | | | |
| q-*Oil*-16-7 | | Z | | | | | | | |
| q-*Oil*-17-1 | | xy | | | | | | | |
| q-*Oil*-17-3 | yz | y | | z | | | | | |
| q-*Oil*-17-4 | | | | | | | | | |
| q-*Oil*-17-6 | xy | | | | | | | | |
| q-*Oil*-17-7 | | | | | | | | | |
| q-*Oil*-17-8 | | | | | y | | x | | |
| q-*Oil*-18-1 | yz | | | | | | | | |
| q-*Oil*-18-3 | | | z | | y | | | | |
| q-*Oil*-18-15 | x | | | YZ | z | x | x | x z | y |
| q-*Oil*-18-17 | | y | | | | | | | |
| q-*Oil*-19-2 | | xy | | x | | | x z | | |
| q-*Oil*-20-5 | | | x | | | | | | |
| q-*Oil*-20-11 | | | | | | | | | |
| q-*Oil*-20-13 | | yz | | | | | | | |

续表 4－24

| 亚区 | 等位变异总数 | | 继承等位变异 | | 已改变等位变异 | | 新生等位变异 | | 排除等位变异 | |
|---|---|---|---|---|---|---|---|---|---|---|
| | 等位变异数目 | QTL数目 | 等位变异数目 | QTL数目 | 等位变异数目 | QTL数目 | 等位变异数目 | QTL数目 | 等位变异数目 | QTL数目 |
| 2 | 274(136,138) | 75 | | | | | | | | |
| 4 vs 2 | 214(111,103) | 75 | 213(110,103) | 75 | 62(27,35) | 47 | 1(1,0) | 1 | 61(26,35) | 46 |
| 3 vs 2 | 213(105,108) | 75 | 212(105,107) | 75 | 63(31,32) | 45 | 1(0,1) | 1 | 62(31,31) | 45 |
| 1 vs 2 | 240(117,123) | 75 | 238(117,121) | 75 | 38(19,19) | 31 | 2(0,2) | 2 | 36(19,17) | 30 |
| 4－3－1 vs 2 | 274(135,139) | 75 | 168(88,80) | 75 | 109(49,60) | 65 | 3(1,2) | 3 | 106(48,58) | 63 |

注:1、2、3、4 依次表示 Sub－1、Sub－2、Sub－3、Sub－4,4－3－1 表示 Sub－4、Sub－3 与 Sub－1 的总和。在表的上部,a1～a9 为各QTL 内按照效应值从小到大依次排列的等位变异。在表格中,白色、灰色格子分别表示 Sub－2 中原有负效、正效等位变异,浅黄色、深黄色格子分别表示其他亚区内新生的负效、正效等位变异。格子中 x、y、z 表示与 Sub－2 相比,分别在 Sub－4、Sub－3、Sub－1 中排除的等位变异;X、Y、Z 表示与 Sub－2 相比,分别在 Sub－4、Sub－3、Sub－1 中新生的等位变异。在表的下部,4－3－1 vs 2 表示Sub－4、Sub－3、Sub－1 的总和与 Sub－2 中等位变异的比较,4 vs 2、3 vs 2 和 1 vs 2 的意义则与之相同。继承等位变异指等位变异来源于 Sub－2;已改变等位变异指与 Sub－2 中等位变异比较发生了排除或者新生;新生等位变异指等位变异未出现在 Sub－2 而出现在其他亚区;排除等位变异指等位变异未出现在目标亚区内。在等位变异数目列中,括号外数字为等位变异数目,括号内依次为负效等位变异和正效等位变异的数目。

2. 各亚区间油脂含量遗传分化重要 QTL 及候选基因

表 4－24 直观地描述了等位变异在不同亚区间的分布及传递。结果表明,不同 QTL 在生态亚区油脂含量遗传分化中发挥的作用相差较大。来自 65 个 QTL 的 109 个等位变异在 Sub－2 与其他亚区的分化中发挥了作用(表 4－25)。这些 QTL 根据其在其他亚区形成中已改变等位变异的数目可分为 5 类,其中 41 个 QTL 仅有 1 个等位变异发生改变,有 2、3、4、5 及 5 个以上等位变异改变的QTL 数目则分别为 11、10、1、2 个(表 4－25)。具体到各生态亚区,Sub－4 的形成中共有来自 47 个QTL 的 62 个等位变异发生改变,而 Sub－3 和 Sub－1 形成中分别有来自 45 个 QTL 的 63 个等位变异及来自 31 个 QTL 的 38 个等位变异发生改变(表 4－25)。与此同时,上述等位变异中有来自 3 个QTL 的 3 个等位变异在其余亚区与 Sub－2 的遗传分化中发挥作用,另外也有 10～21 个不等的等位变异在多个亚区与 Sub－2 的遗传分化中发挥作用。因此,那些在多个亚区间状态发生变化的 QTL可能更加重要。

表 4－25 为在亚区间油脂性状遗传分化中起重要作用的 17 个 QTL 及其候选基因。这 17 个QTL 中共有 53 个等位变异在遗传分化过程中发挥作用,占所有改变等位变异的 48.62%,占具体亚区的 41.94%～52.38%,因此,这些位点具有较好的代表性。而这些中仅少部分确认了候选基因,且这些候选基因功能涉及多条生物途径。其中在亚区间油脂性状遗传分化中参与较多的 *q－Oil－18－15*、*q－Oil－9－7* 和 *q－Oil－15－7* 均未确认功能基因,将在后续工作中进一步研究。

表 4-25　亚区间油脂性状遗传分化的 QTL-等位变异分析

| 已改变等位变异数目/位点 | 已改变等位变异总数 | 同时在 Sub 4-3-1 中改变 | 同时在 Sub 4-3 中改变 | 同时在 Sub 4-1 中改变 | 同时在 Sub 3-1 中改变 | Sub-4 | Sub-3 | Sub-1 |
|---|---|---|---|---|---|---|---|---|
| 1 | 41(41) | 1(1) | 11(11) | 5(5) | 5(5) | 27(27) | 22(22) | 15(15) |
| 2 | 22(11) | 1(1) | 2(2) | 2(2) | 4(3) | 11(8) | 13(10) | 8(7) |
| 3 | 30(10) | 0(0) | 6(5) | 2(2) | 6(5) | 16(9) | 18(10) | 10(7) |
| 4 | 4(1) | 0(0) | 2(1) | 0(0) | 0(0) | 3(1) | 3(1) | 0(0) |
| ≥5 | 12(2) | 1(1) | 0(0) | 0(0) | 2(2) | 5(2) | 7(2) | 5(2) |
| 总计 | 109(65) | 3(3) | 21(19) | 10(10) | 17(15) | 62(47) | 63(45) | 38(31) |

新熟期组形成的主效 QTL-等位变异

| QTL | $R^2$/% | 已改变等位变异 | | | 候选基因 | 基因功能（分类） |
|---|---|---|---|---|---|---|
| | | 4 | 3 | 1 | | |
| *q-Oil*-18-15(7) | 1.12 | 4 | 2 | 3 | | |
| *q-Oil*-9-7(5) | 0.76 | 1 | 5 | 2 | | |
| *q-Oil*-15-7(4) | 2.72 | 3 | 3 | 0 | | |
| *q-Oil*-3-6(3) | 0.67 | 2 | 3 | 0 | | |
| *q-Oil*-3-11(3) | 2.48 | 1 | 3 | 0 | *Glyma03g33360* | Threonine catabolic process(Ⅱ) |
| *q-Oil*-5-4(3) | 2.11 | 2 | 1 | 0 | *Glyma05g21726* | Response to auxin stimulus(Ⅰ) |
| *q-Oil*-6-10(3) | 0.84 | 2 | 2 | 1 | *Glyma06g47010* | |
| *q-Oil*-9-4(3) | 10.02 | 1 | 2 | 1 | *Glyma09g18880* | Chromatin assembly or disassembly(Ⅱ) |
| *q-Oil*-11-3(3) | 3.91 | 1 | 2 | 2 | | |
| *q-Oil*-13-8(3) | 1.61 | 2 | 1 | 1 | | |
| *q-Oil*-15-6(3) | 0.22 | 2 | 1 | 2 | *Glyma15g29271* | Protein glycosylation(Ⅱ) |
| *q-Oil*-17-3(3) | 3.68 | 0 | 2 | 2 | | |
| *q-Oil*-19-2(3) | 2.78 | 3 | 1 | 1 | | |
| *q-Oil*-9-9(2) | 4.12 | 1 | 1 | 1 | | |
| *q-Oil*-13-4(2) | 4.34 | 1 | 2 | 1 | *Glyma13g09083* | Gibberellic acid mediated signaling pathway (Ⅰ) |
| *q-Oil*-18-3(2) | 4.75 | 0 | 1 | 1 | | |
| *q-Oil*-18-1(1) | 3.77 | 0 | 1 | 1 | *Glyma18g01260* | Biological process(Ⅳ) |
| 排除等位变异总数 | | 26/62 | 33/63 | 19/38 | 53/109(在 Sub 4-3-1 内) | |

注:已改变等位变异指与 Sub-2 相比,Sub-4、Sub-3 和 Sub-1 的等位变异存在排除或者新生。已改变等位变异/位点表示每个位点中发生改变的等位变异数目。同时在 Sub 4-3-1 中改变指同时在 Sub-4、Sub-3、Sub-1 中发生改变的等位变异数目,同时在 Sub 4-3 中改变、同时在 Sub 4-1 中改变、同时在 Sub 3-1 中改变的含义与之相似,指同时在上述亚区中发生改变的等位变异数目。Sub-4、Sub-3、Sub-1 指在特定亚区中发生改变的等位变异。在上述列中,括号外为等位变异数目,括号内为涉及的 QTL 的数目。在表的下半部分:QTL 指在亚区间蛋白质性状遗传分化差异中起主要作用的 QTL,其中括号内数据为该 QTL 所发生改变的等位变异数目。基因功能(分类)可分为 4 类,即Ⅰ与光周期、花发育相关,Ⅱ与植物激素、信号转导和运输有关,Ⅲ与初级代谢相关,Ⅳ与其他及未知生物过程有关。

3. 东北各亚区油脂含量的设计育种

由以上研究分析可知,可通过优化控制籽粒油脂含量性状的等位变异进一步改良该性状。表 4-26 为该性状使用第 75% 分位数为指标筛选连锁模型下的最优组合类型。

各亚区优化组合存在较大程度的差异，从预测后代表型与亲本表型对比可知，预测后代的表型值均高于亲本。虽然大部分组合的亲本的油脂含量较高（>22%），但都存在一些油脂含量相对较低的亲本，如 Sub－3 预测到的 20 个组合中的丰收 21（21.91%）和十胜长叶（22.68%），而其后代能达到 25.50%。Sub－1 的 20 个组合中，亲本油脂含量最低达到 20.61%（垦丰 11）。

这些最优组合中，各亚区内涉及的亲本数目存在一定差异，各亚区利用的亲本总数分布在 13～19 个。使用的亲本也具有一定的差异并且具有各自的偏好，Sub－1 使用了 13 个亲本，仅 3 个亲本使用次数超过 4 次，其中北豆 16 使用次数达到 10 次；Sub－2 使用 17 个亲本，仅东农 46 和北丰 9 号使用次数超过 4 次，其中东农 46 使用高达 13 次；Sub－3 使用了 19 个亲本，其中使用次数最多的是北丰 9 号；Sub－4 使用了 13 个亲本，其中 Beeson 使用次数达到 10 次。总体而言，这些亲本中北丰 9 号使用超过 21 次，而北豆 14、东农 46、北豆 16、Beeson 使用次数超过 10 次。与蛋白质性状预测的组合类似，各亚区内油脂性状预测的优化组合亲本也以早熟类型为主，因此该性状的改良在统筹考虑其他性状的基础上进行改良可能更加有效。

**表 4－26　各亚区内依据 QTL－等位变异矩阵改良油脂含量的优化组合设计**

| 生态亚区 | 母本（熟期组） | 表型 | 父本（熟期组） | 表型 | 预测群体后代均值 | 预测群体后代 75th |
|---|---|---|---|---|---|---|
| Sub－1 | 北豆 14（MG00） | 22.00 | 垦丰 11（MG0） | 20.61 | 21.46（21.18） | 23.84（23.33） |
| | 北豆 14（MG00） | 22.00 | 北豆 16（MG000） | 22.67 | 22.37（22.35） | 23.70（23.55） |
| | 北豆 14（MG00） | 22.00 | 北豆 24（MG000） | 22.27 | 22.16（22.20） | 23.59（23.56） |
| | 北豆 16（MG000） | 22.67 | 十胜长叶（MG0） | 21.97 | 22.33（22.30） | 23.55（23.55） |
| | 北豆 16（MG000） | 22.67 | 北丰 9 号（MG00） | 22.44 | 22.55（22.60） | 23.52（23.59） |
| | 北豆 16（MG000） | 22.67 | 北豆 24（MG000） | 22.27 | 22.49（22.44） | 23.46（23.44） |
| | 北豆 14（MG00） | 22.00 | 蒙豆 10（MG0） | 21.99 | 21.98（22.05） | 23.45（23.48） |
| | 北豆 14（MG00） | 22.00 | 北丰 9 号（MG00） | 22.44 | 22.18（22.18） | 23.43（23.19） |
| | 北豆 14（MG00） | 22.00 | 红丰 3 号（MG00） | 22.04 | 22.07（22.10） | 23.42（23.36） |
| | 北豆 16（MG000） | 22.67 | 蒙豆 10（MG0） | 21.99 | 22.34（22.32） | 23.37（23.35） |
| | 北豆 16（MG000） | 22.67 | 蒙豆 12（MG0） | 21.97 | 22.30（22.30） | 23.37（23.31） |
| | 北豆 16（MG000） | 22.67 | 黑河 52（MG00） | 22.04 | 22.37（22.33） | 23.30（23.31） |
| | 北丰 9 号（MG00） | 22.44 | 十胜长叶（MG0） | 21.97 | 22.21（22.18） | 23.29（23.11） |
| | 北豆 16（MG000） | 22.67 | 垦丰 11（MG0） | 20.61 | 21.64（21.66） | 23.28（23.25） |
| | 北豆 24（MG000） | 22.27 | 十胜长叶（MG0） | 21.97 | 22.10（22.10） | 23.28（23.19） |
| | 北豆 14（MG00） | 22.00 | 黑河 52（MG00） | 22.04 | 22.00（22.01） | 23.25（23.10） |
| | 北丰 9 号（MG00） | 22.44 | 垦丰 11（MG0） | 20.61 | 21.56（21.62） | 23.24（23.16） |
| | 北豆 16（MG000） | 22.67 | 丰收 21（MG0） | 20.75 | 21.67（21.65） | 23.23（22.75） |
| | 北豆 16（MG000） | 22.67 | 蒙豆 26（MG00） | 21.66 | 22.11（22.14） | 23.22（23.11） |
| | 北豆 14（MG00） | 22.00 | 黑河 53（MG0） | 21.86 | 21.92（21.86） | 23.21（23.07） |
| Sub－2 | 东农 46（MG0） | 23.06 | 黑农 31（MG0） | 22.65 | 22.89（22.89） | 24.85（24.76） |
| | 东农 46（MG0） | 23.06 | 北丰 9 号（MG00） | 23.17 | 23.13（23.25） | 24.73（24.94） |
| | 北豆 14（MG00） | 23.16 | 东农 46（MG0） | 23.06 | 23.10（23.12） | 24.67（24.59） |
| | 东农 46（MG0） | 23.06 | 黑农 64（MG0） | 23.20 | 23.09（23.12） | 24.66（24.79） |
| | 嫩丰 17（MG0） | 23.05 | 东农 46（MG0） | 23.06 | 23.04（23.04） | 24.62（24.58） |
| | 东农 46（MG0） | 23.06 | 十胜长叶（MG0） | 23.10 | 23.04（23.08） | 24.61（24.66） |
| | 黑农 57（MG0） | 22.82 | 黑农 31（MG0） | 22.65 | 22.80（22.68） | 24.60（24.76） |

续表 4 - 26

| 生态亚区 | 母本(熟期组) | 表型 | 父本(熟期组) | 表型 | 预测群体后代均值 | 预测群体后代 75th |
|---|---|---|---|---|---|---|
| Sub - 2 | 红丰 3 号(MG00) | 23.12 | 东农 46(MG0) | 23.06 | 23.18(23.06) | 24.58(24.38) |
| | 东农 46(MG0) | 23.06 | 黑农 44(MG0) | 22.93 | 22.97(22.98) | 24.56(24.64) |
| | 黑农 57(MG0) | 22.82 | 北丰 9 号(MG00) | 23.17 | 22.98(23.10) | 24.52(25.21) |
| | 北豆 16(MG000) | 23.23 | 东农 46(MG0) | 23.06 | 23.11(23.09) | 24.51(24.42) |
| | 黑农 6 号(MG00) | 22.93 | 黑农 31(MG0) | 22.65 | 22.83(22.73) | 24.51(24.69) |
| | 东农 46(MG0) | 23.06 | 黑河 53(MG0) | 23.23 | 23.22(23.18) | 24.51(24.59) |
| | 牡丰 1 号(MG0) | 23.35 | 东农 46(MG0) | 23.06 | 23.17(23.22) | 24.49(24.59) |
| | 十胜长叶(MG0) | 23.10 | CN210(MG0) | 22.85 | 23.01(23.00) | 24.48(24.59) |
| | 北豆 14(MG00) | 23.16 | 北丰 9 号(MG00) | 23.17 | 23.16(23.16) | 24.47(24.44) |
| | 黑农 6 号(MG00) | 22.93 | 北丰 9 号(MG00) | 23.17 | 23.01(23.12) | 24.47(24.78) |
| | 垦鉴豆 27(MG00) | 22.79 | 东农 46(MG0) | 23.06 | 22.89(22.97) | 24.47(24.65) |
| | 东农 46(MG0) | 23.06 | Beeson(MG0) | 23.24 | 23.16(23.09) | 24.47(24.49) |
| | 北豆 14(MG00) | 23.16 | 黑农 6 号(MG00) | 22.93 | 23.01(23.10) | 24.45(24.62) |
| Sub - 3 | 北豆 14(MG00) | 22.66 | 北丰 9 号(MG00) | 23.08 | 22.89(22.87) | 25.90(25.25) |
| | 北丰 9 号(MG00) | 23.08 | CN210(MG0) | 22.98 | 22.95(23.02) | 25.69(25.15) |
| | 北丰 9 号(MG00) | 23.08 | 蒙豆 10(MG0) | 22.39 | 22.60(22.82) | 25.51(25.64) |
| | 丰收 21(MG0) | 21.91 | 十胜长叶(MG0) | 22.68 | 22.30(22.39) | 25.50(25.63) |
| | 黑农 64(MG0) | 23.10 | 丰收 21(MG0) | 21.91 | 22.45(22.51) | 25.49(25.68) |
| | 牡丰 1 号(MG0) | 22.95 | 北丰 9 号(MG00) | 23.08 | 23.09(22.92) | 25.44(25.04) |
| | 黑河 40(MG000) | 22.38 | 北丰 9 号(MG00) | 23.08 | 22.77(22.76) | 25.43(24.95) |
| | 北豆 14(MG00) | 22.66 | 丰收 21(MG0) | 21.91 | 22.21(22.23) | 25.36(25.23) |
| | 北丰 9 号(MG00) | 23.08 | Beeson(MG0) | 23.15 | 23.07(23.17) | 25.32(25.39) |
| | 嫩丰 17(MG0) | 22.84 | 北丰 9 号(MG00) | 23.08 | 22.91(22.91) | 25.29(25.54) |
| | 黑河 24(MG00) | 21.57 | 北丰 9 号(MG00) | 23.08 | 22.22(22.24) | 25.27(24.90) |
| | 北丰 9 号(MG00) | 23.08 | 十胜长叶(MG0) | 22.68 | 22.83(22.90) | 25.27(25.57) |
| | 丰收 21(MG0) | 21.91 | CN210(MG0) | 22.98 | 22.51(22.31) | 25.27(25.10) |
| | 北豆 24(MG000) | 22.84 | 北丰 9 号(MG00) | 23.08 | 23.04(22.79) | 25.25(25.14) |
| | 红丰 3 号(MG00) | 23.32 | 北丰 9 号(MG00) | 23.08 | 23.13(23.21) | 25.25(25.69) |
| | 合丰 42(MG00) | 22.65 | 丰收 21(MG0) | 21.91 | 22.31(22.18) | 25.24(25.34) |
| | 长农 20(MGⅠ) | 21.85 | 嫩丰 18(MG0) | 22.95 | 22.52(22.39) | 25.22(24.20) |
| | 北丰 9 号(MG00) | 23.08 | 丰收 24(MG000) | 21.83 | 22.47(22.49) | 25.21(24.69) |
| | 黑农 64(MG0) | 23.10 | CN210(MG0) | 22.98 | 23.05(23.02) | 25.20(24.70) |
| | 北豆 16(MG000) | 22.71 | 北丰 9 号(MG00) | 23.08 | 22.85(22.92) | 25.19(25.07) |
| Sub - 4 | 嫩丰 17(MG0) | 24.43 | 蒙豆 10(MG0) | 24.19 | 24.36(24.30) | 25.56(25.57) |
| | 嫩丰 17(MG0) | 24.43 | Beeson(MG0) | 24.73 | 24.52(24.57) | 25.53(25.59) |
| | 吉育 83(MG0) | 24.54 | 蒙豆 10(MG0) | 24.19 | 24.44(24.34) | 25.51(25.40) |
| | 吉育 83(MG0) | 24.54 | Beeson(MG0) | 24.73 | 24.65(24.62) | 25.50(25.50) |
| | 黑农 6 号(MG00) | 24.05 | Beeson(MG0) | 24.73 | 24.38(24.42) | 25.49(25.58) |
| | 黑农 64(MG0) | 24.10 | Beeson(MG0) | 24.73 | 24.45(24.43) | 25.49(25.41) |
| | 黑河 53(MG0) | 24.31 | Beeson(MG0) | 24.73 | 24.56(24.55) | 25.49(25.56) |
| | 黑农 64(MG0) | 24.10 | 蒙豆 10(MG0) | 24.19 | 24.18(24.24) | 25.45(25.42) |
| | 黑农 6 号(MG00) | 24.05 | 蒙豆 10(MG0) | 24.19 | 24.16(24.06) | 25.42(25.40) |
| | 黑农 44(MG0) | 24.16 | Beeson(MG0) | 24.73 | 24.44(24.46) | 25.42(25.45) |

续表 4 - 26

| 生态亚区 | 母本(熟期组) | 表型 | 父本(熟期组) | 表型 | 预测群体后代均值 | 预测群体后代 $75^{th}$ |
|---|---|---|---|---|---|---|
| Sub - 4 | 嫩丰 17(MG0) | 24.43 | 黑河 53(MG0) | 24.31 | 24.39(24.44) | 25.41(25.45) |
| | 嫩丰 17(MG0) | 24.43 | 十胜长叶(MG0) | 24.33 | 24.37(24.37) | 25.39(25.36) |
| | 北丰 14(MG0) | 22.69 | Beeson(MG0) | 24.73 | 23.66(23.68) | 25.39(24.86) |
| | 嫩丰 17(MG0) | 24.43 | 吉育 83(MG0) | 24.54 | 24.45(24.45) | 25.38(25.46) |
| | 牡丰 1 号(MG0) | 24.28 | Beeson(MG0) | 24.73 | 24.49(24.49) | 25.37(25.41) |
| | 吉育 34(MGⅠ) | 22.71 | Beeson(MG0) | 24.73 | 23.66(23.68) | 25.36(25.09) |
| | 黑河 53(MG0) | 24.31 | 蒙豆 10(MG0) | 24.19 | 24.27(24.26) | 25.35(25.43) |
| | 长农 17(MGⅡ) | 24.01 | Beeson(MG0) | 24.73 | 24.35(24.35) | 25.35(25.37) |
| | 嫩丰 17(MG0) | 24.43 | 黑农 6 号(MG00) | 24.05 | 24.26(24.23) | 25.33(25.38) |
| | 黑农 44(MG0) | 24.16 | 蒙豆 10(MG0) | 24.19 | 24.18(24.19) | 25.33(25.38) |

注:预测群体后代均值、预测群体后代 $75^{th}$(第 75% 分位数)列中括号外为连锁模型预测值,括号内为随机模型预测值。





## 三、蛋脂总量 QTL - 等位变异体系的建立和应用

### (一)蛋脂总量 QTL - 等位变异体系的建立

图 4 - 5 为各生态亚区蛋脂总量 QTL - 等位变异效应值分布图,表 4 - 27 则为各亚区内控制该性状 QTL 的等位变异在不同熟期组的分布。从图中可知,相同 QTL 内等位变异的效应值存在较大程度的差异。虽然不同亚区内定位得到的等位变异数目及变幅有所差异,但呈现的规律相似。从等位变异效应值的分布看,各亚区内及熟期组内正负等位变异数目虽然略有差异,但差异等位变异的效应值主要集中在 -0.6 ~0.9 间(表 4 - 27)。不同熟期组及群体内等位变异的分布基本呈现正态分布,效应值在 -1.1% ~1.4% 之外的数目较少。各熟期组内仅含有定位结果中部分等位变异,因此各组均可从其他熟期组内引入等位变异从而进一步改进目标性状,培育出蛋脂总量更多的品种。

各亚区内定位得到位点中的等位变异数目虽然存在较大的差异,但在各亚区及熟期组内的分布均呈正态。各亚区内负效与正效等位变异数目接近。其余亚区在定位研究时为降低定位误差仅使用了部分东北大豆种质资源群体内的材料,而 Sub - 4 则使用了完整的东北大豆种质资源群体。在该性状等位变异的研究中用 Sub - 4 进行相关分析。

Sub - 4 中共定位到 258 个效应值分布在 - 7.85% ~ 4.34% 的等位变异,其中仅 9 个的效应值在 - 1.1% ~ 1.4% 之外(表 4 - 27)。从效应值看,这些总体及分布在各熟期组内所含有的正负等位变异数目虽略有差异但相差不大,如定位的 258 个等位变异中正负效应值的等位变异数目仅相差 4 个。从等位变异数目及其分布、变幅及效应值在 - 1.1% ~ 1.4% 之外的数目可知,各熟期组在该性状上有进一步改良的空间,例如 MG000、MG00 中有 39 ~ 78 个控制该性状的等位变异丢失。从效应值的角度看,各熟期组内均包含了近乎所有 - 1.1% ~ 1.4% 之外的等位变异,然而那些效应值较小的等位变异则存在较多的丢失,因此通过聚合这些效应值较小的等位变异的方式改良该性状可能更为有效。

通过以上分析可知,虽然东北各亚区内定位得到的 QTL 及其等位变异的数目及效应值有所差异,但其在群体及各熟期组分布规律相同。

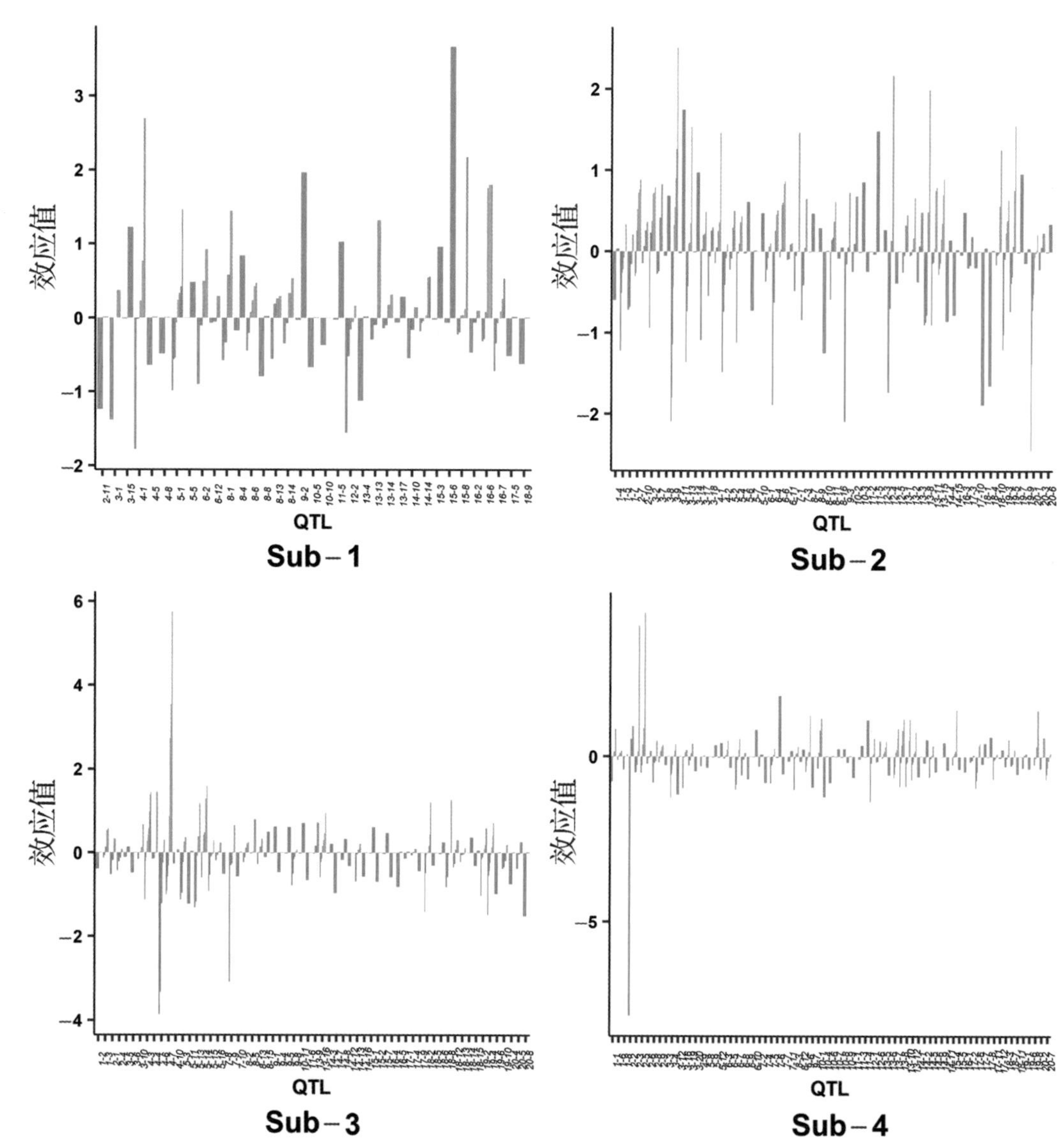


图 4－5　东北各亚区蛋脂总量 QTL－等位变异效应值

表 4－27　东北各亚区蛋脂总量 QTL－等位变异在各熟期组的分布

| 亚区 | 熟期组 | 组中值/% | | | | | | | | | 总计 | 变幅/% |
|---|---|---|---|---|---|---|---|---|---|---|---|---|
| | | ＜－1.60 | －1.35 | －0.85 | －0.35 | 0.15 | 0.65 | 1.15 | 1.65 | ＞1.90 | | |
| Sub－1 | MG000 | 0 | 1 | 2 | 18 | 52 | 8 | 3 | 3 | 2 | 89(40,49) | －1.38～2.70 |
| | MG00 | 0 | 2 | 6 | 23 | 56 | 9 | 5 | 2 | 2 | 105(52,53) | －1.38～2.70 |
| | MG0 | 1 | 4 | 7 | 25 | 56 | 11 | 4 | 5 | 4 | 117(58,59) | －1.78～3.67 |
| | MGⅠ | 1 | 3 | 5 | 25 | 55 | 12 | 4 | 3 | 2 | 110(55,55) | －1.78～3.67 |
| | MGⅡ | 1 | 1 | 4 | 24 | 55 | 10 | 3 | 4 | 2 | 104(50,54) | －1.78～2.18 |
| | MGⅢ | 1 | 2 | 4 | 21 | 52 | 5 | 3 | 3 | 1 | 92(48,44) | －1.78～2.18 |
| | 总计 | 1 | 4 | 7 | 26 | 56 | 12 | 5 | 5 | 4 | 120(59,61) | －1.78～3.67 |

续表 4－27

| 亚区 | 熟期组 | 组中值/% | | | | | | | | | 总计 | 变幅/% |
|---|---|---|---|---|---|---|---|---|---|---|---|---|
| | | < －1.60 | －1.35 | －0.85 | －0.35 | 0.15 | 0.65 | 1.15 | 1.65 | >1.90 | | |
| Sub－2 | MG000 | 3 | 4 | 8 | 30 | 84 | 23 | 4 | 4 | 0 | 160(73,87) | －1.89～1.75 |
| | MG00 | 3 | 5 | 15 | 37 | 95 | 32 | 4 | 4 | 1 | 196(92,104) | －2.09～1.99 |
| | MG0 | 8 | 8 | 20 | 42 | 104 | 38 | 4 | 6 | 3 | 233(110,123) | －2.45～2.51 |
| | MGⅠ | 6 | 5 | 18 | 40 | 100 | 34 | 4 | 4 | 2 | 213(101,112) | －2.09～2.17 |
| | MGⅡ | 7 | 4 | 16 | 35 | 99 | 26 | 2 | 4 | 2 | 195(94,101) | －2.45～2.51 |
| | MGⅢ | 5 | 3 | 14 | 35 | 93 | 24 | 3 | 0 | 1 | 178(88,90) | －2.45～2.51 |
| | 总计 | 8 | 8 | 20 | 43 | 104 | 40 | 5 | 6 | 3 | 237(111,126) | －2.45～2.51 |
| Sub－3 | MG000 | 2 | 2 | 5 | 39 | 91 | 11 | 2 | 0 | 1 | 153(75,78) | －3.87～5.75 |
| | MG00 | 2 | 8 | 9 | 48 | 93 | 18 | 4 | 1 | 2 | 185(95,90) | －3.87～5.75 |
| | MG0 | 2 | 8 | 12 | 58 | 102 | 22 | 6 | 3 | 3 | 216(111,105) | －3.87～5.75 |
| | MGⅠ | 3 | 7 | 12 | 57 | 100 | 20 | 5 | 3 | 2 | 209(110,99) | －3.87～5.75 |
| | MGⅡ | 2 | 8 | 7 | 42 | 99 | 16 | 6 | 0 | 2 | 182(88,94) | －3.87～3.54 |
| | MGⅢ | 3 | 5 | 3 | 38 | 90 | 18 | 4 | 2 | 2 | 165(76,89) | －3.87～5.75 |
| | 总计 | 3 | 9 | 14 | 59 | 102 | 23 | 7 | 3 | 3 | 223(116,107) | －3.87～5.75 |
| Sub－4 | MG000 | 1 | 1 | 4 | 50 | 105 | 13 | 3 | 1 | 2 | 180(85,95) | －7.85～4.34 |
| | MG00 | 1 | 1 | 16 | 57 | 118 | 20 | 4 | 0 | 2 | 219(107,112) | －7.85～4.34 |
| | MG0 | 1 | 4 | 20 | 69 | 125 | 23 | 7 | 2 | 2 | 253(127,126) | －7.85～4.34 |
| | MGⅠ | 1 | 4 | 17 | 62 | 123 | 19 | 4 | 2 | 2 | 234(117,117) | －7.85～4.34 |
| | MGⅡ | 1 | 2 | 18 | 60 | 119 | 11 | 1 | 1 | 2 | 215(111,104) | －7.85～4.34 |
| | MGⅢ | 1 | 2 | 13 | 54 | 110 | 14 | 1 | 0 | 2 | 197(99,98) | －7.85～4.34 |
| | 总计 | 1 | 4 | 22 | 71 | 125 | 24 | 7 | 2 | 2 | 258(131,127) | －7.85～4.34 |

注：总计栏的括号内前面数字为负效等位变异数，后一数字为正效等位变异数。

### （二）蛋脂总量 QTL－等位变异体系的应用

#### 1. 东北大豆蛋脂总量在亚区间遗传分化动力分析

表 4－28 为各 QTL 内等位变异在 Sub－2 亚区与其他亚区间的变化情况。从结果看，Sub－2、Sub－4、Sub－3 与 Sub－1 分别有 258（“－” vs“＋”＝131 vs 127）、188（“－” vs“＋”＝92 vs 96）、193（“－” vs“＋”＝93 vs 100）、240（“－” vs“＋”＝117 vs 123）个等位变异。该结果表明，Sub－2 和 Sub－1 在蛋脂总量性状的遗传基础较为宽广，而 Sub－3 与 Sub－4 则较为狭窄。该结果可能与东北大豆生产与育种历史及现状有关。

其他亚区分别与 Sub－2 相比，各亚区分布的等位变异均出现在 Sub－2，同时汰除了一部分Sub－2 中的等位变异。Sub－4、Sub－3 和 Sub－1 中分别汰除了 70、65 和 18 个在 Sub－2 中分布的等位变异（表 4－28）。比较其他亚区与 Sub－2 可知，Sub－2 中的 159 个等位变异直接分布在其他各亚区内，占该性状遗传基础的 61.63%，而 Sub－2 中 38.37% 的等位变异在其他亚区中发生了汰除现象。

通过以上分析可知，Sub－2 亚区有控制蛋脂总量表达的所有等位变异，其他亚区与之相比遗传分化最大的动力为 Sub－2 中原有等位变异的继承，占该性状遗传构成的 61.63%。其次为育种过程中汰除 Sub－2 中的等位变异，占 38.37%，因此汰除等位变异及其引起的重组为不同生态亚区间遗传差异的第二遗传动力。

分析各亚区所拥有的正负等位变异，各亚区分布的正负等位变异数目相近，但发生汰除的等位变异中负效数目略高于正效。该结果表明，该性状在各亚区并未受到直接选择，正负等位变异受到相似的选择压力，但呈现汰除更多负效等位变异的趋势。

**表 4－28　东北种质资源群体中 Sub－2 与其他亚区的蛋脂总量等位变异变化**

| QTL | a1 | a2 | a3 | a4 | a5 | a6 | a7 | a8 | a9 | QTL | a1 | a2 | a3 | a4 | a5 | a6 | a7 | a8 | a9 |
|---|---|---|---|---|---|---|---|---|---|---|---|---|---|---|---|---|---|---|---|
| *q-Tpo*-1-1 | | | | xy | | | | | | *q-Tpo*-10-7 | | | | | | | | | |
| *q-Tpo*-1-6 | | | | | | | | | | *q-Tpo*-10-8 | | y | | | | | | | |
| *q-Tpo*-1-8 | | | x | | | | | | | *q-Tpo*-10-9 | x | | | | | | | | |
| *q-Tpo*-2-2 | | | xy | | | | | | | *q-Tpo*-11-1 | xy | | | | | | | | |
| *q-Tpo*-2-3 | | x z | | x | | | | | | *q-Tpo*-11-3 | | | | | | | | | |
| *q-Tpo*-2-5 | | | y | | | | | | | *q-Tpo*-11-4 | | xy | | | | | | | |
| *q-Tpo*-2-6 | | xy | | | | | | | | *q-Tpo*-12-1 | xy | | | | xy | | | | |
| *q-Tpo*-2-8 | xy | | | | | | | | | *q-Tpo*-12-6 | | x | | x | | | | | |
| *q-Tpo*-2-9 | | | x | | y | | | | | *q-Tpo*-13-5 | | | xy | x | y | x z | | | |
| *q-Tpo*-3-3 | | | | | | | | | | *q-Tpo*-13-6 | | | | | | | | | |
| *q-Tpo*-3-4 | xy | | y | xy | x | | | | | *q-Tpo*-13-7 | xy | | yz | | | x | x | | |
| *q-Tpo*-3-12 | y | | | | | | | | | *q-Tpo*-13-8 | | | | xy | xy | | | | |
| *q-Tpo*-3-16 | x | | xy | | | | | | | *q-Tpo*-13-10 | y | y | yz | | y | xy | | | |
| *q-Tpo*-3-19 | | | x | | | | | | | *q-Tpo*-13-12 | xyz | | | | | y | | | |
| *q-Tpo*-3-20 | xy | | | | | | | | | *q-Tpo*-14-1 | y | | | | | | | | |
| *q-Tpo*-4-9 | | | | | | | | | | *q-Tpo*-14-2 | | | | | | | | | |
| *q-Tpo*-5-8 | xy | | | | | | | | | *q-Tpo*-14-5 | xyz | | | x | | | | | |
| *q-Tpo*-5-9 | | | | | | | | | | *q-Tpo*-14-6 | y | | | | | | | | |
| *q-Tpo*-5-12 | | x | | | | | | | | *q-Tpo*-14-9 | | xy | | | | | | | |
| *q-Tpo*-6-3 | | | xy | | | yz | | | | *q-Tpo*-14-11 | x | | | | | | | | |
| *q-Tpo*-6-5 | x | | | | | | | | | *q-Tpo*-15-4 | | xy | | | xyz | | | | |
| *q-Tpo*-6-7 | xy | xy | | | x | | | | | *q-Tpo*-15-5 | xy | | | | | | | | |
| *q-Tpo*-6-8 | | x | | | | | | | | *q-Tpo*-16-1 | xyz | | | | | | | | |
| *q-Tpo*-6-9 | xy | | | | | | | | | *q-Tpo*-17-2 | | yz | | | | | | | |
| *q-Tpo*-6-10 | | x | | | | | | | | *q-Tpo*-17-6 | yz | | | x | | | | | |
| *q-Tpo*-7-2 | | | | | | | | | | *q-Tpo*-17-7 | | | | | | | | | |
| *q-Tpo*-7-4 | x | | | | | | | | | *q-Tpo*-17-8 | | | | | | | | | |
| *q-Tpo*-7-5 | y | x | x | | | | | | | *q-Tpo*-17-11 | | | | xyz | | | | | |
| *q-Tpo*-7-6 | | xyz | | | | | | | | *q-Tpo*-17-12 | | | | | | | | | |
| *q-Tpo*-7-7 | xy | | | | | | | | | *q-Tpo*-18-3 | xy | | | | xy | | | | |
| *q-Tpo*-7-11 | | | | | | | | | | *q-Tpo*-18-7 | | x z | x | | y | | | | |
| *q-Tpo*-8-3 | xy | | | | | | | | | *q-Tpo*-18-11 | xy | | | | | | | | |
| *q-Tpo*-8-12 | | | | | | | | | | *q-Tpo*-19-1 | y | | | | | | | | |
| *q-Tpo*-9-6 | y | | x | | | | x | | | *q-Tpo*-19-6 | xyz | | | | | | | | |
| *q-Tpo*-9-7 | z | | | | | | | | | *q-Tpo*-19-8 | | | x | x | | | | | |
| *q-Tpo*-10-1 | | | y | y | | | | | | *q-Tpo*-20-2 | x | | xy | | | | | | |
| *q-Tpo*-10-4 | y | | | | | | | | | *q-Tpo*-20-7 | z | yz | x | | | | | | |
| *q-Tpo*-10-6 | y | | | | | | | | | | | | | | | | | | |

续表 4-28

| 亚区 | 等位变异总数 | | 继承等位变异 | | 已改变等位变异 | | 新生等位变异 | | 排除等位变异 | |
|---|---|---|---|---|---|---|---|---|---|---|
| | 等位变异数目 | QTL数目 | 等位变异数目 | QTL数目 | 等位变异数目 | QTL数目 | 等位变异数目 | QTL数目 | 等位变异数目 | QTL数目 |
| 2 | 258(131,127) | 75 | | | | | | | | |
| 4 vs 2 | 188(92,96) | 75 | 188(92,96) | 75 | 70(39,31) | 49 | 0 | 0 | 70(39,31) | 49 |
| 3 vs 2 | 193(93,100) | 75 | 193(93,100) | 75 | 65(38,27) | 49 | 0 | 0 | 65(38,27) | 49 |
| 1 vs 2 | 240(117,123) | 75 | 240(117,123) | 75 | 18(14,4) | 17 | 0 | 0 | 18(14,4) | 17 |
| 4-3-1 vs2 | 251(126,125) | 75 | 159(74,85) | 75 | 99(57,42) | 61 | 0 | 0 | 99(57,42) | 61 |

注:1、2、3、4 依次表示 Sub-1、Sub-2、Sub-3、Sub-4,4-3-1 表示 Sub-4、Sub-3 与 Sub-1 的总和。在表的上部,a1~a9 为各 QTL 内按照效应值从小到大依次排列的等位变异。在表格中,白色、灰色格子分别表示 Sub-2 中原有负效、正效等位变异。格子中 x、y、z 表示与 Sub-2 相比,分别在 Sub-4、Sub-3、Sub-1 中排除的等位变异。在表的下部,4-3-1 vs 2 表示 Sub-4、Sub-3、Sub-1 的总和与 Sub-2 中等位变异的比较,4 vs 2、3 vs2 和 1 vs 2 的意义与之相同。继承等位变异指等位变异来源于 Sub-2;已改变等位变异指与 Sub-2 中等位变异比较发生了排除或者新生;新生等位变异指等位变异未出现在 Sub-2 而出现在其他亚区;排除等位变异指等位变异未出现在目标亚区内。在等位变异数目列中,括号外数字为等位变异数目,括号内依次为负效等位变异和正效等位变异的数目。

2. 各亚区间蛋脂总量遗传分化重要 QTL 及候选基因

表 4-28 直观地描述了等位变异在不同亚区间的分布及传递。结果表明,不同 QTL 在不同生态亚区的蛋脂总量性状遗传基础分化形成中发挥的作用相差较大。来自 61 个 QTL 的 99 个等位变异在 Sub-2 与其他亚区的分化中发挥了作用(表 4-29)。这些 QTL 根据其在其他亚区形成中已改变等位变异的数目可分为 5 类,其中 37 个 QTL 仅有 1 个等位变异发生改变,而有 2、3、4、5 个等位变异改变的 QTL 数目分别为 15、5、3、1(表 4-29)。具体到各生态亚区,Sub-4 的形成中共有来自 49 个 QTL 的 70 个等位变异发生改变,而 Sub-3 和 Sub-1 形成中分别有来自 49 个 QTL 的 65 个等位变异及来自 17 个 QTL 的 18 个等位变异发生改变。与此同时,分别有来自 7~26 个不等的 QTL 的 7~31 个等位变异同时在 Sub-2 与其他亚区的分化中发挥作用(表 4-29)。因此,那些在多个亚区间状态发生变化的 QTL 可能更加重要。

表 4-29 为在亚区蛋脂总量遗传分化中起重要作用的 13 个 QTL 及其候选基因。这 13 个 QTL 中共有 38 个等位变异在遗传分化过程中发挥作用,占所有改变等位变异及各亚区内改变等位变异的 38% 左右,因此这些位点具有较好的代表性。而这些 QTL 的候选基因功能复杂,涉及大量其他生物学通路,在一定程度上表明该性状改良的复杂程度。

**表 4-29　亚区间蛋脂总量性状遗传分化的 QTL-等位变异分析**

| 已改变等位变异数目/位点 | 已改变等位变异总数 | 同时在 Sub 4-3-1 中改变 | 同时在 Sub 4-3 中改变 | 同时在 Sub 4-1 中改变 | 同时在 Sub 3-1 中改变 | Sub-4 | Sub-3 | Sub-1 |
|---|---|---|---|---|---|---|---|---|
| 1 | 37(37) | 4(4) | 14(14) | 0(0) | 1(1) | 26(26) | 28(28) | 6(6) |
| 2 | 30(15) | 3(3) | 10(7) | 1(1) | 2(2) | 24(14) | 19(12) | 6(6) |
| 3 | 15(5) | 0(0) | 2(1) | 1(1) | 1(1) | 10(5) | 6(5) | 3(2) |
| 4 | 12(3) | 0(0) | 4(3) | 1(1) | 1(1) | 9(3) | 7(3) | 2(2) |
| 5 | 5(1) | 0(0) | 1(1) | 0(0) | 1(1) | 1(1) | 5(1) | 1(1) |
| 总计 | 99(61) | 7(7) | 31(26) | 3(3) | 6(6) | 70(49) | 65(49) | 18(17) |

续表 4－29

| 新熟期组形成的主效 QTL－等位变异 | | | | | | |
|---|---|---|---|---|---|---|
| QTL | $R^2$/% | 已改变等位变异 | | | 候选基因 | 基因功能（分类） |
| | | 4 | 3 | 1 | | |
| *q－Tpo*－13－10(5) | 0.75 | 1 | 5 | 1 | *Glyma*13*g*20260 | Biological process(Ⅳ) |
| *q－Tpo*－13－7(4) | 1.39 | 3 | 2 | 1 | *Glyma*13*g*14127 | Biological process(Ⅳ) |
| *q－Tpo*－3－4(4) | 1.33 | 3 | 3 | 0 | | |
| *q－Tpo*－13－5(4) | 1.30 | 3 | 2 | 1 | Glyma13g06715 | Jasmonic acid mediated signaling pathway (Ⅲ) |
| *q－Tpo*－9－6(3) | 4.30 | 2 | 1 | 0 | *Glyma*09*g*38050 | Regulation of transcription(Ⅳ) |
| *q－Tpo*－6－7(3) | 1.45 | 3 | 2 | 0 | | |
| *q－Tpo*－20－7(3) | 1.16 | 1 | 1 | 2 | *Glyma*20*g*36390 | Transport(Ⅲ) |
| *q－Tpo*－7－5(3) | 0.84 | 2 | 1 | 0 | *Glyma*07*g*19850 | Biological process(Ⅳ) |
| *q－Tpo*－18－7(3) | 0.38 | 2 | 1 | 1 | *Glyma*18*g*17395 | Proteolysis(Ⅱ) |
| *q－Tpo*－12－1(2) | 5.29 | 2 | 2 | 0 | *Glyma*12*g*01430 | Ubiquitin-dependent protein catabolic process(Ⅱ) |
| *q－Tpo*－20－2(2) | 4.15 | 2 | 1 | 0 | | |
| *q－Tpo*－7－6(1) | 4.01 | 1 | 1 | 1 | | |
| *q－Tpo*－2－8(1) | 3.10 | 1 | 1 | 0 | | |
| 排除等位变异总数 | | 26/70 | 23/65 | 7/18 | 38/99(在 Sub 4－3－1 内) | |

注:已改变等位变异指与 Sub－2 相比,Sub－4、Sub－3 和 Sub－1 的等位变异存在排除或者新生。已改变等位变异/位点表示每个位点中发生改变的等位变异数目。同时在 Sub 4－3－1 中改变指同时在 Sub－4、Sub－3、Sub－1 中发生改变的等位变异数目,同时在 Sub 4－3 中改变、同时在 Sub 4－1 中改变、同时在 Sub 3－1 中改变的含义与之相似,指同时在上述亚区中发生改变的等位变异数目。Sub－4、Sub－3、Sub－1 指在特定亚区中发生改变的等位变异。在上述列中,括号外为等位变异数目,括号内为涉及的 QTL 的数目。在表的下半部分:QTL 指在亚区间蛋白质性状遗传分化差异中起主要作用的 QTL,其中括号内数据为该 QTL 所发生改变的等位变异数目。基因功能(分类)可分为 4 类,即Ⅰ与光周期、花发育相关,Ⅱ与植物激素、信号转导和运输有关,Ⅲ与初级代谢相关,Ⅳ与其他及未知生物过程有关。

3. 东北各亚区蛋脂总量的设计育种

从上文的结果及分析可知,可以通过优化控制蛋脂总量性状的等位变异进一步改良该性状。表 4－30 为该性状使用第 75% 分位数为指标在连锁模型下筛选出的最优组合类型。

从结果可以看出,各亚区优化组合存在一定的差异,从预测后代表型与亲本表型可知,预测后代的表型值均高于亲本。虽然一般而言,大部分组合的亲本蛋脂总量的表型值较高,约为 64%,但均存在一些蛋脂总量表现较低的亲本。例如,Sub－1 中所选用的 20 个组合中,2 个组合的 2 个亲本表型均未达到 64%,而后代预测值超过 65%,这些亲本中蛋脂总量表现最低的为 61.17%(垦农 5 号)。

各亚区内涉及的亲本数目具有一定的波动性,各亚区使用的亲本数目分布为 17～20 个。并且各亚区使用亲本存在明显的偏好性,Sub－1 使用了 17 个亲本,仅 3 个亲本使用次数超过 3 次,其中丰收 12 的使用次数高达 14 次;Sub－2 使用了 19 个亲本,仅 2 个亲本使用次数超过 3 次,其中使用次数最多的是蒙豆 11;Sub－3 使用了 20 个亲本,其中北豆 14 使用次数最多,为 16 次;Sub－4 使用了 20 个亲本,与 Sub－2 使用亲本的偏好性较为相似,蒙豆 11 使用了 19 次。综合以上结果,可以看出蒙豆11的使用次数最多，达到了45次，其次为丰收12和北豆16，使用次数超过10次。与蛋白质及油脂性状预测的组合类似，各亚区内蛋脂总量性状预测的优化组合亲本也以早熟类型为主，因此该性状在统筹考虑其他性状的基础上进行改良可能更加有效。

**表4－30 各亚区内依据QTL－等位变异矩阵改良蛋脂总量的优化组合设计**

| 生态亚区 | 母本（熟期组） | 表型 | 父本（熟期组） | 表型 | 预测群体后代均值 | 预测群体后代75th |
|---|---|---|---|---|---|---|
| Sub－1 | 垦丰19（MG0） | 62.96 | 丰收12（MG0） | 64.51 | 63.84（63.81） | 65.84（65.68） |
| | 丰收12（MG0） | 64.51 | 蒙豆11（MG000） | 64.05 | 64.23（64.31） | 65.68（65.70） |
| | 丰收12（MG0） | 64.51 | 东农48（MG0） | 63.35 | 63.96（63.91） | 65.37（65.28） |
| | 丰收12（MG0） | 64.51 | 黑农43（MG0） | 63.55 | 64.01（64.07） | 65.37（65.46） |
| | 垦丰19（MG0） | 62.96 | 克拉克63（MG0） | 63.39 | 63.25（63.23） | 65.25（65.03） |
| | 垦丰19（MG0） | 62.96 | 蒙豆11（MG000） | 64.05 | 63.48（63.46） | 65.24（65.47） |
| | 垦丰19（MG0） | 62.96 | 蒙豆5号（MG00） | 63.46 | 63.24（63.17） | 65.21（65.12） |
| | 黑河52（MG00） | 63.05 | 丰收12（MG0） | 64.51 | 63.80（63.80） | 65.21（65.21） |
| | 蒙豆5号（MG00） | 63.46 | 蒙豆11（MG000） | 64.05 | 63.74（63.77） | 65.20（65.26） |
| | 合丰45（MG0） | 63.00 | 丰收12（MG0） | 64.51 | 63.79（63.78） | 65.19（65.16） |
| | 垦农5号（MG0） | 61.17 | 丰收12（MG0） | 64.51 | 62.85（62.84） | 65.15（65.01） |
| | 合丰40（MG00） | 62.60 | 丰收12（MG0） | 64.51 | 63.56（63.55） | 65.11（64.89） |
| | 丰收12（MG0） | 64.51 | 克拉克63（MG0） | 63.39 | 63.85（64.00） | 65.10（65.31） |
| | 白宝珠（MG0） | 61.25 | 丰收12（MG0） | 64.51 | 62.90（62.87） | 65.09（65.09） |
| | 黑农48（MG0） | 62.88 | 丰收12（MG0） | 64.51 | 63.69（63.73） | 65.05（65.12） |
| | 东农45（MG000） | 62.83 | 蒙豆11（MG000） | 64.05 | 63.53（63.44） | 65.03（64.89） |
| | 丰收12（MG0） | 64.51 | 东大1号（MG000） | 62.71 | 63.68（63.53） | 65.01（64.91） |
| | 丰收12（MG0） | 64.51 | 东农50（MG0） | 62.56 | 63.52（63.57） | 64.99（65.00） |
| | 丰收12（MG0） | 64.51 | 华疆2号（MG000） | 62.80 | 63.67（63.62） | 64.98（65.06） |
| | 蒙豆5号（MG00） | 63.46 | 黑农43（MG0） | 63.55 | 63.48（63.52） | 64.98（65.00） |
| Sub－2 | 丰收12（MG0） | 64.51 | 蒙豆11（MG000） | 64.95 | 64.74（64.69） | 65.91（66.10） |
| | 黑河7号（MG000） | 63.57 | 蒙豆11（MG000） | 64.95 | 64.37（64.24） | 65.86（65.73） |
| | 蒙豆11（MG000） | 64.95 | 黑河36（MG0） | 63.64 | 64.31（64.24） | 65.82（65.80） |
| | 绥农10（MG0） | 63.52 | 蒙豆11（MG000） | 64.95 | 64.18（64.20） | 65.79（65.75） |
| | 东农48（MG0） | 63.83 | 蒙豆11（MG000） | 64.95 | 64.37（64.37） | 65.77（65.78） |
| | 丰收11（MG000） | 64.39 | 蒙豆11（MG000） | 64.95 | 64.66（64.67） | 65.75（65.96） |
| | 垦丰14（MG0） | 63.39 | 蒙豆11（MG000） | 64.95 | 64.16（64.18） | 65.53（65.67） |
| | 黑河29（MG00） | 63.93 | 蒙豆11（MG000） | 64.95 | 64.41（64.44） | 65.53（65.72） |
| | 丰收12（MG0） | 64.51 | 黑河36（MG0） | 63.64 | 64.14（64.10） | 65.52（65.92） |
| | 蒙豆11（MG000） | 64.95 | 绥农35（MG0） | 63.33 | 64.13（64.13） | 65.51（65.54） |
| | 黑河52（MG00） | 63.67 | 蒙豆11（MG000） | 64.95 | 64.31（64.27） | 65.49（65.65） |
| | 绥农27（MG0） | 63.50 | 蒙豆11（MG000） | 64.95 | 64.23（64.24） | 65.48（65.50） |
| | 蒙豆11（MG000） | 64.95 | 东大1号（MG000） | 63.34 | 64.14（64.15） | 65.42（65.61） |

续表 4－30

| 生态亚区 | 母本(熟期组) | 表型 | 父本(熟期组) | 表型 | 预测群体后代均值 | 预测群体后代 75th |
|---|---|---|---|---|---|---|
| Sub－2 | 嫩丰 14(MG0) | 62.83 | 蒙豆 11(MG000) | 64.95 | 63.83(63.87) | 65.40(65.23) |
| | 丰收 19(MG00) | 63.64 | 蒙豆 11(MG000) | 64.95 | 64.29(64.25) | 65.39(65.51) |
| | 红丰 12(MG0) | 63.12 | 蒙豆 11(MG000) | 64.95 | 64.03(64.09) | 65.37(65.46) |
| | 东农 43(MG000) | 63.26 | 蒙豆 11(MG000) | 64.95 | 64.15(64.06) | 65.36(65.24) |
| | 丰收 11(MG000) | 64.39 | 合丰 45(MG0) | 63.43 | 63.82(63.94) | 65.35(65.47) |
| | 黑河 29(MG00) | 63.93 | 丰收 12(MG0) | 64.51 | 64.16(64.22) | 65.35(65.73) |
| | 蒙豆 11(MG000) | 64.95 | 克拉克 63(MG0) | 63.31 | 64.09(64.11) | 65.35(65.53) |
| Sub－3 | 北豆 14(MG00) | 62.41 | 蒙豆 11(MG000) | 65.24 | 63.80(63.90) | 66.35(66.90) |
| | 北豆 14(MG00) | 62.41 | 丰收 11(MG000) | 64.51 | 63.41(63.38) | 65.84(66.52) |
| | 北豆 14(MG00) | 62.41 | 东农 45(MG000) | 63.39 | 62.92(63.05) | 65.82(66.52) |
| | 蒙豆 11(MG000) | 65.24 | 东大 1 号(MG000) | 63.64 | 64.53(64.38) | 65.80(67.43) |
| | 北豆 14(MG00) | 62.41 | 黑河 52(MG00) | 63.94 | 63.22(63.02) | 65.71(66.06) |
| | 北豆 14(MG00) | 62.41 | 合丰 45(MG0) | 64.13 | 63.21(63.26) | 65.70(66.29) |
| | 北豆 14(MG00) | 62.41 | 绥农 27(MG0) | 63.89 | 63.24(63.25) | 65.63(66.32) |
| | 丰收 11(MG000) | 64.51 | 蒙豆 11(MG000) | 65.24 | 64.89(64.86) | 65.63(65.57) |
| | 北豆 14(MG00) | 62.41 | 蒙豆 9 号(MG00) | 63.71 | 63.10(63.17) | 65.62(66.35) |
| | 北豆 14(MG00) | 62.41 | 蒙豆 5 号(MG00) | 63.89 | 63.12(63.14) | 65.58(66.24) |
| | 蒙豆 11(MG000) | 65.24 | 华疆 2 号(MG000) | 63.67 | 64.49(64.47) | 65.56(67.37) |
| | 北豆 14(MG00) | 62.41 | 丰收 24(MG000) | 63.89 | 63.16(63.09) | 65.53(66.07) |
| | 北豆 14(MG00) | 62.41 | 北豆 38(MG000) | 63.43 | 62.98(62.89) | 65.50(65.94) |
| | 垦丰 14(MG0) | 63.63 | 北豆 14(MG00) | 62.41 | 63.02(63.07) | 65.48(66.08) |
| | 北豆 14(MG00) | 62.41 | 东农 48(MG0) | 63.79 | 63.08(63.09) | 65.48(66.17) |
| | 北豆 14(MG00) | 62.41 | 黑河 36(MG0) | 63.66 | 63.11(63.11) | 65.47(66.22) |
| | 北豆 14(MG00) | 62.41 | 黑河 7 号(MG000) | 63.63 | 63.00(63.09) | 65.46(66.20) |
| | 北豆 14(MG00) | 62.41 | 嫩丰 4 号(MG0) | 63.19 | 62.79(62.78) | 65.46(65.74) |
| | 黑河 29(MG00) | 63.60 | 蒙豆 11(MG000) | 65.24 | 64.40(64.46) | 65.46(67.00) |
| | 北豆 14(MG00) | 62.41 | 丰收 6 号(MG0) | 63.05 | 62.84(62.80) | 65.45(65.88) |
| Sub－4 | 嫩丰 1 号(MG0) | 65.10 | 蒙豆 11(MG000) | 66.68 | 65.83(66.02) | 67.21(70.18) |
| | 丰收 11(MG000) | 65.99 | 蒙豆 11(MG000) | 66.68 | 66.36(66.32) | 67.16(67.26) |
| | 红丰 8 号(MG0) | 63.95 | 蒙豆 11(MG000) | 66.68 | 65.33(65.40) | 67.07(69.64) |
| | 丰收 6 号(MG0) | 65.90 | 蒙豆 11(MG000) | 66.68 | 66.29(66.34) | 67.06(67.25) |
| | 克山 1 号(MG00) | 65.48 | 蒙豆 11(MG000) | 66.68 | 66.10(66.04) | 67.02(66.95) |
| | 蒙豆 11(MG000) | 66.68 | 东农 50(MG0) | 65.13 | 65.96(65.71) | 67.01(69.76) |
| | 蒙豆 11(MG000) | 66.68 | 黑河 36(MG0) | 65.71 | 66.19(66.15) | 66.95(67.20) |
| | 黑河 29(MG00) | 65.40 | 蒙豆 11(MG000) | 66.68 | 66.04(66.04) | 66.92(66.99) |
| | 丰收 19(MG00) | 65.05 | 蒙豆 11(MG000) | 66.68 | 65.87(65.82) | 66.89(66.88) |
| | 丰收 12(MG0) | 65.35 | 蒙豆 11(MG000) | 66.68 | 66.02(65.99) | 66.80(66.84) |

续表 4 - 30

| 生态亚区 | 母本(熟期组) | 表型 | 父本(熟期组) | 表型 | 预测群体后代均值 | 预测群体后代 75th |
|---|---|---|---|---|---|---|
| Sub - 4 | 铁荚子(MGⅡ) | 63.86 | 蒙豆 11(MG000) | 66.68 | 65.43(65.52) | 66.79(69.74) |
| | 丰收 11(MG000) | 65.99 | 嫩丰 1 号(MG0) | 65.10 | 65.57(65.61) | 66.74(69.97) |
| | 丰收 10(MG0) | 65.60 | 蒙豆 11(MG000) | 66.68 | 66.13(66.15) | 66.74(66.96) |
| | 蒙豆 9 号(MG00) | 64.93 | 蒙豆 11(MG000) | 66.68 | 65.83(65.83) | 66.73(66.73) |
| | 九农 12(MGⅠ) | 64.65 | 蒙豆 11(MG000) | 66.68 | 65.67(65.70) | 66.72(66.95) |
| | 吉育 58(MG0) | 64.45 | 蒙豆 11(MG000) | 66.68 | 65.53(65.58) | 66.71(66.75) |
| | 九丰 4 号(MG00) | 64.91 | 蒙豆 11(MG000) | 66.68 | 65.77(65.79) | 66.70(66.72) |
| | 垦丰 14(MG0) | 65.14 | 蒙豆 11(MG000) | 66.68 | 65.91(65.94) | 66.69(66.75) |
| | 黑农 39(MGⅠ) | 63.89 | 蒙豆 11(MG000) | 66.68 | 65.41(65.39) | 66.64(69.54) |
| | 黑河 52(MG00) | 64.84 | 蒙豆 11(MG000) | 66.68 | 65.77(65.75) | 66.63(66.62) |

注:预测群体后代均值、预测群体后代 75th(第 75% 分位数)列中括号外为连锁模型预测值,括号内为随机模型预测值。

## 四、百粒重 QTL - 等位变异体系的建立和应用

### (一)百粒重 QTL - 等位变异体系的建立

图 4 - 6 为各生态亚区百粒重 QTL - 等位变异效应值分布图,表 4 - 31 为各亚区内控制该性状 QTL 的等位变异在不同熟期组的分布。从图中可知,相同 QTL 内等位变异的效应值存在较大程度的差异。虽然不同亚区内定位得到的等位变异数目及变幅有所差异,但呈现的规律相似。从等位变异效应值的分布看,各亚区内及熟期组内正负等位变异数目虽然略有差异,但差异等位变异的效应值主要集中在 -2.8 ~2.2 g 间(表 4 - 31)。不同熟期组及群体内等位变异的分布基本呈现正态,效应值在 -2.8 ~2.2 g 之外的数目较少(表 4 - 31)。而各熟期组内仅含有定位结果中部分等位变异,因此各组均可从其他熟期组内引入等位变异从而进一步改进目标性状,培育出百粒重更高的品种。

各亚区内定位得到位点中的等位变异数目虽然存在较大的差异,但在各亚区及熟期组内的分布均呈正态。各亚区内负效与正效等位变异数目接近。其余亚区在定位研究时为降低定位误差仅使用了部分东北大豆种质资源群体内的材料,而 Sub - 4 则使用了完整的东北大豆种质资源群体。在该性状等位变异的研究中用 Sub - 4 进行相关分析。

Sub - 4 中共定位到 217 个效应值分布在 - 4.4 ~ 6.5 g 的等位变异,其中仅 16 个的效应值在 -2.8 ~2.2 g 之外。从效应值看,这些总体及分布在各熟期组内所含有的正负等位变异数目虽略有差异但相差不大,如定位的 217 个等位变异中正负效应值的等位变异数目仅相差 13 个。从等位变异数目及其分布、变幅及效应值在 - 2.8 ~ 2.2 g 之外的数目可知,各熟期组在该性状上有进一步改良的空间,例如 MG000、MG00 中有 36 ~ 84 个控制该性状的等位变异丢失。从效应值的角度看,除 MG0 中有较多的超 2.2 g 的等位变异外,其余各组内则较少,因此通过聚合这些效应值较大的等位变异的方式改良该性状可能更为有效(表 4 - 31)。

通过以上分析可知,虽然东北各亚区内定位得到的 QTL 及其等位变异的数目及效应值有所差异,但其在群体及各熟期组分布规律相同。

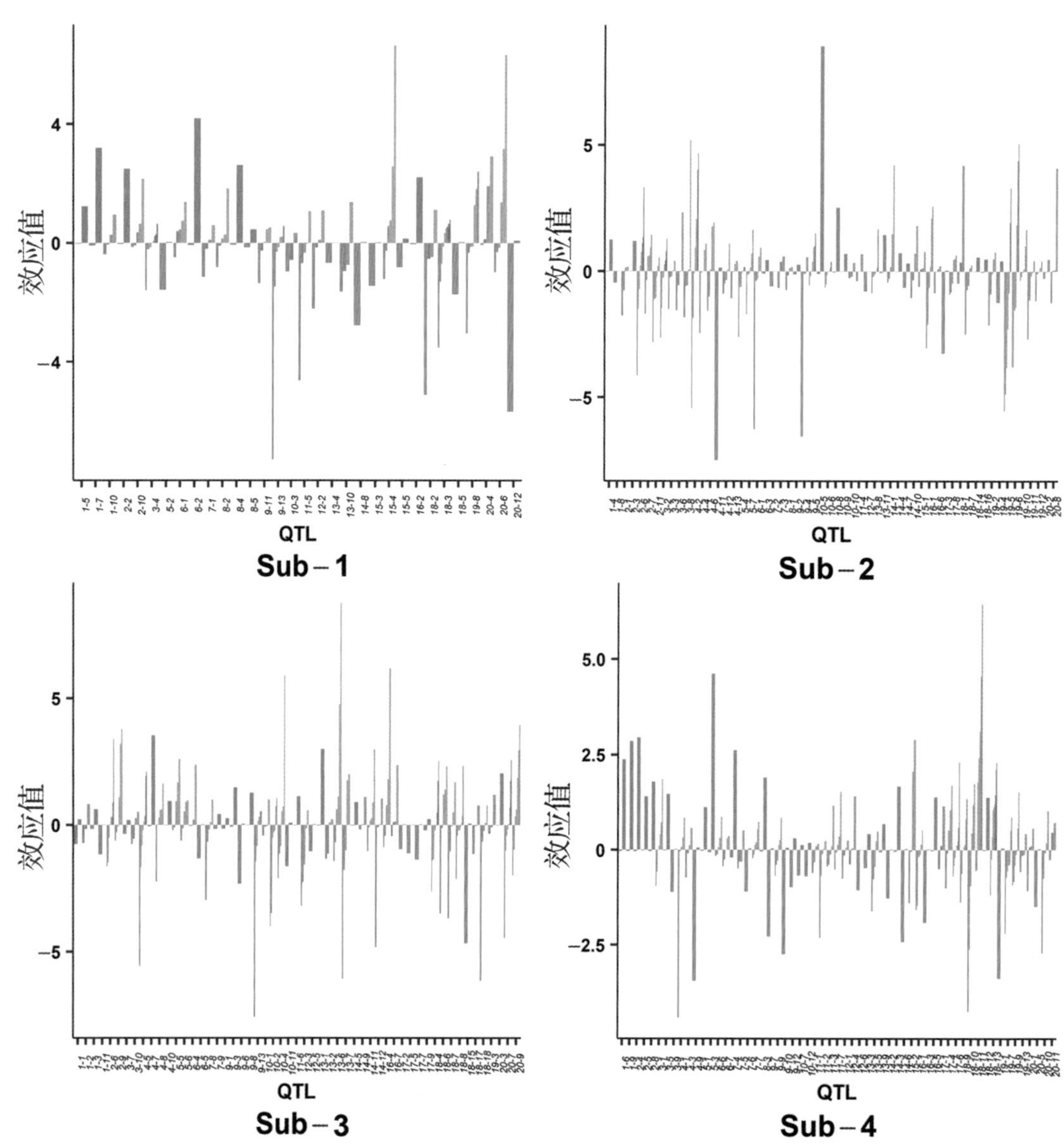


图4－6　东北各亚区百粒重QTL－等位变异效应值

表4－31　东北各亚区百粒重QTL－等位变异在各熟期组的分布

| 亚区 | 熟期组 | 组中值/g | | | | | | | | | 总计 | 变幅/g |
|---|---|---|---|---|---|---|---|---|---|---|---|---|
| | | <－3.80 | －3.30 | －2.30 | －1.30 | －0.30 | 0.70 | 1.70 | 2.70 | >3.20 | | |
| Sub－1 | MG000 | 1 | 0 | 1 | 6 | 47 | 22 | 2 | 1 | 1 | 81(41,40) | －7.28～6.34 |
| | MG00 | 1 | 1 | 0 | 12 | 53 | 24 | 7 | 6 | 0 | 104(52,52) | －7.28～3.20 |
| | MG0 | 4 | 2 | 2 | 15 | 53 | 28 | 9 | 7 | 3 | 123(61,62) | －7.28～6.65 |
| | MGⅠ | 2 | 2 | 2 | 13 | 51 | 27 | 9 | 8 | 1 | 115(57,58) | －5.67～6.65 |
| | MGⅡ | 2 | 2 | 1 | 11 | 50 | 23 | 7 | 4 | 2 | 102(52,50) | －5.67～6.65 |
| | MGⅢ | 3 | 1 | 0 | 6 | 43 | 21 | 4 | 3 | 0 | 81(41,40) | －7.28～2.58 |
| | 总计 | 4 | 2 | 2 | 15 | 53 | 28 | 9 | 8 | 3 | 124(61,63) | －7.28～6.65 |

续表 4－31

| 亚区 | 熟期组 | 组中值/g | | | | | | | | | 总计 | 变幅/g |
|---|---|---|---|---|---|---|---|---|---|---|---|---|
| | | <－3.80 | －3.30 | －2.30 | －1.30 | －0.30 | 0.70 | 1.70 | 2.70 | >3.20 | | |
| Sub－2 | MG000 | 1 | 2 | 5 | 15 | 90 | 38 | 5 | 2 | 3 | 161(84,77) | －4.87～5.07 |
| | MG00 | 3 | 4 | 8 | 21 | 104 | 44 | 8 | 3 | 6 | 201(108,93) | －7.48～5.07 |
| | MG0 | 8 | 4 | 10 | 26 | 109 | 52 | 16 | 3 | 11 | 239(124,115) | －7.48～8.93 |
| | MG Ⅰ | 6 | 5 | 6 | 23 | 108 | 48 | 13 | 2 | 8 | 219(115,104) | －7.48～8.93 |
| | MG Ⅱ | 5 | 4 | 5 | 21 | 104 | 45 | 12 | 1 | 5 | 202(107,95) | －7.48～5.18 |
| | MG Ⅲ | 7 | 1 | 3 | 15 | 93 | 40 | 10 | 1 | 7 | 177(87,90) | －7.48～8.93 |
| | 总计 | 8 | 5 | 10 | 26 | 109 | 53 | 17 | 3 | 11 | 242(125,117) | －7.48～8.93 |
| Sub－3 | MG000 | 2 | 4 | 0 | 13 | 72 | 38 | 5 | 4 | 1 | 139(70,69) | －7.58～8.76 |
| | MG00 | 6 | 2 | 2 | 23 | 78 | 43 | 9 | 5 | 5 | 173(88,85) | －7.58～6.17 |
| | MG0 | 8 | 5 | 7 | 28 | 84 | 50 | 14 | 11 | 7 | 214(108,106) | －7.58～8.76 |
| | MG Ⅰ | 6 | 3 | 6 | 22 | 81 | 49 | 13 | 7 | 3 | 190(94,96) | －6.07～6.17 |
| | MG Ⅱ | 5 | 2 | 6 | 21 | 76 | 44 | 10 | 5 | 6 | 175(87,88) | －6.14～8.76 |
| | MG Ⅲ | 4 | 3 | 5 | 18 | 73 | 37 | 7 | 3 | 4 | 154(81,73) | －7.58～6.17 |
| | 总计 | 8 | 5 | 7 | 29 | 84 | 52 | 15 | 11 | 8 | 219(109,110) | －7.58～8.76 |
| Sub－4 | MG000 | 1 | 0 | 0 | 7 | 88 | 30 | 3 | 3 | 1 | 133(63,70) | －4.24～4.55 |
| | MG00 | 1 | 2 | 5 | 14 | 97 | 43 | 13 | 5 | 1 | 181(83,98) | －4.24～4.62 |
| | MG0 | 2 | 2 | 7 | 18 | 109 | 44 | 18 | 9 | 3 | 212(101,111) | －4.40～6.46 |
| | MG Ⅰ | 2 | 2 | 6 | 16 | 108 | 42 | 12 | 5 | 1 | 194(97,97) | －4.40～6.46 |
| | MG Ⅱ | 2 | 2 | 3 | 11 | 101 | 36 | 10 | 2 | 1 | 168(82,86) | －4.40～4.55 |
| | MG Ⅲ | 0 | 0 | 3 | 6 | 99 | 33 | 10 | 3 | 0 | 154(72,82) | －2.42～2.89 |
| | 总计 | 2 | 2 | 8 | 18 | 110 | 46 | 19 | 9 | 3 | 217(102,115) | －4.40～6.46 |

注：总计栏的括号内前面数字为负效等位变异数，后一数字为正效等位变异数。





## (二)百粒重 QTL－等位变异体系的应用

### 1. 东北大豆百粒重性状在亚区间遗传分化动力分析

表 4－32 为各 QTL 内等位变异在 Sub－2 亚区与其他亚区间的变化情况。从结果看，Sub－2、Sub－4、Sub－3 与 Sub－1 分别有 214 (“－” vs“＋”＝102 vs 112)、155 (“－” vs“＋”＝72 vs 83)、168 (“－” vs“＋”＝77 vs 91)、193 (“－” vs“＋”＝85 vs 108)个等位变异。将 Sub－4、Sub－3、Sub－1 与 Sub－2 相比，各亚区分别有 154 (“－” vs“＋”＝72 vs 82)、165 (“－” vs“＋”＝77 vs 88)、190(“－” vs“＋”＝85 vs 105)个为 Sub－2 中分布的等位变异，这些等位变异分布在 59 个 QTL 中；同时也分别有 60(来源于 38 个 QTL，“－” vs“＋”＝30 vs 30)、48(来源于 35 个 QTL，“－” vs“＋”＝25 vs 23)和 24(来源于 20 个 QTL，“－” vs“＋”＝17 vs 7)个被排除；各亚区中仅有 1～3 个新生等位变异(表 4－32)。比较其他亚区与 Sub－2 的等位变异，Sub 4－3－1 共拥有 210 个等位变异，其中 121 个等位变异直接来源于 Sub－2，而来源于 48 个 QTL 的 93 个等位变异在其他亚区间发生了改变，其中仅来源于 3 个 QTL 的 3 个等位变异为其他亚区内新生的(表 4－32)。

分析各亚区所拥有的等位变异的正负效应值分布可知，各亚区的遗传基础在形成时倾向于继承正效等位变异、汰除负效等位变异、新生正效等位变异。除 Sub－2 亚区继承的等位变异中正效比负效多 10～20 个，汰除等位变异中负效比正效多 0～10 个，各亚区内新生的等位变异数目虽然极少

（仅 1～3 个），但均为正效等位变异。

通过以上分析可知，Sub－2 亚区几乎有控制百粒重性状表达的所有等位变异，而其他亚区与之相比倾向于保留更多的正效等位变异，汰除负效等位变异，它们间遗传分化最大的动力为 Sub－2 中原有等位变异的继承，特别是正效等位变异，占该性状遗传构成的 56.54%（121/214），其中正效等位变异为 52.89%（64/121）。其次为育种过程中汰除 Sub－2 中的等位变异，特别是负效等位变异，占 42.06%（90/214），因此汰除等位变异及其引起的重组为不同生态亚区间遗传差异的第二遗传动力。而其他亚区间新生的等位变异仅 3 个，因此新生等位变异对百粒重性状在亚区间遗传分化的贡献最小。

**表 4－32　东北种质资源群体中 Sub－2 与其他亚区的百粒重性状等位变异变化**

| QTL | a1 | a2 | a3 | a4 | a5 | a6 | a7 | a8 | a9 | QTL | a1 | a2 | a3 | a4 | a5 | a6 | a7 | a8 | a9 |
|---|---|---|---|---|---|---|---|---|---|---|---|---|---|---|---|---|---|---|---|
| *q-Sw*-1-6 | | x | | | | | | | | *q-Sw*-12-1 | | y | | | | | | | |
| *q-Sw*-1-9 | | YZ | | | | | | | | *q-Sw*-12-4 | y | | | | | | | | |
| *q-Sw*-2-4 | | xy | | | | | | | | *q-Sw*-12-6 | xy | | | | | | | | |
| *q-Sw*-2-5 | | xy | | | | | | | | *q-Sw*-13-3 | | | | | | | | | |
| *q-Sw*-2-8 | | | | | | | | | | *q-Sw*-13-5 | | xy | yz | | | | | | |
| *q-Sw*-3-1 | | yz | | | | x | y | | | *q-Sw*-13-9 | | | | | | | | | |
| *q-Sw*-3-5 | | xy | | | | | | | | *q-Sw*-14-2 | xyz | | | | | | | | |
| *q-Sw*-3-9 | xyz | | | | | | | | | *q-Sw*-14-3 | | x | | | | | | | |
| *q-Sw*-4-1 | x z | | | | | | | | | *q-Sw*-14-6 | xy | | | | | | | | |
| *q-Sw*-4-3 | | | | | | | | | | *q-Sw*-15-2 | xyz | | XZ | | | | | | |
| *q-Sw*-4-9 | x | | | | | | | | | *q-Sw*-16-1 | x | xy | | | | x | | | |
| *q-Sw*-5-1 | | xy | | | | | | | | *q-Sw*-16-3 | xyz | | | | | | | | |
| *q-Sw*-5-3 | | x | | | | | | | | *q-Sw*-16-5 | | xy | | | | | | | |
| *q-Sw*-6-6 | | | y | | | | | | | *q-Sw*-17-1 | | | yz | | | | | | |
| *q-Sw*-6-7 | | | | | z | | | | | *q-Sw*-17-4 | | | | | y | | | | |
| *q-Sw*-7-4 | | | | | | | | | | *q-Sw*-17-6 | y | | | | | | x | xy | |
| *q-Sw*-7-5 | z | y | | | | | | | | *q-Sw*-18-9 | x | z | y | x | | xy | y | | |
| *q-Sw*-7-6 | | | | | | | | | | *q-Sw*-18-10 | x | x z | y | | | x | | | |
| *q-Sw*-7-7 | | | xyz | y | | xy | | | | *q-Sw*-18-11 | x | | z | y | x | x | x z | | |
| *q-Sw*-8-3 | | | | | | | | | | *q-Sw*-18-12 | | x | | | | | | | |
| *q-Sw*-9-7 | x | | | | | | | | | *q-Sw*-18-13 | x z | | | y | x | x | z | YZ | x |
| *q-Sw*-9-9 | z | x | | | x | | | | | *q-Sw*-19-1 | xy | | | | | | | | |
| *q-Sw*-9-10 | y | | | | | | | | | *q-Sw*-19-7 | yz | | y | | | | y | | |
| *q-Sw*-9-12 | | | | | | | | | | *q-Sw*-19-9 | xy | xy | | x | | y | | | |
| *q-Sw*-10-7 | x | | | | | | | | | *q-Sw*-19-13 | | | | | | | | | |
| *q-Sw*-10-12 | | | | | | | | | | *q-Sw*-20-1 | x | | | x | | | | | |
| *q-Sw*-11-1 | xyz | | | | | | | | | *q-Sw*-20-5 | x | | | | | | | | |
| *q-Sw*-11-2 | xy | z | | | x | x | | | | *q-Sw*-20-10 | xy | | | | y | | | | |
| *q-Sw*-11-3 | x z | | yz | | xyz | | | | | *q-Sw*-20-11 | | | | | | | | | |
| *q-Sw*-11-7 | | x | | | xy | | | | | | | | | | | | | | |

续表 4－32

| 亚区 | 等位变异总数 | | 继承等位变异 | | 已改变等位变异 | | 新生等位变异 | | 排除等位变异 | |
|---|---|---|---|---|---|---|---|---|---|---|
| | 等位变异数目 | QTL数目 | 等位变异数目 | QTL数目 | 等位变异数目 | QTL数目 | 等位变异数目 | QTL数目 | 等位变异数目 | QTL数目 |
| 2 | 214(102,112) | 59 | | | | | | | | |
| 4 vs 2 | 155(72,83) | 59 | 154(72,82) | 59 | 61(30,31) | 38 | 1(0,1) | 1 | 60(30,30) | 38 |
| 3 vs 2 | 168(77,91) | 59 | 165(77,88) | 59 | 50(25,25) | 36 | 2(0,2) | 2 | 48(25,23) | 35 |
| 1 vs 2 | 193(85,108) | 59 | 190(85,105) | 59 | 27(17,10) | 21 | 3(0,3) | 3 | 24(17,7) | 20 |
| 4－3－1 vs2 | 210(97,113) | 59 | 121(57,64) | 59 | 93(45,48) | 48 | 3(0,3) | 3 | 90(45,45) | 47 |

注:1、2、3、4 依次表示 Sub－1、Sub－2、Sub－3、Sub－4,4－3－1 表示 Sub－4、Sub－3 与 Sub－1 的总和。在表的上部,a1 ~ a9 为各 QTL 内按照效应值从小到大依次排列的等位变异。在表格中,白色、灰色格子分别表示 Sub－2 中原有负效、正效等位变异。格子中 x、y、z 表示与 Sub－2 相比,分别在 Sub－4、Sub－3、Sub－1 中排除的等位变异。在表的下部,4－3－1 vs 2 表示 Sub－4、Sub－3、Sub－1 的总和与 Sub－2 中等位变异的比较,4 vs 2、3 vs 2 和 1 vs 2 的意义则与之相同。继承等位变异指等位变异来源于 Sub－2;已改变等位变异指与 Sub－2 中等位变异比较发生了排除或者新生;新生等位变异指等位变异未出现在 Sub－2 而出现在其他亚区;排除等位变异指等位变异未出现在目标亚区内。在等位变异数目列中,括号外数字为等位变异数目,括号内依次为负效等位变异和正效等位变异的数目。

2. 各亚区间百粒重遗传分化重要 QTL 及候选基因

表 4－32 直观地描述了等位变异在不同亚区间的分布及传递,表明不同 QTL 在不同生态亚区百粒重遗传基础分化形成中发挥的作用相差较大。来自 48 个 QTL 的 93 个等位变异在新熟期组形成中发挥了作用(表 4－33)。这些 QTL 根据其在新熟期组形成中已改变等位变异的数目可分为 5 类,其中 29 个 QTL 仅有 1 个等位变异发生改变,而有 2、3、4、≥5 个等位变异改变的 QTL 数目则分别为 6、7、3、3(表 4－33)。具体到各生态亚区,Sub－4 的形成中共有来自 38 个 QTL 的 61 个等位变异发生改变,而 Sub－3 和 Sub－1 形成中分别有来自 36 个 QTL 的 50 个等位变异及来自 21 个 QTL 的 27 个等位变异发生改变。与此同时,分别有来自 6 ~ 17 个不等的 QTL 的 6 ~ 18 个等位变异同时在 Sub－2 与其他亚区的分化中发挥作用(表 4－33)。因此,那些在多个亚区间状态发生变化的 QTL 可能更加重要。

从该性状在亚区间的遗传动力分析可知,在除 Sub－2 之外的其他亚区中排除更多的负效等位变异的 QTL 对亚区间遗传基础分化更为重要。表 4－33 中列出的 11 个 QTL 为新熟期组形成丢失更多负效等位变异中的 QTL,其中 2 个 QTL 丢失了 3 个负效等位变异。上述这些 QTL 共丢失了 23 个负效等位变异,占所丢失等位变异的 51.11%,因此这些位点具有较好的代表性。而从候选基因的角度,这些 QTL 仅极少数确定了候选基因且功能并不十分清晰,因此这些 QTL 的候选基因仍需进一步研究。

**表 4－33　亚区间百粒重遗传分化的 QTL－等位变异分析**

| 已改变等位变异数目/位点 | 已改变等位变异总数 | 同时在 Sub 4－3－1 中改变 | 同时在 Sub 4－3 中改变 | 同时在 Sub 4－1 中改变 | 同时在 Sub 3－1 中改变 | Sub－4 | Sub－3 | Sub－1 |
|---|---|---|---|---|---|---|---|---|
| 1 | 29(29) | 4(4) | 8(8) | 1(1) | 2(2) | 21(21) | 19(19) | 8(8) |
| 2 | 12(6) | 1(1) | 3(3) | 1(1) | 1(1) | 8(5) | 7(5) | 4(3) |
| 3 | 21(7) | 2(2) | 3(3) | 1(1) | 3(3) | 12(6) | 13(6) | 7(5) |

续表 4-33

| 已改变等位变异数目/位点 | 已改变等位变异总数 | 同时在 Sub 4-3-1 中改变 | 同时在 Sub 4-3 中改变 | 同时在 Sub 4-1 中改变 | 同时在 Sub 3-1 中改变 | Sub-4 | Sub-3 | Sub-1 |
|---|---|---|---|---|---|---|---|---|
| 4 | 12(3) | 0(0) | 3(2) | 1(1) | 0(0) | 9(3) | 5(3) | 2(2) |
| ≥5 | 19(3) | 0(0) | 1(1) | 2(2) | 1(1) | 11(3) | 6(3) | 6(3) |
| 总计 | 93(48) | 7(7) | 18(17) | 6(6) | 7(7) | 61(38) | 50(36) | 27(21) |

新熟期组形成的主效 QTL-等位变异

| QTL | $R^2$/% | 已改变等位变异 | | | 候选基因 | 基因功能（分类） |
|---|---|---|---|---|---|---|
| | | 4 | 3 | 1 | | |
| *q-Sw*-18-10(3) | 2.19 | 2 | 1 | 1 | | |
| *q-Sw*-19-9(3) | 0.47 | 3 | 2 | 0 | *Glyma*19*g*23140 | Biological process(Ⅳ) |
| *q-Sw*-11-3(2) | 6.69 | 1 | 1 | 2 | | |
| *q-Sw*-16-1(2) | 1.87 | 2 | 1 | 0 | | |
| *q-Sw*-19-7(2) | 1.85 | 0 | 2 | 1 | | |
| *q-Sw*-13-5(2) | 0.83 | 1 | 2 | 1 | | |
| *q-Sw*-9-9(2) | 0.54 | 1 | 0 | 1 | *Glyma*09*g*30441 | Protein phosphorylation(Ⅲ) |
| *q-Sw*-11-2(2) | 0.40 | 1 | 1 | 1 | *Glyma*11*g*04950 | Metabolic process(Ⅲ) |
| *q-Sw*-7-5(2) | 0.35 | 0 | 1 | 1 | | |
| *q-Sw*-18-9(2) | 0.34 | 1 | 0 | 1 | | |
| *q-Sw*-4-1(1) | 3.49 | 1 | 0 | 1 | | |
| 排除等位变异总数 | | 13/30 | 11/25 | 10/17 | 23/45(在 Sub 4-3-1 内) | |

注:已改变等位变异指与 Sub-2 相比,Sub-4、Sub-3 和 Sub-1 的等位变异存在排除或者新生。已改变等位变异/位点表示每个位点中发生改变的等位变异数目。同时在 Sub 4-3-1 中改变指同时在 Sub-4、Sub-3、Sub-1 中发生改变的等位变异数目,同时在 Sub 4-3 中改变、同时在 Sub 4-1 中改变、同时在 Sub 3-1 中改变的含义与之相似,指同时在上述亚区中发生改变的等位变异数目。Sub-4、Sub-3、Sub-1 指在特定亚区中发生改变的等位变异。在上述列中,括号外为等位变异数目,括号内为涉及的 QTL 的数目。在表的下半部分:QTL 指在亚区间蛋白质性状遗传分化差异中起主要作用的 QTL,其中括号内数据为该 QTL 所发生改变的等位变异数目。基因功能(分类)可分为 4 类,即Ⅰ与光周期、花发育相关,Ⅱ与植物激素、信号转导和运输有关,Ⅲ与初级代谢相关,Ⅳ与其他及未知生物过程有关。

### (三)东北各亚区百粒重的设计育种

从上文分析可知,可以通过优化控制百粒重性状的等位变异进一步改良该性状。表 4-34 为该性状使用第 75% 分位数为指标在连锁模型下筛选的最优组合类型。

可以看出,各亚区优化组合存在一定的差异,而从预测后代表型与亲本表型可知,预测后代的表型值均高于其亲本。虽然大部分组合均含有高百粒重品种,有些亲本表型值能超过 29 g,但均含有一些百粒重水平较低的亲本。例如,Sub-1 所使用的 20 个组合中有 8 个亲本百粒重低于 21 g,其中黑河 7 号仅为 19.94 g。

各亚区内涉及的亲本数目差异不大,各亚区使用的亲本数目分布在 15~21 个,并且各亚区使用亲本存在一些相同点,Sub-1 中使用了 20 个亲本,仅 1 个亲本使用超过 3 次,其中绥农 27 使用次数达到 19 次;Sub-2 中使用了 21 个亲本,其中仅绥农 27 使用次数高达 20 次,其余均仅使用 1 次;Sub-3

中使用21个亲本，其中通农13使用次数高达20次；Sub－4中使用15个亲本，有2个亲本使用次数超过3次，其中辽豆26使用次数为13次，绥农27使用次数为7次。从以上结果可以看出，绥农27在各亚区均得到高频次的使用，通农13主要在Sub－3中充分使用。与蛋白质、油脂及蛋脂总量不同的是，各亚区内在该性状改良中预测的亲本熟期组类型更为接近各亚区内最适宜熟期组类型，因此可直接对该性状进行改良。

**表4－34　各亚区内依据QTL－等位变异矩阵改良百粒重的优化组合设计**

| 生态亚区 | 母本(熟期组) | 表型 | 父本(熟期组) | 表型 | 预测群体后代均值 | 预测群体后代75th |
|---|---|---|---|---|---|---|
| Sub－1 | 垦鉴豆4号(MG0) | 25.43 | 绥农27(MG0) | 27.76 | 26.39(26.43) | 29.65(29.66) |
| | 绥农27(MG0) | 27.76 | 北丰11(MG0) | 24.79 | 26.12(26.21) | 29.49(29.66) |
| | 垦鉴豆35(MG0) | 21.40 | 绥农27(MG0) | 27.76 | 24.54(24.61) | 28.36(28.55) |
| | 绥农27(MG0) | 27.76 | 黑农43(MG0) | 21.92 | 24.88(24.72) | 28.36(28.23) |
| | 东农48(MG0) | 22.43 | 绥农27(MG0) | 27.76 | 24.96(25.05) | 28.34(28.44) |
| | 东农38(MG00) | 20.94 | 绥农27(MG0) | 27.76 | 24.32(24.44) | 28.25(28.33) |
| | 北豆20(MG00) | 21.15 | 绥农27(MG0) | 27.76 | 24.63(24.41) | 28.14(27.81) |
| | 绥农27(MG0) | 27.76 | 蒙豆16(MG00) | 21.79 | 24.84(24.77) | 28.14(28.40) |
| | 合丰23(MG0) | 21.07 | 绥农27(MG0) | 27.76 | 24.46(24.45) | 27.95(27.93) |
| | 合丰45(MG0) | 21.20 | 绥农27(MG0) | 27.76 | 24.59(24.48) | 27.91(28.02) |
| | 绥农27(MG0) | 27.76 | 华疆2号(MG000) | 20.35 | 24.19(23.99) | 27.86(28.09) |
| | 吉育58(MG0) | 20.70 | 绥农27(MG0) | 27.76 | 24.33(24.13) | 27.78(27.62) |
| | 黑河7号(MG000) | 19.94 | 绥农27(MG0) | 27.76 | 23.89(23.91) | 27.72(27.87) |
| | 东农47(MG0) | 20.90 | 绥农27(MG0) | 27.76 | 24.40(24.32) | 27.72(27.65) |
| | 绥农27(MG0) | 27.76 | 嫩丰4号(MG0) | 21.02 | 24.31(24.24) | 27.72(27.55) |
| | 丰收2号(MG0) | 21.10 | 绥农27(MG0) | 27.76 | 24.45(24.51) | 27.67(28.08) |
| | 绥农29(MGⅠ) | 20.97 | 绥农27(MG0) | 27.76 | 24.44(24.32) | 27.66(27.85) |
| | 垦鉴豆4号(MG0) | 25.43 | 北丰11(MG0) | 24.79 | 25.25(25.03) | 27.65(27.32) |
| | 绥农30(MG0) | 20.65 | 绥农27(MG0) | 27.76 | 24.36(24.17) | 27.65(27.67) |
| | 绥农27(MG0) | 27.76 | 克拉克63(MG0) | 20.37 | 24.17(24.05) | 27.62(27.41) |
| Sub－2 | 绥农27(MG0) | 29.49 | 北丰11(MG0) | 26.38 | 27.99(27.86) | 32.31(32.44) |
| | 垦鉴豆4号(MG0) | 25.98 | 绥农27(MG0) | 29.49 | 27.78(27.68) | 32.30(32.16) |
| | 绥农27(MG0) | 29.49 | 吉林48(MG0) | 25.96 | 27.66(27.90) | 31.98(32.70) |
| | 绥农27(MG0) | 29.49 | 嫩丰4号(MG0) | 25.79 | 27.68(27.67) | 31.95(32.19) |
| | 白宝珠(MG0) | 23.54 | 绥农27(MG0) | 29.49 | 26.57(26.56) | 31.41(31.03) |
| | 绥农27(MG0) | 29.49 | 蒙豆19(MG000) | 24.42 | 27.12(27.10) | 31.41(31.58) |
| | 绥农27(MG0) | 29.49 | 克4430－20(MG0) | 23.16 | 26.35(26.45) | 31.24(31.65) |
| | 绥农27(MG0) | 29.49 | 蒙豆16(MG00) | 24.84 | 27.22(27.20) | 31.14(31.71) |
| | 黑河50(MG00) | 23.40 | 绥农27(MG0) | 29.49 | 26.25(26.38) | 31.09(31.05) |
| | 黑河27(MG00) | 23.50 | 绥农27(MG0) | 29.49 | 26.55(26.60) | 31.07(31.17) |
| | 绥农27(MG0) | 29.49 | 抗线8号(MGⅠ) | 22.96 | 26.29(26.17) | 31.07(31.11) |

续表 4－34

| 生态亚区 | 母本(熟期组) | 表型 | 父本(熟期组) | 表型 | 预测群体后代均值 | 预测群体后代 75th |
|---|---|---|---|---|---|---|
| Sub－2 | 绥农 27(MG0) | 29.49 | 蒙豆 30(MG0) | 24.47 | 26.86(27.09) | 30.84(31.59) |
| | 东农 48(MG0) | 23.38 | 绥农 27(MG0) | 29.49 | 26.46(26.36) | 30.78(30.91) |
| | 黑河 32(MG00) | 22.74 | 绥农 27(MG0) | 29.49 | 26.19(25.96) | 30.75(30.35) |
| | 绥农 29(MGⅠ) | 22.33 | 绥农 27(MG0) | 29.49 | 25.86(25.96) | 30.73(30.48) |
| | 黑河 43(MG00) | 22.83 | 绥农 27(MG0) | 29.49 | 26.01(26.04) | 30.72(30.65) |
| | 黑农 62(MGⅠ) | 22.93 | 绥农 27(MG0) | 29.49 | 26.13(26.18) | 30.69(30.70) |
| | 绥农 27(MG0) | 29.49 | 黑河 36(MG0) | 22.83 | 26.21(26.33) | 30.69(30.74) |
| | 绥农 27(MG0) | 29.49 | 黑河 48(MG00) | 23.12 | 26.26(26.46) | 30.61(30.75) |
| | 铁豆 42(MGⅠ) | 22.25 | 绥农 27(MG0) | 29.49 | 25.95(25.79) | 30.59(30.36) |
| Sub－3 | 通农 13(MGⅡ) | 26.17 | 绥农 27(MG0) | 25.22 | 25.71(25.72) | 29.13(30.92) |
| | 通农 13(MGⅡ) | 26.17 | 北丰 11(MG0) | 25.20 | 25.67(25.69) | 29.08(29.81) |
| | 通农 13(MGⅡ) | 26.17 | 抗线 6 号(MGⅠ) | 21.74 | 23.99(24.09) | 28.41(28.02) |
| | 通农 13(MGⅡ) | 26.17 | 吉林 48(MG0) | 22.88 | 24.57(24.48) | 28.30(28.66) |
| | 通农 13(MGⅡ) | 26.17 | 嫩丰 4 号(MG0) | 23.13 | 24.68(24.42) | 28.29(28.46) |
| | 牡丰 6 号(MGⅠ) | 20.15 | 通农 13(MGⅡ) | 26.17 | 23.38(23.12) | 27.99(28.32) |
| | 通农 13(MGⅡ) | 26.17 | 蒙豆 30(MG0) | 23.01 | 24.55(24.51) | 27.91(29.47) |
| | 通农 13(MGⅡ) | 26.17 | 绥农 33(MGⅠ) | 19.89 | 23.00(23.34) | 27.81(28.12) |
| | 通农 13(MGⅡ) | 26.17 | 铁豆 42(MGⅠ) | 22.14 | 24.19(24.13) | 27.74(27.81) |
| | 吉育 69(MG0) | 20.78 | 通农 13(MGⅡ) | 26.17 | 23.44(23.54) | 27.61(26.37) |
| | 四粒黄(MGⅠ) | 21.89 | 通农 13(MGⅡ) | 26.17 | 24.13(23.87) | 27.59(27.81) |
| | 通农 13(MGⅡ) | 26.17 | 绥农 29(MGⅠ) | 21.76 | 24.00(23.86) | 27.56(28.98) |
| | 通农 13(MGⅡ) | 26.17 | 东农 48(MG0) | 22.18 | 24.27(24.38) | 27.55(29.31) |
| | 通农 13(MGⅡ) | 26.17 | 丰收 27(MG0) | 21.33 | 23.89(23.67) | 27.54(27.70) |
| | 黑农 62(MGⅠ) | 22.26 | 通农 13(MGⅡ) | 26.17 | 24.26(24.18) | 27.53(29.35) |
| | 通农 13(MGⅡ) | 26.17 | 吉林 44(MGⅡ) | 20.13 | 23.27(23.09) | 27.50(25.61) |
| | 通农 13(MGⅡ) | 26.17 | 蒙豆 19(MG000) | 21.20 | 23.86(23.66) | 27.48(27.70) |
| | 黑农 61(MGⅠ) | 22.44 | 通农 13(MGⅡ) | 26.17 | 24.22(24.61) | 27.470(29.62) |
| | 通农 13(MGⅡ) | 26.17 | 抗线 8 号(MGⅠ) | 21.96 | 23.93(24.17) | 27.46(28.31) |
| | 通农 13(MGⅡ) | 26.17 | 吉农 15(MGⅡ) | 20.89 | 23.63(23.44) | 27.45(27.57) |
| Sub－4 | 绥农 27(MG0) | 24.15 | 辽豆 26(MGⅢ) | 25.16 | 24.63(24.65) | 27.13(27.23) |
| | 辽豆 15(MGⅢ) | 24.27 | 绥农 27(MG0) | 24.15 | 24.24(24.24) | 26.59(26.75) |
| | 辽豆 15(MGⅢ) | 24.27 | 辽豆 26(MGⅢ) | 25.16 | 24.74(24.80) | 26.53(26.54) |
| | 蒙豆 19(MG000) | 23.84 | 辽豆 26(MGⅢ) | 25.16 | 24.50(24.60) | 26.52(26.69) |
| | 黑河 27(MG00) | 22.66 | 辽豆 26(MGⅢ) | 25.16 | 23.70(23.84) | 26.49(26.43) |
| | 蒙豆 16(MG00) | 22.68 | 辽豆 26(MGⅢ) | 25.16 | 23.93(23.77) | 26.41(26.41) |
| | 绥农 27(MG0) | 24.15 | 黑河 36(MG0) | 23.83 | 23.94(23.93) | 26.38(26.30) |

续表 4－34

| 生态亚区 | 母本(熟期组) | 表型 | 父本(熟期组) | 表型 | 预测群体后代均值 | 预测群体后代 $75^{th}$ |
|---|---|---|---|---|---|---|
| | 垦鉴豆 4 号(MG0) | 23.93 | 绥农 27(MG0) | 24.15 | 24.08(24.00) | 26.33(26.45) |
| | 辽豆 26(MGⅢ) | 25.16 | 北丰 11(MG0) | 23.59 | 24.26(24.36) | 26.33(26.49) |
| | 绥农 27(MG0) | 24.15 | 蒙豆 19(MG000) | 23.84 | 23.93(24.04) | 26.29(26.39) |
| | 辽豆 26(MGⅢ) | 25.16 | 黑河 36(MG0) | 23.83 | 24.38(24.48) | 26.29(26.67) |
| | 铁丰 34(MGⅢ) | 23.41 | 辽豆 26(MGⅢ) | 25.16 | 24.29(24.30) | 26.28(26.34) |
| | 辽豆 26(MGⅢ) | 25.16 | 嫩丰 4 号(MG0) | 23.13 | 24.09(24.01) | 26.28(26.31) |
| Sub－4 | 铁丰 34(MGⅢ) | 23.41 | 绥农 27(MG0) | 24.15 | 23.84(23.68) | 26.24(25.95) |
| | 辽豆 26(MGⅢ) | 25.16 | 吉林 48(MG0) | 22.86 | 24.12(24.06) | 26.24(26.10) |
| | 东农 48(MG0) | 22.55 | 辽豆 26(MGⅢ) | 25.16 | 23.84(23.75) | 26.20(26.27) |
| | 绥农 27(MG0) | 24.15 | 北丰 11(MG0) | 23.59 | 23.89(23.80) | 26.15(26.23) |
| | 垦鉴豆 4 号(MG0) | 23.93 | 辽豆 26(MGⅢ) | 25.16 | 24.42(24.57) | 26.12(26.50) |
| | 辽豆 15(MGⅢ) | 24.27 | 黑河 36(MG0) | 23.83 | 24.01(24.11) | 26.07(26.22) |
| | 辽豆 4 号(MGⅢ) | 22.94 | 辽豆 26(MGⅢ) | 25.16 | 24.11(24.08) | 26.06(25.86) |

注:预测群体后代均值、预测群体后代 $75^{th}$(第 75% 分位数)列中括号外为连锁模型预测值,括号内为随机模型预测值。

# 第五章　东北大豆种质资源群体株型和产量相关性状 QTL－等位变异的构成与生态分化

## 第一节　东北大豆群体在东北各生态亚区株型/产量相关性状的遗传变异与 QTL 解析

由于东北南部地区种质资源在北部地区不能正常成熟，再加上栽培及环境因素的影响，不同亚区内可稳定成熟的品种数目存在较大程度的差异。为降低缺失数据对定位结果造成较大影响，本研究仅采用 2013—2014 年间各亚区内稳定成熟的品种（指至少在亚区内一半以上的试验环境中成熟）参与定位分析。各生态区内表型联合方差分析采用随机区组的线性模型，所有变异来源均按随机效应处理。方差分析的线性模型与生育期相关性状一致。

对株型性状而言，Sub－1 ~ Sub－4 中分别有 226、306、309 和 361 份材料参与定位研究，而产量性状则分别有 188、290、304 和 361 份。表 5－1 为各亚区内株型/产量性状的描述统计，表 5－2 为各亚区株型/产量性状方差分析结果。从结果看，株型性状中株高和主茎节数具有较高的遗传率，其余性状中遗传率至少在某一亚区内明显偏低。因此，本研究重点分析株高和主茎节数性状，其余性状分析结果仅作参考。

表 5－3 为各亚区株型/产量性状的定位结果。从结果看，株型性状定位效果要好于产量性状，其中株高和主茎节数的定位效果要远远高于其他性状。这两个性状在各亚区间定位到 41 ~ 70 个 QTL，解释了 50% ~ 71% 的表型解释率。其余的株型性状，如分枝数目和倒伏在个别生态亚区定位的 QTL 也解释了近 50% 的表型解释率。产量性状，虽然个别环境下定位位点数目达到 50 个以上，但主要都在 50 个位点以下，且这些位点的表型解释率不足 40%。

从定位结果的表型解释率看，各亚区定位结果中仅解释表型变异的一部分，一些性状在某些生态亚区甚至有一半的表型变异未得到解释。本研究的表型试验能够较好地控制误差，但株型产量等一些性状的定位结果仍不理想，例如 Sub－2 亚区的地上部生物量，该性状在该亚区的遗传率达到 83.45%，但定位到的 QTL 仅能解释 22.99% 的表型变异，未能解释的表型变异高达 60.46%。如何进一步解析该类性状的遗传基础需深入研究。

将位点按照 1% 的标准分为大小贡献率后可知，各亚区在株型性状上定位效果的差异主要体现在小贡献率位点数目上，大贡献率位点数目虽然较少，但解释了主要的表型变异。

比较各亚区在特定性状上的定位结果，亚区间共有的位点数目极少且其解释率也较低，这说明不同亚区间控制相同性状遗传体系有较大差异。将本结果与前人研究结果相比较，各性状定位结果中均有不同程度的位点数目与前人定位结果区间相近。

**表 5－1　东北大豆种质资源群体各亚区株型/产量相关性状描述统计**

| 性状 | 生态亚区 | 组中值 | | | | | | | | | 总数 | 均值 | 幅度 | $h^2$/% | GCV/% |
|---|---|---|---|---|---|---|---|---|---|---|---|---|---|---|---|
| | | <40 | 45 | 55 | 65 | 75 | 85 | 95 | 105 | >110 | | | | | |
| 株高/cm | Sub－1 | 0 | 0 | 6 | 25 | 39 | 89 | 44 | 17 | 6 | 226 | 85.00 a | 50.90～121.93 | 87.49 | 13.82 |
| | Sub－2 | 0 | 1 | 13 | 22 | 63 | 83 | 74 | 41 | 9 | 306 | 86.24 a | 41.76～126.47 | 96.72 | 15.91 |
| | Sub－3 | 6 | 21 | 32 | 72 | 64 | 54 | 39 | 14 | 7 | 309 | 74.53 b | 37.04～130.35 | 92.54 | 21.53 |
| | Sub－4 | 1 | 7 | 41 | 100 | 92 | 64 | 37 | 15 | 4 | 361 | 74.60 b | 38.25～118.63 | 80.68 | 17.11 |
| | | <10.4 | 11.1 | 12.5 | 13.9 | 15.3 | 16.7 | 18.1 | 19.5 | >20.2 | | | | | |
| 主茎节数 | Sub－1 | 0 | 2 | 5 | 24 | 36 | 70 | 72 | 17 | 0 | 226 | 16.68 b | 11.10～19.64 | 83.84 | 9.40 |
| | Sub－2 | 0 | 5 | 8 | 25 | 46 | 86 | 94 | 39 | 3 | 306 | 16.82 b | 10.81～20.95 | 93.44 | 10.75 |
| | Sub－3 | 12 | 15 | 34 | 63 | 90 | 76 | 16 | 3 | 0 | 309 | 14.79 c | 9.34～19.93 | 87.68 | 12.84 |
| | Sub－4 | 0 | 2 | 7 | 21 | 59 | 104 | 63 | 70 | 35 | 361 | 17.42 a | 11.13～22.80 | 81.64 | 11.12 |
| | | <0.4 | 0.7 | 1.3 | 1.9 | 2.5 | 3.1 | 3.7 | 4.3 | >4.6 | | | | | |
| 分枝数目 | Sub－1 | 0 | 0 | 72 | 79 | 39 | 17 | 6 | 4 | 2 | 219 | 1.94 a | 1.00～4.60 | 80.33 | 34.12 |
| | Sub－2 | 3 | 56 | 75 | 84 | 50 | 21 | 9 | 7 | 1 | 306 | 1.76 b | 0.20～4.90 | 87.37 | 45.93 |
| | Sub－3 | 0 | 38 | 77 | 71 | 50 | 39 | 19 | 9 | 6 | 309 | 2.05 a | 0.40～4.80 | 66.27 | 38.26 |
| | Sub－4 | 6 | 108 | 121 | 60 | 28 | 19 | 10 | 5 | 4 | 361 | 1.50 c | 0.20～6.30 | 80.29 | 55.05 |
| | | 1.5 | 2.5 | 3.5 | | | | | | | | | | | |
| 倒伏 | Sub－1 | 197 | 12 | 0 | | | | | | | 209 | 1.17 d | 1.00～2.91 | 60.19 | 22.42 |
| | Sub－2 | 142 | 157 | 47 | | | | | | | 346 | 2.26 a | 1.22～3.92 | 89.67 | 23.26 |
| | Sub－3 | 215 | 47 | 7 | | | | | | | 269 | 1.50 c | 1.00～3.25 | 44.97 | 23.23 |
| | Sub－4 | 176 | 112 | 73 | | | | | | | 361 | 1.91 b | 1.00～4.00 | 41.91 | 30.34 |
| | | <3.0 | 3.8 | 5.4 | 7.0 | 8.6 | 10.2 | 11.8 | 13.4 | >14.2 | | | | | |
| 地上部生物量/(t/hm$^2$) | Sub－1 | 1 | 5 | 56 | 85 | 38 | 3 | 0 | 0 | 0 | 188 | 6.80 d | 2.82～9.74 | 46.73 | 12.32 |
| | Sub－2 | 0 | 0 | 12 | 48 | 162 | 64 | 4 | 0 | 0 | 290 | 8.62 a | 4.61～12.17 | 83.45 | 12.34 |
| | Sub－3 | 2 | 31 | 52 | 106 | 70 | 19 | 10 | 10 | 4 | 304 | 7.40 c | 2.74～17.69 | 79.62 | 24.83 |
| | Sub－4 | 0 | 3 | 46 | 127 | 107 | 51 | 19 | 6 | 2 | 361 | 8.13 b | 3.91～15.14 | 33.89 | 16.44 |
| | | <1.5 | 1.8 | 2.4 | 3.0 | 3.6 | 4.2 | 4.8 | 5.4 | >5.7 | | | | | |
| 小区产量/(t/hm$^2$) | Sub－1 | 1 | 16 | 57 | 77 | 33 | 4 | 0 | 0 | 0 | 188 | 2.81 c | 1.11～4.08 | 36.79 | 11.42 |
| | Sub－2 | 0 | 3 | 31 | 176 | 79 | 1 | 0 | 0 | 0 | 290 | 3.10 b | 1.68～4.07 | 71.61 | 9.78 |
| | Sub－3 | 1 | 17 | 28 | 58 | 98 | 60 | 28 | 9 | 5 | 304 | 3.59 a | 1.42～6.89 | 79.79 | 21.17 |
| | Sub－4 | 3 | 26 | 119 | 131 | 72 | 8 | 0 | 2 | 0 | 361 | 2.86 c | 1.21～5.50 | 51.81 | 20.59 |
| | | <0.28 | 0.30 | 0.34 | 0.38 | 0.42 | 0.46 | 0.50 | 0.54 | >0.56 | | | | | |
| 表观收获指数 | Sub－1 | 0 | 1 | 7 | 18 | 70 | 59 | 23 | 9 | 1 | 188 | 0.44 c | 0.31～0.56 | 70.76 | 8.43 |
| | Sub－2 | 0 | 0 | 0 | 4 | 36 | 119 | 116 | 15 | 0 | 290 | 0.47 b | 0.38～0.55 | 78.27 | 5.85 |
| | Sub－3 | 0 | 1 | 1 | 6 | 10 | 50 | 130 | 94 | 12 | 304 | 0.50 a | 0.29～0.61 | 43.22 | 4.33 |
| | Sub－4 | 5 | 16 | 22 | 52 | 62 | 121 | 71 | 12 | 0 | 361 | 0.43 c | 0.25～0.55 | 15.66 | 5.65 |

续表 5－1

| 性状 | 生态亚区 | 组中值 | | | | | | | | | 总数 | 均值 | 幅度 | $h^2$/% | GCV/% |
|---|---|---|---|---|---|---|---|---|---|---|---|---|---|---|---|
| | | <12.4 | 16.5 | 24.7 | 32.9 | 41.1 | 49.3 | 57.5 | 65.7 | >69.8 | | | | | |
| 主茎荚数 | Sub－1 | 3 | 53 | 91 | 29 | 8 | 0 | 1 | 0 | 0 | 185 | 23.93 c | 11.44～55.48 | 95.76 | 26.97 |
| | Sub－2 | 0 | 1 | 8 | 34 | 118 | 102 | 20 | 7 | 0 | 290 | 44.21 b | 18.41～68.41 | 81.03 | 15.64 |
| | Sub－3 | 0 | 2 | 8 | 24 | 66 | 99 | 47 | 36 | 22 | 304 | 50.74 a | 16.11～89.20 | 75.44 | 19.83 |
| | Sub－4 | 0 | 0 | 8 | 28 | 86 | 130 | 73 | 29 | 7 | 361 | 49.16 a | 21.66～76.13 | 62.50 | 15.55 |

注：$h^2$＝遗传率；GCV＝遗传变异系数。同一列数字后的不同小写字母说明亚区间的差异显著性。

**表 5－2　东北大豆种质资源群体株型/产量相关性状方差分析表**

| 性状 | 变异来源 | Sub－1 | | | Sub－2 | | | Sub－3 | | | Sub－4 | | |
|---|---|---|---|---|---|---|---|---|---|---|---|---|---|
| | | DF | MS | F | DF | MS | F | DF | MS | F | DF | MS | F |
| 株高 | 环境 | 2 | 21 756.00 | 68.79 ** | 7 | 123 815.00 | 340.88 ** | 3 | 57 722.00 | 182.54 ** | 1 | 13 061.00 | 8.17 * |
| | 重复(环境) | 8 | 132.89 | 4.27 ** | 24 | 220.01 | 3.95 ** | 12 | 118.57 | 1.15 | 6 | 1 392.31 | 13.69 ** |
| | 基因型 | 225 | 1 623.40 | 7.60 ** | 305 | 5 975.67 | 29.74 ** | 308 | 3 722.07 | 12.28 ** | 360 | 1 602.17 | 5.17 ** |
| | 环境×基因型 | 450 | 215.86 | 6.94 ** | 2 093 | 201.81 | 3.62 ** | 883 | 307.58 | 2.98 ** | 360 | 310.17 | 3.05 ** |
| | 误差 | 1 774 | 31.12 | | 7 098 | 55.73 | | 3 272 | 103.33 | | 2 144 | 101.70 | |
| 主茎节数 | 环境 | 2 | 1 140.71 | 88.75 ** | 7 | 2 853.84 | 103.14 ** | 3 | 4 034.19 | 280.19 ** | 1 | 681.76 | 14.25 ** |
| | 重复(环境) | 8 | 9.31 | 5.46 ** | 24 | 22.70 | 10.31 ** | 12 | 10.41 | 3.07 ** | 6 | 45.14 | 11.32 ** |
| | 基因型 | 225 | 30.74 | 5.86 ** | 305 | 108.83 | 14.95 ** | 308 | 59.54 | 7.83 ** | 360 | 36.62 | 5.43 ** |
| | 环境×基因型 | 450 | 5.29 | 3.10 ** | 2 087 | 7.29 | 3.31 ** | 883 | 7.7 | 2.28 ** | 360 | 6.74 | 1.69 ** |
| | 误差 | 1 774 | 1.71 | | 7 100 | 2.20 | | 3 251 | 3.39 | | 2 140 | 3.99 | |
| 分枝数目 | 环境 | | | | 3 | 551.98 | 169.15 ** | 1 | 2 496.87 | 381.80 ** | | | |
| | 重复(环境) | 2 | 1.56 | 4.64 * | 12 | 2.58 | 3.22 ** | 6 | 5.76 | 4.31 ** | 3 | 0.23 | 0.35 |
| | 基因型 | 218 | 1.61 | 4.78 ** | 305 | 11.48 | 7.59 ** | 308 | 6.46 | 2.80 ** | 360 | 3.30 | 5.03 ** |
| | 环境×基因型 | | | | 873 | 1.51 | 1.89 ** | 304 | 2.31 | 1.72 ** | | | |
| | 误差 | 387 | 0.34 | | 3 463 | 0.80 | | 1 524 | 1.34 | | 1 064 | 0.66 | |
| 倒伏 | 环境 | 2 | 0.06 | 0.13 | 7 | 412.89 | 188.80 ** | 1 | 301.02 | 199.07 ** | 1 | 6.160 | 1.68 |
| | 重复(环境) | 8 | 0.05 | 0.84 | 24 | 1.52 | 4.89 ** | 6 | 0.63 | 2.24 * | 6 | 0.003 | 1.49 |
| | 基因型 | 208 | 1.18 | 2.37 ** | 345 | 9.18 | 9.32 ** | 268 | 2.12 | 1.81 ** | 360 | 6.330 | 1.72 ** |
| | 环境×基因型 | 416 | 0.50 | 8.74 ** | 2 302 | 0.99 | 3.17 ** | 268 | 1.17 | 4.19 ** | 360 | 3.680 | 1 583.58 ** |
| | 误差 | 1 656 | 0.06 | | 7 904 | 0.31 | | 1 586 | 0.28 | | 2 143 | 0.002 | |
| 地上部生物量 | 环境 | 2 | 1 975.01 | 132.95 ** | 7 | 1 351.69 | 109.81 ** | 3 | 9 727.13 | 495.13 ** | 1 | 761.69 | 4.21 |
| | 重复(环境) | 8 | 7.97 | 4.12 ** | 24 | 9.00 | 2.37 ** | 12 | 11.39 | 2.96 ** | 6 | 174.25 | 25.09 ** |
| | 基因型 | 187 | 15.19 | 1.73 ** | 289 | 42.56 | 5.98 ** | 303 | 57.17 | 4.64 ** | 360 | 28.01 | 2.00 ** |
| | 环境×基因型 | 372 | 8.88 | 4.58 ** | 2 002 | 7.14 | 1.88 ** | 873 | 12.50 | 3.25 ** | 360 | 13.99 | 2.01 ** |
| | 误差 | 1 485 | 1.94 | | 6 769 | 3.79 | | 3 215 | 3.84 | | 2 133 | 6.95 | |

续表 5－2

| 性状 | 变异来源 | Sub－1 | | | Sub－2 | | | Sub－3 | | | Sub－4 | | |
|---|---|---|---|---|---|---|---|---|---|---|---|---|---|
| | | *DF* | *MS* | *F* | *DF* | *MS* | *F* | *DF* | *MS* | *F* | *DF* | *MS* | *F* |
| 小区产量 | 环境 | 2 | 876. 84 | 351. 41 ** | 7 | 752. 32 | 279. 35 ** | 3 | 1 150. 98 | 339. 39 | 1 | 53. 13 | 10. 90 ** |
| | 重复(环境) | 8 | 0. 90 | 2. 66 ** | 24 | 1. 98 | 4. 60 ** | 12 | 2. 20 | 2. 41 | 6 | 3. 51 | 5. 45 ** |
| | 基因型 | 187 | 2. 77 | 1. 44 ** | 289 | 4. 06 | 3. 51 ** | 303 | 10. 51 | 4. 89 | 360 | 2. 70 | 1. 34 ** |
| | 环境×基因型 | 372 | 1. 95 | 5. 77 ** | 1 988 | 1. 16 | 2. 69 ** | 873 | 2. 18 | 2. 39 | 360 | 2. 01 | 3. 13 ** |
| | 误差 | 1 480 | 0. 34 | | 6 717 | 0. 43 | | 3 185 | 0. 91 | | 2 132 | 0. 64 | |
| 表观收获指数 | 环境 | 2 | 4. 700 | 384. 31 ** | 7 | 2. 410 | 167. 82 ** | 3 | 3. 22 | 282. 79 ** | 1 | 1. 790 | 289. 51 ** |
| | 重复(环境) | 8 | 0. 010 | 3. 66 ** | 24 | 0. 010 | 3. 04 ** | 12 | 0. 01 | 1. 52 | 6 | 0. 004 | 0. 60 |
| | 基因型 | 187 | 0. 020 | 3. 33 ** | 289 | 0. 030 | 4. 56 ** | 303 | 0. 02 | 1. 61 ** | 360 | 0. 030 | 3. 08 ** |
| | 环境×基因型 | 372 | 0. 010 | 2. 76 ** | 2 002 | 0. 010 | 1. 76 ** | 873 | 0. 01 | 2. 28 ** | 360 | 0. 010 | 1. 36 ** |
| | 误差 | 1 483 | 0. 002 | | 6 717 | 0. 004 | | 3 182 | 0 | | 2 107 | 0. 010 | |
| 主茎荚数 | 环境 | | | | 3 | 46 774. 00 | 130. 26 ** | 1 | 125 774. 00 | 202. 66 ** | | | |
| | 重复(环境) | 2 | 48. 64 | 6. 58 ** | 12 | 247. 59 | 3. 93 ** | 6 | 550. 22 | 3. 31 ** | 3 | 171. 71 | 1. 23 |
| | 基因型 | 184 | 131. 91 | 17. 84 ** | 289 | 921. 96 | 5. 23 ** | 303 | 971. 33 | 3. 87 ** | 360 | 369. 54 | 2. 64 ** |
| | 环境×基因型 | | | | 853 | 176. 51 | 2. 80 ** | 302 | 250. 99 | 1. 51 ** | 1 059 | 139. 85 | |
| | 误差 | 364 | 7. 40 | | 3 352 | 63. 07 | | 1 543 | 166. 26 | | | | |

注:*DF* 为自由度。*MS* 为均方,在各性状中保留 2 位小数。* 和 ** 分别表示在 0. 05、0. 01 水平上差异达到显著水平。

**表 5－3　东北各亚区株型/产量相关性状 QTL 定位结果**

| 性状 | 生态亚区 | QTL ($R^2$) | 未定位到微效 QTL ($R^2$) | 大效应 QTL ($R^2$) | 小效应 QTL ($R^2$) | 共有 QTL ($R^2$) | 已报道 QTL |
|---|---|---|---|---|---|---|---|
| 株高/cm | Sub－1 | 44 (71. 23) | 16. 26 | 18 (61. 63) | 26 (9. 60) | 1 (0. 07) | 13 (18. 79) |
| | Sub－2 | 65 (69. 14) | 27. 58 | 21 (55. 16) | 44 (13. 98) | 6 (16. 95) | 32 (36. 61) |
| | Sub－3 | 63 (66. 17) | 26. 37 | 18 (47. 92) | 45 (18. 25) | 4 (3. 29) | 30 (24. 88) |
| | Sub－4 | 70 (62. 39) | 18. 29 | 23 (48. 00) | 47 (14. 39) | 7 (16. 04) | 27 (19. 06) |
| | 总计 | 234 | | | | 8 | 99 |
| 主茎节数 | Sub－1 | 41(56. 15) | 27. 69 | 16 (47. 42) | 25 (8. 73) | 5 (13. 48) | 2 (1. 22) |
| | Sub－2 | 63 (51. 57) | 41. 87 | 16 (37. 04) | 47 (14. 53) | 10 (21. 78) | 6 (5. 28) |
| | Sub－3 | 58 (49. 67) | 38. 01 | 17 (36. 76) | 41 (12. 91) | 5 (12. 66) | 0 |
| | Sub－4 | 63 (52. 51) | 29. 13 | 15 (32. 40) | 48 (20. 11) | 5 (8. 22) | 1 (0. 24) |
| | 总计 | 212 | | | | 12 | 9 |
| 分枝数目 | Sub－1 | 29 (65. 22) | 15. 11 | 21 (61. 56) | 8 (3. 66) | | 2 (1. 60) |
| | Sub－2 | 57 (45. 20) | 42. 17 | 18 (33. 57) | 39 (11. 63) | | 2 (1. 16) |
| | Sub－3 | 19 (29. 64) | 36. 63 | 13 (24. 85) | 6 (4. 79) | | |
| | Sub－4 | 44 (55. 79) | 24. 50 | 20 (43. 68) | 24 (12. 11) | | 4 (4. 86) |
| | 总计 | 149 | | | | | 8 |

续表 5－3

| 性状 | 生态亚区 | QTL ($R^2$) | 未定位到微效 QTL ($R^2$) | 大效应 QTL ($R^2$) | 小效应 QTL ($R^2$) | 共有 QTL ($R^2$) | 已报道 QTL |
|---|---|---|---|---|---|---|---|
| 倒伏 | Sub－1 | 23 (44.94) | 15.25 | 12 (40.26) | 11 (4.68) | 1 (5.07) | 3 (1.97) |
| | Sub－2 | 67 (39.69) | 49.98 | 13 (24.36) | 54 (15.33) | 3 (4.48) | 21 (15.33) |
| | Sub－3 | 12 (30.45) | 14.52 | 12 (30.45) | | 2 (4.27) | 2 (3.20) |
| | Sub－4 | 13 (39.90) | 2.01 | 13 (39.90) | | 2 (7.02) | 3 (8.99) |
| | 总计 | 111 | | | | 4 | 27 |
| 地上部生物量/(t/hm$^2$) | Sub－1 | 10 (22.44) | 24.29 | 10 (22.44) | | | 4 (11.77) |
| | Sub－2 | 45 (22.99) | 60.46 | 8 (10.73) | 37 (12.26) | 1 (0.47) | 13 (6.24) |
| | Sub－3 | 55 (42.47) | 37.15 | 16 (30.05) | 39 (12.42) | 1 (1.46) | 12 (9.63) |
| | Sub－4 | 42 (27.95) | 5.94 | 8 (12.54) | 34 (15.41) | | 6 (4.37) |
| | 总计 | 151 | | | | 1 | 35 |
| 小区产量/(t/hm$^2$) | Sub－2 | 52 (17.46) | 54.15 | 4 (5.66) | 48 (11.80) | 1 (0.07) | 23 (7.66) |
| | Sub－3 | 51 (37.61) | 42.18 | 14 (25.24) | 37 (12.37) | 2 (0.35) | 25 (23.04) |
| | Sub－4 | 43 (25.33) | 26.48 | 8 (9.97) | 35 (15.36) | 1 (0.39) | 15 (7.82) |
| | 总计 | 144 | | | | 2 | 62 |
| 表观收获指数 | Sub－1 | 31 (39.50) | 31.26 | 12 (30.75) | 19 (8.75) | | |
| | Sub－2 | 46 (17.47) | 60.80 | 4 (5.56) | 42 (11.92) | 2 (1.27) | |
| | Sub－3 | 36 (15.73) | 27.49 | 5 (5.93) | 31 (9.80) | 2 (1.23) | |
| | 总计 | 111 | | | | 2 | |
| 主茎荚数 | Sub－1 | 37 (74.90) | 20.86 | 19 (67.98) | 18 (6.92) | | 5 (21.19) |
| | Sub－2 | 50 (33.67) | 47.36 | 11 (19.62) | 39 (14.05) | | 6 (5.62) |
| | Sub－3 | 47 (37.42) | 38.02 | 10 (19.80) | 37 (17.62) | | 6 (4.36) |
| | Sub－4 | 37 (32.17) | 30.33 | 13 (21.10) | 24 (11.07) | | 4 (4.36) |
| | 总计 | 171 | | | | | 21 |

注：QTL、大效应 QTL、小效应 QTL、已报道 QTL 列中，括号外为相对应位点数目，括号内为这些 QTL 表型解释率之和。大效应 QTL 指表型解释率超过 1% 的位点；小效应 QTL 则为表型解释率不超过 1% 的位点。

## 第二节　东北各亚区全基因组关联分析检测到的株型/产量性状 QTL

表 5－4～表 5－7 为株型相关性状 QTL 位点，表 5－8～表 5－11 为产量相关性状 QTL 位点。表 5－12 为株型和产量相关性状定位的位点在染色体上的分布情况。各性状定位得到的 QTL 数目虽然有所差异，但均分布在 20 条染色体上，其中在 Chr 18 上分布较多，但不同性状在染色体上的分布程度则存在较大差异。具体说，株高在 Chr 12 仅定位到 3 个而在 Chr 18 定位到 24 个 QTL；主茎节数在 Chr 13 仅定位到 4 个而在 Chr 18 定位到 21 个 QTL；分枝数目在 Chr 02、Chr 10、Chr 16 仅各含有 3 个位点而在 Chr 07 则为 14 个；倒伏在各染色体上仅分布 1～9 个，其中 Chr 15、Chr 17、Chr 20

仅各含有1~2个位点，其余染色体分布较为均匀；地上部生物量各染色体上分布3~14个不等的位点数目，其中Chr 11、Chr 16仅各分布3~4个位点，Chr 09、Chr 18则各含有12~14个位点；小区产量在每条染色体上分布4~11个位点，其中Chr 02、Chr 17、Chr 18上各分布了10个及以上位点；表观收获指数，各染色体分布2~9个位点；主茎荚数分布4~18个位点，其中Chr 18上含有多达18个QTL位点而Chr 12仅含有4个位点。由图5-1、图5-2可知，这些位点虽然差异较大，但一些位点的物理位置极为接近。

从解释率看，不同性状在各亚区的解释率呈现较大程度差异。株高和主茎节数在亚区间分布规律相似，两性状在各亚区最低值在0.02%~0.08%，最高值范围在6.49%~9.32%间，其中Sub-1~Sub-3在株高性状中含有6~7个而Sub-4中仅3个位点解释率超3%。各亚区在主茎节数中仅2~5个位点解释率超3%。分枝数目在Sub-1和Sub-4的解释率范围相似，其最低值在0.24%~0.26%而最高值在6.02%~7.84%，Sub-2和Sub-3中最低值仅在0.06%~0.07%而最高值在3.96%~4.53%。各亚区位点中含有的解释率超3%的数目除Sub-1达到8个外，其余仅在1~3个间。对倒伏性状，Sub-1中位点解释率分布在0.16%~7.83%，其中7个位点的解释率超3%；Sub-2中位点解释率分布在0.03%~3.74%，其中仅1个位点的解释率超3%；Sub-3和Sub-4中位点解释率均在1%及以上，最高分别为5.88%、4.71%。这两个亚区有4~6个位点的解释率达到3%以上。产量相关性状的解释率总体上偏小，各亚区定位的地上部生物量和产量仅在Sub-3亚区中定位到少量解释率超3%的位点，表观收获指数仅在Sub-1中定位到4个解释率超3%的位点，而主茎荚数除在Sub-1中定位到9个解释率超3%的位点外，其余亚区仅存在1个位点。

控制这些性状QTL的候选基因功能可分为4类，在株型相关性状中，首先为与花发育有关的基因，第二类主要与信号转导、植物激素调节、运输有关，第三类主要为与代谢相关的候选基因，最后则为其他及未知生物代谢基因；在产量相关性状中，第一类为与花发育、光周期反应有关的基因，第二类为与代谢相关的候选基因，第三类主要与信号转导、植物激素调节、运输等有关，最后则为其他及未知生物代谢基因。上述性状中除主茎荚数中花发育与初级代谢分布较为均匀（分别为28.2%、20.65%）外，其余性状中与代谢相关的候选基因数目远超其他类型，分布在35.6%~67.69%（图5-1~图5-4）。

**表5-4 东北各亚区株高定位结果**

| QTL | SNPLDB（等位变异数） | $-\log_{10}P$（生态亚区） | $R^2$/% | 已报道QTL | 候选基因 | 基因功能（类别） |
|---|---|---|---|---|---|---|
| *q-Ph-1-1* | Gm01_BLOCK_1477092_1523474(7) | 54.97(3) | 2.83 | | *Glyma*01*g*01940 | Biological process(Ⅳ) |
| *q-Ph-1-2* | Gm01_13153857(2) | 12.24(1) | 0.75 | | | |
| *q-Ph-1-3* | Gm01_24466244(2) | 9.05(4) | 0.65 | 24-7 | | |
| *q-Ph-1-4* | Gm01_BLOCK_38753456_38952728(7) | 7.98(1) | 0.69 | | *Glyma*01*g*29362 | Protein phosphorylation(Ⅲ) |
| *q-Ph-1-5* | Gm01_BLOCK_40842795_40852192(4) | 7.06(1) | 0.51 | | *Glyma*01*g*30060 | |
| *q-Ph-1-6* | Gm01_BLOCK_43644553_43843201(4) | 25.23(2) | 0.48 | | *Glyma*01*g*32291 | |
| *q-Ph-1-7* | Gm01_BLOCK_46539268_46612211(4) | 6.92(4) | 0.61 | | *Glyma*01*g*34630 | Protein folding(Ⅲ) |
| *q-Ph-1-8* | Gm01_BLOCK_47023574_47023597(2) | 3.85(4) | 0.25 | | *Glyma*01*g*34630 | Protein folding(Ⅲ) |

续表 5－4

| QTL | SNPLDB（等位变异数） | $-\log_{10}P$（生态亚区） | $R^2$/% | 已报道QTL | 候选基因 | 基因功能（类别） |
|---|---|---|---|---|---|---|
| *q－Ph*－1－9 | Gm01_BLOCK_47943457_47993349(5) | 38.10(2) | 0.74 | | *Glyma*01*g*34630 | Protein folding(Ⅲ) |
| *q－Ph*－1－10 | Gm01_BLOCK_50665066_50856399(5) | 26.14(3) | 1.32 | | *Glyma*01*g*38671 | Regulation of histone H3-K9 dimethylation(Ⅲ) |
| *q－Ph*－2－1 | Gm02_BLOCK_6180720_6229373(6) | 15.08(2) | 0.32 | 13－1 | *Glyma*02*g*07270 | Response to UV-B(Ⅰ) |
| *q－Ph*－2－2 | Gm02_BLOCK_8379815_8441344(5) | 13.34(4) | 1.19 | 23－1 | *Glyma*02*g*10561 | Dephosphorylation(Ⅲ) |
| *q－Ph*－2－3 | Gm02_BLOCK_10313664_10321680(4) | 3.55(3) | 0.19 | 23－1 | *Glyma*02*g*12340 | Biological process(Ⅳ) |
| *q－Ph*－2－4 | Gm02_12053245(2) | 3.55(4) | 0.23 | 17－11 | *Glyma*02*g*13910 | Response to brassinosteroid stimulus(Ⅱ) |
| *q－Ph*－2－5 | Gm02_12405244(2) | 2.90(3) | 0.11 | 17－11 | *Glyma*02*g*13910 | Response to brassinosteroid stimulus(Ⅱ) |
| *q－Ph*－2－6 | Gm02_BLOCK_13850845_13878024(4) | 7.35(2) | 0.15 | 17－11 | *Glyma*02*g*15550 | Salicylic acid biosynthetic process(Ⅱ) |
| *q－Ph*－2－7 | Gm02_BLOCK_15307631_15441577(5) | 18.79(3) | 0.96 | 34－3 | *Glyma*02*g*17010 | Jasmonic acid mediated signaling pathway(Ⅱ) |
| *q－Ph*－2－8 | Gm02_BLOCK_21423751_21490959(7) | 38.52(2) | 0.78 | 40－1 | *Glyma*02*g*22730 | Biological process(Ⅳ) |
| *q－Ph*－2－9 | Gm02_23755518(2) | 48.88(2) | 0.88 | 40－1 | | |
| *q－Ph*－2－10 | Gm02_23817273(2) | 2.05(2) | 0.03 | 40－1 | | |
| *q－Ph*－2－11 | Gm02_BLOCK_27176620_27376003(7) | 35.68(1) | 2.67 | | *Glyma*02*g*26431 | Microtubule-based movement (Ⅳ) |
| *q－Ph*－2－12 | Gm02_BLOCK_35722245_35917992(6) | 12.05(3) | 0.67 | 35－5 | *Glyma*02*g*32072 | |
| *q－Ph*－2－13 | Gm02_39422952(2) | 1.52(4) | 0.08 | | *Glyma*02*g*35031 | Cell redox homeostasis(Ⅲ) |
| *q－Ph*－2－14 | Gm02_47601134(2) | 2.86(2) | 0.04 | 5－5 | | |
| *q－Ph*－3－1 | Gm03_BLOCK_682766_753303(5) | 6.54(1) | 0.51 | 13－6 | *Glyma*03*g*00670 | Photomorphogenesis(Ⅰ) |
| *q－Ph*－3－2 | Gm03_BLOCK_6713050_6785929(7) | 14.86(3) | 0.84 | | *Glyma*03*g*06950 | Signal transduction(Ⅱ) |
| *q－Ph*－3－3 | Gm03_BLOCK_7218535_7218955(3) | 1.66(4) | 0.13 | | *Glyma*03*g*06950 | Signal transduction(Ⅱ) |
| *q－Ph*－3－4 | Gm03_BLOCK_25529598_25621554(6) | 61.95(1) | 4.54 | | | |
| *q－Ph*－3－5 | Gm03_27323347(2) | 1.59(4) | 0.09 | | *Glyma*03*g*21650 | Cation transport(Ⅱ) |
| *q－Ph*－3－6 | Gm03_BLOCK_35565806_35605208(6) | 53.49(2) | 1.05 | 17－5 | *Glyma*03*g*27790 | Ubiquitin-dependent protein catabolic process(Ⅲ) |
| *q－Ph*－3－7 | Gm03_BLOCK_40286671_40449973(5) | 25.59(4) | 2.22 | 33－1 | *Glyma*03*g*33035 | Phosphatidylinositol phosphorylation(Ⅲ) |
| *q－Ph*－3－8 | Gm03_BLOCK_43706578_43839510(4) | 163.50(2) | 3.14 | 26－17 | *Glyma*03*g*36893 | Response to light stimulus(Ⅰ) |
| *q－Ph*－3－8 | Gm03_BLOCK_43706578_43839510(4) | 1.92(4) | 0.19 | 26－17 | *Glyma*03*g*36893 | Response to light stimulus(Ⅰ) |
| *q－Ph*－3－9 | Gm03_43998409(2) | 5.29(4) | 0.36 | 26－17 | *Glyma*03*g*36893 | Response to light stimulus(Ⅰ) |
| *q－Ph*－3－10 | Gm03_BLOCK_44024588_44035691(3) | 63.76(1) | 4.44 | 26－17 | *Glyma*03*g*36893 | Response to light stimulus(Ⅰ) |
| *q－Ph*－4－1 | Gm04_BLOCK_4174137_4368977(7) | 24.81(1) | 1.89 | | *Glyma*04*g*05471 | Proteolysis(Ⅲ) |
| *q－Ph*－4－2 | Gm04_BLOCK_6468272_6559621(5) | 26.90(2) | 0.53 | | *Glyma*04*g*08380 | Response to auxin stimulus (Ⅱ) |

续表 5-4

| QTL | SNPLDB（等位变异数） | $-\log_{10}P$（生态亚区） | $R^2$/% | 已报道QTL | 候选基因 | 基因功能(类别) |
|---|---|---|---|---|---|---|
| *q-Ph*-4-3 | Gm04_BLOCK_9622583_9649077(4) | 21.90(04) | 1.84 | | *Glyma*04*g*11240 | Biological process(Ⅳ) |
| *q-Ph*-4-4 | Gm04_BLOCK_11945208_12067247(4) | 15.60(4) | 1.32 | | *Glyma*04*g*12911 | Biological process(Ⅳ) |
| *q-Ph*-4-5 | Gm04_12432764(2) | 32.94(3) | 1.50 | | *Glyma*04*g*12911 | Biological process(Ⅳ) |
| *q-Ph*-4-6 | Gm04_BLOCK_23281579_23469490(6) | 19.92(4) | 1.80 | | | |
| *q-Ph*-4-7 | Gm04_BLOCK_31563848_31697563(6) | 98.66(1) | 7.39 | | *Glyma*04*g*27662 | Negative regulation of abscisic acid biosynthetic process(Ⅱ) |
| *q-Ph*-4-8 | Gm04_BLOCK_38244829_38444217(3) | 18.01(2) | 0.33 | | *Glyma*04*g*32990 | Actin cytoskeleton organization(Ⅳ) |
| *q-Ph*-4-9 | Gm04_40834217(2) | 2.84(2) | 0.04 | | *Glyma*04*g*34745 | Response to red or far red light(Ⅰ) |
| *q-Ph*-4-10 | Gm04_BLOCK_44481934_44669597(6) | 30.44(4) | 2.70 | | *Glyma*04*g*38261 | Transport(Ⅱ) |
| *q-Ph*-4-11 | Gm04_BLOCK_44742543_44783750(3) | 1.65(4) | 0.13 | | *Glyma*04*g*38261 | Transport(Ⅱ) |
| *q-Ph*-4-12 | Gm04_BLOCK_44973349_45159996(7) | 12.36(1) | 1.01 | | *Glyma*04*g*38261 | Transport(Ⅱ) |
| *q-Ph*-4-13 | Gm04_BLOCK_46016695_46016709(3) | 7.04(2) | 0.13 | 38-3 | *Glyma*04*g*38261 | Transport(Ⅱ) |
| *q-Ph*-4-14 | Gm04_BLOCK_48019850_48121506(6) | 51.89(2) | 1.02 | 38-3 | *Glyma*04*g*42951 | Methionine biosynthetic process(Ⅲ) |
| *q-Ph*-5-1 | Gm05_742112(2) | 3.02(4) | 0.19 | | *Glyma*05*g*00910 | Carbohydrate metabolic process(Ⅲ) |
| *q-Ph*-5-2 | Gm05_20264812(2) | 2.01(3) | 0.07 | | | |
| *q-Ph*-5-2 | Gm05_20264812(2) | 29.62(4) | 2.31 | | | |
| *q-Ph*-5-3 | Gm05_20664300(2) | 7.50(1) | 0.44 | | | |
| *q-Ph*-5-4 | Gm05_22941935(2) | 3.96(4) | 0.26 | | | |
| *q-Ph*-5-5 | Gm05_24077418(2) | 1.80(3) | 0.06 | | | |
| *q-Ph*-5-6 | Gm05_25767527(2) | 5.53(3) | 0.22 | | | |
| *q-Ph*-5-7 | Gm05_BLOCK_32088934_32130243(4) | 41.06(2) | 0.78 | 26-3 | *Glyma*05*g*26100 | Protein metabolic process(Ⅲ) |
| *q-Ph*-5-8 | Gm05_33594752(2) | 2.85(3) | 0.10 | 37-1 | *Glyma*05*g*27700 | Biological process(Ⅳ) |
| *q-Ph*-5-9 | Gm05_BLOCK_40093134_40221204(6) | 13.24(4) | 1.24 | 24-2 | *Glyma*05*g*36300 | Transmembrane transport(Ⅱ) |
| *q-Ph*-6-1 | Gm06_BLOCK_2914919_2953588(3) | 1.52(4) | 0.12 | | *Glyma*06*g*03560 | Gluconeogenesis(Ⅲ) |
| *q-Ph*-6-2 | Gm06_18030829(2) | 1.51(2) | 0.02 | mq-004 | *Glyma*06*g*21821 | DNA methylation(Ⅲ) |
| *q-Ph*-6-3 | Gm06_18031103(2) | 4.20(3) | 0.16 | | *Glyma*06*g*21821 | DNA methylation(Ⅲ) |
| *q-Ph*-6-3 | Gm06_18031103(2) | 1.39(4) | 0.07 | | *Glyma*06*g*21821 | DNA methylation(Ⅲ) |
| *q-Ph*-6-4 | Gm06_BLOCK_18977544_19172541(4) | 9.15(4) | 0.79 | | *Glyma*06*g*21821 | DNA methylation(Ⅲ) |
| *q-Ph*-6-5 | Gm06_BLOCK_23754122_23778481(4) | 5.37(4) | 0.48 | 19-3 | *Glyma*06*g*25570 | Biological process(Ⅳ) |
| *q-Ph*-6-6 | Gm06_BLOCK_25729315_25749267(4) | 17.54(2) | 0.34 | | *Glyma*06*g*25570 | Biological process(Ⅳ) |
| *q-Ph*-6-7 | Gm06_26164461(2) | 2.51(4) | 0.15 | | *Glyma*06*g*25570 | Biological process(Ⅳ) |
| *q-Ph*-6-8 | Gm06_28279252(2) | 39.27(3) | 1.81 | | *Glyma*06*g*25570 | Biological process(Ⅳ) |
| *q-Ph*-6-9 | Gm06_BLOCK_32872722_32899588(4) | 2.27(4) | 0.22 | | *Glyma*06*g*25570 | Biological process(Ⅳ) |

续表 5-4

| QTL | SNPLDB（等位变异数） | $-\log_{10}P$（生态亚区） | $R^2$/% | 已报道QTL | 候选基因 | 基因功能(类别) |
|---|---|---|---|---|---|---|
| *q-Ph*-6-10 | Gm06_BLOCK_37208643_37220991(3) | 15.41(2) | 0.28 | 35-2 | *Glyma*06*g*35101 | |
| *q-Ph*-6-11 | Gm06_BLOCK_37273090_37273106(3) | 6.52(4) | 0.52 | | *Glyma*06*g*35101 | |
| *q-Ph*-6-12 | Gm06_BLOCK_37899606_37899640(3) | 10.41(2) | 0.19 | | *Glyma*06*g*35101 | |
| *q-Ph*-7-1 | Gm07_2584000(2) | 1.97(2) | 0.03 | 8-2 | *Glyma*07*g*03810 | Response to red or far red light(Ⅰ) |
| *q-Ph*-7-2 | Gm07_BLOCK_2584492_2646995(5) | 2.71(4) | 0.29 | 8-2 | *Glyma*07*g*03810 | Response to red or far red light(Ⅰ) |
| *q-Ph*-7-3 | Gm07_3045414(2) | 1.44(2) | 0.02 | 8-2 | *Glyma*07*g*03810 | Response to red or far red light(Ⅰ) |
| *q-Ph*-7-4 | Gm07_BLOCK_6148712_6316640(7) | 195.81(2) | 3.86 | 2-4 | *Glyma*07*g*07450 | Chloroplast RNA processing (Ⅲ) |
| *q-Ph*-7-5 | Gm07_BLOCK_8841114_8841603(3) | 17.44(3) | 0.82 | mq-012 | *Glyma*07*g*10060 | |
| *q-Ph*-7-6 | Gm07_8841626(2) | 3.00(1) | 0.15 | mq-012 | *Glyma*07*g*10060 | |
| *q-Ph*-7-7 | Gm07_BLOCK_17616927_17644218(6) | 6.93(2) | 0.16 | | *Glyma*07*g*17465 | |
| *q-Ph*-7-8 | Gm07_22338360(2) | 3.67(4) | 0.24 | | *Glyma*07*g*21671 | DNA repair(Ⅲ) |
| *q-Ph*-7-9 | Gm07_BLOCK_23272698_23469985(5) | 70.28(3) | 3.51 | | *Glyma*07*g*21671 | DNA repair(Ⅲ) |
| *q-Ph*-7-10 | Gm07_BLOCK_25194369_25298259(9) | 114.35(2) | 2.28 | | *Glyma*07*g*23672 | |
| *q-Ph*-7-11 | Gm07_33960102(2) | 12.81(2) | 0.22 | | | |
| *q-Ph*-7-12 | Gm07_43124954(2) | 19.42(3) | 0.86 | | *Glyma*07*g*37800 | Transport(Ⅱ) |
| *q-Ph*-8-1 | Gm08_BLOCK_5721834_5722025(2) | 34.55(3) | 1.58 | | *Glyma*08*g*07620 | Proteolysis(Ⅲ) |
| *q-Ph*-8-2 | Gm08_10248581(2) | 1.49(3) | 0.05 | 5-1 | *Glyma*08*g*14735 | |
| *q-Ph*-8-3 | Gm08_14362705(2) | 5.07(1) | 0.28 | | *Glyma*08*g*19033 | Biological process(Ⅳ) |
| *q-Ph*-8-4 | Gm08_16237107(2) | 1.54(2) | 0.02 | | *Glyma*08*g*20960 | Regulation of flower development(Ⅰ) |
| *q-Ph*-8-5 | Gm08_17813506(2) | 7.08(3) | 0.29 | | *Glyma*08*g*23340 | Signal transduction(Ⅱ) |
| *q-Ph*-8-6 | Gm08_BLOCK_19255194_19355760(4) | 9.10(1) | 0.65 | | *Glyma*08*g*24630 | |
| *q-Ph*-8-7 | Gm08_BLOCK_25459202_25658708(4) | 20.26(4) | 1.71 | | *Glyma*08*g*32790 | Actin filament organization (Ⅳ) |
| *q-Ph*-8-8 | Gm08_BLOCK_25748968_25835186(3) | 1.49(4) | 0.08 | | *Glyma*08*g*32790 | Actin filament organization (Ⅳ) |
| *q-Ph*-8-9 | Gm08_BLOCK_26913719_26981902(3) | 6.96(1) | 0.46 | | *Glyma*08*g*32790 | Actin filament organization (Ⅳ) |
| *q-Ph*-8-10 | Gm08_BLOCK_28391788_28591753(4) | 19.39(1) | 1.35 | | *Glyma*08*g*32790 | Actin filament organization (Ⅳ) |
| *q-Ph*-8-11 | Gm08_BLOCK_28662463_28726248(5) | 120.07(2) | 2.31 | | *Glyma*08*g*32790 | Actin filament organization (Ⅳ) |
| *q-Ph*-8-12 | Gm08_29413743(2) | 1.80(2) | 0.02 | | *Glyma*08*g*32790 | Actin filament organization (Ⅳ) |

续表 5-4

| QTL | SNPLDB（等位变异数） | $-\log_{10}P$（生态亚区） | $R^2$/% | 已报道QTL | 候选基因 | 基因功能(类别) |
|---|---|---|---|---|---|---|
| *q-Ph*-8-13 | Gm08_BLOCK_37595769_37609948(2) | 8.85(1) | 0.52 | | *Glyma*08*g*38201 | Transport(Ⅱ) |
| *q-Ph*-8-14 | Gm08_BLOCK_40094304_40289036(5) | 110.48(2) | 2.12 | | *Glyma*08*g*40530 | Nucleotide transport(Ⅱ) |
| *q-Ph*-9-1 | Gm09_BLOCK_8199234_8280839(5) | 175.02(2) | 3.39 | mq-009 | *Glyma*09*g*08866 | Biological process(Ⅳ) |
| *q-Ph*-9-2 | Gm09_BLOCK_10101070_10289831(5) | 4.97(2) | 0.11 | | *Glyma*09*g*10196 | Response to auxin stimulus(Ⅱ) |
| *q-Ph*-9-3 | Gm09_BLOCK_14853753_14880575(7) | 183.06(2) | 3.60 | mq-010 | *Glyma*09*g*13220 | Nucleotide metabolic process(Ⅲ) |
| *q-Ph*-9-3 | Gm09_BLOCK_14853753_14880575(7) | 32.88(3) | 1.73 | mq-010 | *Glyma*09*g*13220 | Nucleotide metabolic process(Ⅲ) |
| *q-Ph*-9-4 | Gm09_22444314(2) | 1.38(4) | 0.07 | 15-1 | *Glyma*09*g*18490 | |
| *q-Ph*-9-5 | Gm09_27541628(2) | 1.41(3) | 0.04 | 15-1 | *Glyma*09*g*22318 | Biological process(Ⅳ) |
| *q-Ph*-9-6 | Gm09_30578854(2) | 2.99(3) | 0.11 | | *Glyma*09*g*24450 | Response to ethylene stimulus(Ⅱ) |
| *q-Ph*-9-7 | Gm09_BLOCK_39745833_39937473(7) | 6.19(4) | 0.68 | | *Glyma*09*g*33451 | Microsporogenesis(Ⅰ) |
| *q-Ph*-9-8 | Gm09_BLOCK_41150595_41273199(5) | 16.59(4) | 1.47 | | *Glyma*09*g*34820 | DNA mediated transformation(Ⅲ) |
| *q-Ph*-9-9 | Gm09_43625732(2) | 3.44(4) | 0.22 | 33-5 | *Glyma*09*g*38050 | Regulation of transcription(Ⅳ) |
| *q-Ph*-9-10 | Gm09_45276883(2) | 15.91(4) | 1.19 | | *Glyma*09*g*40336 | Biological process(Ⅳ) |
| *q-Ph*-10-1 | Gm10_BLOCK_2137913_2303960(5) | 55.81(1) | 4.01 | | *Glyma*10*g*03460 | Sulfate transport(Ⅱ) |
| *q-Ph*-10-2 | Gm10_BLOCK_2911784_2972949(5) | 41.20(3) | 2.06 | | *Glyma*10*g*03460 | Sulfate transport(Ⅱ) |
| *q-Ph*-10-3 | Gm10_BLOCK_7453279_7558594(3) | 71.99(3) | 3.49 | | *Glyma*10*g*08660 | Biological process(Ⅳ) |
| *q-Ph*-10-4 | Gm10_BLOCK_14386316_14583318(5) | 108.66(1) | 8.12 | | *Glyma*10*g*17370 | Oxidation-reduction process(Ⅲ) |
| *q-Ph*-10-5 | Gm10_BLOCK_15145559_15171885(4) | 46.66(2) | 0.88 | | *Glyma*10*g*17370 | Oxidation-reduction process(Ⅲ) |
| *q-Ph*-10-6 | Gm10_BLOCK_16254491_16449923(4) | 16.84(1) | 1.12 | | *Glyma*10*g*17370 | Oxidation-reduction process(Ⅲ) |
| *q-Ph*-10-7 | Gm10_BLOCK_20396275_20417645(4) | 88.09(2) | 1.67 | | *Glyma*10*g*17370 | Oxidation-reduction process(Ⅲ) |
| *q-Ph*-10-8 | Gm10_BLOCK_23395838_23594295(4) | 216.75(2) | 4.21 | | *Glyma*10*g*17370 | Oxidation-reduction process(Ⅲ) |
| *q-Ph*-10-8 | Gm10_BLOCK_23395838_23594295(4) | 40.94(4) | 3.45 | | *Glyma*10*g*17370 | Oxidation-reduction process(Ⅲ) |
| *q-Ph*-10-9 | Gm10_BLOCK_25102717_25209340(7) | 16.63(2) | 0.36 | | *Glyma*10*g*19710 | Biological process(Ⅳ) |
| *q-Ph*-10-10 | Gm10_BLOCK_47718569_47756424(3) | 22.05(2) | 0.41 | 23-4 | *Glyma*10*g*40810 | Protein import into chloroplast stroma(Ⅱ) |

续表 5-4

| QTL | SNPLDB（等位变异数） | $-\log_{10}P$（生态亚区） | $R^2$/% | 已报道 QTL | 候选基因 | 基因功能（类别） |
|---|---|---|---|---|---|---|
| *q-Ph*-10-11 | Gm10_BLOCK_50780254_50966011(3) | 6.65(3) | 0.31 | | *Glyma*10*g*44540 | Protein autophosphorylation (Ⅲ) |
| *q-Ph*-11-1 | Gm11_11161355(2) | 1.35(4) | 0.07 | mq-002 | *Glyma*11*g*15512 | |
| *q-Ph*-11-2 | Gm11_16988934(2) | 31.17(1) | 2.02 | mq-003 | *Glyma*11*g*19695 | Biological process(Ⅳ) |
| *q-Ph*-11-3 | Gm11_20006728(2) | 1.49(1) | 0.07 | 20-2 | | |
| *q-Ph*-11-3 | Gm11_20006728(2) | 6.38(4) | 0.44 | 20-2 | | |
| *q-Ph*-11-4 | Gm11_21104821(2) | 5.95(4) | 0.41 | 20-2 | | |
| *q-Ph*-11-5 | Gm11_21104870(2) | 2.17(1) | 0.10 | 20-2 | | |
| *q-Ph*-11-6 | Gm11_33374399(2) | 14.06(4) | 1.05 | | *Glyma*11*g*31721 | Glucuronoxylan metabolic process(Ⅲ) |
| *q-Ph*-11-7 | Gm11_BLOCK_34574020_34574263(3) | 2.14(1) | 0.14 | | *Glyma*11*g*32940 | Petal formation(Ⅰ) |
| *q-Ph*-12-1 | Gm12_BLOCK_2806414_2945752(4) | 80.39(1) | 5.79 | | *Glyma*12*g*05110 | Biological process(Ⅳ) |
| *q-Ph*-12-2 | Gm12_BLOCK_9994557_10178541(7) | 24.34(1) | 1.86 | 38-7 | *Glyma*12*g*11573 | Telomere maintenance in response to DNA damage(Ⅲ) |
| *q-Ph*-12-3 | Gm12_16336582(2) | 8.52(4) | 0.61 | | *Glyma*12*g*16590 | Defense response(Ⅱ) |
| *q-Ph*-13-1 | Gm13_BLOCK_6131115_6165474(4) | 2.48(3) | 0.14 | 20-5 | *Glyma*13*g*05650 | Pectin metabolic process (Ⅲ) |
| *q-Ph*-13-2 | Gm13_BLOCK_10091630_10285065(6) | 4.33(3) | 0.28 | 26-11 | *Glyma*13*g*09380 | Biological process(Ⅳ) |
| *q-Ph*-13-3 | Gm13_18175060(2) | 2.75(3) | 0.10 | 26-11 | | |
| *q-Ph*-13-4 | Gm13_19651016(2) | 1.85(4) | 0.10 | 37-8 | | |
| *q-Ph*-13-5 | Gm13_BLOCK_27283093_27361890(5) | 17.27(4) | 1.52 | 7-2 | *Glyma*13*g*24305 | Glucuronoxylan metabolic process(Ⅲ) |
| *q-Ph*-13-6 | Gm13_BLOCK_28133181_28138064(4) | 2.53(4) | 0.24 | | *Glyma*13*g*24305 | Glucuronoxylan metabolic process(Ⅲ) |
| *q-Ph*-13-7 | Gm13_BLOCK_32120834_32161092(5) | 301.14(2) | 6.92 | 20-6 | *Glyma*13*g*29675 | |
| *q-Ph*-13-8 | Gm13_BLOCK_33524594_33721209(7) | 54.46(3) | 2.81 | 20-6 | *Glyma*13*g*30420 | |
| *q-Ph*-13-9 | Gm13_BLOCK_35240772_35295737(5) | 3.34(3) | 0.20 | 20-6 | *Glyma*13*g*35230 | Oxidation-reduction process (Ⅲ) |
| *q-Ph*-13-10 | Gm13_BLOCK_36223831_36357760(4) | 119.54(2) | 2.27 | 38-2 | *Glyma*13*g*35230 | Oxidation-reduction process (Ⅲ) |
| *q-Ph*-13-11 | Gm13_BLOCK_38511708_38614248(6) | 4.28(4) | 0.47 | 17-1 | *Glyma*13*g*37980 | Protein phosphorylation (Ⅲ) |
| *q-Ph*-13-12 | Gm13_41885751(2) | 3.04(4) | 0.19 | 23-5 | *Glyma*13*g*42930 | Protein phosphorylation (Ⅲ) |
| *q-Ph*-13-13 | Gm13_BLOCK_42740574_42740832(2) | 1.83(3) | 0.06 | 23-5 | *Glyma*13*g*42930 | Protein phosphorylation (Ⅲ) |
| *q-Ph*-14-1 | Gm14_11936345(2) | 4.47(4) | 0.30 | | | |
| *q-Ph*-14-2 | Gm14_21409536(2) | 2.26(2) | 0.03 | | *Glyma*14*g*19220 | Carbohydrate phosphorylation(Ⅲ) |

续表 5-4

| QTL | SNPLDB（等位变异数） | $-\log_{10}P$（生态亚区） | $R^2$/% | 已报道QTL | 候选基因 | 基因功能（类别） |
|---|---|---|---|---|---|---|
| *q-Ph*-14-3 | Gm14_30938734(2) | 1.56(1) | 0.07 | | | |
| *q-Ph*-14-4 | Gm14_35625289(2) | 2.22(4) | 0.13 | | *Glyma*14*g*29145 | Ribosome biogenesis (Ⅲ) |
| *q-Ph*-14-5 | Gm14_BLOCK_40001486_40199543(3) | 1.49(4) | 0.12 | | *Glyma*14*g*29145 | Ribosome biogenesis(Ⅲ) |
| *q-Ph*-14-6 | Gm14_BLOCK_46621580_46680111(4) | 14.11(1) | 0.99 | | *Glyma*14*g*37400 | Cellular response to light stimulus(Ⅰ) |
| *q-Ph*-14-7 | Gm14_BLOCK_47846016_48044794(5) | 58.59(2) | 1.13 | | *Glyma*14*g*38700 | Defense response(Ⅱ) |
| *q-Ph*-14-8 | Gm14_49005052(2) | 11.23(1) | 0.68 | | *Glyma*14*g*38700 | Defense response(Ⅱ) |
| *q-Ph*-14-9 | Gm14_49392500(2) | 7.97(1) | 0.47 | | *Glyma*14*g*38700 | Defense response(Ⅱ) |
| *q-Ph*-15-1 | Gm15_6315752(2) | 40.26(1) | 2.65 | | *Glyma*15*g*08890 | Regulation of transcription (Ⅳ) |
| *q-Ph*-15-2 | Gm15_BLOCK_11785746_11835893(3) | 3.37(4) | 0.27 | 29-4 | *Glyma*15*g*14890 | Cellular modified amino acid biosynthetic process(Ⅲ) |
| *q-Ph*-15-3 | Gm15_BLOCK_15164174_15241775(3) | 5.85(2) | 0.11 | 26-10 | *Glyma*15*g*18760 | Gluconeogenesis(Ⅲ) |
| *q-Ph*-15-4 | Gm15_BLOCK_15826448_15955459(7) | 10.18(4) | 1.03 | 26-10 | *Glyma*15*g*18760 | Gluconeogenesis(Ⅲ) |
| *q-Ph*-15-5 | Gm15_17233078(2) | 7.70(2) | 0.13 | 26-10 | *Glyma*15*g*20000 | Photomorphogenesis(Ⅰ) |
| *q-Ph*-15-6 | Gm15_BLOCK_22201444_22378850(6) | 89.02(1) | 6.63 | 26-10 | *Glyma*15*g*23640 | |
| *q-Ph*-15-7 | Gm15_BLOCK_23309311_23501615(6) | 17.46(4) | 1.60 | 26-10 | *Glyma*15*g*23640 | |
| *q-Ph*-15-8 | Gm15_BLOCK_24734345_24748059(5) | 37.80(2) | 0.73 | 26-10 | *Glyma*15*g*23640 | |
| *q-Ph*-15-9 | Gm15_BLOCK_25055689_25129754(5) | 17.98(3) | 0.92 | 26-10 | *Glyma*15*g*23640 | |
| *q-Ph*-15-10 | Gm15_25786042(2) | 6.47(3) | 0.26 | 26-10 | *Glyma*15*g*23640 | |
| *q-Ph*-15-11 | Gm15_BLOCK_26262140_26281627(4) | 7.37(4) | 0.64 | 26-10 | *Glyma*15*g*23640 | |
| *q-Ph*-15-12 | Gm15_BLOCK_37061550_37075672(3) | 4.38(3) | 0.20 | 26-10 | *Glyma*15*g*23640 | |
| *q-Ph*-15-13 | Gm15_41068856(2) | 3.85(3) | 0.15 | 26-10 | | |
| *q-Ph*-15-14 | Gm15_BLOCK_42344926_42344943(2) | 3.00(1) | 0.15 | 26-10 | *Glyma*15*g*36801 | |
| *q-Ph*-15-15 | Gm15_BLOCK_44422551_44585176(4) | 44.67(2) | 0.84 | 26-10 | *Glyma*15*g*38410 | Pollen tube guidance(Ⅰ) |
| *q-Ph*-15-16 | Gm15_BLOCK_49033247_49232501(6) | 36.74(4) | 3.24 | 26-10 | *Glyma*15*g*43050 | Biological process(Ⅳ) |
| *q-Ph*-15-17 | Gm15_BLOCK_50170000_50193302(4) | 2.44(4) | 0.23 | 26-10 | *Glyma*15*g*43050 | Biological process(Ⅳ) |
| *q-Ph*-16-1 | Gm16_BLOCK_1214165_1409754(5) | 45.50(3) | 2.27 | 13-5 | *Glyma*16*g*01790 | Protein phosphorylation (Ⅲ) |
| *q-Ph*-16-2 | Gm16_14128587(2) | 24.57(3) | 1.11 | | | |
| *q-Ph*-16-3 | Gm16_BLOCK_20431182_20590174(4) | 4.73(4) | 0.42 | | *Glyma*16*g*18183 | Protein phosphorylation (Ⅲ) |
| *q-Ph*-16-4 | Gm16_BLOCK_23315778_23467303(5) | 26.54(4) | 2.30 | | *Glyma*16*g*20730 | Protein glycosylation(Ⅲ) |
| *q-Ph*-16-5 | Gm16_BLOCK_28078634_28277569(5) | 36.57(1) | 2.62 | | *Glyma*16*g*24560 | |
| *q-Ph*-16-6 | Gm16_BLOCK_28815115_29006625(5) | 19.98(4) | 1.75 | | *Glyma*16*g*24560 | |
| *q-Ph*-16-7 | Gm16_BLOCK_35370241_35497800(7) | 61.43(3) | 3.16 | | *Glyma*16*g*33451 | Metabolic process(Ⅲ) |

续表 5 - 4

| QTL | SNPLDB（等位变异数） | $-\log_{10}P$（生态亚区） | $R^2$/% | 已报道 QTL | 候选基因 | 基因功能(类别) |
|---|---|---|---|---|---|---|
| *q - Ph* - 16 - 8 | Gm16_BLOCK_36289049_36379857(9) | 3. 28(4) | 0. 48 | | *Glyma*16*g*33451 | Metabolic process(Ⅲ) |
| *q - Ph* - 16 - 9 | Gm16_BLOCK_36784355_36796838(3) | 8. 00(4) | 0. 64 | | *Glyma*16*g*33451 | Metabolic process(Ⅲ) |
| *q - Ph* - 17 - 1 | Gm17_BLOCK_667612_795344(3) | 20. 21(3) | 0. 95 | | *Glyma*17*g*01310 | Endocytosis(Ⅱ) |
| *q - Ph* - 17 - 2 | Gm17_BLOCK_4368290_4436654(3) | 1. 69(3) | 0. 08 | | *Glyma*17*g*06240 | Nuclear-transcribed mrna catabolic process(Ⅲ) |
| *q - Ph* - 17 - 3 | Gm17_11568932(2) | 22. 74(1) | 1. 45 | | *Glyma*17*g*15170 | Biological process(Ⅳ) |
| *q - Ph* - 17 - 4 | Gm17_BLOCK_12316166_12450640(5) | 6. 75(1) | 0. 53 | 33 - 7 | *Glyma*17*g*15170 | Biological process(Ⅳ) |
| *q - Ph* - 17 - 5 | Gm17_BLOCK_13655280_13746213(5) | 15. 20(3) | 0. 79 | 33 - 7 | *Glyma*17*g*16675 | Cell proliferation(Ⅳ) |
| *q - Ph* - 17 - 6 | Gm17_BLOCK_22408055_22604887(6) | 16. 82(3) | 0. 90 | | *Glyma*17*g*23240 | Embryo sac egg cell differentiation(Ⅰ) |
| *q - Ph* - 17 - 7 | Gm17_BLOCK_24221409_24352794(5) | 5. 40(2) | 0. 12 | | *Glyma*17*g*24130 | Photomorphogenesis(Ⅰ) |
| *q - Ph* - 17 - 8 | Gm17_BLOCK_26033191_26081692(7) | 23. 95(2) | 0. 50 | | *Glyma*17*g*24992 | Response to abscisic acid stimulus(Ⅱ) |
| *q - Ph* - 17 - 9 | Gm17_28716372(2) | 3. 30(1) | 0. 17 | | | |
| *q - Ph* - 17 - 10 | Gm17_28832194(2) | 2. 20(1) | 0. 11 | | | |
| *q - Ph* - 17 - 11 | Gm17_BLOCK_32421639_32428975(4) | 7. 29(3) | 0. 37 | | *Glyma*17*g*29414 | Embryo development ending in seed dormancy(Ⅰ) |
| *q - Ph* - 17 - 12 | Gm17_BLOCK_40383303_40447945(4) | 4. 93(1) | 0. 37 | | *Glyma*17*g*37460 | Lipid homeostasis(Ⅲ) |
| *q - Ph* - 17 - 13 | Gm17_41087210(2) | 6. 94(3) | 0. 28 | | *Glyma*17*g*37460 | Lipid homeostasis(Ⅲ) |
| *q - Ph* - 17 - 14 | Gm17_BLOCK_41674440_41784130(5) | 24. 77(4) | 2. 15 | | *Glyma*17*g*37460 | Lipid homeostasis(Ⅲ) |
| *q - Ph* - 18 - 1 | Gm18_6888334(2) | 2. 52(4) | 0. 15 | 23 - 6 | *Glyma*18*g*08070 | Protein glycosylation(Ⅲ) |
| *q - Ph* - 18 - 2 | Gm18_BLOCK_7317014_7504444(9) | 93. 44(3) | 4. 90 | 23 - 6 | *Glyma*18*g*08070 | Protein glycosylation(Ⅲ) |
| *q - Ph* - 18 - 3 | Gm18_10379058(2) | 1. 72(3) | 0. 06 | 37 - 3 | *Glyma*18*g*11512 | |
| *q - Ph* - 18 - 4 | Gm18_BLOCK_16705112_16758423(4) | 66. 50(2) | 1. 26 | | *Glyma*18*g*16315 | Biological process(Ⅳ) |
| *q - Ph* - 18 - 5 | Gm18_BLOCK_18444876_18625383(4) | 5. 92(3) | 0. 28 | | *Glyma*18*g*17410 | Oxidation-reduction process (Ⅲ) |
| *q - Ph* - 18 - 6 | Gm18_19932464(2) | 4. 39(2) | 0. 07 | | *Glyma*18*g*18910 | Oxidation-reduction process (Ⅲ) |
| *q - Ph* - 18 - 7 | Gm18_24248922(2) | 1. 23(4) | 0. 06 | | *Glyma*18*g*21000 | Response to light stimulus (Ⅰ) |
| *q - Ph* - 18 - 8 | Gm18_28034299(2) | 79. 90(2) | 1. 46 | | | |
| *q - Ph* - 18 - 9 | Gm18_BLOCK_29316738_29490100(8) | 13. 83(3) | 0. 79 | | *Glyma*18*g*25785 | Biological process(Ⅳ) |
| *q - Ph* - 18 - 10 | Gm18_BLOCK_35080016_35250643(7) | 10. 36(2) | 0. 19 | | *Glyma*18*g*25785 | Biological process(Ⅳ) |
| *q - Ph* - 18 - 11 | Gm18_BLOCK_35422681_35435419(6) | 16. 38(3) | 0. 88 | | *Glyma*18*g*25785 | Biological process(Ⅳ) |
| *q - Ph* - 18 - 12 | Gm18_BLOCK_36650106_36849082(6) | 71. 73(2) | 1. 40 | | *Glyma*18*g*25785 | Biological process(Ⅳ) |
| *q - Ph* - 18 - 13 | Gm18_BLOCK_36869476_37069240(7) | 23. 08(2) | 0. 44 | | *Glyma*18*g*25785 | Biological process(Ⅳ) |
| *q - Ph* - 18 - 14 | Gm18_40997083(2) | 6. 90(3) | 0. 28 | | | |
| *q - Ph* - 18 - 15 | Gm18_41080279(2) | 7. 60(2) | 0. 12 | 26 - 14 | | |

续表 5－4

| QTL | SNPLDB（等位变异数） | $-\log_{10}P$（生态亚区） | $R^2$/% | 已报道 QTL | 候选基因 | 基因功能(类别) |
|---|---|---|---|---|---|---|
| $q-Ph-18-16$ | Gm18_BLOCK_42894906_43090636(6) | 30.69(2) | 0.62 | 26－14 | *Glyma*18*g*36455 | Biological process(Ⅳ) |
| $q-Ph-18-17$ | Gm18_BLOCK_48462579_48660090(5) | 8.27(3) | 0.42 | 26－13 | *Glyma*18*g*40193 | Flavonoid biosynthetic process(Ⅲ) |
| $q-Ph-18-18$ | Gm18_BLOCK_51237961_51243803(3) | 82.67(2) | 1.54 | 26－12 | *Glyma*18*g*42375 | Protein dephosphorylation(Ⅲ) |
| $q-Ph-18-19$ | Gm18_BLOCK_55183901_55191178(3) | 19.58(3) | 0.92 | 33－2 | *Glyma*18*g*45582 | Biological process(Ⅳ) |
| $q-Ph-18-20$ | Gm18_BLOCK_56346013_56478501(4) | 10.28(2) | 0.20 | 34－2 | *Glyma*18*g*46750 | Protein ubiquitination(Ⅲ) |
| $q-Ph-18-21$ | Gm18_BLOCK_56626824_56812808(6) | 42.13(2) | 0.83 | 34－2 | *Glyma*18*g*46750 | Protein ubiquitination(Ⅲ) |
| $q-Ph-18-22$ | Gm18_BLOCK_59995574_60006087(6) | 300.14(2) | 6.00 | | *Glyma*18*g*50670 | Protein autophosphorylation(Ⅲ) |
| $q-Ph-18-22$ | Gm18_BLOCK_59995574_60006087(6) | 87.97(4) | 7.83 | | *Glyma*18*g*50670 | Protein autophosphorylation(Ⅲ) |
| $q-Ph-18-23$ | Gm18_BLOCK_60020629_60209844(6) | 4.29(4) | 0.47 | | *Glyma*18*g*50670 | Protein autophosphorylation(Ⅲ) |
| $q-Ph-18-24$ | Gm18_BLOCK_61005123_61050885(6) | 126.30(3) | 6.49 | | *Glyma*18*g*50670 | Protein autophosphorylation(Ⅲ) |
| $q-Ph-19-1$ | Gm19_BLOCK_1291623_1489812(8) | 32.69(2) | 0.68 | 3－5 | *Glyma*19*g*01710 | Group I intron splicing(Ⅲ) |
| $q-Ph-19-2$ | Gm19_2293675(2) | 17.61(3) | 0.78 | | *Glyma*19*g*01710 | Group I intron splicing(Ⅲ) |
| $q-Ph-19-3$ | Gm19_BLOCK_3882176_3978028(6) | 44.69(3) | 2.27 | | *Glyma*19*g*04140 | Protein phosphorylation(Ⅲ) |
| $q-Ph-19-4$ | Gm19_4795761(2) | 3.09(1) | 0.16 | | *Glyma*19*g*04140 | Protein phosphorylation(Ⅲ) |
| $q-Ph-19-5$ | Gm19_5385718(2) | 8.78(4) | 0.63 | | *Glyma*19*g*04140 | Protein phosphorylation(Ⅲ) |
| $q-Ph-19-6$ | Gm19_18496821(2) | 6.41(1) | 0.37 | | | |
| $q-Ph-19-7$ | Gm19_24429160(2) | 2.43(2) | 0.03 | | | |
| $q-Ph-19-8$ | Gm19_BLOCK_28526589_28688919(7) | 24.79(3) | 1.33 | | *Glyma*19*g*23140 | Biological process(Ⅳ) |
| $q-Ph-19-8$ | Gm19_BLOCK_28526589_28688919(7) | 18.59(4) | 1.75 | | *Glyma*19*g*23140 | Biological process(Ⅳ) |
| $q-Ph-19-9$ | Gm19_BLOCK_35550232_35685805(6) | 14.28(3) | 0.78 | 5－12 | *Glyma*19*g*27800 | |
| $q-Ph-19-10$ | Gm19_BLOCK_45888006_45888022(2) | 3.21(1) | 0.17 | 3－1 | *Glyma*19*g*39580 | Fatty acid beta-oxidation(Ⅲ) |
| $q-Ph-19-11$ | Gm19_BLOCK_46456175_46468223(3) | 30.63(1) | 2.07 | 3－1 | *Glyma*19*g*39580 | Fatty acid beta-oxidation(Ⅲ) |
| $q-Ph-19-12$ | Gm19_48015244(2) | 1.84(1) | 0.09 | 5－10 | *Glyma*19*g*42220 | Iron ion transport(Ⅱ) |
| $q-Ph-19-13$ | Gm19_49980741(2) | 1.37(3) | 0.04 | 9－2 | *Glyma*19*g*45180 | Translational initiation(Ⅳ) |
| $q-Ph-20-1$ | Gm20_BLOCK_4549612_4647713(4) | 7.06(3) | 0.36 | 12－1 | *Glyma*20*g*04130 | Phosphate ion transport(Ⅱ) |

续表 5-4

| QTL | SNPLDB (等位变异数) | $-\log_{10}P$ (生态亚区) | $R^2$/% | 已报道 QTL | 候选基因 | 基因功能(类别) |
|---|---|---|---|---|---|---|
| *q-Ph*-20-2 | Gm20_BLOCK_6103086_6103913(3) | 90.45(2) | 1.69 | 12-1 | | |
| *q-Ph*-20-3 | Gm20_BLOCK_6934862_6934898(2) | 3.58(2) | 0.05 | | | |
| *q-Ph*-20-4 | Gm20_BLOCK_20757169_20782144(4) | 16.97(3) | 0.80 | 16-1 | *Glyma*20*g*15451 | Biological process(Ⅳ) |
| *q-Ph*-20-5 | Gm20_21134747(2) | 3.40(4) | 0.22 | 16-1 | *Glyma*20*g*15451 | Biological process(Ⅳ) |
| *q-Ph*-20-6 | Gm20_BLOCK_22659532_22859202(7) | 73.16(3) | 3.75 | 16-1 | *Glyma*20*g*16540 | mRNA modification(Ⅲ) |
| *q-Ph*-20-7 | Gm20_BLOCK_38821742_38994068(6) | 146.04(2) | 2.84 | | *Glyma*20*g*30351 | Biological process(Ⅳ) |
| *q-Ph*-20-8 | Gm20_BLOCK_39110693_39306266(4) | 6.21(3) | 0.32 | | *Glyma*20*g*30351 | Biological process(Ⅳ) |
| *q-Ph*-20-9 | Gm20_BLOCK_41065731_41262772(4) | 15.88(4) | 1.34 | 28-1 | *Glyma*20*g*32390 | Glycerol metabolic process (Ⅲ) |

| 亚区 | 组中值 | | | | | | | | | 位点数目 | 贡献率/% | 位点平均贡献率/% | 变幅/% |
|---|---|---|---|---|---|---|---|---|---|---|---|---|---|
| | 0.25 | 0.75 | 1.25 | 1.75 | 2.25 | 2.75 | 3.25 | 3.75 | >4.00 | | | | |
| Sub-1 | 17 | 9 | 4 | 2 | 2 | 3 | 0 | 0 | 7 | 44 | 71.23 | 1.62 | 0.07~8.12 |
| Sub-2 | 32 | 12 | 6 | 3 | 4 | 1 | 2 | 2 | 3 | 65 | 69.14 | 1.06 | 0.02~6.92 |
| Sub-3 | 30 | 15 | 3 | 4 | 3 | 2 | 2 | 2 | 2 | 63 | 66.17 | 1.05 | 0.04~6.49 |
| Sub-4 | 38 | 9 | 8 | 7 | 4 | 1 | 2 | 0 | 1 | 70 | 62.39 | 0.89 | 0.06~7.83 |

注:QTL 的命名由 4 部分组成,依次为 QTL 标志-性状-染色体-在染色体的相对位置。如 *q-Ph*-1-1,其中"*q*-"表示该位点为 QTL,"-*Ph*"表示该 QTL 控制株高,"-1"表示 1 号染色体,而其后的"-1"表示该位点的物理位置在本研究定位的该条染色体的 QTL 中排在第一位。在基因功能分类中,Ⅰ为花发育相关的基因,Ⅱ为信号转导、植物激素调节、运输相关的基因,Ⅲ为代谢相关的候选基因,Ⅳ为其他及未知生物代谢基因。

**表 5-5 东北各亚区主茎节数性状定位结果**

| QTL | SNPLDB (等位变异数) | $-\log_{10}P$ (生态亚区) | $R^2$/% | 已报道 QTL | 候选基因 | 基因功能(类别) |
|---|---|---|---|---|---|---|
| *q-Nms*-1-1 | Gm01_21603913(2) | 2.16(3) | 0.10 | | *Glyma*01*g*17350 | Biological process(Ⅳ) |
| *q-Nms*-1-2 | Gm01_25485845(2) | 1.92(1) | 0.13 | 3-7 | *Glyma*01*g*20920 | |
| *q-Nms*-1-3 | Gm01_27964748(2) | 6.47(4) | 0.53 | | *Glyma*01*g*22260 | Photoperiodism(Ⅰ) |
| *q-Nms*-1-4 | Gm01_BLOCK_30255283_30261505(5) | 7.04(1) | 0.80 | | *Glyma*01*g*23427 | Intracellular protein transport(Ⅱ) |
| *q-Nms*-1-5 | Gm01_33590518(2) | 1.48(2) | 0.03 | | | |
| *q-Nms*-1-6 | Gm01_33753442(2) | 2.99(4) | 0.22 | | | |
| *q-Nms*-1-7 | Gm01_40857730(2) | 4.38(4) | 0.34 | | | |
| *q-Nms*-1-8 | Gm01_47131441(2) | 1.43(4) | 0.09 | | | |
| *q-Nms*-1-9 | Gm01_47171146(2) | 6.18(3) | 0.35 | | *Glyma*01*g*34630 | Protein folding(Ⅲ) |
| *q-Nms*-1-10 | Gm01_51753911(2) | 2.50(4) | 0.18 | | *Glyma*01*g*40340 | Metabolic process(Ⅲ) |
| *q-Nms*-2-1 | Gm02_705502(2) | 3.58(3) | 0.19 | | *Glyma*02*g*00930 | |
| *q-Nms*-2-2 | Gm02_BLOCK_3453756_3453995(2) | 2.18(3) | 0.10 | | *Glyma*02*g*04460 | Response to auxin stimulus (Ⅱ) |

续表 5 - 5

| QTL | SNPLDB（等位变异数） | $-\log_{10}P$（生态亚区） | $R^2$/% | 已报道QTL | 候选基因 | 基因功能(类别) |
|---|---|---|---|---|---|---|
| *q - Nms* - 2 - 3 | Gm02_BLOCK_17974326_18163960(3) | 7.05(1) | 0.60 | | *Glyma02g19592* | Protein N-linked glycosylation(Ⅲ) |
| *q - Nms* - 2 - 4 | Gm02_18977516(2) | 6.22(1) | 0.52 | | | |
| *q - Nms* - 2 - 5 | Gm02_BLOCK_24059036_24258685(5) | 49.87(1) | 5.22 | | *Glyma02g25457* | |
| *q - Nms* - 2 - 6 | Gm02_24414975(2) | 2.18(2) | 0.04 | | | |
| *q - Nms* - 2 - 7 | Gm02_25115211(2) | 1.49(3) | 0.06 | | | |
| *q - Nms* - 2 - 8 | Gm02_BLOCK_25338469_25338788(2) | 2.92(3) | 0.15 | | | |
| *q - Nms* - 2 - 9 | Gm02_26236845(2) | 1.84(1) | 0.12 | | | |
| *q - Nms* - 2 - 10 | Gm02_BLOCK_34282435_34479390(3) | 2.21(4) | 0.21 | | *Glyma02g31490* | Response to ethylene stimulus(Ⅱ) |
| *q - Nms* - 2 - 11 | Gm02_40089764(2) | 1.23(2) | 0.02 | 4 - 1 | *Glyma02g35031* | Cell redox homeostasis(Ⅲ) |
| *q - Nms* - 2 - 12 | Gm02_45405569(2) | 2.14(4) | 0.15 | | *Glyma02g40640* | Metabolic process(Ⅲ) |
| *q - Nms* - 2 - 13 | Gm02_51179051(2) | 41.11(2) | 1.10 | | *Glyma02g47660* | D-xylose metabolic process(Ⅲ) |
| *q - Nms* - 3 - 1 | Gm03_682432(2) | 3.23(1) | 0.25 | | *Glyma03g00670* | Photomorphogenesis(Ⅰ) |
| *q - Nms* - 3 - 2 | Gm03_5970000(2) | 2.39(2) | 0.05 | | *Glyma03g05691* | Biological process(Ⅳ) |
| *q - Nms* - 3 - 3 | Gm03_BLOCK_9883450_10082878(6) | 15.61(2) | 0.49 | | *Glyma03g09080* | Amino acid transport(Ⅱ) |
| *q - Nms* - 3 - 4 | Gm03_16686623(2) | 2.02(3) | 0.09 | | *Glyma03g13366* | Biological process(Ⅳ) |
| *q - Nms* - 3 - 5 | Gm03_BLOCK_19791434_19981900(5) | 3.44(1) | 0.43 | | | |
| *q - Nms* - 3 - 6 | Gm03_21825909(2) | 1.51(3) | 0.07 | | | |
| *q - Nms* - 3 - 7 | Gm03_BLOCK_40768058_40822887(5) | 2.81(3) | 0.24 | | *Glyma03g33035* | Phosphatidylinositol phosphorylation(Ⅳ) |
| *q - Nms* - 3 - 8 | Gm03_41995717(2) | 2.59(4) | 0.18 | | *Glyma03g34580* | |
| *q - Nms* - 4 - 1 | Gm04_BLOCK_12335933_12352472(4) | 3.66(2) | 0.12 | | *Glyma04g13088* | Proteolysis(Ⅲ) |
| *q - Nms* - 4 - 2 | Gm04_13660333(2) | 24.94(1) | 2.33 | | | |
| *q - Nms* - 4 - 2 | Gm04_13660333(2) | 62.72(2) | 1.70 | | | |
| *q - Nms* - 4 - 3 | Gm04_BLOCK_15100871_15263324(6) | 10.22(4) | 1.15 | | | |
| *q - Nms* - 4 - 4 | Gm04_BLOCK_15470778_15509900(6) | 120.11(2) | 3.49 | | *Glyma04g14970* | Response to karrikin(Ⅱ) |
| *q - Nms* - 4 - 5 | Gm04_22729026(2) | 2.01(1) | 0.14 | | | |
| *q - Nms* - 4 - 6 | Gm04_BLOCK_26110554_26129008(3) | 4.66(4) | 0.43 | | *Glyma04g22815* | |
| *q - Nms* - 4 - 7 | Gm04_BLOCK_31245142_31363647(8) | 9.23(2) | 0.34 | | *Glyma04g27662* | Negative regulation of abscisic acid biosynthetic process(Ⅱ) |
| *q - Nms* - 4 - 7 | Gm04_BLOCK_31245142_31363647(8) | 10.49(3) | 0.89 | | | |
| *q - Nms* - 4 - 8 | Gm04_34385672(2) | 1.99(3) | 0.09 | | | |
| *q - Nms* - 4 - 9 | Gm04_34802435(2) | 1.13(2) | 0.02 | | *Glyma04g30710* | Biological process(Ⅳ) |

续表 5－5

| QTL | SNPLDB（等位变异数） | $-\log_{10}P$（生态亚区） | $R^2$/% | 已报道QTL | 候选基因 | 基因功能（类别） |
|---|---|---|---|---|---|---|
| *q－Nms*－4－10 | Gm04_38134747(2) | 5.02(2) | 0.12 | | *Glyma*04*g*32886 | |
| *q－Nms*－4－11 | Gm04_BLOCK_45290893_45290972(3) | 3.89(4) | 0.36 | | *Glyma*04*g*39221 | |
| *q－Nms*－5－1 | Gm05_BLOCK_7172782_7192575(3) | 14.01(4) | 1.31 | | | |
| *q－Nms*－5－2 | Gm05_BLOCK_7483913_7621870(6) | 19.03(4) | 2.02 | | *Glyma*05*g*07420 | Protein maturation(Ⅲ) |
| *q－Nms*－5－3 | Gm05_15487830(2) | 19.39(2) | 0.50 | | | |
| *q－Nms*－5－4 | Gm05_BLOCK_18932932_19132793(5) | 24.48(3) | 1.71 | | | |
| *q－Nms*－5－5 | Gm05_BLOCK_28212137_28403450(3) | 19.37(1) | 1.88 | | *Glyma*05*g*23000 | Biological process(Ⅳ) |
| *q－Nms*－5－6 | Gm05_33784365(2) | 1.15(4) | 0.07 | | *Glyma*05*g*27621 | |
| *q－Nms*－5－7 | Gm05_BLOCK_35789939_35971604(9) | 73.31(2) | 2.21 | 3－2 | *Glyma*05*g*29921 | Defense response(Ⅱ) |
| *q－Nms*－6－1 | Gm06_1086623(2) | 9.21(3) | 0.54 | | *Glyma*06*g*01710 | Proteolysis(Ⅲ) |
| *q－Nms*－6－2 | Gm06_6441969(2) | 4.88(4) | 0.38 | | | |
| *q－Nms*－6－3 | Gm06_BLOCK_7348691_7349501(3) | 6.46(4) | 0.60 | | *Glyma*06*g*09345 | Protein phosphorylation(Ⅲ) |
| *q－Nms*－6－4 | Gm06_17784612(2) | 1.55(1) | 0.10 | | *Glyma*06*g*21440 | Ubiquitin-dependent protein catabolic process(Ⅲ) |
| *q－Nms*－6－5 | Gm06_18031103(2) | 2.23(4) | 0.15 | | | |
| *q－Nms*－6－6 | Gm06_BLOCK_19413802_19610592(4) | 65.28(2) | 1.85 | 2－2 | *Glyma*06*g*22650 | Ovule development(Ⅰ) |
| *q－Nms*－6－7 | Gm06_37183104(2) | 9.06(4) | 0.76 | | *Glyma*06*g*35101 | |
| *q－Nms*－7－1 | Gm07_280910(2) | 2.72(4) | 0.19 | | *Glyma*07*g*00280 | Biological process(Ⅳ) |
| *q－Nms*－7－2 | Gm07_BLOCK_4052421_4052422(2) | 3.30(3) | 0.17 | | | |
| *q－Nms*－7－3 | Gm07_4307107(2) | 5.75(4) | 0.46 | | | |
| *q－Nms*－7－4 | Gm07_BLOCK_5161833_5341582(3) | 2.45(1) | 0.23 | | *Glyma*07*g*07450 | Chloroplast RNA processing(Ⅲ) |
| *q－Nms*－7－5 | Gm07_BLOCK_6148712_6316640(7) | 26.34(3) | 1.94 | | | |
| *q－Nms*－7－6 | Gm07_BLOCK_8092272_8199857(6) | 35.71(3) | 2.53 | | *Glyma*07*g*10060 | |
| *q－Nms*－7－7 | Gm07_BLOCK_20482646_20531327(6) | 16.55(1) | 1.84 | | *Glyma*07*g*19850 | Biological process(Ⅳ) |
| *q－Nms*－7－8 | Gm07_22825125(2) | 2.60(2) | 0.05 | | | |
| *q－Nms*－7－9 | Gm07_BLOCK_25870952_25870988(3) | 3.51(1) | 0.34 | | | |
| *q－Nms*－7－9 | Gm07_BLOCK_25870952_25870988(3) | 4.32(3) | 0.28 | | | |
| *q－Nms*－7－10 | Gm07_26024092(2) | 6.21(2) | 0.15 | | | |
| *q－Nms*－7－11 | Gm07_27061321(2) | 2.24(2) | 0.05 | | | |
| *q－Nms*－7－12 | Gm07_BLOCK_31154012_31263627(7) | 9.48(2) | 0.33 | | *Glyma*07*g*28026 | Biological process(Ⅳ) |
| *q－Nms*－7－13 | Gm07_31473866(2) | 1.38(3) | 0.06 | | | |
| *q－Nms*－7－14 | Gm07_BLOCK_36933382_36940967(5) | 45.24(3) | 3.12 | | *Glyma*07*g*32110 | Response to heat(Ⅱ) |
| *q－Nms*－7－15 | Gm07_42106212(2) | 27.05(3) | 1.69 | | | |
| *q－Nms*－7－16 | Gm07_BLOCK_42633372_42795323(6) | 20.03(2) | 0.62 | | *Glyma*07*g*37800 | Transport(Ⅱ) |

续表 5-5

| QTL | SNPLDB（等位变异数） | $-\log_{10}P$（生态亚区） | $R^2$/% | 已报道QTL | 候选基因 | 基因功能（类别） |
|---|---|---|---|---|---|---|
| q-*Nms*-8-1 | Gm08_BLOCK_7969730_8013021(4) | 2.16(4) | 0.24 | | *Glyma*08*g*10480 | Fatty acid beta-oxidation (Ⅲ) |
| q-*Nms*-8-2 | Gm08_BLOCK_11970511_12057080(5) | 5.71(1) | 0.67 | | *Glyma*08*g*16140 | Biological process(Ⅳ) |
| q-*Nms*-8-3 | Gm08_BLOCK_17923161_18102178(5) | 18.76(2) | 0.56 | | *Glyma*08*g*23494 | Biological process(Ⅳ) |
| q-*Nms*-8-4 | Gm08_BLOCK_21620269_21818064(3) | 4.96(3) | 0.32 | | *Glyma*08*g*27633 | Jasmonic acid mediated signaling pathway(Ⅱ) |
| q-*Nms*-8-5 | Gm08_BLOCK_28125960_28325550(3) | 2.41(3) | 0.12 | | *Glyma*08*g*32390 | |
| q-*Nms*-8-6 | Gm08_BLOCK_30320715_30453625(8) | 18.38(3) | 1.44 | | | |
| q-*Nms*-8-7 | Gm08_BLOCK_34717099_34867786(5) | 20.84(1) | 2.20 | | *Glyma*08*g*36560 | |
| q-*Nms*-8-8 | Gm08_35665237(2) | 9.83(4) | 0.83 | | | |
| q-*Nms*-9-1 | Gm09_6210349(2) | 2.72(1) | 0.20 | | *Glyma*09*g*07461 | Biological process(Ⅳ) |
| q-*Nms*-9-2 | Gm09_BLOCK_8389658_8389677(2) | 2.14(2) | 0.04 | | *Glyma*09*g*08670 | |
| q-*Nms*-9-3 | Gm09_11928108(2) | 4.61(3) | 0.25 | | *Glyma*09*g*11615 | Biological process(Ⅳ) |
| q-*Nms*-9-4 | Gm09_BLOCK_13398173_13469461(4) | 3.31(4) | 0.31 | | *Glyma*09*g*12390 | Response to karrikin(Ⅱ) |
| q-*Nms*-9-5 | Gm09_BLOCK_14853753_14880575(7) | 31.94(3) | 2.33 | | *Glyma*09*g*13220 | Nucleotide metabolic process (Ⅲ) |
| q-*Nms*-9-5 | Gm09_BLOCK_14853753_14880575(7) | 27.44(4) | 2.93 | | | |
| q-*Nms*-9-6 | Gm09_22119591(2) | 2.37(3) | 0.11 | | *Glyma*09*g*17743 | Abscisic acid biosynthetic process(Ⅱ) |
| q-*Nms*-9-7 | Gm09_25628444(2) | 1.57(3) | 0.07 | | *Glyma*09*g*20483 | DNA repair(Ⅲ) |
| q-*Nms*-9-8 | Gm09_27541628(2) | 70.02(2) | 1.91 | | *Glyma*09*g*22318 | Biological process(Ⅳ) |
| q-*Nms*-9-8 | Gm09_27541628(2) | 14.83(3) | 0.90 | | | |
| q-*Nms*-9-9 | Gm09_BLOCK_28556800_28593504(4) | 15.45(3) | 1.06 | | *Glyma*09*g*22854 | Pyrimidine ribonucleotide biosynthetic process(Ⅲ) |
| q-*Nms*-9-10 | Gm09_30497649(2) | 35.92(2) | 0.96 | | *Glyma*09*g*24450 | Response to ethylene stimulus(Ⅱ) |
| q-*Nms*-9-11 | Gm09_31770727(2) | 6.28(1) | 0.52 | | | |
| q-*Nms*-9-12 | Gm09_BLOCK_33992381_34015966(3) | 13.87(4) | 1.30 | | *Glyma*09*g*28470 | Methionine biosynthetic process(Ⅲ) |
| q-*Nms*-9-13 | Gm09_BLOCK_34998203_35118447(4) | 4.52(4) | 0.48 | | | |
| q-*Nms*-9-14 | Gm09_BLOCK_45879171_46019332(6) | 8.33(4) | 0.96 | | *Glyma*09*g*41380 | Acetyl-coa metabolic process (Ⅲ) |
| q-*Nms*-10-1 | Gm10_7037128(2) | 1.82(4) | 0.12 | | | |
| q-*Nms*-10-2 | Gm10_BLOCK_7090842_7153928(4) | 8.61(4) | 0.87 | | | |
| q-*Nms*-10-3 | Gm10_BLOCK_7453279_7558594(3) | 26.53(2) | 0.73 | | *Glyma*10*g*08660 | Biological process(Ⅳ) |
| q-*Nms*-10-4 | Gm10_BLOCK_14386316_14583318(5) | 40.78(1) | 4.26 | | *Glyma*10*g*13221 | Phenylalanyl-trna aminoacylation(Ⅲ) |
| q-*Nms*-10-4 | Gm10_BLOCK_14386316_14583318(5) | 104.02(2) | 2.99 | | | |

续表 5-5

| QTL | SNPLDB（等位变异数） | $-\log_{10}P$（生态亚区） | $R^2$/% | 已报道 QTL | 候选基因 | 基因功能(类别) |
|---|---|---|---|---|---|---|
| *q-Nms*-10-5 | Gm10_23982308(2) | 10.94(4) | 0.93 | | | |
| *q-Nms*-10-6 | Gm10_BLOCK_34116372_34116415(2) | 1.81(4) | 0.12 | | | |
| *q-Nms*-10-7 | Gm10_BLOCK_38491818_38677558(7) | 28.47(2) | 0.88 | | *Glyma*10*g*29970 | Embryo development ending in seed dormancy(Ⅰ) |
| *q-Nms*-10-8 | Gm10_47616705(2) | 1.58(2) | 0.03 | | *Glyma*10*g*40810 | Protein import into chloroplast stroma(Ⅱ) |
| *q-Nms*-10-9 | Gm10_BLOCK_47718569_47756424(3) | 2.45(3) | 0.16 | | | |
| *q-Nms*-10-10 | Gm10_BLOCK_49596430_49774429(6) | 26.66(4) | 2.78 | | *Glyma*10*g*42720 | Intracellular protein transport(Ⅱ) |
| *q-Nms*-11-1 | Gm11_9007915(2) | 2.33(2) | 0.05 | 3-6 | *Glyma*11*g*12490 | Glycolysis(Ⅲ) |
| *q-Nms*-11-2 | Gm11_13181172(2) | 8.27(3) | 0.48 | | | |
| *q-Nms*-11-3 | Gm11_13705558(2) | 1.32(1) | 0.08 | | | |
| *q-Nms*-11-4 | Gm11_14441756(2) | 18.55(1) | 1.70 | | *Glyma*11*g*17941 | Regulation of transcription (Ⅳ) |
| *q-Nms*-11-5 | Gm11_19688990(2) | 13.88(2) | 0.35 | | | |
| *q-Nms*-11-6 | Gm11_20508881(2) | 2.09(4) | 0.14 | | | |
| *q-Nms*-11-7 | Gm11_21104821(2) | 11.02(3) | 0.65 | | | |
| *q-Nms*-11-8 | Gm11_BLOCK_27934716_28010426(4) | 19.36(3) | 1.32 | | | |
| *q-Nms*-11-9 | Gm11_BLOCK_28584788_28784681(5) | 7.88(3) | 0.56 | | | |
| *q-Nms*-11-10 | Gm11_BLOCK_29725520_29921737(7) | 34.25(1) | 3.75 | | *Glyma*11*g*27651 | DNA methylation(Ⅲ) |
| *q-Nms*-11-10 | Gm11_BLOCK_29725520_29921737(7) | 104.75(2) | 3.07 | | | |
| *q-Nms*-11-10 | Gm11_BLOCK_29725520_29921737(7) | 20.86(4) | 2.27 | | | |
| *q-Nms*-11-11 | Gm11_BLOCK_38977599_39055925(6) | 9.05(4) | 1.03 | | *Glyma*11*g*37750 | Acetyl-coa metabolic process (Ⅲ) |
| *q-Nms*-12-1 | Gm12_BLOCK_830883_859895(5) | 5.62(3) | 0.44 | | | |
| *q-Nms*-12-2 | Gm12_BLOCK_1172180_1202295(5) | 24.64(2) | 0.73 | | *Glyma*12*g*01430 | Ubiquitin-dependent protein catabolic process(Ⅲ) |
| *q-Nms*-12-3 | Gm12_BLOCK_2515796_2712309(4) | 19.47(3) | 1.32 | | | |
| *q-Nms*-12-4 | Gm12_BLOCK_3037442_3040847(2) | 21.87(1) | 2.02 | | *Glyma*12*g*05110 | Biological process(Ⅳ) |
| *q-Nms*-12-5 | Gm12_BLOCK_3227183_3408146(6) | 45.04(2) | 1.33 | | | |
| *q-Nms*-12-6 | Gm12_4346550(2) | 1.37(3) | 0.06 | | | |
| *q-Nms*-12-7 | Gm12_BLOCK_14726910_14922823(7) | 8.25(3) | 0.70 | | *Glyma*12*g*15850 | Signal transduction(Ⅱ) |
| *q-Nms*-12-8 | Gm12_BLOCK_19147014_19147018(3) | 24.54(3) | 1.60 | | | |
| *q-Nms*-12-9 | Gm12_20018714(2) | 11.65(2) | 0.29 | | *Glyma*12*g*18403 | DNA-dependent DNA replication(Ⅲ) |
| *q-Nms*-12-10 | Gm12_BLOCK_21248348_21248477(2) | 33.11(2) | 0.88 | | | |
| *q-Nms*-12-11 | Gm12_BLOCK_24783871_24805913(3) | 1.27(4) | 0.12 | | *Glyma*12*g*22745 | Carbohydrate metabolic process(Ⅲ) |

续表 5－5

| QTL | SNPLDB（等位变异数） | $-\log_{10}P$（生态亚区） | $R^2$/% | 已报道QTL | 候选基因 | 基因功能(类别) |
|---|---|---|---|---|---|---|
| *q－Nms*－13－1 | Gm13_BLOCK_26708249_26772999(6) | 9.39(4) | 1.07 | | *Glyma*13*g*23850 | Protein folding(Ⅲ) |
| *q－Nms*－13－2 | Gm13_BLOCK_28676417_28676452(2) | 3.92(3) | 0.21 | | *Glyma*13*g*25440 | Salicylic acid biosynthetic process(Ⅱ) |
| *q－Nms*－13－3 | Gm13_34304683(2) | 3.20(4) | 0.24 | 1－7 | *Glyma*13*g*32010 | |
| *q－Nms*－13－4 | Gm13_38694534(2) | 1.87(4) | 0.12 | | *Glyma*13*g*37980 | Protein phosphorylation(Ⅲ) |
| *q－Nms*－14－1 | Gm14_6721453(2) | 2.93(1) | 0.22 | | *Glyma*14*g*08641 | Regulation of flower development(Ⅰ) |
| *q－Nms*－14－2 | Gm14_BLOCK_11438978_11526210(3) | 5.98(2) | 0.16 | | *Glyma*14*g*12700 | Negative regulation of abscisic acid mediated signaling pathway(Ⅱ) |
| *q－Nms*－14－3 | Gm14_22119125(2) | 2.19(2) | 0.04 | | *Glyma*14*g*19810 | Biological process(Ⅳ) |
| *q－Nms*－14－3 | Gm14_22119125(2) | 16.85(4) | 1.48 | | | |
| *q－Nms*－14－4 | Gm14_BLOCK_26167208_26167460(2) | 2.73(1) | 0.20 | | | |
| *q－Nms*－14－5 | Gm14_37662111(2) | 3.64(4) | 0.27 | | | |
| *q－Nms*－14－6 | Gm14_BLOCK_38844502_38844755(3) | 1.01(4) | 0.09 | | *Glyma*14*g*31620 | One-carbon metabolic process(Ⅲ) |
| *q－Nms*－14－7 | Gm14_41663665(2) | 10.77(3) | 0.64 | | | |
| *q－Nms*－14－8 | Gm14_BLOCK_48876637_48991649(5) | 9.00(2) | 0.28 | | | |
| *q－Nms*－14－9 | Gm14_BLOCK_49106903_49166925(4) | 49.76(2) | 1.41 | | *Glyma*14*g*40190 | Lipid metabolic process(Ⅲ) |
| *q－Nms*－15－1 | Gm15_BLOCK_14426071_14455897(3) | 4.89(2) | 0.13 | | *Glyma*15*g*18176 | Cation transport(Ⅱ) |
| *q－Nms*－15－2 | Gm15_BLOCK_16226948_16426467(5) | 9.35(2) | 0.29 | | *Glyma*15*g*18980 | Biological process(Ⅳ) |
| *q－Nms*－15－3 | Gm15_BLOCK_22201444_22378850(6) | 7.21(4) | 0.85 | | | |
| *q－Nms*－15－4 | Gm15_22845819(2) | 3.81(2) | 0.08 | | | |
| *q－Nms*－15－5 | Gm15_BLOCK_23733701_23790054(6) | 20.88(2) | 0.64 | | | |
| *q－Nms*－15－6 | Gm15_BLOCK_25055689_25129754(5) | 24.78(2) | 0.73 | | | |
| *q－Nms*－15－6 | Gm15_BLOCK_25055689_25129754(5) | 6.67(4) | 0.74 | | | |
| *q－Nms*－15－7 | Gm15_31607238(2) | 3.75(2) | 0.08 | | | |
| *q－Nms*－15－8 | Gm15_32047949(2) | 3.76(1) | 0.29 | | *Glyma*15*g*23640 | |
| *q－Nms*－15－9 | Gm15_BLOCK_36255010_36454998(8) | 5.11(3) | 0.50 | | *Glyma*15*g*32540 | Embryo development ending in seed dormancy(Ⅰ) |
| *q－Nms*－15－10 | Gm15_BLOCK_49815902_49940140(5) | 15.41(3) | 1.10 | | *Glyma*15*g*42385 | |
| *q－Nms*－16－1 | Gm16_BLOCK_4132961_4319386(6) | 7.65(4) | 0.89 | | *Glyma*16*g*05040 | Amyloplast organization(Ⅲ) |
| *q－Nms*－16－2 | Gm16_BLOCK_4495777_4690552(3) | 3.77(4) | 0.35 | | | |
| *q－Nms*－16－3 | Gm16_5000682(2) | 1.85(4) | 0.12 | | | |
| *q－Nms*－16－4 | Gm16_BLOCK_12118256_12280740(5) | 8.43(4) | 0.91 | | *Glyma*16*g*12090 | Biosynthetic process(Ⅲ) |
| *q－Nms*－16－5 | Gm16_16815916(2) | 2.10(1) | 0.15 | | | |
| *q－Nms*－16－6 | Gm16_19219236(2) | 2.71(3) | 0.13 | | *Glyma*16*g*17661 | Nucleosome assembly(Ⅲ) |

续表 5-5

| QTL | SNPLDB（等位变异数） | $-\log_{10}P$（生态亚区） | $R^2$/% | 已报道QTL | 候选基因 | 基因功能(类别) |
|---|---|---|---|---|---|---|
| $q-Nms-16-7$ | Gm16_BLOCK_26461246_26546525(5) | 74.75(2) | 2.14 | | *Glyma16g23115* | |
| $q-Nms-16-8$ | Gm16_BLOCK_32015798_32118729(8) | 38.35(1) | 4.26 | | *Glyma16g27810* | Pollen tube growth(Ⅰ) |
| $q-Nms-16-9$ | Gm16_BLOCK_33177766_33355791(5) | 42.37(2) | 1.23 | | *Glyma16g29900* | Regulation of transcription (Ⅳ) |
| $q-Nms-16-10$ | Gm16_BLOCK_33597773_33652459(5) | 26.65(3) | 1.86 | | | |
| $q-Nms-16-11$ | Gm16_BLOCK_35370241_35497800(7) | 18.76(1) | 2.13 | | *Glyma16g32580* | Carpel morphogenesis(Ⅰ) |
| $q-Nms-17-1$ | Gm17_6137900(2) | 9.64(2) | 0.24 | 7-1 | *Glyma17g08270* | Signal transduction(Ⅱ) |
| $q-Nms-17-2$ | Gm17_BLOCK_8964854_9162497(5) | 31.03(2) | 0.91 | 7-1 | *Glyma17g11250* | Cysteine biosynthetic process (Ⅲ) |
| $q-Nms-17-3$ | Gm17_11568932(2) | 17.42(1) | 1.59 | | *Glyma17g14320* | Oxidation-reduction process (Ⅲ) |
| $q-Nms-17-4$ | Gm17_BLOCK_13437926_13562414(6) | 15.69(4) | 1.69 | | | |
| $q-Nms-17-5$ | Gm17_13809803(2) | 3.72(1) | 0.29 | | *Glyma17g16675* | Anaphase(Ⅳ) |
| $q-Nms-17-6$ | Gm17_18523997(2) | 3.52(4) | 0.26 | | *Glyma17g20020* | Abscisic acid biosynthetic process(Ⅱ) |
| $q-Nms-17-7$ | Gm17_BLOCK_20138363_20138364(2) | 17.28(3) | 1.05 | | | |
| $q-Nms-17-8$ | Gm17_22065888(2) | 1.68(1) | 0.11 | | | |
| $q-Nms-17-9$ | Gm17_BLOCK_23953154_23953166(2) | 4.75(1) | 0.38 | | *Glyma17g23640* | |
| $q-Nms-17-10$ | Gm17_BLOCK_28092105_28290966(8) | 6.56(2) | 0.26 | | *Glyma17g27250* | Viral reproduction(Ⅱ) |
| $q-Nms-17-11$ | Gm17_28716372(2) | 3.26(3) | 0.17 | | | |
| $q-Nms-17-12$ | Gm17_31031931(2) | 23.16(2) | 0.61 | | | |
| $q-Nms-17-13$ | Gm17_BLOCK_36588247_36713651(5) | 5.70(1) | 0.67 | | *Glyma17g33001* | |
| $q-Nms-17-14$ | Gm17_37964715(2) | 5.24(3) | 0.29 | | *Glyma17g34450* | Ethylene mediated signaling pathway(Ⅱ) |
| $q-Nms-17-15$ | Gm17_BLOCK_38826585_38886650(6) | 3.78(3) | 0.34 | | | |
| $q-Nms-17-16$ | Gm17_BLOCK_40383303_40447945(4) | 30.13(3) | 2.04 | | *Glyma17g36230* | G2 phase of mitotic cell cycle(Ⅲ) |
| $q-Nms-18-1$ | Gm18_BLOCK_5304839_5373180(3) | 3.10(2) | 0.08 | | *Glyma18g06620* | Fatty acid beta-oxidation (Ⅲ) |
| $q-Nms-18-2$ | Gm18_5857921(2) | 2.16(3) | 0.10 | | | |
| $q-Nms-18-3$ | Gm18_BLOCK_7317014_7504444(9) | 54.40(2) | 1.67 | | *Glyma18g08070* | Proteolysis(Ⅲ) |
| $q-Nms-18-3$ | Gm18_BLOCK_7317014_7504444(9) | 5.42(4) | 0.80 | | | |
| $q-Nms-18-4$ | Gm18_BLOCK_15617310_15691478(4) | 12.93(3) | 0.89 | | *Glyma18g15552* | Biological process(Ⅳ) |
| $q-Nms-18-5$ | Gm18_BLOCK_16705112_16758423(4) | 5.18(4) | 0.54 | | | |
| $q-Nms-18-6$ | Gm18_17254571(2) | 11.21(1) | 0.99 | | *Glyma18g16315* | Biological process(Ⅳ) |
| $q-Nms-18-7$ | Gm18_BLOCK_19986454_20179136(5) | 11.41(2) | 0.35 | | *Glyma18g18910* | Metabolic process(Ⅲ) |
| $q-Nms-18-8$ | Gm18_24553882(2) | 5.65(4) | 0.45 | | *Glyma18g21870* | Pollen development(Ⅰ) |
| $q-Nms-18-9$ | Gm18_27532117(2) | 3.85(1) | 0.30 | | *Glyma18g23590* | Biological process(Ⅳ) |

续表 5－5

| QTL | SNPLDB（等位变异数） | $-\log_{10}P$（生态亚区） | $R^2$/% | 已报道 QTL | 候选基因 | 基因功能(类别) |
|---|---|---|---|---|---|---|
| *q－Nms*－18－10 | Gm18_BLOCK_35080016_35250643(7) | 3.08(4) | 0.42 | | | |
| *q－Nms*－18－11 | Gm18_BLOCK_38710753_38909394(8) | 7.12(4) | 0.94 | | *Glyma*18*g*33170 | Signal transduction(Ⅱ) |
| *q－Nms*－18－12 | Gm18_BLOCK_40262693_40307985(2) | 2.53(4) | 0.18 | | | |
| *q－Nms*－18－13 | Gm18_BLOCK_40578802_40578987(2) | 1.65(2) | 0.03 | | *Glyma*18*g*33700 | Biological process(Ⅳ) |
| *q－Nms*－18－14 | Gm18_51243827(2) | 6.39(3) | 0.36 | | *Glyma*18*g*42051 | Nucleobase-containing compound metabolic process(Ⅲ) |
| *q－Nms*－18－15 | Gm18_BLOCK_57201474_57401094(4) | 88.13(1) | 9.32 | | *Glyma*18*g*48930 | Protein phosphorylation(Ⅲ) |
| *q－Nms*－18－16 | Gm18_BLOCK_57655197_57848410(5) | 7.98(2) | 0.26 | | | |
| *q－Nms*－18－17 | Gm18_BLOCK_58405478_58521742(6) | 279.27(2) | 8.31 | | | |
| *q－Nms*－18－17 | Gm18_BLOCK_58405478_58521742(6) | 116.79(3) | 8.26 | | | |
| *q－Nms*－18－18 | Gm18_59989606(2) | 37.57(3) | 2.39 | | *Glyma*18*g*52540 | Biological process(Ⅳ) |
| *q－Nms*－18－19 | Gm18_BLOCK_59995574_60006087(6) | 71.97(4) | 7.43 | | | |
| *q－Nms*－18－20 | Gm18_60677344(2) | 1.42(3) | 0.06 | | | |
| *q－Nms*－18－21 | Gm18_BLOCK_61005123_61050885(6) | 30.98(4) | 3.21 | | | |
| *q－Nms*－19－1 | Gm19_BLOCK_3882176_3978028(6) | 25.95(1) | 2.80 | | *Glyma*19*g*04140 | Protein autophosphorylation(Ⅲ) |
| *q－Nms*－19－1 | Gm19_BLOCK_3882176_3978028(6) | 34.11(2) | 1.02 | | | |
| *q－Nms*－19－2 | Gm19_5385718(2) | 11.83(4) | 1.02 | | *Glyma*19*g*04962 | |
| *q－Nms*－19－3 | Gm19_BLOCK_11424018_11620555(6) | 8.68(1) | 1.03 | | *Glyma*19*g*09890 | Cellular response to salt stress(Ⅱ) |
| *q－Nms*－19－4 | Gm19_12691992(2) | 2.23(4) | 0.15 | | | |
| *q－Nms*－19－5 | Gm19_12717034(2) | 1.48(3) | 0.06 | | | |
| *q－Nms*－19－6 | Gm19_BLOCK_18217047_18417019(7) | 54.03(2) | 1.61 | | *Glyma*19*g*14930 | Embryo sac development(Ⅰ) |
| *q－Nms*－19－7 | Gm19_BLOCK_26806523_27006187(6) | 12.68(3) | 0.96 | | *Glyma*19*g*22460 | Jasmonic acid biosynthetic process(Ⅱ) |
| *q－Nms*－19－8 | Gm19_BLOCK_45457040_45457249(3) | 3.40(2) | 0.09 | | *Glyma*19*g*38085 | Biological process(Ⅳ) |
| *q－Nms*－20－1 | Gm20_BLOCK_3128362_3183999(4) | 10.48(1) | 1.09 | 6－1 | *Glyma*20*g*03330 | Biological process(Ⅳ) |
| *q－Nms*－20－2 | Gm20_5413032(2) | 11.24(4) | 0.96 | | | |
| *q－Nms*－20－3 | Gm20_6743073(2) | 5.23(4) | 0.41 | | | |
| *q－Nms*－20－4 | Gm20_9113311(2) | 1.56(2) | 0.03 | | *Glyma*20*g*06615 | Post-translational protein modification(Ⅲ) |
| *q－Nms*－20－5 | Gm20_15065802(2) | 26.65(2) | 0.70 | | | |
| *q－Nms*－20－6 | Gm20_18248908(2) | 19.21(4) | 1.71 | | | |
| *q－Nms*－20－7 | Gm20_40358501(2) | 4.78(2) | 0.11 | | *Glyma*20*g*31760 | Biological process(Ⅳ) |

续表 5－5

| 亚区 | 组中值 | | | | | | | | | 位点数目 | 贡献率/% | 位点平均贡献率/% | 变幅/% |
|---|---|---|---|---|---|---|---|---|---|---|---|---|---|
| | 0.25 | 0.75 | 1.25 | 1.75 | 2.25 | 2.75 | 3.25 | 3.75 | >4.00 | | | | |
| Sub－1 | 18 | 7 | 2 | 4 | 4 | 1 | 0 | 1 | 4 | 41 | 56.15 | 1.37 | 0.08～9.32 |
| Sub－2 | 34 | 13 | 5 | 5 | 2 | 1 | 2 | 0 | 1 | 63 | 51.57 | 0.82 | 0.02～8.31 |
| Sub－3 | 31 | 10 | 6 | 5 | 3 | 1 | 1 | 0 | 1 | 58 | 49.67 | 0.86 | 0.06～8.26 |
| Sub－4 | 33 | 15 | 7 | 2 | 2 | 2 | 1 | 0 | 1 | 63 | 52.51 | 0.83 | 0.07～7.43 |

注：QTL 的命名由 4 部分组成，依次为 QTL 标志－性状－染色体－在染色体的相对位置。如 *q*－*Nms*－1－1，其中“*q*－”表示该位点为 QTL，“－*Nms*”表示该 QTL 控制主茎节数，“－1”表示为 1 号染色体，而其后的“－1”表示该位点的物理位置在本研究定位的该条染色体的 QTL 中排在第一位。基因功能分类中，Ⅰ为花发育相关的基因，Ⅱ为信号转导、植物激素调节、运输相关基因，Ⅲ为代谢相关的候选基因，Ⅳ为其他及未知生物代谢基因。

**表 5－6　东北各亚区分枝数目定位结果**

| QTL | SNPLDB（等位变异数） | $-\log_{10}P$（生态亚区） | $R^2$/% | 已报道 QTL | 候选基因 | 基因功能（类别） |
|---|---|---|---|---|---|---|
| *q*－*Bn*－1－1 | Gm01_BLOCK_1696024_1771820(6) | 4.62(1) | 2.16 | | *Glyma*01*g*01940 | Biological process(Ⅳ) |
| *q*－*Bn*－1－2 | Gm01_3777863(2) | 1.65(4) | 0.24 | | *Glyma*01*g*04270 | Embryo development ending in seed dormancy(Ⅳ) |
| *q*－*Bn*－1－3 | Gm01_20578140(2) | 14.50(4) | 2.89 | | | |
| *q*－*Bn*－1－4 | Gm01_BLOCK_49403702_49423058(3) | 17.85(4) | 3.84 | | *Glyma*01*g*37290 | N-terminal protein myristoylation(Ⅳ) |
| *q*－*Bn*－1－5 | Gm01_51481422(2) | 1.87(2) | 0.09 | | *Glyma*01*g*39710 | |
| *q*－*Bn*－2－1 | Gm02_4117498(2) | 11.31(4) | 2.20 | | *Glyma*02*g*05420 | |
| *q*－*Bn*－2－2 | Gm02_45067724(2) | 2.18(4) | 0.34 | | *Glyma*02*g*39495 | Photomorphogenesis(Ⅳ) |
| *q*－*Bn*－2－3 | Gm02_BLOCK_45253233_45390766(5) | 1.48(1) | 0.77 | | *Glyma*02*g*39495 | Photomorphogenesis(Ⅳ) |
| *q*－*Bn*－3－1 | Gm03_BLOCK_821569_843107(3) | 4.65(4) | 0.98 | | *Glyma*03*g*00670 | Photomorphogenesis(Ⅳ) |
| *q*－*Bn*－3－2 | Gm03_BLOCK_6191667_6211712(4) | 3.70(2) | 0.29 | | *Glyma*03*g*05691 | Biological process(Ⅳ) |
| *q*－*Bn*－3－3 | Gm03_BLOCK_20597444_20597477(2) | 6.50(4) | 1.20 | | | |
| *q*－*Bn*－3－4 | Gm03_23445750(2) | 10.46(4) | 2.02 | | *Glyma*03*g*18725 | |
| *q*－*Bn*－3－5 | Gm03_32760391(2) | 2.49(2) | 0.13 | | *Glyma*03*g*25730 | Response to abscisic acid stimulus(Ⅲ) |
| *q*－*Bn*－3－6 | Gm03_43906803(2) | 1.60(2) | 0.07 | | *Glyma*03*g*37221 | Response to molecule of fungal origin(Ⅲ) |
| *q*－*Bn*－4－1 | Gm04_BLOCK_1354017_1464225(4) | 2.74(4) | 0.68 | 4－3 | *Glyma*04*g*01680 | Response to chitin(Ⅲ) |
| *q*－*Bn*－4－2 | Gm04_BLOCK_17170390_17334417(9) | 7.16(4) | 2.25 | | *Glyma*04*g*16100 | Vegetative to reproductive phase transition of meristem(Ⅲ) |
| *q*－*Bn*－4－3 | Gm04_BLOCK_17338077_17342318(3) | 9.44(3) | 1.72 | | *Glyma*04*g*16100 | Vegetative to reproductive phase transition of meristem(Ⅲ) |
| *q*－*Bn*－4－4 | Gm04_BLOCK_18956042_19013268(5) | 1.50(1) | 0.65 | | *Glyma*04*g*16100 | Vegetative to reproductive phase transition of meristem(Ⅲ) |
| *q*－*Bn*－4－5 | Gm04_22813671(2) | 4.11(1) | 1.16 | | *Glyma*04*g*20400 | Biological process(Ⅳ) |

续表 5－6

| QTL | SNPLDB（等位变异数） | $-\log_{10}P$（生态亚区） | $R^2$/% | 已报道 QTL | 候选基因 | 基因功能（类别） |
|---|---|---|---|---|---|---|
| *q－Bn*－4－6 | Gm04_BLOCK_23281579_23469490(6) | 2.58(1) | 1.35 | | *Glyma*04*g*20400 | Biological process(Ⅳ) |
| *q－Bn*－4－7 | Gm04_BLOCK_27014925_27213489(6) | 23.68(2) | 1.79 | | | |
| *q－Bn*－4－8 | Gm04_35258322(2) | 1.52(1) | 0.34 | | *Glyma*04*g*31220 | Histone modification(Ⅳ) |
| *q－Bn*－4－9 | Gm04_36083929(2) | 7.13(3) | 1.14 | | *Glyma*04*g*31220 | Histone modification(Ⅳ) |
| *q－Bn*－4－10 | Gm04_42681410(2) | 8.53(3) | 1.39 | | *Glyma*04*g*36540 | DNA replication(Ⅳ) |
| *q－Bn*－5－1 | Gm05_3670289(2) | 1.54(2) | 0.07 | | *Glyma*05*g*04350 | Cell wall pectin metabolic process(Ⅳ) |
| *q－Bn*－5－2 | Gm05_9139941(2) | 25.19(2) | 1.64 | | *Glyma*05*g*09270 | Photosynthesis(Ⅳ) |
| *q－Bn*－5－3 | Gm05_10306680(2) | 1.61(1) | 0.37 | | | |
| *q－Bn*－5－4 | Gm05_21410846(2) | 13.61(4) | 2.69 | 4－1 | | |
| *q－Bn*－5－5 | Gm05_BLOCK_30653753_30745874(6) | 4.07(4) | 1.19 | 4－1 | *Glyma*05*g*24580 | |
| *q－Bn*－5－6 | Gm05_BLOCK_36390778_36451724(4) | 3.25(1) | 1.29 | 4－1 | *Glyma*05*g*30670 | Biological process(Ⅳ) |
| *q－Bn*－5－7 | Gm05_BLOCK_36484763_36588872(5) | 10.22(2) | 0.79 | 4－1 | *Glyma*05*g*30670 | Biological process(Ⅳ) |
| *q－Bn*－6－1 | Gm06_BLOCK_2661915_2706938(2) | 9.25(2) | 0.56 | | *Glyma*06*g*03560 | Flavonoid biosynthetic process(Ⅳ) |
| *q－Bn*－6－2 | Gm06_4377045(2) | 18.13(2) | 1.16 | | *Glyma*06*g*06670 | Biological process(Ⅳ) |
| *q－Bn*－6－3 | Gm06_BLOCK_5783455_5980655(6) | 19.21(2) | 1.47 | | *Glyma*06*g*07900 | Biological process(Ⅳ) |
| *q－Bn*－6－4 | Gm06_BLOCK_7897561_7944643(6) | 7.33(2) | 0.62 | | *Glyma*06*g*10555 | |
| *q－Bn*－6－5 | Gm06_10426096(2) | 2.66(2) | 0.14 | | *Glyma*06*g*13740 | Protein glycosylation(Ⅱ) |
| *q－Bn*－6－6 | Gm06_13981485(2) | 4.48(4) | 0.79 | | *Glyma*06*g*17390 | Biological process(Ⅳ) |
| *q－Bn*－6－7 | Gm06_14867989(2) | 2.00(2) | 0.10 | | *Glyma*06*g*17390 | Biological process(Ⅳ) |
| *q－Bn*－6－8 | Gm06_BLOCK_16687043_16741271(3) | 9.00(4) | 1.91 | | *Glyma*06*g*20000 | Regulation of transcription(Ⅲ) |
| *q－Bn*－6－9 | Gm06_27578192(2) | 19.35(1) | 6.66 | | *Glyma*06*g*29686 | Biological process(Ⅳ) |
| *q－Bn*－6－10 | Gm06_28246075(2) | 1.70(4) | 0.25 | | *Glyma*06*g*29686 | Biological process(Ⅳ) |
| *q－Bn*－6－11 | Gm06_BLOCK_41391787_41392958(2) | 1.99(4) | 0.30 | 1－4 | *Glyma*06*g*38901 | Mrna processing(Ⅳ) |
| *q－Bn*－7－1 | Gm07_830413(2) | 8.53(2) | 0.52 | | *Glyma*07*g*02490 | Biological process(Ⅳ) |
| *q－Bn*－7－2 | Gm07_BLOCK_1635441_1700325(2) | 1.69(4) | 0.24 | | *Glyma*07*g*02490 | Biological process(Ⅳ) |
| *q－Bn*－7－3 | Gm07_2134734(2) | 1.70(2) | 0.08 | | *Glyma*07*g*02490 | Biological process(Ⅳ) |
| *q－Bn*－7－4 | Gm07_BLOCK_8092272_8199857(6) | 12.74(3) | 2.73 | | *Glyma*07*g*11180 | Oxidation － reduction process (Ⅳ) |
| *q－Bn*－7－5 | Gm07_BLOCK_9046880_9245143(4) | 1.83(4) | 0.48 | | *Glyma*07*g*11180 | Oxidation － reduction process (Ⅳ) |
| *q－Bn*－7－6 | Gm07_15027859(2) | 1.84(2) | 0.09 | | *Glyma*07*g*15300 | Protein transport(Ⅲ) |
| *q－Bn*－7－7 | Gm07_BLOCK_15518608_15543484(3) | 1.66(4) | 0.35 | | *Glyma*07*g*15300 | Protein transport(Ⅲ) |
| *q－Bn*－7－8 | Gm07_16319236(2) | 18.51(2) | 1.18 | | *Glyma*07*g*15300 | Protein transport(Ⅲ) |
| *q－Bn*－7－9 | Gm07_23689161(2) | 7.85(4) | 1.48 | | | |

续表 5-6

| QTL | SNPLDB（等位变异数） | $-\log_{10}P$（生态亚区） | $R^2$/% | 已报道 QTL | 候选基因 | 基因功能(类别) |
|---|---|---|---|---|---|---|
| *q-Bn*-7-10 | Gm07_27944456(2) | 1.58(1) | 0.36 | | *Glyma*07*g*25536 | |
| *q-Bn*-7-11 | Gm07_29576513(2) | 6.52(4) | 1.20 | | | |
| *q-Bn*-7-12 | Gm07_31489964(2) | 4.37(1) | 1.24 | | | |
| *q-Bn*-7-13 | Gm07_31527708(2) | 13.00(1) | 4.26 | | | |
| *q-Bn*-7-14 | Gm07_BLOCK_35652945_35844111(5) | 4.78(2) | 0.40 | | *Glyma*07*g*30920 | Oxidation - reduction process (Ⅳ) |
| *q-Bn*-8-1 | Gm08_BLOCK_18802202_19001774(6) | 20.48(2) | 1.56 | | *Glyma*08*g*24630 | |
| *q-Bn*-8-2 | Gm08_BLOCK_19254488_19254959(2) | 4.01(4) | 0.69 | | *Glyma*08*g*24630 | |
| *q-Bn*-8-3 | Gm08_31715728(2) | 19.77(2) | 1.27 | | | |
| *q-Bn*-8-4 | Gm08_BLOCK_34867939_35055361(3) | 4.66(2) | 0.31 | | *Glyma*08*g*36560 | |
| *q-Bn*-8-5 | Gm08_36304272(2) | 5.36(3) | 0.83 | | | |
| *q-Bn*-8-6 | Gm08_37823624(2) | 6.30(2) | 0.37 | | | |
| *q-Bn*-8-7 | Gm08_BLOCK_40094304_40289036(5) | 25.22(2) | 1.84 | | *Glyma*08*g*40530 | Ammonium transport(Ⅱ) |
| *q-Bn*-9-1 | Gm09_BLOCK_3798762_3805060(3) | 4.87(3) | 0.88 | | *Glyma*09*g*04770 | Pollen sperm cell differentiation (Ⅳ) |
| *q-Bn*-9-2 | Gm09_BLOCK_7076547_7080525(3) | 3.41(1) | 1.16 | | *Glyma*09*g*07760 | Biological process(Ⅳ) |
| *q-Bn*-9-3 | Gm09_16774220(2) | 29.50(2) | 1.93 | | | |
| *q-Bn*-9-4 | Gm09_BLOCK_21658836_21666496(3) | 1.97(4) | 0.41 | | *Glyma*09*g*17550 | Protein phosphorylation(Ⅲ) |
| *q-Bn*-9-5 | Gm09_21707905(2) | 4.85(3) | 0.74 | | *Glyma*09*g*17550 | Protein phosphorylation(Ⅲ) |
| *q-Bn*-9-6 | Gm09_23658453(2) | 7.16(4) | 1.33 | | *Glyma*09*g*18880 | Chromatin assembly or disassembly(Ⅳ) |
| *q-Bn*-9-7 | Gm09_25161323(2) | 2.51(4) | 0.40 | | *Glyma*09*g*20483 | DNA repair(Ⅳ) |
| *q-Bn*-9-8 | Gm09_31881489(2) | 2.78(4) | 0.45 | | | |
| *q-Bn*-9-9 | Gm09_BLOCK_34290901_34409917(4) | 5.37(4) | 1.27 | | *Glyma*09*g*27516 | Metabolic process(Ⅳ) |
| *q-Bn*-9-10 | Gm09_BLOCK_37823101_37823335(2) | 3.80(4) | 0.65 | | *Glyma*09*g*30691 | Biological process(Ⅳ) |
| *q-Bn*-10-1 | Gm10_BLOCK_2911784_2972949(5) | 5.72(4) | 1.47 | | *Glyma*10*g*03963 | Pollen exine formation(Ⅳ) |
| *q-Bn*-10-2 | Gm10_44812056(2) | 6.37(2) | 0.37 | 2-1 | | |
| *q-Bn*-10-3 | Gm10_46464036(2) | 2.43(4) | 0.38 | | *Glyma*10*g*38890 | Positive regulation of flavonoid biosynthetic process(Ⅳ) |
| *q-Bn*-11-1 | Gm11_3855041(2) | 4.58(1) | 1.31 | | *Glyma*11*g*05940 | Biological process(Ⅳ) |
| *q-Bn*-11-2 | Gm11_BLOCK_5844166_5856139(2) | 1.39(1) | 0.31 | 1-2 | *Glyma*11*g*08621 | |
| *q-Bn*-11-3 | Gm11_BLOCK_17538172_17538657(4) | 4.27(3) | 0.88 | | *Glyma*11*g*20740 | Post - translational protein modification(Ⅳ) |
| *q-Bn*-11-4 | Gm11_22253362(2) | 8.96(3) | 1.47 | | | |
| *q-Bn*-11-5 | Gm11_BLOCK_38313808_38347531(4) | 5.12(2) | 0.39 | | *Glyma*11*g*36331 | Regulation of development(Ⅲ) |

续表 5-6

| QTL | SNPLDB（等位变异数） | $-\log_{10}P$（生态亚区） | $R^2$/% | 已报道QTL | 候选基因 | 基因功能(类别) |
| --- | --- | --- | --- | --- | --- | --- |
| *q-Bn*-11-6 | Gm11_BLOCK_38977599_39055925(6) | 12.92(2) | 1.03 | | *Glyma*11*g*36331 | Regulation of development(Ⅲ) |
| *q-Bn*-12-1 | Gm12_BLOCK_1251482_1451154(6) | 2.55(1) | 1.34 | | *Glyma*12*g*01430 | Ubiquitin - dependent protein catabolic process(Ⅲ) |
| *q-Bn*-12-2 | Gm12_8038146(2) | 28.61(4) | 6.02 | | | |
| *q-Bn*-12-3 | Gm12_BLOCK_11305418_11310518(2) | 5.20(3) | 0.80 | | *Glyma*12*g*13951 | |
| *q-Bn*-12-4 | Gm12_11766864(2) | 3.05(2) | 0.16 | | *Glyma*12*g*13951 | Biological process(Ⅳ) |
| *q-Bn*-12-5 | Gm12_12326171(2) | 9.68(1) | 3.06 | | *Glyma*12*g*13951 | Biological process(Ⅳ) |
| *q-Bn*-12-6 | Gm12_BLOCK_19147014_19147018(3) | 3.65(3) | 0.66 | | *Glyma*12*g*18403 | DNA - dependent DNA replication(Ⅳ) |
| *q-Bn*-12-7 | Gm12_BLOCK_21706367_21871500(5) | 20.24(2) | 1.49 | | *Glyma*12*g*20685 | Photomorphogenesis(Ⅳ) |
| *q-Bn*-13-1 | Gm13_BLOCK_11645819_11664301(4) | 2.20(4) | 0.56 | | *Glyma*13*g*10281 | |
| *q-Bn*-13-2 | Gm13_23387777(2) | 3.28(2) | 0.18 | | | |
| *q-Bn*-13-3 | Gm13_27209573(2) | 1.87(2) | 0.09 | | *Glyma*13*g*23850 | Salicylic acid biosynthetic process(Ⅲ) |
| *q-Bn*-13-4 | Gm13_BLOCK_27526627_27726250(7) | 12.56(1) | 5.50 | | *Glyma*13*g*23850 | Salicylic acid biosynthetic process(Ⅲ) |
| *q-Bn*-13-5 | Gm13_BLOCK_30212794_30322421(7) | 29.65(2) | 2.27 | | *Glyma*13*g*27060 | Oxidation - reduction process(Ⅳ) |
| *q-Bn*-13-6 | Gm13_BLOCK_30634891_30689178(3) | 5.11(2) | 0.34 | | *Glyma*13*g*27060 | Oxidation - reduction process(Ⅳ) |
| *q-Bn*-13-7 | Gm13_31598081(2) | 9.52(1) | 3.00 | | *Glyma*13*g*27060 | Oxidation - reduction process(Ⅳ) |
| *q-Bn*-13-8 | Gm13_BLOCK_32120834_32161092(5) | 4.72(2) | 0.40 | | *Glyma*13*g*27060 | Oxidation - reduction process(Ⅳ) |
| *q-Bn*-13-9 | Gm13_40872878(2) | 2.24(2) | 0.11 | | *Glyma*13*g*40276 | Defense response(Ⅳ) |
| *q-Bn*-14-1 | Gm14_BLOCK_400867_423187(4) | 2.60(4) | 0.65 | | *Glyma*14*g*00240 | Response to red or far red light(Ⅲ) |
| *q-Bn*-14-2 | Gm14_11963305(2) | 8.54(3) | 1.39 | | | |
| *q-Bn*-14-3 | Gm14_22119125(2) | 58.54(2) | 3.96 | | *Glyma*14*g*19810 | Biological process(Ⅳ) |
| *q-Bn*-14-4 | Gm14_44295452(2) | 2.37(1) | 0.60 | | *Glyma*14*g*35410 | Brassinosteroid mediated signaling pathway(Ⅳ) |
| *q-Bn*-14-5 | Gm14_BLOCK_48403537_48403542(2) | 1.23(1) | 0.26 | | *Glyma*14*g*39375 | Biological process(Ⅳ) |
| *q-Bn*-15-1 | Gm15_BLOCK_3633953_3763444(4) | 9.41(1) | 3.56 | | *Glyma*15*g*05440 | Response to xenobiotic stimulus(Ⅲ) |
| *q-Bn*-15-2 | Gm15_5926195(2) | 1.68(2) | 0.08 | | *Glyma*15*g*08331 | Positive regulation of vernalization response(Ⅳ) |
| *q-Bn*-15-3 | Gm15_BLOCK_8941748_9014312(4) | 23.52(3) | 4.53 | | *Glyma*15*g*12050 | Biological process(Ⅳ) |

续表 5－6

| QTL | SNPLDB（等位变异数） | $-\log_{10}P$（生态亚区） | $R^2$/% | 已报道 QTL | 候选基因 | 基因功能(类别) |
|---|---|---|---|---|---|---|
| *q－Bn*－15－4 | Gm15_10573652(2) | 5.41(2) | 0.31 | | *Glyma*15*g*14000 | Fatty acid biosynthetic process (Ⅳ) |
| *q－Bn*－15－5 | Gm15_BLOCK_12951266_12951289(3) | 13.30(2) | 0.90 | | *Glyma*15*g*16451 | Amino acid transport(Ⅱ) |
| *q－Bn*－15－6 | Gm15_BLOCK_14460610_14620295(4) | 15.43(3) | 2.99 | | *Glyma*15*g*18176 | Calcium ion transmembrane transport(Ⅳ) |
| *q－Bn*－15－7 | Gm15_BLOCK_15164174_15241775(3) | 1.75(2) | 0.12 | | *Glyma*15*g*18176 | Calcium ion transmembrane transport(Ⅳ) |
| *q－Bn*－16－1 | Gm16_BLOCK_17230589_17261320(4) | 8.92(3) | 1.76 | | *Glyma*16*g*16290 | Water transport(Ⅲ) |
| *q－Bn*－16－2 | Gm16_31362755(2) | 5.73(2) | 0.33 | | *Glyma*16*g*27350 | Sucrose transport(Ⅲ) |
| *q－Bn*－16－3 | Gm16_BLOCK_33678000_33815773(6) | 17.71(2) | 1.37 | | *Glyma*16*g*30171 | Photomorphogenesis(Ⅳ) |
| *q－Bn*－17－1 | Gm17_BLOCK_14374919_14572343(6) | 39.27(2) | 2.89 | | *Glyma*17*g*17665 | |
| *q－Bn*－17－2 | Gm17_27087659(2) | 7.19(1) | 2.19 | | | |
| *q－Bn*－17－3 | Gm17_30848893(2) | 1.56(2) | 0.07 | | | |
| *q－Bn*－17－4 | Gm17_31481811(2) | 4.44(4) | 0.78 | | | |
| *q－Bn*－17－5 | Gm17_BLOCK_40505020_40621931(3) | 6.41(3) | 1.16 | | *Glyma*17*g*36230 | Photomorphogenesis(Ⅳ) |
| *q－Bn*－18－1 | Gm18_9988456(2) | 7.26(3) | 1.16 | | *Glyma*18*g*11512 | |
| *q－Bn*－18－2 | Gm18_10005317(2) | 6.73(1) | 2.03 | | *Glyma*18*g*11512 | |
| *q－Bn*－18－3 | Gm18_16758486(2) | 8.82(2) | 0.54 | | *Glyma*18*g*16212 | Jasmonic acid metabolic process (Ⅳ) |
| *q－Bn*－18－4 | Gm18_BLOCK_26789900_26826201(5) | 3.35(2) | 0.23 | | *Glyma*04*g*16100 | Vegetative to reproductive phase transition of meristem(Ⅲ) |
| *q－Bn*－18－5 | Gm18_BLOCK_35036552_35079781(4) | 8.70(4) | 2.00 | | | |
| *q－Bn*－18－6 | Gm18_BLOCK_35080016_35250643(7) | 22.87(2) | 1.78 | | | |
| *q－Bn*－18－7 | Gm18_37085643(2) | 3.62(4) | 0.61 | | | |
| *q－Bn*－18－8 | Gm18_44632678(2) | 1.74(2) | 0.08 | | *Glyma*18*g*37410 | |
| *q－Bn*－18－9 | Gm18_59989606(2) | 12.40(3) | 2.09 | | *Glyma*18*g*52250 | Oxidation － reduction process (Ⅳ) |
| *q－Bn*－18－10 | Gm18_BLOCK_60909525_60935878(5) | 2.67(1) | 1.24 | | *Glyma*18*g*52250 | Oxidation － reduction process (Ⅳ) |
| *q－Bn*－19－1 | Gm19_4637698(2) | 6.01(2) | 0.35 | | | |
| *q－Bn*－19－2 | Gm19_BLOCK_11424018_11620555(6) | 18.14(1) | 7.53 | | *Glyma*19*g*09890 | Cellular response to salt stress (Ⅳ) |
| *q－Bn*－19－3 | Gm19_BLOCK_12477839_12595311(6) | 5.53(3) | 1.32 | | *Glyma*19*g*09890 | Cellular response to salt stress (Ⅳ) |
| *q－Bn*－19－4 | Gm19_BLOCK_12739159_12755083(3) | 9.37(4) | 1.99 | | *Glyma*19*g*09890 | Cellular response to salt stress (Ⅳ) |

续表 5－6

| QTL | SNPLDB（等位变异数） | $-\log_{10}P$（生态亚区） | $R^2$/% | 已报道QTL | 候选基因 | 基因功能（类别） |
|---|---|---|---|---|---|---|
| *q－Bn*－19－5 | Gm19_BLOCK_13884748_14084518(5) | 4.41(1) | 1.72 | | *Glyma*19*g*11090 | |
| *q－Bn*－19－6 | Gm19_BLOCK_16257340_16331301(5) | 1.49(4) | 0.40 | | *Glyma*19*g*13070 | Photoperiodism(Ⅳ) |
| *q－Bn*－19－7 | Gm19_BLOCK_21743343_21932184(6) | 11.33(2) | 0.91 | | *Glyma*19*g*18330 | Oxidation － reduction process (Ⅳ) |
| *q－Bn*－19－8 | Gm19_BLOCK_22769675_22939545(6) | 7.74(4) | 2.05 | | *Glyma*19*g*18330 | Oxidation － reduction process (Ⅳ) |
| *q－Bn*－19－9 | Gm19_BLOCK_23816470_23847882(7) | 2.54(4) | 0.82 | | *Glyma*19*g*18330 | Oxidation － reduction process (Ⅳ) |
| *q－Bn*－19－10 | Gm19_29223640(2) | 1.81(4) | 0.27 | | | |
| *q－Bn*－19－11 | Gm19_BLOCK_34126024_34324623(6) | 3.23(2) | 0.32 | | *Glyma*19*g*26950 | Positive regulation of flavonoid biosynthetic process(Ⅳ) |
| *q－Bn*－19－12 | Gm19_42398247(2) | 2.03(2) | 0.10 | | *Glyma*19*g*34290 | Protein folding(Ⅳ) |
| *q－Bn*－20－1 | Gm20_208221(2) | 2.45(4) | 0.39 | | *Glyma*20*g*00810 | Histone lysine methylation(Ⅳ) |
| *q－Bn*－20－2 | Gm20_BLOCK_4768780_4890394(4) | 15.29(4) | 3.46 | | | |
| *q－Bn*－20－3 | Gm20_BLOCK_7609992_7808928(4) | 20.39(1) | 7.84 | | | |
| *q－Bn*－20－4 | Gm20_14976207(2) | 6.62(4) | 1.22 | | | |
| *q－Bn*－20－5 | Gm20_BLOCK_21460153_21656125(5) | 4.63(2) | 0.39 | | *Glyma*20*g*15800 | |
| *q－Bn*－20－6 | Gm20_BLOCK_33152142_33168814(3) | 5.69(1) | 1.96 | | *Glyma*20*g*23760 | Water transport(Ⅲ) |
| *q－Bn*－20－7 | Gm20_BLOCK_35673231_35850862(5) | 39.37(2) | 2.84 | | *Glyma*20*g*26960 | Response to misfolded protein (Ⅲ) |
| *q－Bn*－20－8 | Gm20_BLOCK_37345034_37426885(3) | 30.74(2) | 2.10 | | *Glyma*20*g*28880 | N－terminal protein myristoylation(Ⅳ) |
| *q－Bn*－20－9 | Gm20_BLOCK_45975852_46154443(5) | 2.43(2) | 0.23 | | *Glyma*20*g*38090 | |

| 亚区 | 组中值 | | | | | | | | | 位点数目 | 贡献率/% | 位点平均贡献率/% | 变幅/% |
|---|---|---|---|---|---|---|---|---|---|---|---|---|---|
| | 0.25 | 0.75 | 1.25 | 1.75 | 2.25 | 2.75 | 3.25 | 3.75 | >4.00 | | | | |
| Sub－1 | 5 | 3 | 8 | 2 | 3 | 0 | 2 | 1 | 5 | 29 | 65.22 | 2.25 | 0.26～7.84 |
| Sub－2 | 32 | 7 | 7 | 6 | 2 | 2 | 0 | 1 | 0 | 57 | 45.20 | 0.79 | 0.07～3.96 |
| Sub－3 | 0 | 6 | 7 | 2 | 1 | 2 | 0 | 0 | 1 | 19 | 29.64 | 1.56 | 0.06～4.53 |
| Sub－4 | 14 | 10 | 8 | 2 | 5 | 2 | 1 | 1 | 1 | 44 | 55.79 | 1.27 | 0.24～6.02 |

注：QTL的命名由4部分组成，依次为QTL标志－性状－染色体－在染色体的相对位置。如 *q－Bn*－1－1，其中“*q*－”表示该位点为QTL，“－*Bn*”表示该QTL控制分枝数目，“－1”表示为1号染色体，而其后的“－1”表示该位点的物理位置在本研究定位的该条染色体的QTL中排在第一位。在基因功能分类中，Ⅰ为花发育相关的基因，Ⅱ为信号转导、植物激素调节、运输相关基因，Ⅲ为代谢相关的候选基因，Ⅳ为其他及未知生物代谢基因。

表 5-7　东北各亚区倒伏定位结果

| QTL | SNPLDB（等位变异数） | $-\log_{10}P$（生态亚区） | $R^2$/% | 已报道QTL | 候选基因 | 基因功能（类别） |
|---|---|---|---|---|---|---|
| q-L-1-1 | Gm01_499827(2) | 17.88(1) | 2.10 | | *Glyma*01*g*01110 | Protein maturation(Ⅱ) |
| q-L-1-2 | Gm01_5764233(2) | 25.78(1) | 3.10 | | *Glyma*01*g*05805 | |
| q-L-1-3 | Gm01_15402758(2) | 5.31(2) | 0.16 | | | |
| q-L-1-4 | Gm01_24872032(2) | 15.34(4) | 2.03 | | | |
| q-L-1-5 | Gm01_26334714(2) | 3.29(2) | 0.09 | | | |
| q-L-1-6 | Gm01_BLOCK_30644952_30841612(3) | 12.50(4) | 1.77 | | *Glyma*01*g*23427 | Cytokinesis by cell plate formation(Ⅰ) |
| q-L-1-7 | Gm01_BLOCK_37723447_37851362(4) | 10.80(2) | 0.41 | | *Glyma*01*g*27970 | Transport(Ⅲ) |
| q-L-1-8 | Gm01_BLOCK_44270064_44468934(7) | 27.95(4) | 4.50 | | *Glyma*01*g*32291 | |
| q-L-1-9 | Gm01_BLOCK_47943457_47993349(5) | 8.68(2) | 0.35 | | *Glyma*01*g*35180 | Response to abscisic acid stimulus(Ⅲ) |
| q-L-2-1 | Gm02_BLOCK_7555828_7752443(8) | 6.19(1) | 1.11 | | *Glyma*02*g*09162 | Negative regulation of cell differentiation(Ⅰ) |
| q-L-2-2 | Gm02_23226033(2) | 7.90(2) | 0.25 | | | |
| q-L-2-3 | Gm02_BLOCK_32820000_33019787(8) | 40.43(2) | 1.59 | 27-5 | *Glyma*02*g*30597 | Regulation of transcription(Ⅳ) |
| q-L-2-4 | Gm02_BLOCK_35652111_35698097(4) | 20.11(2) | 0.74 | 27-5 | *Glyma*02*g*32072 | |
| q-L-2-5 | Gm02_BLOCK_36467793_36467909(2) | 4.83(2) | 0.14 | | | |
| q-L-2-6 | Gm02_BLOCK_41474690_41672219(5) | 14.61(4) | 2.29 | | *Glyma*02*g*36310 | Biological process(Ⅳ) |
| q-L-2-7 | Gm02_BLOCK_46305291_46307030(3) | 28.74(1) | 3.63 | | *Glyma*02*g*41120 | Response to sucrose stimulus(Ⅱ) |
| q-L-3-1 | Gm03_16959111(2) | 2.30(1) | 0.21 | | *Glyma*03*g*13366 | |
| q-L-3-2 | Gm03_23369936(2) | 4.04(2) | 0.12 | | *Glyma*03*g*18410 | Response to salt stress(Ⅲ) |
| q-L-3-3 | Gm03_38122604(2) | 2.02(2) | 0.05 | 19-3 | *Glyma*03*g*30140 | Cation transport(Ⅲ) |
| q-L-3-4 | Gm03_BLOCK_40286671_40449973(5) | 58.87(2) | 2.17 | 21-5 | *Glyma*03*g*33035 | Phosphatidylinositol phosphorylation(Ⅳ) |
| q-L-4-1 | Gm04_BLOCK_11316424_11316446(2) | 1.44(2) | 0.03 | | *Glyma*04*g*12200 | Lipid metabolic process(Ⅱ) |
| q-L-4-2 | Gm04_BLOCK_13185977_13371330(7) | 34.48(1) | 4.85 | | *Glyma*04*g*13088 | Proteolysis(Ⅱ) |
| q-L-4-3 | Gm04_BLOCK_15539474_15739342(10) | 38.23(2) | 1.56 | | *Glyma*04*g*14970 | Response to karrikin(Ⅲ) |
| q-L-4-4 | Gm04_28181339(2) | 6.88(2) | 0.21 | 27-1 | *Glyma*04*g*24270 | Biological process(Ⅳ) |
| q-L-4-5 | Gm04_34388114(2) | 13.18(1) | 1.52 | | | |
| q-L-4-6 | Gm04_BLOCK_43123388_43304064(9) | 70.27(2) | 2.72 | | *Glyma*04*g*36725 | Cell growth(Ⅰ) |
| q-L-4-7 | Gm04_BLOCK_46243527_46417298(3) | 7.82(3) | 1.66 | | *Glyma*04*g*39980 | Protein glycosylation(Ⅱ) |
| q-L-5-1 | Gm05_BLOCK_1778888_1779331(3) | 1.45(1) | 0.18 | | *Glyma*05*g*01956 | |
| q-L-5-2 | Gm05_14311560(2) | 1.96(2) | 0.05 | 22-2 | | |
| q-L-5-3 | Gm05_18098531(2) | 8.82(3) | 1.68 | 22-2 | | |

续表 5-7

| QTL | SNPLDB（等位变异数） | $-\log_{10}P$（生态亚区） | $R^2$/% | 已报道QTL | 候选基因 | 基因功能(类别) |
|---|---|---|---|---|---|---|
| q-L-5-4 | Gm05_22889653(2) | 10.89(2) | 0.35 | 22-2 | | |
| q-L-5-5 | Gm05_30235904(2) | 10.05(2) | 0.32 | 22-2 | | |
| q-L-5-6 | Gm05_BLOCK_31599573_31773904(9) | 44.56(2) | 1.77 | 22-2 | *Glyma*05*g*26100 | Protein metabolic process(Ⅱ) |
| q-L-5-7 | Gm05_BLOCK_34284942_34413237(6) | 21.95(2) | 0.86 | | *Glyma*05*g*29215 | Leaf development(Ⅳ) |
| q-L-5-8 | Gm05_BLOCK_39857662_40034835(8) | 21.92(2) | 0.91 | 22-1 | *Glyma*05*g*35310 | Nucleocytoplasmic transport(Ⅲ) |
| q-L-6-1 | Gm06_BLOCK_3597735_3673282(3) | 1.56(2) | 0.05 | | *Glyma*06*g*04950 | Biological process(Ⅳ) |
| q-L-6-2 | Gm06_BLOCK_5783455_5980655(6) | 36.87(1) | 5.07 | | *Glyma*06*g*07900 | Biological process(Ⅳ) |
| q-L-6-2 | Gm06_BLOCK_5783455_5980655(6) | 11.04(3) | 2.80 | | *Glyma*06*g*07900 | Biological process(Ⅳ) |
| q-L-6-3 | Gm06_9445042(2) | 27.01(2) | 0.91 | | *Glyma*06*g*12250 | Biological process(Ⅳ) |
| q-L-6-4 | Gm06_22653430(2) | 1.71(2) | 0.04 | | *Glyma*06*g*25310 | Biological process(Ⅳ) |
| q-L-6-5 | Gm06_BLOCK_30737033_30737266(3) | 7.18(3) | 1.52 | 3-2 | *Glyma*06*g*31550 | Response to abscisic acid stimulus(Ⅲ) |
| q-L-6-6 | Gm06_BLOCK_32192297_32290453(6) | 23.76(2) | 0.93 | 3-2 | | |
| q-L-6-6 | Gm06_BLOCK_32192297_32290453(6) | 18.45(4) | 2.97 | 3-2 | | |
| q-L-6-7 | Gm06_BLOCK_34651092_34734612(4) | 1.83(1) | 0.28 | 3-2 | | |
| q-L-6-8 | Gm06_48882850(2) | 8.92(1) | 0.99 | 28-4 | *Glyma*06*g*46220 | Nucleobase-containing compound metabolic process(Ⅱ) |
| q-L-7-1 | Gm07_BLOCK_12477412_12642891(3) | 18.13(2) | 0.64 | | *Glyma*07*g*13585 | Oxidation-reduction process(Ⅱ) |
| q-L-7-2 | Gm07_22581790(2) | 1.65(2) | 0.04 | | *Glyma*07*g*21700 | Biological process(Ⅳ) |
| q-L-7-3 | Gm07_25730923(2) | 1.97(2) | 0.05 | | | |
| q-L-7-4 | Gm07_29996956(2) | 12.23(2) | 0.40 | | *Glyma*07*g*27290 | Regulation of cell cycle(Ⅰ) |
| q-L-7-5 | Gm07_BLOCK_31926218_32077270(6) | 50.66(2) | 1.90 | | *Glyma*07*g*28026 | Biological process(Ⅳ) |
| q-L-7-6 | Gm07_33303104(2) | 2.78(1) | 0.26 | | | |
| q-L-8-1 | Gm08_BLOCK_7969730_8013021(4) | 26.23(3) | 5.88 | | *Glyma*08*g*10480 | Protein import into peroxisome matrix(Ⅱ) |
| q-L-8-2 | Gm08_16420659(2) | 4.66(2) | 0.14 | | *Glyma*08*g*21980 | Microtubule-based movement(Ⅳ) |
| q-L-8-3 | Gm08_BLOCK_28391788_28591753(4) | 58.87(1) | 7.83 | | *Glyma*08*g*32790 | Trichome morphogenesis(Ⅰ) |
| q-L-8-4 | Gm08_BLOCK_28662463_28726248(5) | 20.68(4) | 3.19 | | | |
| q-L-8-5 | Gm08_31716837(2) | 1.37(2) | 0.03 | | | |
| q-L-8-6 | Gm08_39126717(2) | 6.53(1) | 0.70 | 5-2 | *Glyma*08*g*39510 | Jasmonic acid mediated signaling pathway(Ⅲ) |

续表 5-7

| QTL | SNPLDB（等位变异数） | $-\log_{10}P$（生态亚区） | $R^2$/% | 已报道 QTL | 候选基因 | 基因功能（类别） |
|---|---|---|---|---|---|---|
| q-L-9-1 | Gm09_8653565(2) | 6.29(1) | 0.67 | | | |
| q-L-9-2 | Gm09_BLOCK_18077696_18149090(6) | 18.23(4) | 2.93 | | *Glyma09g15470* | Ethylene biosynthetic process (Ⅲ) |
| q-L-9-3 | Gm09_BLOCK_32142874_32186649(4) | 31.76(4) | 4.71 | | *Glyma09g25470* | Nitrate transport(Ⅲ) |
| q-L-9-4 | Gm09_BLOCK_36567573_36707386(6) | 7.98(1) | 1.23 | | *Glyma09g29120* | Histone phosphorylation(Ⅱ) |
| q-L-9-5 | Gm09_45848660(2) | 5.23(2) | 0.16 | 5-9 | *Glyma09g41380* | Lipid biosynthetic process(Ⅱ) |
| q-L-10-1 | Gm10_5055806(2) | 3.74(2) | 0.11 | | | |
| q-L-10-2 | Gm10_24596970(2) | 3.89(2) | 0.11 | | | |
| q-L-10-3 | Gm10_26707589(2) | 17.21(3) | 3.46 | | | |
| q-L-10-4 | Gm10_BLOCK_34621547_34821124(5) | 7.29(1) | 1.06 | | *Glyma10g26450* | DNA repair(Ⅱ) |
| q-L-11-1 | Gm11_381800(2) | 1.60(2) | 0.04 | | *Glyma11g01405* | Guanosine tetraphosphate metabolic process(Ⅱ) |
| q-L-11-2 | Gm11_BLOCK_5678926_5719293(5) | 5.97(2) | 0.25 | 10-1 | *Glyma11g07830* | Signal transduction(Ⅳ) |
| q-L-11-3 | Gm11_17111053(2) | 3.68(1) | 0.37 | | *Glyma11g20740* | Post-translational protein modification(Ⅱ) |
| q-L-11-4 | Gm11_25574675(2) | 35.58(1) | 4.37 | | | |
| q-L-11-5 | Gm11_30890516(2) | 33.17(2) | 1.13 | | *Glyma11g29645* | Biological process(Ⅳ) |
| q-L-12-1 | Gm12_732588(2) | 3.31(2) | 0.09 | | *Glyma12g01430* | Ubiquitin-dependent protein catabolic process(Ⅱ) |
| q-L-12-2 | Gm12_BLOCK_957814_1018785(5) | 23.50(2) | 0.89 | | | |
| q-L-12-3 | Gm12_6329689(2) | 5.86(3) | 1.07 | | *Glyma12g09050* | Anthocyanin accumulation in tissues in response to UV light (Ⅰ) |
| q-L-12-4 | Gm12_BLOCK_7146746_7279374(2) | 2.70(2) | 0.07 | | | |
| q-L-12-5 | Gm12_BLOCK_13100874_13300078(4) | 44.67(2) | 1.62 | | *Glyma12g13951* | Biological process(Ⅳ) |
| q-L-12-5 | Gm12_BLOCK_13100874_13300078(4) | 6.27(3) | 1.47 | | *Glyma12g13951* | Biological process(Ⅳ) |
| q-L-12-6 | Gm12_18588548(2) | 4.25(2) | 0.12 | | | |
| q-L-12-7 | Gm12_20592773(2) | 8.21(3) | 1.55 | | | |
| q-L-12-8 | Gm12_30326665(2) | 17.36(2) | 0.57 | | | |
| q-L-13-1 | Gm13_23387773(2) | 1.81(1) | 0.16 | | | |
| q-L-13-2 | Gm13_BLOCK_36377649_36559484(3) | 21.96(3) | 4.73 | | *Glyma13g35230* | Oxidation-reduction process (Ⅱ) |
| q-L-13-3 | Gm13_BLOCK_41370978_41439897(4) | 33.55(1) | 4.39 | | *Glyma13g40430* | Proton-transporting V-type atpase complex assembly(Ⅱ) |
| q-L-13-4 | Gm13_BLOCK_44390029_44390330(2) | 3.57(2) | 0.10 | | *Glyma13g44970* | Positive regulation of flavonoid biosynthetic process(Ⅳ) |

续表 5-7

| QTL | SNPLDB（等位变异数） | $-\log_{10}P$（生态亚区） | $R^2$/% | 已报道QTL | 候选基因 | 基因功能(类别) |
|---|---|---|---|---|---|---|
| *q*-*L*-14-1 | Gm14_6288845(2) | 2.31(2) | 0.06 | | *Glyma*14*g*08050 | Protein ubiquitination(Ⅱ) |
| *q*-*L*-14-2 | Gm14_31526408(2) | 2.83(2) | 0.08 | 21-2 | | |
| *q*-*L*-14-3 | Gm14_38225371(2) | 14.91(4) | 1.97 | 21-2 | | |
| *q*-*L*-14-4 | Gm14_43166287(2) | 2.24(2) | 0.06 | 21-2 | *Glyma*14*g*34750 | Transport(Ⅲ) |
| *q*-*L*-14-5 | Gm14_BLOCK_46081636_46170267(4) | 18.32(4) | 2.73 | | *Glyma*14*g*36850 | Response to salt stress(Ⅲ) |
| *q*-*L*-14-6 | Gm14_46490812(2) | 5.51(3) | 1.00 | | | |
| *q*-*L*-15-1 | Gm15_BLOCK_1785597_1931711(5) | 20.48(4) | 3.16 | | *Glyma*15*g*03360 | Response to absence of light (Ⅰ) |
| *q*-*L*-15-2 | Gm15_BLOCK_31346657_31397703(7) | 10.86(2) | 0.48 | | *Glyma*15*g*28100 | Brassinosteroid biosynthetic process(Ⅲ) |
| *q*-*L*-16-1 | Gm16_6536290(2) | 6.28(2) | 0.19 | | *Glyma*16*g*07280 | Positive regulation of cell proliferation(Ⅰ) |
| *q*-*L*-16-2 | Gm16_BLOCK_14376058_14553571(5) | 23.43(4) | 3.60 | | *Glyma*16*g*13400 | Response to heat(Ⅲ) |
| *q*-*L*-16-3 | Gm16_BLOCK_23050838_23250178(4) | 4.51(2) | 0.18 | | *Glyma*16*g*20730 | Cell wall pectin biosynthetic process(Ⅰ) |
| *q*-*L*-16-4 | Gm16_BLOCK_33388199_33538361(4) | 14.02(2) | 0.52 | 20-1 | *Glyma*16*g*29900 | |
| *q*-*L*-17-1 | Gm17_BLOCK_15278002_15455685(5) | 2.89(2) | 0.14 | | *Glyma*17*g*18380 | N-terminal protein myristoylation(Ⅱ) |
| *q*-*L*-17-2 | Gm17_BLOCK_24221409_24352794(5) | 22.78(2) | 0.87 | | *Glyma*17*g*24130 | Photomorphogenesis(Ⅰ) |
| *q*-*L*-18-1 | Gm18_BLOCK_2674_191172(5) | 15.37(3) | 3.63 | | *Glyma*18*g*01260 | Biological process(Ⅳ) |
| *q*-*L*-18-2 | Gm18_3388976(2) | 1.49(2) | 0.03 | | *Glyma*18*g*05090 | Positive regulation of cell proliferation(Ⅰ) |
| *q*-*L*-18-3 | Gm18_BLOCK_7317014_7504444(9) | 32.47(2) | 1.33 | 25-2 | *Glyma*18*g*08070 | Protein glycosylation(Ⅱ) |
| *q*-*L*-18-4 | Gm18_13937623(2) | 4.10(2) | 0.12 | | | |
| *q*-*L*-18-5 | Gm18_BLOCK_16705112_16758423(4) | 35.46(2) | 1.29 | | *Glyma*18*g*16315 | Biological process(Ⅳ) |
| *q*-*L*-18-6 | Gm18_BLOCK_29528731_29546009(7) | 2.50(1) | 0.53 | | *Glyma*18*g*25785 | Biological process(Ⅳ) |
| *q*-*L*-18-7 | Gm18_BLOCK_38710753_38909394(8) | 4.55(2) | 0.25 | | *Glyma*18*g*33170 | Defense response(Ⅳ) |
| *q*-*L*-18-8 | Gm18_BLOCK_60020629_60209844(6) | 23.80(2) | 0.93 | | *Glyma*18*g*52250 | Response to salt stress(Ⅲ) |
| *q*-*L*-18-9 | Gm18_BLOCK_61005123_61050885(6) | 6.11(2) | 0.28 | | | |
| *q*-*L*-19-1 | Gm19_9455954(2) | 3.33(1) | 0.33 | | | |
| *q*-*L*-19-2 | Gm19_BLOCK_17370633_17570484(9) | 97.84(2) | 3.74 | | *Glyma*19*g*14930 | Cell cycle process(Ⅰ) |
| *q*-*L*-19-3 | Gm19_BLOCK_38515437_38531618(4) | 44.33(2) | 1.61 | 19-2 | *Glyma*19*g*30950 | Protein dephosphorylation(Ⅱ) |
| *q*-*L*-19-4 | Gm19_BLOCK_41275557_41441772(4) | 53.34(2) | 1.93 | 28-2 | *Glyma*19*g*33210 | Cation transport(Ⅲ) |
| *q*-*L*-19-4 | Gm19_BLOCK_41275557_41441772(4) | 27.33(4) | 4.05 | 28-2 | *Glyma*19*g*33210 | Cation transport(Ⅲ) |
| *q*-*L*-19-5 | Gm19_BLOCK_42004828_42183913(5) | 6.05(2) | 0.26 | 28-2 | | |
| *q*-*L*-19-6 | Gm19_46274743(2) | 1.75(2) | 0.04 | 4-2 | | |
| *q*-*L*-20-1 | Gm20_14513299(2) | 2.19(2) | 0.06 | | | |

续表 5-7

| 亚区 | 组中值 | | | | | | | | | 位点数目 | 贡献率/% | 位点平均贡献率/% | 变幅/% |
|---|---|---|---|---|---|---|---|---|---|---|---|---|---|
| | 0.25 | 0.75 | 1.25 | 1.75 | 2.25 | 2.75 | 3.25 | 3.75 | >4.00 | | | | |
| Sub-1 | 7 | 4 | 3 | 1 | 1 | 0 | 1 | 1 | 5 | 23 | 44.94 | 1.95 | 0.16~7.83 |
| Sub-2 | 43 | 11 | 3 | 7 | 1 | 1 | 0 | 1 | 0 | 67 | 39.69 | 0.59 | 0.03~3.74 |
| Sub-3 | 0 | 0 | 3 | 4 | 0 | 1 | 1 | 1 | 2 | 12 | 30.45 | 2.54 | 1.00~5.88 |
| Sub-4 | 0 | 0 | 0 | 2 | 2 | 3 | 2 | 1 | 3 | 13 | 39.90 | 3.07 | 1.77~4.71 |

注:QTL 的命名由 4 部分组成,依次为 QTL 标志-性状-染色体-在染色体的相对位置。如 *q*-*L*-1-1,其中"*q*-"表示该位点为QTL,"-*L*"表示该 QTL 控制倒伏,"-1"表示为 1 号染色体,而其后的"-1"表示该位点的物理位置在本研究定位的该条染色体的QTL 中排在第一位。在基因功能分类中,I 为花发育相关的基因,Ⅱ为信号转导、植物激素调节、运输相关基因,Ⅲ为代谢相关的候选基因,IV 为其他及未知生物代谢基因。

**表 5-8 东北各亚区地上部生物量定位结果**

| QTL | SNPLDB(等位变异数) | $-\log_{10}P$(生态亚区) | $R^2$/% | 已报道QTL | 候选基因 | 基因功能(类别) |
|---|---|---|---|---|---|---|
| *q*-*Ab*-1-1 | Gm01_23784509(2) | 2.21(3) | 0.13 | | | |
| *q*-*Ab*-1-2 | Gm01_BLOCK_26933371_26949035(2) | 13.65(3) | 1.03 | | | |
| *q*-*Ab*-1-3 | Gm01_BLOCK_35892525_36032909(3) | 2.18(3) | 0.18 | | *Glyma*01*g*27240 | Protein dephosphorylation(Ⅱ) |
| *q*-*Ab*-1-4 | Gm01_38179152(2) | 8.33(4) | 1.12 | | | |
| *q*-*Ab*-1-5 | Gm01_BLOCK_43644553_43843201(4) | 9.53(3) | 0.84 | | *Glyma*01*g*32291 | |
| *q*-*Ab*-1-6 | Gm01_44967274(2) | 3.76(4) | 0.46 | | | |
| *q*-*Ab*-1-7 | Gm01_54946985(2) | 3.12(4) | 0.37 | | *Glyma*01*g*43900 | Nucleotide biosynthetic process(Ⅱ) |
| *q*-*Ab*-2-1 | Gm02_BLOCK_1766448_1938465(5) | 6.58(2) | 0.36 | | *Glyma*02*g*02140 | RNA methylation(Ⅱ) |
| *q*-*Ab*-2-2 | Gm02_BLOCK_4663132_4858075(7) | 9.75(2) | 0.57 | | *Glyma*02*g*05420 | |
| *q*-*Ab*-2-3 | Gm02_BLOCK_6180720_6229373(6) | 8.60(2) | 0.48 | | *Glyma*02*g*07270 | Response to UV-B(Ⅰ) |
| *q*-*Ab*-2-4 | Gm02_10355389(2) | 2.41(4) | 0.27 | | *Glyma*02*g*12120 | Embryo development ending in seed dormancy(Ⅰ) |
| *q*-*Ab*-2-5 | Gm02_15297934(2) | 2.74(4) | 0.31 | | *Glyma*02*g*17055 | |
| *q*-*Ab*-2-6 | Gm02_19273365(2) | 2.38(4) | 0.27 | | | |
| *q*-*Ab*-2-7 | Gm02_BLOCK_42885560_42885565(2) | 10.32(2) | 0.43 | | *Glyma*02*g*37261 | Biological process(Ⅳ) |
| *q*-*Ab*-3-1 | Gm03_BLOCK_1168555_1367066(5) | 18.25(2) | 0.91 | | *Glyma*03*g*01570 | RNA processing(Ⅱ) |
| *q*-*Ab*-3-2 | Gm03_8003309(2) | 6.81(2) | 0.27 | 4-3 | *Glyma*03*g*07260 | Protein phosphorylation(Ⅱ) |
| *q*-*Ab*-3-3 | Gm03_17806398(2) | 3.87(3) | 0.26 | dry 1-3 | *Glyma*03*g*13886 | Protein phosphorylation(Ⅱ) |
| *q*-*Ab*-3-4 | Gm03_BLOCK_27345535_27533548(7) | 13.54(1) | 3.50 | dry 1-3 | *Glyma*03*g*21650 | Cation transport(Ⅲ) |
| *q*-*Ab*-3-5 | Gm03_BLOCK_36762935_36890198(4) | 1.40(4) | 0.27 | dry 5-4 | *Glyma*03*g*28930 | Protein folding(Ⅱ) |
| *q*-*Ab*-3-6 | Gm03_38994654(2) | 7.71(2) | 0.31 | dry 5-4 | *Glyma*03*g*31510 | Regulation of defense response(Ⅲ) |

续表 5－8

| QTL | SNPLDB（等位变异数） | $-\log_{10}P$（生态亚区） | $R^2$/% | 已报道 QTL | 候选基因 | 基因功能(类别) |
|---|---|---|---|---|---|---|
| *q－Ab*－3－7 | Gm03_BLOCK_44216668_44411175(4) | 4.37(3) | 0.40 | | *Glyma*03*g*38220 | Photoperiodism(Ⅰ) |
| *q－Ab*－4－1 | Gm04_594688(2) | 10.23(4) | 1.40 | | *Glyma*04*g*00630 | Biological process(Ⅳ) |
| *q－Ab*－4－2 | Gm04_8028745(2) | 1.64(4) | 0.17 | | *Glyma*04*g*09811 | Biological process(Ⅳ) |
| *q－Ab*－4－3 | Gm04_25495076(2) | 4.17(3) | 0.28 | | *Glyma*04*g*22815 | |
| *q－Ab*－4－4 | Gm04_BLOCK_26110554_26129008(3) | 5.47(4) | 0.82 | | | |
| *q－Ab*－4－5 | Gm04_29467043(2) | 8.10(3) | 0.59 | | | |
| *q－Ab*－4－6 | Gm04_30509295(2) | 1.59(4) | 0.16 | | | |
| *q－Ab*－4－7 | Gm04_BLOCK_33762530_33762592(3) | 1.46(3) | 0.12 | | *Glyma*04*g*29490 | |
| *q－Ab*－4－8 | Gm04_35258302(2) | 2.03(3) | 0.12 | | *Glyma*04*g*31220 | Cell proliferation(Ⅰ) |
| *q－Ab*－4－9 | Gm04_39032261(2) | 4.74(3) | 0.32 | | *Glyma*04*g*33410 | Regulation of transcription(Ⅳ) |
| *q－Ab*－4－10 | Gm04_BLOCK_48755579_48755666(3) | 2.22(2) | 0.10 | | *Glyma*04*g*42951 | Vegetative phase change(Ⅰ) |
| *q－Ab*－5－1 | Gm05_BLOCK_9881350_9881371(4) | 2.58(3) | 0.25 | | | |
| *q－Ab*－5－2 | Gm05_12619146(2) | 5.04(4) | 0.64 | | | |
| *q－Ab*－5－3 | Gm05_13417135(2) | 3.66(4) | 0.44 | | | |
| *q－Ab*－5－4 | Gm05_20264812(2) | 25.38(3) | 1.99 | | | |
| *q－Ab*－5－5 | Gm05_BLOCK_31383769_31581759(8) | 18.26(3) | 1.80 | 4－1 | *Glyma*05*g*25750 | Potassium ion transmembrane transport(Ⅲ) |
| *q－Ab*－5－6 | Gm05_BLOCK_33963671_34117393(6) | 2.77(2) | 0.19 | 4－1 | *Glyma*05*g*29921 | Defense response(Ⅲ) |
| *q－Ab*－5－7 | Gm05_BLOCK_34894187_35091229(7) | 20.47(2) | 1.08 | 4－1 | | |
| *q－Ab*－5－8 | Gm05_36660554(2) | 6.27(4) | 0.82 | | *Glyma*05*g*32030 | Gluconeogenesis(Ⅱ) |
| *q－Ab*－5－9 | Gm05_BLOCK_37761890_37912417(6) | 5.37(2) | 0.32 | | *Glyma*05*g*32930 | |
| *q－Ab*－6－1 | Gm06_BLOCK_15887539_16087077(6) | 7.74(3) | 0.79 | | *Glyma*06*g*20000 | Regulation of transcription(Ⅳ) |
| *q－Ab*－6－2 | Gm06_BLOCK_18064571_18231172(3) | 2.20(4) | 0.33 | | *Glyma*06*g*21821 | Embryo development ending in seed dormancy(Ⅰ) |
| *q－Ab*－6－3 | Gm06_33661954(2) | 2.44(4) | 0.27 | | | |
| *q－Ab*－6－4 | Gm06_36866300(2) | 3.78(2) | 0.14 | | *Glyma*06*g*35101 | |
| *q－Ab*－6－5 | Gm06_BLOCK_46284782_46474866(7) | 2.90(4) | 0.71 | | *Glyma*06*g*43020 | Carbohydrate metabolic process(Ⅱ) |
| *q－Ab*－6－6 | Gm06_BLOCK_49503839_49503842(3) | 8.07(3) | 0.66 | | *Glyma*06*g*47010 | |
| *q－Ab*－7－1 | Gm07_BLOCK_4150893_4166552(2) | 1.48(2) | 0.04 | | *Glyma*07*g*05290 | Biological process(Ⅳ) |
| *q－Ab*－7－2 | Gm07_BLOCK_6479874_6537639(4) | 9.68(1) | 2.21 | | *Glyma*07*g*07450 | Chloroplast RNA processing(Ⅱ) |
| *q－Ab*－7－3 | Gm07_BLOCK_7741263_7741321(2) | 1.61(4) | 0.16 | | *Glyma*07*g*09170 | Oxidation-reduction process(Ⅱ) |
| *q－Ab*－7－4 | Gm07_BLOCK_11008344_11205881(4) | 13.61(3) | 1.18 | | *Glyma*07*g*12813 | Cell wall biogenesis(Ⅰ) |

续表 5－8

| QTL | SNPLDB（等位变异数） | $-\log_{10}P$（生态亚区） | $R^2$/% | 已报道QTL | 候选基因 | 基因功能(类别) |
|---|---|---|---|---|---|---|
| *q－Ab－7－5* | Gm07_BLOCK_14178220_14237245(2) | 1.95(4) | 0.21 |  | *Glyma07g14860* | Oxidation-reduction process (Ⅱ) |
| *q－Ab－7－6* | Gm07_22726074(2) | 2.80(4) | 0.32 |  |  |  |
| *q－Ab－7－7* | Gm07_BLOCK_25632071_25722986(6) | 1.91(4) | 0.47 |  | *Glyma07g23672* |  |
| *q－Ab－7－8* | Gm07_BLOCK_35519272_35640259(5) | 16.95(3) | 1.52 |  | *Glyma07g30920* | Oxidation-reduction process (Ⅱ) |
| *q－Ab－7－9* | Gm07_BLOCK_43203782_43203949(2) | 3.75(3) | 0.25 |  | *Glyma07g37800* | Transport(Ⅲ) |
| *q－Ab－8－1* | Gm08_BLOCK_4577597_4743130(5) | 6.72(2) | 0.37 |  | *Glyma08g07140* | Defense response(Ⅲ) |
| *q－Ab－8－2* | Gm08_BLOCK_7182636_7363405(4) | 3.28(3) | 0.31 | dry 3－1 | *Glyma08g10480* | Fatty acid beta-oxidation (Ⅱ) |
| *q－Ab－8－3* | Gm08_BLOCK_11970511_12057080(5) | 2.97(4) | 0.59 |  | *Glyma08g16140* |  |
| *q－Ab－8－4* | Gm08_BLOCK_21933283_22012669(3) | 3.37(2) | 0.15 | 4－2 | *Glyma08g27633* | Salicylic acid biosynthetic process(Ⅲ) |
| *q－Ab－8－5* | Gm08_BLOCK_26528315_26728307(3) | 3.10(2) | 0.14 | 4－2 |  |  |
| *q－Ab－8－6* | Gm08_BLOCK_36958853_37157326(4) | 6.11(1) | 1.43 | 4－2 | *Glyma08g38150* | Endocytosis(Ⅳ) |
| *q－Ab－8－7* | Gm08_BLOCK_39319238_39319561(2) | 6.30(3) | 0.44 | 4－2 | *Glyma08g39510* | Photosynthesis(Ⅳ) |
| *q－Ab－9－1* | Gm09_BLOCK_10788408_10984042(4) | 7.03(1) | 1.63 |  | *Glyma09g10415* | Transport(Ⅲ) |
| *q－Ab－9－2* | Gm09_BLOCK_14853753_14880575(7) | 30.23(3) | 2.78 |  | *Glyma09g13220* | Photosynthesis(Ⅳ) |
| *q－Ab－9－3* | Gm09_BLOCK_17065337_17067558(3) | 10.13(1) | 2.15 |  | *Glyma09g15000* | Protein phosphorylation(Ⅱ) |
| *q－Ab－9－4* | Gm09_BLOCK_17383342_17427512(6) | 10.19(2) | 0.56 |  |  |  |
| *q－Ab－9－5* | Gm09_BLOCK_18500653_18615636(5) | 17.53(2) | 0.88 |  | *Glyma09g15470* | Endoplasmic reticulum unfolded protein response(Ⅱ) |
| *q－Ab－9－6* | Gm09_23542191(2) | 1.40(3) | 0.07 |  | *Glyma09g19520* |  |
| *q－Ab－9－7* | Gm09_23913685(2) | 5.53(3) | 0.38 |  |  |  |
| *q－Ab－9－8* | Gm09_29993574(2) | 3.64(3) | 0.24 |  | *Glyma09g24220* | Metal ion transport(Ⅲ) |
| *q－Ab－9－9* | Gm09_BLOCK_35525405_35712574(5) | 6.63(1) | 1.67 |  | *Glyma09g28470* | Transport(Ⅲ) |
| *q－Ab－9－10* | Gm09_36443386(2) | 1.67(2) | 0.05 |  |  |  |
| *q－Ab－9－11* | Gm09_38335263(2) | 1.90(3) | 0.11 |  | *Glyma09g32170* | Nitrate transport(Ⅲ) |
| *q－Ab－9－12* | Gm09_BLOCK_43599881_43600460(3) | 5.80(1) | 1.22 |  | *Glyma09g38160* | Cell wall organization(Ⅰ) |
| *q－Ab－10－1* | Gm10_BLOCK_7090842_7153928(4) | 25.86(3) | 2.20 |  | *Glyma10g08386* | Protein polymerization(Ⅱ) |
| *q－Ab－10－2* | Gm10_BLOCK_7453279_7558594(3) | 5.05(4) | 0.76 |  |  |  |
| *q－Ab－10－3* | Gm10_BLOCK_10391745_10591333(5) | 3.91(2) | 0.23 |  | *Glyma10g11020* | Protein phosphorylation(Ⅱ) |
| *q－Ab－10－4* | Gm10_BLOCK_12808329_13007892(5) | 7.18(1) | 1.79 |  | *Glyma10g12305* | Biological process(Ⅳ) |
| *q－Ab－10－5* | Gm10_BLOCK_14386316_14583318(5) | 10.41(2) | 0.54 |  | *Glyma10g13221* | Phenylalanyl-trna aminoacylation(Ⅱ) |
| *q－Ab－10－6* | Gm10_23982308(2) | 6.68(4) | 0.88 |  |  |  |
| *q－Ab－11－1* | Gm11_5657747(2) | 7.76(4) | 1.03 |  | *Glyma11g08010* | N-terminal protein myristoylation(Ⅱ) |

续表 5 - 8

| QTL | SNPLDB（等位变异数） | $-\log_{10}P$（生态亚区） | $R^2$/% | 已报道 QTL | 候选基因 | 基因功能（类别） |
|---|---|---|---|---|---|---|
| *q-Ab*-11-2 | Gm11_24952544(2) | 4.06(2) | 0.15 | Plant weight 1-2 | | |
| *q-Ab*-11-3 | Gm11_BLOCK_30392284_30588246(5) | 12.30(3) | 1.12 | dry 4-1 | *Glyma*11*g*29320 | Protein glycosylation(Ⅱ) |
| *q-Ab*-12-1 | Gm12_2385693(2) | 5.06(3) | 0.35 | | *Glyma*12*g*03570 | Plant-type cell wall modification(Ⅰ) |
| *q-Ab*-12-2 | Gm12_BLOCK_9132034_9204340(3) | 1.70(2) | 0.08 | | *Glyma*12*g*11573 | DNA recombination(Ⅱ) |
| *q-Ab*-12-3 | Gm12_BLOCK_14350518_14439627(4) | 9.50(2) | 0.47 | | *Glyma*12*g*15440 | Vesicle-mediated transport (Ⅲ) |
| *q-Ab*-12-4 | Gm12_20754772(2) | 2.79(3) | 0.17 | | | |
| *q-Ab*-12-5 | Gm12_25979987(2) | 2.46(3) | 0.15 | dry 3-2 | | |
| *q-Ab*-13-1 | Gm13_1116014(2) | 1.94(2) | 0.06 | 3-4 | | |
| *q-Ab*-13-2 | Gm13_BLOCK_6881259_6881316(2) | 1.39(3) | 0.07 | 3-4 | *Glyma*13*g*06715 | Jasmonic acid mediated signaling pathway(Ⅲ) |
| *q-Ab*-13-3 | Gm13_24251959(2) | 3.07(2) | 0.11 | | *Glyma*13*g*20770 | Response to auxin stimulus(Ⅲ) |
| *q-Ab*-13-4 | Gm13_BLOCK_26844765_26851552(3) | 7.87(3) | 0.64 | | *Glyma*13*g*22980 | Fatty acid biosynthetic process(Ⅱ) |
| *q-Ab*-13-5 | Gm13_BLOCK_31252820_31304233(7) | 4.19(3) | 0.51 | | *Glyma*13*g*28260 | Biological process(Ⅳ) |
| *q-Ab*-13-6 | Gm13_35142670(2) | 4.55(4) | 0.57 | | *Glyma*13*g*34850 | Cytokinesis by cell plate formation(Ⅰ) |
| *q-Ab*-13-7 | Gm13_36025963(2) | 7.63(3) | 0.55 | | | |
| *q-Ab*-13-8 | Gm13_BLOCK_40173283_40173381(2) | 1.64(4) | 0.17 | | *Glyma*13*g*39620 | Photoperiodism(Ⅰ) |
| *q-Ab*-14-1 | Gm14_9691044(2) | 1.65(2) | 0.05 | | *Glyma*14*g*11083 | Biological process(Ⅳ) |
| *q-Ab*-14-2 | Gm14_20902485(2) | 11.10(4) | 1.53 | | | |
| *q-Ab*-14-3 | Gm14_BLOCK_20974062_20974063(2) | 22.60(2) | 0.98 | | | |
| *q-Ab*-14-4 | Gm14_24888600(2) | 2.34(2) | 0.08 | | *Glyma*14*g*21201 | Pollen development(Ⅰ) |
| *q-Ab*-14-5 | Gm14_BLOCK_46081636_46170267(4) | 2.48(4) | 0.44 | | *Glyma*14*g*37400 | Cellular response to light stimulus(Ⅰ) |
| *q-Ab*-14-6 | Gm14_BLOCK_46767071_46771554(3) | 31.95(2) | 1.47 | | | |
| *q-Ab*-14-7 | Gm14_49005055(2) | 3.37(4) | 0.40 | | *Glyma*14*g*39940 | Glycerol ether metabolic process(Ⅱ) |
| *q-Ab*-15-1 | Gm15_BLOCK_956062_1025225(4) | 4.49(3) | 0.41 | | *Glyma*15*g*01520 | Aspartate transamidation (Ⅱ) |
| *q-Ab*-15-2 | Gm15_3852308(2) | 6.05(4) | 0.78 | | *Glyma*15*g*05450 | |
| *q-Ab*-15-3 | Gm15_7709582(2) | 3.78(2) | 0.14 | dry 4-5 | *Glyma*15*g*10791 | Protein glycosylation(Ⅱ) |

续表 5－8

| QTL | SNPLDB（等位变异数） | $-\log_{10}P$（生态亚区） | $R^2$/% | 已报道QTL | 候选基因 | 基因功能(类别) |
|---|---|---|---|---|---|---|
| *q－Ab*－15－4 | Gm15_BLOCK_10125212_10294382(5) | 2. 27(3) | 0. 26 | dry 2－1 | *Glyma*15*g*13211 | Biological process(Ⅳ) |
| *q－Ab*－15－5 | Gm15_BLOCK_15818631_15820290(4) | 17. 12(1) | 3. 84 | dry 2－1 | *Glyma*15*g*18760 | Response to salt stress(Ⅲ) |
| *q－Ab*－15－6 | Gm15_BLOCK_45423783_45623120(3) | 3. 39(3) | 0. 27 | | *Glyma*15*g*39250 | Oxidation-reduction process(Ⅱ) |
| *q－Ab*－16－1 | Gm16_6536022(2) | 25. 71(2) | 1. 13 | Stem weight, dry 2－3 | *Glyma*16*g*07280 | Positive regulation of cell proliferation(Ⅰ) |
| *q－Ab*－16－2 | Gm16_BLOCK_18136768_18137058(2) | 4. 49(4) | 0. 56 | | | |
| *q－Ab*－16－3 | Gm16_BLOCK_35370241_35497800(7) | 20. 03(2) | 1. 06 | | *Glyma*16*g*33140 | |
| *q－Ab*－16－4 | Gm16_BLOCK_35582667_35763287(7) | 2. 22(2) | 0. 18 | | | |
| *q－Ab*－17－1 | Gm17_1079779(2) | 3. 37(4) | 0. 40 | Plant weight 1－1 | *Glyma*17*g*01750 | Cell wall organization(Ⅰ) |
| *q－Ab*－17－2 | Gm17_BLOCK_11869253_12040317(3) | 2. 51(4) | 0. 37 | | *Glyma*17*g*15170 | Biological process(Ⅳ) |
| *q－Ab*－17－3 | Gm17_BLOCK_13437926_13562414(6) | 11. 40(2) | 0. 62 | | *Glyma*17*g*16675 | Cell proliferation(Ⅰ) |
| *q－Ab*－17－4 | Gm17_18523997(2) | 5. 47(4) | 0. 70 | | *Glyma*17*g*20020 | Response to red light(Ⅰ) |
| *q－Ab*－17－5 | Gm17_23528265(2) | 2. 02(2) | 0. 07 | | *Glyma*17*g*23640 | |
| *q－Ab*－17－6 | Gm17_28716372(2) | 1. 84(3) | 0. 11 | | | |
| *q－Ab*－17－7 | Gm17_31453207(2) | 2. 62(3) | 0. 16 | | *Glyma*17*g*29414 | Embryo development ending in seed dormancy(Ⅰ) |
| *q－Ab*－17－8 | Gm17_BLOCK_32421639_32428975(4) | 8. 66(4) | 1. 41 | | | |
| *q－Ab*－17－9 | Gm17_BLOCK_39803022_39896964(7) | 23. 79(2) | 1. 24 | | *Glyma*17*g*36230 | G2 phase of mitotic cell cycle(Ⅰ) |
| *q－Ab*－17－10 | Gm17_41507116(2) | 4. 87(3) | 0. 33 | | *Glyma*17*g*37460 | Fatty acid homeostasis(Ⅱ) |
| *q－Ab*－18－1 | Gm18_BLOCK_1808760_1925779(6) | 18. 97(3) | 1. 75 | | *Glyma*18*g*03470 | Meristem initiation(Ⅰ) |
| *q－Ab*－18－2 | Gm18_BLOCK_11198379_11347035(3) | 2. 30(2) | 0. 10 | dry 1－2 | *Glyma*18*g*12393 | Cellular carbohydrate metabolic process(Ⅰ) |
| *q－Ab*－18－3 | Gm18_BLOCK_16504932_16704902(4) | 25. 87(3) | 2. 20 | dry 1－2 | *Glyma*18*g*16315 | Biological process(Ⅳ) |
| *q－Ab*－18－4 | Gm18_BLOCK_21816849_22016702(5) | 19. 54(3) | 1. 74 | dry 1－2 | *Glyma*18*g*20146 | |
| *q－Ab*－18－5 | Gm18_22103333(2) | 1. 90(4) | 0. 20 | dry 1－2 | | |
| *q－Ab*－18－6 | Gm18_BLOCK_24256003_24454510(5) | 5. 13(4) | 0. 95 | dry 1－2 | | |
| *q－Ab*－18－7 | Gm18_28034299(2) | 23. 50(2) | 1. 02 | dry 1－2 | | |
| *q－Ab*－18－8 | Gm18_41910289(2) | 1. 68(4) | 0. 17 | dry 1－2 | | |
| *q－Ab*－18－9 | Gm18_BLOCK_54878924_55059528(5) | 8. 99(2) | 0. 47 | | *Glyma*18*g*45582 | Biological process(Ⅳ) |

续表 5-8

| QTL | SNPLDB (等位变异数) | $-\log_{10}P$ (生态亚区) | $R^2$/% | 已报道QTL | 候选基因 | 基因功能(类别) |
|---|---|---|---|---|---|---|
| *q-Ab*-18-9 | Gm18_BLOCK_54878924_55059528(5) | 16.31(3) | 1.46 | | | |
| *q-Ab*-18-10 | Gm18_BLOCK_58197364_58341700(5) | 45.91(3) | 3.98 | | *Glyma*18*g*50300 | Protein phosphorylation (Ⅱ) |
| *q-Ab*-18-11 | Gm18_BLOCK_58405478_58521742(6) | 45.36(2) | 2.23 | | | |
| *q-Ab*-18-12 | Gm18_58856851(2) | 17.57(2) | 0.76 | | | |
| *q-Ab*-18-13 | Gm18_BLOCK_59484809_59523980(5) | 15.29(4) | 2.55 | | | |
| *q-Ab*-18-14 | Gm18_BLOCK_62014707_62014755(3) | 11.00(2) | 0.50 | | *Glyma*18*g*53770 | Biological process(Ⅳ) |
| *q-Ab*-19-1 | Gm19_BLOCK_3882176_3978028(6) | 29.98(2) | 1.50 | dry 2-2 | *Glyma*19*g*04140 | Cell growth(Ⅰ) |
| *q-Ab*-19-2 | Gm19_BLOCK_13284652_13458112(7) | 12.96(4) | 2.38 | 3-3 | *Glyma*19*g*11090 | |
| *q-Ab*-19-3 | Gm19_BLOCK_16257340_16331301(5) | 2.77(3) | 0.27 | 3-3 | *Glyma*19*g*13070 | Photoperiodism(Ⅰ) |
| *q-Ab*-19-4 | Gm19_BLOCK_21347881_21386285(7) | 9.75(3) | 1.01 | 3-3 | *Glyma*19*g*17516 | |
| *q-Ab*-19-5 | Gm19_BLOCK_31748874_31948866(6) | 11.93(1) | 3.00 | 3-3 | *Glyma*19*g*25980 | Oxidation-reduction process(Ⅱ) |
| *q-Ab*-19-6 | Gm19_BLOCK_41275557_41441772(4) | 32.94(3) | 2.79 | | *Glyma*19*g*33210 | Cation transport(Ⅲ) |
| *q-Ab*-20-1 | Gm20_3228244(2) | 1.67(3) | 0.09 | | | |
| *q-Ab*-20-2 | Gm20_6743073(2) | 8.36(4) | 1.12 | | | |
| *q-Ab*-20-3 | Gm20_8532400(2) | 1.81(3) | 0.10 | | | |
| *q-Ab*-20-4 | Gm20_14710709(2) | 2.78(3) | 0.17 | | | |
| *q-Ab*-20-5 | Gm20_15065802(2) | 19.43(3) | 1.50 | | | |
| *q-Ab*-20-6 | Gm20_BLOCK_33749159_33765665(5) | 9.24(3) | 0.87 | | *Glyma*20*g*23760 | Response to fructose stimulus(Ⅱ) |
| *q-Ab*-20-7 | Gm20_34393508(2) | 3.12(3) | 0.20 | | | |
| *q-Ab*-20-8 | Gm20_BLOCK_38821742_38994068(6) | 6.86(2) | 0.40 | | *Glyma*20*g*30351 | Biological process(Ⅳ) |

| 亚区 | 组中值 | | | | | | | | | 位点数目 | 贡献率/% | 位点平均贡献率/% | 变幅/% |
|---|---|---|---|---|---|---|---|---|---|---|---|---|---|
| | 0.25 | 0.75 | 1.25 | 1.75 | 2.25 | 2.75 | 3.25 | 3.75 | >4.00 | | | | |
| Sub-1 | 0 | 0 | 2 | 3 | 2 | 0 | 1 | 2 | 0 | 10 | 22.44 | 2.24 | 1.22~3.84 |
| Sub-2 | 28 | 9 | 6 | 1 | 1 | 0 | 0 | 0 | 0 | 45 | 22.99 | 0.51 | 0.04~2.23 |
| Sub-3 | 31 | 8 | 5 | 6 | 2 | 2 | 0 | 1 | 0 | 55 | 42.47 | 0.77 | 0.07~3.98 |
| Sub-4 | 22 | 12 | 5 | 1 | 1 | 1 | 0 | 0 | 0 | 42 | 27.95 | 0.67 | 0.16~2.55 |

注:QTL的命名由4部分组成,依次为QTL标志-性状-染色体-在染色体的相对位置。如*q-Ab*-1-1,其中"*q*-"表示该位点为QTL,"-*Ab*"表示该QTL控制地上部生物量,"-1"表示1号染色体,而其后的"-1"表示该位点的物理位置在本研究定位的该条染色体的QTL中排在第一位。在基因功能分类中,Ⅰ为花发育相关的基因,Ⅱ为代谢相关的候选基因,Ⅲ为信号转导、植物激素调节、运输相关的基因,Ⅳ为其他及未知生物途径基因。

**表 5-9　东北各亚区小区产量定位结果**

| QTL | SNPLDB（等位变异数） | $-\log_{10}P$（生态亚区） | $R^2$/% | 已报道QTL | 候选基因 | 基因功能(类别) |
|---|---|---|---|---|---|---|
| *q-Sy*-1-1 | Gm01_2291945(2) | 3.70(2) | 0.14 | | | |
| *q-Sy*-1-2 | Gm01_13155932(2) | 10.47(4) | 1.32 | | *Glyma*01*g*30910 | Response to salt stress(Ⅲ) |
| *q-Sy*-1-3 | Gm01_BLOCK_41270522_41454827(5) | 5.98(2) | 0.34 | | *Glyma*01*g*37290 | N-terminal protein myristoylation(Ⅱ) |
| *q-Sy*-1-4 | Gm01_49346649(2) | 2.85(3) | 0.19 | | | |
| *q-Sy*-1-5 | Gm01_BLOCK_49915379_50038255(4) | 5.51(4) | 0.85 | | *Glyma*02*g*06730 | Organ development(Ⅳ) |
| *q-Sy*-2-1 | Gm02_BLOCK_5555728_5619560(5) | 6.45(2) | 0.36 | | *Glyma*02*g*16020 | Lipid metabolic process(Ⅱ) |
| *q-Sy*-2-2 | Gm02_BLOCK_14586733_14586948(3) | 4.33(4) | 0.60 | | | |
| *q-Sy*-2-3 | Gm02_15297934(2) | 1.88(3) | 0.11 | | | |
| *q-Sy*-2-4 | Gm02_15890024(2) | 4.29(2) | 0.17 | | *Glyma*02*g*22730 | Biological process(Ⅳ) |
| *q-Sy*-2-5 | Gm02_BLOCK_20157506_20276750(5) | 1.56(3) | 0.17 | | | |
| *q-Sy*-2-6 | Gm02_20567307(2) | 12.37(4) | 1.58 | | | |
| *q-Sy*-2-7 | Gm02_BLOCK_21907486_22103711(4) | 2.19(3) | 0.23 | | | |
| *q-Sy*-2-8 | Gm02_23699486(2) | 2.27(2) | 0.08 | 28-10 | *Glyma*02*g*35031 | Cell redox homeostasis(Ⅰ) |
| *q-Sy*-2-9 | Gm02_39488884(2) | 2.26(2) | 0.08 | 22-3 | | |
| *q-Sy*-2-10 | Gm02_50652540(2) | 2.98(2) | 0.11 | | *Glyma*03*g*03941 | |
| *q-Sy*-3-1 | Gm03_4179138(2) | 1.88(2) | 0.06 | | | |
| *q-Sy*-3-2 | Gm03_12637724(2) | 6.48(4) | 0.78 | | *Glyma*03*g*13366 | Biological process(Ⅳ) |
| *q-Sy*-3-3 | Gm03_BLOCK_16599581_16633115(6) | 3.54(3) | 0.43 | | | |
| *q-Sy*-3-4 | Gm03_17530043(2) | 2.01(3) | 0.12 | | | |
| *q-Sy*-3-5 | Gm03_25959445(2) | 3.88(2) | 0.15 | | | |
| *q-Sy*-3-6 | Gm03_30049945(2) | 1.71(2) | 0.06 | | *Glyma*04*g*12911 | Biological process(Ⅳ) |
| *q-Sy*-4-1 | Gm04_12067290(2) | 2.10(3) | 0.13 | 25-1 | *Glyma*04*g*14551 | Biological process(Ⅳ) |
| *q-Sy*-4-2 | Gm04_BLOCK_14758756_14758810(3) | 2.14(4) | 0.29 | 25-1 | | |
| *q-Sy*-4-3 | Gm04_26561037(2) | 2.08(2) | 0.07 | 25-1 | | |
| *q-Sy*-4-3 | Gm04_26561037(2) | 2.38(3) | 0.15 | 25-1 | *Glyma*04*g*33410 | Regulation of transcription(Ⅳ) |
| *q-Sy*-4-4 | Gm04_39032261(2) | 3.83(3) | 0.27 | 23-4 | *Glyma*04*g*34745 | Response to red or far red light(Ⅰ) |
| *q-Sy*-4-5 | Gm04_40834217(2) | 2.83(3) | 0.19 | 23-4 | *Glyma*04*g*35511 | Meiosis(Ⅱ) |
| *q-Sy*-4-6 | Gm04_BLOCK_42330124_42464026(3) | 1.81(4) | 0.25 | 23-4 | *Glyma*04*g*36950 | Jasmonic acid biosynthetic process(Ⅲ) |
| *q-Sy*-4-7 | Gm04_BLOCK_43775729_43792045(3) | 1.88(4) | 0.26 | 23-4 | *Glyma*04*g*40720 | Translational elongation(Ⅳ) |
| *q-Sy*-4-8 | Gm04_46679925(2) | 6.25(2) | 0.26 | 12-2 | *Glyma*05*g*07630 | Amino acid transport(Ⅲ) |
| *q-Sy*-5-1 | Gm05_BLOCK_7670976_7867470(5) | 13.97(3) | 1.33 | 15-10 | | |
| *q-Sy*-5-2 | Gm05_BLOCK_12318846_12321244(3) | 7.16(4) | 0.99 | 15-10 | | |

续表 5－9

| QTL | SNPLDB（等位变异数） | $-\log_{10}P$（生态亚区） | $R^2$/% | 已报道QTL | 候选基因 | 基因功能(类别) |
|---|---|---|---|---|---|---|
| *q－Sy*－5－3 | Gm05_18816954(2) | 4.10(2) | 0.16 | 32－1 | | |
| *q－Sy*－5－4 | Gm05_20534263(2) | 2.29(4) | 0.23 | 32－1 | *Glyma*05*g*27145 | |
| *q－Sy*－5－5 | Gm05_BLOCK_32621992_32654742(4) | 4.28(4) | 0.67 | | | |
| *q－Sy*－5－6 | Gm05_33580738(2) | 6.40(4) | 0.77 | | *Glyma*06*g*18580 | Embryo development(Ⅰ) |
| *q－Sy*－6－1 | Gm06_14867989(2) | 6.69(3) | 0.50 | | *Glyma*06*g*22820 | Fatty acid catabolic process (Ⅱ) |
| *q－Sy*－6－2 | Gm06_19710168(2) | 10.61(2) | 0.46 | 11－2 | | |
| *q－Sy*－6－3 | Gm06_24522898(2) | 3.01(4) | 0.32 | 19－3 | *Glyma*06*g*35101 | |
| *q－Sy*－6－4 | Gm06_37168066(2) | 8.03(2) | 0.34 | 28－4 | *Glyma*06*g*41241 | Signal transduction(Ⅳ) |
| *q－Sy*－6－5 | Gm06_BLOCK_44160126_44351599(4) | 5.72(3) | 0.54 | 3－2 | *Glyma*07*g*00520 | Salicylic acid biosynthetic process(Ⅲ) |
| *q－Sy*－7－1 | Gm07_595356(2) | 1.14(3) | 0.06 | | | |
| *q－Sy*－7－2 | Gm07_BLOCK_23702112_23795668(6) | 6.90(2) | 0.41 | | | |
| *q－Sy*－7－3 | Gm07_BLOCK_23810586_23819552(3) | 7.68(4) | 1.06 | | | |
| *q－Sy*－7－4 | Gm07_29908471(2) | 1.77(2) | 0.06 | | *Glyma*07*g*28850 | Salicylic acid biosynthetic process(Ⅲ) |
| *q－Sy*－7－5 | Gm07_BLOCK_33316303_33496226(7) | 12.44(3) | 1.31 | | *Glyma*07*g*33300 | Transcription factor import into nucleus(Ⅳ) |
| *q－Sy*－7－6 | Gm07_36978469(2) | 18.26(3) | 1.48 | | | |
| *q－Sy*－7－7 | Gm07_BLOCK_37952256_38039747(5) | 12.16(2) | 0.65 | | *Glyma*08*g*05950 | Response to brassinosteroid stimulus(Ⅲ) |
| *q－Sy*－8－1 | Gm08_3919077(2) | 3.37(4) | 0.37 | | *Glyma*08*g*16140 | Biological process(Ⅳ) |
| *q－Sy*－8－2 | Gm08_BLOCK_12243183_12320013(4) | 2.24(4) | 0.37 | | *Glyma*08*g*23494 | Biological process(Ⅳ) |
| *q－Sy*－8－3 | Gm08_BLOCK_17923161_18102178(5) | 2.75(4) | 0.51 | | | |
| *q－Sy*－8－4 | Gm08_BLOCK_26985378_26985433(2) | 14.35(2) | 0.63 | | *Glyma*08*g*32790 | Actin filament organization (Ⅳ) |
| *q－Sy*－8－5 | Gm08_29188425(2) | 2.17(2) | 0.08 | | | |
| *q－Sy*－8－6 | Gm08_32518319(2) | 3.03(4) | 0.33 | | *Glyma*08*g*36711 | Cellular metabolic process (Ⅰ) |
| *q－Sy*－8－7 | Gm08_34688274(2) | 7.37(2) | 0.31 | | *Glyma*08*g*42230 | Fatty acid beta-oxidation(Ⅱ) |
| *q－Sy*－8－8 | Gm08_BLOCK_41554478_41753412(2) | 5.33(4) | 0.63 | | *Glyma*08*g*43390 | Response to salt stress(Ⅲ) |
| *q－Sy*－8－9 | Gm08_43242681(2) | 1.40(2) | 0.04 | | *Glyma*09*g*03201 | Protein phosphorylation(Ⅱ) |
| *q－Sy*－9－1 | Gm09_BLOCK_2178364_2263075(4) | 14.60(3) | 1.33 | 16－1 | *Glyma*09*g*08330 | Response to chitin(Ⅳ) |
| *q－Sy*－9－2 | Gm09_7473150(2) | 4.37(4) | 0.50 | 15－5 | *Glyma*09*g*13220 | Nucleotide metabolic process (Ⅱ) |
| *q－Sy*－9－3 | Gm09_BLOCK_14853753_14880575(7) | 27.01(2) | 1.44 | 12－1 | *Glyma*09*g*15000 | Protein phosphorylation(Ⅱ) |
| *q－Sy*－9－4 | Gm09_BLOCK_17067826_17093025(4) | 29.14(3) | 2.61 | 12－1 | *Glyma*09*g*18490 | |
| *q－Sy*－9－5 | Gm09_BLOCK_23418314_23539766(7) | 12.18(2) | 0.71 | 13－1 | *Glyma*09*g*25270 | Proteolysis(Ⅱ) |

续表 5－9

| QTL | SNPLDB（等位变异数） | $-\log_{10}P$（生态亚区） | $R^2$/% | 已报道QTL | 候选基因 | 基因功能（类别） |
|---|---|---|---|---|---|---|
| *q－Sy*－9－6 | Gm09_BLOCK_31597226_31597499(3) | 2.29(3) | 0.20 | 29－1 | *Glyma*10*g*08660 | Biological process(Ⅳ) |
| *q－Sy*－10－1 | Gm10_BLOCK_7453279_7558594(3) | 12.64(3) | 1.08 | | *Glyma*10*g*11020 | Pollen tube growth(Ⅰ) |
| *q－Sy*－10－2 | Gm10_BLOCK_10592163_10658261(2) | 2.84(4) | 0.30 | 25－3 | | |
| *q－Sy*－10－3 | Gm10_BLOCK_34116733_34116759(2) | 8.66(2) | 0.37 | | | |
| *q－Sy*－10－4 | Gm10_36449175(2) | 8.27(3) | 0.63 | | *Glyma*10*g*31740 | Biological process(Ⅳ) |
| *q－Sy*－10－5 | Gm10_40440079(2) | 2.77(4) | 0.29 | 23－8 | *Glyma*11*g*15841 | Trna splicing(Ⅱ) |
| *q－Sy*－11－1 | Gm11_BLOCK_11504392_11504560(2) | 11.24(3) | 0.88 | | *Glyma*11*g*20740 | Post-translational protein modification(Ⅱ) |
| *q－Sy*－11－2 | Gm11_BLOCK_17538172_17538657(4) | 10.94(3) | 1.00 | | *Glyma*11*g*28580 | |
| *q－Sy*－11－3 | Gm11_BLOCK_28584788_28784681(5) | 2.66(4) | 0.50 | | *Glyma*11*g*31721 | DNA repair(Ⅱ) |
| *q－Sy*－11－4 | Gm11_33229137(2) | 2.98(3) | 0.20 | | *Glyma*11*g*31721 | DNA repair(Ⅱ) |
| *q－Sy*－11－4 | Gm11_33229137(2) | 3.50(4) | 0.39 | | *Glyma*12*g*06580 | Proteolysis(Ⅱ) |
| *q－Sy*－12－1 | Gm12_4381996(2) | 6.79(4) | 0.82 | | *Glyma*12*g*13330 | |
| *q－Sy*－12－2 | Gm12_BLOCK_11103378_11303267(4) | 1.32(4) | 0.24 | | | |
| *q－Sy*－12－3 | Gm12_12951886(2) | 7.64(3) | 0.58 | | | |
| *q－Sy*－12－4 | Gm12_18398574(2) | 12.05(2) | 0.52 | | | |
| *q－Sy*－12－5 | Gm12_20217759(2) | 14.70(2) | 0.65 | | | |
| *q－Sy*－12－6 | Gm12_28352617(2) | 1.53(3) | 0.09 | 11－4 | *Glyma*12*g*30620 | Autophagy(Ⅳ) |
| *q－Sy*－12－7 | Gm12_34237767(2) | 2.48(3) | 0.16 | | *Glyma*13*g*01020 | Response to cyclopentenone (Ⅱ) |
| *q－Sy*－13－1 | Gm13_751637(2) | 3.22(4) | 0.35 | | *Glyma*13*g*04770 | Starch biosynthetic process (Ⅱ) |
| *q－Sy*－13－2 | Gm13_4913457(2) | 2.92(2) | 0.11 | 18－3 | *Glyma*13*g*16870 | Methionine biosynthetic process(Ⅱ) |
| *q－Sy*－13－3 | Gm13_BLOCK_20625901_20751266(4) | 2.74(4) | 0.45 | 31－5 | *Glyma*13*g*20260 | Biological process(Ⅳ) |
| *q－Sy*－13－4 | Gm13_BLOCK_23309035_23330510(4) | 4.27(2) | 0.23 | | *Glyma*13*g*22530 | Response to light stimulus (Ⅰ) |
| *q－Sy*－13－5 | Gm13_BLOCK_25720344_25785847(5) | 6.69(3) | 0.57 | | | |
| *q－Sy*－13－6 | Gm13_BLOCK_25800146_25967840(6) | 13.93(3) | 1.39 | | *Glyma*13*g*29675 | |
| *q－Sy*－13－7 | Gm13_BLOCK_31396396_31595991(4) | 11.13(2) | 0.56 | | | |
| *q－Sy*－13－8 | Gm13_BLOCK_31994278_32055716(4) | 2.53(4) | 0.42 | | *Glyma*13*g*36780 | |
| *q－Sy*－13－9 | Gm13_38015705(2) | 6.31(2) | 0.26 | 5－3 | *Glyma*14*g*09440 | Proteolysis(Ⅱ) |
| *q－Sy*－14－1 | Gm14_BLOCK_6589348_6589376(2) | 1.87(2) | 0.06 | | | |
| *q－Sy*－14－2 | Gm14_BLOCK_7226833_7384363(5) | 6.47(2) | 0.37 | 15－6 | | |
| *q－Sy*－14－3 | Gm14_25507422(2) | 2.64(2) | 0.10 | 23－11 | | |
| *q－Sy*－14－4 | Gm14_25859245(2) | 9.44(4) | 1.18 | 23－11 | *Glyma*14*g*40600 | Glucuronoxylan metabolic process(Ⅱ) |

续表 5－9

| QTL | SNPLDB（等位变异数） | $-\log_{10}P$（生态亚区） | $R^2$/% | 已报道QTL | 候选基因 | 基因功能（类别） |
|---|---|---|---|---|---|---|
| q－Sy－14－5 | Gm14_49578474(2) | 1.72(2) | 0.06 | | *Glyma*15*g*03360 | Response to absence of light（Ⅰ） |
| q－Sy－15－1 | Gm15_BLOCK_2463960_2663523(4) | 9.37(4) | 1.40 | | | |
| q－Sy－15－2 | Gm15_BLOCK_3402706_3411119(3) | 2.65(4) | 0.36 | | *Glyma*15*g*17330 | |
| q－Sy－15－3 | Gm15_BLOCK_12436566_12505828(2) | 2.01(2) | 0.07 | 16－5 | | |
| q－Sy－15－4 | Gm15_BLOCK_13295964_13387362(5) | 21.99(3) | 2.05 | 16－5 | *Glyma*15*g*30265 | Cell fate determination（Ⅰ） |
| q－Sy－15－5 | Gm15_BLOCK_33787620_33872192(5) | 2.01(2) | 0.14 | 21－10 | *Glyma*15*g*42385 | |
| q－Sy－15－6 | Gm15_BLOCK_49264331_49418678(5) | 29.65(3) | 2.73 | 31－4 | *Glyma*16*g*05710 | Pollen tube growth（Ⅰ） |
| q－Sy－16－1 | Gm16_5040381(2) | 1.55(2) | 0.05 | 29－2 | *Glyma*16*g*07920 | Protein N-linked glycosylation（Ⅱ） |
| q－Sy－16－2 | Gm16_BLOCK_7466396_7491776(3) | 5.00(3) | 0.43 | 23－13 | | |
| q－Sy－16－3 | Gm16_BLOCK_18136768_18137058(2) | 19.39(3) | 1.58 | 23－14 | *Glyma*16*g*18183 | Protein phosphorylation（Ⅱ） |
| q－Sy－16－4 | Gm16_BLOCK_19838067_19838108(3) | 1.36(4) | 0.19 | 23－14 | *Glyma*16*g*21831 | Blue light signaling pathway（Ⅰ） |
| q－Sy－16－5 | Gm16_25066015(2) | 5.97(3) | 0.44 | | *Glyma*16*g*23240 | Phosphatidylglycerol biosynthetic process（Ⅱ） |
| q－Sy－16－6 | Gm16_BLOCK_26972833_26972836(2) | 2.48(4) | 0.26 | 23－2 | | |
| q－Sy－16－7 | Gm16_BLOCK_27509380_27509636(2) | 2.12(2) | 0.07 | 23－2 | *Glyma*16*g*28900 | Transport（Ⅲ） |
| q－Sy－16－8 | Gm16_32563679(2) | 43.65(2) | 2.02 | 23－3 | *Glyma*16*g*33451 | Metabolic process（Ⅱ） |
| q－Sy－16－9 | Gm16_36383544(2) | 7.72(3) | 0.59 | 21－5 | | |
| q－Sy－17－1 | Gm17_15268801(2) | 1.88(3) | 0.11 | 31－3 | | |
| q－Sy－17－2 | Gm17_17447061(2) | 23.68(2) | 1.07 | | *Glyma*17*g*23640 | |
| q－Sy－17－3 | Gm17_23528265(2) | 3.46(2) | 0.13 | 26－1 | | |
| q－Sy－17－4 | Gm17_23950241(2) | 5.37(3) | 0.39 | 26－1 | | |
| q－Sy－17－5 | Gm17_28716372(2) | 2.76(3) | 0.18 | | | |
| q－Sy－17－6 | Gm17_28795048(2) | 4.95(4) | 0.58 | | *Glyma*17*g*28712 | Post-embryonic development（Ⅰ） |
| q－Sy－17－7 | Gm17_BLOCK_30130315_30282017(8) | 8.80(2) | 0.56 | | *Glyma*17*g*35620 | Response to jasmonic acid stimulus（Ⅲ） |
| q－Sy－17－8 | Gm17_BLOCK_39519552_39584468(5) | 9.26(2) | 0.50 | 15－7 | *Glyma*17*g*36880 | |
| q－Sy－17－9 | Gm17_40821825(2) | 5.53(3) | 0.41 | | | |
| q－Sy－17－10 | Gm17_41202159(2) | 3.14(4) | 0.34 | | *Glyma*18*g*01260 | Biological process（Ⅳ） |
| q－Sy－18－1 | Gm18_BLOCK_525897_570837(3) | 3.32(3) | 0.28 | | *Glyma*18*g*03930 | Response to abscisic acid stimulus（Ⅲ） |
| q－Sy－18－2 | Gm18_2293764(2) | 4.07(3) | 0.29 | 21－4 | *Glyma*18*g*10324 | Amino acid import（Ⅲ） |
| q－Sy－18－3 | Gm18_8791513(2) | 1.29(2) | 0.04 | 15－4 | | |
| q－Sy－18－4 | Gm18_28034299(2) | 11.12(2) | 0.48 | | | |
| q－Sy－18－5 | Gm18_32769200(2) | 2.42(4) | 0.25 | | | |

续表 5-9

| QTL | SNPLDB (等位变异数) | $-\log_{10}P$ (生态亚区) | $R^2$/% | 已报道 QTL | 候选基因 | 基因功能(类别) |
|---|---|---|---|---|---|---|
| *q-Sy*-18-6 | Gm18_33530525(2) | 9.04(4) | 1.12 | | | |
| *q-Sy*-18-7 | Gm18_40881067(2) | 1.38(2) | 0.04 | | | |
| *q-Sy*-18-8 | Gm18_43901660(2) | 2.18(4) | 0.22 | | *Glyma*18*g*48930 | Protein phosphorylation(Ⅱ) |
| *q-Sy*-18-9 | Gm18_BLOCK_58197364_58341700(5) | 44.36(3) | 4.05 | 22-18 | | |
| *q-Sy*-18-10 | Gm18_BLOCK_58698451_58823382(5) | 22.06(2) | 1.13 | | | |
| *q-Sy*-18-11 | Gm18_58856851(2) | 4.44(3) | 0.32 | | *Glyma*19*g*02670 | Signal transduction(Ⅳ) |
| *q-Sy*-19-1 | Gm19_BLOCK_2583243_2583333(2) | 4.43(2) | 0.17 | | *Glyma*19*g*11090 | |
| *q-Sy*-19-2 | Gm19_BLOCK_13660856_13667371(4) | 2.66(3) | 0.23 | | *Glyma*19*g*18330 | Sulfur compound metabolic process(Ⅱ) |
| *q-Sy*-19-3 | Gm19_21726031(2) | 2.34(4) | 0.24 | | | |
| *q-Sy*-19-4 | Gm19_BLOCK_22955042_23055997(8) | 15.21(3) | 1.62 | | *Glyma*19*g*31640 | Protein folding(Ⅱ) |
| *q-Sy*-19-5 | Gm19_BLOCK_39942491_40085254(5) | 4.79(3) | 0.46 | 24-1 | | |
| *q-Sy*-19-6 | Gm19_BLOCK_40883979_41081907(4) | 18.68(3) | 1.68 | 24-1 | *Glyma*19*g*37600 | Meiosis(Ⅱ) |
| *q-Sy*-19-7 | Gm19_BLOCK_44044715_44244061(3) | 3.11(2) | 0.15 | 8-1 | *Glyma*19*g*40300 | Carbohydrate metabolic process(Ⅱ) |
| *q-Sy*-19-8 | Gm19_BLOCK_46468253_46663429(6) | 6.80(4) | 1.19 | 11-6 | *Glyma*20*g*03040 | |
| *q-Sy*-20-1 | Gm20_2846349(2) | 7.01(3) | 0.53 | 10-1 | | |
| *q-Sy*-20-2 | Gm20_5463517(2) | 2.42(3) | 0.15 | 10-1 | | |
| *q-Sy*-20-3 | Gm20_6075602(2) | 1.51(2) | 0.05 | 10-1 | | |
| *q-Sy*-20-4 | Gm20_BLOCK_14150016_14150305(3) | 8.13(4) | 1.12 | 10-1 | *Glyma*20*g*23760 | Response to salt stress(Ⅲ) |
| *q-Sy*-20-5 | Gm20_BLOCK_33277953_33279557(3) | 7.62(3) | 0.65 | cq-001 | *Glyma*20*g*27425 | Protein phosphorylation(Ⅱ) |
| *q-Sy*-20-6 | Gm20_36605536(2) | 3.94(4) | 0.44 | | *Glyma*20*g*34131 | Chloroplast RNA processing (Ⅱ) |
| *q-Sy*-20-7 | Gm20_42914592(2) | 6.77(3) | 0.51 | 22-5 | *Glyma*20*g*36110 | Negative regulation of flower development(Ⅰ) |
| *q-Sy*-20-8 | Gm20_BLOCK_44235862_44326892(4) | 6.31(2) | 0.33 | | *Glyma*01*g*03110 | Regulation of cell cycle(Ⅰ) |

| 亚区 | 组中值 | | | | | | | | | 位点数目 | 贡献率/% | 位点平均贡献率/% | 变幅/% |
|---|---|---|---|---|---|---|---|---|---|---|---|---|---|
| | 0.25 | 0.75 | 1.25 | 1.75 | 2.25 | 2.75 | 3.25 | 3.75 | >4.00 | | | | |
| Sub-2 | 40 | 8 | 3 | 0 | 1 | 0 | 0 | 0 | 0 | 52 | 17.46 | 0.34 | 0.04~2.02 |
| Sub-3 | 27 | 10 | 7 | 3 | 1 | 2 | 0 | 0 | 1 | 51 | 37.61 | 0.74 | 0.06~4.05 |
| Sub-4 | 23 | 12 | 7 | 1 | 0 | 0 | 0 | 0 | 0 | 43 | 25.33 | 0.59 | 0.19~1.58 |

注:QTL 的命名由 4 部分组成,依次为 QTL 标志-性状-染色体-在染色体的相对位置。如 *q-Sy*-1-1,其中“*q*-”表示该位点为 QTL,“-*Sy*”表示该 QTL 控制小区产量,“-1”表示 1 号染色体,而其后的“-1”表示该位点的物理位置本研究定位的该条染色体的 QTL 中排在第一位。在基因功能分类中,Ⅰ为花发育相关的基因,Ⅱ为代谢相关的候选基因,Ⅲ为信号转导、植物激素调节、运输相关的基因,Ⅳ为其他及未知生物途径基因。

表 5-10　东北各亚区表观收获指数 QTL 定位结果

| QTL | SNPLDB（等位变异数） | $-\log_{10}P$（生态亚区） | $R^2$/% | 候选基因 | 基因功能（类别） |
|---|---|---|---|---|---|
| $q-Ec-1-1$ | Gm01_BLOCK_4841359_5039454(3) | 3.73(1) | 0.64 | *Glyma*01*g*05070 | Mitochondrion(Ⅳ) |
| $q-Ec-1-2$ | Gm01_19067455(2) | 3.21(3) | 0.26 | | |
| $q-Ec-1-3$ | Gm01_29669605(2) | 1.78(3) | 0.13 | | |
| $q-Ec-1-4$ | Gm01_34896051(2) | 3.62(1) | 0.50 | *Glyma*01*g*26570 | Response to high light intensity (Ⅰ) |
| $q-Ec-1-5$ | Gm01_BLOCK_41270522_41454827(5) | 7.18(2) | 0.44 | *Glyma*01*g*30910 | Response to cold(Ⅲ) |
| $q-Ec-1-6$ | Gm01_47171146(2) | 2.04(2) | 0.08 | | |
| $q-Ec-1-6$ | Gm01_47171146(2) | 1.74(3) | 0.12 | | |
| $q-Ec-1-7$ | Gm01_52395685(2) | 1.80(3) | 0.13 | *Glyma*01*g*40450 | Protein acetylation(Ⅱ) |
| $q-Ec-2-1$ | Gm02_BLOCK_7189929_7219330(4) | 1.79(1) | 0.38 | *Glyma*02*g*08690 | Nucleic acid binding(Ⅱ) |
| $q-Ec-2-2$ | Gm02_BLOCK_9750555_9949980(6) | 10.43(2) | 0.65 | *Glyma*02*g*11151 | Protein phosphorylation(Ⅱ) |
| $q-Ec-2-3$ | Gm02_28132564(2) | 4.60(3) | 0.39 | *Glyma*02*g*27033 | Post-embryonic development(Ⅰ) |
| $q-Ec-2-4$ | Gm02_31086038(2) | 2.05(2) | 0.08 | *Glyma*02*g*29170 | Protein dephosphorylation(Ⅱ) |
| $q-Ec-2-5$ | Gm02_37252219(2) | 1.78(1) | 0.21 | *Glyma*02*g*33350 | Carboxylesterase activity(Ⅱ) |
| $q-Ec-2-6$ | Gm02_37255437(2) | 4.81(1) | 0.69 | | |
| $q-Ec-2-7$ | Gm02_38525839(2) | 1.30(2) | 0.04 | | |
| $q-Ec-3-1$ | Gm03_BLOCK_847957_1032296(4) | 7.50(1) | 1.41 | *Glyma*03*g*00670 | Photomorphogenesis(Ⅰ) |
| $q-Ec-3-2$ | Gm03_BLOCK_1666493_1855742(5) | 20.30(1) | 3.84 | | |
| $q-Ec-3-3$ | Gm03_11519866(2) | 1.40(2) | 0.05 | | |
| $q-Ec-3-4$ | Gm03_13891075(2) | 3.36(1) | 0.46 | | |
| $q-Ec-3-5$ | Gm03_25269652(2) | 3.08(1) | 0.41 | | |
| $q-Ec-3-6$ | Gm03_BLOCK_25971825_25971887(2) | 2.82(1) | 0.37 | | |
| $q-Ec-3-7$ | Gm03_42480229(2) | 4.07(3) | 0.34 | *Glyma*03*g*35860 | Chloroplast(Ⅰ) |
| $q-Ec-3-8$ | Gm03_45093439(2) | 1.53(2) | 0.05 | | |
| $q-Ec-4-1$ | Gm04_BLOCK_4174137_4368977(7) | 18.56(1) | 3.77 | *Glyma*04*g*05471 | Plastid(Ⅰ) |
| $q-Ec-4-2$ | Gm04_BLOCK_5052412_5052964(2) | 1.92(2) | 0.07 | | |
| $q-Ec-4-3$ | Gm04_BLOCK_6597882_6598122(2) | 8.22(2) | 0.38 | *Glyma*04*g*08380 | Oxygen transport(Ⅲ) |
| $q-Ec-4-4$ | Gm04_BLOCK_12353693_12432664(6) | 15.93(1) | 3.17 | *Glyma*04*g*13088 | Chloroplast(Ⅰ) |
| $q-Ec-4-5$ | Gm04_BLOCK_15539474_15739342(10) | 8.36(3) | 1.26 | *Glyma*04*g*14970 | Response to karrikin(Ⅲ) |
| $q-Ec-4-6$ | Gm04_BLOCK_22599042_22729000(7) | 15.42(2) | 0.95 | *Glyma*04*g*20400 | Chloroplast(Ⅰ) |
| $q-Ec-4-7$ | Gm04_BLOCK_29786106_29889537(5) | 13.67(1) | 2.63 | | |
| $q-Ec-5-1$ | Gm05_BLOCK_1778888_1779331(3) | 33.33(2) | 1.74 | *Glyma*05*g*01956 | Molecular function(Ⅳ) |
| $q-Ec-5-2$ | Gm05_5753896(2) | 1.92(3) | 0.14 | | |
| $q-Ec-5-3$ | Gm05_BLOCK_9881350_9881371(4) | 8.33(2) | 0.47 | | |
| $q-Ec-5-4$ | Gm05_13549282(2) | 3.34(3) | 0.27 | | |
| $q-Ec-5-5$ | Gm05_13999390(2) | 5.97(3) | 0.52 | | |

续表 5 - 10

| QTL | SNPLDB (等位变异数) | $-\log_{10}P$ (生态亚区) | $R^2$/% | 候选基因 | 基因功能(类别) |
|---|---|---|---|---|---|
| *q - Ec* - 5 - 6 | Gm05_18127048(2) | 1.73(3) | 0.12 | | |
| *q - Ec* - 5 - 7 | Gm05_BLOCK_18932932_19132793(5) | 22.43(2) | 1.26 | | |
| *q - Ec* - 5 - 8 | Gm05_22820663(2) | 3.35(3) | 0.27 | | |
| *q - Ec* - 6 - 1 | Gm06_4265210(2) | 9.35(1) | 1.45 | *Glyma*06*g*05950 | Carbohydrate metabolic process (Ⅱ) |
| *q - Ec* - 6 - 2 | Gm06_4904834(2) | 17.26(2) | 0.84 | | |
| *q - Ec* - 6 - 3 | Gm06_BLOCK_14242272_14385731(4) | 4.11(1) | 0.80 | *Glyma*06*g*18170 | Lipid transport(Ⅲ) |
| *q - Ec* - 6 - 4 | Gm06_BLOCK_15569110_15713936(6) | 5.75(3) | 0.76 | *Glyma*06*g*19077 | Mitochondrion(Ⅳ) |
| *q - Ec* - 6 - 5 | Gm06_19261836(2) | 1.82(2) | 0.07 | *Glyma*06*g*22320 | Biological process(Ⅳ) |
| *q - Ec* - 6 - 6 | Gm06_BLOCK_29107253_29107570(2) | 1.09(3) | 0.07 | *Glyma*06*g*30630 | Biological process(Ⅳ) |
| *q - Ec* - 6 - 7 | Gm06_BLOCK_29800806_29814664(3) | 26.18(2) | 1.36 | | |
| *q - Ec* - 7 - 1 | Gm07_247081(2) | 4.26(1) | 0.60 | *Glyma*07*g*00520 | Jasmonic acid mediated signaling pathway(Ⅲ) |
| *q - Ec* - 7 - 2 | Gm07_2841750(2) | 1.90(2) | 0.07 | *Glyma*07*g*03880 | Nucleus(Ⅱ) |
| *q - Ec* - 7 - 3 | Gm07_6048868(2) | 13.73(1) | 2.20 | *Glyma*07*g*06914 | Nucleus(Ⅱ) |
| *q - Ec* - 7 - 4 | Gm07_22726074(2) | 1.39(1) | 0.15 | | |
| *q - Ec* - 7 - 5 | Gm07_BLOCK_29419963_29419965(2) | 3.30(2) | 0.14 | | |
| *q - Ec* - 7 - 6 | Gm07_30752611(2) | 1.43(2) | 0.05 | | |
| *q - Ec* - 7 - 7 | Gm07_33960104(2) | 3.36(2) | 0.14 | | |
| *q - Ec* - 7 - 8 | Gm07_BLOCK_38065729_38067672(3) | 17.32(2) | 0.90 | *Glyma*07*g*33300 | Nucleotide binding(Ⅱ) |
| *q - Ec* - 7 - 9 | Gm07_42106212(2) | 4.04(2) | 0.17 | *Glyma*07*g*36840 | Cellular carbohydrate metabolic process(Ⅱ) |
| *q - Ec* - 8 - 1 | Gm08_10248581(2) | 2.78(2) | 0.11 | *Glyma*08*g*14735 | |
| *q - Ec* - 8 - 2 | Gm08_13587367(2) | 4.44(2) | 0.19 | *Glyma*08*g*18080 | Salicylic acid biosynthetic process (Ⅲ) |
| *q - Ec* - 8 - 3 | Gm08_BLOCK_27345081_27346270(3) | 1.41(1) | 0.24 | | |
| *q - Ec* - 8 - 4 | Gm08_38440801(2) | 1.95(1) | 0.24 | | |
| *q - Ec* - 9 - 1 | Gm09_BLOCK_12708485_12801466(5) | 2.78(2) | 0.19 | *Glyma*09*g*11896 | |
| *q - Ec* - 9 - 2 | Gm09_BLOCK_20792258_20987342(4) | 1.54(3) | 0.20 | *Glyma*09*g*16841 | Biological process(Ⅳ) |
| *q - Ec* - 9 - 3 | Gm09_BLOCK_25519957_25623218(7) | 4.81(3) | 0.71 | *Glyma*09*g*21070 | Ammonium transport(Ⅲ) |
| *q - Ec* - 10 - 1 | Gm10_2883140(2) | 1.85(3) | 0.13 | *Glyma*10*g*03840 | DNA binding(Ⅱ) |
| *q - Ec* - 10 - 2 | Gm10_12335758(2) | 1.47(2) | 0.05 | *Glyma*10*g*11650 | Biological process(Ⅳ) |
| *q - Ec* - 10 - 3 | Gm10_29779448(2) | 1.52(2) | 0.05 | *Glyma*10*g*23560 | Flower development(Ⅰ) |
| *q - Ec* - 10 - 4 | Gm10_30051534(2) | 3.92(2) | 0.17 | | |
| *q - Ec* - 10 - 5 | Gm10_33725403(2) | 5.85(2) | 0.26 | *Glyma*10*g*25696 | Flower development(Ⅰ) |
| *q - Ec* - 10 - 6 | Gm10_BLOCK_39127158_39130226(3) | 5.75(1) | 0.98 | *Glyma*10*g*30100 | Cellular membrane fusion(Ⅳ) |
| *q - Ec* - 11 - 1 | Gm11_20625359(2) | 4.50(2) | 0.19 | | |

续表 5－10

| QTL | SNPLDB（等位变异数） | $-\log_{10}P$（生态亚区） | $R^2$/% | 候选基因 | 基因功能（类别） |
| --- | --- | --- | --- | --- | --- |
| *q－Ec*－11－2 | Gm11_BLOCK_29725520_29921737(7) | 6.39(2) | 0.45 | *Glyma*11*g*29320 | Chloroplast( Ⅰ ) |
| *q－Ec*－12－1 | Gm12_6258288(2) | 8.68(3) | 0.79 | *Glyma*12*g*08070 | RNA binding( Ⅱ ) |
| *q－Ec*－12－2 | Gm12_25979995(2) | 11.09(2) | 0.53 | | |
| *q－Ec*－12－3 | Gm12_28568273(2) | 2.42(3) | 0.18 | | |
| *q－Ec*－13－1 | Gm13_BLOCK_9922025_10011933(6) | 5.04(3) | 0.68 | *Glyma*13*g*09083 | Jasmonic acid mediated signaling pathway( Ⅲ ) |
| *q－Ec*－13－2 | Gm13_15689024(2) | 3.51(3) | 0.29 | | |
| *q－Ec*－13－3 | Gm13_BLOCK_28247271_28445354(6) | 9.05(3) | 1.12 | *Glyma*13*g*25200 | Chloroplast( Ⅰ ) |
| *q－Ec*－13－4 | Gm13_BLOCK_30512788_30522967(3) | 9.91(2) | 0.51 | *Glyma*13*g*27430 | Response to UV( Ⅰ ) |
| *q－Ec*－14－1 | Gm14_BLOCK_10422566_10517924(4) | 8.75(2) | 0.49 | *Glyma*14*g*11490 | Protein kinase activity( Ⅱ ) |
| *q－Ec*－14－2 | Gm14_35174314(2) | 2.77(3) | 0.22 | | |
| *q－Ec*－14－3 | Gm14_48655055(2) | 1.65(2) | 0.06 | *Glyma*14*g*39375 | Nucleus( Ⅱ ) |
| *q－Ec*－15－1 | Gm15_4184939(2) | 1.89(2) | 0.07 | *Glyma*15*g*05891 | Chloroplast( Ⅰ ) |
| *q－Ec*－15－2 | Gm15_BLOCK_7024698_7024740(2) | 1.64(1) | 0.19 | *Glyma*15*g*10791 | Protein glycosylation( Ⅱ ) |
| *q－Ec*－15－3 | Gm15_BLOCK_7483684_7680382(6) | 26.71(1) | 5.16 | | |
| *q－Ec*－15－4 | Gm15_BLOCK_11248246_11310309(4) | 10.61(1) | 1.96 | *Glyma*15*g*14790 | Response to brassinosteroid stimulus( Ⅲ ) |
| *q－Ec*－15－5 | Gm15_BLOCK_14788993_14945516(5) | 21.22(2) | 1.19 | *Glyma*15*g*18210 | DNA endoreduplication( Ⅱ ) |
| *q－Ec*－15－5 | Gm15_BLOCK_14788993_14945516(5) | 9.53(3) | 1.11 | *Glyma*15*g*18210 | DNA endoreduplication( Ⅱ ) |
| *q－Ec*－15－6 | Gm15_BLOCK_15826448_15955459(7) | 6.12(2) | 0.44 | | |
| *q－Ec*－15－7 | Gm15_BLOCK_17263902_17384323(6) | 14.18(2) | 0.85 | *Glyma*15*g*20000 | Embryo sac egg cell differentiation ( Ⅰ ) |
| *q－Ec*－15－8 | Gm15_37924518(2) | 2.17(1) | 0.27 | | |
| *q－Ec*－15－9 | Gm15_47703261(2) | 3.53(3) | 0.29 | *Glyma*15*g*40450 | Photosynthesis( Ⅰ ) |
| *q－Ec*－16－1 | Gm16_2178455(2) | 2.88(3) | 0.23 | *Glyma*16*g*02580 | Pyridoxine biosynthetic process ( Ⅲ ) |
| *q－Ec*－16－2 | Gm16_BLOCK_5026911_5040042(2) | 4.17(2) | 0.18 | *Glyma*16*g*05520 | Heat acclimation( Ⅲ ) |
| *q－Ec*－16－3 | Gm16_BLOCK_36163779_36164024(4) | 10.80(2) | 0.60 | *Glyma*16*g*33140 | |
| *q－Ec*－17－1 | Gm17_1178117(2) | 1.84(3) | 0.13 | *Glyma*17*g*01900 | Chloroplast( Ⅰ ) |
| *q－Ec*－17－2 | Gm17_18523997(2) | 1.44(3) | 0.10 | *Glyma*17*g*20020 | Chloroplast( Ⅰ ) |
| *q－Ec*－17－3 | Gm17_BLOCK_23293524_23312853(4) | 10.94(3) | 1.19 | *Glyma*17*g*23481 | |
| *q－Ec*－17－4 | Gm17_23976619(2) | 4.00(3) | 0.33 | | |
| *q－Ec*－17－5 | Gm17_BLOCK_29153362_29289987(7) | 7.22(3) | 0.98 | *Glyma*17*g*27250 | Nucleic acid binding( Ⅱ ) |
| *q－Ec*－18－1 | Gm18_BLOCK_5017519_5183909(5) | 10.83(3) | 1.25 | *Glyma*18*g*06620 | Protein glycosylation( Ⅱ ) |
| *q－Ec*－18－2 | Gm18_18320711(2) | 2.33(2) | 0.09 | *Glyma*18*g*17227 | Anthocyanin accumulation in tissues in response to UV light( Ⅰ ) |
| *q－Ec*－18－3 | Gm18_BLOCK_43110776_43309616(3) | 5.58(2) | 0.29 | *Glyma*18*g*36455 | Nucleus( Ⅱ ) |

续表 5 - 10

| QTL | SNPLDB（等位变异数） | $-\log_{10}P$（生态亚区） | $R^2$/% | 候选基因 | 基因功能（类别） |
| --- | --- | --- | --- | --- | --- |
| *q* - *Ec* - 18 - 4 | Gm18_44145846(2) | 3.39(3) | 0.27 | | |
| *q* - *Ec* - 18 - 5 | Gm18_BLOCK_47112819_47310546(4) | 2.36(1) | 0.49 | *Glyma*18*g*38935 | Response to red or far red light (Ⅰ) |
| *q* - *Ec* - 18 - 6 | Gm18_BLOCK_55491235_55499718(2) | 6.23(1) | 0.93 | *Glyma*18*g*45582 | Nucleotide binding(Ⅱ) |
| *q* - *Ec* - 18 - 7 | Gm18_58856851(2) | 5.63(2) | 0.25 | *Glyma*18*g*49450 | Mitochondrion(Ⅳ) |
| *q* - *Ec* - 19 - 1 | Gm19_BLOCK_3882176_3978028(6) | 9.08(1) | 1.91 | *Glyma*19*g*04140 | Protein phosphorylation(Ⅱ) |
| *q* - *Ec* - 19 - 2 | Gm19_BLOCK_9054647_9253502(8) | 5.76(1) | 1.46 | *Glyma*19*g*07790 | Response to salt stress(Ⅲ) |
| *q* - *Ec* - 19 - 3 | Gm19_21735820(2) | 1.68(1) | 0.20 | | |
| *q* - *Ec* - 19 - 4 | Gm19_BLOCK_28526589_28688919(7) | 2.99(3) | 0.49 | *Glyma*19*g*23140 | Nucleus(Ⅱ) |
| *q* - *Ec* - 19 - 5 | Gm19_28735183(2) | 1.39(3) | 0.09 | | |
| *q* - *Ec* - 19 - 6 | Gm19_49980741(2) | 4.64(2) | 0.20 | *Glyma*19*g*45180 | Chloroplast(Ⅰ) |
| *q* - *Ec* - 20 - 1 | Gm20_6184728(2) | 2.26(3) | 0.17 | | |
| *q* - *Ec* - 20 - 2 | Gm20_36583204(2) | 1.69(2) | 0.06 | *Glyma*20*g*28050 | Positive regulation of flower development(Ⅰ) |
| *q* - *Ec* - 20 - 3 | Gm20_BLOCK_41697267_41720453(7) | 7.92(1) | 1.79 | *Glyma*20*g*33110 | Mitosis(Ⅱ) |

| 亚区 | 组中值 | | | | | | | | | 位点数目 | 贡献率/% | 位点平均贡献率/% | 变幅/% |
| --- | --- | --- | --- | --- | --- | --- | --- | --- | --- | --- | --- | --- | --- |
| | 0.25 | 0.75 | 1.25 | 1.75 | 2.25 | 2.75 | 3.25 | 3.75 | >4.00 | | | | |
| Sub - 1 | 12 | 7 | 3 | 3 | 1 | 1 | 1 | 2 | 1 | 31 | 39.50 | 1.27 | 0.15 ~ 5.16 |
| Sub - 2 | 34 | 8 | 3 | 1 | 0 | 0 | 0 | 0 | 0 | 46 | 17.47 | 0.38 | 0.04 ~ 1.74 |
| Sub - 3 | 25 | 6 | 5 | 0 | 0 | 0 | 0 | 0 | 0 | 36 | 15.73 | 0.44 | 0.07 ~ 1.26 |

注：QTL 的命名由 4 部分组成，依次为 QTL 标志 - 性状 - 染色体 - 在染色体的相对位置。如 *q* - *Ph* - 1 - 1，其中"*q* - "表示该位点为 QTL，" - *Ec*" 表示该 QTL 控制表观收获指数，" - 1"表示 1 号染色体，而其后的" - 1"表示该位点的物理位置在本研究定位的该条染色体的 QTL 中排在第一位。在基因功能分类中，Ⅰ为花发育相关的基因，Ⅱ为代谢相关的候选基因，Ⅲ为信号转导、植物激素调节、运输相关的基因，Ⅳ为其他及未知生物途径基因。

**表 5 - 11　东北各亚区主茎荚数定位结果**

| QTL | SNPLDB（等位变异数） | $-\log_{10}P$（生态亚区） | $R^2$/% | 已报道 QTL | 候选基因 | 基因功能（类别） |
| --- | --- | --- | --- | --- | --- | --- |
| *q* - *Pn* - 1 - 1 | Gm01_419045(2) | 1.74(2) | 0.15 | | *Glyma*01*g*00380 | Pollen exine formation(Ⅰ) |
| *q* - *Pn* - 1 - 2 | Gm01_17738048(2) | 2.93(2) | 0.50 | | *Glyma*01*g*14373 | Biological process(Ⅳ) |
| *q* - *Pn* - 1 - 3 | Gm01_22105537(2) | 2.24(2) | 0.20 | | | |
| *q* - *Pn* - 1 - 4 | Gm01_24340203(2) | 1.96(2) | 0.31 | | | |
| *q* - *Pn* - 1 - 5 | Gm01_30457281(2) | 5.45(2) | 0.60 | | *Glyma*01*g*23427 | Cytokinesis by cell plate formation(Ⅰ) |
| *q* - *Pn* - 1 - 6 | Gm01_BLOCK_42950450_43092571(5) | 10.48(5) | 0.75 | | *Glyma*01*g*31860 | Salicylic acid biosynthetic process(Ⅲ) |
| *q* - *Pn* - 1 - 7 | Gm01_BLOCK_43173973_43364041(3) | 22.56(3) | 1.42 | | | |

续表 5 - 11

| QTL | SNPLDB（等位变异数） | $-\log_{10}P$（生态亚区） | $R^2$/% | 已报道QTL | 候选基因 | 基因功能(类别) |
|---|---|---|---|---|---|---|
| *q-Pn-1-8* | Gm01_BLOCK_52750312_52833596(3) | 3.08(3) | 0.39 | | *Glyma01g41840* | |
| *q-Pn-1-9* | Gm01_BLOCK_53242313_53272273(2) | 1.84(2) | 0.08 | | | |
| *q-Pn-2-1* | Gm02_BLOCK_182080_340024(6) | 5.53(6) | 0.88 | | *Glyma02g00700* | Photomorphogenesis(Ⅰ) |
| *q-Pn-2-2* | Gm02_4598940(2) | 13.39(2) | 1.55 | 1-1 | *Glyma02g05740* | Signal transduction(Ⅳ) |
| *q-Pn-2-3* | Gm02_5967462(2) | 5.09(2) | 0.52 | 1-1 | *Glyma02g07270* | Response to UV-B(Ⅰ) |
| *q-Pn-2-4* | Gm02_BLOCK_6273618_6448949(5) | 11.90(5) | 1.74 | 1-1 | | |
| *q-Pn-2-5* | Gm02_BLOCK_7555828_7752443(8) | 36.87(8) | 2.62 | 1-1 | *Glyma02g09162* | Negative regulation of cell differentiation(Ⅰ) |
| *q-Pn-2-6* | Gm02_BLOCK_13850845_13878024(4) | 2.01(4) | 0.32 | | *Glyma02g15550* | Salicylic acid biosynthetic process(Ⅲ) |
| *q-Pn-2-7* | Gm02_15551303(2) | 4.21(2) | 0.45 | | *Glyma02g16911* | Biological process(Ⅳ) |
| *q-Pn-2-8* | Gm02_19382727(2) | 5.15(2) | 0.27 | | *Glyma02g19592* | Protein N-linked glycosylation(Ⅱ) |
| *q-Pn-2-9* | Gm02_21423693(2) | 24.91(2) | 1.50 | | *Glyma02g21820* | Regulation of transcription (Ⅳ) |
| *q-Pn-2-10* | Gm02_BLOCK_22523129_22554780(7) | 7.01(7) | 1.15 | | | |
| *q-Pn-2-11* | Gm02_BLOCK_23699825_23704107(3) | 4.03(3) | 0.89 | | | |
| *q-Pn-2-12* | Gm02_BLOCK_26519323_26717937(6) | 29.98(6) | 4.53 | | | |
| *q-Pn-2-13* | Gm02_33683775(2) | 1.54(2) | 0.06 | | *Glyma02g31001* | |
| *q-Pn-3-1* | Gm03_345194(2) | 3.69(2) | 0.66 | | *Glyma03g00960* | Embryo development(Ⅰ) |
| *q-Pn-3-2* | Gm03_BLOCK_24010005_24164157(5) | 5.81(5) | 0.44 | | | |
| *q-Pn-3-3* | Gm03_BLOCK_36130957_36130995(3) | 3.05(3) | 0.39 | | *Glyma03g28930* | Protein folding(Ⅱ) |
| *q-Pn-3-4* | Gm03_BLOCK_36439214_36504509(4) | 11.99(4) | 1.66 | | | |
| *q-Pn-3-5* | Gm03_BLOCK_38083308_38112248(4) | 2.51(4) | 0.66 | | *Glyma03g30270* | Biological process(Ⅳ) |
| *q-Pn-3-6* | Gm03_43946329(2) | 4.38(2) | 0.47 | | *Glyma03g38220* | Protein folding(Ⅱ) |
| *q-Pn-3-7* | Gm03_BLOCK_44024588_44035691(3) | 2.09(3) | 0.13 | | | |
| *q-Pn-3-8* | Gm03_BLOCK_44442395_44457192(4) | 9.59(4) | 0.65 | | | |
| *q-Pn-3-9* | Gm03_47236136(2) | 37.12(2) | 5.09 | | *Glyma03g41880* | Cell wall modification(Ⅰ) |
| *q-Pn-4-1* | Gm04_1470529(2) | 3.27(2) | 0.16 | | *Glyma04g02120* | Biological process(Ⅳ) |
| *q-Pn-4-2* | Gm04_14758735(2) | 8.02(2) | 0.92 | 4-1 | *Glyma04g14551* | Biological process(Ⅳ) |
| *q-Pn-4-3* | Gm04_BLOCK_17170390_17334417(9) | 17.05(9) | 1.34 | 4-1 | *Glyma04g16100* | Vegetative to reproductive phase transition of meristem (Ⅰ) |
| *q-Pn-4-4* | Gm04_BLOCK_23716824_23851634(6) | 41.70(6) | 6.59 | 4-1 | *Glyma04g21090* | |
| *q-Pn-4-5* | Gm04_34388114(2) | 2.90(2) | 0.14 | 4-1 | | |
| *q-Pn-4-6* | Gm04_36083929(2) | 4.48(2) | 0.83 | 4-1 | | |
| *q-Pn-4-7* | Gm04_BLOCK_40682524_40778569(3) | 8.44(3) | 0.53 | 4-1 | *Glyma04g34420* | Protein folding(Ⅱ) |

续表 5 - 11

| QTL | SNPLDB（等位变异数） | $-\log_{10}P$（生态亚区） | $R^2$/% | 已报道QTL | 候选基因 | 基因功能（类别） |
|---|---|---|---|---|---|---|
| q-Pn-4-8 | Gm04_BLOCK_46959555_47082072(3) | 19.25(3) | 2.49 | | *Glyma*04*g*40720 | Translational elongation( Ⅰ ) |
| q-Pn-5-1 | Gm05_262381(2) | 1.56(2) | 0.23 | | *Glyma*05*g*00470 | Biological process( Ⅳ ) |
| q-Pn-5-2 | Gm05_14167061(2) | 11.46(2) | 1.30 | | | |
| q-Pn-5-3 | Gm05_BLOCK_28212137_28403450(3) | 1.37(3) | 0.08 | | *Glyma*05*g*23000 | Biological process( Ⅳ ) |
| q-Pn-5-4 | Gm05_BLOCK_31599573_31773904(9) | 3.91(9) | 0.77 | | *Glyma*05*g*26100 | Protein metabolic process( Ⅱ ) |
| q-Pn-5-5 | Gm05_33066951(2) | 4.29(2) | 0.46 | | *Glyma*05*g*27300 | Defense response to bacterium( Ⅲ ) |
| q-Pn-5-6 | Gm05_BLOCK_33803074_33915070(6) | 5.86(6) | 0.48 | | | |
| q-Pn-6-1 | Gm06_BLOCK_1267892_1440171(4) | 2.70(4) | 0.41 | | *Glyma*06*g*01860 | Response to light stimulus( Ⅰ ) |
| q-Pn-6-2 | Gm06_BLOCK_2964331_3158269(6) | 50.62(6) | 8.34 | | *Glyma*06*g*03560 | Response to sucrose stimulus( Ⅱ ) |
| q-Pn-6-3 | Gm06_BLOCK_7897561_7944643(6) | 7.51(6) | 0.59 | | *Glyma*06*g*10555 | |
| q-Pn-6-4 | Gm06_BLOCK_11772228_11943001(3) | 3.52(3) | 0.78 | | *Glyma*06*g*15820 | Pollen tube growth( Ⅰ ) |
| q-Pn-6-5 | Gm06_24526354(2) | 5.72(2) | 0.63 | 3-4 | | |
| q-Pn-6-6 | Gm06_30315963(2) | 5.55(2) | 1.06 | 3-4 | | |
| q-Pn-6-7 | Gm06_31481582(2) | 4.29(2) | 0.46 | 3-4 | *Glyma*06*g*31550 | Response to ethylene stimulus( Ⅰ ) |
| q-Pn-6-8 | Gm06_45233361(2) | 5.56(2) | 1.06 | | *Glyma*06*g*43020 | Cell wall modification( Ⅰ ) |
| q-Pn-6-9 | Gm06_BLOCK_46115572_46202336(6) | 7.70(6) | 1.24 | | | |
| q-Pn-6-10 | Gm06_BLOCK_46502826_46695936(5) | 13.54(5) | 1.96 | | | |
| q-Pn-6-11 | Gm06_BLOCK_47534760_47708699(6) | 3.46(6) | 0.64 | | | |
| q-Pn-6-12 | Gm06_BLOCK_49230745_49407265(4) | 2.37(4) | 0.37 | | *Glyma*06*g*46210 | Auxin mediated signaling pathway( Ⅲ ) |
| q-Pn-6-13 | Gm06_BLOCK_49503839_49503842(3) | 1.45(3) | 0.19 | | | |
| q-Pn-7-1 | Gm07_4252165(2) | 4.17(2) | 0.41 | | *Glyma*07*g*05620 | DNA catabolic process( Ⅱ ) |
| q-Pn-7-2 | Gm07_BLOCK_12703101_12901706(3) | 1.49(3) | 0.33 | | *Glyma*07*g*14010 | Alkane biosynthetic process( Ⅲ ) |
| q-Pn-7-3 | Gm07_14259728(2) | 12.96(2) | 0.75 | | | |
| q-Pn-7-4 | Gm07_BLOCK_15734545_15840799(7) | 5.52(7) | 0.48 | | *Glyma*07*g*16440 | Protein phosphorylation( Ⅲ ) |
| q-Pn-7-5 | Gm07_BLOCK_18535728_18535963(3) | 2.19(3) | 0.26 | | *Glyma*07*g*19040 | Signal transduction( Ⅳ ) |
| q-Pn-7-6 | Gm07_23689131(2) | 6.94(2) | 0.79 | | | |
| q-Pn-7-7 | Gm07_23701848(2) | 5.46(2) | 1.04 | | | |
| q-Pn-8-1 | Gm08_BLOCK_10275062_10298330(4) | 6.70(4) | 1.64 | 1-4 | *Glyma*08*g*15715 | Acetyl-coa metabolic process( Ⅲ ) |
| q-Pn-8-2 | Gm08_11122920(2) | 2.75(2) | 0.13 | | | |

续表 5－11

| QTL | SNPLDB（等位变异数） | $-\log_{10}P$（生态亚区） | $R^2$/% | 已报道QTL | 候选基因 | 基因功能(类别) |
|---|---|---|---|---|---|---|
| *q－Pn－8－3* | Gm08_12178930(2) | 13.33(2) | 1.54 | | *Glyma*08*g*16620 | Pollen tube growth(Ⅰ) |
| *q－Pn－8－4* | Gm08_BLOCK_17923161_18102178(5) | 15.97(5) | 2.29 | | *Glyma*08*g*23494 | |
| *q－Pn－8－5* | Gm08_20319112(2) | 2.34(2) | 0.22 | | | |
| *q－Pn－8－6* | Gm08_25180018(2) | 8.85(2) | 1.77 | | | |
| *q－Pn－8－7* | Gm08_BLOCK_28094612_28121642(3) | 9.26(3) | 1.14 | | *Glyma*08*g*32390 | |
| *q－Pn－8－8* | Gm08_BLOCK_30313874_30313886(2) | 4.92(2) | 0.53 | | | |
| *q－Pn－8－9* | Gm08_34688274(2) | 1.92(2) | 0.16 | | *Glyma*08*g*36560 | |
| *q－Pn－8－10* | Gm08_BLOCK_34717099_34867786(5) | 6.20(5) | 0.96 | | | |
| *q－Pn－8－11* | Gm08_BLOCK_36958853_37157326(4) | 1.78(4) | 0.14 | | *Glyma*08*g*38150 | Endocytosis(Ⅰ) |
| *q－Pn－8－12* | Gm08_BLOCK_38429835_38429879(2) | 2.72(2) | 0.46 | | *Glyma*08*g*38800 | Embryonic pattern specification(Ⅰ) |
| *q－Pn－8－13* | Gm08_BLOCK_43004125_43202691(5) | 4.81(5) | 1.33 | | *Glyma*08*g*43390 | Response to salt stress(Ⅲ) |
| *q－Pn－9－1* | Gm09_9429587(2) | 12.04(2) | 0.69 | | | |
| *q－Pn－9－2* | Gm09_16787245(2) | 2.51(2) | 0.12 | | | |
| *q－Pn－9－3* | Gm09_21492439(2) | 1.45(2) | 0.21 | | *Glyma*09*g*17231 | |
| *q－Pn－9－4* | Gm09_21622208(2) | 1.48(2) | 0.12 | | | |
| *q－Pn－9－5* | Gm09_23913685(2) | 4.60(2) | 0.50 | | *Glyma*09*g*19520 | |
| *q－Pn－9－6* | Gm09_BLOCK_27010347_27209913(4) | 3.46(4) | 0.89 | | *Glyma*09*g*22854 | Pyrimidine ribonucleotide biosynthetic process(Ⅱ) |
| *q－Pn－9－7* | Gm09_BLOCK_28000969_28001000(3) | 1.79(3) | 0.39 | | | |
| *q－Pn－9－8* | Gm09_30578854(2) | 1.52(2) | 0.22 | | *Glyma*09*g*24450 | Response to ethylene stimulus(Ⅰ) |
| *q－Pn－9－9* | Gm09_BLOCK_34410132_34609514(7) | 10.76(7) | 3.02 | | *Glyma*09*g*27516 | Metabolic process(Ⅲ) |
| *q－Pn－10－1* | Gm10_BLOCK_2137913_2303960(5) | 17.74(5) | 2.50 | | *Glyma*10*g*02950 | Chloroplast organization(Ⅲ) |
| *q－Pn－10－2* | Gm10_3719839(2) | 7.71(2) | 0.83 | | *Glyma*10*g*04760 | Auxin biosynthetic process(Ⅲ) |
| *q－Pn－10－3* | Gm10_BLOCK_7079500_7083670(2) | 1.69(2) | 0.26 | | *Glyma*10*g*08386 | Chloroplast fission(Ⅳ) |
| *q－Pn－10－4* | Gm10_BLOCK_16506313_16636031(3) | 3.46(3) | 0.77 | | *Glyma*10*g*14620 | |
| *q－Pn－10－5* | Gm10_BLOCK_24676338_24859976(4) | 4.43(4) | 0.65 | | *Glyma*10*g*19710 | Biological process(Ⅳ) |
| *q－Pn－10－6* | Gm10_39709433(2) | 1.33(2) | 0.11 | 2－2 | *Glyma*10*g*30930 | Biological process(Ⅳ) |
| *q－Pn－10－7* | Gm10_BLOCK_45964483_46015506(3) | 2.54(3) | 0.56 | 8－3 | *Glyma*10*g*37971 | Embryo sac egg cell differentiation(Ⅰ) |
| *q－Pn－11－1* | Gm11_BLOCK_3266950_3452328(6) | 5.89(6) | 0.99 | | *Glyma*11*g*04950 | Metabolic process(Ⅲ) |
| *q－Pn－11－2* | Gm11_9007915(2) | 7.25(2) | 0.40 | 3－2 | *Glyma*11*g*12490 | Response to salt stress(Ⅲ) |
| *q－Pn－11－3* | Gm11_13359133(2) | 3.51(2) | 0.36 | | | |
| *q－Pn－11－4* | Gm11_25574675(2) | 2.50(2) | 0.12 | | | |

续表 5－11

| QTL | SNPLDB（等位变异数） | $-\log_{10}P$（生态亚区） | $R^2$/% | 已报道 QTL | 候选基因 | 基因功能(类别) |
|---|---|---|---|---|---|---|
| *q－Pn*－11－5 | Gm11_37060281(2) | 4.72(2) | 0.25 | | *Glyma*11*g*35790 | Biological process(Ⅳ) |
| *q－Pn*－12－1 | Gm12_8030059(2) | 5.79(2) | 0.31 | | | |
| *q－Pn*－12－2 | Gm12_BLOCK_17012994_17212906(5) | 10.90(5) | 0.77 | | *Glyma*12*g*16874 | Response to auxin stimulus (Ⅲ) |
| *q－Pn*－12－3 | Gm12_23435672(2) | 1.45(2) | 0.06 | | | |
| *q－Pn*－12－4 | Gm12_32011291(2) | 6.84(2) | 0.77 | | *Glyma*12*g*29120 | |
| *q－Pn*－13－1 | Gm13_245116(2) | 2.40(2) | 0.11 | | *Glyma*13*g*00490 | Biological process(Ⅳ) |
| *q－Pn*－13－2 | Gm13_BLOCK_2504952_2584197(5) | 14.13(5) | 0.98 | | *Glyma*13*g*02620 | Floral organ formation(Ⅰ) |
| *q－Pn*－13－3 | Gm13_13968034(2) | 2.73(2) | 0.27 | | *Glyma*13*g*11690 | Biological process(Ⅳ) |
| *q－Pn*－13－4 | Gm13_16212493(2) | 2.01(2) | 0.17 | | *Glyma*13*g*12565 | Carboxylic acid metabolic process(Ⅱ) |
| *q－Pn*－13－5 | Gm13_18248634(2) | 8.12(2) | 1.61 | | | |
| *q－Pn*－13－6 | Gm13_BLOCK_22210877_22408275(4) | 6.03(4) | 1.49 | | *Glyma*13*g*18581 | Phospholipid transport(Ⅲ) |
| *q－Pn*－13－7 | Gm13_24251959(2) | 6.02(2) | 0.67 | | *Glyma*13*g*20770 | Response to auxin stimulus (Ⅲ) |
| *q－Pn*－13－8 | Gm13_32953262(2) | 5.59(2) | 0.30 | | | |
| *q－Pn*－13－9 | Gm13_BLOCK_44390029_44390330(2) | 1.70(2) | 0.26 | | *Glyma*13*g*44970 | Indoleacetic acid biosynthetic process(Ⅲ) |
| *q－Pn*－14－1 | Gm14_4011480(2) | 4.66(2) | 0.47 | | *Glyma*14*g*05270 | Response to auxin stimulus (Ⅲ) |
| *q－Pn*－14－2 | Gm14_BLOCK_6387928_6583078(10) | 24.60(10) | 1.89 | | *Glyma*14*g*08050 | Protein ubiquitination(Ⅱ) |
| *q－Pn*－14－3 | Gm14_23956435(2) | 2.81(2) | 0.26 | | *Glyma*14*g*20560 | |
| *q－Pn*－14－4 | Gm14_BLOCK_43439845_43550457(4) | 4.97(4) | 0.35 | | *Glyma*14*g*34750 | Transport(Ⅲ) |
| *q－Pn*－14－5 | Gm14_BLOCK_46511727_46621281(6) | 9.52(6) | 0.72 | | *Glyma*14*g*37400 | Cellular response to light stimulus(Ⅰ) |
| *q－Pn*－14－6 | Gm14_46861487(2) | 1.52(2) | 0.13 | | | |
| *q－Pn*－14－7 | Gm14_BLOCK_48732871_48772551(3) | 14.87(3) | 0.93 | | *Glyma*14*g*39910 | Proteolysis(Ⅱ) |
| *q－Pn*－15－1 | Gm15_230835(2) | 2.19(2) | 0.19 | | *Glyma*15*g*01520 | Asparagine catabolic process (Ⅱ) |
| *q－Pn*－15－2 | Gm15_BLOCK_956062_1025225(4) | 21.71(4) | 2.97 | | | |
| *q－Pn*－15－3 | Gm15_BLOCK_2196005_2196010(2) | 1.34(2) | 0.05 | | *Glyma*15*g*03360 | Thiamine biosynthetic process(Ⅲ) |
| *q－Pn*－15－4 | Gm15_BLOCK_3302885_3314197(3) | 20.73(3) | 1.30 | | *Glyma*15*g*04750 | Exocytosis(Ⅰ) |
| *q－Pn*－15－5 | Gm15_BLOCK_19628049_19827061(6) | 20.76(6) | 3.06 | | *Glyma*15*g*21391 | |
| *q－Pn*－15－6 | Gm15_BLOCK_24390757_24464818(5) | 23.42(5) | 1.59 | | *Glyma*15*g*23880 | |
| *q－Pn*－15－7 | Gm15_26261358(2) | 1.62(2) | 0.14 | | *Glyma*15*g*25085 | |
| *q－Pn*－16－1 | Gm16_2810350(2) | 2.32(2) | 0.38 | | *Glyma*16*g*03875 | Pollen development(Ⅰ) |

续表 5-11

| QTL | SNPLDB（等位变异数） | $-\log_{10}P$（生态亚区） | $R^2$/% | 已报道 QTL | 候选基因 | 基因功能（类别） |
|---|---|---|---|---|---|---|
| *q-Pn-16-2* | Gm16_6536022(2) | 9.27(2) | 1.02 | | *Glyma*16*g*07280 | Positive regulation of cell proliferation(Ⅰ) |
| *q-Pn-16-3* | Gm16_6536290(2) | 3.25(2) | 0.33 | | | |
| *q-Pn-16-4* | Gm16_11704809(2) | 4.51(2) | 0.45 | | | |
| *q-Pn-16-5* | Gm16_20028251(2) | 3.40(2) | 0.17 | | *Glyma*16*g*18183 | Protein phosphorylation(Ⅲ) |
| *q-Pn-16-6* | Gm16_36597118(2) | 2.08(2) | 0.33 | | *Glyma*16*g*33140 | |
| *q-Pn-17-1* | Gm17_BLOCK_4769567_4854193(4) | 1.75(4) | 0.28 | | *Glyma*17*g*06810 | N-terminal protein myristoylation(Ⅱ) |
| *q-Pn-17-2* | Gm17_8082932(2) | 3.83(2) | 0.40 | | *Glyma*17*g*10760 | Response to abscisic acid stimulus(Ⅳ) |
| *q-Pn-17-3* | Gm17_BLOCK_23977179_23977181(2) | 9.17(2) | 1.01 | | *Glyma*17*g*23640 | |
| *q-Pn-17-4* | Gm17_28832194(2) | 2.11(2) | 0.34 | | | |
| *q-Pn-17-5* | Gm17_BLOCK_34054335_34248821(4) | 16.38(4) | 1.08 | | *Glyma*17*g*31376 | Meiotic chromosome segregation(Ⅱ) |
| *q-Pn-17-6* | Gm17_BLOCK_40209027_40350123(4) | 4.65(4) | 1.17 | | *Glyma*17*g*36230 | G2 phase of mitotic cell cycle(Ⅱ) |
| *q-Pn-18-1* | Gm18_BLOCK_15431866_15492168(2) | 3.15(2) | 0.30 | | *Glyma*18*g*15295 | |
| *q-Pn-18-2* | Gm18_17254571(2) | 10.01(2) | 1.17 | | *Glyma*18*g*16761 | Proteolysis(Ⅱ) |
| *q-Pn-18-3* | Gm18_27571618(2) | 1.67(2) | 0.25 | | | |
| *q-Pn-18-4* | Gm18_BLOCK_31091719_31291015(6) | 21.67(6) | 3.20 | | | |
| *q-Pn-18-5* | Gm18_36122682(2) | 1.47(2) | 0.22 | | | |
| *q-Pn-18-6* | Gm18_BLOCK_36650106_36849082(6) | 10.18(6) | 2.75 | | | |
| *q-Pn-18-7* | Gm18_BLOCK_39164163_39359903(5) | 8.51(5) | 0.62 | | *Glyma*18*g*33170 | Defense response(Ⅲ) |
| *q-Pn-18-8* | Gm18_43901665(2) | 5.65(2) | 1.08 | | *Glyma*18*g*37410 | |
| *q-Pn-18-9* | Gm18_BLOCK_44633701_44779980(6) | 35.12(6) | 2.40 | | | |
| *q-Pn-18-10* | Gm18_50103189(2) | 2.02(2) | 0.09 | | *Glyma*18*g*42051 | Nucleobase-containing compound metabolic process(Ⅱ) |
| *q-Pn-18-11* | Gm18_50574203(2) | 2.14(2) | 0.34 | | | |
| *q-Pn-18-12* | Gm18_BLOCK_55672115_55753395(5) | 26.60(5) | 3.75 | | *Glyma*18*g*45582 | Biological process(Ⅳ) |
| *q-Pn-18-13* | Gm18_BLOCK_55975160_55978113(3) | 7.73(3) | 1.00 | | | |
| *q-Pn-18-14* | Gm18_57090756(2) | 10.26(2) | 2.08 | | *Glyma*18*g*48100 | Purine nucleobase transport(Ⅳ) |
| *q-Pn-18-15* | Gm18_BLOCK_57655069_57655170(3) | 9.90(3) | 1.22 | | | |
| *q-Pn-18-16* | Gm18_BLOCK_58698451_58823382(5) | 45.42(5) | 3.02 | | *Glyma*18*g*48930 | Protein phosphorylation(Ⅲ) |
| *q-Pn-18-17* | Gm18_BLOCK_60020629_60209844(6) | 28.14(6) | 4.22 | | *Glyma*18*g*52250 | Response to salt stress(Ⅲ) |
| *q-Pn-18-18* | Gm18_BLOCK_60743402_60853498(4) | 3.48(4) | 0.48 | | | |

续表 5 – 11

| QTL | SNPLDB（等位变异数） | $-\log_{10}P$（生态亚区） | $R^2$/% | 已报道 QTL | 候选基因 | 基因功能（类别） |
|---|---|---|---|---|---|---|
| *q* – *Pn* – 19 – 1 | Gm19_6721655(2) | 5.56(2) | 0.30 | | *Glyma*19*g*05640 | Cell differentiation(Ⅰ) |
| *q* – *Pn* – 19 – 2 | Gm19_BLOCK_16852404_16951140(5) | 37.59(5) | 5.70 | | *Glyma*19*g*14000 | Isopentenyl diphosphate biosynthetic process(Ⅳ) |
| *q* – *Pn* – 19 – 3 | Gm19_BLOCK_20611633_20811181(8) | 1.34(8) | 0.25 | | *Glyma*19*g*16980 | |
| *q* – *Pn* – 19 – 4 | Gm19_BLOCK_41596964_41786991(3) | 9.48(3) | 0.59 | 9 – 3 | *Glyma*19*g*34290 | Embryo sac egg cell differentiation(Ⅰ) |
| *q* – *Pn* – 19 – 5 | Gm19_BLOCK_42004828_42183913(5) | 2.91(5) | 0.50 | 9 – 3 | | |
| *q* – *Pn* – 19 – 6 | Gm19_48415971(2) | 8.18(2) | 0.94 | | *Glyma*19*g*42880 | Biological process(Ⅳ) |
| *q* – *Pn* – 19 – 7 | Gm19_BLOCK_50193844_50393045(4) | 22.32(4) | 1.46 | | *Glyma*19*g*45111 | |
| *q* – *Pn* – 20 – 1 | Gm20_BLOCK_1446046_1463296(4) | 2.17(4) | 0.34 | | *Glyma*20*g*02060 | Glucuronoxylan metabolic process(Ⅱ) |
| *q* – *Pn* – 20 – 2 | Gm20_2072066(2) | 3.00(2) | 0.15 | | | |
| *q* – *Pn* – 20 – 3 | Gm20_6075602(2) | 4.54(2) | 0.49 | | | |
| *q* – *Pn* – 20 – 4 | Gm20_12299682(2) | 3.78(2) | 0.40 | | | |
| *q* – *Pn* – 20 – 5 | Gm20_BLOCK_35430134_35530378(4) | 14.68(4) | 2.02 | | *Glyma*20*g*25291 | Protein phosphorylation(Ⅲ) |
| *q* – *Pn* – 20 – 6 | Gm20_42269642(2) | 72.65(2) | 12.33 | 1 – 10 | *Glyma*20*g*33430 | Pollen development(Ⅰ) |
| *q* – *Pn* – 20 – 7 | Gm20_42414884(2) | 2.30(2) | 0.20 | 1 – 10 | | |
| *q* – *Pn* – 20 – 8 | Gm20_BLOCK_44417944_44454883(3) | 1.72(3) | 0.11 | | *Glyma*20*g*36390 | Transport(Ⅲ) |

| 亚区 | 组中值 | | | | | | | | | 位点数目 | 贡献率/% | 位点平均贡献率/% | 变幅/% |
|---|---|---|---|---|---|---|---|---|---|---|---|---|---|
| | 0.25 | 0.75 | 1.25 | 1.75 | 2.25 | 2.75 | 3.25 | 3.75 | >4.00 | | | | |
| Sub – 1 | 14 | 4 | 6 | 2 | 1 | 1 | 2 | 0 | 7 | 37 | 74.90 | 2.02 | 0.12 ~ 12.33 |
| Sub – 2 | 27 | 12 | 5 | 3 | 1 | 1 | 1 | 0 | 0 | 50 | 33.67 | 0.67 | 0.05 ~ 3.02 |
| Sub – 3 | 23 | 14 | 3 | 3 | 2 | 1 | 0 | 1 | 0 | 47 | 37.42 | 0.80 | 0.11 ~ 3.75 |
| Sub – 4 | 15 | 9 | 7 | 3 | 1 | 1 | 1 | 0 | 0 | 37 | 32.17 | 0.87 | 0.21 ~ 3.02 |

注：QTL 的命名由 4 部分组成，依次为 QTL 标志 – 性状 – 染色体 – 在染色体的相对位置。如 *q* – *Pn* – 1 – 1，其中"*q* –"表示该位点为 QTL，" – *Pn*" 表示该 QTL 控制主茎荚数，" – 1"表示 1 号染色体，而其后的" – 1"表示该位点的物理位置在本研究定位的该条染色体的 QTL 中排在第一位。已报道 QTL 列中均省略 Pod Number。在基因功能分类中，Ⅰ为花发育相关的基因，Ⅱ为代谢相关的候选基因，Ⅲ为信号转导、植物激素调节、运输相关的基因，Ⅳ为其他及未知生物途径基因。

**表 5 – 12　东北各亚区株型/产量性状 QTL 在染色体上的分布**

| 染色体 | 株高 | 主茎节数 | 分枝数目 | 倒伏 | 地上部生物量 | 产量 | 表观收获指数 | 单株荚数 |
|---|---|---|---|---|---|---|---|---|
| Gm01 | 10 | 10 | 5 | 9 | 7 | 5 | 7 | 9 |
| Gm02 | 14 | 13 | 3 | 7 | 7 | 10 | 7 | 13 |
| Gm03 | 10 | 8 | 6 | 4 | 7 | 6 | 8 | 9 |
| Gm04 | 14 | 11 | 10 | 7 | 10 | 8 | 7 | 8 |

续表 5-12

| 染色体 | 株高 | 主茎节数 | 分枝数目 | 倒伏 | 地上部生物量 | 产量 | 表观收获指数 | 单株荚数 |
|---|---|---|---|---|---|---|---|---|
| Gm05 | 9 | 7 | 7 | 8 | 9 | 6 | 8 | 6 |
| Gm06 | 12 | 7 | 11 | 8 | 6 | 5 | 7 | 13 |
| Gm07 | 12 | 16 | 14 | 6 | 9 | 7 | 9 | 7 |
| Gm08 | 14 | 8 | 7 | 6 | 7 | 9 | 4 | 13 |
| Gm09 | 10 | 14 | 10 | 5 | 12 | 6 | 3 | 9 |
| Gm10 | 11 | 10 | 3 | 4 | 6 | 5 | 6 | 7 |
| Gm11 | 7 | 11 | 6 | 5 | 3 | 4 | 2 | 5 |
| Gm12 | 3 | 11 | 7 | 8 | 5 | 7 | 3 | 4 |
| Gm13 | 13 | 4 | 9 | 4 | 8 | 9 | 4 | 9 |
| Gm14 | 9 | 9 | 5 | 6 | 7 | 5 | 3 | 7 |
| Gm15 | 17 | 10 | 7 | 2 | 6 | 6 | 9 | 7 |
| Gm16 | 9 | 11 | 3 | 4 | 4 | 9 | 3 | 6 |
| Gm17 | 14 | 16 | 5 | 2 | 10 | 10 | 5 | 6 |
| Gm18 | 24 | 21 | 10 | 9 | 14 | 11 | 7 | 18 |
| Gm19 | 13 | 8 | 12 | 6 | 6 | 8 | 6 | 7 |
| Gm20 | 9 | 7 | 9 | 1 | 8 | 8 | 3 | 8 |

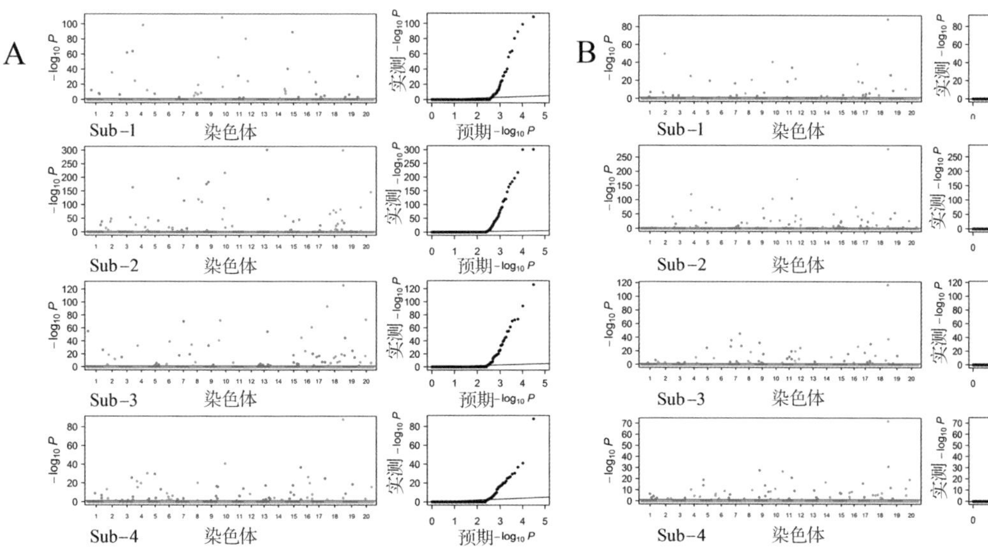

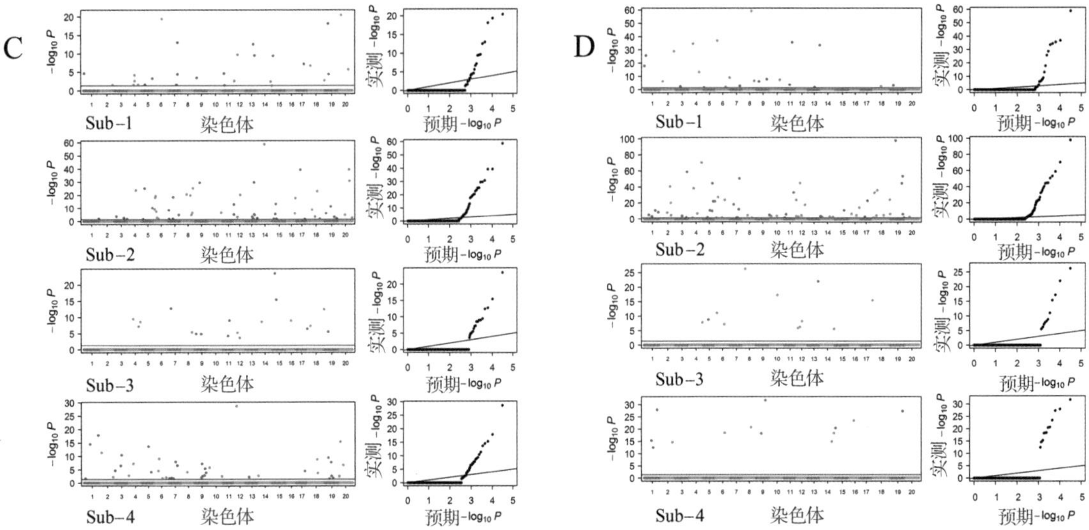


**图 5-1　东北大豆群体在各生态亚区关联的株型性状位点的曼哈顿图和 QQplot 图**

注：A、B、C、D 依次为株高、主茎节数、分枝数目和倒伏。

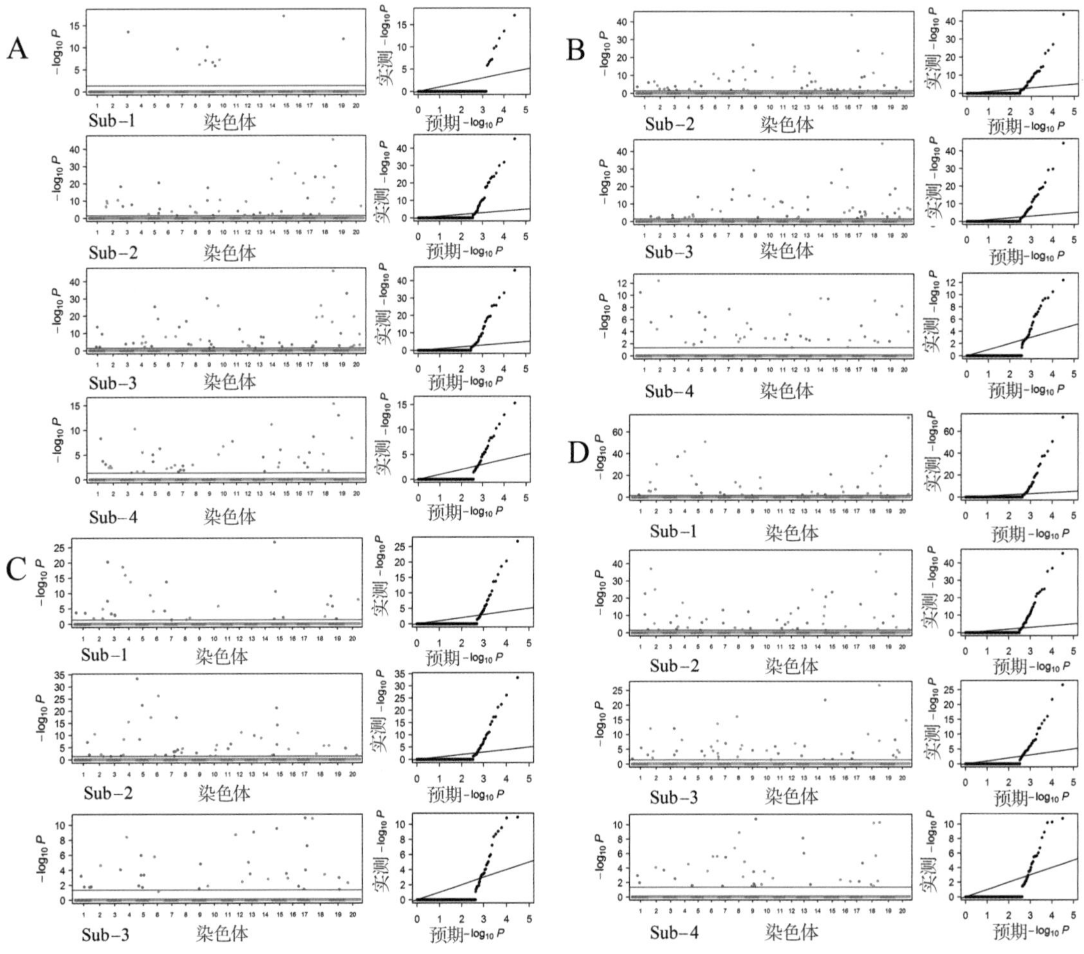


**图 5-2　东北大豆群体在各生态亚区关联的产量性状位点的曼哈顿图和 QQplot 图**

注：A、B、C、D 依次为地上部生物量、小区产量、表观收获指数和主茎荚数。

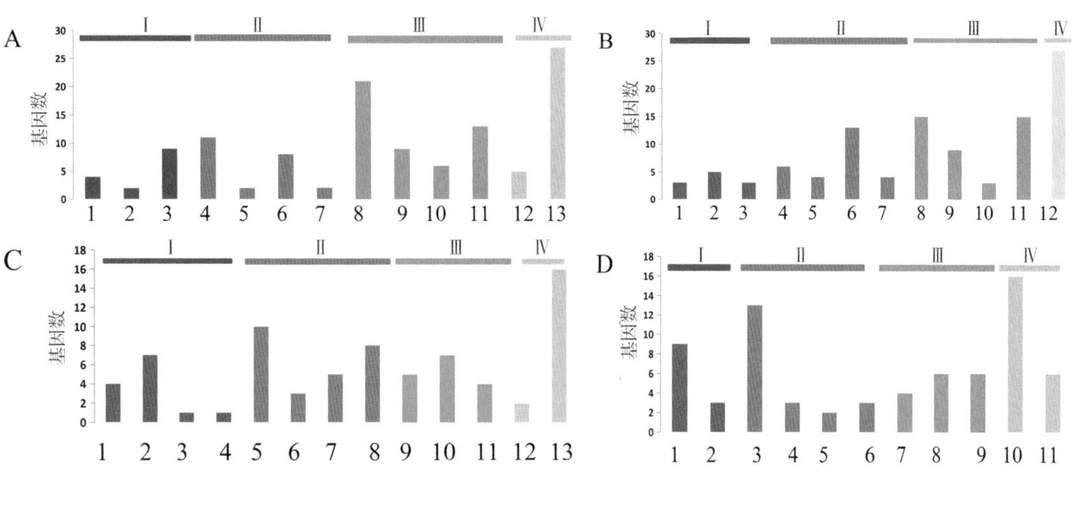

图5-3 东北各亚区株型性状候选基因功能注释分布

注:A、B、C、D依次为株高、主茎节数、分枝数目和倒伏。在基因功能分类中,Ⅰ为花发育相关的基因,Ⅱ为信号转导、植物激素调节、运输相关的基因,Ⅲ为代谢相关的候选基因,Ⅳ为其他及未知生物代谢基因。在A图中,1:花发育相关;2:胚发育相关;3:光形态建成相关;4:运输相关;5:信号转导相关;6:植物激素调节;7:防御反应;8:蛋白质代谢相关;9:核酸代谢相关;10:碳水化合物代谢相关;11:其他代谢相关;12:其他生物途径;13:未知生物途径。在B图中,1:花发育相关;2:胚发育相关;3:光形态建成相关;4:运输相关;5:信号转导相关;6:植物激素调节;7:环境刺激反应;8:蛋白质代谢相关;9:核酸代谢相关;10:碳水化合物代谢相关;11:其他生物途径;12:未知生物途径。在C图中,1:花发育相关;2:光形态建成相关;3:营养期转变过程相关;4:胚发育相关;5:蛋白质代谢相关;6:黄酮类代谢相关;7:核酸代谢相关;8:其他初级代谢相关;9:环境抗性相关;10:运输相关;11:植物激素调节;12:其他生物途径;13:未知生物途径。在D图中,1:细胞发育相关;2:光形态建成相关;3:蛋白质代谢相关;4:核酸代谢相关;5:油脂代谢相关;6:其他初级代谢相关;7:环境抗性相关;8:运输相关;9:植物激素调节;10:其他生物途径;11:未知生物途径。



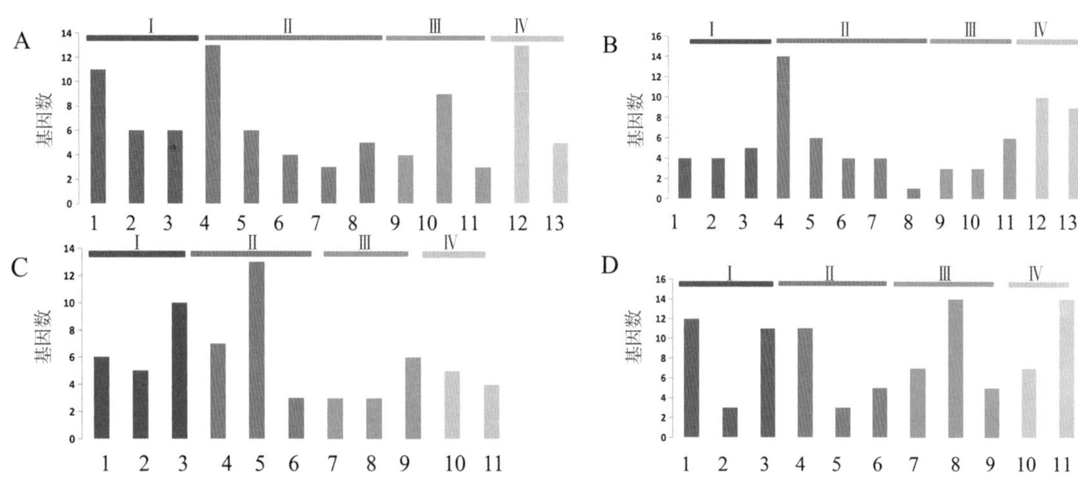

图5-4 东北各亚区产量性状候选基因功能注释分布

注:A、B、C、D依次为地上部生物量、小区产量、表观收获指数和主茎荚数。在基因功能分类中,Ⅰ为花发育相关的基因,Ⅱ为代谢相关的候选基因,Ⅲ为信号转导、植物激素调节、运输相关的基因,Ⅳ为其他及未知生物途径基因。在A图及B图中,1:细胞发育调节相关;2:光形态建成相关;3:花发育相关;4:蛋白质代谢相关;5:核酸代谢相关;6:脂类代谢相关;7:碳水化合物代谢相关;8:其他初级代谢相关;9:环境抗性相关;10:运输相关;11:植物激素调节;12:未知生物途径;13:其他生物途径。在C图中,1:光形态建

成相关；2：花发育相关；3：叶绿体相关；4：蛋白质代谢相关；5：核酸代谢相关；6：碳水化合物代谢相关；7：环境抗性相关；8：运输相关；9：植物激素调节；10：未知生物途径；11：其他生物途径。在D图中，1：细胞发育调节相关；2：光形态建成相关；3：花及胚发育相关；4：蛋白质代谢相关；5：碳水化合物代谢相关；6：核酸代谢相关；7：运输相关；8：植物激素调节；9：环境抗性相关；10：未知生物途径；11：其他生物途径。





## 第三节　株型性状相关位点在亚区间不同环境条件下的表现

由于产量相关性状定位结果中仅有少数位点在多个亚区同时定位到，因此本书不对产量相关性状定位结果在亚区间的分布情况进行分析。表5－13为株型相关性状亚区间分布位点在各生态条件下的贡献。亚区间分布的控制株型性状的位点在环境间表现较为稳定，其中株高中表型解释率较小的位点在亚区间贡献率变幅较大，而表型解释率较高的位点更为稳定。株高在亚区间分布的位点中有4个位点表型解释率变异系数超过50%，但这些位点对性状的表型解释率普遍偏低，这4个位点在检测到的8次中仅2次的解释率超1%；而较为稳定的4个位点在检测到的8个环境中解释率均超1%，最高达到7.83%。这说明控制株高的大贡献率位点更容易在多环境条件下稳定出现，而小贡献率位点可能在特定生态条件下对性状的影响增大。主茎节数在亚区间分布的位点对性状的贡献稳定，即使有4个位点解释率的变异系数超50%，其绝对差异亦较小，这说明控制该性状的位点在不同生态条件下对性状的贡献较为稳定。倒伏性状涉及的4个亚区间分布的位点也较为稳定。

表5－14为这些位点等位变异在各亚区内的效应值分布。从结果看，含有复等位变异的QTL内一些等位变异呈现方向性的差异，即在某些生态亚区呈现正向效应而在另一些亚区则呈现负向效应。与生育期相关性状不同，株型性状等位变异在不同生态亚区间的效应值差异不大。这些QTL的等位变异在亚区间效应值虽然存在一定的差异，但主要是同方向上的差异，一些等位变异在不同生态条件下也存在方向性变化，这充分说明了分生态区定位的必要性。

**表5－13　东北亚区间分布控制株型性状QTL贡献率**

| QTL | SNPLDB | $R^2$/% | | | | CV/% |
|---|---|---|---|---|---|---|
| | | Sub－1 | Sub－2 | Sub－3 | Sub－4 | |
| *q－Ph－3－8* | Gm03_BLOCK_43706578_43839510 | | 3.14 | | 0.19 | 125.28 |
| *q－Ph－5－2* | Gm05_20264812 | | | 0.07 | 2.31 | 133.10 |
| *q－Ph－6－3* | Gm06_18031103 | | | 0.16 | 0.07 | 55.33 |
| *q－Ph－9－3* | Gm09_BLOCK_14853753_14880575 | | 3.60 | 1.73 | | 49.62 |
| *q－Ph－10－8* | Gm10_BLOCK_23395838_23594295 | | 4.21 | | 3.45 | 14.03 |
| *q－Ph－11－3* | Gm11_20006728 | 0.07 | | | 0.44 | 102.60 |
| *q－Ph－18－22* | Gm18_BLOCK_59995574_60006087 | | 6.00 | | 7.83 | 18.71 |
| *q－Ph－19－8* | Gm19_BLOCK_28526589_28688919 | | | 1.33 | 1.75 | 19.28 |
| *q－Nms－4－2* | Gm04_13660333 | 2.33 | 1.70 | | | 22.11 |

续表 5－13

| QTL | SNPLDB | $R^2$/% | | | | CV/% |
|---|---|---|---|---|---|---|
| | | Sub－1 | Sub－2 | Sub－3 | Sub－4 | |
| *q－Nms*－4－7 | Gm04_BLOCK_31245142_31363647 | | 0. 34 | 0. 89 | | 63. 24 |
| *q－Nms*－7－9 | Gm07_BLOCK_25870952_25870988 | 0. 34 | | 0. 28 | | 13. 69 |
| *q－Nms*－9－5 | Gm09_BLOCK_14853753_14880575 | | | 2. 33 | 2. 93 | 16. 13 |
| *q－Nms*－9－8 | Gm09_27541628 | | 1. 91 | 0. 90 | | 50. 83 |
| *q－Nms*－10－4 | Gm10_BLOCK_14386316_14583318 | 4. 26 | 2. 99 | | | 24. 77 |
| *q－Nms*－11－10 | Gm11_BLOCK_29725520_29921737 | 3. 75 | 3. 07 | | 2. 27 | 24. 45 |
| *q－Nms*－14－3 | Gm14_22119125 | | 0. 04 | | 1. 48 | 133. 98 |
| *q－Nms*－15－6 | Gm15_BLOCK_25055689_25129754 | | 0. 73 | | 0. 74 | 0. 96 |
| *q－Nms*－18－3 | Gm18_BLOCK_7317014_7504444 | | 1. 67 | | 0. 80 | 49. 81 |
| *q－Nms*－18－17 | Gm18_BLOCK_58405478_58521742 | | 8. 31 | 8. 26 | | 0. 43 |
| *q－Nms*－19－1 | Gm19_BLOCK_3882176_3978028 | 2. 80 | 1. 02 | | | 65. 90 |
| *q－L*－6－2 | Gm06_BLOCK_5783455_5980655 | 5. 07 | | 2. 80 | | 40. 79 |
| *q－L*－6－6 | Gm06_BLOCK_32192297_32290453 | | 0. 93 | | 2. 97 | 73. 97 |
| *q－L*－12－5 | Gm12_BLOCK_13100874_13300078 | | 1. 62 | 1. 47 | | 6. 86 |
| *q－L*－19－4 | Gm19_BLOCK_41275557_41441772 | | 1. 93 | | 4. 05 | 50. 14 |

**表 5－14　株型性状亚区间共有 QTL 等位变异在各亚区效应值**

| QTL | 亚区 | 等位变异 | | | | | | | | |
|---|---|---|---|---|---|---|---|---|---|---|
| | | a1 | a2 | a3 | a4 | a5 | a6 | a7 | a8 | a9 |
| *q－Ph*－3－8 | Sub－2 | －1. 36 | 7. 80 | －9. 73 | －19. 51 | | | | | |
| *q－Ph*－3－8 | Sub－4 | 0. 23 | 0. 12 | －7. 64 | －6. 76 | | | | | |
| *q－Ph*－5－2 | Sub－3 | －0. 13 | 11. 32 | | | | | | | |
| *q－Ph*－5－2 | Sub－4 | －0. 42 | 37. 89 | | | | | | | |
| *q－Ph*－6－3 | Sub－3 | 16. 18 | －0. 32 | | | | | | | |
| *q－Ph*－6－3 | Sub－4 | 5. 05 | －0. 10 | | | | | | | |
| *q－Ph*－9－3 | Sub－2 | 4. 66 | －8. 22 | 1. 70 | －23. 13 | 24. 65 | －20. 62 | 3. 76 | | |
| *q－Ph*－9－3 | Sub－3 | 2. 62 | －0. 93 | 2. 71 | －15. 82 | －24. 69 | －8. 83 | －8. 07 | | |
| *q－Ph*－10－8 | Sub－2 | －2. 39 | －6. 93 | 21. 89 | －12. 73 | | | | | |
| *q－Ph*－10－8 | Sub－4 | －2. 80 | 8. 18 | 0. 64 | －15. 64 | | | | | |
| *q－Ph*－11－3 | Sub－1 | 0. 07 | －4. 38 | | | | | | | |
| *q－Ph*－11－3 | Sub－4 | －0. 19 | 10. 96 | | | | | | | |
| *q－Ph*－18－22 | Sub－2 | －4. 08 | 4. 45 | 8. 13 | －1. 78 | －2. 38 | 2. 21 | | | |
| *q－Ph*－18－22 | Sub－4 | －2. 44 | 4. 04 | －2. 25 | 1. 81 | 10. 90 | 16. 45 | | | |
| *q－Ph*－19－8 | Sub－3 | －1. 17 | 3. 36 | 8. 69 | －0. 61 | －0. 43 | －18. 36 | －6. 39 | | |

续表 5-14

| QTL | 亚区 | 等位变异 | | | | | | | | |
|---|---|---|---|---|---|---|---|---|---|---|
| | | a1 | a2 | a3 | a4 | a5 | a6 | a7 | a8 | a9 |
| *q*-*Ph*-19-8 | Sub-4 | -0.08 | -7.27 | 15.21 | -7.13 | -17.88 | -14.32 | -0.43 | | |
| *q*-*Nms*-4-2 | Sub-1 | -4.68 | 0.05 | | | | | | | |
| *q*-*Nms*-4-2 | Sub-2 | -3.21 | 0.04 | | | | | | | |
| *q*-*Nms*-4-7 | Sub-2 | -0.16 | 1.80 | 0.43 | -0.80 | 0.11 | 1.15 | -0.84 | -0.25 | |
| *q*-*Nms*-4-7 | Sub-3 | -0.23 | 1.40 | 2.59 | -0.08 | -0.30 | 0.91 | -0.42 | 1.20 | |
| *q*-*Nms*-7-9 | Sub-1 | -0.02 | 1.40 | 0.34 | | | | | | |
| *q*-*Nms*-7-9 | Sub-3 | 0.02 | -1.63 | 0.56 | | | | | | |
| *q*-*Nms*-9-5 | Sub-3 | 0.21 | -0.25 | 0.01 | -3.23 | 2.32 | -0.38 | 0.56 | | |
| *q*-*Nms*-9-5 | Sub-4 | 0.07 | 0.22 | -0.70 | -0.84 | 1.18 | -0.77 | -0.37 | | |
| *q*-*Nms*-9-8 | Sub-2 | -0.99 | 0.02 | | | | | | | |
| *q*-*Nms*-9-8 | Sub-3 | -2.40 | 0.04 | | | | | | | |
| *q*-*Nms*-10-4 | Sub-1 | -0.80 | 1.14 | 0.47 | -0.59 | -0.49 | | | | |
| *q*-*Nms*-10-4 | Sub-2 | -0.23 | 0.39 | 0.18 | -3.14 | 1.00 | | | | |
| *q*-*Nms*-11-10 | Sub-1 | -0.03 | 0.11 | -0.42 | -0.30 | 1.55 | -0.81 | 0.62 | | |
| *q*-*Nms*-11-10 | Sub-2 | -0.08 | 0.10 | -1.32 | -1.11 | 3.80 | 2.78 | 1.42 | | |
| *q*-*Nms*-11-10 | Sub-4 | 0.06 | 0.07 | -0.45 | -2.86 | -1.72 | 2.42 | 0.04 | | |
| *q*-*Nms*-14-3 | Sub-2 | -0.01 | 0.88 | | | | | | | |
| *q*-*Nms*-14-3 | Sub-4 | -0.02 | 1.26 | | | | | | | |
| *q*-*Nms*-15-6 | Sub-2 | -0.50 | 0.45 | 0.94 | 3.45 | -2.12 | | | | |
| *q*-*Nms*-15-6 | Sub-4 | -0.17 | -1.23 | 0.64 | 4.78 | -0.82 | | | | |
| *q*-*Nms*-18-3 | Sub-2 | 0.38 | -0.35 | 2.22 | -1.01 | -0.82 | -1.36 | -0.12 | -0.94 | -0.62 |
| *q*-*Nms*-18-3 | Sub-4 | 0.01 | -0.33 | 0.02 | 0.66 | 0.03 | 0.24 | 1.51 | -0.03 | 1.85 |
| *q*-*Nms*-18-17 | Sub-2 | 0.20 | -0.73 | -0.78 | 1.25 | -0.02 | -1.59 | | | |
| *q*-*Nms*-18-17 | Sub-3 | 0.16 | 0.004 | -1.64 | 0.58 | 0.16 | -1.09 | | | |
| *q*-*Nms*-19-1 | Sub-1 | 0.22 | -1.28 | 1.20 | -0.53 | -1.19 | -2.01 | | | |
| *q*-*Nms*-19-1 | Sub-2 | -0.13 | 0.67 | 0.64 | 0.06 | 1.78 | -1.63 | | | |
| *q*-*L*-6-2 | Sub-1 | -0.03 | -0.04 | 0.50 | -0.02 | -0.01 | 1.29 | | | |
| *q*-*L*-6-2 | Sub-3 | -0.02 | -0.01 | 0.38 | -0.41 | 0.34 | 0.77 | | | |
| *q*-*L*-6-6 | Sub-2 | -0.08 | 0.39 | 0.31 | -0.23 | -0.05 | 1.16 | | | |
| *q*-*L*-6-6 | Sub-4 | -0.03 | 0.04 | -0.20 | -0.21 | 0.70 | 1.36 | | | |
| *q*-*L*-12-5 | Sub-2 | -0.01 | 0.06 | -0.11 | 0.69 | | | | | |
| *q*-*L*-12-5 | Sub-3 | -0.04 | 0.22 | 0.04 | 0.73 | | | | | |
| *q*-*L*-19-4 | Sub-2 | -0.13 | 0.19 | -0.11 | 0.63 | | | | | |
| *q*-*L*-19-4 | Sub-4 | -0.22 | 0.18 | 0.04 | 1.20 | | | | | |

注：红色字体表示该等位变异在不同生态亚区/东北地区间效应值的正负不同。

# 第四节 东北各亚区控制株型及产量性状的重要QTL与区域

## 一、东北各亚区控制株高的重要QTL与区域

为了确定东北地区及各亚区对该性状具有相对重要影响的位点/区域，我们对定位位点进行处理（由于LD原因合并的位点见表5－15），结果合并后为162个位点/区域，36个在多区域分布，其中11个较为稳定（在3个及以上亚区域分布）。表5－16为这些区域内解释率超3%的位点/区域，其中Chr 15的22.20～37.08 Mb区域在各亚区均定位到。而另两个对该性状表达有重要影响的区域分别为Chr 18的60.00～61.05 Mb、Chr 10的14.39～23.59 Mb，这两个区域表达亚区内的解释率均在3.45%以上，最高达到9.24%。其中前者在Sub－2～Sub－4内表达，且在东北南部地区对该性状的贡献更高；而后一个区域则与之相反。至于其他位点/区域，虽然有些在多个亚区内表达，但主要在特定的生态亚区内表达。将这些区域与前人研究相比，这些区域中的一半均与前人研究相近，这反映了本研究的准确性，而新确定的位点/区域则增加了对该性状的认识。

表5－15 东北及各亚区株型/产量各性状定位结果中LD水平高的QTL

| 性状 | QTL 1 | QTL 2 | 距离/bp | $D'$ | $R^2$/% |
|---|---|---|---|---|---|
| 株高 | *q－Ph*－3－8 | *q－Ph*－3－9 | 158 899 | 0.81 | 0.62 |
| | *q－Ph*－6－5 | *q－Ph*－6－6 | 1 950 834 | 0.97 | 0.79 |
| | *q－Ph*－6－6 | *q－Ph*－6－9 | 7 123 455 | 0.99 | 0.54 |
| | *q－Ph*－6－7 | *q－Ph*－6－9 | 6 708 261 | 0.93 | 0.56 |
| | *q－Ph*－8－8 | *q－Ph*－8－10 | 2 556 602 | 1.00 | 0.73 |
| | *q－Ph*－8－10 | *q－Ph*－8－11 | 70 710 | 0.80 | 0.52 |
| | *q－Ph*－8－9 | *q－Ph*－8－10 | 1 409 886 | 0.77 | 0.52 |
| | *q－Ph*－8－8 | *q－Ph*－8－11 | 2 827 277 | 0.95 | 0.68 |
| | *q－Ph*－8－8 | *q－Ph*－8－9 | 1 078 533 | 0.95 | 0.69 |
| | *q－Ph*－10－4 | *q－Ph*－10－6 | 1 671 173 | 0.98 | 0.54 |
| | *q－Ph*－10－5 | *q－Ph*－10－6 | 1 082 606 | 0.97 | 0.53 |
| | *q－Ph*－10－6 | *q－Ph*－10－7 | 3 946 352 | 0.96 | 0.53 |
| | *q－Ph*－10－7 | *q－Ph*－10－8 | 2 978 193 | 0.98 | 0.50 |
| | *q－Ph*－14－4 | *q－Ph*－14－5 | 4 376 197 | 0.99 | 0.83 |
| | *q－Ph*－15－7 | *q－Ph*－15－12 | 13 559 935 | 0.89 | 0.52 |
| | *q－Ph*－15－8 | *q－Ph*－15－11 | 1 514 081 | 0.93 | 0.54 |
| | *q－Ph*－15－8 | *q－Ph*－15－9 | 307 630 | 0.98 | 0.55 |
| | *q－Ph*－15－8 | *q－Ph*－15－12 | 12 313 491 | 0.93 | 0.57 |

续表 5-15

| 性状 | QTL 1 | QTL 2 | 距离/bp | D′ | $R^2$/% |
|---|---|---|---|---|---|
| 株高 | *q-Ph-15-9* | *q-Ph-15-11* | 1 132 386 | 0.95 | 0.59 |
| | *q-Ph-15-9* | *q-Ph-15-12* | 11 931 796 | 0.95 | 0.62 |
| | *q-Ph-15-11* | *q-Ph-15-12* | 10 779 923 | 0.98 | 0.76 |
| | *q-Ph-18-9* | *q-Ph-18-10* | 5 589 916 | 0.90 | 0.52 |
| | *q-Ph-18-10* | *q-Ph-18-12* | 1 399 463 | 0.94 | 0.58 |
| | *q-Ph-18-9* | *q-Ph-18-12* | 7 160 006 | 0.94 | 0.60 |
| 主茎节数 | *q-Nms-4-3* | *q-Nms-4-4* | 369 907 | 0.97 | 0.56 |
| | *q-Nms-8-6* | *q-Nms-8-7* | 4 396 384 | 0.95 | 0.51 |
| | *q-Nms-10-1* | *q-Nms-10-2* | 53 714 | 0.94 | 0.55 |
| | *q-Nms-12-1* | *q-Nms-12-2* | 341 297 | 0.89 | 0.50 |
| | *q-Nms-12-3* | *q-Nms-12-4* | 521 646 | 0.97 | 0.59 |
| | *q-Nms-15-5* | *q-Nms-15-6* | 1 321 988 | 0.95 | 0.51 |
| | *q-Nms-15-6* | *q-Nms-15-8* | 6 992 260 | 0.89 | 0.55 |
| | *q-Nms-18-18* | *q-Nms-18-19* | 5 968 | 0.98 | 0.63 |
| 分枝数目 | *q-Bn-4-3* | *q-Bn-4-4* | 1 613 724 | 0.93 | 0.68 |
| | *q-Bn-4-4* | *q-Bn-18-4* | NA | 0.88 | 0.57 |
| | *q-Bn-4-3* | *q-Bn-18-4* | NA | 0.87 | 0.65 |
| 倒伏 | *q-L-6-5* | *q-L-6-6* | 1 455 031 | 0.94 | 0.74 |
| | *q-L-6-5* | *q-L-6-7* | 3 913 826 | 0.95 | 0.76 |
| | *q-L-6-6* | *q-L-6-7* | 2 360 639 | 0.95 | 0.70 |
| | *q-L-8-3* | *q-L-8-4* | 70 710 | 0.80 | 0.52 |
| 地上部生物量 | *q-Ab-18-4* | *q-Ab-18-6* | 2 239 301 | 0.92 | 0.62 |
| 产量 | *q-Sy-2-5* | *q-Sy-2-7* | 1 630 736 | 0.91 | 0.58 |
| | *q-Sy-7-2* | *q-Sy-7-3* | 14 918 | 0.99 | 0.72 |
| | *q-Sy-13-5* | *q-Sy-13-6* | 14 299 | 0.89 | 0.58 |
| 表观收获指数 | *q-Ec-4-6* | *q-Ec-4-7* | 7 057 106 | 0.82 | 0.51 |
| | *q-Ec-5-6* | *q-Ec-5-8* | 4 693 615 | 0.98 | 0.92 |
| 主茎荚数 | *q-Pn-18-4* | *q-Pn-18-6* | 5 359 091 | 0.96 | 0.56 |

**表 5-16 染色体中控制株高性状的重要区域**

| 序号 | 株高性状重要染色体区域/Mb | 含有的 QTL | 各亚区解释率/% | | | | 已报道 QTL (Plant height) |
|---|---|---|---|---|---|---|---|
| | | | Sub-1 | Sub-2 | Sub-3 | Sub-4 | |
| 1 | 25.53~25.62(03) | *q-Ph-3-4* | 4.54 | | | | |
| 2 | 43.71~44.04(03) | *q-Ph-3-8*~*q-Ph-3-10* | 4.44 | 3.14 | | 0.55 | 26-17 |
| 3 | 31.56~31.70(04) | *q-Ph-4-7* | 7.39 | | | | |

续表 5－16

| 序号 | 株高性状重要染色体区域/Mb | 含有的 QTL | 各亚区解释率/% | | | | 已报道 QTL (Plant height) |
|---|---|---|---|---|---|---|---|
| | | | Sub－1 | Sub－2 | Sub－3 | Sub－4 | |
| 4 | 6.15～6.32(07) | *q－Ph－7－4* | | 3.86 | | | 2－4 |
| 5 | 22.34～23.47(07) | *q－Ph－7－8～q－Ph－7－9* | | | 3.51 | 0.24 | |
| 6 | 8.20～8.28(09) | *q－Ph－9－1* | | 3.39 | | | mqPlant height－009 |
| 7 | 14.85～14.88(09) | *q－Ph－9－3* | | 3.60 | 1.73 | | mqPlant height－010 |
| 8 | 2.14～2.97(10) | *q－Ph－10－1～q－Ph－10－2* | 4.01 | | 2.06 | | |
| 9 | 7.45～7.56(10) | *q－Ph－10－3* | | | 3.49 | | |
| 10 | 14.39～23.59(10) | *q－Ph－10－4～q－Ph－10－8* | 9.24 | 6.76 | | 3.45 | |
| 11 | 2.81～2.95(12) | *q－Ph－12－1* | 5.79 | | | | |
| 12 | 32.12～32.16(13) | *q－Ph－13－7* | | 6.92 | | | 20－6 |
| 13 | 22.20～37.08(15) | *q－Ph－15－6～q－Ph－15－12* | 6.63 | 0.73 | 1.38 | 2.24 | 26－10 |
| 14 | 49.03～50.19(15) | *q－Ph－15－16～ q－Ph－15－17* | | | | 3.47 | 26－10 |
| 15 | 35.37～36.80(16) | *q－Ph－16－7～q－Ph－16－9* | | | 3.16 | 1.12 | |
| 16 | 6.89～7.50(18) | *q－Ph－18－1～q－Ph－18－2* | | | 4.90 | 0.15 | 23－6 |
| 17 | 60.00～61.05(18) | *q－Ph－18－22～q－Ph－18－24* | | 6.00 | 6.49 | 8.30 | |
| 18 | 22.66～22.86(20) | *q－Ph－20－6* | | | 3.75 | | 16－1 |

注：表格中序号是按照染色体及其物理位置排序。株高性状染色体重要区域括号外为染色体的物理位置，括号内为所在染色体。

## 二、东北各亚区控制主茎节数的重要 QTL 与区域

为确定更为重要的影响主茎节数性状的位点/区域，我们采用生育前期性状的处理方法（由高 LD 原因合并的位点见表 5－15）。按照该方法处理后，控制该性状的位点/区域降至 156 个，37 个在多区间分布，其中 9 个较为稳定（在 3 个及以上亚区间分布）。表 5－17 为各亚区内控制主茎节数较为重要的 QTL/区域，这些区域在至少 1 个亚区对性状的解释率在 3% 以上。对东北地区来说，Chr 11 的 27.93～29.92 Mb 和 Chr 18 的 57.20～58.52 Mb 对该性状的表达有重要影响。其中前者在东北 4 个亚区均有表达，其在北部地区的 Sub－1 和 Sub－2 的解释率超 3%，而南部地区则在 1.88%～2.27%。后者虽然仅在 Sub－1～Sub－3 中表达，但解释率均在 8.26% 以上，虽然该区域未在 Sub－4 定位到，但在约 1.5 Mb 的区域，Sub－4 的解释率高达 10.64%，同时在 Sub－3 也达到 2.45%，这也说明了该区域对该性状表达的影响。而其他位点/区域虽然在东北多个区域中表达，但主要在特定的生态亚区内表达。

**表 5－17　染色体中控制主茎节数性状的重要区域**

| 序号 | 主茎节数性状重要染色体区域/Mb | 含有的 QTL | 各亚区解释率/% | | | |
|---|---|---|---|---|---|---|
| | | | Sub－1 | Sub－2 | Sub－3 | Sub－4 |
| 1 | 24.06～26.24(02) | *q－Nms－2－5～ q－Nms－2－9* | 5.34 | 0.04 | 0.21 | |
| 2 | 15.10～15.51(04) | *q－Nms－4－3～ q－Nms－4－4* | | 3.49 | | 1.15 |

续表 5－17

| 序号 | 主茎节数性状重要染色体区域/Mb | 含有的 QTL | 各亚区解释率/% | | | |
|---|---|---|---|---|---|---|
| | | | Sub－1 | Sub－2 | Sub－3 | Sub－4 |
| 3 | 7. 17～7. 62(05) | q－Nms－5－1～ q－Nms－5－2 | | | | 3. 33 |
| 4 | 36. 93～36. 94(07) | q－Nms－7－14 | | | 3. 12 | |
| 5 | 14. 39～14. 58(10) | q－Nms－10－4 | 4. 26 | 2. 99 | | |
| 6 | 27. 93～29. 92(11) | q－Nms－11－8～ q－Nms－11－10 | 3. 75 | 3. 07 | 1. 88 | 2. 27 |
| 7 | 32. 02～32. 12(16) | q－Nms－16－8 | 4. 26 | | | |
| 8 | 57. 20～58. 52(18) | q－Nms－18－15～ q－Nms－18－17 | 9. 32 | 8. 57 | 8. 26 | |
| 9 | 59. 99～61. 05(18) | q－Nms－18－18～ q－Nms－18－21 | | | 2. 45 | 10. 64 |

注:表格中序号是按照染色体及其物理位置排序。主茎节数性状染色体重要区域括号外为染色体的物理位置,括号内为所在染色体。

## 三、东北各亚区控制分枝数目的重要 QTL 与区域

分枝数目是大豆株型及产量相关的重要性状。由于该性状受环境影响较大,有研究认为大豆群体的自动调节能力主要来源于分枝[272]。因此,本书通过分生态区定位的策略,在较大试验规模的条件下对该性状进行分析。从本章节分析可知,东北 4 个亚区在该性状上并未定位到相同位点,而各亚区定位位点的表型解释率有较大程度的差异。

各亚区定位位点虽然均不相同,但有些位点位置很近。我们采用生育前期的标准来确定影响该性状的位点(表 5－18)。经该处理后,影响该性状的位点从 149 个降至 116 个,21 个位点/区域在多个环境中出现。表 5－18 中至少在某一亚区表型解释率在 3% 以上。从这些位点的表现看,控制该性状的位点/区域几乎均在特定生态亚区内表达。如 Chr 19 的 11. 42～12. 76 Mb,该区域虽然在东北的 3 个生态亚区表达,但其解释率仅在 Sub－1 中达到 7. 53%,而在其余亚区则在 1. 32%～1. 99%。从亚区间分布看,这些位点/区域中的大部分均在 Sub－1 表达,而其余亚区内则仅为 1～3 个。

**表 5－18　染色体中控制分枝数目性状的重要区域**

| 序号 | 分枝数目性状重要染色体区域/Mb | 含有的 QTL | 各亚区解释率/% | | | |
|---|---|---|---|---|---|---|
| | | | Sub－1 | Sub－2 | Sub－3 | Sub－4 |
| 1 | 49. 40～49. 42(01) | q－Bn－1－4 | | | | 3. 84 |
| 2 | 27. 58～28. 25(06) | q－Bn－6－9～ q－Bn－6－10 | 6. 66 | | | 0. 25 |
| 3 | 31. 49～31. 53(07) | q－Bn－7－12～ q－Bn－7－13 | 5. 50 | | | |
| 4 | 8. 04～8. 04(12) | q－Bn－12－2 | | | | 6. 02 |
| 5 | 11. 31～12. 33(12) | q－Bn－12－3～ q－Bn－12－5 | 3. 06 | 0. 16 | 0. 80 | |
| 6 | 27. 21～27. 73(13) | q－Bn－13－3～ q－Bn－13－4 | 5. 50 | 0. 09 | | |
| 7 | 30. 21～32. 16(13) | q－Bn－13－5～ q－Bn－13－8 | 3. 00 | 3. 01 | | |
| 8 | 22. 12～22. 12(14) | q－Bn－14－3 | | 3. 96 | | |
| 9 | 3. 63～3. 76(15) | q－Bn－15－1 | 3. 56 | | | |

续表 5－18

| 序号 | 分枝数目性状重要染色体区域/Mb | 含有的 QTL | 各亚区解释率/% | | | |
|---|---|---|---|---|---|---|
| | | | Sub－1 | Sub－2 | Sub－3 | Sub－4 |
| 10 | 8.94～9.01(15) | *q－Bn*－15－3 | | | 4.53 | |
| 11 | 11.42～12.76(19) | *q－Bn*－19－2～ *q－Bn*－19－4 | 7.53 | | 1.32 | 1.99 |
| 12 | 4.77～4.89(20) | *q－Bn*－20－2 | | | | 3.46 |
| 13 | 7.61～7.81(20) | *q－Bn*－20－3 | 7.84 | | | |

注：表格中序号是按照染色体及其物理位置排序。分枝数目性状染色体重要区域括号外为染色体的物理位置，括号内为所在染色体。

## 四、东北各亚区控制倒伏的重要 QTL 与区域

倒伏性状对大豆株型及产量产生重要的影响。然而该性状极易受到环境因素的影响，因此该性状的改良较为困难。本研究通过分生态亚区对同一群体进行了多环境鉴定，虽然部分亚区仅解析出少量的大效应位点，但总体上也解析出多达 111 个影响该性状的位点。为了确定那些较为重要的控制该性状的位点，我们按照初花期位点的处理方式对位点进行分析（高 LD 的位点见表 5－15）。经上述处理后，控制该性状的位点/区域初步为 102 个，其中仅 17 个位点/区域的贡献率超 3%。对东北地区来说，Chr 08 的 28.39～28.73 Mb、Chr 06 的 5.78～5.98 Mb 和 Chr 19 的 41.28～42.18 Mb 区域对多个生态亚区有影响，这 3 个区域虽然仅在 2 个生态亚区表达，但在各亚区内的解释率均在 2% 以上，除此之外的区域则主要对特定生态亚区有影响。从生态亚区看，除 Sub－2 中仅 1 个区域的解释率在 3% 以上外，其余亚区均有 4～7 个（表 5－19）。

**表 5－19　染色体中控制倒伏性状的重要区域**

| 序号 | 分枝数目性状重要染色体区域/Mb | 含有的 QTL | 各亚区解释率/% | | | |
|---|---|---|---|---|---|---|
| | | | Sub－1 | Sub－2 | Sub－3 | Sub－4 |
| 1 | 5.76～5.76(01) | *q－L*－1－2 | 3.10 | | | |
| 2 | 44.27～44.47(01) | *q－L*－1－8 | | | | 4.50 |
| 3 | 46.31～46.31(02) | *q－L*－2－7 | 3.63 | | | |
| 4 | 13.19～13.37(04) | *q－L*－4－2 | 4.85 | | | |
| 5 | 5.78～5.98(06) | *q－L*－6－2 | 5.07 | | 2.80 | |
| 6 | 7.97～8.01(08) | *q－L*－8－1 | | | 5.88 | |
| 7 | 28.39～28.73(08) | *q－L*－8－3～ *q－L*－8－4 | 7.83 | | | 3.19 |
| 8 | 32.14～32.19(09) | *q－L*－9－3 | | | | 4.71 |
| 9 | 26.71～26.71(10) | *q－L*－10－3 | | | 3.46 | |
| 10 | 25.57～25.57(11) | *q－L*－11－4 | 4.37 | | | |
| 11 | 36.38～36.56(13) | *q－L*－13－2 | | | 4.73 | |
| 12 | 41.37～41.44(13) | *q－L*－13－3 | 4.39 | | | |
| 13 | 1.79～1.93(15) | *q－L*－15－1 | | | | 3.16 |

续表 5－19

| 序号 | 分枝数目性状重要染色体区域/Mb | 含有的 QTL | 各亚区解释率/% | | | |
|---|---|---|---|---|---|---|
| | | | Sub－1 | Sub－2 | Sub－3 | Sub－4 |
| 14 | 14.38～14.55(16) | *q－L－16－2* | | | | 3.60 |
| 15 | 0～0.19(18) | *q－L－18－1* | | | 3.63 | |
| 16 | 17.37～17.57(19) | *q－L－19－2* | | 3.74 | | |
| 17 | 41.28～42.18(19) | *q－L－19－4～q－L－19－5* | | 2.19 | | 4.05 |

注：表格中序号是按照染色体及其物理位置排序。分枝数目性状染色体重要区域括号外为染色体的物理位置，括号内为所在染色体。

## 五、东北各亚区控制株型性状的重要 QTL 与区域

大豆株型性状是大豆获得高产的基础，同时也是重要的生态性状。由于该类型性状间存在相互联系，因此我们对各性状定位结果及高 LD 位点间进行处理（高 LD 位点见表 5－20）。表 5－21 为株型相关性状分析结果，从结果看，株型相关性状在东北 4 个亚区共定位到 661 个位点，其中 91.83% 仅定位到 1 次，多次定位到的位点中的 76% 均存在一因多效，而存在一因多效的位点最多也仅出现 4 次。处理后影响该类性状的位点/区域降至 294 个，约 49% 的区域出现多次，而位点/区域一因多效区间高达 45.92%，远超初步定位时的 6.20%。从出现的次数看，最多出现的次数从 4 次增至 12 次，位点/区域数目从仅 2 个达到 4 次增至 52 个。其中 7 个在亚区性状间出现 7 次以上的位点/区域可能对该类性状有重要影响，详情见表 5－21。

表 5－22 中影响株型性状的区域几乎均包含了特定性状的重要区域。但这些特定性状的重要区域仅为株型性状重要区域的小部分。将株型各性状进行综合分析有助于我们对这类性状的理解，如由于 LD 原因，Chr 04 的 17.17～31.70 Mb 和 Chr 18 的 26.79～28.03 Mb 在本研究检测的 16 次株型相关性状中检测到 12 次，该区域对所有的株型性状均有影响，特别是株高和分枝数目，几乎在所有亚区表达，同时解释率在 1% 以上，最高可达 7.39%。而该区域在特定性状检测时仅在株高性状检测到，且仅在 Sub－1 检测到。由于该类性状在大豆研究中并未确定相关功能的基因，本研究对这些区域可能包含的候选基因不做分析。

**表 5－20　东北及各亚区株型相关性状中高 LD 水平的位点**

| 位点 1 | 位点 2 | 距离/bp | $D'$ | $R^2$/% |
|---|---|---|---|---|
| Gm02_BLOCK_45253233_45390766 | Gm02_45405569 | 14 803 | 0.97 | 0.65 |
| Gm03_BLOCK_43706578_43839510 | Gm03_43998409 | 158 899 | 0.81 | 0.62 |
| Gm04_BLOCK_11945208_12067247 | Gm04_BLOCK_13185977_13371330 | 1 118 730 | 0.98 | 0.57 |
| Gm04_BLOCK_15100871_15263324 | Gm04_BLOCK_15539474_15739342 | 276 150 | 0.94 | 0.55 |
| Gm04_BLOCK_15100871_15263324 | Gm04_BLOCK_15470778_15509900 | 207 454 | 0.97 | 0.56 |
| Gm04_BLOCK_15470778_15509900 | Gm04_BLOCK_15539474_15739342 | 29 574 | 0.98 | 0.51 |
| Gm04_BLOCK_17338077_17342318 | Gm04_BLOCK_31563848_31697563 | 14 221 530 | 0.92 | 0.71 |
| Gm04_BLOCK_17338077_17342318 | Gm04_BLOCK_31245142_31363647 | 13 902 824 | 0.93 | 0.51 |

续表 5－20

| 位点 1 | 位点 2 | 距离/bp | $D'$ | $R^2$/% |
|---|---|---|---|---|
| Gm04_BLOCK_18956042_19013268 | Gm04_BLOCK_31563848_31697563 | 12 550 580 | 0. 90 | 0. 58 |
| Gm04_BLOCK_17338077_17342318 | Gm18_BLOCK_26789900_26826201 | NA | 0. 87 | 0. 65 |
| Gm04_BLOCK_18956042_19013268 | Gm18_BLOCK_26789900_26826201 | NA | 0. 88 | 0. 57 |
| Gm04_BLOCK_17338077_17342318 | Gm04_BLOCK_18956042_19013268 | 1 613 724 | 0. 93 | 0. 68 |
| Gm04_BLOCK_31563848_31697563 | Gm18_BLOCK_26789900_26826201 | NA | 0. 89 | 0. 61 |
| Gm05_BLOCK_7172782_7192575 | Gm05_14311560 | 7 118 985 | 0. 92 | 0. 55 |
| Gm06_BLOCK_25729315_25749267 | Gm06_BLOCK_32872722_32899588 | 7 123 455 | 0. 99 | 0. 54 |
| Gm06_26164461 | Gm06_BLOCK_32872722_32899588 | 6 708 261 | 0. 93 | 0. 56 |
| Gm06_BLOCK_23754122_23778481 | Gm06_BLOCK_25729315_25749267 | 1 950 834 | 0. 97 | 0. 79 |
| Gm06_BLOCK_2661915_2706938 | Gm06_BLOCK_2914919_2953588 | 207 981 | 0. 89 | 0. 64 |
| Gm06_BLOCK_30737033_30737266 | Gm06_BLOCK_34651092_34734612 | 3 913 826 | 0. 95 | 0. 77 |
| Gm06_BLOCK_32192297_32290453 | Gm06_BLOCK_34651092_34734612 | 2 360 639 | 0. 95 | 0. 67 |
| Gm06_BLOCK_30737033_30737266 | Gm06_BLOCK_32192297_32290453 | 1 455 031 | 0. 94 | 0. 74 |
| Gm07_BLOCK_20482646_20531327 | Gm07_BLOCK_23272698_23469985 | 2 741 371 | 0. 98 | 0. 59 |
| Gm08_BLOCK_34717099_34867786 | Gm08_BLOCK_34867939_35055361 | 153 | 0. 89 | 0. 55 |
| Gm08_BLOCK_25459202_25658708 | Gm08_BLOCK_34867939_35055361 | 9 209 231 | 0. 93 | 0. 66 |
| Gm08_BLOCK_25459202_25658708 | Gm08_BLOCK_34717099_34867786 | 9 058 391 | 0. 97 | 0. 62 |
| Gm08_BLOCK_30320715_30453625 | Gm08_BLOCK_34717099_34867786 | 4 263 474 | 0. 95 | 0. 51 |
| Gm08_BLOCK_25748968_25835186 | Gm08_BLOCK_28662463_28726248 | 2 827 277 | 0. 95 | 0. 68 |
| Gm08_BLOCK_25748968_25835186 | Gm08_BLOCK_28391788_28591753 | 2 556 602 | 1. 00 | 0. 73 |
| Gm08_BLOCK_25748968_25835186 | Gm08_BLOCK_28125960_28325550 | 2 290 774 | 1. 00 | 0. 82 |
| Gm08_BLOCK_26913719_26981902 | Gm08_BLOCK_28391788_28591753 | 1 409 886 | 0. 77 | 0. 52 |
| Gm08_BLOCK_26913719_26981902 | Gm08_BLOCK_28125960_28325550 | 1 144 058 | 0. 82 | 0. 59 |
| Gm08_BLOCK_25748968_25835186 | Gm08_BLOCK_26913719_26981902 | 1 078 533 | 0. 95 | 0. 69 |
| Gm08_BLOCK_28125960_28325550 | Gm08_BLOCK_28662463_28726248 | 336 913 | 0. 83 | 0. 59 |
| Gm08_BLOCK_28391788_28591753 | Gm08_BLOCK_28662463_28726248 | 70 710 | 0. 80 | 0. 52 |
| Gm08_BLOCK_28125960_28325550 | Gm08_BLOCK_28391788_28591753 | 66 238 | 0. 87 | 0. 68 |
| Gm09_45848660 | Gm09_BLOCK_45879171_46019332 | 30 511 | 0. 98 | 0. 67 |
| Gm10_7037128 | Gm10_BLOCK_7090842_7153928 | 53 714 | 0. 94 | 0. 55 |
| Gm10_BLOCK_16254491_16449923 | Gm10_BLOCK_20396275_20417645 | 3 946 352 | 0. 96 | 0. 53 |
| Gm10_BLOCK_20396275_20417645 | Gm10_BLOCK_23395838_23594295 | 2 978 193 | 0. 98 | 0. 50 |
| Gm10_BLOCK_14386316_14583318 | Gm10_BLOCK_16254491_16449923 | 1 671 173 | 0. 98 | 0. 54 |
| Gm10_BLOCK_15145559_15171885 | Gm10_BLOCK_16254491_16449923 | 1 082 606 | 0. 97 | 0. 53 |
| Gm12_BLOCK_830883_859895 | Gm12_BLOCK_1172180_1202295 | 312 285 | 0. 89 | 0. 50 |
| Gm12_BLOCK_957814_1018785 | Gm12_BLOCK_1172180_1202295 | 153 395 | 0. 96 | 0. 59 |
| Gm12_BLOCK_830883_859895 | Gm12_BLOCK_957814_1018785 | 97 919 | 0. 94 | 0. 66 |

续表 5 - 20

| 位点 1 | 位点 2 | 距离/bp | $D'$ | $R^2$/% |
|---|---|---|---|---|
| Gm12_BLOCK_2515796_2712309 | Gm12_BLOCK_3037442_3040847 | 325 133 | 0. 97 | 0. 59 |
| Gm12_BLOCK_2806414_2945752 | Gm12_BLOCK_3037442_3040847 | 91 690 | 1. 00 | 0. 69 |
| Gm14_35625289 | Gm14_BLOCK_40001486_40199543 | 4 376 197 | 0. 99 | 0. 83 |
| Gm14_35625289 | Gm14_BLOCK_38844502_38844755 | 3 219 213 | 0. 99 | 0. 78 |
| Gm14_BLOCK_38844502_38844755 | Gm14_BLOCK_40001486_40199543 | 1 156 731 | 0. 99 | 0. 66 |
| Gm15_BLOCK_14426071_14455897 | Gm15_BLOCK_14460610_14620295 | 4 713 | 0. 97 | 0. 52 |
| Gm15_BLOCK_23309311_23501615 | Gm15_BLOCK_37061550_37075672 | 13 559 935 | 0. 89 | 0. 52 |
| Gm15_BLOCK_23733701_23790054 | Gm15_BLOCK_37061550_37075672 | 13 271 496 | 0. 90 | 0. 54 |
| Gm15_BLOCK_24734345_24748059 | Gm15_BLOCK_37061550_37075672 | 12 313 491 | 0. 93 | 0. 57 |
| Gm15_BLOCK_25055689_25129754 | Gm15_BLOCK_37061550_37075672 | 11 931 796 | 0. 95 | 0. 62 |
| Gm15_BLOCK_26262140_26281627 | Gm15_BLOCK_37061550_37075672 | 10 779 923 | 0. 98 | 0. 76 |
| Gm15_BLOCK_25055689_25129754 | Gm15_32047949 | 6 918 195 | 0. 89 | 0. 55 |
| Gm15_BLOCK_26262140_26281627 | Gm15_32047949 | 5 766 322 | 0. 86 | 0. 60 |
| Gm15_BLOCK_31346657_31397703 | Gm15_BLOCK_37061550_37075672 | 5 663 847 | 0. 92 | 0. 57 |
| Gm15_BLOCK_26262140_26281627 | Gm15_BLOCK_31346657_31397703 | 5 065 030 | 0. 92 | 0. 54 |
| Gm15_32047949 | Gm15_BLOCK_37061550_37075672 | 5 013 601 | 0. 87 | 0. 66 |
| Gm15_BLOCK_23733701_23790054 | Gm15_BLOCK_26262140_26281627 | 2 472 086 | 0. 89 | 0. 51 |
| Gm15_BLOCK_24734345_24748059 | Gm15_BLOCK_26262140_26281627 | 1 514 081 | 0. 93 | 0. 54 |
| Gm15_BLOCK_23733701_23790054 | Gm15_BLOCK_25055689_25129754 | 1 265 635 | 0. 95 | 0. 51 |
| Gm15_BLOCK_25055689_25129754 | Gm15_BLOCK_26262140_26281627 | 1 132 386 | 0. 95 | 0. 59 |
| Gm15_BLOCK_31346657_31397703 | Gm15_32047949 | 650 246 | 0. 91 | 0. 56 |
| Gm15_BLOCK_23309311_23501615 | Gm15_BLOCK_23733701_23790054 | 232 086 | 0. 99 | 0. 54 |
| Gm15_BLOCK_24734345_24748059 | Gm15_BLOCK_25055689_25129754 | 307 630 | 0. 98 | 0. 55 |
| Gm16_BLOCK_12118256_12280740 | Gm16_BLOCK_14376058_14553571 | 2 095 318 | 0. 94 | 0. 52 |
| Gm18_BLOCK_18444876_18625383 | Gm18_BLOCK_19986454_20179136 | 1 361 071 | 0. 94 | 0. 65 |
| Gm18_BLOCK_29316738_29490100 | Gm18_BLOCK_36650106_36849082 | 7 160 006 | 0. 94 | 0. 60 |
| Gm18_BLOCK_29316738_29490100 | Gm18_BLOCK_35080016_35250643 | 5 589 916 | 0. 90 | 0. 52 |
| Gm18_BLOCK_29528731_29546009 | Gm18_BLOCK_35080016_35250643 | 5 534 007 | 0. 95 | 0. 61 |
| Gm18_BLOCK_35080016_35250643 | Gm18_BLOCK_36650106_36849082 | 1 399 463 | 0. 94 | 0. 58 |
| Gm18_59989606 | Gm18_BLOCK_59995574_60006087 | 5 968 | 0. 98 | 0. 63 |
| Gm18_59989606 | Gm18_BLOCK_60020629_60209844 | 31 023 | 0. 98 | 0. 60 |
| Gm19_BLOCK_45457040_45457249 | Gm19_BLOCK_45888006_45888022 | 430 757 | 0. 88 | 0. 72 |
| Gm20_BLOCK_4768780_4890394 | Gm20_BLOCK_6103086_6103913 | 1 212 692 | 0. 88 | 0. 56 |

表 5-21 多次检测到的株型相关性状位点次数分布统计

| 分类 | 类型 | 次数 | | | | | | 总计 |
|---|---|---|---|---|---|---|---|---|
| | | 1 | 2 | 3 | 4 | 5~6 | 7~12 | |
| 位点 | 一因多效 | | 28 (68.29 b) | 11 (26.83 b) | 2 (4.88 b) | | | 41(6.20 a) |
| | 特定效应 | 607(97.90 b) | 12 (1.93 b) | 1 (0.16 b) | | | | 620 (93.80 a) |
| | 总计 | 607(91.83 b) | 40 (6.05 b) | 12(1.82 b) | 2 (0.30 b) | | | 661 |
| 染色体区域 | 一因多效 | | 45 (33.33 b) | 38 (28.15 b) | 21 (15.56 b) | 24 (17.78 b) | 7 (5.18 b) | 135(45.92 a) |
| | 特定效应 | 150(94.34 b) | 9 (5.66 b) | | | | | 159(54.08 a) |
| | 总计 | 150(51.02 b) | 54 (18.37 b) | 38 (12.92 b) | 21(7.14 b) | 24 (8.16 b) | 7(2.38 b) | 294 |

注:括号内 a 表示在每列的比例,b 表示在每行的比例。

表 5-22 染色体中控制株型相关性状重要区域

| 序号 | 株型性状重要染色体区域/Mb | 位点数目 | 性状解释率/% | | | | 各株型性状重要区域/Mb |
|---|---|---|---|---|---|---|---|
| | | | *Bn* | *L* | *Nms* | *Ph* | |
| 1 | 17.17~31.70(04)和<br>26.79~28.03(18) | 14 | 4(1.72~3.16) | 1(0.21~0.21) | 4(0.34~0.89) | 3(1.46~7.39) | 31.56~31.70(04,*Ph*) |
| 2 | 23.75~34.73(06) | 10 | 2(0.25~6.66) | 4(0.28~2.97) | | 3(0.34~1.81) | 27.58~28.25(06,*Bn*) |
| 3 | 25.46~35.06(08) | 12 | 1(1.58~1.58) | 3(0.03~7.83) | 2(1.56~2.20) | 3(1.79~2.33) | 28.39~28.73(08,*L*) |
| 4 | 14.39~25.21(10) | 8 | | 1(0.11~0.11) | 3(0.93~4.26) | 3(3.45~9.24) | 14.39~14.58(10,*Nms*)<br>14.39~23.59(10,Ph) |
| 5 | 22.20~37.08(15) | 13 | | 1(0.48~0.48) | 4(0.29~1.59) | 4(0.73~6.63) | 25.46~35.06(08,*Ph*) |
| 6 | 59.99~61.05(18) | 6 | 2(1.24~2.09) | 1(1.21~1.21) | 2(2.45~10.64) | 3(6.00~8.30) | 59.99~61.05(18,*Nms*)<br>60.00~61.05(18,*Ph*) |
| 7 | 3.88~5.39(19) | 4 | 1(0.35~0.35) | | 3(1.02~2.80) | 3(0.16~2.27) | |

注:表格中序号是按照染色体及其物理位置排序。株型性状染色体重要区域括号外为染色体的物理位置,括号内为所在染色体。

## 六、东北各亚区控制产量性状的重要 QTL 与区域

从以上研究分析可知,本研究定位到的控制产量相关性状位点的贡献率均较低。即使通过处理后仍很难找到对该类性状影响较大的区域(高 LD 的位点见表 5-23)。经上述处理后,控制地上部生物量性状的位点/区域为 132 个,其中仅 Chr 18 的 58.2~59.5 Mb 位点在 Sub-2~Sub-4 均有表达,各亚区的解释率分布在 3% 左右(2.55%~3.98%),可能在东北地区该性状的表达中较为重要(内含 *q-Ab*-18-10~*q-Ab*-18-14)。除该区域外,仅 Sub-1 内含有 3 个超 3% 的位点,分别为 Chr 03 的 27.3~27.5 Mb 的 *q-Ab*-3-4(3.50%)、Chr 15 的约 15.8 Mb 的 *q-Ab*-15-5(3.84%)和 Chr 19 的 31.7~31.9 Mb 的 *q-Ab*-19-5(3.00%)。而对产量性状,影响产量的位点/区域降至 120 个,唯一解释率超 3% 的位点为 Chr 18 的 58.2~58.9 Mb 区域,该区域在Sub-2和 Sub-3 中表达,其中在 Sub-2 的解释率为 1.13%,在 Sub-3 为 4.37%。

表观收获指数的111个QTL经处理后降至95个,仅Chr 04的4.2~5.0 Mb区域在Sub-1的解释率高达3.77%,同时也在Sub-2有所表达。除此之外,Sub-1内仍存在3个解释率超3%的区域,分别为Chr 03的0.85~1.70 Mb(5.25%)、Chr 04的12.3~12.4 Mb(3.17%)和Chr 15的7.0~7.4 Mb(5.35%)。

相对于其他性状,主茎荚数性状的定位效果较好,以3%为标准对该性状有重要影响的位点/区域共13个,见表5-24。Chr 18的31.09~36.85 Mb区域和Chr 06的45.23~47.71 Mb区域可能是对东北地区该性状的表达具有重要影响的区域。Chr 18的31.09~36.85 Mb区域在Sub-1和Sub-4的解释率均约3%,而后者在Sub-3和Sub-4的解释率也分布在1.06%~3.84%。

表5-25为产量性状综合分析,共定位到551个位点,其在研究中检测到1~3次不等,其中94.56%仅检测到1次。这些位点中仅4.54%的位点存在一因多效。将这些按照以上研究提到的方法合并后共定位到275个位点/区域,其在研究中检测到1~9次不等。这些位点中的41.09%检测到一因多效。表5-26为本研究中检测到7次以上的4个位点/区域,这4个区域中最为重要的可能是Chr 18的57.09~60.85 Mb区域。该区域范围内存在对主茎荚数、地上部生物量及产量有重要影响的区域。这4个区域与产量相关性状重要区域相比,有2个区域为新确定的,这些重要区域有进一步研究的价值。

**表5-23　东北及各亚区产量相关性状中高LD水平的位点**

| 位点1 | 位点2 | 距离/bp | $D'$ | $R^2$/% |
|---|---|---|---|---|
| Gm01_19067455 | Gm01_BLOCK_26933371_26949035 | 7 865 916 | 0.97 | 0.86 |
| Gm01_BLOCK_43173973_43364041 | Gm01_BLOCK_43644553_43843201 | 280 512 | 0.89 | 0.62 |
| Gm02_15551303 | Gm02_20567307 | 5 016 004 | 0.75 | 0.56 |
| Gm02_19273365 | Gm02_BLOCK_21907486_22103711 | 2 634 121 | 0.95 | 0.55 |
| Gm02_BLOCK_20157506_20276750 | Gm02_BLOCK_21907486_22103711 | 1 630 736 | 0.91 | 0.58 |
| Gm03_BLOCK_16599581_16633115 | Gm03_BLOCK_24010005_24164157 | 7 376 890 | 0.97 | 0.57 |
| Gm03_BLOCK_24010005_24164157 | Gm03_BLOCK_27345535_27533548 | 3 181 378 | 0.97 | 0.57 |
| Gm03_BLOCK_44216668_44411175 | Gm03_BLOCK_44442395_44457192 | 31 220 | 0.92 | 0.51 |
| Gm04_BLOCK_14758756_14758810 | Gm04_BLOCK_15539474_15739342 | 780 664 | 0.95 | 0.52 |
| Gm04_BLOCK_22599042_22729000 | Gm04_BLOCK_23716824_23851634 | 987 824 | 0.91 | 0.60 |
| Gm04_BLOCK_22599042_22729000 | Gm04_BLOCK_29786106_29889537 | 7 057 106 | 0.82 | 0.51 |
| Gm05_18127048 | Gm05_22820663 | 4 693 615 | 0.98 | 0.92 |
| Gm07_BLOCK_7741263_7741321 | Gm15_BLOCK_12436566_12505828 | NA | 1.00 | 0.57 |
| Gm07_BLOCK_12703101_12901706 | Gm07_BLOCK_14178220_14237245 | 1 276 514 | 0.98 | 0.86 |
| Gm07_BLOCK_23702112_23795668 | Gm07_BLOCK_23810586_23819552 | 14 918 | 0.99 | 0.72 |
| Gm07_BLOCK_23702112_23795668 | Gm07_BLOCK_25632071_25722986 | 1 836 403 | 0.97 | 0.67 |
| Gm07_BLOCK_23810586_23819552 | Gm07_BLOCK_25632071_25722986 | 1 812 519 | 0.98 | 0.72 |
| Gm08_BLOCK_26528315_26728307 | Gm08_29188425 | 2 460 118 | 0.75 | 0.52 |
| Gm09_BLOCK_20792258_20987342 | Gm09_BLOCK_23418314_23539766 | 2 430 972 | 0.92 | 0.62 |

续表 5－23

| 位点 1 | 位点 2 | 距离/bp | $D'$ | $R^2$/% |
|---|---|---|---|---|
| Gm10_BLOCK_10592163_10658261 | Gm10_BLOCK_16506313_16636031 | 5 848 052 | 0.88 | 0.55 |
| Gm10_BLOCK_10391745_10591333 | Gm10_BLOCK_10592163_10658261 | 830 | 1.00 | 0.78 |
| Gm13_BLOCK_25720344_25785847 | Gm13_BLOCK_25800146_25967840 | 14 299 | 0.89 | 0.58 |
| Gm14_BLOCK_46767071_46771554 | Gm14_46861487 | 89 933 | 0.81 | 0.57 |
| Gm18_BLOCK_21816849_22016702 | Gm18_BLOCK_31091719_31291015 | 9 075 017 | 0.89 | 0.55 |
| Gm18_BLOCK_24256003_24454510 | Gm18_BLOCK_31091719_31291015 | 6 637 209 | 0.94 | 0.68 |
| Gm18_BLOCK_31091719_31291015 | Gm18_BLOCK_36650106_36849082 | 5 359 091 | 0.96 | 0.56 |
| Gm18_BLOCK_21816849_22016702 | Gm18_BLOCK_24256003_24454510 | 2 239 301 | 0.92 | 0.62 |

**表 5－24　染色体中控制主茎荚数性状重要区域**

| 序号 | 主茎荚数性状重要染色体区域/Mb | 含有的 QTL | 各亚区解释率/% | | | |
|---|---|---|---|---|---|---|
| | | | Sub－1 | Sub－2 | Sub－3 | Sub－4 |
| 1 | 26.52～26.72(02) | *q*－*Pn*－2－12 | 4.53 | | | |
| 2 | 47.24～47.24(03) | *q*－*Pn*－3－9 | 5.09 | | | |
| 3 | 23.72～23.85(04) | *q*－*Pn*－4－4 | 6.59 | | | |
| 4 | 2.96～3.16(06) | *q*－*Pn*－6－2 | 8.34 | | | |
| 5 | 45.23～47.71(06) | *q*－*Pn*－6－8～*q*－*Pn*－6－11 | | | 3.84 | 1.06 |
| 6 | 34.41～34.61(09) | *q*－*Pn*－9－9 | | | | 3.02 |
| 7 | 19.63～19.83(15) | *q*－*Pn*－15－5 | 3.06 | | | |
| 8 | 31.09～36.85(18) | *q*－*Pn*－18－4～*q*－*Pn*－18－6 | 3.20 | | | 2.97 |
| 9 | 55.67～55.98(18) | *q*－*Pn*－18－12～*q*－*Pn*－18－13 | | | 4.75 | |
| 10 | 58.70～58.82(18) | *q*－*Pn*－18－16 | | 3.02 | | |
| 11 | 60.02～60.85(18) | *q*－*Pn*－18－17～*q*－*Pn*－18－18 | 4.70 | | | |
| 12 | 16.85～16.95(19) | *q*－*Pn*－19－2 | 5.70 | | | |
| 13 | 42.27～42.41(20) | *q*－*Pn*－20－6～*q*－*Pn*－20－7 | 12.53 | | | |

注:表格中序号是按照染色体及其物理位置排序。

**表 5－25　多次检测到的产量相关性状位点次数分布统计**

| 分类 | 类型 | 次数 | | | | | | 总计 |
|---|---|---|---|---|---|---|---|---|
| | | 1 | 2 | 3 | 4 | 5～6 | 7～12 | |
| 位点 | 一因多效 | | 24 (96.00 b) | 1 (4.00 b) | | | | 25 (4.54 a) |
| | 特定效应 | 521 (99.05 b) | 5 (0.95 b) | | | | | 526 (95.46 a) |
| | 总计 | 521 (94.56 b) | 29 (5.26 b) | 1 (0.18 b) | | | | 551 |
| 染色体区域 | 一因多效 | | 59 (52.21 b) | 17 (15.04 b) | 19 (16.81 b) | 14 (12.39 b) | 4 (3.54 b) | 113 (41.09 a) |
| | 特定效应 | 152 (93.25 b) | 10 (6.14 b) | | | | | 162 (58.91 a) |
| | 总计 | 152 (55.27 b) | 69 (25.09 b) | 17 (6.18 b) | 19 (6.91 b) | 14 (5.09 b) | 4 (1.45 b) | 275 |

表 5－26　染色体中控制产量相关性状重要区域

| 序号 | 产量性状重要染色体区域/Mb | 位点数目 | 性状解释率/% | | | | 各产量性状重要区域/Mb |
|---|---|---|---|---|---|---|---|
| | | | *Ab* | *Ec* | *Pn* | *yield* | |
| 1 | 13. 85～22. 55(02) | 12 | 1(0. 58) | | 3(0. 77～1. 77) | 3(0. 17～2. 18) | |
| 2 | 22. 60～30. 51(04) | 8 | 2(0. 87～0. 98) | 2(0. 95～2. 63) | 1(6. 59) | 2(0. 07～0. 15) | 23. 72～23. 85(04,*Pn*) |
| 3 | 21. 82～36. 85(18) | 10 | 3(1. 02～1. 74) | | 2(3. 20～3. 22) | 2(0. 48～1. 37) | |
| 4 | 57. 09～60. 85(18) | 9 | 3(2. 55～3. 98) | 1(0. 25) | 3(2. 08～5. 92) | 2(1. 13～4. 37) | 58. 20～59. 50(18,*Ab*)<br>58. 20～58. 90(18,*Sy*)<br>60. 02～60. 85(18,*Pn*)<br>58. 70～58. 80(18,*Pn*) |

注:表格中序号是按照染色体及其物理位置排序。产量性状染色体重要区域括号外为在染色体的物理位置,括号内为所在染色体。

## 第五节　株型与产量相关性状 QTL－等位变异体系的建立和应用

### 一、株高 QTL－等位变异体系的建立和应用

#### (一)株高 QTL－等位变异体系的建立

图 5－5 为各生态亚区株高 QTL－等位变异效应值分布图,表 5－27 为各亚区内调控该性状 QTL 的等位变异在不同熟期组的分布。从图中可知,相同 QTL 内等位变异的效应值存在较大的差异。虽然不同亚区内定位得到的等位变异数目及变幅有所差异,但是总体上呈现出的规律较为相似。从等位变异效应值的分布看,各亚区内及熟期组内正负等位变异数目虽然略有差异,但差异等位变异的效应值主要集中在－7. 00～7. 40 cm 之间。不同熟期组及群体内等位变异的分布基本呈现正态分布,效应值在－21. 40～14. 60 cm 之外的数目较少。而各熟期组内仅含有定位结果中的部分等位变异,因此各组均可从其他熟期组内引入等位变异从而进一步改良目标性状,培育出株高最佳的品种。

各亚区内定位得到位点中的等位变异数目虽然存在较大的差异,但在各亚区及熟期组内的分布均呈正态分布。各亚区内负效和正效等位变异的数目基本接近。考虑到其他亚区在定位研究时为降低定位误差仅使用了部分东北大豆种质资源群体内的材料,而 Sub－4 则使用了完整的东北大豆种质资源群体,在该性状等位变异的研究中以 Sub－4 进行相关分析。

Sub－4 中共定位到 254 个效应值分布在－34. 90～37. 89 cm 的等位变异,其中仅 13 个等位变异的效应值在－21. 40～14. 60 cm 之外。从效应值上看,这些等位变异总体及分布在熟期组内所含有的正负等位变异数目虽略有差异,但相差不大,如定位的 254 个等位变异中正负效应值的等位变异数目仅相差 4 个。从等位变异数目及其分布、变幅及效应值在－21. 4～14. 6 cm 之外的数目可知,各熟期组在该性状上有进一步改良的空间。

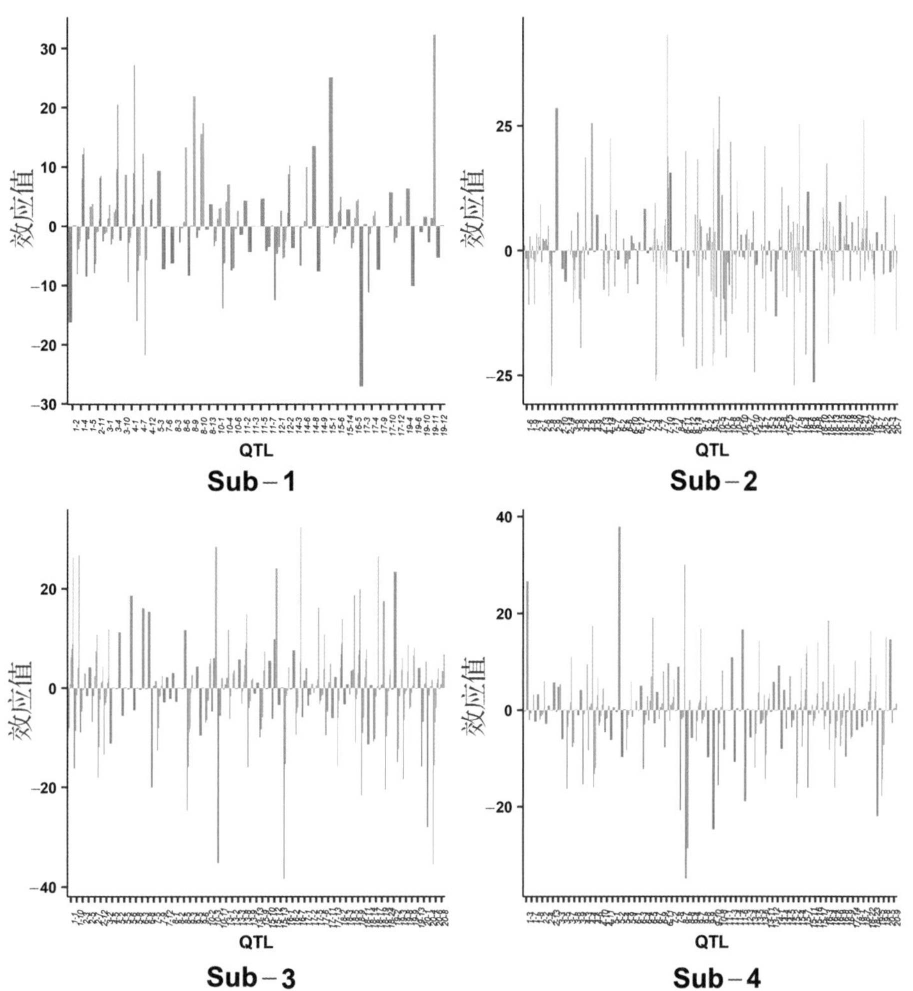


图 5－5　东北各亚区株高 QTL－等位变异效应分布

表 5－27　东北各亚区株高 QTL－等位变异在各熟期组的分布

| 亚区 | 熟期组 | 组中值/cm | | | | | | | | | 总计 | 变幅/cm |
|---|---|---|---|---|---|---|---|---|---|---|---|---|
| | | <－25.00 | －21.40 | －14.20 | －7.00 | 0.20 | 7.40 | 14.60 | 21.80 | >25.40 | | |
| Sub－1 | MG000 | 0 | 1 | 3 | 19 | 78 | 12 | 1 | 0 | 0 | 114(67,47) | －21.74～13.22 |
| | MG00 | 0 | 1 | 2 | 21 | 81 | 17 | 4 | 2 | 0 | 128(66,62) | －21.74～21.97 |
| | MG0 | 1 | 1 | 5 | 29 | 86 | 23 | 7 | 3 | 2 | 157(81,76) | －27.09～32.33 |
| | MGⅠ | 1 | 1 | 4 | 25 | 83 | 22 | 4 | 2 | 1 | 143(73,70) | －27.09～32.33 |
| | MGⅡ | 1 | 0 | 2 | 22 | 81 | 20 | 4 | 0 | 2 | 132(67,65) | －27.09～32.33 |
| | MGⅢ | 1 | 0 | 1 | 17 | 76 | 14 | 4 | 0 | 2 | 115(59,56) | －27.09～32.33 |
| | 总计 | 1 | 1 | 5 | 29 | 87 | 23 | 7 | 3 | 2 | 158(81,77) | －27.09～32.33 |
| Sub－2 | MG000 | 4 | 6 | 4 | 27 | 107 | 23 | 2 | 4 | 1 | 178(89,89) | －27.21～25.58 |
| | MG00 | 4 | 8 | 7 | 33 | 123 | 29 | 4 | 4 | 3 | 215(104,111) | －27.21～43.32 |
| | MG0 | 5 | 10 | 9 | 48 | 137 | 37 | 7 | 8 | 5 | 266(134,132) | －27.21～30.93 |
| | MGⅠ | 2 | 7 | 9 | 46 | 131 | 32 | 7 | 6 | 2 | 242(120,122) | －27.05～30.93 |

续表 5-27

| 亚区 | 熟期组 | 组中值/cm | | | | | | | | | 总计 | 变幅/cm |
|---|---|---|---|---|---|---|---|---|---|---|---|---|
| | | <-25.00 | -21.40 | -14.20 | -7.00 | 0.20 | 7.40 | 14.60 | 21.80 | >25.40 | | |
| Sub-2 | MGⅡ | 3 | 4 | 9 | 32 | 125 | 30 | 7 | 8 | 6 | 224(103,121) | -27.05~43.32 |
| | MGⅢ | 3 | 6 | 8 | 29 | 116 | 27 | 4 | 3 | 4 | 200(97,103) | -27.21~43.32 |
| | 总计 | 5 | 11 | 12 | 48 | 140 | 37 | 8 | 9 | 6 | 276(138,138) | -27.21~43.32 |
| Sub-3 | MG000 | 1 | 3 | 6 | 29 | 96 | 23 | 3 | 1 | 0 | 162(86,76) | -35.45~19.91 |
| | MG00 | 1 | 5 | 7 | 35 | 110 | 37 | 4 | 4 | 1 | 204(100,104) | -38.39~28.47 |
| | MG0 | 4 | 6 | 15 | 41 | 115 | 42 | 9 | 6 | 4 | 242(121,121) | -38.39~32.43 |
| | MGⅠ | 4 | 4 | 13 | 38 | 110 | 36 | 9 | 6 | 4 | 224(113,111) | -38.39~32.43 |
| | MGⅡ | 3 | 4 | 11 | 31 | 103 | 33 | 5 | 5 | 4 | 199(100,99) | -38.39~32.43 |
| | MGⅢ | 3 | 2 | 9 | 34 | 101 | 25 | 2 | 3 | 2 | 181(95,86) | -38.39~28.47 |
| | 总计 | 4 | 6 | 16 | 44 | 116 | 43 | 10 | 6 | 5 | 250(126,124) | -38.39~32.43 |
| Sub-4 | MG000 | 2 | 2 | 5 | 22 | 131 | 20 | 3 | 1 | 2 | 188(96,92) | -34.90~37.89 |
| | MG00 | 2 | 1 | 6 | 29 | 142 | 25 | 3 | 0 | 1 | 209(107,102) | -34.90~30.15 |
| | MG0 | 2 | 6 | 13 | 32 | 149 | 34 | 9 | 1 | 2 | 248(126,122) | -34.90~30.15 |
| | MGⅠ | 2 | 5 | 10 | 30 | 146 | 32 | 7 | 2 | 3 | 237(119,118) | -34.90~37.89 |
| | MGⅡ | 1 | 1 | 11 | 25 | 142 | 27 | 8 | 1 | 3 | 219(108,111) | -28.62~37.89 |
| | MGⅢ | 1 | 2 | 7 | 21 | 133 | 24 | 7 | 1 | 1 | 197(95,102) | -28.62~30.15 |
| | 总计 | 2 | 6 | 14 | 34 | 149 | 34 | 10 | 2 | 3 | 254(129,125) | -34.90~37.89 |

注：总计栏的括号内前面数字为负效等位变异数，后一数字为正效等位变异数。





### (二)株高 QTL-等位变异体系的应用

1. 东北大豆株高熟期组间遗传分化动力分析

表 5-28 为各 QTL 内等位变异在东北地区原有熟期组与新形成的熟期组内的分布情况。从结果看，高达 78.57% 的 QTL 参与了株高遗传基础在新熟期组中的形成，这表明了该性状的遗传基础在不同熟期组间存在明显的差异。从等位变异效应值分析看，各熟期组内所含有的负效等位变异数目虽略多于正效等位变异，但两者几乎相同。比较原有熟期组与新形成熟期组的等位变异，在新形成熟期组中发生了大量等位变异的变化，主要为排除等位变异。需要注意的是，这些发生变化的等位变异中正负等位变异数目几乎相同，即该性状的人工选择并未受到直接选择。前人研究表明，株高性状与大豆产量呈正相关关系，因此可进一步加大对该性状的选择，提升东北大豆特别是早熟大豆的单产潜力。

具体地说，新形成熟期组 MG0、MG00 和 MG000 中分别有 244、205、184 个等位变异直接来源于原有熟期组，同时也有 9、48 和 69 个等位变异在原有熟期组和新形成熟期组间发生了改变，这些等位变异来源于 9~46 个 QTL。各新形成熟期组中发生改变的等位变异中仅 4 个为新生。而将所有新形成熟期组与原有熟期组相比，新形成熟期组共含有 254 个等位变异，其中 167 个直接来源于原有熟期组，同时 87 个等位变异发生改变，其中仅 5 个为新生。

通过以上分析可知,通过人工选择形成该性状在新熟期组差异的遗传动力如下:首先为原有等位变异的继承,其占到本试验群体该性状遗传构成的 65.75%(167/254)。其次为育种过程中排除等位变异,其占到本试验群体该性状遗传构成的 32.28%(82/254),因此排除等位变异及其引起的重组为人工选择形成该性状在新熟期组差异的第二遗传动力。而第三遗传动力则为新生等位变异,特别是负效等位变异,虽然新生等位变异仅为 5 个,其中 4 个为负效等位变异。

**表 5-28　东北种质资源群体 MGⅠ、MGⅡ、MGⅢ、MG0、MG00 和 MG000 株高性状的等位变异变化**

| QTL | a1 | a2 | a3 | a4 | a5 | a6 | a7 | a8 | a9 | QTL | a1 | a2 | a3 | a4 | a5 | a6 | a7 | a8 | a9 |
|---|---|---|---|---|---|---|---|---|---|---|---|---|---|---|---|---|---|---|---|
| 1-3 | | z | | | | | | | | 11-6 | z | | | | | | | | |
| 1-6 | | | | | | | | | | 11-10 | z | XY | | XY | | | yz | | |
| 1-7 | | yz | | | | | | | | 11-11 | z | z | | | z | | | | |
| 1-8 | | | | | | | | | | 12-11 | | z | y | | | | | | |
| 1-10 | | | | | | | | | | 13-1 | | | | | yz | z | | | |
| 2-10 | | | | | | | | | | 13-3 | | | | | | | | | |
| 2-12 | | | | | | | | | | 13-4 | | | | | | | | | |
| 3-8 | xyz | | | | | | | | | 14-3 | | z | | | | | | | |
| 4-3 | | | | yz | yz | yz | | | | 14-5 | z | | | | | | | | |
| 4-6 | z | | | | | | | | | 14-6 | | | z | | | | | | |
| 4-11 | | | | | | | | | | 15-3 | z | | y | | | z | | | |
| 5-1 | | | | | | | | | | 15-6 | | Y | | | z | | | | |
| 5-2 | | z | | z | z | z | | | | 16-1 | yz | | | | | yz | | | |
| 5-6 | yz | | | | | | | | | 16-2 | yz | | z | | | | | | |
| 6-2 | z | | | | | | | | | 16-3 | | | | | | | | | |
| 6-3 | | | | | | | | | | 16-4 | yz | z | z | | | | | | |
| 6-5 | | z | | | | | | | | 17-4 | XY | | z | z | | yz | | | |
| 6-7 | | yz | | | | | | | | 17-6 | | | | | | | | | |
| 7-1 | | xy | | | | | | | | 18-3 | | z | | | z | y | | z | z |
| 7-3 | yz | | | | | | | | | 18-5 | y | | | | | | | | |
| 8-1 | z | | | yz | | | | | | 18-8 | | yz | | | | | | | |
| 8-8 | | yz | | | | | | | | 18-10 | yz | yz | | z | | yz | z | | |
| 9-4 | z | yz | | | | | | | | 18-11 | | yz | | z | z | yz | yz | yz | |
| 9-5 | | z | z | x z | | | z | | | 18-12 | yz | | | | | | | | |
| 9-12 | | | | | | | | | | 18-19 | yz | z | | | | XYZ | | | |
| 9-13 | | | | y | | | | | | 18-21 | | z | | | yz | | | | |
| 9-14 | yz | | | | | | | | | 19-2 | y | | | | | | | | |
| 10-1 | | | | | | | | | | 19-4 | y | | | | | | | | |
| 10-2 | | | z | | | | | | | 20-2 | | yz | | | | | | | |
| 10-5 | | z | | | | | | | | 20-3 | z | | | | | | | | |
| 10-6 | z | | | | | | | | | 20-6 | yz | | | | | | | | |
| 10-10 | yz | | | z | yz | | | | | | | | | | | | | | |

续表 5 - 28

| 熟期组 MG | 等位变异总数 等位变异数目 | QTL数目 | 继承等位变异 等位变异数目 | QTL数目 | 已改变等位变异 等位变异数目 | QTL数目 | 新生等位变异 等位变异数目 | QTL数目 | 排除等位变异 等位变异数目 | QTL数目 |
|---|---|---|---|---|---|---|---|---|---|---|
| Ⅰ + Ⅱ + Ⅲ | 249 (125, 124) | 70 | [ Ⅰ : 237(119,118) ; Ⅱ : 219(108,111) ; Ⅲ : 197(95,102) ] | | | | | | | |
| 0 vs Ⅰ + Ⅱ + Ⅲ | 248(126,122) | 70 | 244(123,121) | 70 | 9(5,4) | 9 | 4 (3, 1) | 4 | 5(2,3) | 5 |
| 00 vs Ⅰ + Ⅱ + Ⅲ | 209(107,102) | 70 | 205(104,101) | 70 | 48(24,24) | 40 | 4 (3, 1) | 4 | 44(21,23) | 37 |
| 000 vs Ⅰ + Ⅱ + Ⅲ | 188(96,92) | 70 | 184(93,91) | 70 | 69(35,34) | 46 | 4(3, 1) | 4 | 65(32,33) | 43 |
| 0 - 00 - 000 vs Ⅰ + Ⅱ + Ⅲ | 254(129,125) | 70 | 167(87,80) | 70 | 87(42,45) | 55 | 5(4, 1) | 5 | 82(38,44) | 51 |

注:熟期组列数据均省略"MG",例如"0"表示 MG0;I + II + III 或 MGI ~ III 表示由 MGI、MGII 和 MGIII 熟期组材料共同构成的群体;0 - 00 - 000 表示由 MG0、MG00 和 MG000 熟期组材料共同构成的群体。"I + II + III"行中中括号内分别为对应熟期组等位变异分布情况。下同。

2. 新熟期组(MG0 - 00 - 000)株高形成中主效 QTL 及候选基因

表 5 - 28 直观地描述了等位变异在不同熟期组间的分布及传递。从结果看,高达 78.57% 的 QTL 在 MG0 - 00 - 000 形成中发挥作用,但作用存在较大程度的差异。来自 55 个 QTL 的 87 个等位变异在新熟期组形成中发挥了作用。根据 QTL 内发生改变的数目可将其分为 4 类,其中 65.45%(36/55)中仅有 1 个等位变异发生改变,仅 4 个 QTL 中有 4 个等位变异发生改变。从这些等位变异在新形成熟期组间的分布看,仅有 2 个同时在所有熟期组间发挥作用,同时在两个熟期组间发挥作用的等位变异数目差异较大,其中仅有 3 或 4 个等位变异在 MG0 与 MG00 或 MG000 间发挥作用,有高达 28 个同时在 MG00 和 MG000 发挥作用。随着新熟期组变早,发生改变的等位变异数目增加明显,其在 MG0、MG00 和 MG000 中分别为 7、48、69 个(表 5 - 29)。

由第二章分析可知,株高性状随熟期组的变早降低明显,因此新生的负效等位变异和排除的正效等位变异在该性状熟期组间的遗传分化中更为重要,表 5 - 29 为据此选择的主效 QTL。这些主效 QTL 具有较好的代表性,控制该性状的 70 个 QTL 中仅有 4 个新生负效等位变异,其中 2 个包含在主效 QTL 内;70 个 QTL 内排除的 44 个正效等位变异中有 26 个分布在这些主效 QTL 内。在 MG0、MG00、MG000 形成中,本研究定位的 70 个位点分别排除了 3、23、33 个正效等位变异,而上述 QTL 则在 3 个熟期组中分别排除了 2、13、18 个正效等位变异,这也在一定程度上说明了按照本方法选定的主效 QTL 的准确性。

**表 5 - 29 由 MG Ⅰ ~ Ⅲ引起新熟期组(MG0 - 00 - 000)形成的 QTL - 等位变异分析**

| 已改变等位变异数目/位点 | 已改变等位变异总数 | 同时在 MG 0 - 000 中改变 | 同时在 MG0、00 中改变 | 同时在 MG0、000 中改变 | 同时在 MG 00 - 000 中改变 | MG0 | MG00 | MG000 |
|---|---|---|---|---|---|---|---|---|
| 1 | 36(36) | 1(1) | 3(3) | 2(2) | 16(16) | 5(5) | 25(25) | 28(28) |
| 2 | 18(9) | 0(0) | 1(1) | 1(1) | 2(2) | 1(1) | 5(5) | 15(9) |
| 3 | 21(7) | 1(1) | 0(0) | 0(0) | 7(6) | 1(1) | 13(7) | 16(6) |
| 4 | 12(4) | 0(0) | 0(0) | 0(0) | 3(3) | 0(0) | 5(3) | 10(3) |
| 总计 | 87(55) | 2(2) | 4(4) | 3(3) | 28(27) | 7(7) | 48(40) | 69(46) |

新熟期组形成的主效 QTL - 等位变异

| QTL | $R^2$/% | 已改变等位变异 MG0 | MG00 | MG000 | 候选基因 | 基因功能 (分类) |
|---|---|---|---|---|---|---|
| *q - Ph* - 15 - 7(3) | 1.60 | 0/0 | 0/1 | 0/3 | *Glyma*15*g*23640 | |

续表 5－29

| QTL | $R^2$/% | 已改变等位变异 | | | 候选基因 | 基因功能（分类） |
|---|---|---|---|---|---|---|
| | | MG0 | MG00 | MG000 | | |
| *q－Ph*－9－7(3) | 0.68 | 0/0 | 0/3 | 0/0 | *Glyma09g33451* | Microsporogenesis( Ⅰ ) |
| *q－Ph*－18－22(2) | 7.83 | 0/0 | 0/1 | 0/2 | *Glyma18g50670* | Protein autophosphorylation( Ⅲ ) |
| *q－Ph*－17－14(2) | 2.15 | 0/0 | 0/1 | 0/1 | *Glyma17g37460* | Lipid homeostasis( Ⅲ ) |
| *q－Ph*－4－6(2) | 1.80 | 0/0 | 0/0 | 0/2 | | |
| *q－Ph*－18－23(2) | 0.47 | 0/0 | 0/0 | 0/2 | *Glyma18g50670* | Protein autophosphorylation( Ⅲ ) |
| *q－Ph*－7－2(2) | 0.29 | 0/0 | 0/0 | 0/2 | *Glyma07g03810* | Response to red or far red light( Ⅰ ) |
| *q－Ph*－15－16(1) | 3.24 | 0/0 | 0/1 | 0/1 | *Glyma15g43050* | Biological process( Ⅳ ) |
| *q－Ph*－4－10(1) | 2.70 | 0/0 | 0/1 | 0/1 | *Glyma04g38261* | Transport( Ⅱ ) |
| *q－Ph*－5－2(1) | 2.31 | 0/1 | 0/1 | 0/0 | | |
| *q－Ph*－3－7(1) | 2.22 | 0/0 | 0/1 | 0/0 | *Glyma03g33035* | Phosphatidylinositol phosphorylation( Ⅲ ) |
| *q－Ph*－4－3(1) | 1.84 | 0/0 | 0/0 | 0/1 | *Glyma04g11240* | Biological process( Ⅳ ) |
| *q－Ph*－16－6(1) | 1.75 | 0/0 | 1/0 | 1/0 | *Glyma16g24560* | |
| *q－Ph*－8－7(1) | 1.71 | 1/0 | 0/0 | 1/0 | *Glyma08g32790* | Actin filament organization( Ⅳ ) |
| *q－Ph*－13－5(1) | 1.52 | 0/0 | 0/0 | 0/1 | *Glyma13g24305* | Glucuronoxylan metabolic process( Ⅲ ) |
| *q－Ph*－4－4(1) | 1.32 | 0/0 | 0/1 | 0/1 | *Glyma04g12911* | Biological process( Ⅳ ) |
| *q－Ph*－5－9(1) | 1.24 | 0/0 | 0/0 | 0/1 | *Glyma05g36300* | Transmembrane transport( Ⅱ ) |
| *q－Ph*－11－6(1) | 1.05 | 0/1 | 0/1 | 0/0 | *Glyma11g31721* | Glucuronoxylan metabolic process( Ⅲ ) |
| *q－Ph*－15－4(1) | 1.03 | 0/0 | 0/1 | 0/0 | *Glyma15g18760* | Gluconeogenesis( Ⅲ ) |
| 新生负效等位变异总数 | | 1/3 | 1/3 | 2/3 | 2/4(在 MG0－000 内) | |
| 排除正效等位变异总数 | | 2/3 | 13/23 | 18/33 | 26/44(在 MG0－000 内) | |

注："同时在 MG0－000 中改变"指分布在 MGI～III 中的 QTL 及其等位变异同时在 MG0、MG00 和 MG000 三个熟期组内均发生变化；"同时在 MG0、MG00 中改变" 指分布在 MGI～III 中的 QTL 及其等位变异同时在 MG0 和 MG00 两个熟期组内均发生变化；"同时在 MG0、MG000 中改变" 指分布在 MGI～III 中的 QTL 及其等位变异同时在 MG0 和 MG000 两个熟期组内均发生变化；"同时在 MG00－000 中改变"指分布在 MGI～III 中的 QTL 及其等位变异同时在 MG00 和 MG000 两个熟期组内均发生变化。下同。

### 3. 东北各亚区株高设计育种

从以上的分析结果可知，可以通过优化调控株高性状的等位变异进一步改良该性状。表 5－30 为该现状使用第 75% 分位数为指标在连锁模型下筛选出的最优组合类型。

从结果可以看出，各亚区优化组合存在较大差异，从预测后代表型与亲本表型可知，预测后代的表型值均高于其亲本。大部分的亲本表型值超过 100 cm，亦存在一些株高较低的亲本。例如，Sub－1 中所选用的 20 个组合中有 2 个组合的亲本包含一个低于 100 cm 的亲本，后代预测值均超过 120 cm，其中株高最低的是 CN210。

各亚区内涉及的亲本数目存在一定的差异，各亚区使用的亲本数目分布在 12～18 个。各亚区使用亲本存在明显的偏好性，Sub－1 使用了 12 个亲本，其中黑农 43 和垦农 22 使用次数达到 10 次；Sub－2 使用了 18 个亲本，仅铁荚四粒黄的使用次数最高，达到 17 次；Sub－3 使用了 15 个亲本，其中通农 4 号和通农 13 使用次数超过了 3 次；Sub－4 使用了 16 个亲本，其中铁荚四粒黄使用次数为 14 次，其他 14 个亲本仅使用 1～2 次。综合以上结果可以看出，这些亲本中，大部分使用次数仅为 1～2 次，仅有 4 个亲本使用次数达到 10 次，其中铁荚四粒黄使用次数高达 33 次。从各亚区使用亲本的熟期组归属可知，不同亚区所选用的亲本几乎均为本生态亚区偏晚熟的亲本类型（Sub－4 亚区除外），因此结合其他性状对本性状进行综合改良可能效果更好。

表 5-30 各亚区内依据 QTL-等位变异矩阵改良株高性状的优化组合设计

| 生态亚区 | 母本(熟期组) | 表型 | 父本(熟期组) | 表型 | 均值 | 75th |
|---|---|---|---|---|---|---|
| Sub-1 | 垦丰 10(MG Ⅰ) | 103.72 | 黑农 43(MG0) | 121.93 | 112.51(112.78) | 131.09(130.59) |
| | 黑农 43(MG0) | 121.93 | 垦农 19(MG Ⅰ) | 113.55 | 117.36(117.30) | 130.73(131.64) |
| | 黑农 43(MG0) | 121.93 | 四粒黄(MG0) | 114.01 | 117.96(118.09) | 130.10(132.80) |
| | 黑农 43(MG0) | 121.93 | 垦农 22(MG Ⅰ) | 118.69 | 120.07(120.27) | 129.38(132.38) |
| | 荆山璞(MG0) | 108.48 | 黑农 43(MG0) | 121.93 | 115.37(114.95) | 129.36(128.93) |
| | 垦丰 10(MG Ⅰ) | 103.72 | 垦农 22(MG Ⅰ) | 118.69 | 110.71(111.03) | 129.16(129.35) |
| | CN210(MG0) | 99.73 | 垦农 22(MG Ⅰ) | 118.69 | 109.64(109.03) | 128.51(125.37) |
| | 黑农 43(MG0) | 121.93 | CN210(MG0) | 99.73 | 111.80(110.62) | 128.19(127.68) |
| | 嫩丰 7 号(MG0) | 111.28 | 垦农 22(MG Ⅰ) | 118.69 | 114.91(114.14) | 127.94(127.59) |
| | 抗线 2 号(MG Ⅰ) | 109.30 | 垦农 22(MG Ⅰ) | 118.69 | 114.57(114.41) | 127.70(128.01) |
| | 垦农 19(MG Ⅰ) | 113.55 | 垦农 22(MG Ⅰ) | 118.69 | 115.46(116.23) | 127.65(130.19) |
| | 四粒黄(MG0) | 114.01 | 垦农 22(MG Ⅰ) | 118.69 | 116.33(116.38) | 127.50(127.93) |
| | 嫩丰 7 号(MG0) | 111.28 | 黑农 43(MG0) | 121.93 | 116.47(116.53) | 127.45(127.94) |
| | 抗线 2 号(MG Ⅰ) | 109.30 | 黑农 43(MG0) | 121.93 | 115.94(115.56) | 127.20(127.48) |
| | 嫩丰 18(MG0) | 110.44 | 黑农 43(MG0) | 121.93 | 115.78(116.47) | 126.95(129.84) |
| | 嫩丰 18(MG0) | 110.44 | 垦农 22(MG Ⅰ) | 118.69 | 114.60(114.58) | 126.92(126.50) |
| | 吉育 69(MG0) | 107.11 | 黑农 43(MG0) | 121.93 | 114.12(114.53) | 126.25(127.59) |
| | 荆山璞(MG0) | 108.48 | 垦农 22(MG Ⅰ) | 118.69 | 112.62(113.24) | 125.97(128.57) |
| | 吉科 1 号(MG Ⅰ) | 105.64 | 垦农 22(MG Ⅰ) | 118.69 | 112.48(112.10) | 125.81(125.21) |
| | 垦丰 10(MG Ⅰ) | 103.72 | 嫩丰 18(MG0) | 110.44 | 107.38(107.01) | 125.78(124.83) |
| Sub-2 | 通农 4 号(MG Ⅱ) | 123.17 | 铁荚四粒黄(MG Ⅱ) | 126.47 | 125.41(124.44) | 142.67(141.62) |
| | 抗线 3 号(MG Ⅰ) | 115.09 | 铁荚四粒黄(MG Ⅱ) | 126.47 | 121.39(120.52) | 142.36(135.93) |
| | 吉林 26(MG Ⅰ) | 120.81 | 铁荚四粒黄(MG Ⅱ) | 126.47 | 123.85(124.59) | 142.26(144.08) |
| | 绥农 8 号(MG00) | 103.08 | 铁荚四粒黄(MG Ⅱ) | 126.47 | 113.57(115.80) | 142.11(138.49) |
| | 延农 9 号(MG0) | 99.53 | 铁荚四粒黄(MG Ⅱ) | 126.47 | 112.92(113.05) | 141.63(135.94) |
| | 黑农 28(MG0) | 93.84 | 铁荚四粒黄(MG Ⅱ) | 126.47 | 110.73(110.08) | 141.00(130.16) |
| | 吉育 86(MG0) | 98.12 | 铁荚四粒黄(MG Ⅱ) | 126.47 | 112.29(112.47) | 140.09(135.55) |
| | 抗线 2 号(MG Ⅰ) | 112.92 | 铁荚四粒黄(MG Ⅱ) | 126.47 | 119.03(118.75) | 139.98(134.00) |
| | 垦丰 21(MG00) | 98.61 | 铁荚四粒黄(MG Ⅱ) | 126.47 | 112.66(111.61) | 139.61(140.82) |
| | 通农 4 号(MG Ⅱ) | 123.17 | 吉林 26(MG Ⅰ) | 120.81 | 122.17(123.10) | 139.56(145.54) |
| | 四粒黄(MG0) | 113.72 | 铁荚四粒黄(MG Ⅱ) | 126.47 | 120.46(120.23) | 139.43(139.82) |
| | 合丰 29(MG00) | 106.05 | 铁荚四粒黄(MG Ⅱ) | 126.47 | 117.43(116.42) | 138.37(139.27) |
| | 铁荚四粒黄(MG Ⅱ) | 126.47 | 抗线 6 号(MG Ⅰ) | 107.27 | 117.22(117.08) | 137.79(133.32) |
| | 嫩丰 19(MG0) | 103.49 | 铁荚四粒黄(MG Ⅱ) | 126.47 | 116.15(115.19) | 137.63(131.41) |

续表 5-30

| 生态亚区 | 母本(熟期组) | 表型 | 父本(熟期组) | 表型 | 均值 | 75th |
|---|---|---|---|---|---|---|
| Sub-2 | 元宝金(MG0) | 94.52 | 铁荚四粒黄(MGⅡ) | 126.47 | 111.24(109.66) | 137.53(128.78) |
| | 铁荚四粒黄(MGⅡ) | 126.47 | CN210(MG0) | 109.18 | 117.03(117.62) | 137.32(141.26) |
| | 通农4号(MGⅡ) | 123.17 | 合丰29(MG00) | 106.05 | 116.34(116.25) | 137.10(141.49) |
| | 东农48(MG0) | 113.37 | 铁荚四粒黄(MGⅡ) | 126.47 | 120.75(119.99) | 137.08(135.30) |
| | 通农4号(MGⅡ) | 123.17 | 垦丰21(MG00) | 98.61 | 111.49(110.39) | 136.77(138.99) |
| | 黑农11(MG0) | 104.50 | 铁荚四粒黄(MGⅡ) | 126.47 | 115.60(116.14) | 135.97(137.89) |
| Sub-3 | 通农4号(MGⅡ) | 130.35 | 通农13(MGⅡ) | 120.76 | 125.36(125.38) | 144.13(142.64) |
| | 通农4号(MGⅡ) | 130.35 | 吉林1号(MGⅡ) | 122.52 | 126.74(126.78) | 141.70(140.65) |
| | 通农4号(MGⅡ) | 130.35 | 长农15(MGⅡ) | 104.94 | 118.33(118.38) | 141.69(139.76) |
| | 通农4号(MGⅡ) | 130.35 | 九农30(MGⅡ) | 122.85 | 126.61(127.58) | 141.67(140.63) |
| | 通农4号(MGⅡ) | 130.35 | 长农5号(MGⅠ) | 104.63 | 118.38(118.18) | 141.19(143.39) |
| | 通农4号(MGⅡ) | 130.35 | 铁荚四粒黄(MGⅡ) | 114.22 | 122.76(122.45) | 141.18(138.97) |
| | 通农4号(MGⅡ) | 130.35 | 吉育75(MGⅡ) | 117.14 | 123.59(124.11) | 140.17(143.09) |
| | 通农4号(MGⅡ) | 130.35 | 吉林26(MGⅠ) | 104.32 | 116.94(116.55) | 139.99(138.93) |
| | 吉林1号(MGⅡ) | 122.52 | 通农13(MGⅡ) | 120.76 | 122.35(121.34) | 139.17(138.34) |
| | 通农13(MGⅡ) | 120.76 | 九农30(MGⅡ) | 122.85 | 121.65(122.21) | 138.63(138.88) |
| | 通农13(MGⅡ) | 120.76 | 吉育75(MGⅡ) | 117.14 | 118.79(118.59) | 138.49(138.74) |
| | 通农4号(MGⅡ) | 130.35 | 吉育73(MGⅠ) | 97.16 | 113.87(114.10) | 137.95(138.53) |
| | 吉育75(MGⅡ) | 117.14 | 铁荚四粒黄(MGⅡ) | 114.22 | 114.52(115.05) | 136.70(136.85) |
| | 长农5号(MGⅠ) | 104.63 | 通农13(MGⅡ) | 120.76 | 112.90(112.86) | 136.22(133.81) |
| | 通农4号(MGⅡ) | 130.35 | 长农16(MGⅡ) | 108.29 | 118.80(119.78) | 135.85(134.91) |
| | 通农4号(MGⅡ) | 130.35 | 四粒黄(MG0) | 107.96 | 119.19(119.17) | 135.64(132.92) |
| | 通农4号(MGⅡ) | 130.35 | 嫩丰19(MG0) | 92.27 | 111.86(110.67) | 135.63(132.12) |
| | 通农4号(MGⅡ) | 130.35 | 黄宝珠(MGⅡ) | 111.26 | 121.25(120.42) | 135.51(132.67) |
| | 长农5号(MGⅠ) | 104.63 | 九农30(MGⅡ) | 122.85 | 113.87(113.40) | 135.46(135.26) |
| | 吉育101(MGⅡ) | 101.71 | 通农4号(MGⅡ) | 130.35 | 115.73(115.98) | 135.44(134.66) |
| Sub-4 | 吉农22(MGⅢ) | 113.38 | 铁荚四粒黄(MGⅡ) | 118.63 | 116.89(116.50) | 135.96(136.00) |
| | 吉育92(MGⅡ) | 111.46 | 铁荚四粒黄(MGⅡ) | 118.63 | 115.20(114.55) | 134.42(133.67) |
| | 吉育92(MGⅡ) | 111.46 | 吉林1号(MGⅡ) | 117.31 | 114.62(114.51) | 133.69(134.38) |
| | 吉林1号(MGⅡ) | 117.31 | 抗线6号(MGⅠ) | 107.77 | 113.34(112.43) | 133.39(133.70) |
| | 吉农22(MGⅢ) | 113.38 | 吉林1号(MGⅡ) | 117.31 | 115.02(115.36) | 132.64(135.97) |
| | 吉林1号(MGⅡ) | 117.31 | 吉林26(MGⅠ) | 104.33 | 112.35(111.42) | 132.43(132.05) |
| | 铁荚四粒黄(MGⅡ) | 118.63 | 抗线6号(MGⅠ) | 107.77 | 112.70(112.40) | 132.36(132.19) |
| | 铁丰3号(MGⅡ) | 105.30 | 铁荚四粒黄(MGⅡ) | 118.63 | 111.44(112.15) | 131.78(132.82) |
| | 集体3号(MGⅡ) | 106.32 | 铁荚四粒黄(MGⅡ) | 118.63 | 112.54(112.33) | 131.33(132.25) |
| | 东农48(MG0) | 104.87 | 铁荚四粒黄(MGⅡ) | 118.63 | 111.64(112.38) | 130.93(130.99) |

续表 5－30

| 生态亚区 | 母本(熟期组) | 表型 | 父本(熟期组) | 表型 | 均值 | $75^{th}$ |
|---|---|---|---|---|---|---|
| Sub－4 | 四粒黄(MG0) | 103.58 | 铁荚四粒黄(MGⅡ) | 118.63 | 111.18(111.45) | 130.90(132.18) |
| | 吉林26(MGⅠ) | 104.33 | 铁荚四粒黄(MGⅡ) | 118.63 | 111.48(110.50) | 130.81(131.39) |
| | 辽豆22(MGⅢ) | 100.40 | 铁荚四粒黄(MGⅡ) | 118.63 | 110.25(109.00) | 130.67(129.17) |
| | 吉林24(MGⅡ) | 100.96 | 铁荚四粒黄(MGⅡ) | 118.63 | 109.99(108.74) | 130.64(128.94) |
| | 吉林1号(MGⅡ) | 117.31 | 铁丰3号(MGⅡ) | 105.30 | 111.10(112.17) | 130.56(133.31) |
| | 吉林5号(MGⅢ) | 103.93 | 铁荚四粒黄(MGⅡ) | 118.63 | 111.81(110.93) | 130.53(131.24) |
| | 吉育90(MGⅡ) | 101.46 | 铁荚四粒黄(MGⅡ) | 118.63 | 109.35(108.79) | 130.36(133.20) |
| | 吉林1号(MGⅡ) | 117.31 | 辽豆22(MGⅢ) | 100.40 | 109.92(108.78) | 130.10(128.27) |
| | 吉育39(MGⅠ) | 101.81 | 铁荚四粒黄(MGⅡ) | 118.63 | 110.70(109.69) | 130.04(130.60) |
| | 黑农3号(MG0) | 102.60 | 铁荚四粒黄(MGⅡ) | 118.63 | 110.36(110.78) | 129.87(129.91) |

注:预测群体后代均值、预测群体后代 $75^{th}$(第75%分位数)列中括号外为连锁模型预测值,括号内为随机模型预测值。表5－34、5－36、5－38、5－40、5－42、5－44、5－46同。

## 二、主茎节数 QTL－等位变异体系的建立和应用

### (一)主茎节数 QTL－等位变异体系的建立



图5－6为各生态亚区主茎节数 QTL－等位变异效应值分布图,表5－31为各亚区内调控该性状 QTL 的等位变异在不同熟期组的分布。从图中可知,相同 QTL 内等位变异的效应值存在较大的差异。虽然不同亚区内定位得到的等位变异数目及变幅有所差异,但是总体上呈现出的规律较为相似。从等位变异效应值的分布看,各亚区内及熟期组内正负等位变异数目虽然略有差异,但差异等位变异的效应值主要集中在－1.80～1.40之间。不同熟期组及群体内等位变异的分布基本呈现正态分布,效应值在－1.80～1.40之外的数目较少。各熟期组内仅含有定位结果中的部分等位变异,因此各组均可从其他熟期组内引入等位变异从而进一步改良目标性状,培育出主茎节数更多的品种。

各亚区内定位得到位点中的等位变异数目虽然存在较大的差异,但在各亚区及熟期组内的分布均呈正态分布,各亚区内负效和正效等位变异的数目基本接近。考虑到其他亚区在定位研究时为降低定位误差仅使用了部分东北大豆种质资源群体内的材料,而 Sub－4 则使用了完整的东北大豆种质资源群体,在该性状等位变异的研究中以 Sub－4 进行相关分析。

Sub－4 中共定位到223个效应值分布在－3.25～4.14的等位变异,其中仅14个等位变异的效应值在－1.80～1.40之外。从效应值上看,这些等位变异总体及分布在熟期组内所含有的正负等位变异数目虽略有差异,但相差不大,如定位的223个等位变异中正负效应值的等位变异数目仅相差7个。从等位变异数目及其分布、变幅及效应值－1.80～1.40之外的数目可知,各熟期组在该性状上有进一步改良的空间。

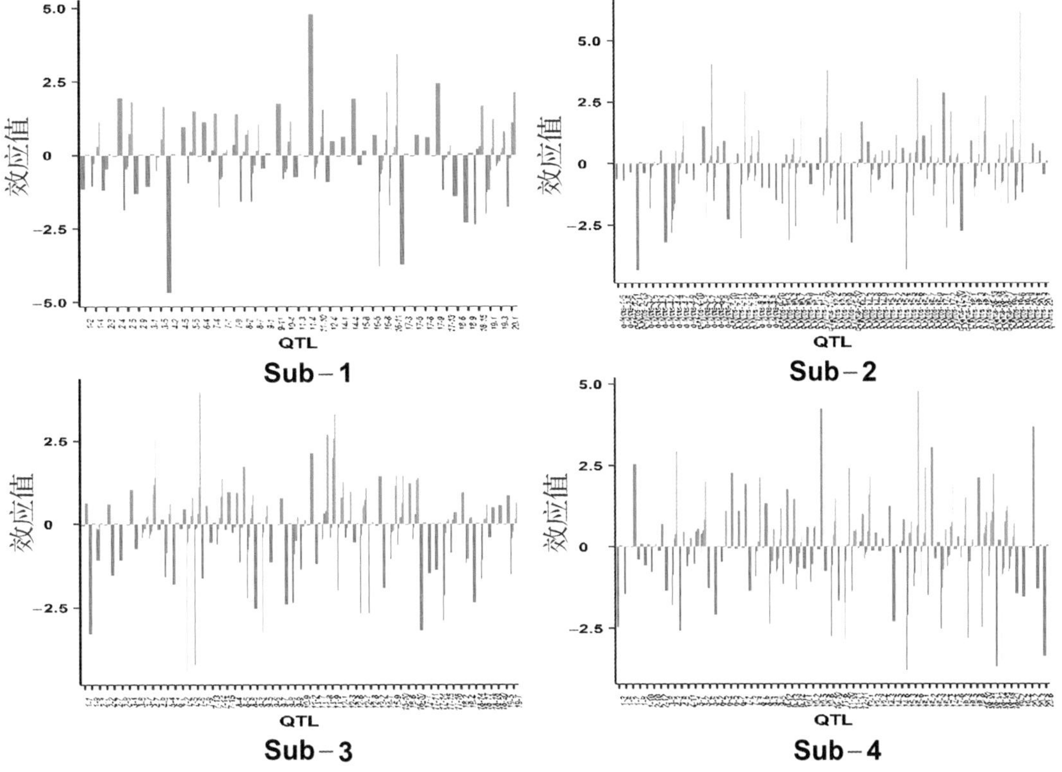


图 5－6　东北各亚区主茎节数性状 QTL－等位变异效应分布

表 5－31　东北各亚区主茎节数性状 QTL－等位变异在各熟期组的分布

| 亚区 | 熟期组 | 组中值 | | | | | | | | | 总计 | 变幅 |
|---|---|---|---|---|---|---|---|---|---|---|---|---|
| | | < －3.00 | －2.60 | －1.80 | －1.00 | －0.20 | 0.60 | 1.40 | 2.20 | >2.60 | | |
| Sub－1 | MG000 | 0 | 3 | 2 | 15 | 38 | 27 | 4 | 3 | 1 | 93(52,41) | －2.44～2.61 |
| | MG00 | 1 | 2 | 4 | 16 | 39 | 38 | 9 | 3 | 1 | 113(56,57) | －3.33～2.61 |
| | MG0 | 1 | 2 | 4 | 20 | 47 | 43 | 11 | 4 | 2 | 134(68,66) | －3.33～3.13 |
| | MGⅠ | 0 | 3 | 4 | 19 | 43 | 40 | 10 | 4 | 2 | 125(62,63) | －2.44～3.13 |
| | MGⅡ | 1 | 2 | 3 | 17 | 37 | 37 | 9 | 3 | 2 | 111(54,57) | －3.33～3.13 |
| | MGⅢ | 1 | 2 | 1 | 18 | 35 | 33 | 4 | 3 | 0 | 97(50,47) | －3.33～2.36 |
| | 总计 | 1 | 3 | 6 | 21 | 48 | 43 | 11 | 4 | 2 | 139(72,67) | －3.33～3.13 |
| Sub－2 | MG000 | 0 | 2 | 7 | 23 | 62 | 49 | 11 | 3 | 0 | 157(77,80) | －2.78～2.51 |
| | MG00 | 1 | 4 | 9 | 33 | 71 | 65 | 12 | 5 | 3 | 203(101,102) | －3.44～5.82 |
| | MG0 | 1 | 5 | 11 | 38 | 79 | 72 | 20 | 7 | 4 | 237(116,121) | －3.44～5.82 |
| | MGⅠ | 1 | 5 | 10 | 34 | 74 | 69 | 20 | 5 | 2 | 220(106,114) | －3.44～3.02 |
| | MGⅡ | 1 | 3 | 5 | 29 | 62 | 64 | 17 | 6 | 4 | 191(84,107) | －3.44～5.82 |
| | MGⅢ | 1 | 3 | 6 | 23 | 61 | 56 | 13 | 5 | 1 | 169(77,92) | －3.44～3.01 |
| | 总计 | 1 | 7 | 12 | 39 | 81 | 72 | 20 | 7 | 5 | 244(122,122) | －3.44～5.82 |
| Sub－3 | MG000 | 2 | 0 | 6 | 20 | 46 | 52 | 9 | 2 | 0 | 137(69,68) | －4.36～1.96 |

续表 5 - 31

| 亚区 | 熟期组 | 组中值 | | | | | | | | | 总计 | 变幅 |
|---|---|---|---|---|---|---|---|---|---|---|---|---|
| | | < -3.00 | -2.60 | -1.80 | -1.00 | -0.20 | 0.60 | 1.40 | 2.20 | >2.60 | | |
| | MG00 | 3 | 0 | 7 | 23 | 49 | 67 | 15 | 3 | 0 | 167(76,91) | -4.36 ~ 2.43 |
| | MG0 | 3 | 1 | 8 | 33 | 58 | 72 | 17 | 4 | 1 | 197(96,101) | -4.36 ~ 3.81 |
| | MG Ⅰ | 2 | 1 | 5 | 25 | 56 | 69 | 15 | 2 | 0 | 175(82,93) | -3.87 ~ 2.43 |
| | MG Ⅱ | 1 | 1 | 7 | 19 | 51 | 67 | 16 | 4 | 1 | 167(72,95) | -3.13 ~ 3.81 |
| | MG Ⅲ | 2 | 1 | 5 | 18 | 49 | 54 | 11 | 2 | 1 | 143(69,74) | -4.36 ~ 3.81 |
| | 总计 | 3 | 1 | 9 | 33 | 58 | 75 | 17 | 4 | 1 | 201(97,104) | -4.36 ~ 3.81 |
| Sub - 4 | MG000 | 0 | 0 | 6 | 28 | 43 | 46 | 14 | 1 | 0 | 138(71,67) | -2.20 ~ 1.95 |
| | MG00 | 0 | 2 | 9 | 35 | 56 | 54 | 21 | 3 | 1 | 181(94,87) | -2.91 ~ 4.14 |
| | MG0 | 1 | 4 | 14 | 42 | 59 | 60 | 30 | 7 | 2 | 219(112,107) | -3.25 ~ 4.14 |
| | MG Ⅰ | 1 | 4 | 13 | 37 | 57 | 57 | 26 | 6 | 1 | 202(105,97) | -3.25 ~ 4.14 |
| | MG Ⅱ | 1 | 1 | 11 | 36 | 52 | 55 | 24 | 7 | 2 | 189(95,94) | -3.25 ~ 4.14 |
| | MG Ⅲ | 0 | 2 | 8 | 28 | 50 | 52 | 23 | 4 | 2 | 169(81,88) | -2.91 ~ 4.14 |
| | 总计 | 1 | 4 | 15 | 43 | 60 | 61 | 30 | 7 | 2 | 223(115,108) | -3.25 ~ 4.14 |

注：总计栏的括号内前面数字为负效等位变异数，后一数字为正效等位变异数。

### （二）主茎节数 QTL - 等位变异体系的应用

#### 1. 东北大豆主茎节数熟期组间遗传分化动力分析

表 5 - 32 为各 QTL 内等位变异在东北地区原有熟期组与新形成熟期组内的分布情况。从结果看，高达 77.78% 的 QTL 参与了该性状遗传基础在新熟期组中的形成，这表明了该性状的遗传基础在不同熟期组间存在明显的差异。从等位变异效应值分析看，各熟期组内所含有的负效等位变异数目虽略多于正效等位变异数目，但两者几乎相同。比较原有熟期组与新形成熟期组的等位变异，在新形成熟期组中发生了大量等位变异的变化，主要为排除等位变异。需要注意的是，这些发生变化的等位变异中正负等位变异数目几乎相同，即该性状的人工选择并未受到直接选择。前人研究表明，主茎节数与大豆产量呈正相关关系，因此可进一步加大对该性状的选择，提升东北大豆特别是早熟大豆的单产潜力。

具体地说，新形成熟期组 MG0、MG00 和 MG000 中分别有 215、176、137 个等位变异直接来源于原有熟期组，同时也有 7、47 和 82 个等位变异在原有熟期组和新形成熟期组间发生了改变，这些等位变异来源于 6 ~ 44 个 QTL。各新形成熟期组中发生改变的等位变异中仅 5 个为新生。将所有新形成熟期组与原有熟期组相比，新形成熟期组共含有 222 个等位变异，其中 129 个直接来源于原有熟期组，同时 94 个等位变异发生改变，其中仅 5 个为新生。

通过以上分析可知，通过人工选择形成性状在新熟期组差异的遗传动力如下：首先为原有等位变异的继承，其占到本试验群体该性状遗传构成的 58.11%（129/222）；其次为育种过程中排除等位变异，其占到本试验群体该性状遗传构成的 40.09%（89/222），因此排除等位变异及其引起的重组为人工选择形成该性状在新熟期组差异的第二遗传动力；而第三遗传动力则为新生等位变异，但新生等位变异仅为5个,因此其作用十分有限。

表5-32 东北种质资源群体 MGⅠ、MGⅡ、MGⅢ、MG0、MG00 和 MG000 主茎节数性状的等位变异变化

| QTL | a1 | a2 | a3 | a4 | a5 | a6 | a7 | a8 | a9 | QTL | a1 | a2 | a3 | a4 | a5 | a6 | a7 | a8 | a9 |
|---|---|---|---|---|---|---|---|---|---|---|---|---|---|---|---|---|---|---|---|
| 1-3 | | z | | | | | | | | 11-6 | z | | | | | | | | |
| 1-6 | | | | | | | | | | 11-10 | z | XY | | XY | | | yz | | |
| 1-7 | | yz | | | | | | | | 11-11 | z | z | | | z | | | | |
| 1-8 | | | | | | | | | | 12-11 | | z | y | | | | | | |
| 1-10 | | | | | | | | | | 13-1 | | | | | yz | z | | | |
| 2-10 | | | | | | | | | | 13-3 | | | | | | | | | |
| 2-12 | | | | | | | | | | 13-4 | | | | | | | | | |
| 3-8 | xyz | | | | | | | | | 14-3 | | z | | | | | | | |
| 4-3 | | | | yz | yz | yz | | | | 14-5 | z | | | | | | | | |
| 4-6 | z | | | | | | | | | 14-6 | | | z | | | | | | |
| 4-11 | | | | | | | | | | 15-3 | z | | y | | | z | | | |
| 5-1 | | | | | | | | | | 15-6 | | Y | | | z | | | | |
| 5-2 | | z | | z | z | z | | | | 16-1 | yz | | | | | yz | | | |
| 5-6 | yz | | | | | | | | | 16-2 | yz | | z | | | | | | |
| 6-2 | z | | | | | | | | | 16-3 | | | | | | | | | |
| 6-3 | | | | | | | | | | 16-4 | yz | z | z | | | | | | |
| 6-5 | | z | | | | | | | | 17-4 | XY | | z | z | | yz | | | |
| 6-7 | | yz | | | | | | | | 17-6 | | | | | | | | | |
| 7-1 | | xy | | | | | | | | 18-3 | | z | | | z | y | | z | z |
| 7-3 | yz | | | | | | | | | 18-5 | y | | | | | | | | |
| 8-1 | z | | | yz | | | | | | 18-8 | | yz | | | | | | | |
| 8-8 | | yz | | | | | | | | 18-10 | yz | yz | | z | | yz | z | | |
| 9-4 | z | yz | | | | | | | | 18-11 | | yz | | z | z | yz | yz | yz | |
| 9-5 | | z | z | x z | | | z | | | 18-12 | yz | | | | | | | | |
| 9-12 | | | | | | | | | | 18-19 | yz | z | | | | XYZ | | | |
| 9-13 | | | | y | | | | | | 18-21 | | z | | | yz | | | | |
| 9-14 | yz | | | | | | | | | 19-2 | y | | | | | | | | |
| 10-1 | | | | | | | | | | 19-4 | y | | | | | | | | |
| 10-2 | | | z | | | | | | | 20-2 | | yz | | | | | | | |
| 10-5 | | z | | | | | | | | 20-3 | z | | | | | | | | |
| 10-6 | z | | | | | | | | | 20-6 | yz | | | | | | | | |
| 10-10 | yz | | | z | yz | | | | | | | | | | | | | | |

| 熟期组 | 等位变异总数 | | 继承等位变异 | | 已改变等位变异 | | 新生等位变异 | | 排除等位变异 | |
|---|---|---|---|---|---|---|---|---|---|---|
| | 等位变异数目 | QTL数目 | 等位变异数目 | QTL数目 | 等位变异数目 | QTL数目 | 等位变异数目 | QTL数目 | 等位变异数目 | QTL数目 |
| Ⅰ+Ⅱ+Ⅲ | 218 (112,106) | | [Ⅰ:202(105,97);Ⅱ:189(95,94);Ⅲ:169(81,88)] | | | | | | | |
| 0 vsⅠ+Ⅱ+Ⅲ | 219(112,107) | 63 | 215(110,105) | 63 | 7(4,3) | 6 | 4(2,2) | 3 | 3(2,1) | 3 |
| 00 vsⅠ+Ⅱ+Ⅲ | 181(94,87) | 63 | 176(91,85) | 63 | 47(24,23) | 34 | 5(3,2) | 4 | 42(21,21) | 33 |
| 000 vsⅠ+Ⅱ+Ⅲ | 138(71,67) | 63 | 137(71,66) | 63 | 82(41,41) | 44 | 1(0,1) | 1 | 81(41,40) | 44 |
| 0-00-000 vs Ⅰ+Ⅱ+Ⅲ | 222 (114,108) | 63 | 129(66,63) | 63 | 94(49,45) | 49 | 5(3,2) | 4 | 89(46,43) | 48 |

2. 新熟期组(MG0－00－000)主茎节数形成中主效QTL及候选基因

表5－32直观地描述了等位变异在不同熟期组间的分布及传递。从结果看,虽然77.78%的QTL在MG0－00－000形成中发挥作用,但其作用存在较大程度的差异。根据QTL内发生改变的数目可将其分为5类,其中57.14%(28/49)中仅有1个等位变异发生改变,仅3个QTL中有5个及以上的等位变异发生改变。从这些等位变异在新形成熟期组间的分布看,仅有2个同时在所有熟期组间发挥作用,而同时在2个熟期组间发挥作用的等位变异数目差异较大,其中仅有1～4个等位变异在MG0与MG00或MG000间发挥作用,有高达33个同时在MG00和MG000发挥作用。随着新熟期组变早,发生改变的等位变异数目增加明显,其在MG0、MG00和MG000中分别为7、47、82个。

由第二章分析可知,主茎节数性状随熟期组的变早降低明显,因此新生的负效等位变异和排除的正效等位变异在该性状熟期组间的遗传分化中更为重要。表5－33为据此选择的主效QTL。这些主效QTL具有较好的代表性,控制该性状的63个QTL中3个新生负效等位变异均包含在主效QTL内,而63个QTL内排除的42个正效等位变异中的26个分布在这些主效QTL内。在MG0、MG00、MG000形成中,本研究定位的63个位点分别排除了0、20、40个正效等位变异,而上述QTL则在3个熟期组中分别排除了0、12、24个正效等位变异,这也在一定程度上说明了按照本方法选定的主效QTL的准确性。

**表5－33　由MGⅠ～Ⅲ引起新熟期组(MG0－00－000)形成的QTL－等位变异分析**

| 已改变等位变异数目/位点 | 已改变等位变异总数 | 同时在MG 0－000中改变 | 同时在MG0、00中改变 | 同时在MG0、000中改变 | 同时在MG 00－000中改变 | MG0 | MG00 | MG000 |
|---|---|---|---|---|---|---|---|---|
| 1 | 28(28) | 1(1) | 1(1) | 0(0) | 10(10) | 2(2) | 16(16) | 23(23) |
| 2 | 16(8) | 0(0) | 0(0) | 0(0) | 7(6) | 0(0) | 9(8) | 14(8) |
| 3 | 18(6) | 1(1) | 0(0) | 0(0) | 7(4) | 1(1) | 9(5) | 17(6) |
| 4 | 16(4) | 0(0) | 3(2) | 1(1) | 2(2) | 4(3) | 5(2) | 13(4) |
| ≥5 | 26(3) | 0(0) | 0(0) | 0(0) | 7(2) | 0(0) | 8(3) | 15(3) |
| 总计 | 94(49) | 2(2) | 4(3) | 1(1) | 33(24) | 7(6) | 47(34) | 82(44) |

新熟期组形成的主效QTL－等位变异

| QTL | $R^2$/% | 已改变等位变异 | | | 候选基因 | 基因功能(分类) |
|---|---|---|---|---|---|---|
| | | MG0 | MG00 | MG000 | | |
| *q－Nms*－18－11(5) | 0.26 | 0/0 | 0/3 | 0/5 | *Glyma*18*g*33170 | Signal transduction(Ⅱ) |
| *q－Nms*－17－4(3) | 1.69 | 1/0 | 1/1 | 0/2 | | |
| *q－Nms*－18－10(3) | 0.26 | 0/0 | 0/1 | 0/3 | | |
| *q－Nms*－18－3(2) | 3.21 | 0/0 | 0/0 | 0/2 | *Glyma*18*g*08070 | Proteolysis(Ⅲ) |
| *q－Nms*－10－10(2) | 2.78 | 0/0 | 0/1 | 0/2 | *Glyma*10*g*42720 | Intracellular protein transport(Ⅱ) |
| *q－Nms*－11－10(2) | 2.27 | 1/0 | 1/1 | 0/1 | *Glyma*11*g*27651 | DNA methylation(Ⅲ) |
| *q－Nms*－4－3(2) | 1.71 | 0/0 | 0/2 | 0/2 | | |
| *q－Nms*－5－2(2) | 1.71 | 0/0 | 0/0 | 0/2 | *Glyma*05*g*07420 | Protein maturation(Ⅲ) |
| *q－Nms*－13－1(2) | 1.07 | 0/0 | 0/1 | 0/2 | *Glyma*13*g*23850 | Protein folding(Ⅲ) |

续表 5－33

| 新熟期组形成的主效 QTL－等位变异 | | | | | | |
|---|---|---|---|---|---|---|
| QTL | $R^2$/% | 已改变等位变异 | | | 候选基因 | 基因功能（分类） |
| | | MG0 | MG00 | MG000 | | |
| *q－Nms*－15－6(2) | 0.74 | 0/0 | 0/1 | 0/1 | | |
| *q－Nms*－18－8(1) | 3.21 | 0/0 | 0/1 | 0/1 | *Glyma*18*g*21870 | Pollen development( Ⅰ ) |
| *q－Nms*－18－21(1) | 3.21 | 0/0 | 0/1 | 0/1 | | |
| 新生负效等位变异总数 | | 2/2 | 3/3 | 0/0 | 3/3(在 MG0－000 内) | |
| 排除正效等位变异总数 | | 0/0 | 12/20 | 24/40 | 26/42(在 MG0－000 内) | |

3. 东北各亚区主茎节数设计育种

从以上研究的分析结果可知，可以通过优化调控主茎节数性状的等位变异进一步改良该性状。表 5－34 为该现状使用第 75% 分位数为指标在连锁模型下筛选出的最优组合类型。

从结果可以看出，各亚区优化组合存在较大差异，从预测后代表型与亲本表型可知，预测后代的表型值均高于其亲本。各亚区内所选用亲本主茎节数较为接近，一般相差不超过 1 节。

各亚区内涉及的亲本数目存在一定的差异，并且各亚区使用亲本存在明显的偏好性。Sub－1 使用了 16 个亲本，其中吉科 1 号和四粒黄分别使用了 12 次和 9 次，其余亲本使用的次数则不超过 2 次；Sub－2 使用了多达 21 个亲本，其中铁荚四粒黄在所用组合中均有使用；Sub－3 使用了 17 个亲本，其中吉育 86 和黑农 62 分别使用了 11 次和 7 次，其余亲本则使用不超过 3 次；Sub－4 仅使用了 12 个亲本，其中集体 3 号使用了 11 次，其余亲本则使用了 5 次及以下。从各亚区使用亲本的熟期组归属可知，不同亚区所选用的亲本几乎均为本生态亚区偏晚熟的亲本类型（Sub－4 亚区除外），因此结合其他性状对本性状进行综合改良可能效果更好。

**表 5－34　各亚区内依据 QTL－等位变异矩阵改良主茎节数性状的优化组合设计**

| 生态亚区 | 母本(熟期组) | 表型 | 父本(熟期组) | 表型 | 均值 | $75^{th}$ |
|---|---|---|---|---|---|---|
| Sub－1 | 吉科 1 号(MG Ⅰ) | 18.90 | 垦农 19(MG Ⅰ) | 18.95 | 18.95(18.75) | 22.34(20.39) |
| | 铁豆 42(MG Ⅰ) | 19.64 | 吉科 1 号(MG Ⅰ) | 18.90 | 19.31(19.29) | 22.26(22.20) |
| | 垦农 31(MG0) | 19.54 | 吉科 1 号(MG Ⅰ) | 18.90 | 19.36(19.37) | 22.14(22.27) |
| | 吉科 1 号(MG Ⅰ) | 18.90 | 垦农 22(MG Ⅰ) | 19.40 | 19.23(19.16) | 22.13(21.31) |
| | 铁豆 42(MG Ⅰ) | 19.64 | 四粒黄(MG0) | 19.26 | 19.51(19.40) | 22.06(21.99) |
| | 东农 4 号(MG0) | 18.88 | 吉科 1 号(MG Ⅰ) | 18.90 | 18.99(18.74) | 21.88(21.34) |
| | 九农 29(MG Ⅰ) | 19.52 | 四粒黄(MG0) | 19.26 | 19.47(19.36) | 21.86(21.81) |
| | 九农 29(MG Ⅰ) | 19.52 | 吉科 1 号(MG Ⅰ) | 18.90 | 19.22(19.20) | 21.86(21.56) |
| | 垦农 31(MG0) | 19.54 | 四粒黄(MG0) | 19.26 | 19.34(19.43) | 21.84(21.87) |
| | 抗线 2 号(MG Ⅰ) | 19.42 | 吉科 1 号(MG Ⅰ) | 18.90 | 19.10(19.08) | 21.80(21.84) |
| | 绥农 26(MG0) | 18.75 | 四粒黄(MG0) | 19.26 | 19.03(18.98) | 21.80(21.41) |
| | 黑农 28(MG0) | 19.21 | 吉科 1 号(MG Ⅰ) | 18.90 | 19.06(19.07) | 21.77(21.92) |
| | 四粒黄(MG0) | 19.26 | 垦农 22(MG Ⅰ) | 19.40 | 19.36(19.36) | 21.76(21.79) |
| | 黑生 101(MG0) | 19.29 | 四粒黄(MG0) | 19.26 | 19.34(19.28) | 21.74(21.72) |

续表 5 – 34

| 生态亚区 | 母本(熟期组) | 表型 | 父本(熟期组) | 表型 | 均值 | 75th |
|---|---|---|---|---|---|---|
| Sub – 1 | 吉科 1 号(MG Ⅰ) | 18.90 | 东农 50(MG0) | 19.32 | 18.91(19.09) | 21.74(21.77) |
| | 东农 50(MG0) | 19.32 | 四粒黄(MG0) | 19.26 | 19.23(19.43) | 21.72(21.94) |
| | 东农 42(MG Ⅰ) | 18.56 | 吉科 1 号(MG Ⅰ) | 18.90 | 18.75(18.61) | 21.71(21.59) |
| | 抗线 2 号(MG Ⅰ) | 19.42 | 四粒黄(MG0) | 19.26 | 19.29(19.22) | 21.68(21.65) |
| | 垦丰 22(MG0) | 18.01 | 吉科 1 号(MG Ⅰ) | 18.90 | 18.44(18.49) | 21.68(21.61) |
| | 四粒黄(MG Ⅰ) | 19.21 | 吉科 1 号(MG Ⅰ) | 18.90 | 19.06(18.91) | 21.68(21.68) |
| Sub – 2 | 黑农 10(MG0) | 20.27 | 铁荚四粒黄(MG Ⅱ) | 20.95 | 20.77(20.71) | 24.55(24.53) |
| | 黑农 11(MG0) | 19.96 | 铁荚四粒黄(MG Ⅱ) | 20.95 | 20.51(20.61) | 24.46(24.80) |
| | 黑农 16(MG0) | 19.67 | 铁荚四粒黄(MG Ⅱ) | 20.95 | 20.38(20.09) | 24.32(23.83) |
| | 抗线 3 号(MG Ⅰ) | 19.87 | 铁荚四粒黄(MG Ⅱ) | 20.95 | 20.36(20.42) | 24.13(24.24) |
| | 抗线 2 号(MG Ⅰ) | 19.50 | 铁荚四粒黄(MG Ⅱ) | 20.95 | 20.25(20.24) | 24.07(24.06) |
| | 东农 4 号(MG0) | 19.33 | 铁荚四粒黄(MG Ⅱ) | 20.95 | 20.1(20.26) | 23.95(24.12) |
| | 长农 15(MG Ⅱ) | 19.45 | 铁荚四粒黄(MG Ⅱ) | 20.95 | 20.19(20.17) | 23.92(23.62) |
| | 紫花 4 号(MG Ⅰ) | 19.20 | 铁荚四粒黄(MG Ⅱ) | 20.95 | 19.99(20.03) | 23.90(23.83) |
| | 合丰 55(MG0) | 20.39 | 铁荚四粒黄(MG Ⅱ) | 20.95 | 20.66(20.70) | 23.85(23.86) |
| | 嫩丰 19(MG0) | 19.03 | 铁荚四粒黄(MG Ⅱ) | 20.95 | 20.00(20.00) | 23.84(23.85) |
| | 垦丰 10(MG Ⅰ) | 18.80 | 铁荚四粒黄(MG Ⅱ) | 20.95 | 20.11(19.80) | 23.81(23.35) |
| | 铁荚四粒黄(MG Ⅱ) | 20.95 | 抗线 6 号(MG Ⅰ) | 19.09 | 19.95(20.09) | 23.72(23.76) |
| | 铁荚四粒黄(MG Ⅱ) | 20.95 | 抗线 7 号(MG Ⅰ) | 19.09 | 20.07(19.87) | 23.71(23.76) |
| | 蒙豆 6 号(MG00) | 19.58 | 铁荚四粒黄(MG Ⅱ) | 20.95 | 20.35(20.49) | 23.71(24.00) |
| | 黑农 23(MG0) | 18.85 | 铁荚四粒黄(MG Ⅱ) | 20.95 | 19.89(20.03) | 23.66(23.74) |
| | 黑农 39(MG Ⅰ) | 18.31 | 铁荚四粒黄(MG Ⅱ) | 20.95 | 19.71(19.56) | 23.56(23.39) |
| | 吉育 63(MG Ⅰ) | 18.52 | 铁荚四粒黄(MG Ⅱ) | 20.95 | 19.86(19.64) | 23.52(23.17) |
| | 绥农 29(MG Ⅰ) | 18.79 | 铁荚四粒黄(MG Ⅱ) | 20.95 | 19.92(19.85) | 23.48(23.35) |
| | 吉育 89(MG Ⅰ) | 19.20 | 铁荚四粒黄(MG Ⅱ) | 20.95 | 20.07(19.88) | 23.43(23.38) |
| | 黑农 33(MG0) | 18.08 | 铁荚四粒黄(MG Ⅱ) | 20.95 | 19.49(19.69) | 23.40(23.88) |
| Sub – 3 | 黑农 62(MG Ⅰ) | 19.93 | 吉育 86(MG0) | 19.24 | 19.66(19.65) | 21.72(21.82) |
| | 长农 15(MG Ⅱ) | 19.23 | 吉育 86(MG0) | 19.24 | 19.24(19.21) | 21.18(21.39) |
| | 红丰 2 号(MG0) | 17.28 | 黑农 62(MG Ⅰ) | 19.93 | 18.71(18.59) | 21.12(20.54) |
| | 垦丰 10(MG Ⅰ) | 17.85 | 吉育 86(MG0) | 19.24 | 18.65(18.52) | 21.02(20.47) |
| | 黑农 62(MG Ⅰ) | 19.93 | 长农 15(MG Ⅱ) | 19.23 | 19.53(19.59) | 20.99(21.21) |
| | 抗线 5 号(MG Ⅰ) | 17.60 | 黑农 62(MG Ⅰ) | 19.93 | 18.80(18.78) | 20.90(20.66) |
| | 吉育 86(MG0) | 19.24 | 抗线 9 号(MG Ⅰ) | 17.93 | 18.63(18.62) | 20.80(20.47) |
| | 东农 4 号(MG0) | 18.17 | 吉育 86(MG0) | 19.24 | 18.60(18.69) | 20.75(20.49) |
| | 黄宝珠(MG Ⅱ) | 18.12 | 吉育 86(MG0) | 19.24 | 18.69(18.63) | 20.70(20.52) |
| | 吉育 86(MG0) | 19.24 | 四粒黄(MG0) | 17.26 | 18.42(18.30) | 20.65(20.29) |

续表 5－34

| 生态亚区 | 母本(熟期组) | 表型 | 父本(熟期组) | 表型 | 均值 | $75^{th}$ |
|---|---|---|---|---|---|---|
| Sub－3 | 黑农 10(MG0) | 17.70 | 吉育 86(MG0) | 19.24 | 18.48(18.32) | 20.64(20.34) |
| | 吉育 86(MG0) | 19.24 | 九农 31(MGⅠ) | 18.26 | 18.76(18.77) | 20.64(20.78) |
| | 黑农 62(MGⅠ) | 19.93 | 长农 5 号(MGⅠ) | 18.24 | 19.10(19.05) | 20.63(20.62) |
| | 黑农 62(MGⅠ) | 19.93 | 黑河 48(MG00) | 16.22 | 18.01(18.13) | 20.63(20.12) |
| | 吉育 101(MGⅡ) | 18.40 | 吉育 86(MG0) | 19.24 | 18.87(18.83) | 20.63(20.67) |
| | 吉育 86(MG0) | 19.24 | 吉育 73(MGⅠ) | 17.22 | 18.33(18.26) | 20.63(20.39) |
| | 吉育 101(MGⅡ) | 18.40 | 黑农 62(MGⅠ) | 19.93 | 19.17(19.14) | 20.62(20.73) |
| | 抗线 2 号(MGⅠ) | 18.05 | 长农 15(MGⅡ) | 19.23 | 18.73(18.70) | 20.62(20.43) |
| | 红丰 2 号(MG0) | 17.28 | 抗线 9 号(MGⅠ) | 17.93 | 17.66(17.63) | 20.60(19.46) |
| | 抗线 5 号(MGⅠ) | 17.60 | 垦丰 10(MGⅠ) | 17.85 | 17.71(17.82) | 20.59(20.56) |
| Sub－4 | 吉育 101(MGⅡ) | 21.91 | 铁荚四粒黄(MGⅡ) | 22.80 | 22.47(22.23) | 24.89(25.06) |
| | 集体 3 号(MGⅡ) | 22.25 | 铁荚四粒黄(MGⅡ) | 22.80 | 22.56(22.51) | 24.85(24.69) |
| | 吉林 24(MGⅡ) | 21.38 | 集体 3 号(MGⅡ) | 22.25 | 21.81(21.90) | 24.78(24.67) |
| | 集体 3 号(MGⅡ) | 22.25 | 满仓金(MGⅠ) | 22.54 | 22.36(22.48) | 24.71(25.72) |
| | 吉农 22(MGⅢ) | 22.35 | 集体 3 号(MGⅡ) | 22.25 | 22.37(22.24) | 24.7(24.57) |
| | 吉林 5 号(MGⅢ) | 22.72 | 集体 3 号(MGⅡ) | 22.25 | 22.50(22.57) | 24.66(24.75) |
| | 铁荚四粒黄(MGⅡ) | 22.80 | 吉育 88(MGⅡ) | 21.48 | 22.17(22.13) | 24.59(24.64) |
| | 吉育 89(MGⅠ) | 22.50 | 集体 3 号(MGⅡ) | 22.25 | 22.40(22.49) | 24.59(24.82) |
| | 黑农 39(MGⅠ) | 21.58 | 集体 3 号(MGⅡ) | 22.25 | 21.99(21.89) | 24.56(24.81) |
| | 吉育 92(MGⅡ) | 22.30 | 集体 3 号(MGⅡ) | 22.25 | 22.37(22.38) | 24.56(24.63) |
| | 吉林 24(MGⅡ) | 21.38 | 铁荚四粒黄(MGⅡ) | 22.80 | 22.16(22.11) | 24.53(24.52) |
| | 黑农 62(MGⅠ) | 21.03 | 集体 3 号(MGⅡ) | 22.25 | 21.55(21.73) | 24.51(24.58) |
| | 满仓金(MGⅠ) | 22.54 | 铁荚四粒黄(MGⅡ) | 22.80 | 22.65(22.80) | 24.5(25.76) |
| | 吉育 89(MGⅠ) | 22.50 | 吉林 5 号(MGⅢ) | 22.72 | 22.66(22.67) | 24.5(24.52) |
| | 集体 3 号(MGⅡ) | 22.25 | 吉育 88(MGⅡ) | 21.48 | 21.82(22.02) | 24.49(24.92) |
| | 满仓金(MGⅠ) | 22.54 | 吉育 88(MGⅡ) | 21.48 | 22.03(22.20) | 24.48(25.8) |
| | 吉育 101(MGⅡ) | 21.91 | 集体 3 号(MGⅡ) | 22.25 | 22.00(22.27) | 24.45(25.42) |
| | 吉林 24(MGⅡ) | 21.38 | 满仓金(MGⅠ) | 22.54 | 22.00(21.86) | 24.45(25.52) |
| | 黑农 39(MGⅠ) | 21.58 | 满仓金(MGⅠ) | 22.54 | 22.10(22.04) | 24.42(25.33) |
| | 吉育 89(MGⅠ) | 22.50 | 吉育 88(MGⅡ) | 21.48 | 21.96(21.90) | 24.39(24.56) |

注：预测群体后代均值、预测群体后代 $75^{th}$(第 75% 分位数)列中括号外为连锁模型预测值，括号内为随机模型预测值。

## 三、其他株型和产量性状等位变异体系及优化组合设计

由以上研究分析可知，遗传率在其他株型和产量性状上存在明显的降低。因此本研究仅列出各性状等位变异及其优化组合设计(图 5－7～图 5－12，表 5－35～表 5－46)，以供参考。

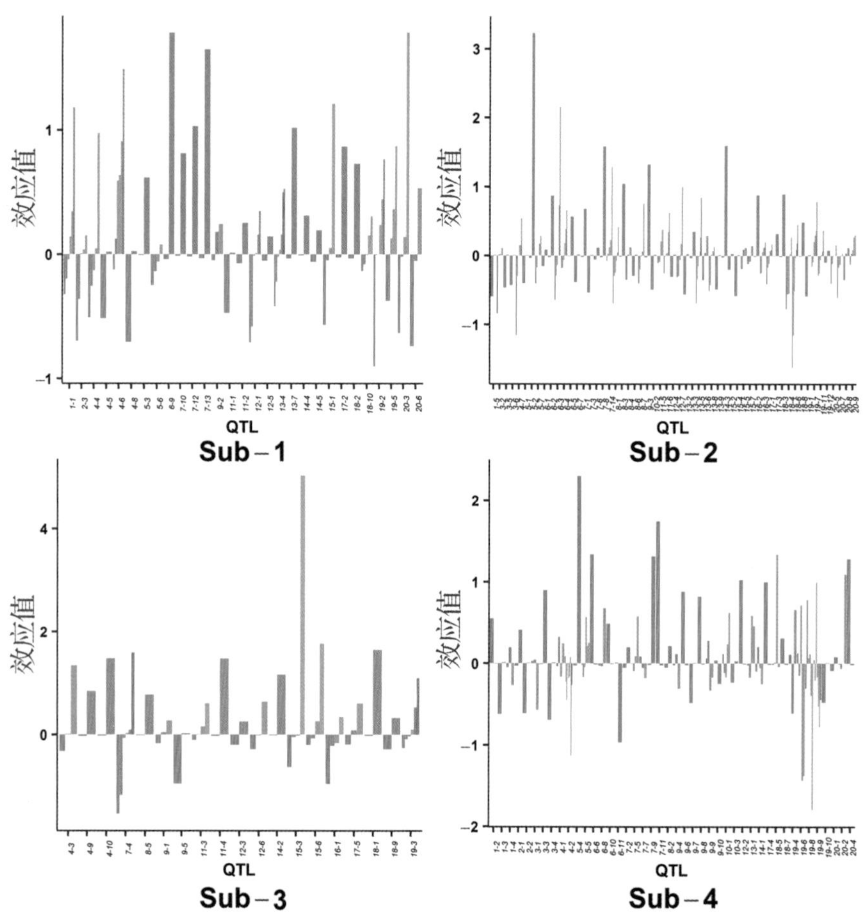


图 5－7　东北各亚区分枝数目 QTL－等位变异效应分布

表 5－35　东北各亚区分枝数目 QTL－等位变异在各熟期组的分布

| 亚区 | 熟期组 | 组中值 | | | | | | | | | 总计 | 变幅 |
|---|---|---|---|---|---|---|---|---|---|---|---|---|
| | | < －1.00 | －0.82 | －0.46 | －0.10 | 0.26 | 0.62 | 0.98 | 1.34 | >1.52 | | |
| Sub－1 | MG000 | 0 | 3 | 7 | 39 | 13 | 5 | 3 | 1 | 1 | 72(40,32) | －0.90～1.65 |
| | MG00 | 0 | 3 | 9 | 39 | 16 | 6 | 5 | 1 | 0 | 79(41,38) | －0.90～1.49 |
| | MG0 | 0 | 5 | 11 | 42 | 19 | 9 | 7 | 3 | 3 | 99(48,51) | －0.90～1.78 |
| | MGⅠ | 0 | 4 | 9 | 41 | 17 | 9 | 7 | 2 | 2 | 91(45,46) | －0.90～1.78 |
| | MGⅡ | 0 | 4 | 8 | 36 | 15 | 7 | 6 | 2 | 3 | 81(39,42) | －0.90～1.78 |
| | MGⅢ | 0 | 3 | 8 | 34 | 16 | 5 | 3 | 1 | 1 | 71(36,35) | －0.90～1.65 |
| | 总计 | 0 | 5 | 11 | 42 | 19 | 9 | 7 | 3 | 3 | 99(48,51) | －0.90～1.78 |
| Sub－2 | MG000 | 0 | 0 | 10 | 83 | 30 | 4 | 2 | 0 | 1 | 130(58,72) | －0.59～1.58 |
| | MG00 | 0 | 3 | 19 | 87 | 36 | 7 | 4 | 1 | 2 | 159(75,84) | －0.84～1.59 |
| | MG0 | 3 | 5 | 33 | 90 | 42 | 10 | 6 | 2 | 4 | 195(95,100) | －1.62～3.23 |
| | MGⅠ | 3 | 5 | 28 | 88 | 40 | 5 | 5 | 2 | 2 | 178(88,90) | －1.62～2.15 |
| | MGⅡ | 2 | 4 | 24 | 87 | 39 | 6 | 4 | 0 | 1 | 167(82,85) | －1.16～3.23 |

续表 5－35

| 亚区 | 熟期组 | 组中值 | | | | | | | | | 总计 | 变幅 |
|---|---|---|---|---|---|---|---|---|---|---|---|---|
| | | < －1. 00 | －0. 82 | －0. 46 | －0. 10 | 0. 26 | 0. 62 | 0. 98 | 1. 34 | >1. 52 | | |
| Sub－2 | MGⅢ | 2 | 2 | 18 | 82 | 32 | 6 | 0 | 0 | 2 | 144(70,74) | －1. 16～3. 23 |
| | 总计 | 3 | 5 | 33 | 91 | 42 | 10 | 6 | 2 | 4 | 196(96,100) | －1. 62～3. 23 |
| Sub－3 | MG000 | 1 | 1 | 4 | 24 | 9 | 3 | 0 | 2 | 1 | 45(26,19) | －1. 18～1. 64 |
| | MG00 | 1 | 1 | 4 | 25 | 9 | 4 | 1 | 2 | 2 | 49(27,22) | －1. 18～5. 03 |
| | MG0 | 2 | 2 | 4 | 26 | 9 | 5 | 2 | 3 | 3 | 56(29,27) | －1. 54～1. 76 |
| | MGⅠ | 0 | 2 | 3 | 25 | 9 | 5 | 1 | 3 | 4 | 52(26,26) | －0. 96～5. 03 |
| | MGⅡ | 1 | 1 | 4 | 26 | 9 | 2 | 1 | 4 | 3 | 51(27,24) | －1. 54～1. 76 |
| | MGⅢ | 2 | 1 | 2 | 25 | 9 | 4 | 1 | 1 | 2 | 47(25,22) | －1. 54～5. 03 |
| | 总计 | 2 | 2 | 4 | 26 | 9 | 5 | 2 | 4 | 4 | 58(29,29) | －1. 54～5. 03 |
| Sub－4 | MG000 | 2 | 1 | 7 | 58 | 17 | 5 | 1 | 0 | 0 | 91(53,38) | －1. 44～0. 99 |
| | MG00 | 2 | 2 | 8 | 63 | 18 | 8 | 2 | 2 | 0 | 105(61,44) | －1. 44～1. 34 |
| | MG0 | 3 | 2 | 13 | 70 | 20 | 10 | 6 | 4 | 1 | 129(72,57) | －1. 44～1. 74 |
| | MGⅠ | 4 | 1 | 10 | 66 | 20 | 9 | 5 | 0 | 1 | 116(66,50) | －1. 80～2. 30 |
| | MGⅡ | 4 | 2 | 11 | 67 | 18 | 9 | 5 | 3 | 2 | 121(69,52) | －1. 80～2. 30 |
| | MGⅢ | 2 | 2 | 8 | 64 | 18 | 8 | 6 | 4 | 2 | 114(60,54) | －1. 80～2. 30 |
| | 总计 | 4 | 3 | 13 | 70 | 20 | 11 | 7 | 4 | 2 | 134(74,60) | －1. 80～2. 30 |

注：总计栏的括号内前面数字为负效等位变异数，后一数字为负效等位变异数。

**表 5－36　各亚区内依据 QTL－等位变异矩阵改良分枝数目的优化组合设计**

| 生态亚区 | 母本(熟期组) | 表型 | 父本(熟期组) | 表型 | 均值 | $75^{th}$ |
|---|---|---|---|---|---|---|
| Sub－1 | 蒙豆 6 号(MG00) | 4. 6 | 东农 50(MG0) | 4. 6 | 4. 59(4. 60) | 5. 56(5. 60) |
| | 合丰 33(MG0) | 4. 3 | 东农 50(MG0) | 4. 6 | 4. 44(4. 49) | 5. 46(5. 50) |
| | 东农 50(MG0) | 4. 6 | 丰收 24(MG000) | 4. 3 | 4. 43(4. 45) | 5. 42(5. 55) |
| | 合丰 33(MG0) | 4. 3 | 蒙豆 6 号(MG00) | 4. 6 | 4. 41(4. 42) | 5. 37(5. 41) |
| | 蒙豆 12(MG0) | 4. 1 | 东农 50(MG0) | 4. 6 | 4. 36(4. 29) | 5. 37(5. 27) |
| | 合丰 33(MG0) | 4. 3 | 蒙豆 12(MG0) | 4. 1 | 4. 26(4. 19) | 5. 34(5. 21) |
| | 绥无腥 1 号(MG0) | 3. 8 | 东农 50(MG0) | 4. 6 | 4. 30(4. 20) | 5. 30(5. 11) |
| | 合丰 43(MG0) | 3. 8 | 蒙豆 6 号(MG00) | 4. 6 | 4. 14(4. 20) | 5. 28(5. 31) |
| | 蒙豆 6 号(MG00) | 4. 6 | 丰收 24(MG000) | 4. 3 | 4. 42(4. 46) | 5. 25(5. 30) |
| | 合丰 5 号(MG0) | 4. 0 | 东农 50(MG0) | 4. 6 | 4. 32(4. 27) | 5. 23(5. 19) |
| | 丰收 2 号(MG0) | 3. 9 | 东农 50(MG0) | 4. 6 | 4. 24(4. 26) | 5. 22(5. 27) |
| | 合丰 33(MG0) | 4. 3 | 丰收 24(MG000) | 4. 3 | 4. 28(4. 26) | 5. 21(5. 26) |
| | 合丰 43(MG0) | 3. 8 | 东农 50(MG0) | 4. 6 | 4. 19(4. 19) | 5. 20(5. 13) |
| | 蒙豆 6 号(MG00) | 4. 6 | 蒙豆 12(MG0) | 4. 1 | 4. 34(4. 34) | 5. 19(5. 20) |
| | 合丰 33(MG0) | 4. 3 | 丰收 2 号(MG0) | 3. 9 | 4. 15(4. 09) | 5. 17(5. 02) |

续表 5-36

| 生态亚区 | 母本(熟期组) | 表型 | 父本(熟期组) | 表型 | 均值 | 75th |
|---|---|---|---|---|---|---|
| Sub-1 | 合丰5号(MG0) | 4.0 | 蒙豆6号(MG00) | 4.6 | 4.28(4.27) | 5.16(5.21) |
| | 合丰43(MG0) | 3.8 | 丰收24(MG000) | 4.3 | 4.05(4.08) | 5.14(5.24) |
| | 蒙豆12(MG0) | 4.1 | 丰收24(MG000) | 4.3 | 4.21(4.18) | 5.09(5.07) |
| | 垦丰9号(MGⅠ) | 3.8 | 蒙豆6号(MG00) | 4.6 | 4.24(4.22) | 5.07(4.92) |
| | 合丰33(MG0) | 4.3 | 绥无腥1号(MG0) | 3.8 | 4.08(4.01) | 5.05(5.00) |
| Sub-2 | 蒙豆6号(MG00) | 4.9 | 北豆3号(MG0) | 3.7 | 4.27(4.28) | 5.89(5.94) |
| | 蒙豆6号(MG00) | 4.9 | 克拉克63(MG0) | 3.2 | 4.08(4.07) | 5.80(5.84) |
| | 嫩丰15(MG0) | 4.1 | 蒙豆6号(MG00) | 4.9 | 4.51(4.46) | 5.73(5.40) |
| | 丰收2号(MG0) | 4.5 | 蒙豆6号(MG00) | 4.9 | 4.70(4.74) | 5.69(5.74) |
| | 嫩丰15(MG0) | 4.1 | 牡丰3号(MG0) | 4.1 | 4.11(4.08) | 5.67(5.51) |
| | 丰收2号(MG0) | 4.5 | 北豆3号(MG0) | 3.7 | 4.09(4.09) | 5.65(5.75) |
| | 合丰29(MG00) | 4.2 | 北豆3号(MG0) | 3.7 | 3.96(3.94) | 5.62(5.51) |
| | 牡丰3号(MG0) | 4.1 | 北豆3号(MG0) | 3.7 | 3.96(3.86) | 5.62(5.40) |
| | 吉林26(MGⅠ) | 4.3 | 北豆3号(MG0) | 3.7 | 4.01(4.03) | 5.62(5.66) |
| | 嫩丰15(MG0) | 4.1 | 北豆3号(MG0) | 3.7 | 3.90(3.86) | 5.61(5.49) |
| | 紫花4号(MGⅠ) | 4.0 | 北豆3号(MG0) | 3.7 | 3.86(3.82) | 5.60(5.41) |
| | 东农50(MG0) | 4.0 | 北豆3号(MG0) | 3.7 | 3.98(3.81) | 5.57(5.47) |
| | 合丰29(MG00) | 4.2 | 蒙豆6号(MG00) | 4.9 | 4.54(4.56) | 5.54(5.49) |
| | 牡丰3号(MG0) | 4.1 | 吉林26(MGⅠ) | 4.3 | 4.14(4.20) | 5.51(5.31) |
| | 丰收2号(MG0) | 4.5 | 克拉克63(MG0) | 3.2 | 3.86(3.81) | 5.49(5.46) |
| | 牡丰3号(MG0) | 4.1 | 蒙豆6号(MG00) | 4.9 | 4.54(4.48) | 5.48(5.56) |
| | 牡丰3号(MG0) | 4.1 | 丰收2号(MG0) | 4.5 | 4.24(4.32) | 5.46(5.43) |
| | 吉林26(MGⅠ) | 4.3 | 蒙豆6号(MG00) | 4.9 | 4.58(4.63) | 5.46(5.29) |
| | 蒙豆6号(MG00) | 4.9 | 紫花4号(MGⅠ) | 4.0 | 4.47(4.46) | 5.45(5.35) |
| | 合丰29(MG00) | 4.2 | 牡丰3号(MG0) | 4.1 | 4.13(4.12) | 5.44(5.22) |
| Sub-3 | 吉林1号(MGⅡ) | 6.3 | 蒙豆6号(MG00) | 6.8 | 6.53(6.51) | 9.02(9.07) |
| | 吉林20(MGⅠ) | 5.5 | 蒙豆6号(MG00) | 6.8 | 6.20(6.19) | 8.79(8.79) |
| | 吉农15(MGⅡ) | 4.6 | 蒙豆6号(MG00) | 6.8 | 5.66(5.79) | 8.40(8.40) |
| | 九农30(MGⅡ) | 4.8 | 蒙豆6号(MG00) | 6.8 | 5.94(5.82) | 8.22(8.32) |
| | 合丰43(MG0) | 5.0 | 蒙豆6号(MG00) | 6.8 | 5.73(5.96) | 8.20(8.41) |
| | 蒙豆6号(MG00) | 6.8 | 吉育88(MGⅡ) | 4.3 | 5.73(5.50) | 8.17(8.04) |
| | 黑农10(MG0) | 4.5 | 蒙豆6号(MG00) | 6.8 | 5.65(5.67) | 8.15(8.18) |
| | 嫩丰15(MG0) | 4.3 | 蒙豆6号(MG00) | 6.8 | 5.51(5.51) | 8.11(8.04) |
| | 吉育89(MGⅠ) | 4.3 | 蒙豆6号(MG00) | 6.8 | 5.48(5.63) | 7.99(8.10) |
| | 合丰5号(MG0) | 4.3 | 蒙豆6号(MG00) | 6.8 | 5.59(5.59) | 7.99(8.08) |
| | 蒙豆6号(MG00) | 6.8 | 吉林44(MGⅡ) | 3.8 | 5.33(5.31) | 7.96(7.89) |

续表 5 - 36

| 生态亚区 | 母本(熟期组) | 表型 | 父本(熟期组) | 表型 | 均值 | 75th |
|---|---|---|---|---|---|---|
| Sub - 3 | 吉育 75(MGⅡ) | 4.3 | 蒙豆 6 号(MG00) | 6.8 | 5.52(5.52) | 7.93(8.15) |
| | 吉育 101(MGⅡ) | 4.4 | 蒙豆 6 号(MG00) | 6.8 | 5.63(5.60) | 7.86(7.84) |
| | 合丰 29(MG00) | 3.3 | 蒙豆 6 号(MG00) | 6.8 | 5.06(5.03) | 7.86(7.86) |
| | 蒙豆 6 号(MG00) | 6.8 | 铁荚四粒黄(MGⅡ) | 3.8 | 5.32(5.26) | 7.81(7.81) |
| | 蒙豆 6 号(MG00) | 6.8 | 北豆 3 号(MG0) | 3.9 | 5.34(5.46) | 7.78(7.89) |
| | 蒙豆 6 号(MG00) | 6.8 | 阿姆索(MG0) | 3.5 | 5.11(5.11) | 7.74(7.96) |
| | 蒙豆 6 号(MG00) | 6.8 | 合丰 48(MGⅠ) | 3.4 | 5.17(5.18) | 7.71(7.66) |
| | 垦丰 18(MGⅠ) | 3.1 | 蒙豆 6 号(MG00) | 6.8 | 5.02(5.01) | 7.69(7.41) |
| | 蒙豆 6 号(MG00) | 6.8 | 吉育 85(MGⅠ) | 3.7 | 5.21(5.31) | 7.67(7.77) |
| Sub - 4 | 辽豆 17(MGⅢ) | 4.7 | 辽豆 26(MGⅢ) | 6.3 | 5.52(5.53) | 6.61(6.74) |
| | 辽豆 26(MGⅢ) | 6.3 | 满仓金(MGⅠ) | 4.6 | 5.44(5.42) | 6.57(6.74) |
| | 辽豆 24(MGⅢ) | 4.3 | 辽豆 26(MGⅢ) | 6.3 | 5.33(5.32) | 6.40(6.47) |
| | 铁丰 24(MGⅢ) | 3.9 | 辽豆 26(MGⅢ) | 6.3 | 5.12(5.06) | 6.31(6.25) |
| | 铁丰 29(MGⅡ) | 4.8 | 辽豆 26(MGⅢ) | 6.3 | 5.55(5.54) | 6.27(6.39) |
| | 辽豆 20(MGⅢ) | 4.0 | 辽豆 26(MGⅢ) | 6.3 | 5.21(5.13) | 6.24(6.27) |
| | 吉育 89(MGⅠ) | 3.7 | 辽豆 26(MGⅢ) | 6.3 | 4.99(4.96) | 6.22(6.24) |
| | 铁豆 39(MGⅢ) | 4.3 | 辽豆 26(MGⅢ) | 6.3 | 5.30(5.36) | 6.22(6.51) |
| | 铁丰 22(MGⅢ) | 4.0 | 辽豆 26(MGⅢ) | 6.3 | 5.19(5.17) | 6.19(6.35) |
| | 通化平顶香(MGⅢ) | 3.9 | 辽豆 26(MGⅢ) | 6.3 | 5.11(5.08) | 5.99(6.00) |
| | 东农 50(MG0) | 3.6 | 辽豆 26(MGⅢ) | 6.3 | 4.93(4.93) | 5.90(5.85) |
| | 铁丰 19(MGⅡ) | 3.1 | 辽豆 26(MGⅢ) | 6.3 | 4.67(4.66) | 5.89(6.00) |
| | 长农 13(MGⅡ) | 3.8 | 辽豆 26(MGⅢ) | 6.3 | 5.00(5.07) | 5.87(6.07) |
| | 辽豆 17(MGⅢ) | 4.7 | 满仓金(MGⅠ) | 4.6 | 4.70(4.64) | 5.86(6.02) |
| | 铁豆 39(MGⅢ) | 4.3 | 满仓金(MGⅠ) | 4.6 | 4.47(4.46) | 5.86(5.98) |
| | 辽豆 24(MGⅢ) | 4.3 | 满仓金(MGⅠ) | 4.6 | 4.43(4.45) | 5.85(5.84) |
| | 吉农 22(MGⅢ) | 3.5 | 辽豆 26(MGⅢ) | 6.3 | 4.96(4.88) | 5.84(5.83) |
| | 铁丰 29(MGⅡ) | 4.8 | 满仓金(MGⅠ) | 4.6 | 4.70(4.64) | 5.81(5.81) |
| | 小金黄 1 号(MGⅡ) | 3.3 | 辽豆 26(MGⅢ) | 6.3 | 4.81(4.82) | 5.77(5.79) |
| | 吉育 92(MGⅡ) | 3.6 | 辽豆 26(MGⅢ) | 6.3 | 4.94(4.97) | 5.74(5.87) |

注:预测群体后代均值、预测群体后代 75th(第 75% 分位数)列中括号外为连锁模型预测值,括号内为随机模型预测值。

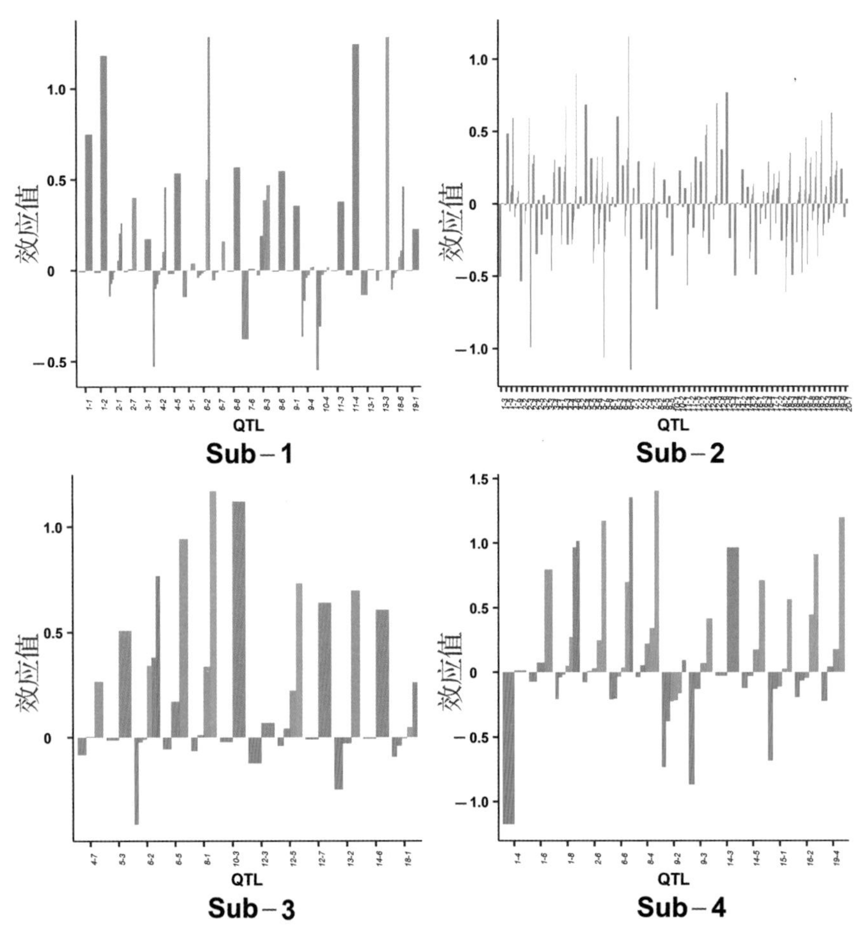


图 5－8　东北各亚区倒伏 QTL－等位变异效应分布

表 5－37　东北各亚区倒伏 QTL－等位变异在各熟期组的分布

| 亚区 | 熟期组 | 组中值 | | | | | | | | | 总计 | 变幅 |
|---|---|---|---|---|---|---|---|---|---|---|---|---|
| | | <－0.60 | －0.50 | －0.30 | －0.10 | 0.10 | 0.30 | 0.50 | 0.70 | >0.80 | | |
| Sub－1 | MG000 | 0 | 1 | 0 | 30 | 12 | 2 | 0 | 0 | 0 | 45(31,14) | －0.55～0.36 |
| | MG00 | 0 | 1 | 2 | 35 | 14 | 5 | 4 | 0 | 0 | 61(38,23) | －0.55～0.57 |
| | MG0 | 0 | 2 | 3 | 41 | 16 | 5 | 7 | 1 | 4 | 79(46,33) | －0.55～1.29 |
| | MGⅠ | 0 | 0 | 3 | 39 | 16 | 4 | 6 | 0 | 4 | 72(42,30) | －0.38～1.29 |
| | MGⅡ | 0 | 1 | 0 | 30 | 12 | 2 | 0 | 0 | 0 | 45(31,14) | －0.55～0.36 |
| | MGⅢ | 0 | 1 | 2 | 34 | 13 | 2 | 6 | 0 | 2 | 60(37,23) | －0.53～1.28 |
| | 总计 | 0 | 2 | 3 | 41 | 16 | 6 | 8 | 1 | 4 | 81(46,35) | －0.55～1.29 |
| Sub－2 | MG000 | 1 | 2 | 16 | 65 | 54 | 15 | 5 | 1 | 0 | 159(84,75) | －0.99～0.68 |
| | MG00 | 3 | 4 | 26 | 71 | 64 | 27 | 5 | 2 | 1 | 203(104,99) | －1.15～1.16 |
| | MG0 | 5 | 11 | 33 | 78 | 69 | 37 | 8 | 6 | 2 | 249(127,122) | －1.15～1.16 |
| | MGⅠ | 3 | 6 | 31 | 73 | 67 | 31 | 7 | 5 | 2 | 225(113,112) | －1.15～1.16 |
| | MGⅡ | 1 | 2 | 16 | 65 | 54 | 15 | 5 | 1 | 0 | 159(84,75) | －0.99～0.68 |

续表 5－37

| 亚区 | 熟期组 | 组中值 | | | | | | | | | 总计 | 变幅 |
|---|---|---|---|---|---|---|---|---|---|---|---|---|
| | | <－0.60 | －0.50 | －0.30 | －0.10 | 0.10 | 0.30 | 0.50 | 0.70 | >0.80 | | |
| | MG Ⅲ | 2 | 4 | 23 | 69 | 61 | 21 | 2 | 3 | 0 | 185(98,87) | －1.06～0.69 |
| | 总计 | 5 | 11 | 35 | 78 | 69 | 38 | 8 | 6 | 2 | 252(129,123) | －1.15～1.16 |
| Sub－3 | MG000 | 0 | 0 | 1 | 15 | 5 | 1 | 1 | 0 | 0 | 23(16,7) | －0.25～0.51 |
| | MG00 | 0 | 0 | 1 | 15 | 6 | 4 | 1 | 2 | 1 | 30(16,14) | －0.25～1.12 |
| | MG0 | 0 | 1 | 1 | 15 | 6 | 6 | 1 | 5 | 3 | 38(17,21) | －0.41～1.17 |
| | MG Ⅰ | 0 | 1 | 1 | 15 | 6 | 5 | 1 | 5 | 3 | 37(17,20) | －0.41～1.17 |
| | MG Ⅱ | 0 | 0 | 1 | 15 | 5 | 1 | 1 | 0 | 0 | 23(16,7) | －0.25～0.51 |
| | MG Ⅲ | 0 | 0 | 0 | 15 | 6 | 4 | 1 | 1 | 2 | 29(15,14) | －0.12～1.12 |
| | 总计 | 0 | 1 | 1 | 15 | 6 | 6 | 1 | 5 | 3 | 38(17,21) | －0.41～1.17 |
| Sub－4 | MG000 | 2 | 0 | 4 | 13 | 11 | 2 | 1 | 1 | 0 | 34(19,15) | －0.73～0.70 |
| | MG00 | 3 | 0 | 4 | 16 | 13 | 3 | 2 | 2 | 3 | 46(23,23) | －0.87～1.36 |
| | MG0 | 4 | 0 | 7 | 16 | 13 | 4 | 3 | 3 | 7 | 57(27,30) | －1.17～1.41 |
| | MG Ⅰ | 4 | 0 | 7 | 16 | 12 | 3 | 3 | 3 | 7 | 55(27,28) | －1.17～1.41 |
| | MG Ⅱ | 2 | 0 | 4 | 13 | 11 | 2 | 1 | 1 | 0 | 34(19,15) | －0.73～0.70 |
| | MG Ⅲ | 3 | 0 | 5 | 15 | 10 | 3 | 3 | 2 | 4 | 45(23,22) | －0.87～1.20 |
| | 总计 | 4 | 0 | 7 | 16 | 13 | 4 | 3 | 3 | 8 | 58(27,31) | －1.17～1.41 |

注：总计栏的括号内前面数字为减效等位变异数，后一数字为增效等位变异数。

**表 5－38　各亚区内依据 QTL－等位变异矩阵改良倒伏的优化组合设计**

| 生态亚区 | 母本(熟期组) | 表型 | 父本(熟期组) | 表型 | 均值 | 25th |
|---|---|---|---|---|---|---|
| Sub－1 | 垦丰 17(MG0) | 1 | 北豆 18(MG0) | 1 | 1.00(1.00) | 0.46(0.46) |
| | 东农 43(MG000) | 1 | 黑农 31(MG0) | 1 | 0.99(1.00) | 0.46(1.00) |
| | 垦丰 17(MG0) | 1 | 垦豆 30(MG0) | 1 | 0.99(1.01) | 0.47(0.97) |
| | 垦丰 17(MG0) | 1 | 垦农 34(MG0) | 1 | 0.99(1.01) | 0.48(0.95) |
| | 垦丰 17(MG0) | 1 | 黑河 18(MG00) | 1 | 0.99(1.01) | 0.48(0.96) |
| | 垦丰 17(MG0) | 1 | 蒙豆 36(MG00) | 1 | 1.00(1.02) | 0.48(0.96) |
| | 北丰 9 号(MG00) | 1 | 黑农 31(MG0) | 1 | 1.00(0.98) | 0.48(0.48) |
| | 黑农 31(MG0) | 1 | 合丰 5 号(MG0) | 1 | 0.98(1.02) | 0.48(0.95) |
| | 垦丰 17(MG0) | 1 | 丰收 11(MG000) | 1 | 1.00(1.01) | 0.49(0.94) |
| | 垦丰 17(MG0) | 1 | 绥农 32(MG0) | 1 | 1.00(1.00) | 0.49(0.49) |
| | 垦丰 17(MG0) | 1 | 东生 1 号(MG00) | 1 | 1.01(1.00) | 0.49(0.72) |
| | 垦丰 17(MG0) | 1 | 哈北 46－1(MG0) | 1 | 0.99(1.00) | 0.49(0.72) |
| | 垦丰 17(MG0) | 1 | 东农 49(MG00) | 1 | 1.00(0.99) | 0.49(0.49) |
| | 垦丰 22(MG0) | 1 | 黑农 31(MG0) | 1 | 0.97(1.01) | 0.49(0.51) |
| | 红丰 11(MG0) | 1 | 黑农 31(MG0) | 1 | 1.00(1.01) | 0.49(0.94) |

续表 5－38

| 生态亚区 | 母本(熟期组) | 表型 | 父本(熟期组) | 表型 | 均值 | $25^{th}$ |
|---|---|---|---|---|---|---|
| Sub－1 | 垦丰 17(MG0) | 1.00 | 红丰 12(MG0) | 1.00 | 1.00(1.01) | 0.50(0.94) |
|  | 垦丰 17(MG0) | 1.00 | 垦农 29(MG0) | 1.00 | 1.00(1.00) | 0.50(0.50) |
|  | 垦丰 17(MG0) | 1.00 | 黑农 44(MG0) | 1.00 | 0.98(0.99) | 0.50(0.55) |
|  | 垦丰 17(MG0) | 1.00 | 绥农 22(MG0) | 1.00 | 0.99(0.99) | 0.50(0.50) |
|  | 垦丰 17(MG0) | 1.00 | 垦鉴豆 38(MG00) | 1.00 | 0.99(1.00) | 0.51(0.51) |
| Sub－2 | 北豆 14(MG00) | 1.59 | 合丰 5 号(MG0) | 1.22 | 1.41(1.43) | 0.71(0.76) |
|  | 黑河 7 号(MG000) | 1.35 | 合丰 5 号(MG0) | 1.22 | 1.24(1.29) | 0.74(0.78) |
|  | 合丰 5 号(MG0) | 1.22 | 北豆 10(MG0) | 1.56 | 1.39(1.37) | 0.75(0.74) |
|  | 合丰 5 号(MG0) | 1.22 | 东大 1 号(MG000) | 1.28 | 1.26(1.25) | 0.75(0.75) |
|  | 群选 1 号(MG0) | 1.75 | 合丰 5 号(MG0) | 1.22 | 1.48(1.48) | 0.80(0.85) |
|  | 北豆 10(MG0) | 1.56 | 东大 1 号(MG000) | 1.28 | 1.41(1.41) | 0.80(0.84) |
|  | 白宝珠(MG0) | 1.69 | 合丰 5 号(MG0) | 1.22 | 1.42(1.47) | 0.81(0.84) |
|  | 北豆 14(MG00) | 1.59 | 合丰 42(MG00) | 1.44 | 1.52(1.51) | 0.82(0.91) |
|  | 垦丰 22(MG0) | 1.74 | 合丰 5 号(MG0) | 1.22 | 1.48(1.50) | 0.82(0.84) |
|  | 合丰 42(MG00) | 1.44 | 合丰 5 号(MG0) | 1.22 | 1.34(1.31) | 0.82(0.79) |
|  | 北豆 14(MG00) | 1.59 | 黑河 19(MG00) | 1.47 | 1.50(1.52) | 0.83(0.90) |
|  | 北豆 14(MG00) | 1.59 | 东大 1 号(MG000) | 1.28 | 1.44(1.45) | 0.83(0.88) |
|  | 合丰 5 号(MG0) | 1.22 | 合丰 35(MG0) | 1.78 | 1.50(1.51) | 0.83(0.79) |
|  | 东大 1 号(MG000) | 1.28 | 绥农 35(MG0) | 2.09 | 1.65(1.69) | 0.83(0.90) |
|  | 北豆 14(MG00) | 1.59 | 垦农 18(MG0) | 1.59 | 1.53(1.60) | 0.84(0.96) |
|  | 垦丰 18(MGⅠ) | 1.53 | 北豆 14(MG00) | 1.59 | 1.54(1.55) | 0.85(0.99) |
|  | 垦豆 26(MGⅠ) | 1.59 | 北豆 14(MG00) | 1.59 | 1.59(1.59) | 0.86(1.00) |
|  | 北豆 14(MG00) | 1.59 | 绥农 30(MG0) | 1.53 | 1.53(1.59) | 0.86(0.93) |
|  | 北豆 22(MG00) | 1.59 | 合丰 5 号(MG0) | 1.22 | 1.40(1.42) | 0.86(0.91) |
|  | 垦农 23(MGⅠ) | 1.72 | 合丰 5 号(MG0) | 1.22 | 1.44(1.46) | 0.86(0.90) |
| Sub－3 | 北豆 22(MG00) | 1.13 | 北豆 10(MG0) | 1.00 | 1.05(1.06) | 0.56(0.56) |
|  | 群选 1 号(MG0) | 1.00 | 合丰 33(MG0) | 1.50 | 1.26(1.26) | 0.60(0.90) |
|  | 合丰 23(MG0) | 1.00 | 吉育 87(MGⅠ) | 1.38 | 1.19(1.21) | 0.63(0.63) |
|  | 黑河 33(MG000) | 1.00 | 黑河 36(MG0) | 1.00 | 1.00(1.00) | 0.63(0.85) |
|  | 北豆 20(MG00) | 1.00 | 北豆 22(MG00) | 1.13 | 1.07(1.07) | 0.65(0.73) |
|  | 北豆 20(MG00) | 1.00 | 黑河 33(MG000) | 1.00 | 1.00(1.01) | 0.65(0.83) |
|  | 北豆 22(MG00) | 1.13 | 黑河 7 号(MG000) | 1.00 | 1.07(1.07) | 0.65(0.69) |
|  | 北豆 22(MG00) | 1.13 | 黑农 34(MG0) | 1.00 | 1.06(1.07) | 0.65(0.79) |
|  | 合丰 33(MG0) | 1.50 | 蒙豆 16(MG00) | 1.00 | 1.23(1.25) | 0.65(0.65) |
|  | 合丰 33(MG0) | 1.50 | 北豆 3 号(MG0) | 1.00 | 1.25(1.26) | 0.65(0.65) |
|  | 黑河 33(MG000) | 1.00 | 合丰 35(MG0) | 1.38 | 1.17(1.21) | 0.65(0.95) |

续表 5-38

| 生态亚区 | 母本(熟期组) | 表型 | 父本(熟期组) | 表型 | 均值 | 25th |
|---|---|---|---|---|---|---|
| Sub-3 | 北豆 30(MG0) | 1.00 | 北豆 22(MG00) | 1.13 | 1.06(1.05) | 0.66(0.66) |
| | 北豆 22(MG00) | 1.13 | 群选 1 号(MG0) | 1.00 | 1.06(1.07) | 0.66(0.79) |
| | 北豆 22(MG00) | 1.13 | 华疆 2 号(MG000) | 1.00 | 1.05(1.05) | 0.66(0.66) |
| | 合丰 23(MG0) | 1.00 | 北豆 10(MG0) | 1.00 | 1.00(1.01) | 0.66(0.66) |
| | 北丰 14(MG0) | 1.00 | 黑河 33(MG000) | 1.00 | 1.00(1.00) | 0.66(0.66) |
| | 北豆 22(MG00) | 1.13 | 垦农 8 号(MG0) | 1.00 | 1.05(1.08) | 0.67(0.81) |
| | 北豆 22(MG00) | 1.13 | 北豆 38(MG000) | 1.00 | 1.06(1.07) | 0.67(0.67) |
| | 北豆 22(MG00) | 1.13 | 合丰 5 号(MG0) | 1.00 | 1.06(1.08) | 0.67(0.81) |
| | 北豆 22(MG00) | 1.13 | 东大 1 号(MG000) | 1.00 | 1.06(1.07) | 0.67(0.81) |
| Sub-4 | 垦农 26(MG0) | 1.00 | 绥农 15(MG0) | 1.00 | 0.99(1.01) | -0.21(0.79) |
| | 抗线 2 号(MG Ⅰ) | 1.00 | 绥农 15(MG0) | 1.00 | 0.96(1.00) | -0.19(0.70) |
| | 黑河 33(MG000) | 1.00 | 绥农 15(MG0) | 1.00 | 0.96(1.04) | -0.19(0.77) |
| | 绥农 15(MG0) | 1.00 | 黑河 48(MG00) | 1.00 | 1.01(1.03) | -0.19(0.77) |
| | 垦农 5 号(MG0) | 1.00 | 绥农 15(MG0) | 1.00 | 0.96(0.99) | -0.17(-0.10) |
| | 绥农 15(MG0) | 1.00 | 蒙豆 19(MG000) | 1.00 | 0.96(1.02) | -0.17(0.64) |
| | 绥农 15(MG0) | 1.00 | 北豆 5 号(MG00) | 1.00 | 0.99(1.02) | -0.16(0.72) |
| | 嫩丰 1 号(MG0) | 1.00 | 绥农 15(MG0) | 1.00 | 0.96(1.03) | -0.14(0.70) |
| | 丰收 10(MG0) | 1.00 | 绥农 15(MG0) | 1.00 | 0.99(0.95) | -0.14(-0.16) |
| | 垦鉴豆 35 号(MG0) | 1.00 | 绥农 15(MG0) | 1.00 | 0.98(1.03) | -0.12(0.70) |
| | 垦鉴豆 28(MG00) | 1.00 | 绥农 15(MG0) | 1.00 | 1.00(0.99) | -0.12(-0.12) |
| | 绥农 15(MG0) | 1.00 | 蒙豆 28(MG0) | 1.00 | 0.98(1.00) | -0.12(-0.10) |
| | 绥农 15(MG0) | 1.00 | 合农 60(MG0) | 1.00 | 0.98(1.02) | -0.12(0.93) |
| | 垦农 8 号(MG0) | 1.00 | 绥农 15(MG0) | 1.00 | 0.99(0.97) | -0.10(-0.13) |
| | 北豆 38(MG000) | 1.00 | 绥农 15(MG0) | 1.00 | 1.01(1.00) | -0.10(0.68) |
| | 垦鉴豆 27(MG00) | 1.00 | 绥农 15(MG0) | 1.00 | 0.96(1.02) | -0.10(0.68) |
| | 北丰 9 号(MG00) | 1.00 | 绥农 15(MG0) | 1.00 | 0.96(1.00) | -0.10(-0.10) |
| | 垦农 23(MG Ⅰ) | 1.00 | 绥农 15(MG0) | 1.00 | 1.00(0.97) | -0.09(-0.09) |
| | 黑河 50(MG00) | 1.00 | 绥农 15(MG0) | 1.00 | 0.99(1.01) | -0.08(-0.08) |
| | 绥农 15(MG0) | 1.00 | 合丰 51(MG0) | 1.00 | 0.98(1.03) | -0.08(0.66) |

注:预测群体后代均值、预测群体后代 25th(第 25% 分位数)列中括号外为连锁模型预测值,括号内为随机模型预测值。

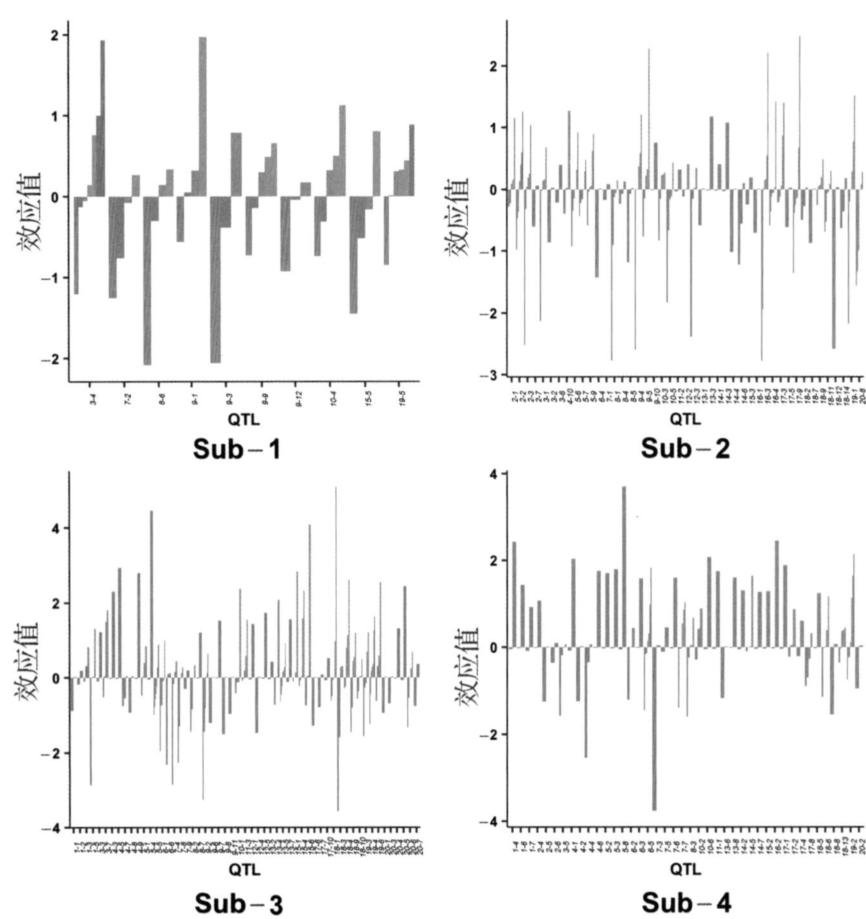


图 5－9　东北各亚区地上部生物量 QTL－等位变异效应分布

表 5－39　东北各亚区地上部生物量 QTL－等位变异在各熟期组的分布

| 亚区 | 熟期组 | 组中值 | | | | | | | | | 总计 | 变幅 |
|---|---|---|---|---|---|---|---|---|---|---|---|---|
| | | ＜－2.50 | －2.15 | －1.45 | －0.75 | －0.05 | 0.65 | 1.35 | 2.05 | ＞2.40 | | |
| Sub－1 | MG000 | 0 | 2 | 2 | 7 | 16 | 11 | 0 | 0 | 0 | 38(20,18) | －2.08～0.81 |
| | MG00 | 0 | 2 | 3 | 7 | 16 | 11 | 2 | 1 | 0 | 42(21,21) | －2.08～1.97 |
| | MG0 | 0 | 2 | 3 | 7 | 16 | 13 | 2 | 2 | 0 | 45(21,24) | －2.08～1.97 |
| | MG Ⅰ | 0 | 2 | 3 | 6 | 16 | 12 | 2 | 1 | 0 | 42(20,22) | －2.08～1.97 |
| | MG Ⅱ | 0 | 2 | 3 | 6 | 16 | 12 | 1 | 2 | 0 | 42(20,22) | －2.08～1.97 |
| | MG Ⅲ | 0 | 1 | 2 | 5 | 14 | 9 | 1 | 1 | 0 | 33(16,17) | －2.06～1.97 |
| | 总计 | 0 | 2 | 3 | 7 | 16 | 13 | 2 | 2 | 0 | 45(21,24) | －2.08～1.97 |
| Sub－2 | MG000 | 3 | 3 | 3 | 12 | 82 | 13 | 4 | 0 | 0 | 120(61,59) | －2.77～1.42 |
| | MG00 | 2 | 4 | 4 | 13 | 91 | 20 | 6 | 1 | 1 | 142(69,73) | －2.59～2.48 |
| | MG0 | 4 | 5 | 4 | 22 | 100 | 24 | 9 | 2 | 0 | 170(86,84) | －2.77～2.28 |
| | MG Ⅰ | 4 | 4 | 5 | 19 | 99 | 22 | 10 | 2 | 1 | 166(82,84) | －2.77～2.48 |
| | MG Ⅱ | 4 | 1 | 4 | 15 | 89 | 20 | 8 | 2 | 1 | 144(68,76) | －2.77～2.48 |

续表 5 - 39

| 亚区 | 熟期组 | 组中值 | | | | | | | | | 总计 | 变幅 |
|---|---|---|---|---|---|---|---|---|---|---|---|---|
| | | < -2.50 | -2.15 | -1.45 | -0.75 | -0.05 | 0.65 | 1.35 | 2.05 | >2.40 | | |
| Sub - 2 | MG Ⅲ | 5 | 3 | 1 | 7 | 86 | 14 | 5 | 1 | 1 | 123(57,66) | -2.77 ~2.48 |
| | 总计 | 5 | 5 | 6 | 23 | 101 | 24 | 10 | 2 | 1 | 177(90,87) | -2.77 ~2.48 |
| Sub - 3 | MG000 | 2 | 2 | 7 | 20 | 75 | 18 | 4 | 0 | 2 | 130(69,61) | -2.87 ~4.46 |
| | MG00 | 3 | 3 | 8 | 27 | 75 | 21 | 9 | 3 | 2 | 151(78,73) | -3.57 ~2.62 |
| | MG0 | 3 | 3 | 13 | 31 | 79 | 26 | 15 | 5 | 7 | 182(89,93) | -3.57 ~5.10 |
| | MG Ⅰ | 4 | 2 | 12 | 28 | 76 | 26 | 13 | 6 | 8 | 175(84,91) | -3.57 ~5.10 |
| | MG Ⅱ | 2 | 3 | 7 | 25 | 76 | 22 | 10 | 5 | 8 | 158(76,82) | -3.57 ~5.10 |
| | MG Ⅲ | 4 | 1 | 7 | 22 | 69 | 21 | 9 | 3 | 3 | 139(67,72) | -3.57 ~4.09 |
| | 总计 | 4 | 3 | 13 | 31 | 79 | 26 | 15 | 6 | 9 | 186(90,96) | -3.57 ~5.10 |
| Sub - 4 | MG000 | 0 | 0 | 3 | 2 | 52 | 9 | 2 | 1 | 0 | 69(43,26) | -1.55 ~1.71 |
| | MG00 | 2 | 0 | 6 | 3 | 56 | 15 | 6 | 3 | 1 | 92(50,42) | -3.76 ~3.70 |
| | MG0 | 1 | 0 | 9 | 4 | 58 | 15 | 13 | 9 | 1 | 110(54,56) | -2.54 ~2.43 |
| | MG Ⅰ | 1 | 0 | 8 | 4 | 57 | 16 | 11 | 8 | 3 | 108(52,56) | -3.76 ~3.70 |
| | MG Ⅱ | 2 | 0 | 6 | 3 | 57 | 16 | 9 | 5 | 3 | 101(51,50) | -3.76 ~3.70 |
| | MG Ⅲ | 1 | 0 | 2 | 1 | 55 | 13 | 7 | 7 | 2 | 88(42,46) | -3.76 ~3.70 |
| | 总计 | 2 | 0 | 10 | 4 | 58 | 17 | 14 | 9 | 3 | 117(56,61) | -3.76 ~3.70 |

注:总计栏的括号内前面数字为负效等位变异数,后一数字为正效等位变异数。

**表 5 - 40　各亚区内依据 QTL - 等位变异矩阵改良地上部生物量的优化组合设计**

| 生态亚区 | 母本(熟期组) | 表型 | 父本(熟期组) | 表型 | 均值 | 75th |
|---|---|---|---|---|---|---|
| Sub - 1 | 嫩丰 19(MG0) | 9.32 | 嫩丰 4 号(MG0) | 9.52 | 9.41(9.43) | 10.55(10.55) |
| | 嫩丰 19(MG0) | 9.32 | 嫩丰 7 号(MG0) | 9.74 | 9.48(9.53) | 10.55(10.55) |
| | 垦丰 10(MG Ⅰ) | 9.37 | 嫩丰 19(MG0) | 9.32 | 9.36(9.35) | 10.52(10.52) |
| | 垦豆 25(MG0) | 8.45 | 嫩丰 4 号(MG0) | 9.52 | 8.98(8.95) | 10.44(10.44) |
| | 垦丰 10(MG Ⅰ) | 9.37 | 嫩丰 4 号(MG0) | 9.52 | 9.48(9.45) | 10.38(11.02) |
| | 北豆 14(MG00) | 8.23 | 嫩丰 7 号(MG0) | 9.74 | 9.01(9.03) | 10.32(10.32) |
| | 北丰 14(MG0) | 8.53 | 嫩丰 4 号(MG0) | 9.52 | 9.04(9.07) | 10.31(10.33) |
| | 嫩丰 19(MG0) | 9.32 | 垦鉴豆 35(MG0) | 9.21 | 9.26(9.25) | 10.30(10.30) |
| | 垦豆 25(MG0) | 8.45 | 嫩丰 7 号(MG0) | 9.74 | 9.09(9.08) | 10.28(10.37) |
| | 垦豆 25(MG0) | 8.45 | 绥农 26(MG0) | 9.01 | 8.77(8.75) | 10.26(10.05) |
| | 嫩丰 7 号(MG0) | 9.74 | 东农 46(MG0) | 8.22 | 9.00(9.07) | 10.26(10.48) |
| | 垦豆 25(MG0) | 8.45 | 黑农 57(MG0) | 7.97 | 8.18(8.19) | 10.26(9.01) |
| | 嫩丰 19(MG0) | 9.32 | 垦丰 5 号(MG0) | 9.47 | 9.41(9.44) | 10.25(10.46) |
| | 垦豆 25(MG0) | 8.45 | 嫩丰 19 号(MG0) | 9.32 | 8.86(8.88) | 10.23(10.08) |
| | 垦丰 10(MG Ⅰ) | 9.37 | 北丰 14(MG0) | 8.53 | 8.94(8.94) | 10.23(10.10) |

续表 5-40

| 生态亚区 | 母本(熟期组) | 表型 | 父本(熟期组) | 表型 | 均值 | $75^{th}$ |
|---|---|---|---|---|---|---|
| Sub-1 | 嫩丰 19(MG0) | 9.32 | 垦丰 22(MG0) | 9.21 | 9.29(9.34) | 10.22(10.24) |
| | 垦丰 22(MG0) | 9.21 | 嫩丰 4 号(MG0) | 9.52 | 9.38(9.31) | 10.22(10.68) |
| | 嫩丰 19(MG0) | 9.32 | 黑河 20(MG0) | 9.29 | 9.30(9.28) | 10.21(10.19) |
| | 北豆 14(MG00) | 8.23 | 黑河 20(MG0) | 9.29 | 8.78(8.81) | 10.21(9.93) |
| | 嫩丰 7 号(MG0) | 9.74 | 北丰 14(MG0) | 8.53 | 9.12(9.20) | 10.21(10.27) |
| Sub-2 | 吉育 92(MGⅡ) | 11.58 | 吉林 44(MGⅡ) | 12.17 | 11.87(11.88) | 13.21(13.21) |
| | 吉科 3 号(MGⅠ) | 11.27 | 吉林 44(MGⅡ) | 12.17 | 11.69(11.74) | 12.97(13.03) |
| | 紫花 4 号(MGⅠ) | 10.70 | 吉林 44(MGⅡ) | 12.17 | 11.44(11.46) | 12.81(12.71) |
| | 延农 9 号(MG0) | 10.67 | 吉林 44(MGⅡ) | 12.17 | 11.41(11.38) | 12.79(12.78) |
| | 吉育 93(MGⅡ) | 10.60 | 吉林 44(MGⅡ) | 12.17 | 11.41(11.40) | 12.79(13.03) |
| | 垦豆 28(MGⅠ) | 10.92 | 吉林 44(MGⅡ) | 12.17 | 11.49(11.54) | 12.71(12.80) |
| | 吉林 44(MGⅡ) | 12.17 | 抗线 6 号(MGⅠ) | 10.58 | 11.41(11.38) | 12.70(12.66) |
| | 吉育 47(MGⅠ) | 10.56 | 吉林 44(MGⅡ) | 12.17 | 11.33(11.38) | 12.66(12.78) |
| | 吉育 92(MGⅡ) | 11.58 | 吉林 26(MGⅠ) | 11.14 | 11.36(11.38) | 12.62(12.70) |
| | 吉林 26(MGⅠ) | 11.14 | 吉科 3 号(MGⅠ) | 11.27 | 11.19(11.25) | 12.61(12.56) |
| | 绥农 27(MG0) | 10.16 | 吉林 44(MGⅡ) | 12.17 | 11.24(11.14) | 12.60(12.45) |
| | 吉科 3 号(MGⅠ) | 11.27 | 紫花 4 号(MGⅠ) | 10.70 | 10.96(11.01) | 12.58(12.54) |
| | 克拉克 63(MG0) | 10.15 | 吉林 44(MGⅡ) | 12.17 | 11.24(11.16) | 12.56(12.47) |
| | 合丰 22(MG0) | 9.94 | 吉林 44(MGⅡ) | 12.17 | 11.09(11.01) | 12.55(12.54) |
| | 丰收 2 号(MG0) | 10.35 | 吉林 44(MGⅡ) | 12.17 | 11.25(11.24) | 12.55(12.51) |
| | 黑农 62(MGⅠ) | 10.30 | 吉林 44(MGⅡ) | 12.17 | 11.24(11.21) | 12.52(12.57) |
| | 吉育 63(MGⅠ) | 10.19 | 吉林 44(MGⅡ) | 12.17 | 11.20(11.21) | 12.52(12.53) |
| | 延农 9 号(MG0) | 10.67 | 吉科 3 号(MGⅠ) | 11.27 | 10.96(11.03) | 12.51(12.52) |
| | 吉育 35(MGⅠ) | 9.95 | 吉林 44(MGⅡ) | 12.17 | 11.11(10.98) | 12.49(12.31) |
| | 长农 21(MGⅡ) | 10.03 | 吉林 44(MGⅡ) | 12.17 | 11.11(11.11) | 12.48(12.38) |
| Sub-3 | 通农 13(MGⅡ) | 17.69 | 吉育 75(MGⅡ) | 15.61 | 16.69(16.65) | 18.74(18.65) |
| | 吉林 1 号(MGⅡ) | 14.63 | 通农 13(MGⅡ) | 17.69 | 16.11(16.18) | 18.31(18.49) |
| | 通农 13(MGⅡ) | 17.69 | 吉农 15(MGⅡ) | 15.87 | 16.74(16.72) | 18.20(18.27) |
| | 东农 33(MGⅠ) | 13.93 | 通农 13(MGⅡ) | 17.69 | 15.83(15.72) | 17.73(17.63) |
| | 吉农 15(MGⅡ) | 15.87 | 吉育 75(MGⅡ) | 15.61 | 15.79(15.78) | 17.64(17.45) |
| | 通农 13(MGⅡ) | 17.69 | 九农 30(MGⅡ) | 13.98 | 15.90(15.93) | 17.57(17.52) |
| | 通农 13(MGⅡ) | 17.69 | 铁荚四粒黄(MGⅡ) | 12.84 | 15.33(15.30) | 17.54(17.59) |
| | 吉林 1 号(MGⅡ) | 14.63 | 吉育 75(MGⅡ) | 15.61 | 14.99(15.23) | 17.52(17.75) |
| | 长农 5 号(MGⅠ) | 12.63 | 通农 13(MGⅡ) | 17.69 | 15.15(15.14) | 17.45(17.50) |
| | 通农 13(MGⅡ) | 17.69 | 吉育 88(MGⅡ) | 13.29 | 15.49(15.54) | 17.41(17.59) |
| | 吉育 89(MGⅠ) | 13.09 | 通农 13(MGⅡ) | 17.69 | 15.43(15.37) | 17.27(17.29) |

续表 5－40

| 生态亚区 | 母本(熟期组) | 表型 | 父本(熟期组) | 表型 | 均值 | $75^{th}$ |
|---|---|---|---|---|---|---|
| Sub－3 | 吉林 3(MGⅡ) | 12.88 | 通农 13(MGⅡ) | 17.69 | 15.21(15.39) | 17.21(17.47) |
| | 通农 13(MGⅡ) | 17.69 | 吉育 86(MG0) | 12.38 | 15.04(15.09) | 17.17(17.13) |
| | 通农 13(MGⅡ) | 17.69 | 九农 31(MGⅠ) | 13.37 | 15.53(15.50) | 17.15(17.02) |
| | 通农 13(MGⅡ) | 17.69 | 吉林 44(MGⅡ) | 13.02 | 15.34(15.27) | 17.11(17.04) |
| | 吉林 1 号(MGⅡ) | 14.63 | 吉农 15(MGⅡ) | 15.87 | 15.17(15.17) | 17.09(17.42) |
| | 长农 19(MGⅡ) | 12.16 | 通农 13(MGⅡ) | 17.69 | 15.02(15.02) | 17.07(17.04) |
| | 通农 13(MGⅡ) | 17.69 | 黄宝珠(MGⅡ) | 12.90 | 15.28(15.31) | 16.91(16.92) |
| | 抗线 2(MGⅠ) | 9.97 | 通农 13(MGⅡ) | 17.69 | 13.89(13.95) | 16.83(16.81) |
| | 吉育 75(MGⅡ) | 15.61 | 铁荚四粒黄(MGⅡ) | 12.84 | 14.16(14.16) | 16.83(16.57) |
| Sub－4 | 吉育 89(MGⅠ) | 11.86 | 辽豆 26(MGⅢ) | 15.14 | 13.53(13.48) | 14.94(14.80) |
| | 吉育 90(MGⅡ) | 9.58 | 辽豆 26(MGⅢ) | 15.14 | 12.36(12.38) | 13.58(13.73) |
| | 吉育 91(MGⅡ) | 11.40 | 辽豆 26(MGⅢ) | 15.14 | 13.23(13.16) | 14.59(14.55) |
| | 吉育 92(MGⅡ) | 14.01 | 辽豆 26(MGⅢ) | 15.14 | 14.56(14.61) | 15.69(15.65) |
| | 吉育 93(MGⅡ) | 10.09 | 辽豆 26(MGⅢ) | 15.14 | 12.64(12.66) | 14.78(14.77) |
| | 吉育 101(MGⅡ) | 6.09 | 辽豆 26(MGⅢ) | 15.14 | 10.57(10.65) | 11.86(11.85) |
| | 长农 13(MGⅡ) | 10.14 | 辽豆 26(MGⅢ) | 15.14 | 12.70(12.67) | 14.06(14.04) |
| | 长农 14(MGⅠ) | 11.32 | 辽豆 26(MGⅢ) | 15.14 | 13.28(13.24) | 14.50(14.44) |
| | 长农 18(MGⅢ) | 8.38 | 辽豆 26(MGⅢ) | 15.14 | 11.75(11.78) | 12.99(12.95) |
| | 长农 19(MGⅡ) | 9.08 | 辽豆 26(MGⅢ) | 15.14 | 12.10(12.08) | 13.25(13.25) |
| | 抗线 5 号(MGⅠ) | 8.41 | 辽豆 26(MGⅢ) | 15.14 | 11.71(11.80) | 12.89(13.02) |
| | 长农 20(MGⅠ) | 7.59 | 辽豆 26(MGⅢ) | 15.14 | 11.38(11.36) | 12.74(12.66) |
| | 长农 21(MGⅡ) | 7.67 | 辽豆 26(MGⅢ) | 15.14 | 11.36(11.45) | 12.49(12.63) |
| | 长农 22(MGⅡ) | 8.42 | 辽豆 26(MGⅢ) | 15.14 | 11.86(11.75) | 13.09(13.05) |
| | 长农 23(MGⅡ) | 6.83 | 辽豆 26(MGⅢ) | 15.14 | 11.02(10.94) | 12.10(11.91) |
| | 长农 24(MGⅠ) | 5.04 | 辽豆 26(MGⅢ) | 15.14 | 10.04(10.10) | 11.39(11.45) |
| | 通农 4 号(MGⅡ) | 8.48 | 辽豆 26(MGⅢ) | 15.14 | 11.82(11.79) | 12.91(12.92) |
| | 垦丰 10(MGⅠ) | 10.34 | 辽豆 26(MGⅢ) | 15.14 | 12.75(12.71) | 13.95(13.88) |
| | 垦丰 14(MG0) | 6.05 | 辽豆 26(MGⅢ) | 15.14 | 10.64(10.69) | 11.80(11.86) |
| | 垦丰 15(MGⅠ) | 7.85 | 辽豆 26(MGⅢ) | 15.14 | 11.50(11.50) | 12.69(12.62) |

注:预测群体后代均值、预测群体后代 $75^{th}$(第 75% 分位数)列中括号外为连锁模型预测值,括号内为随机模型预测值。

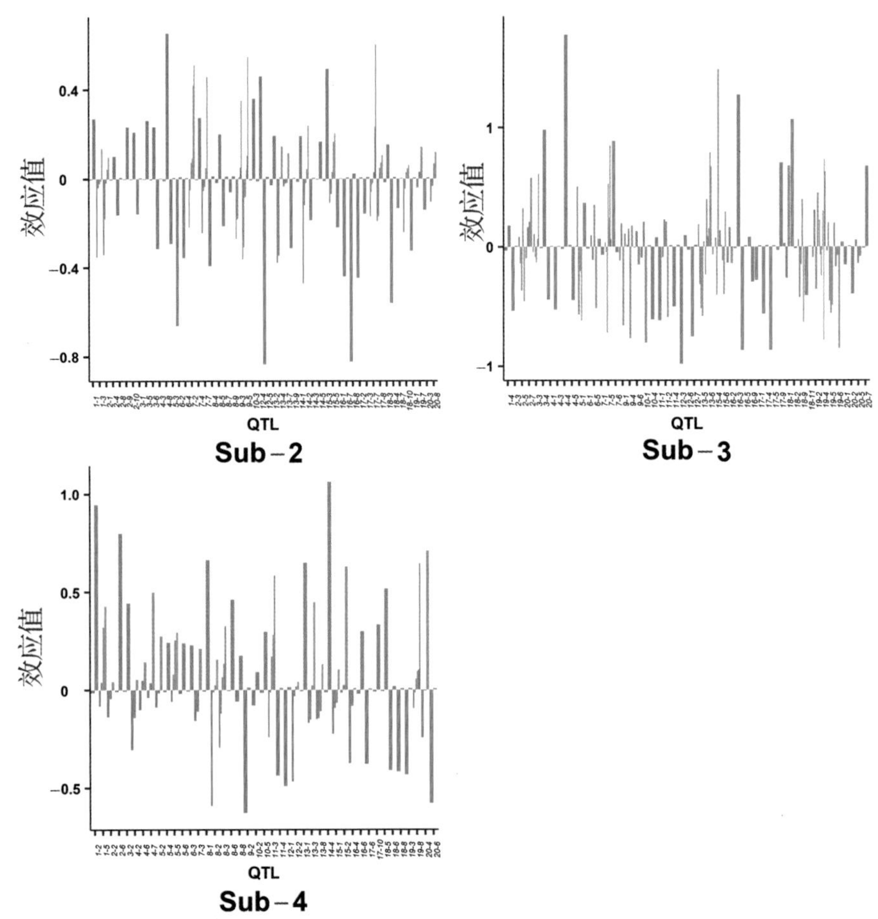


图 5-10　东北各亚区产量 QTL-等位变异效应分布

表 5-41　东北各亚区产量 QTL-等位变异在各熟期组的分布

| 亚区 | 熟期组 | 组中值 | | | | | | | | | 总计 | 变幅 |
|---|---|---|---|---|---|---|---|---|---|---|---|---|
| | | < -0.70 | -0.60 | -0.40 | -0.20 | 0.00 | 0.20 | 0.40 | 0.60 | >0.70 | | |
| Sub-2 | MG000 | 2 | 1 | 9 | 14 | 73 | 9 | 1 | 0 | 0 | 109(61,48) | -0.84~0.36 |
| | MG00 | 1 | 1 | 7 | 21 | 77 | 19 | 3 | 1 | 0 | 130(67,63) | -0.82~0.60 |
| | MG0 | 1 | 2 | 13 | 21 | 78 | 23 | 5 | 4 | 0 | 147(74,73) | -0.82~0.65 |
| | MGⅠ | 2 | 1 | 8 | 18 | 78 | 20 | 5 | 3 | 0 | 135(66,69) | -0.84~0.65 |
| | MGⅡ | 0 | 1 | 7 | 12 | 78 | 15 | 3 | 2 | 0 | 118(56,62) | -0.66~0.65 |
| | MGⅢ | 2 | 0 | 6 | 12 | 77 | 16 | 4 | 2 | 0 | 119(56,63) | -0.84~0.65 |
| | 总计 | 2 | 2 | 14 | 22 | 79 | 23 | 6 | 4 | 0 | 152(77,75) | -0.84~0.65 |
| Sub-3 | MG000 | 5 | 9 | 9 | 13 | 55 | 17 | 3 | 0 | 3 | 114(61,53) | -0.87~1.49 |
| | MG00 | 8 | 9 | 11 | 15 | 58 | 20 | 6 | 2 | 3 | 132(69,63) | -0.98~1.49 |
| | MG0 | 7 | 15 | 13 | 18 | 59 | 21 | 8 | 7 | 9 | 157(79,78) | -0.87~1.79 |
| | MGⅠ | 7 | 7 | 10 | 18 | 59 | 19 | 6 | 7 | 10 | 143(68,75) | -0.98~1.79 |
| | MGⅡ | 6 | 11 | 8 | 16 | 57 | 19 | 5 | 5 | 5 | 132(67,65) | -0.98~1.79 |

续表 5-41

| 亚区 | 熟期组 | 组中值 | | | | | | | | | 总计 | 变幅 |
|---|---|---|---|---|---|---|---|---|---|---|---|---|
| | | < -0.70 | -0.60 | -0.40 | -0.20 | 0.00 | 0.20 | 0.40 | 0.60 | >0.70 | | |
| Sub-3 | MGⅢ | 6 | 5 | 8 | 13 | 57 | 17 | 7 | 4 | 5 | 122(57,65) | -0.98~1.49 |
| | 总计 | 9 | 15 | 13 | 18 | 59 | 21 | 8 | 8 | 10 | 161(81,80) | -0.98~1.79 |
| Sub-4 | MG000 | 0 | 0 | 6 | 9 | 51 | 9 | 1 | 0 | 1 | 77(44,33) | -0.49~0.80 |
| | MG00 | 0 | 2 | 6 | 14 | 55 | 16 | 2 | 2 | 1 | 98(53,45) | -0.63~1.06 |
| | MG0 | 0 | 3 | 9 | 13 | 56 | 17 | 8 | 6 | 4 | 116(57,59) | -0.63~1.06 |
| | MGⅠ | 0 | 2 | 9 | 14 | 55 | 16 | 7 | 5 | 3 | 111(56,55) | -0.63~0.94 |
| | MGⅡ | 0 | 3 | 9 | 14 | 54 | 16 | 3 | 2 | 3 | 104(57,47) | -0.63~1.06 |
| | MGⅢ | 0 | 0 | 3 | 12 | 53 | 15 | 4 | 2 | 1 | 90(45,45) | -0.47~1.06 |
| | 总计 | 0 | 3 | 9 | 15 | 56 | 18 | 8 | 6 | 4 | 119(59,60) | -0.63~1.06 |

注:总计栏的括号内前面数字为负效等位变异数,后一数字为正效等位变异数。

**表 5-42 各亚区内依据 QTL-等位变异矩阵改良产量的优化组合设计**

| 生态亚区 | 母本(熟期组) | 表型 | 父本(熟期组) | 表型 | 均值 | 75th |
|---|---|---|---|---|---|---|
| Sub-2 | 吉育 89(MGⅠ) | 3.84 | 蒙豆 10(MG0) | 3.87 | 3.85(3.87) | 4.27(4.26) |
| | 吉育 92(MGⅡ) | 4.07 | 蒙豆 10(MG0) | 3.87 | 3.98(3.96) | 4.27(4.24) |
| | 丰收 27(MG0) | 3.88 | 蒙豆 10(MG0) | 3.87 | 3.88(3.87) | 4.23(4.23) |
| | 吉育 92(MGⅡ) | 4.07 | 丰收 27(MG0) | 3.88 | 3.98(3.97) | 4.22(4.23) |
| | 吉育 89(MGⅠ) | 3.84 | 丰收 27(MG0) | 3.88 | 3.86(3.86) | 4.19(4.21) |
| | 吉科 1 号(MGⅠ) | 3.76 | 绥农 33(MGⅠ) | 3.82 | 3.79(3.78) | 4.19(4.10) |
| | 黑农 62(MGⅠ) | 3.66 | 蒙豆 10(MG0) | 3.87 | 3.76(3.77) | 4.18(4.16) |
| | 东农 46(MG0) | 3.86 | 蒙豆 10(MG0) | 3.87 | 3.87(3.86) | 4.18(4.15) |
| | 蒙豆 10(MG0) | 3.87 | 绥农 33(MGⅠ) | 3.82 | 3.86(3.87) | 4.18(4.17) |
| | 吉育 89(MGⅠ) | 3.84 | 吉育 92(MGⅡ) | 4.07 | 3.96(3.95) | 4.17(4.17) |
| | 吉科 1 号(MGⅠ) | 3.76 | 蒙豆 10(MG0) | 3.87 | 3.81(3.82) | 4.17(4.18) |
| | 吉育 92(MGⅡ) | 4.07 | 北垦 9395(MG0) | 3.65 | 3.84(3.84) | 4.16(4.18) |
| | 吉育 92(MGⅡ) | 4.07 | 抗线 8 号(MGⅠ) | 3.59 | 3.82(3.84) | 4.16(4.18) |
| | 吉育 92(MGⅡ) | 4.07 | 吉科 1 号(MGⅠ) | 3.76 | 3.90(3.91) | 4.15(4.26) |
| | 丰收 27(MG0) | 3.88 | 吉科 1 号(MGⅠ) | 3.76 | 3.82(3.81) | 4.15(4.17) |
| | 吉育 89(MGⅠ) | 3.84 | 东农 46(MG0) | 3.86 | 3.86(3.85) | 4.14(4.09) |
| | 吉育 92(MGⅡ) | 4.07 | 绥农 33(MGⅠ) | 3.82 | 3.95(3.95) | 4.14(4.15) |
| | 北垦 9395(MG0) | 3.65 | 丰收 27(MG0) | 3.88 | 3.76(3.77) | 4.14(4.14) |
| | 丰收 27(MG0) | 3.88 | 绥农 33(MGⅠ) | 3.82 | 3.85(3.87) | 4.14(4.15) |
| | 吉育 92(MGⅡ) | 4.07 | 东农 46(MG0) | 3.86 | 3.96(3.96) | 4.13(4.12) |
| Sub-3 | 吉农 15(MGⅡ) | 6.89 | 吉育 86(MG0) | 6.12 | 6.52(6.50) | 7.19(7.25) |
| | 吉农 15(MGⅡ) | 6.89 | 九农 31(MGⅠ) | 5.86 | 6.37(6.37) | 7.13(7.06) |

续表 5-42

| 生态亚区 | 母本(熟期组) | 表型 | 父本(熟期组) | 表型 | 均值 | 75th |
|---|---|---|---|---|---|---|
| Sub-3 | 吉农 15(MGⅡ) | 6.89 | 吉育 47(MGⅠ) | 5.91 | 6.38(6.40) | 7.02(7.10) |
| | 吉农 15(MGⅡ) | 6.89 | 吉林 35(MGⅠ) | 5.32 | 6.14(6.10) | 6.96(6.94) |
| | 吉农 15(MGⅡ) | 6.89 | 吉林 44(MGⅡ) | 5.87 | 6.36(6.39) | 6.95(7.05) |
| | 长农 5 号(MGⅠ) | 5.27 | 吉农 15(MGⅡ) | 6.89 | 6.00(6.09) | 6.94(7.14) |
| | 东农 33(MGⅠ) | 5.43 | 吉农 15(MGⅡ) | 6.89 | 6.12(6.14) | 6.87(6.98) |
| | 吉农 15(MGⅡ) | 6.89 | 吉育 73(MGⅠ) | 5.56 | 6.26(6.24) | 6.86(6.95) |
| | 垦丰 10(MGⅠ) | 4.97 | 吉农 15(MGⅡ) | 6.89 | 5.92(5.96) | 6.79(6.88) |
| | 吉林 26(MGⅠ) | 4.73 | 吉农 15(MGⅡ) | 6.89 | 5.82(5.80) | 6.78(6.82) |
| | 吉农 15(MGⅡ) | 6.89 | 吉育 75(MGⅡ) | 5.41 | 6.13(6.17) | 6.76(6.89) |
| | 吉农 15(MGⅡ) | 6.89 | 吉科 3 号(MGⅠ) | 5.15 | 6.03(6.03) | 6.75(6.68) |
| | 嫩丰 15(MG0) | 4.56 | 吉农 15(MGⅡ) | 6.89 | 5.73(5.75) | 6.72(6.66) |
| | 长农 20(MGⅠ) | 5.35 | 吉农 15(MGⅡ) | 6.89 | 6.10(6.12) | 6.69(6.79) |
| | 黑农 61(MGⅠ) | 5.00 | 吉农 15(MGⅡ) | 6.89 | 5.94(5.91) | 6.68(6.63) |
| | 吉育 89(MGⅠ) | 5.44 | 吉农 15(MGⅡ) | 6.89 | 6.12(6.16) | 6.66(6.67) |
| | 通农 13(MGⅡ) | 5.00 | 吉农 15(MGⅡ) | 6.89 | 5.95(5.94) | 6.63(6.61) |
| | 黑农 62(MGⅠ) | 5.22 | 吉农 15(MGⅡ) | 6.89 | 6.07(6.05) | 6.59(6.58) |
| | 长农 5 号(MGⅠ) | 5.27 | 吉育 86(MG0) | 6.12 | 5.66(5.69) | 6.59(6.61) |
| | 长农 19(MGⅡ) | 5.03 | 吉农 15(MGⅡ) | 6.89 | 5.97(5.96) | 6.58(6.60) |
| Sub-4 | 吉育 89(MGⅠ) | 5.20 | 吉育 92(MGⅡ) | 5.50 | 5.34(5.33) | 5.99(5.92) |
| | 吉育 92(MGⅡ) | 5.50 | 红丰 2(MG0) | 4.25 | 4.87(4.89) | 5.50(5.51) |
| | 吉育 92(MGⅡ) | 5.50 | 吉育 71(MGⅡ) | 4.18 | 4.85(4.86) | 5.46(5.47) |
| | 吉育 92(MGⅡ) | 5.50 | 丰收 2 号(MG0) | 4.12 | 4.81(4.81) | 5.44(5.44) |
| | 吉育 92(MGⅡ) | 5.50 | 垦丰 10(MGⅠ) | 4.15 | 4.80(4.78) | 5.40(5.42) |
| | 吉育 92(MGⅡ) | 5.50 | 绥农 35(MG0) | 4.15 | 4.81(4.84) | 5.37(5.42) |
| | 吉育 92(MGⅡ) | 5.50 | 抗线 8 号(MGⅠ) | 3.83 | 4.67(4.64) | 5.34(5.27) |
| | 吉育 92(MGⅡ) | 5.50 | 黑河 53(MG0) | 3.92 | 4.73(4.74) | 5.31(5.32) |
| | 吉育 92(MGⅡ) | 5.50 | 吉育 86(MG0) | 3.86 | 4.69(4.65) | 5.30(5.25) |
| | 吉育 92(MGⅡ) | 5.50 | 铁丰 31(MGⅢ) | 3.80 | 4.66(4.63) | 5.28(5.23) |
| | 吉育 92(MGⅡ) | 5.50 | 吉林 35(MGⅠ) | 3.98 | 4.72(4.74) | 5.28(5.28) |
| | 吉育 92(MGⅡ) | 5.50 | 黑农 11(MG0) | 3.92 | 4.71(4.69) | 5.27(5.25) |
| | 吉育 92(MGⅡ) | 5.50 | 黑农 3 号(MG0) | 3.78 | 4.61(4.61) | 5.25(5.24) |
| | 吉育 89(MGⅠ) | 5.20 | 吉育 71(MGⅡ) | 4.18 | 4.71(4.70) | 5.24(5.18) |
| | 吉育 92(MGⅡ) | 5.50 | 丰收 27(MG0) | 3.79 | 4.64(4.69) | 5.24(5.26) |
| | 吉育 92(MGⅡ) | 5.50 | 哈北 46-1(MG0) | 3.79 | 4.66(4.63) | 5.24(5.19) |
| | 吉育 92(MGⅡ) | 5.50 | 垦丰 13(MG0) | 3.81 | 4.67(4.66) | 5.23(5.18) |
| | 吉育 92(MGⅡ) | 5.50 | 黑河 28(MG000) | 3.64 | 4.56(4.53) | 5.23(5.15) |

续表 5－42

| 生态亚区 | 母本(熟期组) | 表型 | 父本(熟期组) | 表型 | 均值 | 75th |
|---|---|---|---|---|---|---|
| Sub－4 | 吉育 92(MGⅡ) | 5.50 | 绥农 33(MGⅠ) | 3.84 | 4.67(4.67) | 5.23(5.23) |
| | 吉育 89(MGⅠ) | 5.20 | 红丰 2 号(MG0) | 4.25 | 4.74(4.69) | 5.22(5.19) |

注：预测群体后代均值、预测群体后代 75th(第 75% 分位数)列中括号外为连锁模型预测值，括号内为随机模型预测值。

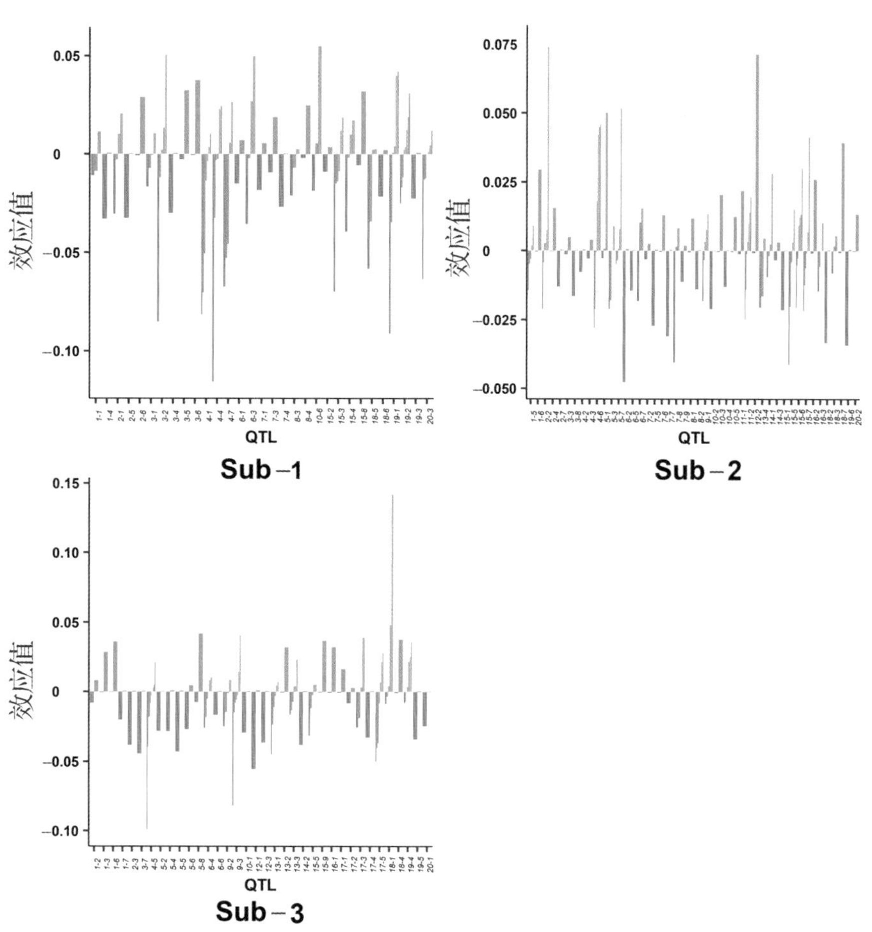


图 5－11　东北各亚区表观收获指数 QTL－等位变异效应分布

表 5－43　东北各亚区表观收获指数 QTL－等位变异在各熟期组的分布

| 亚区 | 熟期组 | 组中值 | | | | | | | | | 总计 | 变幅 |
|---|---|---|---|---|---|---|---|---|---|---|---|---|
| | | < －0.050 | －0.043 | －0.03 | －0.018 | －0.006 | 0.006 | 0.018 | 0.030 | >0.036 | | |
| Sub－1 | MG000 | 1 | 2 | 2 | 9 | 21 | 26 | 4 | 8 | 2 | 75(35,40) | －0.05～0.05 |
| | MG00 | 5 | 2 | 5 | 12 | 21 | 28 | 7 | 7 | 3 | 90(45,45) | －0.09～0.05 |
| | MG0 | 11 | 2 | 9 | 13 | 21 | 29 | 9 | 8 | 6 | 108(56,52) | －0.12～0.05 |
| | MGⅠ | 7 | 2 | 6 | 13 | 21 | 28 | 6 | 7 | 3 | 93(49,44) | －0.09～0.05 |
| | MGⅡ | 7 | 1 | 5 | 12 | 21 | 28 | 5 | 6 | 2 | 87(46,41) | －0.12～0.05 |
| | MGⅢ | 8 | 1 | 4 | 12 | 18 | 28 | 6 | 6 | 3 | 86(43,43) | －0.12～0.05 |

续表 5－43

| 亚区 | 熟期组 | 组中值 | | | | | | | | | 总计 | 变幅 |
|---|---|---|---|---|---|---|---|---|---|---|---|---|
| | | < －0.050 | －0.043 | －0.03 | －0.018 | －0.006 | 0.006 | 0.018 | 0.030 | >0.036 | | |
| Sub－1 | 总计 | 11 | 2 | 10 | 13 | 21 | 29 | 9 | 8 | 6 | 109(57,52) | －0.12～0.05 |
| Sub－2 | MG000 | 0 | 0 | 0 | 7 | 33 | 39 | 7 | 1 | 2 | 89(40,49) | －0.02～0.05 |
| | MG00 | 0 | 1 | 4 | 14 | 34 | 42 | 9 | 2 | 3 | 109(53,56) | －0.04～0.05 |
| | MG0 | 0 | 3 | 6 | 22 | 36 | 44 | 14 | 3 | 9 | 137(67,70) | －0.05～0.07 |
| | MG Ⅰ | 0 | 3 | 3 | 20 | 35 | 43 | 11 | 2 | 7 | 124(61,63) | －0.05～0.07 |
| | MG Ⅱ | 0 | 2 | 3 | 18 | 34 | 41 | 6 | 4 | 5 | 113(57,56) | －0.05～0.07 |
| | MG Ⅲ | 0 | 2 | 1 | 13 | 34 | 40 | 4 | 2 | 6 | 102(50,52) | －0.05～0.07 |
| | 总计 | 0 | 3 | 6 | 22 | 36 | 44 | 14 | 4 | 9 | 138(67,71) | －0.05～0.07 |
| Sub－3 | MG000 | 0 | 1 | 2 | 5 | 21 | 31 | 3 | 2 | 4 | 69(29,40) | －0.05～0.04 |
| | MG00 | 1 | 5 | 8 | 9 | 24 | 32 | 5 | 5 | 7 | 96(47,49) | －0.06～0.14 |
| | MG0 | 2 | 9 | 10 | 11 | 27 | 34 | 6 | 6 | 7 | 112(59,53) | －0.08～0.14 |
| | MG Ⅰ | 0 | 9 | 8 | 11 | 28 | 34 | 6 | 5 | 5 | 106(56,50) | －0.05～0.04 |
| | MG Ⅱ | 3 | 9 | 9 | 9 | 27 | 33 | 4 | 4 | 6 | 104(57,47) | －0.10～0.14 |
| | MG Ⅲ | 3 | 7 | 6 | 7 | 26 | 32 | 3 | 3 | 6 | 93(49,44) | －0.10～0.14 |
| | 总计 | 3 | 10 | 11 | 11 | 28 | 34 | 6 | 6 | 8 | 117(63,54) | －0.10～0.14 |

注:总计栏的括号内前面数字为负效等位变异数,后一数字为正效等位变异数。





表 5－44 各亚区内依据 QTL－等位变异矩阵改良表观收获指数的优化组合设计

| 生态亚区 | 母本(熟期组) | 表型 | 父本(熟期组) | 表型 | 均值 | $75^{th}$ |
|---|---|---|---|---|---|---|
| Sub－1 | 垦丰 19(MG0) | 0.55 | 北豆 16(MG000) | 0.56 | 0.56(0.56) | 0.59(0.59) |
| | 垦丰 19(MG0) | 0.55 | 北豆 24(MG000) | 0.55 | 0.55(0.55) | 0.58(0.58) |
| | 垦丰 19(MG0) | 0.55 | 黑河 7 号(MG000) | 0.52 | 0.53(0.54) | 0.57(0.57) |
| | 垦丰 19(MG0) | 0.55 | 黑河 45(MG00) | 0.53 | 0.54(0.54) | 0.57(0.57) |
| | 垦丰 19(MG0) | 0.55 | 黑河 29(MG00) | 0.53 | 0.54(0.54) | 0.57(0.57) |
| | 垦丰 19(MG0) | 0.55 | 东大 1 号(MG000) | 0.52 | 0.54(0.53) | 0.57(0.56) |
| | 北豆 16(MG000) | 0.56 | 北豆 24(MG000) | 0.55 | 0.55(0.56) | 0.57(0.57) |
| | 北豆 16(MG000) | 0.56 | 黑河 45(MG00) | 0.53 | 0.55(0.55) | 0.57(0.57) |
| | 北豆 16(MG000) | 0.56 | 东大 1 号(MG000) | 0.52 | 0.54(0.54) | 0.57(0.58) |
| | 北豆 16(MG000) | 0.56 | 丰收 24(MG000) | 0.52 | 0.54(0.54) | 0.57(0.57) |
| | 垦丰 19(MG0) | 0.55 | 丰收 11(MG000) | 0.49 | 0.52(0.52) | 0.56(0.55) |
| | 垦丰 19(MG0) | 0.55 | 东农 43(MG000) | 0.52 | 0.54(0.54) | 0.56(0.56) |
| | 垦丰 19(MG0) | 0.55 | 垦农 34(MG0) | 0.50 | 0.52(0.53) | 0.56(0.56) |
| | 垦丰 19(MG0) | 0.55 | 东农 45(MG000) | 0.51 | 0.53(0.53) | 0.56(0.56) |
| | 垦丰 19(MG0) | 0.55 | 黑河 24(MG00) | 0.51 | 0.53(0.53) | 0.56(0.56) |
| | 垦丰 19(MG0) | 0.55 | 黑河 50(MG00) | 0.51 | 0.53(0.53) | 0.56(0.56) |

续表 5－44

| 生态亚区 | 母本(熟期组) | 表型 | 父本(熟期组) | 表型 | 均值 | $75^{th}$ |
|---|---|---|---|---|---|---|
| Sub－1 | 垦丰 19(MG0) | 0.55 | 蒙豆 11(MG000) | 0.51 | 0.53(0.53) | 0.56(0.56) |
| | 垦丰 19(MG0) | 0.55 | 蒙豆 26(MG00) | 0.47 | 0.51(0.51) | 0.56(0.55) |
| | 垦丰 19(MG0) | 0.55 | 丰收 24(MG000) | 0.52 | 0.53(0.53) | 0.56(0.56) |
| | 垦丰 19(MG0) | 0.55 | 华疆 2 号(MG000) | 0.49 | 0.52(0.52) | 0.56(0.56) |
| Sub－2 | 垦豆 25(MG0) | 0.53 | 黑河 29(MG00) | 0.55 | 0.54(0.54) | 0.57(0.58) |
| | 北豆 14(MG00) | 0.53 | 黑河 29(MG00) | 0.55 | 0.54(0.54) | 0.57(0.57) |
| | 黑河 29(MG00) | 0.55 | 合丰 5 号(MG0) | 0.50 | 0.53(0.53) | 0.57(0.57) |
| | 黑河 29(MG00) | 0.55 | 北豆 8 号(MG0) | 0.52 | 0.54(0.54) | 0.57(0.57) |
| | 垦丰 17(MG0) | 0.51 | 黑河 29(MG00) | 0.55 | 0.53(0.53) | 0.56(0.56) |
| | 垦豆 25(MG0) | 0.53 | 北豆 16(MG000) | 0.53 | 0.53(0.53) | 0.56(0.55) |
| | 垦豆 25(MG0) | 0.53 | 东农 46(MG0) | 0.52 | 0.53(0.52) | 0.56(0.55) |
| | 垦豆 25(MG0) | 0.53 | 华疆 2 号(MG000) | 0.53 | 0.53(0.53) | 0.56(0.55) |
| | 北豆 14(MG00) | 0.53 | 北豆 16(MG000) | 0.53 | 0.53(0.53) | 0.56(0.56) |
| | 北豆 14(MG00) | 0.53 | 垦鉴豆 38(MG00) | 0.52 | 0.53(0.52) | 0.56(0.55) |
| | 北豆 14(MG00) | 0.53 | 黑河 32(MG00) | 0.52 | 0.53(0.53) | 0.56(0.55) |
| | 北豆 14(MG00) | 0.53 | 合丰 40(MG00) | 0.52 | 0.53(0.53) | 0.56(0.56) |
| | 北豆 14(MG00) | 0.53 | 绥农 22(MG0) | 0.52 | 0.53(0.52) | 0.56(0.55) |
| | 北豆 14(MG00) | 0.53 | 北豆 8 号(MG0) | 0.52 | 0.52(0.53) | 0.56(0.56) |
| | 北豆 14(MG00) | 0.53 | 东农 49(MG00) | 0.52 | 0.53(0.52) | 0.56(0.55) |
| | 北豆 14(MG00) | 0.53 | 蒙豆 11(MG000) | 0.52 | 0.53(0.52) | 0.56(0.56) |
| | 北豆 14(MG00) | 0.53 | 华疆 2 号(MG000) | 0.53 | 0.53(0.53) | 0.56(0.56) |
| | 北豆 16(MG000) | 0.53 | 黑河 29(MG00) | 0.55 | 0.54(0.54) | 0.56(0.56) |
| | 群选 1 号(MG0) | 0.51 | 黑河 29(MG00) | 0.55 | 0.53(0.53) | 0.56(0.56) |
| | 吉育 64(MG Ⅰ) | 0.50 | 黑河 29(MG00) | 0.55 | 0.52(0.52) | 0.56(0.56) |
| Sub－3 | 垦丰 15(MG Ⅰ) | 0.61 | 北豆 14(MG00) | 0.55 | 0.58(0.58) | 0.66(0.66) |
| | 北豆 14(MG00) | 0.55 | 垦农 8 号(MG0) | 0.58 | 0.57(0.57) | 0.64(0.64) |
| | 北豆 14(MG00) | 0.55 | 蒙豆 9 号(MG00) | 0.57 | 0.56(0.56) | 0.64(0.63) |
| | 北豆 14(MG00) | 0.55 | 丰收 27(MG0) | 0.58 | 0.57(0.56) | 0.64(0.64) |
| | 北豆 14(MG00) | 0.55 | 北豆 9 号(MG0) | 0.57 | 0.56(0.56) | 0.64(0.64) |
| | 北豆 14(MG00) | 0.55 | 东大 1 号(MG000) | 0.57 | 0.56(0.56) | 0.64(0.63) |
| | 合丰 42(MG00) | 0.55 | 东农 50(MG0) | 0.51 | 0.53(0.53) | 0.64(0.58) |
| | 垦丰 10(MG Ⅰ) | 0.55 | 北豆 14(MG00) | 0.55 | 0.55(0.55) | 0.63(0.62) |
| | 垦丰 15(MG Ⅰ) | 0.61 | 东农 50(MG0) | 0.51 | 0.56(0.56) | 0.63(0.63) |
| | 北豆 14(MG00) | 0.55 | 北豆 16(MG000) | 0.57 | 0.56(0.56) | 0.63(0.64) |
| | 北豆 14(MG00) | 0.55 | 北豆 24(MG000) | 0.56 | 0.56(0.56) | 0.63(0.63) |
| | 北豆 14(MG00) | 0.55 | 黑农 54(MG Ⅰ) | 0.55 | 0.55(0.55) | 0.63(0.62) |

续表 5－44

| 生态亚区 | 母本(熟期组) | 表型 | 父本(熟期组) | 表型 | 均值 | 75th |
|---|---|---|---|---|---|---|
| Sub－3 | 北豆 14(MG00) | 0.55 | 孙吴大白眉(MG000) | 0.56 | 0.56(0.55) | 0.63(0.63) |
| | 北豆 14(MG00) | 0.55 | 黑河 29(MG00) | 0.55 | 0.55(0.55) | 0.63(0.63) |
| | 北豆 14(MG00) | 0.55 | 合丰 42(MG00) | 0.55 | 0.55(0.55) | 0.63(0.62) |
| | 北豆 14(MG00) | 0.55 | 丰收 2 号(MG0) | 0.57 | 0.56(0.56) | 0.63(0.63) |
| | 北豆 14(MG00) | 0.55 | 绥农 22(MG0) | 0.55 | 0.55(0.55) | 0.63(0.63) |
| | 北豆 14(MG00) | 0.55 | 东农 49(MG00) | 0.55 | 0.55(0.55) | 0.63(0.63) |
| | 北豆 14(MG00) | 0.55 | 蒙豆 11(MG000) | 0.55 | 0.55(0.55) | 0.63(0.62) |
| | 北豆 14(MG00) | 0.55 | 蒙豆 36(MG00) | 0.56 | 0.55(0.56) | 0.63(0.63) |

注:预测群体后代均值、预测群体后代 75th(第 75% 分位数)列中括号外为连锁模型预测值,括号内为随机模型预测值。

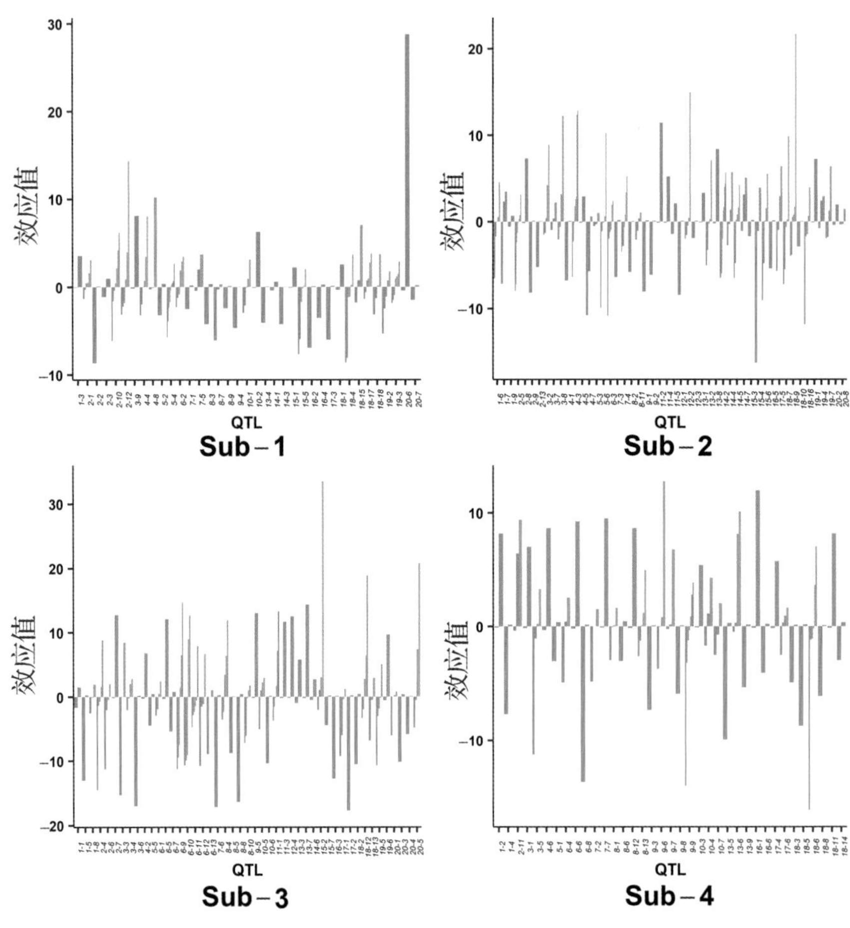


图 5－12　东北各亚区主茎荚数 QTL－等位变异效应分布

表 5－45 东北各亚区主茎荚数 QTL－等位变异在各熟期组的分布

| 亚区 | 熟期组 | 组中值 | | | | | | | | | 总计 | 变幅 |
|---|---|---|---|---|---|---|---|---|---|---|---|---|
| | | <－12.00 | －10.25 | －6.75 | －3.25 | 0.25 | 3.75 | 7.25 | 10.75 | >12.50 | | |
| Sub－1 | MG000 | 0 | 1 | 3 | 13 | 62 | 12 | 0 | 0 | 0 | 91(42,49) | －8.62～3.80 |
| | MG00 | 0 | 0 | 3 | 20 | 65 | 14 | 2 | 0 | 0 | 104(51,53) | －6.10～8.13 |
| | MG0 | 0 | 2 | 9 | 25 | 68 | 19 | 5 | 1 | 2 | 131(65,66) | －8.68～28.78 |
| | MG Ⅰ | 0 | 2 | 6 | 21 | 65 | 16 | 5 | 1 | 2 | 118(56,62) | －8.68～28.78 |
| | MG Ⅱ | 0 | 1 | 4 | 21 | 66 | 15 | 4 | 0 | 1 | 112(55,57) | －8.62～28.78 |
| | MG Ⅲ | 0 | 0 | 8 | 17 | 63 | 9 | 2 | 1 | 0 | 100(50,50) | －8.08～10.19 |
| | 总计 | 0 | 2 | 9 | 25 | 68 | 19 | 5 | 1 | 2 | 131(65,66) | －8.68～28.78 |
| Sub－2 | MG000 | 0 | 2 | 15 | 14 | 73 | 16 | 0 | 1 | 0 | 121(62,59) | －11.82～11.46 |
| | MG00 | 0 | 4 | 15 | 22 | 77 | 22 | 6 | 3 | 1 | 150(74,76) | －10.82～14.92 |
| | MG0 | 1 | 5 | 23 | 24 | 82 | 25 | 9 | 5 | 3 | 177(90,87) | －16.29～21.69 |
| | MG Ⅰ | 0 | 3 | 14 | 25 | 80 | 26 | 10 | 4 | 2 | 164(78,86) | －10.76～14.92 |
| | MG Ⅱ | 0 | 4 | 17 | 23 | 78 | 21 | 7 | 3 | 2 | 155(80,75) | －11.82～21.69 |
| | MG Ⅲ | 1 | 3 | 12 | 21 | 75 | 19 | 6 | 2 | 1 | 140(71,69) | －16.29～21.69 |
| | 总计 | 1 | 5 | 24 | 25 | 82 | 26 | 10 | 5 | 3 | 181(92,89) | －16.29～21.69 |
| Sub－3 | MG000 | 4 | 7 | 7 | 19 | 51 | 11 | 7 | 0 | 5 | 111(61,50) | －17.70～33.45 |
| | MG00 | 5 | 12 | 9 | 21 | 54 | 12 | 7 | 3 | 3 | 126(71,55) | －17.70～14.72 |
| | MG0 | 6 | 14 | 8 | 21 | 55 | 12 | 12 | 4 | 8 | 140(74,66) | －17.70～20.81 |
| | MG Ⅰ | 4 | 12 | 6 | 21 | 56 | 12 | 11 | 4 | 7 | 133(68,65) | －16.99～33.45 |
| | MG Ⅱ | 3 | 11 | 8 | 16 | 56 | 11 | 10 | 3 | 6 | 124(63,61) | －17.70～20.81 |
| | MG Ⅲ | 4 | 9 | 5 | 18 | 53 | 12 | 10 | 2 | 4 | 117(60,57) | －17.12～33.45 |
| | 总计 | 8 | 14 | 9 | 21 | 56 | 12 | 12 | 5 | 9 | 146(77,69) | －17.70～33.45 |
| Sub－4 | MG000 | 1 | 2 | 1 | 12 | 47 | 5 | 1 | 0 | 0 | 69(37,32) | －16.15～5.77 |
| | MG00 | 0 | 1 | 3 | 14 | 51 | 6 | 4 | 1 | 0 | 80(41,39) | －8.75～10.11 |
| | MG0 | 1 | 3 | 5 | 14 | 52 | 9 | 10 | 5 | 1 | 100(47,53) | －16.15～12.77 |
| | MG Ⅰ | 2 | 2 | 4 | 14 | 51 | 7 | 9 | 4 | 1 | 94(46,48) | －14.03～12.77 |
| | MG Ⅱ | 2 | 1 | 2 | 13 | 52 | 8 | 7 | 3 | 1 | 89(42,47) | －16.15～12.77 |
| | MG Ⅲ | 2 | 3 | 4 | 13 | 50 | 6 | 3 | 1 | 1 | 83(45,38) | －14.03～12.77 |
| | 总计 | 3 | 3 | 5 | 14 | 52 | 9 | 10 | 5 | 1 | 102(49,53) | －16.15～12.77 |

注：总计栏的括号内前面数字为负效等位变异数，后一数字为正效等位变异数。

表 5－46 各亚区内依据 QTL－等位变异矩阵改良主茎荚数的优化组合设计

| 生态亚区 | 母本(熟期组) | 表型 | 父本(熟期组) | 表型 | 均值 | 75th |
|---|---|---|---|---|---|---|
| Sub－1 | 黑河 19(MG00) | 41.26 | 黑河 20(MG0) | 55.48 | 47.91(48.45) | 62.16(62.97) |
| | 红丰 11(MG0) | 37.81 | 黑河 20(MG0) | 55.48 | 46.46(46.21) | 61.88(60.71) |
| | 垦丰 7 号(MG0) | 38.26 | 黑河 20(MG0) | 55.48 | 46.49(46.60) | 61.28(60.97) |

续表 5－46

| 生态亚区 | 母本(熟期组) | 表型 | 父本(熟期组) | 表型 | 均值 | $75^{th}$ |
|---|---|---|---|---|---|---|
| Sub－1 | 黑农 64(MG0) | 37.78 | 黑河 20(MG0) | 55.48 | 46.48(46.83) | 61.24(61.44) |
| | 垦农 28(MG0) | 37.11 | 黑河 20(MG0) | 55.48 | 46.37(46.13) | 60.86(61.11) |
| | 黑河 20(MG0) | 55.48 | 绥农 32(MG0) | 37.19 | 45.65(46.07) | 60.83(60.75) |
| | 垦豆 25(MG0) | 38.81 | 黑河 20(MG0) | 55.48 | 46.51(46.99) | 60.72(61.89) |
| | 黑河 29(MG00) | 35.26 | 黑河 20(MG0) | 55.48 | 45.63(45.18) | 60.43(60.02) |
| | 白宝珠(MG0) | 35.00 | 黑河 20(MG0) | 55.48 | 45.22(45.73) | 60.19(59.95) |
| | 黑河 20(MG0) | 55.48 | 垦农 18(MG0) | 36.56 | 45.42(47.11) | 59.91(61.64) |
| | 垦农 34(MG0) | 33.15 | 黑河 20(MG0) | 55.48 | 44.68(44.18) | 59.35(58.80) |
| | 黑河 20(MG0) | 55.48 | 黑河 36(MG0) | 33.37 | 44.27(44.47) | 58.99(59.09) |
| | 垦丰 15(MGⅠ) | 33.70 | 黑河 20(MG0) | 55.48 | 44.39(44.86) | 58.88(59.00) |
| | 垦农 26(MG0) | 33.11 | 黑河 20(MG0) | 55.48 | 44.11(44.01) | 58.84(59.04) |
| | 黑河 38(MG00) | 32.74 | 黑河 20(MG0) | 55.48 | 44.37(44.03) | 58.67(58.93) |
| | 黑河 20(MG0) | 55.48 | 绥农 33(MGⅠ) | 33.30 | 44.27(43.87) | 58.64(58.67) |
| | 垦鉴豆 7 号(MG0) | 32.15 | 黑河 20(MG0) | 55.48 | 44.23(43.30) | 58.45(58.09) |
| | 黑河 20(MG0) | 55.48 | 华疆 2 号(MG000) | 31.33 | 43.69(42.95) | 58.45(57.89) |
| | 黑农 34(MG0) | 33.07 | 黑河 20(MG0) | 55.48 | 44.21(44.71) | 58.37(59.19) |
| | 黑河 20(MG0) | 55.48 | 克交 4430－20(MG0) | 30.93 | 43.56(42.76) | 58.07(57.67) |
| Sub－2 | 黑农 52(MGⅠ) | 65.66 | 吉育 35(MGⅠ) | 65.22 | 65.86(65.31) | 73.92(71.83) |
| | 长农 21(MGⅡ) | 68.14 | 黑农 52(MGⅠ) | 65.66 | 66.99(67.21) | 73.79(74.55) |
| | 长农 21(MGⅡ) | 68.14 | 黑河 20(MG0) | 66.57 | 67.38(67.30) | 73.73(73.85) |
| | 黑河 20(MG0) | 66.57 | 吉育 35(MGⅠ) | 65.22 | 65.77(65.95) | 72.48(72.24) |
| | 黑农 52(MGⅠ) | 65.66 | 黑河 20(MG0) | 66.57 | 66.40(65.78) | 72.37(71.29) |
| | 黑农 52(MGⅠ) | 65.66 | 长农 17(MGⅡ) | 63.05 | 64.23(64.60) | 72.36(71.30) |
| | 吉育 35(MGⅠ) | 65.22 | 东农 50(MG0) | 50.55 | 58.17(57.95) | 72.23(71.47) |
| | 长农 17(MGⅡ) | 63.05 | 黑河 20(MG0) | 66.57 | 64.78(64.73) | 71.57(71.43) |
| | 长农 17(MGⅡ) | 63.05 | 东农 50(MG0) | 50.55 | 57.50(56.89) | 71.53(70.45) |
| | 长农 21(MGⅡ) | 68.14 | 吉育 35(MGⅠ) | 65.22 | 66.60(66.76) | 71.48(71.82) |
| | 长农 19(MGⅡ) | 62.68 | 黑河 20(MG0) | 66.57 | 64.93(64.44) | 71.27(70.94) |
| | 长农 19(MGⅡ) | 62.68 | 黑农 52(MGⅠ) | 65.66 | 63.77(64.18) | 71.20(70.77) |
| | 长农 21(MGⅡ) | 68.14 | 垦农 22(MGⅠ) | 58.27 | 63.71(62.85) | 70.93(70.48) |
| | 长农 21(MGⅡ) | 68.14 | 吉林 35(MGⅠ) | 61.15 | 64.71(64.73) | 70.85(71.32) |
| | 长农 21(MGⅡ) | 68.14 | 长农 17(MGⅡ) | 63.05 | 65.57(65.36) | 70.84(70.86) |
| | 长农 21(MGⅡ) | 68.14 | 东农 50(MG0) | 50.55 | 59.13(59.37) | 70.78(71.12) |
| | 长农 19(MGⅡ) | 62.68 | 长农 21(MGⅡ) | 68.14 | 65.45(65.54) | 70.65(71.45) |
| | 吉育 35(MGⅠ) | 65.22 | 吉林 35(MGⅠ) | 61.15 | 63.07(63.61) | 70.51(71.03) |
| | 吉林 20(MGⅠ) | 58.31 | 黑河 20(MG0) | 66.57 | 62.78(62.05) | 70.50(69.33) |

续表 5-46

| 生态亚区 | 母本(熟期组) | 表型 | 父本(熟期组) | 表型 | 均值 | 75th |
|---|---|---|---|---|---|---|
| Sub-2 | 黑农 52(MGⅠ) | 65.66 | 吉林 20(MGⅠ) | 58.31 | 62.02(61.92) | 70.41(69.09) |
| Sub-3 | 吉农 15(MGⅡ) | 89.20 | 吉林 35(MGⅠ) | 80.95 | 85.92(84.68) | 104.18(103.48) |
|  | 垦豆 25(MG0) | 79.58 | 吉林 35(MGⅠ) | 80.95 | 80.44(80.56) | 102.14(100.35) |
|  | 吉育 35(MGⅠ) | 80.37 | 吉林 35(MGⅠ) | 80.95 | 80.90(79.94) | 98.36(97.53) |
|  | 九农 31(MGⅠ) | 84.09 | 吉林 35(MGⅠ) | 80.95 | 83.03(82.42) | 98.08(97.84) |
|  | 吉农 15(MGⅡ) | 89.20 | 九农 31(MGⅠ) | 84.09 | 86.89(87.39) | 97.17(103.09) |
|  | 北豆 21(MG0) | 74.94 | 吉农 15(MGⅡ) | 89.20 | 82.10(82.58) | 96.75(98.27) |
|  | 北豆 21(MG0) | 74.94 | 吉林 35(MGⅠ) | 80.95 | 77.89(77.52) | 95.88(95.70) |
|  | 长农 21(MGⅡ) | 80.46 | 吉林 35(MGⅠ) | 80.95 | 80.37(80.56) | 95.76(95.32) |
|  | 吉林 35(MGⅠ) | 80.95 | 吉林 44(MGⅡ) | 74.03 | 77.45(77.45) | 95.47(96.15) |
|  | 吉育 101(MGⅡ) | 74.64 | 吉林 35(MGⅠ) | 80.95 | 77.58(77.23) | 95.12(94.90) |
|  | 垦鉴豆 43(MG0) | 70.69 | 吉林 35(MGⅠ) | 80.95 | 76.74(76.02) | 95.04(93.93) |
|  | 吉育 64(MGⅠ) | 72.66 | 吉农 15(MGⅡ) | 89.20 | 81.56(80.63) | 94.82(95.74) |
|  | 垦丰 15(MGⅠ) | 72.51 | 吉林 35(MGⅠ) | 80.95 | 76.46(76.51) | 94.49(94.53) |
|  | 长农 21(MGⅡ) | 80.46 | 吉农 15(MGⅡ) | 89.20 | 84.65(84.38) | 94.43(98.05) |
|  | 吉农 15(MGⅡ) | 89.20 | 吉育 35(MGⅠ) | 80.37 | 84.60(84.48) | 94.40(97.78) |
|  | 长农 5 号(MGⅠ) | 71.96 | 吉林 35(MGⅠ) | 80.95 | 76.76(76.94) | 93.70(96.00) |
|  | 长农 19(MGⅡ) | 73.58 | 吉林 35(MGⅠ) | 80.95 | 77.91(77.54) | 93.65(96.07) |
|  | 北豆 21(MG0) | 74.94 | 九农 31(MGⅠ) | 84.09 | 79.24(80.14) | 93.56(93.14) |
|  | 吉农 15(MGⅡ) | 89.20 | 吉育 47(MGⅠ) | 70.76 | 79.74(79.67) | 93.52(96.51) |
|  | 嫩丰 20(MGⅠ) | 70.20 | 吉林 35(MGⅠ) | 80.95 | 75.37(74.80) | 93.34(93.12) |
| Sub-4 | 长农 14(MGⅠ) | 74.82 | 长农 5 号(MGⅠ) | 76.13 | 75.83(75.32) | 82.31(82.23) |
|  | 长农 13(MGⅡ) | 72.19 | 长农 5 号(MGⅠ) | 76.13 | 74.22(74.33) | 82.29(81.15) |
|  | 长农 13(MGⅡ) | 72.19 | 吉育 71(MGⅡ) | 74.48 | 73.73(73.36) | 82.20(80.95) |
|  | 长农 5 号(MGⅠ) | 76.13 | 吉育 71(MGⅡ) | 74.48 | 75.25(75.56) | 81.52(81.85) |
|  | 九农 26(MGⅡ) | 70.67 | 长农 5 号(MGⅠ) | 76.13 | 73.41(73.05) | 81.41(80.75) |
|  | 长农 5 号(MGⅠ) | 76.13 | 铁荚子(MGⅡ) | 72.67 | 74.72(74.48) | 80.72(80.23) |
|  | 吉育 101(MGⅡ) | 73.46 | 长农 5 号(MGⅠ) | 76.13 | 74.64(74.98) | 80.56(81.78) |
|  | 吉育 89(MGⅠ) | 69.41 | 长农 13(MGⅡ) | 72.19 | 71.02(70.74) | 80.34(78.94) |
|  | 长农 14(MGⅠ) | 74.82 | 九农 26(MGⅡ) | 70.67 | 72.90(72.94) | 79.99(80.33) |
|  | 长农 14(MGⅠ) | 74.82 | 铁荚子(MGⅡ) | 72.67 | 73.59(73.54) | 79.81(79.82) |
|  | 长农 13(MGⅡ) | 72.19 | 铁荚子(MGⅡ) | 72.67 | 72.60(72.86) | 79.64(79.55) |
|  | 铁荚子(MGⅡ) | 72.67 | 吉育 71(MGⅡ) | 74.48 | 73.39(73.61) | 79.63(79.74) |
|  | 长农 14(MGⅠ) | 74.82 | 吉育 71(MGⅡ) | 74.48 | 74.54(74.56) | 79.62(79.62) |
|  | 九农 26(MGⅡ) | 70.67 | 铁荚子(MGⅡ) | 72.67 | 71.91(71.23) | 79.37(78.25) |
|  | 长农 13(MGⅡ) | 72.19 | 九农 26(MGⅡ) | 70.67 | 71.46(71.58) | 79.34(80.13) |

续表 5－46

| 生态亚区 | 母本(熟期组) | 表型 | 父本(熟期组) | 表型 | 均值 | 75th |
|---|---|---|---|---|---|---|
| Sub－4 | 吉育 89(MGⅠ) | 69.41 | 长农 14(MGⅠ) | 74.82 | 72.38(72.38) | 79.00(78.26) |
| | 九农 28(MGⅠ) | 66.25 | 长农 5(MGⅠ) | 76.13 | 71.31(71.00) | 78.91(78.11) |
| | 吉育 101(MGⅡ) | 73.46 | 吉育 71(MGⅡ) | 74.48 | 74.06(74.01) | 78.83(78.83) |
| | 长农 5 号(MGⅠ) | 76.13 | 抗线 9(MGⅠ) | 69.25 | 72.81(73.04) | 78.73(79.35) |
| | 吉育 89(MGⅠ) | 69.41 | 铁荚子(MGⅡ) | 72.67 | 71.37(70.96) | 78.66(77.65) |

注:预测群体后代均值、预测群体后代 75th(第 75% 分位数)列中括号外为连锁模型预测值,括号内为随机模型预测值。

# 第六章 东北大豆资源群体耐盐碱性 QTL-等位变异的构成与生态分化

东北地区是我国春大豆的重要产区,大豆种植面积和产量均占全国总量的50%以上[59]。但东北地区的盐渍土总面积达到1.15亿亩(1亩=666.67 $m^2$),且80%处于荒芜状态[273]。随着我国城镇化和工业化的发展,耕地非农化严重危及我国18亿亩耕地红线。如何充分利用盐渍土在内的边际土地进行农业生产,推进亿亩盐碱地"荒滩变良田",对保障国家粮食安全、促进农民增产增收具有重要意义。现阶段海水稻的研发为充分利用盐渍土提供了成功的范例。盐、碱都和盐渍有关,但这是两种不同性质的危害。盐害主要是氯化钠浓度高的危害,而碱害则主要是土壤pH值高的危害,有些地方由 $Na^+$ 引起,有些地方则由 $Ca^{2+}$ 引起,东北的碱害主要是前者[274]。为了解决盐碱地大豆生产问题,经济有效的策略包括相对应的农业措施、耐盐碱大豆资源的筛选及耐性遗传改良等手段[275]。

## 第一节 东北大豆资源群体耐盐性 QTL-等位变异的生态分化

### 一、东北大豆种质群体的苗期耐盐性

大豆耐盐性是复杂的数量性状,表型变异受众多遗传位点的控制,同时环境及互作效应都对其产生一定影响。我国东北地区拥有丰富的大豆种质资源,分析及全面理解大豆种质资源的耐盐性变异,有助于从众多资源中选取特异种质材料为耐盐育种所用,也是后续进行耐盐性相关性状 QTL 定位以及标记开发、辅助选择等现代分子育种技术的前提。

在盐土的大豆生产中,盐胁迫贯穿于大豆的全生育阶段,包括芽期、苗期、营养生长及生殖生长期,盐胁迫对各生育阶段均造成不利影响,而大豆的耐盐性也随不同生育阶段而异[275]。常汝镇等[276]研究得出,大豆萌发期各阶段耐盐性从种子吸水膨胀到侧根生长过程中依次呈递减趋势,不同发育阶段耐性顺序依次为:吸水膨胀阶段>萌发期>胚根生长期>侧根生长期。

芽期和苗期作为生命周期的第一阶段,是大豆生产的首要环节,大豆萌芽期和苗期的耐盐性至关重要,是保证单位面积苗数和生产全过程的先决条件[277]。Abel[278]研究认为低盐条件下(0.05%和0.10% NaCl)不同品种的出苗率在不同盐胁迫条件下表现不同,大豆种子的发芽均表现出明显延迟。

Weil[279]报道,盐渍条件降低了所有品种的植株高度和干物质重,盐敏感品种相对于耐盐品种下降更多。Parker 等[280]指出,氯的毒害引起植株叶片枯萎,在营养生长和开花早期受害植株的下部叶片可能脱落,盐害症状逐渐加重,直至全部叶片死亡。常汝镇利用80个育成品系及耐盐品种文丰7号、铁丰8号、锦豆33,盐敏感品种矮脚早、Hark、Nebsoy 和 Union 进行试验,研究盐对大豆农艺性

状的影响。无论大豆品种耐盐与否，在盐胁迫条件下，都表现为株高降低，主茎节数和分枝数减少，产量性状如百粒重、单株荚数、单株粒重下降。各性状虽然都对盐胁迫产生响应，但程度差别很大，主茎节数和株高受影响相对较小，百粒重次之，单株荚数和单株粒重下降幅度最大。盐敏感品种较耐盐品种受盐胁迫影响相对较大，分枝数、单株粒数和单株粒重更明显。3 个耐盐品种分枝数平均减少了 11.4%，而 4 个盐敏感品种减少了 83.5%，耐盐品种和盐敏感品种单株粒重分别下降了 30.2% 和 82.9%[277]。

本研究选取分布于我国东北 3 省 1 区共 6 个熟期组在内的 361 份东北大豆品种资源作为代表性大样本，组成东北大豆资源群体（Northeast China soybean germplasm population, NECSP 群体）。根据我国种质资源耐盐性鉴定工作的现状以及可能达到的经济和技术条件，选择大豆对盐分最敏感的苗期，利用可人为控制的环境条件进行室内苗期鉴定，在 3 个不同环境下对东北大豆种质群体进行耐盐性鉴定、评价和研究，最终遴选了一批特异种质材料，为今后大豆耐盐性遗传育种工作提供了较为可靠的耐性信息，也为耐盐性强的大豆在盐碱土区域种植及培育抗盐性品种奠定了材料基础。

为尽量减少外界不可控环境因素对鉴定工作的影响，本研究选取在温室大棚内进行鉴定试验。试验设盐胁迫组和对照组，随机区组试验设计，利用纸卷法发苗，幼苗 $V_2$ 时期以 170 mmol/L（9.95‰）NaCl 溶液对胁迫组植株进行胁迫处理。以整株干物质重（地上部分 + 地下部分）的相对比值（胁迫组干物质重/对照组干物质重）作为鉴定指标，称为耐盐指数（salt tolerance index, STI）。对所获表型数据进行整理，并对不同耐性材料进行分类及统计整理，得到表 6－1 的次数分布和统计分析。

**表 6－1　东北大豆资源群体（NECSP）耐盐性表型的次数分布和统计分析**

| 环境 | 组中值 | | | | | | | | | | | 合计 | 均值 | 变幅 | 遗传变异系数/% | 遗传率/% |
|---|---|---|---|---|---|---|---|---|---|---|---|---|---|---|---|---|
| | 0.27 | 0.33 | 0.39 | 0.45 | 0.51 | 0.57 | 0.63 | 0.69 | 0.75 | 0.81 | 0.87 | | | | | |
| 18Sp | 2 | 5 | 23 | 59 | 36 | 65 | 33 | 43 | 56 | 28 | 11 | 361 | 0.60 | 0.24～0.89 | 7.54 | 97.7 |
| 18Su | 2 | 5 | 22 | 54 | 45 | 60 | 31 | 46 | 48 | 31 | 17 | 361 | 0.60 | 0.24～0.88 | 7.61 | 98.1 |
| 20Su | 2 | 8 | 19 | 54 | 49 | 58 | 42 | 33 | 59 | 19 | 18 | 361 | 0.59 | 0.23～0.89 | 7.55 | 98.0 |
| 联合 | 2 | 7 | 20 | 57 | 43 | 60 | 37 | 40 | 56 | 26 | 13 | 361 | 0.60 | 0.24～0.86 | 13.08 | 98.4 |

注：分组值为耐盐指数，18Sp 为 2018 年春季环境鉴定试验，18Su 和 20Su 分别为 2018 年和 2020 年夏季环境鉴定试验，下同。

可以看出，361 份种质的耐盐指数 3 次试验平均值变化幅度甚大（0.24～0.86），遗传变异系数各试验分别为 7.54%、7.61% 和 7.55%，平均为 13.08%。这表明在东北大豆资源群体中存在着丰富的耐盐性表型变异。频率分布表现为多峰态分布，表明大豆苗期耐盐性是一个受主基因加多基因控制的数量性状。

由于这 3 个环境下的 STI 数据趋势较为一致，所得数据间相关系数为 0.89～0.93，均为极显著相关，因此对耐盐性表型数据进行联合分析表型分化及全基因组关联分析。如表 6－2 所示，环境效应、基因型效应及环境 × 基因型互作效应这三者的变异程度均达到极显著（$P<0.01$），说明 361 个品种之间耐盐性差异极显著。虽然环境效应和基因型效应间存在显著互作效应，表明耐盐性状受环境等外界因素影响，但该性状遗传率高，3 个环境间耐盐性状的遗传率均大于 95%，耐盐性品种分布趋势一致，而重复间变异不显著。因此将利用这 3 个环境所得表型数据值进行表型分化及后续的全基因组关联等一系列分析。

表 6－2　东北大豆资源群体多环境下耐盐性的方差分析

| 变异来源 | $DF$ | $MS$ | $F$ 值 |
|---|---|---|---|
| 环境 | 2 | 0.010 8 | 18.61 ** |
| 重复(环境) | 6 | 0.000 6 | 0.99 |
| 基因型 | 360 | 0.170 4 | 292.14 ** |
| 基因型 × 环境 | 720 | 0.000 7 | 1.27 ** |
| 误差 | 2 156 | 0.000 6 | |
| 总变异 | 3 244 | | |

注：$DF$ 为自由度，$MS$ 为均方，** 表示在 0.01 水平上差异显著。

以 3 个环境下的耐盐指数(STI)的平均值进行分析，STI 越大则该品种越耐盐，越小则该品种对盐胁迫越敏感。东北大豆资源群体 361 份大豆耐盐性状存在广泛的变异，变幅是 0.24～0.86，平均值是 0.60，遗传变异系数是 13.08%。次数分布显示，东北大豆资源群体耐盐性呈近似正态分布，耐盐品种和盐敏感品种均较少，大部分品种为中等耐盐品种。依据 3 个环境间耐盐指数，群体(46 份材料)为耐盐材料，考虑到其稳定性，选出在各环境中排名均在前 5% 的 20 个品种(表 6－3)作为耐盐种质资源。在盐胁迫条件下，各品种均表现为不同程度的植株变矮、生长速度缓慢、株高降低、节间缩短、叶片逐渐变黄乃至萎蔫、生长点受到抑制、最终全株枯死，但不同耐盐性品种表现差异明显(图 6－1)，可作为鉴定不同耐盐性品种的依据，本研究与前人耐盐性鉴定表现一致[275－277]。

东大 1 号(G002)MG000　STI＝0.88

荆山璞(G191)MG0　STI＝0.62

垦农 31(G195) MG0 STI＝0.45

黑农 64(G214) MG0　STI＝0.37

图 6－1　东北大豆资源群体中不同耐盐程度品种在非胁迫与盐胁迫条件下的差异表现

注：各品种括号内为本研究东北大豆种质群体品种统一编号，MG 为该品种所属熟期组，STI 为耐盐指数，下同。

表 6－3 东北大豆资源群体中筛选出苗期高耐盐优异资源

| 品种名称 | 品种编号 | 品种来源 | 熟期 | 耐盐指数 | 品种名称 | 品种编号 | 品种来源 | 熟期 | 耐盐指数 |
|---|---|---|---|---|---|---|---|---|---|
| 东大 1 号 | F002 | 黑龙江 | MG000 | 0.88 | 嫩丰 1 号 | F148 | 黑龙江 | MG0 | 0.85 |
| 抗线 2 号 | F227 | 黑龙江 | MG Ⅰ | 0.88 | 合农 60 | F247 | 黑龙江 | MG Ⅲ | 0.84 |
| 东农 46 | F113 | 黑龙江 | MG0 | 0.87 | 铁丰 28 | F151 | 辽宁 | MG0 | 0.85 |
| 黑河 32 | F014 | 黑龙江 | MG00 | 0.87 | 黑农 54 | F193 | 黑龙江 | MG0 | 0.83 |
| 黑农 51 | F288 | 黑龙江 | MG Ⅰ | 0.86 | 长农 24 | F180 | 吉林 | MG0 | 0.83 |
| 长农 21 | F341 | 吉林 | MG Ⅱ | 0.86 | 绥无腥豆 1 号 | F048 | 黑龙江 | MG00 | 0.83 |
| 黑农 48 | F330 | 黑龙江 | MG Ⅱ | 0.85 | 垦鉴豆 38 | F141 | 黑龙江 | MG0 | 0.84 |
| 吉育 90 | F230 | 吉林 | MG Ⅰ | 0.86 | 嫩丰 19 | F359 | 黑龙江 | MG Ⅰ | 0.84 |
| 抗线 6 号 | F243 | 黑龙江 | MG0 | 0.85 | 黑农 57 | F242 | 黑龙江 | MG Ⅰ | 0.84 |
| 丰收 17 | F032 | 黑龙江 | MG00 | 0.85 | 黑农 31 | F115 | 黑龙江 | MG0 | 0.83 |

## 二、东北大豆资源群体耐盐性等级划分及品种归类

通过对东北大豆资源群体耐盐性的表型鉴定，得到不同耐盐指数的品种，本研究尝试对不同耐性品种进行耐性等级分类。前人研究大多以鉴定试验品种的叶片受害面积及数量进行分级，因不同鉴定人员目测标准往往不一致，为使研究更具可重复性，本研究采用相对干物质重为指标（处理组干物质重/对照组干物质重）。这个指标具有测量简单、可重复性好、综合耐盐程度代表性好等优点。参照前人研究，本研究试图根据不同耐盐指数梯度对品种耐盐性加以归类。依据 3 个环境所得耐盐指数的差异，以等梯度耐盐指数（0.40、0.55、0.70、0.85）为分类阈值，将东北大豆资源群体品种耐盐性划分为 5 个等级：高耐（extremely tolerance，ET，0.85≤STI＜1.00）、中耐（moderately tolerance，MT，0.70≤STI＜0.85）、耐盐（tolerance，T，0.55≤STI＜0.70）、中敏（moderately sensitive，MS，0.40≤STI＜0.55）、高敏（extremely sensitive，ES，0≤STI＜0.40）。

对东北大豆资源群体耐盐性分类的结果，高耐组包含 11 个品种，中耐组共有 95 个品种，耐盐组和中敏组分别有 113 个品种和 116 个品种，高敏组共有 26 个品种（表 6－4）。

表 6－4 东北大豆资源群体品种不同耐盐等级划分

| 分组 | | 合计 | 耐盐级别 | | | | | 均值 | 变幅 | 变异系数/% |
|---|---|---|---|---|---|---|---|---|---|---|
| | | | 高耐 ET [0.85,1.00) | 中耐 MT [0.70,0.85) | 耐盐 T [0.55,0.70) | 中敏 MS [0.40,0.55) | 高敏 ES [0,0.40) | | | |
| 环境 | 18Sp | 361 | 11 | 94 | 121 | 108 | 27 | 0.60 | 0.24～0.88 | 23.33 |
| | 18Su | 361 | 9 | 96 | 119 | 111 | 26 | 0.59 | 0.23～0.89 | 23.50 |
| | 20Su | 361 | 8 | 92 | 111 | 127 | 23 | 0.60 | 0.24～0.86 | 23.36 |
| | 联合 | 361 | 11 | 95 | 113 | 116 | 26 | 0.60 | 0.24～0.89 | 23.29 |

续表 6 -4

| 分组 | | 合计 | 耐盐级别 | | | | | 均值 | 变幅 | 变异系数/% |
|---|---|---|---|---|---|---|---|---|---|---|
| | | | 高耐 ET [0.85,1.00) | 中耐 MT [0.70,0.85) | 耐盐 T [0.55,0.70) | 中敏 MS [0.40,0.55) | 高敏 ES [0,0.40) | | | |
| 环境 | MG000 | 16 | 1 | 2 | 8 | 4 | 1 | 0.61A | 0.35 ~0.88 | 22.03 |
| | MG00 | 45 | 2 | 11 | 18 | 13 | 1 | 0.62A | 0.37 ~0.87 | 19.85 |
| | MG0 | 157 | 3 | 45 | 46 | 48 | 15 | 0.60A | 0.24 ~0.87 | 23.64 |
| | MGⅠ | 79 | 3 | 20 | 24 | 25 | 7 | 0.59A | 0.28 ~0.88 | 25.18 |
| | MGⅡ | 43 | 2 | 8 | 16 | 15 | 2 | 0.59A | 0.39 ~0.86 | 22.51 |
| | MGⅢ | 21 | | 9 | 1 | 11 | | 0.61A | 0.44 ~0.85 | 24.78 |
| 品种地区来源 | 黑龙江 | 243 | 9 | 64 | 77 | 74 | 19 | 0.65A | 0.36 ~0.86 | 14.95 |
| | 吉林 | 80 | 2 | 20 | 26 | 26 | 6 | 0.65A | 0.39 ~0.85 | 14.87 |
| | 辽宁 | 20 | | 9 | 2 | 8 | 1 | 0.66A | 0.45 ~0.82 | 17.20 |
| | 内蒙古 | 13 | | 1 | 6 | 6 | | 0.63A | 0.42 ~0.86 | 18.89 |
| | 其他 | 5 | | 1 | 2 | 2 | | 0.70A | 0.65 ~0.84 | 11.21 |
| 品种生态亚区来源 | Sub -1 | 61 | 3 | 10 | 24 | 21 | 3 | 0.64B | 0.46 ~0.86 | 12.97 |
| | Sub -2 | 230 | 3 | 63 | 72 | 72 | 20 | 0.66B | 0.36 ~0.86 | 14.83 |
| | Sub -3 | 8 | 2 | 5 | | 1 | | 0.70A | 0.37 ~0.83 | 21.33 |
| | Sub -4 | 62 | 3 | 17 | 17 | 22 | 3 | 0.64B | 0.39 ~0.85 | 16.95 |
| 育成时期 | P -1 | 8 | | 3 | 3 | 2 | | 0.65A | 0.47 ~0.81 | 18.34 |
| | P -2 | 44 | 2 | 14 | 13 | 11 | 4 | 0.62A | 0.35 ~0.85 | 22.79 |
| | P -3 | 309 | 9 | 78 | 97 | 103 | 22 | 0.60A | 0.24 ~0.88 | 23.47 |

注:同列不同大写字母表示差异显著性($P<0.05$)。

## 三、东北大豆资源群体耐盐性的分化

根据东北大豆种质群体品种间熟期组、来源地、来源生态亚区以及育成时期进一步对群体耐盐性进行分组分析,以期找出不同分组组内品种耐盐性差异。

### (一)不同熟期组品种间耐盐性的分化

东北大豆资源群体中包含6个熟期组的耐盐性种质资源,不同熟期组内品种耐盐性存在较大差异,MG000 ~ MGⅢ耐盐性依次为:0.61、0.62、0.60、0.59、0.59、0.61,各熟期组间虽然均值略有不同,但熟期组间差异不显著。分析熟期组内变异幅度可见,除MGⅢ外的其他5个熟期组均囊括从耐盐到敏感等耐性不同的资源。此处MGⅢ既未出现高耐盐品种,也未出现高敏感资源;各熟期组变异系数都在20%左右,MGⅠ组变异系数达到了25.18%,变异幅度为0.28 ~0.88;各熟期组虽然平均耐盐性表现为中耐,但组内不乏优异耐性资源,所以在进行品种耐盐性遗传改良时可以选择本熟期组内优异的耐盐性种质(表6 -4)。

(二)不同地区来源品种间耐盐性的分化

比较来源于不同地区的品种间耐盐性差异,东北大豆资源群体中有5份来自国外的品种在我国东北大豆改良中起到了重要作用,参与育成很多品种。来源于辽宁省的资源共20份,内蒙古自治区的资源13份,吉林和黑龙江两省的资源达到323份,几乎占到东北大豆资源群体总数的90%,其中80份资源来自吉林省,其余243份育成品种和地方品种均来自黑龙江省。不同区域资源的平均耐盐性差异并不显著。区域整体耐盐性最强的是来源于国外的5份资源,STI均值为0.70,个体间耐性从0.65~0.84不等,变异系数为11.21%;其次是来自辽宁省的资源,耐盐指数0.66,略高于其他三个来源地的资源。从耐盐性分化来看,来源于黑龙江和吉林两省的资源存在着从高敏到高耐的各种类型,且变异系数均接近15%,耐盐性分布基本呈现正态分布;而来源于内蒙古自治区的资源中绝大部分为中敏以上级别,无强耐资源。各来源地区的资源变异系数均在15%左右,且耐性变化幅度都很宽泛,因此不同分组内耐性资源类型均十分丰富(表6-4)。

(三)不同生态亚区来源品种间耐盐性的分化

从资源的来源生态亚区进行分析,东北大豆资源群体品种共来源于4个生态亚区,分别为Sub-1(第1生态亚区,以北安、扎兰屯为代表的黑龙江省、内蒙古自治区北部地区,适宜的熟期组为MG000、MG00),Sub-2(第2生态亚区,以克山、佳木斯、牡丹江、长春为代表的黑龙江省中南部至吉林省长春地区,适宜的熟期组为MG0、MGⅠ),Sub-3(第3生态亚区,以白城、大庆为代表的黑龙江省西南部至吉林省北部等降水偏少的地区,适宜的熟期组为MG0和MGⅠ),Sub-4(第4生态亚区,以铁岭为代表的辽宁省大部分地区,适宜的熟期组为MGⅡ、MGⅢ),各生态亚区分别代表了东北地区4个典型的生态区,各亚区间生态条件差异明显,来源于不同生态亚区的品种各有特点,本研究仅从耐盐性状分化加以分析。

分析这4个不同生态亚区来源品种耐盐性差异可知,第1、2、4亚区间品种耐盐性存在差异,且均存在从高敏到高耐一系列的不同耐性种质,尤其是Sub-3生态亚区,耐盐性与其他3个亚区间差异显著;自该亚区内收集到的来自大庆地区的8个品种,除1个品种为中敏外,其他7个品种均为中耐到高耐。分析其原因,Sub-3亚区为以白城、大庆为代表的黑龙江省西南部至吉林省北部等降水偏少地区,适宜的熟期组为MG0和MGⅠ,需强调的是,该地区代表地点白城、大庆均为盐碱地较为普遍的区域。大庆盐碱土面积很广,共有盐土碱土86.8万亩,占全市总耕地面积的11.99%。其中盐土面积59.6万亩,占大庆全市总耕地面积的8.23%,碱土面积27.2万亩,占全市总耕地面积的3.76%。该区域盐碱土的最明显特征为土壤进行盐化过程的同时,也进行强烈的碱化过程。因此在大豆品种改良过程中,由天然的生态条件决定,所选择的品种绝大部分为天然耐盐性品种,这是遗传改良的结果(表6-4)。

(四)不同育成时期品种间耐盐性的分化

1945年之前的仅存资源非常稀少,课题组经多方努力收集到了8份资源;1945—1978年之间东北大豆育种工作得以恢复,黑、吉、辽、内蒙古等四省区内育种单位和个人育成了多个品种,其中以农家品种为主,东北大豆资源群体中收集到了具有广泛代表性的44份资源。我国1978年改革开放以来，东北大豆育种研究得到了长足的发展，育种团队化、规模化、正规化，育种手段多样化，品种审定呈现井喷式，本群体共搜集到1978—2012年育成的309份资源。比较不同育成时期品种耐盐性差异，P-1时期耐盐指数为0.65，略高于P-2(STI=0.62)和P-3(STI=0.60)这两个时期的资源；P-1时期品种间耐盐性变异系数为18.34%，P-2时期变异系数次之为22.79%，P-3时期则为23.47%。虽然这三个时期耐盐性无显著性差别，但随着育种时期的推移，不同耐盐性品种变异度进一步丰富，是耐盐性进一步改良的种质基础(表6-4)。





### (五)耐盐性标准对照品种的确定及其相互间差异

大豆耐盐性的鉴定结果易受外界环境因素干扰，不同环境条件下往往获得差距较大的结果，加之环境因素带来的误差无法消除，因此在不同环境下为获得相对稳定的结果，采取了以下几项技术：一是增加鉴定试验的重复次数，尽量减少环境因素对试验结果的影响；二是创造相对稳定单一的环境条件，减少基因环境互作的影响；三是设置不同环境下表现稳定的标准品种作为对照品种，由于对照品种耐盐性表现较为稳定，因此选择标准品种对在不同环境以及不同批次进行鉴定工作尤为重要。

在以往研究中，邵桂花等[281]筛选了文丰7号、锦豆33、铁丰8号、丹豆2号等一些耐盐性品种作为全生育期标准对照品种，由于单一品种的耐盐性表达程度因年度、地点环境而有变化，无法与数量性状的分级标准精确匹配。本研究在邵桂花等的基础上，选择一套可代表大量品种数量性状年度间变化整体规律的标准品种，以少数几个品种在该性状上的表现，代表当年该物种的整体变化趋势，从而确定分级标准的变化趋势及尺度。本研究尝试依据3个不同环境下的鉴定结果，筛选出不同生态区内耐盐性相对稳定、变化较小的当地品种作为标准品种，供今后鉴定工作参考。由于适应性和环境互作效应的存在，使用当地品种作为标准品种进行鉴定更具有说服力。

为了确定最适合作为东北标准品种的品种(系)，我们计算群体资源在各环境下耐盐性的平均数和标准差，处于平均数±标准差范围内的品种视为稳定品种。经计算，稳定品种的耐盐性范围正处于耐性级别中的中耐等级，因此在中耐等级的分类中挑选稳定出现次数多的品种(系)作为耐盐性的标准品种。同时尽量选择在生产中大面积应用的品种，广大育种家对这些品种(系)熟悉且容易获得，适合作为耐盐性鉴定的标准品种，如表6-5所示。

**表6-5　东北大豆资源群体中筛选的耐盐性标准对照品种**

| 对照品种 | 品种来源 | 耐盐指数 | 熟期组 | 品种特性 |
| --- | --- | --- | --- | --- |
| 华疆2号 | 黑龙江 | 0.67 | MG000 | 黑龙江省北部极早熟组推广面积较大品种 |
| 蒙豆19 | 内蒙古 | 0.68 | MG000 | |
| 东农43 | 黑龙江 | 0.64 | MG000 | |
| 克山1号 | 黑龙江 | 0.74 | MG00 | 黑龙江省北部区推广面积最大品种之一 |
| 蒙豆36 | 内蒙古 | 0.73 | MG00 | |
| 黑河43 | 黑龙江 | 0.64 | MG00 | 黑龙江省极早熟组推广面积最大品种之一 |
| 合丰35 | 黑龙江 | 0.59 | MG0 | 单一品种年推广面积最大品种 |
| 吉育86 | 吉林 | 0.66 | MG0 | 吉林省品种试验中熟组对照 |
| 合丰50 | 黑龙江 | 0.62 | MG0 | 黑龙江省第二积温带对照品种 |

续表 6－5

| 对照品种 | 品种来源 | 耐盐指数 | 熟期组 | 品种特性 |
|---|---|---|---|---|
| 垦丰 16 | 黑龙江 | 0.63 | MG Ⅰ | 黑龙江省第二、三积温带大面积推广品种 |
| 吉育 87 | 吉林 | 0.73 | MG Ⅰ | |
| 抗线 8 号 | 黑龙江 | 0.74 | MG Ⅰ | |
| 铁丰 29 | 辽宁 | 0.67 | MG Ⅱ | 辽宁省中熟区域大面积推广品种 |
| 长农 16 | 吉林 | 0.62 | MG Ⅱ | 吉林省中早熟组重点推荐品种 |
| 吉育 71 | 吉林 | 0.60 | MG Ⅱ | 吉林省中熟区域主推品种 |
| 辽豆 24 | 辽宁 | 0.74 | MG Ⅲ | |
| 辽豆 23 | 辽宁 | 0.55 | MG Ⅲ | |
| 铁丰 31 | 辽宁 | 0.67 | MG Ⅲ | 辽宁省推广面积较大品种 |

表 6－5 列举了东北大豆主产区不同熟期组内挑选出的耐盐性鉴定标准品种，这些品种按照本研究的耐性鉴定分类均属于耐盐级别，今后不同熟期组、不同区域在进行耐盐性鉴定时，即使在不同环境、不同批次鉴定等情况下，为保证鉴定结果的一致性，只需将该品种的耐盐性结果与该区域的标准品种进行比对，统一转化为一套数据即可将不同批次结果进行统一分析。

对不同区域代表性的标准品种耐盐性进行纵向比较分析，处于 MG000 熟期组的标准品种耐盐指数为 0.64～0.68，均值为 0.66；而 MG00 熟期组标准品种克山 1 号、蒙豆 36 和黑河 43 虽然耐盐指数均值为 0.70，但在耐盐性上存在较大差异，克山 1 号耐盐指数为 0.74，而黑河 43 则为 0.64，克山 1 号耐盐性明显强于黑河 43；MG0 熟期组的标准品种来源于黑龙江、吉林两省，是现阶段黑龙江省东部及中部、吉林省东部以及内蒙古自治区中部大面积推广的合丰 35、合丰 50、吉育 86，这 3 个品种的耐盐指数为 0.59～0.66，均值为 0.62；分布于黑龙江省中南部、吉林省中部及东部部分区域、内蒙古自治区东南部、辽宁省东北部与吉林省交界区域的 MG Ⅰ 分布区域广泛，具有代表性的耐盐标准品种垦丰 16、吉育 87 和抗线 8 号，耐盐指数分别为 0.63、0.73、0.74，均值为 0.70，略高于以上 3 个熟期组，但也属于中耐类型；MG Ⅱ 主要分布于吉林省中西部、辽宁省中部，来源于该熟期组的代表标准品种铁丰 29、长农 16、吉育 71 均为该区域本地育成，均为该区域最适品种，耐盐指数分别为 0.67、0.62 和 0.60，相比而言铁丰 29 耐盐性稍强，三者耐盐指数均值为 0.63；辽宁省中部以南为 MG Ⅲ 的最适区域，主要推广辽字号和铁豆系列品种，而该区域选择的耐盐性标准品种耐盐指数较其他组略低，均值为 0.65。纵向比较不同熟期组标准品种耐盐性差异，耐盐指数均值大小顺序依次为：MG00（MG Ⅰ）> MG000 > MG Ⅲ > MG Ⅱ > MG0。

MG000 组主要分布于内蒙古自治区东北部、黑龙江省北部，是我国大豆的主要生产区域，在该区域内共收集到 16 份资源，资源耐盐性包括从高耐到高敏各个类型，该区域选取华疆 2 号、蒙豆 19 和东农 43 这 3 个品种作为大豆大面积推广的典型代表，耐盐性指数分别为 0.67、0.68、0.64，属于耐盐类型，究其原因，由于内蒙古自治区东北部、黑龙江省北部土壤类型为黑壤土，基本不存在盐碱化，因此在耐盐性上并未做出相应选择，该熟期组内品种在耐盐性上仍然存在较大改良潜力。

MG00 熟期组内共有 45 份资源，该熟期组所在区域也是我国大豆的主产区，分布在黑龙江省中北部、内蒙古自治区东南部区域，该区域资源耐盐性均值为 0.70，以标准品种黑河 43、克山 1 号和蒙豆36为例，这3个品种耐盐性在该组内表现为中耐，也代表了该区域资源的耐盐性特征，以高产为主，在耐盐性状的选择上并未加以特意关注，组内存在着丰富的变异，有利于今后关注优质高产目标的同时，定向改良耐盐性，具有良好的资源优势。

MG0熟期组分布广泛，主要为黑龙江省东部及中部、吉林省东部以及内蒙古自治区中部，来自该区域的资源最多，共157份，耐盐指数均值为0.62，而选择的标准性品种合丰35、合丰50和吉育86均为该区域不同时期推广面积较大的品种，合丰35耐盐指数仅为0.59，合丰50为0.62，这3个品种间耐盐性差异不大，在适宜区域推广面积均较大，因此该区域对品种的耐盐性并未有过高要求，换言之，MG0组适宜区域的盐害问题并不严重，因此对耐盐性的选择并未深入。

分布于黑龙江省中部和东南部、吉林省东部及辽宁省北部的MGⅠ组共有79份资源，这些资源的平均耐盐指数为0.70，在该组内选取了垦丰16、吉育87和抗线8号这3个代表性品种，推广面积都较大，其中垦丰16为耐盐品种，吉育87和抗线8号为中等耐盐品种。该区域内的土壤含盐量差别较大，位于黑龙江省中西部和吉林省中西部的大庆和白城地区存在较大面积的盐碱土，因此在耐盐性改良上存在差异，上述两个区域选育的品种表现出较强的耐盐性。

MGⅡ熟期组主要分布在吉林省南部及辽宁省东北部，该组内共有43份资源，耐盐指数均值为0.63，代表性耐盐标准品种为铁丰29、长农16和吉育71，耐盐指数均值略高于熟期组内的均值（0.59），该区域选择的品种的耐盐性未被作为主要改良方向加以单独关注，因此耐盐性这一性状具有很大的改良潜力。

MGⅢ熟期组主要位于辽宁省南部，该区域内的21份资源耐盐指数平均为0.65，该区域内适合大豆种植的土壤盐碱化并不严重，选取的标准品种辽豆23、辽豆24、铁丰31这三者的耐盐指数均值为0.65，略高于组内耐性均值，因此该区域品种在耐性改良上仍有很大潜力可挖。

## 四、东北大豆群体耐盐性的遗传解析

大豆耐盐性易受环境影响，对其进行遗传解析是耐盐性分子育种的基础。Abel等[278]将不同耐盐性亲本杂交，$F_2$代耐盐植株：非耐盐植株为3∶1，测交分离比为1∶1；并且盐敏感品种$Cl^-$含量较高，耐盐品种$Cl^-$含量较低，推测耐盐性由1个显性基因*Ncl*和一个隐性基因*ncl*控制。邵桂花等[277]利用相同方法配制组合，发现$F_1$、$F_2$和$F_3$代中，耐盐植株之间组合均为耐盐；盐敏感植株之间组合均为盐敏感；耐盐植株和盐敏感植株组合，$F_1$代为耐盐，$F_2$代耐盐植株与盐敏感植株分离比为3∶1，$F_3$代品系纯合耐盐株系和盐敏感株系分离比为1∶2。认为大豆的耐盐性可能受1对核基因控制，其中耐盐表现为显性，盐敏感表现为隐性。

罗庆云等[282]选取栽培大豆耐盐品种南农1138－2、较耐盐品种南农88－31、盐敏感品种Jackson分别进行两两杂交组合，分别对亲本$P_1$、$P_2$及$F_1$、$F_2$和$F_{2:3}$世代苗期植株进行耐盐性调查，其遗传规律符合加性—显性—上位性多基因遗传模式，不存在主基因效应。从$F_2$估计，南农88－31×Jackson组合耐盐微效基因遗传力很低，这说明$F_{2:3}$选择耐盐植株的效率高于$F_2$，在高世代选择耐盐性植株较好。

迄今，SoyBase（http://www.soybase.org/）和NCBI（www.ncbi.nlm.nih.gov）数据库共公布了分布在N（Chr 03）、C2（Chr 06）、G（Chr 18）等连锁群上的13个不同时期耐盐性QTL（表6－6），特别是位于N连锁群的主效QTL，是在野生、栽培大豆不同耐盐资源中较为保守的重要位点，苗期耐盐

基因 *Gmsalt3* 已被图位克隆并进行功能验证。总体来说，与大豆耐盐性相关的 QTL 和基因发掘相对较少，而上述遗传基础解析结果仅是基于少数亲本的重组自交系群体（RILs）所得，所能检测到的等位变异有限，限制了新耐盐性基因的进一步挖掘。





**表 6－6　已报道的大豆耐盐相关 QTL（基因）**

| 次序 | 亲本组合 | 群体类型 | 群体规模 | 连锁群（染色体） | 定位结果 | 定位时期 | 参考文献 |
|---|---|---|---|---|---|---|---|
| 1 | S－100 × Tokyo | $F_{2:5}$ | 106 | N（Chr 03） | Sat_237～Sat_091 | 苗期 | [283] |
| 2 | JWS－156－1 × Jackson | $F_2$ | 225 | N（Chr 03） | （Satt237、Satt339）～ Satt255 | | [284] |
| 3 | FT－Abyara 9 × C01 | $F_7$ | 96 | N（Chr 03） | （Satt255、Sat_091）～Sat_304 | | [285] |
| 4 | Jindou 6 × 0197 | $F_6$ | 81 | N（Chr 03） | （Satt285、Sat_091）～ Sat_304 | | [285] |
| 5 | PI483463 × Hutcheson | $F_{2:6}$ | 106 | N（Chr 03） | SSR03_1335～SSR03_1359 | | [286] |
| 6 | Tiefeng 8 ×85－140 | $F_{5:6}$ | 5 769 | N（Chr 03） | GmSALT3（Glyma03g32900） | | [287] |
| 7 | Kefeng 1 × Nannong 1138－2 | $F_{7:11}$ | 184 | G（Chr 18） | Sat_164～Sat_358 | | [288] |
| 8 | NY36－87 × Peking | $F_{2:3}$ | 220 | G（Chr 18） | 18－7～18－8 | | [289] |
| 9 | Fiskeby Ⅲ × Williams 82 | $F_2$ | 132 | N（Chr 03）<br>H（Chr 12） | Salt－20 ～ Salt11655<br>Gm13_37204738～Gm13_38988256 | | [290] |
| 10 | ZH39 × NY27－38 | $F_7$ | 142 | C2（Chr 06）<br>B2（Chr 14） | 06－0935 ～ 06－1000<br>14－1377 ～ 14－1421 | 出苗期 | [291] |
| 11 | Kefeng 1 × Nannong 1138－2 | $F_{7:11}$ | 184 | A2（Chr 08） | Glyma. 08g102000 | 萌发期 | [292] |
| 12 | 野生大豆 W05 和 C08 从头测序与全基因组重测序，序列比对 | - | | N（Chr 03） | GmCHX1 | | [293] |

## （一）耐盐性全基因组关联分析

用 3 个环境的表型数据与整合所得的 15 501 个 SNPLDB 进行全基因组关联分析，使用贺建波等[121]建立的限制性二阶段全基因组关联分析方法，全面解析东北大豆资源群体耐盐性遗传构成。第一阶段采用常规的 GLM 法，获得 468 个关联的 SNPLDB；第二阶段对初筛的位点使用逐步回归方法进行筛选，最终获得与苗期耐盐指数 STI 相关的 87 个显著 QTL（表 6－7），所有显著基因效应位点共解释了 85.63% 的表型变异，基因和环境互作显著位点 44 个，共解释遗传变异 4.32%，说明各互作效应位点均不显著（$-\log_{10}P<1.3$）。

耐盐性 87 个 QTL 位点位于全部 20 条染色体上，每条染色体分布 1～9 个 QTL 不等，其中 Gm18 分布最多，有 11 个位点。表型变异解释率最大的 QTL 是 *qSALT*－03－4（位点 Gm03_LDB_3981352_3981531，$R^2$ = 17.69%），该位点共包含 3 种等位变异，且与已发表的 *Ncl*[278]，*GmSALT3*[287]、*GmCHX1*[293] 均位于同一区域。其中 26 个高表型变异解释率 QTL（$R^2$ >1%）共解释了 64.74% 的表型变异，其余的 61 个位点解释了 20.89% 的表型变异，因此耐盐性这一性状符合数量性状的主－多基因遗传系统。所有 87 个位点均包含至少 2 个等位变异，各位点等位变异数 2～10 个不等，包含等位变异数最多的位点为 *qSALT*－07－5（位点 Gm07_LDB_15136372_15335969），有 10 个等位变异，说明 QTL 等位变异越多，与耐盐性关联越强。

1. 全基因组关联分析检测到与耐盐性相关的QTL

表6-7为关联到所有与耐盐性相关的位点信息，图6-2为定位QTL的曼哈顿图和QQ图，87个位点中，表型变异解释率大于2%的位点共有10个，分别为*qSALT*-03-4、*qSALT*-18-5、*qSALT*-09-3、*qSALT*-08-4、*qSALT*-12-1、*qSALT*-16-3、*qSALT*-13-2、*qSALT*-07-3、*qSALT*-06-3、*qSALT*-15-2，共解释了42.63%的表型变异，各位点解释率为2.27%~17.69%，各位点分布2~7个等位变异不等；其余大于1%的位点有16个，表型变异解释率22.11%。

表6-7 东北大豆资源群体中由RTM-GWAS关联到的QTL及其遗传贡献率

| 关联位点 | 关联标记 SNPLDB | 等位变异数目 | 主效效应 | | 互作效应 | | 已报道QTL |
|---|---|---|---|---|---|---|---|
| | | | $-\log_{10}P$ | $R^2$ | $-\log_{10}P$ | $R^2$ | |
| *qSALT*-01-1 | 1_12362837 | 2 | 2.97 | 0.06 | | | |
| *qSALT*-01-2 | 1_16228424 | 2 | 3.05 | 0.07 | | | |
| | 1_22964063 | 2 | | | 1.94 | 0.04 | |
| *qSALT*-01-3 | 1_26321463 | 2 | 3.82 | 0.08 | | | |
| *qSALT*-01-4 | 1_30131474 | 2 | 13.00 | 0.33 | | | |
| *qSALT*-01-5 | 1_LDB_50370299_50387732 | 2 | 8.45 | 0.21 | | | |
| *qSALT*-01-6 | 1_LDB_6630103_6772974 | 3 | 22.47 | 0.63 | | | |
| *qSALT*-02-1 | 2_23164151 | 2 | 35.92 | 0.99 | | | |
| *qSALT*-02-2 | 2_26364536 | 2 | 10.39 | 0.26 | | | |
| *qSALT*-02-3 | 2_26962611 | 2 | 1.50 | 0.03 | 2.84 | 0.07 | |
| *qSALT*-02-4 | 2_34039937 | 2 | 48.52 | 1.37 | | | |
| *qSALT*-02-5 | 2_LDB_32111089_32115341 | 3 | 24.37 | 0.68 | 2.33 | 0.07 | |
| *qSALT*-02-6 | 2_LDB_37255687_37411678 | 4 | 2.60 | 0.08 | 1.71 | 0.07 | |
| *qSALT*-02-7 | 2_LDB_45253233_45390766 | 5 | 30.67 | 0.92 | | | |
| | 2_LDB_47639983_47641629 | 2 | | | 1.53 | 0.03 | |
| *qSALT*-02-8 | 2_LDB_5243688_5316586 | 4 | 9.30 | 0.28 | 3.30 | 0.12 | |
| *qSALT*-03-1 | 3_41624026 | 2 | 8.46 | 0.21 | | | |
| *qSALT*-03-2 | 3_43594708 | 2 | 54.43 | 1.55 | | | |
| *qSALT*-03-3 | 3_LDB_14051553_14208130 | 5 | 23.37 | 0.70 | 2.09 | 0.09 | |
| *qSALT*-03-4 | 3_LDB_3981352_3981531 | 3 | 93.33 | 17.69 | 2.45 | 0.12 | *GmSALT*3等 |
| *qSALT*-03-5 | 3_LDB_561705_591006 | 3 | 29.78 | 0.84 | 4.53 | 0.14 | |
| | 4_29467043 | 2 | | | 3.66 | 0.09 | |
| *qSALT*-04-1 | 4_LDB_38552113_38750785 | 7 | 7.90 | 0.29 | | | |
| *qSALT*-04-2 | 4_LDB_46056889_46200563 | 7 | 23.40 | 0.75 | 1.52 | 0.10 | |
| *qSALT*-04-3 | 4_LDB_6468272_6559621 | 5 | 23.39 | 0.70 | | | |
| *qSALT*-05-1 | 5_15132800 | 2 | 2.03 | 0.04 | 1.67 | 0.04 | |
| *qSALT*-05-2 | 5_9489537 | 2 | 2.05 | 0.04 | 3.55 | 0.09 | |

续表 6－7

| 关联位点 | 关联标记 SNPLDB | 等位变异数目 | 主效效应 | | 互作效应 | | 已报道 QTL |
|---|---|---|---|---|---|---|---|
| | | | $-\log_{10}P$ | $R^2$ | $-\log_{10}P$ | $R^2$ | |
| *qSALT*－05－3 | 5_LDB_25095143_25295131 | 5 | 17.00 | 0.52 | | | |
| *qSALT*－06－1 | 6_13029740 | 2 | 41.80 | 1.16 | | | |
| *qSALT*－06－2 | 6_16335180 | 2 | 9.52 | 0.24 | 2.73 | 0.07 | |
| *qSALT*－06－3 | 6_28279252 | 2 | 77.92 | 2.31 | | | 16－0935～06－1000 |
| *qSALT*－06－4 | 6_7665003 | 2 | 2.71 | 0.06 | 1.34 | 0.03 | |
| *qSALT*－06－5 | 6_LDB_35811559_36006969 | 4 | 51.37 | 1.53 | | | |
| | 7_23690809 | 2 | | | 2.61 | 0.06 | |
| *qSALT*－07－1 | 7_24718663 | 2 | 2.28 | 0.05 | | | |
| *qSALT*－07－2 | 7_28356632 | 2 | 2.30 | 0.05 | | | |
| *qSALT*－07－3 | 7_28858679 | 2 | 85.12 | 2.55 | 1.38 | 0.03 | |
| *qSALT*－07－4 | 7_LDB_11702168_11790376 | 3 | 24.54 | 0.69 | | | |
| *qSALT*－07－5 | 7_LDB_15136372_15335969 | 10 | 44.76 | 1.48 | 4.33 | 0.24 | |
| | 8_16964379 | 2 | | | 2.42 | 0.06 | |
| *qSALT*－08－1 | 8_44738851 | 2 | 27.38 | 0.74 | | | |
| *qSALT*－08－2 | 8_LDB_10298347_10412475 | 5 | 1.81 | 0.07 | 3.22 | 0.13 | |
| *qSALT*－08－3 | 8_LDB_7969730_8013021 | 4 | 61.06 | 1.84 | 1.79 | 0.07 | *Gm*08*g*102000 |
| *qSALT*－08－4 | 9_15611966 | 2 | 95.58 | 2.91 | | | |
| *qSALT*－09－1 | 9_9429587 | 2 | 6.29 | 0.15 | | | |
| *qSALT*－09－2 | 9_LDB_18077696_18149090 | 6 | 3.98 | 0.15 | 4.16 | 0.18 | |
| *qSALT*－09－3 | 9_LDB_38990603_39054985 | 6 | 84.54 | 2.69 | 2.25 | 0.11 | |
| *qSALT*－09－4 | 9_LDB_45879171_46019332 | 6 | 43.97 | 1.35 | | | |
| *qSALT*－10－1 | 10_LDB_18702236_18818673 | 5 | 41.28 | 1.24 | | | |
| *qSALT*－11－1 | 11_13559152 | 2 | 57.39 | 1.64 | | | |
| *qSALT*－11－2 | 11_25839494 | 2 | 6.04 | 0.14 | | | |
| *qSALT*－11－3 | 11_25914387 | 2 | 4.17 | 0.09 | 1.51 | 0.03 | |
| *qSALT*－11－4 | 11_37136067 | 2 | 7.93 | 0.19 | | | |
| *qSALT*－11－5 | 11_37686936 | 2 | 1.31 | 0.02 | 1.50 | 0.03 | |
| *qSALT*－11－6 | 11_LDB_33938137_34137254 | 4 | 17.43 | 0.51 | | | |
| | 12_23244460 | 2 | | | 2.18 | 0.05 | |
| *qSALT*－12－1 | 12_33800687 | 2 | 95.34 | 2.90 | 1.56 | 0.03 | |
| *qSALT*－12－2 | 12_LDB_36574820_36587265 | 2 | 10.31 | 0.26 | | | |
| | 13_26708028 | 2 | | | 2.04 | 0.05 | |
| *qSALT*－13－1 | 13_LDB_30866458_31045672 | 4 | 56.83 | 1.70 | 1.50 | 0.06 | |
| *qSALT*－13－2 | 13_LDB_31994278_32055716 | 4 | 84.18 | 2.61 | | | |
| *qSALT*－14－1 | 14_20104086 | 2 | 5.38 | 0.13 | | | |

续表 6 – 7

| 关联位点 | 关联标记 SNPLDB | 等位变异数目 | 主效效应 | | 互作效应 | | 已报道 QTL |
|---|---|---|---|---|---|---|---|
| | | | $-\log_{10}P$ | $R^2$ | $-\log_{10}P$ | $R^2$ | |
| *qSALT* – 14 – 2 | 14_8257448 | 2 | 43. 52 | 1. 21 | | | |
| *qSALT* – 14 – 3 | 14_LDB_18464420_18662411 | 4 | 20. 60 | 0. 60 | 2. 24 | 0. 09 | |
| *qSALT* – 14 – 4 | 14_LDB_46767071_46771554 | 3 | 23. 22 | 0. 65 | | | |
| *qSALT* – 14 – 5 | 14_LDB_49106903_49166925 | 4 | 10. 91 | 0. 32 | 2. 16 | 0. 08 | |
| *qSALT* – 15 – 1 | 15_4507835 | 2 | 1. 64 | 0. 03 | | | |
| *qSALT* – 15 – 2 | 15_LDB_20244980_20444886 | 3 | 75. 49 | 2. 27 | | | |
| *qSALT* – 15 – 3 | 15_LDB_24768630_24965139 | 5 | 17. 71 | 0. 54 | 3. 30 | 0. 14 | |
| *qSALT* – 15 – 4 | 15_LDB_703016_902228 | 7 | 50. 58 | 1. 59 | | | |
| *qSALT* – 16 – 1 | 16_5040381 | 2 | 15. 32 | 0. 40 | | | |
| *qSALT* – 16 – 2 | 16_LDB_19562814_19563150 | 3 | 5. 80 | 0. 16 | | | |
| *qSALT* – 16 – 3 | 16_LDB_24882704_25065987 | 7 | 85. 61 | 2. 76 | | | |
| *qSALT* – 16 – 4 | 16_LDB_25323264_25376338 | 2 | 2. 19 | 0. 04 | | | |
| *qSALT* – 16 – 5 | 16_LDB_36289049_36379857 | 9 | 18. 91 | 0. 65 | 4. 96 | 0. 26 | |
| *qSALT* – 17 – 1 | 17_41555234 | 2 | 4. 88 | 0. 11 | | | |
| *qSALT* – 17 – 2 | 17_LDB_24648564_24648828 | 3 | 1. 83 | 0. 05 | 7. 39 | 0. 23 | |
| *qSALT* – 17 – 3 | 17_LDB_26886688_27081773 | 5 | 35. 63 | 1. 07 | 1. 90 | 0. 09 | |
| | 17_LDB_27901920_28054895 | 4 | | | 3. 03 | 0. 11 | |
| *qSALT* – 18 – 1 | 18_26720348 | 2 | 29. 02 | 0. 78 | | | |
| *qSALT* – 18 – 2 | 18_28240554 | 2 | 11. 44 | 0. 29 | 6. 10 | 0. 17 | |
| *qSALT* – 18 – 3 | 18_36572681 | 2 | 7. 08 | 0. 17 | | | |
| *qSALT* – 18 – 4 | 18_LDB_11539628_11733756 | 5 | 21. 39 | 0. 65 | | | |
| *qSALT* – 18 – 5 | 18_LDB_1286527_1345857 | 7 | 117. 86 | 3. 94 | 5. 00 | 0. 23 | 18 – 7 ~ 18 – 8 |
| *qSALT* – 18 – 6 | 18_LDB_29316738_29490100 | 8 | 28. 39 | 0. 90 | 1. 42 | 0. 09 | |
| *qSALT* – 18 – 7 | 18_LDB_35422681_35435419 | 6 | 35. 99 | 1. 11 | | | |
| *qSALT* – 18 – 8 | 18_LDB_454358_476305 | 3 | 1. 74 | 0. 05 | | | |
| *qSALT* – 18 – 9 | 18_LDB_53283047_53482321 | 4 | 43. 14 | 1. 27 | 1. 89 | 0. 07 | *Sat*164 – *Sat*358 |
| *qSALT* – 18 – 10 | 18_LDB_59161266_59195403 | 4 | 3. 50 | 0. 11 | 2. 28 | 0. 09 | |
| *qSALT* – 18 – 11 | 18_LDB_804050_915411 | 5 | 33. 45 | 1. 00 | 2. 14 | 0. 10 | |
| *qSALT* – 19 – 1 | 19_39772110 | 2 | 2. 50 | 0. 05 | 2. 41 | 0. 06 | |
| *qSALT* – 19 – 2 | 19_LDB_22668239_22742792 | 5 | 17. 04 | 0. 52 | | | |
| *qSALT* – 19 – 3 | 19_LDB_3502421_3628428 | 5 | 31. 08 | 0. 93 | | | |
| *qSALT* – 19 – 4 | 19_LDB_40085491_40281589 | 5 | 13. 06 | 0. 40 | | | |
| *qSALT* – 20 – 1 | 20_LDB_16244263_16439953 | 4 | 8. 20 | 0. 24 | 6. 00 | 0. 21 | |
| 总计 | 87 | 327 | | 85. 63 | 121. 86 | 4. 32 | |

注：QTL 中，如 *qSALT* – 01 – 1，其中 *qSALT* 表示耐盐性 QTL，– 01 表示 1 号染色体，– 1 表示根据染色体上物理位置排序的第 1 个位点。$-\log_{10}P$：RTM – GWAS 中模型的概率值（$P = 0.05$ 时，$-\log_{10}P = 1.3$）。$R^2$：表型变异解释率。

图 6－2 中，QQ 图左下角的位点多数位于对角线上，表明这些位点与耐盐性性状不关联，少数位点位于对角线上方，与表型相关，分析模型合理。

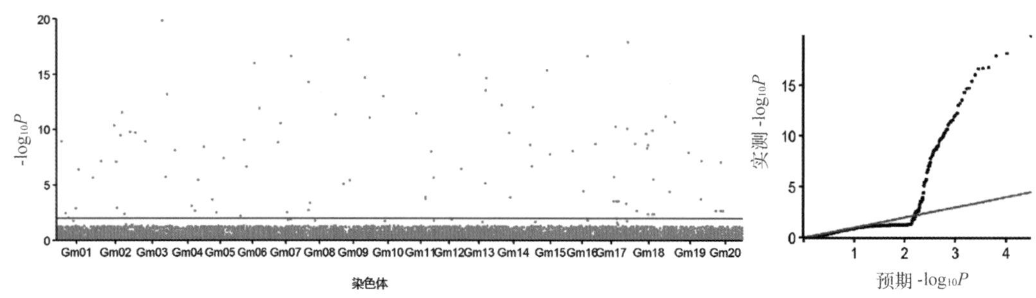


**图 6－2　东北大豆资源群体耐盐性 QTL 的曼哈顿图和 QQ 图**

注：$-\log_{10}P$ 为 RTM－GWAS 中模型的概率值（设定阈值 $P=0.05$，$-\log_{10}P\geq 1.3$），QQ 图中黑色直线为理论分布参考线。下同。

2. 关联结果的组成分析

87 个显著位点（$P<0.05$）共解释 85.63% 的表型变异，$R^2>1\%$ 的 26 个位点解释了 64.74% 的表型变异，而 $R^2>3\%$ 的 2 个位点共解释了 21.36% 的表型变异，平均每个大效应位点贡献率为 2.88%，说明耐盐性性状符合数量性状的少数主效－多基因遗传模式。44 个基因与环境互作显著的位点解释率范围为 0.03%～0.26%，最大位点效应值仅为 0.26%，表明基因与环境互作效应相对于遗传效应而言小得多，44 个互作效应位点共解释 4.32% 的表型变异，每个位点的平均解释率约为 0.10%，总共有 10.11% 的表型没有定位到。

## （二）耐盐性 QTL－allele 矩阵的建立

87 个与耐盐性显著相关的 QTL 共包含 327 个等位变异，所包含的等位变异范围是 2～10 个，163 个正效应位点（效应值 0.001～0.112），161 个负效应位点（效应值 －0.106～－0.001），正效应位点与负效应位点数目比大致为 1∶1，说明各材料既存在正效应等位变异，也存在负效应等位变异，且正负效应变异数基本相当。如图 6－3 所示，所有的等位变异按照效应值进行排列，正效应位点和负效应位点的结构具有相似的趋势。

基于 87 个关联 QTL 以及它们的等位变异效应信息，建立了东北大豆资源群体 361 份材料的耐盐性 QTL－allele 矩阵（图 6－4），该矩阵包含了耐盐性遗传信息。位点从上到下贡献率依次减小。327 个等位变异中，表型效应值绝对值大于 0.10 的位点仅有 2 个（0.97%），其余 305 个等位变异的表型效应值介于 －0.10～0.10 间，说明携带极高或极低表型效应的等位变异仅为极少数，因此进一步验证了耐盐性状为少数主效－微效多基因遗传模式。

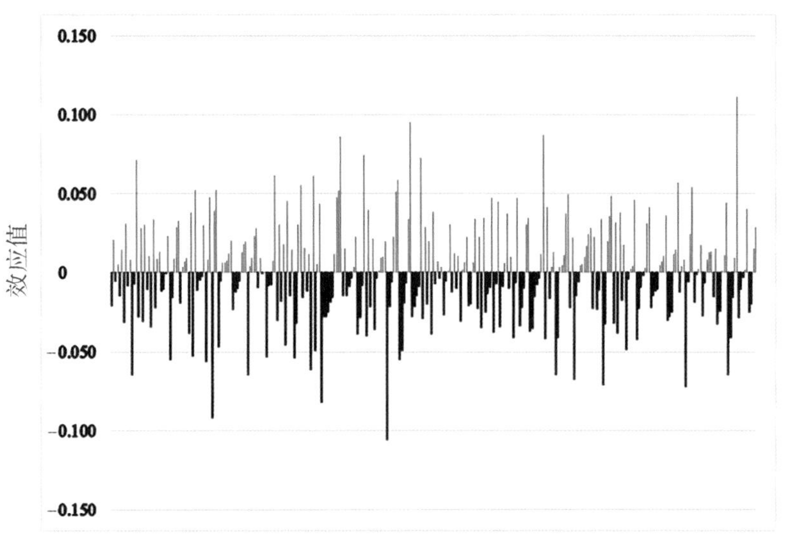


图 6-3　耐盐性 QTL 等位变异效应图

注:横坐标为 QTL 所包含等位变异的效应值,各 QTL 的等位变异均包含正效应和负效应;红色表示正效应,黑色表示负效应。下同。

图 6-4　东北大豆资源群体耐盐性 QTL-allele 矩阵

注:水平轴大豆品种按照耐盐指数 STI 的大小顺序从左到右排列。垂直轴按照 QTL 的表型变异解释率从上到下的顺序排列。暖色的单元格表示正效等位变异,冷色的单元格表示负效等位变异,颜色的深度表示等位变异效应的大小。下同。

## 五、大豆耐盐性遗传改良与优化组合设计

我国自 20 世纪 70 年代即开展大豆耐盐筛选和育种工作,黑龙江省农业科学院安达试验站和原子能利用研究所分别选育了一批耐盐碱大豆农家品种,如安丰 1 号和龙辐 73-8955,在生产上推广应用[275, 281, 294]。中国农业科学院作物科学研究所选育的耐盐品种中黄 10,不仅耐盐耐旱,对胞囊线虫和花叶病毒病也有一定抗性,是优良的种质资源[275, 277, 281]。

作物育种实质是将尽可能多的优异性状或目标基因聚合到一个品种的过程,其中选择优良亲

本杂交组合是育种成败的关键[295]。提高育种的可预见性和效率是育种专家长久以来的梦想,为实现这一目标,分子设计育种理念应运而生[296],并在水稻粒型分子设计育种中得以实践[297]。传统耐逆育种主要是针对主效位点连续选择的过程,仅考虑了耐性材料中的多数增效位点,忽略了某些逆境敏感材料中包含的特殊增效等位变异,加之表型选择误差大,影响耐逆育种效率。同时针对主效位点的分子标记辅助选择不能兼顾到小效应位点,限制了种质改良的遗传进度,很难培育出超亲种质或突破性的高耐种质。通过全基因组关联分析,可以发掘与耐盐性关联的 QTL 位点及其等位变异效应,建立全基因组范围内耐盐性 QTL - 等位变异矩阵(QTL - allele),然后在理想基因型设计基础上,有目的地筛选亲本进行优异等位变异的聚合,进一步通过优化组合后代表现来验证其效果,这也是盖钧镒等[298]提出的大豆种质资源全基因组解析并应用到设计育种的方法,为设计育种提供了新的思路。

东北大豆资源群体的 QTL - allele 矩阵包含了各品种所包含的等位变异效应值,因此在亲本选配时,重点关注不同品种在各 QTL 上负效应等位变异的互补关系,将起到事半功倍的效果。根据 QTL - allele 矩阵的结果,东北大豆资源群体具有获得高耐盐性重组类型的潜力。本研究应用贺建波提出的限制性二阶段全基因组关联分析方法中的优化组合设计程序[121],对东北大豆资源群体中可能的优异杂交组合进行预测,并估计了后代的最优基因型及表型值。

图 6 - 5 显示了潜在杂交组合预测结果及不同耐盐指数组合个数分布情况,预测组合是利用 $F_6$ 代的 2 000 个纯合后代进行计算,选用 75% 的分位数作为组合高值后代;由图 6 - 5 可见,组合后代耐盐指数 0.80 组合个数为峰值,呈正态分布;随着耐盐指数变大变小,组合个数依次减少,小于 0.70 或大于 0.90 的组合个数分别位于正态分布图的两端。

由于不同生态区间熟期组不同,在组合配制时杂交组合往往选用同一生态区相近熟期组种质,这样就很大程度限制了优异种质间的相互渗透。本研究中考虑到不同熟期组组合后代的熟期可能情况,由于生育期的加性效应较大,如双亲为来源于同一熟期组,则后代选择同一熟期组的概率较大,双亲来源于不同熟期组,则后代熟期上往往趋近于双亲均值,当然也会出现个别超亲后代,以此原则对优化组合设计后代加以熟期组分类。

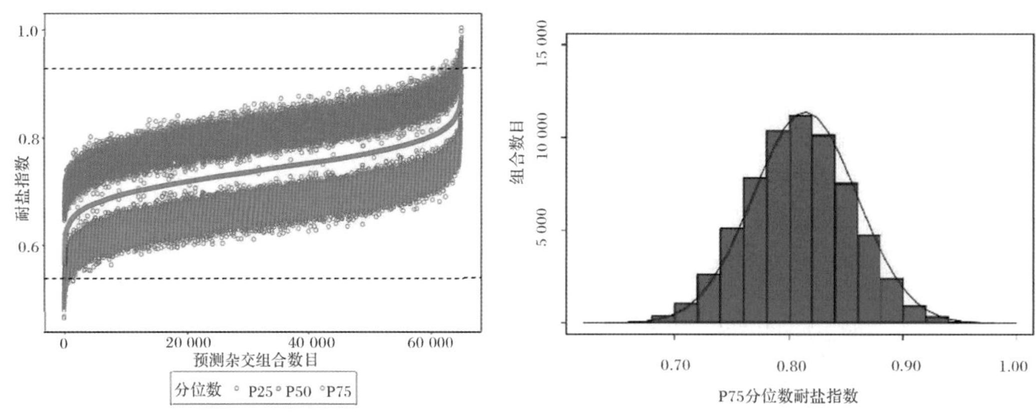


**图 6 - 5 耐盐性组合优化设计单交组合效应模拟图**

注:P25 为 25% 分位数,P50 为 50% 分位数,P75 为 75% 分位数。

表 6 - 8 列出高耐盐组合(STI > 0.9)前 10 的组合预测,其中极早熟生态区(MG000)可以获得

高耐组合 6 个，占总优化组合的 5.00%；早熟组（MG00 熟期组）共设计高耐组合 192 个，STI 均值为 0.92，占总设计组合数 3.50%；中早熟组（MG0）共设计高耐组合 540 个，STI 均值为 0.92，占总设计组合的 2.21%；中熟组（MG Ⅰ）共设计高耐组合 831 个，STI 均值为 0.92，占总设计组合的 2.85%；中晚熟组（MG Ⅱ）共设计高耐组合 288 个，STI 均值为 0.91，占总设计组合的 5.49%；晚熟组（MG Ⅲ）共设计高耐组合 24 个，STI 均值为 0.92，占总设计组合的 4.44%。在整个群体中，总共有 64 980 个潜在组合，最高的组合耐盐性预测值为 0.97，表明不同生态区间的品种培育高耐盐性的后代潜力很大。

表 6－8　基于高耐盐性遗传改良的优化组合设计

| 母本 | | | | 父本 | | | | 杂交组合 | | |
|---|---|---|---|---|---|---|---|---|---|---|
| 品种 | 名称 | 熟期 | 耐性系数 | 品种 | 名称 | 熟期 | 耐性系数 | 双亲均值 | 标准差 | 75% 分位数 |
| F270 | 东农 46 | MG0 | 0.93 | F312 | 黑河 32 | MG00 | 0.89 | 0.91 | 0.12 | 0.995 |
| F226 | 九农 28 | MG Ⅰ | 0.89 | F270 | 东农 46 | MG0 | 0.93 | 0.91 | 0.12 | 0.991 |
| F270 | 东农 46 | MG0 | 0.93 | F9 | 东大 1 号 | MG000 | 0.90 | 0.92 | 0.10 | 0.986 |
| F270 | 东农 46 | MG0 | 0.93 | F376 | 东生 1 号 | MG00 | 0.86 | 0.90 | 0.13 | 0.985 |
| F270 | 东农 46 | MG0 | 0.93 | F338 | 吉林 24 | MG Ⅱ | 0.85 | 0.89 | 0.14 | 0.984 |
| F243 | 垦鉴豆 35 | MG0 | 0.82 | F270 | 东农 46 | MG0 | 0.93 | 0.88 | 0.14 | 0.982 |
| F270 | 东农 46 | MG0 | 0.93 | F336 | 吉林 3 号 | MG Ⅱ | 0.87 | 0.90 | 0.12 | 0.981 |
| F226 | 九农 28 | MG Ⅰ | 0.89 | F312 | 黑河 32 | MG00 | 0.89 | 0.89 | 0.12 | 0.979 |
| F16 | 黑农 51 | MG Ⅰ | 0.86 | F270 | 东农 46 | MG0 | 0.93 | 0.90 | 0.12 | 0.979 |
| F226 | 九农 28 | MG Ⅰ | 0.89 | F9 | 东大 1 号 | MG000 | 0.90 | 0.90 | 0.11 | 0.978 |

本研究优化设计的全部 64 980 个杂交组合中，熟期组 0 – Ⅰ 的组合占绝大部分，分别接近 2.5 万和 3.0 万个，预测可选出突破性高耐后代（耐盐指数 >0.9）共 1 881 个组合，占总体优化组合总数的 2.89%（表 6 –9）。

表 6－9　不同熟期组耐盐性组合优化设计

| 熟期 | 组合总数 | 耐盐指数均值 | 高耐组合个数（STI >0.9） | 均值 | 比例/% |
|---|---|---|---|---|---|
| MG000 | 120 | 0.83 | 6 | 0.91 | 5.00 |
| MG00 | 5 86 | 0.82 | 192 | 0.92 | 3.50 |
| MG0 | 24 464 | 0.81 | 540 | 0.92 | 2.21 |
| MG Ⅰ | 29 124 | 0.82 | 831 | 0.92 | 2.85 |
| MG Ⅱ | 5 246 | 0.83 | 288 | 0.91 | 5.49 |
| MG Ⅲ | 540 | 0.83 | 24 | 0.92 | 4.44 |
| 合计 | 64 980 | | 1 881 | | 2.89 |

目前，多种豆科作物泛基因组数据的开发和重测序信息的建立，可以加强豆科基因组学的比较研究，发现和鉴定涉及抗逆性的关键基因和基因家族。将这些候选基因应用到下一代育种策略中，将加速大豆在胁迫条件下对目标性状的遗传改良。

# 第二节　东北大豆资源群体耐碱性 QTL - 等位变异的生态分化

随着对盐碱化问题研究的不断深入，碱土和盐土的界限日益分明。一般认为，土壤的电导率、交换性 $Na^+$ 含量和 pH 值大小是区分二者的主要指标，即电导率 >4.0、交换性 $Na^+$ 含量 <15.0、pH <8.5 是中性盐土壤，主要是 NaCl 和 $Na_2SO_4$，有时还含有相当数量的 $Ca^{2+}$ 和 $Mg^{2+}$，而电导率 <4.0，交换性 $Na^+$ 含量 >15.0，pH >8.5 是碱性盐土壤，其主要成分是 $Na_2CO_3$ 和 $NaHCO_3$。通常情况下，将中性盐土壤对植物造成的伤害称为盐胁迫，而将碱性盐土壤对植物造成的伤害称为碱胁迫[273]，无论是盐胁迫还是碱胁迫都会对植物的生长造成负面影响。盐胁迫和碱胁迫对植物造成的伤害有相同点，也有较大的差异，碱胁迫对植物造成的伤害要高于盐胁迫[299]。植物在碱胁迫条件下，前期表现与盐胁迫相似，但后期随着碱胁迫强度的加深，植物体内生化反应加快，细胞失水，部分组织器官加速衰老，植物体长势变弱，根部变得干硬，叶片枯黄，茎干枯萎，最终植物体死亡，这期间所涉及的基因调控网络较盐胁迫更加快速和复杂[300, 301]。

随着现代分子生物技术的发展，尤其是转基因技术、CRISPR/Cas9 技术的出现，对植物碱胁迫的认识逐渐加深，耐碱基因的发掘使用以及耐碱机制的研究成为近几年植物抗逆性研究的一个热点。

## 一、东北大豆种质群体的苗期耐碱性

大豆的敏感期多在芽期和幼苗期。研究大豆苗期耐碱性，有利于发掘耐碱种质资源和耐碱基因，对之加以合理利用和遗传改良，对于农业生产和盐碱地环境的改良具有重要意义。目前关于大豆耐碱性种质资源筛选的报道很少，主要针对不同地域野生大豆耐碱性加以鉴定。葛瑛等[302]从吉林省白城市盐碱地采集了野生大豆 345 份，在正常土壤：盐碱土 =2∶1 的混合盐碱土中筛选出发芽率和结实率均较高的 9 份耐碱野生豆。Tuyen 等[303]利用碱水向上渗透法，对 51 份大豆材料进行 180mmol/L $NaHCO_3$ 胁迫，鉴定出了 1 份耐 $NaHCO_3$ 的野生豆 JWS156 - 1，并且证明了高耐 NaCl 胁迫的栽培大豆 Lee 却对 $NaHCO_3$ 胁迫耐性不强。肖鑫辉等[304]采集了来自渤海湾的天津和唐山沿海地带野生大豆 895 份单株，在土壤总盐碱含量为 3%（称重法）、pH =7.8 的条件下进行鉴定，以野生大豆植株存活时间为指标，结合 $Na^+$、$Cl^-$、$K^+$、$Ca^{2+}$、$Mg^{2+}$ 含量 5 个指标的隶属函数值，评价野生大豆的耐碱性，共鉴定出高耐碱性和敏碱性野生豆各 15 份。

大豆耐碱性是复杂的数量性状，表型变异受众多遗传位点的控制，同时环境及互作效应都对其产生一定影响，我国东北拥有丰富的大豆种质资源，分析资源的耐碱性变异情况，有助于从众多资源中选取特异种质材料为现代育种所用，同时对表型的分析和全面理解，也是后续进行耐碱性相关性状 QTL 定位的前提。

本研究选取 361 份分布于我国东北 3 省 1 区共 6 个熟期组的东北大豆品种资源作为代表样本，组成东北大豆资源群体。根据我国种质资源耐受性鉴定工作的现状以及可能达到的经济和技术条件，选择大豆对碱胁迫最敏感的苗期，利用人为控制的条件进行室内苗期鉴定，在 3 个环境下进行东北大豆种质群体的耐碱性评价和研究，最终遴选了一批特异种质材料，为今后大豆耐碱性遗传育种工作提供了较为可靠的耐性信息及材料依据，为盐碱土的大豆生产及培育抗碱性品种奠定基础。

为尽量减少外界不可控环境因素对鉴定工作的影响，本研究选取在温室大棚内进行鉴定试验，试验设计碱胁迫组和对照组，随机区组试验设计，前人在进行耐盐碱性鉴定研究时，大多以试验品种的叶片受害面积及数量进行分级，不同鉴定人员目测标准往往不一致，为使研究更具可重复性，本研究利用纸卷法发苗。幼苗 $V_2$ 时期以 220mmol/L $Na_2CO_3$：$NaHCO_3$（1∶9）混合溶液（pH≈9.8）对胁迫组进行胁迫处理。选取整株干物质重（地上部分 + 地下部分）的相对比值（胁迫组干物质重/对照组干物质重），确定耐碱指数（alkali tolerance index，ATI）作为鉴定指标，该指标具有测量简单、可重复性好、综合耐碱程度代表性好等优点。

对表型数据进行整理，得到表 6－10 的次数分布和统计分析。

**表 6－10　东北大豆资源群体耐碱性表型的次数分布和描述统计**

| 环境 | 组中值 | | | | | | | | | | | 均值 | 变幅 | 遗传变异系数/% | 遗传率/% |
|---|---|---|---|---|---|---|---|---|---|---|---|---|---|---|---|
| | 0.38 | 0.43 | 0.48 | 0.53 | 0.58 | 0.63 | 0.68 | 0.73 | 0.78 | 0.83 | 0.88 | | | | |
| 18Sp | 4 | 11 | 18 | 18 | 61 | 57 | 72 | 46 | 46 | 22 | 6 | 0.65 | 0.36～0.86 | 14.13 | 98.1 |
| 18Su | 4 | 13 | 16 | 36 | 42 | 81 | 59 | 49 | 37 | 19 | 5 | 0.66 | 0.37～0.86 | 15.15 | 98.7 |
| 20Su | 3 | 2 | 17 | 23 | 45 | 39 | 88 | 50 | 60 | 13 | 20 | 0.65 | 0.34～0.87 | 17.26 | 96.2 |
| 联合 | 3 | 9 | 16 | 27 | 48 | 50 | 85 | 48 | 48 | 19 | 7 | 0.65 | 0.36～0.86 | 19.96 | 97.7 |

注：分组值为耐碱指数值，18Sp 为 2018 年春季环境鉴定试验，18Su 及 20Su 为 2018 年及 2020 年夏季环境鉴定试验结果，下同。

表 6－10 显示了东北大豆种质群体在 3 个环境中的不同耐碱指数的次数分布与变异情况。可以看出，361 份东北大豆种质的耐碱指数值变化幅度大（0.34～0.87），遗传变异系数分别为 14.13%、15.15%、17.26%，这表明在东北大豆资源群体中，耐碱性状主要受基因型控制，且群体内存在着丰富的耐碱性表型差异；3 个环境间耐碱性的遗传率均大于 95%，在不同环境中分布趋势一致，因此用 3 个环境的平均数进行表型分化及后续的全基因组关联分析等一系列分析。对 3 个环境耐碱性表型数据进行联合分析，如表 6－11 所示，环境、基因型及环境×基因型互作这三者之间的变异程度均达到极显著（$P<0.01$），而重复间及误差的变异不显著。

**表 6－11　东北大豆资源群体不同环境下耐碱性的方差分析**

| 变异来源 | 自由度 | 均方 | *F* 值 |
|---|---|---|---|
| 环境 | 2 | 0.005 4 | 6.19 ** |
| 重复（环境） | 6 | 0.001 7 | 1.95 |
| 基因型 | 360 | 0.087 4 | 101.15 ** |
| 基因型×环境 | 720 | 0.001 5 | 1.70 ** |
| 误差 | 2 148 | 0.000 9 | |
| 总和 | 3 236 | | |

注：** 表示在 0.01 水平上差异显著。

## 二、东北大豆种质群体耐碱性等级划分及品种归类

通过东北大豆资源群体内资源耐碱性的表型鉴定，得到不同耐碱指数的品种，本研究尝试对不同耐性品种进行耐性等级分类。前人在选取不同耐性分组时往往选取等距数值（0.2、0.4、0.6、0.8）或不等距数值（0.10、0.35、0.65、0.80）作为不同耐性级别的分界点，参照前人的研究，本研究

试图根据不同耐碱指数梯度对品种加以归类。依据3个环境所得耐碱指数的差异，以等梯度耐碱指数(0.40、0.55、0.70、0.85)为分类阈值，将东北大豆资源群体品种耐碱性划分为5个等级：高耐(extremely tolerance, ET, 0.85≤ATI<1.00)、中耐(moderately tolerance, MT, 0.70≤ATI<0.85)、耐碱(tolerance, T, 0.55≤ATI<0.70)、中敏(moderately sensitive, MS, 0.40≤ATI<0.55)、高敏(extremely sensitive, ES, 0≤ATI<0.40)。表6-12为东北大豆资源群体中筛选出苗期耐碱性表现优良的、耐碱指数高的前20个品种，可直接为大豆生产种植及遗传改良提供优异亲本。

**表6-12 东北大豆资源群体中苗期耐碱品种**

| 品种 | 地理来源 | 熟期 | 耐碱指数 | 品种 | 地理来源 | 熟期 | 耐碱指数 |
|---|---|---|---|---|---|---|---|
| 牡丰3号(F112) | 黑龙江 | MG0 | 0.86 | 抗线2号(F227) | 黑龙江 | MGⅠ | 0.83 |
| 黑农47(F234) | 黑龙江 | MGⅠ | 0.86 | 吉育86(F271) | 吉林 | MG0 | 0.83 |
| 蒙豆19(F012) | 内蒙古 | MG000 | 0.86 | 九农12(F263) | 吉林 | MGⅠ | 0.83 |
| 吉林20(F332) | 吉林 | MGⅠ | 0.85 | 绥农22(F209) | 黑龙江 | MG0 | 0.83 |
| 垦鉴豆35(F144) | 黑龙江 | MG0 | 0.85 | 抗线8号(F248) | 黑龙江 | MGⅠ | 0.83 |
| 牡丰1号(F118) | 黑龙江 | MG0 | 0.85 | 九农39(F272) | 吉林 | MGⅢ | 0.83 |
| Amsoy(F126) | 其他 | MGⅠ | 0.84 | 辽豆4号(F349) | 辽宁 | MGⅢ | 0.82 |
| 垦丰10(F217) | 黑龙江 | MG0 | 0.84 | 嫩丰15(F260) | 黑龙江 | MG0 | 0.82 |
| 东农4号(F187) | 黑龙江 | MG0 | 0.83 | 垦农24(F122) | 黑龙江 | MG0 | 0.82 |
| 合丰22(F084) | 黑龙江 | MG0 | 0.83 | 吉育87(F275) | 吉林 | MGⅠ | 0.82 |

注：品种名后面括号内为该品种在东北大豆资源群体内的统一编号，下同。



根据分类结果，高耐组包含5个品种，中耐品种共115个，耐碱组和中敏组分别有195个和43个品种，高敏组共有3个品种(表6-13)。

通过对东北大豆资源群体不同分组耐碱性差异进行比较，虽然不同熟期组、生态亚区这两种分类方法间材料均存在差异，但差异未达到显著水平，本研究将依次以不同分组方式对东北大豆资源群体耐碱性加以分析。

**表6-13 东北大豆资源群体不同耐碱性品种的归类**

| 分组 | | 资源 | 耐性级别及所占比例/% | | | | | 均值 | 变幅 | 变异系数/% |
|---|---|---|---|---|---|---|---|---|---|---|
| | | | 高耐ET [0.85, 1.00) | 中耐MT [0.70, 0.85) | 耐碱T [0.55, 0.70) | 中敏MS [0.40, 0.55) | 高敏ES [0, 0.40) | | | |
| 环境 | 18Sp | 361 | 5 | 115 | 195 | 43 | 3 | 0.65 | 0.36~0.86 | 14.13 |
| | 18Su | 361 | 5 | 110 | 198 | 46 | 2 | 0.66 | 0.37~0.86 | 15.15 |
| | 20Su | 361 | 4 | 115 | 189 | 50 | 3 | 0.65 | 0.34~0.87 | 18.27 |
| | 联合 | 361 | 5 | 115 | 195 | 43 | 3 | 0.65 | 0.36~0.86 | 19.96 |

续表 6－13

| 分类 | | 资源 | 耐性级别及所占比例/% | | | | | 均值 | 变幅 | 变异系数/% |
|---|---|---|---|---|---|---|---|---|---|---|
| | | | 高耐 ET [0.85,1.00) | 中耐 MT [0.70,0.85) | 耐碱 T [0.55,0.70) | 中敏 MS [0.40,0.55) | 高敏 ES [0,0.40) | | | |
| 熟期组 | MG000 | 16 | 1 | 1 | 11 | 3 | | 0.64A | 0.52～0.86 | 13.95 |
| | MG00 | 45 | | 13 | 24 | 8 | | 0.64A | 0.46～0.77 | 12.78 |
| | MG0 | 157 | 2 | 53 | 86 | 16 | | 0.67A | 0.36～0.86 | 14.23 |
| | MGⅠ | 79 | 2 | 26 | 39 | 10 | 2 | 0.65A | 0.42～0.84 | 15.92 |
| | MGⅡ | 43 | | 14 | 24 | 5 | | 0.65A | 0.41～0.85 | 14.93 |
| | MGⅢ | 21 | | 7 | 9 | 4 | 1 | 0.62A | 0.37～0.83 | 22.84 |
| 生态亚区 | Sub－1 | 61 | 1 | 14 | 37 | 9 | | 0.64A | 0.46～0.86 | 12.97 |
| | Sub－2 | 230 | 3 | 78 | 120 | 28 | 1 | 0.66A | 0.46～0.86 | 14.83 |
| | Sub－3 | 8 | | 5 | 2 | | 1 | 0.70A | 0.37～0.83 | 21.33 |
| | Sub－4 | 62 | 1 | 17 | 34 | 9 | 1 | 0.64A | 0.39～0.85 | 16.95 |
| 地理来源 | 黑龙江 | 243 | 3 | 81 | 127 | 30 | 2 | 0.65A | 0.36～0.86 | 14.95 |
| | 吉林 | 80 | 1 | 20 | 48 | 10 | 1 | 0.65A | 0.39～0.85 | 14.87 |
| | 辽宁 | 20 | | 9 | 8 | 3 | | 0.66A | 0.45～0.82 | 17.20 |
| | 内蒙古 | 13 | 1 | 2 | 7 | 3 | | 0.63A | 0.42～0.86 | 18.89 |
| | 其他 | 5 | | 2 | 3 | | | 0.70A | 0.65～0.84 | 11.21 |

### （一）不同熟期组间品种耐碱性的分化

从资源所属的熟期组来看，不同熟期组资源耐碱性存在较大差异，随熟期组变晚耐碱性依次为：0.64、0.64、0.67、0.65、0.65、0.62；分析熟期组内变异幅度可见，各熟期组内均囊括从耐碱到敏感等耐性不同的资源，其他三个熟期组中均出现从高敏到高耐等不同耐性的特异资源，在本群体中，耐碱性最强的品种为牡丰 3 号（ATI＝0.86），最敏感品种为垦丰 23（ATI＝0.36），且这两个品种均来自 MG0 组；各熟期组变异系数都大于 10%，MGⅢ组变异系数达到了 22.84%，变异幅度为 0.37～0.83，因此各熟期组间虽然平均耐碱性表现为中耐，但组内不乏优异耐性资源以用于耐性改良。所以，在进行品种耐碱性遗传改良时可以选择该熟期组内其他优异的耐碱性种质，且熟期上不会有较大的改变。

### （二）不同生态亚区来源品种耐碱性的分化

分析来源于不同生态亚区的品种耐碱性差异可知，来源于 Sub－1～Sub－4 的品种间平均 ATI 依次为：0.64、0.66、0.70、0.64，各生态亚区品种间差异不显著；分析不同生态亚区品种耐碱级别的分布情况可知，Sub－1、Sub－2、Sub－4 这三个亚区来源品种囊括了从高耐到高敏的一系列品种，均以耐碱组品种最多，呈近似正态分布，因此各生态亚区品种均以中等耐碱性为主，但不乏耐碱级别较高的资源；来源于 Sub－3 的 8 个品种总体耐碱性高于其他亚区，Sub－3 亚区品种数目较少（8 个），但却包含 5 个中耐品种，占总体的 62.5%，且该亚区间变异系数也明显高于其他亚区，达到

21.33%，因此 Sub－3 亚区品种耐碱性总体强于其他亚区。



### （三）不同地理来源品种耐碱性的分化

根据 NECSP 中对不同省份来源的资源耐碱性整体情况的分析可知，不同地理来源资源间均存在不显著差异，其中整体耐性最高的组为来源于国外的 5 份资源，平均 ATI 为 0.70，且耐碱级别均为耐碱以上；其他组 ATI 均值为 0.65 左右，且组内变异系数均在 15% 左右。来自黑龙江省和吉林省的资源均包含从高敏到高耐的一系列耐碱性种质，群体耐碱性总体表现为正态分布。

### （四）东北大豆资源群体耐碱性标准品种的确定及相互间比较

大豆耐碱性鉴定易受外界环境因素干扰，不同环境条件下往往获得差距较大的结果，加之环境因素带来的误差无法消除，因此在不同环境下为获得相对稳定的结果，本研究在耐碱性鉴定上同样采取选择标准品种的方式，对在不同环境以及不同批次进行鉴定工作尤为重要。

在以往研究中，对耐碱性标准品种的研究甚少。本研究在借鉴邵桂花等[305]的研究基础上，选择一套可代表大量品种数量性状年度间变化整体规律的标准品种，利用少数几个品种在该性状上的表现，代表当年该物种的整体变化趋势，从而确定分级标准的变化趋势及尺度。本研究尝试依据 3 个不同环境下的鉴定结果，筛选出不同生态区内耐碱性相对稳定、变化较小的当地品种作为标准品种，供今后鉴定工作参考。由于适应性和环境互作效应的存在，使用当地品种作为标准品种进行鉴定更具有说服力。

为了确定最适合作为东北标准品种的品种（系），我们计算群体资源在各环境下耐碱性的平均数和标准差，处于平均数 ± 标准差范围内的品种视为稳定品种，经计算，稳定品种的耐碱性范围正处于耐性级别中的中耐等级，因此在中耐等级的分类中挑选稳定出现次数多的品种（系）作为耐碱性的标准品种，同时尽量挑选在生产中大面积应用的品种，广大育种专家对这些品种（系）熟悉且容易获得，适合作为耐碱性鉴定的标准品种（表 6－14）。



**表 6－14　东北大豆资源群体中筛选的耐碱性标准对照品种**

| 对照品种 | 品种来源 | 耐碱指数 | 熟期组 | 品种特性 |
|---|---|---|---|---|
| 黑河 28 | 黑龙江 | 0.66 | MG000 | 黑龙江省北部极早熟区推广面积较大品种 |
| 蒙豆 12 | 内蒙古 | 0.69 | MG000 | 内蒙古自治区推广面积较大品种 |
| 蒙豆 6 号 | 内蒙古 | 0.55 | MG00 | |
| 黑河 43 | 黑龙江 | 0.63 | MG00 | 黑龙江省极早熟组推广面积最大品种之一 |
| 合丰 25 | 黑龙江 | 0.47 | MG0 | 黑龙江省骨干亲本，曾是推广面积最大品种 |
| 合丰 55 | 黑龙江 | 0.66 | MG0 | 黑龙江省第二积温带对照品种 |
| 垦丰 16 | 黑龙江 | 0.66 | MGⅠ | 黑龙江省第二、三积温带大面积推广品种 |
| 吉育 72 | 吉林 | 0.45 | MGⅠ | |
| 辽豆 4 号 | 辽宁 | 0.82 | MGⅡ | 辽宁省中熟区域大面积推广品种 |
| 吉育 90 | 吉林 | 0.70 | MGⅡ | 吉林省中早熟组重点推荐品种 |
| 辽豆 24 | 辽宁 | 0.80 | MGⅢ | |
| 铁丰 31 | 辽宁 | 0.48 | MGⅢ | 辽宁省推广面积较大品种 |

对不同区域代表性的标准品种耐碱性进行纵向比较，处于 MG000 熟期组的标准品种黑河 28、蒙豆 12 耐碱性分别为 0.66 和 0.69，耐碱指数均值为 0.68；而 MG00 熟期组标准品种蒙豆 6 号和黑河 43 耐碱指数均值为 0.59，两者耐碱性上差异较大，蒙豆 6 号耐碱指数仅为 0.55，而黑河 43 则为 0.63，黑河 43 耐碱性强于蒙豆 6 号；MG0 熟期组的标准品种均来源于三江平原，也是现阶段黑龙江省东部及中部、吉林省东部以及内蒙古自治区中部地区大面积推广的合丰 25、合丰 55，这两个品种的耐碱指数分别为 0.47 和 0.66，耐碱指数均值为 0.57；分布于黑龙江省中南部区域、吉林省中部及东部部分区域、内蒙古自治区东南部、辽宁省东北部与吉林省交界区域的 MG Ⅰ 分布区域广泛，具有代表性的耐碱标准品种吉育 72 和垦丰 16 耐碱指数分别为 0.45、0.66，耐性均值为 0.58，但也属于中耐类型；MG Ⅱ 主要分布于吉林省中西部地区、辽宁省中部地区，来源于该熟期组的标准品种辽豆 4 号、吉育 90 均为该区域本地育成，为该区域最适品种，耐碱指数分别为 0.82 和 0.70，相比而言辽豆 4 号耐碱性较强，二者耐碱指数均值为 0.76；辽宁省中部以南为 MG Ⅲ 的最适区域，主要推广辽字号和铁豆系列品种，该区域选择的耐碱性标准品种辽豆 24、铁丰 31 耐碱指数均值虽较其他组略低，但辽豆 24 达到 0.80。纵向比较不同熟期组标准品种耐碱性差异，标准品种耐碱指数均值由大到小依次为：MG Ⅱ > MG000 > MG Ⅲ > MG00 > MG Ⅰ > MG0。

MG000 组主要分布于内蒙古自治区东北部、黑龙江省北部，是我国大豆的主要生产区域，在该区域内共收集到 16 份资源，资源耐碱性包括从高耐到高敏等各个类型，该区域内选取的黑河 28、蒙豆 12 这两个品种是该区域大豆大面积推广的典型代表，黑河 28、蒙豆 12 的耐碱指数分别为 0.66、0.69，属于中耐类型。究其原因，由于内蒙古自治区东北部、黑龙江省北部地区土壤类型为黑壤土，基本不存在盐碱化，因此在耐碱性上并未做出相应选择，熟期组内品种在耐碱性上仍然存在较大改良潜力。

MG00 熟期组内共有 45 份资源，该熟期组所在区域也是我国大豆的主产区，分布在黑龙江省中北部、内蒙古自治区东南部，该区域资源耐碱指数均值为 0.59，以标准品种黑河 43 和蒙豆 6 号为例，这两个品种耐碱性在该组内表现为中耐，也代表了该区域资源的耐碱性特征，以高产为主，在耐碱性性状的选择上并未加以特意关注，组内存在着丰富的变异，有利于今后在关注优质高产目标的同时，定向改良耐碱性，具有良好的资源优势。

MG0 熟期组分布广泛，黑龙江省东部及中部、吉林省东部以及内蒙古自治区中部地区。来自该区域的资源最多，共 157 份，耐碱指数均值为 0.57，而选择的标准品种合丰 25 和合丰 55 均为该区域不同时期推广面积较大品种，合丰 25 耐碱性为 0.47，合丰 55 为 0.66。虽然两品种间耐性差异较大，但这两个品种在适宜区域推广面积均较大，因此该区域对品种的耐碱性并未有过高要求，换言之，MG0 组适宜区域的碱害问题并不严重，因此对耐碱性的选择并未加以深入。

分布于黑龙江省中部及东南部、吉林省东部及辽宁省北部区域的 MG Ⅰ 组共有 79 份资源，这些资源的平均耐碱指数为 0.58，在该组内选取了吉育 72 和垦丰 16 这两个代表性品种，推广面积都较大，耐碱性也为中耐级别（耐碱指数分别为 0.45 和 0.66），垦丰 16 本身丰产性较好，加上耐逆性突出，所以推广面积很大，在适应区域短期大面积推广。该区域内的土壤含碱量并不显著，因此在耐碱性状改良上也加以重视，选育的品种均为优质高产类型。

MG Ⅱ 熟期组主要分布在吉林省南部及辽宁省东北部区域，该组内共有 43 份资源，耐碱指数均值为 0.76，比其他熟期组耐性高，代表性耐碱标准品种为辽豆 4 号和吉育 90，耐碱指数均值高于熟期组内的均值，因此该区域资源在耐碱性这一性状方面仍具有很大的改良潜力。

MGⅢ熟期组主要位于辽宁省南部区域，该区域内的 21 份资源平均耐碱指数为 0.62，较其他 5 个熟期组资源均值略高，但该区域内适合大豆种植的土壤盐碱化并不严重，选取的标准品种铁丰 31、辽豆 24 耐碱指数仅为 0.48、0.80，高于组内耐性均值。

## 三、东北大豆资源群体耐碱性的遗传解析

大豆耐碱性状遗传研究相对报道较少。早期研究表明耐碱性受主效基因控制，但随着研究的不断深入，更多研究者认为大豆耐碱性更趋向受多个微效基因调控[282]。Tuyen 等[303]利用栽培大豆品种 Jackson 和 JWS156 -1 杂交的 $F_6$ 重组自交系群体($n=112$)和 $F_2$ 群体($n=149$)来进行 QTL 鉴定，在连锁群 D2(17 号染色体)上检测到显著碱耐性的 QTL，分别解释了群体总变异的 50.2% 和 13.0%。Kan 等[306]通过 SSR 标记发现，与 QTL *Sat_162* 距离 792 811 bp 处的基因 *Glyma*08*g*12400.1 与芽期碱胁迫相关。

很多耐碱基因和转录调节因子已经被克隆和功能验证。包括大豆 *CML* 家族基因[307]及 *GmCKR*[308]、*GmHDL*57[309]、*GmRLP*19[310]等大豆耐碱基因的筛选，生物信息学分析和功能验证；大豆 *MYB* 转录因子的转录组分析和生物信息学分析[311]，野生大豆蛋白激酶基因 *GsGRIK*1 与 *GsSnRK*1.1 的研究[312]等大豆转录组和蛋白质组分析。

### (一)耐碱性 RTM - GWAS

用 3 个环境的表型数据与 15 501 个 SNPLDB 进行联合关联分析，第一阶段采用常规的 GLM 法，干物质重相对比值获得 132 个关联的 SNPLDB；第二阶段对初筛的位点使用逐步回归方法进行筛选，最终获得 82 个关联 SNPLDB(图 6 -6)，主效效应解释了 91.05% 的表型变异，互作效应解释了 0.02% 的表型变异，可见 QTL 与环境互作在耐碱性状中表现不显著，可以忽略不计。

耐碱性 82 个 SNPLDB 位点分别位于 20 条染色体上，其中 Gm03 分布最多，有 8 个位点。表型变异解释率最大的是 *qALKI* -6 -07(5.95%，位点 Gm06_BLOCK_5783455_5980655)。其中 30 个大表型变异解释率的 QTL(主效应解释率大于 1%)解释了 74.20% 的表型变异，其余的 52 个位点解释了 16.85% 的表型变异，因此耐碱性这一性状符合数量性状的主 - 多位点遗传系统。所有 82 个位点均包含至少 2 个等位变异，各位点等位变异数为 2 ~9 个，等位变异数最多的位点共有 3 个，各有 9 个等位变异，这 3 个位点分别为 *qALKI* -3 -06、*qALKI* -7 -03、*qALKI* -16 -03，说明 QTL 等位变异越多，与耐碱性关联越强。

### (二)全基因组关联分析检测到与耐碱性相关的 QTL

表 6 -15 为关联到所有与耐碱性相关的位点信息。检测到的 82 个位点中，表型变异解释率大于 3% 的位点共有 8 个，解释表型变异的 35.84%，各位点解释率为 3.08% ~5.95%，分别为 *qALKI* -2 -04、*qALKI* -6 -07、*qALKI* -9 -04、*qALKI* -9 -05、*qALKI* -12 -06、*qALKI* -14 -07、*qALKI* -18 -02、*qALKI* -18 -05，各位点分别包含 5 ~8 个等位变异不等；其余大于 1% 的位点有 22 个，解释表型变异率 42.42%。

表 6-15 RTM-GWAS 关联到的主效 QTL 及遗传贡献率

| 关联 QTL | 关联 SNPLDB | 等位变异数目 | 主效 QTL | | 基因环境互作 QTL | |
|---|---|---|---|---|---|---|
| | | | $-\log_{10}P$ | 解释率/% | $-\log_{10}P$ | 解释率/% |
| *qALKI*-1-01 | Gm01_14740207 | 2 | 1.39 | 0.01 | | |
| *qALKI*-1-02 | Gm01_18208923 | 2 | 7.06 | 0.07 | 5.74 | 0.001 |
| *qALKI*-1-03 | Gm01_24046766 | 2 | 32.11 | 0.36 | 15.70 | 0.002 |
| *qALKI*-1-04 | Gm01_BLOCK_54611551_54755289 | 6 | 102.58 | 1.32 | | |
| *qALKI*-2-01 | Gm02_18977516 | 2 | 132.08 | 1.67 | | |
| *qALKI*-2-01 | Gm02_BLOCK_14097806_14101412 | 3 | 178.64 | 2.39 | | |
| *qALKI*-2-02 | Gm02_BLOCK_25345167_25422514 | 5 | 183.95 | 2.52 | | |
| *qALKI*-2-03 | Gm02_BLOCK_51316992_51511911 | 5 | 3.45 | 0.05 | 2.87 | 0.001 |
| *qALKI*-2-04 | Gm02_BLOCK_6719333_6804387 | 6 | 270.48 | 4.05 | 9.36 | 0.002 |
| *qALKI*-3-01 | Gm03_12637724 | 2 | 212.03 | 2.91 | | 0.000 |
| *qALKI*-3-02 | Gm03_27757713 | 2 | | | 2.48 | 0.000 |
| *qALKI*-3-03 | Gm03_32482366 | 2 | 12.15 | 0.13 | | |
| *qALKI*-3-04 | Gm03_43652361 | 2 | 77.04 | 0.92 | | |
| *qALKI*-3-05 | Gm03_BLOCK_14699738_14752188 | 6 | 155.31 | 2.09 | | |
| *qALKI*-3-06 | Gm03_BLOCK_16963699_17159588 | 9 | 8.66 | 0.14 | 4.16 | 0.001 |
| *qALKI*-3-07 | Gm03_BLOCK_21183649_21270934 | 4 | 30.10 | 0.36 | | |
| *qALKI*-3-08 | Gm03_BLOCK_34769238_34962336 | 8 | 93.22 | 1.22 | | |
| *qALKI*-4-01 | Gm04_19832950 | 2 | 71.46 | 0.84 | | |
| *qALKI*-4-02 | Gm04_BLOCK_12073340_12245528 | 7 | 140.81 | 1.88 | | |
| *qALKI*-4-03 | Gm04_BLOCK_4174137_4368977 | 7 | 39.37 | 0.50 | 2.96 | 0.001 |
| *qALKI*-4-04 | Gm04_BLOCK_42907058_43002787 | 5 | 1.21 | 0.02 | 2.49 | 0.001 |
| *qALKI*-5-01 | Gm05_BLOCK_30653753_30745874 | 6 | 10.52 | 0.14 | 2.85 | 0.001 |
| *qALKI*-6-01 | Gm06_13522269 | 2 | 76.38 | 0.91 | | |
| *qALKI*-6-02 | Gm06_BLOCK_31767165_31893661 | 6 | 15.67 | 0.21 | 2.49 | 0.001 |
| *qALKI*-6-03 | Gm06_BLOCK_35811559_36006969 | 4 | 81.40 | 1.01 | | |
| *qALKI*-6-04 | Gm06_BLOCK_37273090_37273106 | 3 | 175.53 | 2.34 | | |
| *qALKI*-6-05 | Gm06_BLOCK_37273313_37466677 | 5 | 2.23 | 0.03 | 3.27 | 0.001 |
| *qALKI*-6-06 | Gm06_BLOCK_5034428_5211817 | 6 | 63.62 | 0.80 | 1.43 | 0.000 |
| *qALKI*-6-07 | Gm06_BLOCK_5783455_5980655 | 6 | 307.65 | 5.95 | | |
| *qALKI*-7-01 | Gm07_31925792 | 2 | | | 2.03 | 0.000 |
| *qALKI*-7-02 | Gm07_4307102 | 2 | 44.78 | 0.51 | | |
| *qALKI*-7-03 | Gm07_BLOCK_25194369_25298259 | 9 | 22.50 | 0.31 | 1.74 | 0.001 |
| *qALKI*-8-01 | Gm08_31731957 | 2 | 7.66 | 0.08 | | |
| *qALKI*-8-02 | Gm08_BLOCK_24299188_24492632 | 3 | 148.47 | 1.93 | | |
| *qALKI*-8-03 | Gm08_BLOCK_34701147_34717080 | 4 | 3.63 | 0.04 | | |

续表 6－15

| 关联 QTL | 关联 SNPLDB | 等位变异数目 | 主效 QTL | | 基因环境互作 QTL | |
|---|---|---|---|---|---|---|
| | | | $-\log_{10}P$ | 解释率/% | $-\log_{10}P$ | 解释率/% |
| *qALKI*－9－01 | Gm09_30293734 | 2 | | | 2.93 | 0.000 |
| *qALKI*－9－02 | Gm09_39522799 | 2 | 84.43 | 1.01 | | |
| *qALKI*－9－03 | Gm09_BLOCK_11498770_11690610 | 4 | 49.99 | 0.60 | | |
| *qALKI*－9－04 | Gm09_BLOCK_15313797_15388929 | 6 | 255.81 | 3.77 | | |
| *qALKI*－9－05 | Gm09_BLOCK_23418314_23539766 | 7 | 285.67 | 4.36 | | |
| *qALKI*－9－06 | Gm09_BLOCK_39745833_39937473 | 7 | 121.58 | 1.60 | | |
| *qALKI*－10－01 | Gm10_18224665 | 2 | 88.92 | 1.07 | 1.31 | 0.000 |
| *qALKI*－10－02 | Gm10_39435485 | 2 | 4.54 | 0.04 | | |
| *qALKI*－10－03 | Gm10_39807197 | 2 | 7.47 | 0.07 | | |
| *qALKI*－10－04 | Gm10_BLOCK_37958589_38125118 | 6 | 62.83 | 0.79 | 1.57 | 0.000 |
| *qALKI*－10－05 | Gm10_BLOCK_38889043_38945138 | 5 | 172.58 | 2.34 | | |
| *qALKI*－11－01 | Gm11_BLOCK_15816329_15963231 | 4 | 76.48 | 0.94 | | |
| *qALKI*－12－01 | Gm12_12343078 | 2 | 7.30 | 0.07 | | |
| *qALKI*－12－02 | Gm12_13682410 | 2 | 50.22 | 0.58 | | |
| *qALKI*－12－03 | Gm12_19619901 | 2 | 1.95 | 0.02 | | |
| *qALKI*－12－04 | Gm12_23603369 | 2 | | | 6.14 | 0.001 |
| *qALKI*－12－05 | Gm12_28493321 | 2 | 14.16 | 0.15 | | |
| *qALKI*－12－06 | Gm12_BLOCK_860071_941517 | 5 | 279.55 | 4.20 | | |
| *qALKI*－13－01 | Gm13_29738654 | 2 | 8.53 | 0.09 | | |
| *qALKI*－13－02 | Gm13_BLOCK_27938498_28133162 | 6 | 25.89 | 0.33 | 4.25 | 0.001 |
| *qALKI*－13－03 | Gm13_BLOCK_2820075_2820081 | 3 | 1.85 | 0.02 | 3.38 | 0.001 |
| *qALKI*－13－04 | Gm13_BLOCK_33524594_33721209 | 7 | 194.47 | 2.73 | 5.49 | 0.001 |
| *qALKI*－14－05 | Gm14_28585790 | 2 | 8.68 | 0.09 | 1.62 | 0.000 |
| *qALKI*－14－06 | Gm14_31951222 | 2 | 2.53 | 0.02 | | |
| *qALKI*－14－07 | Gm14_BLOCK_46511727_46621281 | 6 | 243.81 | 3.56 | 4.30 | 0.001 |
| *qALKI*－14－08 | Gm14_BLOCK_46889643_46889687 | 3 | 38.64 | 0.45 | 1.93 | 0.000 |
| *qALKI*－15－01 | Gm15_25299480 | 2 | 97.49 | 1.19 | 1.71 | 0.000 |
| *qALKI*－15－02 | Gm15_34475708 | 2 | 51.00 | 0.59 | | |
| *qALKI*－15－03 | Gm15_BLOCK_1785597_1931711 | 5 | 44.58 | 0.55 | 1.39 | 0.000 |
| *qALKI*－15－04 | Gm15_BLOCK_31188125_31199722 | 4 | 74.08 | 0.91 | 2.14 | 0.000 |
| *qALKI*－16－01 | Gm16_37138271 | 2 | 12.77 | 0.13 | | |
| *qALKI*－16－02 | Gm16_BLOCK_33678000_33815773 | 6 | 173.23 | 2.37 | | |
| *qALKI*－16－03 | Gm16_BLOCK_36289049_36379857 | 9 | 51.47 | 0.68 | | |
| *qALKI*－16－04 | Gm16_BLOCK_36450922_36450953 | 3 | 19.45 | 0.22 | 3.38 | 0.001 |
| *qALKI*－17－01 | Gm17_10076228 | 2 | 120.85 | 1.51 | | |

续表 6-15

| 关联 QTL | 关联 SNPLDB | 等位变异数目 | 主效 QTL | | 基因环境互作 QTL | |
|---|---|---|---|---|---|---|
| | | | $-\log_{10}P$ | 解释率/% | $-\log_{10}P$ | 解释率/% |
| *qALKI*-17-02 | Gm17_20903722 | 2 | 86.55 | 1.04 | | |
| *qALKI*-17-03 | Gm17_22238087 | 2 | 18.49 | 0.20 | | |
| *qALKI*-17-04 | Gm17_BLOCK_12316166_12450640 | 5 | 48.12 | 0.59 | 1.98 | 0.000 |
| *qALKI*-17-05 | Gm17_BLOCK_38786867_38787091 | 3 | 47.41 | 0.56 | | |
| *qALKI*-18-01 | Gm18_BLOCK_11754835_11954738 | 7 | 22.98 | 0.30 | 1.76 | 0.001 |
| *qALKI*-18-02 | Gm18_BLOCK_29108238_29308227 | 8 | 307.65 | 5.71 | | |
| *qALKI*-18-03 | Gm18_BLOCK_37601053_37601059 | 2 | | | 3.35 | 0.000 |
| *qALKI*-18-04 | Gm18_BLOCK_54876037_54876215 | 4 | 19.43 | 0.23 | 1.98 | 0.000 |
| *qALKI*-18-05 | Gm18_BLOCK_57655197_57848410 | 5 | 218.02 | 3.08 | | |
| *qALKI*-18-06 | Gm18_BLOCK_58698451_58823382 | 5 | 103.29 | 1.32 | 1.62 | 0.000 |
| *qALKI*-18-07 | Gm18_BLOCK_62296856_62296861 | 2 | 4.34 | 0.04 | | |
| *qALKI*-19-01 | Gm19_21726020 | 2 | 2.68 | 0.02 | | |
| *qALKI*-19-02 | Gm19_597475 | 2 | 39.68 | 0.45 | 1.43 | 0.000 |
| *qALKI*-19-03 | Gm19_BLOCK_30997744_31189226 | 5 | 9.31 | 0.12 | 2.09 | 0.001 |
| *qALKI*-20-01 | Gm20_BLOCK_186162_190799 | 3 | | | 1.43 | 0.000 |
| *qALKI*-20-02 | Gm20_BLOCK_18780241_18979664 | 4 | 28.74 | 0.34 | | |
| *qALKI*-20-03 | Gm20_BLOCK_34031782_34176493 | 5 | 18.17 | 0.23 | 2.04 | 0.000 |
| *qALKI*-20-04 | Gm20_BLOCK_41616769_41664076 | 5 | 154.34 | 2.06 | | |
| 合计 | 88 | 352 | | 91.05 | | 0.022 |

注:QTL 中,如 *qALKI*-1-1,*qALKI* 表示耐碱性 QTL,-1 表示 1 号染色体,-1 表示根据染色体上物理位置排序的第 1 个位点。$-\log_{10}P$: RTM-GWAS 中模型的概率值(设定阈值 $-\log_{10}P \geq 1.3$)。

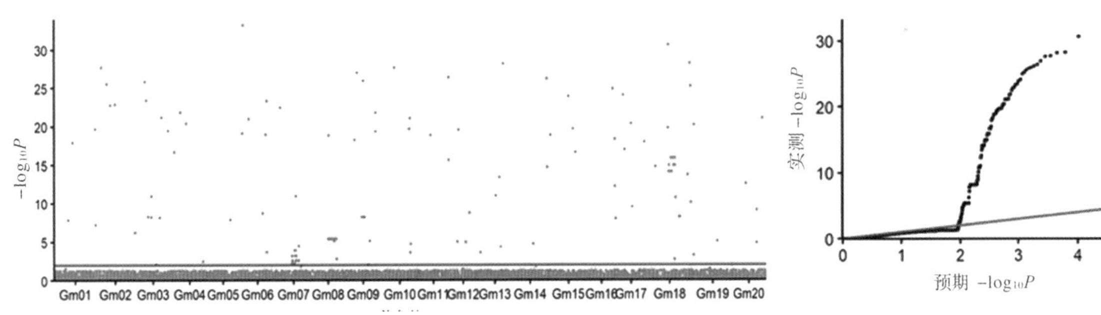


图 6-6 耐碱性的 GWAS 曼哈顿散点图和 QQ 图

注:$-\log_{10}P$: RTM-GWAS 中模型的概率值(设定阈值 $P=0.05$,$-\log_{10}P \geq 1.3$),QQ 图中黑色直线为理论分布参考线。

### (三)耐碱性 QTL-allele 矩阵的建立

图 6-6 为定位到的曼哈顿图和 QQ 图。基于 88 个关联 QTL 以及它们的等位变异效应信息,建

立了东北大豆资源群体 361 份材料的耐碱性 QTL－allele 矩阵(图 6－7),该矩阵包含了耐碱性遗传信息。位点从上到下贡献率依次减小。图 6－8 为 88 个耐碱性 QTL 包含的 352 个等位变异效应图。352 个等位变异中,表型效应值绝对值大于 0.10 的位点仅有 3 个(0.97%),其余 349 个等位变异的表型效应介于－0.10 和 0.10 间,说明携带极高或极低表型效应的等位变异仅为极少数,因此进一步验证了耐碱性状为少数主效－微效多基因遗传模式。

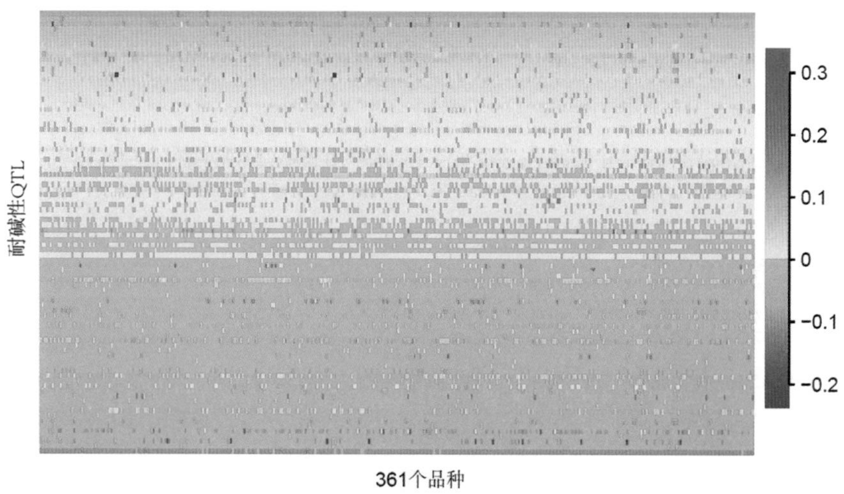


**图 6－7　东北大豆资源群体耐碱性 QTL－allele 矩阵**

注:水平轴大豆品种按照耐碱指数 ATI 的大小顺序从左到右排列。垂直轴按照 QTL 的表型变异解释率从上到下的顺序排列。

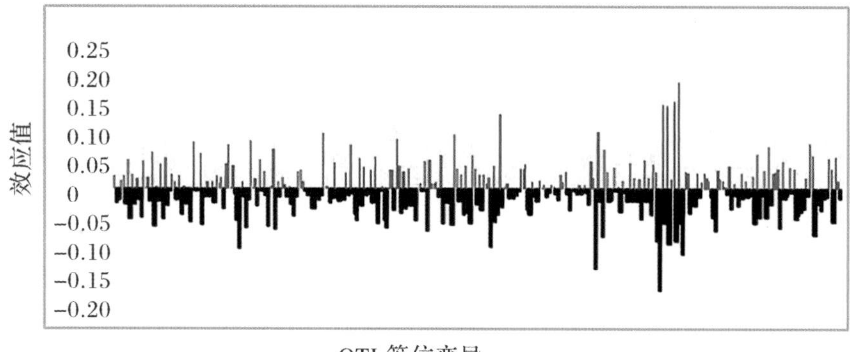


**图 6－8　耐碱性等位变异位点效应**

注:横坐标为 QTL 所包含等位变异的效应值,各 QTL 的等位变异均包含正效和负效;红色表示正效应,黑色表示负效应。

(四)不同耐碱性分组等位变异结构

对不同耐碱性分组组别品种的等位变异数目加以分析,如表6-16所示,不同耐碱性组别正效等位变异和负效等位变异数目的比值大致为1:1,但耐碱性级别高的群体所含有的所有正效allele数目明显多于负效allele,随着耐性级别的提高,正效allele数目逐渐增加。

**表6-16 不同耐碱性分组所包含的等位变异结构**

| 耐性分组 | | 总数 | 耐碱性等位变异 | | | |
|---|---|---|---|---|---|---|
| 级别 | 耐碱指数 | | 正效 | 比例/% | 负效 | 比例/% |
| 高耐 | >0.85 | 1 280 | 658 | 51.41 | 622 | 48.59 |
| 中耐 | [0.70,0.85) | 5 680 | 2 870 | 50.53 | 2 810 | 49.47 |
| 耐 | [0.55,0.70) | 7 600 | 3 760 | 49.47 | 3 840 | 50.53 |
| 中敏 | [0.40,0.55) | 7 040 | 3 446 | 48.95 | 3 594 | 51.05 |
| 高敏 | <0.40 | 7 280 | 3 487 | 47.90 | 3 793 | 52.10 |

## 四、耐碱性基因型及杂交优化组合设计

东北大豆资源群体的QTL-allele矩阵包含了各品种所包含的等位变异效应值,因此在亲本选配时,重点关注不同品种在各QTL上负效等位变异的互补关系,将收到事半功倍的效果。根据QTL-allele矩阵的结果,东北大豆资源群体具有获得高耐碱性重组类型的潜力。

图6-9显示了潜在杂交组合预测结果,预测组合是利用$F_6$代的2 000个纯合后代进行计算的,利用75%的分位数作为组合高值后代。因为不同生态区间熟期组不同,杂交组合常常利用同一生态区的品种进行配制,本研究中不同熟期组组合也反映生态区的改良潜力。如双亲来源于同一熟期组,则后代选择同一熟期组的概率会更大。表6-17列出了不同熟期组(生态区)耐碱性遗传改良优化设计,极早熟生态区(MG000)可以获得高耐组合4个,占总优化组合的0.86%;早熟组(MG00熟期组)共设计高耐组合46个,ATI均值为0.92,占总设计组合的1.05%;中早熟组(MG0)共设计高耐组合506个,ATI均值为0.92,占总设计组合的1.67%;中熟组(MGⅠ)共设计高耐组合441个,ATI均值为0.92,占总设计组合的2.20%;中晚熟组(MGⅡ)共设计高耐组合210个,ATI均值为0.92,占总设计组合的2.56%;晚熟组(MGⅢ)共设计高耐组合11个,ATI均值为0.94,占总设计组合的2.04%。在整个优化组合中,总共有63 903个潜在组合,最高的组合耐碱性预测值为1(1.03),表明不同生态区间的品种培育高耐碱性的后代潜力很大。

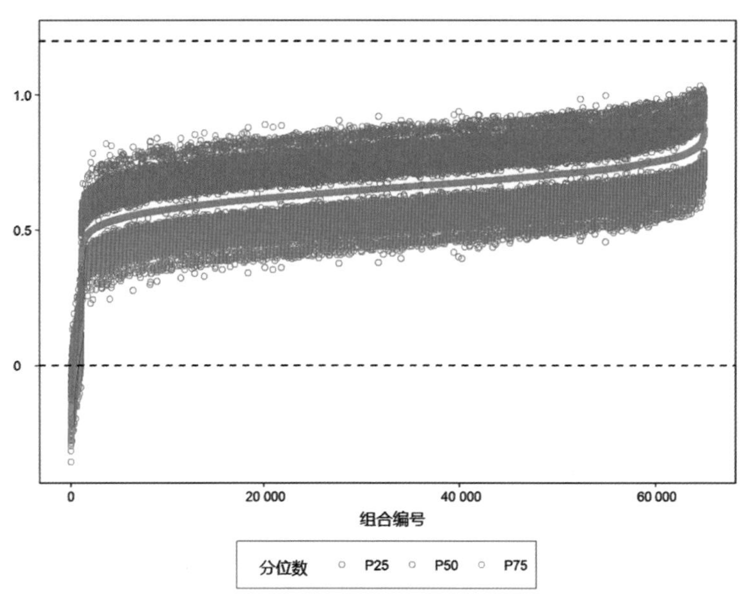


图 6－9　耐碱性优化组合设计示意图

注:利用独立模型对 361 份材料潜在杂交后代的表型进行了预测。在水平轴上,组合从左到右按预测的第 50% 分位数的顺序递增排列。上面的黑色水平线表示最高表型值,下面的黑色水平线表示最低表型值。P25 为 25% 分位数,P50 为 50% 分位数,P75 为 75% 分位数。

表 6－17　不同熟期组(生态区)耐碱性优化设计

| 熟期 | 组合个数 | 耐碱均值 | 高耐碱组合 | 均值 | 比例/% |
|---|---|---|---|---|---|
| MG000 | 464 | 0.75 | 4 | 0.91 | 0.86 |
| MG00 | 4 395 | 0.76 | 46 | 0.92 | 1.05 |
| MG0 | 30 234 | 0.76 | 506 | 0.92 | 1.67 |
| MGⅠ | 20 054 | 0.76 | 441 | 0.92 | 2.20 |
| MGⅡ | 8 216 | 0.76 | 210 | 0.92 | 2.56 |
| MGⅢ | 540 | 0.76 | 11 | 0.94 | 2.04 |
| 总计 | 63 903 | | 1 218 | | 1.91 |

表 6－18 列出耐碱性(ATI >0.9)前 10 的高耐组合预测,以及优异等位变异聚合情况,通过聚合正效优异等位变异,使后代品种具有更高的耐碱性,在这 10 个组合中,铁丰 3 号出现 5 次,黑农 35 出现 4 次,垦丰 22 出现 3 次。耐碱性最强的前 10 个材料,均未出现在 10 个优异组合中。说明某些具有优良性状的资源并不是最优的亲本,是否能成为优异的骨干亲本还取决于种质的配合力。某些特定的种质拥有优异等位变异且彼此间具有较高的互补性,同样可以成为骨干育种亲本。因此,单凭表型大小进行杂交组配,可能得不到最优的组合,而需要在耐碱性较完整的遗传信息上进行预测。

表 6－18　耐碱性极端材料遗传改良的优化组合设计

| 母本 | | | | 父本 | | | | 杂交后代 | | |
|---|---|---|---|---|---|---|---|---|---|---|
| 品种编号 | 名称 | 熟期 | 耐性系数 | 品种编号 | 名称 | 熟期 | 耐性系数 | 双亲均值 | 标注差 | 75% 分位数 |
| F302 | 黑农 35 | MG0 | 0.60 | F35 | 铁丰 3 号 | MG0 | 0.55 | 0.58 | 0.24 | 1.03 |
| F229 | 垦丰 22 | MG0 | 0.65 | F302 | 黑农 35 | MG0 | 0.60 | 0.63 | 0.27 | 1.02 |
| F35 | 铁丰 3 号 | MG0 | 0.55 | F73 | 蒙豆 19 | MG Ⅰ | 0.80 | 0.68 | 0.24 | 1.01 |
| F328 | 丰收 2 号 | MG0 | 0.73 | F35 | 铁丰 3 号 | MG0 | 0.55 | 0.64 | 0.23 | 1.01 |
| F35 | 铁丰 3 号 | MG0 | 0.55 | F43 | 合丰 25 | MG0 | 0.72 | 0.63 | 0.20 | 1.01 |
| F16 | 黑农 51 | MG Ⅰ | 0.56 | F302 | 黑农 35 | MG0 | 0.60 | 0.58 | 0.22 | 1.00 |
| F35 | 铁丰 3 号 | MG0 | 0.55 | F63 | 铁豆 39 | MG Ⅲ | 0.73 | 0.64 | 0.26 | 1.00 |
| F229 | 垦丰 22 | MG0 | 0.65 | F43 | 合丰 25 | MG0 | 0.72 | 0.68 | 0.23 | 1.00 |
| F124 | 垦丰 23 | MG Ⅰ | 0.67 | F229 | 垦丰 22 | MG0 | 0.65 | 0.66 | 0.24 | 1.00 |
| F302 | 黑农 35 | MG0 | 0.60 | F393 | 吉科 3 号 | MG Ⅰ | 0.57 | 0.59 | 0.20 | 1.00 |

优化组合设计后的杂交组配也面临以下问题:一个是优化设计组合中亲本综合育种性状,优异亲本有助于提高组合群体选择超亲后代的概率,组合设计合理与否决定了成功率大小。另一个问题是组配后代的选择,本研究只设计了组配亲本和后代表型值情况,然而按照设计2 000个家系后代的表型鉴定工作也是相当大的,因此如何批量鉴定后代表型值仍然是今后需要思考的重大课题。

# 第七章　东北大豆资源群体综合性状优化组合设计与育种策略

大豆资源群体的遗传解析为新品种选育提供了优良基因型设计的基础。前面各章根据单个性状 QTL - allele 矩阵信息讨论了组合优化设计的应用,发现传统的"优 × 优"组合选配经验存在局限性,最佳的后代不一定出自"优 × 优"组合,有可能出自"优 × 中"甚至"中 × 中"组合,依两个亲本等位基因间重组的具体情况而定。这说明了亲本群体遗传解析在基因型设计育种中的重要性。育种目标并不局限在单个性状,而必须考虑综合性状的优化组合设计。本章试图就利用多性状 QTL - allele 矩阵信息进行综合性状优化组合设计的方法做一些讨论,并以东北地区大豆育种实际经验作为讨论的支撑,在此基础上讨论未来高光效育种和分子模块育种的策略。

## 第一节　遗传多样性与植物育种

一个地区大豆的高产稳产与该地区品种的遗传多样性有关,育种家十分关注一个地区品种的遗传多样性,还关注一个品种遗传基础的多样性。遗传多样性(genetic diversity)一般指一个群体内遗传变异的总和,包括遗传丰富度和遗传离散度。遗传多样性的度量涉及不同的层次或水平,包括表型、基因型、分子标记、QTL 位点、基因位点乃至 DNA 构成等。以一个分子标记为例,同一个标记具有的单倍型数目代表了这个标记的丰富度,同一个标记不同单倍型的频率相互间不同的程度代表了这个标记单倍型频率间的离散度。在长期自然和人工选择的基础上,物种适应不断变化的环境,不断地发生变异,形成新的变异个体,从而表现出遗传多样性。一个群体遗传多样性越丰富,说明其对环境变化的适应能力越强,分布范围越广。理论上,遗传多样性反映的是遗传变异(等位基因)的出现和消失间的平衡。每一代新等位基因的出现是由于 DNA 复制发生突变或诱导剂诱导的 DNA 损伤引起的突变。同时,遗传多样性也受等位基因固定(fixation)和丢失的影响[313]。也就是说,遗传多样性本质上是等位基因数目或者频率的改变。由于遗传漂变的存在,一些低频等位基因在传递过程中很容易丢失,因此,需要对含有低频等位基因的种质进行特殊保护。研究遗传多样性可以解释物种或群体的进化历史,从而进一步分析进化潜能和进化方向,使我们正确认识不同分类群体间的亲缘关系。遗传多样性研究可以反映一个种群的遗传结构和遗传关系,揭示种群与环境地理条件间的相关性,这为合理、有效地利用种质资源及育种提供理论依据。

### 一、遗传多样性的影响因素

由于遗传多样性本质上是等位基因数目及其频率的改变,因此,凡是影响这两个因子的因素均会对遗传多样性产生影响。自然选择、遗传变异、遗传漂变和基因流都会造成等位基因频率发生改变，是影响遗传多样性的重要因素[314]。一些环境因素和人工选择也会对遗传多样性产生影响。作物被人为扩散到不同区域的过程中，受不同的地理、气候条件的影响，再加上人工选择，使得不同地区的材料中固定了不同的变异类型。这种选择使得仅部分等位基因通过繁殖保存了下来，即产生了遗传瓶颈效应（genetic bottleneck）。这些受选择的位点周围由于受到牵连，使得其附近区域的遗传多样性水平显著降低，产生选择性牵连（selective sweep）。

遗传多样性产生的原因是遗传物质的突变和重组。突变产生了新的变异类型（等位基因），而重组则通过将已存的等位变异重新组合，从而扩大了现存的遗传变异[315]。突变包括点突变和染色体突变。点突变包括了单碱基的插入、缺失、转换和颠换，而染色体突变则包括染色体结构、大小和数目的变化。重组包括 DNA 重组和染色体重组。DNA 重组指 DNA 分子内或分子间发生的遗传信息的重新共价组合过程，包括同源重组、特异位点重组和转座重组等类型，而染色体重组指两个同源染色体间部分区段的交换或互换。

## 二、遗传多样性的检测

### （一）遗传多样性的表型评价

对种质资源进行表型评价是遗传多样性评价最简便、经济的方法，为种质资源群体提供了直观的描述。质量性状和数量性状的表型评价方法不同。质量性状统计性状属性的类别数及其相应的频率。数量性状则从整体上描述群体的变异范围，所用的指标有遗传变异系数、表型变异系数和遗传率等[316]；遗传潜力的评价一般是采用遗传进度和相对遗传进度[317]。遗传进度反映了选择响应的潜力；相对遗传进度可以方便地比较不同性状的遗传进度，反映了对性状改良的难易程度。

### （二）遗传多样性的系谱分析

系谱指每个品种形成过程中涉及亲本的具体信息，可以根据系谱资料追踪到其最终祖先亲本[31]。在统计上常采用亲本系数（coefficient of parentage，COP）来描述系谱中的信息。COP 指的是两个材料在随机位点上后裔相同的概率[318]。COP 值分布在 0 ~ 1 之间，其中 0 指两个材料间无亲缘关系，而随着 COP 值的增大则亲缘关系增加[319]。

崔章林等[206]使用群体中祖先亲本及其贡献率来衡量群体的多样性，贡献率则为祖先亲本与群体中释放品种 COP 值的平均值 。该方法已经在系谱分析中广泛使用[207]。盖钧镒等[59]将遗传贡献率进一步细分为核贡献率和质贡献率。系谱分析的方法可以很好地反映育成品种的整体遗传基础，并且经济简便。系谱分析一方面可以通过育成品种群体含有的祖先亲本数目来衡量群体遗传基础的宽广程度，另一方面则通过亲本与后代的关系，研究不同地区间祖先亲本的组成和遗传贡献变化，为筛选重要的祖先亲本提供参考依据[69]。系谱分析广泛使用在如大麦[319-322]、大豆[206, 207, 227, 318, 323-328]和其他作物[329-332]中。

Gizlice 等[318]分析美国 1988 年以前 258 份育成品种的系谱，仅使用了 80 个祖先亲本，其中来自中国的 Mandarin 和 CNS 等 6 个祖先亲本贡献了 60% 的遗传物质。Wysmierski 等[207]通过对 444 份 1943—2009 年间在巴西使用的品种进行分析，仅 60 个祖先亲本在育种进程中得到使用，其中包括来自中国的 CNS、S－100 在内的 4 个祖先亲本贡献了超 55% 的遗传基础。Zhou 等[325]分析 1950—1988 年间 86 份日本大豆品种，涉及 74 个祖先亲本。盖钧镒等[59]通过分析 1923—2005 年间1 300 份大豆品种，共涉及 670 个祖先亲本，其中 344 个是细胞质的来源，这些祖先亲本中的 112 个核心祖先亲本分别贡献了 70% 及 74% 的核、质遗传贡献率。

对东北地区，系谱分析表明该地区较其他地区或国家使用了更多的祖先亲本，但仍存在遗传基础狭窄的问题。张国栋[333]通过分析黑龙江省推广品种的系谱，表明该地区品种主要来自满仓金、荆山璞、紫花 4 号、元宝金和丰地黄及衍生的东农 4 号等少量材料，育成突破性的品种难度较大。王彩洁[334]对东北地区历史上大面积使用的品种进行系谱分析，结果表明东北大面积使用的 79 个品种几乎均含有金元、吉林四粒黄及白眉的血缘。孙志强[335]对东北地区材料进行研究，表明辽宁省材料遗传基础主要来源于丰地黄、熊岳小粒黄、铁荚四粒黄、满仓金和荆山璞，吉林省材料主要来源于铁荚四粒黄、金元 1 号、丰地黄、满仓金、十胜长叶、黄宝珠及洋蜜蜂，黑龙江省材料主要来自紫花 4 号、元宝金、荆山璞及克山四粒黄。盖钧镒等[59]对 1923—2005 年间东北释放的育成品种进行系谱分析，得出该地区共使用了 267 个祖先亲本，其中金元、四粒黄、白眉等 34 个核心亲本贡献 74. 39% 的核贡献率及 80. 37% 的质贡献率。

### （三）遗传多样性的遗传标记评价

系谱分析中每个亲本的遗传贡献都假定是等量的，实际因为材料纯度、选择压力、突变、连锁等原因会有波动，再加上系谱记录过程中可能存在记录不全的问题，亲本实际遗传贡献可能偏离 1/2[321, 322, 329]。遗传标记评价能克服系谱分析的缺点，较为确切地反映后代实际遗传组成情况，因而遗传标记是目前遗传多样性研究的主要方法。遗传标记包括形态学标记、细胞学标记、蛋白质标记和 DNA 分子标记等。

形态学标记是一种特定的、遗传上稳定、肉眼可见的外部特征，如花色、叶形、种皮色、结荚习性及一些生理性状、生殖性状、抗病虫性等。形态学标记具有直观有效、测量简单的特点，在生产及育种中仍有使用，如大豆花色。虽然大豆种质资源中存在多种花色类型，但一般栽培大豆的花色可简单分为白色或紫色，种质资源中的花色类型还存在介于白色与紫色间的中间细分类型[336]。由于花色便于观察、分类简单，且两花色间存在显隐性关系（紫花相对于白花为显性），因此根据花色的这些特性对亲本花色不同的杂交后代进行除杂，从而提高育种效率的方法在育种及生产上广泛使用。

细胞学标记是指能明确显示遗传多样性的细胞学特征。染色体多样性主要包括染色体数目变异和染色体结构变异，表现在染色体核型（数目、大小、随体、着丝粒位置等）和带型（C 带、N 带、G 带等），结构变异如缺失、易位，非整倍体变异如缺体、单体、三体等都各有其特定的细胞学特征。细胞学标记克服了形态学标记易受环境影响的缺点，但这种标记材料的应用成本高、变异类型少，目前应用逐渐减少。

蛋白质标记主要包括贮藏蛋白和同工酶。大豆贮藏蛋白主要分为 4 类，即白蛋白、球蛋白、醇溶蛋白、谷蛋白，不同品种间含量有较大差异。同工酶是由构成酶蛋白亚基的氨基酸组成和顺序不同所致，反映了植物组织发育的特异性及编码这些酶的等位基因之间的差异。同工酶虽然在遗传图谱构建、种群分析等方面广泛使用，但其数量极其有限[69]。

随着DNA测序技术的发展,DNA标记成为主要使用的标记类型。DNA分子标记指的是DNA序列上的片段(突变/变异),可以用来发现基因的等位基因多态性。这些序列片段在基因组上的特定位置可以通过一定的分子技术来确定[337]。DNA标记发展迅速,已经从第一代、第二代的RFLPs、RAPDs、SSRs和AFLPs发展到第三和第四代的SNPs、KASper、DArT assays和基因分型技术(GBS)[338]。在上述标记类型中,SNP在基因组上分布广泛,其可能出现在基因组的任何位置,目前任何植物均可在短时期内较为经济地获得大量的SNP标记,因而已经在许多作物中广泛使用[338]。DNA标记与其他标记类型相比具有以下优点:①直接以DNA的形式表现,在生物体的各个发育阶段均可检测,不受自然环境的影响,不存在表达与否的问题;②数量多,遍布整个基因组;③多态性高;④表现为中性标记;⑤许多标记具有共显性特点,可鉴别纯合与杂合基因型[339]。

### (四)遗传多样性与新品种选育

遗传多样性是植物遗传育种的基础[206]。植物育种技术初期采用纯系选择的方法[26]。植物在种植过程中,虽然群体保持稳定,但个体间会存在一些微小的差异。经过一段时间在不同生态条件下的种植,由于自然选择和自然变异的作用,逐渐产生了更加明显的差异,随后通过人工选择进行提纯,选出适宜的类型。由于纯系选择只能从已有的群体中选择,因此难以培育出与原品种差异显著的突破性品种。目前,这种方法仍在一些种植面积较小或者生态类型复杂、存在大量地方品种的地区使用。杂交育种是目前植物育种的主要方法[59]。杂交育种一般包括亲本选择、杂交、自交、选择、鉴定等过程,其中亲本是杂交育种的关键。亲本选择从本质上就是选择优良基因,而杂交、自交等过程则是这些优良基因的导入和重组的过程,选择则是选择具有优良基因型个体的过程。除上述两种育种方法外,回交育种、诱变育种、高光效育种、理想株型和理想育种、分子育种、群体改良与轮回选择育种也在育种中有所使用。

根据育种目标,从成千上万的种质资源中寻找合适的资源,然后在合适的资源类型间的杂交组合中寻找合适的组合,这是植物育种成功的关键。只有选择合适的组合,才能从后代中选育出满足育种目标的优良品种。

对传统的杂交亲本选配来说,主要考虑:①双亲都具有较多的优点,没有突出的缺点,在主要性状上优缺点尽可能互补;②亲本之一最好是能适应当地条件、综合性状较好的推广品种;③注意亲本间的遗传差异,选用生态类型差异较大、亲缘关系较远的亲本材料相互杂交;④杂交亲本应具有较好的配合力[340]。杂交育种是目前大豆育种中最常采用的方法,88.16%以上的品种是通过该方式育成的。作为闭花授粉作物,大豆杂交成活率取决于如自然环境、亲本材料及杂交技术等多方面因素[341]。传统的育种过程主要是通过评估表型值来选育品种,精确度和效率一般较低,周期较长。传统的杂交后代选择方法主要有系谱法、混合法、衍生系统法和单籽传法。系谱法指自杂种分离世代开始进行单株选择,并予以编号记载,直至获取表型一致且符合要求的株系。混合法则是从分离世代$F_2$开始按组合混合取样种植,不予选择,直至不再分离的世代才进行个体选择,经多代比较育成品种。衍生系统法在$F_2$或$F_3$进行一次株选,以后各代分别按衍生系统混合种植,不加选择,对衍生系统进行测产,直到产量及其他有关性状趋于稳定的世代($F_5 \sim F_8$),再从优良衍生系统内选择单株,从中选择优良株系,育成品种。单籽传法,$F_1$经自交得到$F_2$,在$F_2$群体的每一株各取一粒种子

混合到 $F_5$、$F_6$ 代，进行单株选择，从中选择优良株系，育成品种。

植物育种从根本上讲是将父母本中互补的等位基因转移到适合的基因型中，从而培育出综合优良的个体。由于优异的等位基因类型在常规育种中不能由直接观察获得，因此只能通过观察表型来选择，其精准性有限[298]。随着标记技术的发展，优异等位基因及含有该等位基因的位点可以通过 QTL 定位的方法获得。随着数量性状遗传解析的深入，育种专家可以通过与 QTL 连锁的分子标记来鉴别目标基因，从而提高选择的准确性，加快育种进程。这种方法就称为分子标记辅助选择(marker-assisted selection)。但分子标记辅助技术也存在一些缺点，如选择的周期较长和对小效应位点的定位较为困难[342]。特别是对数量性状，一般控制数量性状的位点数目较多且效应较小，很难直接采用分子标记辅助选择的办法对控制数量性状的位点进行选择[343]。而使用全基因组预测模型的全基因组选择(genomic selection, GS)方案的提出则克服了上述问题。高密度标记是 GS 选择的一个主要特征。采用全基因组选择方法不需要定位 QTL 位点，可以加快育种进程[344]。但采用经典的 GS 方法直接在植物育种中使用较为困难，因为育种群体及其高密度标记测定的工作量太大。贺建波等[121]采用两阶段 GWAS 方法构建性状的 QTL - allele 矩阵，然后根据 QTL - allele 矩阵信息选择亲本组合类型，该方法已经在一些性状改良上采用。此外，一些其他设计思路，如“分子模块设计育种”，也取得了较好的效果，其核心是解析功能基因及其调控网络的可遗传操作的功能单元(分子模块)，采用计算生物学和合成生物学等手段将这些模块有机耦合，系统地发掘分子模块互作对复杂性状最佳的非线性叠加效应，从而有效实现复杂性状的定向改良[345]。目前在水稻上已经按照该思路培育出品系参与区试试验，如东北地区在 2014 年有 6 个品系参与国家北方水稻、黑龙江省和吉林省第二轮区试，4 个品系参加南方稻区国家级地区预试并进入下一轮区试，2015 年又有 10 个品系参加东北地区品种试验[346]。

## 第二节　依据 QTL - allele 矩阵的多性状优化亲本组配设计

对常规育种来说，选择合适的亲本组合是提高育种效果的重要前提。前文根据性状 QTL - allele 矩阵信息提供了优化组合设计的科学方法。根据关联分析获得 QTL/SNPLDB 位点中每个等位变异的效应，分析试验群体内每个材料中所含等位变异，建立各亚区内各性状 QTL - allele 矩阵，利用这些矩阵针对特定性状特定地区进行亲本组配设计。从各农艺性状定位结果看，相同性状在不同生态亚区的定位结果存在较大程度差异，但这些定位位点间不仅物理距离较近，同时也存在高 LD 的特点。各性状间存在一些共同控制的区域，这为根据各生态亚区内多个农艺性状定位结果进行综合设计育种提供了遗传基础。

育种目标要求多性状优良，因而优化组合必须是综合性状优化的组合。下文试图提供一个设想，利用多个性状的 QTL - allele 矩阵挑选综合性状优化的组合。此处将以连锁模型预测的各组合建立线性方程进行综合评价，通过选择高分(高育种值，breeding value)来确定优化的综合性状优良的组合。由于本研究的表型鉴定受到试验规模等因素的限制，株型的部分性状及产量相关性状的定位结果并不理想,再考虑到大豆品质改良的现状,本例中针对三类性状赋予不同的权重进行优化组合综合预测。表 7 - 1 为本书考虑的三类农艺性状(称为一级指标)预测时所占的权重及各类性状内成分性状(称为二级指标)的分值。而对具体性状,我们按照各性状 80%、60%、40%、20% 分位数将各组合预测值分为 1~5 级,其分别对应系数 $K_1=1.0$,$K_2=0.8$,$K_3=0.6$,$K_4=0.4$,$K_5=0$。

各级指标的得分可表示为:$SS_i=\sum S_iK_l$,其中,$S_i$ 为二级指标对应的分值,$k_l$ 为对应的级别的系数,$l$ 为对应的级别。

$S=\sum_1^3 w_iSS_i$,其中,$S$ 为各预测组合的得分,$w_i$ 为各级指标的权重。

**表 7 - 1 各类农艺性状权重及对应分值**

| 籽粒性状(0.5) | 分值 | 株型性状(0.3) | 分值 | 产量性状(0.2) | 分值 |
|---|---|---|---|---|---|
| 蛋白质 | 30 | 株高 | 30 | 地上部生物量 | 40 |
| 油脂 | 20 | 主茎节数 | 50 | 产量 | 20 |
| 蛋脂总量 | 30 | 分枝数 | 20 | 主茎荚数 | 40 |
| 百粒重 | 20 | | | | |

注:性状后括号内数值为各类性状对应的权重。

按表 7 - 1 中的权重,计算了全部可能组合的综合育种值或综合预测值。表 7 - 2 为各亚区内综合设计的 20 个最优组合。这些组合在各亚区内的综合得分均在 96 以上,具有较好的综合表现。具体地说,Sub - 1 中最优组合的母本均来自 MG Ⅰ 熟期组的抗线 5 号和垦丰 10,充分表明了这两个材料在亲本组配中的潜力。父本的来源较为广泛,其熟期组不仅包含当地的 MG00 和 MG000 组,也包括相邻区域的 MG0 和 MG Ⅰ 组。从这些改良性状的预测可知,这些预测后代的籽粒性状中蛋白质及油脂含量性状上较为一般,但在百粒重性状上较为突出,主要集中在 21 g 以上,个别组合甚至高达 25.54 g;而在株型性状上,这些组合主茎节数均在 18 以上,但株高较为适宜,除个别组合株高性状达到 120 cm 外,其余主要在 115 cm 以下,同时这些组合分枝较少。Sub - 2 最优亲本的来源较为广泛,其使用了多达 19 个亲本,且包括 MG000 ~ MG Ⅱ 内的所有熟期组类型。从预测性状上来看,这些组合在籽粒性状上表现突出,其中蛋白质含量主要分布在 43% 左右、油脂含量则近 23%,蛋脂总量在 63% 以上。同时这些组合在株型性状上表现为具有较多的主茎节数和分枝数目,其主茎节数约在 21 节而分枝数目约为 3 个。Sub - 3 中预测组合在籽粒性状上与 Sub - 2 类似,但株型性状上则表现为具有较少的主茎节数(在 18 节左右)和分枝数目(约 2 个)以及较低的株高(约 105 cm)。Sub - 4 亚区的预测组合籽粒表现更为突出,不仅有些组合蛋白质含量高达 44%,且油脂含量约 24%。而在株型性状上则表现为具有较多的主茎节数和较低的株高。

表 7－2　东北各亚区内综合设计的 20 个最优组合

| 生态亚区 | 母本（熟期组） | 父本（熟期组） | 蛋白质含量/% | 油脂含量/% | 蛋脂总量/% | 百粒重/g | 株高/cm | 主茎节数 | 分枝数 | 地上部生物量/(t/hm²) | 主茎荚数 | 产量 | 得分 |
|---|---|---|---|---|---|---|---|---|---|---|---|---|---|
| Sub－1 | 抗线 5 号(MGⅠ) | 北豆 20(MG00) | 41.12 | 21.19 | 61.67 | 22.00 | 96.77 | 18.45 | 1.53 | 7.13 | 24.53 | — | 96.0 |
| | 抗线 5 号(MGⅠ) | 垦农 8 号(MG0) | 41.40 | 20.68 | 61.24 | 19.33 | 98.12 | 18.81 | 1.55 | 8.32 | 26.30 | — | 96.0 |
| | 抗线 5 号(MGⅠ) | 延农 9 号(MG0) | 41.78 | 20.63 | 61.74 | 21.55 | 108.50 | 20.64 | 1.70 | 7.81 | 25.47 | — | 96.0 |
| | 抗线 5 号(MGⅠ) | 蒙豆 5 号(MG00) | 43.40 | 20.87 | 62.88 | 20.41 | 105.43 | 19.37 | 2.02 | 8.14 | 28.12 | — | 96.0 |
| | 垦丰 10(MGⅠ) | 垦丰 15(MGⅠ) | 41.50 | 21.13 | 61.67 | 21.06 | 110.25 | 18.85 | 1.41 | 9.44 | 34.34 | — | 96.0 |
| | 垦丰 10(MGⅠ) | 垦丰 19(MG0) | 44.05 | 20.66 | 63.84 | 20.84 | 98.13 | 18.14 | 1.37 | 7.06 | 31.28 | — | 96.0 |
| | 垦丰 10(MGⅠ) | 垦丰 21(MG00) | 42.81 | 21.33 | 62.04 | 21.77 | 115.49 | 18.29 | 1.74 | 8.47 | 26.47 | — | 96.0 |
| | 垦丰 10(MGⅠ) | 垦豆 25(MG0) | 41.22 | 21.11 | 61.35 | 20.82 | 106.28 | 18.55 | 1.46 | 9.58 | 36.65 | — | 96.0 |
| | 垦丰 10(MGⅠ) | 垦豆 27(MG0) | 41.93 | 21.17 | 61.74 | 21.33 | 115.13 | 19.42 | 1.38 | 8.59 | 27.24 | — | 96.0 |
| | 垦丰 10(MGⅠ) | 北豆 20(MG00) | 41.90 | 21.48 | 62.15 | 23.09 | 108.54 | 18.46 | 1.35 | 8.26 | 28.59 | — | 96.0 |
| | 垦丰 10(MGⅠ) | 北豆 30(MG0) | 42.06 | 21.04 | 61.84 | 22.16 | 113.76 | 18.30 | 1.54 | 9.55 | 24.90 | — | 96.0 |
| | 垦丰 10(MGⅠ) | 嫩丰 17(MG0) | 41.04 | 21.32 | 61.48 | 20.54 | 118.65 | 20.37 | 1.48 | 9.28 | 25.69 | — | 96.0 |
| | 垦丰 10(MGⅠ) | 北豆 23(MG00) | 41.08 | 21.44 | 61.50 | 22.67 | 113.03 | 18.94 | 1.48 | 9.22 | 26.55 | — | 96.0 |
| | 垦丰 10(MGⅠ) | 垦鉴豆 4 号(MG0) | 41.99 | 21.23 | 61.70 | 25.54 | 109.35 | 18.47 | 1.69 | 9.73 | 28.13 | — | 96.0 |
| | 垦丰 10(MGⅠ) | 黑农 6 号(MG00) | 41.56 | 21.11 | 62.10 | 21.63 | 109.73 | 18.74 | 1.68 | 8.94 | 27.17 | — | 96.0 |
| | 垦丰 10(MGⅠ) | 嫩丰 7 号(MG0) | 41.40 | 21.50 | 61.66 | 21.62 | 124.41 | 19.88 | 1.48 | 10.09 | 28.80 | — | 96.0 |
| | 垦丰 10(MGⅠ) | 黑农 48(MG0) | 43.13 | 20.63 | 62.42 | 22.42 | 113.96 | 18.26 | 1.38 | 8.43 | 25.54 | — | 96.0 |
| | 垦丰 10(MGⅠ) | 群选 1 号(MG0) | 41.60 | 20.77 | 61.45 | 21.54 | 115.03 | 19.18 | 1.38 | 8.83 | 26.89 | — | 96.0 |
| | 垦丰 10(MGⅠ) | 绥农 5 号(MG0) | 41.11 | 20.86 | 61.41 | 19.68 | 121.65 | 19.58 | 1.39 | 8.73 | 29.11 | — | 96.0 |
| | 垦丰 10(MGⅠ) | 丰收 19(MG00) | 41.85 | 21.20 | 62.21 | 21.89 | 116.14 | 18.39 | 1.88 | 8.83 | 26.32 | — | 96.0 |
| Sub－2 | 吉育 63(MGⅠ) | 蒙豆 10(MG0) | 43.44 | 22.97 | 63.37 | 24.27 | 106.50 | 19.56 | 3.09 | 10.21 | 54.73 | 3.69 | 100.0 |
| | 垦丰 10(MGⅠ) | 绥农 35(MG0) | 41.90 | 23.08 | 63.43 | 23.00 | 113.27 | 19.63 | 3.08 | 10.33 | 51.33 | 3.70 | 98.4 |
| | 北豆 14(MG00) | 克拉克 63(MG0) | 42.01 | 23.22 | 63.33 | 22.79 | 111.82 | 19.62 | 3.06 | 10.58 | 50.86 | 3.65 | 98.4 |
| | 克拉克 63(MG0) | 抗线 6 号(MGⅠ) | 42.34 | 22.77 | 63.53 | 23.63 | 121.65 | 20.16 | 3.31 | 11.22 | 48.44 | 3.51 | 98.4 |
| | 垦丰 10(MGⅠ) | 克拉克 63(MG0) | 42.60 | 22.48 | 63.31 | 23.05 | 119.23 | 19.73 | 3.30 | 10.72 | 53.59 | 3.72 | 98.0 |
| | 黑农 11(MG0) | 克拉克 63(MG0) | 42.65 | 22.72 | 63.39 | 22.89 | 118.14 | 21.18 | 3.22 | 10.47 | 53.59 | 3.51 | 98.0 |
| | 铁豆 42(MGⅠ) | 阿姆索(MG0) | 42.43 | 22.43 | 63.31 | 23.64 | 116.02 | 20.53 | 3.38 | 10.43 | 53.13 | 3.51 | 98.0 |
| | 黑农 23(MG0) | 丰收 21(MG0) | 43.19 | 22.81 | 63.57 | 22.63 | 108.57 | 20.17 | 3.09 | 9.86 | 52.99 | 3.32 | 97.6 |
| | 嫩丰 7 号(MG0) | 克拉克 63(MG0) | 42.17 | 22.39 | 63.59 | 22.51 | 119.49 | 20.29 | 3.58 | 10.33 | 53.12 | 3.31 | 97.2 |
| | 黑农 11(MG0) | 绥农 27(MG0) | 42.25 | 22.81 | 63.47 | 29.00 | 115.84 | 21.43 | 2.94 | 10.49 | 49.09 | 3.44 | 97.2 |
| | 黑农 11(MG0) | 绥农 35(MG0) | 42.00 | 23.10 | 63.41 | 22.48 | 118.79 | 20.61 | 2.87 | 9.77 | 53.07 | 3.54 | 97.2 |
| | 黑农 23(MG0) | 蒙豆 10(MG0) | 43.36 | 22.81 | 63.46 | 22.93 | 109.77 | 20.66 | 3.04 | 10.25 | 51.10 | 3.66 | 97.2 |
| | 铁豆 42(MGⅠ) | 丰收 21(MG0) | 42.41 | 23.01 | 63.27 | 23.41 | 109.62 | 19.45 | 2.79 | 9.59 | 53.64 | 3.60 | 97.2 |
| | 吉林 44(MGⅡ) | 绥农 35(MG0) | 41.27 | 22.89 | 63.20 | 22.73 | 110.41 | 19.40 | 3.31 | 11.98 | 54.14 | 3.50 | 97.0 |
| | 垦丰 10(MGⅠ) | 蒙豆 5 号(MG00) | 42.01 | 22.77 | 63.87 | 21.71 | 109.98 | 19.30 | 2.76 | 10.50 | 55.17 | 3.58 | 96.8 |

续表 7-2

| 生态亚区 | 母本（熟期组） | 父本（熟期组） | 蛋白质含量/% | 油脂含量/% | 蛋脂总量/% | 百粒重/g | 株高/cm | 主茎节数 | 分枝数 | 地上部生物量/($t/hm^2$) | 主茎荚数 | 产量 | 得分 |
|---|---|---|---|---|---|---|---|---|---|---|---|---|---|
| Sub-2 | 嫩丰 14(MG0) | 蒙豆 10(MG0) | 42.96 | 23.01 | 64.23 | 23.54 | 108.17 | 19.48 | 3.54 | 10.12 | 46.75 | 3.66 | 96.8 |
| | 延农 9 号(MG0) | 绥农 35(MG0) | 41.82 | 22.67 | 63.65 | 23.24 | 115.07 | 19.55 | 2.79 | 11.01 | 52.80 | 3.76 | 96.8 |
| | 黑农 11(MG0) | 哈北 46-1(MG0) | 41.73 | 22.98 | 63.24 | 21.33 | 108.50 | 20.23 | 2.78 | 10.33 | 55.34 | 3.73 | 96.8 |
| | 铁豆 42(MGⅠ) | 绥农 35(MG0) | 42.45 | 22.54 | 63.63 | 23.47 | 111.45 | 20.23 | 3.01 | 9.99 | 53.59 | 3.63 | 96.8 |
| | 蒙豆 10(MG0) | 克拉克 63(MG0) | 43.83 | 23.11 | 63.31 | 23.51 | 109.77 | 19.42 | 3.15 | 10.57 | 46.39 | 3.80 | 96.8 |
| Sub-3 | 东农 42(MGⅠ) | 黑河 53(MG0) | 43.15 | 22.74 | 63.38 | 22.57 | 104.90 | 17.56 | 2.61 | 10.48 | 58.90 | 5.14 | 98.4 |
| | 垦丰 10(MGⅠ) | 吉科 1 号(MGⅠ) | 42.74 | 22.21 | 63.25 | 21.33 | 104.88 | 18.51 | 2.36 | 10.23 | 64.00 | 5.23 | 98.0 |
| | 东农 42(MGⅠ) | 东农 4 号(MG0) | 43.72 | 21.97 | 63.48 | 21.24 | 106.69 | 18.49 | 2.90 | 9.81 | 67.87 | 4.92 | 98.0 |
| | 垦鉴豆 43(MG0) | 阿姆索(MG0) | 42.95 | 22.10 | 63.54 | 21.85 | 99.87 | 17.19 | 2.85 | 10.16 | 63.00 | 4.58 | 98.0 |
| | 黑河 53(MG0) | 垦农 22(MGⅠ) | 43.10 | 22.24 | 63.41 | 21.58 | 101.65 | 17.83 | 2.23 | 10.38 | 67.48 | 4.78 | 98.0 |
| | 牡丰 1 号(MG0) | 垦农 22(MGⅠ) | 42.89 | 22.77 | 63.73 | 22.23 | 97.69 | 17.37 | 2.20 | 8.70 | 64.49 | 3.98 | 97.6 |
| | 合丰 22(MG0) | 克拉克 63(MG0) | 42.80 | 22.74 | 63.32 | 21.99 | 104.33 | 17.59 | 3.01 | 8.64 | 58.10 | 4.44 | 96.8 |
| | 垦丰 10(MGⅠ) | 克拉克 63(MG0) | 42.96 | 22.11 | 63.49 | 21.93 | 106.05 | 19.25 | 3.23 | 9.98 | 60.35 | 5.20 | 96.4 |
| | 吉育 63(MGⅠ) | 丰收 21(MG0) | 43.07 | 23.74 | 63.23 | 21.83 | 103.00 | 17.08 | 1.72 | 9.62 | 68.92 | 4.29 | 96.4 |
| | 延农 9(MG0) | 阿姆索(MG0) | 42.91 | 22.24 | 63.20 | 23.47 | 109.39 | 17.52 | 2.65 | 10.16 | 57.45 | 4.57 | 96.4 |
| | 黑河 53(MG0) | 东农 48(MG0) | 42.81 | 22.24 | 63.71 | 22.28 | 102.42 | 17.32 | 1.84 | 9.77 | 57.69 | 4.87 | 96.4 |
| | 绥农 27(MG0) | 东农 54(MGⅠ) | 42.79 | 22.21 | 63.69 | 23.90 | 96.93 | 17.13 | 1.98 | 9.86 | 61.10 | 4.64 | 96.4 |
| | 垦丰 10(MGⅠ) | 黑农 39(MGⅠ) | 43.10 | 22.18 | 63.36 | 20.35 | 105.83 | 18.28 | 2.11 | 11.29 | 65.78 | 5.62 | 96.0 |
| | 垦丰 10(MGⅠ) | 延农 9 号(MG0) | 42.90 | 21.95 | 63.25 | 22.56 | 106.58 | 18.28 | 2.45 | 10.01 | 69.21 | 4.99 | 96.0 |
| | 垦豆 27(MG0) | 吉育 63(MGⅠ) | 42.77 | 21.83 | 63.25 | 21.87 | 97.13 | 17.33 | 2.16 | 10.12 | 66.55 | 4.53 | 96.0 |
| | 嫩丰 14(MG0) | 吉育 63(MGⅠ) | 43.25 | 21.45 | 63.58 | 23.05 | 105.60 | 17.87 | 2.33 | 10.67 | 65.07 | 4.97 | 96.0 |
| | 东农 42(MGⅠ) | 吉育 57(MGⅠ) | 43.81 | 22.49 | 63.47 | 21.49 | 105.66 | 17.32 | 2.43 | 9.17 | 57.58 | 4.31 | 96.0 |
| | 吉育 58(MG0) | 吉育 63(MGⅠ) | 43.09 | 21.78 | 63.47 | 23.07 | 101.38 | 18.06 | 1.91 | 9.94 | 64.52 | 4.61 | 96.0 |
| | 吉育 63(MGⅠ) | 绥农 14(MG0) | 43.25 | 21.56 | 63.46 | 21.86 | 99.85 | 17.36 | 1.91 | 9.98 | 74.53 | 4.84 | 96.0 |
| | 吉育 63(MGⅠ) | 吉科 1 号(MGⅠ) | 43.25 | 21.64 | 63.39 | 22.77 | 106.06 | 17.83 | 1.99 | 10.04 | 66.31 | 4.62 | 96.0 |
| Sub-4 | 紫花 1 号(MG0) | 绥农 35(MG0) | 42.36 | 23.87 | 64.91 | 21.86 | 106.60 | 22.22 | 4.04 | 10.33 | 66.92 | 3.74 | 97.0 |
| | 垦丰 22(MG0) | 绥无腥 1 号(MG0) | 44.14 | 23.36 | 64.77 | 21.16 | 95.60 | 20.81 | 2.65 | 9.33 | 61.87 | 3.51 | 95.2 |
| | 垦丰 22(MG0) | 抗线 6 号(MGⅠ) | 43.33 | 23.66 | 64.80 | 21.53 | 105.21 | 21.59 | 2.71 | 11.13 | 58.83 | 3.55 | 95.2 |
| | 紫花 1 号(MG0) | 东农 48(MG0) | 42.89 | 23.08 | 64.86 | 22.46 | 111.33 | 22.06 | 3.96 | 10.22 | 60.12 | 3.46 | 95.2 |
| | 垦丰 10(MGⅠ) | 紫花 1 号(MG0) | 42.19 | 23.72 | 64.78 | 20.00 | 101.61 | 21.94 | 3.93 | 11.31 | 67.33 | 3.96 | 95.0 |
| | 垦丰 10(MGⅠ) | 绥农 35(MG0) | 42.08 | 23.53 | 64.86 | 22.45 | 98.35 | 21.41 | 4.46 | 10.27 | 65.60 | 4.65 | 95.0 |
| | 嫩丰 13(MG0) | 抗线 6 号(MGⅠ) | 41.99 | 23.74 | 65.04 | 21.20 | 108.41 | 21.99 | 2.76 | 12.15 | 59.97 | 3.31 | 95.0 |
| | 紫花 1 号(MG0) | 蒙豆 30(MG0) | 42.85 | 23.28 | 64.96 | 21.64 | 100.93 | 21.04 | 2.83 | 11.01 | 59.53 | 3.57 | 94.8 |
| | 牡丰 2 号(MG0) | 绥农 35(MG0) | 42.59 | 23.85 | 65.05 | 21.01 | 105.35 | 21.51 | 3.92 | 8.59 | 61.68 | 3.69 | 94.8 |
| | 垦丰 10(MGⅠ) | 克拉克 63(MG0) | 43.01 | 23.33 | 64.93 | 21.75 | 91.14 | 20.63 | 2.96 | 10.45 | 57.23 | 3.95 | 94.6 |

续表 7－2

| 生态亚区 | 母本（熟期组） | 父本（熟期组） | 蛋白质含量/% | 油脂含量/% | 蛋脂总量/% | 百粒重/g | 株高/cm | 主茎节数 | 分枝数 | 地上部生物量/（$t/hm^2$） | 主茎荚数 | 产量 | 得分 |
|---|---|---|---|---|---|---|---|---|---|---|---|---|---|
| Sub－4 | 嫩丰 13（MG0） | 绥农 35（MG0） | 42.54 | 23.73 | 65.13 | 22.47 | 96.80 | 21.24 | 3.70 | 9.63 | 59.61 | 3.47 | 94.6 |
| | 紫花 4 号（MGⅠ） | 十胜长叶（MG0） | 41.99 | 23.77 | 64.92 | 21.07 | 94.82 | 20.62 | 3.33 | 10.10 | 60.28 | 3.45 | 94.6 |
| | 蒙豆 30（MG0） | 绥农 35（MG0） | 42.71 | 23.28 | 64.98 | 24.14 | 98.98 | 21.07 | 3.74 | 10.52 | 55.18 | 4.25 | 94.4 |
| | 东农 37（MG0） | 抗线 6 号（MGⅠ） | 43.15 | 23.11 | 64.60 | 20.59 | 105.63 | 20.86 | 2.93 | 12.13 | 59.74 | 3.86 | 94.0 |
| | 黑农 23（MG0） | 蒙豆 30（MG0） | 42.73 | 22.73 | 64.78 | 21.54 | 97.71 | 20.75 | 3.27 | 10.86 | 60.45 | 3.80 | 94.0 |
| | 抗线 6 号（MGⅠ） | 绥农 35（MG0） | 41.90 | 23.80 | 64.79 | 22.90 | 117.25 | 22.36 | 3.74 | 11.61 | 63.54 | 4.22 | 94.0 |
| | 荆山璞（MG0） | 绥农 35（MG0） | 42.41 | 23.79 | 64.99 | 21.66 | 103.71 | 20.67 | 3.42 | 9.52 | 54.85 | 3.94 | 93.8 |
| | 蒙豆 14（MG0） | 绥农 35（MG0） | 41.95 | 23.73 | 64.89 | 21.43 | 97.16 | 21.56 | 3.29 | 9.51 | 55.37 | 4.27 | 93.8 |
| | 牡丰 6 号（MGⅠ） | 垦丰 22（MG0） | 43.59 | 23.33 | 64.82 | 21.17 | 95.32 | 20.85 | 2.68 | 10.51 | 52.72 | 3.57 | 93.6 |
| | 紫花 1 号（MG0） | 克拉克 63（MG0） | 42.82 | 23.59 | 64.81 | 21.06 | 97.04 | 21.81 | 2.49 | 10.56 | 57.91 | 3.04 | 93.6 |

伴随着分子标记技术的发展，利用分子标记信息来提高育种效率已进行了多种尝试，如分子标记辅助选择、全基因组选择、分子模块育种等思路。本研究根据多个性状定位结果的 QTL－allele 矩阵对相应亲本组合的表型值进行预测，单性状时以选择预测值高的组合的方式提高育种效率，多性状时根据不同农艺性状的重要程度及定位的准确程度，分别对不同性状类型给予不同的权重，将各特定性状按照预测值的分位数分为 5 级，并按照级别赋予 0～1 的值，构建针对多性状的打分方法，然后通过选择总分高的组合作为最优的组合类型。从本章分析可知，总分高的组合（高育种值组合）的各类性状一般均高于总分较低的组合，这说明采用综合得分的方式能够选择多个性状均较为优异的组合。这种打分方式能够兼顾育种专家对育种后代的设计，如本研究中我们对籽粒性状赋予了 0.5 而产量性状仅赋予 0.2 的权重，这是由于本研究定位结果表明籽粒性状的精确性高于产量性状。对蛋白质及蛋脂总量性状赋予了籽粒性状 30% 的权重，是该类性状中权重最高的性状，这是因为东北大豆应该增加对蛋白质性状的关注；对产量性状中的地上部生物量赋予了远超其他产量性状的权重，这是由于本研究在生态分析时发现地上部生物量对改良产量性状至关重要。本书列出的一、二级指标所包括的性状和权重是根据本书作者的经验提出的，其他研究者可根据自己的育种目标设定适合本地区、本育种单位的性状及其相应的权重体系。所以，性状组合及其权重体系的确定应因时因地做出探索和验证，难以一概而论。

## 第三节　东北大豆资源群体综合性状优化组合设计育种实践

本章第一节指出，研究资源群体遗传多样性有利于进一步分析进化潜能和进化方向，有助于种质资源的有效利用，为育种提供理论依据。第二节指出，根据 QTL－allele 矩阵信息可以预测优化的组合，特别是多性状综合优良组合的预测，为育种工作的优化组合设计提供了具有应用前景的理念和方法。本节将归纳黑龙江省农业科学院大豆研究所、牡丹江分院、黑河分院，黑龙江省农业科学院大豆研究所与中国科学院植物研究所合作，中国科学院东北地理与农业生态研究所和黑龙江省农业科学院牡丹江分院合作的大豆新品种选育的实践经验，评述育种实践经验与理论方法的相容性。

## 一、大豆育种的实践证实了遗传多样性理论在育种中的应用

### （一）育种理念和思路

遗传多样性在大豆育种中的重要性，首先是遗传丰富度，有丰富的变异类型才能选育得到新类型，同时这种新类型不是高频率的，往往是新生的低频率的变异类型。遗传多样性概念在育种中的应用，涉及育种理念和思路、亲本的选择、后代变异群体的大小、生态性状、产量鉴定和品质及抗（耐）逆性分析等。

杜维广[177]认为大豆育种应坚持一个理念、一个思路，即坚持整体论与还原论相结合进行大豆遗传改良的理念，坚持提高和利用植物本身的遗传潜力是未来作物遗传改良的首要措施的思路。盖钧镒曾形象地将从事常规育种研究的育种家称为实践育种家，将从事分子生物学研究的育种家称为理论育种家。理论育种家用还原论分析方法解析和发掘各生态性状分子模块、功能验证、作用机制及互作效应，获得能为育种应用的分子模块，并开发鉴定突破性分子模块（等位基因的特异分子标记群）。实践育种家和理论育种家相结合，用还原论和整体论相结合的理念，将分子模块导入受体亲本，并通过高光效高产育种技术路线、分子育种技术路线等培育突破性品种。在发掘现有种质资源高产（超高产）分子模块的同时，更重要的是加强种质资源研究，探索创新途径和方法，创制新种质并明确其遗传基础，不断地提供高产（超高产）育种的供体亲本。

每个生态性状，至少可在 7 个层次（水平）上分析特性的表现和遗传基础，即由低层到高层次分为基因水平、酶水平、生物化学水平、生理水平、解剖水平、形态水平和农学水平。各层次（水平）都是互相衔接、互不排斥的。还原论解析了与产量相关生态性状在中、低层次水平的机制，为整体论提供理论依据，而研究设计和结果分析常脱离整体；整体论则在高层次形态和农学水平综合各优良生态性状培育品种（种质），而且利用整体论在某种程度上选择了低层次水平性状，但缺乏理论分析，所以二者必须结合，才能育成突破性品种。

薛勇彪等[347]曾报道：近年来，随着高精度和高通量分子生物学技术手段在植物生物学和作物遗传改良研究中的利用，人们发现在植物种间和种内的遗传多样性中蕴藏着可促进农作物产量或提高环境适应性的巨大潜力，所以提出提高和利用植物本身的遗传潜力是未来作物遗传改良的首要措施。正如杜维广等[348]发现在 $C_3$ 植物叶片中含有 $C_4$ 植物 $C_4$ 途径酶，但因活性很低未被人们重视，而通过高光效育种技术路线，在某一地区生态类型基础上，启动和改良 $C_3$ 作物大豆自身的 $C_4$ 途径酶系基因来提高光合速率，并将多项高光效高产优质抗逆基因聚合，与常规育种相结合，育成高光效品种。

### （二）大豆常规育种实践验证遗传多样性在育种上的应用

1. 黑龙江省农业科学院大豆研究所育种实践

本着拓宽大豆育种遗传基础、增加遗传多样性等理念和思路，育成黑农号大豆品种，其祖先亲

本主要来自满仓金、荆山璞、紫花4号。黑农40育成前的品种中,有52%、39%和32%的品种分别含有荆山璞、满仓金、紫花4号(图7-1至图7-3)。随着育种进程的推进,育成品种荆山璞、满仓金、紫花4号的血缘不断减少,新的血缘不断替代以前的血缘,以后育成大部分黑农系列品种其主要骨干亲本是以新育成黑农系列品种为主,其中黑农40、黑农48等用作骨干亲本较多。同时引进国外血缘和东北育种单位新育成品种等,使育成品种得到不断更新。

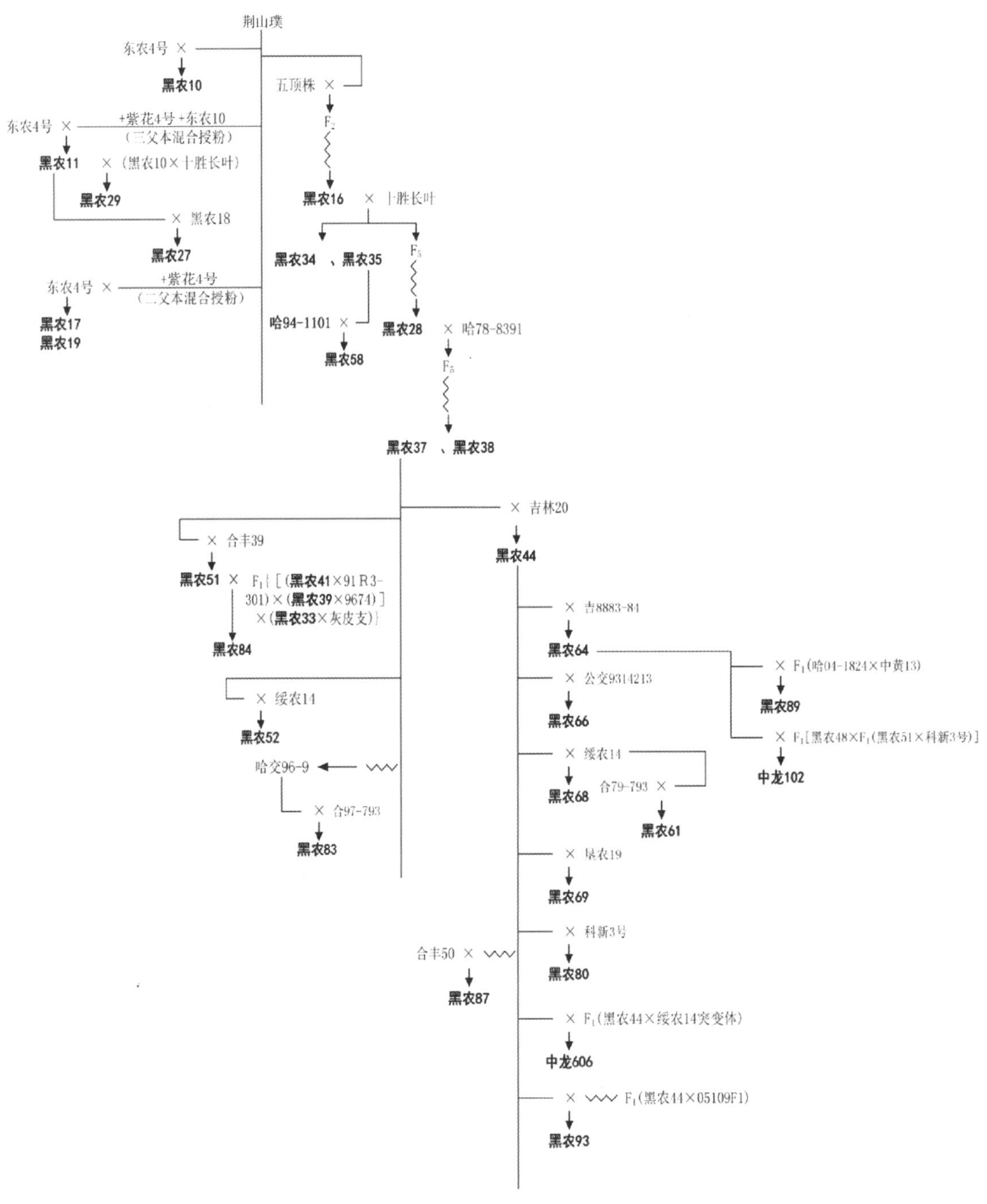


图7-1 荆山璞与黑农系列品种(黑龙江省农业科学院大豆研究所提供)

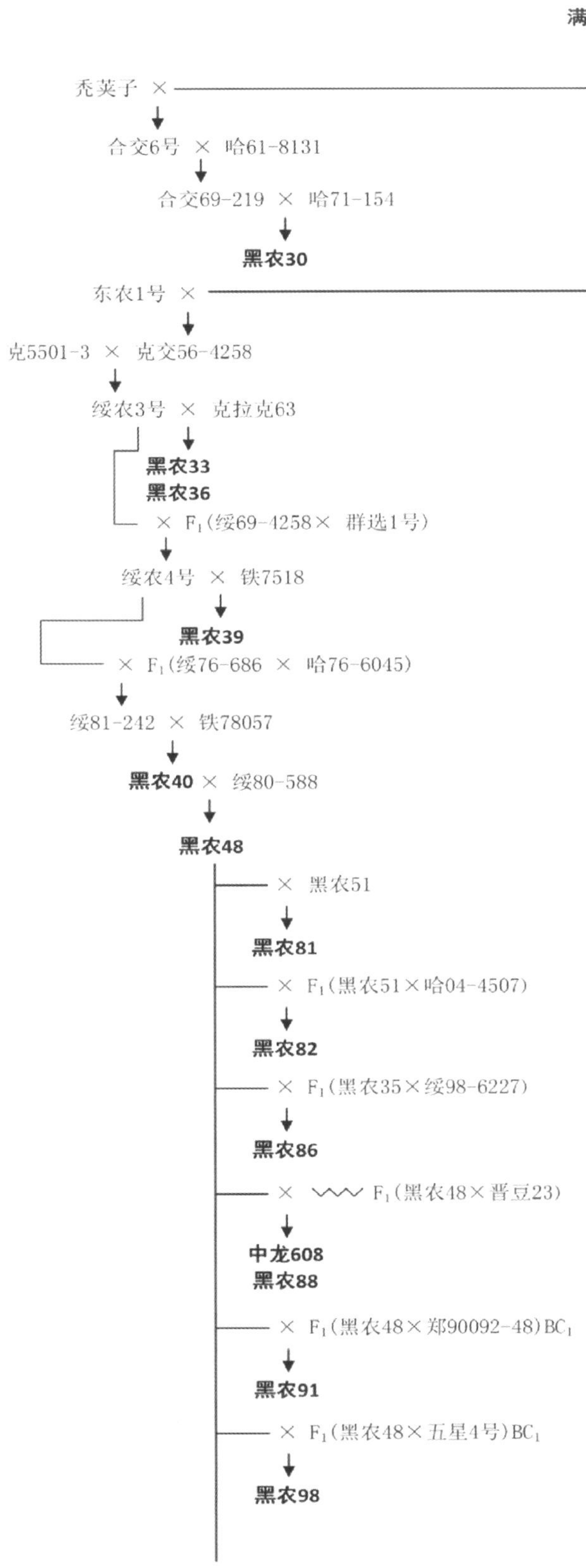

**满仓金**

秃荚子 ×
合交6号 × 哈61-8131
合交69-219 × 哈71-154
**黑农30**

× 哈49-2126
**黑农1号**

× 东农3号
**黑农3号** × 东农4号
**黑农23**
**黑农24**

× 紫花3号
哈49-2005 × 东农1号
**黑农2号**

东农1号 ×
克5501-3 × 克交56-4258
绥农3号 × 克拉克63
**黑农33**
**黑农36**
× $F_1$(绥69-4258× 群选1号)
绥农4号 × 铁7518
**黑农39**
× $F_1$(绥76-686 × 哈76-6045)
绥81-242 × 铁78057
**黑农40** × 绥80-588
**黑农48**

× 黑农51
**黑农81**

× $F_1$(黑农51×哈04-4507)
**黑农82**

× $F_1$(黑农35×绥98-6227)
**黑农86**

× $F_1$(黑农48×晋豆23)
**中龙608**
**黑农88**

× $F_1$(黑农48×郑90092-48)$BC_1$
**黑农91**

× $F_1$(黑农48×五星4号)$BC_1$
**黑农98**

**黑农4号**
**黑农6号** × 吉林1号
**黑农7号**
**黑农8号**
哈70-5072 × 哈53
**黑农31**
**黑农32**

图7-2 满仓金与黑农系列品种(黑龙江省农业科学院大豆研究所提供)

图 7－3　紫花 4 号与黑农系列品种(黑龙江省农业科学院大豆研究所提供)

2. 黑龙江省农业科学院牡丹江分院大豆研究所育种应用

在育种理念和思路及遗传多样性等指导下,进行大豆种质资源研究和新品种选育工作。优化组合设计,在亲本选择时首先追溯其系谱,采用多个供体亲本改造同一受体亲本,对某些组合进行 1 ~3次回交或生态回交,截至 2020 年独立或合作育成优良品种其系谱如图 7－4 所示。

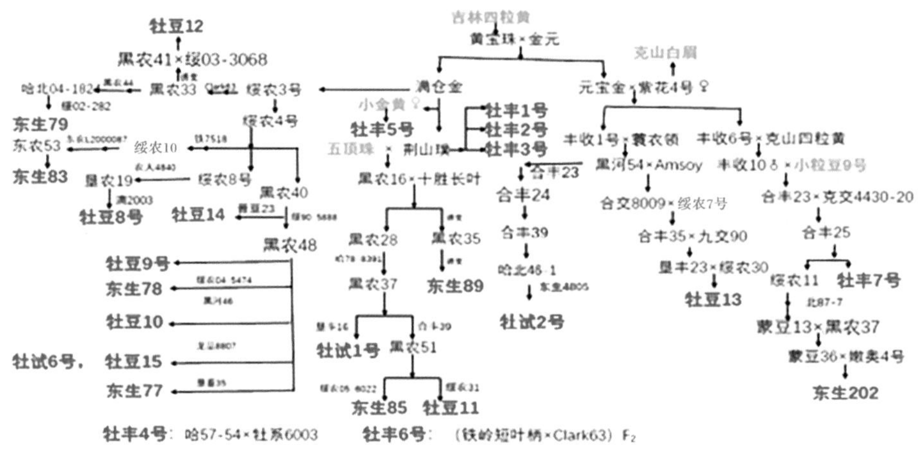


图 7－4　牡育大豆系列品种系谱

3. 黑河 43 大豆品种的遗传多样性

黑河 43 大豆品种是黑龙江省农业科学院黑河分院采用常规育种技术路线育成的新品种，其系谱见图 7－5。为了实现育种目标，黑河 43 是以当地推广面积大、综合性状好、适应性强、高产稳产的品种黑河 18 为受体亲本，以高产、优质、抗逆、广适应性突出的品种黑河 23 为供体亲本，经有性杂交系谱法育成。黑河 43 聚合了俄罗斯的尤比列，日本的十胜长叶，美国的美丁，国内优秀品种丰收 1 号、黑河 3 号、黑河 54、黑河 9 号、黑河 18、黑河 23 与农家品种元宝金、金元、黄宝珠及野生豆黑河野生豆 3－A 等近 30 个优良品种/材料的优异基因，既具有当地的适应性，又具有地理远缘的差异性及野生豆的抗逆性，还具有各育种单位品种的丰产、优质、抗逆等优良性状，可见其遗传多样性非常丰富，为基因的累加和目标性状的选择提供了保证。

黑河 43 大豆品种，从 2014 至 2019 年一直是黑龙江省种植面积最大的品种，也是北方春大豆种植面积最大的品种。

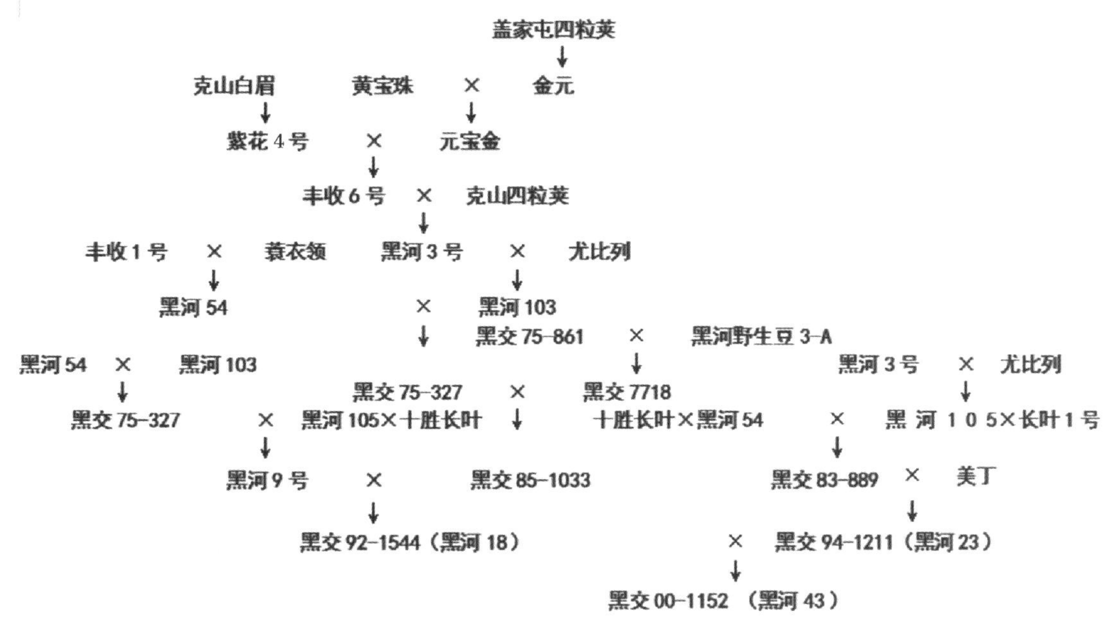


图 7－5　黑河 43 品种系谱（黑龙江省农业科学院黑河分院提供）

表 7－3　黑河 43 2014—2019 年黑龙江省种子管理局统计面积

| 年份 | 全省合计面积/万亩 | 黑河 43 面积/万亩 | 黑河 43 占总面积/% |
|---|---|---|---|
| 2014 | 3 691 | 313. 22 | 8. 5 |
| 2015 | 3 904. 1 | 383. 44 | 9. 8 |
| 2016 | 4 287. 22 | 458. 45 | 10. 7 |
| 2017 | 5 536 | 715. 78 | 12. 9 |
| 2018 | 5 444 | 742. 08 | 13. 6 |
| 2019 | 6 150 | 882. 14 | 14. 3 |

## 二、大豆育种实践验证了依据 QTL - allele 矩阵的多性状联合亲本组配设计方法的可行性

依据 QTL - allele 矩阵的多性状联合亲本组配设计在本章第二节已阐述得很清楚，并依据 361 份种质资源进行模拟设计。其中表 7 - 2 已指出抗线 5 号和垦丰 10 是较好的大豆亲本种质，并用多个亲本改造抗线 5 号和垦丰 10。这一推论结果与杜维广等以前用多个供体亲本改造受体亲本的构思和实践很相符。

这种赋值方式能够兼顾育种家对育种后代的设计。南京农业大学、牡丹江市人民政府、黑龙江省农业科学院共建牡丹江大豆研发中心，以黑龙江省农业科学院牡丹江分院为依托单位。牡丹江大豆研发中心依据高产、优质、早熟、耐逆的育种目标，对产量性状赋予 0. 40 的权重，对株型性状赋予 0. 35 的权重，对籽粒性状赋予 0. 25 的权重，见表 7 - 4。这是由于杂交组合配制时考虑大豆生产未来需求，产量目标是第一需求，赋予产量性状较高的权重，期望配制出高产的杂交组合；株型是获得高产的必要条件，在第二亚区大豆主茎节数增加 2 ~ 3 节，株荚数增加 5 ~ 7 个，株粒数增加，从而增加大豆产量，故赋予株型性状 0. 35 的权重。对蛋白质及蛋脂总量性状赋予了籽粒性状的 30% 的权重，是该类性状中权重最高的性状，这是因为东北大豆应该增加对蛋白质性状的关注；对产量性状中的地上部生物量赋予了 40% 的权重，远超其他产量性状的权重，这是由于本研究在生态分析时发现地上部生物量对改良产量性状至关重要。

**表 7 - 4　第二亚区多性状优化组合设计的农艺性状权重及对应分值**

| 籽粒性状(0. 25) | 分值 | 株型性状(0. 35) | 分值 | 产量性状(0. 40) | 分值 |
|---|---|---|---|---|---|
| 蛋白质 | 30 | 株高 | 30 | 地上部生物量 | 40 |
| 油脂 | 20 | 主茎节数 | 50 | 产量 | 20 |
| 蛋脂总量 | 30 | 分枝 | 20 | 主茎荚数 | 40 |
| 百粒重 | 20 | | | | |

注：性状后括号内数值为各类性状对应的权重。

牡丹江大豆研发中心依据上述方法（表 7 - 4），对 9 个品种（系）进行推测，其结果育种值得分幅度为 42. 1 ~ 84. 5（表 7 - 5）。其中东生 230、牡试 31 参加 2021 年黑龙江省大豆品种预备试验；牡豆 11、牡豆 13、牡豆 23 和绥农 29 通过黑龙江省农作物品种审定委员会审定推广应用；牡 508 配合力好，得分 59. 9，用它做供体亲本配制多个组合效果很好；而得分最低的广牡 5 号和牡豆 41 则因产量等原因在品种审定中被淘汰。东生 230 属高油品种，蛋脂总量为 63. 37%，属双高品种，百粒重、主茎节数均增加，其得分为 60. 0；牡试 31、牡豆 13、牡豆 23 和绥农 29 得分分别为 84. 5、73. 0、70. 8 和 70. 5。这样表现好的品种得分均较高，占供试品种（系）的 86%（除去淘汰的广牡 5 号和牡豆 41）。

表 7-5　第二亚区农艺性状综合优化组合预测

| 生态亚区 | 母本（熟期组） | 父本（熟期组） | 蛋白质含量/% | 油脂含量/% | 蛋脂总量/% | 百粒重/g | 株高/cm | 主茎节数 | 分枝数 | 地上部生物量/($t/hm^2$) | 主茎荚数 | 产量 | 得分 |
|---|---|---|---|---|---|---|---|---|---|---|---|---|---|
| 牡试 31 | 垦丰 10 | 蒙豆 12 | 40.71 | 23.44 | 62.82 | 21.97 | 109.37 | 20.06 | 2.57 | 10.37 | 51.46 | 3.92 | 84.5 |
| 牡豆 13 | 垦丰 23 | 绥农 20 | 42.82 | 22.52 | 63.19 | 21.05 | 95.45 | 18.73 | 2.57 | 9.93 | 54.66 | 3.65 | 73.0 |
| 绥农 29 | 绥农 14 | 绥农 10 | 42.83 | 21.96 | 63.85 | 21.71 | 90.34 | 18.10 | 2.49 | 9.88 | 52.32 | 3.53 | 70.5 |
| 牡豆 23 | 黑农 33 | 合丰 55 | 42.35 | 22.47 | 63.58 | 22.34 | 107.82 | 20.93 | 2.19 | 9.19 | 50.49 | 3.30 | 70.8 |
| 东生 230 | 合丰 55 | 克交 4430-20 | 42.18 | 22.19 | 63.37 | 25.37 | 101.38 | 18.96 | 2.05 | 9.17 | 49.19 | 3.24 | 60.0 |
| 牡 508 | 黑农 48 | 合丰 45 | 43.01 | 21.83 | 64.42 | 24.05 | 94.30 | 18.71 | 2.34 | 9.69 | 45.51 | 3.42 | 59.9 |
| 牡豆 11 | 黑农 51 | 绥农 31 | 40.04 | 22.22 | 61.61 | 21.81 | 104.18 | 18.54 | 2.16 | 10.36 | 52.63 | 3.34 | 57.5 |
| 牡豆 41 | 黑农 48 | 东农 48 | 43.84 | 21.61 | 64.39 | 23.66 | 108.36 | 18.53 | 2.52 | 9.30 | 43.94 | 3.31 | 56.4 |
| 广牡 5 号 | 黑农 48 | 黑河 43 | 42.19 | 22.02 | 63.37 | 24.01 | 89.54 | 17.04 | 2.39 | 9.49 | 47.09 | 3.34 | 42.1 |

牡豆 11 品种得分仅为 57.5，但这个品种无论丰产性还是株型等生态性状表现都很好，其原因有待进一步研究。

依据预测杂交组合，现已进入黑龙江省大豆品种比较试验或已被黑龙江省农作物品种审定委员会审定为推广品种的如下：

牡试 31：以垦丰 10 为母本、蒙豆 12 为父本，通过有性杂交、系统选育而成。该品种为无限结荚习性，紫花，长叶，灰色茸毛，株高 95 cm 左右，有分枝，有效节数 17，种皮黄色，脐无色，荚弯镰形，种子圆形有光泽，百粒重 21.0 g，生育日数 121 d，蛋白质含量 41.15%，脂肪含量 20.40%，需有效积温 2 430 ℃ · d。公顷产量 3 289.1 kg，比对照品种增产 9.0%。株型收敛，秆强，抗灰斑病，兼抗花叶病毒病。预测分析有效节数增加，百粒重提升，蛋脂总量 61.19%，营养品质更加均衡。2021 年参加黑龙江省大豆品种预备试验。

牡豆 11：以黑农 51 为母本、绥农 31 为父本，经系谱法选育而成。该品种在适应区出苗至成熟生育日数 115 d 左右，需≥10 ℃活动积温 2 300 ℃ · d 左右。该品种为亚有限结荚习性。株高90 cm 左右，有分枝，株型收敛，秆强。白花，尖叶，灰色茸毛，荚弯镰形，成熟时呈黄褐色。种子圆形，种皮黄色有光泽，种脐黄色，百粒重 21.0 g 左右。四年平均品质分析结果：蛋白质含量 38.51%，脂肪含量 21.40%。三年抗病接种鉴定结果：中抗灰斑病。从预测分析早熟，较母本黑农 51 提早成熟 10 d 以上，适宜黑龙江省第三积温带种植应用；高产，遗传了黑农 51 的高产基因型，区域生产试验较对照品种增产 9.0% ~10.5%；适应性强，耐密植，公顷保苗 35 万株不倒伏，具有高产推广价值。2019 年通过黑龙江省农作物品种审定委员会审定推广。

牡豆 13：以垦丰 23 为母本、绥农 30 为父本，经有性杂交、系谱法选育而成。该品种在适宜区域出苗至成熟生育日数 125 d 左右，需≥10 ℃活动积温 2 600 ℃ · d 左右。该品种为亚有限结荚习性。株高 92 cm 左右，有分枝，紫花，尖叶，灰色茸毛，荚弯镰形，成熟时呈褐色。种子圆形，种皮黄色有光泽，种脐黄色，百粒重 18.9 g 左右。三年品质分析结果：蛋白质含量 40.58%，平均脂肪含量 20.35%。三年抗病接种鉴定结果：中抗灰斑病。2020 年通过黑龙江省农作物品种审定委员会审定推广应用。

牡豆23：以哈04－1824（黑农47×黑农44）为母本、合丰55为父本，经有性杂交、系谱法选育而成。2021年通过黑龙江省农作物品种审定委员会审定推广。在适宜区域出苗至成熟生育日数120 d左右，需≥10 ℃活动积温2 400 ℃·d左右。该品种为无限结荚习性。株高100 cm左右，有2～3分枝，白花，尖叶，灰色茸毛，荚弯镰形，成熟时呈黄褐色。种子圆形，种皮黄色有光泽，种脐黄色，百粒重21.2 g左右。三年品质分析结果：蛋白质含量40.30%，平均脂肪含量20.68%。三年抗病接种鉴定结果：中抗灰斑病。

根据上述推测和分析，用这种设计育种方法及该套打分方式重新推测育种亲本的选择，验证了依据QTL－allele矩阵的多性状联合组合设计育种方法的可行性。黑龙江省农业科学院牡丹江分院大豆研究所及牡丹江大豆研发中心正践行着根据自己对育种的设计，采用QTL－allele矩阵的多性状联合亲本组配设计的育种方法及该套打分方式，选择符合要求的亲本进行组合配制，期望育成预想的突破性大豆新品种。

## 第四节　大豆分子模块育种和高光效育种的实践和未来策略

### 一、大豆分子模块育种的实践和未来策略

前文从丰富品种遗传多样性出发讨论了基于QTL关联分析的标记辅助综合性状优化组合设计。另一种正在探索的分子设计育种的思路称为分子模块设计育种。关于分子模块设计育种的概念，薛勇彪等[349]指出分子模块是功能基因及其调控网络的可遗传操作的功能单元。由于复杂性状是基因与基因、基因与环境互作的产物，多数农艺（经济）性状受多基因调控，并具有“模块化”特性。因此，需综合运用分子生物学、基因组学和系统生物学等前沿生物学研究的最新成果，对控制生物复杂性状的分子模块进行功能研究。采用计数生物学和合成生物学等手段将这些模块有机耦合，开展理论模拟和功能预测，系统地发掘分子模块互作对复杂性状的综合调控潜力。实现模块耦合、遗传背景、区域环境三者的有机协调统一，发挥分子模块群对复杂性状最佳的非线性叠加效应，有效实现复杂性状的定向改良。因而，分子模块设计育种是一项前瞻性、战略性研究，是生命科学前沿科学问题与育种实践的有机结合，是引领未来生物技术发展的新方向[350]。通俗地理解分子模块育种就是用分子生物学理论，结合计数生物学和合成生物学等手段将分子模块有机耦合，进行遗传改良的育种途径与方法。

由中国科学院东北地理与农业生态研究所和黑龙江省农业科学院牡丹江分院合作，通过分子模块设计育种与常规育种结合，育成2级耐旱高油高产初级分子模块设计型品种东生85（黑审豆20200033）。其亲本为黑农51×（黑农51×绥05－6022）。将绥05－6022所含*el-as*早熟基因导入底盘品种黑农51中，并用黑农51回交一次育成（表7－6）。生育期比黑农51提前20 d，三年平均蛋白质含量37.29%，脂肪含量22.32%。两年区域试验和一年生产试验平均公顷产量分别为2 730.1 kg和2 667.7 kg，比对照品种北豆40分别增产7.2%和9.2%。东生85的选育就是按上述理念和思路，在选择受体和供体亲本时追溯了系谱，践行了遗传多样性在大豆育种上的应用。东生

85 的系谱含有丰富的遗传基础,其祖先亲本有秃顶子、满昌金、小粒黄、克山四粒黄、永丰豆、紫花 4 号、元宝金及十胜长叶和 Amsoy 等(图 7 -6)。这也体现遗传多样性在育成东生 85 品种上的应用。

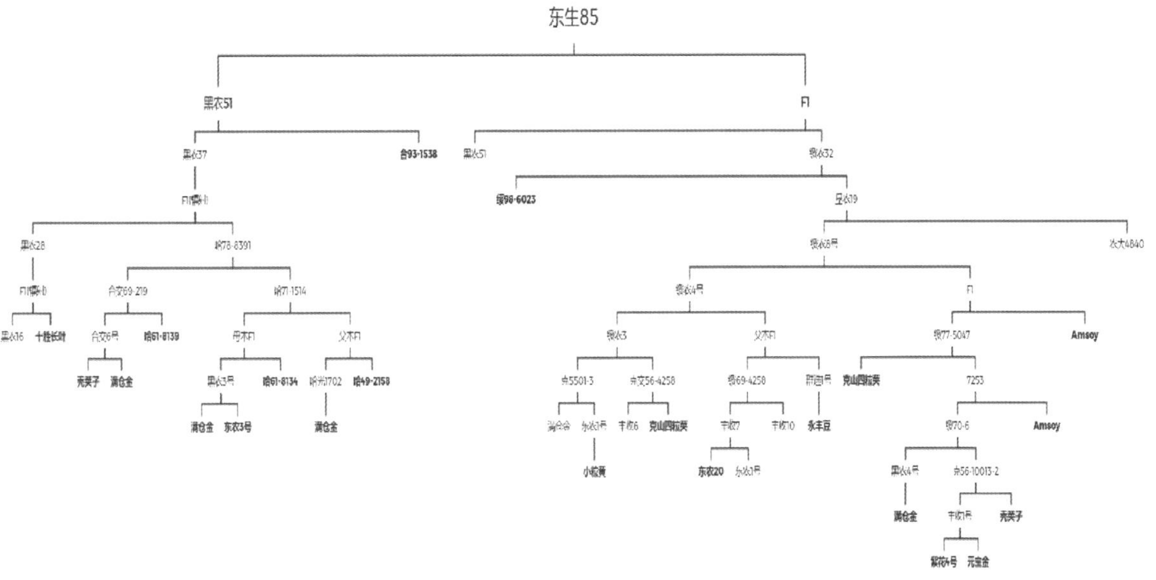


图 7 -6　东生 85 系谱

表 7 -6　各品系分子模块及生态性状

| 品系 | 底盘品种 | 供体亲本分子模块 | $R_1$ 期 | 节数 | 生育期/d | 小区产量(kg/2.8m$^2$) | 折合亩产(kg/667m$^2$) | 比底盘种增加/% | 提前天数/d |
|---|---|---|---|---|---|---|---|---|---|
| 21798 | 合丰 55 | *el-as*,*e2*,*e3T*,*E4*,*DT1*,*DT2* | 6.21 | 18 | 109 | 1.049 | 250.0 | 19.0 | 6 |
| 21828 | 合丰 55 | *el-as*,*e2*,*e3T*,*E4*,*DT1*,*DT2* | 6.21 | 24 | 109 | 1.015 | 241.7 | 15.1 | 6 |
| 22108 | 合丰 55 | *el-as*,*e2*,*e3T*,*E4*,*DT1*,*DT2* | 6.22 | 22 | 112 | 0.98 | 233.4 | 11.1 | 3 |
| 10202 | 黑农 51 | *el-as*,*e2*,*e3T*,*E4*,*DT1*,*DT2* | 6.22 | 21 | 105 | 1.142 | 272.0 | 23.6 | 19 |
| 10198 | 黑农 51 | *el-as*,*e2*,*e3T*,*E4*,*DT1*,*DT2* | 6.24 | 20 | 104 | 1.12 | 266.7 | 21.2 | 20 |
| 底盘品种 | 黑农 51 | *E1*,*e2*,*e3T*,*E4*,*DT1*,*DT2* | 7.05 | 22 | 124 | 0.924 | 220.0 | — | — |
| 底盘品种 | 合丰 55 | *el-as*,*e2*,*e3T*,*E4*,*DT1*,*DT2* | 6.24 | 21 | 115 | 0.882 | 210.0 | — | — |

由表 7 -6 可以看出,10198(东生 85)供体亲本分子模块为 *el-as*,*e2*,*e3T*,*E4*,*DT1*,*DT2*,向底盘品种黑农 51 导入 *el-as* 基因,生育期提前 20 d,22108(东生 201)供体亲本分子模块为 *el-as*,*e2*,*e3T*,*E4*,*DT1*,*DT2*,向底盘品种合丰 55 导入 *el-as* 基因,生育期提前 3 d。对东生 85 与底盘品种黑农 51 进行全基因组扫描,其差异如图 7 -7。

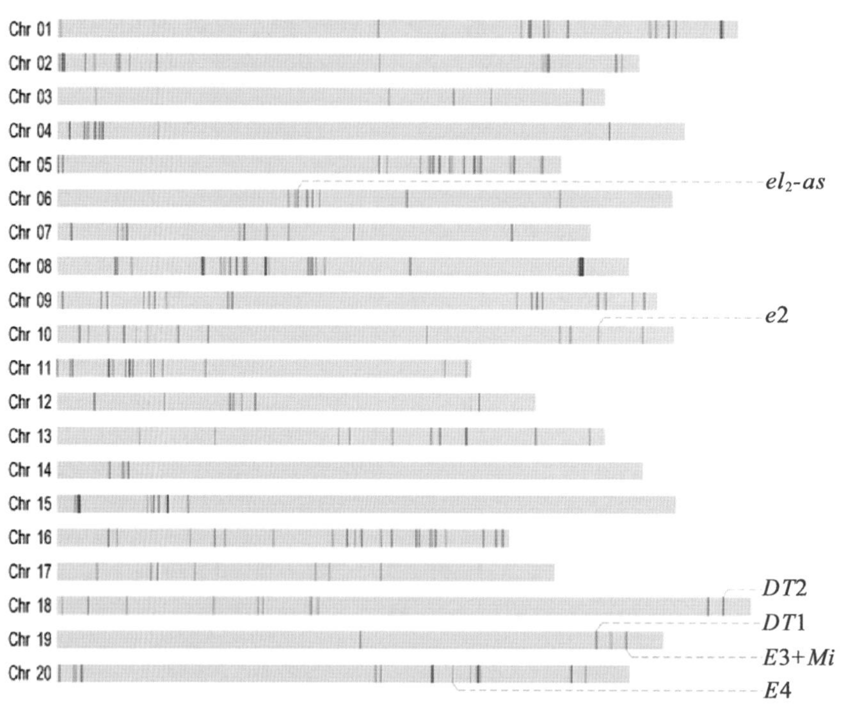


**图 7－7　栽培大豆东生 85 与底盘品种黑农 51 全基因组扫描差异图**

注：1. 东生 85 为黑农 51/(黑农 51/绥 05－6022)$F_1$。2. 红色线条为检测差异区间，黑色线条为东生 85 的已知生育期位点检测结果，中灰色表明与底盘品种相同。根据检测结果，东生 85 遗传背景与底盘品种黑农 51 相似度在 85% 左右。



分子模块设计育种是一项前瞻性、战略性研究，是生命科学前沿科学问题与育种实践的有机结合，是引领未来生物技术发展的新方向[350]，目前分子模块设计育种已初步建立从“分子模块”到“品种设计”的现代生物技术育种体系。但是目前仅育成初级分子模块设计型品种，分子模块设计育种仍处在初始研究阶段，还有较长的路要走，其完整的技术体系还有待进一步完善。薛勇彪等[350]指出：分子模块设计育种科技体系的发展应注意与合成生物学、设计育种大数据、设计育种智慧管理研究领域最新研究结果相结合。

## 二、大豆高光效育种的实践和未来策略

目前东北大豆品种与之后发展的美洲大豆品种最大的差别是产量水平偏低，平均产量和产量潜力只相当于美洲品种的 70% 左右。因而要解决国产大豆的供给问题，急需寻求产量的突破。以矮秆化为代表的禾谷类绿色革命推动了产量的大幅度增加，从而启发了作物界考虑提高单位面积光能利用效率的育种，简称高光效育种。单位面积光能利用效率涉及两个方面的利用效率：单位面积光能截取的效率和所截取光能转化为光合产物的效率。后者主要涉及光合途径（$C_4$ 途径比 $C_3$ 途径效率高）和光合作用速率。作物育种家首先考虑从直观的单位面积光能截取效率来介入高光效育种，生理学家则首先考虑根本性地改变光合途径（将大豆从 $C_3$ 途径变为 $C_4$ 途径），同时再提高光合速率。大豆和其他双子叶植物一样，因为结实器官分散在各个节位上，矮秆并不是优良株型，因而株型育种有些进展，但尚未有突破性的发现。大豆由 $C_3$ 途径变为 $C_4$ 途径虽做出了一些努力，但

尚未成功。因而大豆高光效育种还是一个有待突破的问题，且是一个迫切需要突破的问题，所以在本章末尾将逐一介绍和讨论，以便在利用遗传多样性的分子设计育种中一起得到解决。

### （一）$C_3$途径和 $C_4$ 途径与高光效育种

黑龙江省农业科学院大豆研究所与中国科学院植物所合作，于 1976 年在国内首先开展大豆高光效育种研究。该课题组在大豆高光效育种研究领域到 2006 年已辛勤耕耘 30 年，先后取得“大豆光合特性研究和高光效种质哈 79 - 9440 发现”（1982 年获黑龙江省农业厅科技进步一等奖）、“大豆高光效育种的生理遗传基础及其种质遗传改进”（1982 年获黑龙江省科技进步三等奖）和“高光效大豆品种选育及高光效的光合生理基础”原始创新成果（2005 年获黑龙江省科技进步一等奖）。在匡廷云和谭克辉的指导下，根据植物生理学原理、作物遗传育种学和光合作用理论，用还原论和整体论相结合的理念及思路，研究 $C_3$ 作物大豆的 $C_4$ 途径，进行 $C_3$ 作物大豆遗传改良。当前在提高 $C_3$ 作物光合效率的育种工作中，主要从两个方面进行研究，一是通过高光效育种途径和方法，在某一地区生态类型基础上，启动和改良 $C_3$ 作物大豆自身的 $C_4$ 途径酶系基因来提高光合速率，并将多项高光效高产优质抗逆基因聚合，与常规育种相结合，可能是提高 $C_3$ 作物大豆光合效率的新突破点。这与通过转基因技术将 $C_4$ 植物的 $C_4$ 途径酶系基因转入 $C_3$ 植物中，所获得高光效和高产等优良性状可能具有异曲同工、殊途同归的效应。另一种途径是通过转 $C_4$ 植物的 $C_4$ 途径基因到 $C_3$ 植物中，以提高 $C_3$ 植物的光合效率，如转基因水稻，但是 $C_4$光合酶系基因是否能够整合到 $C_3$ 植物中，尚不得而知。

据此，杜维广、郝廼斌等[177]提出的大豆高光效育种总体思路（图 7 - 8）及根据 $C_4$ 途径酶在 $C_3$ 植物细胞内定位和 $CO_2$ 浓缩位点，提出该微循环的设想（图 7 - 9）。

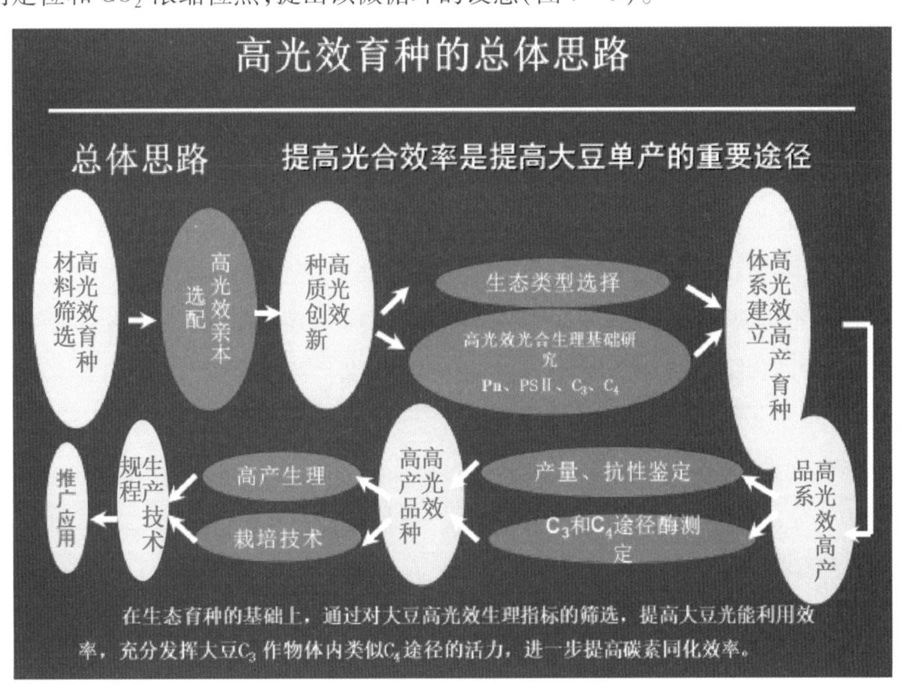


图 7 - 8　大豆高光效育种的总体思路

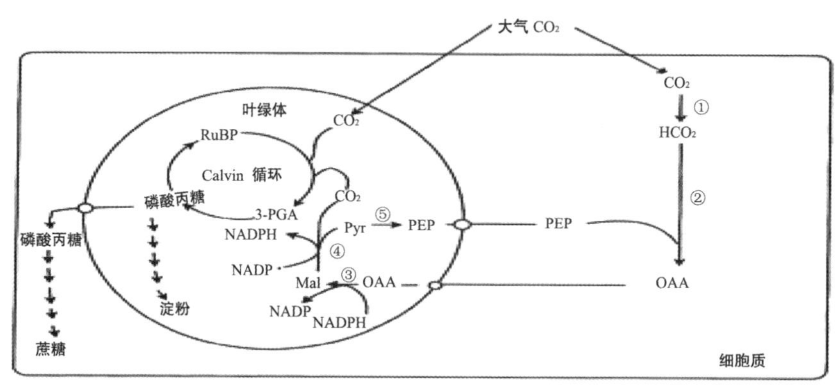


图 7－9　$C_3$ 植物类似 $C_4$ 途径微循环的设想示意图

注:①CA 碳酸酐酶;②PEPCase 磷酸醇式丙酮酸羧化酶;③NADP－MDH 苹果酸脱氢酶;④NADP－ME 苹果酸酶;⑤丙酮酸磷酸二激酶。

杜维广研究团队采用大豆高光效高产育种体系,先后育成高光效高产品种黑农 39、黑农 40、黑农 41、黑农 51,高油高光效高产品种黑农 44、黑农 64、黑农 68,高蛋白高光效高产品种黑农 48、黑农 54 等。这些高光效品种的育成体现了杜维广提出的育种理念和思路。通过高光效育种途径与方法进一步阐述东北大豆资源群体综合性状优化组合设计的育种实践。

截至 2006 年,杜维广等在大豆高光效育种研究领域已辛勤耕耘 30 余年,并参加了近 10 年大豆分子设计育种研究工作。他把这十年在大豆分子设计育种工作中受到的启迪纳入大豆高光效育种理念与思路中,提出如下认识:大豆高光效育种实质是根据植物生理学原理、作物遗传育种学和光合作用理论,在常规育种基础上,应用生理生化手段进行大豆品种遗传改良的育种,通俗地讲就是将光合活性纳入常规育种的育种目标。以整体论和还原论相结合进行大豆品种遗传改良,以提高光合效率和降低花荚脱落率作为提高产量的切入点,按照高光效育种总体思路,采用高光效高产育种体系,培育高光效高产突破性品种。

研究表明,大豆品种(系)间光合速率存在明显差异,并具有遗传相对稳定性[177]。高效受光态势的理想株型是大面积截获光能的基础。叶绿体超微结构研究表明,高光效大豆叶绿体的基粒片层结构明显增多,而光合膜的结构稳定,故有利于光能吸收、传递和转化。提高大豆品种叶片和非叶器官光合速率、光系Ⅱ(PSⅡ)反应中心的综合活力和光合作用暗反应的 $C_3$ 与 $C_4$ 途径酶活性,就能有效提高光能吸收、传递和转化效率[177, 351]。经对大豆叶片的荧光参数与光合速率及光合碳同化酶活性之间的相关分析发现,光合速率、光合碳同化酶活性和 PSⅡ综合活力之间表现出了明显的连锁关系和拉动效应(表 7－7)。

表 7-7 大豆光合速率、光合碳同化酶活性及荧光动力学参数的相关性(引自:杜维广等[177])

| 参数 | $F_v/F_m$ | $F_v/F_o$ | $q_p$ | $q_N$ | $\phi_{PS II}$ | RuBPCase | PEPCase | NADP-MDH | NADP-ME | PPDK |
|---|---|---|---|---|---|---|---|---|---|---|
| $P_n$ | 1.00 | 0.70 | 0.99** | -0.93* | 0.96* | 0.94* | 0.75 | 0.81* | 0.78 | 0.54 |
| $F_v/F_o$ | | 1.00 | 0.93* | -0.42 | 0.83* | 0.85* | 0.84* | 0.82* | 0.95** | 0.66 |
| $q_p$ | | | 1.00 | -0.93* | 0.96** | 0.90* | 0.83* | 0.85* | 0.82* | 0.58 |
| $q_N$ | | | | 1.00 | -0.82* | -0.75 | -0.66 | -0.67 | -0.56 | -0.44 |
| $\phi_{PS II}$ | | | | | 1.00 | 0.91* | 0.85* | 0.78 | 0.83* | 0.74 |
| RuBPCase | | | | | | 1.00 | 0.99** | 0.86* | 0.88* | 0.76 |
| PEPCase | | | | | | | 1.00 | 0.81* | 0.84* | 0.80* |
| NADP-MDH | | | | | | | | 1.00 | 0.96** | 0.34 |
| NADP-ME | | | | | | | | | 1.00 | 0.48 |
| PPDK | | | | | | | | | | 1.00 |

当 PSⅡ综合活力提高时,为暗反应提供充足的能量(ATP)和还原力(NADPH),导致 $C_3$ 和 $C_4$ 途径的高效运转。反过来 $C_3$ 和 $C_4$ 途径的高效运转需要更多的能量,必然又拉动了光化学反应的加速,促进了光能的吸收、传递和转化,不仅提高了光合效率,同时也减少了光抑制[351]。启动 $C_3$ 作物大豆自身的 $CO_2$ 浓缩机制(如类似 $C_4$ 途径)提高了 $CO_2$ 同化效率,同时也拉动了光反应速度,避免了因光能过剩而导致的光抑制和光氧化对光合器的破坏[177]。

杜维广等[352]在大豆高光效育种研究基础上,认为在某一生态类型基础上,将具有较大光能截获能力(靠理想株型实现)、光能高速传递能力、高光能转化能力、高光合速率和高 RuBP 羧化酶及 $C_4$ 途径酶活性,并具有光合产物在籽粒中高比例分配,光合时间持续较长(靠理想型实现)等综合水平,定义为理想光合生态型(丰富了理想型)。

综上,这就是构建理想光合生态型提出要将提高大豆品种叶片和非叶器官光合速率、光系Ⅱ(PSⅡ)反应中心的综合活力和光合作用暗反应的 $C_3$ 与 $C_4$ 途径酶活性,作为设计理想光合生态型、培育理想光合生态型品种指标的原因。

作物科学家们深知作物产量最终来自根部吸收的养分通过叶绿体光合作用形成的光合产物。光能是地球上食物能源的终极来源。实现超高产有赖于单位面积上光能利用效率的提高,包括光能截获的提高和光合效率的提高。因此,作物科学家提出了株型和群体结构的最优化问题。20 世纪的绿色革命便是围绕株型带动光合利用效率而展开的。

### (二)大豆株型与高光效育种

自 20 世纪 60 年代以来,矮秆、半矮秆株形的"绿色革命基因"*sd*1(*semi-dwarf* 1)在水稻矮化育种中得到广泛的应用,但是直到 2002 年 *sd*1 才被克隆[353]。水稻矮秆、半矮秆株形的培育主要解决了倒伏问题带来的减产,从此矮化育种悄然兴起。由于矮秆、半矮秆株形可构建种植密度较大群体,提高群体的叶面指数,进而提高光能的吸收,导致产量的提高。这就促进了对矮秆、半矮秆株形生理基础的研究。为了区别矮秆、半矮秆株形的表型研究,把对它生理基础研究构成的株形写成"株型"。盖钧镒等[354]认为,理想株型和理想型是有区别的,理想株型主要指植株高效受光态势的茎叶构成,它应该是均匀－主茎型及均匀－并重型,有限或亚有限结荚习性。而理想型除理想株型的外貌,还包括内在光合特性、物质积累与分配"源、流、库"等相应的生理过程。大豆株型结构不同于水稻,具有光能截获和光合产物"局部利用"等特征特性,故更需要开展理想株型育种,培育理想株型。

植物干重90%~95%是来自光合作用,光合产物是作物产量形成的重要基础,提高大豆单产关键在于提高光能利用率和协调碳氮代谢功能。目前我国农作物的光能利用率很低,甚至高产的稻麦品种的光能利用率也仅为1.0%～1.5%。其原因主要是有47%的太阳光(小于400 nm,大于700 nm)不能被植株光合作用利用,而仅剩下53%能被植物利用。但是,其中还有16%被植株吸收的太阳可见光中的光能不能被植株叶片充分吸收;约有9%的光能吸收后在植株体内不能有效传递,通过光抑制、光破坏等耗散掉激发能;约有19%的光能不能有效地转化为稳定化学能;约有4%的光能被植物代谢所消耗;而真正用在光合作用的光能只有5%(图7－10)[355],故提高光能利用率尚有很大潜力。

由理想株型构建的理想株型群体结构仅提高光能的吸收效率,但高光效的根本点在于光能的充分利用,而提高作物光能利用的核心是提高作物的光能吸收、传递和转化效率(图7－10)。从宏观上看,光能的截获首先发生在作物个体和群体中,因此,作物株型的受光态势直接影响着作物能否把所截获的光能均匀地分到全部叶片中。而理想型不仅能有效截获光能,还能较好地将截获的光能传递到叶片和非叶器官,并提高了转化效率。这在某种程度上与高光效育种培育理想光合生态型品种的功能很相似。



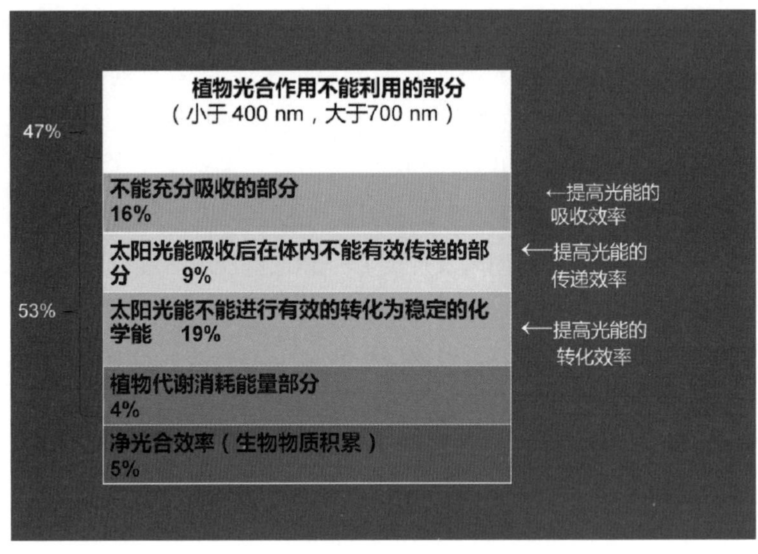


**图7－10 太阳光能被植物利用情况**

杜维广在长期大豆育种实践中,发现不同熟期组的品种或是相同熟期组的不同品种其株高、主茎节数和有效节数存在明显差异,凡是主茎节数和有效节数多的品种产量也高。而且大豆主茎节数、有效节数的增加实质上是提高了生物产量。生物产量是植物基因型C、N积累能力,栽培措施、环境因素的综合结果,与后期籽粒产量有紧密关系。代表生物产量的株高、主茎节数和有效节数的遗传率较高,且很容易用目测鉴别又易在早世代选择。因此,他提出以增加主茎节数(适当增加株高，主要缩短节间长度）和有效节数为主要生态性状进行遗传改良，同时考虑植株叶片分布和叶片光合活性等性状，设计理想株型和理想型的理念。应该指出无论是理想株型还是理想型都是多模式的，这里设计只是其中一种，而且是易精准表型鉴定、分子机制清晰、易调控操作的一种设计模式。由于理想型首先是具有理想株型的外貌，在此基础上增加植株自身的光合生理的改良，所以将理想株型和理想型设计一起研究。通过在表型和分子水平上的研究结果及实践验证了这个理念的正确性和可行性（详见第五章第五节和第八章第二节）。

东北春大豆理想株型设计育种，其实质是按植物生理生态学原理，将理想株型生态性状纳入大豆育种的目标，培育具有理想株型特征特性的突破性新品种（产量、品质、某个生态性状和生态适应性的突破等）。杜维广依据理想株型和理想型设计理念，设计了东北春大豆区 MG000 ~ MGⅢ熟期组小群体、中群体和大群体理想株型和理想型。

应该指出，20 世纪 60 年代后期提倡的“理想型”育种概念，并未像株型育种那样立即得到广泛的认可和应用，大豆理想株型和理想型研究仍处在探索阶段，因此在高产理想株型设计的基础上，利用与理想株型有关性状的合理组配来创制高产理想型。这项研究需组织育种、栽培、生理等多方面科技人员协同攻关，才能加快培育高产理想株型和理想型突破性品种。

综上所述，从育成矮秆、半矮秆的矮化育种；到提高矮秆、半矮秆等品种的表型和光合生理研究的理想株型和理想型育种，培育理想株型和理想型品种；再到育成理想光合生态型的高光效育种，均是围绕株型带动光合利用效率而展开的育种，它们是不同历史时期为提高大豆产量而应用的有效育种途径和方法。应该指出，突破携带矮秆、半矮秆“绿色革命”基因小麦和水稻中抑制植物生长的 DELLA 蛋白高水平积累，导致其突破对氮素响应减弱和氮肥利用效率下降的瓶颈；突破大豆理想株型和理想型育种瓶颈，即正确认识和理解理想株型，高通量精准鉴定理想株型，如何实现理想株型设计与培育，理想株型功能基因克隆与验证；突破高光效育种瓶颈，即高通量选择鉴定后代群体光合速率及鉴定光系Ⅱ（PSⅡ）反应中心的综合活力和光合作用暗反应的 $C_3$ 与 $C_4$ 途径酶活性，发掘能为高光效育种利用的高光效基因/分子模块等，只有突破这些育种瓶颈才能有效发挥其作用。

### （三）实践高光效育种中有待加强的一些环节

1. 确定正确的大豆高光效育种目标

在制定某一生态区域作物育种目标时，要考虑适应约十年以后该生态区域生态条件的变化和生产及加工企业的需要。大豆高光效育种目标是培育大豆高光效高产突破性品种，目前突破性品种的概念是大豆产量或品质（含蛋白质组分，尤其是含硫氨基酸等；脂肪组分，脂肪氧化酶的同工酶缺失、油酸或亚油酸等）或高抗（耐）逆性或广适应性的突破，实现高产、优质、多抗、广适应性以及少投入、多产出、保护环境育种理念。杜维广、郝廼斌等[352]提出“理想光合生态型”（即丰富理想株型内涵）的构思，认为大豆高光效育种应在某生态区域生态类型基础上育成理想光合生态型的品种。

2. 高产（超高产）基因/分子模块发掘与种质创制，建立高光效种质基因库

作物育种在优×优的概念下相近遗传基础的材料反复使用，使遗传基础日趋贫乏，已成为限制育种成功的瓶颈，故遗传多样性在育种中备受关注。应用新技术发掘现有种质的价值，发掘新的基因源，并探明其遗传基础，加强种质创制研究是高产（超高产）育种研究的重要科学命题之一。育成品种积聚了多方面的优异种质，是现时品种改良最核心的遗传资源。卢江杰[356]通过对共1 300份的

野生大豆、地方品种和育成品种的研究表明，育成品种与野生大豆和地方品种相比，分别丢失了20 791（占野生大豆等位变异的12.86%）、8 016（占地方品种等位变异的9.49%）个等位变异，但同时也新生了2 480（占育成品种等位变异总数的3.13%）和294（占育成品种等位变异总数的3.13%）个等位变异。所以育成品种既是重要的受体亲本又是珍贵的供体亲本，关键是要针对育成品种进行解析。野生大豆含有丰富的遗传资源，Concibido等[357]对HS－1 PI407305的回交自交系群体进行产量QTL分析，结果发现来自PI407305的产量位点可增产8.0%～9.4%，所以也要关注野生大豆遗传构成解析。大豆高光效高产育种要重视从新育成品种和野生大豆中发掘高产（超高产）分子模块，同时创制新种质。



3. 大豆高光效育种技术路线

（1）高光效育种亲本选配和组配原则。实践育种家从整体论出发，根据育种宝贵经验（是不可模拟的）、表型分析和系谱追溯其来源和形成过程等来发掘优异亲本，并提出限制高光效高产（超高产）育种瓶颈的主要生态性状。

首先，发掘高光效高产（超高产）育种受体亲本，在解析育成品种、各生态区新育成并有很好配合力的主栽品种遗传基础的基础上，发掘受体亲本（底盘品种），包括高光效高（超）产分子在内的优异分子模块。

其次，发掘供体亲本的高光效高产（超高产）和特（优）异分子模块。注重选择产量和产量的主要相关生态性状：生育期、产量性状、理想株型性状、高光效性状、花荚脱落性状、主茎节数、主茎有效节数、每节座荚性状、主茎短分枝性状、中秆曲茎短分枝性状、成熟期干物重、收获指数、R6－R8时期、高异交率及抗病虫、耐旱等。对于上述生态性状，至少可在7个层次（水平）上分析特性的表现和遗传基础，即由低层到高层次分为基因水平、酶水平、生物化学水平、生理学水平、解剖学水平、形态水平和农学水平，各层次（水平）都是互相衔接、互不排斥的。



理论育种家用还原论分析方法解析和发掘上述各生态性状分子模块、功能验证、作用机制及互作效应，获得能为育种应用的分子模块，并开发鉴定超高产分子模块（等位基因群）的特异分子标记。实践育种家和理论育种家相结合，用还原论和整体论相结合的思路，将分子模块导入受体亲本，并通过高光效高产育种等技术路线培育突破性品种。在发掘现有种质资源超高产分子模块的同时，更重要的是加强种质创制研究，探索创新途径和方法，创制新种质并明确其遗传基础，不断地提供高产（超高产）育种的供体亲本。

在亲本组配时，关键是明确受体亲本的特征特性，只有1～3项短板；其次发掘能弥补受体短板的供体亲本。以受体亲本为轮回亲本进行1～3轮回交，采用回交转育方法将弥补受体短板的供体亲本的基因导入受体亲本中。

在亲本组配上，可采用春夏大豆杂交、新育成主栽品种和地方品种（含上述生态性状分子模块）杂交、新育成主栽品种和国外品种杂交、新育成主栽品种和野生（半野生）品种杂交等方法创制供体亲本，也有可能育成高光效突破性品种；用不孕系构建含东北春大豆、黄淮海春夏大豆、南方多季作大豆和国外大豆品种（系）的育种群体培育供体亲本或直接培育高光效突破性品种。

盖钧镒等[59]指出：育成品种和育成品系在亲本选择上占主要地位，我国大豆杂交育种采用的直接亲本多为育成品种和育成品系，分别占44.44%、39.23%，国外品种和地方品种仅占6.64%和6.69%。而使用育成品种作为母本的直接亲本为50.34%，育成品系为38.31%，国外品种为2.75%，地方品种为 8.85%。但是他依据多年育种实践认为利用综合性状优良的育成品种和品系做直接亲本,能较好地育成普通新品种。杜维广[358]认为目前育成品种已进入爬坡阶段,要想育成突破性品种,必须打破这种格局。正像表 7-2 为各亚区内综合设计的 20 个最优组合指出的那样,这些组合在各亚区内的综合得分均在 96 以上,具有较好的综合表现。具体地说,Sub-1 中最优组合的母本均来自 MG Ⅰ 熟期组的抗线 5 号和垦丰 10,充分表明了这两个材料在亲本组配中的潜力。杜维广[358]认为,采用多个供体亲本改造受体亲本,并将具有弥补受体亲本生态性状短板的稳定优良单株作为供体亲本,导入其特定生态性状,用受体亲本为轮回亲本回交 1~3 次,已取得较好的结果,这是可以尝试的方法。

(2)高光效育种后代选择和培育。在杂交后代选择和培育上,按照大豆高光效高产育种体系进行。基本原则主要依据对高光效育种目标以及对受体和供体亲本的了解,在本地区生态类型的基础上进行后代选择和培育,用不同的培育方法培育不同类型的品种。在南育(繁)培育第 1 代和第 3 代,加快育种进程。高光效育种光合生理指标选择,分为选择指标和鉴定指标。目前,杂交第 2 代育种群体还限于条件不能完全实现高通量分子模块 + 表型鉴定,可通过高光效高产育种体系 + 常规育种 + 育种经验来选择符合目标要求的组合,在这些组合中采用系谱法或混合个体选择方法,选择符合要求的第 2 代单株,并用摘荚法保留其他的遗传变异。第 3 代南育(繁)加代,采用摘荚法收获,保留遗传变异群体。第 4 代进行分子模块(或光合速率) + 表型 + 育种经验鉴选,选择符合要求的单株,构建第 5 代品系。对第 5 代品系进行分子模块 + 特异分子标记 + 高光效高产育种体系 + 常规育种 + 育种经验进行选择,对决选品系进行 RuPB 羧化酶、PEP 羧化酶、PPDK 羧化酶鉴定,并进行抗性鉴定和品质分析,最终确定符合育种目标的品系(即为决选品系)。

随着测定光合作用系统仪器的研究进展和高通量光合作用分子模块的研究进展,将可能在第 2 代育种群体采用高光效高产育种体系 + 光合速率测定 + 常规育种 + 育种经验来选择符合目标要求的组合,选择符合要求的第 2 代单株。其他世代同以上所述。

对决选品系进行产量多点鉴定和选择符合育种目标的优良品系参加省(国家)级试验。

4. 学科交叉和建立科研平台开展大豆高光效育种

大豆高光效育种的实践表明了学科交叉和建立科研平台的必要性和重要性,它是现代科学研究的基础。黑龙江省农业科学院大豆研究所与中国科学院植物研究所合作开展大豆高光效育种,实现优势互补及遗传育种和植物生理生化密切结合,30 年来,在大豆高光效育种方面取得的成绩,证明了学科交叉和建立科研平台是开展大豆高光效育种成功的关键。

5. 实现科企结合共同发展

随着大豆种业的发展,迫切需要科研单位育成急需的大豆优良品种;随着商业化品种的发展,种子企业需要科研单位的指导和应用基础研究的结果;而科研单位育成的品种也需要提供给种业公司,促进品种推广和转化为生产力。正是在双方互求的基础上,实现了科企结合共同发展,促进了大豆产业的发展。

# 第八章　东北栽培大豆资源群体的育种贡献

## 第一节　东北栽培大豆种质资源群体的利用

大豆起源于我国，这是世界各国学者所公认的，目前在世界上分布广泛。大豆在中国栽培用作食物和药物已有5 000年的历史，大豆是中国最古老的作物之一。我国栽培大豆种植区域南起北纬18°的海南省三亚市，北到北纬53°的黑龙江省漠河市，分布32个省、自治区、直辖市。目前世界大豆已扩展到北纬58°与南纬34°之间。马育华等[251]认为，大豆起源并驯化于中国。关于起源地点，1973年王金陵、孟庆喜、祝其昌[251]在分析了中国南至湖南衡阳、北至黑龙江的野生大豆的光周期特性后，发现长江流域及其以南地区的野生大豆，在原始性状短光照性方面最强。因此认为，我国长江流域及其以南地区应是大豆的起源中心。这个地区的大豆，以短光照性较弱的早熟性变异，向北方迁移适应，直到东北地区北部。

刘学勤等[36]根据文献资料及对世界大豆群体分析，绘制了大豆在世界范围传播及演化路线。由于均有证据，表明黄淮地区和长江地区为起源中心且这两个区域彼此相邻，因此初步认为这两个区域是栽培大豆的起源中心。

为揭示稳定环境下世界大豆品种熟期组的变化及其在世界地理区域的分布，刘学勤等[36]用来自世界13个不同来源的371份大豆种质，在南宁、南京、济宁、牡丹江、黑河5个试验点对全球大豆品种进行熟期组评价。通过对简化基因组重测序所得到的98 482个SNP标记，整合获得20 701个SNPLDB标记，基于这些SNPLDB标记进行资源的聚类分析。在遗传关系无根树状图（图0－1）中，在0.02遗传距离上，将13个地区种质聚为5类，其中东北大豆亚群与北美、南美亚群聚为一类，表明北美、南美大豆均来源于东北大豆，东北大豆资源影响到全世界。

在中国大豆向世界传播经4条路线，其中3条均源自东北地区。因此中国东北地区种质对世界其他地区大豆的发展，特别是目前全球大豆生产主要区域的美洲地区曾起到重要作用。大量研究证明美国大豆的主要祖先可以追溯到中国大豆品种和来自中国东北大豆的引进，例如Chinese，S－100，里奇兰等[31, 91, 359]。现在大豆已从美国扩大到北美和南美，大豆总产量占世界大豆产量的80%以上[40]。因此，研究东北大豆种质具有特殊意义。

关于东北大豆种质资源对世界大豆的重要贡献请参阅本书引论部分。

### 一、东北栽培大豆种质资源群体中优异品种对大豆生产的贡献

#### （一）东北栽培大豆种质资源群体中的优异品种

1. 东北栽培大豆资源群体中鉴选出的高产稳产品种

对361份东北栽培大豆资源群体在东北地区9个有代表性生态区，经3年重复内分组试验设计（4次重复），结合相关文献鉴选出高产稳产品种有：合丰25、绥农14、黑农26、黑农33、黑农37、黑河

3 号、黑河 43、北丰 11、北丰 14、垦鉴豆 25、垦鉴豆 27、吉林 20、铁丰 18 等。这些品种是各相应时期适宜区域主栽品种及累计推广面积达 1 000 万亩以上或获国家级奖的品种。

2. 东北栽培大豆资源群体中鉴选出的高油高产品种

对 361 份东北栽培大豆资源群体经 3 年品质分析，从中选出高油高产品种并且是当时适宜区主栽品种，其中，1980—2010 年经省级以上农作物品种审定委员会审定推广的高油（脂肪含量平均≥23%）大豆品种主要有：红丰 3 号（23. 11%）、嫩丰 10（23. 32%）、黑农 31（23. 14%）、垦农 18（23. 21%）、黑农 44（23. 01%）、合丰 42（23. 04%）、垦农 19（23. 27%）、绥农 20（23. 07%）、绥农 30（23. 35%）、吉育 67（23. 61%）、吉育 83（23. 35%）、吉育 89（24. 61%）、长农 16（23. 44%）、蒙豆 9 号（23. 09%）。1980—2010 年经省级以上农作物品种审定委员会审定推广的高油（脂肪含量平均≥22%）高产品种并且是当时适宜区主栽品种有：九丰 2 号、绥农 6 号、黑农 33、垦农 4 号、红丰 8 号、垦丰 9 号、红丰 12、东大 1 号、嫩丰 17、东农 47、合丰 47、嫩丰 18、合丰 48、垦丰 15、东农 49、嫩丰 19、黑河 40、垦农 22、合丰 50、抗线 6 号、合丰 55、合农 60、黑农 64、蒙豆 12、蒙豆 19、蒙豆 26、吉育 57、吉育 58、吉育 64、长农 17、长农 20、铁丰 22、吉育 84、吉育 87。这些品种是各相应时期适宜区域的主栽品种。

3. 东北栽培大豆种质资源群体中鉴选出的高蛋白高产品种（蛋白质含量平均≥44%）

对 361 份东北栽培大豆资源群体经 3 年品质分析，从中选出高蛋白高产品种（蛋白质含量平均≥44%）并且是当时适宜区主栽品种有：黑农 34、黑农 35、黑农 48、东农 42、东农 46、东农 48、垦农 30、垦丰 25、吉林 26、吉林 28、吉育 59、吉育 63、通农 13、辽豆 16、辽豆 17、蒙豆 11、蒙豆 30、蒙豆 36 等。这些品种是各相应时期适宜区域的主栽品种。

4. 东北栽培大豆种质资源群体中鉴选出的多抗高产品种

对 361 份东北栽培大豆资源群体经 3 年抗病性鉴定，从中选出多抗品种并且是当时适宜区主栽品种有：黑农 33、黑农 39、合丰 29、合丰 30、合丰 33 等。这些品种是各相应时期适宜区域高抗灰斑病，兼抗花叶病毒病或抗多个小种、株系的主栽品种。

### （二）从东北栽培大豆种质资源群体中鉴选出配合力高的种质

通过已发表的文献将配合力高的种质克交 4430－20、5621、十胜长叶等纳入东北栽培大豆资源群体中，由这 3 个种质直接或间接育成许多衍生品种/系（表 8－1 至表 8－3）。

**表 8－1　克交 4430－20 的衍生系（摘自刘广阳[360]）**

| 品种名称 | 父母本（来源） | 育成单位 | 育成年份 | 利用级别 |
|---|---|---|---|---|
| 合丰 25 | 合丰 23 × 克交 4430－20 | 黑龙江省农科院合江农科所 | 1984 | 1 |
| 合丰 26 | 合交 13 × 克交 4430－20 | 黑龙江省农科院合江农科所 | 1985 | 1 |
| 合丰 30 | （合交 69－231 × 克交 4430－20）× 克交 4430－20 | 黑龙江省农科院合江农科所 | 1988 | 1 |
| 红丰 5 号 | 红丰 3 × 克交 4430－20 | 红兴隆农管局农科所 | 1988 | 1 |
| 垦农 1 号 | 克交 4430－20 × 黑农 26 | 八一农垦大学 | 1987 | 1 |
| 合丰 31 | 合丰 25 × 合丰 24 | 黑龙江省农科院合江农科所 | 1989 | 2 |

续表 8－1

| 品种名称 | 父母本(来源) | 育成单位 | 育成年份 | 利用级别 |
|---|---|---|---|---|
| 合丰 32 | (合丰 26×Wilkin)×合丰 26 | 黑龙江省农科院合江农科所 | 1992 | 2 |
| 合丰 33 | (合丰 26×铁丰 18)$F_1$ 辐射 | 黑龙江省农科院合江农科所 | 1992 | 2 |
| 合丰 36 | (合丰 26×公交 7407)$F_1$ 辐射 | 黑龙江省农科院合江农科所 | 1995 | 2 |
| 绥农 14 | 合丰 25×绥农 8 号 | 黑龙江省农科院绥化农科所 | 1996 | 2 |
| 绥农 19 | 垦农 4 号×(北丰 9×公交 832－7) | 黑龙江省农科院绥化农科所 | 2002 | 2 |
| 黑河 19 | 黑交 85－1033×合丰 26 | 黑龙江省农科院黑河农科所 | 1998 | 2 |
| 北丰 9 号 | 合丰 25×北 80－4083－9－6 | 北安农管局农科所 | 1995 | 2 |
| 北丰 11 | 合丰 25×北 96－1483 | 北安农管局农科所 | 1995 | 2 |
| 北丰 13 | 北丰 3 号×合丰 25 | 北安农管局农科所 | 1996 | 2 |
| 北丰 14 | 合丰 25×北丰 8 号 | 北安农管局农科所 | 1997 | 2 |
| 丰收 22 | 合丰 25γ 射线照射 | 黑龙江省农科院合江农科所 | 1992 | 2 |
| 九丰 6 号 | 九三 80－15×合丰 25 | 九三农管局农科所 | 1995 | 2 |
| 九丰 8 号 | 九丰 5 号×合丰 25 | 九三农管局农科所 | 1996 | 2 |
| 垦鉴豆 2 号 | 黑河 54×合丰 25 | 九三农管局农科所 | 1992 | 2 |
| 垦鉴豆 15 | 北 84－412×合丰 25 | 九三农管局农科所 | 2000 | 2 |
| 红丰 8 号 | 合丰 25×Dawn | 红兴隆农管局农科所 | 1993 | 2 |
| 垦丰 6 号 | 合丰 25×绥农 11 | 农垦科学院大豆所 | 2001 | 2 |
| 宝丰 11 | 合丰 25×比松 | 宝泉岭农管局农科所 | 1997 | 2 |
| 东生 1 号 | 合丰 25×北 8719 | 中科院海伦生态所 | 2003 | 2 |
| 抗线 5 号 | 合丰 25×安 8804－33 | 黑龙江省农科院盐碱土研究所 | 2003 | 2 |
| 合丰 38 | 合交 82－728×合丰 33 | 黑龙江省农科院合江农科所 | 1998 | 3 |
| 合丰 40 | 合丰 34×北丰 9 号 | 黑龙江省农科院合江农科所 | 2000 | 3 |
| 合丰 42 | 北丰 11×Hobbit | 黑龙江省农科院合江农科所 | 2002 | 3 |
| 合丰 43 | 北丰 9 号×合丰 34 | 黑龙江省农科院合江农科所 | 2002 | 3 |
| 绥农 18 | 绥 90－5888×(北丰 9×吉林 27) | 黑龙江省农科院绥化农科所 | 2002 | 3 |
| 黑河 27 | 黑交 88－1156×北丰 11 | 黑龙江省农科院黑河农科所 | 2002 | 3 |
| 黑河 30 | 黑交 91－2005×北丰 9 号 | 黑龙江省农科院黑河农科所 | 2003 | 3 |
| 黑河 31 | 北丰 11×黑河 92－1014 | 黑龙江省农科院黑河农科所 | 2003 | 3 |
| 黑河 32 | 黑河 5 号×北丰 11 | 黑龙江省农科院黑河农科所 | 2004 | 3 |
| 北丰 17 | 北丰 11×北丰 13 | 北安农管局农科所 | 2003 | 3 |
| 东大 1 号 | 北丰 14×东农 2 481 | 东北农业大学 | 2003 | 3 |
| 垦丰 7 号 | 北丰 9 号×吉林 20 | 农垦科学院大豆所 | 2001 | 3 |
| 垦丰 10 | 北丰 9 号×绥农 10 | 农垦科学院大豆所 | 2003 | 3 |
| 垦丰 11 | 北丰 9 号×吉林 20 | 农垦科学院大豆所 | 2003 | 3 |
| 垦鉴豆 1 号 | 北丰 11×北丰 7 | 北安农管局农科所 | 1996 | 3 |
| 垦鉴豆 4 号 | 北丰 9 号×北丰 11 | 北安农管局农科所 | 1999 | 3 |

表 8-2 大豆品系 5621 在其育成大豆品种中的遗传贡献(摘自王连铮等[361])

| 品种 | 核遗传贡献率/% | 质遗传贡献率/% | 品种 | 核遗传贡献率/% | 质遗传贡献率/% |
|---|---|---|---|---|---|
| 铁丰 9 号 | 0.500 | 1 | 辽豆 3 号 | 0.250 | 0 |
| 铁丰 10 | 0.500 | 1 | 辽豆 4 号 | 0.125 | 0 |
| 铁丰 17 | 0.500 | 0 | 辽豆 9 号 | 0.063 | 0 |
| 铁丰 18 | 0.500 | 0 | 辽豆 10 | 0.313 | 0 |
| 铁丰 19 | 0.500 | 0 | 辽豆 11 | 0.188 | 0 |
| 铁丰 20 | 0.500 | 1 | 辽豆 13 | 0.157 | 0 |
| 铁丰 21 | 0.250 | 1 | 开育 9 号 | 0.500 | 0 |
| 铁丰 22 | 0.250 | 1 | 开育 10 | 0.250 | 0 |
| 铁丰 23 | 0.250 | 0 | 丰豆 1 号 | 0.500 | 0 |
| 铁丰 24 | 0.250 | 0 | 冀豆 2 号 | 0.250 | 0 |
| 铁丰 25 | 0.250 | 0 | 抚 82-93 | 0.250 | 0 |
| 铁丰 26 | 0.219 | 0 | 丹豆 5 号 | 0.250 | 0 |
| 铁丰 27 | 0.125 | 0 | 丹豆 7 号 | 0.063 | 0 |
| 铁丰 28 | 0.125 | 0 | 丹豆 8 号 | 0.250 | 0 |
| 铁丰 29 | 0.125 | 0 | 沈农 25104 | 0.250 | 1 |
| 锦豆 36 | 0.188 | 0 | 彰豆 1 号 | 0.500 | 0 |
| 新豆 1 号 | 0.250 | 0 | | | |

表 8-3 十胜长叶衍生品种名称、遗传贡献率、来源地及审定年份(摘自郭娟娟等[362])

| 品种名称 | 遗传贡献率/% | 来源地 | 审定年份 | 品种名称 | 遗传贡献率/% | 来源地 | 审定年份 | 品种名称 | 遗传贡献率/% | 来源地 | 审定年份 |
|---|---|---|---|---|---|---|---|---|---|---|---|
| 吉育 68 | 0.78 | 吉 | 2003 | 合丰 33 | 9.38 | 黑 | 1992 | 九农 25 | 12.50 | 吉 | 2002 |
| 绥农 21 | 1.56 | 黑 | 2004 | 合丰 36 | 9.38 | 黑 | 1996 | 科丰 15 | 12.50 | 北京 | 2002 |
| 吉育 52 | 1.56 | 吉 | 2001 | 吉林 47 | 9.38 | 吉 | 1999 | 垦鉴豆 22 | 12.50 | 黑 | 2002 |
| 吉育 73 | 1.82 | 吉 | 2005 | 黑农 41 | 10.55 | 黑 | 1999 | 新丰 1 号 | 12.50 | 辽 | 2002 |
| 吉林 499 | 3.13 | 吉 | 2000 | 吉林 43 | 12.50 | 吉 | 1998 | 延农 10 | 12.50 | 吉林 | 2002 |
| 吉林小粒豆 6 号 | 3.13 | 吉 | 2002 | 垦鉴豆 4 号 | 12.50 | 黑 | 1999 | 东生 1 号 | 12.50 | 黑 | 2003 |
| 吉农 11 | 3.13 | 吉 | 2002 | 四农 2 号 | 12.50 | 吉 | 2001 | 吉科豆 6 号 | 12.50 | 吉 | 2003 |
| 吉育 66 | 3.13 | 吉 | 2002 | 黑河 27 | 12.50 | 黑 | 2002 | 吉农 13 | 12.50 | 吉林 | 2003 |
| 九农 27 | 3.13 | 吉 | 2002 | 吉育 64 | 12.50 | 吉 | 2002 | 抗线虫 5 号 | 12.50 | 黑 | 2003 |
| 中黄 24 | 3.13 | 北京 | 2003 | 吉农 14 | 12.50 | 吉 | 2003 | 垦丰 11 | 12.50 | 黑 | 2003 |
| 吉林小粒豆 7 号 | 3.13 | 吉 | 2004 | 北丰 17 | 12.50 | 黑 | 2004 | 垦鉴豆 31 | 12.50 | 黑 | 2004 |
| 吉育 77 | 3.13 | 吉 | 2005 | 黑河 35 | 12.50 | 黑 | 2004 | 嫩丰 18 | 12.50 | 黑 | 2005 |
| 吉育 76 | 3.13 | 吉 | 2005 | 吉农 15 | 12.50 | 吉 | 2004 | 新育 1 号 | 12.50 | 辽 | 2005 |

续表 8－3

| 品种名称 | 遗传贡献率/% | 来源地 | 审定年份 | 品种名称 | 遗传贡献率/% | 来源地 | 审定年份 | 品种名称 | 遗传贡献率/% | 来源地 | 审定年份 |
|---|---|---|---|---|---|---|---|---|---|---|---|
| 吉育 58 | 3. 65 | 吉 | 2001 | 吉育 63 | 12. 50 | 吉 | 2002 | 吉丰 4 号 | 12. 50 | 吉 | 2005 |
| 合丰 48 | 4. 69 | 黑 | 2005 | 吉林 38 | 12. 50 | 吉 | 1998 | 郝豆 2000 | 12. 50 | 吉 | 2005 |
| 吉育 50 | 4. 69 | 吉 | 2001 | 吉林 45 | 12. 50 | 吉 | 2000 | 黑农 37 | 14. 06 | 黑 | 1992 |
| 黑河 18 | 4. 69 | 黑 | 2000 | 合丰 31 | 12. 50 | 黑 | 1989 | 黑农 38 | 14. 06 | 黑 | 1992 |
| 吉育 74 | 4. 69 | 吉 | 2005 | 吉林 23 | 12. 50 | 吉 | 1990 | 九农 24 | 14. 06 | 吉 | 2001 |
| 吉育 72 | 4. 69 | 吉 | 2004 | 吉林 25 | 12. 50 | 吉 | 1990 | 吉农 8 号 | 15. 63 | 吉 | 2000 |
| 吉科豆 3 号 | 6. 25 | 吉 | 2002 | 吉林 27 | 12. 50 | 吉 | 1991 | 垦鉴豆 14 | 15. 63 | 黑 | 2000 |
| 吉育 67 | 6. 25 | 吉 | 2002 | 吉农 4 号 | 12. 50 | 吉 | 1991 | 四农 1 号 | 18. 75 | 吉 | 1998 |
| 吉科豆 5 号 | 6. 25 | 吉 | 2003 | 合丰 32 | 12. 50 | 黑 | 1992 | 黑河 9 号 | 18. 75 | 黑 | 1990 |
| 吉育 7 号 | 16. 25 | 吉 | 2003 | 垦鉴豆 2 号 | 12. 50 | 黑 | 1992 | 丰收 22 | 18. 75 | 黑 | 1992 |
| 吉科豆 7 号 | 6. 25 | 吉 | 2004 | 红丰 7 号 | 12. 50 | 黑 | 1993 | 吉农 7 号 | 18. 75 | 吉 | 1999 |
| 吉林 21 | 6. 25 | 吉 | 1988 | 红丰 8 号 | 12. 50 | 黑 | 1993 | 吉林小粒 4 号 | 18. 75 | 吉 | 2000 |
| 吉林 46 | 6. 25 | 吉 | 1999 | 辽豆 9 号 | 12. 50 | 辽 | 1993 | 垦农 11 | 18. 75 | 黑 | 2003 |
| 东农 42 | 6. 25 | 黑 | 2000 | 白农 6 号 | 12. 50 | 吉 | 1994 | 九丰 9 号 | 21. 88 | 黑 | 2003 |
| 合丰 40 | 6. 25 | 黑 | 2000 | 黑河 10 | 12. 50 | 黑 | 1994 | 延农 8 号 | 25. 00 | 吉 | 1999 |
| 九农 23 | 6. 25 | 吉 | 2001 | 丹豆 7 号 | 12. 50 | 辽 | 1994 | 延农 9 号 | 25. 00 | 吉 | 2001 |
| 吉育 54 | 6. 25 | 吉 | 2001 | 北丰 11 | 12. 50 | 黑 | 1995 | 延农 11 | 25. 00 | 吉 | 2003 |
| 吉育 57 | 6. 25 | 吉 | 2001 | 北丰 9 号 | 12. 50 | 黑 | 1995 | 合丰 25 | 25. 00 | 黑 | 1984 |
| 吉育 59 | 6. 25 | 吉 | 2002 | 吉林 32 | 12. 50 | 吉 | 1995 | 绥农 5 号 | 25. 00 | 黑 | 1984 |
| 抚 97－16 | 6. 25 | 吉 | 2002 | 吉林 35 | 12. 50 | 吉 | 1995 | 合丰 26 | 25. 00 | 黑 | 1985 |
| 合丰 42 | 6. 25 | 黑 | 2002 | 九丰 6 号 | 12. 50 | 黑 | 1995 | 绥农 6 号 | 25. 00 | 黑 | 1985 |
| 合丰 43 | 6. 25 | 黑 | 2002 | 九农 20 | 12. 50 | 吉 | 1995 | 黑农 29 | 25. 00 | 黑 | 1986 |
| 黑农 43 | 6. 25 | 黑 | 2002 | 九农 21 | 12. 50 | 吉 | 1995 | 垦农 1 号 | 25. 00 | 黑 | 1987 |
| 绥农 18 | 6. 25 | 黑 | 2002 | 白农 7 号 | 12. 50 | 吉 | 1996 | 通农 9 号 | 25. 00 | 吉 | 1987 |
| 绥农 19 | 6. 25 | 黑 | 2002 | 北丰 13 | 12. 50 | 黑 | 1996 | 黑河 7 号 | 25. 00 | 黑 | 1988 |
| 长农 16 | 6. 25 | 吉 | 2003 | 长农 8 号 | 12. 50 | 吉 | 1996 | 红丰 5 号 | 25. 00 | 黑 | 1988 |
| 长农 17 | 6. 25 | 吉 | 2003 | 黑河 14 | 12. 50 | 黑 | 1996 | 长农 4 号 | 25. 00 | 吉 | 1989 |
| 东大 1 号 | 6. 25 | 黑 | 2003 | 吉林 34 | 12. 50 | 吉 | 1996 | 丰收 21 | 25. 00 | 黑 | 1989 |
| 黑河 30 | 6. 25 | 黑 | 2003 | 绥农 14 | 12. 50 | 黑 | 1996 | 吉林 18 | 25. 00 | 吉 | 1989 |
| 黑河 31 | 6. 25 | 黑 | 2003 | 宝丰 11 | 12. 50 | 黑 | 1997 | 吉林 20 | 25. 00 | 吉 | 1989 |
| 吉育 70 | 6. 25 | 吉 | 2003 | 北丰 14 | 12. 50 | 黑 | 1997 | 辽豆 4 号 | 25. 00 | 辽 | 1989 |
| 九农 28 | 6. 25 | 吉 | 2003 | 长农 9 号 | 12. 50 | 吉 | 1999 | 长农 5 号 | 25. 00 | 吉 | 1990 |
| 九农 29 | 6. 25 | 吉 | 2003 | 黑河 19 | 12. 50 | 黑 | 1998 | 通农 10 | 25. 00 | 吉 | 1992 |
| 垦鉴豆 25 | 6. 25 | 黑 | 2003 | 吉林 39 | 12. 50 | 吉 | 1998 | 通农 11 | 25. 00 | 吉 | 1995 |
| 垦鉴豆 27 | 6. 25 | 黑 | 2003 | 九丰 8 号 | 12. 50 | 黑 | 1998 | 黑生 10 | 125. 00 | 黑 | 1997 |

续表 8－3

| 品种名称 | 遗传贡献率/% | 来源地 | 审定年份 | 品种名称 | 遗传贡献率/% | 来源地 | 审定年份 | 品种名称 | 遗传贡献率/% | 来源地 | 审定年份 |
|---|---|---|---|---|---|---|---|---|---|---|---|
| 龙小粒豆1号 | 6.25 | 黑 | 2003 | 绥农15 | 12.50 | 黑 | 1998 | 集1005 | 25.00 | 吉 | 2001 |
| 白农10 | 6.25 | 吉 | 2004 | 白农9号 | 12.50 | 吉 | 1999 | 垦鉴豆23 | 25.00 | 黑 | 2002 |
| 黑河32 | 6.25 | 黑 | 2004 | 长农10 | 12.50 | 吉 | 2000 | 东农48 | 28.13 | 黑 | 2005 |
| 九农30 | 6.25 | 吉 | 2004 | 长农11 | 12.50 | 吉 | 2000 | 白农8号 | 31.25 | 吉 | 1998 |
| 北豆1号 | 6.25 | 黑 | 2005 | 黑河17 | 12.50 | 黑 | 2000 | 垦鉴豆1号 | 31.25 | 黑 | 1987 |
| 黑河38 | 6.25 | 黑 | 2005 | 吉丰2号 | 12.50 | 吉 | 2000 | 铁丰25 | 31.25 | 吉 | 1989 |
| 华疆1号 | 6.25 | 黑 | 2005 | 垦鉴豆15 | 12.50 | 黑 | 2000 | 黑农28 | 37.50 | 黑 | 1986 |
| 九农33 | 6.25 | 吉 | 2005 | 通农12 | 12.50 | 吉 | 2000 | 合丰30 | 37.50 | 黑 | 1988 |
| 垦丰13 | 6.25 | 黑 | 2005 | 黑河26 | 12.50 | 黑 | 2001 | 绥农16 | 40.63 | 黑 | 2000 |
| 垦农20 | 6.25 | 黑 | 2005 | 吉科豆1号 | 12.50 | 吉 | 2001 | 通农5号 | 50.00 | 吉 | 1978 |
| 绥农22 | 6.25 | 黑 | 2005 | 垦丰6号 | 12.50 | 黑 | 2001 | 通农6号 | 50.00 | 吉 | 1978 |
| 九农31 | 6.25 | 吉 | 2005 | 垦丰7号 | 12.50 | 黑 | 2001 | 通农7号 | 50.00 | 吉 | 1978 |
| 垦丰10 | 6.25 | 黑 | 2003 | 绥农17 | 12.50 | 黑 | 2001 | 吉林16 | 50.00 | 吉 | 1978 |
| 吉林36 | 6.25 | 吉 | 1996 | 通农13 | 12.50 | 吉 | 2001 | 黑农34 | 50.00 | 黑 | 1988 |
| 黑河34 | 6.25 | 黑 | 2004 | 通农14 | 12.50 | 吉 | 2001 | 九丰4号 | 50.00 | 黑 | 1988 |
| 九农22 | 6.25 | 吉 | 1999 | 长农15 | 12.50 | 吉 | 2002 | 抚82－93 | 50.00 | 辽 | 1989 |
| 黑河25 | 6.25 | 黑 | 2001 | 黑农44 | 12.50 | 黑 | 2002 | 黑农35 | 50.00 | 黑 | 1990 |

注：遗传贡献率计算为：一个品种分别从其双亲得到均等的遗传物质；混合授粉材料，各花粉供体对育成品种具有相同的遗传贡献率；自然突变和诱导突变材料与其祖先的亲缘系数为0.75；利用花粉管通道转基因育成的品种，供体和受体的亲缘系数各0.50。黑代表黑龙江省，吉代表吉林省，辽代表辽宁省。

上述品种的详细介绍请参阅本书第九章相关内容。这些品种为今后东北大豆育种提供优良的供体亲本和受体亲本。

## 二、东北栽培大豆种质资源群体中优异品种在不同历史时期获奖情况

东北栽培大豆优异品种在不同历史时期得到国家、部委、省、市人民政府及行业部门给予的奖励。这些获奖品种成为大豆种质创新的优异资源。表8－4列出了东北三省一区不同历史时期表现优异并获得奖励的大部分品种资源。

**表8－4　东北栽培大豆优异品种在不同历史时期获奖情况（引自各相关育种单位品种获奖证明）**

| 品种 | 亲本组合 | 审定时间 | 获奖时间 | 获奖级别 | 等级 | 推广面积/万亩 | 衍生系数量 |
|---|---|---|---|---|---|---|---|
| 北丰14 | 合丰25×北丰8号 | | 2003 | 黑龙江科技奖 | 三 | 415.7 | 5 |
| 垦鉴豆4号 | 北93－454×黑河18 | 1999 | 2002 | 黑农垦总局奖 | 三 | 373.0 | 1 |
| 垦鉴豆25 | 北丰8号×北丰11 | | 2006 | 黑农垦总局奖 | 一 | 1 540.0 | 2 |
| 丰收10 | 丰收6×四粒黄 | | 1978 | 全国科学大会 | | | 5 |

续表 8－4

| 品种 | 亲本组合 | 审定时间 | 获奖时间 | 获奖级别 | 等级 | 推广面积/万亩 | 衍生系数量 |
|---|---|---|---|---|---|---|---|
| 丰收 24 | 黑 83－889×绥 83－708 | 2003 | 2007 | 黑龙江科技奖 | 一 | | 0 |
| 克山 1 号 | (黑河 18×绥农 14)$F_2$ 卫星搭载 | 2009 | 2014 | 齐齐哈尔科技 | 一 | 1 700.0 | 5 |
| 丰收 27 | 克交 88223－1×白农 5 号 | 2009 | 2016 | 齐齐哈尔市 | 三 | | 0 |
| 抗线 4 号 | 8108－5×九丰 1 号 | 2007 | 2007 | 黑农业科技奖 | 一 | | 0 |
| 垦丰 16 | 黑农 34×垦农 5 号 | | 2013 | 中华农业科技 | 三 | | 11 |
| 垦丰 17 | 北丰 8 号×长农 5 号 | 2007 | 2013 | 农业部丰收奖 | 三 | | 1 |
| 垦丰 22 | 绥农 10×合丰 35 | 2008 | 2010 | 农业部丰收奖 | 三 | | 0 |
| 垦丰 23 | 合丰 35×九交 90－102 | 2009 | 2015 | 黑农垦总局奖 | 一 | | 2 |
| 垦丰 25 | 垦丰 16×绥农 16 | 2009 | 2019 | 黑农垦总局奖 | 一 | | 0 |
| 牡丰 7 号 | 合丰 25 系选 | | 2007 | 牡丹江科技奖 | 一 | 410.0 | 1 |
| 牡豆 8 号 | 垦农 19×滴 2003 | 2012 | 2016 | 牡丹江科技奖 | 一 | 240.0 | 0 |
| 蒙豆 9 号 | 丰收 10 系选 | | 2006 | 内农业科技奖 | 三 | | 5 |
| 蒙豆 12 | 绥农 10×蒙豆 9 号 | | 2007 | 内呼伦贝尔市 | 一 | | 0 |
| 蒙豆 14 | 呼交 94－106×Weber | | 2015 | 内蒙古科技奖 | 二 | | 0 |
| 蒙豆 36 | 蒙豆 13×黑农 37 | | 2015 | 内蒙古科技奖 | 二 | | 1 |
| 蒙豆 30 | 蒙豆 16×89－9 | | 2018 | 内呼伦贝尔市 | 一 | | 0 |
| 铁丰 29 | 铁 8114－7－4×铁 84059－13－8 | | 2004 | 辽宁科技奖 | 三 | | 12 |
| 铁丰 31 | 新 3511×瑞斯尼克 | | 2009 | 辽宁科技奖 | 三 | | 8 |
| 长农 5 号 | 长农 4 号×吉林 20 | | | 吉林科技奖 | 二 | | 6 |
| 长农 13 | 8508－8－6×8503－1－5－1 | | | 吉林科技奖 | 二 | | 3 |
| 合丰 22 | 合丰 5 号×丰收 2 号 | 1974 | 1983 | 农业部技术奖 | 二 | 2 800.0 | 1 |
| 合丰 23 | 小粒豆 9 号×丰收 10 | 1977 | 1981 | 黑龙江科技奖 | 二 | 1 300.0 | 127 |
| 合丰 25 | 合丰 23×克交 4430－20 | 1984 | 1988 | 国家科技进步奖 | 三 | 18 000.0 | 119 |
| 合丰 30 | (合 69－231×克交 4430－20) ×克交 4430－20 | 1988 | 1992 | 黑龙江科技奖 | 二 | 900.0 | 0 |
| 合丰 35 | 合 8009－1612[(黑河 54×阿姆索伊)×黑河 54]×绥农 7 号 | 1994 | 1999 | 国家科技进步奖 | 二 | 6 000.0 | 33 |
| 合丰 39 | 合 87－1004×合 87－19 | 2000 | 2003 | 黑龙江发明奖 | 二 | 850.0 | 2 |
| 合丰 40 | 北丰 9 号×合丰 34 | 2000 | 2004 | 黑龙江科技奖 | 二 | 910.0 | 0 |
| 合丰 43 | 合丰 34×绥农 10 | 2001 | 2005 | 佳木斯科技奖 | 一 | 600.0 | 3 |
| 合丰 45 | 绥农 10×垦农 7 号 | 2003 | 2008 | 黑龙江科技奖 | 一 | 4 500.0 | 1 |
| 合丰 46 | (合丰 35×公 84112－1－3)$F_2$ | 2003 | 2008 | 佳木斯科技奖 | 特 | 800.0 | 3 |
| 合丰 47 | (合丰 35×公 84112－1－3)$F_2$ | 2004 | 2010 | 黑龙江科技奖 | 二 | 1 779.1 | 1 |
| 合丰 48 | (合丰 35×吉林 27)$F_2$ | 2005 | 2008 | 黑龙江农业奖 | 一 | 1 200.0 | 5 |
| 合丰 50 | 合丰 35×合 95－1101(合 34×合 35) | 2006 | 2011 | 黑龙江省科奖 | 二 | 2 146.0 | 11 |
| 合丰 51 | 合 35×94114$F_3$(合 34×美国扁茎) | 2006 | 2012 | 黑龙江科技奖 | 二 | 1 073.7 | 2 |
| 合丰 55 | 北丰 11×绥农 4 号 | 2008 | 2014 | 黑龙江科技奖 | 一 | 2 330.6 | 4 |

续表 8-4

| 品种 | 亲本组合 | 审定时间 | 获奖时间 | 获奖级别 | 等级 | 推广面积/万亩 | 衍生系数量 |
|---|---|---|---|---|---|---|---|
| 合丰 56 | 九三 92-168×合丰 41 | 2009 | 2014 | 黑龙江农业奖 | 一 | 1 500.0 | 2 |
| 合农 60 | 北丰 11×Hobbit | 2010 | 2015 | 佳木斯科技奖 | 一 | 560.0 | 3 |
| 绥农 4 号 | 绥农 3 号×(绥 69-4258×群选 1 号)$F_1$ | 1981 | 1986 | 黑龙江科技奖 | 二 | 2 247.0 | 53 |
| 绥农 8 号 | 绥农 4 号×(绥 77-5047×Amsoy)$F_1$ | 1989 | 1993 | 黑龙江科技奖 | 二 | 2 241.0 | 4 |
| 绥农 10 | 绥农 4 号×铁 7518 | 1994 | 2002 | 黑龙江科技奖 | 二 | 2 184.0 | 5 |
| 绥农 14 | 合丰 25×绥农 8 号 | 1996 | 2003 | 国家科技进步奖 | 二 | 5 951.0 | 8 |
| 绥农 15 | 黑河 7 号×(绥 85-5064×Ozzie)$F_1$ | 1998 | 2007 | 黑龙江科技奖 | 三 | 771.5 | 2 |
| 绥农 22 | 绥农 15×绥 96-81029 | 2005 | 2010 | 绥化市科技奖 | 二 | 487.9 | 4 |
| 绥农 26 | 绥农 15×绥 96-81029 | 2008 | 2013 | 黑龙江科技奖 | 二 | 1 706.0 | 2 |
| 绥农 29 | 绥农 14×绥农 10 | 2009 | 2012 | 绥化市科技奖 | 二 | 252.6 | |
| 绥农 31 | 绥农 4 号×(农大 05687×绥农 4 号)$F_2$ | 2009 | 2015 | 绥化市科技奖 | 一 | 354.8 | 1 |
| 黑河 7 号 | (黑河 3 号×十胜长叶)×(黑河 54× 阿姆索伊) | 1988 | 1982 | 国家科技奖 | 二 | 1 200.0 | 2 |
| 黑河 8 号 | γ 射线辐照黑交 75-27 稳定品系 | 1989 | 1995 | 黑河市科技奖 | 一 | 900.0 | 0 |
| 黑河 18 | 黑辐 84-265×黑交 85-1033 | 1998 | 2003 | 黑河市科技奖 | 一 | 1 900.0 | 14 |
| 黑河 19 | 黑交 85-1033×合丰 26 | 1998 | 2003 | 黑龙江科技奖 | 二 | 2 700.0 | 5 |
| 黑河 24 | 黑辐 84-265×黑交 85-1033 | 2001 | 2008 | 黑河市科技奖 | 二 | 1 680.0 | 2 |
| 黑河 27 | 黑交 88-1156×北 87-9 | 2002 | 2006 | 黑龙江科技奖 | 三 | 2 300.0 | 2 |
| 黑河 28 | 黑交 83-889×Mapleallow | 2003 | 2007 | 黑农业科技奖 | 二 | 900.0 | 0 |
| 黑河 29 | 黑交 83-889×绥 87-5676 | 2003 | 2007 | 黑龙江科技奖 | 三 | 850.0 | 0 |
| 黑河 32 | γ 射线辐照(黑河 5 号×北 87-9)$F_2$ 代风干种子 | 2004 | 2008 | 黑龙江科技奖 | 二 | 420.0 | 0 |
| 黑河 33 | 黑交 92-1544×北 92-28 | 2004 | 2008 | 黑农业科技奖 | 一 | 1 300.0 | 2 |
| 黑河 36 | γ 射线辐照(北 87-9×90-66 为父本)$F_1$ 代风干种子 | 2004 | 2010 | 黑龙江科技奖 | 三 | 650.0 | 2 |
| 黑河 38 | (黑河 9 号×黑交 83-889)×(合丰 26×黑交83-889) | 2005 | 2011 | 黑龙江科技奖 | 三 | 3 100.0 | 9 |
| 黑河 40 | 黑交 92-1544×俄十月革命 70 | 2006 | 2011 | 黑龙江科技奖 | 三 | 20.0 | 0 |
| 黑河 43 | 黑交 92-1544×黑交 94-1211 | 2007 | 2015 | 黑龙江科技奖 | 一 | 8 200.0 | 9 |
| 黑河 45 | 北丰 11×黑河 26 | 2007 | 2012 | 黑农业科技奖 | 一 | 2 100.0 | 2 |
| 黑河 50 | 黑交 95-812×黑交 94-1102 | 2009 | 2017 | 黑龙江科技奖 | 三 | 120.0 | 0 |
| 黑河 51 | 黑河 14×北丰 1 号 | 2009 | 2020 | 黑龙江科技奖 | 三 | 150.0 | 1 |
| 黑河 52 | γ 射线辐照(黑交 92-1544×绥 97-7049)$F_2$ 代风干种子 | 2010 | 2018 | 黑农业科技奖 | 二 | 900.0 | 0 |
| 黑河 53 | 黑辐 97-43×北 97-03 | 2010 | 2019 | 黑龙江科技奖 | 二 | 950.0 | 0 |
| 嫩丰 9 号 | 合丰 5 号×嫩 63149 | 1980 | | 黑龙江科技奖 | 三 | 700.0 | 1 |
| 嫩丰 14 | 安 70-4176 的自然变异系选 | 1988 | | 黑龙江科技奖 | 三 | 500.0 | 0 |
| 嫩丰 17 | 白系 8731×哈红 | 2004 | 2010 | 黑农业科技奖 | 一 | 180.0 | 2 |

续表 8-4

| 品种 | 亲本组合 | 审定时间 | 获奖时间 | 获奖级别 | 等级 | 推广面积/万亩 | 衍生系数量 |
|---|---|---|---|---|---|---|---|
| 嫩丰 18 | 嫩 92046$F_1$×合丰 25 | 2005 | 2011 | 黑农业科技奖 | 二 | 150.0 | 0 |
| 嫩丰 19 | 嫩丰 13×334 诱变 | 2006 | 2012 | 黑龙江农业奖 | 二 | 150.0 | 0 |
| 嫩丰 20 | 合丰 25×安 7811-277 | 2008 | 2012 | 齐齐哈尔科技奖 | 三 | 120.0 | 0 |
| 东农 4 号 | 满仓金×紫花 4 号 | 1959 | 1978 | 全国科学大会奖 | | 6 000.0 | 8 |
| 东农 42 | 东农 79-5×绥农 4 号 | 1992 | | 全国农业博览会 | 银奖 | 2 000.0 | 12 |
| 东农 46 | 东农 A111-8×东农 A95 | 2003 | 2006 | 黑龙江科技奖 | 二 | 700.0 | 1 |
| 东农 47 | 东农 80-277×东农 6636-69 | 2004 | 2006 | 黑龙江科技奖 | 二 | 800.0 | 1 |
| 东农 49 | 北丰 14×红丰 9 号 | 2006 | 2002 | 黑龙江科技奖 | 三 | 1 100.0 | 0 |
| 东农 53 | 绥农 10×东农 L200087 | 2008 | 2011 | 黑龙江科技奖 | 一 | 400.0 | 1 |
| 东大 1 号 | 北丰 14/东农 2481 | 2003 | 2002 | 黑龙江科技奖 | 三 | 1 100.0 | 1 |
| 吉林 3 号 | 金元 1 号×铁荚四粒黄 | 1963 | 1978 | 全国科技大会奖 | | 300.0 | 13 |
| 吉林 20 | (一窝蜂×吉林 5 号)×(吉林 1 号×十胜长叶) | 1985 | 1988 | 吉林科技奖 | 一 | 400.0 | 50 |
| 吉林 35 | 吉林 20×辽豆 3 号 | 1995 | 1999 | 吉林科技奖 | 三 | 70.0 | 5 |
| 吉育 47 | 海交 8403-74×[合丰 25×(吉林 20×鲁豆 4 号]$F_1$ | 1999 | 2004 | 吉林科技奖 | 二 | 100.0 | 3 |
| 吉科 1 号 | 吉林 20(花粉管导入鹰嘴豆 DNA) | 2001 | 2007 | 吉林科技奖 | 二 | 40.0 | 0 |

## 三、东北栽培大豆种质资源群体为不同亚区育种提供优异供体亲本

东北栽培大豆种质资源群体中有许多表现突出的品种可作为第一亚区育种的供体亲本利用(表 8-5)[363]:黑农 58、黑农 61、牡豆 8 号、黑农 62、黑农 54 等材料与北安地区(第一亚区)适宜熟期相近,倒伏程度低,产量相对较高,可作为改良倒伏性状的供体亲本;增加主茎节数可选黑农 62、垦丰 10、吉育 35、黑农 61、牡豆 5 号;百粒重是数量遗传性状,以基因的累加效应为主,绥农 27、吉林 48、垦鉴豆 4 号、北丰 11、黑农 43 百粒重较大,熟期与北安地区最适宜熟期相近,可以作为增加百粒重的供体或受体亲本。蛋白质含量较高的品种有黑农 43、丰收 12、东农 50、蒙豆 11、东农 48;脂肪含量较高的品种有北豆 16、丰收 24、蒙豆 9 号、黑农 64、蒙豆 12 等品种,可作为改良品质的优异基因源;若要增加株高,可用四粒黄、嫩丰 18、黑农 35、黑农 11、嫩丰 7 号做改良供体亲本。

**表 8-5 东北栽培大豆第一亚区育种供体亲本材料**

| 性状 | 品种/熟期组(平均值) |
|---|---|
| 倒伏程度 | 黑农 58/MG Ⅰ(1.0 级),黑农 61/MG Ⅰ(1.0 级),牡豆 8 号/MG0(1.0 级),黑农 62/MG Ⅰ(1.0 级),黑农 54/MG Ⅰ(1.0 级) |
| 株高/cm | 四粒黄/MG0(119.7),嫩丰 18/MG0(118.6),黑农 35/MG0(118.3),黑农 11/MG0(116.1),嫩丰 7 号/MG0(111.5) |
| 主茎节数 | 黑农 62/MG Ⅰ(20.7),垦丰 10/MG Ⅰ(20.7),吉育 35/MG Ⅰ(20.7),黑农 61/MG Ⅰ(20.6),牡豆 8 号/MG0(20.5) |

续表 8－5

| 性状 | 品种/熟期组(平均值) |
|---|---|
| 百粒重/g | 绥农 27/MG0(28.6),吉林 48/MG0(26.0),垦鉴豆 4 号/MG0(25.3),北丰 11/MG0(24.6),黑农 43/MG0(22.9) |
| 蛋白质含量/% | 黑农 43/MG0(44.7),丰收 12/MG0(44.6),东农 50/MG0(44.5),蒙豆 11/MG000(43.7),东农 48/MG0(43.5) |
| 脂肪含量/% | 北豆 16/MG000(22.9),丰收 24/MG000(22.5),蒙豆 9 号/MG00(22.3),黑农 64/MG0(22.3),蒙豆 12/MG0(22.2) |
| 蛋脂总量/% | 丰收 12/MG0(63.7),黑农 43/MG0(63.5),蒙豆 11/MG000(63.4),克拉克 63/MG0(63.2),合丰 45/MG0(63.0) |

注:每格数据表示为品种/熟期组(平均值)。

第二亚区[364](克山地区)适宜的熟期组类型为 MG0～MGⅠ,产量是大豆改良的首要目的,而倒伏程度对大豆产量影响较大且较易改良群体性状,结合 MG0～MGⅠ熟期组的表现说明该地区大豆生产中抗倒伏问题仍需迫切解决。倒伏问题的本质是根冠比的失衡,若没有较大的地上部产量则讨论倒伏问题无意义。选取倒伏程度低于 2 级且地上部生物量较大的品种作为改良的亲本。其余性状,如品质性状、株型等,选取表现突出的品种作为改良亲本(表 8－6)。

**表 8－6　东北栽培大豆第二亚区(克山)育种供体亲本材料**

| 性状 | 品种/熟期组(平均值) |
|---|---|
| 倒伏程度 | 黑农 51/MGⅠ(1.0 级),垦豆 28/MGⅠ(1.0 级),北豆 22/MG00(1.0 级),北豆 21/MG0(1.0 级),合丰 45/MG0(1.0 级) |
| 株高/cm | 四粒黄/MGⅠ(124.00),吉林 26/MGⅠ(130.22),满仓金/MG0(127.50),长农 14/MGⅠ(127.25),抗线 3 号/MGⅠ(126.40) |
| 主茎节数 | 长农 5 号/MGⅠ(24.33),吉育 85/MGⅠ(23.33),吉育 34/MGⅠ(22.61),九农 28/MGⅠ(22.88),吉育 39/MGⅠ(22.60) |
| 百粒重/g | 绥农 27/MG0(28.17),吉林 18/MG0(23.10),蒙豆 16/MG00(22.85),北丰 11/MG00(23.09),嫩丰 4 号/MG0(22.58) |
| 蛋白质含量/% | 丰收 12/MG0(44.38),蒙豆 11/MG000(44.10),东农 50/MG0(44.08),黑农 43/MG00(43.06),东农 48/MG0(45.98) |
| 脂肪含量/% | 北豆 16/MG000(22.84),合丰 42/MG00(22.37),红丰 3 号/MG00(22.32),北豆 14/MG00(22.21),垦鉴豆 27/MG00(22.19) |
| 蛋脂总量/% | 丰收 12/MG0(63.9),合丰 45/MG00(62.95),蒙豆 11/MG000(63.75),东农 48/MG0(62.59),蒙豆 9 号/MG000(62.57) |

注:每格数据表示为品种/熟期组(平均值)。

第三亚区[365](大庆地区)适宜的熟期组类型为 MG0～MGⅠ,根据该群体各性状在当地的表现选出的一些表现突出的材料,对某个性状进行改良还应充分考虑总体性状,所以在鉴选参考品种时,还要充分考虑熟期,尽量以早熟并含有优良目标性状的材料为主,是当地品种改良的材料基础(表 8－7)。

表 8-7　东北栽培大豆第三亚区育种供体亲本材料

| 性状 | 品种/熟期组(平均值) |
| --- | --- |
| 倒伏程度 | 绥农 8 号/MG00(1.00,7.42 t/hm²),垦农 26/MG0(1.00,6.83 t/hm²),北豆 3 号/MG0(1.00,6.93 t/hm²),嫩丰 1 号/MG0(1.00,6.72 t/hm²),垦农 19/MG Ⅰ(1.08,6.59 t/hm²) |
| 百粒重(小)/g | 东农 50/MG0(11.59),蒙豆 6 号/MG00(10.99),吉育 101/ MG Ⅱ(12.22),黑河 20/MG0(14.1),长农 20/MG Ⅰ(13.84) |
| 主茎节数 | 长农 5 号/MG Ⅰ(24.33),吉育 85/MG Ⅰ(23.33),吉育 34/MG Ⅰ(22.61),九农 28/MG Ⅰ(22.88),吉育 39/MG Ⅰ(22.60) |
| 百粒重(大)/g | 黑河 27/MG00(26.10),吉林 30/MG Ⅱ(29.88),合丰 33/MG0(29.63),蒙豆 19/MG000(22.92),黑河 24/MG000(22.18) |
| 蛋白质含量/% | 蒙豆 11/MG000(44.10),东农 50/MG0(44.08),黑河 29/MG00(44.23),丰收 2 号/MG00(43.80),丰收 6 号/MG0(43.76) |
| 脂肪含量/% | 北豆 16/MG000(23.83),黑农 6 号/MG00(23.73),红丰 3 号/MG00(23.68),北豆 14/MG00(23.67),垦鉴豆 27/MG00(23.72) |
| 蛋脂总量/% | 丰收 11/MG000(65.45),蒙豆 11/MG000(66.63),克山 1 号/MG00(64.88),丰收 24/MG000(64.58),蒙豆 9 号/MG00(64.76) |

注:每格数据表示为品种/熟期组(平均值)。

第四亚区[366](铁岭地区)适宜熟期组为 MG Ⅱ ~ MG Ⅲ,在大豆产量提高的同时要兼顾提高品质;大豆植株倒伏对产量影响很大,东北大豆种质群体尤其是 MG Ⅱ ~ MG Ⅲ这两个熟期组种质在铁岭地区的表现表明,该地区大豆倒伏问题亟待解决,该性状改良难度较小。植株倒伏主要原因是根冠比失衡，若无较大的根冠比则无法从根本上解决倒伏问题,还有学者认为茎秆强度是提高大豆抗倒伏能力的最重要因素。鉴选出部分倒伏程度小于 2 级且地上部生物量较大的品种,以供育种者在改良倒伏性状时参考（表 8-8）。

表 8-8　东北栽培大豆第四亚区育种供体亲本材料

| 性状 | 品种/熟期组(平均值) |
| --- | --- |
| 倒伏程度 | 黑农 51/MG Ⅰ(1.75,8.26 t/hm²),垦豆 28/MG Ⅰ(1.88,8.03 t/hm²),北豆 22/MG00(1.50,7.63 t/hm²),北豆 21/MG0(2.00,7.56 t/hm²),合丰 45/MG0(1.08,7.54 t/hm²) |
| 株高/cm | 吉林 26/MG Ⅰ(130.22),满仓金/MG Ⅰ(127.50),长农 14/MG Ⅰ(127.25),抗线 3 号/MG Ⅰ(126.40),四粒黄/MG Ⅰ(124.00) |
| 主茎节数 | 长农 5 号/MG Ⅰ(24.33),吉育 85/MG Ⅰ(23.33),九农 28/MG Ⅰ(22.88),吉育 34/MG Ⅰ(22.61),吉育 39/MG Ⅰ(22.60) |
| 百粒重(大)/g | 绥农 27/MG0(28.17),吉林 18/MG0(23.10),北丰 11/MG0(23.09),蒙豆 16/MG00(22.85),嫩丰 4 号/MG0(22.58) |
| 百粒重(小)/g | 东农 50/MG(6.13),蒙豆 6 号/MG(8.92),长农 20/MG Ⅰ(13.02),吉育 89/MG Ⅰ(13.76),嫩丰 18/MG0(13.93) |
| 蛋白质含量/% | 丰收 12/MG0(44.38),蒙豆 11/MG000(44.10),东农 50/MG0(44.08),黑农 43/MG0(43.06),东农 48/MG0(45.98) |
| 脂肪含量/% | 北豆 16/MG000(22.84),合丰 42/MG00(22.37),红丰 3 号/MG00(22.32),北豆 14/MG00(22.21),垦鉴豆 27/MG00(22.19) |
| 蛋脂总量/% | 丰收 12/MG0(63.90),合丰 45/MG00(62.95),蒙豆 11/MG000(63.75),东农 48/MG0(62.59),蒙豆 9 号/MG000(62.57) |

注:每格数据表示为品种/熟期组(平均值)。

综上，东北地区 4 个亚区的品种改良都存在改良现有品种的倒伏问题，究其原因主要是培育品种的场圃肥力低于试验地点肥力；还有品种在生长发育时期，尤其在生殖时期遇到不良气候条件（风、暴雨等）造成倒伏。故一方面试验地培肥，另一方面选择根冠比平衡和茎秆有弹性、秆强品种作为品种选择的重要指标。

## 四、利用东北栽培大豆种质资源群体育成的品种及产生的衍生品种（系）

### （一）361 份东北栽培大豆种质资源群体中品种的祖先亲本

361 份东北栽培大豆种质资源群体主要包括东北三省一区（黑龙江省、吉林省、辽宁省和内蒙古自治区）主要育种单位的育成品种、部分地方品种、育成品系（高配合力种质）和部分国外品种。包括 MG000、MG00、MG0、MGⅠ、MGⅡ和 MGⅢ熟期组。

盖钧镒等[59]指出：中国栽培大豆品种资源主体是地方品种，20 世纪 60 年代前育成品种的亲本基本上是地方品种；60—70 年代育成品种的亲本 33% 为地方品种，45% 为育成品种，19% 为育成品系，3% 为国外引种；80 年代以来，育成品种的主要亲本类型趋向地方品种减少，育成品种、中间材料和国外品种增加。本团队重新收集的 361 份东北栽培大豆种质资源群体品种 3.05% 为地方品种，94.96% 为育成品种，0.60% 为育成品系，1.39% 为国外品种。

盖钧镒等[59]研究指出：1923—2005 年全国共育成 1 300 个品种，共有 670 个祖先亲本，670 个祖先亲本分为地方品种、育成品系、改良品种、野生豆和类型不详五类，其数量（百分比）分别是 346 个（51.64%）、257 个（38.36%）、47 个（7.01%）、3 个（0.45%）和 17 个（2.54%）；其地理来源分别为国内Ⅰ、Ⅱ、Ⅲ、Ⅳ、Ⅴ、Ⅵ六大生态区及国外和来源不详八类，其数量（百分比）分别是 267 个（39.85%）、172 个（25.67%）、1 451 个（7.61%）、55 个（8.21%）、12 个（1.79%）、11 个（1.64%）、99 个（14.78%）和 3 个（0.45%）。670 个祖先亲本中有 326 个只用作父本，另 344 个作为细胞质祖先亲本，其中 128 个（37.21%）、98 个（28.49%）、28 个（8.14%）、33 个（9.59%）、9 个（2.62%）、10 个（2.91%）来自国内六大生态区，35 个（10.17%）来自国外，另有 3 个（0.87%）来源不详，没有野生豆作为细胞质祖先亲本。

361 份东北栽培大豆种质资源群体的品种，共有 14 个祖先亲本，14 个祖先亲本分为地方品种、育成品系、改良品种三类，其数量（百分比）分别是 7 个（50.00%）、2 个（14.19%）、5 个（35.71%）；其地理来源分别来自国内北方春大豆区、黄淮春夏大豆区大生态区，其数量（百分比）分别是 13 个（92.86%）、1 个（7.14%）；来源于国外的品种有：十胜长叶、克拉克 63（clark63）、Amsoy、Beeson、CN210（富兰克林）。

### （二）361 份东北栽培大豆种质资源衍生的新品种（系）

东北栽培大豆种质资源 361 份群体中，在不同历史时期衍生系有 1 ~ 9 个品种（系）的品种/资源，其初步统计结果详见表 8 - 9。

表 8－9　东北栽培大豆衍生 1～9 个品种的种质资源(各相关育种单位提供)

| 品种/资源 | 衍生品种(系) | 品种/资源 | 衍生品种(系) |
| --- | --- | --- | --- |
| 黑河 7 号 | 绥农 17,绥农 15 | 嫩丰 9 | 抗线 2 号 |
| 黑河 19 | 绥农 24,绥农 25,黑河 41,黑河 44,金源 73 | 嫩丰 13 | 嫩丰 19 |
| 黑河 24 | 北豆 23,圣豆 37 | 嫩丰 15 | 嫩丰 17,嫩丰 18,齐农 2 号 |
| 黑河 27 | 嫩奥 8 号,黑河 50 | 嫩丰 17 | 嫩丰 18,齐农 2 号 |
| 黑河 33 | 黑科 56,九研 2 号 | 满仓金 | 嫩丰 11,牡丰 5 号,九农 15 |
| 黑河 36 | 绥农 62,克豆 38 | 十胜长叶 | 九丰 4 号,绥农 6 号,绥农 5,辽豆 4 号,黑农 34 |
| 黑河 38 | 登科 5 号,蒙豆 38,佳豆 6 号,佳豆 8 号,合农 126,大地 8 号,沃豆 2 号,蒙豆 46,蒙豆 42 | 克拉克 63 | 牡丰 6 号 |
| 黑河 43 | 天赐 1 号,克豆 30,中吉 602,昊疆 8 号,益农豆 510,东普 53,昊疆 20,北亿 13,蒙豆 49 | 阿姆索 | 黑农 56,黑农 49,黑农 55,铁豆 45,辽豆 47 |
| 黑河 45 | 佳豆 30,克豆 35 | 富兰克林 | 嫩丰 15,抗线 1 号,辽豆 13 |
| 黑河 51 | 北丰 3 号 | 绥农 3 号 | 绥农 4 号,绥农 20,绥农 21,黑农 33,东农 38,绥农 31 |
| 丰收 6 号 | 丰收 10 | 绥农 8 号 | 垦鉴豆 5 号,垦农 19,东农 43,吉育 75 |
| 丰收 10 | 九丰 2 号,合丰 23,丰收 17,蒙豆 9 号,九农 17 | 绥农 15 | 绥农 22,绥农 26,龙垦 356,吉育 113 |
| 丰收 11 | 建丰 1 号,丰收 18 | 绥农 20 | 绥农 37 |
| 丰收 12 | 东农 37,抗线 1 号 | 绥农 22 | 绥农 44、绥农 69、绥农 50、绥农 49 |
| 克交 4430－20 | 红丰 5 号,合丰 30,农垦 1 号 | 绥农 26 | 绥农 52,双 602,绥农 53,蒙豆 824 |
| 克山 1 号 | 五黑 1 号,龙垦 330,克豆 44,五豆 151,年豆 7 号,五黑 1 号 | 绥农 27 | 绥无腥味 2 号,绥农 39,龙垦 310,绥农 50,绥农 49,绥农 56,绥农 77 |
| 东大 1 号 | 北兴 4 号 | 绥农 31 | 绥农 38,长农 75 |
| 蒙豆 9 号 | 蒙豆 19,蒙豆 17 | 绥农 33 | 东农豆 110 |
| 蒙豆 16 | 蒙豆 30,蒙豆 33 | 绥农 35 | 红研 15 |
| 华疆 2 号 | 佳豆 36,北亿 9 号,金丰 2 号,华疆 36,北豆 49,蒙豆 170 | 东农 4 号 | 黑农 10,黑农 5 号,黑农 11,黑农 17,黑农 19,黑农 23,黑农 24,黑农 26 |
| 蒙豆 28 | 蒙豆 640,蒙豆 43,蒙豆 1137 | 东农 46 | 鹏豆 158 |
| 蒙豆 36 | 东生 202 | 东农 47 | 丰豆 2 号,东农豆 356 |
| 蒙豆 19 | 蒙豆 31,蒙豆 37 | 东农 50 | 富航芽豆 1 号,克豆 48 |
| 红丰 2 号 | 吉育 94,吉育 97 | 东农 53 | 抗线 2 号 |
| 红丰 3 号 | 垦丰 4 号 | 抗线 2 号 | 抗线 3 号,抗线 6 号,兴豆 5 号 |
| 垦农 4 号 | 绥农 19 | 抗线 3 号 | 抗线 7 号 |
| 垦农 5 号 | 垦农 23,垦农 31,垦农 22,垦科豆 1 号,垦鉴豆 43 | 抗线 5 号 | 抗线 8 号 |
| 垦农 18 | 农菁豆 4 号,合农 63,黑农 67,金臣 2 号,吉育 203,东生 10 | 抗线 9 号 | 绥农 53 |
| 垦农 19 | 牡豆 8 号,绥农 32,合农 76 | 黑农 3 号 | 黑农 24 |
| 垦农 22 | 垦农 38 | 黑农 11 | 黑农 29,黑农 27,长农 4 号 |

续表 8－9

| 品种/资源 | 衍生品种(系) | 品种/资源 | 衍生品种(系) |
| --- | --- | --- | --- |
| 垦农 28 | 宝研 8 号 | 黑农 16 | 黑农 35，黑农 34，黑农 28 |
| 北丰 3 号 | 北疆 1 号，北丰 14，疆莫豆 2 号 | 黑农 26 | 龙小粒豆 1 号 |
| 北丰 14 | 东农 49，东大 1 号，蒙豆 18，蒙豆 28，新大豆 16 | 黑农 33 | 龙垦 339 |
| 北豆 5 号 | 北豆 40，北豆 51，北豆 20，合农 118，佳豆 18 | 黑农 34 | 垦丰 16，垦豆 37，垦豆 61，恳科豆 13 |
| 北豆 9 号 | 惠农 4 号 | 黑农 35 | 龙生豆 1 号，黑农 58，绥农 16，黑生 101，东农 64，东生 89 |
| 北豆 10 | 峰豆 3 号 | 黑农 40 | 东农 54，东农 52，绥农 41，牡豆 14，龙豆 7 号，长农 26 |
| 北豆 14 | 五豆 188，克豆 29，同豆 2 号 | 黑农 41 | 牡豆 12 |
| 北豆 18 | 龙垦 305 | 黑农 43 | 北豆 49，黑农 78 |
| 北豆 22 | 龙垦 316 | 黑农 44 | 龙黄 2 号，黑农 69，黑农 66，黑农 68，中龙豆 1 号，黑农 80，华庆豆 103，中龙 606，黑农 93 |
| 东大 1 号 | 北兴 4 号 | 绥农 31 | 绥农 38，长农 75 |
| 蒙豆 9 号 | 蒙豆 19，蒙豆 17 | 绥农 33 | 东农豆 110 |
| 蒙豆 16 | 蒙豆 30，蒙豆 33 | 绥农 35 | 红研 15 |
| 蒙豆 19 | 蒙豆 31，蒙豆 37 | 东农 4 号 | 黑农 10，黑农 5 号，黑农 11，黑农 17，黑农 19，黑农 23，黑农 24，黑农 26 |
| 蒙豆 28 | 蒙豆 640，蒙豆 43，蒙豆 1137 | 东农 46 | 鹏豆 158 |
| 蒙豆 36 | 东生 202 | 东农 47 | 丰豆 2 号，东农豆 356 |
| 华疆 2 号 | 佳豆 36，北亿 9 号，金丰 2 号，华疆 36，北豆 49，蒙豆 170 | 东农 50 | 富航芽豆 1 号，克豆 48 |
| 哈北 46－1 | 龙垦 306，牡试 2 号，龙达 4 号，龙达 3 号，华菜豆 4 号，华菜豆 5 号，华疆 5 号，佳密豆 9 号，龙垦 3307 | 黑农 51 | 龙豆 4 号，黑农 84，龙豆 5 号，桦豆 2 号，牡豆 11，东生 85，东生 200 |
| 垦鉴豆 4 号 | 东生 22 | 黑农 53 | 黑农 74 |
| 垦鉴豆 28 | 北豆 7 号，北豆 9 号，北豆 16，北豆 21，北豆 53 | 黑农 54 | 黑农 85，绥农 71 |
| 垦丰 7 号 | 垦豆 32，垦豆 42，垦豆 69，垦豆 76，垦豆 89 | 黑农 64 | 黑龙芽豆 2 号，田友 2986，中龙 102，黑农 89 |
| 垦丰 9 号 | 垦豆 33，垦豆 39，垦豆 63 | 群选 1 号 | 垦丰 1 号，绥农 4 号，嫩丰 11，延农 5 号，延农 6 号，白农 4 号，丰豆 1 号，新丰 1 号 |
| 垦丰 11 | 恳科豆 7 号 | 吉林 1 号 | 吉林 20，吉育 89，吉林 16，吉林 21，吉原 1 号，吉林 45，九农 22 |
| 垦丰 13 | 垦豆 31，垦豆 35，棱豆 3 号，垦豆 57，垦科豆 40 | 吉林 5 号 | 长农 2 号，吉林 20，7014－3，吉林 18，吉林 15，吉林 45，九农 22 |

续表 8－9

| 品种/资源 | 衍生品种(系) | 品种/资源 | 衍生品种(系) |
|---|---|---|---|
| 垦丰 14 | 垦科豆 14，垦科豆 17，东庆 9 号 | 吉林 35 | 吉育 64，抚 97－16 早，吉育 94，长农 23，抚豆 20 |
| 垦丰 15 | 垦豆 66 | 长农 5 号 | 垦丰 17，长农 15，吉育 403，通农 10，九农 25，吉农 22 |
| 垦丰 17 | 垦科豆 2 号 | 长农 13 | 长农 29，长农 31，吉密豆 2 号 |
| 垦丰 18 | 绥农 43，绥农 51，安豆 162 | 长农 22 | 吉农 46 |
| 垦丰 19 | 垦豆 94 | 吉农 9 号 | 吉农 28，吉农 41 |
| 垦丰 20 | 红研 12 | 吉农 15 | 吉农 46，吉农 48 |
| 垦丰 23 | 牡豆 13，垦豆 76 | 九农 13 | 垦农 5 号 |
| 合丰 5 号 | 嫩丰 9 号，嫩丰 4 号，合丰 22，嫩丰 1 号 | 九农 26 | 九农 43B |
| 合丰 22 | 宝丰 3 号 | 九农 29 | 长农 31 |
| 合丰 23 | 黑河 17，北丰 5 号，合丰 25，合丰 24 | 吉育 43 | 吉密豆 1 号 |
| 合丰 26 | 黑河 38，黑河 19，合丰 36，合丰 33 | 吉育 47 | 农菁豆 3 号，蒙科豆 3 号，吉育 100，吉农 45，吉利豆 4 号 |
| 合丰 29 | 宝丰 8 号，宝丰 7 号 | 吉育 57 | 吉育 302，吉育 87，吉育 90 |
| 合丰 30 | 垦丰 2 号 | 吉育 58 | 吉育 72，吉育 204，吉育 501，吉育 83，吉育 97(高异黄酮)，吉育 73，吉育 84 |
| 合丰 33 | 抗线 10，黑农 50 | 吉育 59 | 吉育 362 |
| 集体 3 号 | 吉林 5 号，延农 2 号，延农 3 号 | 吉育 69 | 东盛 1 号 |
| 合丰 39 | 宾豆 1 号，合农 59，合农 66 | 吉育 71 | 吉育 506 |
| 合丰 42 | 克豆 57 | 吉育 84 | 吉育 381 |
| 合丰 45 | 合丰 53，龙垦 303 | 吉育 89 | 长农 45，长农 54，铁豆 95 |
| 辽豆 3 号 | 吉林 29，吉林 30，辽豆 10，辽豆 11，辽豆 13，辽豆 17，石大豆 2 号，辽豆 24，辽豆 25 | 铁丰 31 | 奎丰 1 号，黑农 102，铁豆 62，铁豆 63，铁豆 66，铁豆 100，铁豆 114，辽豆 52 |
| 合丰 51 | 垦豆 48，垦豆 47，佳豆 20，绥农 47，佳豆 27 | 辽豆 14 | 辽豆 44 |
| 合丰 55 | 东农 63，黑农 85，龙垦 317，合农 134 | 辽豆 17 | 辽豆 41，辽豆 49 |
| 合农 60 | 合农 123，佳密豆 8 号 | 铁丰 22 | 铁豆 80 |
| 荆山璞 | 北丰 2 号，嫩丰 10，黑农 16，铁丰 8 号 | 铁丰 28 | 铁豆 38 |
| 黑生 101 | 黑河 47 | 铁豆 39 | 铁豆 92 |
| 嫩丰 7 号 | 嫩丰 10，嫩丰 12，嫩丰 15，嫩丰 16，嫩丰 17，嫩丰 18，齐农 1 号，齐农 2 号 | 铁丰 34 | 辽豆 29，辽豆 35，辽豆 40，铁豆 57，铁豆 59，铁豆 64，铁豆 65 |
| 嫩丰 1 号 | 嫩丰 3 号，嫩丰 19 | 吉林 39 | 吉育 505 |
| 牡丰 7 号 | 穆选 1 号 | 吉育 64 | 吉育 502 |
| 吉林 43 | 吉科豆 5 号，吉密豆 1 号 | 合丰 47 | 绥农 30 |
| 吉育 67 | 吉育 201，吉育 405 | | |

### （三）361份东北栽培大豆种质资源中衍生品种（系）最多的品种

东北栽培大豆种质资源361份群体中的大多数品种在不同历史时期育成了许多衍生系，其中直接和间接衍生系较多的品种有：黑龙江省农业科学院绥化分院育成的高产品种绥农4号（黑龙江省科技进步二等奖），有53个衍生系；黑龙江省农业科学院合江分院育成的高产品种合丰23（黑龙江省政府优秀科技成果二等奖，1981年），其衍生系有127个；高产品种合丰25（国家科技进步三等奖，1988年），其衍生系有119个；吉林省农业科学院育成的高产品种吉林20，有50个衍生系，详见表8－4。直接衍生系10个以上的大豆品种见表8－10。

表8－10　东北栽培大豆不同时期直接衍生10个以上种质的育成品种（各相关育种单位提供）

| 资源/品种 | 衍生品种（系） |
|---|---|
| 合丰50 | 合农68，合农75，黑农87，东农69，合农72，合农77，绥无腥味3号，来豆2号，龙垦348，合农80，东农68，齐农12，鹏豆172 |
| 绥农4号 | 宝农1号，东农42，绥农8号，绥农10，绥农11，绥农9号，垦农8号，垦农7号，黑农39，垦农4号，垦农2号，蒙科豆1号，绥农13，绥农23，绥农31 |
| 黑河18 | 东生8号，东生7号，黑河43，黑河40，黑河37，黑河33，登科4号，北国919，登科9号，克山1号，北豆10，北亿27，黑河52，垦鉴豆30 |
| 北丰9号 | 垦丰13，垦丰11，合丰40，垦丰10，合丰43，绥农18，垦丰7号，蒙豆20，晨环1号，北呼豆1号，恒科绿1号，垦鉴豆4号，垦鉴豆13，垦豆41，垦豆59，垦豆62 |
| 北丰11 | 垦鉴豆25，垦鉴豆27，垦鉴豆28，北豆43，合农62，合农60，黑河45，北疆2号，黑河42，合丰42，黑河31，北豆1号，北丰17，昊宇1号，疆莫豆1号，垦豆18，星农2号，北豆54，昊疆1号，惠农416，黑农417，垦豆68，佳豆33，鑫科4号 |
| 垦鉴豆27 | 北豆42，天源2号，登科1号，北豆22，圣豆43，圣豆44，龙垦309，黑农76，金杉3号，龙垦332，登科1号 |
| 垦丰16 | 垦豆36，垦豆30，垦豆25，垦豆26，垦豆27，垦豆28，克豆合农69，垦豆38，垦豆40，垦豆44，绥农44，佳密豆1号，垦豆58，垦豆60，垦豆67，佳豆25，龙垦397，东农76，农生2号，齐农10 |
| 合丰25 | 垦丰3号，北丰7号，东农59，东农56，嫩丰20，延农8号，延农9号，延农11，龙选1号，牡丰7号，嫩丰18，东生1号，抗线5号，九丰8号，北87－16，北丰13，北丰14，北丰15，北丰17，北豆4号，绥农14，九丰6号，九丰9号，北丰9号，北丰11，红丰8号，合丰7号，丰收22，合丰31，吉丰4号，北豆8号，齐农5号，圣豆45 |
| 合丰35 | 垦丰5号，垦丰23，垦鉴豆34，黑农53，合丰50，合丰51，合丰48，合丰47，合丰46，垦保1号 |
| 绥农10 | 东农61，农菁豆2号，绥农29，东农53，垦丰22，东农51，合丰49，合丰12，垦丰8号，垦丰9号，垦丰12，绥无腥味1号，合丰41，蒙豆21，蒙豆26，登科6号，登科8号，蒙豆39，蒙豆12，垦丰14，合农45，东农66，垦豆61，宾豆8号，金欣1号，裕农2号，垦鉴豆34，垦鉴豆35，垦鉴豆39，垦豆43，垦豆95，垦科豆28 |
| 绥农14 | 先农1号，绥农34，龙黄1号，绥农28，垦鉴豆40，垦丰15，东生3号，绥农36，星农3号，绥中作40，春豆1号，绥农48，龙垦302，合农135，龙垦392，绥农56，东盛2号，吉育106 |
| 东农42 | 齐农1号，嘉豆1号，东农55，东农48，绥农21，蒙科豆2号，赤豆4号，吉育77，吉育76，润豆1号，东农62，东农251，东农252，东农82，垦豆60 |
| 黑农37 | 裕农1号，农菁豆1号，龙豆2号，黑农51，黑农52，抗线9号，垦农17，蒙豆36，牡试1号，龙黄3号，绥农77 |
| 黑农48 | 牡豆9号，东生77，牡豆10，东生78，黑农81，东农豆253，龙垦349，黑农82，中龙608，黑农86，牡豆15，牡试6号，黑农91，黑农98，黑农88，中龙豆106，黑农511，绥农94，龙豆6号，先豆1号 |
| 吉林3号 | 吉林11，吉林18，吉育89，吉林10，吉林13，吉林14，吉林17，吉林21，长农2号，白农1号，吉林42，白农9号，吉育97 |

续表 8-10

| 资源/品种 | 衍生品种(系) |
| --- | --- |
| 吉林 20 | 郝豆 2000,新大豆 2 号,长农 5 号,吉农 4 号,吉农 7 号,吉农 8 号,吉林 35,九农 21,吉林 27,长农 34,九农 20,白农 6 号,吉农 14 |
| 吉林 30 | 长农 22,吉农 31,吉育 69,吉育 88,吉林 38,吉林 41,吉育 54,吉育 68,吉育 69,吉育 70,吉科豆 2 号,九农 29,九农 30,吉育 93,吉育 95,吉育 96,长农 18,长农 23,长农 25,吉农 16,吉农 23,吉农 32,吉农 37,九农 31,航丰 2 号 |
| 铁丰 29 | 航丰 2 号,东豆 339,铁豆 37,铁豆 49,铁豆 68,铁豆 69,铁豆 70,铁豆 72,铁豆 86,铁豆 93,铁豆 103,铁豆 105,铁豆 111 |

### (四)利用 361 份东北栽培大豆种质资源育成的新品种

1. 育成高产新品种

361 份东北栽培大豆种质资源群体中具有产量生态性状和配合力较高的品种可作为育成高产品种的亲本,在高产育种中得到利用,育成高产品种。例如:

(1)黑龙江省农业科学院克山分院利用(黑河 18×绥农 14)$F_1$ 代种子,经航天诱变,经系谱法选育,育成了克山 1 号。克山 1 号是我国首个利用航空诱变技术育成的大豆品种。自 2013 年以来,一直作为国家北方春大豆早熟组对照品种和黑龙江省主推品种。2013 年获得齐齐哈尔市科技进步一等奖。2009—2019 年黑龙江省累计推广面积超过 1 700 万亩,其中,2015—2019 年年均推广面积超过 280 万亩。



(2)利用黑河 43×北疆 01-193 组合,同时间接利用黑河 18。经常规育种系谱法选育,育成了高产品种克豆 30。区域试验与生产试验平均产量 2 482.25 kg/hm$^2$,比对照品种黑河 43 平均增产 9.5%。

利用黑河 45×垦丰 16 组合,经常规育种系谱法选育,育成了高产品种克豆 35。区域试验与生产试验平均产量 2 729.70 kg/hm$^2$,比对照品种北豆 40 平均增产 9.7%。

(3)黑龙江省农垦总局北安农业科学所,利用合丰 25×北 96-1483,采用系谱法育成高产品种北丰 11(国审豆 980005),在黑龙江省累计推广面积达 1 072.3 万亩。利用北丰 8 号×北丰 11 采用系谱法育成高产品种垦鉴豆 25,在黑龙江省累计推广面积达 1 540 万亩。

利用北丰 11×北丰 8 号(北丰 3 号×北良 5 号)采用系谱法育成高产品种垦鉴豆 27(垦鉴豆 2003002),在黑龙江省累计推广面积达 1 190 万亩。

(4)黑龙江省农业科学院大庆分院,利用嫩丰 9 号×(嫩丰 10×Frankin)$F_2$ 代,采用系谱法育成抗线虫高产品种抗线 2 号,获黑龙江省科技进步三等奖。

(5)吉林省长春市农业科学所,利用长农 4 号×吉林 20 采用系谱法育成高产品种长农 5 号,区域试验与生产试验平均比对照品种吉林 20 增产 12.8%,获吉林省科技进步二等奖。

(6)辽宁省铁岭市农业科学院,利用铁 8114-7-4×铁 84059-13-8 和新 3511×瑞斯尼克分别育成高产品种铁丰 29 和铁丰 31,均获辽宁省科技进步三等奖。

(7)利用高配合力种质克交 4430-20、5621 和十胜长叶育成高产品种和衍生系。详见表 8-1

至表 8－3。

2. 育成优质新品种

东北栽培大豆种质资源 361 份材料中具有品质生态性状和配合力较高的品种可作为优质育种的亲本。例如：

(1)黑龙江省农业科学院克山分院，利用克 99－578×合丰 42 组合，采用系谱法育成了高蛋白(蛋白质含量≥44%为高蛋白，下同)品种克豆 57。该品种蛋白质含量 46.17%、百粒重 13.1 g，属于高蛋白二类芽豆。利用克 99－578×东农 50 组合经系谱法育成了高蛋白品种克豆 48。克豆 48 蛋白质含量 44.34%、百粒重 9.3 g，属于高蛋白一类芽豆。

(2)吉林省长春市农业科学院利用公 83145×生 85143，采用系谱法育成高油大豆品种长农 16，平均脂肪含量 23.44%，蛋白质含量 38.54%。品种权号 CNA001425E，系国家成果资金转化项目。

(3)南京农业大学与黑龙江省农业科学院牡丹江分院合作，建立国家大豆改良中心牡丹江试验站(简称牡试)，利用黑农 48×龙品 8807 组合，采用系谱法育成了高蛋白品种牡试 6 号。牡试 6 号蛋白质含量达 47.18%，百粒重 21.1 g，属于高蛋白大豆品种。

(4)黑龙江省农业科学院牡丹江分院，利用黑农 48×龙品 8807 组合，采用系谱法育成了高蛋白品种牡豆 15。牡豆 15 平均蛋白质含量 45.07%，其中最高蛋白质含量达 46.72%，属于高蛋白大豆品种。

3. 育成多抗新品种

东北栽培大豆种质资源 361 份材料中具有抗病生态性状和配合力较高的品种在抗病育种中得到利用，育成了多抗品种。例如：

(1)吉林省长春市农业科学院利用公 83145×生 85143，采用系谱法育成抗病高油品种长农 16，抗灰斑病兼抗花叶病毒病。利用公 8347－7×长农 5 号，采用系谱法育成抗病品种长农 15，抗灰斑病兼抗花叶病毒病(品种权号 CNA001424E)。

(2)黑龙江省农业科学院大庆分院利用丰收 12×Franklin 杂交，采用系谱法选择育成抗线虫病品种抗线 1 号；利用嫩丰 9 号×(嫩丰 10×FranKin)，采用系谱法育成抗线虫病品种抗线 2 号；利用合丰 25×安 8804－33，采用系谱法育成抗线虫病品种抗线 5 号；利用黑农 37×安 95－1409，采用系谱法育成抗线虫病品种抗线 9 号；利用合丰 33×抗线 3 号，采用系谱法育成抗线虫病品种抗线 10 等。

## 第二节　东北栽培大豆种质资源的创新

### 一、利用 361 份东北栽培大豆种质资源群体创制新种质

大豆种质资源研究包括收集、保存、评价、利用和创新，利用东北栽培大豆种质资源创制新种质是大豆种质资源研究的重要组成部分，是《中国东北栽培大豆种质资源群体的生态遗传与育种贡献》这部研究专著的部分内容。由 9 个单位组成的东北大豆资源研究合作组利用 361 份材料，分别

创制了高产种质、优质种质、抗病虫种质、理想株型种质、耐逆种质和特用种质及其突变系。同时，黑龙江省农业科学院大豆研究所、耕作栽培研究所、生物技术研究所、齐齐哈尔分院、作物资源研究所、绥化分院，北大荒垦丰种业股份有限公司，吉林省农业科学院大豆研究中心等单位应用该优异种质资源，创新部分大豆新材料。黑色加粗字体品种为东北栽培大豆种质资源群体中的供体或受体亲本。

（一）高产种质创制

**齐农 17**：黑龙江省农业科学院齐齐哈尔分院，利用**黑河 43** ×**蒙豆 16** 育成高产种质齐农 17，MG000 熟期组，适合黑龙江省第五积温带（≥10 ℃活动积温 2 000 ℃ · d 左右）种植。主要特点：高产，产量潜力3 000 kg/hm$^2$ 左右（图 8－1）。

图 8－1　高产种质齐农 17

**齐农 25**：黑龙江省农业科学院齐齐哈尔分院，利用**嫩丰 15** ×合农 60 育成高产种质齐农 25，MG Ⅰ熟期组，适合黑龙江省第二积温带（≥10 ℃活动积温2 400 ℃ · d左右）种植。主要特点：秆强、抗倒伏，高产，产量潜力 3 300 kg/hm$^2$ 左右。亚有限结荚习性，株高 80 cm 左右，主茎 17 节，百粒重 14 g。

**克豆 44**：黑龙江省农业科学院克山分院，利用**克山 1 号** ×**黑河 27** 育成高产种质（品种）克豆 44，MG00 ~ MG000 熟期组（黑河 43 熟期），适合黑龙江省第四积温带（≥10 ℃活动积温2 200 ℃ · d左右）种植。主要特点：高产，区域试验和生产试验平均产量 2 595. 1 kg/hm$^2$，较对照品种黑河 43 增产 10%。该品种株高 86 cm 左右，无分枝，紫花，尖叶，灰色茸毛。荚弯镰形，成熟时呈褐色。种子圆形，种皮黄色有光泽，种脐黄色，百粒重 18.7 g 左右。两年品质分析结果：平均蛋白质含量 40. 20%，脂肪含量 20. 77%。两年抗病接种鉴定结果：中抗灰斑病。

**克豆 38**：黑龙江省农业科学院克山分院，利用**黑河 36** ×黑河 95 －750 育成高产品种（种质）克豆 38，MG00 ~ MG000 熟期组（黑河 43 熟期），适合黑龙江省第四积温带（≥10 ℃活动积温 2 150 ℃ · d左右）种植。主要特点：高产，产量潜力 3 000 kg/hm$^2$ 左右。该品种亚有限结荚习性，株高 87 cm 左右，无分枝，紫花，尖叶，灰色茸毛。荚弯镰形，成熟时呈褐色。种子圆形，种皮黄色有光泽，种脐黄色，百粒重 19. 3 g 左右。

**克豆 52**：黑龙江省农业科学院克山分院，利用**黑河 38** ×**黑河 43**，育成高产种质克豆 52。MG00 熟期组，适合黑龙江省第三积温带（≥10 ℃活动积温 2 150 ℃ · d 左右）种植。亚有限结荚习性，株高 76 cm，紫花，尖叶，灰色茸毛，百粒重 18 g 左右。蛋白质含量 38. 90%，脂肪含量 15. 78%。中感灰斑病。2018 年国家北方春大豆早熟组区域试验平均产量 2 781 kg/hm$^2$，比对照品种克山 1 号增产 6. 1%；2019 年国家北方春大豆早熟组区域试验平均产量 2 803. 5kg/hm$^2$，比对照品种克山 1 号增产 10. 9%，2020 年进行生产试验产量 2 871 kg/hm$^2$，比对照品种克山 1 号增产 10. 5%。

**龙生豆 3 号**：黑龙江省农业科学院生物技术研究所，利用**黑农 51** ×克辐 07935 育成高产多抗品种（种质）龙生豆 3 号，MG0 ~ MG Ⅰ熟期组，生育日数 122 d，适合黑龙江省第一、二积温带（≥10 ℃

活动积温 2 550 ℃·d 左右）种植。主要特点：高产，2018 年参加产量鉴定试验，平均产量 2 890.5 kg/hm²，比对照品种合丰 55 增产 8.6%，百粒重 20 g，蛋白质含量 41.57%，脂肪含量 21.54%。中抗 SMV1、SMV3，抗 SCSH（图 8－2）。

**龙生豆 6 号**：黑龙江省农业科学院生物技术研究所，利用[**黑农 48** ×（**黑农 51** ×**绥农 26**）$F_1$]×黑农 48 育成高产种质龙生豆 6 号，MG0～MGⅠ熟期组，生育日数 120 d，适合黑龙江省第二积温带（≥10 ℃活动积温 2 450 ℃·d 左右）和吉林省部分地区种植，主要特点：高产，2018—2019 年参加产量鉴定试验，平均产量 3 495.02 kg/hm²，比对照品种绥农 26 增产 7.7%，百粒重 20 g。蛋白质含量 43.16%，脂肪含量 20.55%。中抗灰斑病（图 8－3）。

图 8－2 高产种质龙生豆 3 号

图 8－3 高产种质龙生豆 6 号

### （二）优质种质创制

#### 1. 高蛋白种质创制

**牡豆 15**：黑龙江省农业科学院牡丹江分院，利用**黑农 48** ×龙品 8807，育成高蛋白高产种质牡豆 15。MG0～MGⅠ熟期组，生育日数 120 d 左右，适合黑龙江省第二积温带（≥10 ℃活动积温 2 400 ℃·d 左右）种植。三年平均蛋白质含量 45.07%，其中最高蛋白质含量 46.72%（图 8－4）。

图 8－4 高蛋白种质牡豆 15

**牡试 6 号**：南京农业大学和黑龙江省农业科学院牡丹江分院合作，利用**黑农 48** ×龙品 8807，育成高蛋白高产种质牡试 6 号。MG0～MGⅠ熟期组，生育日数 120 d 左右，适合黑龙江省第二积温带（≥10 ℃活动积温 2 400 ℃·d左右）种植。三年平均蛋白质含量 45.99%，其中最高蛋白质含量 47.18%（图 8－5）。

图 8－5 高蛋白种质牡试 6 号

**IS34**：黑龙江省农业科学院耕作栽培研究所，利用**绥农 28** ×龙 01－122 育成高蛋白种质 IS34。MG0～MGⅠ熟期组，生育日数 122 d 左右，适合黑龙江省第一积温带(≥10 ℃活动积温2 500 ℃·d左右)种植。三年平均蛋白质含量43.07%,其中最高蛋白质含量达47.20%。

**黑农88**:黑龙江省农业科学院大豆研究所,以**黑农48**为母本,$^{60}Co-\gamma$射线处理(黑农48×晋豆23)$F_1$材料为父本,经有性杂交,系谱法选择育成。在适应区出苗至成熟生育日数120 d左右,需≥10 ℃活动积温2 400 ℃·d左右。该品种亚有限结荚习性,株高90 cm左右,有分枝,紫花,尖叶,灰色茸毛。荚弯镰形,成熟时呈褐色。种子圆形,种皮黄色有光泽,种脐黄色,百粒重23 g左右。两年品质分析结果:平均蛋白质含量45.56%,脂肪含量19.12%。两年抗病接种鉴定结果:中抗灰斑病。

**黑农91**:黑龙江省农业科学院大豆研究所,以**黑农48**为母本,(黑农48×郑90092-48)$BC_1F_1$为父本,经有性杂交,系谱法选择育成。在适应区出苗至成熟生育日数120 d左右,需≥10 ℃活动积温2 400 ℃·d左右。该品种亚有限结荚习性,株高90 cm左右,有分枝,紫花,尖叶,灰色茸毛.荚弯镰形,成熟时呈褐色。种子圆形,种皮黄色有光泽,种脐黄色,百粒重22 g左右。两年品质分析结果:平均蛋白质含量45.41%,脂肪含量19.54%。三年抗病接种鉴定结果:中抗灰斑病。

**黑农98**:黑龙江省农业科学院大豆研究所,以**黑农48**为母本,(黑农48×五星4号)$BC_1F_1$为父本杂交,经有性杂交,系谱法选择育成。在适应区出苗至成熟生育日数118 d左右,需≥10 ℃活动积温2 350 ℃·d左右。该品种亚有限结荚习性,株高90 cm左右,有分枝,紫花,尖叶,灰色茸毛。荚弯镰形,成熟时呈褐色。种子圆形,种皮黄色有光泽,种脐黄色,百粒重23 g左右。两年品质分析结果:平均蛋白质含量46.43%,脂肪含量18.48%。两年抗病接种鉴定结果:中抗灰斑病。

**克交15-2287**:黑龙江省农业科学院克山分院,利用克交11-1669×**黑农54**,育成高蛋白种质克交15-2287。MG00熟期组,生育日数115 d左右,适合黑龙江省第三积温带(≥10 ℃活动积温2 250 ℃·d左右)种植。最高蛋白质含量48.15%。

**克交15-2293**:黑龙江省农业科学院克山分院,利用克交11-1669×**黑农54**,育成高蛋白种质克交15-2293。MG00~000熟期组,生育日数104 d左右,适合黑龙江省第四积温带(≥10 ℃活动积温2 100 ℃·d左右)种植。最高蛋白质含量49.16%。

**克交11-1615**:黑龙江省农业科学院克山分院,利用**黑生101**×克07-5701,育成高蛋白种质克交11-1615。MG00熟期组,生育日数115 d左右,适合黑龙江省第三积温带(≥10 ℃活动积温2 250 ℃·d左右)种植。最高蛋白质含量50.83%。

**垦豆59**:黑龙江省农垦科学院农作物开发研究所与北大荒垦丰种业股份有限公司于2004年以垦99-5070(**北丰9号×绥农10**)为母本,北9939(北丰6号×北丰7号)为父本有性杂交,系谱法选育而成。在适应种植区出苗至成熟生育日数115 d左右,需要≥10 ℃活动积温2 330 ℃·d左右。该品种为亚有限结荚习性,株高50 cm左右,有分枝,紫白,尖叶,灰色茸毛,荚弯镰形,成熟时呈褐色。种子圆形,种皮黄色有光泽,种脐黄色,百粒重21.0~25.0 g。蛋白质含量44.40%,脂肪含量20.56%。三年抗病接种鉴定结果:中抗灰斑病。

**龙品15-5129**:黑龙江省农业科学院作物资源研究所,利用**黑农40**×龙品08-34,育成高蛋白种质龙品15-5129。MG0熟期组,生育日数120 d左右,适合黑龙江省第二积温带(≥10 ℃活动积温2 550 ℃·d左右)种植。三年平均蛋白质含量45.33%,其中最高蛋白质含量46.54%。

**龙品15-5158**:黑龙江省农业科学院作物资源研究所,利用**黑农40**×龙野01-177,经多轮回交，系统选择，育成高蛋白种质龙品 15－5158。MG0 熟期组，生育日数 120 d 左右，适合黑龙江省第二积温带（≥10 ℃活动积温 2 550 ℃·d 左右）种植。三年平均蛋白质含量 43.62%，其中最高蛋白质含量 44.78%。

**齐农 26**：黑龙江省农业科学院齐齐哈尔分院，利用**蒙豆 36** ×克 09－09，育成高蛋白种质齐农 26。MG00 熟期组，生育日数 115 d 左右，适合黑龙江省第三积温带（≥10 ℃活动积温 2 250 ℃·d 左右）种植，蛋白质含量 45.91%。

**齐农 22**：黑龙江省农业科学院齐齐哈尔分院，利用**黑河 43** ×龙豆 3 号，育成高蛋白种质齐农 22。MG00 熟期组，生育日数 115 d 左右，适合黑龙江省第三积温带（≥10 ℃活动积温 2 250 ℃·d 左右）种植，蛋白质含量 43.52%。

**龙豆 6 号**：黑龙江省农业科学院作物资源研究所利用**黑农 48** 为母本、龙品 09－487 为父本，育成高蛋白种质龙豆 6 号。在适应区出苗至成熟生育日数 120 d 左右，需要≥10 ℃活动积温 2 400 ℃·d 左右。该品种亚有限结荚习性，株高 87 cm 左右，无分枝，紫花，尖叶，灰色茸毛，荚弯镰形，成熟时呈褐色。种子圆形，种皮黄色有光泽，种脐黄色，百粒重 19.7 g 左右。三年平均品质分析结果：蛋白质含量 45.85%，脂肪含量 18.31%。

**吉育 593**：吉林省农业科学院大豆研究中心，以**吉育 94**（红丰 2 号×吉林 35）×铁 97030，2019 年育成高蛋白种质吉育 593。出苗至成熟平均 130 d，比对照品种吉育 72 早 1 d。亚有限结荚习性，平均株高 102.3 cm，主茎结荚类型，主茎节数 17 个，3 粒荚多，荚熟时呈褐色。圆形叶，紫花，灰毛。种子圆形，种皮黄色有光泽，种脐黄色，平均百粒重 20 g。人工接种鉴定：高抗大豆花叶病毒 1 号株系，抗大豆花叶病毒 3 号株系。种子粗蛋白质含量 43.93%，粗脂肪含量 18.95%。率先突破吉林省高蛋白大豆品种瓶颈。

**蒙豆 37**：内蒙古自治区呼伦贝尔市农业科学研究所，以内豆 4 号为母本、**蒙豆 19** 为父本有性杂交育成蒙豆 37，系蒙豆 19 衍生系。需≥10 ℃活动积温 2 000 ℃·d 左右，株型收敛，株高 74 cm，披针叶，白花，灰色茸毛。亚有限结荚习性，主茎节数 16.7 节，分枝 0～1 个。荚弯镰形，熟荚深褐色。种子圆形，黄色种皮，种脐无色，百粒重 19.2 g。吉林省农业科学院农业质量标准与检测技术研究所（长春）测定，粗蛋白质含量 43.43%，粗脂肪含量 20.83%。

**蒙豆 170**：内蒙古自治区呼伦贝尔市农业科学研究所以**华疆 2 号**为母本、Dekabig（意大利引进早熟高产高油品种）为父本，经有性杂交，采用系谱法选育而成，原品系代号呼交 17－3980。适宜在黑龙江省第六积温带、内蒙古自治区呼伦贝尔市大兴安岭中北部地区活动积温 1 950 ℃·d 积温区种植。生育期 98 d，紫花，圆叶，灰色茸毛。亚有限结荚习性，主茎节数 13.4 节，分枝 0.8 个。荚褐色，荚弯镰形。种子圆形，种皮黄色有强光泽，种脐淡褐色，百粒重 18.6 g。蛋白质含量 44.96%，脂肪含量 18.13%。

**绥农 71**：黑龙江省农业科学院绥化分院，以**黑农 54** 为母本、东农 48 为父本，经有性杂交，系谱法选择育成。在适应区出苗至成熟生育日数 118 d 左右，需要≥10 ℃活动积温 2 350 ℃·d 左右。该品种为亚有限结荚习性，株高 90 cm 左右，有分枝，紫花，尖叶，灰色茸毛。荚弯镰形，成熟时呈褐色。种子圆形，种皮黄色无光泽，种脐黄色，百粒重 24 g 左右。两年品质分析结果：平均蛋白质含量 45.55%，脂肪含量 19.26%。三年抗病接种鉴定结果：中抗灰斑病。

2. 高油种质创制

**吉育 501**:吉林省农业科学院大豆研究中心,利用**吉育 58** ×公交 2152,2011 年育成吉育 501。MGⅠ熟期组,生育日数 128 d 左右,需≥10 ℃活动积温 2 650 ℃·d 以上。亚有限结荚习性,株高 95 cm,主茎型,主茎节数 20 节,节间短,秆强不倒伏。尖叶,紫花,灰色茸毛。结荚均匀、密集,4 粒荚多,荚熟时呈褐色。种子圆形,种皮黄色有光泽,种脐黄色,百粒重 20.3 g 左右。人工接种(菌)鉴定:抗大豆花叶病毒混合株系、1 号株系和食心虫,中抗大豆花叶病毒 3 号株系和灰斑病;田间自然诱发鉴定:高抗花叶病毒病、灰斑病、霜霉病和细菌性斑点病,抗食心虫,中抗褐斑病。种子粗蛋白质含量 38.93%,粗脂肪含量 23.43%。

**吉育 302**:吉林省农业科学院大豆研究中心,以公交 9899×**吉育 57**,2012 年育成吉育 302。出苗至成熟 125 d,需≥10 ℃活动积温 2 500 ℃·d 以上,属中早熟高油大豆品种。亚有限结荚习性,株型收敛,株高 90 cm 左右,主茎型,节间短,秆强不倒伏。尖叶,紫花,灰毛。结荚密集,4 粒荚多,荚熟时呈褐色。种子椭圆形,种皮黄色有光泽,种脐黄色,百粒重 19.3 g 左右。种子粗蛋白质含量 38.43%,粗脂肪含量 23.05%。

**绥农 36**:黑龙江省农业科学院绥化分院,利用**绥农 28** ×**黑农 44**,2014 年育成高脂肪种质绥农 36。MG0 熟期组,生育日数 118 d 左右,适合黑龙江省第二积温带(≥10 ℃活动积温 2 350 ℃·d 左右)种植。三年平均脂肪含量 22.12%。

**合农 75**:黑龙江省农业科学院佳木斯分院,利用**合丰 50** ×抗线 4 号,2015 年育成高脂肪种质合农 75。MG0 熟期组,生育日数 117 d 左右,适合黑龙江省第二积温带(≥10 ℃活动积温 2 350 ℃·d 左右)种植。三年平均脂肪含量 22.92%,其中最高脂肪含量 23.40%。

**牡试 1 号**:南京农业大学国家大豆改良中心与黑龙江省农业科学院牡丹江分院合作,利用(黑农 37×**垦丰 16**)×垦丰 16,2015 年育成高脂肪种质牡试 1 号。MG0 熟期组,生育日数 120 d 左右,适合黑龙江省第二积温带(≥10 ℃活动积温 2 450 ℃·d 左右)种植。三年平均脂肪含量 22.62%。

**垦豆 39**:黑龙江省农垦科学院农作物开发研究所,利用**垦丰 9 号 ×**垦农 5 号,2016 年育成高脂肪种质垦豆 39。MG0 熟期组,生育日数 119 d 左右,适合黑龙江省第二积温带(≥10 ℃活动积温 2 350 ℃·d 左右)种植。三年平均脂肪含量 23.05%。

**龙垦 305**:北大荒垦丰种业股份有限公司,利用北豆 18×**绥农 26**,2017 年育成高脂肪种质龙垦 305。MG0 熟期组,生育日数 118 d 左右,适合黑龙江省第二积温带(≥10 ℃活动积温 2 350 ℃·d 左右)种植。三年平均脂肪含量 23.34%。

**黑农 87**:黑龙江省农业科学院大豆研究所,利用合丰 50 为母本,$^{60}Co-\gamma$ 射线 120 Gy 处理**黑农 44** 的 $M_4$ 为父本,2017 年育成高脂肪种质黑农 87。MG0 熟期组,生育日数 115 d 左右,适合黑龙江省第二积温带(≥10 ℃活动积温 2 350 ℃·d 左右)种植。三年平均脂肪含量 23.19%。

**东生 79**:中国科学院东北地理与农业生态研究所中国科学院大豆分子设计育种重点实验室刘宝辉团队和黑龙江省农业科学院牡丹江分院大豆研究所任海祥团队合作,采用分子模块设计育种,通过将早熟模块 *el-as* 导入底盘品种中,育成初级分子模块设计型高油新品种东生 77,原代号中牡 511(图 8-6)。在品种设计上首先选择高油种质哈 04-1842(高油**黑农 33** ×高光效高油**黑农 44**)为受体亲本,为了导入早熟高产分子模块,供体亲本选择了绥 02-282(**绥农 29**),它是由高产品种绥农 14(连续 2 年全国推广面积最大)为受体和高产品种绥农 10 为供体亲本,通过有性杂交系谱法育成的早熟高产品种。可见东生 79 含有高油、早熟高产和抗病等丰富的遗传基础,为其构成高油高产突破性品种奠定基础,从此填补了黑龙江省自 1966 年以来审定品种脂肪含量没有突破 24% 的空白。

**牡豆 21**：黑龙江省农业科学院牡丹江分院，以**黑农 51** 为母本、红丰 11 为父本，经有性杂交，采用系谱法选育，2020 年育成高脂肪种质牡豆 21。MG0 熟期组，生育日数 120 d 左右，适合黑龙江省第二积温带（≥10 ℃活动积温 2 450 ℃·d 左右）种植。三年平均脂肪含量 37.55%，其中最高脂肪含量 22.99%（图 8-7）。

**图 8-6　高油种质东生 79（原代号中牡 511）**

**图 8-7　高油种质牡豆 21**

**东生 85**：中国科学院东北地理与农业生态研究所和黑龙江省农业科学院牡丹江分院合作，利用**黑农 51** ×（黑农 51/绥 05-6022）$F_1$，育成的耐旱高油高产品种（图 8-8）。MG00 熟期组，生育日数 113 d左右，适合黑龙江省第三积温带（≥10 ℃活动积温 2 320 ℃·d 左右）种植。三年平均脂肪含量 22.32%，其中最高脂肪含量 22.80%。

**图 8-8　高油种质东生 85**

3. 蛋脂双高种质创制

双高种质是指蛋白质含量超过 41%，脂肪含量超过 21%，蛋白质含量与脂肪含量之和（蛋脂和）超过 63% 的优异创新品种或品系材料。利用东北栽培大豆优异种质资源创制出早熟、优质、高产、抗病的双高种质有：

**蒙豆 39**：内蒙古呼伦贝尔市农业科学研究所，以**绥农 10** 为母本、5W53-3 为父本杂交选育而成，为绥农 10 衍生系种质。吉林省农业科学院农业质量标准与检测技术研究所测定，粗蛋白质含量 41.23%，粗脂肪含量 21.81%，蛋脂和 63.04%。该品种为 MG00 熟期组，需要≥10 ℃活动积温 2 200 ℃·d。株高 79 cm，无限结荚习性，椭圆叶，白色花冠，灰色茸毛，主茎节数 17.2 节，分枝 1.1 个。

**东农 44**:东北农业大学,以**北丰 3 号**为母本、呼丰 5 号为父本有性杂交选育而成。该品种为亚有限结荚习性,株高 80.0 ~ 90.0 cm,底荚高 10 cm,主茎结荚,有 1 个分枝,长叶,白花,灰毛,种皮黄色有光泽,种脐无色,百粒重 20 g。蛋白质含量 43.61%,脂肪含量 21.34%,蛋脂和 64.95%。MG000 熟期组,生育日数 95 d 左右,需活动积温 1 900 ℃ · d 左右。

**牡 508**:黑龙江省农业科学院牡丹江分院大豆研究所,利用**黑农 48** × 合丰 45,育成双高大豆种质牡 508(图 8 – 9)。MG0 熟期组,生育日数 115 d,有效积温 2 380 ℃ · d。蛋白质含量 41.90%,脂肪含量 21.60%,蛋脂和 63.50%。亚有限结荚习性,株型收敛,株高 100 cm,紫花,长叶,灰色茸毛。种皮黄色有光泽,脐无色,种子圆形,百粒重 21 g。抗灰斑病,兼抗花叶病毒病,秆强。

图 8 – 9 双高种质牡 508

**垦农 4 号**:黑龙江八一农垦大学,以九农 13 为母本、**绥农 4 号**为父本杂交育成。亚有限结荚习性,幼茎绿色,长叶,白花,灰色茸毛,株高 80.0 ~ 90.0 cm。有短分枝,节短荚密,结荚均匀,每荚多为 3 ~ 4 粒。种子圆形,种皮黄色有光泽,脐无色。百粒重 20 g 左右。含蛋白质 41.52%,脂肪 22.20%,蛋脂和 63.72%,为双高种质材料。生育日数 120 d 左右,MG0 熟期组,需要活动积温 2 450 ℃ · d 左右。秆强,喜肥水,对灰斑病属中抗类型。

**绥农 29**:黑龙江省农业科学院绥化分院,以绥农 10 为母本、**绥农 14** 为父本杂交育成。该品种为无限结荚习性,株高 100 cm 左右,有分枝,白花,尖叶,灰色茸毛,荚微弯镰形,成熟时呈褐色。种子圆形,种皮黄色无光泽,种脐浅黄色,百粒重 21 g 左右。蛋白质含量 41.92%,脂肪含量 21.28%,蛋脂和 63.20%。接种鉴定中抗灰斑病。MG0 熟期组,在适应区出苗至成熟生育日数120 d左右,需 ≥10 ℃活动积温 2 400 ℃ · d 左右。

### (三)抗病虫种质创制

**牡试 9 号**:南京农业大学和黑龙江省农业科学院牡丹江分院合作,利用绥农 30 × {黑农 58 × $F_0$[(克 97 – 18 × **黑农 51**) × 克 97 – 18]} $F_1$,育成高抗灰斑病种质牡试 9 号。MG0 ~ MG00 熟期组,生育日数 117 d 左右,适合黑龙江省第三积温带(≥10 ℃活动积温 2 350 ℃ · d 左右)种植(图 8 – 10)。

图 8 – 10 高抗灰斑病种质牡试 9 号

**克豆 35**:黑龙江省农业科学院克山分院,利用**黑河 45** × **垦丰 16**,育成抗病种质克豆 35。MG00 熟期组,生育日数 115 d 左右,适合黑龙江省第三积温带(≥10 ℃活动积温 2 250 ℃ · d 左右)种植。主要特点:高抗大豆灰斑病。

**齐农 23**:黑龙江省农业科学院齐齐哈尔分院,利用合农 65 × **嫩丰 16**,育成抗线虫种质齐农 23。该品系属 MG0 ~ MG Ⅰ熟期组,生育日数 123 d 左右,适合黑龙江省第二积温带(≥10 ℃活动积温 2 550 ℃ · d左右)种植。主要特点:抗大豆胞囊线虫病 3 号生理小种,高产(图 8 – 11)。

**农庆豆 25**:黑龙江省农业科学院大庆分院,利用**北丰 9 号** × Hartwig 育成抗线虫种质农庆豆 25。该品种株高 80 cm 左右,主茎节数 17 节,亚有限结荚习性,长形,白花,灰毛,成熟荚褐色。种子圆形,种皮黄色,脐浅褐色,百粒重 14 g。MG0 ~ MG Ⅰ熟期组,生育期 120 d 左右,需活动积温 2 500 ℃ · d左右。主要特点:抗大豆胞囊线虫病(图 8 – 12)。

图 8 – 11　抗线虫种质齐农 23

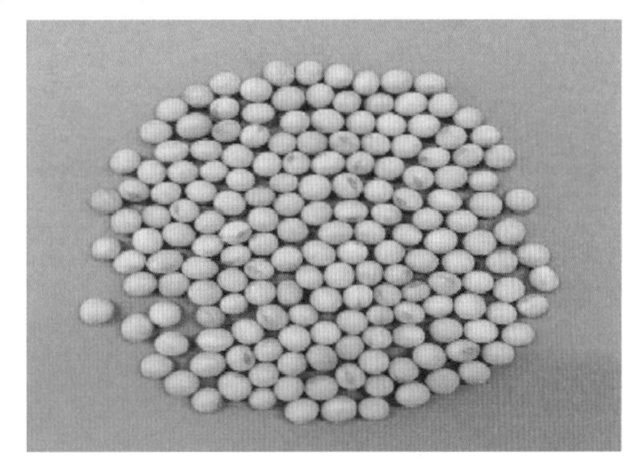

图 8 – 12　抗线虫种质农庆豆 25

**龙品 16 – 5462 – 1**:黑龙江省农业科学院作物资源研究所,利用**绥农 30** × PI567541B 育成抗蚜种质龙品 16 – 5462 – 1。MG0 ~ MG Ⅰ熟期组,生育日数 125 d 左右,适合黑龙江省第一积温带(≥10 ℃活动积温 2 700 ℃ · d 左右)种植(图 8 – 13)。

图 8 – 13　大豆田间抗蚜虫筛选与鉴定筛选

**龙品 16 – 5478 – 1**:黑龙江省农业科学院作物资源研究所,利用**绥农 30** × PI567541B 育成抗蚜种质龙品 16 – 5478 – 1。MG0 ~ MG Ⅰ熟期组,生育日数 125 d 左右,适合黑龙江省第一积温带(≥10 ℃活动积温 2 700 ℃ · d 左右)种植。

**龙品 16 – 5489 – 6**:黑龙江省农业科学院作物资源研究所,利用龙豆 2 号(合交 93 – 88 × **黑农 37**) × PI567541B,育成抗蚜种质龙品 16 – 5489 – 6。MG0 ~ MG Ⅰ熟期组,生育日数 123 d 左右,适合黑龙江省第一积温带(≥10 ℃活动积温 2 700 ℃ · d 左右)种植。

**龙品 16 – 5489 – 7**：黑龙江省农业科学院作物资源研究所，利用龙豆 2 号（合交 93 – 88 × **黑农 37**）× PI567541B，经有性杂交育成抗蚜种质龙品 16 – 5489 – 7。MG0 ~ MG Ⅰ 熟期组，生育日数 123 d 左右，适合黑龙江省第一积温带（≥10 ℃活动积温 2 700 ℃ · d 左右）种植。

**龙品 18 – 6004**：黑龙江省农业科学院作物资源研究所，以**北丰 9 号**为母本、ZDD00326 为父本，杂交育成抗蚜种质龙品 18 – 6004。MG0 熟期组，生育日数 120 d 左右，适合黑龙江省第二积温带（≥10 ℃活动积温 2 550 ℃ · d 左右）种植。

**龙品 18 – 6075**：黑龙江省农业科学院作物资源研究所，以**北丰 9 号**为母本、ZDD00326 为父本，杂交育成抗蚜种质龙品 18 – 6075。MG0 熟期组，生育日数 120 d 左右，适合黑龙江省第二积温带（≥10 ℃活动积温 2 550 ℃ · d 左右）种植。

### （四）理想株型种质创制

**J015**：黑龙江省农业科学院牡丹江分院，以**黑河 49** × HZ15 046（H20 557 × 黑农 35），育成高油理想株型种质 J015。MG00 ~ MG000 熟期组，适合黑龙江省第四积温带（≥10 ℃活动积温 2 200 ℃ · d 左右）种植，亚有限结荚习性，株高 79.1 cm，主茎 15 节，白花，长叶，灰色茸毛，秆强不倒，百粒重 17.7 g。2019 年品质检测结果：蛋白质含量 37.90%，脂肪含量 23.50%，蛋脂和 61.40%；2020 年品质检测结果：粗蛋白质含量 38.63%，脂肪含量 22.05%，水溶蛋白含量 30.34%，半胱氨酸含量 0.62%，蛋氨酸含量 0.56%，纤维含量 6.23%，蛋脂和 60.68%。2020 年鉴定三次重复平均产量 2 974.4 kg/hm$^2$，三次重复最高产量 3 196.6 kg/hm$^2$；2020 年鉴定平均产量较同熟期对照品种黑河 45 增产 12.7%。



**J040**：黑龙江省农业科学院牡丹江分院，利用**黑农 35** × 15282［（黑农 48 × 龙品 8 807）× 牡 512（哈北 46 – 1 × 垦丰 16）］，经有性杂交，采用系谱法选育，创制高蛋白理想株型种质 J040。MG0 熟期组，适合黑龙江省第二积温带（≥10 ℃活动积温 2 400 ℃ · d 左右）适应区域种植。亚有限结荚习性，株高 92.2 cm，主茎 17.7 节，白花，长叶，灰色茸毛，秆强不倒，百粒重 17.1 g。2019 年品质检测结果：蛋白质含量 44.70%，脂肪含量 19.10%，蛋脂和 63.80%；2020 年品质检测结果：粗蛋白含量质 42.80%，脂肪含量 20.20%，水溶蛋白含量 34.37%，半胱氨酸含量 0.64%，蛋氨酸含量 0.61%，纤维含量 6.23%，蛋脂和 63.00%。2020 年鉴定三次重复平均产量 3 840.5 kg/hm$^2$，三次重复最高产量 4 256.4 kg/hm$^2$；2020 年鉴定平均产量较同熟期对照品种合丰 50 增产 3.3%。最高产量较同熟期对照品种合丰 50 增产 6.9%。

**F51366**：黑龙江省农业科学院牡丹江分院，利用**黑农 35** × 15282［（**黑农 48** × 龙品 8807）× 牡试 512］，2019 年育成。MG0 ~ MG Ⅰ 熟期组，中群体主茎 18 ~ 20 节，有效节比同熟期组多 1 ~ 2 节，理想株型种质 F51366 见图 8 – 14。

图 8 – 14　F51366 理想株型种质

**F51288**：黑龙江省农业科学院牡丹江分院，利用黑河 49 × HZ16028［（**黑农 35** × 牡辐 12 – 604）×

黑农 $35BC_3$],经有性杂交,采用系谱法选择,2019 年育成。MG00 熟期组,中群体主茎 18 ~ 19 节,有效节比同熟期组多 1 ~ 2 节,理想株型种质 F51288 见图 8 - 15。

**F51289**:黑龙江省农业科学院牡丹江分院,利用**黑河 49** × HZ16028[(黑农 35 × 牡辐 12 - 604) × 黑农 $35BC_3$],2019 年育成。MG00 熟期组,中群体主茎 16 ~ 18 节,有效节比同熟期组多 1 ~ 2 节,理想株型种质 F51289 见图 8 - 16。

图 8 - 15 理想株型种质 F51288

图 8 - 16 理想株型种质 F51289

**F50289**:黑龙江省农业科学院牡丹江分院,利用**黑河 49** × HZ16028[(黑农 35 × 牡辐 12 - 604) × 黑农 $35BC_3$],2019 年育成。MG000 熟期组,中群体主茎 17 ~ 18 节,有效节比同熟期组多 1 ~ 2 节,具有小分枝的理想株型种质 F50289 见图 8 - 17。

**F50519**:黑龙江省农业科学院牡丹江分院大豆研究所,利用矮秆种质**东生 89** × Z15237(黑河 43 × H23 410 - 3),2019 年育成。MG00 熟期组,大群体主茎 16 ~ 17 节,有效节比同熟期组多1 ~ 2 节,理想株型种质 F50519 见图 8 - 18。

图 8 - 17 理想株型种质 F50289

图 8 - 18 F50519 理想株型种质

**F51428**:黑龙江省农业科学院牡丹江分院大豆研究所,利用矮秆种质东生 89 × 合丰 42,2019 年育成。MG000 熟期组,大群体主茎 16 ~ 18 节,有效节比同熟期组多 1 ~ 2 节,理想株型种质 F51428 见图 8 – 19。

**图 8 – 19 F51428 理想株型种质**



## (五)耐逆种质创制

**中牡 242**:中国科学院东北地理与农业生态研究所和黑龙江省农业科学院牡丹江分院合作,利用牡豆 15 × 垦农 30 育成芽期 1 级耐旱种质中牡 242。MG0 熟期组,见图 8 – 20,适合黑龙江省第二积温带种植(≥10 ℃活动积温 2 400 ℃ · d 左右)。亚有限结荚习性,株高 90.0 cm 左右,主茎 18 节,白花,长叶,灰色茸毛,秆强不倒,百粒重 21.0 g。蛋白质含量 40.90%,脂肪含量 20.12%,蛋脂和 61.02%。平均产量 3 120 kg/hm$^2$;平均产量较同熟期对照品种合丰 55 增产 7.8%。

**中牡 243**:中国科学院东北地理与农业生态研究所和黑龙江省农业科学院牡丹江分院合作,利用含有抗旱种质的{[合丰 51 ×(黑农 44 × 晋豆 23)× 合丰 51]}$F_1$ × 黑河 43 育成了芽期 1 级耐旱种质中牡 243,见图 8 – 20。MG000 熟期组,适合黑龙江省第五积温带(≥10 ℃活动积温 2 000 ℃ · d 左右)种植。亚有限结荚习性,株高 80 cm 左右,主茎 16 节,白花,长叶,灰色茸毛,秆强不倒,百粒重 18 g。蛋白质含量 38.80%,脂肪含量 23.20%,蛋脂和 62.00%。平均产量 3 203.4 kg/hm$^2$,平均产量较同熟期对照品种黑河 45 增产 12.9%。

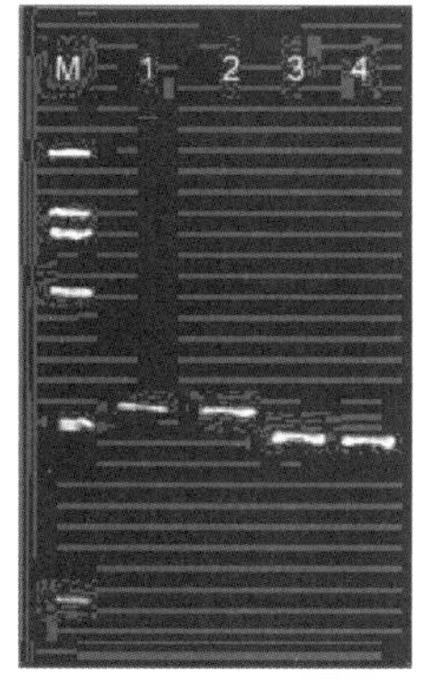


Marker: ID02361
(position: Gm02: 39547350)

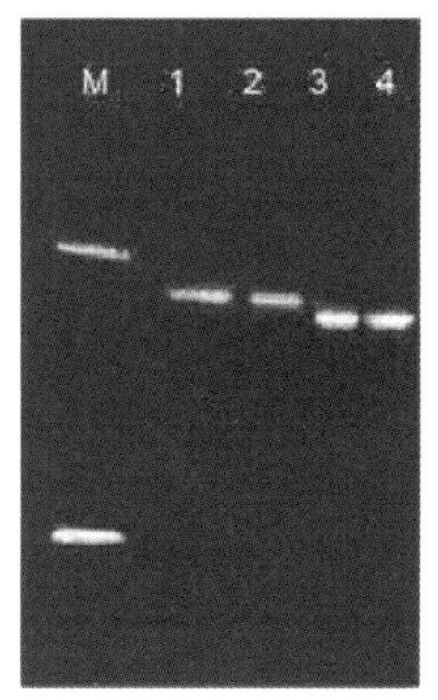


Marker: ID02375
(position: Gm02: 40699300)

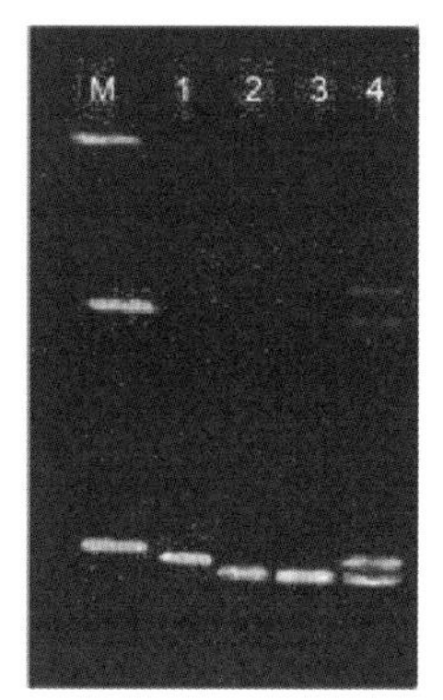


Marker Sat_135
(position: Gm02: 37285448)

M: 2 000 bp ladder 1, CK; 2, 东生85; 3, 中牡242; 4, 中牡243

**图 8－20　1、2 级芽期耐旱种质东生 85、中牡 242 和中牡 243 分子检测结果**

注：CK 为对照 2 级耐旱品种，待检测样品分别为 2 级耐旱品种东生 85，1 级耐旱品种中牡 242 和中牡 243。在大豆 2 号染色体 37 ~41 Mb区间内存在耐旱 QTL，用该区间内的 3 个标记检测不同样品的多态性。东生 85 与 CK 分型相同。

**J053**：黑龙江省农业科学院牡丹江分院，利用 Z15354{[**吉育 47** ×(**黑农 40** × 晋豆 23)] × LF02－211} ×Z15358{[黑农 40 ×(黑农 40 × 晋豆 29)] × 克山 1 号}进行耦合杂交，育成芽期 1 级耐旱、高油种质 J053。MG000 熟期组，适合黑龙江省第五积温带(≥10 ℃活动积温 2 000 ℃ · d 左右)种植。亚有限结荚习性，株高 83.4 cm，主茎 16.3 节，紫花，长叶，灰色茸毛，秆强不倒，百粒重 16.3 g。2019 年品质检测结果：蛋白质含量 39.70%，脂肪含量 23.00%，蛋脂和 62.70%；2020 年品质检测结果：粗蛋白质含量 39.29%，脂肪含量 22.18%，水溶蛋白含量 30.13%，半胱氨酸含量 0.60%，蛋氨酸含量 0.57%，蛋脂和 61.47%。2019 年 5 代产量 2 722.2 kg/hm$^2$；2020 年鉴定三次重复平均产量 3 173.8 kg/hm$^2$，三次重复最高产量3 367.5 kg/hm$^2$；2020 年鉴定平均产量较同熟期对照品种黑河 45 增产 20.3%。最高产量较同熟期对照品种增产 7.7%。

**J059**：黑龙江省农业科学院牡丹江分院，利用**黑河 43** × 晋豆 19，育成芽期 1 级耐旱、高油种质 J059。MG000 熟期组，适合黑龙江省第五积温带(≥10 ℃活动积温 2 000 ℃ · d 左右)种植。无限结荚习性，株高 83.4 cm，紫花，长叶，灰色茸毛，1 级倒伏。2019 年品质检测结果：蛋白质含量 38.60%，脂肪含量 23.60%，蛋脂和 62.20%；2020 年品质检测结果：粗蛋白质含量 40.88%，脂肪含量 21.20%，水溶蛋白含量 31.31%，半胱氨酸含量 0.64%，蛋氨酸含量 0.62%，纤维含量 6.28%，蛋脂和 62.08%。2019 年 5 代产量 2 277.8 kg/hm$^2$；2020 年鉴定三次重复平均产量 3 116.8 kg/hm$^2$，三次重复最高产量 3 384.6 kg/hm$^2$；2020 年鉴定平均产量较同熟期对照品种黑河 45 增产 18.1%。最高产量较同熟期对照品种黑河 45 增产 8.2%。

**J064**：黑龙江省农业科学院牡丹江分院，利用 Z15349{[合丰 51 ×(**黑农 44** × 晋豆 23)] × 黑河 43} ×Z15356{[黑农 40 ×(黑农 40 × 晋豆 29)] × 北豆 40}，育成配合力高的芽期 1 级耐旱种质 J064。MG0 熟期组，适合黑龙江省第二积温带(≥10 ℃活动积温 2 400 ℃ · d 左右)种植。亚有限结荚习性，灰色茸毛，株高 84.2 cm，主茎 18.3 节，紫花，长叶，百粒重 21.8 g。1 级倒伏。2019 年品质检测结果:蛋白质含量42.90%,脂肪含量21.40%,蛋脂和64.30%;2020年品质检测结果:粗蛋白质含量41.04%,脂肪含量21.64%,水溶蛋白含量33.33%,半胱氨酸含量0.64%,蛋氨酸含量0.60%,纤维含量5.84%,蛋脂和62.68%。2019年5代产量3 500 kg/hm²;2020年鉴定三次重复平均产量3 401.7 kg/hm²,三次重复最高产量3 606.8 kg/hm²;2020年鉴定平均产量较同熟期对照品种合丰55减产2.9%。

**J058**:黑龙江省农业科学院牡丹江分院,利用东生81×牡试311,育成芽期1级耐旱高油种质J058。MG0熟期组,适合黑龙江省第二积温带(≥10 ℃活动积温2 400 ℃·d左右)种植。无限结荚习性,株高80 cm,紫花,长叶,灰色茸毛,1级倒伏。2019年品质检测结果:蛋白质含量39.60%,脂肪含量21.60%,蛋脂和61.20%;2020年品质检测结果:粗蛋白质含量37.32%,脂肪含量23.00%,水溶蛋白含量29.46%,半胱氨酸含量0.60%,蛋氨酸含量0.54%,纤维含量6.65%,蛋脂和60.32%。2019年5代产量2 166.7 kg/hm²;2020年鉴定三次重复平均产量3 703.7 kg/hm²,三次重复最高产量3 829.1 kg/hm²;2020年鉴定平均产量较同熟期对照品种增产5.7%。

**J069**:黑龙江省农业科学院牡丹江分院,利用东生81(合丰45×晋豆23)×合丰45,育成芽期1级耐旱种质J069。MG0熟期组,适合黑龙江省第二积温带(≥10 ℃活动积温2 400 ℃·d左右)种植。无限结荚习性,株高101.7 cm,主茎17.3节,紫花,长叶,灰色茸毛,百粒重19.8 g,2级倒伏。2019年品质检测结果:蛋白质含量42.00%,脂肪含量21.40%,蛋脂和63.40%;2020年品质检测结果:粗蛋白质含量42.17%,脂肪含量21.17%,水溶蛋白含量34.18%,半胱氨酸含量0.61%,蛋氨酸含量0.58%,纤维含量5.87%,蛋脂和63.34%。2019年5代产量3 833.3 kg/hm²;2020年鉴定三次重复平均产量3 623.9 kg/hm²,三次重复最高产量3 726.5 kg/hm²;2020年鉴定平均产量较同熟期对照品种合丰55增产3.4%。

**J051**:黑龙江省农业科学院牡丹江分院,利用黑河43×晋豆19,育成芽期1级耐旱种质J051。MG0熟期组,适合黑龙江省第二积温带(≥10 ℃活动积温2 400 ℃·d左右)种植。无限结荚习性,株高121 cm,主茎18节,紫花,长叶,棕色茸毛,秆强不倒,百粒重20.5 g。2019年品质检测结果:蛋白质含量40.00%,脂肪含量21.80%,蛋脂和61.80%;2020年品质检测结果:粗蛋白质含量40.04%,脂肪含量22.34%,水溶蛋白含量32.10%,半胱氨酸含量0.60%,蛋氨酸含量0.57%,纤维含量6.10%,蛋脂和62.38%。2019年5代产量2 750 kg/hm²;2020年鉴定三次重复平均产量4 227.9 kg/hm²,三次重复最高产量4 598.3 kg/hm²;2020年鉴定平均产量较同熟期对照品种合丰55增产20.6%。最高产量较同熟期对照品种合丰55增产8.9%。

### (六)特用种质创制

**小粒品种克豆48**:黑龙江省农业科学院克山分院,利用克交99-578×东农50,育成小粒豆种质。该品种属MG00熟期组,生育期115 d左右,适合黑龙江省第三积温带(≥10 ℃活动积温2 300 ℃·d左右)种植。亚有限结荚习性,株高78 cm,白花,尖叶,灰色茸毛,百粒重9.3 g左右。蛋白质含量44.34%,脂肪含量15.78 %。中抗灰斑病。2017年区域试验产量2 065.1 kg/hm²,比对照品种东农60增产13.0%;2018年区域试验产量2 257.7 kg/hm²,比对照品种东农60增产11.7%。

**青瓤豆克15-2456**:黑龙江省农业科学院克山分院,利用克交07-584×克99-1599,育成青皮青瓤豆克 15 - 2456。MG00 ~ MG000 熟期组,适合黑龙江省第四积温带(≥10 ℃活动积温 2 000 ℃·d左右)种植。结荚习性,株高 80 cm,紫花,长叶,灰色茸毛,百粒重 22 g 左右。蛋白质含量 38.50%,脂肪含量 18.20%。中抗灰斑病。

**大粒品种克豆 61**:黑龙江省农业科学院克山分院,利用克山 1 号×绥农 26,育成大粒豆种质。该品种属 MG00 熟期组,适合黑龙江省第三积温带(≥10 ℃活动积温 2 250 ℃·d 左右)种植。无限结荚习性,株高 78.8 cm,紫花,尖叶,灰色茸毛,百粒重 26 g 左右,属于大粒品种。蛋白质含量 39.70%,脂肪含量 21.10%。中抗灰斑病。2020 年参加黑龙江省第三积温带西部区域试验,平均产量 2 753.8 $kg/hm^2$,比对照品种北豆 40 增产 8.1%。

**中龙黑大豆 1 号**:黑龙江省农业科学院耕作栽培研究所,利用 黑 02 - 78×哈 05 - 478 育成中龙黑大豆 1 号。MG0 ~ MGⅠ熟期组,适合黑龙江省第一积温带(≥10 ℃活动积温2 500 ℃·d左右)种植。亚有限结荚习性,株高70 cm,紫花,圆叶,棕色茸毛,百粒重 20 g 左右。蛋白质含量 43.20%,脂肪含量 19.55%。中抗灰斑病(图8 - 21)。

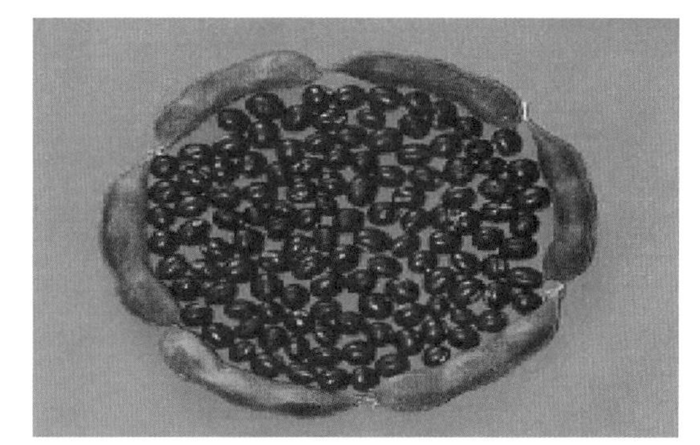

图 8 - 21 特用中龙黑大豆 1 号

(七)突变系创制

众所周知,变异是基因功能分析的基础,突变体是功能基因组学研究的重要材料。因此,突变体库的构建也是功能基因组学的基础。采用物理化学诱变方法构建普通大豆突变体库,拓宽大豆种质遗传基础,预期为大豆基因挖掘和基因功能解析及其分子设计育种提供基础材料。

**黄叶突变体**:黑龙江省农业科学院生物技术研究所,2017 年利用$^{60}Co-\gamma$射线辐射处理高蛋白大豆品种黑农 48,南繁北育,利用摘荚法系统选择,于 $M_6$ 代育成黄叶突变体。MG0 熟期组,适合黑龙江省第二积温带(≥10 ℃活动积温 2 400 ℃·d 左右)种植。亚有限结荚习性,株高 80 cm,紫花,尖叶,灰色茸毛,百粒重 20 g 左右。蛋白质含量 47.10 %,脂肪含量 17.01%。中抗灰斑病(图 8 - 22)。

图 8 - 22 黄叶突变体

**龙生豆 200467**:黑龙江省农业科学院生物技术研究所,利用高蛋白品种黑农 48,用 EMS 进行诱变处理，育成荚皮无茸毛突变体。MG0 熟期组，适合黑龙江省第二积温带（≥10 ℃活动积温 2 400 ℃·d 左右）种植。亚有限结荚习性，株高 80 cm，紫花，尖叶，灰色茸毛，百粒重 18 g 左右。蛋白质含量 46.51%，脂肪含量 17.69%。中抗灰斑病。

**龙生豆 200837**：黑龙江省农业科学院生物技术研究所，利用黑农 51 × 牡 508 $F_5$ 代材料，经 $^{60}Co-\gamma$ 射线辐射，南繁北育，采用摘荚法进行系统选择，于 $M_5$ 代决选育成。与对照品种相比，龙生豆 200837 在株高、有效节数、有效荚数上差异显著，总节数上表现显著差异，有效分枝数则没有显著差异的突变体。该品系适合黑龙江省第二积温带（≥10 ℃活动积温 2 400 ℃·d 左右）适应区域种植。亚有限结荚习性，株高 95 cm，紫花，尖叶，灰色茸毛，百粒重 20 g 左右。蛋白质含量 45.52 %，脂肪含量 17.84%。中抗灰斑病。2020 年所内产量鉴定 3 056 kg/hm$^2$，比对照品种合丰 55 增产 6.7%。

**株高稳定差异的突变系库**：黑龙江省农业科学院生物技术研究所，利用黑农 35 ×［（黑农 48 × 龙品 8807）× 牡豆 12］$F_4$ 代材料经 $^{60}Co-\gamma$ 射线辐射后，南繁北育，采用摘荚法系统选择，于 $M_5$ 代育成，获得株高梯度差异的稳定单株突变系库（图 8－23）。该群体库容量为 355 个系，株高 25.0～140.0 cm，品质方面，蛋白质含量变幅为 35.65%～47.61%，脂肪含量变幅为 15.21%～23.35%。株型由主茎型到分枝型变异丰富，节数分布区间为 13～25 节，单株结荚数 20～89 个。该库的建立为常规育种与辐射育种相结合，培育大豆新品种和发掘大豆产量相关重要基因提供了材料平台与基础，目前已经配制了分枝数、节数和株高等性状的遗传群体 5 个，开展相关基因的挖掘。

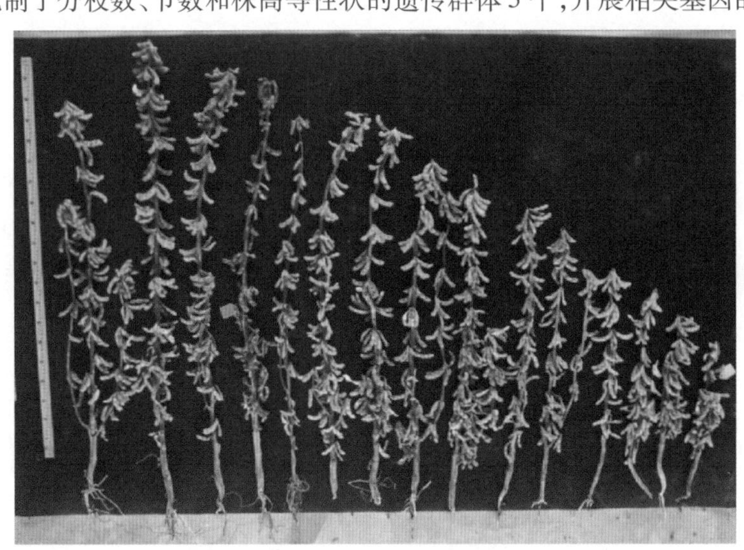

图 8－23 株高稳定差异的突变系

**黑农 35 突变系库**：中国科学院东北地理与农业生态研究所刘宝辉团队，于 2011 年用 $^{60}Co-\gamma$ 射线（150 Gy）辐射处理中国东北春大豆高蛋白高产品种黑农 35 育种家种子 10 000 粒。$M_1$ 代选可孕株和半可孕株进行单株收获，得到 4 230 粒种子，同年南繁 $M_2$ 代单株种植并单株收获，2013 年和 2014 年分别培育 $M_3$ 和 $M_4$ 代，构建了近 9 000 份 $M_4$ 代诱变群体。2014 年从中选择与野生型具有明显差异的单株构建黑农 35 突变系库。包含生育期、高油、高蛋白、种皮褐色、种皮强光滑、种皮浓黄、百粒重大或小、株高矮或高、主茎分枝多或少、有效节数多、单株荚数多、单株重大、单株粒重高等类型，不同类型的数量详见表 8－11。

**表 8－11　主要突变系类型和数量**

| 类型 | 数量 | 类型 | 数量 |
|---|---|---|---|
| 油分 >23% | 522 | 株高 <60 cm | 45 |
| 蛋白质 >45% | 222 | 主茎节数 >20 | 149 |
| 种皮褐色 | 45 | 主茎节数 <14 | 398 |
| 种皮浓黄 | 906 | 分枝数 >1 | 244 |
| 种皮强光滑 | 2 090 | 有效节数 >16 | 266 |
| 百粒重 >25 g | 69 | 单株荚数 >70 | 83 |
| 百粒重 <15 g | 165 | 单株重 >60 g | 68 |
| 生育期(晚＋早) | 316＋332 | 单株粒重 >25 g | 81 |

育种亲本资源贫乏成为限制育种进展的瓶颈，优异基因/分子模块的发掘与种质创制已成为遗传育种关键科学问题，而育种亲本突变系库构建是解决上述科学问题的途径之一。前人多数是利用物理和化学诱变方法处理大豆品种，构建突变体库，预期为基因定位、克隆及功能验证建立材料平台。我们另辟蹊径，其目的是构建能为育种利用的具有优异生态性状的大豆育种亲本突变系库。

在 2014 年构建的近 9 000 份突变系中，选择符合做育种亲本目标要求的突变系，于 2015 年进一步验证和选择，同年在突变系成熟期选择 16 个生态性状的突变系构建了黑农 35 育种亲本突变系库。2016 年进一步验证和选择，最终构建了含有产量、生育期(全生育期)、结荚习性、株高、主茎节数、有效节数、单株荚数、地上部生物量、单株粒重、百粒重和品质(高蛋白、高脂肪、高蛋脂和、蛋白质含量 >47.0% 和脂肪含量 >24.5%)等 16 个生态性状的育种亲本突变系库(表 8－12)。此研究成果于 2016 年经以刘忠堂为组长的省级专家组鉴定，认定该成果达到国内领先水平。

**表 8－12　由黑农 35 构建的突变系育种亲本材料**

| 编号 | 株高/cm | 主茎节数 | 分枝 | 有效节数 | 单株荚数 | 单株重/g | 单株粒重/g | 根瘤 | 叶形 | 生育期/d | 结荚习性 | 花色 | 收获指数 | 特征特性 |
|---|---|---|---|---|---|---|---|---|---|---|---|---|---|---|
| H20508 | 117 | 19 | 0 | 16 | 56 | 57.46 | 24.26 | 少 | 长叶 | 119 | 无 | 紫 | 0.42 | 高秆生态性状 |
| H20001(CK) | 80 | 15 | 0 | 13 | 46 | 24.81 | 9.63 | 多 | 长叶 | 109 | 亚 | 白 | 0.40 | 野生型 |
| H20522 | 48 | 16 | 1 | 15 | 68 | 62.35 | 29.61 | 少 | 长叶 | 104 | 亚 | 白 | 0.48 | 矮秆生态性状 |
| H20563 | 85 | 18 | 0 | 17 | 79 | 59.35 | 25.41 | 少 | 长叶 | 116 | 亚 | 白 | 0.43 | 高蛋白生态性状(>47%) |
| H20293 | 125 | 23 | 0 | 19 | 68 | 88.95 | 40.75 | 多 | 长叶 | >130 | 亚 | 白 | 0.46 | 晚熟生态性状 |
| H20292 | 124 | 23 | 2 | 22 | 87 | 64.35 | 27.68 | 多 | 圆叶 | 128 | 无 | 白 | 0.43 | 晚熟生态性状 |
| ZM083 | 72 | 16 | 0 | 14 | 43 | 34.58 | 16.94 | 少 | 长叶 | 105 | 亚 | 白 | 0.49 | 早熟生态性状 |
| H20575 | 105 | 15 | 0 | 12 | 41 | 48.19 | 22.62 | 少 | 长叶 | 109 | 亚 | 白 | 0.47 | 蛋脂和 >65.0% |
| H20459 | 111 | 20 | 0 | 17 | 71 | 53.76 | 23.49 | 少 | 长叶 | 112 | 亚 | 白 | 0.44 | 芽豆(>14 g，<16 g) |
| H20568 | 92 | 15 | 2 | 14 | 128 | 79.64 | 32.38 | 少 | 圆叶 | 107 | 亚 | 白 | 0.41 | 高油(>24.5%) |

续表 8－12

| 编号 | 株高/cm | 主茎节数 | 分枝 | 有效节数 | 单株荚数 | 单株重/g | 单株粒重/g | 根瘤 | 叶形 | 生育期/d | 结荚习性 | 花色 | 收获指数 | 特征特性 |
|---|---|---|---|---|---|---|---|---|---|---|---|---|---|---|
| H20476 | 70 | 17 | 4 | 17 | 102 | 80.84 | 32.84 | 多 | 长叶 | 104 | 亚 | 白 | 0.41 | 大粒（>28 g） |
| H20559 | 99 | 18 | 0 | 17 | 114 | 81.46 | 35.30 | 少 | 长叶 | 116 | 亚 | 白 | 0.43 | 地上部生物量 |
| H20557 | 91 | 19 | 2 | 18 | 186 | 137.00 | 67.84 | 多 | 圆叶 | 119 | 亚 | 白 | 0.50 | 单株荚数（>80 个） |
| H20450 | 104 | 22 | 2 | 21 | 109 | 75.12 | 34.10 | 少 | 圆叶 | 109 | 亚 | 白 | 0.45 | 有效节数（>18） |
| H20559 | 100 | 19 | 1 | 18 | 143 | 96.75 | 41.01 | 少 | 圆叶 | 116 | 亚 | 白 | 0.42 | 地上部生物量 |
| H20543 | 113 | 20 | 2 | 19 | 81 | 60.65 | 26.61 | 少 | 长叶 | 122 | 无 | 白 | 0.44 | 有效节数（>18） |
| ZM014 | 78 | 17 | 0 | 10 | 37 | 29.26 | 13.87 | 少 | 长叶 | 107 | 无 | 紫 | 0.47 | 结荚习性 |

## 二、东北栽培大豆种质资源群体衍生的种质群体：不完全双列杂交群体及 *ms*1 雄性不育合成基因库群体

### （一）东北栽培大豆种质资源群体衍生的不完全双列杂交群体

为了明确黄淮海和南方大豆种质资源在东北优异亲本创新中的作用和拓宽东北栽培大豆种质资源，在东北栽培大豆种质资源群体中选择高光效、高产、高蛋白、高脂肪和抗病生态性状的品种，即黑农 40、黑农 5 号、黑农 48、黑农 64、黑农 51、合丰 45、合丰 55、绥农 26、垦丰 16、牡丰 7 号和黑河 43 共 11 个品种做受体亲本，选择高产、高蛋白、高脂肪、多抗、耐旱、广适应性等生态性状，即中黄 13、中黄 35、中黄 37、科新 5 号、科新 6 号、科新 53、冀黄 13、齐黄 29、齐黄 33、晋豆 21、晋豆 29、中豆 32、中豆 38、南农 963069、南农 99－10、南农 95C－13、南农 86－4、南农 32、南农 88－31、南农 NTR44－1 共 20 个品种（品系）为供体亲本，组配不完全双列杂交组合共 231 个。现已构成 5×5 和 3×7 群体（表 8－13）。这些双列杂交群体为研究生态性状的配合力和揭示复等位变异及调控生态性状分子机制提供材料平台。

表 8－13　南北亲本配制的不完全双列杂交组合

| 组合号 | 母本 | 父本 | 行数 | 收获株数(1 套) | 收获株数(2 套) |
|---|---|---|---|---|---|
| DC5001 | 黑河 43 | 南农 NTR44－1 | 58 | 58 | 54 |
| DC5002 | 黑河 43 | 南农 883－1 | 101 | 96 | 96 |
| DC5003 | 黑河 43 | 齐黄 29 | 120 | 97 | 97 |
| DC5004 | 黑河 43 | 南农 96306P | 115 | 115 | 114 |
| DC5005 | 黑河 43 | 中豆 32 | 120 | 122 | 117 |
| DC5006 | 黑农 48 | 南农 883－1 | 120 | 118 | 115 |
| DC5007 | 黑农 48 | 中豆 32 | 120 | 111 | 110 |
| DC5008 | 黑农 48 | 齐黄 29 | 107 | 102 | 101 |
| DC5009 | 黑农 48 | 南农 NTR44－1 | 87 | 84 | 72 |
| DC5010 | 黑农 48 | 南农 96306P | 122 | 119 | 112 |
| DC5011 | 黑农 51 | 南农 96306P | 121 | 121 | 117 |

续表 8 - 13

| 组合号 | 母本 | 父本 | 行数 | 收获株数(1 套) | 收获株数(2 套) |
|---|---|---|---|---|---|
| DC5012 | 黑农 51 | 南农 NTR44 - 1 | 120 | 118 | 117 |
| DC5013 | 黑农 51 | 齐黄 29 | 107 | 107 | 96 |
| DC5014 | 黑农 51 | 南农 883 - 1 | 121 | 121 | 119 |
| DC5015 | 黑农 51 | 中豆 32 | 77 | 77 | 75 |
| DC5016 | 黑农 35 | 南农 88 - 31 | 116 | 116 | 114 |
| DC5017 | 黑农 35 | 中豆 32 | 64 | 64 | 64 |
| DC5018 | 黑农 35 | 齐黄 29 | 54 | 53 | 52 |
| DC5019 | 黑农 35 | 南农 NTR44 - 1 | 120 | 117 | 110 |
| DC5020 | 黑农 35 | 南农 96306P | 64 | 64 | 62 |
| DC5021 | 合丰 45 | 齐黄 29 | 118 | 119 | 116 |
| DC5022 | 合丰 45 | 南农 96306P | 117 | 117 | 116 |
| DC5023 | 合丰 45 | 中豆 32 | 120 | 120 | 119 |
| DC5024 | 合丰 45 | 南农 NTR44 - 1 | 124 | 123 | 122 |
| DC5025 | 合丰 45 | 南农 883 - 1 | 119 | 101 | 87 |
| DC5026 | 牡丰 7 号 | 中豆 32 | 121 | 146 | 143 |
| DC5027 | 牡丰 7 号 | 齐黄 29 | 122 | 119 | 119 |
| DC5028 | 牡丰 7 号 | 南农 86 - 4 | 120 | 122 | 121 |
| DC5029 | 牡丰 7 号 | 南农 99 - 10 | 102 | 103 | 99 |
| DC5030 | 牡丰 7 号 | 南农 95C - 13 | 124 | 122 | 122 |
| DC5031 | 牡丰 7 号 | 冀黄 13 | 127 | 127 | 126 |
| DC5032 | 牡丰 7 号 | 中豆 38 | 122 | 112 | 112 |
| DC5033 | 黑农 40 | 中豆 32 | 114 | 115 | 114 |
| DC5034 | 黑农 40 | 南农 991 - 0 | 128 | 129 | 127 |
| DC5035 | 黑农 40 | 南农 95C1 - 3 | 117 | 123 | 112 |
| DC5036 | 黑农 40 | 南农 86 - 4 | 117 | 116 | 115 |
| DC5037 | 黑农 40 | 冀黄 13 | 96 | 95 | 94 |
| DC5038 | 黑农 40 | 齐黄 29 | 127 | 129 | 127 |
| DC5039 | 黑农 40 | 中豆 38 | 124 | 125 | 122 |
| DC5040 | 黑农 64 | 中豆 32 | 118 | 117 | 116 |
| DC5041 | 黑农 64 | 南农 95C - 13 | 118 | 117 | 115 |
| DC5042 | 黑农 64 | 南农 991 - 0 | 52 | 55 | 53 |
| DC5043 | 黑农 64 | 南农 86 - 4 | 120 | 119 | 119 |
| DC5044 | 黑农 64 | 冀黄 13 | 120 | 120 | 119 |
| DC5045 | 黑农 64 | 齐黄 29 | 118 | 117 | 113 |
| DC5046 | 黑农 64 | 中豆 38 | 120 | 121 | 120 |
| DC5010 | 黑农 48 | 南农 96306P | 122 | 119 | 112 |
| 合计 | | | | 5 009 | 4 882 |

### (二)东北栽培大豆种质资源群体衍生的 *ms*1 雄性不育合成基因库群体

农作物自花授粉有利于保持优良基因型的个体,而不利于基因的重组;异花授粉有利于基因的广泛重组,但不利于保持具有优良基因型的个体。大豆有性杂交育种是作物育种的主要方法,对于自花授粉作物,对实现近期目标相当有效。大豆有性杂交由于受成活率的限制,工作量大、费工费时，所能包含的亲本有限。轮回群体选择育种是利用大豆核不育材料与大量材料杂交，通过选择带有核雄性不育基因（*ms*1）的优良个体相互间再杂交，再选择带有核不育基因（*ms*1）的优良个体相互间再杂交来进行轮回选择。在 *ms*1 雄性不育个体上不断接受外来花粉，发生充分基因重组，并有针对性地筛选所需的杂交株，形成大量材料合成的 *ms*1 雄性不育基因库群体。

本试验于 2011—2012 年选用河北农林科学院提供的 2 个雄性不育轮回群体，分别在黑龙江省农业科学院牡丹江分院进行了一年生态特征选择，淘汰了部分不能成熟的极晚熟亲本，并在 2012 年、2015 年分别加入了部分国外优良种质和本团队配制的春夏大豆杂交种质，到 2015 年形成了 4 个亚群体：河北可育亚群体（G1），国外优良种质可育亚群体（G2），中外种质改良亚群体（G3），春夏大豆杂交种质的不育群体分离后代亚群体（G4）。

具体构建方法、各群体形成进程如图 8－24 所示。

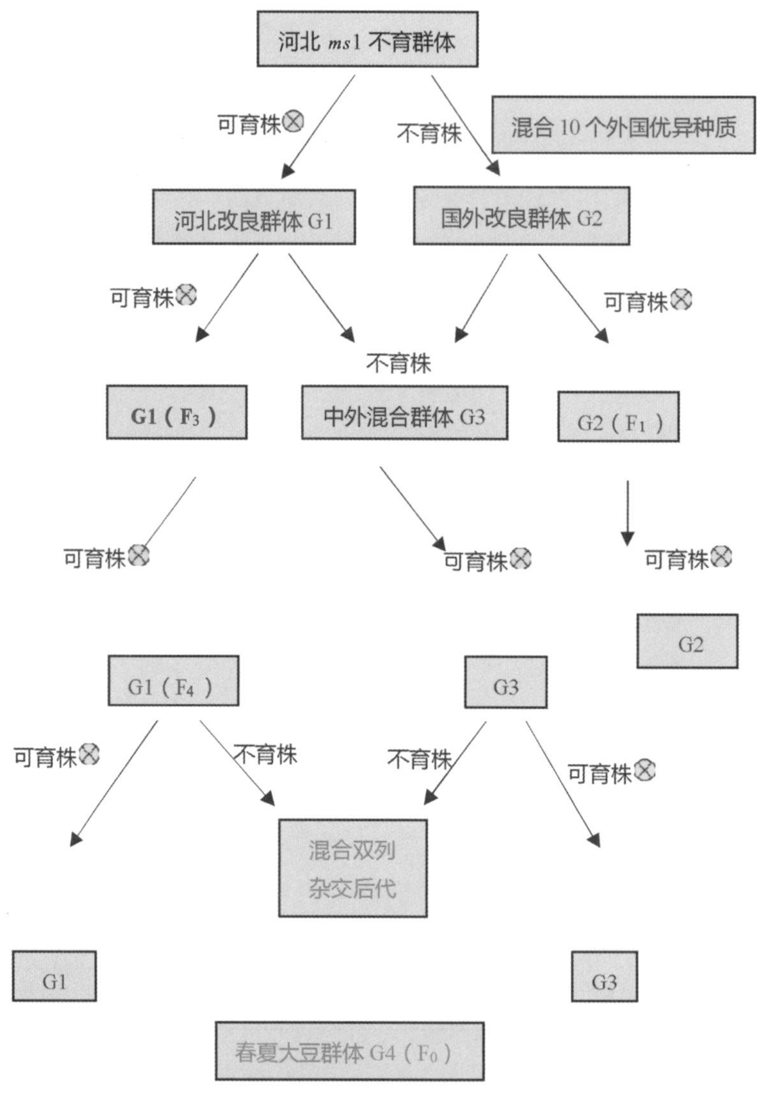


图 8－24　各不育改良群体构建示意图

注：红色为 G1 群体，蓝色为 G2 群体，粉色为 G3 群体，绿色为 G4（$F_0$）群体。

1. 河北可育亚群体（G1）

2011 年从河北省农林科学院张孟臣研究员处引进含有东北、黄淮、南方不同生态类型的多个优良亲本的 *ms*1 雄性不育轮回选择群体，该群体的大部分植株在牡丹江地区不能正常成熟。为此，在黑龙江省农业科学院牡丹江分院进行了 1 年的生态特性选择，其方法：淘汰部分霜冻来临时达不到 R6 期的单株，在基础群体中选拔不育株，并进行混合脱粒，共收获 270 g 不育株种子，用于下一年的互交；对可育植株进行单荚传法混合收获并脱粒，得到 610 g 种子，形成了河北可育亚群体（G1），于 2012—2015 年逐年加代，每年利用混合摘荚法收获群体中可育植株，群体世代逐年增加，2016 年 G1 亚群体达到 $F_6$ 世代。以此类推。

2. 国外优良种质可育亚群体（G2）

2012 年从适应本地区的世界大豆种质资源中选取 Olympus、Granite、Shirasaya、Shounai1、Danatto、Apollo、PI548648、PI592523、VIR2978、SWD8157 等 10 个高产、优质品种掺混入 2011 年选取的不育株种子中进行生态遗传改良。

方法：每个亲本材料取 180 粒种子等量混合为混合亲本，按 *ms*1 材料不育株籽粒与混合亲本以 1∶1 的行比种植，通过天然杂交，2012 年秋季收获群体中的不育株进行混合脱粒，获得 225 g 种子，进入下一年的遗传改良；2013 年将不育株种子播种，秋季在该群体中利用混合摘荚法收获可育株种子，从而形成国外优良种质可育亚群体（G2），将该亚群体按混合法于 2013--2015 年依次种植，每年用混合摘荚法收获群体中可育植株，群体世代逐年增加，2016 年 G2 亚群体达到 $F_4$ 世代。以此类推。

3. 中外种质改良亚群体（G3）

2014 年选拔 G1 群体和 G2 群体中的雄性不育株，混合脱粒，2015 年将不育植株种子种植，秋季在该群体中利用混合摘荚法收获。其中可育株种子形成中外种质改良亚群体（G3），2016 年达到 $F_2$ 世代。以此类推继续选择，2020 年达到 $F_6$ 世代。

4. 春夏大豆改良亚群体（G4 不育群体）

将 2014 年秋天从河北可育亚群体、国外种质亚群体及国外不育系中选取的雄性不育株混合种子掺混入 2014 年收获的春夏大豆双列杂交 $F_2$ 世代 10 个组合的混合种子，分别为：黑河 43 × 中豆 32、黑农 48 × 南农 88 – 31、黑农 51 × 南农 NTR44 – 1、黑农 35 × 齐黄 29、合丰 45 × 南农 96306P、牡丰 7 号 × 南农 99 – 10、黑农 40 × 冀黄 13、黑农 64 × 南农 95C – 13、合丰 55 × 中黄 37、绥农 26 × 科新 6 号，每个组合 $F_2$ 世代种子选取 200 粒，按 *ms*1 材料不育株籽粒与混合亲本以 1∶1 的行比，2015 年春天种植，通过天然杂交，在群体中选择不育株进行混合脱粒，得到春夏大豆改良亚群体（G4），2016 年形成可育 G4 亚群体 $F_1$ 世代。以此类推。

图 8 – 25　*ms*1 不育群体改良试验区

本研究取得如下研究进展：群体改良（图 8 – 25）的实质是以不育系为平台，充分聚合我国北方春大豆、黄淮海夏大豆、南方夏大豆、国外优异种质的优良基因以及春夏大豆杂交后代，利用混合法对后代进行选择，以获得更多的优良重组后代。



经过5年的构建，现已初步完成了适合牡丹江生态区域的 *ms*1 雄性不育基因库改良群体，并通过两轮的优异亲本渗入、几轮的基因重组分离，在改良群体中已经出现了很多具有不同株型、耐旱、耐冷等优异性状的聚合体。在2015年选取不同生态类型的单株143株（图8－26至图8－29），从2016年开始用系谱法选择，并进行品质跟踪测定，以期选取更多高产优质耐逆种质。

图8－26　*ms*1 雄性不育单株

图8－27　*ms*1 雄性不育单株

图8－28　群体中改良后代

图8－29　群体中改良后代

到2020年已鉴选若干品系进入产量鉴定试验。*ms*1 雄性不育群体构建过程中，由于原引进的群体生育期属于 MGⅣ ~ MGⅤ熟期组，这为构建适于黑龙江省种植的品种带来很大困难，致使 *ms*1 雄性不育合成基因库群体构建进程缓慢。

## 三、东北栽培大豆种质资源群体研究结果的贡献

### （一）我国东北栽培大豆种质资源研究历程

回顾我国栽培大豆种质资源研究历程，看东北栽培大豆种质资源群体研究结果对东北大豆种质资源研究的贡献。中国农业科学院油料作物研究所跟据农林部（74）农林科字第29号文件精神，于1975年6月主持召开了全国16省的大豆品种资源会议，制定了中国栽培大豆品种资源编目方案，按统一标准种植、观察、整理、归类，并组织全国31个科研单位编写了《中国大豆品种资源目录》（1980年出版），计23个栽培省份的品种6 814份。1979—1981年及20世纪90年代，又相继进行全国大豆品种资源补充增集，并种植、观察、归纳、整理，由中国农业科学院作物品质资源研究所主持，全国40个科研单位参加，续编《中国大豆品种资源目录》。编入该目录的栽培大豆品种有25 734份，野生大豆6 172份，引进国外品种2 156份。由吉林省农业科学院主持，中国农业科学院油料作物研究所及各省、自治区、直辖市农业科学院及所辖地区农业科学院所等单位参加，编写出《中国大豆品种志》（1978—1992），以后由吉林省农业科学院、中国农业科学院主持编写出《中国大豆品种志》（1993—2004）。

1986年，国家建设了农作物种质资源长期库，温度为－18 ℃，相对湿度50% ±7%，预计种子保存期可达50年。为了有利于种子交流，分区建有中期库，库温为0 ℃，相对湿度为30%，保存育种、生产和国内外交流用的各省、自治区、直辖市的大豆种质资源（常汝镇，1998）。20世纪90年代，对优良大豆种质进行综合评价、鉴定、编目和遗传分析，并繁种编目送入中期库保存。

多年来收集的东北大豆地方品种、育成品种和部分国外品种保存在国家资源库和地方资源库。但是对这些大豆资源研究得较少，仅将收集到的品种资源编辑到品种志中，介绍品种来源、特征、特性、分布和产量及主要栽培要点。1984年，由吉林省农业科学院大豆研究所、黑龙江省农业科学院大豆研究所和辽宁省铁岭市农业科学研究所共同主持，成立协作组，进行东北大豆品种资源评价。评价数量达到2 341份，评价的内容包括农艺性状（26项）、抗病虫（6项）、籽粒化学品质（26项），评价结果编撰成《东北地区大豆品种资源鉴定与评价》一书。这些工作对了解和利用东北大豆资源起到较好作用。

上述资料说明中国大豆品种资源研究是从收集、保存、整理、编目及进行生态性状表型评价开始，这可以认为是大豆品种资源研究的第一阶段。

遗传多样性（genetic diversity）是物种多样性的重要及核心组成部分，代表着生物携带的遗传信息总和，对物种的遗传、进化和变异具有决定性作用。一个物种的遗传多样性大小可以反映出该物种进化能力的强弱，一个物种遗传多样性越高，抵御不良环境或者对环境的适应能力就越强。而作物遗传多样性研究也是作物种质资源研究的重要内容。近年来，随着作物生物学、分子生物学研究的发展和进步，分析大豆遗传信息的变异及研究大豆遗传多样性和其他作物遗传多样性的研究一样，先后经历了多个阶段，包括从收集、保存、整理、编目及进行生态性状表型评价（第一阶段）、系谱分析、形态学标记、同工酶标记和多种DNA分子标记（RLFP、RAPD、SSR、SNP）。目前已经从传统的形态学标记到生化标记，发展到分子标记，而分子标记方法发展到高通量的SNP方法。杜维广认为从对大豆种质资源的编目与表型评价到对品种系谱分析和形态学标记、同工酶标记，再到分子标记

方法发展到高通量的 SNP 方法,可作为大豆种质资源研究第二阶段。

近年来随着分子生物技术的快速发展,为更加准确地分析种质资源的遗传多样性,很多植物研究将两种方法结合评价分析作物的遗传多样性。大豆学科上利用表型性状和其 SNP 标记及其基因组学综合研究大豆遗传变异特征和遗传多样性,大豆种质资源遗传基础研究越来越被重视,可看作大豆种质资源遗传基础研究的第三阶段的起点[69, 367, 368]。

### (二)东北栽培大豆种质资源群体遗传基础研究的贡献

本团队关于 361 份东北栽培大豆种质资源群体遗传基础研究的方法:其中东北大豆种质资源群体的搜集、东北大豆种质资源群体表型试验、东北大豆种质资源群体系谱资料的搜集与分析、东北大豆种质资源群体分子标记的获取,请参阅引论部分。

但是在这里要强调的是,本团队于 2010—2012 年间根据王彬如等对东北春大豆区域划分结果,在东北主要生态区内的主要育种单位重新征集在 1923—2012 年间生产上常用的地方品种、育成品种和在育种上广泛使用的少部分国外种质及其主要祖先亲本共 361 份。又根据王彬如、潘铁夫、马庆文等对东北地区大豆气候生态区的划分,选取代表东北主要生态区的北安、扎兰屯、克山、牡丹江、佳木斯、大庆、长春、白城、铁岭 9 个试验点,将 361 份东北春大豆按照生育期长度分为极早熟、早熟、中早熟、中熟、中晚熟、晚熟 6 组,采用重复内分组试验设计(4 次重复),在 2010—2012 年间进行 3 年试验。采用东北大豆种质资源群体系谱资料的搜集与分析和东北大豆种质资源群体分子标记分析相结合的方法,研究东北栽培大豆种质资源群体的遗传基础。本研究对东北大豆种质资源群体(361 份)进行 RAD-seq (restriction-site-association DNA sequencing)测序 ,所有的测序工作在深圳华大基因进行。由于 SNP 标记不具备复等位变异的特性,本研究采用本课题组提出的、由 SNP 构建的、具有复等位变异的 SNPLDB 标记进行相关研究。

本研究创造出显著的原始创新科研成果,正像盖钧镒阐述的那样,它明确了东北栽培大豆种质资源群体的形成历史、重要祖先亲本及其对世界大豆的贡献;揭示了东北栽培大豆的生态区域分化、熟期组生态进化与全基因组变异,东北栽培大豆种质资源群体早熟性 QTL – 等位变异构成和优化潜力预测,东北栽培大豆种质资源群体籽粒性状 QTL – 等位变异构成和优化潜力预测,东北栽培大豆种质资源群体株型和耐逆性状 QTL – 等位变异构成和优化潜力预测,东北栽培大豆种质资源群体的育种贡献等原始创新成果。该项研究将 361 份东北栽培大豆种质资源群体图谱(品种单株、群体照片)、精准表型鉴定数据、SNPLDB 标记等分别以本书第九章和电子版的形式提供给读者,作为在该领域研究的铺垫。综上,这些研究成果对东北栽培大豆种质资源研究做出了实质性的贡献。

## 第三节　拓宽东北大豆品种遗传基础的讨论

### 一、大豆品种的遗传基础

据不完全统计,东北共有栽培大豆品种资源 3 226 份,占全国栽培大豆种质资源的 13.0%。其中黑龙江省 860 份,占东北春大豆总体的 26.7%;吉林省 1 129 份,占东北春大豆总体的 35.0%;辽宁省1 148份，占东北春大豆总体的35. 6%；内蒙古自治区89 份，占东北春大豆总体的2. 7%。东北春大豆总体中，地方品种2 678 份，占总体的83. 0%；选育品种548，占总体的17. 0%[251]。大豆种质资源经过自然选择和人工选择过程，积累大量人工变异，是大豆新品种选育和发展大豆生产的“芯片”，是不可替代的物质基础。在农业生产中，种植品种过于单一化是导致遗传多样性降低、抵御不同逆境能力明显下降的重要原因。据报道，在最近15 年中，印度尼西亚已丢失1 500 个当地水稻品种，现种植水稻80%是新品种，并且来源于同一母本。

目前东北栽培大豆品种中地方品种遗传多样性较丰富，但由于在品种选育过程中，适应当地的主栽品种重复使用和少数优良品种在作物育种中广泛应用，使原有的地方品种不断被淘汰，甚至消失，导致大豆遗传一致性增强，引起大豆遗传多样性丧失，使育成品种的遗传基础日趋狭窄，难以培育出突破性品种。

遗传多样性分析常采用系谱分析、质量性状分析和数量性状分析方法，其统计方法常采用聚类分析和主成分分析两种方法。系谱分析是品种间遗传多样性分析的基本方法，能较好地阐明作物育成品种的整体遗传基础，并具有经济、简便等优点。

通常利用亲本系数(COP)或共祖度(Kinshipk)表达品种的遗传距离(FacIoner,1981)。利用系谱评价大豆品种遗传基础一般从两个不同角度进行：一是品种涉及祖先亲本数，二是祖先亲本对后代的遗传贡献率。大豆育种实质上是连续地从不同祖先亲本中积累目标性状的正效基因、淘汰负效基因的过程。

对我国育成大豆品种系谱分析，结果表明大豆育成品种亲缘关系较近，遗传基础狭窄，亟待拓宽以解决大豆育种瓶颈问题。孙志强[335]和杨琪[369]对东北地区近200 个品种系谱分析发现，满仓金等十个品种对东北大豆遗传贡献率为57. 5%，仅金元1 号和黄宝珠就贡献东北大豆育成品种28. 7%的遗传物质。盖钧镒等[370]指出，我国各产区大部分大豆品种是以所在生态区材料为亲本选育而成的，遗传基础相当狭窄。1995 年之前，中国东北、黄淮海和南方大豆产区绝大多数育成品种的遗传基础存在严重的地区局限性。在随后的十多年里，中国大豆育成品种遗传基础虽有所拓宽，但亲本来源仍比较有限。

在分子水平上对我国育成大豆品种遗传多样性分析，其结果也显示遗传基础狭窄，建议拓宽大豆遗传基础。王彩洁等[371]利用与大豆产量、品质、抗逆性、适应性等重要性状相关的SSR 标记对东北和黄淮海地区自20 世纪40 年代以来大面积种植的大豆品种进行遗传多样性分析，结果表明，自南向北大面积种植品种SSR 标记的多态性呈逐渐降低的趋势，即东北地区大面积推广品种的遗传基础比黄淮海地区品种更为狭窄。为评估东北地区受保护大豆品种遗传多样性，利用40 对SSR 引物结合荧光毛细管电泳技术，构建了182 份东北地区已授予植物新品种权的大豆品种DNA 指纹库[372]。182 份大豆品种共扩增出266 种基因型，每对引物的等位变异数为4 ~20 种不等，平均每对引物产生11. 05 种基因型。聚类分析结果表明，182 份大豆品种之间的遗传相似系数的变化范围是0. 488 7 ~1. 000 0，平均相似系数为0. 778 5，遗传基础较窄。聚类结果显示，182 份大豆品种可聚合成13 大类，黑农系列品种间、垦豆系列品种间聚合紧密，遗传基础相对较窄，合农系列品种间、吉育系列品种间、绥农系列品种间距离较远，遗传基础相对较宽。考察3 个DNA 指纹相同的品种合农75、合丰50、龙垦33 的田间表型，发现合农75 与合丰50 表型差异较小，合农75 与龙垦33 表型差异较大，因此DNA 指纹图谱库可以为特异性(可区别性)判定时辅助筛选近似品种提供参考，但品种特异性（可区别性）的最终判定还需要依靠田间种植对比试验。

林春雨[373]利用187对SSR标记对近25年（1992—2017年）在黑龙江省栽培的202个大豆品种进行遗传多样性和群体结构分析。结果表明，从试验材料的基因组DNA中扩增出多态性位点808个，平均每对引物扩增出多态性位点4.42个；多态性位点最多的引物是satt703和satt311，均为10个；等位变异频率最高的引物是satt417和satt575，等位变异频率均为99.5%。供试品种间的遗传相似系数为0.283～0.930，平均值为0.519。同一个育种单位育成的部分品种具有较高的遗传相似性。群体结构、主坐标分析和NJ聚类将202个品种划分的结果是一致的，均为3个类群。类群中的部分材料血缘不是独立的，而是相互渗透的。通过202个大豆品种的遗传距离矩阵，构建了NJ聚类图，可以看出各个品种间的遗传关系。同一个育种单位的部分品种亲缘关系较近，多集中在一个亚群中，如从编号44到编号48间形成的亚群所包含的6个品种均来源于黑龙江省农业科学院佳木斯分院。

熊冬金等[374]以我国10个大豆育成品种重要家族的179个品种为材料，选用161个均匀分布于大豆基因组的SSR分子标记，采用PowerMarker Ver. 3.25软件分析参试材料的遗传多样性、相似性与特异性。结果表明，161个位点上共检测到1 697个等位变异，单位点变幅为5～24个，平均10.5个，多态信息含量在0.549～0.937间，平均0.819，群体具有丰富的遗传变异。聚类分析表明，179个品种可归为6大类11小类，同一家族的品种有聚为一类的趋势。品种间亲本系数和遗传相似系数显著相关（$r = 0.67$）；山东寿张县无名地方品种（A295）、即墨油豆（A133）、滑县大绿豆（A122）和铜山天鹅蛋（A231）4个家族亲本系数和相似系数均较小，遗传基础较宽广；矮脚早（A291）、上海六月白（A201）、奉贤穗稻黄（A084）和51－83（A002）4个家族亲本系数和相似系数较大，遗传基础较狭窄，这与选择育种品种较多有关；东北白眉（A019）家族与其他家族间的亲本系数和遗传相似系数均最小。家族间特异性分析表明，东北白眉（A019）家族和其他9个家族地理距离较远，存在较多互补、特有、特缺等位变异；而Ⅲ区和Ⅱ区地理位置较近，种质交流较多，两区家族间特有、特缺等位点数较少，其中A002、A231和A122三个家族无特有等位变异，A084、A201、A034和A231四个家族无特缺等位变异。

遗传基础狭窄问题在国外也存在，Delanny等[375]曾分析美国、加拿大1981年前育成的品种，发现10份引入种质对美国北方大豆遗传贡献率达80%以上，7份引入种质对美国南方大豆遗传贡献率也相似，而这些遗传贡献率较大的种质大部分来自相同的地理区域。1947—1993年，美国258个育成品种来自大约80个祖先亲本（13%），这80个祖先亲本衍生成6个家系共133个第一代育成品种。计算结果表明，91个第一代育成品种贡献了大豆育成品种99%的遗传基础，近75%育成品种的血缘来自1960年前育成的17个第一代育成品种。28个祖先亲本和7个第一代育成品种贡献了95%的遗传基础。

中美相比，美国大豆育成品种的遗传基础比中国窄得多。中国北方春大豆、黄淮春夏大豆、南方大豆三大产区彼此的祖先亲本几乎完全不同，而且中国大豆主产区比美国和加拿大有更多的祖先亲本和更统一的祖先亲本贡献率的分配，且潜在的遗传多样性较高。近年来，24个美国育成品种已经引入中国，如今已为中国大豆育成品种贡献了7.3%的遗传基础，提高了大豆产量。相反美国育种家很少使用中国育成品种，因此，现在中国大豆育种潜力要高于美国大豆育种潜力[359, 376]。Abe等[377]利用20对SSR引物分析了中国、日本、韩国3国以及俄罗斯西伯利亚中东部和中南亚地区11个国家的131个地方品种、育成品种（系），中国材料具有最多的平均等位变异数（8.4）和遗传多样性指数（0.74），而韩国和俄罗斯西伯利亚中东部材料的平均遗传距离值最高（0.771）。

笔者选择国内外上述几篇有代表性的论文,其目的就是从系谱分析和分子水平上解析来说明大豆遗传基础日趋狭窄,亟待拓宽以解决大豆育种的瓶颈问题。应该指出中国育成品种的遗传基础已有相当的积累,按育成年代分析,1960 年前杂交育成的品种每个涉及 2.8 个祖先亲本,1971—1980 年约涉及 3.1 个祖先亲本,1981—1990 年和 1991—1995 年分别涉及约 4.8 和 7.1 个祖先亲本。可见新育成品种比过去育成品种涉及更多祖先亲本,遗传基础在不断拓宽。



## 二、拓宽东北大豆品种遗传基础的讨论

目前东北大豆遗传改良遇到的瓶颈就是遗传基础狭窄,要想解决这一关键科学问题就是拓宽栽培大豆品种的遗传基础。种子是农业生产上的"芯片",是农业生产不可替代的物质资源。那么作物品种资源就是育成品种的"芯片"。作物种质资源是农业生产不可替代的战略资源,谁掌握作物种质资源谁就掌握作物遗传改良的主动权和话语权。种质资源是研究大豆起源、进化、分类、遗传育种和解析复杂数量性状的生理基础及揭示其分子机制的物质基础,通过对种质资源的评价,可指导育种实践中对亲本的最佳选择,提高优异基因交流累加和新品种培育的效率。一个优良品种育成有一半以上成绩归功于种质资源。尤其在生产上遇到不可抗拒的病虫害灾害时,作物种质的抗原是解决此问题的钥匙。例如,抗胞囊线虫的抗原北京小黑豆就解决了美国大豆生产上线虫病大发生的问题。因此,作物种质资源研究工作在一定程度上将决定着未来农业的命运。下文将从以下几个方面来阐述如何拓宽栽培大豆种质资源群体的遗传基础。

### (一)在还原论和整体论相结合进行大豆遗传改良理念的基础上拓宽大豆品种的遗传基础

每个生态性状,至少可在 7 个层次(水平)上分析特性的表现和遗传基础,即由低层次到高层次分为基因水平、酶水平、生物化学水平、生理学水平、解剖学水平、形态水平和农学水平。各层次(水平)都是互相衔接、互不排斥的(图 8 – 30)。



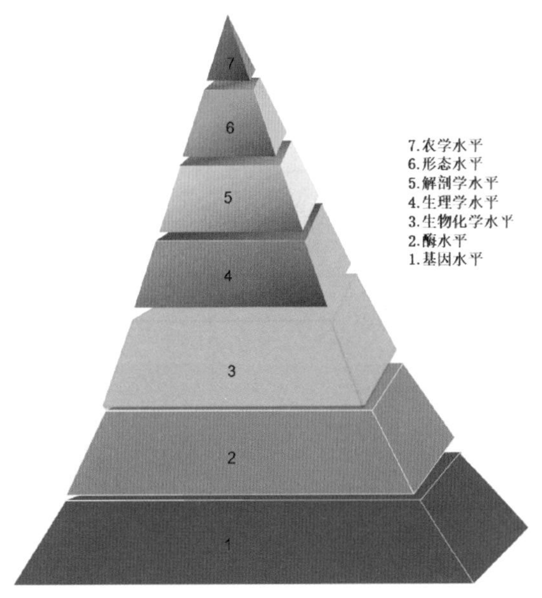


图 8 – 30　7 种水平上性状鉴定的示意图

还原论对产量及产量相关等生态性状在中、低层次水平上解析其机制，为整体论提供理论依据。但研究设计和结果分析常常脱离整体；整体论则在高层次形态和农学水平上综合各优良生态性状培育新品种（种质），但缺乏理论分析基础，影响新品种（种质）的培育水平。所以二者必须结合，才能育成突破性品种（种质），进而拓宽栽培大豆种质资源群体遗传基础。

在较高层次上的性状选育可能包含对较低层次上优异基因选择效应。育种实践证明常规育种虽然未能像分子育种那样掌握调控各生态性状的分子机制，但是它是在整体论指导下，在整体水平上、在高层次上对各生态性状进行选择，所以育成了新品种，现在大豆生产上主栽品种仍是常规育种育成品种占主体。

### （二）提高和利用植物本身的遗传潜力是未来大豆遗传改良及拓宽大豆品种遗传基础的重要思路

薛勇彪等[347]曾报道，近年来，随着高精度和高通量分子生物学技术手段在植物生物学和作物遗传改良研究中的利用，人们发现在植物种间和种内的遗传多样性中蕴藏着可促进农作物产量或环境适应性提高的巨大潜力，所以提出提高和利用植物本身的遗传潜力是未来作物遗传改良的首要措施。

这点笔者非常赞同[177]，$C_3$ 植物中含有 $C_4$ 植物 $C_4$ 光合途径，但是由于活性低不被人们重视，由于高光效育种技术，启动了 $C_3$ 植物中含有 $C_4$ 植物 $C_4$ 光合途径，培育出高光效的品种，使得其自身 $C_4$ 光合途径高效表达。

### （三）收集、保存、评价和创制新的种质资源是拓宽东北大豆品种遗传基础的关键



上面已经阐述种质资源是育成品种的“芯片”，所以就开展了对种质的收集和保存工作。栽培大豆品种资源包括地方品种、育成品种（系）、创新材料及特异变异材料等。收集和保存这些品种资源就有了育成品种的话语权。本研究的 361 份东北栽培大豆种质资源群体就是从保存的 3 000 余份东北栽培大豆种质资源中整理出来，并经 1 年的繁殖作为本研究的试验材料。这就要求建立供研究的种质资源库以保存收集到的珍贵基因资源。

对收集到的种质资源要及时地评价和研究，这种评价和研究应包括表型和分子生物学水平上的评价和研究，才能知道如何去利用这些珍贵的基因资源，并利用它们创制新的种质，从而为拓宽品种资源的遗传基础提供理论和材料平台。

### （四）利用野生和半野生大豆资源来拓宽东北大豆品种的遗传基础

目前我国已保存不同进化类型的野生大豆资源 6 172 份，并对其农艺性状、品质、抗逆性进行了评价，在分子生物学方面也进行了一定的研究[378-383]。野生大豆是栽培大豆近源祖先品种，由于野生大豆没有经历过人工选择，其遗传多样性远远超过栽培大豆，并蕴藏着多种优异抗性基因，为栽培大豆遗传改良提供巨大基因库。

利用野生大豆高蛋白可遗传性状导入栽培大豆育成高蛋白的中间材料。例如，姚振纯等[384]利用野生大豆资源 ZYD335，组配黑农 35 × ZYD335 育成高蛋白种质龙品 8807，蛋白质含量 48.29%，蛋白质和脂肪含量和为 66.16%。黑龙江省农业科学院牡丹江分院利用高蛋白品种黑农 48 为母

本、龙品 8807 为父本杂交育成高蛋白品种牡豆 15(黑审豆 20190016),蛋白质含量 45.07%、脂肪含量 17.50%;南京农业大学和黑龙江省农业科学院牡丹江分院合作,组配黑农 48×龙品 8807 经系谱法育成牡试 6 号(黑审豆 20200012),三年平均蛋白质含量 45.99%、脂肪含量 17.64%。

此外,利用野生大豆资源先后培育出获国家发明奖的铁丰 18、吉林小粒豆 1 号,获省级科技进步奖的杂交豆 1 号、龙品 8807、龙小粒豆 1 号,以及通过国家和省审定的推广品种 18 个;另创造新育成 180 余份各具有优良特性入选国家种子库稳定的新种质资源[385]。吕祝章等[385]在"野生大豆种质拓宽中国大豆遗传基础的 SSR 标记分析"论文中指出,供试验的 10 个大豆育成品种分别遗传利用野生大豆和栽培大豆亲本的 19 个和 10 个特有的等位变异,并产生了其亲本不具备的 18 个新的等位变异;野生大豆的小粒、高硬脂酸含量、多荚以及抗胞囊线虫等优良基因较易被其育成大豆品种所选择利用。认为野生和栽培大豆中间杂交并不是单纯的遗传物质简单组合,它可以通过基因重组创造出新的优良基因型种质。因而利用野生大豆特有的等位变异创造新的基因型,扩大栽培大豆遗传多样性,进而拓宽大豆遗传基础是有效可行的途径。

杜维广依据多年大豆育种实践认为,栽培大豆×野生大豆其后代在第 9~11 代才能稳定。加上野生大豆茎秆蔓生、种粒小、种脐颜色等,所以育种不易采用其做亲本利用。但是如组配(栽培大豆×野生大豆)×栽培大豆,进行 1 次回交,能在第 5~6 代稳定;(栽培大豆×野生大豆)×野生大豆,进行 1 次回交,要在第 7~8 代稳定。故建议采用(栽培大豆×野生大豆)×栽培大豆,进行 1 次回交的组配方式进行栽培大豆遗传基础改良是有效的途径。同时,栽培大豆×野生大豆还是进行多个生态性状分子生物学研究的材料平台。

### (五)利用国外大豆资源来拓宽东北大豆品种的遗传基础

盖钧镒等[59]指出,在 1993—2004 年间,育成品种和育成品系在亲本选择上占主要地位,我国大豆杂交育种采用的直接亲本多为育成品种和育成品系,分别占 44.44%、39.23%,国外品种和地方品种仅占 6.64%、6.69%。而使用育成品种作为母本的直接亲本占 50.34%,育成品系占 38.31%,国外品种占 2.75%,地方品种占 8.85%。由此看来,国外品种和地方品种在育成品种的亲本中占比很少,这无疑是导致育成品种遗传基础狭窄的原因之一。国外品种资源虽然来自国内品种资源,但是在育成新品种的过程中增加了许多新的等位变异,含有国内品种中没有的基因源,将这些新的基因导入国内栽培品种能够育成新的种质,进而拓宽其遗传基础。国内大豆育种实践见证了这一事实,其中引自日本的十胜长叶品种创制许多的衍生系就是成功的范例(表 8-3)。

随着大豆育种年代的推移,到 20 世纪 80 年代以后,育种单位趋向利用各自骨干亲本为受体亲本,找互补的供体亲本作为育种的亲本,更多考虑优×优的组配方式,致使育成品种的主要亲本地方品种逐渐减少。由于地方品种较少受人工选择的影响,含有许多优异的基因尚未挖掘出来,适当利用能弥补受体亲本短板的地方品种做供体亲本,用受体亲本为轮回亲本进行 1 次回交,既弥补了受体亲本的短板又导入地方品种的有益基因,有利于拓宽大豆品种的遗传基础。本章第一节中被各亚区育种利用的供体亲本都含有不同的有益基因,也可作为改良大豆遗传基础的亲本加以利用。

### (六)利用南北春夏大豆和 *ms*1 雄性不育基因库群体拓宽东北大豆品种的遗传基础

本章第二节指出,为了拓宽东北栽培大豆种质资源,在东北栽培大豆种质资源群体中选择高光效、高产、高蛋白、高脂肪和抗病生态性状的11个春大豆品种做受体亲本，选择高产、高蛋白、高脂肪、多抗、耐旱、广适应性等生态性状的21个夏大豆品种为供体亲本，组配不完全双列杂交共231个组合。现已构成5×5和3×7群体（表8-5），这些群体不但为解析品种配合力等生态性状提供材料平台，而且从中选出新的种质，从而丰富大豆种质资源遗传基础。其他研究者也证实通过春夏大豆杂交，或春夏大豆杂交再以春大豆为轮回亲本进行1~3次回交，会得到新的种质，达到拓宽大豆种质资源遗传基础的目的[386-389]。

本章第二节叙述了本团队于2011年和2012年选用河北农林科学院提供的2个雄性不育轮回群体，分别在黑龙江省农业科学院牡丹江分院进行了一年生态特征选择，淘汰了部分不能成熟的极晚熟亲本，并在2012年、2015年分别加入了部分国外优良种质和本团队配制的春夏大豆杂交种质，到2015年形成了4个亚群体，从中选择出许多新的种质，可以作为中间材料用作杂交亲本，为拓宽大豆种质资源遗传基础提供育种亲本。

### （七）拓宽东北大豆品种遗传基础的途径与方法

1. 拓宽大豆种质资源遗传基础的育种理念与思路

坚持以整体论和还原论相结合进行大豆品种遗传改良的育种理念；坚持以提高和利用大豆本身的遗传潜力作为未来大豆遗传改良及拓宽栽培大豆种质资源遗传基础的首要措施的思路；挖掘大豆自身的优异基因/分子模块，进行拓宽大豆种质资源遗传基础的育种理论和育种技术体系及其实践的研究。

2. 拓宽东北栽培大豆种质资源遗传基础的途径与方法

（1）采用多种途径育种。采用高光效高产育种体系、理想株型和理想型育种，要注重突破其育种瓶颈；采用分子设计（分子模块）育种、多基因聚合育种、分子标记辅助育种、转基因育种、基因编辑育种与常规育种相结合的育种技术路线，其突破常规育种瓶颈，在基因组时代仍起到重要作用；还可以用不孕系构建含东北春大豆、黄淮海春夏大豆、南方多季作大豆和国外大豆品种（系）的育种群体等育种技术路线，拓宽大豆种质资源遗传基础。

利用有限结荚习性的品种和无限结荚习性的品种进行杂交，有限结荚习性品种之间杂交，用$^{60}Co-\gamma$射线等物理和化学诱变的方法，有限结荚习性和亚有限结荚习性的大豆品种杂交，选择农家品种中的矮秆和半矮秆的大豆品种培育矮秆品种。选择含高蛋白（高脂肪）和高产品种（系）血缘亲本，亲缘要远，综合性状要好，同时在性状上要能互补，配制较多组合，对杂交后代的脂肪及蛋白质含量进行大量分析检测，并结合产量和抗性等方面来选择高脂肪或高蛋白品种。

（2）育种亲本选择和组配。育成品种与野生大豆和地方品种相比，虽然丢失了一些等位变异，但同时也新生了一部分等位变异。所以育成品种既是重要的受体亲本又是珍贵的供体亲本，因此首要针对育成品种进行解析。

野生大豆品种含有丰富的遗传资源，Concibido[357]对HS-1 PI407305的回交自交系群体进行产量QTL分析，结果发现来自PI407305的产量位点可增加8.8%~9.4%。所以也要关注野生大豆品种遗传构成解析，大豆种质资源遗传基础的拓宽要重视从新育成品种和野生大豆品种中发掘优异分子模块，同时创制新种质。

实践育种家从整体论出发，根据宝贵育种经验（是不可模拟的）、表型分析和系谱追溯其来源和形成过程等来发掘优异亲本，并提出拓宽遗传基础的主要生态性状。首先发掘育种受体亲本，在解析育成品种、各生态区新育成并有很好配合力的主栽品种遗传基础的基础上，发掘受体亲本（底盘品种），包括各生态性状优异分子模块。其次再发掘能弥补受体亲本短板的供体亲本优异分子模块。注重选择产量和产量的主要相关生态性状：生育期、产量性状、理想株型性状、理想型性状、高光效性状、花荚脱落性状、主茎节数、主茎有效节数、每节座荚性状、主茎短分枝性状、中秆曲茎短分枝性状、成熟期干物重、收获指数、R6～R8 时期、高异交率及抗病虫、耐旱、耐盐碱等生态性状。

理论育种家用还原论分析方法解析和发掘上述各生态性状基因/分子模块、功能验证、作用机制及互作效应，获得能为育种应用的基因/分子模块，并开发鉴定各生态性状的基因/分子模块等位变异基因的特异分子标记。实践育种家和理论育种家相结合，用还原论和整体论相结合的育种理念，将基因/分子模块导入受体亲本，并通过多途径育种技术路线培育新种质和突破性新种质。在发掘现有种质资源各生态性状基因/分子模块的同时，更重要的是加强种质创制研究，探索创新途径和方法，创制新种质并明确其遗传基础，促进大豆遗传基础的拓宽。

在亲本组配时，关键是明确受体亲本的特征特性，只有 1～3 项短板，其次发掘能弥补受体短板的供体亲本。以受体亲本为轮回亲本进行 1～3 次回交，采用回交转育方法将弥补受体短板的供体亲本的基因/分子模块导入受体亲本中。

在亲本组配上可采用春夏大豆杂交、新育成主栽品种和国外品种杂交等地理远缘品种杂交、新育成主栽品种和地方品种（含上述生态性状基因/分子模块）杂交、新育成主栽品种和野生（半野生）品种杂交等方法创制供体亲本，也有可能育成新品种或突破性新品种；用不孕系构建含东北春大豆、黄淮海春夏大豆、南方多季作大豆和国外大豆品种（系）的育种群体培育供体亲本或直接培育成新品种突破性新种质（品种）。

杜维广指出，目前育成品种已进入爬坡阶段，要想育成突破性种质（品种），必须打破品种（系）之间杂交的格局。选择较高配合力的受体亲本，应利用具有弥补受体亲本生态性状短板的稳定优良单株为供体亲本，导入其特定生态性状基因/分子模块，用受体亲本为轮回亲本进行回交转育，回交 1～3 次，已取得较好的结果，这是可以尝试的方法。另外值得提出的是在开展拓宽大豆种质资源遗传基础育种时，要有耐心，要制定中长期育种目标，防止浮躁情绪，育成具有高配合力的如 5621 那样的种质，再利用这些中间材料进行新一轮育种会收到事半功倍的效果。

### （八）本章与前几章的关联

#### 1. 本章与前几章组成前因后果的整体

前几章利用 361 份东北栽培大豆资源群体在东北地区 9 个有代表性生态区，经 3 年重复内分组试验设计（4 次重复），并采用系谱分析和由 SNP 构建的具有复等位变异的 SNPLDB 标记相结合进行遗传基础解析，解析了生育期、籽粒、株型和产量相关生态性状的 QTL－等位变异的构成及生态分化。正如盖钧镒指出，该项研究明确了东北栽培大豆种质资源群体的形成历史，重要祖先亲本及其对世界大豆的贡献；揭示了东北栽培大豆的生态区域分化、熟期组生态进化与全基因组变异；做出了东北栽培大豆种质资源群体早熟性 QTL－等位变异构成和优化潜力预测；做出了东北栽培大豆种质资源群体籽粒性状 QTL－等位变异构成和优化潜力预测；做出了东北栽培大豆种质资源群体株型和耐逆性状 QTL－等位变异构成和优化潜力预测；构建了上述生态性状调控体系。这些研究成果为

361 份东北栽培大豆资源群体的育种贡献提供了理论，并解释其应用的原因。例如，在理想株型和耐旱种质创制方面，就是利用株型和耐逆生态性状 QTL－等位变异的构成及生态分化的结果，来说明这种设计的合理性和理论依据。而理想株型和耐旱种质创制又验证了株型和耐逆生态性状 QTL－等位变异的构成及生态分化结果的可靠性。

2. 前几章为东北大豆资源群体的进一步利用提供了遗传构成的理论依据

目前突破性品种主要是产量、品质及耐性的突破，第七章较清晰地阐述了东北大豆资源群体综合性状优化组合设计育种实践，用育成品种验证优化组合设计的可行性和可靠性，同时也说明这种优化组合设计方案为育成突破性品种提供了理论依据。

第七章和本章已阐明大豆产量突破受体和供体亲本所应具备的相关生态性状，而前几章尤其是第二至五章正是对这些生态性状，如熟期、籽粒、株型、产量等进行详细的遗传解析，并提出优化组合设计方案，提供合理选择育种亲本的 QTL－alleles 矩阵的多性状联合亲本组配设计方法，这些结果从还原论角度为大豆突破性新品种培育和种质创制提供了理论依据。

3. 东北大豆种质资源群体育种贡献显示了和前几章理论方法的相对相符性

这在第七章第三节已经做了很好的解释，感兴趣请阅第三节。这里值得提出的是在理想株型和耐旱种质设计和实践中，杜维广提出，增加大豆植株主茎节数和有效节数（控制株高），构建理想株型并培育出 MG000～MG0～MGⅠ熟期组的理想株型种质，在第五章的结论中得到证明。第六章的结果为 2 级耐旱品种东生 85 及耐旱种质提供了理论依据，反过来东生 85 及耐旱种质又验证了第六章的结论。

牡丹江大豆研发中心正践行着本书的研究成果，进行大豆突破性品种设计与实践，也期望感兴趣的同行进行实践并在实践中不断完善。

# 第九章　东北大豆种质资源特征特性与系谱

本章编入的品种为本团队于2010—2012年间，在东北主要生态区内主要育种单位重新征集的和生产上常用的地方品种、育成品种，以及东北地区在育种上广泛使用的少部分国外种质，共361份。

361份种质资源的图谱与系谱由“品种介绍”“品种的亲本系谱图”两部分组成，其中“品种介绍”包括品种来源、产量表现、特征特性、栽培要点、适宜区域五项。

品种名称凡用数字编号者，其数字用阿拉伯数字表示，在1～9的数字后缀“号”字，如“东大1号”“黑河7号”；在10及10以上的数字后不缀“号”字，如“黑河28”“丰收24”。

部分品种因其为早年地方品种、祖先亲本或国外种质，未给出亲本系谱图。

编入本章的品种均以顺序编号，品种排列的次序按黑龙江省农业科学院牡丹江分院品种编号排列（表9－1）。

**表9－1　东北大豆种质资源品种编号对照表**

| 品种序号 | 品种编号 | 品种名称 | 品种序号 | 品种编号 | 品种名称 | 品种序号 | 品种编号 | 品种名称 |
|---|---|---|---|---|---|---|---|---|
| 1 | F001 | 黑河28 | 19 | F019 | 九丰2号 | 37 | F037 | 北豆14 |
| 2 | F002 | 东大1号 | 20 | F020 | 东农49 | 38 | F038 | 东农43 |
| 3 | F003 | 丰收24 | 21 | F021 | 黑河50 | 39 | F039 | 北豆5号 |
| 4 | F004 | 东农45 | 22 | F022 | 北豆24 | 40 | F040 | 蒙豆5号 |
| 5 | F005 | 黑河7号 | 23 | F023 | 北丰9号 | 41 | F041 | 蒙豆16 |
| 6 | F006 | 蒙豆11 | 24 | F024 | 黑河24 | 42 | F042 | 丰收19 |
| 7 | F007 | 北丰3号 | 25 | F025 | 黑河52 | 43 | F043 | 黑河8号 |
| 8 | F008 | 黑河33 | 26 | F026 | 垦鉴豆27 | 44 | F044 | 黑河18 |
| 9 | F009 | 黑河40 | 27 | F027 | 黑河38 | 45 | F045 | 蒙豆6号 |
| 10 | F010 | 北豆38 | 28 | F028 | 黑河19 | 46 | F046 | 克山1号 |
| 11 | F011 | 孙吴大白眉 | 29 | F029 | 蒙豆26 | 47 | F047 | 北豆20 |
| 12 | F012 | 蒙豆9号 | 30 | F030 | 红丰3号 | 48 | F048 | 垦鉴豆38 |
| 13 | F013 | 蒙豆19 | 31 | F031 | 黑河43 | 49 | F049 | 垦丰21 |
| 14 | F014 | 黑河32 | 32 | F032 | 丰收17 | 50 | F050 | 丰收10 |
| 15 | F015 | 丰收11 | 33 | F033 | 北豆23 | 51 | F051 | 合丰40 |
| 16 | F016 | 黑河29 | 34 | F034 | 黑河45 | 52 | F052 | 绥农8号 |
| 17 | F017 | 北豆16 | 35 | F035 | 垦鉴豆28 | 53 | F053 | 北疆2号 |
| 18 | F018 | 华疆2号 | 36 | F036 | 黑河27 | 54 | F054 | 红丰12 |

续表 9－1

| 品种序号 | 品种编号 | 品种名称 | 品种序号 | 品种编号 | 品种名称 | 品种序号 | 品种编号 | 品种名称 |
|---|---|---|---|---|---|---|---|---|
| 55 | F055 | 丰收 25 | 91 | F091 | 丰收 12 | 127 | F127 | 绥农 3 号 |
| 56 | F056 | 合丰 42 | 92 | F092 | 垦农 28 | 128 | F128 | 蒙豆 30 |
| 57 | F057 | 哈北 46－1 | 93 | F093 | 合丰 26 | 129 | F129 | 红丰 11 |
| 58 | F058 | 黑河 48 | 94 | F094 | 嫩丰 12 | 130 | F130 | 丰收 2 号 |
| 59 | F059 | 九丰 4 号 | 95 | F095 | 十胜长叶 | 131 | F131 | 合丰 5 号 |
| 60 | F060 | 合丰 29 | 96 | F096 | 黑农 28 | 132 | F132 | 东农 50 |
| 61 | F061 | 蒙豆 36 | 97 | F097 | 白宝珠 | 133 | F133 | 黑农 10 |
| 62 | F062 | 克交 4430－20 | 98 | F098 | 垦农 18 | 134 | F134 | 绥农 5 号 |
| 63 | F063 | 黑农 6 号 | 99 | F099 | 垦丰 20 | 135 | F135 | 北豆 8 号 |
| 64 | F064 | 丰收 21 | 100 | F100 | 吉育 83 | 136 | F136 | 垦丰 13 |
| 65 | F065 | 蒙豆 12 | 101 | F101 | 垦鉴豆 4 号 | 137 | F137 | 牡丰 2 号 |
| 66 | F066 | 蒙豆 28 | 102 | F102 | 垦丰 19 | 138 | F138 | 嫩丰 17 |
| 67 | F067 | 北豆 9 号 | 103 | F103 | 合丰 39 | 139 | F139 | 元宝金 |
| 68 | F068 | 东农 38 | 104 | F104 | CN210 | 140 | F140 | 垦丰 14 |
| 69 | F069 | 垦丰 7 号 | 105 | F105 | 合丰 51 | 141 | F141 | 绥无腥 1 号 |
| 70 | F070 | 蒙豆 10 | 106 | F106 | 合丰 35 | 142 | F142 | Clark63 |
| 71 | F071 | 北豆 30 | 107 | F107 | 合丰 30 | 143 | F143 | 垦农 19 |
| 72 | F072 | 黑河 36 | 108 | F108 | 嫩丰 9 号 | 144 | F144 | 垦鉴 35 |
| 73 | F073 | 黑河 53 | 109 | F109 | Beeson | 145 | F145 | 北丰 11 |
| 74 | F074 | 蒙豆 14 | 110 | F110 | 黑农 30 | 146 | F146 | 垦豆 25 |
| 75 | F075 | 北豆 3 号 | 111 | F111 | 合丰 25 | 147 | F147 | 垦豆 27 |
| 76 | F076 | 垦农 8 号 | 112 | F112 | 牡丰 3 号 | 148 | F148 | 嫩丰 1 号 |
| 77 | F077 | 东生 1 号 | 113 | F113 | 东农 46 | 149 | F149 | 嫩丰 18 |
| 78 | F078 | 垦农 30 | 114 | F114 | 嫩丰 13 | 150 | F150 | 垦农 26 |
| 79 | F079 | 绥农 20 | 115 | F115 | 黑农 31 | 151 | F151 | 合农 60 |
| 80 | F080 | 垦农 34 | 116 | F116 | 黑河 20 | 152 | F152 | 绥农 14 |
| 81 | F081 | 丰收 6 号 | 117 | F117 | 北豆 10 | 153 | F153 | 吉育 69 |
| 82 | F082 | 绥农 15 | 118 | F118 | 牡丰 1 号 | 154 | F154 | 嫩丰 4、 |
| 83 | F083 | 垦农 29 | 119 | F119 | 紫花 1 号 | 155 | F155 | 绥农 27 |
| 84 | F084 | 合丰 22 | 120 | F120 | 绥农 6 号 | 156 | F156 | 吉育 69 |
| 85 | F085 | 垦丰 22 | 121 | F121 | 红丰 8 号 | 157 | F157 | 抗线 5 号 |
| 86 | F086 | 黑农 35 | 122 | F122 | 垦农 24 | 158 | F158 | 黑农 41 |
| 87 | F087 | 黑生 101 | 123 | F123 | 北豆 18 | 159 | F159 | 垦鉴豆 43 |
| 88 | F088 | 延农 9 号 | 124 | F124 | 合丰 23 | 160 | F160 | 北丰 14 |
| 89 | F089 | 黑河 51 | 125 | F125 | 合丰 47 | 161 | F161 | 合丰 43 |
| 90 | F090 | 合丰 46 | 126 | F126 | Amsoy | 162 | F162 | 合丰 56 |

续表 9－1

| 品种序号 | 品种编号 | 品种名称 | 品种序号 | 品种编号 | 品种名称 | 品种序号 | 品种编号 | 品种名称 |
|---|---|---|---|---|---|---|---|---|
| 163 | F163 | 黑农 3 号 | 199 | F199 | 黑农 44 | 235 | F235 | 黑农 53 |
| 164 | F164 | 嫩丰 14 | 200 | F200 | 绥农 33 | 236 | F236 | 垦丰 9 号 |
| 165 | F165 | 抗线 4 号 | 201 | F201 | 九农 29 | 237 | F237 | 牡丰 7 号 |
| 166 | F166 | 吉林 48 | 202 | F202 | 绥农 32 | 238 | F238 | 嫩丰 20 |
| 167 | F167 | 垦农 4 号 | 203 | F203 | 四粒黄 | 239 | F239 | 绥农 29 |
| 168 | F168 | 合丰 55 | 204 | F204 | 九农 13 | 240 | F240 | 吉育 58 |
| 169 | F169 | 吉林 26 | 205 | F205 | 吉育 57 | 241 | F241 | 合丰 48 |
| 170 | F170 | 黑农 34 | 206 | F206 | 吉育 63 | 242 | F242 | 黑农 54 |
| 171 | F171 | 早铁荚青 | 207 | F207 | 垦丰 5 号 | 243 | F243 | 黑农 48 |
| 172 | F172 | 黑农 23 | 208 | F208 | 垦丰 17 | 244 | F244 | 垦豆 28 |
| 173 | F173 | 红丰 2 号 | 209 | F209 | 绥农 22 | 245 | F245 | 黑农 61 |
| 174 | F174 | 北豆 21 | 210 | F210 | 东农 54 | 246 | F246 | 吉科 1 号 |
| 175 | F175 | 东农 48 | 211 | F211 | 长农 24 | 247 | F247 | 四粒黄(吉林) |
| 176 | F176 | 合丰 45 | 212 | F212 | 垦鉴豆 26 | 248 | F248 | 抗线 8 号 |
| 177 | F177 | 合丰 50 | 213 | F213 | 绥农 35 | 249 | F249 | 垦丰 18 |
| 178 | F178 | 绥农 10 | 214 | F214 | 黑农 64 | 250 | F250 | 牡豆 8 号 |
| 179 | F179 | 牡丰 6 号 | 215 | F215 | 黑农 65 | 251 | F251 | 黑农 40 |
| 180 | F180 | 嫩丰 19 | 216 | F216 | 垦农 22 | 252 | F252 | 吉育 64 |
| 181 | F181 | 垦丰 23 | 217 | F217 | 垦丰 10 | 253 | F253 | 黑农 67 |
| 182 | F182 | 绥农 30 | 218 | F218 | 垦丰 16 | 254 | F254 | 吉育 67 |
| 183 | F183 | 绥农 4 号 | 219 | F219 | 绥农 34 | 255 | F255 | 吉林 43 |
| 184 | F184 | 黑农 26 | 220 | F220 | 黑农 11 | 256 | F256 | 铁豆 42 |
| 185 | F185 | 垦丰 15 | 221 | F221 | 东农 52 | 257 | F257 | 抗线 3 号 |
| 186 | F186 | 合丰 33 | 222 | F222 | 垦豆 26 | 258 | F258 | 吉育 84 |
| 187 | F187 | 东农 4 号 | 223 | F223 | 绥农 26 | 259 | F259 | 吉育 59 |
| 188 | F188 | 群选 1 号 | 224 | F224 | 黑农 33 | 260 | F260 | 嫩丰 15 |
| 189 | F189 | 垦农 5 号 | 225 | F225 | 垦鉴豆 7 号 | 261 | F261 | 黑农 32 |
| 190 | F190 | 北豆 22 | 226 | F226 | 黑农 16 | 262 | F262 | 吉林 35 |
| 191 | F191 | 荆山璞 | 227 | F227 | 抗线 2 号 | 263 | F263 | 吉林 44 |
| 192 | F192 | 嫩丰 7 号 | 228 | F228 | 吉育 87 | 264 | F264 | 长农 20 |
| 193 | F193 | 黑农 57 | 229 | F229 | 垦农 23 | 265 | F265 | 抗线 9 号 |
| 194 | F194 | 垦丰 11 | 230 | F230 | 抗线 6 号 | 266 | F266 | 黑农 39 |
| 195 | F195 | 垦农 31 | 231 | F231 | 绥农 31 | 267 | F267 | 黑农 58 |
| 196 | F196 | 黑农 43 | 232 | F232 | 东农 47 | 268 | F268 | 黑农 37 |
| 197 | F197 | 垦豆 30 | 233 | F233 | 东农 42 | 269 | F269 | 吉育 72 |
| 198 | F198 | 丰收 27 | 234 | F234 | 黑农 47 | 270 | F270 | 东农 53 |

续表 9－1

| 品种序号 | 品种编号 | 品种名称 | 品种序号 | 品种编号 | 品种名称 | 品种序号 | 品种编号 | 品种名称 |
|---|---|---|---|---|---|---|---|---|
| 271 | F271 | 吉育 47 | 302 | F302 | 铁荚子 | 333 | F333 | 吉育 75 |
| 272 | F272 | 吉林 36 | 303 | F303 | 吉育 89 | 334 | F334 | 吉育 71 |
| 273 | F273 | 黑农 52 | 304 | F304 | 吉林 34 | 335 | F335 | 九农 39 |
| 274 | F274 | 吉林 20 | 305 | F305 | 九农 30 | 336 | F336 | 辽豆 3 号 |
| 275 | F275 | 吉育 43 | 306 | F306 | 长农 23 | 337 | F337 | 铁丰 28 |
| 276 | F276 | 吉育 85 | 307 | F307 | 吉林 39 | 338 | F338 | 吉林 30 |
| 277 | F277 | 黑农 69 | 308 | F308 | 铁丰 3 号 | 339 | F339 | 长农 22 |
| 278 | F278 | 长农 21 | 309 | F309 | 铁荚四粒黄 | 340 | F340 | 吉农 9 号 |
| 279 | F279 | 四粒黄 | 310 | F310 | 满仓金 | 341 | F341 | 九农 36 |
| 280 | F280 | 黑农 62 | 311 | F311 | 小金黄 1 号 | 342 | F342 | 九农 34 |
| 281 | F281 | 吉育 73 | 312 | F312 | 吉林 24 | 343 | F343 | 丰地黄 |
| 282 | F282 | 吉科 3 号 | 313 | F313 | 吉农 15 | 344 | F344 | 吉林 5 号 |
| 283 | F283 | 九农 12 | 314 | F314 | 集体 3 号 | 345 | F345 | 吉农 22 |
| 284 | F284 | 吉林 39 | 315 | F315 | 东农 33 | 346 | F346 | 通化平顶香 |
| 285 | F285 | 长农 19 | 316 | F316 | 天鹅蛋 | 347 | F347 | 辽豆 4 号 |
| 286 | F286 | 九农 31 | 317 | F317 | 黄宝珠 | 348 | F348 | 辽豆 14 |
| 287 | F287 | 东农 37 | 318 | F318 | 长农 14 | 349 | F349 | 辽豆 15 |
| 288 | F288 | 黑农 51 | 319 | F319 | 吉林 3 号 | 350 | F350 | 辽豆 17 |
| 289 | F289 | 九农 28 | 320 | F320 | 吉育 93 | 351 | F351 | 辽豆 20 |
| 290 | F290 | 吉育 92 | 321 | F321 | 吉育 101 | 352 | F352 | 辽豆 22 |
| 291 | F291 | 抗线 7 号 | 322 | F322 | 吉林 1 号 | 353 | F353 | 辽豆 23 |
| 292 | F292 | 紫花 4 号 | 323 | F323 | 通农 9 号 | 354 | F354 | 辽豆 24 |
| 293 | F293 | 长农 15 | 324 | F324 | 吉育 88 | 355 | F355 | 辽豆 26 |
| 294 | F294 | 长农 5 号 | 325 | F325 | 吉育 91 | 356 | F356 | 铁丰 22 |
| 295 | F295 | 长农 13 | 326 | F326 | 铁丰 19 | 357 | F357 | 铁丰 24 |
| 296 | F296 | 长农 16 | 327 | F327 | 九农 26 | 358 | F358 | 铁丰 29 |
| 297 | F297 | 九农 9 号 | 328 | F328 | 吉育 86 | 359 | F359 | 铁丰 31 |
| 298 | F298 | 长农 17 | 329 | F329 | 九农 33 | 360 | F360 | 铁丰 34 |
| 299 | F299 | 通农 4 号 | 330 | F330 | 长农 18 | 361 | F361 | 铁豆 39 |
| 300 | F300 | 吉育 48 | 331 | F331 | 吉育 90 | | | |
| 301 | F301 | 杂交豆 3 号 | 332 | F332 | 通农 13 | | | |

## 1. 黑河 28

**品种来源：**黑龙江省农业科学院黑河农业科学研究所[*] 1989 年以黑交 83-889 为母本、Maple Allow 为父本，经有性杂交选育而成。原品系代号为黑交 98-1483。2003 年经黑龙江省农作物品种审定委员会审定推广。审定编号：黑审豆 2003011。

**产量表现：**2002 年生产试验，平均产量 1 925.5 kg/hm$^2$，较对照品种黑河 14 增产 16.5%。

**特征特性：**亚有限结荚习性，株高 70 cm 左右，白花，圆叶，茸毛棕色。主茎结荚，荚褐色，荚密，丰产性好；秆强，结荚部位高，不炸荚。种子长圆，种皮有光泽，百粒重 17 g 左右。蛋白质含量 44.69%，脂肪含量 19.46%，适宜区域生育期为 85 d 左右，需活动积温 1 700 ℃·d 左右。

**栽培要点：**5 月下旬播种，用种衣剂拌种。垄作保苗 30 万株 /hm$^2$ 左右。

**适宜区域：**黑龙江省第六积温带。

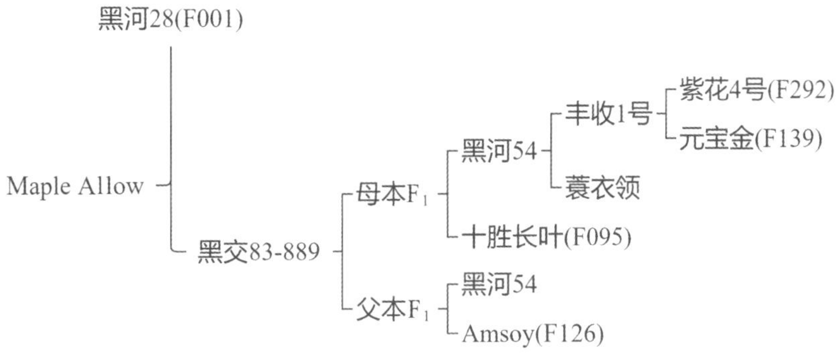




## 2. 东大 1 号

**品种来源：**东北农业大学大豆所与大兴安岭地区农业林业科学研究院合作，1993 年以北丰 14 为母本、东农 44 为父本经有性杂交选育而成。原品系代号为东农 96-12。2003 年经黑龙江省农作物品种审定委员会审定推广。审定编号：黑审豆 2003002。

**产量表现：**2001 年生产试验，平均产量 2 259.0 kg/hm$^2$，较对照品种东农 40 增产 14.25%。

**特征特性：**亚有限结荚习性，株高 90 ~ 110 cm，极抗倒伏。底部结荚高度 10 cm 左右，紫花，尖叶，灰毛，荚皮黑褐色。种皮黄色有光泽，种脐无色，百粒重 18 g。抗倒伏，耐寒耐瘠能力强。生育期 86.2 d，需活动积温 1 880 ℃·d。

**栽培要点：**在适宜区 5 月末播种。适合垄距 60 cm 垄上双行或垄距 45 cm 单行种植，保苗 37.5 万株 /hm$^2$。

**适宜区域：**黑龙江省第六积温带。

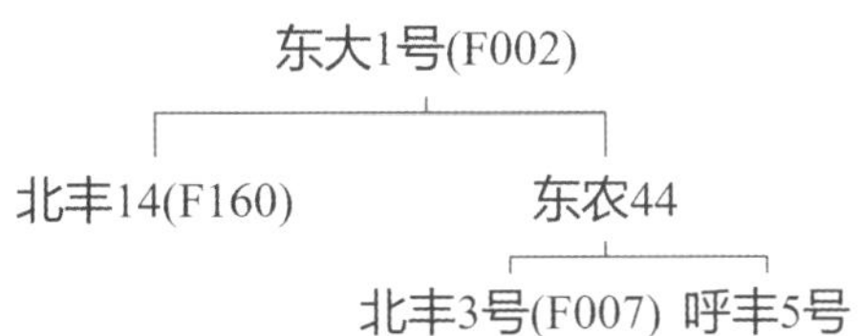


* 注：为保持资料原貌，本书育种单位名称、农垦单位名称保留原名称不变。书后附育种单位新旧名称对照表。

## 3.丰收 24

**品种来源：**黑龙江省农业科学院克山农业科学研究所于 1988 年以黑交 83- 889 为母本、绥 83- 708 为父本，经有性杂交后采用系谱法选育而成。2003 年由全国农作物品种审定委员会审定推广。审定编号：国审豆 2003024。

**产量表现：**2002 年生产试验，平均产量 2 889.0 kg/hm²，比对照品种增产 8.5%。

**特征特性：**该品种为亚有限结荚习性，株高 73.5 cm，株型收敛，茎秆强韧，单株有效荚数 25.8 个，每荚粒数 2.5 个。紫花，尖叶，茸毛灰色。种子圆粒，种皮黄色，种脐无色，百粒重 19.3 g。蛋白含量为 40.06%，脂肪含量为 20.84%。黑龙江省农业科学院合江农科所于 2000 年和 2001 年，分别采用自然诱发感染和摩擦接种灰斑病源的方法进行抗病鉴定，表明中抗灰斑病。在适宜区域出苗至成熟生育日数 112 d 左右，需≥10 ℃活动积温 2 150 ℃·d。

**栽培要点：**采用精量点播机等距播种，保苗 30 万～42 万株 /hm² 为宜。

**适宜区域：**适宜黑龙江省第四积温带、内蒙古自治区兴安盟和呼伦贝尔市、吉林省东部早熟区及新疆维吾尔自治区早熟地区种植。

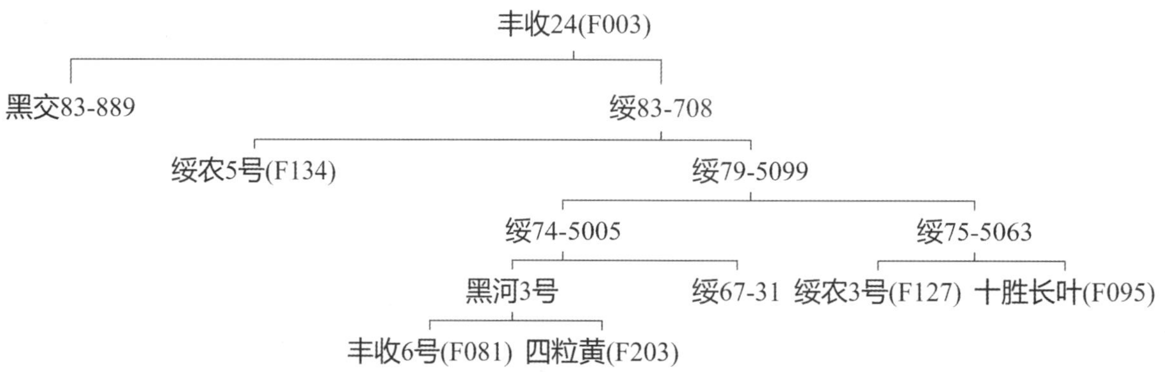


## 4. 东农 45

**品种来源：**东北农业大学大豆科学研究所以合 87-72 为母本、东农 36 为父本进行有性杂交，采用系谱法选育而成。2000 年经黑龙江省农作物品种审定委员会审定推广。审定编号：黑审豆 2000002。

**产量表现：**1999 年生产试验，产量为 2 052.3 kg/hm²，比对照品种东农 41 增产 16.2%。

**特征特性：**该品种为无限结荚习性，株高 90 cm 左右，秆强不倒。底部结荚高度10 cm，3、4 粒荚多，耐寒性强，不炸荚。紫花，圆叶，棕色茸毛。品质优良，种皮黄色有光泽，种脐白色，百粒重 17 g 左右。在适宜区域出苗至成熟生育日数 87 d 左右，需≥10 ℃活动积温1 800 ℃·d。

**栽培要点：**适合于 65 cm 垄距的垄上双行及 45 cm 行距的垄上单行种植，保苗 37.5 万株 /hm² 左右。作为黑龙江省南部地区救灾品种使用时，一般密度 45 万株 /hm² 左右。

**适宜区域：**黑龙江省的大兴安岭地区和黑河地区第六积温带。

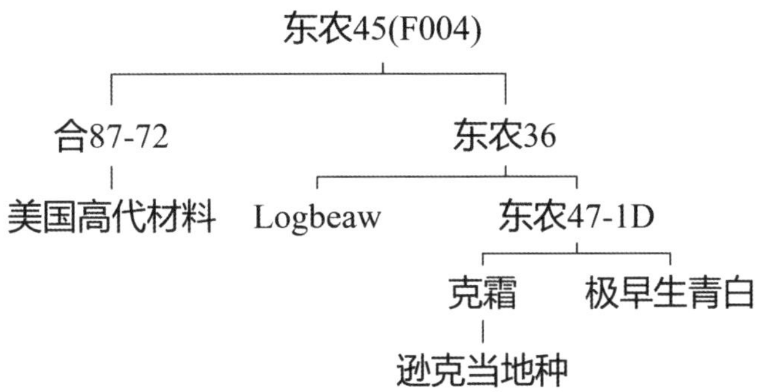


## 5. 黑河 7 号

**品种来源**：黑龙江省农业科学院黑河农业科学研究所 1975 年以黑河 54 与日本大豆十胜长叶的杂交后代为母本，以黑河 54 与美国大豆 Amsoy 的杂交后代为父本进行有性杂交，采用系谱法选育而成。原代号：黑交 80-1205。1988 年经黑龙江省农作物品种审定委员会审定推广。

**产量表现**：1987 年生产试验，在齐齐哈尔各点平均产量 2 319 kg/hm$^2$，比丰收 19 增产 9.8%；在黑龙江省农垦建三江管理局试验，平均产量 2 136 kg/hm$^2$，比黑河 4 号增产 14.4%。

**特征特性**：该品种为亚有限结荚习性。株高 90 cm 左右，主茎较细，14 ~ 15 节，节间短，分枝多，秆强不倒。紫花，长叶，灰色茸毛。种子圆形，种皮黄色有强光泽，种脐淡黄色，百粒重 20 g 左右。蛋白质含量 41.10%，脂肪含量 18.13%。大豆灰斑病极轻，虫蚀率低。在适宜区域出苗至成熟生育日数 115 d 左右，需≥10 ℃活动积温 2 200 ℃·d 左右。

**栽培要点**：5 月上旬播种，适于中等肥力地块栽培，保苗 24 万株 /hm$^2$ 为宜。在肥沃地块种植，保苗 19.5 万株 /hm$^2$。

**适宜区域**：黑龙江省克东、克山、讷河、依安县及黑河地区的嫩江、北安、五大连池的南部和黑龙江农垦建三江管理局第三、四积温带农场。

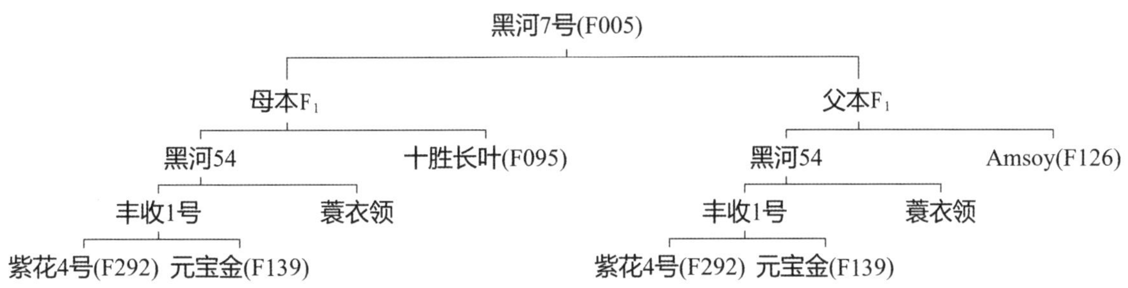


## 6. 蒙豆 11

**品种来源**：内蒙古自治区呼伦贝尔市农业科学研究所 1991 年以早羽为母本、克 73- 辐 52 为父本，经有性杂交后采用系谱法选育而成。原品系号：呼交 95-362。2002 年经内蒙古自治区农作物品种审定委员会审定推广。审定编号：蒙审豆 2002008。

**产量表现**：2000—2001 年生产试验，平均产量 2 358.0 kg/hm$^2$，比对照品种增产 33.48%。

**特征特性：**该品种为无限结荚习性。株高 70 cm，主茎节数 16 ~ 18 节，分枝 1 ~ 3 个，主茎结荚为主，3、4 粒荚约占 60%，荚弯镰形，深褐色。白花，披针叶，灰色茸毛。种子圆形，种皮黄色有微光，种脐淡褐色，百粒重 20 g 左右。蛋白质含量 45.31%，脂肪含量 17.19%。较喜肥水，中度抗旱，抗倒伏，田间表现抗霜霉病、大豆花叶病毒病、灰斑病。在适宜区域出苗至成熟生育日数 101 d，需≥10 ℃活动积温 1 900 ℃·d。

**栽培要点：**5 月上中旬播种，播种量 75 ~ 90 kg/hm²，保苗 27 万 ~ 30 万株 /hm²。

**适宜区域：**≥10 ℃活动积温 1 900 ℃·d 以上的内蒙古自治区呼伦贝尔市、兴安盟、通辽市等地区。

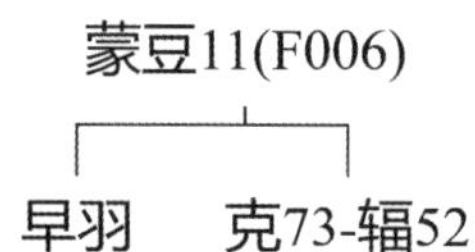


## 7. 北丰 3 号

**品种来源：**黑龙江省北安农管局农科所以（合交 13 × 黑河 51）杂交后代为母本、北呼豆为父本，经有性杂交后采用系谱法选育而成。原品系号：北交 776114。1984 年经黑龙江省农作物品种审定委员会审定推广。

**产量表现：**1980—1982 年区域试验，平均产量 1 963.5 kg/hm²，比丰收 18 增产 22.1%。

**特征特性：**该品种为无限结荚习性。株高 70 cm 左右，主茎结荚型，分枝少，3、4 粒荚多，平均每荚 2.79 粒，荚丰满呈弯镰状，荚黑褐色。紫花，披针叶，灰色茸毛。种子椭圆形，种皮浓黄色有强光泽，种脐黄色，百粒重 18 g。蛋白质含量 39.1%，脂肪含量 21.7%。秆强不倒。在适宜区域出苗至成熟生育日数 99 d，需≥10 ℃活动积温 2 020.4 ℃·d。

**栽培要点：**适于中上等土壤肥力种植，5 月 15—25 日播种，保苗 55.5 万株 /hm²。

**适宜区域：**黑龙江省第五积温带北安农管局各农场。

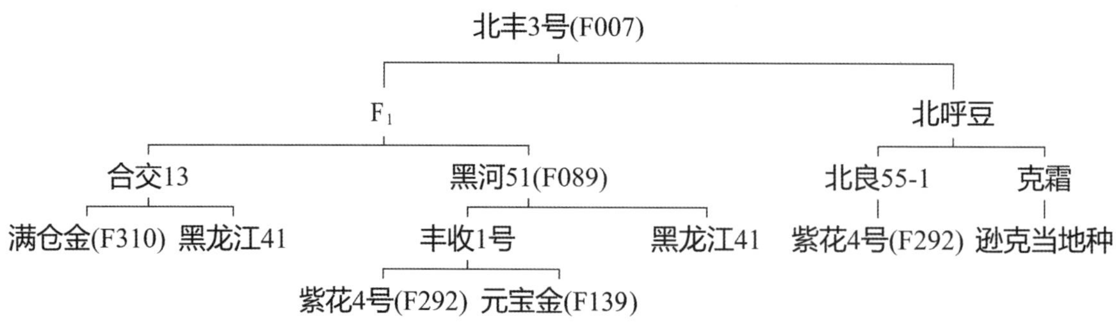


## 8. 黑河 33

**品种来源：**黑龙江省农业科学院黑河农业科学研究所 1995 年以黑河 18（黑交 92-1544）为母本、北 92-28 为父本进行有性杂交，采用系谱法选育而成。原代号为黑交 98-1774。审定编号：黑审豆2004009。

**产量表现：**2003 年生产试验，平均产量 1 525.3 kg/hm$^2$，较对照品种黑河 13 增产 23.8%。

**特征特性：**亚有限结荚习性。株高 70 cm 左右，有短分枝。紫花，长叶，灰色茸毛，荚熟为褐色。种子圆形，种皮黄色有光泽，百粒重 20 g 左右。脂肪含量 20.70%，蛋白质含量 39.53%。感灰斑病。生育日数 100 d，需活动积温 1 900 ℃·d 左右。

**栽培要点：**5 月上中旬播种，垄作，垄距 60 ~ 70 cm，保苗 33 万株 /hm$^2$ 左右。

**适宜区域：**黑龙江省第六积温带。

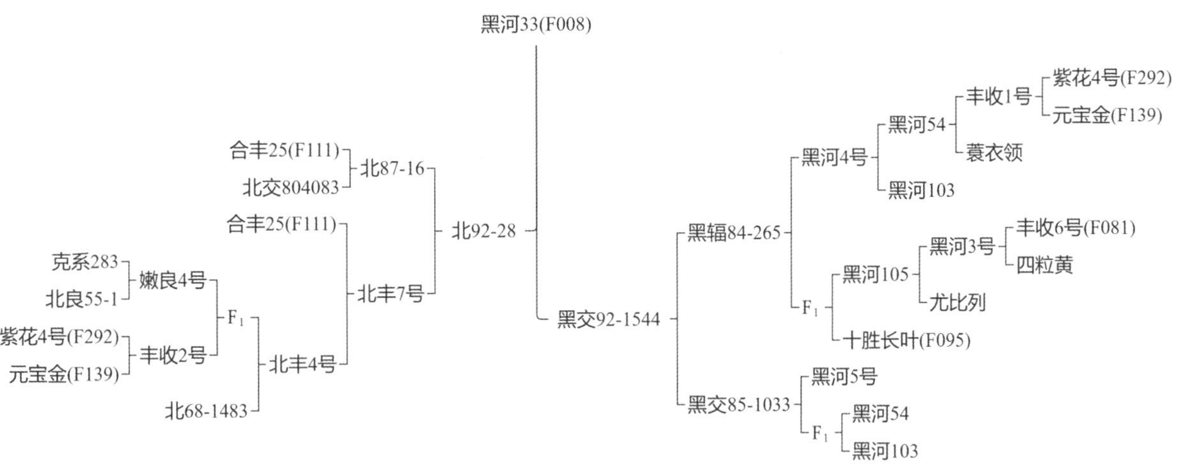


## 9. 黑河 40

**品种来源：**黑龙江省农业科学院黑河农业科学研究所以黑河 18 为母本、俄十月革命 70 为父本杂交，采用系谱法选育而成。原代号：黑交 00–1176。 2006 年黑龙江省审定推广。审定编号：黑审豆 2006006。

**产量表现：**2005 年生产试验，平均产量 2 242.7 kg/hm$^2$，比对照品种黑河 33 增产 8.4%。

**特征特性：**亚有限结荚习性。株高 75 cm 左右。紫花，圆叶，棕色茸毛，结荚部位较高，荚褐色。种子圆形，种皮黄色有光泽，百粒重 20 g 左右。蛋白质含量 36.66%，脂肪含量 22.28%。接种鉴定中抗灰斑病。在适宜区域，出苗至成熟生育日数 98 d 左右，需≥10 ℃活动积温 1 850 ℃·d 左右。

**栽培要点：**5 月上旬精量播种，用种衣剂拌种；“垄三”栽培，保苗数 30 万株 /hm$^2$ 左右。

**适宜区域：**黑龙江省第六积温带上限。

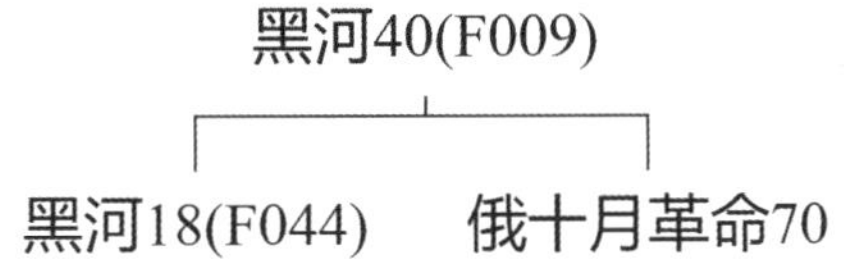

## 10. 北豆 38

**品种来源**：黑龙江省农垦总局红兴隆农业科学研究所于 2000 年以北 9721 为母本、东农 46 为父本，经有性杂交后采用系谱法选育而成。原品系号：钢 0027-3。审定编号：黑垦审豆 2011002。

**产量表现**：2010 年黑龙江省垦区大豆生产试验，平均产量 2 754.6 kg/hm²，较对照品种绥农 28 平均增产 13.9%。

**特征特性**：该品种为亚有限结荚习性。株高 80 cm，植株收敛，抗倒伏，节间短。3、4 粒荚多，荚弯镰形，成熟时呈褐色。紫花，尖叶，灰色茸毛。种子圆形，种皮黄色无光泽，种脐黄色，百粒重 20.6 g。蛋白质含量 40.30%，脂肪含量 19.78%。经佳木斯合江水稻所 2009—2010 年连续两年接种灰斑病菌鉴定，高抗灰斑病。在适宜区域出苗至成熟生育日数 115 d 左右，需≥10 ℃活动积温 2 250 ~ 2 300 ℃·d。

**栽培要点**：适于中上等肥力地块种植，5 月上旬播种，保苗 30 万 ~ 35 万株 /hm²，最佳密度是 34 万株 /hm²。

**适宜区域**：黑龙江省第二积温带。

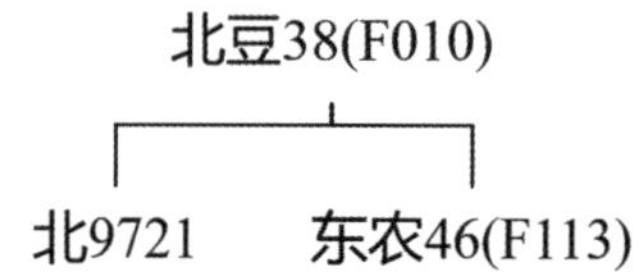




## 11. 孙吴大白眉

**品种来源**：1953 年原黑龙江省克山农业试验场搜集整理黑龙江省孙吴县的地方品种。编号：黑农第 4270。祖先亲本。

**产量表现**：产量较低，常年产量 1 125 ~ 1 500 kg/hm²，单株生产力较低。

**特征特性**：分枝 2 ~ 4 个，主茎节数 11 ~ 15 个。花穗轴较长。每节着生 2 ~ 3 个荚，顶端着生 3 ~ 5 个荚，2 粒荚较多，平均每荚 2 粒，荚熟时呈褐色，底荚高 10 cm 左右。紫花，叶卵圆形，中等大小，绿色，灰色茸毛。种子椭圆形，种皮黄色稍有光泽，种脐黄色，百粒重 17 g 左右。脂肪含量 19.3%，蛋白质含量 39.9%。较耐肥，虫食粒率低。为北方春大豆极早熟品种。在适宜区域出苗至成熟生育日数 115 ~ 121 d。

**栽培要点**：适于无霜期短的地区栽培。植株矮小，保苗 25.5 万 ~ 30.0 万株 /hm²。

**适宜区域**：黑龙江北部无霜期短的孙吴、爱辉区等。

## 12. 蒙豆 9 号

**品种来源**：内蒙古自治区呼伦贝尔市农业科学研究所由“丰收 10”原种生产株行圃中发现的一行天然杂交株行，经过几年的世代选拔，1995 年进行品系决选。原品系号：呼系 9110。2002 年经内蒙古自治区农作物品种审定委员会审定推广。审定编号：蒙审豆 2002006。

**产量表现**：2000—2001 年参加内蒙古自治区大豆生产试验，平均产量 2 319 kg/hm²，9 点次全部增产，平均比对照品种内豆 4 号增产 48.1%。

**特征特性**：该品种为亚有限结荚习性。一般株高 70 cm，分枝少。紫花，披针叶，灰色茸毛，荚深褐色，3、4 粒荚比例大。种子圆球形，种皮金黄色有光泽，种脐黄色，百粒重 20 g 左右。脂肪含量为 23.09%，蛋白质含量 38.06%。抗花叶病毒病、霜霉病和灰斑病。该品种具有较强的耐旱性，在适宜区域出苗至成熟春播条件下生育日数 103 d，夏播条件下生育日数 90 d，需≥10 ℃活动积温 1 950 ℃·d。

**栽培要点：**选用正茬地块，在地温稳定通过 7 ~ 8 ℃时开始播种，呼伦贝尔市多在 5 月 5—25 日之间，过早播种影响出苗率，过晚播种油分含量降低。采用机械垄上双行等距精量播种，播量 75 ~ 80 kg/hm$^2$，达到保苗 28 万 ~ 33 万株 /hm$^2$。

**适宜区域：**呼伦贝尔市、兴安盟的 1 950 ~ 2 100 ℃·d 有效积温区以内春播。在 2 300 ℃·d 以上有效积温区内可做救灾用种。

蒙豆9号(F012)

|

丰收10(F050)

## 13. 蒙豆 19

**品种来源：**内蒙古自治区呼伦贝尔市农业科学研究所以蒙豆 9 号为母本、蒙豆 7 号为父本，经有性杂交后采用系谱法选育而成。2002 年经内蒙古自治区农作物品种审定委员会审定推广。审定编号：蒙审豆 2006001。

**产量表现：**2005 年参加内蒙古自治区大豆生产试验，平均产量 2 151 kg/hm$^2$，比对照品种内豆 4 号增产 5.2%。

**特征特性：**该品种为亚有限结荚习性。株高 70 cm 左右，分枝 1 ~ 2 个，叶柄与茎秆夹角较小，落叶性好。荚弯镰形，荚熟为褐色，不炸荚。紫花，圆叶，灰色茸毛。种脐无色，百粒重 26 g 左右。在适宜区域出苗至成熟生育日数 97 d，需≥10 ℃活动积温 1 800 ~ 2 000 ℃·d。

**栽培要点：**5 月上旬播种为宜。播种量为 79.5 kg/hm$^2$，种植密度 25 万 ~ 30 万株 /hm$^2$。

**适宜区域：**呼伦贝尔市、兴安盟≥10 ℃活动积温 1 800 ~ 2 000 ℃·d 的种植区。

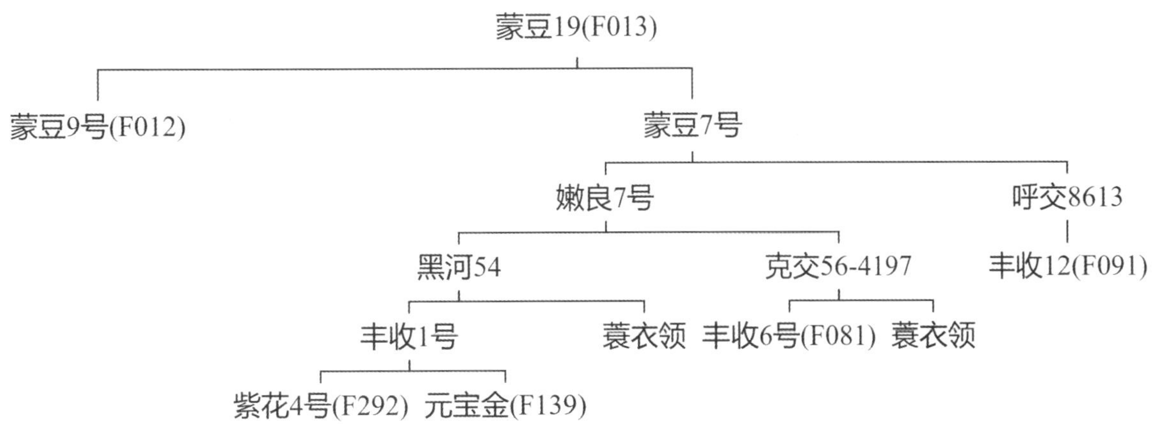

## 14. 黑河 32

**品种来源：** 黑龙江省农业科学院黑河农业科学研究所 1993 年用 $^{60}Co$ 射线处理［黑河 5 号 × 北 8709（北丰 11）］$F_2$ 代种子，后经选育而成。原品系代号为黑辐 97-43。2004 年经黑龙江省农作物品种审定委员会审定推广。审定编号：黑审豆 2004008。

**产量表现：** 2003 年生产试验，平均产量 1 714.1 kg/hm²，较对照品种黑河 17 增产 12.2%。

**特征特性：** 亚有限结荚习性。株高 70 cm 左右，有短分枝。白花，长叶，灰色茸毛，荚熟为褐色。种子圆形，种皮黄色有光泽，百粒重 21 g。感灰斑病。在适宜区域出苗至成熟生育日数 110 d，需活动积温 2 100 ℃·d 左右。

**栽培要点：** 5 月上中旬播种，垄作，垄距 60 ~ 70 cm，保苗 30 万株 /hm² 左右，一般每公顷施磷酸二铵 150 kg、钾肥 40 ~ 50 kg，深施或分层施。

**适宜区域：** 黑龙江省第五积温带。

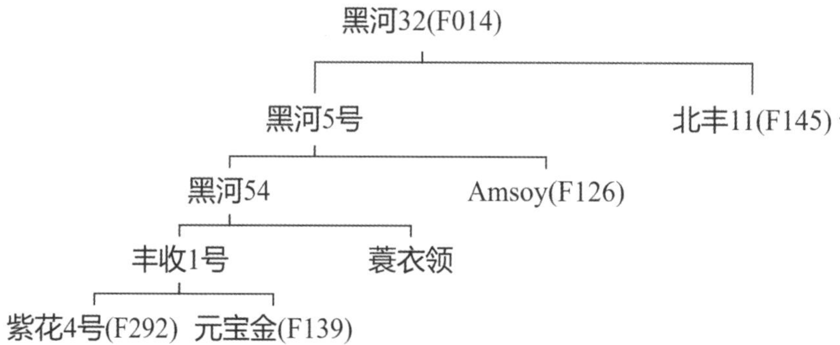




## 15. 丰收 11

**品种来源：** 克山农科所于 1962 年以克交 56-4258 为试验材料，用 γ 射线 14 000 伦琴[①]照射风干种子，采用系谱法选育而成。原品系号：62314-37。1973 年确定为黑龙江省推广品种。

**产量表现：** 1971 年黑龙江省农业科学院高产田产量 3 352.5 kg/hm²。

**特征特性：** 该品种为无限结荚习性。株高 50 cm 左右，主茎发达，株型较收敛，分枝 2 个左右，主茎节数 10 ~ 14 个，节间短，3、4 粒荚多，荚黄褐色。白花，披针叶，灰色茸毛。种子圆形，种皮黄色有光泽，种脐无色，百粒重 20 ~ 22 g。蛋白质含量 38%，脂肪含量 21.5%。耐肥、耐湿性强，秆强不倒。在适宜区域出苗至成熟生育日数 110 ~ 120 d。

**栽培要点：** 适于肥水充足条件窄行密植，5 月上旬播种，保苗 35 万 ~ 40 万株 /hm²。

**适宜区域：** 黑龙江省大兴安岭地区、黑河和伊春地区的山区，以及内蒙古自治区呼伦贝尔市。

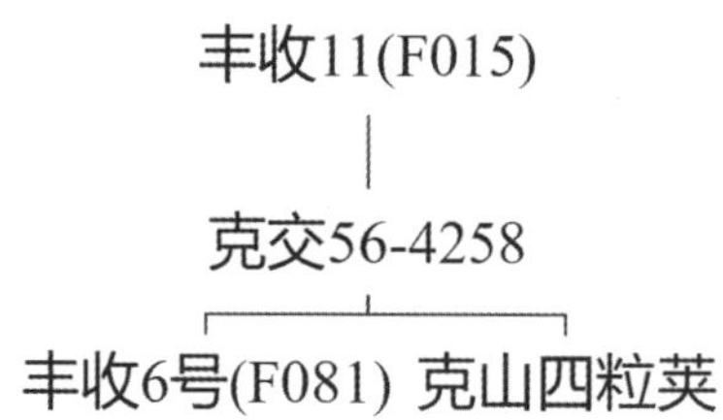


① 伦琴不是国际单位，1R=2.58 × $10^{-4}$ C/kg。

## 16. 黑河 29

**品种来源：**黑龙江省农业科学院黑河农业科学研究所 1991 年以黑交 83-889 为母本、绥 87-5676 为父本，经有性杂交育成。原品系代号：黑交 96-1525。2003 年经黑龙江省农作物品种审定委员会审定推广。审定编号：黑审豆 2003012。

**产量表现：**2001—2002 年生产试验，平均产量 2 561.2 kg/$hm^2$，较对照品种黑河 17 增产 13.3%。

**特征特性：**亚有限结荚习性。株高 70 cm 左右。白花，长叶，灰色茸毛。有短分枝，节间短，荚密。丰产性好，秆强不倒。种子圆形，种皮黄色有光泽，百粒重 17 g 左右。在适宜区域出苗至成熟生育日数 106 d 左右，需活动积温 2 000 ℃·d 左右。

**栽培要点：**5 月上旬播种，用种衣剂拌种。垄作 33.0 万株 /$hm^2$，窄行密植保苗 40.0 万株/$hm^2$。

**适宜区域：**黑龙江省第五积温带。

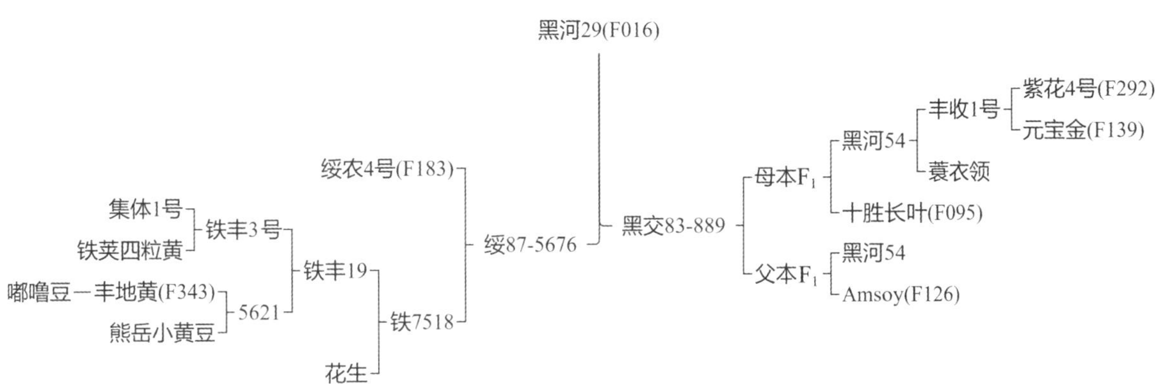


## 17. 北豆 16

**品种来源：**黑龙江省农垦科研育种中心、黑龙江省农垦总局北安农业科学研究所以北疆 95-171 为母本、北丰 2 号为父本，经有性杂交后采用系谱法选育而成。原代号：北 03-932。审定编号：黑审豆 2008017。

**产量表现：**2007 年参加生产试验，产量 2 109 kg/$hm^2$，比对照品种黑河 33 增产 10.5%。

**特征特性：**该品种为无限结荚习性。株高 57 cm 左右，有分枝。紫花，长叶，灰色茸毛，荚弯镰形，成熟时呈深褐色。种子圆形，种皮黄色无光泽，种脐黄色，百粒重 18 g 左右。种子饱满，坐荚率高。耐密植，抗旱耐涝。在适宜区域出苗至成熟生育日数 97 d 左右，需≥10 ℃活动积温 1 870 ℃·d 左右。

**栽培要点：**在适宜区一般 5 月中旬播种，“垄三”栽培条件下，保苗 40 万株 /$hm^2$ 左右。适宜中等肥力的土壤种植。

**适宜区域：**黑龙江省第六积温带，如黑龙江省黑河北部，铁力、伊春等地山区。在黑龙江省第四积温带以南也可作为救灾品种使用。

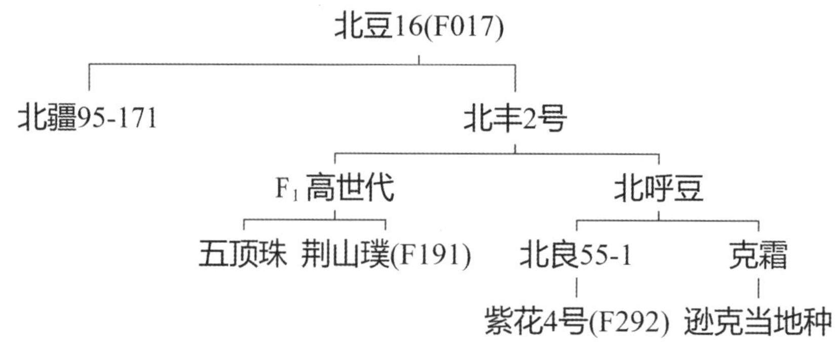


## 18. 华疆 2 号

**品种来源：**北安市华疆种业有限公司 1995 年以北疆 94-384 为母本、北丰 13 为父本杂交，采用系谱法选育而成。原品系代号：疆丰 22-3280。2006 年黑龙江省审定推广。审定编号：黑审豆 2006017。

**产量表现：**2005 年生产试验，平均产量 2 286.6 kg/hm²，较对照品种黑河 33 平均增产 16.3%。

**特征特性：**无限结荚习性。株高 80 ~ 90 cm，株型收敛。紫花，尖叶，灰毛，荚皮深褐色，3、4 粒荚多。种子圆形，种皮浓黄有光泽，百粒重 22 g 左右。蛋白质含量 41.21%，脂肪含量 20.62%。接种鉴定感灰斑病。在适宜区域出苗至成熟生育日数 100 d 左右，需≥10 ℃活动积温 1 950 ℃·d。

**栽培要点：**播种期 5 月 15—20 日，“垄三”栽培条件下，保苗 40 万株 /hm²。

**适宜区域：**黑龙江省第六积温带上限。



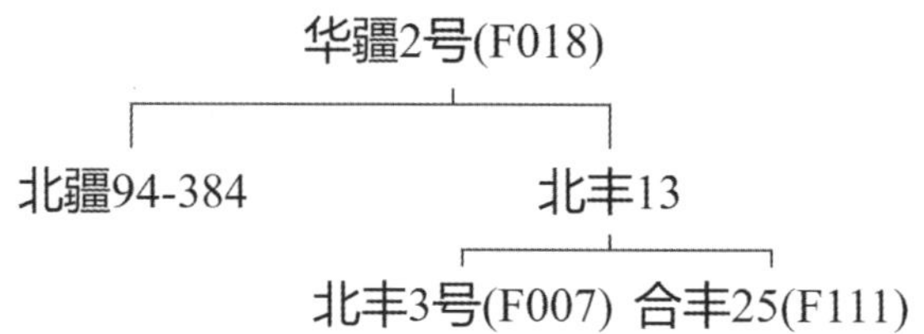


## 19. 九丰 2 号

**品种来源：**黑龙江省农场总局九三管理局农科所以哈钴 64-3643 为母本、丰收 10 为父本，经有性杂交后采用系谱法选育而成。原品系号：九三 73-10。1984 年经黑龙江省农作物品种审定委员会审定推广，命名为九丰 2 号。

**产量表现：**1983 年生产试验，平均产量 1 950 kg/hm²，比对照品种丰收 18 增产 10.2%。

**特征特性：**该品种为无限结荚习性。株高 80 ~ 90 cm，主茎节数 13 ~ 14 节，分枝 1 ~ 2 个，3、4 粒荚多，平均每荚 2.21 粒，荚褐色。紫花，披针叶，灰色茸毛。种子圆形，种皮黄色有光泽，种脐黄色，百粒重 19 ~ 20 g。蛋白质含量 35.7%，脂肪含量 22.5%。灰斑病极轻，细菌斑点病较轻，较抗倒伏。在适宜区域出苗至成熟生育日数 102 d，需≥10 ℃活动积温 1 900 ~ 2 000 ℃·d。

**栽培要点：**适宜中上等土壤肥力种植，4 月 25 日至 5 月上旬播种，保苗 40.5 万 ~ 49.5 万株 /hm²。

**适宜区域：**黑龙江省黑河、大兴安岭、九三管理局农场和北安农场北部。

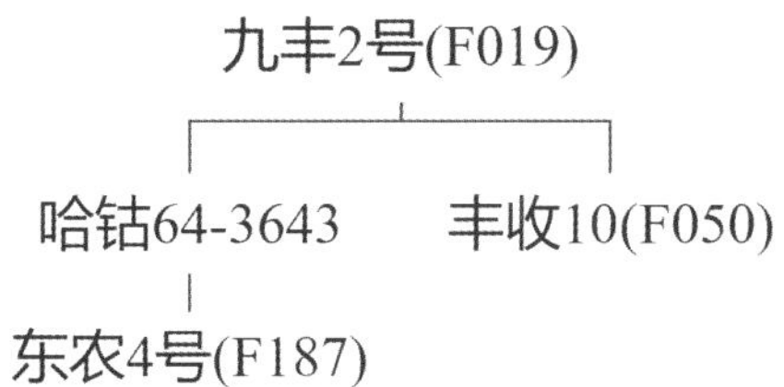


## 20. 东农 49

**品种来源：**东北农业大学大豆科学研究所以北丰 14 为母本、红丰 9 号为父本，经有性杂交后采用系谱法选育而成。原品系代号：东农 276。2006 年黑龙江省农作物品种审定委员会审定推广。审定编号：黑审豆 2006010。

**产量表现：**2004—2005 年生产试验，平均产量 2 154.5 kg/hm²，较对照品种黑河 17 增产 12.3%。

**特征特性：**亚有限结荚习性。株高 90 cm 左右，白花，尖叶，灰色茸毛，4 粒荚多，不炸荚，成熟时荚皮为褐色。种皮黄色有光泽，种脐无色，百粒重 20 g 左右。蛋白质含量平均为 39.68%，脂肪含量为 22.57%。接种鉴定中抗灰斑病。在适宜区域出苗至成熟生育日数 107 d，需≥10 ℃活动积温 2 100 ℃·d 左右。

**栽培要点：**5 月上旬播种，适于垄作密植栽培，一般 45 cm 垄距，垄上双条播，栽培密度为 45 万株 /hm² 以上。

**适宜区域：**黑龙江省第五积温带。

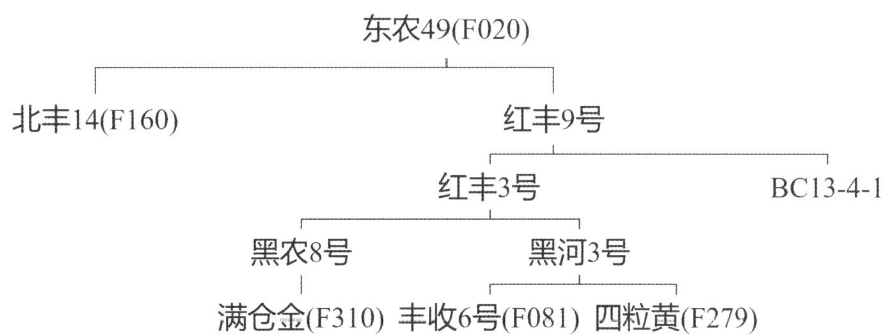


## 21. 黑河 50

**品种来源：**黑龙江省农业科学院黑河分院以黑交 95-812 为母本、黑交 94-1102 为父本，经有性杂交后采用系谱法选育而成。原品系代号：黑交 02-1838。2009 年经黑龙江省农作物品种审定委员会审定推广。审定编号：黑审豆 2009012。

**产量表现：**2007—2008 年生产试验，平均产量 2 448.5 kg/hm²，较对照品种黑河 17 增产10.9%。

**特征特性：**该品种为亚有限结荚习性。株高 75 cm 左右，有分枝。紫花，圆叶，灰色茸毛，荚镰刀形，成熟时呈褐色。种子圆形，种皮黄色有光泽，种脐黄色，百粒重 20 g 左右。蛋白质含量 41.10%，脂肪含量 20.47%。接种鉴定中抗灰斑病。在适宜区域出苗至成熟生育日数 110 d 左右，需≥10 ℃活动积温 2 100 ℃·d 左右。

**栽培要点：**5 月 10 日左右播种，选择肥力较好地块种植，采用“垄三”栽培方式，保苗 30 万～35 万株 /hm²。

**适宜区域：**黑龙江省第五积温带上限。

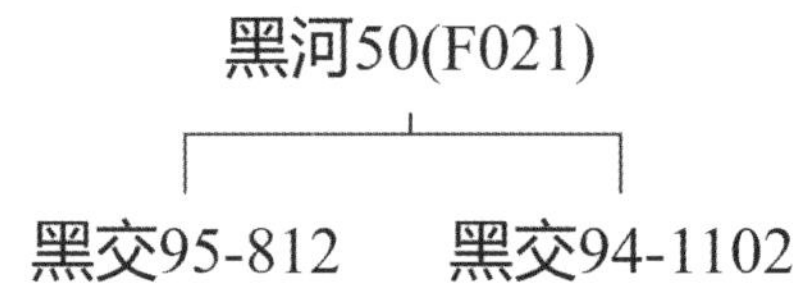


## 22. 北豆 24

**品种来源：**黑龙江省农垦总局北安农业科学研究所、黑龙江省农垦科研育种中心以克 95–888 为母本、北丰 2 号为父本，经有性杂交后采用系谱法选育而成。原品系代号：北交 04–912。2009 年经黑龙江省农作物品种审定委员会审定推广。审定编号：黑审豆 2009016。

**产量表现：**2008 年生产试验，平均产量 2 099.4 kg/hm²，较对照品种黑河 35 增产 7.6%。

**特征特性：**亚有限结荚习性。株高 75 cm 左右，无分枝。紫花，长叶，灰色茸毛。荚弯镰形，成熟时呈褐色。种子圆形，种皮黄色有光泽，种脐黄色，百粒重 18 g 左右。蛋白质含量 41.47%，脂肪含量 19.6%。接种鉴定中抗灰斑病。在适宜区域出苗至成熟生育日数 91 d 左右，需≥10 ℃活动积温 1 800 ℃·d 左右。

**栽培要点：**5 月中下旬播种，选择中等肥力地块种植，采用“垄三”栽培方式，保苗 35 万～40 万株 /hm²。分层施底肥与叶面追肥相结合，施氮磷钾纯量 68 kg/hm²，比例为 1.0∶1.5∶0.5。及时铲蹚、灭草、防治病虫害，及时收获。

**适宜区域：**黑龙江省第六积温带。

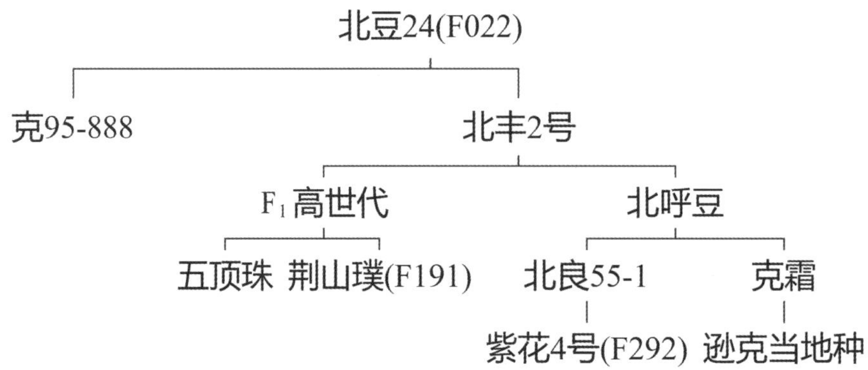

## 23. 北丰 9 号

**品种来源：**黑龙江省北安农管局科研所以合丰 25 为母本、北 804083-9-6 为父本，经有性杂交后采用系谱法选育而成。原代号：北 86-190。1995 年经黑龙江省农作物品种审定委员会审定推广。审定编号：黑审豆 1995003。

**产量表现：**1992 年生产试验，平均产量 2 242.6 kg/hm²，比对照品种九丰 1 号增产 12.8%。

**特征特性：**该品种为亚有限结荚习性。株高 80 cm 以上，秆强，节短而多，荚密，3、4 粒荚多，成熟后荚褐色。白花，长叶，灰色茸毛。种子圆形，种皮浓黄色有光泽，百粒重 18 g 左右。蛋白质含量 40.32%，脂肪含量 18.53%。在适宜区域出苗至成熟生育日数 117 d，需≥10 ℃活动积温 2 300 ℃·d。

**栽培要点：**适应性强，对土壤肥力要求不严，5 月上旬播种，保苗 24 万 ~ 30 万株 /hm²。

**适宜区域：**黑龙江省第三积温带下限及第四积温带上限。

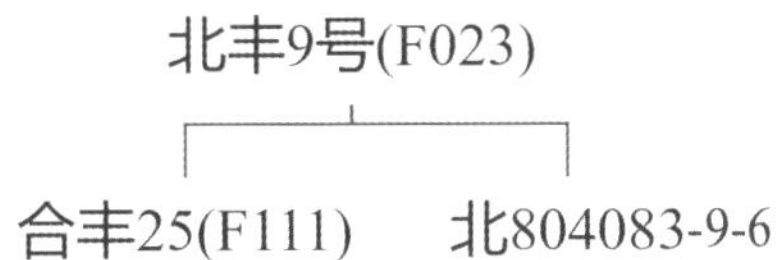


## 24. 黑河 24

**品种来源：**黑龙江省农业科学院黑河农业科学研究所 1988 年以黑辐 84-265 为母本、黑交 85-1033 为父本，经有性杂交选育而成。原品系代号：黑交 93-2262。2001 年经黑龙江省农作物品种审定委员会审定推广。审定编号：2001007。

**产量表现：**1999—2000 年生产试验，平均产量 2 556.9 kg/hm²，较对照品种黑河 17 增产 10.68%。

**特征特性：**亚有限结荚习性。株高 80 cm。紫花，长叶，灰色茸毛，主茎结荚，荚密，3、4 粒荚多，着荚上下比较均匀。丰产性好，秆强不倒，结荚部位较高，适于机械收获。种子圆形，种皮黄色有光泽，百粒重 20 g 左右。病虫粒率低，商品性好。蛋白质含量 41.39%，脂肪含量19.86%。早

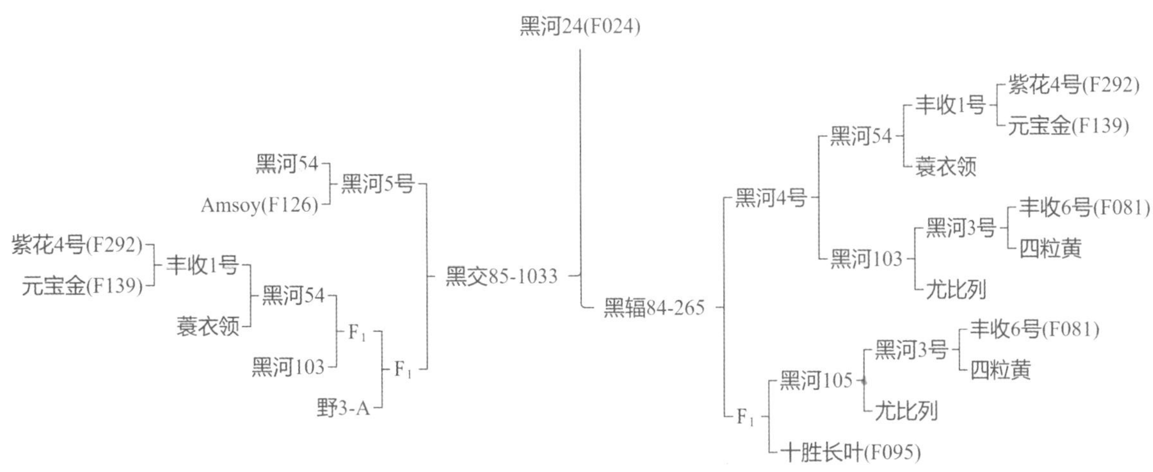

熟，在黑龙江省第五积温带出苗至成熟生育日数 110 d 左右，需≥10 ℃活动积温 2 100 ℃·d 左右。

**栽培要点：** 5 月上中旬播种，深施或分层施，窄行密植保苗 40.0 万株 /hm² 左右，并增施钾肥。

**适宜区域：** 适宜黑龙江省第四积温带北部及第五积温带南部种植，增产潜力大。

## 25. 黑河 52

**品种来源：** 黑龙江省农业科学院黑河分院以 $^{60}Co-\gamma$ 射线 0.14 kGy 辐照大豆（黑河 18 × 绥 97-7049）$F_2$ 代风干种子选育而成。2010 年经黑龙江省农作物品种审定委员会审定推广。审定编号：黑审豆 2010014。

**产量表现：** 2009 年生产试验，平均产量 2 420.4 kg/hm²，较对照品种黑河 43 增产 8.5%。

**特征特性：** 亚有限结荚习性。株高 80 cm 左右，有分枝。白花，长叶，灰色茸毛，荚镰刀形，成熟时呈褐色。种子圆形，种皮有光泽，种脐黄色，百粒重 20 g 左右。蛋白质含量 40.55%，脂肪含量 20.47%。中抗灰斑病。在适宜区域出苗至成熟生育日数 115 d 左右，需≥10 ℃活动积温 2 150 ℃·d 左右。

**栽培要点：** 5 月上旬播种，采用"垄三"栽培方式，保苗 30 万株 /hm²。

**适宜区域：** 黑龙江省第四积温带。

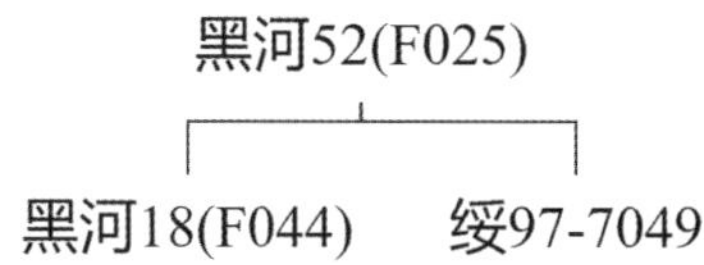




## 26. 垦鉴豆 27

**品种来源：** 黑龙江省农垦总局北安分局农业科学研究所以北丰 11 为母本、北丰 8 号为父本进行有性杂交，采用系谱法选育而成。审定编号：黑垦审豆 2003002。

**产量表现：** 2003 年生产试验，平均产量 2 814.5 kg/hm²，较对照品种九丰 7 号增产 7.68%。

**特征特性：** 无限结荚习性。株高 80 ~ 90 cm，0 ~ 1 分枝，秆强，韧性好，株型收敛。长叶，紫色，灰毛，平均每荚 2.1 粒，荚深褐色，底荚高 6 ~ 15 cm。种子圆形，种皮黄色有光泽，脐黄色，百粒重 18 ~ 20 g。在适宜区域出苗至成熟生育日数 112 d，需≥10 ℃积温 2 200 ℃·d。蛋白质含量 36.83%，脂肪含量 21.13%。

**栽培要点：** 5 月 5—10 日播种，一般保苗 30 万株 /hm²。

**适宜区域：** 黑龙江省第五积温带南部、第四积温带北部地区。

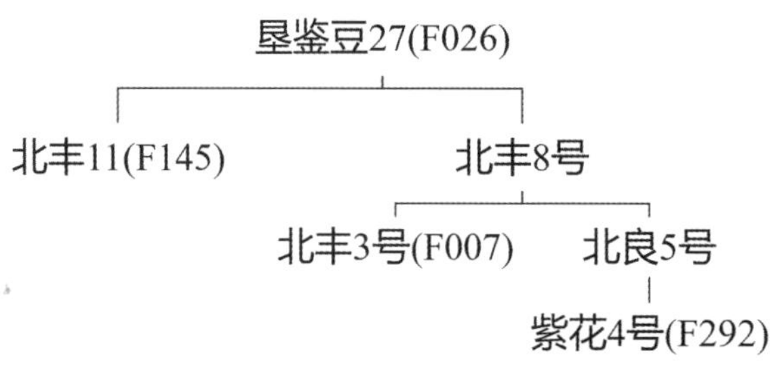

## 27. 黑河 38

**品种来源**：黑龙江省农业科学院黑河农业科学研究所 1993 年以黑河 9 号 × 黑交 85-1033 为母本、合丰 26 × 黑交 83-889 为父本杂交，采用系谱法选育而成。原品系代号：黑河 98-1271。2005 年经黑龙江省农作物品种审定委员会审定推广。审定编号：黑审豆 2005007。

**产量表现**：2003 年生产试验，平均产量 2 004.3 kg/hm²，较对照品种黑河 18 增产 12.9%。

**特征特性**：该品种为亚有限结荚习性。株高 75 cm 左右，主茎 15 节左右，株型繁茂收敛。尖叶，紫花，灰色茸毛。成熟时不炸荚，适于机械收获。种子圆形，种皮黄色有光泽，淡黄脐，百粒重 19 g 左右。蛋白质含量 39.70%，脂肪含量 20.52%。在适宜区域出苗至成熟生育日数 117 d 左右，需≥10 ℃活动积温 2 150 ℃·d 左右。接种鉴定中感灰斑病。

**栽培要点**：该品种对土壤肥力要求不严。一般土质肥沃、地势平坦地块宜以垄作栽培为主，5 月上旬播种，保苗 30.0 万株 /hm² 左右。

**适宜区域**：黑龙江省第四积温带。

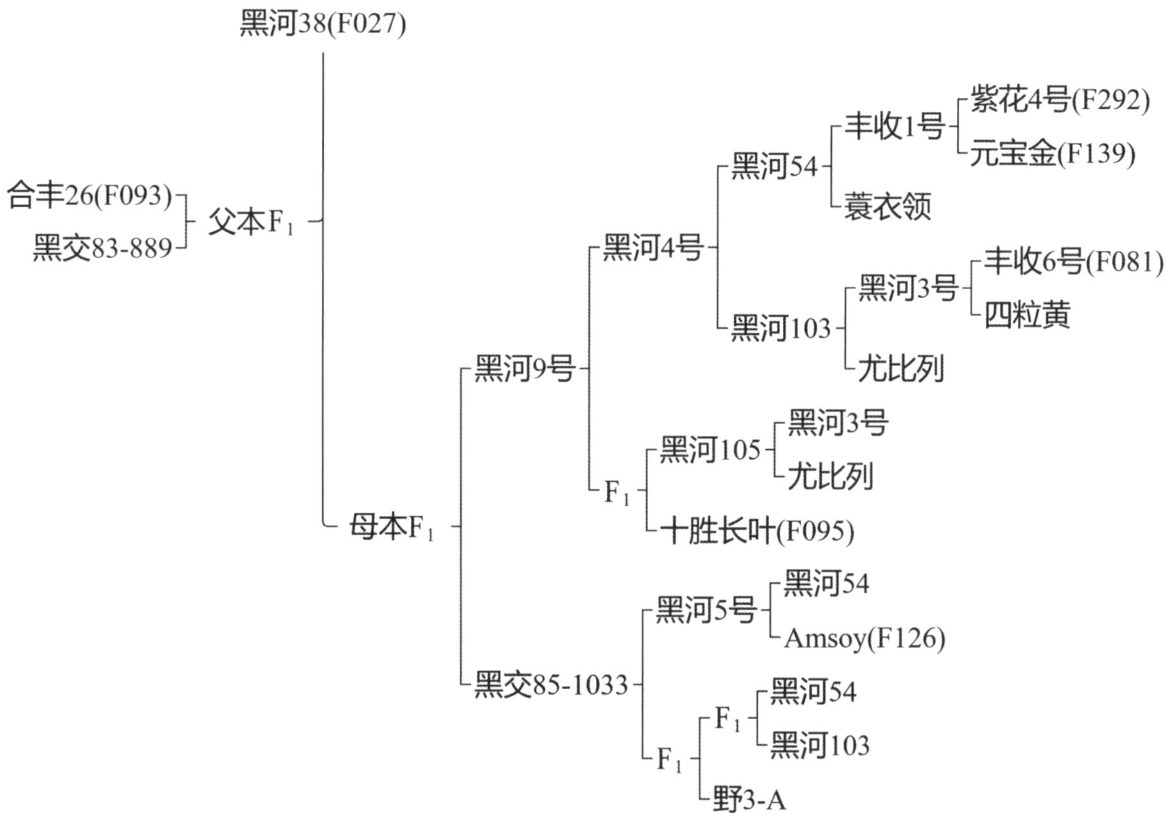


## 28. 黑河 19

**品种来源**：黑龙江省农业科学院黑河农业科学研究所 1987 年以黑交 85-1083 为母本、合丰 26 为父本，经有性杂交后采用系谱法选育而成。品种代号：黑交 92-1526。1998 年经黑龙江省农作物品种审定委员会审定推广。审定编号：黑审豆 1998011。

**产量表现**：1997 年生产试验，平均产量 2 891.29 kg/hm²，比对照品种黑河 9 号增产 13.9%。

**特征特性**：该品种为亚有限结荚习性。株高 75 cm，主茎结荚，节短，荚密，丰产性好，喜肥水，增产潜力大，秆强不倒，结荚部位高，适于机械化收获。白花，长叶，灰色茸毛。种子圆形，种皮黄色有光泽，百粒重 20 g。蛋白质含量 37.94%，脂肪含量 21.23%。菌核病和叶部病害在自然条件下极轻。在适宜区域出苗至成熟生育日数 118 d，需≥10 ℃活动积温 2 170 ℃·d。

**栽培要点**：5 月上旬播种。密度 30 万 ~ 35 万株 /hm²，窄行密植可 40 万株 /hm²。在中上等肥力和热量条件较好的地块增产潜力大。

**适宜区域**：黑龙江省第四积温带上限。

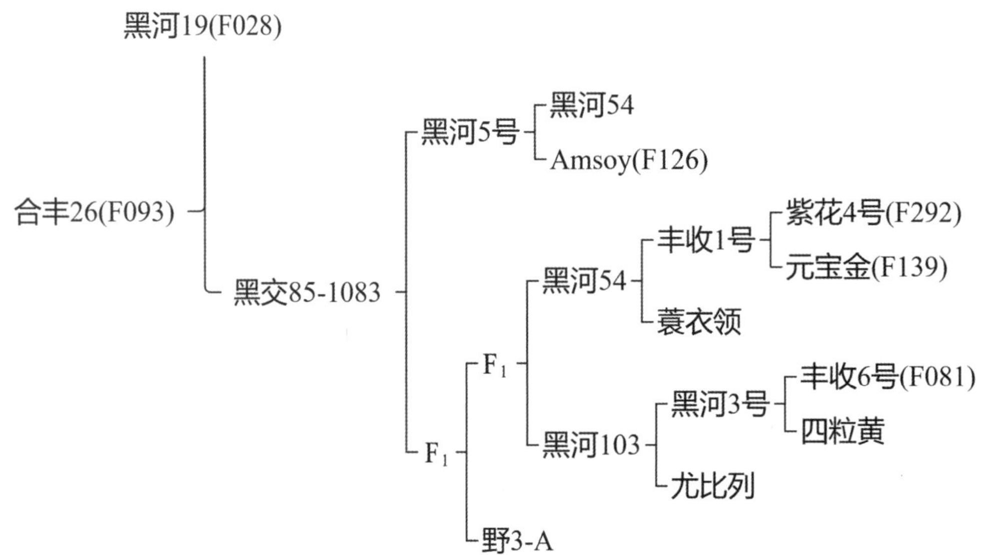


## 29. 蒙豆 26

**品种来源**：内蒙古自治区呼伦贝尔市农业科学研究所以绥农 10 为母本、蒙豆 9 为父本，经有性杂交后采用系谱法选育而成。2007 年经内蒙古自治区农作物品种审定委员会审定推广。审定编号：蒙审豆 2007003。

**产量表现**：2005 年参加内蒙古自治区早熟组大豆生产试验，平均产量 2 226 kg/hm²，比对照品种北丰 9 号增产 5%。

**特征特性**：该品种为亚有限结荚习性。株高 85 cm 左右，分枝 1 ~ 2 个。紫花，长叶，灰色茸毛，叶柄与茎秆夹角较小，落叶性好，3、4 粒荚多，荚弯镰形，荚呈褐色。种子圆形，种皮黄色，种脐无色，百粒重 21 g 左右。粗蛋白质 41.95%，粗脂肪 22.77%。2006 年吉林省农业科学院大豆研究中心鉴定该品系对大豆花叶病Ⅰ号表现为中感；该品系接种鉴定对大豆花叶病毒 SMVⅠ号株系表现为中感（MS），病情指数为 45%；该品系接种鉴定对大豆花叶病毒 SMVⅢ号株系表现为感病（S），病情指数为 65%。在适宜区域出苗至成熟生育日数 114 d，需≥10 ℃活动积温 2 200 ℃·d 以上。

**栽培要点**：种植密度 25.5 万 ~ 30.0 万株 /hm²。

**适宜区域**：内蒙古自治区呼伦贝尔市、兴安盟≥10 ℃活动积温 2 200 ℃·d 以上地区。

蒙豆26(F029)

绥农10(F178)　蒙豆9号(F012)

## 30. 红丰 3 号

**品种来源：**黑龙江省红兴隆农管局科研所于 1966 年以黑农 8 号为母本、黑河 3 号为父本，经有性杂交后采用系谱法选育而成。原品系号：钢 6634-7-8。1981 年经黑龙江省农作物品种审定委员会审定推广。

**产量表现：**1977—1980 年四年生产试验 24 点次，平均产量 1 719 kg/hm$^2$，比对照品种丰收 10 增产 7.4%。

**特征特性：**生育日数 105 d，熟期与丰收 10 相近，需活动积温 2 100 ~ 2 200 ℃·d。白花，尖叶，灰白毛，分枝中等，4 粒荚多。种子椭圆形，种皮有光泽，百粒重 18 g 左右，病虫粒少。脂肪含量 23.11%，蛋白质含量 33.77%。幼苗生长缓慢，花期、结荚期生长较快，整个生长发育期间表现不繁茂，喜肥水，秆强不倒，适于密植。

**栽培要点：**适于肥沃黑土区，中上肥力条件的草甸白浆土，以及高肥足水条件下栽培。保苗 45.0 万 ~ 52.5 万株 /hm$^2$。

**适宜区域：**黑龙江省红兴隆农管局及牡丹江农管局所属各农场。

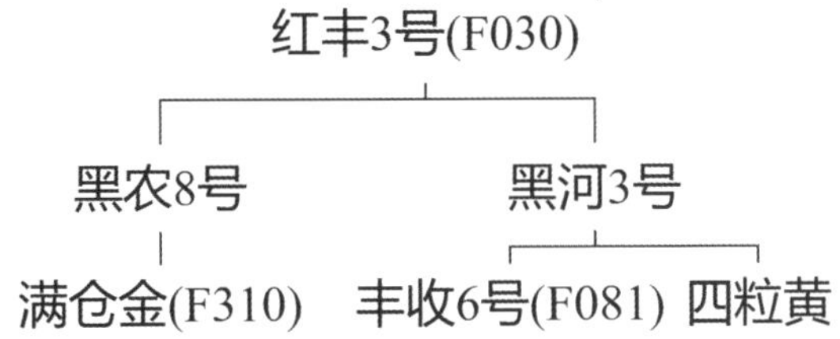


## 31. 黑河 43

**品种来源：**黑龙江省农业科学院黑河农科所以黑河 18 为母本、黑河 22 为父本，经有性杂交后采用系谱法选育而成。原代号：黑交 00-1152。

**产量表现：**2006 年生产试验，平均产量 2 107 kg/hm$^2$，较对照品种黑河 18 增产 10.5%。

**特征特性：**亚有限结荚习性。株高 75 cm 左右，无分枝。紫花，尖叶，灰色茸毛。种子圆形，种皮黄色有光泽，种脐浅黄色，百粒重 20 g 左右。蛋白质含量 41.84%，脂肪含量 18.98%。接种鉴定中抗灰斑病。在适宜区域出苗至成熟生育日数 115 d 左右，需≥10 ℃活动积温 2 150 ℃·d 左右。

**栽培要点：**5 月上中旬精量播种，用种衣剂拌种。“垄三”栽培模式，保苗 30 万株 / hm$^2$。

**适宜区域：**黑龙江省第四积温带。

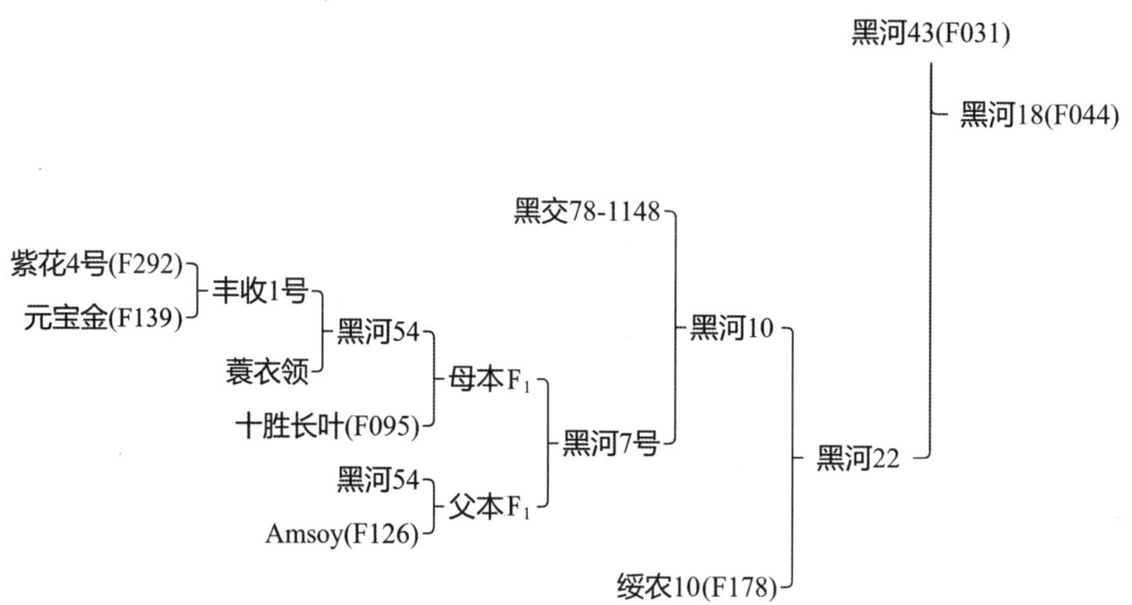


## 32. 丰收 17

**品种来源：**黑龙江省农业科学院克山农业科学技术研究所于 1968 年以丰收 10 为母本、克交 56-4012 为父本，经有性杂交后采用系谱法选育而成。原品系号：克交 70-5208。1977 年经黑龙江省农作物品种审定委员会审定推广。

**产量表现：**1976 年生产试验，平均产量 1 318.5 kg/hm$^2$，比对照品种丰收 12 增产 13.8%。

**特征特性：**生育日数 115 d 左右，比丰收 12 早熟 2 ~ 3 d，需活动积温 2 400 ℃·d。无限结荚习性。紫花，长叶，灰毛。株高 70 ~ 80 cm，秆强，分枝少，株型收敛，结荚部位中等。种子近圆形，种皮鲜黄色有光泽，脐黄色，百粒重 18 ~ 20 g。脂肪含量 20%，蛋白质含量 41.5%。

**栽培要点：**适宜中上等土壤肥力地块种植，5 月上旬播种，保苗 25.5 万 ~ 30.0 万株 /hm$^2$。

**适宜区域：**黑龙江省拜泉、依安及克东南部、富裕、甘南、海伦等地北部。

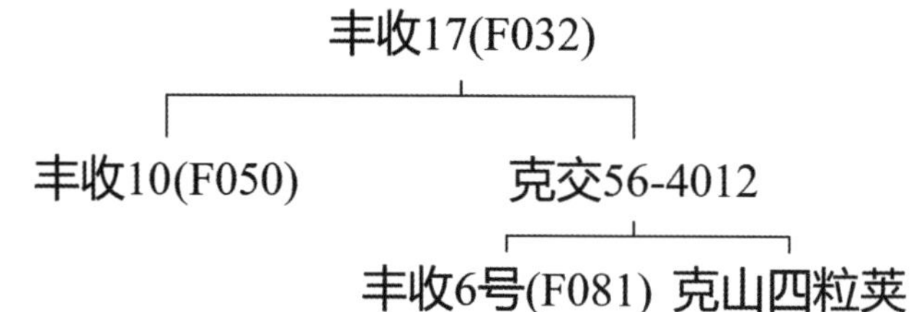


## 33. 北豆 23

**品种来源：**黑龙江省农垦总局北安农业科学研究所、黑龙江省农垦科研育种中心以黑河 24 为母本、北丰 12 为父本，经有性杂交后采用系谱法选育而成。2009 年经黑龙江省农作物品种审定委员会审定推广。审定编号：黑审豆 2009015。

**产量表现：**2008 年生产试验，平均产量 2 581.0 kg/hm$^2$，较对照品种黑河 33 增产 10.7%。

**特征特性**：该品种为亚有限结荚习性。株高 75 cm 左右，无分枝。紫花，长叶，灰色茸毛，荚弯镰形。种子圆形，种皮黄色，种脐黄色，百粒重 18 g 左右。在适宜区域出苗至成熟生育日数 98 d 左右。

**栽培要点**：5 月中下旬播种，选择中等肥力地块种植，采用“垄三”栽培方式，保苗 35 万 ~ 40 万株 /hm²。

**适宜区域**：黑龙江省第六积温带。

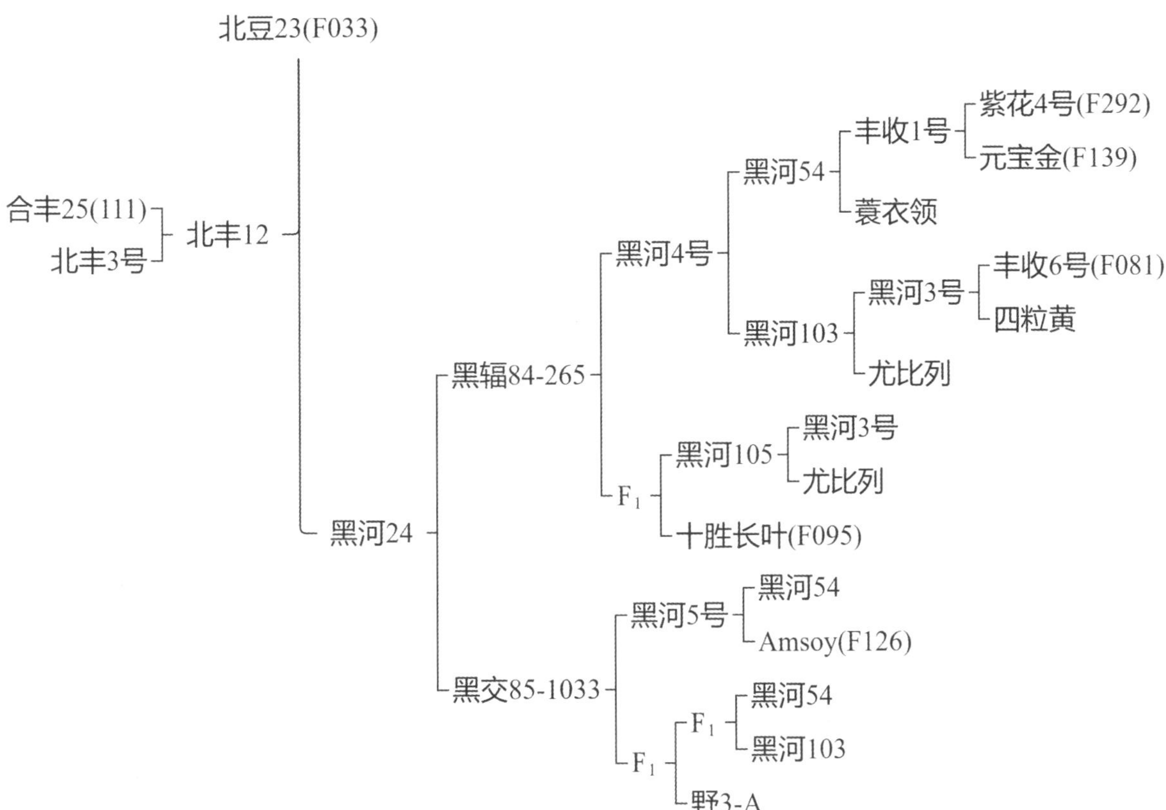


## 34. 黑河 45

**品种来源**：黑龙江省农业科学院黑河农业科学研究所以北丰 11 为母本、黑河 26 为父本，经有性杂交后采用系谱法选育而成。原代号：黑河 00–1368。2007 年经黑龙江省农作物品种审定委员会审定推广。审定编号：黑审豆 2007013。

**产量表现**：2006 年生产试验，平均产量 2 355.3 kg/hm²，较对照品种黑河 17 增产 10.2%。

**特征特性**：亚有限结荚习性。株高 70 cm 左右，无分枝。紫花，尖叶，灰色茸毛。种子圆形，种皮黄色有光泽，种脐淡黄色，百粒重 20 g 左右。蛋白质含量 42.16%，脂肪含量 19.44%。接种鉴定抗灰斑病。在适宜区域出苗至成熟生育日数 108 d 左右，需≥10 ℃活动积温 2 050 ℃·d 左右。

**栽培要点**：5 月中旬播种。选择中上等肥力地块，采用“垄三”栽培方式，保苗 35 万株 /hm²。

**适宜区域**：黑龙江省第五积温带。

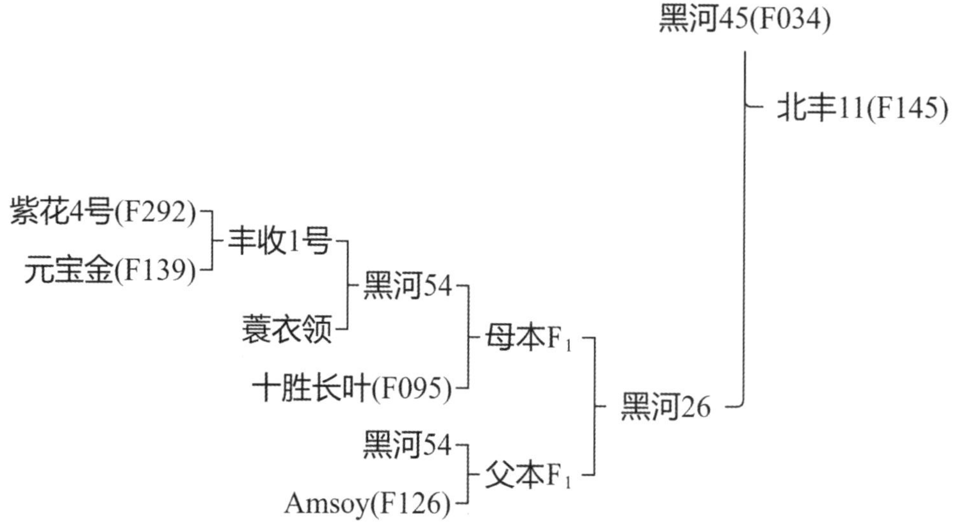






## 35. 垦鉴豆 28

**品种来源：**黑龙江省农垦总局北安分局科学研究所以北丰 8 号为母本、北丰 10 为父本进行有性杂交，采用系谱法选育而成。2003 年经黑龙江省农垦总局农作物品种审定委员会审定推广。

**产量表现：**2000 年区域试验，平均产量 2 328.55 kg/hm$^2$，较对照品种九丰 7 号增产 4.1%。

**特征特性：**无限结荚习性。株高 80 ~ 90 cm，0 ~ 2 个分枝。长叶，紫色，灰毛，平均每荚 2.3 粒，底荚高 6 ~ 13 cm，荚深褐色。种子圆形，种皮浓黄色有光泽，脐黄色，百粒重 20 g 左右。蛋白质含量 38.93%，脂肪含量 21.43%。在适宜区域出苗至成熟生育日数 116 d，需≥10 ℃积温 2 260 ℃·d。

**栽培要点：**5 月上旬播种，一般保苗 25 万 ~ 30 万株 /hm$^2$。

**适宜区域：**黑龙江省第四积温带。

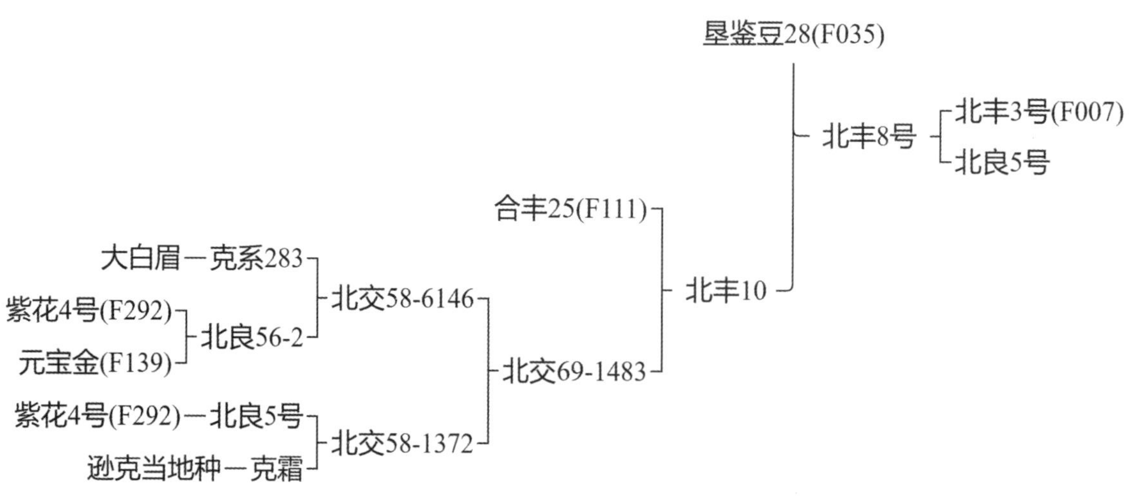

## 36. 黑河 27

**品种来源：**黑河农业科学研究所 1991 年冬以黑河 10 为母本、北丰 11 为父本，经有性杂交选育而成。原品系代号：黑交 95-812。2002 年经黑龙江省农作物品种审定委员会审定推广。审定编号：黑审豆 2002010。

**产量表现：**2001 年生产试验，平均产量 2 809.25 kg/hm²，比对照品种黑河 18 增产 14.57%。

**特征特性：**亚有限结荚习性。株高 70 ~ 80 cm。白花，长叶，灰毛，主茎结荚，有短分枝，上下着荚比较均匀，丰产性好，秆强，结荚部位较高。种子圆形，种皮黄色有光泽，百粒重 22 ~ 23 g，商品性好。蛋白质含量 38.90%，脂肪含量 21.23%。早熟，在黑龙江省第四积温带出苗至成熟生育日数 113 d 左右，需≥10 ℃活动积温 2 160 ℃·d 左右。

**栽培要点：**5 月上旬播种，用种衣剂拌种。垄作保苗 30 万株 /hm² 左右。

**适宜地区：**黑龙江省第四积温带。

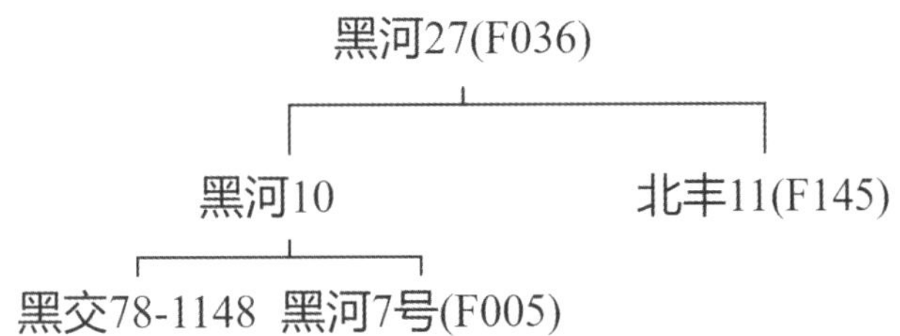


## 37. 北豆 14

**品种来源：**黑龙江省北安市华疆种业有限公司、农垦科研育种中心北安华疆科研所以北疆 94-384 为母本、北 93-454 为父本，经有性杂交后采用系谱法选育而成。原品系代号：疆丰 21-1778。2008 年经黑龙江省农作物品种审定委员会审定推广。审定编号：黑垦审豆 2008002。

**产量表现：**2005 年生产试验，7 点次全部增产，平均产量 2 503.1 kg/hm²，比对照品种九丰 7 号平均增产 12.9%。

**特征特性：**该品种为无限结荚习性。株高 100 cm 左右，有分枝，紫花，长叶，灰色茸毛。荚弯镰形，成熟时呈深褐色。种子圆形，种皮黄色有光泽，种脐黄色，百粒重 19 g 左右。蛋白质含量 35.70% ~ 40.48%，脂肪含量 21.69 ~ 23.69%。在适宜区域出苗至成熟生育日数 114 d 左右，需≥10 ℃活动积温 2 220 ℃·d 左右。

**栽培要点：**选择中等肥力以上土壤种植，播种期 5 月 10—15 日，保苗 35 万株 /hm²。

**适宜区域：**黑龙江省第四积温带。

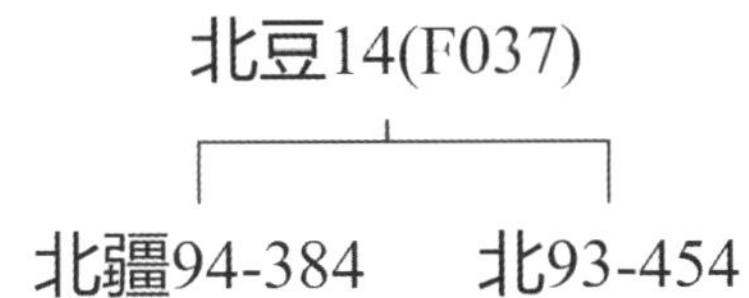

## 38. 东农 43

**品种来源**：东北农业大学大豆科学研究所以绥农 8 号为母本、胞囊线虫病抗原种质美国材料 CN210 为父本有性杂交，$F_5$ 代在重疫区安达良种场进行自然诱发鉴定与校内人工接种鉴定相结合，经系谱法选育而成。原代号：东农 92-8055。1999 年经黑龙江省农作物品种审定委员会审定推广。审定编号：黑审豆 1999001。

**产量表现**：1998 年生产试验，平均产量为 2 476.2 kg/hm²，比对照品种嫩丰 14 增产 17.8%。

**特征特性**：该品种为无限结荚习性。株高 80～90 cm，秆强有弹性，有 3～4 个分枝，荚为黄褐色，2、3 粒荚居多。紫花，圆叶，灰色茸毛。种子椭圆形，种脐淡褐色。抗旱、耐瘠，在黑龙江省西部风沙干旱轻碱孢囊线虫疫区最高产量达 3 000 kg/hm²，一般产量在 2 250 kg/hm² 左右，比较耐重迎茬。在适宜区域出苗至成熟生育日数 115 d 左右，需≥10 ℃活动积温 2 400～2 500 ℃·d，

**栽培要点**：在黑龙江省西部风沙、干旱低产豆田生态区，中等肥力土壤种植，密度以 22.5 万株 /hm² 为宜。

**适宜区域**：黑龙江省西部风沙、干旱轻碱土地区，大豆孢囊线虫病疫区即第二生态区大豆中低产地块。

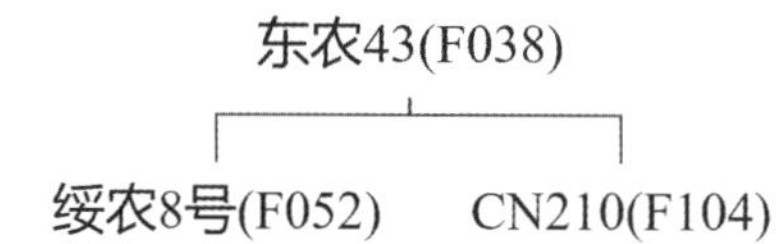


## 39. 北豆 5 号

**品种来源**：黑龙江省农垦总局北安分局科学研究所、北安市华疆种业公司与农垦科研育种中心合作以北丰 8 号为母本、北丰 11 为父本，经有性杂交后采用系谱法选育而成。原代号：疆丰 98-51。2006 年黑龙江省农作物品种审定委员会审定。审定编号：黑审豆 2006013。

**产量表现**：2004 年生产试验，平均产量 2 369.4 kg/hm²，较对照品种黑河 18 增产 9.9%。

**特征特性**：该品种无限结荚习性。株高 80～100 cm，有分枝，秆强，株型收敛，结荚高度 18～22 cm，成熟后荚皮深褐色，3、4 粒荚多。紫花，尖叶，灰色茸毛。种子圆形，种皮黄色，百粒重 18～20 g。蛋白质含量 37.30%，脂肪含量 21.44%。接种鉴定感灰斑病。在适宜区域出苗至成熟生育日数 115 d 左右，需≥10 ℃活动积温 2 250 ℃·d。

**栽培要点**：5 月 5—10 日精量点播，适宜“垄三”栽培，保苗 30 万株 /hm² 为宜，选中上等以上肥力地块。

**适宜地区**：黑龙江省第四积温带。

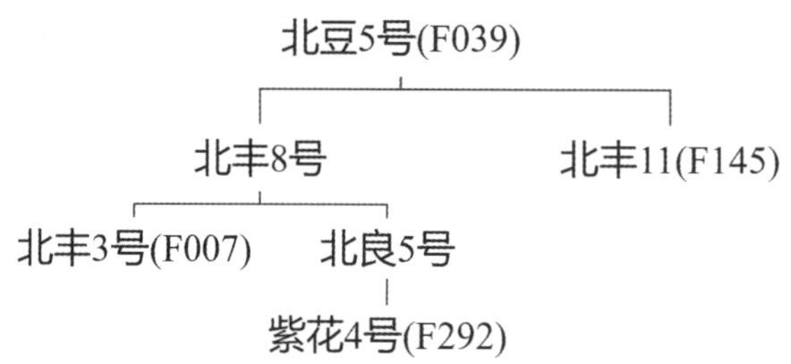

## 40. 蒙豆 5 号

**品种来源：**内蒙古自治区呼伦贝尔市农业科学研究所 1985 年以“呼 5121”为载体，利用快中子辐射，从处理剂量 3 × 10″ 中子数 / $cm^2$ 的变异后代中选育而成。原品系代号：呼辐 5005。1997 年经内蒙古自治区农作物品种审定委员会审定推广。审定编号：内农种审证字第 0278 号。

**产量表现：**1995 年、1996 年参加生产示范试验，11 个点次平均产量 1 954.5 kg/$hm^2$，比对照品种北丰 9 号平均增产 3.7%。

**特征特性：**该品种为无限结荚习性。主茎节数 18 ~ 20 节，株高 80 ~ 100 cm，分枝 1 ~ 2 个，植株上部叶小、叶柄短，分枝收敛、呈塔形，通风透光性能好。荚熟为褐色，荚弯镰形，荚口紧，不炸荚，3、4 粒荚为主。白花，尖叶，灰色茸毛。种子圆形，种皮黄色有光泽，脐淡褐色，百粒重 20 ~ 22 g。蛋白质含量 41.84%，脂肪含量 20.68%。种子具有耐低温、发芽快、出苗齐、开花早、花期长的特性，一般出苗至开花 30 d，花期长达 30 ~ 40 d。抗病虫性强，据三年试点调查：菌核病 0.03%，褐斑病 0.23% ~ 1.03%，灰斑病 0.68%，虫食率 1.9% ~ 3.0%。在适宜区域出苗至成熟生育日数 108 ~ 110 d，需≥10 ℃活动积温 2 050 ~ 2 100 ℃·d。

**栽培要点：**呼伦贝尔市 2 100 ℃·d 区于 5 月上旬播种，2 300 ℃·d 区适当晚播，于 5 月中旬播种。该品种有一定分枝性，在平川肥沃地保苗 22.5 万株 /$hm^2$，在岗坡瘠薄地保苗 30 万株 /$hm^2$。由于株型收敛的特点，可采取 50 ~ 60 cm 的垄作方式或机械化窄行密植栽培。

**适宜区域：**内蒙古自治区 2 000 ~ 2 200 ℃·d 积温区。内蒙古自治区呼伦贝尔市扎兰屯市、阿荣旗、莫力达瓦达斡尔自治旗，兴安盟扎赉特旗、乌兰浩特市北部山区，以及与呼伦贝尔市生态气候相近的黑龙江省北部地区。

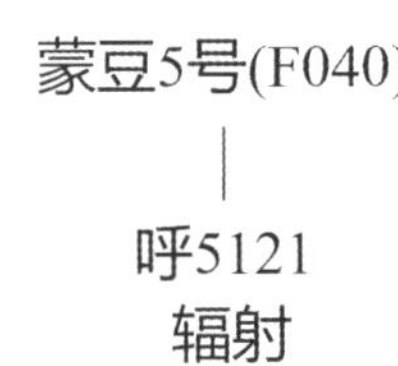


## 41. 蒙豆 16

**品种来源：**内蒙古自治区呼伦贝尔市农业科学研究所以北 93-286 为母本、蒙豆 7 号为父本，经有性杂交后采用系谱法选育而成。原品系号：呼交 812。2005 年经内蒙古自治区农作物品种审定委员会审定推广。审定编号：蒙审豆 2005001。

**产量表现：**2004 年内蒙古自治区大豆早熟组生产试验，3 点平均产量 1 701.0 kg/$hm^2$，比对照品种内豆 4 号增产 20.8%。

**特征特性：**该品种为亚有限结荚习性。株高为 75 ~ 80 cm。主茎结荚，分枝少。该品系耐旱，抗倒伏性强，不炸荚，荚褐色，3、4 粒荚多，荚弯镰形。白花，长叶，灰色茸毛。种子圆形，种皮黄色有光泽，种脐无色，百粒重 22 g 左右。脂肪含量 19.98%，蛋白质含量 39.24%。抗大豆花叶病、灰斑病、霜霉病，轻感褐斑病。在适宜区域出苗至成熟生育日数 107 d 左右，需≥10 ℃活动积温 2 080 ℃·d。

**栽培要点：**在地温稳定在 7 ~ 8 ℃时播种，采用机械垄上双行等距精量播种，播量 75 ~ 80 kg/$hm^2$，保苗 27 万 ~ 30 万株 /$hm^2$。

**适宜区域：**内蒙古自治区呼伦贝尔市、兴安盟、赤峰市的 2 100 ~ 2 300 ℃·d 积温区。

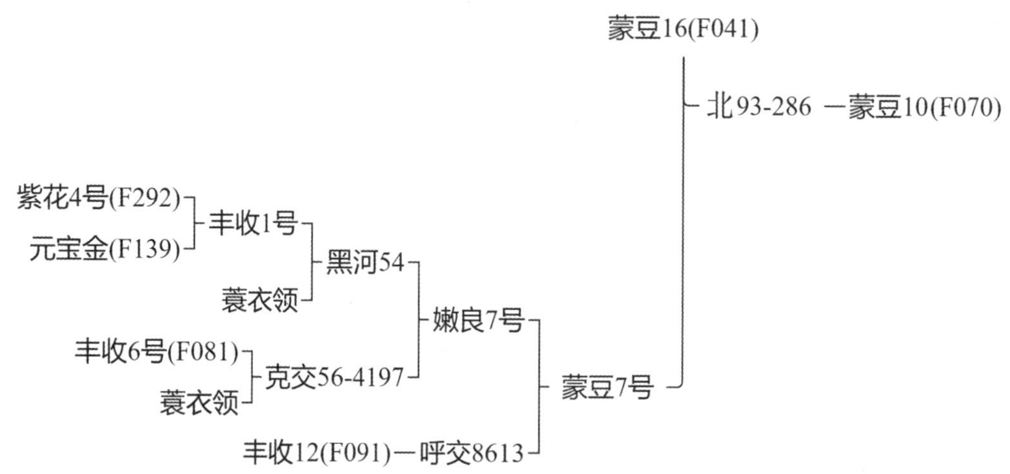




## 42. 丰收 19

**品种来源：**黑龙江省农业科学院克山农科所 1974 年以丰收 10 为母本、珲春豆为父本，经有性杂交后采用系谱法选育而成。原品系号：克交 74671。1985 年经黑龙江省农作物品种审定委员会审定推广。

**产量表现：**1982—1984 年生产试验，比丰收 12 增产 10%，试验最高产量 3 466.5 kg/hm$^2$。

**特征特性：**该品种为无限结荚习性。株高 70 ~ 80 cm，主茎发达，有一定分枝，株型收敛，秆强不倒伏。节间短，每节花荚较多，上下部着荚均匀，丰产性好。紫花，灰毛，长叶。种子近圆形，种皮黄色光泽较强，种脐无色，百粒重 20 g。脂肪含量 21.21%，蛋白质含量 38.69%。耐低温寡照，透光性好，耐肥水。病虫粒率低，品质优良。在适宜区域出苗至成熟生育日数 114 d，需≥10 ℃活动积温 2 306.1 ℃·d。

**栽培要点：**中上等肥力平川地、水岗地及低洼地种植，保苗 30 万株 /hm$^2$ 左右为宜。

**适宜区域：**黑龙江省第三积温带。

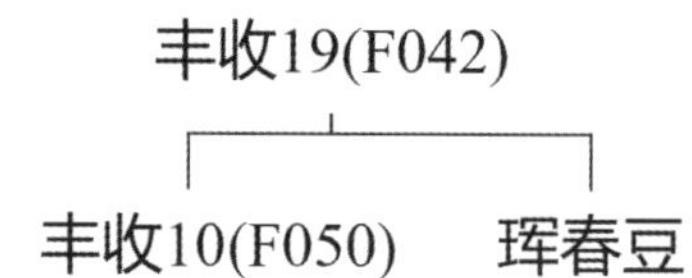


## 43. 黑河 8 号

**品种来源：**黑龙江省农业科学院黑河农科所 1977 年以快中子照射黑河 4 号干种子，经系谱法选育而成。原品系号：黑辐 80–123。1989 年经黑龙江省农作物品种审定委员会审定推广。

**产量表现：**1988 年生产试验，产量 2 577 kg/hm$^2$，较对照品种北丰 3 号增产 12.2%。

**特征特性：**该品种为亚有限结荚习性。株高 70 cm 左右，白花，圆叶，灰色茸毛。种子圆形，种皮黄色有光泽，种脐淡黄色，百粒重 20 g 左右。蛋白质含量 40.2%，脂肪含量 21.4%。叶部病害轻，耐灰斑病。在适宜区域出苗至成熟生育日数 106 d，需≥10 ℃活动积温 2 000 ~ 2 100 ℃·d。

**栽培要点：** 适于中上等土壤肥力地块种植，5 月上旬播种，保苗 30 万株 /hm²。

**适宜区域：** 黑龙江省孙吴、逊克、嫩江、爱辉、五大连池等地半山区。



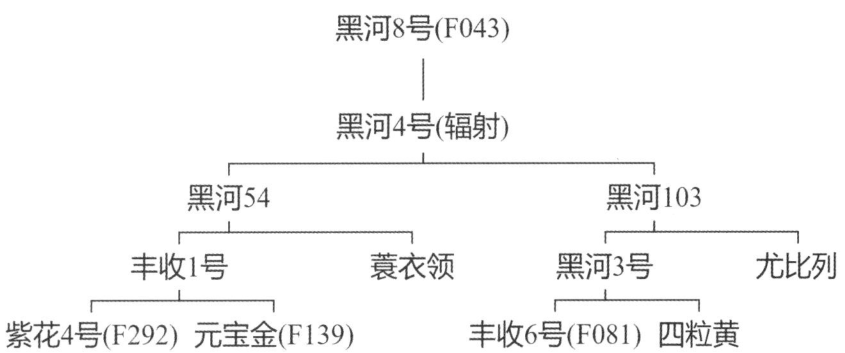


## 44. 黑河 18

**品种来源：** 黑龙江省农业科学院黑河农科所 1987 年以黑河 9 号（黑辐 84-265）为母本、黑交 85-1033 为父本，经有性杂交后采用系谱法选育而成。原品系代号：黑交 92-1544。1998 年经黑龙江省农作物品种审定委员会审定推广。审定编号：黑审豆 1998010。

**产量表现：** 1997 年生产试验，平均产量为 2 854.2 kg/hm²，比对照品种黑河 9 号增产 12.8%。

**特征特性：** 该品种为亚有限结荚习性。株高 80 cm，主茎结荚，荚密。高产稳产，秆较强，结荚部位较高，适于机械收获。紫花，长叶，灰色茸毛，叶色浓绿。种子圆形，种皮黄色有光泽，商品性好，百粒重 21 g。蛋白质含量 39.65%，脂肪含量 20.42%。叶部病害轻。在适宜区域出苗至成熟生育日数 113 d，需≥10 ℃活动积温 2 150 ℃·d。

**栽培要点：** 5 月上中旬播种，对土壤肥力要求不严，密度为 30 万株 /hm²。

**适宜区域：** 黑龙江省第四积温带。



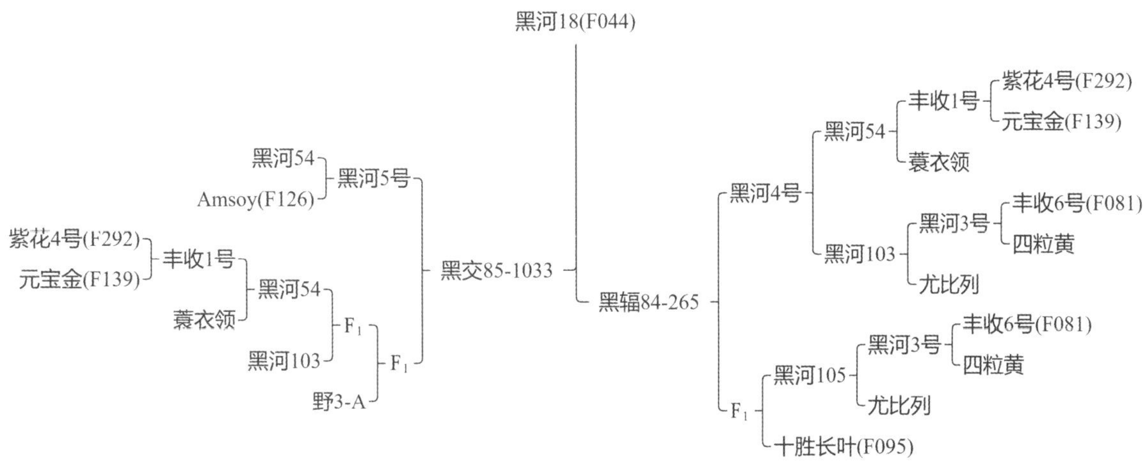

## 45. 蒙豆 6 号

**品种来源：**内蒙古自治区呼伦贝尔市农业科学研究所 1991 年以日本札幌小粒豆为母本、加拿大小粒豆为父本，经有性杂交后采用系谱法选育而成。原品系号：呼交 94-28。2000 年经内蒙古自治区农作物品种审定委员会审定推广。审定编号：蒙审豆 2000001。

**产量表现：**1998—1999 年生产示范产量 1 514 kg/hm$^2$，增产 18.3%。做牧草种植于花荚期刈割，产干草 6 745 kg/hm$^2$，相当于豆科牧草秣石豆水平。种子产量曾高达 2 970 kg/hm$^2$。

**特征特性：**该品种为无限结荚习性。株高 80 ~ 110 cm，分枝 3 ~ 6 个。结荚密，3 粒荚多。紫花，小圆叶，灰色茸毛。种皮鲜黄色，种脐无色，百粒重 9.0 ~ 11.8 g。粗蛋白质含量 37.8% ~ 41.9%，粗脂肪含量 18.1% ~ 19.3%。耐旱，耐瘠薄。种子大小均匀且无硬石豆，比一般栽培大豆的芽率高、芽势强，不易破碎，吸水脱水快，种子寿命长，常温下库存 5 年发芽率仍在 80%以上。特别适于做纳豆原料出口，也适于加工豆芽菜，不仅口味好而且豆芽产量增加 30%以上。植株纤细，茎叶比低，适应性强，很适宜做豆科牧草。抗蚜虫及病毒病，根腐及叶斑类病害较轻。在适宜区域出苗至成熟生育日数 110 d，需≥10 ℃活动积温 2 100 ℃·d。

**栽培要点：**选地整地选择中等肥力地块种植，避免重迎茬。精细播种前用复合型种衣剂处理种子，机播垄宽 60 cm，苗带宽 12 cm，双苗眼精量点播。保苗 22.5 万 ~ 37.5 万株 /hm$^2$，播量 24 ~ 39 kg/hm$^2$；做牧草种植保苗 37.5 万 ~ 75.0 万株 /hm$^2$。播深 3 cm，同时侧下 10 cm 施入种肥。应根据天气预报使豆苗躲避晚霜，尽早抢墒播种。

**适宜区域：**蒙古自治区呼伦贝尔市、兴安盟和黑龙江省 2 100 ~ 2 200 ℃·d 积温带，也可在 1 600 ℃·d以上积温区做牧草种植。



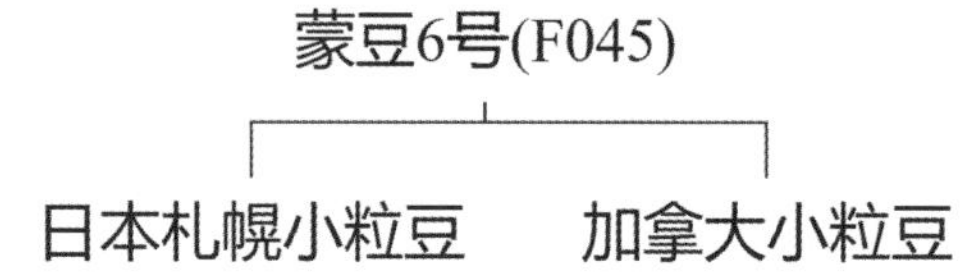


## 46. 克山 1 号

**品种来源：**黑龙江省农业科学院克山农科所 2003 年于长征 2 号运载火箭返回式卫星上搭载（黑河 18 × 绥农 14）$F_2$ 风干种子，共计 150 粒种子，来自 15 个株系。历时 18 d 真空辐射获得。2009 年经第二届国家农作物品种审定委员会第三次会议审定通过。审定编号：国审豆 2009002。

**产量表现：**2008 年生产试验，平均产量 2 643.8 kg/hm$^2$，较对照品种黑河 43 增产 6.9%。

**特征特性：**亚有限结荚习性。品种生育期 110 ~ 112 d，长叶，紫花，秆强抗倒伏，株高 71.5 cm 左右。单株顶荚丰富，3、4 粒荚多，单株有效荚数 26.2 个，成熟时落叶性好，不裂荚。种皮黄色，黄脐，种子圆形，百粒重 19.8 g。2007—2008 年两年平均粗脂肪含量 21.82%，粗蛋白质含量 38.04%。

**栽培要点：**一般播种期在 5 月上旬，种植密度在高肥水地区为 30 万 ~ 32 万株 /hm$^2$，中肥水地区为 33 万 ~ 35 万株 /hm$^2$，采用“大垄密植”栽培模式，种植密度为 48 万 ~ 52 万株 /hm$^2$。

**适宜区域**：适宜黑龙江省北部、吉林省东部山区、新疆维吾尔自治区北部、内蒙古自治区呼伦贝尔中部和北部地区春播种植。

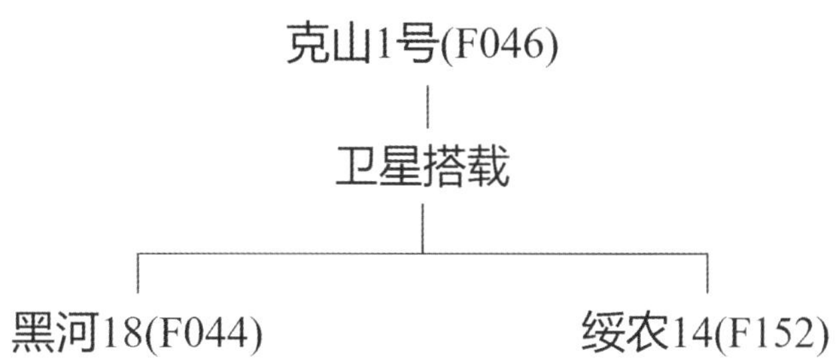


## 47. 北豆 20

**品种来源**：黑龙江省农垦科研育种中心华疆科研所 1998 年以北豆 5 号为母本、北丰 2 号为父本，经有性杂交后采用系谱法选育而成。2008 年经第二届国家农作物品种审定委员会第二次会议审定通过。审定编号：国审豆 2008013。

**产量表现**：2007 年生产试验，产量 2 218.5 kg/hm$^2$，比对照品种黑河 18 增产 7.5%。

**特征特性**：该品种为亚有限结荚习性。株高 70.5 cm，单株有效荚数 22.4 个。紫花，长叶，灰色茸毛。种子圆形，种皮黄色，种脐黄色，百粒重 19.9 g。粗蛋白质含量 39.12%，粗脂肪含量 21.06%。接种鉴定，中感大豆灰斑病，中抗 SMVⅠ号株系，感 SMVⅢ号株系。在适宜区域出苗至成熟生育日数 110 d，需≥10 ℃活动积温 2 150 ℃·d。

**栽培要点**：5 月 8—17 日播种，保苗 40 万株 /hm$^2$。

**适宜区域**：适宜在黑龙江省第三积温带下限和第四积温带，吉林省东部山区、内蒙古自治区兴安盟和呼伦贝尔市大兴安岭南麓、新疆维吾尔自治区北部地区春播种植。

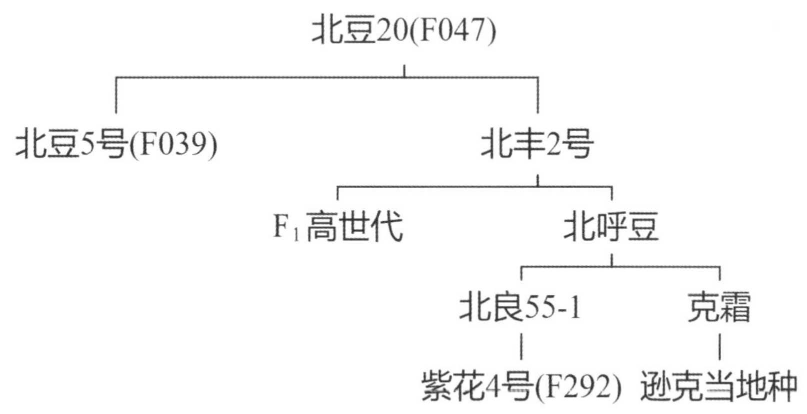

## 48. 垦鉴豆 38

**品种来源：**黑龙江八一农垦大学以绥农 14 × 农大 24875 经有性杂交育成。1994 年配制杂交组合，1995—1999 年在所内种植 $F_1 \sim F_5$ 代，采用系谱选择法选育而成。原代号：农大 8319。2004 年经黑龙江省农垦总局农作物品种审定委员会审定推广。

**产量表现：**2003 年黑龙江省总局联合生产试验，平均产量 2 052.87 kg/hm²，比对照品种垦农 4 号平均增产 12.28%。

**特征特性：**亚有限结荚习性。株高 80 cm 左右，尖叶，紫花，灰茸毛，有短分枝，以主茎结荚为主，节短，荚密，结荚分布均匀。种子圆形，种皮黄色，脐无色，百粒重 22 g 左右。秆强，抗倒伏，耐密植。适宜区域出苗至成熟生育日数 118 d 左右，需活动积温 2 350 ℃·d 左右，为中熟品种。经农业部谷物质量检测中心（哈尔滨）检测，垦鉴豆 38 粗蛋白质含量 39.87%，粗脂肪含量 21.53%，异黄酮含量高达 0.409%。经黑龙江省农科院合江所鉴定三年均抗大豆灰斑病。

**栽培要点：**采用“小双密”（新型垄作窄行密植栽培法）栽培模式，一般产量在 3 300 kg/hm² 以上。

**适宜区域：**黑龙江省第一至第三积温带部分地区。

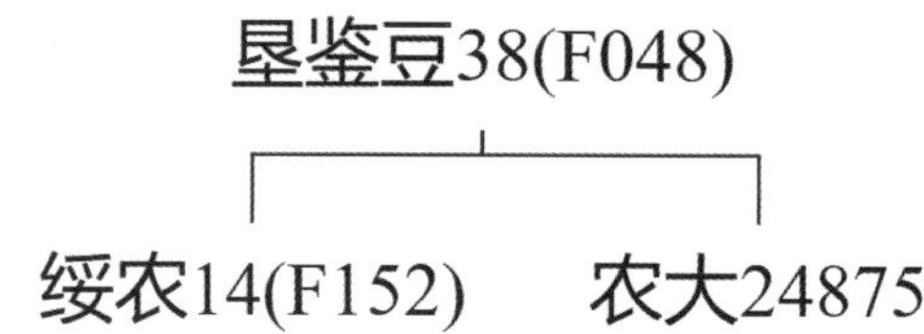




## 49. 垦丰 21

**品种来源：**黑龙江八一农垦大学以垦丰 6 号为母本、九 L553 为父本，经有性杂交，采用系谱法选育而成。原品系代号：农大 5853。2006 年经黑龙江省农作物品种审定委员会审定推广。审定编号：黑审豆 2006016。

**产量表现：**2004—2005 年生产试验，平均产量 2 276.9 kg/hm²，较对照品种合丰 25 增产 5.7%。

**特征特性：**该品系为亚有限结荚习性。株高 70 cm 左右，圆叶，白花，灰毛，有短分枝，以主茎结荚为主，节短荚密，结荚分布均匀，耐密植。种子圆形，种皮黄色有光泽，脐无色，百粒重 20 g 左右。蛋白质含量平均为 37.87%，脂肪含量为 22.22%。接种鉴定中抗灰斑病。在适宜区域出苗至成熟生育日数 118 d 左右，需≥10 ℃活动积温 2 350 ℃·d。

**栽培要点：**5 月上旬播种。采用“垄三”栽培，栽培密度以 30 万 ~ 33 万株 /hm² 为宜；采用“小双密”栽培法，栽培密度为 40 万 ~ 45 万株 /hm²，要求中等或中等以上肥力土壤种植。

**适宜区域：**黑龙江省第二积温带。

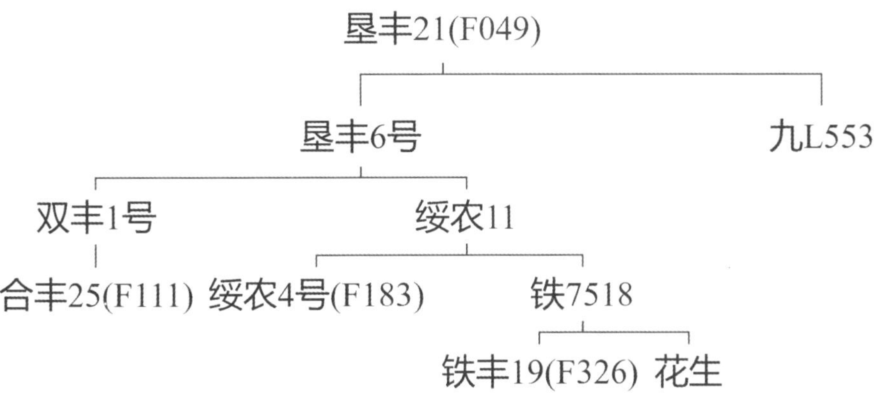






## 50. 丰收 10

**品种来源：**克山农科所以丰收 6 号为母本、克山四粒荚为父本，经有性杂交后采用系谱法选育而成。原系统号：克交 56-4085-2。1966 年经黑龙江省嫩江地区品种区域试验会议审查，确定推广。

**产量表现：**1965—1966 年区域试验，在克山产量 2 265 kg/hm$^2$，在讷河产量 1 935 kg/hm$^2$，在嫩江产量 2 295 kg/hm$^2$。最高产量：1972 年克山县河北公社新民大队产量 4 170 kg/hm$^2$。

**特征特性：**该品种为无限结荚习性。株高 70 ~ 80 cm，茎秆粗壮，分枝少，主茎节数 15 ~ 16个。平均每荚 2.7 粒左右，荚熟呈淡褐色，底荚高 10 cm 左右。紫花，叶披针形，中等大小，浓绿色，灰色茸毛。种子近圆形，种皮白黄色有光泽，种脐无色，百粒重 20 ~ 24 g。脂肪含量 20.3%，蛋白质含量 38.9%。耐肥、耐湿性强，对菌核病有一定抵抗能力，霜霉病、灰斑病较重，病毒病较轻。在适宜区域出苗至成熟生育日数 130 d 左右。

**栽培要点：**对水肥条件要求严格，适宜肥水充足的土地种植。以 60 ~ 70 cm 垄上双条播为宜，保苗 24 万 ~ 30 万株 /hm$^2$，亦可采用 45 cm 窄行播种，保苗 45 万株 /hm$^2$。结荚部位高，适宜机械化栽培。

**适宜区域：**黑龙江省嫩江市南部至海伦市中北部的讷河、依安、拜泉、五大连池、克山、克东、北安等地，以及内蒙古自治区呼伦贝尔市岭南各旗和东部各国营农场。

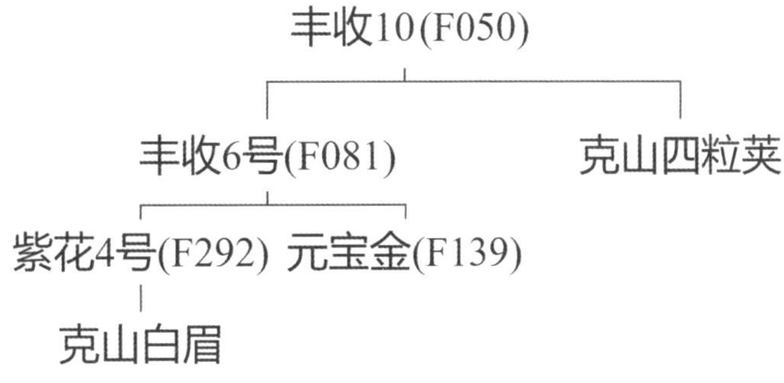

## 51. 合丰 40

**品种来源：**黑龙江省农业科学院合江农业科学研究所 1990 年以北丰 9 号为母本、合丰 34 为父本，经有性杂交后采用系谱法选育而成。原品系号：合交 93-128。2000 年经黑龙江省农作物品种审定委员会审定推广。审定编号：黑审豆 2000004。

**产量表现：**1999 年黑龙江省 5 点生产试验，平均产量 2 208.1 kg/hm$^2$，较对照品种北丰 9 号增产 14.2%。

**特征特性：**该品种为亚有限结荚习性。株高中等，秆强，节间短，有分枝，结荚密，3、4 粒荚多，顶荚丰富，荚熟时呈褐色。白花，叶披针形，灰色茸毛。种子圆形，种皮黄色有光泽，种脐黄色，百粒重 19 ~ 20 g。蛋白质含量 37.64%，脂肪含量 22.02%。中抗灰斑病。在适宜区域出苗至成熟生育日数 113 d，需≥10 ℃活动积温 2 275.3 ℃·d。

**栽培要点：**与合丰 39 相同，密度略有差异，为 28 万株 /hm$^2$ 左右。

**适宜区域：**适宜黑龙江省第三积温带大面积种植，以及第二积温带的下限和第四积温带的上限做搭配品种种植。

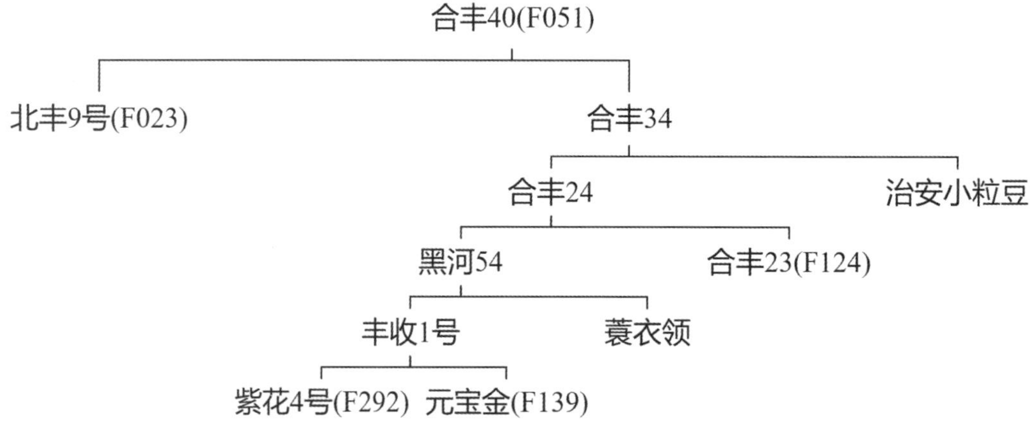


## 52. 绥农 8 号

**品种来源：**黑龙江省农业科学院绥化农科所于 1980 年以绥农 4 号为母本、（绥 77-5047 × Amsoy）$F_1$ 为父本，经有性杂交后采用系谱法选育而成。原品系号：绥 83-495。1989 年经黑龙江省农作物品种审定委员会审定推广。

**产量表现：**1988 年生产试验，平均产量 2 515.5 kg/hm$^2$，比对照品种合丰 25、黑农 29 增产 10.3%。

**特征特性：**该品种为无限结荚习性。株高 80 cm，株型开张，主茎粗壮，节数 16 节，分枝 2 个，4 粒荚少，平均每荚 2.01 粒，荚淡褐色。紫花，圆叶，灰色茸毛。种子椭圆形，种皮淡黄色无光泽，种脐淡黄色，百粒重 23 ~ 25 g。蛋白质含量 41.8%，脂肪含量 20.3%。出苗快，喜肥水，高抗灰斑病类型。在适宜区域出苗至成熟生育日数 122 d 左右，需≥10 ℃活动积温 2 300 ~ 2 600 ℃·d。

**栽培要点：**适宜中上等土壤种植，5 月上旬播种，保苗 22.5 万 ~ 25.5 万株 /hm$^2$。

**适宜区域：**黑龙江省绥化、哈尔滨、佳木斯等地区。

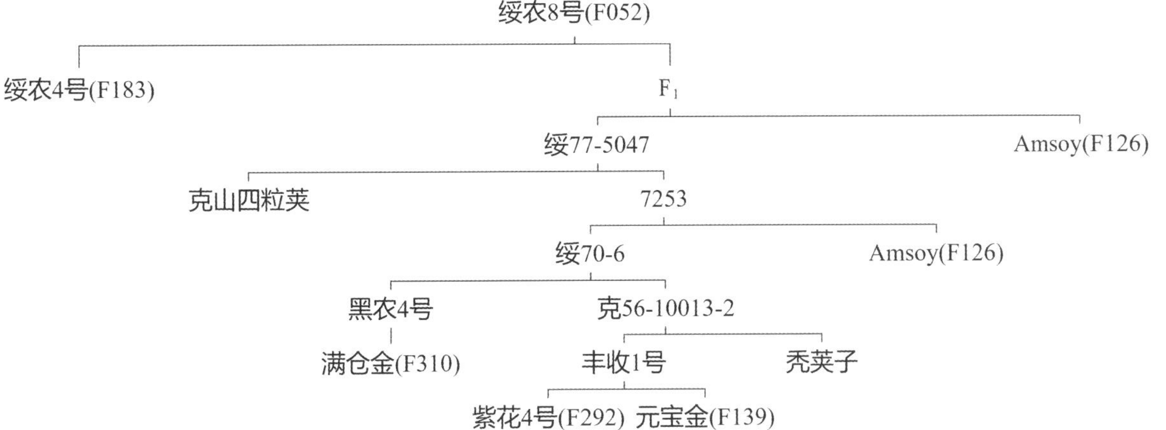






## 53. 北疆 2 号

**品种来源：**黑龙江省生物科技职业学院（黑龙江省北安农校北疆农研所）以北丰 11 为母本、北丰 2 号为父本，经有性杂交，采用系谱法选育而成。原代号：北丰 00–115。2007 年经黑龙江省农作物品种审定委员会审定推广。审定编号：黑审豆 2007017。

**产量表现：**2006 年生产试验，平均产量 2 063 kg/hm$^2$，较对照品种黑河 18 增产 8.1%。

**特征特性：**亚有限结荚习性。株高 80 cm 左右，无分枝。白花，尖叶，灰色茸毛。种子圆形，种皮黄色有光泽，百粒重 20 g 左右。蛋白质含量 41.91%，脂肪含量 19.04%。中抗灰斑病。在适宜区域出苗至成熟生育日数 112 d 左右，需≥10 ℃活动积温 2 120 ℃·d 左右。

**栽培要点：**在适宜区域 5 月上中旬播种。“垄三”栽培模式，保苗 30 万株 /hm$^2$ 左右。

**适宜区域：**黑龙江省第四积温带。

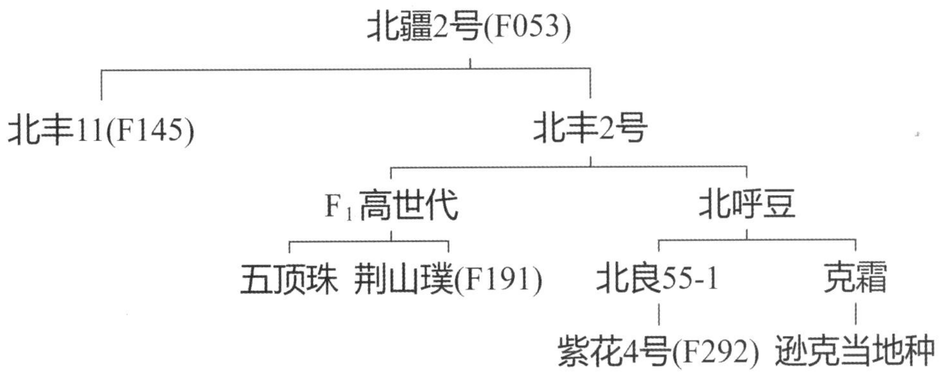


## 54. 红丰 12

**品种来源：**黑龙江省农垦总局红兴隆科学研究所 1991 年以钢 8460–19 为母本、垦农 4 号为父本，经有性杂交，采用混合法选育而成，原品系号：钢 9178–2。2003 年经黑龙江省农作物品种审定委员会审定推广。审定编号：黑审豆 2003005。

**产量表现：**2002 年生产试验，平均产量 2 674.0 kg/hm²，较对照品种绥农 14 增产 10.35%。

**特征特性：**亚有限结荚习性。株高 75 cm 左右，主茎结荚为主，3、4 粒荚较多，节间短，结荚密。尖叶，白花，茸毛灰色。种子圆形，有光泽，种脐黄色，百粒重 16.7 g。蛋白质含量 37.59%，脂肪含量 22.32%。在适宜区域出苗至成熟生育日数 120 d，需活动积温 2 351.1 ℃·d。中抗灰斑病，秆强抗倒伏，适合窄行密植。

**栽培要点：**5 月上旬播种，垄作栽培 27 万 ~ 30 万株 /hm²。

**适宜区域：**黑龙江省第二积温带两岭山地多种气候区。

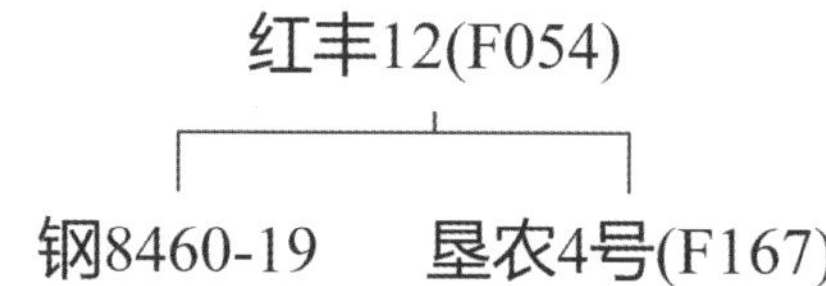


## 55. 丰收 25

**品种来源：**黑龙江省农业科学院克山分院 1995 年以克交 88513–2 为母本、辐射 334 为父本，经有性杂交选育而成。原品系号：克交 –5601。2007 年经黑龙江省农作物品种审定委员会审定推广。审定编号：黑审豆 2007014。

**产量表现：**2005 年生产试验，平均产量 2 190 kg/hm²，较对照品种北丰 9 号增产 7.0%。

**特征特性：**亚有限结荚习性。株高 80 cm 左右，主茎型，有分枝。长叶，白花，多荚多粒少瘪荚。种子圆形，有光泽，种脐无色，百粒重 20 g。蛋白质含量 39.01%，脂肪含量 21.34%。接种鉴定中抗灰斑病。在适宜区域出苗至成熟生育日数 116 d 左右，需≥10 ℃活动积温 2 300 ℃·d 左右。

**栽培要点：**5 月上旬播种为宜。适宜垄上双条精量点播，保苗 30 万株 /hm² 左右。

**适宜区域：**黑龙江省第三积温带。

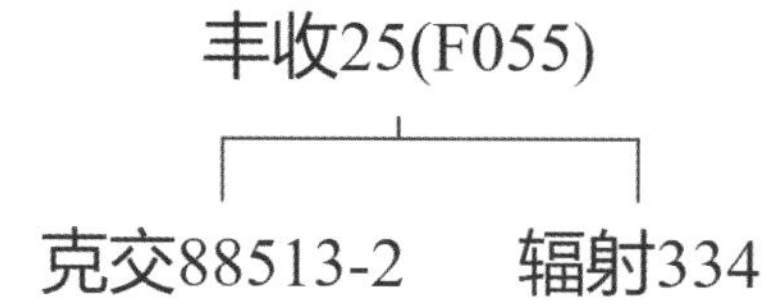


## 56. 合丰 42

**品种来源：**黑龙江省农业科学院合江农业科学研究所 1995 年以北丰 11 为母本、美国品种 Hobbit 为父本，经有性杂交育成。原品系代号：合交 9526–3。2002 年经黑龙江省农作物品种审定委员会审定推广。审定编号：黑审豆 2002007。

**产量表现：**2001 年生产试验，平均产量 2 683.0 kg/hm²，比对照品种黑河 18 平均增产 9.5%。

**特征特性：**亚有限结荚习性。株高 50 ~ 60 cm，秆极强，节间短，有分枝。叶圆形，白花，茸毛灰白色。结荚密，3 粒荚多，荚熟浅褐色，荚弯镰形。种子圆形，种皮黄色有光泽，脐褐色，百粒重 18 ~ 20 g。脂肪含量 23.04%，蛋白质含量 38.65%。在适宜区域出苗至成熟生育日数 112 d，需活动积温 2 230.7 ℃·d。为早熟品种，虫食率 0.5%，抗灰斑病。

**栽培要点：**要求中等以上肥力地块，播前种子进行包衣处理，垄作栽培密度 35 万 ~ 40 万株/hm²，窄行密植为 40 万 ~ 45 万株 /hm²。5 月上中旬播种，10 月初收获。

**适宜地区：**适宜黑龙江省第三、四积温带大面积种植，以及内蒙古自治区呼伦贝尔市、兴安盟等地区种植。

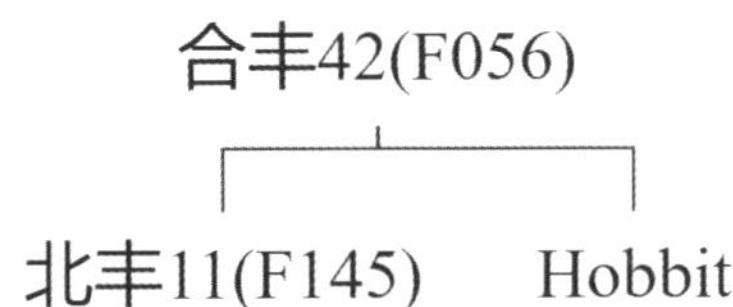


## 57. 哈北 46-1

**品种来源：**黑龙江省农业科学院大豆研究所与黑龙江省农垦总局北安分局农业科学研究所以合丰 39 为母本、(合丰 34 × 绥 90-5391) $F_1$ 为父本，经有性杂交后采用系谱法选育而成。

**产量表现：**2003 年鉴定产量 2 595 kg/hm²，比对照品种北丰 11 增产 11.74%。

**特征特性：**亚有限结荚习性。在适宜区域出苗至成熟生育日数 116 d，活动积温 2 200 ℃·d。株高 80 cm 左右。白花，尖叶，主茎 20 节左右，4 粒荚为主。种子圆形，种皮黄色有光泽，百粒重 20 g 左右。蛋白质含量 44.0%，脂肪含量 19.55%。属于高蛋白品种。

**栽培要点：**适宜中等土壤种植，5 月上旬播种，保苗 28 万 ~ 30 万株 /hm²。

**适宜地区：**黑龙江省第三、四积温带。至今在大豆生产上还有应用。

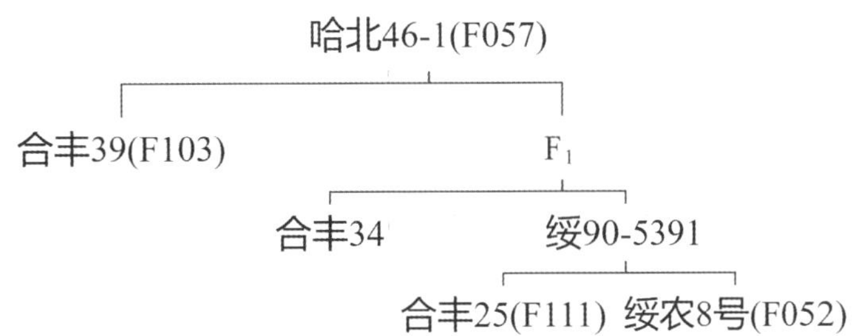


## 58. 黑河 48

**品种来源：**黑龙江省农业科学院黑河分院于 1999 年以黑河 95-750 为母本、黑河 96-1240 为父本进行有性杂交，经系谱法选育而成。原品系号：黑河 03-3559。2007 年经黑龙江省农作物品种审定委员会审定推广。审定编号：黑审豆 2007008。

**产量表现：**2006 年生产试验，7 点次平均产量 2 346.0 kg/hm²，比对照品种黑河 18 增产 7.0%。

**特征特性：**亚有限结荚习性。株高 85 cm，百粒重 20 g 左右。紫花，尖叶，灰茸毛。主茎结荚为主，3、4 粒荚较多，结荚均匀，落叶不裂荚。种子圆形，种皮黄色有光泽，种脐淡黄色，商品性好。经农业部谷物品质监督检测中心分析结果，粗蛋白质含量为 39.89%，粗脂肪含量为 19.49%，品质较好。在适宜区域出苗至成熟生育日数 115 d，需≥10 ℃活动积温 2 150 ℃·d 左右。

**栽培要点：**第四积温带 5 月上中旬播种为宜，精量点播机等距播种，播深 3 ~ 5 cm，保苗株数 30 万 ~ 35 万株 /hm$^2$。

**适宜区域：**第四及第三、四过渡积温带，内蒙古自治区兴安盟和呼伦贝尔市，吉林省东部早熟区，新疆维吾尔自治区早熟地区。也可作为黑龙江省南部及吉林省、辽宁省等地区迟播救灾品种。

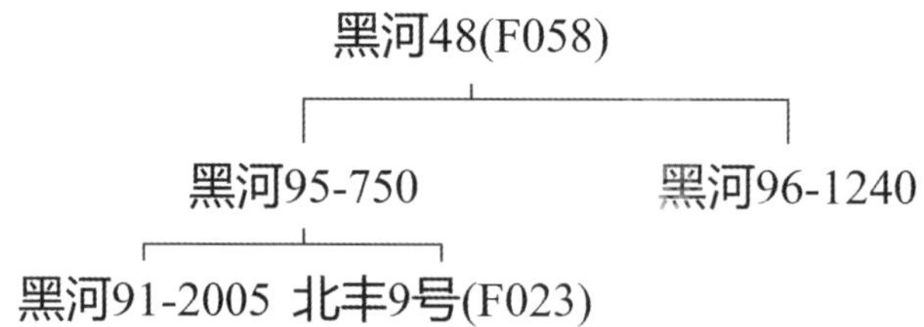


## 59. 九丰 4 号

**品种来源：**黑龙江省农场总局九三管理局农科所 1973 年以嫩良 71-102 为母本、十胜长叶为父本，经有性杂交后采用系谱法选育而成。原品系号：九三 79-131。1988 年经黑龙江省农作物品种审定委员会审定推广。

**产量表现：**1985—1986 年生产试验，平均产量 2 479.5 kg/hm$^2$，比对照品种黑河 3 号、黑河 4 号增产 15.9%。

**特征特性：**该品种为亚有限结荚习性。株高 70 cm 左右，主茎节数 13 节，分枝少，3、4 粒荚多，平均每荚 2.62 粒，荚黑褐色。紫花，披针叶，灰色茸毛。种子椭圆形，种皮黄色有光泽，种脐褐色，百粒重 19 g 左右。蛋白质含量 37.5%，脂肪含量 21.7%。叶部病害极轻，病粒率低，虫食率低。秆强抗倒伏，抗旱性中等。在适宜区域出苗至成熟生育日数 100 d，需≥10 ℃活动积温 2 006 ℃·d。

**栽培要点：**适宜中上等土壤肥力种植，5 月上旬播种，保苗 39 万株 /hm$^2$ 左右。

**适宜区域：**黑龙江省第四积温带北部和第五积温带南部九三管理局农场。

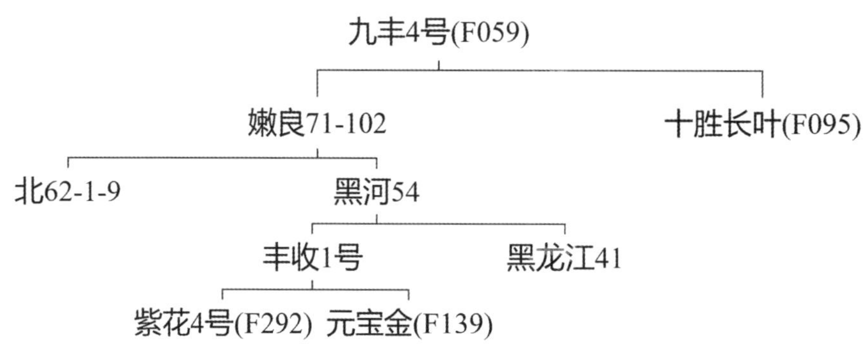

## 60. 合丰 29

**品种来源：** 黑龙江省农科院合江农科所以钢 201 为母本、Ohio（俄亥俄）为父本，经有性杂交后采用系谱法选育而成。原品系号：合交 81–977。1987 年经黑龙江省农作物品种审定委员会审定推广。

**产量表现：** 1986 年生产试验，平均产量 2 134.5 kg/hm$^2$，比对照品种合丰 24 平均增产 17%。

**特征特性：** 该品种为无限结荚习性。株高 112 cm，植株高大繁茂，分枝多，茎秆富有弹性，全株结荚分布均匀，荚密、荚多。叶椭圆形，花紫色，茸毛灰白色。种子圆球形，种皮鲜黄色有光泽，脐黄色，百粒重 18 ~ 20 g。脂肪含量 20.56%，蛋白质含量 39.66%。合江农科所植保室利用灰斑病混合菌种连续三年接种鉴定结果：叶部灰斑病发病为 0 级，很难找到病斑，籽实病粒率为 1.4%，属于高抗型品种；再分小种接种鉴定，抗灰斑病菌 1、2、3、4、5、7、9 号生理小种。在黑龙江省联合区域试验、生产试验及大面积生产中，叶片无病斑，籽实无病粒。适宜区域出苗至成熟生育日数 113 d，需≥10 ℃活动积温 2 325 ℃·d 左右。

**栽培要点：** 该品种适应性广，对土壤肥力要求不严，尤其是在黄斑病发生严重地区中下等肥力条件下，更能发挥增产潜力和抗病性，亩保苗以 1.2 万 ~ 1.5 万株为宜。

**适宜区域：** 黑龙江省第三、四积温带。

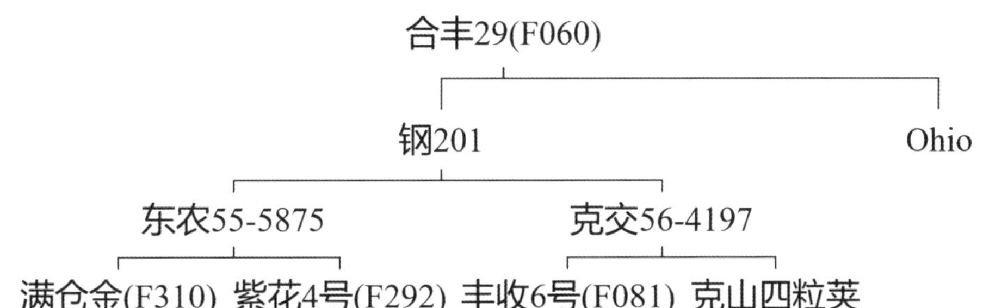


## 61. 蒙豆 36

**品种来源：** 内蒙古自治区呼伦贝尔市农业科学研究所 2003 年以蒙豆 13 为母本、黑农 37 为父本，经有性杂交后采用系谱法选育而成。原品系号：呼交 06–1698。2012 年经内蒙古自治区农作物品种审定委员会审定推广。审定编号：蒙审豆 2012006。

**产量表现：** 2012 年参加内蒙古大豆极早熟组生产试验，平均产量 2 212.5 kg/hm$^2$，比对照品种蒙豆 9 号增产 18.7%。

**特征特性：** 该品种为亚有限结荚习性。株高 70 cm 左右，秆强抗倒，株型收敛。紫花，叶披针形、叶色浓绿，灰色茸毛。单株荚数多，荚弯镰形，成熟时呈深褐色，不炸荚。种子圆形，种皮黄色有光泽，不裂皮，种脐浅褐色，百粒重 17 g 左右。在适宜区域出苗至成熟生育日数 108 d 左右，需≥10 ℃活动积温 2 180 ℃·d 左右。

**栽培要点：** 选择地势平坦、耕层深厚、土壤肥力较高的地块，当耕层地温稳定通过 5 ℃时即可播种，呼伦贝尔市中北部 2 180 ℃·d 积温区 5 月中下旬播种，2 300 ℃·d 积温区作为救灾品种最晚在 6 月上旬播种。可以选择气吸式播种机，行距 65 ~ 70 cm，播种量 60 ~ 70 kg/hm$^2$，保苗数达到 21 万 ~ 26 万株 /hm²。

**适宜区域：**内蒙古自治区活动积温在 2 180 ℃·d 以上地区。



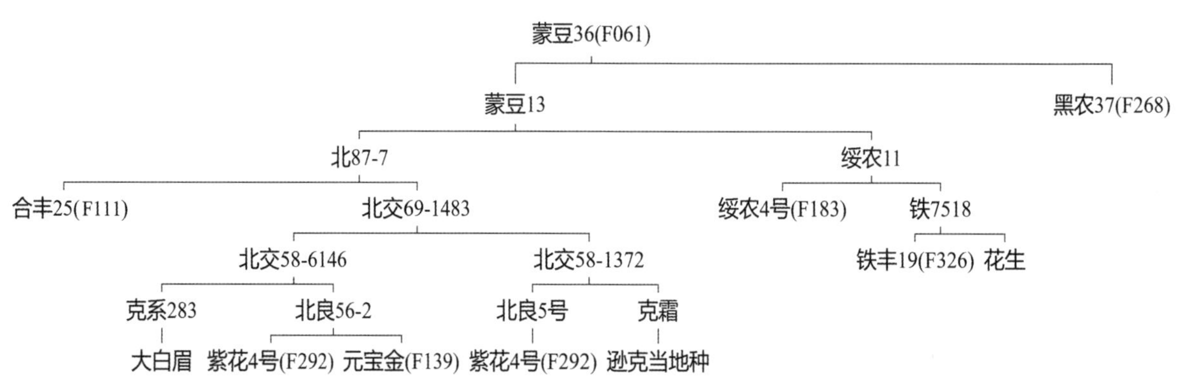


## 62. 克交 4430–20

**品种来源：**黑龙江省农业科学院小麦研究所以克交 69–5236 为母本、十胜长叶为父本杂交育成。

**特征特性：**该品种为亚有限结荚习性。株高 80 cm 左右，主茎有一定分枝，秆强不倒伏，主茎 13 ~ 15 节，节间短，多花多节，上下着荚均匀，3、4 粒荚多。白花，披针叶，灰色茸毛。种子圆形，种皮黄色有光泽，种脐色淡，百粒重 18 ~ 20 g。蛋白质含量 42%，脂肪含量 20%。田间表现中抗灰斑病，霜霉病及细菌性斑点病极轻。在适宜区域出苗至成熟生育日数 115 ~ 120 d，需≥10 ℃活动积温 2 200 ℃·d。



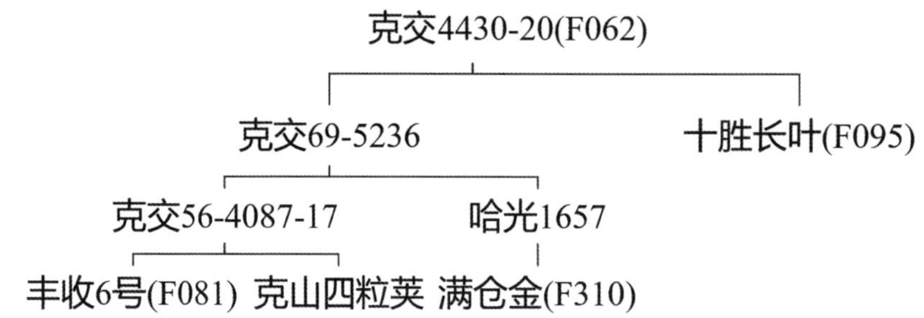


## 63. 黑农 6 号

**品种来源：**黑龙江省农业科学院大豆研究所于 1958 年用 X 射线照射满仓金的干种子，从其后代中选拔育成。原品系号：哈光 615–14。1967 年在牡丹江地区农作物品种区域试验会议上确定在该地区推广。

**产量表现：**1966 年海伦县共和公社生产示范，产量 3 262.5 kg/hm²；在爱民公社生产示范，产量 3 045 kg/hm²。

特征特性：该品种为无限结荚习性。株高 80～90 cm，植株较高，株型收敛，分枝 2～3 个，主茎节数 19 个，结荚分布均匀，3 粒荚多，平均每荚 2.3 粒，荚呈褐色。白花，圆叶，灰色茸毛。种子椭圆形，种皮黄色，有光泽，种脐淡褐色，百粒重 18 g 左右。蛋白质含量 35.2%，脂肪含量 23.3%。耐旱性较强，食心虫害轻。在适宜区域出苗至成熟生育日数 120 d 左右。

栽培要点：适宜一般土壤肥力的平川或岗地种植，5 月上旬播种，保苗 30.0 万～37.5 万株/hm²。

适宜区域：黑龙江省绥化市北部明水、庆安、海伦等市县及牡丹江地区的半山区。

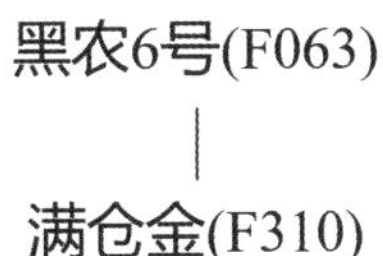


## 64. 丰收 21

品种来源：黑龙江省农科院克山农科所以克交 7048–2 为母本、克交 70–5295 为父本，经有性杂交后采用系谱法选育而成。原品系代号：克交 8115。1989 年经黑龙江省农作物品种审定委员会审定推广。

产量表现：1987—1988 年两年生产试验，平均产量 2 451 kg/hm²，比对照品种丰收 19 增产 10.3%。

特征特性：该品种为亚有限结荚习性。株高一般 80 cm 左右，主茎型，有一定分枝，平均 1～2 个，主茎节数平均 14.3 个，每节荚多，3、4 粒荚多。白花，长叶，灰白毛。种子圆形，种皮黄色光泽强，脐色极淡褐，外观品质优良，粒较大，百粒重 20.3 g。病虫粒率低，平均病粒率为 3.7%，虫食粒率 0.95%，完全粒率 95.35%，商品价值高。脂肪含量 20%左右，蛋白质含量 41%左右。抗灰斑病。在适宜区域出苗至成熟生育日数 115 d，需≥10 ℃活动积温 2 139.3 ℃·d。

栽培要点：对肥水条件要求不严格，适应性强。栽培密度以 25 万株 /hm² 左右为宜，均匀条播或等距双粒点播。

适宜区域：黑龙江省第三积温带。

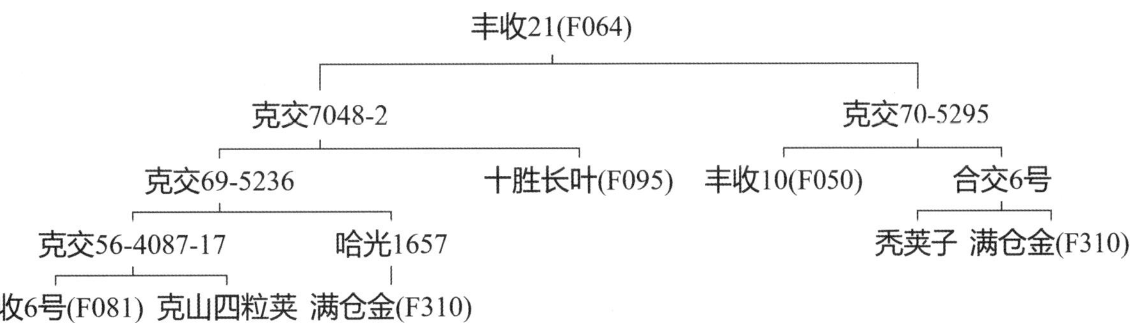

## 65. 蒙豆 12

**品种来源：**内蒙古自治区呼伦贝尔市农业科学研究所 1996 年以绥农 10 为母本、蒙豆 9 号为父本，经有性杂交后采用系谱法选育而成。原品系号：呼交 310。2003 年经内蒙古自治区农作物品种审定委员会审定推广。审定编号：蒙审豆 2003001。

**产量表现：**2002 年参加内蒙古自治区大豆生产试验，平均产量 2 680 kg/hm²，比对照品种北丰 9 号增产 8.7%。

**特征特性：**该品种为亚有限结荚习性。株高 80 cm，无分枝，荚深褐色，3、4 粒荚比例大。紫花，披针叶，叶色浓绿，灰色茸毛。种子圆球形，种皮金黄色有光泽，种脐黄色，百粒重 20 g 左右。脂肪含量为 22.88%，蛋白质含量为 38.58%。抗花叶病毒病、霜霉病和灰斑病，具有较强的耐旱性。在适宜区域出苗至成熟生育日数 113 d，需≥10 ℃活动积温 2 200 ℃·d。

**栽培要点：**在地温稳定通过 7 ~ 8 ℃时开始播种，呼伦贝尔市多在 5 月 5—15 日，过早播种影响出苗率，过晚播种种油分含量降低。采用机械垄上双行等距精量播种，播种量 75 ~ 80 kg/hm²，保苗 25 万 ~ 30 万株 /hm²。

**适宜区域：**适宜在内蒙古自治区呼伦贝尔市、兴安盟、通辽市和赤峰市有效积温在 2 200 ~ 2 300 ℃·d 之间的地区春播。在有效积温 2 500 ℃·d 以上地区内可做救灾用种。

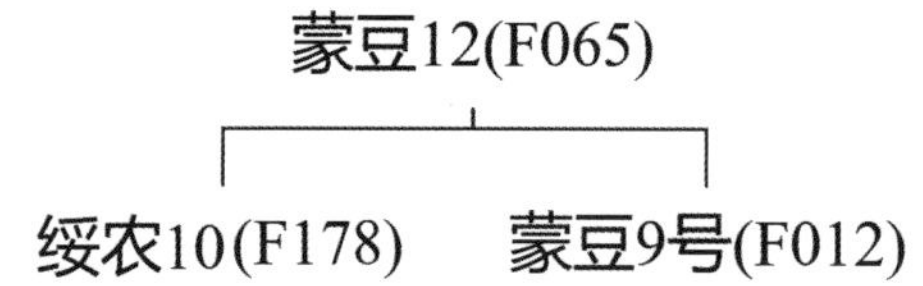


## 66. 蒙豆 28

**品种来源：**内蒙古自治区呼伦贝尔市农业科学研究所以绥农 11 为母本、北丰 14 为父本，经有性杂交后采用系谱法选育而成。2008 年经内蒙古自治区农作物品种审定委员会审定推广。审定编号：蒙审豆 2008001。

**产量表现：**2007 年生产试验，平均产量 1 744 kg/hm²，比对照品种北丰 9 号增产 14.03%。

**特征特性：**该品种为亚有限结荚习性。株高 75 cm 左右，分枝少，主茎节数 12 ~ 13 节，白花，长叶，灰色茸毛，落叶性好。主茎结荚，结荚高度 14.8 cm，植株中部荚丰富，不炸荚，荚弯镰形，荚熟时黄色，单株有效荚 23.3 个。种子圆形，种皮黄色，种脐黄色，百粒重 18 g 左右。粗蛋白质含量 38.41%，粗脂肪含量 21.97%。抗花叶病毒 SMV Ⅰ 和灰斑病。在适宜区域出苗至成熟生育日数 111 d，需≥10 ℃活动积温 2 200 ℃·d。

**栽培要点：**选择土层深厚、肥水条件好的正茬地块，在地温稳定通过 7 ~ 8 ℃时开始播种，呼伦贝尔市多在 5 月 5—10 日之间，采用精量播种机垄上双行等距精量播种，每公顷播量 70 ~ 75 kg，达到保苗 27 万 ~ 30 万株 /hm²。

**适宜区域：**内蒙古自治区呼伦贝尔市、兴安盟、通辽市、赤峰市等活动积温 2 200 ~ 2 400 ℃·d 的地区。

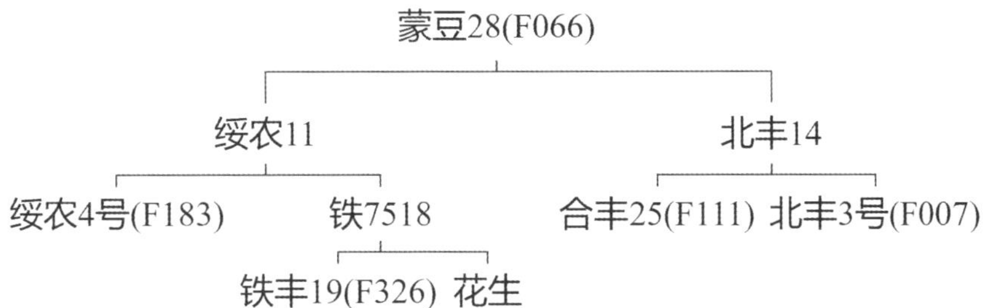


## 67. 北豆 9 号

**品种来源：**黑龙江省农垦总局北安农业科学研究所、黑龙江省农垦科研育种中心以北疆 95–171 为母本、北丰 2 号为父本，经有性杂交后采用系谱法选育而成。原品系号：北 02–928。2007 年经第二届国家农作物品种审定委员会第一次会议审定通过。审定编号：国审豆 2007007。

**产量表现：**2006 年生产试验，平均产量 2 400 kg/hm²，比对照品种黑河 18 增产 9.4%。

**特征特性：**该品种为无限结荚习性。株高 80 cm，分枝性强，单株有效荚数 30.2 个。紫花，尖叶。种子圆球形，种皮深黄色，大小均匀，饱满度好，百粒重 20.1 g。粗蛋白质含量 39.66%，粗脂肪含量 19.86%。抗性接种鉴定，中抗大豆灰斑病，中感 SMV Ⅰ号株系，感 SMV Ⅲ号株系。在适宜区域出苗至成熟生育日数 115 d，需≥10 ℃活动积温 2 220 ℃·d。

**栽培要点：**黑龙江省中部地区 4 月 25 日到 5 月 10 日播种，最晚不得迟于 5 月 20 日。中上等肥力地块保苗 25.5 万 ~ 27.0 万株 /hm²，中下等肥力地块保苗 28.5 万 ~ 30.0 万株 /hm²。

**适宜区域：**适宜在黑龙江省第三积温带下限和第四积温带、吉林省东部山区、新疆维吾尔自治区北部、内蒙古自治区呼伦贝尔市中部和南部地区春播种植。

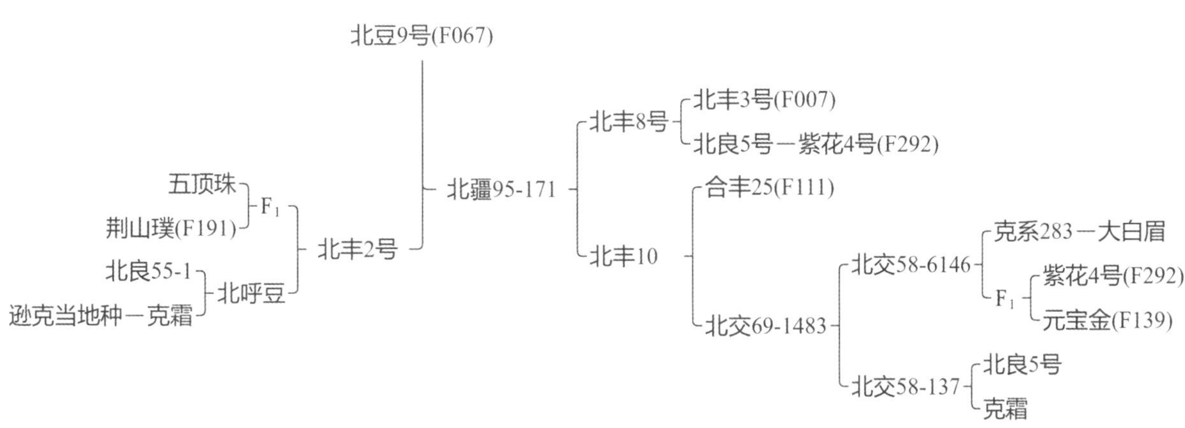


## 68. 东农 38

**品种来源：**哈尔滨农管局科研所 1974 年用绥农 3 号做母本、Morsoy 做父本进行有性杂交，后与东北农学院合作试验育成。原品系号：哈局 78–2。1986 年经黑龙江省农作物品种审定委员会审定推广。

**产量表现：**1984—1985 年生产试验，平均产量 2 197.5 kg/hm$^2$，较对照品种黑农 26、合丰 22 增产显著。

**特征特性：**无限结荚习性。株高 80 cm 左右，2～3 分枝。叶椭圆形，叶片较大，深绿色，紫花，灰毛。平均每荚 2.21 粒，荚褐色。种子椭圆形，种皮黄色有光泽，脐黄色，百粒重 18～20 g。蛋白质含量 38.84%，脂肪含量 21.83%。在适宜区域出苗至成熟生育日数 121 d，需≥10 ℃积温 2 410 ℃·d。

**栽培要点：**适宜中等土壤肥力和白浆土地块种植。一般保苗 27 万株 /hm$^2$。

**适宜区域：**黑龙江省牡丹江农管局第一积温带。

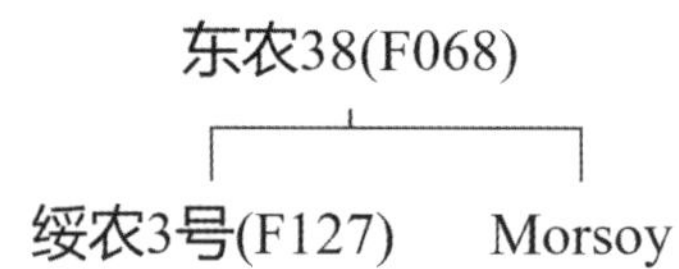


## 69. 垦丰 7 号

**品种来源：**黑龙江省农垦科学院农作物开发研究所于 1990 年以北丰 9 号为母本、吉林 20 为父本进行有性杂交，采用系谱法选育而成。原品系号：垦 95-3342。2001 年经黑龙江省农作物品种审定委员会审定推广。

**产量表现：**2000 年生产试验，平均产量 2 510.4 kg/hm$^2$，较对照品种宝丰 7 号平均增产 11.3%。

**特征特性：**亚有限结荚习性。株高 70～80 cm，主茎结荚为主。叶披针形，深绿色，白花，灰毛，茸毛较密，3、4 粒荚多，荚形稍弯曲，荚为灰褐色，底荚高 13.5 cm。种子圆形，种皮黄色有光泽，脐黄色，百粒重 18.4 g。在适宜区域出苗至成熟生育日数 114 d，需活动积温 2 271.9 ℃·d。秆强不倒，中抗灰斑病。蛋白质含量 38.29%，脂肪含量 21.30%。

**栽培要点：**对土壤肥力要求不严，一般在 5 月上旬播种。若采用“垄三”栽培，保苗 25 万～32 万株 /hm$^2$，土壤肥沃宜稀植，土壤瘠薄宜密植；若采用窄行距栽培，保苗 45 万株 /hm$^2$。

**适宜区域：**第五积温带三江冲积平原温凉半湿润区，亦可在第二积温带做搭配品种种植。

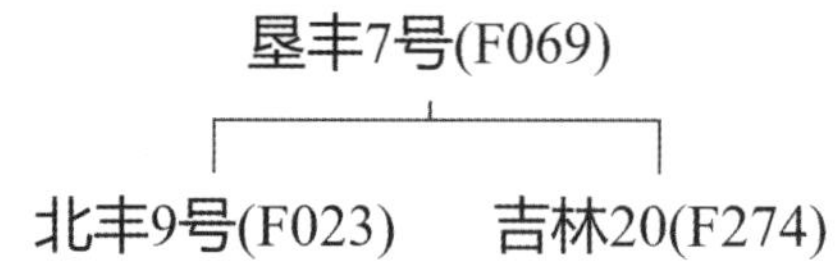


## 70. 蒙豆 10

**品种来源：**内蒙古自治区呼伦贝尔市农业科学研究所 1991 年以克 86-19 为母本、黑河 5 号为父本杂交选育而成。审定编号：蒙审豆 2002007。

**产量表现：**2000—2001 年呼伦贝尔市生产试验，平均产量 2 460.9 kg/hm$^2$，比对照品种北丰 9 号增产 15.95%。

**特征特性：**亚有限结荚习性。在适宜区域出苗至成熟生育日数 118 ~ 120 d。出苗感光下胚轴为绿色，叶片较大，叶色浓绿，披针形。叶柄与茎秆夹角较小，植株高大，一般株高为 120 cm，分枝 0.5 ~ 2.0 个。白花，灰色茸毛，开花较晚，中部花先开，然后下、上部依次开放。荚较大，3、4 粒荚占 70%左右，荚皮褐色，荚形棒状。种子椭圆，种皮黄色，子叶黄色，无色脐，百粒重 22 g 左右。蛋白质含量 40.28%，脂肪含量 18.75%。植株繁茂，丰产性好，增产潜力大，对肥水要求不严格，适应性好。较抗旱，抗霜霉病。

**栽培要点：**选择土层深厚，前茬为玉米、小麦茬地块，5 月 10 日左右播种为宜，每公顷施有机肥 30 t、磷酸二铵 150 kg，用种量为 67.5 ~ 75.0 kg/hm$^2$，保苗 22.5 万株 /hm$^2$ 左右。生育前中期适当控制水分，以免生长过高，生育后期保证水分供应。因前期植株收敛，后期生长高大，所以前期要及时铲蹚。

**适宜区域：**≥10 ℃活动积温 2 300 ~ 2 500 ℃·d 的内蒙古自治区呼伦贝尔市、兴安盟、通辽市等地区。

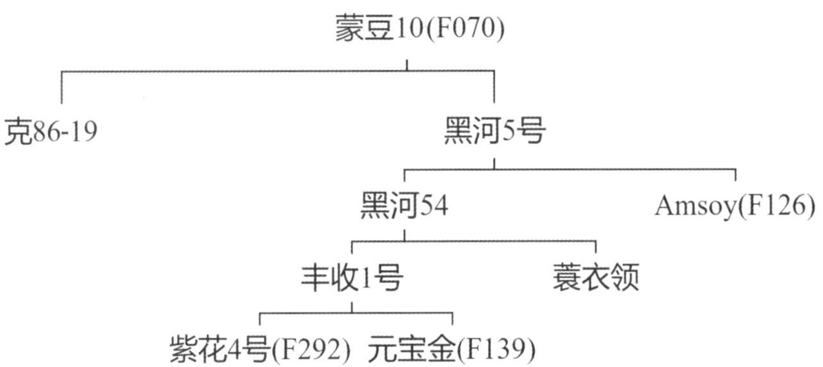


## 71. 北豆 30

**品种来源：**黑龙江省农垦总局红兴隆农业科学研究所、黑龙江省农垦科研育种中心以农大 7828 为母本、钢 8937-13 为父本，经有性杂交后采用系谱法选育而成。原代号：钢 9777-8。审定编号：黑审豆 2009009。

**产量表现：**2008 年生产试验，平均产量 2 632.6 kg/hm$^2$，较对照品种合丰 45 增产 7.7%。

**特征特性：**亚有限结荚习性。株高 100 cm 左右，无分枝。紫花，尖叶，灰色茸毛，成熟时呈褐色。种子圆形，种皮黄色无光泽，种脐黄色，百粒重 18 g 左右。蛋白质含量 41.86%，脂肪含量 20.54%。接种鉴定抗灰斑病。在适宜区域出苗至成熟生育日数 118 d 左右，需≥10 ℃活动积温 2 300 ℃·d 左右。

**栽培要点：**5 月上旬播种，选择中等以上肥力地块种植，采用“垄三”栽培方式，保苗 26 万 ~ 28 万株 /hm$^2$。在生育期进行三铲三蹚。机械联合收割，叶片全部落净、大豆摇铃时进行。

**适宜区域：**黑龙江省第二积温带。

北豆30(F071)

农大7828　钢8937-13

## 72. 黑河 36

**品种来源：**黑龙江省农业科学院黑河农业科学研究所 1993 年以北丰 11（北 87–9）为母本、九三 90–66 为父本，配制杂交组合，1994 年 $F_1$ 淘汰伪杂种，1995 年春用 $^{60}Co-\gamma$ 射线 0.14 kGy 照射 $F_1$ 风干种子，采用有性杂交与辐射育种相结合的方法，后经选育而成。原代号：黑辐 99–170。2004 年经黑龙江省农作物品种审定委员会审定推广。审定编号：国审豆 2004006。

**产量表现：**2003 年生产试验，平均产量 2 716.5 kg/hm²，比对照品种黑河 18 增产 13.2%。

**特征特性：**该品种为亚有限结荚习性。株型收敛，株高 70 cm 左右，主茎型，有少量短分枝。结荚较均匀，单株有效荚数 25.1 个，成熟时落叶，轻度裂荚。白花，长叶，灰毛。种子圆形，种皮黄色，种脐黄色，百粒重 20.5 g 左右。粗蛋白质含量 39.80%，粗脂肪含量 19.28%。人工接种（菌）鉴定抗灰斑病。种子在适宜区域出苗至成熟生育日数 116 d 左右，需≥10 ℃活动积温 2 200 ℃·d。

**栽培要点：**5 月上中旬播种，一般采用 65 cm 大垄双条精量点播，保苗 30 万 ~ 35 万株 /hm²。

**适宜区域：**黑龙江省北部早熟区。

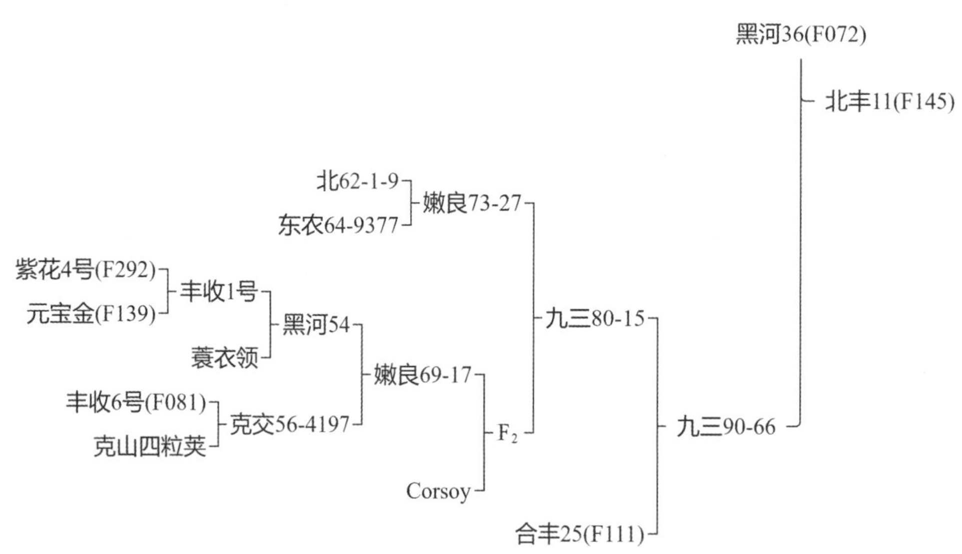


## 73. 黑河 53

**品种来源：**黑龙江省农业科学院黑河分院以黑辐 97–43 为母本、北 97–03 为父本，经有性杂交，采用系谱法选育而成。2010 年经黑龙江省农作物品种审定委员会审定推广。审定编号：黑审豆 2010015。

**产量表现：**2009 年生产试验，平均产量 2 132.3 kg/hm²，较对照品种黑河 45 增产 11.2%。

**特征特性：**亚有限结荚习性。株高 75 cm 左右，有分枝，白花，长叶，灰色茸毛，荚镰刀形，成熟时呈褐色。种子圆形，种皮黄色有光泽，种脐黄色，百粒重 20 g 左右。蛋白质含量 40.65%，脂肪含量 19.28%。中抗灰斑病。在适宜区域出苗至成熟生育日数 110 d 左右，需≥10 ℃活动积温 2 100 ℃·d 左右。

**栽培要点：**在适宜区域 5 月 10 日左右播种，选择肥力较好地块种植，采用“垄三”栽培技术，保苗 30 万株 /hm² 左右。

**适宜区域：**黑龙江省第五积温带。

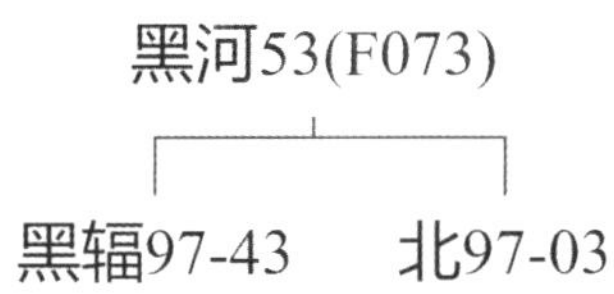


## 74. 蒙豆 14

**品种来源：**内蒙古自治区呼伦贝尔市农业科学研究所以呼交 94-106 为母本、Weber 为父本，经有性杂交后采用系谱法选育而成。原品系号：呼交 98-391。2004 年经内蒙古自治区农作物品种审定委员会审定推广。审定编号：蒙审豆 2004001。

**产量表现：**2005 年参加内蒙古自治区大豆生产试验，平均产量 2 359.5 kg/hm$^2$，比对照品种黑河 15 增产 3.9%。

**特征特性：**该品种无限结荚习性。株高 74.8 cm，单株有效荚数 27.7 个。白花，长叶。种子圆形，种皮黄色，种脐黄色，百粒重 17.9 g。平均粗蛋白质含量 40.70%，粗脂肪含量 20.93%。经接种鉴定，表现为中感大豆花叶病毒病 Ⅰ 号株系、感Ⅲ号株系、抗大豆灰斑病。在适宜区域出苗至成熟生育日数 113 d。

**栽培要点：**一般 5 月中旬播种，播种量 75 kg/hm$^2$，保苗 27 万 ~ 30 万株 /hm$^2$。正常施肥。

**适宜区域：**内蒙古自治区呼伦贝尔市中南部和兴安盟北部、新疆维吾尔自治区北部地区。

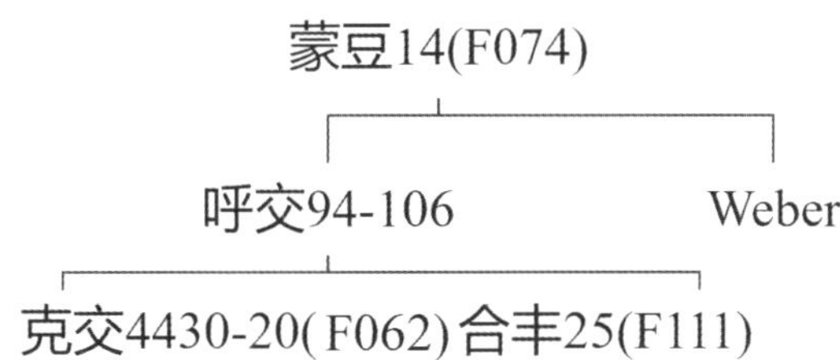


## 75. 北豆 3 号

**品种来源：**黑龙江省农垦科研育种中心、黑龙江省农垦总局建三江农业科学研究所以绥 90-5242 为母本、建 88-833 为父本，经有性杂交育成。原品系号：建 99-869。2006 年经黑龙江省农作物品种审定委员会审定推广。审定编号：黑审豆 2006011。

**产量表现：**2005 年生产试验，平均产量 2 725.0 kg/hm$^2$，比对照品种宝丰 7 号增产 13.1%。

**特征特性：**亚有限结荚习性。节短节多荚密，株型收敛，分枝能力强，结荚分布均匀。尖叶，紫花，灰色茸毛。种子圆形，种皮黄色，脐黄色，百粒重 15 ~ 19 g。蛋白质含量 42.11%，脂肪含量 19.00%。接种鉴定中抗灰斑病。在适宜区域出苗至成熟生育日数 114 d，需≥10 ℃活动积温 2 200 ℃·d 左右。

**栽培要点：**5 月上中旬播种，适宜“垄三”栽培、大垄密栽培及行间覆膜栽培法栽培。“垄三”栽培法栽培密度 32 万 ~ 34 万株 /hm$^2$，大垄密栽培法栽培密度 40 万 ~ 50 万株 /hm$^2$，行间覆膜栽培法栽培密度 26 万 ~ 30 万株 /hm$^2$。

**适宜区域：**黑龙江省第三积温带。

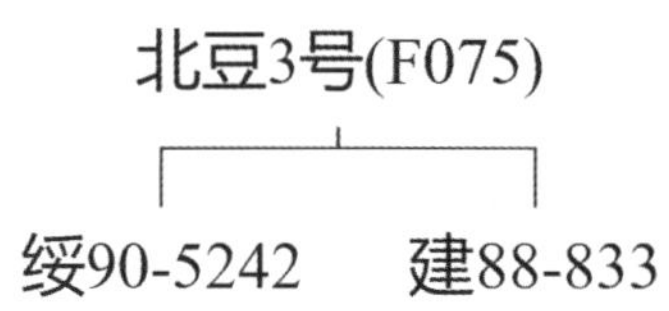


## 76. 垦农 8 号

**品种来源：**黑龙江八一农垦大学科研所以合丰 28 为母本、绥农 4 号为父本，经有性杂交后采用系谱法选育而成。原代号：农大 83070。1994 年经黑龙江省农作物品种审定委员会审定推广。审定编号：黑审豆 1994006。

**产量表现：**1993 年生产试验，平均产量 2 371.9 kg/hm²，比对照品种垦农 1 号增产 14.3%。

**特征特性：**该品种为无限结荚习性。植株较高，分枝长且收敛，植株繁茂，秆强中等。紫花，圆叶。灰色茸毛。种子圆形，种皮黄色，脐色浅，百粒重 20 g 左右。蛋白质含量 38.44%，脂肪含量 21.58%。田间高抗灰斑病。在适宜区域出苗至成熟生育日数 110 ~ 115 d，需≥10 ℃活动积温 2 250 ~ 2 350 ℃·d。

**栽培要点：**5 月中旬播种，适宜黑龙江省东部白浆土地区，保苗 30 万株 /hm²。

**适宜区域：**适宜黑龙江省东部第三、四积温带种植。

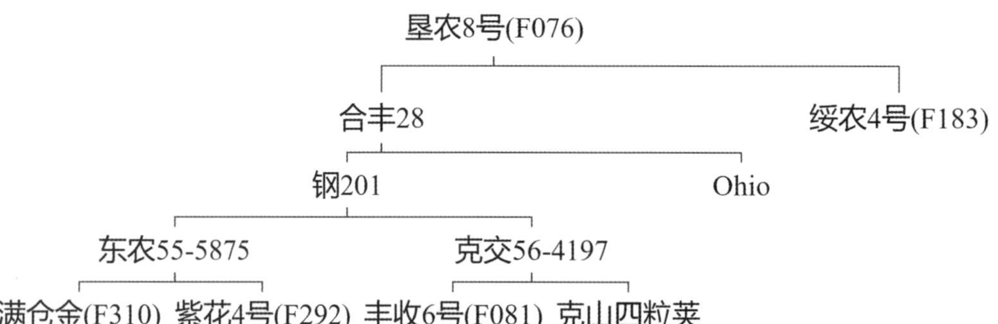


## 77. 东生 1 号

**品种来源：**中国科学院东北地理与农业生态研究所于 1992 年以合丰 25 系选为母本、北 87-19 为父本，经有性杂交，1998 年 $F_6$ 决选，代号：海 98-60。2003 年经黑龙江省农作物品种审定委员会审定推广。审定编号：黑审豆 2003017。

**产量表现：**2000—2001 年区域试验，平均产量 2 016.1 kg/hm²，较对照品种北丰 9 号增产 11.4%；2002 年生产试验，平均产量 2 613.0 kg/hm²，较对照品种北丰 9 号增产 13.9%。

**特征特性：**亚有限结荚习性。株高 70 cm 左右，长叶，紫花，灰毛。3、4 粒荚多，荚密、上下着荚均匀，顶荚丰满。种子圆形，种皮浓黄色有光泽，脐无色，百粒重 20 g 左右。蛋白质含量 41.30%，脂肪含量 19.97%。在适宜区域出苗至成熟生育日数 114 d 左右，需活动积温 2 360 ℃·d 左右。中抗灰斑病。

**栽培要点：**5 月上旬播种，适宜垄作，保苗 28 万株 /hm² 左右。施种肥磷酸二铵 150 kg/hm²，尿素 30 kg/hm²，硫酸钾 50 kg/hm²。及时铲蹚，遇旱灌水，防治病虫害。

**适宜区域：**黑龙江省第三积温带。

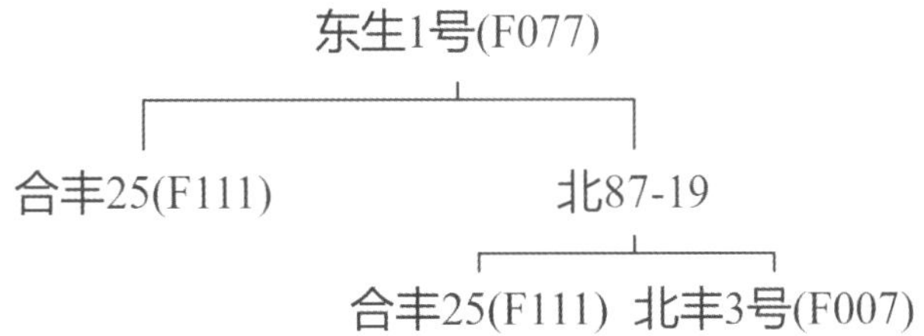


## 78. 垦农 30

**品种来源：**黑龙江八一农垦大学植物科技学院以垦农 14 为母本、垦鉴豆 7 号（农大 5088）为父本，经有性杂交，采用系谱法选育而成。原代号：农大 05089。2008 年经黑龙江省农作物品种审定委员会审定推广。审定编号：黑审豆 2008011。

**产量表现：**2007 年生产试验，平均产量 2 635.6 kg/hm²，较对照品种合丰 47 增产 13.3%。

**特征特性：**亚有限结荚习性。株高 85 cm 左右，有分枝，白花，尖叶，灰色茸毛，荚弯镰形，成熟时呈浅褐色。种子圆形，种皮黄色有光泽，种脐无色，百粒重 22 g 左右。蛋白质含量 45.81%，脂肪含量 18.06%。接种鉴定高抗灰斑病。在适宜区域出苗至成熟生育日数 116 d 左右，需≥10 ℃活动积温 2 350 ℃·d 左右。

**栽培要点：**在适宜区域 5 月上旬播种，选择中等肥力地块种植，采用“垄三”栽培法，保苗 30 万 ~ 33 万株 /hm²；采用“小双密”栽培法，保苗 40 万 ~ 45 万株 /hm²。

**适宜区域：**黑龙江省第二积温带。

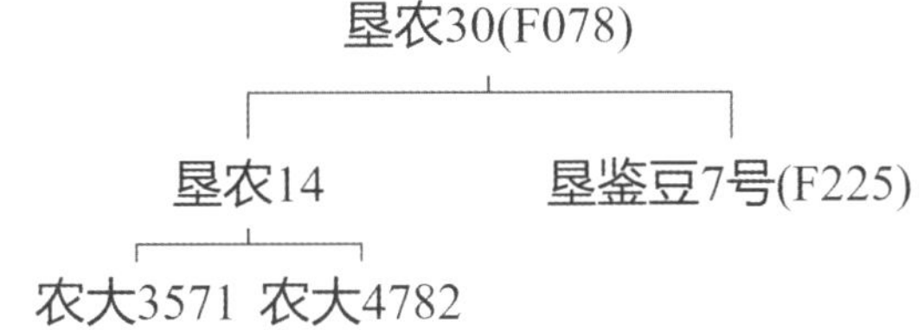


## 79. 绥农 20

**品种来源：**黑龙江省农业科学院绥化农业科学研究所于 1973 年以绥农 3 号为母本、以美国品种阿诺卡（Anoka）为父本进行有性杂交，采用系谱法选育而成，决选号：绥 78-5061。原品系号：绥 97-5832。2003 年经黑龙江省农作物品种审定委员会审定推广。审定编号：黑审豆 2003004。

**产量表现：**2002 年生产试验，平均产量 2 362.7 kg/hm²，较标准品种宝丰 7 号增产 7.7%。

**特征特性：**无限结荚习性。株高 85 cm 左右，分枝力强，株型收敛，节间短，结荚密，3、4 粒荚多，长叶，白花，灰毛。种子略扁圆，种皮鲜黄色有光泽，脐无色，百粒重 21 g 左右。蛋白质含量 37.72%，脂肪含量 23.12%。秆强抗倒，喜肥水，适应性强。在适宜区域出苗至成熟生育日数 115 d 左右，需活动积温 2 300 ℃·d 左右。

**栽培要点：**适宜播期 4 月末至 5 月上旬，垄作不宜平播，20 万 ~ 25 万株 /hm²。

**适宜区域：**黑龙江省第三积温带。

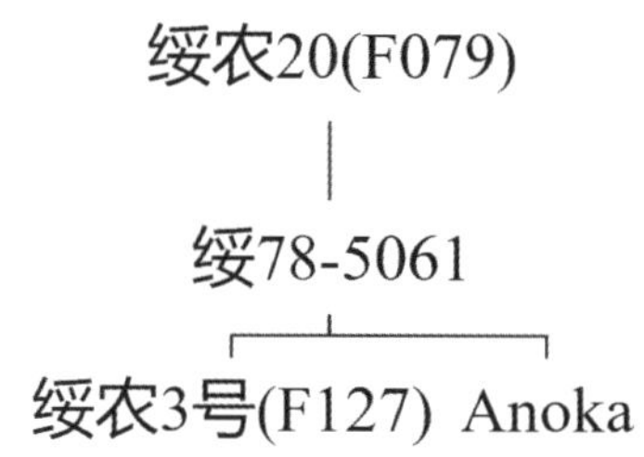


## 80. 垦农 34

**品种来源：**黑龙江八一农垦大学 2000 年以垦鉴豆 7 号为母本、农大 5800 为父本，经有性杂交，采用系谱法选育而成。原代号：农大 45475。审定编号：黑垦审豆 2009005。

**产量表现：**2008 年生产试验，平均产量 3 240.4 kg/hm$^2$，较对照品种合丰 50 平均增产 10.4%。

**特征特性：**该品种为亚有限结荚习性。株高 85 cm 左右，有分枝。紫花，尖叶，灰色茸毛，荚弯镰形，成熟时呈浅褐色。种子圆形，种皮黄色有光泽，种脐无色，百粒重 20 g 左右。蛋白质平均含量 37.98%，脂肪平均含量 22.40 %。接种鉴定中抗灰斑病。在适宜区域出苗至成熟生育日数 118 d 左右，需≥10 ℃活动积温 2 350 ℃·d 左右。

**栽培要点：**该品种在适宜区域 5 月上旬播种。采用“垄三”栽培法，栽培密度以 30 万 ~ 33 万株 /hm$^2$ 为适宜。

**适宜区域：**黑龙江省第三积温带垦区东北部地区。

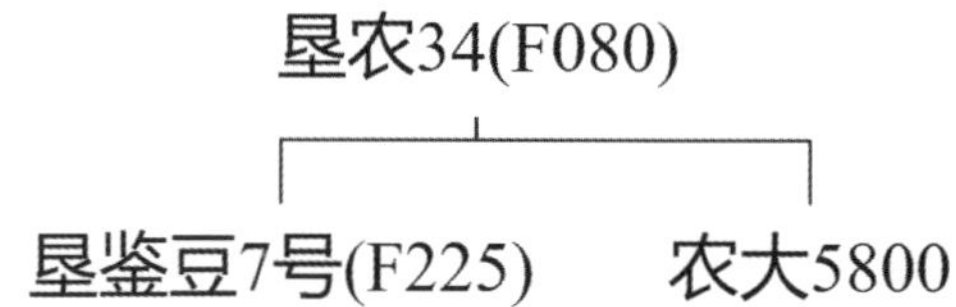


## 81. 丰收 6 号

**品种来源：**克山农试场于 1949 年以紫花 4 号为母本、元宝金为父本，经有性杂交后采用系谱法选育而成。原品系号：克交 4203–1。1958 年经黑龙江省作物品种区域试验会议审查，确定推广。

**产量表现：**1960 年克山农科所试验，产量 2 932.5 kg/hm$^2$，比对照品种克系 283 增产 19.5%。

**特征特性：**该品种为无限结荚习性。株高 60 ~ 70 cm，株型较收敛，分枝 3 ~ 4 个，平均每荚 2.2 粒，荚呈褐色。白花，圆叶，灰色茸毛。种子扁椭圆形，种皮黄色有光泽，种脐黄色，百粒重 22 g 左右。蛋白质含量 38.2%，脂肪含量 21.8%。喜肥耐湿，秆强不倒。在适宜区域出苗至成熟生育日数 126 d。

**栽培要点：**适宜肥沃土壤，5 月上中旬播种，保苗 22 万 ~ 30 万株 /hm$^2$。

**适宜区域：**黑龙江省北部克山、克东、依安、讷河、北安、海伦、富裕、甘南等地。

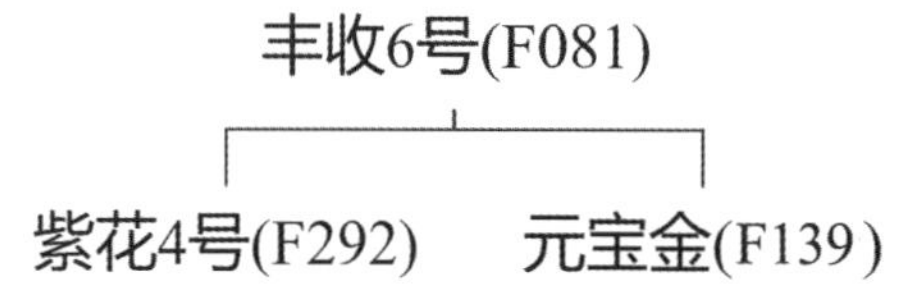

## 82. 绥农 15

**品种来源：**黑龙江省农科院绥化农科所以黑河 7 号为母本、(绥 85-5064 × Ozzie) $F_1$ 为父本，经有性杂交后采用系谱法选育而成。原代号：绥 91-41052。1998 年经黑龙江省农作物品种审定委员会审定推广。审定编号：黑审豆 1998008。

**产量表现：**1997 年生产试验，平均产量 2 396.5 kg/hm²，比对照品种合丰 35 增产 11.6%。

**特征特性：**该品种为无限结荚习性。植株较高大，株型收敛，分枝能力较强，节间短，秆强，结荚密，3 粒荚多，上下着荚均匀。紫花，长叶，灰色茸毛。种子圆形，种皮黄色，种脐无色，百粒重 21.5 g。蛋白质含量 39.16%，脂肪含量 20.2%。中抗灰斑病，病粒率 1.7%。在适宜区域出苗至成熟生育日数 115 ~ 120 d，需≥10 ℃活动积温 2 490 ℃·d。

**栽培要点：**适宜播期为 5 月上旬，密度为 22 万 ~ 27 万株 /hm²。适于上中等肥力地块种植。

**适宜区域：**黑龙江省第二积温带及第三积温带上限。

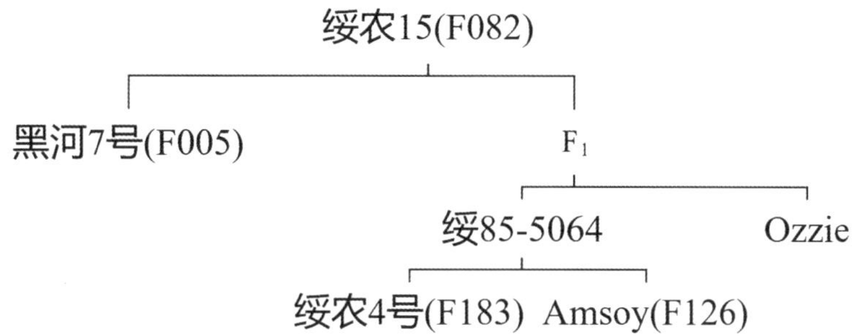




## 83. 垦农 29

**品种来源：**黑龙江八一农垦大学植物科技学院以垦鉴豆 7 号为母本、农大 6560 为父本，经有性杂交，采用系谱法选育而成。原代号：农大 25146。2008 年经黑龙江省农作物品种审定委员会审定推广。审定编号：黑审豆 2008006。

**产量表现：**2007 年生产试验，平均产量 2 314.7 kg/hm²，较对照品种绥农 14 增产 10.7%。

**特征特性：**亚有限结荚习性。株高 80 cm 左右，有分枝。紫花，尖叶，灰色茸毛，荚弯镰形，成熟时呈浅褐色。种子圆形，种皮黄色有光泽，种脐无色，百粒重 21 g 左右。蛋白质含量 38.71%，脂肪含量 21.66%。接种鉴定抗灰斑病。在适宜区域出苗至成熟生育日数 117 d 左右，需≥10 ℃活动积温 2 350 ℃·d 左右。

**栽培要点：**在适宜区域 5 月上旬播种，选择中等肥力地块种植，采用“垄三”栽培法，保苗 33 万 ~ 36 万株 /hm²；采用“小双密”栽培法，保苗 45 万 ~ 50 万株 /hm²。播后苗前可进行封闭除草，开花初期可进行叶面喷肥一次，8 月 10 日左右可喷施“敌杀死”等药液用于防治大豆食心虫。适时机械化收获。

**适宜区域：**黑龙江省第二积温带。

垦农29(F083)

垦鉴豆7号(F225)　农大6560

## 84. 合丰 22

**品种来源：**合江地区农科所于 1963 年以合丰 5 号为母本、丰收 2 号为父本，经有性杂交后采用系谱法选育而成。原品系号：合交 68-568。1974 年 3 月经黑龙江省农作物品种区域试验会议审查，确定推广。

**产量表现：**1969—1973 年 54 点次试验，平均产量 2 227.5 kg/hm$^2$，比对照品种合交 6 号等平均增产 16.5%。

**特征特性：**该品种为无限结荚习性。株高 80 ~ 90 cm，主茎发达，株型收敛，分枝中等，主茎节数 14 个。3 粒荚较多，荚呈淡褐色。紫花，圆叶，灰色茸毛。种子圆形，种皮黄色有光泽，种脐淡褐色，百粒重 22 ~ 25 g。蛋白质含量 38.8%，脂肪含量 20.4%。幼苗生长快，抑制杂草能力强，干旱年份生长繁茂。在适宜区域出苗至成熟生育日数 128 d。

**栽培要点：**较肥沃的平川地种植，5 月上旬播种，保苗为 22 万 ~ 25 万株 /hm$^2$。

**适宜区域：**黑龙江省勃利、桦南、桦川、依兰、汤原、富锦、宝清、集贤、萝北、绥滨、同江、抚远及虎林等地。



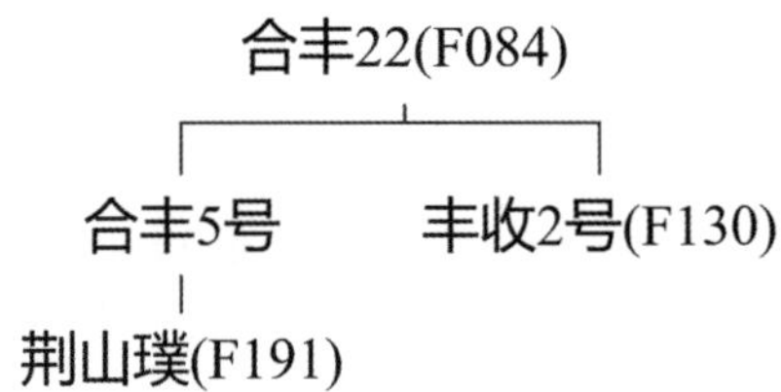


## 85. 垦丰 22

**品种来源：**黑龙江省农垦科学院农作物开发研究所以绥农 10 为母本、合丰 35 为父本，经有性杂交，采用系谱法选育而成。原代号垦：01-3273。2008 年经黑龙江省农作物品种审定委员会审定推广。审定编号：黑审豆 2008015。

**产量表现：**2007 年生产试验，平均产量 2 572.2 kg/hm$^2$，较对照品种宝丰 7 号增产 11.4%。

**特征特性：**亚有限结荚习性。株高 85 cm 左右，尖叶，紫花，灰茸毛，叶色浓绿。以主茎结荚为主，3、4 粒荚较多，荚呈弯镰形，成熟时为褐色，底荚高 17 cm。种子圆形，种皮黄色有光泽，种脐黄色，百粒重 22 g 左右。蛋白质含量 42.54%，脂肪含量 20.27%。接种鉴定中抗灰斑病。在适宜区域出苗至成熟生育日数 114 d 左右，需≥10 ℃活动积温 2 250 ℃·d 左右。

**栽培要点：**在适宜区域 5 月上中旬播期，保苗 28 万株 /hm$^2$ 左右，肥沃土地 25 万株 /hm$^2$ 左右。开花至鼓粒期根据大豆长势喷施相应叶面肥 2 遍以上。

**适宜区域：**黑龙江省第三积温带。

垦丰22(F085)

绥农10(F178)　合丰35(F106)

## 86. 黑农 35

**品种来源：**黑龙江省农业科学院大豆研究所 1970 年以黑农 16 为母本、十胜长叶为父本，经有性杂交后采用系谱法选育而成。原品系号：哈 76-6296-3。1990 年经黑龙江省农作物品种审定委员会审定推广。审定编号：黑审豆 1990002。

**产量表现：**1989 年生产试验，平均产量 1 870.5 kg/hm$^2$，较对照品种丰收 19 增产 9.4%。

**特征特性：**该品种为亚有限结荚习性。株高 80 ~ 85 cm，株型收敛，分枝少，主茎节数 15节。白花，披针叶，灰色茸毛。种子椭圆形，种皮淡黄色有微光泽，种脐黄色，百粒重 20 ~ 22 g。蛋白质含量 45.2%，脂肪含量 18.6%。喜肥水，秆强不倒，中抗灰斑病，虫食粒率低。在适宜区域出苗至成熟生育日数 115 d 左右，需≥10 ℃活动积温 2 353 ℃·d。

**栽培要点：**适宜肥沃土壤地块种植，5 月上旬播种，保苗 25 万 ~ 30 万株 /hm$^2$。

**适宜区域：**黑龙江省海伦、庆安、绥棱、望奎、明水等地。

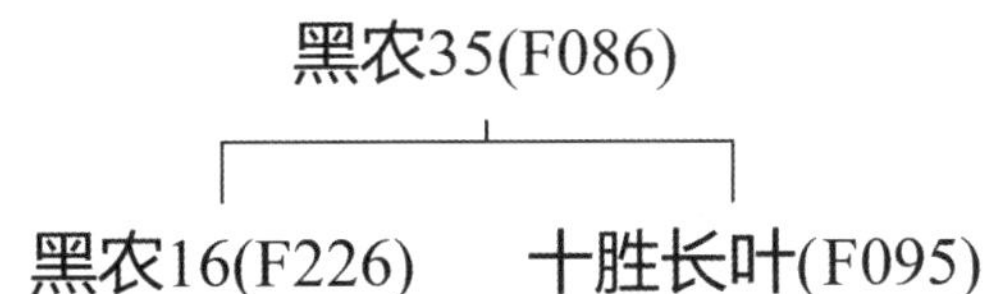


## 87. 黑生 101

**品种来源：**黑龙江省农业科学院生物技术研究中心和克山小麦所 1987 年以龙 79-3433-1 为供体、黑农 35 为受体，外源 DNA 导入育成。原品系号：D89-9822。1997 年经黑龙江省农作物品种审定委员会审定推广。审定编号：黑审豆 1997002。

**产量表现：**1996 年生产试验，平均产量为 2 198.9 kg/hm$^2$，比对照品种丰收 22 增产 9.8%。

**特征特性：**该品种为亚有限结荚习性。株高 80 cm 左右，秆强不倒伏，主茎结荚为主，有一定分枝，单株荚数多，3、4 粒荚多。白花，长叶，灰色茸毛。百粒重 20 g 左右。蛋白质含量 45.44%，脂肪含量 17.87%。抗灰斑病，病虫粒率低，外观品质优良。在适宜区域出苗至成熟生育日数 116 d 左右，需≥10 ℃活动积温 2 360 ℃·d 左右。

**栽培要点：**5 月上旬播种，密度为 25 万 ~ 30 万株 /hm$^2$。

**适宜区域：**黑龙江省第三积温带。

黑生101(F087)

黑农35

导入外源龙79-3433-1总DNA

黑农16(F226) 十胜长叶(F095)

## 88. 延农 9 号

**品种来源：**吉林省延边朝鲜族自治州农业科学院 1987 年以合丰 25 为母本、吉林 20 为父本，经有性杂交后采用系谱法选育而成。原品系号：延交 8703–35。2001 年经吉林省农作物品种审定委员会审定推广。审定编号：吉审豆 2001004。

**产量表现：**1999—2000 年吉林省大豆品种生产试验，平均产量为 2 317.1 kg/hm$^2$，比对照品种绥农 8 号平均增产 3.7%。

**特征特性：**该品种为亚有限结荚习性。株高 80 cm 左右，主茎发达，主茎结荚较密，3、4 粒荚较多。白花，尖叶，灰色茸毛。种子圆形，种皮黄色有光泽，种脐黄色，百粒重为 20 g 左右。蛋白质含量 40.18%，脂肪含量 21.27%。经吉林省农科院大豆所人工接种鉴定表明：抗大豆花叶病 I 号株系（16.7），中抗 2（33.3）、3（33.3）号株系；田间自然发病鉴定表明：抗病毒病、细菌病、灰斑病和霜霉病。在适宜区域出苗至成熟生育日数 125 d 左右，需≥10 ℃活动积温 2 250 ℃·d。

**栽培要点：**4 月末至 5 月初播种，播种量为 70 kg/hm$^2$，在一般肥力条件下，保苗 22 万 ~ 25 万株 /hm$^2$。

**适宜区域：**吉林省东部高寒山区、半山区以及相似的生态地区。

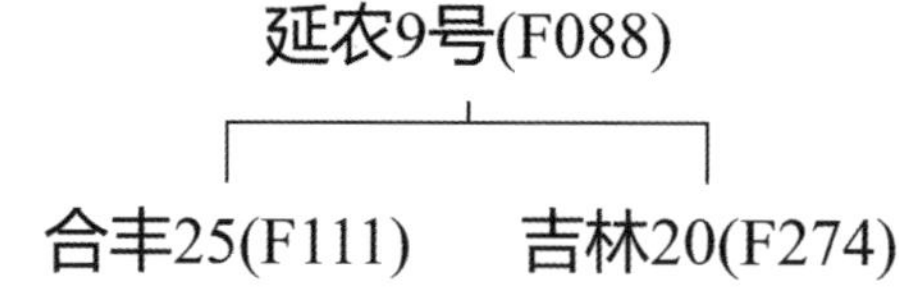


## 89. 黑河 51

**品种来源：**黑龙江省农业科学院黑河分院以黑河 14 为母本、北丰 1 号为父本，经有性杂交后采用系谱法选育而成。原代号：黑交 01–2008。2009 年经黑龙江省农作物品种审定委员会审定推广。审定编号：黑审豆 2009013。

**产量表现：**2007—2008 年生产试验，平均产量 2 220.2 kg/hm$^2$，较对照品种黑河 17 增产10%。

**特征特性：**亚有限结荚习性。株高 75 cm 左右，有分枝。紫花，长叶，灰色茸毛，荚镰刀形，荚成熟时呈褐色。种子圆形，种皮黄色有光泽，种脐黄色，百粒重 20 g 左右。蛋白质含量

40.23%，脂肪含量 20.40%。接种鉴定中抗或感灰斑病。在适宜区域出苗至成熟生育日数 105 d 左右，需≥10 ℃活动积温 2 050 ℃·d 左右。

**栽培要点：**5 月 10 日左右播种，选择肥力较好地块种植，采用“垄三”栽培方式，保苗 30 万～35 万株 /hm²。

**适宜区域：**黑龙江省第五积温带下限地区。

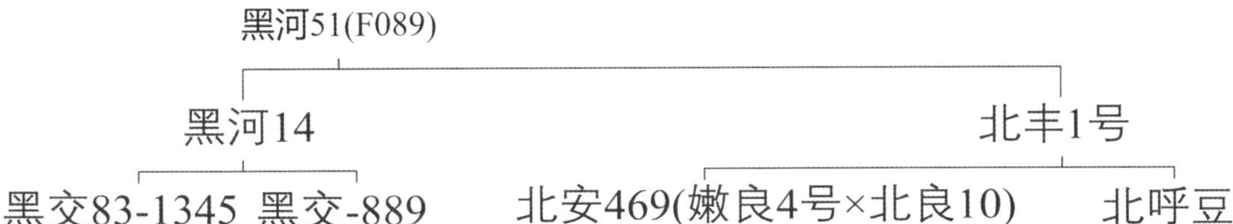


## 90. 合丰 46

**品种来源：**黑龙江省农业科学院合江农业科学研究所以合 9229（合丰 35 × 公 84112-1-3）$F_2$ 代辐射处理，经连续选择育成。原品系号：合辐 93154-4。2003 年经黑龙江省农作物品种审定委员会审定推广。审定编号：黑审豆 2003010。

**产量表现：**2002 年生产试验，平均产量 2 579.2 kg/hm²，较对照品种北丰 9 号增产 12.7%。

**特征特性：**亚有限结荚习性。株高 80～85 cm，秆强不倒伏，节间短，结荚密，3、4 粒荚多。叶披针形，花紫色，茸毛灰白色，荚熟时黄色。种子圆形，种皮黄色有光泽，脐浅黄色，百粒重 18～20 g。蛋白质含量 39.75%，脂肪含量 21.28%。在适宜区域出苗至成熟生育日数 115 d，需活动积温 2 382.3 ℃·d，为早熟品种。中抗灰斑病，中抗花叶病毒病 SMV Ⅰ 号株系。

**栽培要点：**适宜垄作和窄行密植，垄作 30 万～35 万株 /hm²，窄行密植 40 万～45 万株 /hm²。

**适宜区域：**黑龙江省第三积温带，第二积温带下限做搭配品种，也适宜吉林省、内蒙古自治区等同等条件的地区。

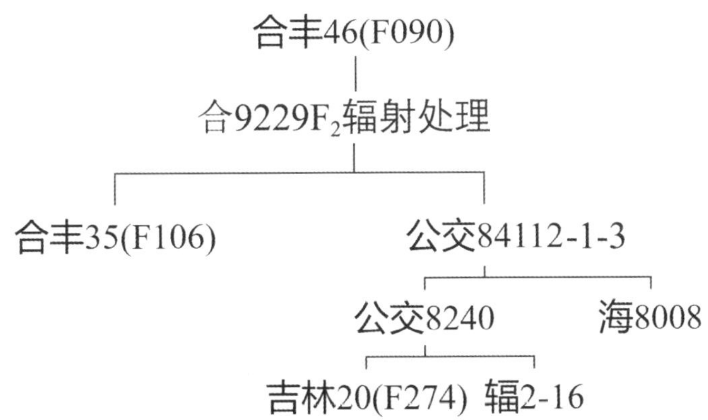


## 91. 丰收 12

**品种来源：**克山农科所于 1960 年以丰收 4 号为母本、克交 5610（$F_4$）为父本，经有性杂交后采用系谱法选育而成。原品系号：克交 60081。1969 年经黑龙江省嫩江地区农作物品种区域试验会议审定，确定推广。

**产量表现：**1970 年 15 个点次平均产量 2 452.5 kg/hm$^2$，其中最高产 4 177.5 kg/hm$^2$。

**特征特性：**该品种为无限结荚习性。株高 80 cm 左右，种植较繁茂，秆强中等，株型收敛，分枝少而长，主茎节数 16 ~ 18 个，节间较长。平均每荚 2.4 粒，荚呈淡褐色。白花，圆叶，灰色茸毛。种子圆形，种皮鲜黄色有强光泽，种脐淡褐色，百粒重 22 ~ 24 g。蛋白质含量 42.5%，脂肪含量 20%。苗期生长快，繁茂性强，具有一定耐旱性，肥地易倒伏。在适宜区域出苗至成熟生育日数 135 d 左右。

**栽培要点：**适宜平原和坡岗地种植，5 月上旬播种，保苗 22.5 万 ~ 30.0 万株 /hm$^2$。

**适宜区域：**黑龙江省拜泉、依安、海伦、明水、克山、克东、讷河、北安等地南部及富裕、甘南等县中北部。

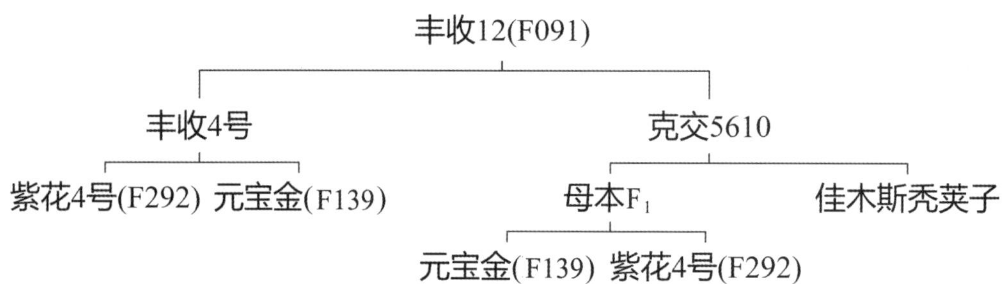


## 92. 垦农 28

**品种来源：**黑龙江八一农垦大学以垦鉴豆 7 号为母本、农大 65274 为父本，经有性杂交，采用系谱法选育而成。2012 年经黑龙江省农作物品种审定委员会审定推广。审定编号：黑审豆 2012018。

**产量表现：**2010—2011 年生产试验，平均产量 2 659.5 kg/hm$^2$，较对照品种合丰 51 增产 8.7%。

**特征特性：**亚有限结荚习性。在适宜区域出苗至成熟生育日数 114 d 左右，需≥10 ℃活动积温 2 250 ℃·d 左右。该品种株高 85 cm 左右，有分枝，紫花，尖叶，灰色茸毛。荚弯镰形，成熟时呈浅褐色。种子圆形，种皮黄色有光泽，种脐无色，百粒重 22 g 左右。蛋白质含量 40.16%，脂肪含量 21.02%。

**栽培要点：**在适宜区域 5 月上旬播种，选择中等肥力地块种植，“垄三”栽培，保苗 33 万株/hm$^2$ 左右。

**适宜区域：**黑龙江省第三积温带。

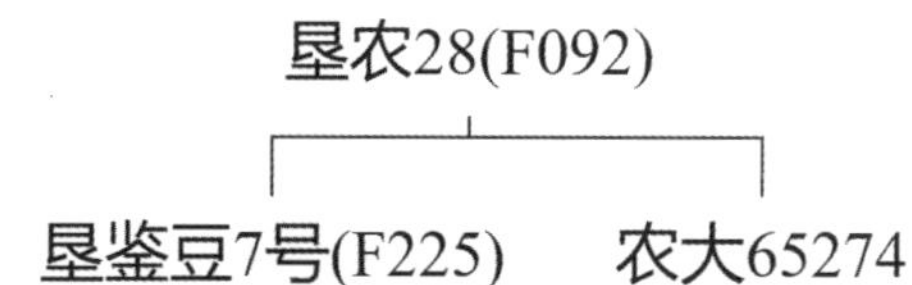


## 93. 合丰 26

**品种来源：**黑龙江省农业科学院合江农业科学研究所 1974 年以合交 13 为母本、克交 4430-20 为父本，经有性杂交后采用系谱法选育而成。原品系号：合交 77-628。1985 年经黑龙江省农作物品种审定委员会审定推广。

**产量表现：**1982—1984 年 17 点次生产试验，平均产量 1 518 kg/hm²，比对照品种黑河 3 号平均增产 11.2%。

**特征特性：**该品种为亚有限结荚习性。株高 78 cm 左右，分枝少，茎粗中等，主茎 15 节左右，株型收敛，3、4 粒荚多，荚黄褐色。白花，披针叶，灰色茸毛。种子圆形，种皮黄色有光泽，种脐浅褐色，百粒重 18 ~ 20 g。脂肪含量 21.26%，蛋白质含量 39.62%。叶部和种子病害轻，不抗旱。在适宜区域出苗至成熟生育日数 110 d 左右，需≥10 ℃活动积温 2 174 ℃·d，与黑河 3 号熟期相仿。

**栽培要点：**5 月上中旬播种，在中等肥力条件下栽培，保苗 30 万株 /hm² 左右为宜。

**适宜区域：**佳木斯、鸡西、鹤岗等第三积温带和建三江管局农场。

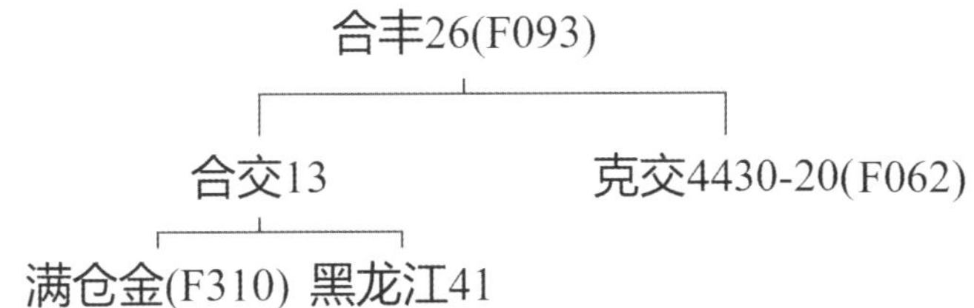


## 94. 嫩丰 12

**品种来源：**黑龙江省农业科学院嫩江农业科学研究所于 1973 年以嫩 67155 为母本、公交 5610–3 为父本，经有性杂交后采用系谱法选育而成。原品系号：73453–10。1985 年经黑龙江省农作物品种审定委员会审定推广。

**产量表现：**1983—1984 年生产试验，平均产量 1 857 kg/hm²，比对照品种丰收 12 增产 9.3%。

**特征特性：**该品种为亚有限结荚习性。株高 65 ~ 75 cm，主茎发达，茎粗中等，节数 16 ~ 17 节，分枝 2 ~ 3 个，3、4 粒荚多，荚褐色。白花，披针叶，灰色茸毛。种子圆形，种皮黄色微光泽，种脐黄色，百粒重 18 g。蛋白质含量 36.2%，脂肪含量 21.6%。耐旱，肥水要求不严，适应性较强。叶部病害轻，轻度感染花叶病毒病。在适宜区域出苗至成熟生育日数 115 d 左右。

**栽培要点：**适宜肥沃、排水良好地块种植，5 月上旬播种，保苗 30 万株 /hm²。

**适宜区域：**黑龙江省齐齐哈尔市第三积温带。

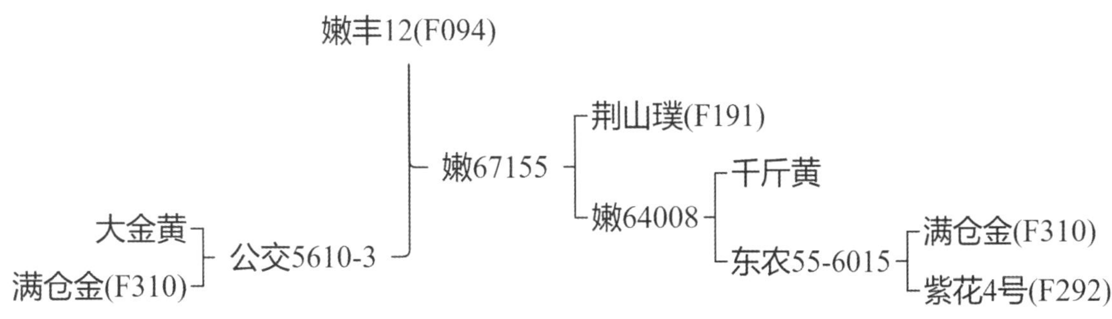

## 95. 十胜长叶

**品种来源：**日本十胜农场于1947年在海岛生态环境下以本育65号为母本、大豆本第326号为父本，经有性杂交后采用系谱法选育而成。

**特征特性：**该品种为无限结荚习性。株高80 cm，株型收敛，分枝3～4个。多为3粒荚，荚褐色。白花，披针叶，灰色茸毛。种子椭圆形，种皮黄色有光泽，种脐浅褐色。

## 96. 黑农28

**品种来源：**黑龙江省农业科学院大豆研究所于1974年以热中子照射（黑农16×十胜长叶）的$F_5$代单株，经系谱法选育而成。原品系号：哈77-7594。1986年经黑龙江省农作物品种审定委员会审定推广。

**产量表现：**1980—1985年区域试验，平均产量2 005.5 kg/hm²，比黑农26、绥农3号增产10.2%。1984年生产试验，平均产量2 475 kg/hm²，比绥农3号增产9.8%。

**特征特性：**该品种为亚有限结荚习性。株高90～100 cm，主茎较粗，株型收敛，节数多达19节左右，分枝3～4个。4粒荚多，平均每荚2.5粒，荚暗褐色。紫花，披针叶，灰色茸毛。种子圆形，种皮黄色有光泽，种脐褐色，百粒重17 g左右。蛋白质含量38.4%，脂肪含量21.3%。秆强抗倒，喜肥水，肥沃土壤增产突出。耐旱性稍差，耐花叶病毒病，中抗灰斑病，灰斑粒率低。在适宜区域出苗至成熟生育日数112 d左右，需≥10 ℃活动积温2 350 ℃·d。

**栽培要点：**适宜中等肥力土壤种植，5月上旬播种，保苗25.5万～30.0万株/hm²。

**适宜区域：**黑龙江省哈尔滨市第三积温带的通河、尚志、延寿，哈尔滨市第二积温带的巴彦、木兰、方正，以及吉林省敦化等地。

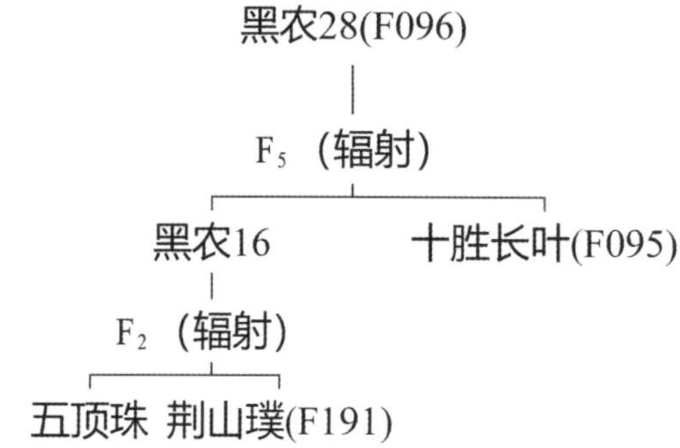


## 97. 白宝珠

**品种来源：**黑龙江省宝清县国营八五三农场，以北良55-1品种经系统选育而成。原名：灰长白。

**产量表现：**一般产量1 950～2 175 kg/hm²。在土壤肥力较高条件下，一般产量2 625 kg/hm²左右。1972年集贤县宏图农场3.15亩高产田，获得产量4 065 kg/hm²。

**特征特性：**该品种为亚有限结荚习性。株高70 cm左右，主茎粗壮，株型收敛，分枝少，荚呈灰褐色。白花，披针叶，灰色茸毛。种子圆形，种皮黄色有微光泽，种脐淡褐色，百粒重23～26 g。蛋白质含量42%，脂肪含量16.8%。秆强中等，较耐肥水，抗旱性较强。在适宜区域出苗至成熟生育日数 120 d。

**栽培要点：**适宜中上等肥力土壤种植，因较易炸荚，成熟后要适时收割。

**适宜区域：**黑龙江省宝清、集贤、饶河等县农场。

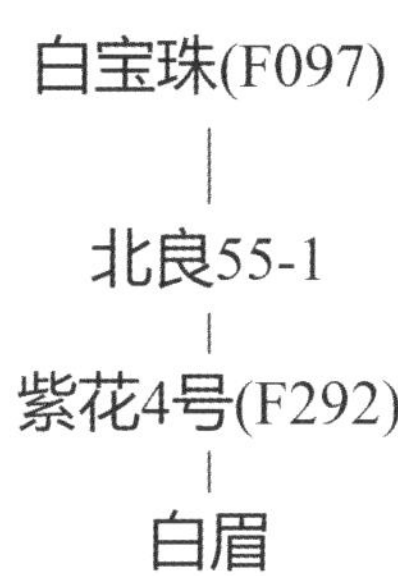


## 98. 垦农 18

**品种来源：**黑龙江八一农垦大学 1990 年以绥 87-5603 × 宝丰 7 号进行有性杂交，采用系谱选择法育成。原品系号：农大 6277。2001 年经黑龙江省农作物品种审定委员会审定推广。审定编号：黑审豆 2001005。

**产量表现：**2000 年生产试验，平均产量为 2 528.6 kg/hm$^2$，较对照品种宝丰 7 号平均增产 12%。

**特征特性：**亚有限结荚习性，株高 80 ~ 90 cm。圆叶，白花，灰茸毛，有短分枝，以主茎结荚为主，节短荚密，结荚分布均匀。在适宜区域出苗至成熟生育日数 115 d 左右，需活动积温 2 300 ~ 2 350 ℃·d，为中早熟品种。

**栽培要点：**适宜 5 月上中旬播种，采用“垄三”栽培法，栽培密度 30 万 ~ 33 万株 /hm$^2$。

**适宜区域：**黑龙江省第三积温带三江平原温凉半湿润区（8 区）。

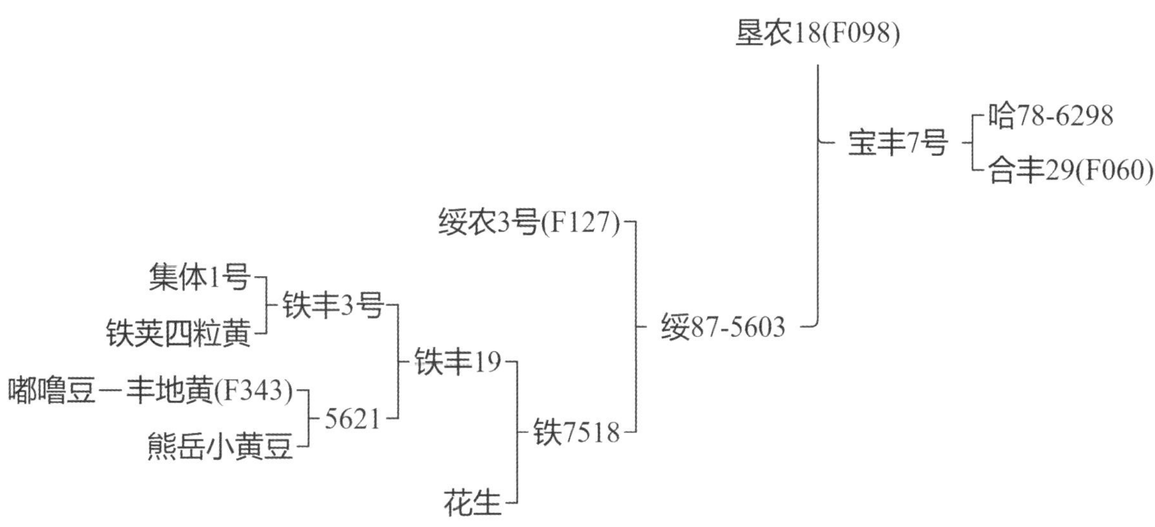

## 99. 垦丰 20

**品种来源**：黑龙江省农垦科学院农作物开发研究所以北丰 11 为母本、长农 5 号为父本进行杂交选择育成。原品系号：垦 00–393。2012 年经黑龙江省农作物品种审定委员会审定推广。审定编号：黑垦审豆 2008004。

**产量表现**：2006 年黑龙江省生产试验，平均产量 2 749 kg/hm$^2$，较对照品种绥农 14 增产 8.1%。

**特征特性**：亚有限结荚习性。株高 85 cm 左右，尖叶，白花，灰白茸毛，叶色浓绿，以主茎结荚为主，3、4 粒荚多，荚呈弯镰形，成熟时为褐色，底荚高 16 cm。种子圆形，种皮黄色有光泽，百粒重 22 g 左右。蛋白质含量 44.5%，脂肪含量 19.6%。接种鉴定中抗灰斑病。在适宜区域出苗至成熟生育日数 116 d，需≥10 ℃活动积温 2 300 ℃·d 左右。

**栽培要点**：播期为 5 月上中旬，保全苗。中等肥力地保苗 27 万 ~ 30 万株 /hm$^2$。

**适宜区域**：适宜黑龙江省第二、三积温带栽培。

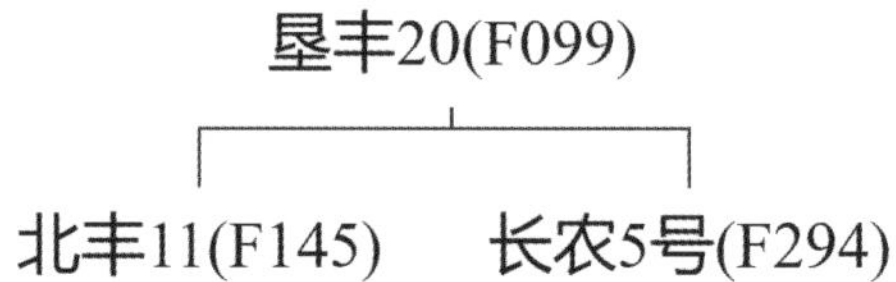


## 100. 吉育 83

**品种来源**：吉林省农业科学院大豆研究所 1998 年以吉育 58 为母本、公交 9563–18–2 为父本，经有性杂交后采用系谱法选育而成。原品系号：公交 DY2003–4。2006 年经吉林省农作物品种审定委员会审定推广。审定编号：吉审豆 2006001。

**产量表现**：2005 年吉林省生产试验，平均产量 2 707.9 kg/hm$^2$，比对照品种延农 8 号增产 5.3%。

**特征特性**：该品种为亚有限结荚习性。株高 80 cm，主茎型，节间短，结荚均匀，荚密集，4 粒荚多，荚熟呈浅褐色。白花，尖叶，灰色茸毛。种子椭圆形，种皮黄色有光泽，种脐黄色，百粒重 20.7 g左右。脂肪含量 23.70%，蛋白质含量 39.07%。抗大豆花叶病毒病、霜霉病、细菌性斑点病及灰斑病。在适宜区域出苗至成熟生育日数 118 d。

**栽培要点**：5 月初播种，播量为 60 ~ 65 kg/hm$^2$，保苗 25 万 ~ 28 万株 /hm$^2$。

**适宜区域**：吉林省延边朝鲜族自治州、白山市、通化市、吉林市早熟区。

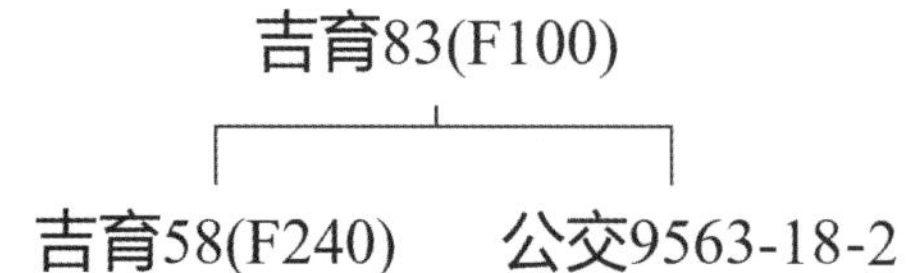


## 101. 垦鉴豆 4 号

**品种来源**：黑龙江省农垦总局北安分局科学研究所以北丰 9 号为母本、北丰 11 为父本进行有性杂交，采用系谱法选育而成。1999 年经黑龙江省农垦总局作物品种审定委员会审定推广，命名为垦鉴豆 4 号。

**产量表现：**生产试验，平均产量 1 866.6 kg/hm$^2$，较对照品种黑河 9 号增产 13.98%。

**特征特性：**该品种白花长叶，亚有限结荚习性。主茎类型，株高 80 cm 左右，秆强，结荚密，3、4 粒荚多。百粒重 19 g 左右，种子浓黄有光泽。蛋白质含量 41.77%，脂肪含量 18.74%。经接种抗病鉴定，属于中抗类型。在东部地区，生产试验平均生育日数 114 d，需≥10 ℃活动积温 2 250 ℃·d。

**栽培要点：**选择中上等肥力地块种植，播期 5 月 5—10 日，“垄三”栽培，保苗 25 万 ~ 30 万株 /hm$^2$。

**适宜区域：**垦区松嫩低平区黑龙江省第三积温带。

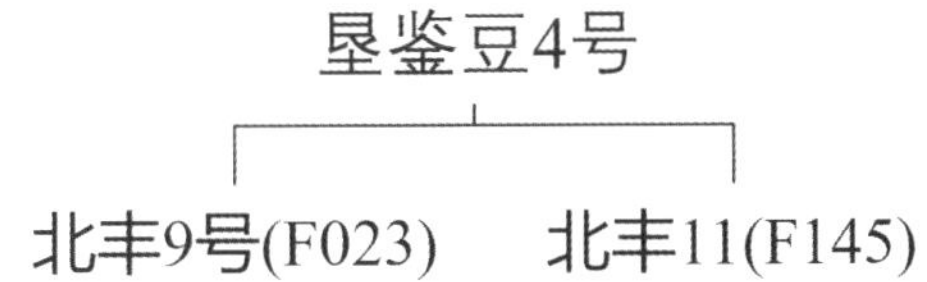


## 102. 垦丰 19

**品种来源：**黑龙江省农垦科学院农作物开发研究所以合丰 25 为母本、（垦丰 4 号 × 公 8861–0）$F_1$ 为父本进行杂交，采用系谱法选育而成。原品系号：垦 00–324。2007 年经黑龙江省农作物品种审定委员会审定推广。审定编号：黑垦审豆 2007007。

**产量表现：**2006 年生产试验，平均产量 2 512.8 kg/hm$^2$，较对照品种宝丰 7 号平均增产 11.7%。

**特征特性：**亚有限结荚习性。株高 65 cm 左右。尖叶，白花，棕色茸毛。顶荚丰富，3、4 粒荚多，荚为棕色。种子圆形，种皮浓黄色有光泽，黄色脐，百粒重 18 ~ 19 g。在适宜区域出苗至成熟生育日数 112 d 左右，需活动积温 2 200 ℃·d 左右。秆强不倒。中抗灰斑病，经多年田间调查，很难发现菌核病株。粗蛋白质含量 42.52%，粗脂肪含量 19.26%。

**栽培要点：**适宜 5 月上中旬播种，密度 25 万 ~ 28 万株 /hm$^2$。

**适宜地区：**黑龙江省第三积温带。

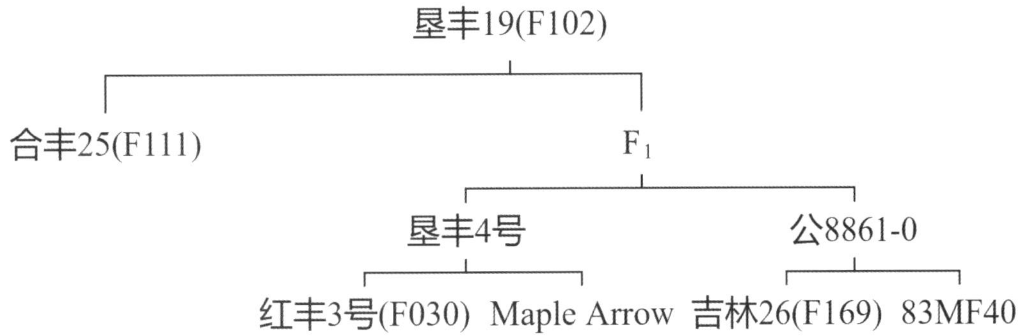

## 103. 合丰 39

**品种来源：**黑龙江省农业科学院合江农业科学研究所大豆室 1989 年以合交 87-1004 为母本、合交 87-19 为父本，经有性杂交后采用系谱法选育而成。原品系号：合交 93-1538。2000 年经黑龙江省农作物品种审定委员会审定推广。审定编号：黑审豆 2000003。

**产量表现：**1999 年生产试验，平均产量 2 229.3 kg/hm$^2$，较对照品种垦农 4 号增产 13.4%。

**特征特性：**该品种为亚有限结荚习性。株高 85 ~ 90 cm，秆强，节间短，有分枝，结荚密，3、4 粒荚多，顶荚丰富，荚熟呈褐色。紫花，长叶，灰色茸毛。种子圆形，种皮黄色有光泽，种脐黄色，百粒重 19 ~ 20 g。蛋白质含量 42.52%，脂肪含量 19.06%。中抗灰斑病，中抗病毒病 SMVI 号株系。在适宜区域出苗至成熟生育日数 121 d，需≥10 ℃活动积温 2 353 ℃·d。

**栽培要点：**5 月 5—15 日播种，选择土质肥沃、有机质含量高的地块，种植密度为 25 万株/hm$^2$ 左右，或播种量 60 kg/hm$^2$，进行精量点播。

**适宜区域：**黑龙江省第二积温带。

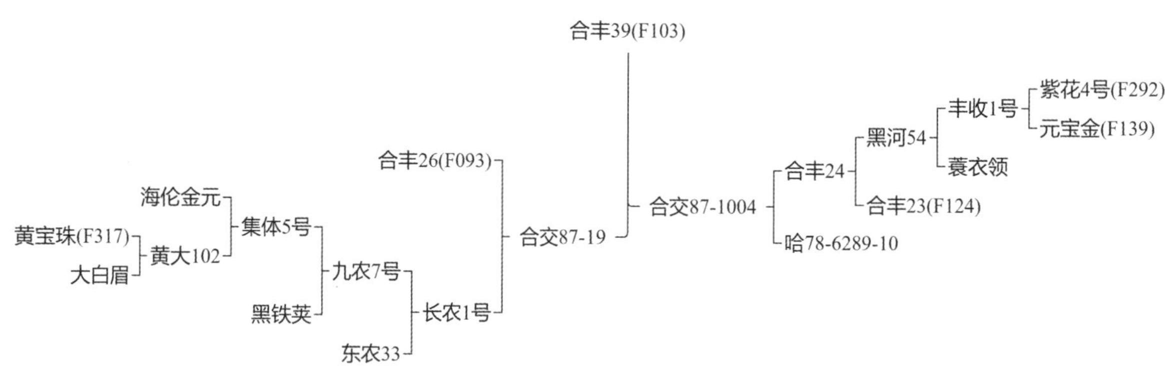


## 104. 富兰克林

**品种来源：**美国大豆品种。

**特征特性：**该品种白花，尖叶，灰色茸毛。无限结荚习性，有 2 ~ 3 个分枝，成熟时荚皮褐色。种子黄色，椭圆形，百粒重 15 g 左右。蛋白质含量 39.38%，脂肪含量 22.93%。

## 105. 合丰 51

**品种来源：**黑龙江省农业科学院合江农业科学研究所以合丰 35 为母本、合 94114F$_3$（合丰 34 × 美国扁茎大豆）为父本杂交，采用系谱法选育而成。原品系号：合 99-459。2006 年经黑龙江省农作物品种审定委员会审定推广。审定编号：黑审豆 2006004。

**产量表现：**2005 年生产试验，平均产量 2 743.8 kg/hm$^2$，比对照品种宝丰 7 号增产 14.2%。

**特征特性：**亚有限结荚习性。株高 80 ~ 85 cm，秆强，节间短，3、4 粒荚多，顶荚丰富。紫花，尖叶，灰白色茸毛，荚熟时呈褐色。种子圆形，种皮黄色有光泽，种脐浅黄色，百粒重 20 ~ 22 g。蛋白质含量 40.15%，脂肪含量 21.31%。接种鉴定中抗灰斑病，在适宜区域出苗至成熟生育日数 113 d，需≥10 ℃活动积温 2 200 ℃·d 左右。

**栽培要点：**黑龙江省第三积温带 5 月上中旬播种。保苗株数 30 万 ~ 35 万株 /hm$^2$。

**适宜区域：**黑龙江省第三积温带。

合丰51(F105)

合丰35(F106)　合94114

## 106. 合丰 35

**品种来源：**黑龙江省农业科学院合江农业科学研究所 1984 年以合交 8009-1612 为母本、绥农 7 号为父本，经有性杂交后采用系谱法选育而成。原品系号：合交 87-943。1994 年经黑龙江省农作物品种审定委员会审定推广。审定编号：黑审豆 1994002。

**产量表现：**1993 年生产试验，平均产量 2 266.7 kg/hm$^2$，比对照品种合丰 25 增产 14.2%。

**特征特性：**该品种为亚有限结荚习性。植株高大繁茂，秆强，节间短，结荚密，3、4 粒荚多，荚熟时呈褐色。紫花，披针叶，灰色茸毛。种子圆形，种皮黄色有光泽，种脐黄色，百粒重 21 g。蛋白质含量 42.22%，脂肪含量 19.16%。在适宜区域出苗至成熟生育日数 121 d，需≥10 ℃活动积温 2 338 ℃·d。

**栽培要点：**对土壤肥力要求不严，在中等或中上等肥力条件下种植更能发挥增产潜力，在黑龙江省第二积温带 5 月上中旬播种，保苗 30 万株 /hm$^2$ 为宜。

**适宜区域：**黑龙江省第二积温带的佳木斯、绥化、哈尔滨及红兴隆、建三江、牡丹江等农场管局。

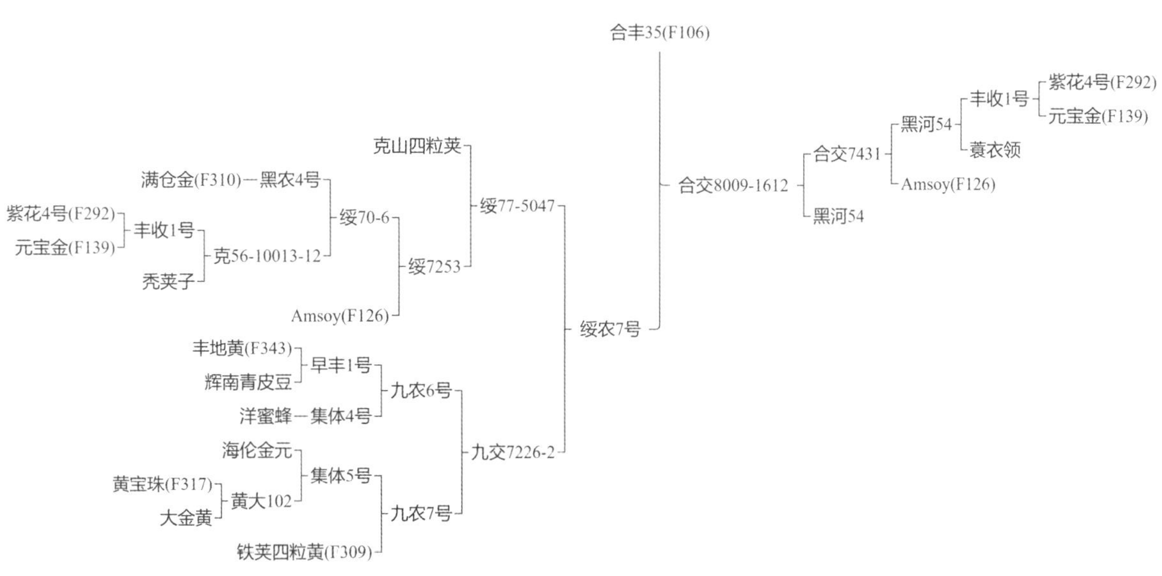


## 107. 合丰 30

**品种来源：**黑龙江省农业科学院合江农业科学研究所以合交 69-231 为母本、克交 4430-20 为父本，经有性杂交后采用系谱法选育而成。原品系号：合交 7710-4。1988 年经黑龙江省农作物品种审定委员会审定推广。

**产量表现：**1987 年全省 8 点生产试验，平均产量 2 050.5 $kg/hm^2$，较对照品种合丰 22 平均增产 14.98%。

**特征特性：**该品种为亚有限结荚习性。株高 80 ~ 90 cm，主茎发达，节间短，秆强，有少量的分枝，结荚密，顶荚丰富，3、4 粒荚多。白花，披针叶，灰色茸毛。种子圆形，种皮鲜黄色，种脐淡褐色，百粒重 18 ~ 20 g。蛋白质含量 42.2%，脂肪含量 20.1%。在适宜区域出苗至成熟生育日数 115 ~ 120 d，需≥10 ℃活动积温 2 300 ℃·d 左右。

**栽培要点：**中等肥力条件种植，保苗 22.5 万 ~ 30.0 万株 /$hm^2$。

**适宜区域：**黑龙江省佳木斯市及建三江农管局第二积温带北部和第三积温带。

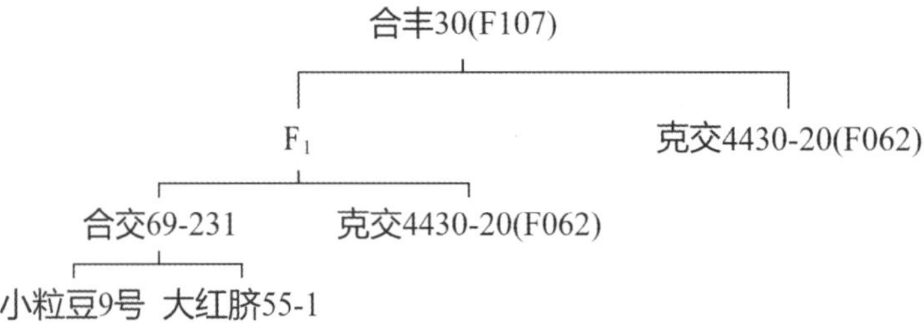


## 108. 嫩丰 9 号

**品种来源：**黑龙江省农业科学院嫩江农业科学研究所以合丰 5 号为母本、嫩 63149（紫花 4 号 × 荆山璞）为父本进行有性杂交，采用系谱法选育而成。原品系号：嫩 69189–11。1980 年经黑龙江省农作物品种审定委员会审定推广。

**产量表现：**1979 年生产试验，平均产量 1 632 $kg/hm^2$，比对照品种丰收 12 增产 17.5%。

**特征特性：**无限结荚习性。株高 65 ~ 90 cm，株型收敛，分枝 2 ~ 4 个，茎粗中等，主茎 15 ~ 18 节。叶椭圆形，叶片较大，白花，灰毛。2 粒荚多，平均每荚 1.86 粒，荚褐色。种子椭圆形，种皮黄色有光泽，百粒重 16 ~ 18 g。北方春大豆，中早熟品种，在适宜区域出苗至成熟生育日数 111 d，需活动积温 2 300 ℃·d。抗旱，在干旱条件下前期生长快，虫食率较低。蛋白质含量 41.6%，脂肪含量21.3%。

**栽培要点：**该品种适应性广，适宜一般土壤肥力的地块种植。保苗 30 万株 /$hm^2$。5 月上旬播种为宜。

**适宜区域：**黑龙江省嫩江地区第一、二积温带一般肥力地块。

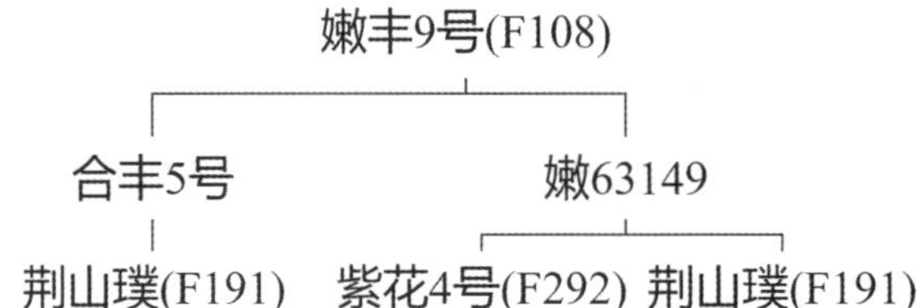


## 109. Beeson

**品种来源：**美国大豆品种。

**特征特性：**该品种白花，尖叶，灰色茸毛，无限结荚习性。成熟时荚皮褐色。种子黄色，椭圆形，百粒重 14 g 左右。蛋白质含量 39.80%，脂肪含量 23.18%。

## 110. 黑农 30

**品种来源：**黑龙江省农业科学院大豆研究所以合交 69–219 为母本、哈 71–1514 为父本，经有性杂交后采用系谱法选育而成。原品系号：哈 78–8387。1987 年经黑龙江省农作物品种审定委员会审定推广。

**产量表现：**1985—1986 年生产试验，平均产量 1 945.5 kg/hm$^2$，较对照品种黑农 16 增产 10.6%。

**特征特性：**该品种为亚有限结荚习性。株高 70 ~ 80 cm，株型收敛，分枝少，主茎 16 ~ 18 节，节短。荚密，3 粒荚多，平均每荚 2.12 粒，荚褐色。白花，圆叶，灰色茸毛。种子椭圆形，种皮黄色有光泽，种脐黄色，百粒重 18 ~ 20 g。蛋白质含量 41.1%，脂肪含量 21.1%。耐花叶病毒病，抗种皮斑驳，中抗灰斑病。耐旱，耐轻盐碱，不耐涝。在适宜区域出苗至成熟生育日数 121 d。

**栽培要点：**适宜中等土壤肥力地块种植，并适宜在轻盐碱地区的平川岗地种植。4 月下旬至 5 月上旬播种，保苗 19.5 万 ~ 24.0 万株 /hm$^2$。

**适宜区域：**黑龙江省兰西、安达、青冈、大庆、宝清、集贤、友谊农场等地。

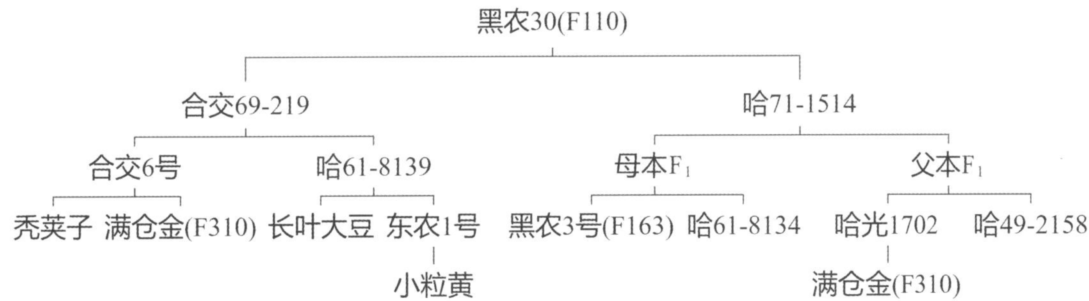


## 111. 合丰 25

**品种来源：**黑龙江省农业科学院合江农业科学研究所以合丰 23 为母本、克交 4430–20 为父本，经有性杂交后采用系谱法选育而成。原品系号：合交 77–153。1984 年经黑龙江省农作物品种审定委员会审定推广。审定编号：黑审豆 1984004。

**产量表现：**1982—1983 年全省 23 点次生产试验，平均产量 2 271 kg/hm$^2$，较对照品种合丰 23 增产 13.4%。

**特征特性：**该品种为亚有限结荚习性。株高 63 ~ 70 cm，主茎发达，15 节左右，秆强，分枝少，主茎结荚，节间短，结荚密，3、4 粒荚多。白花，披针叶，灰色茸毛。种子圆球形，种皮鲜黄色有光泽，种脐浅褐色，百粒重 20 ~ 22 g。在适宜区域出苗至成熟生育日数 115 d，需 ≥10 ℃活动积温 2 413 ℃·d。

**栽培要点：**4 月下旬至 5 月上旬播种，选择肥沃地块种植，保苗 22.5 万株 /hm$^2$。

**适宜区域：**黑龙江省第二积温带。

合丰25(F111)

合丰23(F124)　　克交4430-20(F062)

## 112. 牡丰 3 号

**品种来源：**黑龙江省农业科学院牡丹江农业科学研究所从荆山璞品种中进行单株选拔，系统选育而成。1968 年经黑龙江省牡丹江地区农作物品种区域试验会议审查，确定在牡丹江地区推广。

**产量表现：**1964—1968 年多点产量鉴定结果，产量 1 875 ~ 3 000 kg/hm$^2$，平均较荆山璞增产 9.9%。

**特征特性：**该品种无限结荚习性。株高 70 cm 左右，秆强，有 2 ~ 3 个分枝。白花，长叶，灰色茸毛，成熟时荚皮褐色。种子近圆形，种皮黄色有光泽，百粒重 17 g 左右。在适宜区域出苗至成熟生育日期 130 d 左右。

**栽培要点：**5 月上旬播种，保苗 20 万株 /hm$^2$ 左右。

**适宜区域：**黑龙江省第三积温带。

牡丰3号(F112)

荆山璞(F191)

## 113. 东农 46

**品种来源：**东北农业大学大豆科学研究所 1990 年以东农 A111-8 为母本、东农 95 为父本经有性杂交选育而成。原品系号：71434。2003 年经黑龙江省农作物品种审定委员会审定推广。审定编号：黑审豆 2003001。

**产量表现：**2002 年生产试验，平均产量 2 800.9 kg/hm$^2$，较对照品种绥农 10 增产 5.8%。

**特征特性：**无限结荚习性。株高 80 ~ 90 cm，有分枝，荚呈黄褐色。长叶，白花，灰毛，百粒重 20 ~ 21 g。蛋白质含量 37.17%，脂肪含量 23.32%。在适宜区域出苗至成熟生育日数 115 d，需有效积温 2 350 ~ 2 450 ℃。中抗病毒病和灰斑病。

**栽培要点：**适宜中上等肥力地块种植，密度 22 万株 /hm$^2$ 为宜。

**适宜区域：**黑龙江省第二、三积温带。

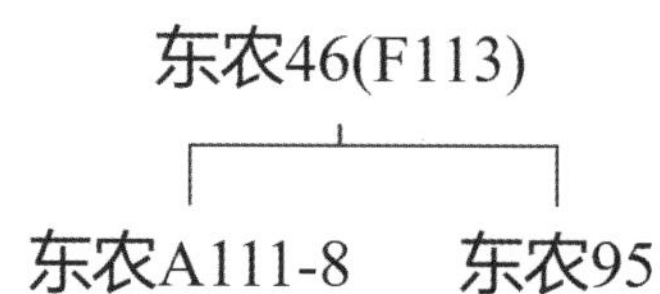

## 114. 嫩丰 13

**品种来源：**黑龙江省农业科学院嫩江农业科学研究所以嫩 75532（$F_1$）为母本、嫩 75536（$F_1$）为父本杂交育成。原品系号：嫩 76569-17。1987 年经黑龙江省农作物品种审定委员会审定推广。

**产量表现：**1986 年生产试验，平均产量 2 582.1 kg/hm$^2$，较对照品种嫩丰 9 号增产 17.34%。

**特征特性：**从出苗到成熟生育日数 115 d 左右，需活动积温 2 349 ℃·d。无限结荚习性。白花，长叶，灰毛。植株 80 cm 左右，主茎发达，节短，秆强，荚密，3、4 粒荚多。种子圆形，种皮黄色有光泽，脐淡褐色，百粒重 20.7 g。蛋白质含量 43.05%，脂肪含量 20.85%。

**栽培要点：**适宜中上等肥力地块种植，密度 22 万株 /hm$^2$ 为宜。

**适宜区域：**黑龙江省齐齐哈尔市第二积温带和第一积温带下限地区。

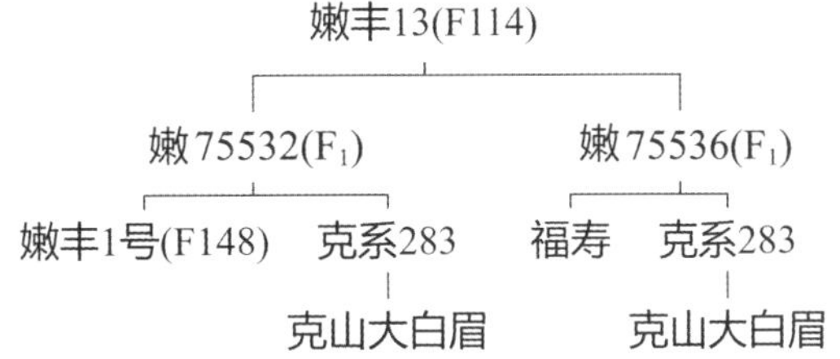


## 115. 黑农 31

**品种来源：**黑龙江省农业科学院大豆研究所 1974 年以热中子照射［(哈 70-5072（黑农 16 × 吉林 1 号) × 哈 53)］的杂种后代，经系谱法选育而成。原品系号：哈 77-7578。1987 年经黑龙江省农作物品种审定委员会审定推广。

**产量表现：**1986 年生产试验，平均产量 1 848 kg/hm$^2$，较对照品种黑农 26 增产 6.5%。

**特征特性：**该品种为亚有限结荚习性。株高 80 cm 左右，株型收敛，分枝少，主茎粗壮，15 节左右。3 粒荚多，平均每荚 2.3 粒，荚褐色。白花，圆叶，灰色茸毛。种子椭圆形，种皮黄色有光泽，种脐淡褐色，百粒重 18 g 左右。蛋白质含量 41.4%，脂肪含量 23.1%。较耐旱，耐肥力中等，耐花叶病毒病。接种鉴定结果发病率较黑农 26 低 60.3%。在适宜区域出苗至成熟生育日数 118 d。

**栽培要点：**适宜中等土壤肥力地块种植，4 月下旬至 5 月上旬播种，保苗 19.5 万 ~ 25.5 万株/hm$^2$。

**适宜区域：**黑龙江省牡丹江地区第二积温带。

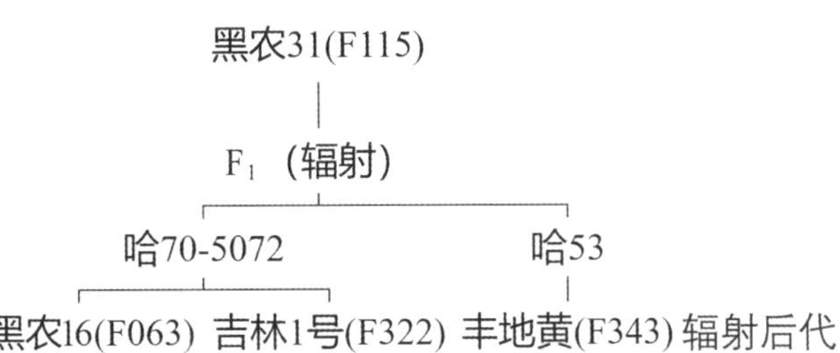

## 116. 黑河 20

**品种来源：** 黑龙江省农业科学院黑河农业科学研究所 1989 年以黑交 83-889 为母本、Maple Arrow 为父本，经有性杂交后采用系谱法选育而成。原品系号：黑交 94-1568。2000 年经黑龙江省农作物品种审定委员会审定推广。审定编号：黑审豆 2000008。

**产量表现：** 1999 年生产试验，平均产量 1 972.8 kg/hm²，比对照品种东农 41 增产 11.78%。

**特征特性：** 该品种为亚有限结荚习性。株高 70 cm 左右，主茎结荚，荚密，着荚上下比较均匀，3、4 粒荚多，丰产性好，秆极强，结荚部位高，成熟时不炸荚，适于机械收获。紫花，长叶，灰色茸毛。种子圆形，种皮黄色有光泽，百粒重 14 ~ 15 g。脂肪含量 18.89%，蛋白质含量 43.30%。较喜肥水，叶部病害轻。在适宜区域出苗至成熟生育日数 90 d 左右，需≥10 ℃活动积温 1 850 ℃·d 左右。

**栽培要点：** 5 月中旬播种，垄作保苗 33 万株 /hm² 左右，窄行密植保苗可达 45 万株 /hm² 左右。

**适宜区域：** 黑龙江省第六积温带。

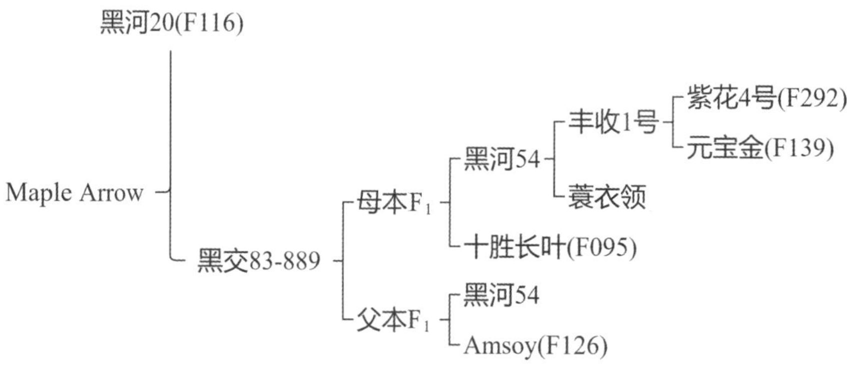


## 117. 北豆 10

**品种来源：** 黑龙江省农垦总局北安分局农业科学研究所于 1996 年以黑河 18 为母本、北丰 12 为父本，经有性杂交后采用系谱法选育而成。原品系号：北交 02-51。2007 年通过国家农作物品种审定委员会审定。审定编号：国审豆 2007009。

**产量表现：** 2006 年生产试验，平均产量 2 365.5 kg/hm²，比对照品种黑河 18 平均增产 7.8%。

**特征特性：** 该品种为亚有限结荚习性。株高 77.9 cm，单株有效荚数 29.1 个。个别承试点落叶差，不裂荚。紫花，长叶。种子圆形，种皮黄色，种脐淡黄色，百粒重 19.2 g。平均粗脂肪含量 19.54%，粗蛋白质含量 40.44%。根系发达，抗逆性强，抗旱耐涝性好，秆强抗倒伏。抗病性较好，两年接种和接虫鉴定，中抗灰斑病，中感花叶病毒病Ⅰ号株系，感Ⅲ号株系，高感食心虫，但室内考种汇总结果虫食率 1.45%。在生产中表现较耐除草剂，较抗胞囊线虫。在适宜区域出苗至成熟生育日数 113 d。

**栽培要点：** 5 月上中旬播种。"垄三"栽培保苗 30 万株 /hm² 左右，大垄密栽培保苗 40 万株 /hm² 左右。

**适宜区域：** 适宜在黑龙江省北部、吉林省东部山区、新疆维吾尔自治区北部、内蒙古自治区呼伦贝尔市中南部及兴安盟北部地区春播种植。

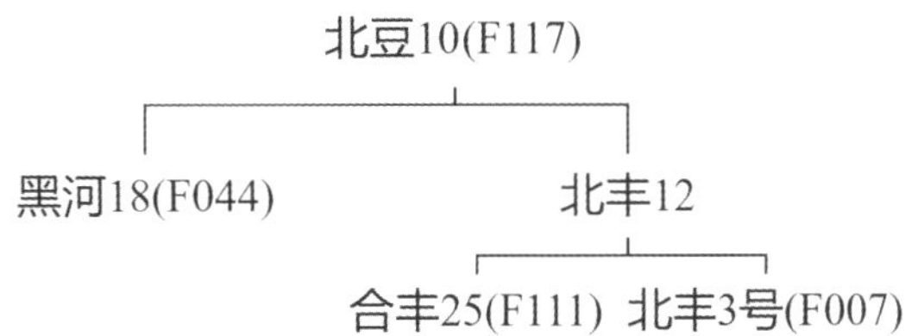


## 118. 牡丰 1 号

**品种来源：**牡丹江地区农科所 1963 年从荆山璞中系选育成。原系统号：牡系 63-04。1968 年经黑龙江省牡丹江地区农作物品种区域试验会议审查，确定在牡丹江地区推广。

**产量表现：**1964—1968 年多点产量鉴定，产量 1 875 ~ 3 000 kg/hm²，平均较对照品种荆山璞增产 9.9%。

**特征特性：**该品种为无限结荚习性。株高 70 cm 左右，分枝多，一般 3 ~ 5 个，4 粒荚多。白花，披针叶，灰色茸毛。种子圆形，种皮黄色，种脐褐色，百粒重 18 g 左右。蛋白质含量 36.1%，脂肪含量 22.7%，耐肥性中等，秆较强。在适宜区域出苗至成熟生育日数 130 d 左右。

**栽培要点：**适宜中等肥力条件栽培，保苗 18 万 ~ 27 万株 /hm²。

**适宜区域：**黑龙江省林口、宁安、密山、鸡东等市县。

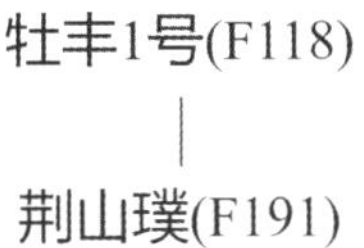


## 119. 紫花 1 号

**品种来源：**公主岭农试场于 1923 年以前在北铁哈尔滨农试场搜集地方品种，以小白眉为材料，经系统选种于 1929 年育成。原系统号：公 555。1941 年 4 月定名为紫花 1 号。

**产量表现：**产量稳定。单株生产力较强。常年产量 1 500 kg/hm² 左右。1959 年敦化鉴定结果，产量 2 362.5 kg/hm²，在供试品种中居第二名。在公主岭历年繁殖平均产量 1 687.5 kg/hm²。

**特征特性：**该品种为无限结荚习性。株高 60 ~ 70 cm，茎较健壮，株型收敛，分枝 2 ~ 3 个，节数 16 ~ 17 节，每节着生 1 ~ 3 个荚，2、3 粒荚多，平均每荚 1.9 ~ 2.1 粒，荚呈暗褐色。紫花，圆叶，灰色茸毛。种子椭圆形，种皮黄色有光泽，种脐黄色，百粒重 18 g 左右。蛋白质含量 43.1%，脂肪含量 21.1%。食心虫害极轻，对病害抵抗力较弱，紫斑病常年均有轻微感染，斑点病大发生之年患病亦较重。在适宜区域出苗至成熟生育日数 120 ~ 125 d。

**栽培要点：**一般肥力的平川地及低温肥地均能种植，无霜期较短的山间冷凉地以及湿润肥地尤为适宜。5 月上旬播种，保苗 30.0 万 ~ 37.5 万株 /hm²。

**适宜区域：**黑龙江省中部偏北地区及吉林省东部、敦化市。

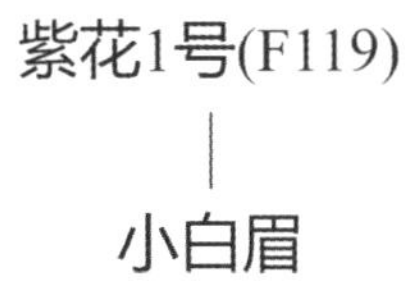

## 120. 绥农 6 号

**品种来源：**黑龙江省农业科学院绥化农业科学研究所于 1973 年以哈 70-5048 为母本、十胜长叶为父本，经有性杂交后采用系谱法选育而成。原品系号：绥 78-5054。1985 年经黑龙江省农作物品种审定委员会审定推广。

**产量表现：**1984 年生产试验，平均产量 2 416.5 kg/hm$^2$，比丰收 12 增产 22.4%。

**特征特性：**该品种为无限结荚习性。株高 80 ~ 100 cm，主茎发达，节数 16 节，分枝 1 ~ 2个，3、4 粒荚多，平均每荚 2.32 粒，荚褐色。紫花，披针叶，灰色茸毛。种子圆形，种皮黄色有光泽，种脐黄色，百粒重 18 ~ 20 g。蛋白质含量 37.2%，脂肪含量 22.7%。苗期生长快，秆强有弹性，较耐瘠薄、耐轻盐碱。在适宜区域出苗至成熟生育日数 113 d 左右，需≥10 ℃活动积温 2 300 ℃·d。

**栽培要点：**适宜较瘠薄和中等土壤肥力土地种植，5 月上旬播种，保苗 25.5 万 ~ 30.0 万株/hm$^2$。

**适宜区域：**黑龙江省绥化市第三积温带和第四积温带南部种植。

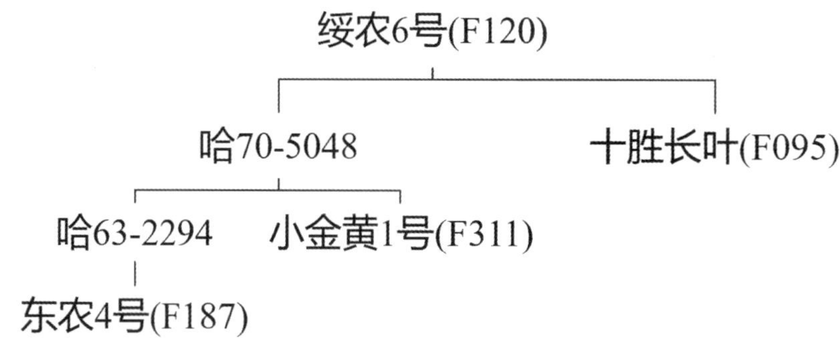


## 121. 红丰 8 号

**品种来源：**黑龙江省国营农场总局红兴隆分局科研所以合丰 25 为母本、Dawn 为父本，经有性杂交后采用系谱法选育而成。原品系号：钢 8168-4-13。1993 年经黑龙江省农作物品种审定委员会审定推广。审定编号：黑审豆 1993003。

**产量表现：**1991—1992 年两年参加生产试验，9 点次平均产量 2 105.8 kg/hm$^2$，比对照品种丰收 19 增产 8.6%。

**特征特性：**该品种为亚有限结荚习性。株高 80 cm 左右，分枝 0 ~ 2 个，主茎结荚为主，4 粒荚多。白花，尖叶，灰色茸毛。种子圆形光泽度好，浅脐，百粒重 18 g 左右。蛋白质含量 35.95%，脂肪含量 22.03%。1990—1991 年两年经黑龙江省农科院合江农科所接种鉴定，灰斑病粒率 1.66%，叶部病害分别为 1、2 级，属高抗灰斑病品种。在适宜区域出苗至成熟生育日数 114 d，需≥10 ℃活动积温 2 278 ℃·d。

**栽培要点：**适宜播期 5 月 10—20 日。中上等肥力条件的岗地及平原地区栽培，密度为 31.5万 ~ 36.0 万株 /hm$^2$，适宜行距 60 ~ 70 cm。

**适宜区域：**黑龙江省第三积温带。

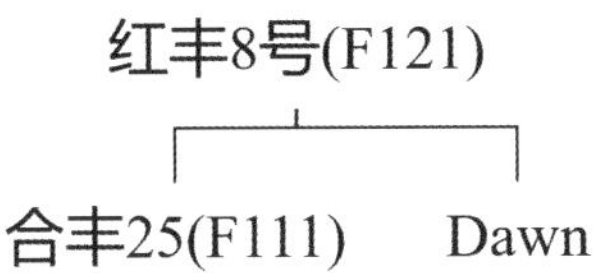


## 122. 垦农 24

**品种来源：**黑龙江八一农垦大学以农大 44605 为母本、垦农 7 号为父本，经有性杂交后采用系谱法选育而成。2010 年经黑龙江省农垦总局农作物品种审定委员会审定推广。

**产量表现：**2008—2009 年生产试验，平均产量 2 376.9 kg/hm$^2$，较对照品种黑河 43 平均增产 9.4%。

**特征特性：**亚有限结荚习性。株高 80 cm 左右，紫花，尖叶，灰色茸毛，百粒重 21 g 左右。

**栽培要点：**采用"垄三"栽培方式，保苗 30 万株 /hm$^2$。5 月上旬播种，选择中等肥力地块种植。

**适宜区域：**黑龙江省第四积温带垦区西北部。

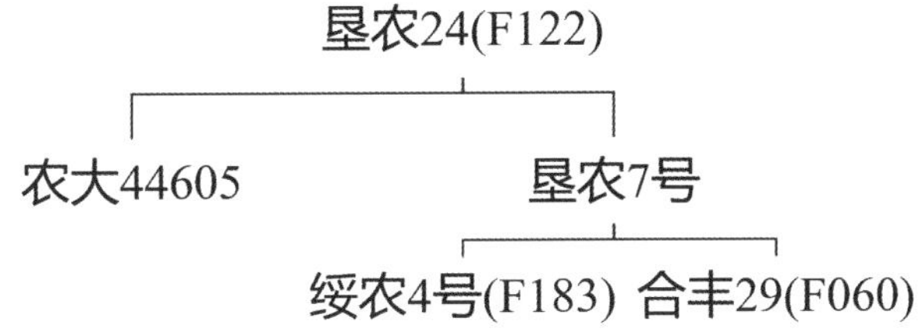


## 123. 北豆 18

**品种来源：**黑龙江省农垦总局红兴隆农业科学研究所、黑龙江省农垦科研育种中心 1997 年以农大 7828 为母本、钢 89130-7 为父本，经有性杂交后采用系谱法选育而成。2008 年通过全国农作物品种审定委员会审定推广。审定编号：国审豆 2008015。

**产量表现：**2007 年生产试验，产量 2 502 kg/hm$^2$，比对照品种绥农 14 增产 5.2%。

**特征特性：**该品种为亚有限结荚习性。株高 85.8 cm，单株有效荚数 34.4 个。紫花，长叶，灰色茸毛。种子圆形，种皮黄色，种脐黄色，百粒重 19 g。粗蛋白质含量 40.78%，粗脂肪含量 21.99%。接种鉴定，中抗大豆灰斑病，中抗 SMV Ⅰ号株系，中感 SMV Ⅲ号株系。在适宜区域出苗至成熟生育日数 120 d，需≥10 ℃活动积温 2 350 ℃·d。

**栽培要点：**5 月上旬。采用"垄三"栽培方式，保苗 24 万 ~ 26 万株 /hm$^2$。

**适宜区域：**适宜在黑龙江省第二积温带和第三积温带上限、吉林省东部地区春播种植。

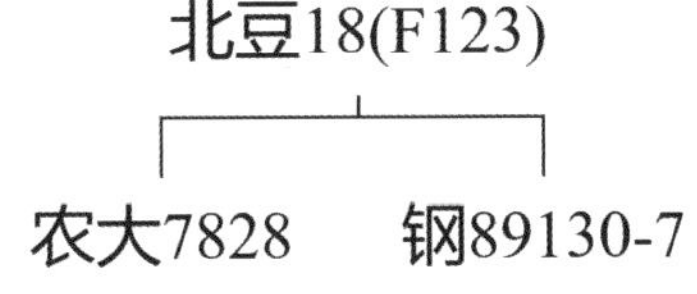

## 124. 合丰 23

**品种来源：**黑龙江省合江地区农科所于 1966 年以小粒豆 9 号为母本、丰收 10 为父本，经有性杂交后采用系谱法选育而成。原品系号：合交 71–943。1977 年经黑龙江省农作物品种区域试验会议审查，确定推广。

**产量表现：**1973—1976 年 12 点次试验，产量超过 3 000 kg/hm²。1973—1975 年在土壤肥力较高的宝清县五九七农场试验，平均产量 3 210 kg/hm²，比对照品种合交 6 号、东农 4 号、丰收 10 平均增产 24.4%。1975 年高产田产量达 4 312.5 kg/hm²。

**特征特性：**该品种为无限结荚习性。株高 80 ~ 90 cm，主茎发达，株型收敛，分枝少，主茎节数 13 ~ 15 个，节间短。结荚密，3、4 粒荚较多，平均每荚 2.7 粒，荚呈深褐色。紫花，披针叶，灰色茸毛。种子圆形，种皮黄色有光泽，种脐黄色，百粒重 20 g 左右。蛋白质含量 37.0%，脂肪含量 21.6%。茎秆坚硬，抗倒伏、耐湿、喜肥。在适宜区域出苗至成熟生育日数 128 d。

**栽培要点：**适宜中上等肥力土地种植，5 月上旬播种，保苗 30 万 ~ 45 万株 /hm²。

**适宜区域：**黑龙江省勃利、桦南、桦川、依兰、汤原、富锦、宝清、集贤等市县，吉林省榆树市和新疆维吾尔自治区石河子地区。

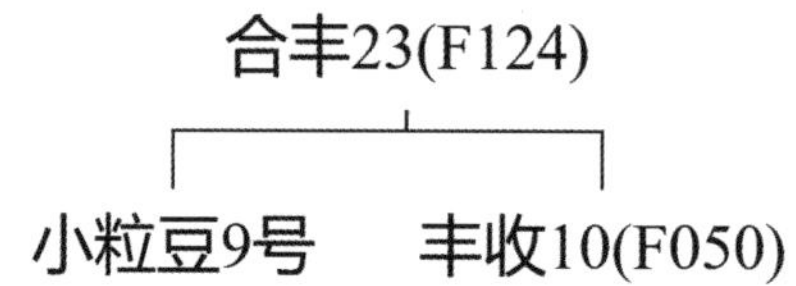


## 125. 合丰 47

**品种来源：**黑龙江省农业科学院合江农业科学研究所 1993 年对合 9229（合丰 35 × 公 84112–1–3）$F_2$ 辐射处理后系选而成。原品系号：合辐 93154–2。2004 年经黑龙江省农作物品种审定委员会审定推广。审定编号：黑审豆 2004003。

**产量表现：**2003 年生产试验，平均产量 2 560.8 kg/hm²，较对照品种合丰 35 增产 13.1%。

**特征特性：**亚有限结荚习性。株高 85 ~ 90 cm，主茎 15 ~ 16 节，有分枝。紫花，长叶，灰白色茸毛，荚熟时呈褐色。种子圆形，种皮黄色有光泽，种脐浅黄色，百粒重 20 ~ 22 g。脂肪含量 22.85%，蛋白质含量 38.11%。中抗灰斑病。在适宜区域出苗至成熟生育日数 116 d，需活动积温 2 300 ℃·d 左右。

**栽培要点：**5 月上旬播种，宜垄作栽培，保苗 30 万 ~ 35 万株 /hm²。

**适宜区域：**黑龙江省第二积温带。

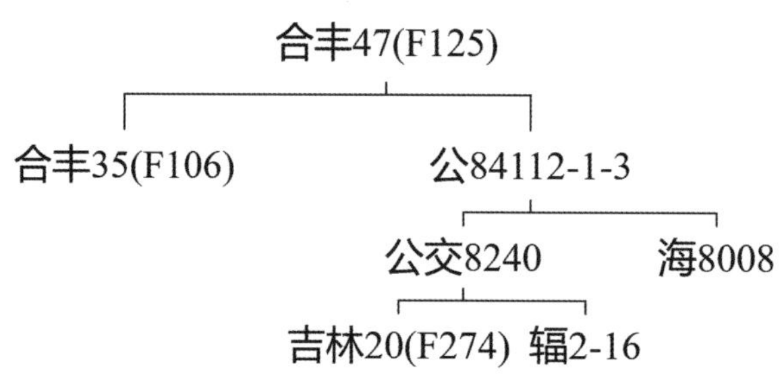

## 126. Amsoy

**品种来源：**美国大豆品种。

**特征特性：**无限结荚习性，有 2 ~ 3 个分枝。紫花，圆叶，灰色茸毛。成熟时荚皮褐色。种子黄色，椭圆形，百粒重 21 g 左右。蛋白质含量 41.43%，脂肪含量 20.88%。

## 127. 绥农 3 号

**品种来源：**黑龙江省绥化市农科所于 1963 年用克 5501–3 为母本、克交 56–4258 为父本杂交育成。原品系号：绥交 68–5057。1973 年由黑龙江省农作物品种审定委员会审查，确定推广。

**产量表现：**一般产量 2 250 ~ 3 000 kg/hm$^2$。

**特征特性：**无限结荚习性。株高 70 ~ 90 cm，分枝多，株型收敛。叶披针形，窄小，绿色。白花，灰毛，荚淡褐色。种子圆形，种皮黄色有光泽，脐黄色，大粒种，百粒重 18 ~ 21 g。在适宜区域出苗至成熟生育日数 115 d 左右。蛋白质含量 36.09%，脂肪含量 22.1%。

**栽培要点：**5 月上旬播种，保苗 22.5 万 ~ 30.0 万株 /hm$^2$。

**适宜区域：**黑龙江省绥化、佳木斯、鹤岗、鸡西市。

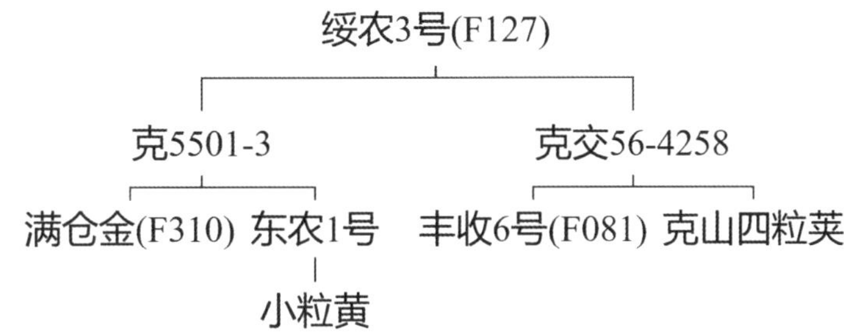


## 128. 蒙豆 30

**品种来源：**内蒙古自治区呼伦贝尔市农业科学研究所以蒙豆 16 为母本、89–9 为父本，经有性杂交后采用系谱法选育而成。原品系号：呼交 750。2009 年经内蒙古自治区农作物品种审定委员会审定推广。审定编号：蒙审豆 2009001。

**产量表现：**2008 年生产试验，3 点全部增产，平均产量 2 473.5 kg/hm$^2$，较北丰 9 号增产 8.6%，增产幅度为 6.34% ~ 10.04%。

**特征特性：**亚有限结荚习性。株高 85 cm 左右，分枝少。白花，长叶，灰色茸毛。种子圆形，种皮黄色有光泽，种脐淡褐色，荚熟时呈褐色。荚弯镰形。落叶性好，抗炸荚。百粒重 20.4 g。脂肪含量 20.95%，蛋白质含量 40.63%。田间抗性：抗旱、耐涝，抗灰斑病、霜霉病和病毒病；接种鉴定：该品种中抗灰斑病、中感花叶病。在适宜区域出苗至成熟生育日数 114 d，需≥10 ℃活动积温 2 220 ℃·d。

**栽培要点：**选用正茬地块，进行秋翻、秋耙、秋起垄，达到播种状态。在地温稳定通过 7 ~ 8 ℃时开始播种，采用机械垄上精量播种，播量 60 ~ 70 kg/hm$^2$，达到保苗 21.0 万 ~ 26.7 万株 /hm$^2$。

**适宜区域：**内蒙古自治区呼伦贝尔市、兴安盟、通辽市、赤峰市 2 200 ~ 2 400 ℃积温区及周边省份生态条件相似地区。

## 129. 红丰 11

**品种来源：**黑龙江省国营农场总局红兴隆分局科研所 1988 年以钢 8212–8 为母本、B152 为父本，经有性杂交后采用系谱法选育而成。原品系号：钢 8827–2。1998 年经黑龙江省农作物品种审定委员会审定推广。审定编号：黑审豆 1998006。

**产量表现：**1997 年生产试验，平均产量 2 554.6 kg/hm²，比对照品种合丰 35 增产 11.2%。

**特征特性：**该品种为亚有限结荚习性。株高 75 cm，节间短，花荚多，4 粒荚多。紫花，尖叶，灰色茸毛，百粒重 21.6 g。蛋白质含量 39.40%，脂肪含量 20.51%。抗逆性强，叶部病害3级，病粒率 0.8%。在适宜区域出苗至成熟生育日数 121 d，需≥10 ℃活动积温 2 517 ℃·d。

**栽培要点：**5 月上中旬播种，适宜中上等肥力条件下栽培，密度 27 万 ~ 30 万株 /hm²。

**适宜区域：**黑龙江省第二积温带。

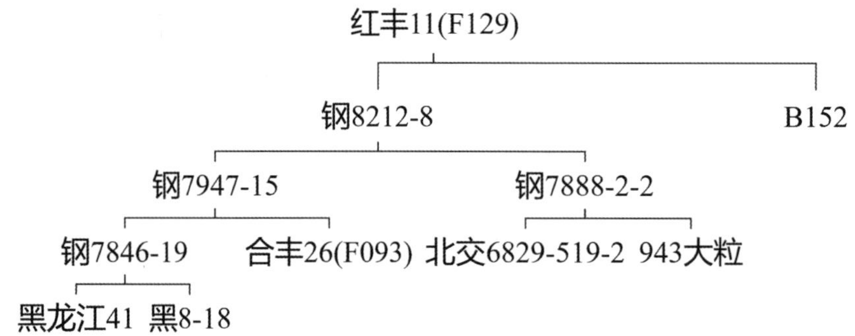


## 130. 丰收 2 号

**品种来源：**克山农试场于 1949 年以紫花 4 号为母本、元宝金为父本，经有性杂交后采用系谱法选育而成。原品系号：克交 4254–2。1958 年经黑龙江省作物品种区域试验会议审查，确定推广，定名丰收 2 号。

**产量表现：**1954—1958 年克山农试场品种试验，平均产量 1 590 kg/hm²，比紫花 4 号增产 14.2%。

**特征特性：**该品种为无限结荚习性。株高 60 ~ 70 cm，主茎节数 15 个，分枝少，茎秆粗壮，节间短，3 粒荚多，平均每荚 2.4 粒，荚呈褐色。白花，圆叶，灰色茸毛。种子圆形，种皮黄色有光泽，种脐淡褐色，百粒重 20 g 左右。蛋白质含量 44.1%，脂肪含量 19.9%。耐肥耐湿性强，苗期生长慢，病害感染轻，抗虫力较弱，不易生褐斑粒。在适宜区域出苗至成熟生育日数 125 d。

**栽培要点：**5 月上旬播种，保苗 22.5 万 ~ 30.0 万株 /hm²。

**适宜区域：**黑龙江省北部克山、克东、依安、讷河、北安、海伦、绥棱等地。

丰收2号(F130)

紫花4号(F292)　元宝金(F139)

## 131. 合丰 5 号

**品种来源：**合江地区农业科学研究所于 1957 年从荆山璞品种中进行单株选拔育成。原系统号为“佳系 5738”。1960 年确定推广。

**产量表现：**一般产量 2 100 kg/hm$^2$ 左右，最高产量 2 580 kg/hm$^2$。

**特征特性：**该品种无限结荚习性。株高 75 ~ 80 cm，主茎粗壮，秆强，主茎节数 17 节左右，分枝 3 ~ 4 个。白花，灰毛，荚成熟时呈暗褐色。种子近圆形，种皮黄色有光泽，脐淡褐色，百粒重 18 g 左右。蛋白质含量 40.63%，脂肪含量 21.93%。在适宜区域出苗至成熟生育日数 115 d 左右，植株通风透光性好，适应性广。

**栽培要点：**该品种在岗坡地、平原地均可栽培，5 月上旬播种，保苗 24 万株 /hm$^2$ 左右。

**适宜地区：**黑龙江省第二积温带东部区域。

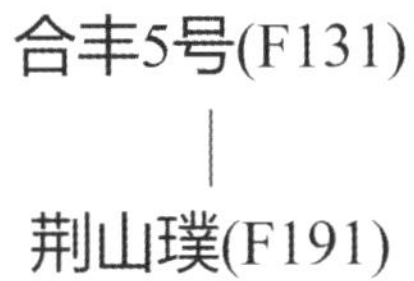


## 132. 东农 50

**品种来源：**东北农业大学 2003 年自加拿大引进 Electron 小粒豆品种。原品系号：东农 00-31。2007 年经黑龙江省农作物品种审定委员会审定推广。审定编号：黑审豆 2007022。

**产量表现：**2006 年生产试验，平均产量 2 139.8 kg/hm$^2$，较对照品种绥小粒豆 1 号增产 9.5%。

**特征特性：**小粒豆品种。亚有限结荚习性。株高 106 cm 左右，有分枝。白花，尖叶，灰色茸毛。种子圆形，种皮黄色有光泽，种脐无色，百粒重 6 ~ 7 g。蛋白质含量 39.57%，脂肪含量 40.72%，异黄酮含量 19.59%。中抗灰斑病。需≥10 ℃活动积温 2 350 ℃·d 左右。

**栽培要点：**选择中上等肥力地块，采用“垄三”栽培方式，保苗 28 万株 /hm$^2$。

**适宜区域：**黑龙江省第三积温带。

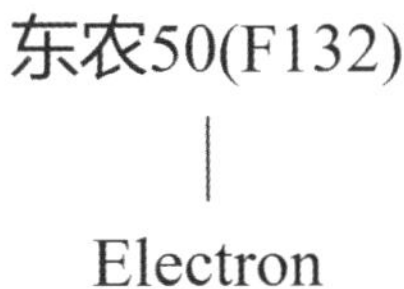


## 133. 黑农 10

**品种来源：**黑龙江省农业科学院大豆研究所于 1959 年以东农 4 号为母本、荆山璞为父本，经有性杂交后采用系谱法选育而成。原品系号：哈 63-7267。1971 年经黑龙江省农作物品种区域试验会议确定在黑龙江省东南部地区推广。

**产量表现：**丰产稳产，一般产量 2 250 kg/hm² 左右，最高产量 3 255 kg/hm²，比对照品种东农 4 号、合交 6 号平均增产 11.3%。1970 年在双城县青岭公社万解大队 75 亩平均公顷产量 3 225 kg。

**特征特性：**该品种为无限结荚习性。株高 90 ~ 100 cm，植株高大，主茎发达，株型收敛，分枝中等，主茎节数 19 个，节间短。3、4 粒荚多，平均每荚 2.6 粒，荚呈褐色。白花，披针叶，灰色茸毛。种子椭圆形，种皮黄色有光泽，种脐黄色，百粒重 20 ~ 22 g。蛋白质含量 39.60%，脂肪含量 22.40%。耐肥力中等，耐旱性较强，耐轻盐碱。在适宜区域出苗至成熟生育日数 130 d 左右。

**栽培要点：**适宜中等土壤肥力的平川种植，4 月下旬至 5 月上旬播种，保苗 24 万 ~ 30 万株/hm²。

**适宜区域：**黑龙江省哈尔滨、绥化、牡丹江等地区。

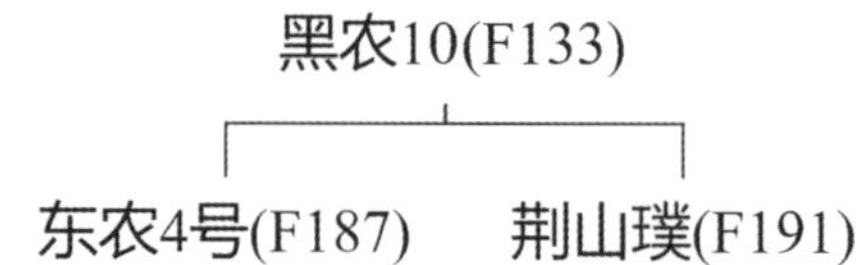


## 134. 绥农 5 号

**品种来源：**黑龙江省农业科学院绥化农科所于 1973 年以哈 70–5048 为母本、（十胜长叶 × 绥农 1 号）的 $F_1$ 为父本，经有性杂交后采用系谱法选育而成。原品系号：绥 77–4087。1984 年经黑龙江省农作物品种审定委员会审定推广。

**产量表现：**1982—1983 年生产试验，平均产量 1 534.5 kg/hm²，比对照品种丰收 10 增产 10.8%。

**特征特性：**该品种为无限结荚习性。株高 80 ~ 100 cm，主茎发达，节数 20 ~ 21 节，分枝 1 ~ 2 个，株型收敛。2、3 粒荚多，荚褐色。紫花，披针叶，灰色茸毛。种子圆形，种皮黄色有光泽，种脐黄色，百粒重 18 ~ 20 g。蛋白质含量 38.9%，脂肪含量 21.0%。较耐灰斑病，但感花叶病毒病。根系发达，适应性强，耐瘠薄，耐轻盐碱。在适宜区域出苗至成熟生育日数 114 d 左右，需≥10 ℃活动积温 2 264.3 ℃·d。

**栽培要点：**适宜较瘠薄和盐碱土地种植，5 月上旬播种，保苗 25.5 万 ~ 30.0 万株 /hm²。

**适宜区域：**黑龙江省绥化、海伦、明水等地。

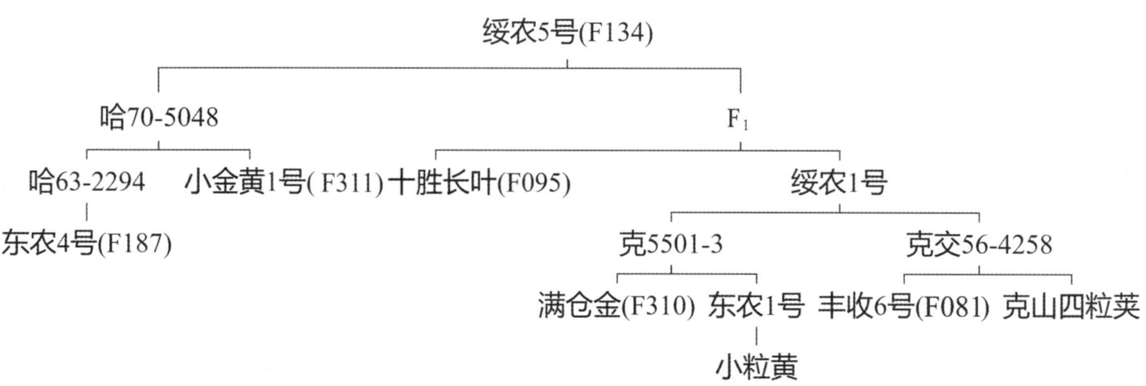

## 135. 北豆 8 号

**品种来源：**黑龙江省农垦总局九三分局科研所于 1993 年以北红 88-72（北丰 12）为母本、早合丰 25 为父本，经有性杂交后采用系谱法选育而成。原品系号：九三 00-20。2007 年通过全国农作物品种审定委员会审定推广。审定编号：国审豆 2007010。

**产量表现：**2006 年参加生产试验，平均产量为 2 394.0 kg/hm²，比对照品种黑河 18 平均增产 9.1%。

**特征特性：**该品种为亚有限结荚习性。株高 75 cm 左右，株型紧凑收敛，节短荚密，成熟落黄好，不裂荚。白花，长叶，灰色茸毛。种子圆形，种皮黄色有光泽，种脐黄色，商品属性好，百粒重 18.1 g 左右。粗蛋白质含量 39.14%，粗脂肪含量 20.16%。抗病抗倒伏，综合性状好。经吉林省农业科学院大豆研究所接种灰斑病菌鉴定，属抗灰斑病类型。在适宜区域出苗至成熟生育日数 113 d，需≥10 ℃活动积温 2 180 ℃·d。

**栽培要点：**适宜地区于 5 月上旬播种，采用“垄三”栽培技术，一般保苗 32 万～35 万株 /hm²。

**适宜区域：**我国北方春大豆早熟地区（内蒙古自治区兴安盟和呼伦贝尔市早熟区、吉林省敦化市早熟区、黑龙江省早熟区及新疆维吾尔自治区北屯市和阿勒泰市早熟区）。

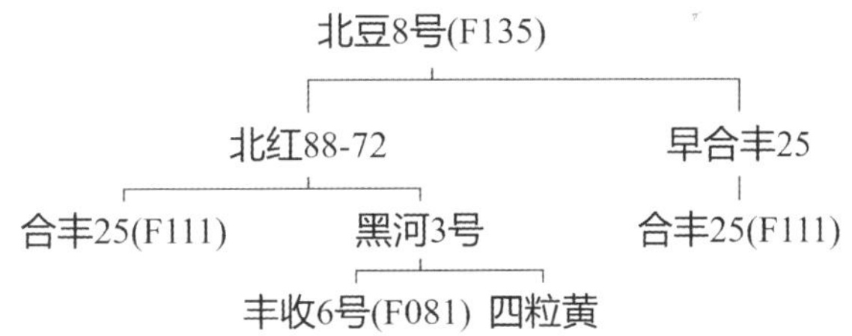


## 136. 垦丰 13

**品种来源：**黑龙江省农垦科学院农作物开发研究所 1992 年以北丰 9 号为母本、绥农 10 为父本杂交，采用系谱法选育而成。原品系号：垦 97-385。2005 年经黑龙江省农作物品种审定委员会审定推广。审定编号：黑审豆 2005008。

**产量表现：**2003 年生产试验，平均产量 2 413.5 kg/hm²，较对照品种宝丰 7 号平均增产 12.4%。

**特征特性：**无限结荚习性。株高 79 cm，底荚高 16 cm。长叶，白花，灰茸毛，有分枝，以中下部结荚为主，3、4 粒荚较多，荚弯镰形，荚熟褐色。种子圆形，种皮黄色有光泽，种脐黄色，百粒重 18 g 左右。蛋白质含量 38.03%，粗脂肪含量 21.90%。接种鉴定中抗灰斑病。在适宜区域出苗至成熟生育日数 116 d 左右，需≥10 ℃活动积温 2 215 ℃·d 左右。

**栽培要点：**5 月上中旬播种。对土壤肥力要求不高，保苗 22.5 万～28.0 万株 /hm²，土壤肥沃宜稀植，土壤瘠薄宜密植。

**适宜区域：**黑龙江省第三积温带。

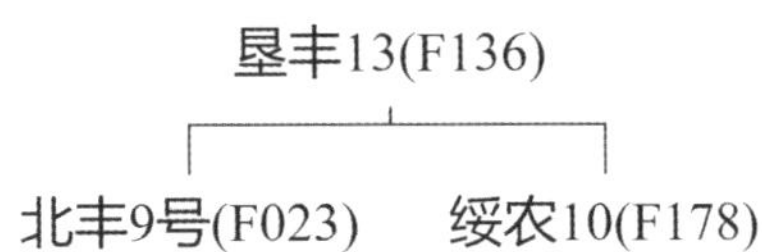

## 137. 牡丰 2 号

**品种来源：**黑龙江省牡丹江地区农科所从荆山璞品种中系选育成。1968 年经牡丹江地区农作物品种区域试验会议审查，确定在牡丹江地区推广。

**产量表现：**一般产量 2 450 kg/hm² 左右。

**栽培要点：**该品种无限结荚习性。株高 80 cm 左右，秆强，有 2～3 个分枝。白花，长叶，灰色茸毛，成熟时荚皮褐色。种子近圆形，种皮黄色有光泽，百粒重 20 g 左右。蛋白质含量 39.68%，脂肪含量 22.10%。在适宜区域出苗至成熟生育日数 107 d 左右。

**栽培要点：**5 月上旬播种，保苗 23 万～25 万株 /hm²。

**适宜区域：**黑龙江省第三积温带。

牡丰2号(F137)

|

荆山璞(F191)

## 138. 嫩丰 17

**品种来源：**黑龙江省农业科学院嫩江农业科学研究所 1992 年以白系 8713 为母本、哈红为父本杂交育成，原品系号：92046-5。2004 年经黑龙江省农作物品种审定委员会审定推广。审定编号：黑审豆 2004012。

**产量表现：**2002 年生产试验，平均产量 1 941.7 kg/hm²，较对照品种嫩丰 14 增产 9.4%。

**特征特性：**无限结荚习性。株高 80 cm 左右，有分枝，白花，长叶，灰色茸毛，荚熟时呈褐色。种子扁圆形，种皮黄色有光泽，脐淡褐色，百粒重 16 g 左右。脂肪含量 22.94%，蛋白质含量 37.75%。中抗灰斑病。在适宜区域出苗至成熟生育日数 115 d，需活动积温 2 500 ℃·d 左右。

**栽培要点：**5 月上旬播种，垄作，保苗 28 万～30 万株 /hm²。

**适宜区域：**黑龙江省第一积温带。

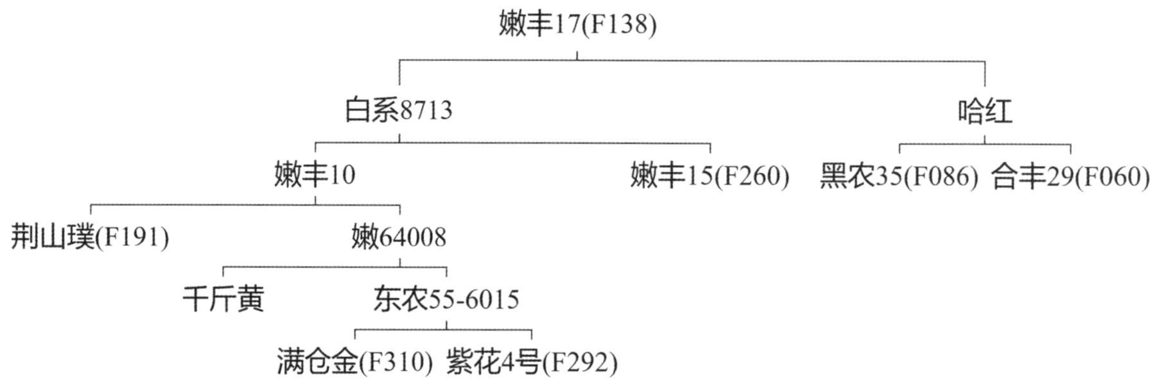

## 139. 元宝金

**品种来源：**公主岭试验场 1927 年以黄宝珠为母本、金元为父本，经有性杂交后系谱法选育而成。原品系号：黄金 13–3。

**产量表现：**1957 年佳木斯农业气象试验站产量 2 227.5 kg/hm$^2$，比对照品种满仓金增产 10%。

**特征特性：**该品种为无限结荚习性。株高 70 ~ 80 cm，茎较满仓金粗壮，分枝 3 ~ 4 个，株型收敛，主茎节数 15 ~ 16 节，节间短。结荚分布均匀，每节着生 2 ~ 3 个荚，2、3 粒荚多，平均每荚 2.4 粒，荚暗褐色。白花，圆叶，灰色茸毛。种子椭圆形，种皮黄色有光泽，种脐淡褐色，百粒重 18 ~ 21 g。蛋白质含量 42.6%，脂肪含量 21.8%。耐湿性、耐肥性均较满仓金强，不易倒伏，食心虫害轻。在适宜区域出苗至成熟生育日数 130 ~ 135 d。

**栽培要点：**适宜肥沃土壤种植，保苗 22.5 万株 /hm$^2$。

**适宜区域：**黑龙江省中南部和东部，吉林省中北部地区。

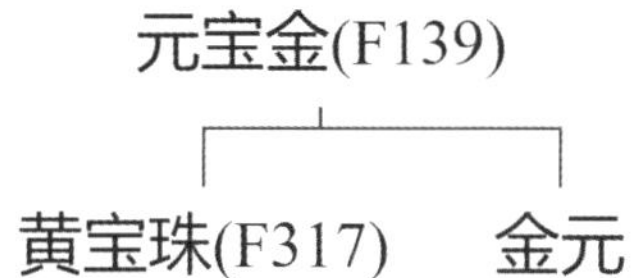


## 140. 垦丰 14

**品种来源：**黑龙江省农垦科学院农作物开发研究所，以绥农 10 为母本、长农 5 号为父本杂交，采用系谱法选育而成。原品系号：垦 98–4319。2005 年通过全国农作物品种审定委员会审定推广。审定编号：国审豆 2005015。

**产量表现：**2004 年生产试验，平均产量 2 806.5 kg/hm$^2$，比对照品种绥农 14 增产 8.1%。

**特征特性：**无限结荚习性。白花，长叶。平均生育日数 122 d，株高 96.4 cm，单株有效荚数 32.6 个。成熟时，个别承试点半落叶和轻度裂荚。种子圆形，种皮黄色，黄脐，百粒重 20.6 g。田间表现比较抗病，接种鉴定中抗花叶病毒病 I 号株系，中感混合株系，中抗灰斑病，抗倒性一般。平均粗蛋白质含量 37.65%，粗脂肪含量 20.15%。

**栽培要点：**5 月上中旬播种，一般中等肥力保苗 27.75 万 ~ 30.00 万株 /hm$^2$，肥沃土壤保苗 22.50 万 ~ 25.05 万株 /hm$^2$；以“垄三”栽培方式为宜；一般施磷酸二铵 225 kg/hm$^2$，钾肥 30 kg/hm$^2$，尿素 30 ~ 41 kg/hm$^2$；开花结荚期可结合病虫害防治喷施叶面肥 1 ~ 2 次。

**适宜区域：**该品种属北方春大豆中早熟高产品种，适宜在黑龙江省第二积温带、吉林省东部山区、内蒙古自治区兴安盟以及新疆维吾尔自治区昌吉和石河子地区春播种植。

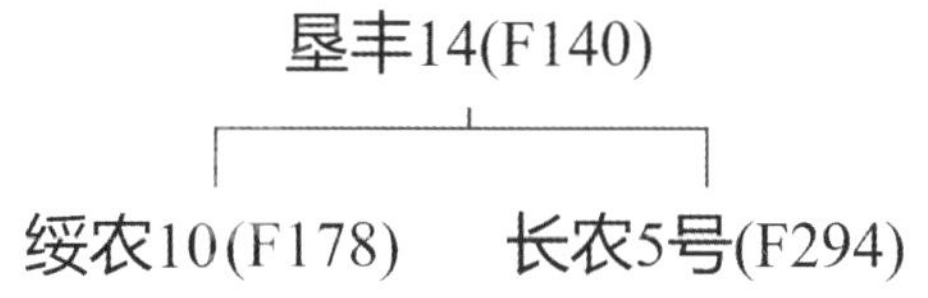

## 141. 绥无腥 1 号

**品种来源：**黑龙江省农业科学院绥化农业科学研究所 1995 年以日本的无腥味大豆中育 37 为母本、绥农 10 为父本，经有性杂交后采用系谱法育成。原品系号：绥 98-607。2002 年经黑龙江省农作物品种审定委员会审定推广。审定编号：黑审豆 2002014。

**产量表现：**2001 年生产试验，平均产量 2 454.3 kg/hm$^2$，比对照品种合丰 25 增产 8.1%。

**特征特性：**无限结荚习性。株高 110 cm 左右，分枝能力强，中抗灰斑病，秆较强，节间短，上下着荚均匀，3、4 粒荚多。白花，长叶，灰毛。种子圆形，种皮黄色，脐无色，百粒重 19 g 左右。蛋白质含量 40.70%，脂肪含量 19.90%。在适宜区域出苗至成熟生育日数 120 d 左右，需活动积温 2 450 ℃·d 左右。种子中不含脂肪氧化酶 L2，无豆腥味。

**栽培要点：**要求土壤中等肥力，适宜播期 4 月下旬至 5 月上旬，垄作，不宜平播，适宜密度 20 万～30 万株 /hm$^2$。

**适宜地区：**黑龙江省第二积温带。

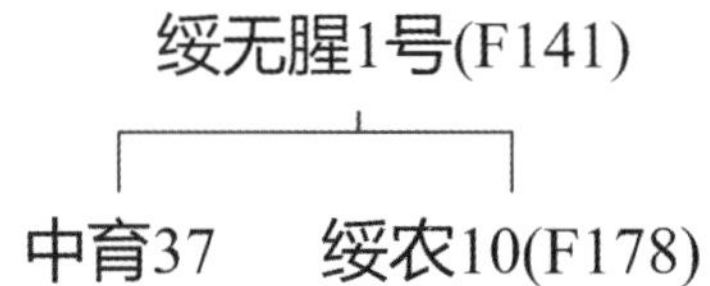


## 142. Clark63

**品种来源：**美国大豆品种。

**特征特性：**亚有限结荚习性。紫花，尖叶，灰色茸毛，成熟时荚皮褐色，种子黄色，圆形，百粒重 20.98 g。蛋白质含量 41.53%，脂肪含量 21.65%。

## 143. 垦农 19

**品种来源：**黑龙江八一农垦大学 1991 年以绥农 8 号 × 农大 4840 有性杂交，采用系谱法选育而成。原品系号：农大 5270。2004 年经黑龙江省农作物品种审定委员会审定推广。审定编号：黑审豆 2002004。

**产量表现：**2001 年生产试验，平均产量 2 784.2 kg/hm$^2$，比对照品种合丰 25 平均增产 8.3%。

**特征特性：**亚有限结荚习性。株高 70～80 cm，尖叶，紫花，灰茸毛，有短分枝。以主茎结荚为主，节短，荚密，结荚分布均匀，3、4 粒荚多。种子圆形，种皮黄色，脐无色，百粒重 20 g 左右。蛋白质含量 37.74%，脂肪含量 23.27%。中抗大豆灰斑病。秆强抗倒伏。在适宜区域出苗至成熟生育日数 118 d 左右，需活动积温 2 350～2 400 ℃·d，为中熟品种。

**栽培要点：**适宜 5 月上中旬播种。采用“垄三”栽培法，密度以 30 万～33 万株 /hm$^2$ 为宜。

**适宜地区：**黑龙江省第二积温带两岭山地多种气候区（第四区）。

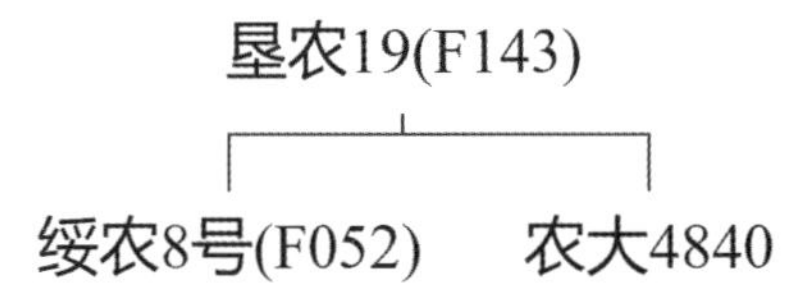

## 144. 垦鉴豆 35

**品种来源：**黑龙江省农垦科学院作物开发研究所以绥农 10 为母本、垦农 4 号为父本杂交，采用系谱法选育而成。原品系号：垦 98-4038。2004 年经黑龙江省农垦总局农作物品种审定委员会审定推广。审定编号：黑垦审豆 2004004。

**产量表现：**2001、2002 年区域试验，2003 年生产试验，平均产量 2 747.4 kg/hm² 和 2 981.6 kg/hm²，较对照品种垦农 4 号平均增产 9.3%和 10.4%。

**特征特性：**亚有限结荚习性。株高 90 cm 左右。尖叶，白花，灰茸毛。3、4 粒荚多，荚褐色。种子圆形，种皮淡黄色有光泽，黄色脐，百粒重 19～21 g。秆强不倒。在适宜区域出苗至成熟生育日数 118 d 左右，需活动积温 2 350 ℃·d。

**栽培要点：**适宜播期 5 月上中旬，密度以 25 万～28 万株 /hm² 为宜，施磷酸二铵 150 kg/hm²、尿素 40 kg/hm²、氯化钾 30 kg/hm²。

**适宜地区：**黑龙江省第二、三积温带。

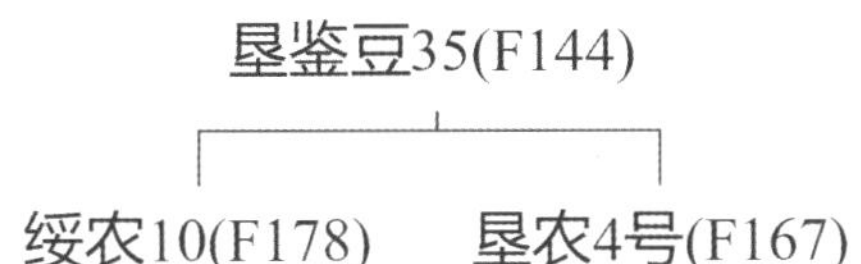


## 145. 北丰 11

**品种来源：**黑龙江省农垦总局北安分局科研所以合丰 25 为母本、北交 69-1483 为父本，经有性杂交后采用系谱法选育而成。原品系号：北 87-9。1995 年经黑龙江省农作物品种审定委员会审定推广。审定编号：黑审豆 1995002。

**产量表现：**1993—1994 年生产试验，平均产量 3 125.1 kg/hm²，比对照品种黑河 5 号增产 9.23%。

**特征特性：**亚有限结荚习性。株高 80 cm，主茎 18～20 节，主茎结荚，节短，荚密，3、4 粒荚多。白花，长叶，灰色茸毛。种子圆形，种皮黄色有光泽，百粒重 18 g。蛋白质含量 40.08%，脂肪含量 20.11%。秆强抗倒伏，喜肥水，中抗灰斑病。在适宜区域出苗至成熟生育日数 121 d，比对照品种黑河 5 号晚 6 d，需≥10 ℃活动积温 2 208.7 ℃·d。

**栽培要点：**适宜播期为 5 月 10—15 日。保苗 30 万株 /hm²。

**适宜区域：**黑龙江省西北部第三、四积温带。

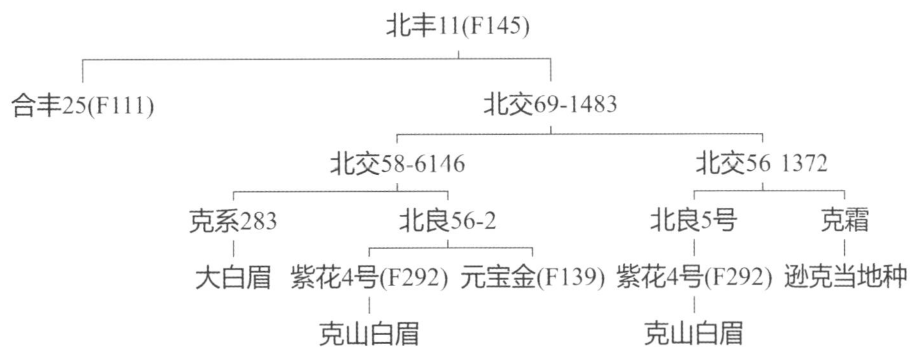

## 146. 垦豆 25

**品种来源：**黑龙江省农垦科学院农作物开发研究所以垦丰 16 为母本、绥农 16 为父本，经有性杂交，采用系谱法选育而成。原品系号：垦 03–1074。2011 年经黑龙江省农作物品种审定委员会审定推广。审定编号：黑审豆 2011011。

**产量表现：**2010 年生产试验，平均产量 3 153.9 kg/hm$^2$，较对照品种合丰 50 增产 12.2%。

**特征特性：**该品种为亚有限结荚习性。株高 90 cm 左右，无分枝，白花，圆叶，灰白色茸毛。荚呈弯镰形，成熟时呈浅褐色。种子椭圆形，种皮黄色有光泽，种脐黄色，百粒重 19 g 左右。蛋白质含量 40.05%，脂肪含量 20.28%。接种鉴定中抗灰斑病。在适宜区域出苗至成熟生育日数 115 d 左右，需≥10 ℃活动积温 2 350 ℃·d 左右。

**栽培要点：**在适宜区域 5 月上中旬播种，选择中等肥力以上地块种植，采用"垄三"栽培方式，保苗 25 万～28 万株 /hm$^2$。

**适宜区域：**黑龙江省第二积温带。

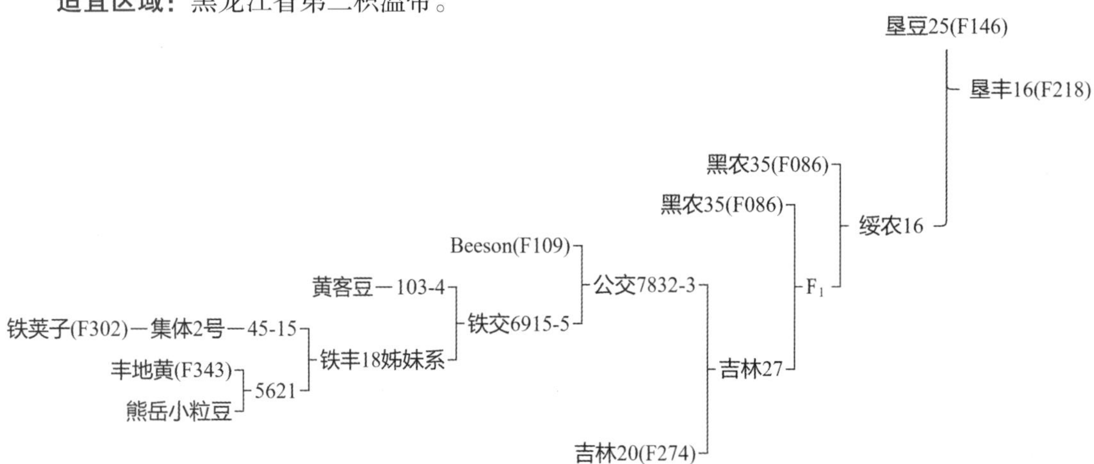


## 147. 垦豆 27

**品种来源：**黑龙江省农垦科学院农作物开发研究所以垦丰 16 为母本、绥农 14 为父本，经有性杂交，采用系谱法选育而成。2010 年经黑龙江省农垦总局农作物品种审定委员会审定推广。审定编号：黑垦审豆 2010003。

**产量表现：**2009 年生产试验，平均产量 2 466.5 kg/hm$^2$，较对照品种合丰 51 平均增产 7.4%。

**特征特性：**无限结荚习性。株高 80 cm 左右，有分枝，白花，尖叶，灰色茸毛，种子百粒重 18 g 左右。蛋白质平均含量 38.22%，脂肪平均含量 21.17%。接种鉴定中抗灰斑病。在适宜区域出苗至成熟生育日数 112 d 左右，需≥10 ℃活动积温 2 250 ℃·d 左右。

**栽培要点：**在适宜区域 5 月上中旬播种，保苗株数 28 万～30 万株 /hm$^2$。

**适宜区域：**黑龙江省第三积温带垦区东北部。

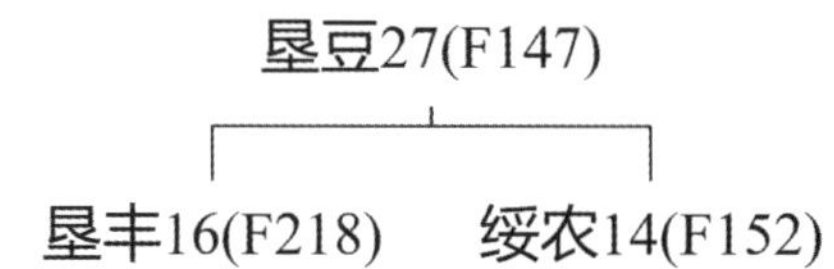

## 148. 嫩丰 1 号

**品种来源：**黑龙江省嫩江地区农科所 1963 年以合丰 5 号为母本、满仓金为父本，经有性杂交后采用系谱法选育而成。原品系号：嫩 6834。1972 年经嫩江地区农作物品种区域试验会议审查，确定推广。

**产量表现：**1970—1971 年区域试验，平均产量 2 025 kg/hm²，比对照品种合丰 5 号增产 10.3%。

**特征特性：**该品种为无限结荚习性。株高 70 cm 左右，分枝较多，白花，圆叶，灰色茸毛。种子圆形，种皮黄色有光泽，种脐淡褐色，百粒重 20 g 左右。蛋白质含量 38.5%，脂肪含量 22.5%。抗旱性较强。在适宜区域出苗至成熟生育日数 130 d 左右。

**栽培要点：**适宜排水良好的平地和漫坡地种植，保苗 25.5 万 ~ 30.0 万株 /hm²。

**适宜区域：**黑龙江省泰来、杜尔伯特、龙江、齐齐哈尔、甘南、林甸、富裕等地。

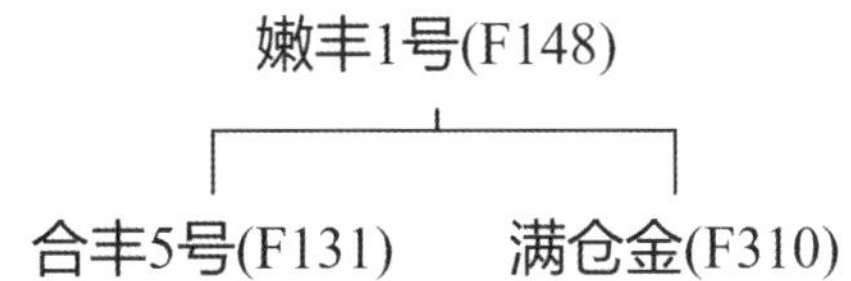


## 149. 嫩丰 18

**品种来源：**黑龙江省农业科学院嫩江农业科学研究所 1993 年以嫩 92046 $F_1$ 为母本、合丰 25 为父本杂交，采用系谱法选育而成。原品系号：嫩 93064-1。2005 年经黑龙江省农作物品种审定委员会审定推广。审定编号：黑审豆 2005009。

**产量表现：**2003 年生产试验，平均产量 2 195.0 kg/hm²，较对照品种嫩丰 14 增产 10.1%。

**特征特性：**该品种为无限结荚习性。株高 90 cm 左右，主茎型，节间短，结荚密，3、4 粒荚多，植株高大繁茂，有分枝，尖叶，白花，灰色茸毛。种子圆形，种皮黄色有光泽，种脐淡褐色，百粒重 20 ~ 22 g。蛋白质含量 38.22%，脂肪含量 22.69%，在适宜区域出苗至成熟生育日数 120 d，需≥10 ℃活动积温 2 480 ℃·d 左右。接种鉴定中抗大豆胞囊线虫 3 号生理小种。

**栽培要点：**5 月上旬播种，适宜 65 ~ 70 cm 垄作，保苗 28 万 ~ 30 万株 /hm²。

**适宜区域：**黑龙江省第一积温带。

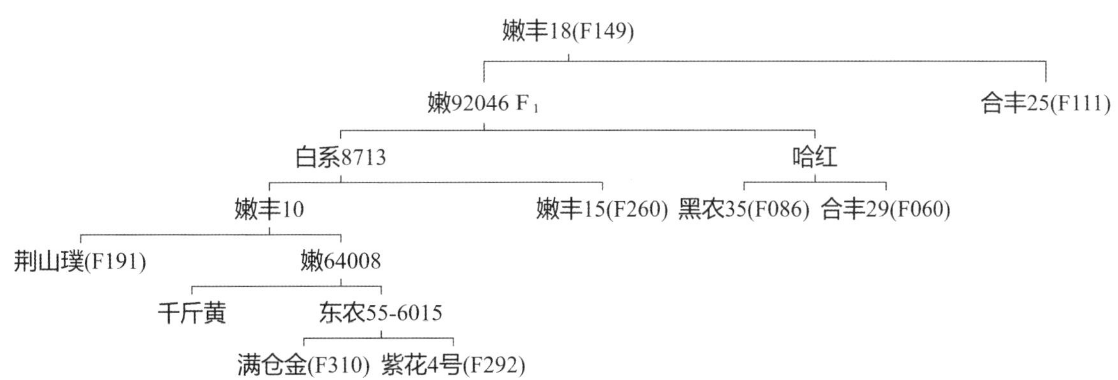

## 150. 垦农 26

**品种来源：** 黑龙江八一农垦大学以垦农 14 为母本、农大 5088 为父本，经有性杂交，采用系谱法选育而成。2011 年经黑龙江省农作物品种审定委员会审定推广。审定编号：黑审豆2011012。

**产量表现：** 2009—2010 年生产试验，平均产量 2 799.9 kg/hm$^2$，较对照品种合丰 50 增产 8.1%。

**特征特性：** 亚有限结荚习性。株高 90 cm，有分枝，白花，尖叶，灰色茸毛，荚弯镰形，成熟时呈浅褐色。种子圆形，种皮黄色有光泽，种脐无色，百粒重 23 g。蛋白质含量 39.52%，脂肪含量 20.53%。在适宜区域出苗至成熟生育日数 115 d 左右，需≥10 ℃活动积温 2 350 ℃·d。

**栽培要点：** 5 月上旬播种，保苗 33 万株 /hm$^2$ 左右。

**适宜区域：** 黑龙江省第二积温带。

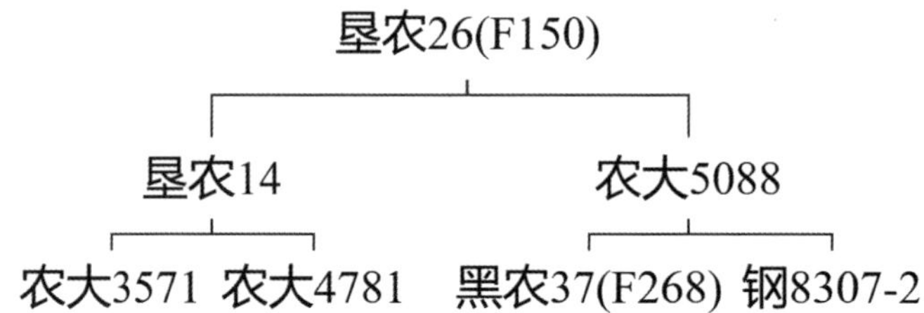


## 151. 合农 60

**品种来源：** 黑龙江省农业科学院佳木斯分院以北丰 11 为母本、美国矮秆品种 Hobbit 为父本，经有性杂交，采用系谱法选育而成。原品系号：合交 98–1667。审定编号：黑审豆 2010010。

**产量表现：** 2009 年生产试验（45 cm 垄距，双行），平均产量 3 909.8 kg/hm$^2$，较对照品种合丰 50（70 cm 垄作）增产 25.3%。

**特征特性：** 有限结荚习性。垄作栽培株高 40 ~ 50 cm，窄行密植栽培株高 65 ~ 70 cm，有多小分枝，白花，尖叶，棕色茸毛。荚弯镰形，成熟时呈棕褐色。种子圆形，种皮黄色有光泽，种脐黄色，百粒重 17 ~ 20 g。蛋白质含量 38.47%，脂肪含量 22.25%。中抗灰斑病。在适宜区域出苗至成熟生育日数 117 d 左右，需≥10 ℃活动积温 2 290 ℃·d 左右。

**栽培要点：** 不适宜常规垄作栽培（65 ~ 70 cm 垄距），须采用窄行密植栽培模式，保苗 40万 ~ 45 万株 /hm$^2$。5 月上中旬播种，9 月中旬成熟，10 月上旬收获。

**适宜区域：** 黑龙江省第二积温带。

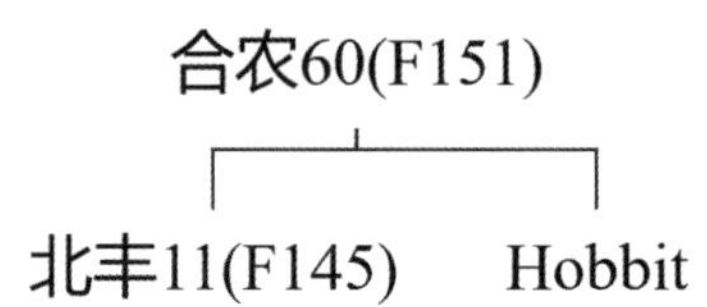

## 152. 绥农 14

**品种来源**：黑龙江省农业科学院绥化农业科学研究所以合丰 25 为母本、绥农 8 号为父本，经有性杂交后采用系谱法选育而成。原品系号：绥 90–5351。1996 年经黑龙江省农作物品种审定委员会审定推广。审定编号：黑审豆 1996007。

**产量表现**：1995 年生产试验，平均产量为 2 356.5 kg/hm$^2$，比对照品种合丰 25 增产 11.4%。

**特征特性**：该品种为亚有限结荚习性。植株高大，有分枝，节间短。主茎结荚密，3、4 粒荚多，上下着荚均匀，种子大、整齐。紫花，长叶，灰色茸毛。种子圆形，种皮鲜黄色有光泽，种脐无色，百粒重 20 ~ 22 g。蛋白质含量 41.72%，脂肪含量 20.48%。秆强，中抗灰斑病。在适宜区域出苗至成熟生育日数 115 ~ 120 d，需≥10 ℃活动积温 2 400 ~ 2 500 ℃·d。

**栽培要点**：5 月下旬播种，密度为 22.5 万 ~ 25.5 万株 /hm$^2$，适宜较肥沃土壤种植。

**适宜地区**：黑龙江省第二积温带。

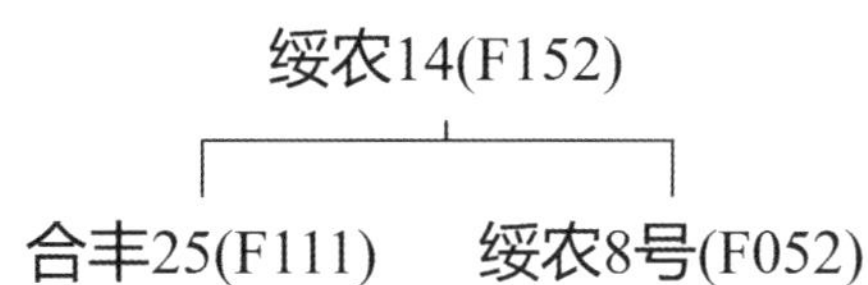


## 153. 吉育 69

**品种来源**：吉林省农业科学院 1996 年以公交 9223–1 为母本、垦 93–682 为父本，经有性杂交后采用系谱法选育而成（引自吉林省农业科学院大豆研究所）。原品系号：公交 9630–18。2004 年经吉林省农作物品种审定委员会审定推广。审定编号：吉审豆 2004002。

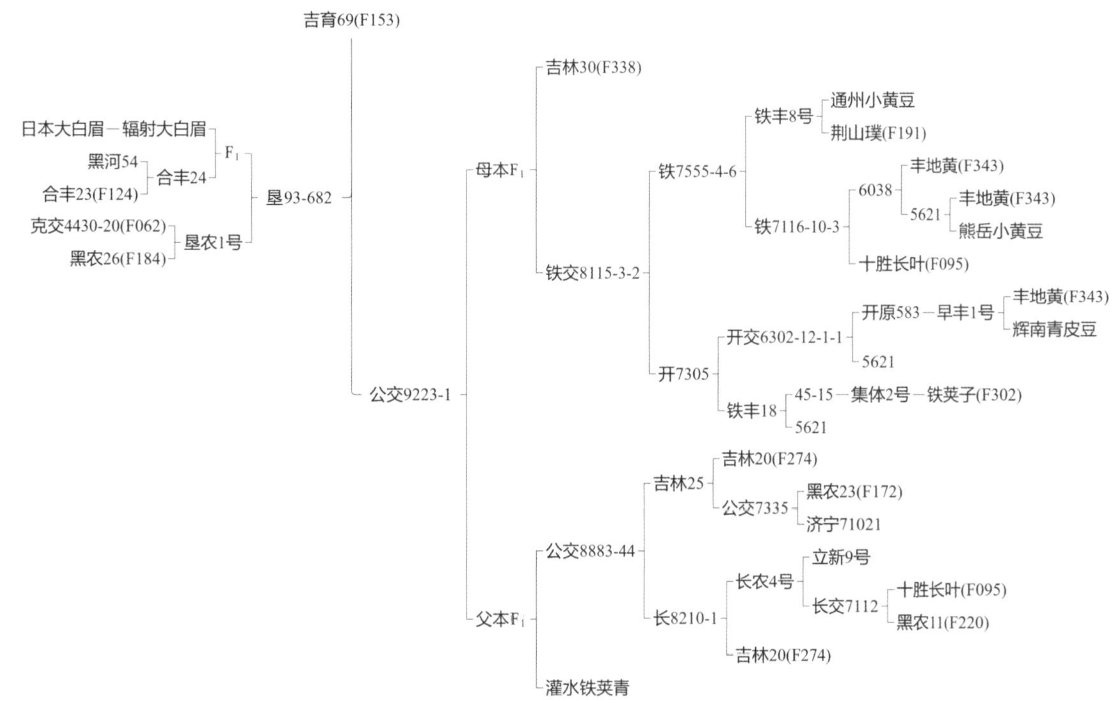

**产量表现**：2003 年生产试验，平均产量 2 282.8 kg/hm$^2$，比对照品种延农 8 号增产 4.1%。

**特征特性**：该品种为无限结荚习性。株高 90 cm，主茎节数 17 ~ 18 节，分枝 1 ~ 2 个，荚褐色。紫花，披针叶，灰色茸毛。种子圆形，种皮黄色有光泽，种脐黄色，百粒重 23 g 左右。蛋白质含量 44.09%，脂肪含量 19.20%。人工接种鉴定，中抗大豆花叶病毒病混合株系。在适宜区域出苗至成熟生育日数 116 d。

**栽培要点**：适宜中上等肥力土壤种植，播种量 60 ~ 65 kg/hm$^2$，保苗 22 万 ~ 25 万株 /hm$^2$。

**适宜区域**：吉林省延边、白山、通化等中早熟地区。

## 154. 嫩丰 4 号

**品种来源**：黑龙江省嫩江地区农科所 1966 年以合丰 5 号为母本、黑农 3 号为父本，经有性杂交后采用系谱法选育而成。原品系号：嫩 66126–22。1975 年经嫩江地区农作物品种区域试验会议审查，确定推广。

**产量表现**：1972—1974 年区域试验，平均产量 1 897.5 kg/hm$^2$，比对照品种嫩丰 1 号增产 12.7%。

**特征特性**：该品种为无限结荚习性。株高 70 cm 左右，主茎发达，主茎节数 16 ~ 18 节，分枝中等，节间短，白花，圆叶，灰色茸毛。种子圆形，种皮黄色有光泽，种脐淡褐色，百粒重 18 ~ 20 g。蛋白质含量 36.2%，脂肪含量 23.7%。秆强，喜肥水。在适宜区域出苗至成熟生育日数 130 d。

**栽培要点**：适宜排水良好的平地和漫坡地种植，保苗 25.5 万 ~ 30.0 万株 /hm$^2$。

**适宜区域**：黑龙江省泰来、杜尔伯特、龙江、齐齐哈尔、甘南、林甸、富裕等地。



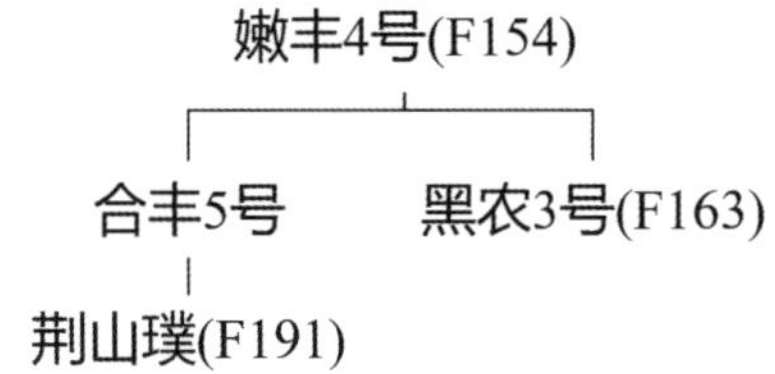


## 155. 绥农 27

**品种来源**：黑龙江省农业科学院绥化分院以绥 97–5525 为母本、绥 98–64–1 为父本，经有性杂交，采用系谱法选育而成。原品系号：绥 02–336。2008 年经黑龙江省农作物品种审定委员会审定推广。审定编号：黑审豆 2008016。

**产量表现**：2007 年生产试验，平均产量 2 596.0 kg/hm$^2$，较对照品种宝丰 7 号增产 9.1%。

**特征特性**：无限结荚习性。株高 90 cm 左右，有分枝，紫花，长叶，灰色茸毛。荚微弯镰形，成熟时呈草黄色。种子圆球形，种皮黄色无光泽，种脐浅黄色，百粒重 28 g 左右。蛋白质含量 41.80%，脂肪含量 20.69%。接种鉴定中抗灰斑病。在适宜区域出苗至成熟生育日数 115 d 左右，需≥10 ℃活动积温 2 300 ℃·d 左右。

**栽培要点**：在适宜区域 5 月上旬播种，选择中等肥水条件地块种植，采用大垄栽培方式，保苗 18 万株 /hm$^2$ 左右。采用精量点播机垄底侧深施肥方法，施大豆复合肥 230 kg/hm$^2$ 左右。及时铲蹚，遇旱灌水，防治病虫害，适时收获。

**适宜区域**：黑龙江省第三积温带。

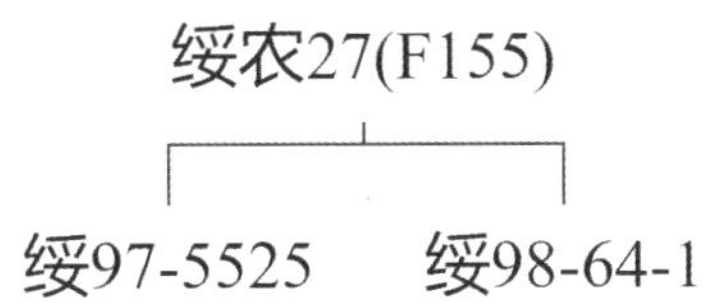


## 156. 吉育 69

**品种来源**：吉林省农业科学院 1996 年以公交 9223-1 为母本、垦 93-682 为父本，经有性杂交后采用系谱法选育而成（引自中国农业科学院作物科学研究所）。原品系号：公交 9630-18。2004 年经吉林省农作物品种审定委员会审定推广。审定编号：吉审豆 2004002。

**产量表现**：2003 年生产试验，平均产量 2 282.8 kg/hm$^2$，比对照品种延农 8 号增产 4.1%。

**特征特性**：该品种为无限结荚习性，株高 80 cm，主茎节数 16 ~ 17 节，分枝 1 ~ 2 个，荚浅褐色。紫花，披针叶，灰色茸毛。种子圆形，种皮黄色有光泽，种脐浅褐色，百粒重 23g 左右。蛋白质含量 44.09%，脂肪含量 19.20%。人工接种鉴定，中抗大豆花叶病毒病混合株系。在适应区域出苗至成熟生育日数 116 d。

**栽培要点**：适宜中上等肥力土壤种植，播种量 60 ~ 65 kg/hm$^2$，保苗 22 万 ~ 25 万株 /hm$^2$。

**适宜区域**：吉林省延边、白山、通化等中早熟地区。

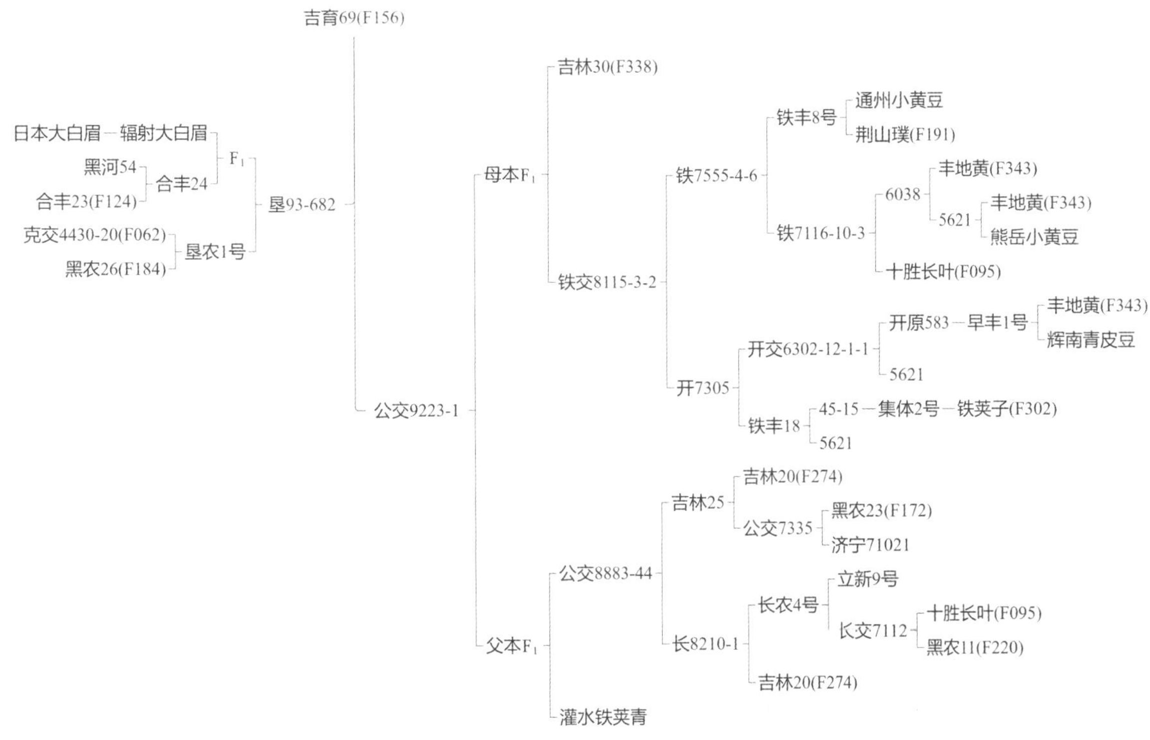

## 157. 抗线 5 号

**品种来源：**黑龙江省农业科学院盐碱地作物育种研究所 1992 年以合丰 25 为母本、8804–33 为父本，经有性杂交选育而成。原品系号：95–4092。2003 年经黑龙江省农作物品种审定委员会审定推广。审定编号：黑审豆 2003007。

**产量表现：**2001 年生产试验，平均产量 1 972.5 kg/hm$^2$，较对照品种嫩丰 14 增产 11%。

**特征特性：**亚有限结荚习性。株高 80 cm 左右，主茎 17 ~ 19 节，分枝性弱。叶色浓绿，长叶，紫花，灰毛。3 粒荚居多，荚褐色。种子椭圆形，种皮黄色，褐脐，百粒重 17 ~ 20 g。蛋白质含量 41.18%，脂肪含量 19.75%。在适宜区域出苗至成熟生育日数 120 d 左右，需活动积温 2 500 ℃·d 左右。高抗大豆胞囊线虫病 3 号生理小种。

**栽培要点：**在黑龙江省西部 5 月上旬播种，保苗 22.5 万株 /hm$^2$，肥地宜稀。

**适宜区域：**黑龙江省西部及相邻内蒙古自治区等地区。

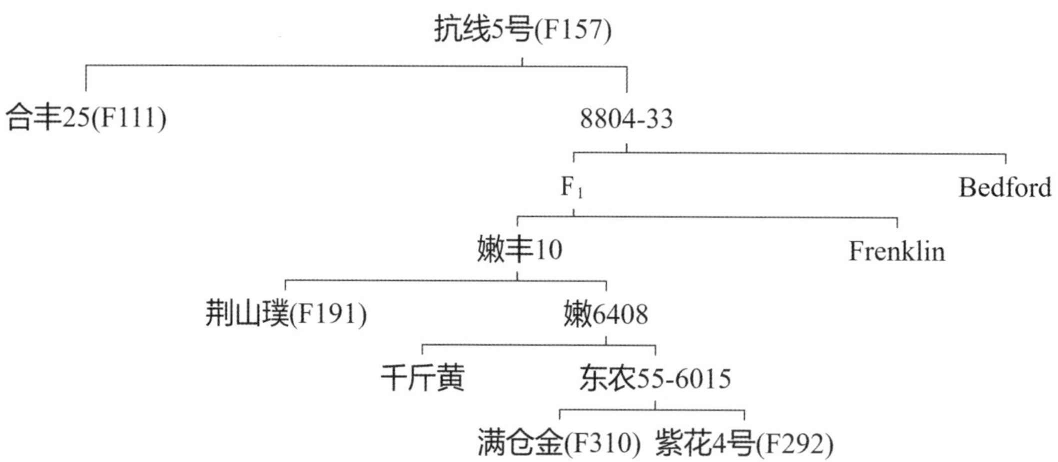


## 158. 黑农 41

**品种来源：**黑龙江省农业科学院大豆研究所 1987 年用 $^{60}Co-\gamma$ 射线 8 000 伦琴处理黑农 33 原种风干种子，按大豆高光效育种程序和方法育成。原代号：哈 91–6045。

**产量表现：**1998 年生产试验，平均产量 3 143.7 kg/hm$^2$，较对照品种黑农 37 增产 11.4%。

**特征特性：**亚有限结荚习性。株型收敛，株高 95.0~100.0 cm，主茎型，有分枝能力。披针形叶，白花，灰毛。在适宜地区出苗至成熟生育日数 120~123 d，需≥10 ℃活动积温 2 628 ℃·d 左右，属中熟品种。结荚均匀，3、4 粒荚多，不裂荚。种子圆形，种皮浓黄色，种脐黄色，百粒重 18.0~20.0 g。中抗灰斑病，较抗蚜虫和食心虫，秆强不倒。粗蛋白质含量 41.72%，粗脂肪含量 20.42%。

**栽培要点：**4 月末至 5 月上旬播种，采用 65~70 cm 大垄双条精量点播，保苗 25.0 万株 / hm$^2$ 左右。

**适宜区域：**黑龙江省第一积温带。

黑农41(F158)

黑农33

辐射

绥农3号(F127) Clark63(F142)

## 159. 垦鉴豆 43

**品种来源：**黑龙江八一农垦大学科研所大豆育种室以垦鉴豆 7 号为母本、垦农 5 号为父本，经有性杂交后系谱法选育而成。审定编号：黑垦审豆 2006003。

**产量表现：**2003—2004 年两年黑龙江省国营农场总局生产试验，较对照品种绥农 14 平均增产 7%。

**特征特性：**亚有限结荚习性。长叶，紫花，灰茸毛。株高 80 ~ 90cm，主茎结荚为主，株型收敛，秆强抗倒伏。种子圆形，种皮黄色，脐无色，百粒重 20 g 左右。蛋白质含量 38.68%，脂肪含量 21.56%。抗灰斑病。在适宜区域出苗至成熟生育日数 120 d，所需≥10 ℃活动积温 2 400 ℃·d。

**栽培要点：**适宜中等或中等以上肥力的土壤种植，适宜播种期为 5 月上旬。采用“垄三”栽培法，适宜栽培密度 30 万 ~ 33 万株 /hm²，施肥量为磷酸二铵 150 ~ 200 kg/hm²。化学除草，及时防治蛾虫，8 月 10 日左右防治大豆食心虫。

**适宜区域：**黑龙江省第一、二、三积温带，吉林省的敦化、舒兰等地。

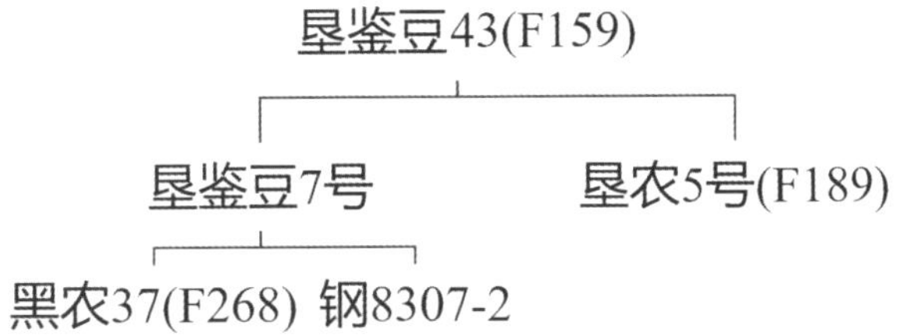


## 160. 北丰 14

**品种来源：**黑龙江省农垦总局北安分局科研所以合丰 25 为母本、北丰 8 号为父本，经有性杂交后采用系谱法选育而成。原品系号：北 87–19。1997 年经黑龙江省农作物品种审定委员会审定推广。审定编号：黑审豆 1997001。

**产量表现：**1995 年参加黑龙江省农场总局生产试验，平均产量为 2 323.5 kg/hm²，比对照品种黑河 9 号增产 7.7%。

**特征特性：**该品种为亚有限结荚习性。株高 80 cm 左右，主茎类型，秆较强，节数 18 ~ 20 节，节短，节多。荚密，3、4 粒荚多，荚皮深褐色。紫花，长叶，灰色茸毛。种子圆形，种皮浓黄色有光泽，百粒重 19 g。蛋白质含量 43.06%，脂肪含量 18.36%。丰产性好，商品属性好。较抗旱，耐瘠薄。经抗灰斑病接种鉴定，属于感病类型。在适宜区域出苗至成熟生育日数 115 d，需≥10 ℃活动积温 2 300 ℃·d。

**栽培要点：**在黑龙江省第三积温带或肥水条件较差的条件下，栽培密度为 30 万 ~ 35 万株/hm²；在第四积温带或肥水条件较好的条件下，栽培密度为 25 万 ~ 30 万株 /hm²。适宜播期为 5 月 5—10 日。

**适宜区域：**黑龙江省第三积温带下限，第四积温带上限。

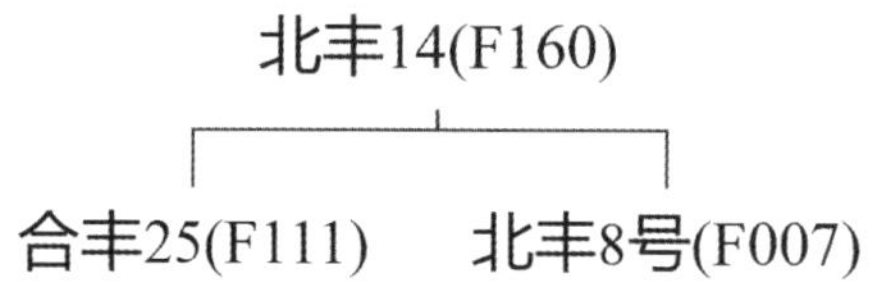


## 161. 合丰 43

**品种来源：**黑龙江省农业科学院合江农业科学研究所 1990 年以北丰 9 号为母本、合丰 34 为父本有性杂交育成。原品系号：合交 93-111。2002 年经黑龙江省农作物品种审定委员会审定推广。审定编号：黑审豆 2002008。

**产量表现：**1999 年生产试验，平均产量 2 214.36 kg/hm²，比对照品种垦农 4 号增产 12.62%。

**特征特性：**亚有限结荚习性。植株高大繁茂，秆强，节间短。结荚密，3、4 粒荚多，有 5 粒荚，顶荚丰富，荚熟褐色。叶披针形，花白色，茸毛灰白色。种子圆形，种皮黄色有光泽，脐浅黄色，百粒重 19 ~ 20 g。蛋白质含量 42.05%，脂肪含量 20.52%。在适宜区域出苗至成熟生育日数 123 d，需活动积温 2 517.5 ℃·d，为中熟品种。中抗灰斑病。

**栽培要点：**要求中等以上肥力地块，播前进行种子包衣处理，垄作栽培密度 35 万 ~ 40 万株 /hm²，窄行密植为 40 万 ~ 45 万株 /hm²。5 月上中旬播种，10 月初收获。

**适宜地区：**黑龙江省第二积温带大面积种植，第一积温带的下限和第三积温带的上限做搭配品种种植。

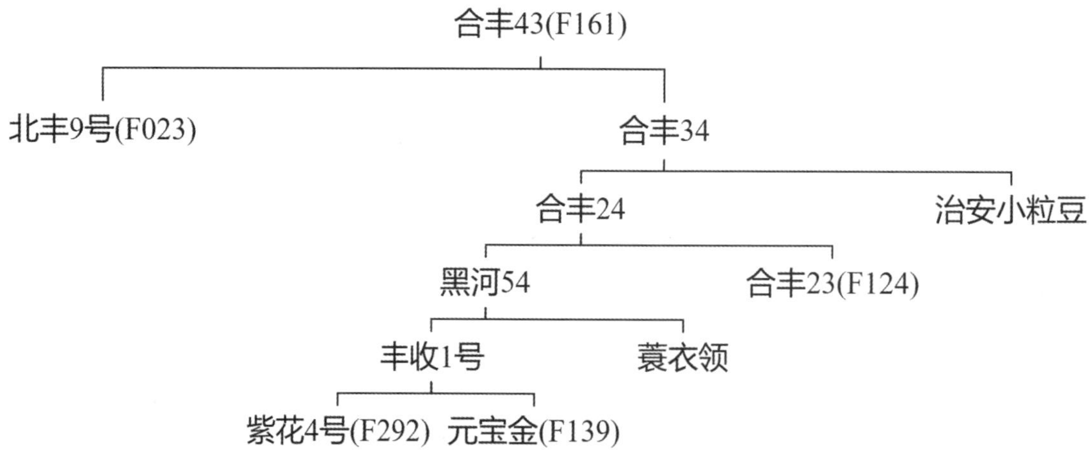


## 162. 合丰 56

**品种来源：**黑龙江省农业科学院佳木斯分院以九三 92-168 为母本、合丰 41 为父本，经有性杂交后采用系谱法选育而成。原品系号：合交 02-553-1。2009 年经黑龙江省农作物品种审定委员会审定推广。审定编号：黑审豆 2009010。

**产量表现：**2008 年生产试验，平均产量 2 774.7 kg/hm$^2$，较对照品种合丰 45 增产 12.0%。

**特征特性：**无限结荚习性。株高 95 ~ 100 cm，有分枝，紫花，尖叶，灰色茸毛。荚熟弯镰形，成熟时呈褐色。种子圆形，种皮黄色有光泽，种脐黄色，百粒重 18 ~ 20 g。蛋白质含量 41.33%，脂肪含量 20.10%。接种鉴定中抗灰斑病。在适宜区域出苗至成熟生育日数 118 d 左右，需≥10 ℃活动积温 2 360 ℃·d 左右。

**栽培要点：**5 月上中旬播种，选择中上等肥力的地块种植，采用“垄三”栽培方式，保苗 30万株 /hm$^2$ 左右。

**适宜区域：**黑龙江省第二积温带。

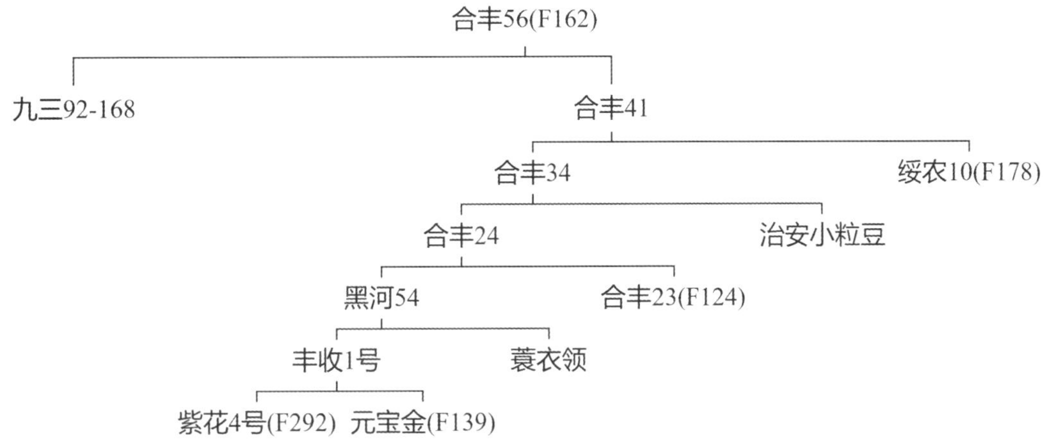


## 163. 黑农 3 号

**品种来源：**东北农学院于 1953 年以满仓金为母本、东农 3 号为父本，经有性杂交，1957 年与黑龙江省农科院大豆研究所合作，采用系谱法选育而成。原品系号：哈 58-2633。1964 年松花江地区农作物品种区域试验会议上确定推广。

**产量表现：**1975 年黑龙江省农科院产量鉴定，在当年干旱情况下，产量 1 995 kg/hm$^2$，比对照品种黑农 11 增产 8%。

**特征特性：**该品种为无限结荚习性。株高 90 ~ 100 cm，植株高大繁茂，分枝少，多为 1 ~ 2 个。白花，圆叶，灰色茸毛。种子椭圆形，种皮黄色有光泽，种脐淡褐色，百粒重 20 ~ 22 g。蛋白质含量 35.9%，脂肪含量 21.7%。适应性强，抗旱，耐轻盐碱。食心虫害较重。在适宜区域出苗至成熟生育日数 120 d 左右。

**栽培要点：**适宜中等土壤肥力种植，5 月上旬播种，保苗 22.5 万 ~ 30.0 万株 /hm$^2$。

**适宜区域：**黑龙江省西部盐碱地区，兰西县种植面积较大，五常等地也有种植。

黑农3号(F163)

满仓金(F310)　东农3号

## 164. 嫩丰 14

**品种来源：**黑龙江省农业科学院嫩江农业科学研究所于 1981 年从杂交后代安 70–4176 中经系统选育而成。原品系号：抗系 52。1988 年经黑龙江省农作物品种审定委员会审定推广。

**产量表现：**1987 年生产试验，平均产量 1 839 kg/hm²，比对照品种嫩丰 11 增产 42.1%。

**特征特性：**该品种为无限结荚习性。株高 60 ~ 80 cm，茎秆发达，较粗，分枝 2 ~ 3 个。3 粒荚多，平均每荚 1.77 粒，荚褐色。紫花，圆叶，灰色茸毛。种子圆形，种皮黄色有微光泽，种脐黄色，百粒重 20 ~ 23 g。蛋白质含量 43.9%，脂肪含量 19.7%。抗旱，耐轻盐碱。抗胞囊线虫病，发病年份增产显著。在适宜区域出苗至成熟生育日数 115 d 左右，需≥10 ℃活动积温 2 400 ℃·d。

**栽培要点：**适宜胞囊线虫病为害地区中上等土壤肥力地块种植，5 月上中旬播种，保苗 30 万株 /hm²。

**适宜区域：**黑龙江省西部风沙、干旱、盐碱地区大豆胞囊线虫病疫区。

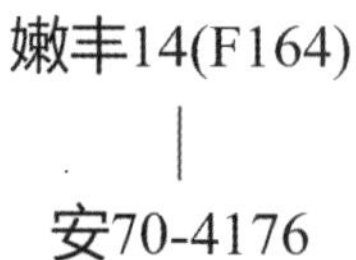


## 165. 抗线 4 号

**品种来源：**黑龙江省农业科学院盐碱地作物育种研究所和哈尔滨市丰源大田种子研究所合作，1983 年以抗源 8105–5–1 为母本、九丰 1 号为父本，经有性杂交选育而成。原品系号：安 87–7163。2003 年经黑龙江省农作物品种审定委员会审定推广。

**产量表现：**2002 年生产试验，平均产量 2 305.2 kg/hm²，较对照品种嫩丰 14 平均增产 13.8%。

**特征特性：**亚有限结荚习性。株高 70 cm 左右，圆叶，白花，灰毛。种子圆形，褐脐，百粒重 20 ~ 22 g。蛋白质含量 38.20%，脂肪含量 20.77%。在适宜区域出苗至成熟生育日数 113 d 左右，需活动积温 2 350 ℃·d。抗胞囊线虫病，耐盐碱、干旱。

**栽培要点：**5 月上旬播种，保苗 22 万 ~ 23 万株 /hm² 为宜。

**适宜区域：**黑龙江省第二积温带。

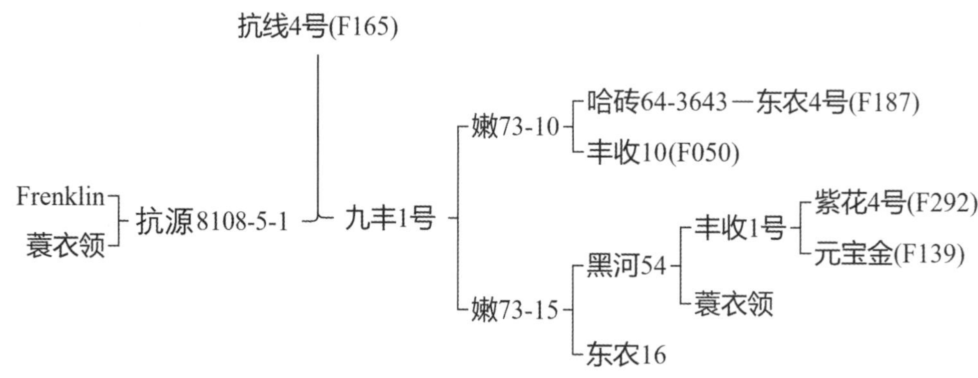

## 166. 吉林 48

**品种来源：**吉林省农业科学院 1992 年以铁 7514 为母本、公交 8347-26（吉林 29）为父本，经有性杂交后采用系谱法选育而成。原品系号：公交 9209-8。2000 年经吉林省农作物品种审定委员会审定推广。

**产量表现：**1998—1999 年吉林省大豆品种生产试验，10 个点次平均产量分别为 2 419.6 kg/hm² 和 2 389.0 kg/hm²，分别比对照品种绥农 8 号平均增产 5.3%和 16.1%。

**特征特性：**该品种为亚有限结荚习性。株高 100 cm 左右，主茎型，主茎结荚较密，4 粒荚较多。圆叶，紫花，灰毛。种子圆形，种皮黄色有光泽，种脐黄色。百粒重 18.3 g。粗蛋白质含量 39.86%，粗脂肪含量 22.25%。经东北农业大学大豆研究所人工接种鉴定，抗吉林省大豆灰斑病优势小种（病情指数 2.0）、抗大豆花叶病毒病Ⅰ号株系，中抗Ⅱ、Ⅲ号株系。5 年吉林省区域试验自然发病调查抗病（0.5 级）。在适宜区域出苗至成熟生育日数 115 ~ 117 d。

**栽培要点：**播种期以 4 月末至 5 月初为宜，播种量 50 ~ 60 kg/hm²，保苗 20 万 ~ 23 万株 /hm²。

**适宜区域：**吉林省白城、通化、延边等地区。

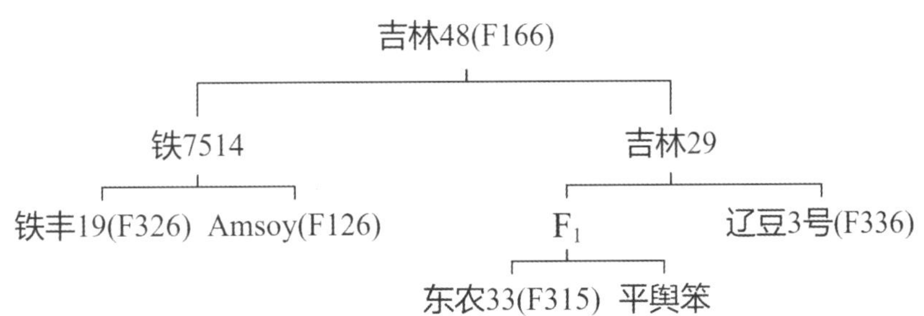


## 167. 垦农 4 号

**品种来源：**黑龙江八一农垦大学于 1981 年以九农 13 为母本、绥农 4 号为父本，经有性杂交后采用系谱法选育而成。原品系号：农大 8170-3。1992 年经黑龙江省农作物品种审定委员会审定推广。审定编号：黑审豆 1992005。

**产量表现：**1991 年生产试验，平均产量 2 469 kg/hm²，比对照品种合丰 25 增产 12.6%。

**特征特性：**该品种为亚有限结荚习性。株高 80 ~ 90 cm，主茎结荚为主，有短分枝，节间短。荚密，结荚分布均匀，3 粒荚多。白花，披针叶，灰色茸毛。种子圆形，种皮黄色有光泽，种脐黄色，百粒重 20 g 左右。蛋白质含量 41.6%，脂肪含量 22.0%。经黑龙江省农科院合江农科所接种灰斑病鉴定结果，属中抗灰斑病类型。在适宜区域出苗至成熟生育日数 120 d，需≥10 ℃活动积温 2 400 ~ 2 500 ℃·d。

**栽培要点：**适宜中上等肥力土壤种植，5 月上旬播种，保苗 30 万株 /hm²。

**适宜区域：**黑龙江省第二积温带中部平原及东部低湿地区。

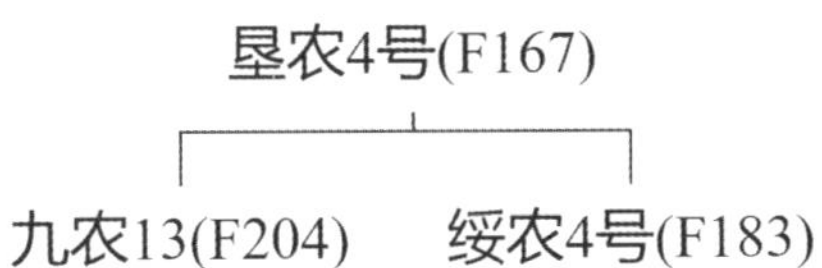

## 168. 合丰 55

**品种来源：**黑龙江省农业科学院合江农业科学研究所以北丰 11 为母本、绥农 4 号为父本，经有性杂交，系谱法选育而成。原品系号：合交 02–69。2008 年经黑龙江省农作物品种审定委员会审定推广。审定编号：黑审豆 2008010。

**产量表现：**2005—2006 年区域试验，平均产量 2 531.6 kg/hm$^2$，较对照品种合丰 47 增产 12.6%；2007 年生产试验，平均产量 2 568.4 kg/hm$^2$，较对照品种合丰 47 增产 18.2%。

**特征特性：**无限结荚习性。株高 90 ~ 95 cm，有分枝。尖叶，紫花，灰色茸毛。荚熟弯镰形，成熟时呈褐色。种子圆形，种皮黄色有光泽，种脐黄色，百粒重 22 ~ 25 g。蛋白质含量 39.35%，脂肪含量 22.61%。接种鉴定中抗灰斑病、抗疫霉病、抗花叶病毒病 SMV Ⅰ号株系。在适宜区域出苗至成熟生育日数 117 d 左右，需≥10 ℃活动积温 2 365 ℃·d 左右。

**栽培要点：**在适宜区域 5 月上中旬播种，选择中上等肥力的地块种植，采用“垄三”栽培方式，保苗 25 万株 /hm$^2$ 左右。生育期间要求三铲三蹚，拔大草 2 次，追施叶面肥和防治食心虫药剂 1 ~ 2 次或采用化学药剂除草。

**适宜区域：**黑龙江省第二积温带。

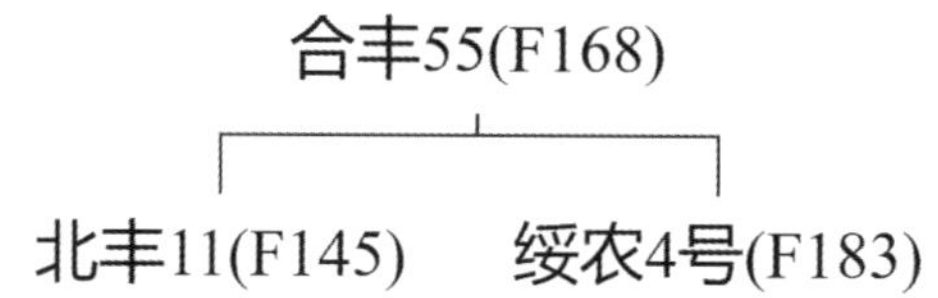


## 169. 吉林 26

**品种来源：**吉林省农业科学院大豆研究所 1983 年以黑河 3 号为母本、铁交 7621 为父本，经有性杂交，采用系谱法选育而成。原品系号：公交 8324–9。1991 年经吉林省农作物品种审定委员会审定推广。

**产量表现：**1989—1990 年两年生产试验，10 个点次平均产量 2 655 kg/hm$^2$，比对照品种合丰 25 号增产 16.5%。

**特征特性：**无限结荚习性。株高 95 ~ 105 cm，主茎发达，有 2 ~ 3 个分枝，株型收敛。茎秆有韧性，较抗倒伏。主茎节数多，结荚均匀。叶片自下而上逐渐变小，透光性好。圆叶，紫花，灰色茸毛。种子圆形，种皮黄色有光泽，种脐黄色，百粒重 23 g 左右。对大豆花叶病毒病、霜霉病、细菌斑点病、褐斑和大豆食心虫均有较好的抗性。蛋白质含量 44.80%，脂肪含量 18.30%。在适宜区域出苗至成熟生育日数 115 ~ 119 d。

**栽培要点：**中上等肥力地块，条播播种量 65 kg/hm$^2$，保苗 20 万株 /hm$^2$。应严格按要求留苗，切忌过密。

**适宜区域：**适于吉林省东部延边、浑江、通化、吉林地区山区、半山区早熟区种植。

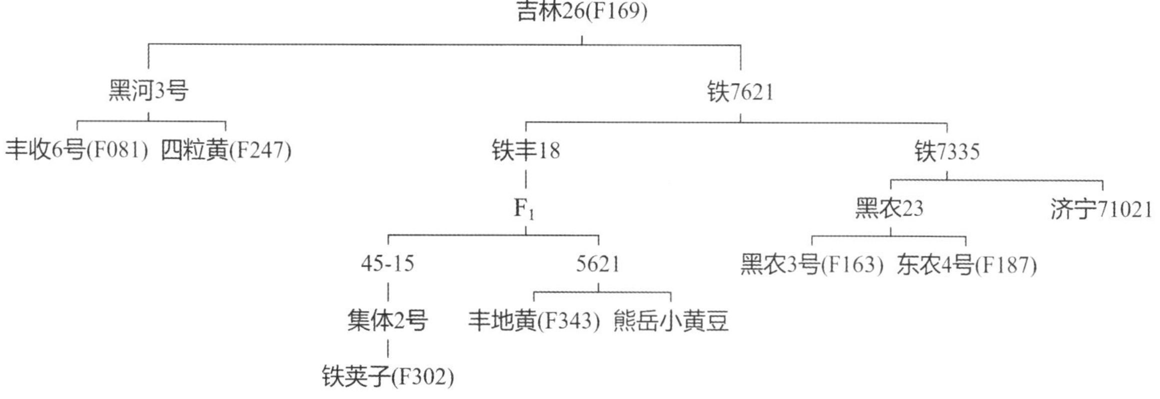


## 170. 黑农 34

**品种来源：**黑龙江省农业科学院大豆研究所 1970 年以黑农 16 为母本、十胜长叶为父本，经有性杂交，采用系谱法选育而成。原品系号：哈 76-6296-2。1988 年经黑龙江省农作物品种审定委员会审定推广。

**产量表现：**1987 年生产试验，平均产量 2 455.5 kg/hm$^2$，较对照品种黑农 26 增产 21.2%。

**特征特性：**亚有限结荚习性。株高 70 cm 左右，分枝少，主茎节数 14 ~ 16 节。4 粒荚较多，平均每荚 2.38 粒，荚褐色。披针叶，白花，灰色茸毛。种子椭圆形，种皮淡黄色有微光泽，种脐淡黄色，百粒重 20 ~ 22 g。蛋白质含量 45.2%，脂肪含量 18.9%。喜肥水，秆强，中抗灰斑病，褐斑粒较重。在适宜区域出苗至成熟生育日数 120 d 左右，需≥10 ℃活动积温 2 450 ℃·d。

**栽培要点：**适于肥沃土壤地块种植，4 月下旬至 5 月上旬播种，保苗 22.5 万株 /hm$^2$ 左右。

**适宜区域：**适宜黑龙江省哈尔滨市及绥化市种植。

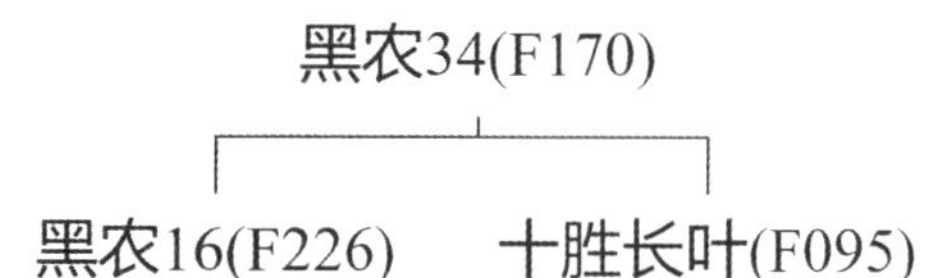


## 171. 早铁荚青

**品种来源：**黑龙江省嫩江东北部克山拜泉地区早期栽培品种。

**特征特性：**无限结荚习性。株高 60 ~ 80 cm。紫花，叶卵圆形，灰色茸毛。种子椭圆形，百粒重 17.41 g。蛋白质含量 37.95%，脂肪含量 22.93%。在适宜区域出苗至成熟生育日数 113 d 左右。

**适宜区域：**适宜黑龙江省嫩江五大连池、拜泉地区种植。

## 172. 黑农 23

**品种来源：**黑龙江省农业科学院大豆研究所 1963 年以黑农 3 号为母本、东农 4 号为父本，经有性杂交，采用系谱法选育而成。原品系号：哈 68-1023。1973 年经松花江地区农作物品种区域试验会议确定推广。

**产量表现：**丰产性较好，一般产量 2 250 kg/hm$^2$ 左右，比东农 4 号增产 10.9%。1970—1973

年在绥化市区域试验，11 个点平均产量 2 512.5 kg/hm$^2$，其中最高产量 3 720 kg/hm$^2$。

**特征特性：**无限结荚习性。株高 90 ~ 100 cm，主茎发达，分枝 1 ~ 3 个，主茎节数 16 个。3 粒荚多，平均每荚 2.4 粒，荚呈褐色。圆叶，白花，灰色茸毛。种子椭圆形，种皮黄色有光泽，种脐黄色，百粒重 21 g 左右。蛋白质含量 39.6%，脂肪含量 22.24%。较耐肥。在适宜区域出苗至成熟生育日数 135 d 左右。

**栽培要点：**适于中等土壤肥力的平地种植，4 月下旬至 5 月上旬播种，保苗 24 万 ~ 30 万株/hm$^2$。

**适宜区域：**适宜黑龙江省松花江平原地区种植。

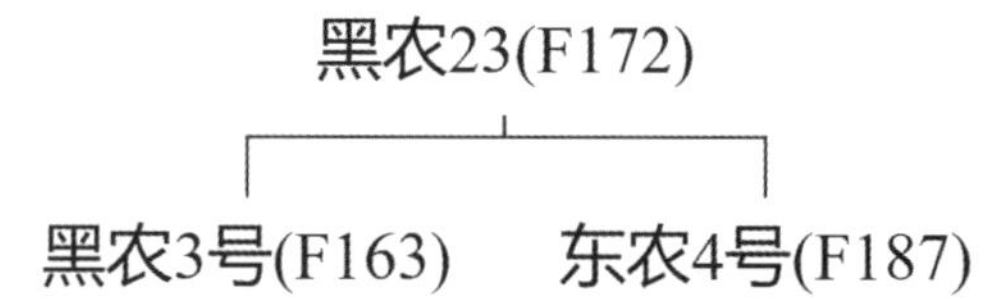


## 173. 红丰 2 号

**品种来源：**黑龙江省国营农场总局红兴隆分局科研所以哈光 6213 为母本、黑河 3 号为父本，经有性杂交，采用系谱法选育而成。原品系号：钢 6610–5。1978 年经黑龙江省审定推广。

**产量表现：**1973—1977 年区域试验，平均产量 2 073 kg/hm$^2$，比丰收 10、东农 4 号、合交 9 号等对照品种增产 10.7%。

**特征特性：**无限结荚习性。株高 60 ~ 80 cm，茎秆发达，茎粗中等，分枝 3 个左右，节数 19 节。平均每荚 1.83 粒，荚褐色。披针叶，白花，灰色茸毛。种子圆形，种皮淡黄色有光泽，种脐淡黄色，百粒重 17 g 左右。蛋白质含量 39.6%，脂肪含量 22.0%。植株前期生长慢，后期繁茂，青粒少。在适宜区域出苗至成熟生育日数 104 ~ 109 d，需≥10 ℃活动积温 2 200 ℃·d。

**栽培要点：**适于岗地白浆土及一般土壤肥力地块种植，5 月上旬播种，保苗 45 万株 /hm$^2$。

**适宜区域：**适宜黑龙江北大荒农垦集团总公司红兴隆分公司地域栽培。

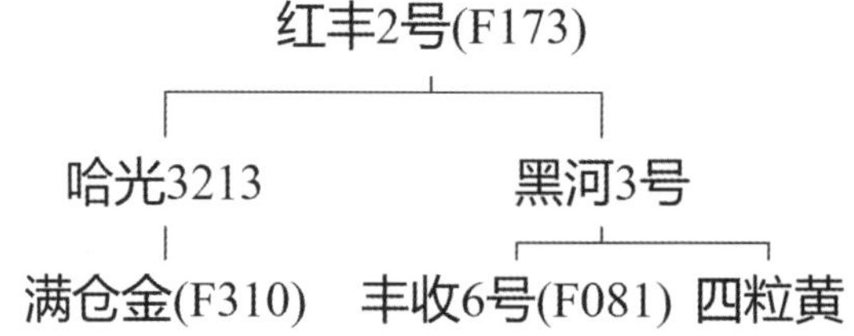


## 174. 北豆 21

**品种来源：**黑龙江省农垦总局北安分局科研所、黑龙江省农垦科研育种中心 1998 年以垦鉴豆 28 为母本、北丰 2 号为父本，经有性杂交，采用系谱法选育而成。原品系号：北 03–96。2008 年通过全国农作物品种审定委员会审定推广。审定编号：国审豆 2008012。

**产量表现**：2007 年生产试验，平均产量 2 172 kg/hm²，比对照品种黑河 18 增产 5.3%。

**特征特性**：亚有限或无限结荚习性。株高 69.8 cm。单株有效荚数 25.4 个。长叶，紫花，灰色茸毛。种子圆形或椭圆形，种皮黄色，种脐黄色，百粒重 19.8 g。粗蛋白质含量 38.99%，粗脂肪含量 21.28%。接种鉴定：中感大豆灰斑病，中抗 SMVⅠ号株系，感 SMVⅢ号株系。在适宜区域出苗至成熟生育日数 111 d，需≥10 ℃活动积温 2 200 ℃·d。

**栽培要点**：中等肥力地块，5 月上旬播种，“垄三”栽培模式，保苗 25 万株 /hm²。

**适宜区域**：适宜在黑龙江省第三积温带下限和第四积温带、吉林省东部山区、内蒙古自治区兴安盟和呼伦贝尔市大兴安岭南麓、新疆维吾尔自治区北部地区春播种植。

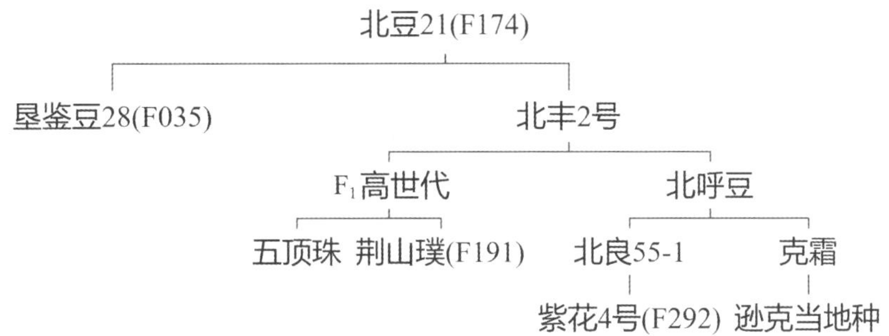


## 175. 东农 48

**品种来源**：东北农业大学大豆科学研究所 1992 年以东农 42 为母本、黑农 35 为父本，经杂交，采用系谱法选育而成。原品系号：东农 L202。2005 年经黑龙江省农作物品种审定委员会审定推广。审定编号：黑审豆 2005001。

**产量表现**：2004 年生产试验，平均产量 2 409.5 kg/hm²，较对照品种合丰 25 平均增产 6.1%。

**特征特性**：亚有限结荚习性。植株高 90 cm 左右。尖叶，紫花，灰毛。种子圆形，种皮黄色，脐浅黄色，百粒重 22 g 左右。蛋白质含量 44.53%，脂肪含量 19.19%。在适宜区域出苗至成熟生育日数 115 d，需≥10 ℃活动积温 2 300 ℃·d 左右。接种鉴定：中抗灰斑病、抗病毒病。

**栽培要点**：5 月上旬播种，垄距 65 cm，垄上双条播，保苗 25 万 ~ 30 万株 /hm²。

**适宜区域**：黑龙江省第二积温带下限、第三积温带上限。

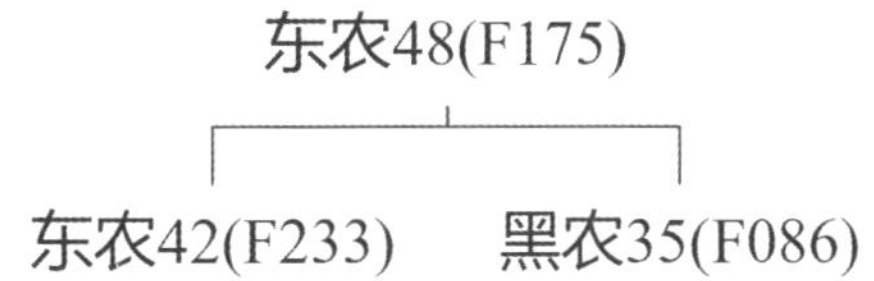


## 176. 合丰 45

**品种来源**：黑龙江省农业科学院合江农业科学研究所 1992 年以绥农 10 为母本、垦农 7 号为父本，经有性杂交育成。原品系号：合交 96-448。2003 年经黑龙江省农作物品种审定委员会审定推广。审定编号：黑审豆 2003009。

**产量表现**：2002 年生产试验，平均产量 2 826.4 kg/hm²，较对照品种绥农 14 增产 16.4%。

**特征特性**：无限结荚习性。植株较繁茂，秆强不倒伏，节间短，有分枝。结荚密，3、4 粒荚多。叶披针形，花白色，茸毛草黄色，荚熟草黄色。种子圆形，种皮黄色，脐浅褐色，百粒重22 ~ 23 g。蛋白质含量40.48%，脂肪含量21.51%。在适宜区域出苗至成熟生育日数117 d，需活动积温2 347.5 ℃·d，为中熟品种。抗灰斑病、疫霉根腐病，中抗大豆花叶病毒病SMV Ⅰ号株系。

**栽培要点：**5月上中旬播种，适宜垄作栽培方式，适宜密度为25.5万 ~ 30.0万株 /hm²，或播种量60 kg/hm²，进行精量点播；一般施磷酸二铵150 kg/hm²，钾肥30 kg/hm²，尿素19.5 kg/hm²。

**适宜区域：**黑龙江省第二积温带中部和南部地区。

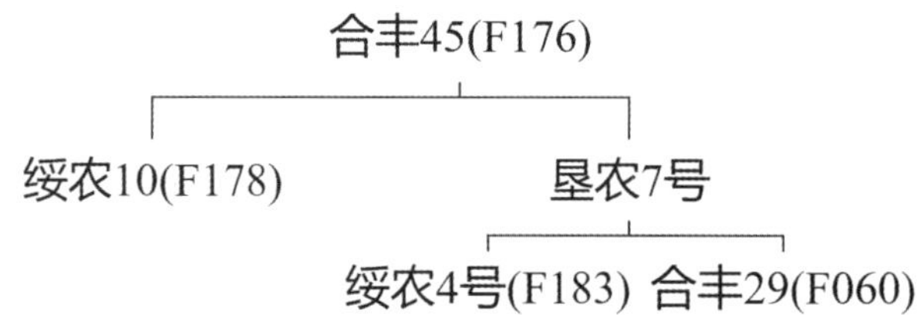


## 177. 合丰 50

**品种来源：**黑龙江省农科院合江农科所以合丰35为母本、合95-1101为父本，经有性杂交，采用系谱法选育而成。原代号：合交99-718。

**产量表现：**2005年生产试验，平均产量2 642.2 kg/hm²，平均较对照合丰35增产17.4%。

**特征特性：**亚有限结荚习性。植株高85~90 cm，秆强不倒伏，节间短。每节荚数多，3、4粒荚多，顶荚丰富，荚熟褐色。披针叶，紫花，灰色茸毛。种子圆形，种皮黄色有光泽，种脐浅黄色，百粒重20~22 g。蛋白质含量37.41%，脂肪含量22.57%。中抗灰斑病、抗花叶病毒病SMV Ⅰ号株系兼抗疫霉根腐病。在适宜区域出苗至成熟生育日数115 d左右，需≥10 ℃活动积温2 300 ℃·d。

**栽培要点：**适于中等肥力以上地块种植，5月上中旬播种，种植密度25万株 / hm² 或播种量60 kg/hm²。

**适宜区域：**适宜黑龙江省第二、三积温带，吉林省东部山区、半山区，内蒙古自治区兴安盟中部和南部、阿荣旗、莫力达瓦旗，新疆维吾尔自治区昌吉和新源地区。

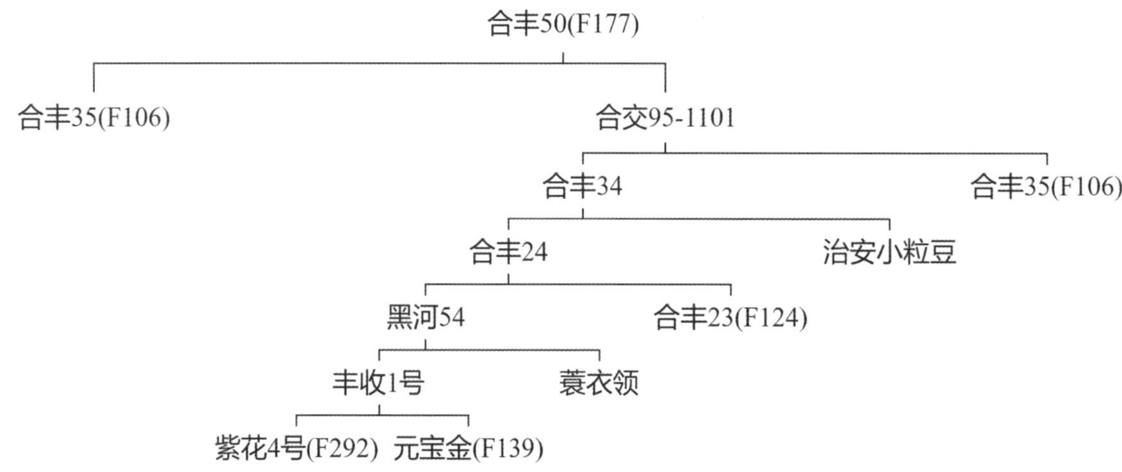

## 178. 绥农 10

**品种来源：**黑龙江省农业科学院绥化农业科学研究所以绥农 4 号为母本、铁 7518 为父本，经有性杂交，采用系谱法选育而成。原品系号：绥 87-5668。1994 年经黑龙江省农作物品种审定委员会审定推广。审定编号：黑审豆 1994007。

**产量表现：**1993 年生产试验，平均产量 2 290.8 kg/hm$^2$，比对照品种合丰 25 增产 16.0%。

**特征特性：**无限结荚习性。株高中等，分枝力强，株型收敛，秆强不倒，喜肥水。节间短，结荚密，上下结荚均匀，3、4 粒荚多，荚成熟时呈草黄色。白花，长叶，灰色茸毛。种子圆形，浅黄色，脐无色，百粒重 20～23 g。蛋白质含量 40.12%，脂肪含量 20.70%。高抗灰斑病。在适宜区域出苗至成熟生育日数 115～120 d，需≥10 ℃活动积温 2 300～2 500 ℃·d。

**栽培要点：**适宜播期为 5 月上旬，保苗 25.5 万～30.0 万株 /hm$^2$ 为宜。适于较肥沃土壤种植。

**适宜区域：**适于黑龙江省第二积温带中部平原区种植。

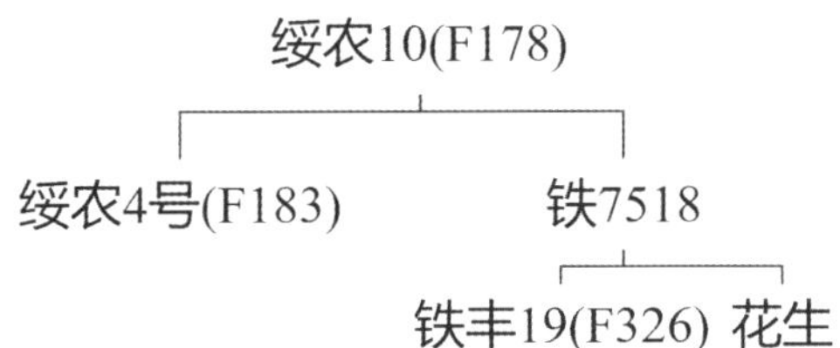


## 179. 牡丰 6 号

**品种来源：**黑龙江省农业科学院牡丹江农业科学研究所 1978 年用 Co60-γ 射线辐照，以铁岭短叶柄为母本、美国克拉克 63 为父本的 $F_2$ 代杂交种，采用系谱法选育而成。原品系号：牡辐 81-4219。1989 年经黑龙江省农作物品种审定委员会审定推广。

**产量表现：**1987—1988 年生产试验，平均产量 2 224.4 kg/hm$^2$，较对照品种合丰 25 和黑农 29 平均增产 4.2%。

**特征特性：**无限结荚习性。株高 90～130 cm，植株为分枝型，主茎 16.2 个节。圆叶，紫花。种子扁圆形，种皮黄色，种脐淡褐色，百粒重 23～24 g。蛋白质含量 43.7%，脂肪含量 19.78%。具有繁茂、抗倒、抗旱、耐瘠、耐肥水的特点。在适宜区域出苗至成熟生育日数 120～125 d，需≥10 ℃活动积温 2 400 ℃·d。

**栽培要点：**一般保苗 19 万～22 万株 /hm$^2$，不能超过 25 万株 /hm$^2$，否则株数过多，会因分枝多、繁茂影响通风透光而减产。

**适宜区域：**黑龙江省第一、二积温带。

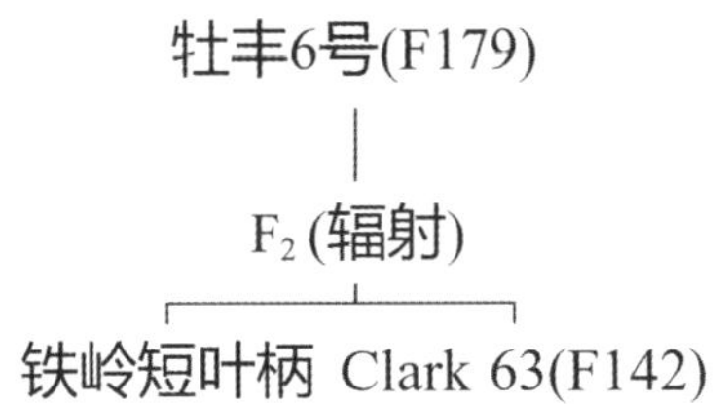

## 180. 嫩丰 19

**品种来源：**黑龙江省农业科学院嫩江农业科学研究所于 1994 年以嫩 76569–17 为母本、334 诱变为父本进行有性杂交，采用系谱法选育而成。原品系号：嫩 94060–1。2006 年经黑龙江省农作物品种审定委员会审定推广。审定编号：黑审豆 2006009。

**产量表现：**2003 年参加黑龙江省第二生态区生产试验，平均产量为 1 981.2 kg/hm²，比对照品种嫩丰 14 增产 9.1%。

**特征特性：**无限结荚习性。株高 80 ~ 90 cm，主茎型，有分枝。节间短，结荚密，3、4 粒荚多。植株高大繁茂，抗旱耐瘠性较强。尖叶，白花，灰茸毛。种子圆形，种皮黄色有光泽，种脐淡褐色，百粒重 18 g。蛋白质含量 37.86%，脂肪含量 22.05%。在适宜区域出苗至成熟生育日数 120 d 左右，需要活动积温 2 500 ℃·d 左右。

**栽培要点：**一般在 5 月上中旬播种，保苗 20 万 ~ 25 万株 /hm²。

**适宜区域：**黑龙江省第一积温带西部地区。

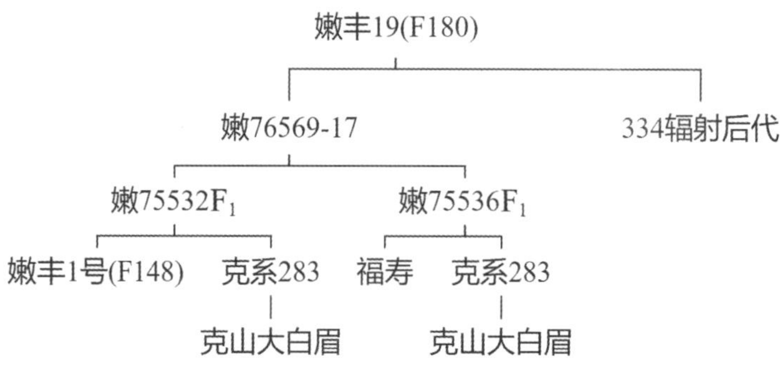




## 181. 垦丰 23

**品种来源：**黑龙江省农垦科学院农作物开发研究所以合丰 35 为母本、九交 90–102 为父本，经有性杂交，采用系谱法选育而成。原品系号：垦 02–625。2009 年经黑龙江省农作物品种审定委员会审定推广。审定编号：黑审豆 2009005。

**产量表现：**2008 年生产试验，平均产量 2 158.0 kg/hm²，较对照品种合丰 50 增产 13.7%。

**特征特性：**亚有限结荚习性。株高 80 cm 左右，无分枝。尖叶，紫花，灰色茸毛。荚弯镰形，成熟时呈褐色。种子圆形，种皮黄色有光泽，种脐黄色，百粒重 18 g 左右。蛋白质含量 42.44%，脂肪含量 20.09%。接种鉴定：中抗灰斑病。在适宜区域出苗至成熟生育日数 117 d 左右，需≥10 ℃活动积温 2 350 ℃·d 左右。

**栽培要点：**5 月上中旬播种，选择中等以上肥力地块种植，采用“垄三”栽培方式，保苗 25 万 ~ 30 万株 /hm²。

**适宜区域：**黑龙江第二积温带。

垦丰23(F181)

合丰35(F106)　九交90-102

## 182. 绥农 30

**品种来源：**黑龙江省龙科种业集团有限公司、黑龙江省农业科学院绥化分院以绥 00-1052 为母本、（哈 97-5404 × 合丰 47）$F_1$ 为父本，经有性杂交，采用系谱法选育而成。原品系号：绥 05-7292。2011 年经黑龙江省农作物品种审定委员会审定推广。审定编号：黑审豆 2011014。

**产量表现：**2009—2010 年生产试验，平均产量 2 727.8 kg/hm$^2$，较对照品种丰收 52 增产 10.9%。

**特征特性：**亚有限结荚习性。株高 80 cm 左右，有分枝。长叶，紫花，灰色茸毛。荚微弯镰形，成熟时呈深褐色。种子圆球形，种皮黄色有光泽，种脐黄色，百粒重 17 g 左右。蛋白质含量 40.42%，脂肪含量 20.23%。接种鉴定：抗灰斑病。在适宜区域出苗至成熟生育日数 113 d 左右，需≥10 ℃活动积温 2 290 ℃·d 左右。

**栽培要点：**在适宜区域 5 月上旬播种，选择中等以上肥水条件地块种植，采用"垄三"栽培方式，保苗 25 万株 /hm$^2$ 左右；窄行密植保苗 35 万株 /hm$^2$ 左右。

**适宜区域：**黑龙江省第三积温带。

## 183. 绥农 4 号

**品种来源：**黑龙江省农业科学院绥化农业科学研究所于 1973 年以绥农 3 号为母本、（绥 69-4288 × 群选 1 号）的 $F_1$ 为父本，进行有性杂交，采用系谱法选育而成。原品系号：绥 76-5191。1981 年经黑龙江省农作物品种审定委员会审定推广。审定编号：黑审豆 1981001。

**产量表现：**1978—1980 年绥化市区域试验和生产试验，平均产量 2 373 kg/hm$^2$，比黑农 10 增产 16.6%。

**特征特性：**无限结荚习性。株高 70 ~ 85 cm，主茎 16 节左右，节间短，分枝 1 ~ 2 个，株型收敛。主茎结荚密，2、3 粒荚多，荚褐色。披针叶，紫花，灰色茸毛。种子圆形，种皮黄色微光泽，种脐黄色，百粒重 20 g 左右。蛋白质含量 38.4%，脂肪含量 21.1%。幼苗拱土能力强，较抗

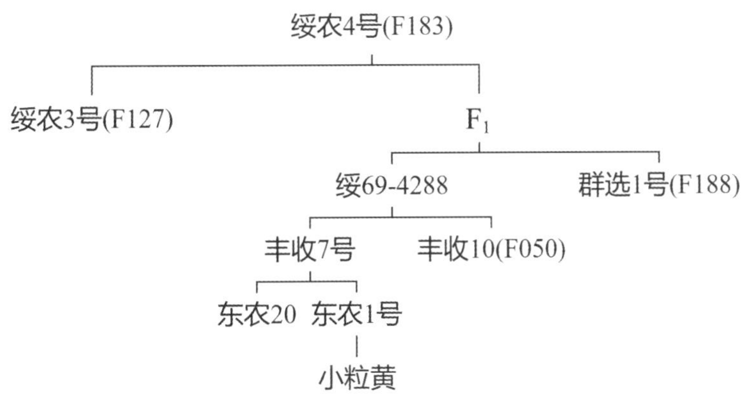

食心虫，根系发达喜肥水，秆强不倒，耐灰斑病，轻感花叶病毒病。在适宜区域出苗至成熟生育日数 114 d 左右，需≥10 ℃活动积温 2 264 ℃·d。

**栽培要点：**适于较肥沃土壤种植，5 月上旬播种，保苗 22.5 万 ~ 30.0 万株 /hm²。

**适宜区域：**适宜黑龙江省绥化市北林区、庆安、望奎、绥棱、海伦南部等地种植。

## 184. 黑农 26

**品种来源：**黑龙江省农业科学院大豆研究所于 1965 年以哈 63-2294 为母本、小金黄 1 号为父本，进行有性杂交，采用系谱法选育而成。原品系号：哈 70-5049。1975 年经黑龙江省农作物品种区域试验会议审查，确定推广。

**产量表现：**1972—1974 年哈尔滨市 11 个县（市、区）49 个点次区域试验，平均产量 2 400 kg/hm²，平均增产 8.7%。

**特征特性：**无限结荚习性。株高 90 ~ 110 cm，主茎发达，分枝少，主茎节数 17 个。3、4 粒荚多，平均每荚 2.6 粒，荚呈褐色。披针叶，白花，灰色茸毛。种子圆形，种皮浓黄色有光泽，种脐黄色，百粒重 17 ~ 21 g。蛋白质含量 40.8%，脂肪含量 21.6%。较耐肥，秆强不倒伏。在适宜区域出苗至成熟生育日数 135 d 左右。

**栽培要点：**喜肥水，肥沃土地增产显著，4 月下旬至 5 月上旬播种，保苗 27 万 ~ 30 万株/hm²。

**适宜区域：**适宜黑龙江省哈尔滨市平原地区种植。



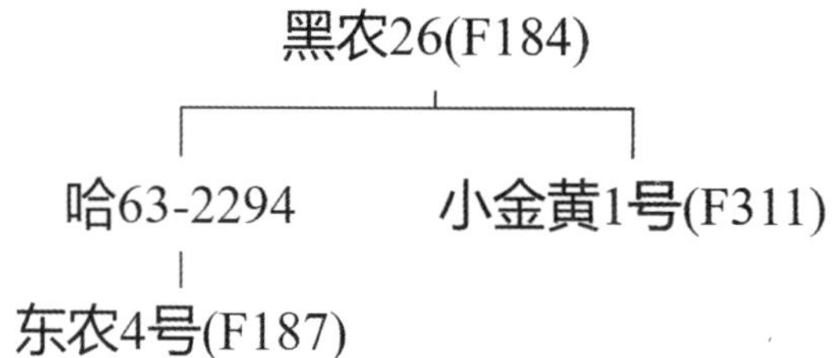


## 185. 垦丰 15

**品种来源：**黑龙江省农垦科学院农作物开发研究所 1994 年以绥农 14 为母本、垦交 9307（垦 92-1895 × 吉林 27）$F_1$ 为父本，进行有性杂交，采用系谱法选育而成。原品系号：垦 99-5187。2006 年经黑龙江省农作物品种审定委员会审定推广。审定编号：黑审豆 2006014。

**产量表现：**2005 年生产试验，平均产量 2 688.2 kg/hm²，较对照品种绥农 14 增产 14.1%。

**特征特性：**亚有限结荚习性。株高 85 cm 左右。底荚高 10 ~ 15 cm，主茎结荚为主，荚褐色。尖叶，紫花，灰茸毛。种子圆形，种皮黄色有光泽，脐黄色，百粒重 18 g 左右。蛋白质含量 36.68%，脂肪含量 22.76%。接种鉴定：抗灰斑病。在适宜区域出苗至成熟生育日数 116 d 左右，需≥10 ℃活动积温 2 350 ℃·d。

**栽培要点：**适宜 5 月上旬播种，采用“垄三”栽培。保苗：一般贫瘠地块 28 万 ~ 30 万株/hm²，中等肥力地块 25 万株 /hm²，肥沃土地 22.5 万株 /hm²。

**适宜区域：**黑龙江省第二积温带。

垦丰15(F185)

绥农14(F152)　垦交9307

## 186. 合丰 33

**品种来源：**黑龙江省农业科学院合江农业科学研究所以合丰 26 为母本、铁丰 18 为父本杂交，其后代材料经中子辐射处理，采用系谱法选择育成。原品系号：合辐 8351-923。1992 年经黑龙江省农作物品种审定委员会审定推广。审定编号：黑审豆 1992003。

**产量表现：**1991 年参加黑龙江省大豆生产试验，平均产量为 2 308.35 kg/hm$^2$，比对照品种合丰 25 增产 15.13%。

**特征特性：**亚有限结荚习性。株高 90 cm，植株高大繁茂，分枝多，秆强，节间短。荚弯镰形，荚熟褐色，3、4 粒荚多，顶荚丰富。披针叶，白花，灰色茸毛。种子圆球形，种皮鲜黄色有强光泽，脐黄色，百粒重 19 g。蛋白质含量 42.43%，脂肪含量 19.24%。在适宜区域出苗至成熟生育日数 122 d，需≥10 ℃活动积温 2 368.8 ℃·d。

**栽培要点：**适宜播期在 5 月上中旬，9 月下旬成熟。对土壤肥力要求不严，在中等肥力条件下更为适宜。

**适宜区域：**适宜在黑龙江省第二积温带中部平原区种植。

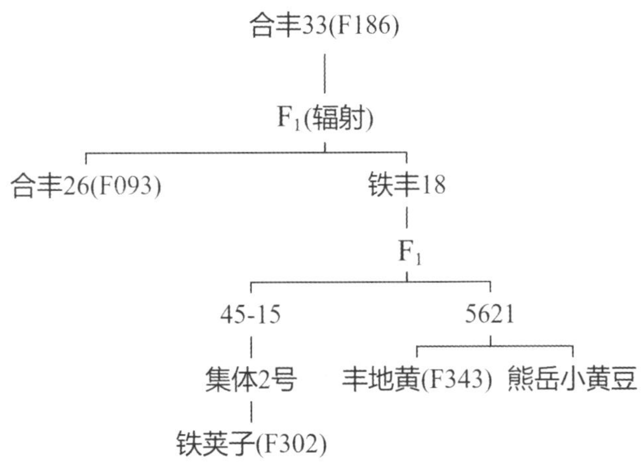


## 187. 东农 4 号

**品种来源：**东北农学院 1949 年以满仓金为母本、紫花 4 号为父本，经有性杂交，用混合个体法处理后代育成。原品系号：东农 55-6028。1959 年经黑龙江省农作物品种区域试验会议审查，确定推广。

**产量表现：**1957—1960 年在黑龙江省农业科学院品种比较试验和区域试验，4 年平均产量 2 730 kg/hm$^2$；1958—1959 年 12 个试验点区域试验，平均产量 2 670 kg/hm$^2$。

**特征特性：**无限结荚习性。株高 80 ~ 90 cm，株型收敛，茎秆粗壮，分枝少而短，一般1 ~ 2

个。2、3 粒荚多，荚暗褐色。圆叶，白花，灰色茸毛。种子椭圆形，种皮浓黄色有光泽，种脐黄色，百粒重 21 ~ 23 g。蛋白质含量 38.1%，脂肪含量 22.1%。较喜肥水，秆强不倒伏。在适宜区域出苗至成熟生育日数 128 d 左右。

**栽培要点：**适宜在中上等肥力土地种植，5 月中旬播种，保苗 30 万株 /hm$^2$。

**适宜区域：**适宜黑龙江省绥化市北林区、庆安、望奎、富锦、集贤、桦川、汤原、依兰、勃利、宝清等县以及宝泉岭、友谊等农场及牡丹江地区种植。

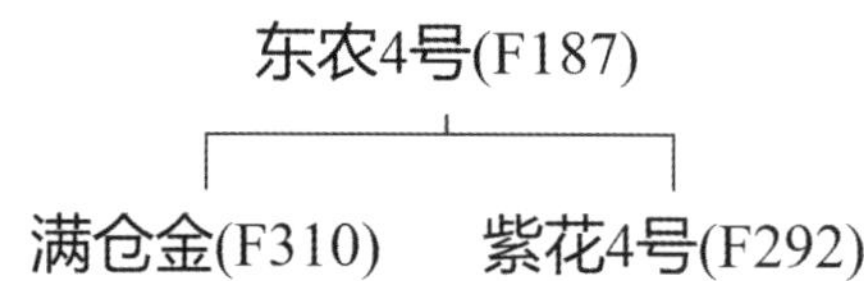


## 188. 群选 1 号

**品种来源：**吉林省永吉县乌拉街满族镇张老村村民于 1964 年用永丰豆采用“一株传”方法育成。原名：反修豆，后定名为群选 1 号。

**产量表现：**丰产性好，粒大饱满，品质优良。

**特征特性：**无限结荚习性。株高 100 cm 左右，茎秆茁壮，分枝多，3 ~ 4 个，株型开张。主茎节数 20 个以上，每节着荚 2 ~ 3 个，3、4 粒荚多，荚暗褐色。披针叶，白花，灰色茸毛。种子圆形，种皮黄色有光泽，种脐褐色，百粒重 20 ~ 22 g。较耐肥，秆较强。虫食率低，褐斑粒率高，霜霉粒率高。在适宜区域出苗至成熟生育日数 145 d。

**栽培要点：**适宜肥沃土地种植，宜稀植。

**适宜区域：**适宜吉林省中南部平原及东部延边、通化等地种植。

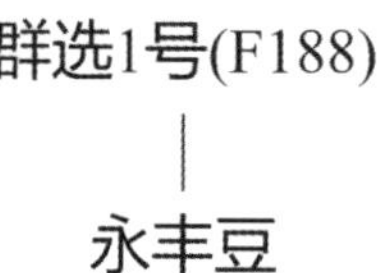


## 189. 垦农 5 号

**品种来源：**黑龙江八一农垦大学 1981 年以九农 13 为母本、绥农 4 号为父本，进行有性杂交，采用系谱法选育而成。原品系号：农大 8170–2。1992 年通过黑龙江省国营农场总局农作物品种审定委员会审定，确定推广。

**产量表现：**1991 年在区域试验的同时进行生产试验。区域试验和生产试验结果，比对照品种合丰 25 平均增产 10%以上。

**特征特性：**亚有限结荚习性。株高 70 ~ 80 cm，分枝少，一般 1 ~ 2 个。节短荚密，以 3 粒荚为多。披针叶，紫花，灰色茸毛。种子圆形，种皮黄色光泽度中等，种脐无色，百粒重 20 ~ 23 g。蛋白质含量 40.56%，脂肪含量 20.58%。经黑龙江省农业科学院合江农业科学研究所1991 年接种综合小种鉴定：中抗灰斑病。在适宜区域出苗至成熟生育日数 120 d 左右，需≥10 ℃活动积温 2 400 ~ 2 500 ℃·d。

**栽培要点：**适宜中等以上肥力条件栽培，5 月上旬播种，栽培密度为 30 万株 /hm²。

**适宜区域：**适宜黑龙江省东部平原水肥条件高的地区种植。

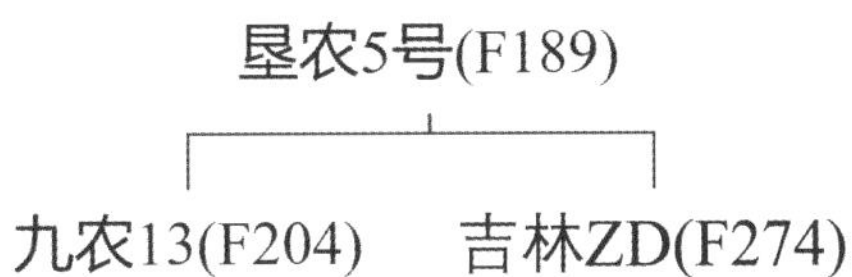


## 190. 北豆 22

**品种来源：**黑龙江省农垦总局北安农业科学研究所、黑龙江省农垦科研育种中心 1996 年以 F29619–4 为母本、垦鉴豆 27 为父本，进行有性杂交，采用系谱法选育而成。2008 年经国家农作物品种审定委员会审定推广。审定编号：国审豆 2008009。

**产量表现：**2007 年生产试验，产量 2 221.51 kg/hm²，比对照品种黑河 18 增产 7.7%。

**特征特性：**亚有限结荚习性。株高 81.7 cm，单株有效荚数 25.4 个。紫花，长叶，种子圆形，种皮黄色，种脐黄色，百粒重 19.7 g。粗蛋白质含量 40.79%，粗脂肪含量 18.90%。接种鉴定：中感大豆灰斑病，中感 SMV Ⅰ号株系，感 SMV Ⅲ号株系。在适宜区域出苗至成熟生育日数 113 d。

**栽培要点：**5 月上中旬播种，中等地力保苗数 30 万株 /hm²。

**适宜区域：**适宜在黑龙江省第三积温带下限和第四积温带种植。

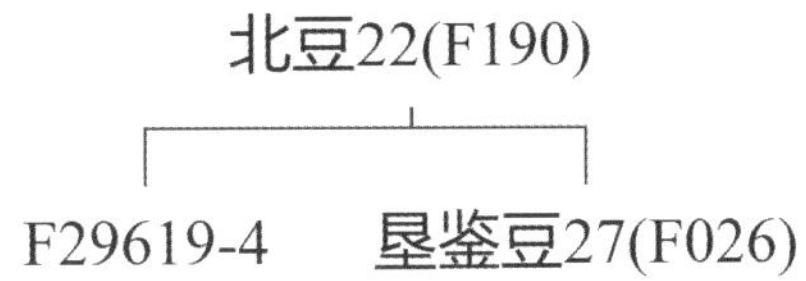


## 191. 荆山璞

**品种来源：**黑龙江省桦南县庆发乡的农民荆山璞于 1951 年由满仓金大豆田中采用“一株传”的方法选出。1958 年冬经黑龙江省农作物品种区域试验会议审查，确定推广。

**产量表现：**1957—1958 年区域试验，平均产量 2 175 kg/hm²，比对照品种满仓金增产 5.4%。

**特征特性：**无限结荚习性。株高 80 ~ 90 cm，分枝 3 个，株型开张。2、3 粒荚多，4 粒荚亦较多，个别出现 5 粒荚，一般每荚 2.4 ~ 2.6 粒，荚暗褐色。白花，披针叶，灰色茸毛。种子圆形，种皮黄色有光泽，种脐淡褐色，百粒重 19 g 左右。蛋白质含量 36.5%，脂肪含量 20.7%。耐肥力较满仓金稍强，在肥沃土地上生长良好，但过肥沃土地则贪青倒伏，在瘠薄地生长稍差。食心虫害与满仓金相仿，抗病力较差，在原合江地区易感染菌核病。苗期生长缓慢，封垄较晚，中期生长较快。在适宜区域出苗至成熟生育日数 141 ~ 145 d。

**栽培要点：**适宜中等较肥沃土地种植，在瘠薄土地生长不良，5 月上旬播种，岗地保苗 24

万～27 万株 /hm²，平川肥沃土地保苗 21 万～24 万株 /hm²。

**适宜区域：**适宜黑龙江省东部及中南部种植。

荆山璞(F191)

|

满仓金(F310)

## 192. 嫩丰 7 号

**品种来源：**黑龙江省农业科学院嫩江农业科学研究所 1959 年以千斤黄为母本、东农 55-6015 为父本，进行有性杂交，采用系谱法选育而成。原品系号：嫩 64007。1970 年经嫩江地区农作物品种区域试验会议审查，确定推广。

**产量表现：**1969 年在齐齐哈尔市哈拉海军马场 30 亩大豆示范栽培，平均产量 3 067.5 kg/hm²。

**特征特性：**无限结荚习性。株高 70～80 cm，主茎发达，分枝少，节多，节间短。白花，圆叶，灰色茸毛。种子椭圆形，种皮黄色有光泽，种脐淡褐色，百粒重 18～20 g。蛋白质含量 36.0%，脂肪含量 22.7%。秆强，喜肥，耐湿。在适宜区域出苗至成熟生育日数 130 d 左右。

**栽培要点：**适宜肥沃土壤种植，5 月上旬播种，保苗 30 万株 /hm²。

**适宜区域：**适宜黑龙江省泰来、龙江、齐齐哈尔、甘南、林甸、杜尔伯特等地种植。

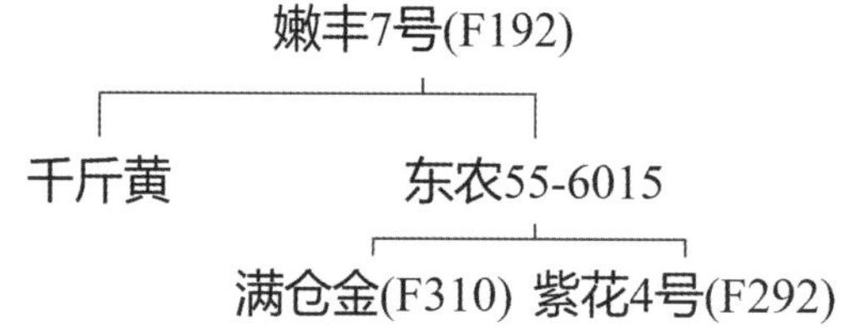


## 193. 黑农 57

**品种来源：**黑龙江省农业科学院大豆研究所以哈 95-5351 为母本、哈 3164 为父本，进行有性杂交，采用系谱法选育而成。原品系号：哈 02-1908。2008 年经黑龙江省农作物品种审定委员会审定推广。审定编号：黑审豆 2008001。

**产量表现：**2007 年生产试验，平均产量 2 390.6 kg/hm²，较对照品种黑农 37 增产 13.1%。

**特征特性：**亚有限结荚习性。株高 80 cm 左右，有分枝。白花，尖叶，灰色茸毛。荚微弯镰形，成熟时呈深褐色。种子圆形，种皮黄色有光泽，种脐褐色，百粒重 22 g 左右。蛋白质含量 38.34%，脂肪含量 21.69%。接种鉴定结果：中抗灰斑病。在适宜区域出苗至成熟生育日数 122 d 左右，需≥10 ℃活动积温 2 500 ℃·d 左右。

**栽培要点：**5 月上旬播种，采用种衣剂拌种，垄作栽培，垄距 65～70 cm，垄上双条播或穴播。穴距 20 cm，每穴 3 株，保苗 20 万～22 万株 /hm²。植株较繁茂，节间荚密，不宜密植。

**适宜区域：**黑龙江省第一积温带上限。

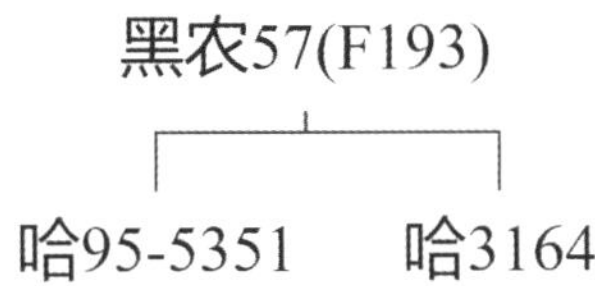




## 194. 垦丰 11

**品种来源**：黑龙江省农垦科学院农作物开发研究所于 1990 年以北丰 9 号为母本、吉林 20 为父本，进行有性杂交，采用系谱法选育而成。原品系号：垦 95-3345。2003 年经黑龙江省农作物品种审定委员会审定推广。审定编号：ZDD23657。

**产量表现**：2002 年生产试验，平均产量 2615.3 kg/hm$^2$，比对照品种北丰 9 号平均增产 14.0%。

**特征特性**：亚有限结荚习性。株高 75 cm 左右，主茎结荚为主，有小分枝。结荚均匀，节间短，结荚密，顶荚饱满，3、4 粒荚较多，荚弯镰形，荚褐色。披针叶，紫花，灰色茸毛。种子圆形，种皮黄色有光泽，种脐黄色，百粒重 18 ~ 20 g。蛋白质含量 40.63%，脂肪含量 20.82%。秆强，喜肥水。经黑龙江省农业科学院合江农业科学研究所接种鉴定为中抗灰斑病。在适宜区域出苗至成熟生育日数 115 d 左右，需≥10 ℃活动积温 2 300 ℃·d。

**栽培要点**：黑龙江省第三积温带 5 月 5 日左右播种，中等肥力条件下保苗 28 万株 /hm$^2$，土壤肥沃地块保苗 25 万株 /hm$^2$，土壤瘠薄地块可适当加大密度。

**适宜区域**：适宜在黑龙江省第三积温带种植，也可在黑龙江省东部第四积温带上限做搭配品种种植。



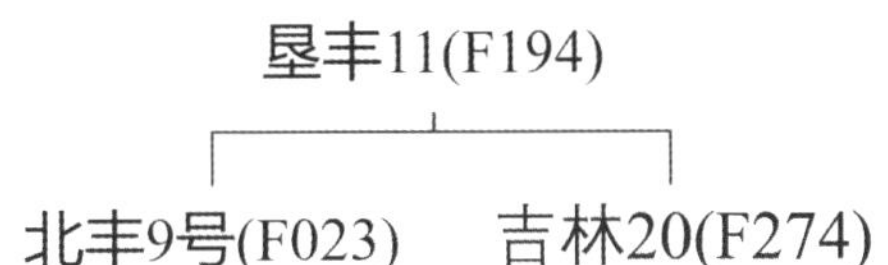


## 195. 垦农 31

**品种来源**：黑龙江八一农垦大学以垦农 5 号为母本、垦农 7 号为父本，进行有性杂交，采用系谱法选育而成。原品系号：农大 96069。2009 年经黑龙江省农作物品种审定委员会审定推广。审定编号：黑审豆 2009007。

**产量表现**：2008 年生产试验，平均产量 2 098.0 kg/hm$^2$，较对照品种合丰 50 增产 11.7%。

**特征特性**：亚有限结荚习性。株高 80 cm 左右，有分枝。尖叶，紫花，灰色茸毛。荚弯镰形，成熟时呈浅褐色。种子圆形，种皮黄色有光泽，种脐无色，百粒重 21 g 左右。蛋白质含量 40.87%，脂肪含量 21.70%。接种鉴定：高抗灰斑病。在适宜区域出苗至成熟生育日数 117 d 左右，需≥10 ℃活动积温 2 350 ℃·d 左右。

**栽培要点**：5 月上旬播种，选择中等肥力地块种植，采用“垄三”栽培方式，保苗 30 万株/hm$^2$ 左右。

**适宜区域**：黑龙江省第二积温带。

垦农31(F195)

垦农5号　　　　垦农7号

九农13(F204)　绥农4号(F183)　绥农4号(F183)　合丰29(F060)

## 196. 黑农 43

**品种来源：**黑龙江省农业科学院大豆研究所于 1988 年利用［(哈 76-3×HA138) ×哈 76-3］$F_1$ 和（北 83-202×长农 4 号）$F_1$ 为亲本，进行有性杂交，采用系谱法育成。原品系号：哈 93216。2002 年经黑龙江省农作物品种审定委员会审定推广。审定编号：黑审豆 2002002。

**产量表现：**2001 年生产试验，平均产量 2 956.1 kg/hm²，比对照品种绥农 10 增产 14.6%。

**特征特性：**无限结荚习性。株高 103 cm，植株繁茂、高大，秆强，有分枝。节多荚密，3 粒荚多，荚熟褐色，粒大。尖叶，紫花，茸毛为棕色。种子圆形，种皮浅黄色有光泽，脐浅黄色，百粒重 23～24 g。蛋白质含量 45.69%，脂肪含量 18.59%。在适宜区域出苗至成熟生育日数 116 d，需活动积温 2 463.74 ℃·d，为中熟品种。中抗灰斑病。

**栽培要点：**要求中等肥力地块或平岗地上种植，尽量种正茬，避免重茬；整地要求进行秋翻秋起垄早春适时顶浆打垄，达到良好的播种状态。密度 20 万～22 万株 /hm²，精量点播，有条件的地方可穴播。

**适宜地区：**适宜黑龙江省第二积温带大面积种植，也可做第三积温区的上限和第一积温区的下限的搭配品种。

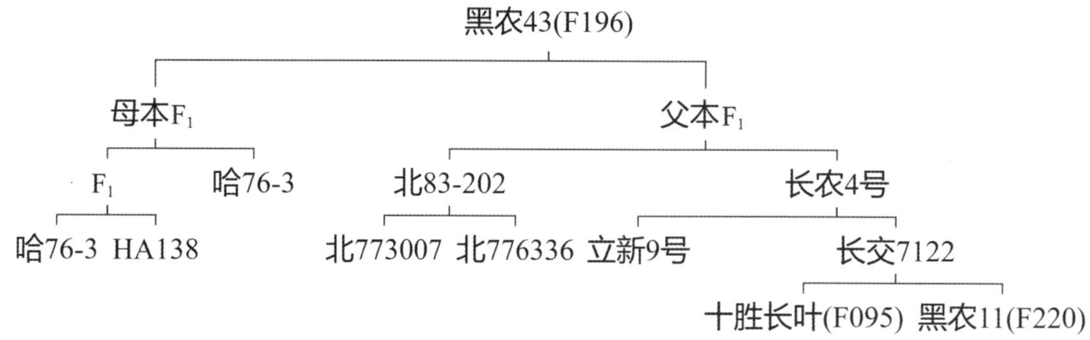


## 197. 垦豆 30

**品种来源：**黑龙江省农垦科学院农作物开发研究所以垦丰 16 为母本、绥农 4 号为父本，进行有性杂交，采用系谱法选育而成。原品系号：垦 04-9904。2011 年经黑龙江省农作物品种审定委员会审定推广。审定编号：黑审豆 2011004。

**产量表现：**2010 年生产试验，平均产量 2 555.4 kg/hm²，较对照品种黑农 44 增产 6.1%。

**特征特性：**无限结荚习性。株高 85 cm 左右，有分枝。尖叶，白花，灰色茸毛。荚弯镰形，成熟时呈褐色。种子圆形，种皮黄色有光泽，种脐黄色，百粒重 19 g 左右。蛋白质含量 38.81%，脂肪含量 20.38%。接种鉴定：抗灰斑病。在适宜区域出苗至成熟生育日数 120 d 左右，需≥10 ℃活动积温 2 450 ℃·d 左右。

**栽培要点：**适宜在 5 月上中旬播种，不宜选择低洼易涝地，采用“垄三”栽培方式种植，保苗 25 万 ~ 28 万株 /hm²。

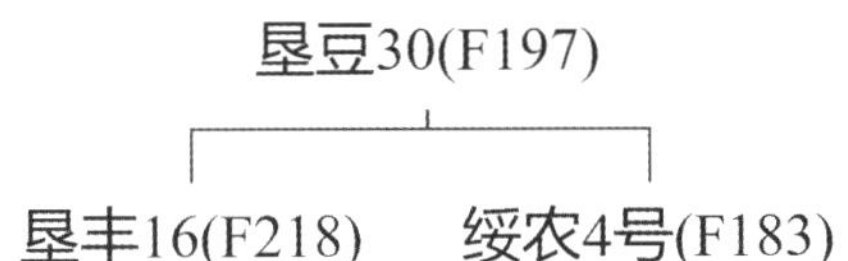


## 198. 丰收 27

**品种来源：**黑龙江省农业科学院克山分院以克交 88223-1 为母本、白农 5 号为父本，进行有性杂交，采用系谱法选育而成。原品系号：克交 02-7741。2009 年经黑龙江省农作物品种审定委员会审定推广。审定编号：黑审豆 2009011。

**产量表现：**2008 年生产试验，平均产量 2 212.2 kg/hm²，较对照品种北丰 9 号增产 11.2%。

**特征特性：**无限结荚习性。株高 94 cm 左右，有分枝。长叶，紫花，灰色茸毛。荚镰刀形，成熟时呈褐色。种子圆形，种皮黄色有光泽，种脐无色，百粒重 19 g 左右。蛋白质含量 41.94%，脂肪含量 19.34%。中抗灰斑病。在适宜区域出苗至成熟生育日数 113 d 左右，需≥10 ℃活动积温 2 300 ℃·d 左右。

**栽培要点：**5 月上旬播种，选择平岗地块种植，采用“垄三”栽培方式，保苗 30 万株 /hm² 左右。

**适宜区域：**黑龙江省第三积温带。

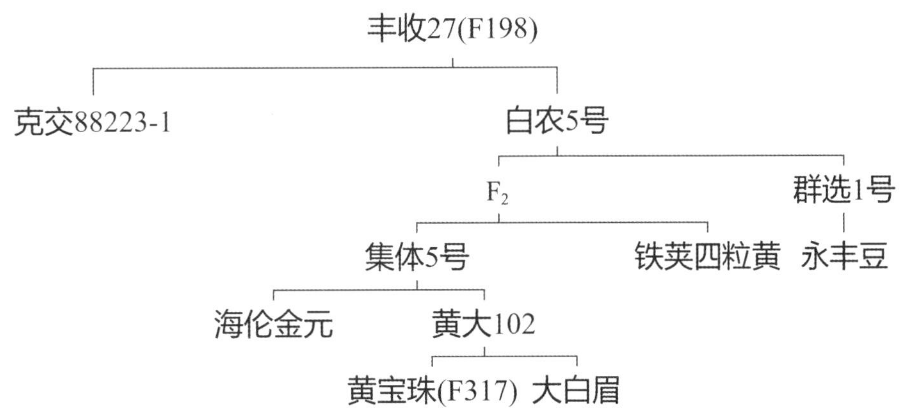


## 199. 黑农 44

**品种来源：**黑龙江省农业科学院大豆研究所于 1988 年以哈 85-6437（黑农 37）为母本、吉林 20 为父本，进行有性杂交，采用系谱法育成。原品系号：哈 94-4478。2002 年经黑龙江省农作物品种审定委员会审定推广。审定编号：黑审豆 2002003。

**产量表现：**2001 年生产试验，平均产量 2 936.6 kg/hm²，比对照品种合丰 25 增产 13.9%。

**特征特性：**亚有限结荚习性。植株中等，株高 80 ~ 90 cm，株型收敛，有分枝能力。上下结荚均匀，3 粒荚较多。圆叶，白花，灰毛。种子圆形，种皮黄色有光泽，外观品质优良，百粒重 20 ~ 22 g。在适宜区域出苗至成熟生育日数 115 d，所需活动积温 2 400 ℃·d。根系发达，秆强不倒，较喜肥水，不裂荚。抗逆性强，中抗灰斑病和花叶病毒病，较抗蚜虫和食心虫。完全粒率高，增产潜力大。蛋白质含量 36.05%，脂肪含量 23.01%，属高脂肪、高产、抗病类型。

**栽培要点：**适宜较肥沃的土壤种植，适播期为 5 月上旬，密度以 22 万 ~ 25 万株 /hm² 为宜。

**适宜地区：**黑龙江省第二积温带。

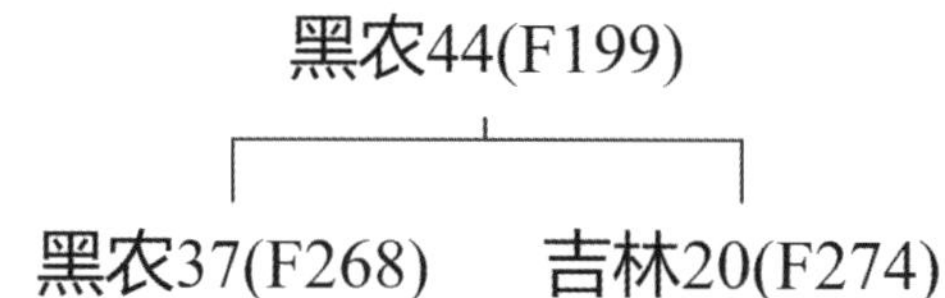


## 200. 绥农 33

**品种来源：**黑龙江省农业科学院绥化分院、黑龙江省龙科种业集团有限公司以绥 98-6007 为母本、绥 00-1531 为父本，进行有性杂交，采用系谱法选育而成。原品系号：绥育 05-7418。2012 年经黑龙江省农作物品种审定委员会审定推广。审定编号：黑审豆 2012008。

**产量表现：**2011 年生产试验，平均产量 2 601.8 kg/hm²，较对照品种绥农 28 增产 9.8%。

**特征特性：**亚有限结荚习性。株高 80 cm 左右，无分枝。长叶，紫花，灰色茸毛。荚弯镰形，成熟时呈深褐色。种子圆形，种皮黄色无光泽，种脐浅黄色，百粒重 20 g 左右。蛋白质含量 40.09%，脂肪含量 20.52%。抗病接种鉴定结果：中抗灰斑病。在适宜区域出苗至成熟生育日数 118 d 左右，需≥10 ℃活动积温 2 400 ℃·d 左右。

**栽培要点：**在适宜区域 5 月上旬播种，选择中等以上肥力地块种植，垄作栽培，保苗 20 万株 /hm² 左右。

**适宜区域：**黑龙江省第二积温带。

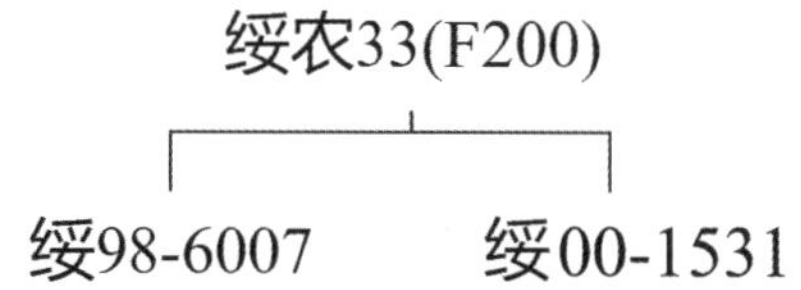


## 201. 九农 29

**品种来源：**吉林省吉林市农业科学院 1996 年以吉林 30 为母本、绥农 14 为父本，进行有性杂交，采用系谱法选育而成。2003 年经吉林省农作物品种审定委员会审定推广。

**产量表现**：2002 年生产试验，平均产量 2 684.0 kg/hm²，比对照品种延农 8 号增产 4.0%。

**特征特性**：亚有限结荚习性。株高 84 cm 左右，主茎型，主茎节数 17 ~ 18 个。披针叶，白花，灰毛。荚熟灰褐色。种子圆形，种皮淡黄色，脐无色，百粒重 18 g 左右。蛋白质含量 39.41%，脂肪含量 21.85%。秆强，抗倒伏，抗大豆病毒病、霜霉病、灰斑病，中抗大豆食心虫。属早熟品种，在适宜区域出苗至成熟生育日数 118 d 左右。

**栽培要点**：一般 4 月下旬至 5 月初播种为宜，保苗 20 万株 /hm² 左右。

**适宜区域**：适宜吉林省东部山区、半山区，早熟区种植。

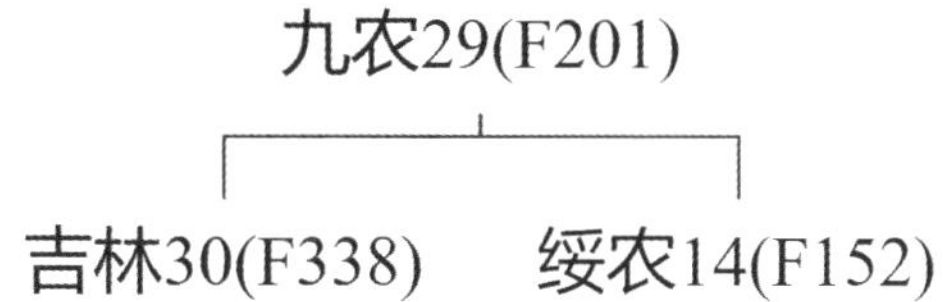


## 202. 绥农 32

**品种来源**：黑龙江省农业科学院绥化分院、黑龙江省龙科种业集团有限公司以绥 98-6023 为母本、垦农 19 为父本，进行有性杂交，采用系谱法选育而成。原品系号：绥 05-6022。2011 年经黑龙江省农作物品种审定委员会审定推广。审定编号：黑审豆 2011006。

**产量表现**：2010 年生产试验，平均产量 2 791.9 kg/hm²，较对照品种黑农 44 增产 11.8%。

**特征特性**：亚有限结荚习性。株高 85 cm 左右，无分枝。长叶，紫花，灰色茸毛。荚弯镰形，成熟时呈褐色。种皮黄色无光泽，种脐黄色，百粒重 20 g 左右。蛋白质含量 38.23%，脂肪含量 21.03%。接种鉴定：中抗灰斑病。在适宜区域出苗至成熟生育日数 120 d 左右，需≥10 ℃活动积温 2 430 ℃·d 左右。

**栽培要点**：在适宜区域 5 月上旬播种，保苗 24 万株 /hm² 左右。

**适宜区域**：黑龙江省第二积温带。

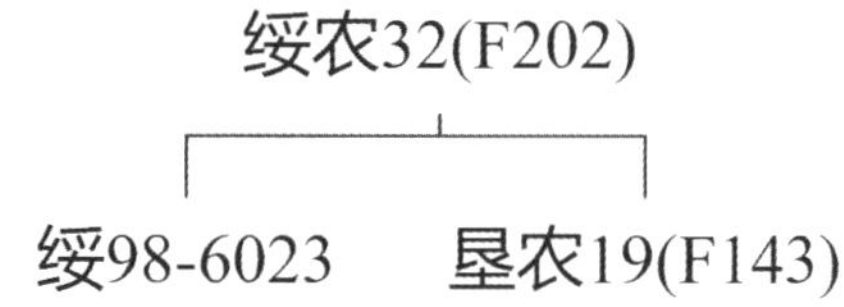


## 203. 四粒黄

**品种来源**：黑龙江省中部和东部的地方品种，栽培约有 50 年之久，黑龙江省盐碱土作物所 1956 年从安达市搜集，编号：黑农第 96。

**产量表现**：产量较高，但不够稳定，常年 1 350 ~ 1 500 kg/hm²，最高产量 2 400 kg/hm²。

**特征特性**：无限结荚习性。株高 80 ~ 90 cm，主茎粗壮，分枝 3 ~ 5 个。主茎节数 17 ~ 18 节，节间较长。荚型较大，稍弯曲，3 粒荚较多，少数 4 粒荚，平均每荚 2.5 粒，荚呈褐色。圆叶，白花，灰色茸毛。种子圆形，种皮黄色有光泽，种脐褐色，百粒重 24 ~ 25 g。耐肥力中等，在较肥沃土地上稍倒伏。食心虫害较重，抗旱性较差。在适宜区域出苗至成熟生育日数 138 ~ 145 d。

**栽培要点：**适宜平原肥沃土地栽培，5 月上旬播种，保苗 19.5 万株 /hm²。

**适宜区域：**适宜黑龙江中部平原地区的绥化市北林区、通河、望奎、呼兰、阿城、五常、宾县，东部的桦川、汤原、集贤、依兰、宝清，以及西部的泰兰县等地种植。

## 204. 九农 13

**品种来源：**吉林省吉林市农业科学院 1972 年用九农 6 号为母本，九农 7 号为父本，进行有性杂交，采用系谱法选育而成。原品系号：九交 7226。1981 年经吉林省农作物品种审定委员会审定推广。

**产量表现：**一般产量 1 950 ~ 2 550 kg/hm²。

**特征特性：**亚有限结荚习性。株高 70 ~ 90 cm，主茎发达，分枝少，节间短。尖叶，白花，灰毛。平均每荚 2.6 粒，荚褐色。种子近圆形，种皮鲜黄色有光泽，脐淡黄色，百粒重 16 ~ 18 g。蛋白质含量 39.5%，脂肪含量 21.8%。在适宜区域出苗至成熟生育日数 110 ~ 115 d。

**栽培要点：**一般保苗 22.5 万 ~ 25.5 万株 /hm²。

**适宜区域：**吉林省吉林市。

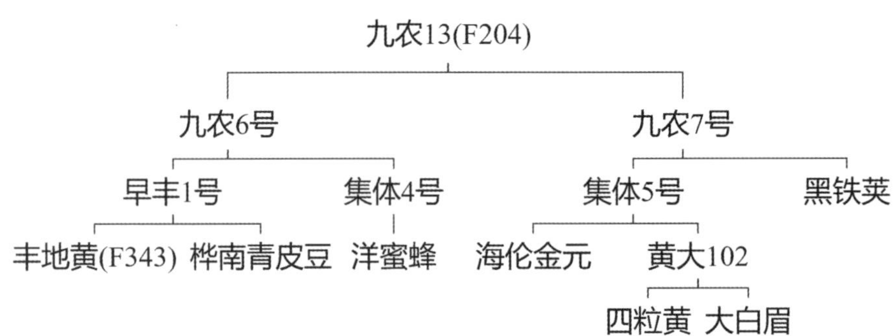


## 205. 吉育 57

**品种来源：**吉林省农业科学院 1991 年以公交 8427-88 为母本、公交 RY8829-1 为父本，进行有性杂交，采用系谱法选育而成。原品系号：公交 9159-10。2001 年经吉林省农作物品种审定委员会审定推广。

**产量表现：**1999—2000 年生产试验，平均产量 2 528 kg/hm²，比对照品种吉林 33 增产 11.3%。

**特征特性：**亚有限结荚习性。株高 95 cm 左右，主茎发达，节间短。结荚均匀、密集，4 粒荚多，荚褐色。尖叶，紫花，灰色茸毛。种皮黄色有光泽，脐黄色，百粒重 22 g。蛋白质含量 39.15%，脂肪含量 22.14%。抗大豆花叶病毒病、霜霉病、细菌性斑点病、灰斑病及大豆食心虫。在适宜区域出苗至成熟生育日数 122 d。

**栽培要点：**适宜中等肥力土壤种植，播种量 65 kg/hm²，保苗 25 万株 /hm²。

**适宜区域：**吉林省的白城、松原、长春、吉林、通化和辽源部分地区。

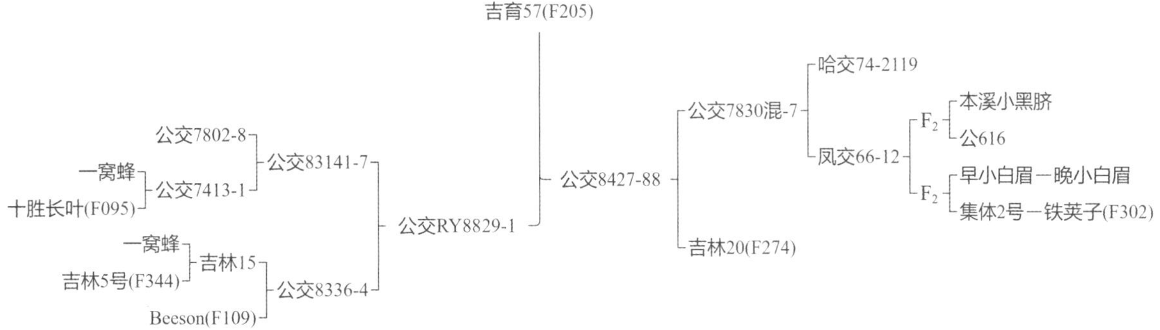


## 206. 吉育 63

**品种来源：**吉林省农科院 1993 年以吉林 27 为母本、公交 89164-19 为父本，进行有性杂交，采用系谱法选育而成。原品系号：公交 9378-5。2002 年经吉林省农作物品种审定委员会审定推广。

**产量表现：**2001 年生产试验，平均产量 2 657 kg/hm$^2$，比对照品种九农 21 增产 14.6%。

**特征特性：**亚有限结荚习性。株高 95 cm，主茎型，秆强不倒伏。结荚密集，3 粒荚多，荚熟呈褐色。圆叶，白花，灰色茸毛。种子椭圆形，种皮黄色有光泽，种脐黄色，百粒重 23 g。蛋白质含量 45.29%，脂肪含量 19.45%。抗大豆花叶病毒病、大豆霜霉病、细菌性斑点病，较抗大豆食心虫。在适宜区域出苗至成熟生育日数 127 d，需≥10 ℃活动积温 2 600 ~ 2 700 ℃·d。

**栽培要点：**一般 5 月上旬播种，中上等肥力土壤种植，播种量 60 kg/hm$^2$，保苗 20 万株 /hm$^2$。

**适宜区域：**适宜吉林省中熟区及四平、松原、辽源部分地区种植。

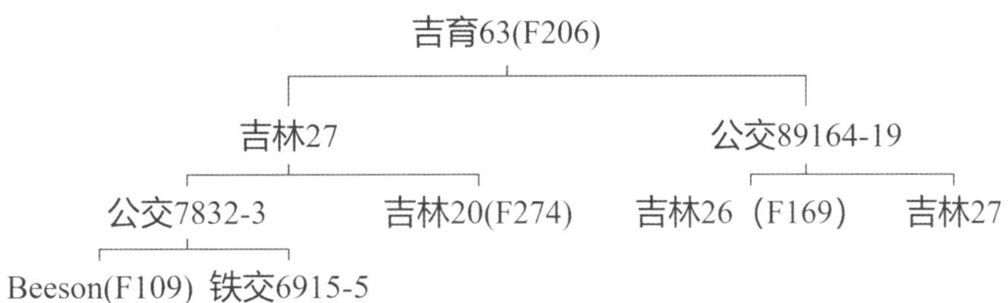


## 207. 垦丰 5 号

**品种来源：**黑龙江省农垦科学院农作物开发研究所以合丰 35 为母本、黑农 37 为父本，进行有性杂交，采用系谱法选育而成。品种代号：垦 94-2679。2000 年经黑龙江省农作物品种审定委员会审定推广。审定编号：黑审豆 2000005。

**产量表现：**1999 年生产试验，平均产量 2 210.7 kg/hm$^2$，比对照品种垦农 4 号平均增产 12.95%。

**特征特性：**亚有限结荚习性。株高 78.6 cm 左右，主茎结荚为主，茎粗中等。叶披针形、淡绿色，紫花，灰色茸毛。3、4 粒荚多，荚形稍弯曲，荚为褐色，底荚高度 18.8 cm。种子圆形，种皮黄色有光泽，种脐黄色，百粒重 19.4 g 左右。粗蛋白含量 40.91%，粗脂肪含量 19.26%。秆强，喜肥水，中抗灰斑病。在适宜区域出苗至成熟生育日数 122 d 左右，需≥10 ℃活动积温2 490.4 ℃·d 左右。

**栽培要点：**5 月上中旬播种，适宜中等肥力以上地区种植，以保苗 28 万～30 万株 /hm² 为宜。

**适宜区域：**黑龙江省第二积温带三江平原西南温和半湿润区。

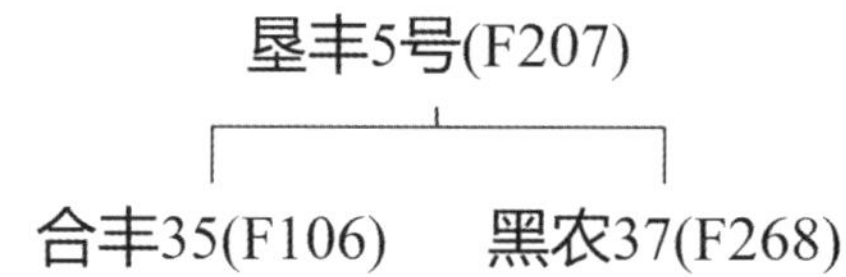


## 208. 垦丰 17

**品种来源：**黑龙江省农垦科学院农作物开发研究所以北丰 8 号为母本、长农 5 号为父本，进行有性杂交，采用系谱法选育而成。原品系号：垦 00–407。2007 年经黑龙江省农作物品种审定委员会审定推广。审定编号：黑审豆 2007015。

**产量表现：**2005 年生产试验，平均产量 2 637.2 kg/hm²，比对照品种合丰 35 增产 17.1%。

**特征特性：**亚有限结荚习性。株高 90 cm 左右，无分枝。尖叶，紫花，灰色茸毛。荚弯镰形，成熟时呈褐色。种子圆形，种皮黄色有光泽，种脐黄色，百粒重 20 g 左右。蛋白质含量 38.87%，脂肪含量 21.23%。接种鉴定：中抗灰斑病。在适宜区域出苗至成熟生育日数 115 d 左右，需≥10 ℃活动积温 2 350 ℃·d 左右。

**栽培要点：**喜肥水，要求中等以上土壤肥力地块种植，以“垄三”栽培方式为宜，5 月上中旬播种。一般中等肥力地块保苗 28 万～30 万株 /hm²，肥沃土地 25 万株 /hm²。施磷酸二铵 150 kg/hm²、钾肥 50 kg/hm²、尿素 40～50 kg/hm²，于开花至鼓粒期根据大豆的长势喷施相应的大豆专用叶面肥 2 遍以上。

**适宜区域：**黑龙江省第二积温带。

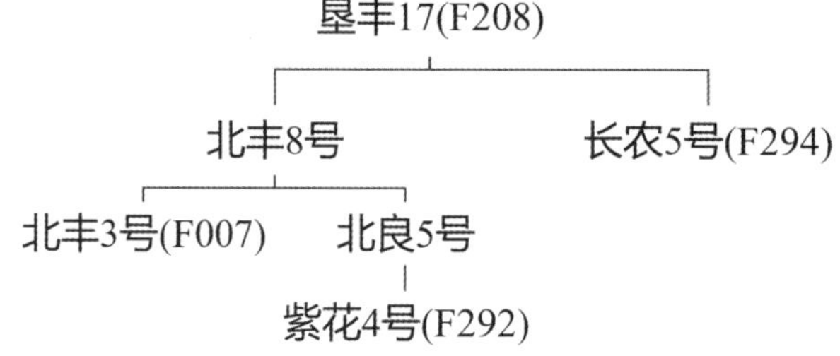


## 209. 绥农 22

**品种来源：**黑龙江省农业科学院绥化农业科学研究所 1996 年以绥农 15 为母本、绥096–81029 为父本，进行有性杂交，采用系谱法选育而成。原品系号：绥 99–3219。2005 年经黑龙江省农作物品种审定委员会审定推广。审定编号：黑审豆 2005005。

**产量表现：**2004 年生产试验，平均产量 2 426.1 kg/hm²，较对照品种绥农 14 增产 12.0%。

**特征特性：**无限结荚习性。株高 80 cm 左右，有分枝，株型收敛。紫色胚轴，尖叶，紫花，灰色茸毛。荚微弯镰形，成熟呈深褐色，不炸荚。种子圆形，种皮黄色略有光泽，种脐浅黄色，子叶黄色，百粒重 22 g 左右。蛋白质含量 39.66%，脂肪含量 20.06%。接种鉴定：中抗灰斑病。在适宜区域出苗至成熟生育日数 118 d 左右，需≥10 ℃活动积温 2 400 ℃·d 左右。

**栽培要点：**适宜播期 5 月上旬，垄作保苗 24 万株 /hm$^2$ 左右，平播保苗 30 万株 /hm$^2$。

**适宜区域：**黑龙江省第二积温带。

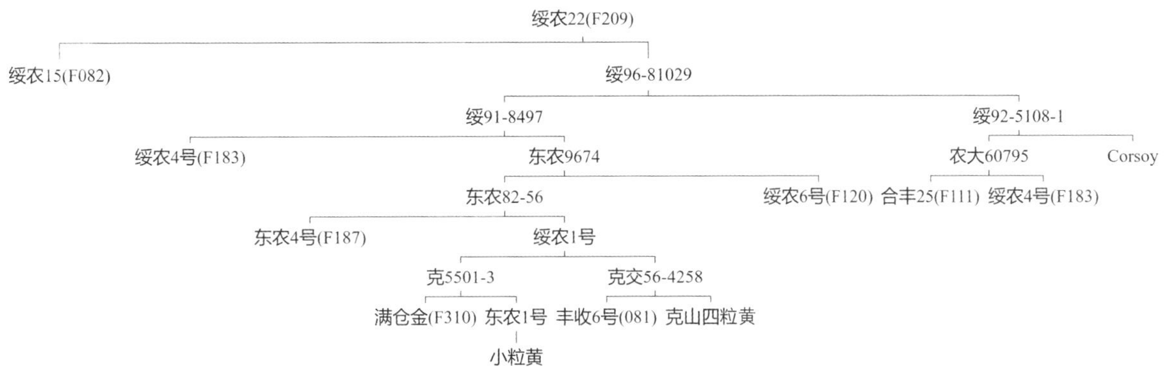






## 210. 东农 54

**品种来源：**东北农业大学大豆科学研究所以黑农 40 为母本、东农 9602 为父本，进行有性杂交，采用系谱法选育而成。原品系号：东农 30655。2009 年经黑龙江省农作物品种审定委员会审定推广。审定编号：黑审豆 2009001。

**产量表现：**2008 年生产试验，平均产量 2 461.7 kg/hm$^2$，较对照品种黑农 37 增产 11.7%。

**特征特性：**无限结荚习性。株高 100 cm 左右，有分枝。长叶，紫花，灰色茸毛。荚弯镰形，成熟时呈草黄色。种子圆形，种皮黄色无光泽，种脐无色，百粒重 20 g 左右。蛋白质含量 40.60%，脂肪含量 20.50%。接种鉴定中抗灰斑病。在适宜区域出苗至成熟生育日数 124 d 左右，需≥10 ℃活动积温 2 600 ℃·d 左右。

**栽培要点：**在 4 月末至 5 月初播种，9 月中下旬收获。适合垄距 60 ~ 65 cm，垄上双行种植，保苗 25.5 万株 /hm$^2$。

**适宜区域：**黑龙江省第一积温带。

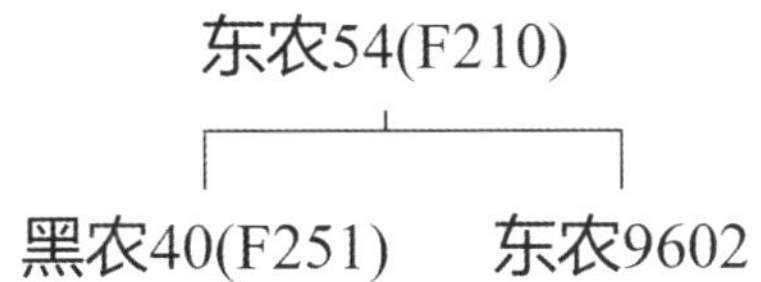


## 211. 长农 24

**品种来源：**吉林省长春市农业科学院 1998 年以东 414–1 为母本、长 B95–47 为父本，进行有性杂交，采用系谱法选育而成。原品系号：长 B2005–109。2009 年经吉林省农作物品种审定委员会审定推广。审定编号：吉审豆 2009015。

**产量表现：**2008 年生产试验，平均产量 3 231.0 kg/hm$^2$，比对照品种延农 8 号增产 15.5%。

**特征特性：**亚有限结荚习性。株高 86 cm 左右，主茎型，株形收敛，主茎节数 18 个。3、4

粒荚多，荚熟时呈褐色。尖叶，白花，灰毛。种子圆形，种皮黄色，脐黄色，百粒重 20 g。蛋白质含量 38.02%，脂肪含量 20.87%。早熟品种，在适宜区域出苗至成熟生育日数 120 d，需≥10 ℃活动积温 2 400 ℃·d。

**栽培要点：**5 月初播种，播种量 60 ~ 70 kg/hm²，保苗 22 万株 /hm² 左右。

**适宜区域：**吉林省早熟区及中早熟部分地区种植。

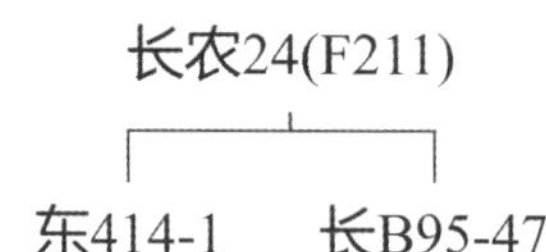


## 212. 垦鉴豆 26

**品种来源：**黑龙江省农垦总局北安分局农业科学研究所以北丰 8 号为母本、北 93-406 为父本，进行有性杂交，采用系谱法选育而成。2003 年经黑龙江省农垦总局农作物品种审定委员会审定推广。

**产量表现：**2003 年生产试验，平均产量 1 754.3 kg/hm²，较对照品种九丰 7 号增产 17.9%。

**特征特性：**无限结荚习性。株高 70 ~ 80 cm，0 ~ 3 分枝。披针叶，紫色，灰毛。平均每荚 2.5 粒，荚深褐色。种子圆形，种皮黄色有光泽，脐黄色，百粒重 19 g 左右。在适宜区域出苗至成熟生育日数 114 d，需≥10 ℃活动积温 2 238 ℃·d。蛋白质含量 38.15%，脂肪含量 22.1%。

**栽培要点：**5 月上旬播种，适宜中上等肥力土壤种植，播种量 60 ~ 70 kg/hm²，一般保苗 25 万 ~ 30 万株 /hm²。

**适宜区域：**适用于黑龙江省第三积温带。

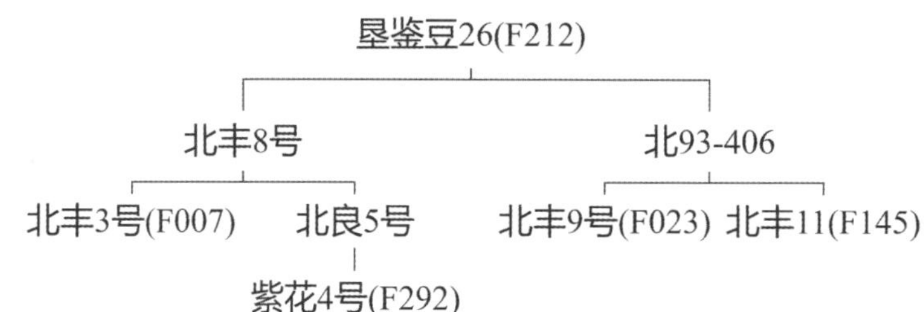


## 213. 绥农 35

**品种来源：**黑龙江省农业科学院绥化分院、黑龙江省龙科种业集团有限公司以绥农 10 为母本、绥 02-315 为父本，进行有性杂交，采用系谱法选育而成。原品系号：绥 06-8529。2012 年经黑龙江省农作物品种审定委员会审定推广。审定编号：黑审豆 2012015。

**产量表现：**2011 年生产试验，平均产量 2 430.2 kg/hm²，较对照品种绥农 26 增产 10.7%。

**特征特性：**无限结荚习性。株高 90 cm 左右，有分枝。长叶，白花，灰色茸毛。荚微弯镰形，成熟时呈褐色。种子圆形，种皮黄色无光泽，种脐浅黄色，百粒重 22 g 左右。蛋白质含量 39.42%，脂肪含量 21.77%。在适宜区域出苗至成熟生育日数 120 d 左右，需≥10 ℃活动积温 2 450 ℃·d 左右。

**栽培要点：**在适宜区域 5 月上中旬播种，选择中等肥力地块种植，垄作栽培，播种量 60 ~ 70 kg/hm$^2$，保苗 30 万株 /hm$^2$ 左右。

**适宜区域：**黑龙江省第二积温带。

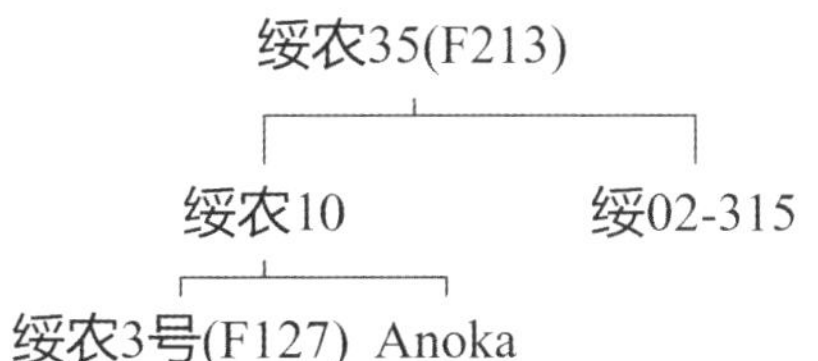


## 214. 黑农 64

**品种来源：**黑龙江省农业科学院大豆研究所以哈 94–4478 为母本、吉 8883–84 为父本，进行有性杂交，采用系谱法选育而成，原品系号：哈 03–1042。2010 年经黑龙江省农作物品种审定委员会审定推广。审定编号：黑审豆 2010007。

**产量表现：**2008 年生产试验，平均产量为 2 801.1 kg/hm$^2$，较对照品种绥农 28 增产 12.6%。

**特征特性：**亚有限结荚习性。株高 80 cm 左右，分枝少。圆叶，白花，灰色茸毛。荚微弯镰形，成熟时呈褐色。种子椭圆形，种皮黄色微光泽，种脐黄色，百粒重 20 ~ 22 g。蛋白质含量 38.1%，脂肪含量 22.79%。中抗灰斑病，中抗花叶病毒病。在适宜区域出苗至成熟生育日数 118 d 左右，需≥10 ℃活动积温 2 400 ℃·d 左右。

**栽培要点：**在适宜区域 5 月上旬播种，选择中等肥力地块种植，采用“垄三”栽培方式，播种量 55 ~ 65 kg/hm$^2$，保苗 20 万 ~ 22 万株 /hm$^2$。

**适宜区域：**黑龙江省第二积温带。

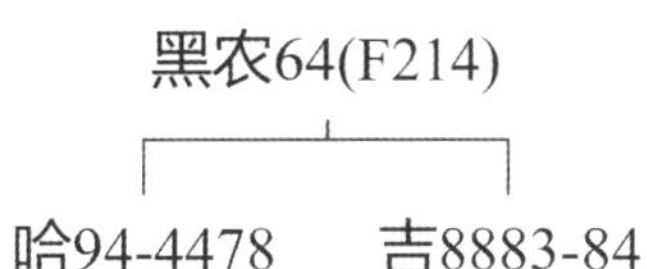


## 215. 黑农 65

**品种来源：**黑龙江省农业科学院大豆研究所以垦鉴豆 7 号为母本、黑农 40 为父本，进行有性杂交，采用系谱法选育而成。原品系号：05–Sh023。2010 年经黑龙江省农作物品种审定委员会审定推广。审定编号：黑审豆 2010008。

**产量表现：**2009 年生产试验，平均产量 2 684.5 kg/hm$^2$，较对照品种合丰 50 增产 13.1%。

**特征特性：**亚有限结荚习性。株高 90 cm 左右，有分枝。尖叶，紫花，灰白色茸毛。荚弯镰形，成熟时呈褐色。种子圆形，种皮黄色有光泽，种脐黄白色，百粒重 20 g 左右。蛋白质含量 41.52%，脂肪含量 19.66%。抗灰斑病。在适宜区域出苗至成熟生育日数 115 d 左右，需≥10 ℃活动积温 2 350 ℃·d 左右。

**栽培要点：**在适宜区域 5 月上旬播种，选择无重迎茬地块种植，采用“垄三”或小垄密植栽培方式，播种量 60 ~ 70 kg/hm$^2$，保苗 32 万株 /hm$^2$ 左右。

**适宜区域：**黑龙江省第二积温带。

黑农65(F215)

垦鉴豆7号　　黑农40(F251)

黑农37(F268)　钢8307-2

## 216. 垦农 22

**品种来源：**黑龙江八一农垦大学以农大 33455 为母本、垦农 5 号为父本，进行有性杂交，采用系谱法选育而成。原品系号：农大 5582。2007 年经黑龙江省农作物品种审定委员会审定推广。审定编号：2007016。

**产量表现：**2006 年生产试验，平均产量 2 942.8 kg/hm$^2$，较对照品种绥农 14 增产 10.6%。

**特征特性：**亚有限结荚习性。株高 80 cm 左右，有分枝。尖叶，紫花，灰色茸毛。种子圆形，种皮黄色有光泽，种脐无色，百粒重 21 g 左右。蛋白质含量 37.80%，脂肪含量 22.40%。中抗大豆灰斑病，中抗大豆花叶病毒病。在适宜区域出苗至成熟生育日数 120 d 左右，需≥10 ℃活动积温 2 350 ℃·d 左右。

**栽培要点：**适宜 5 月上旬播种，中等肥力地块种植，采用"垄三"栽培方式，播种量 70 ~ 75 kg/hm$^2$，保苗 35 万株 /hm$^2$。

**适宜区域：**黑龙江省第二积温带。

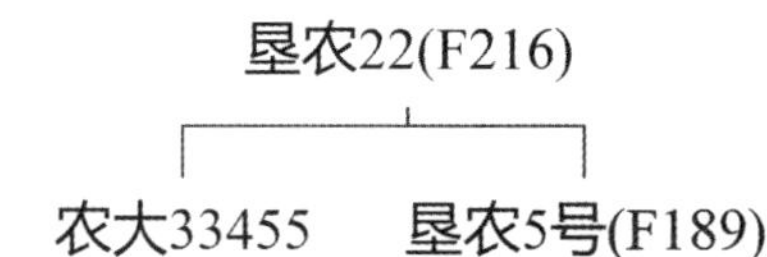


## 217. 垦丰 10

**品种来源：**黑龙江省农垦科学院农作物开发研究所于 1992 年以北丰 9 号为母本、绥农 10 为父本，进行有性杂交，采用系谱法选育而成。原品系号：垦 97-402。2003 年经黑龙江省农作物品种审定委员会审定推广。审定编号：黑审豆 2003015。

**产量表现：**2002 年生产试验，平均产量 2 411.0 kg/hm$^2$，较对照品种合丰 25 增产 9.7%。

特征特性：无限结荚习性。株高 78.3 cm，有分枝，分枝收敛。叶披针形，白花，灰茸毛。3、4 粒荚较多，荚褐色，底荚高 14.1 cm。种子圆形，种皮黄色有光泽，脐黄色，百粒重 21.3 g。蛋白质含量 40.45%，脂肪含量 23.31%。秆韧性强，抗倒伏，中抗灰斑病。在适宜区域出苗至成熟生育日数 120 d 左右，需≥10 ℃活动积温 2 413.0 ℃·d。

**栽培要点：**5 月上旬播种，播种量 55 ~ 60 kg/hm$^2$，中等肥力保苗 23 万 ~ 25 万株 /hm$^2$，肥沃土地保苗 20 万株 /hm$^2$。

**适宜区域：**黑龙江省第二积温带完达山丘陵温和半湿润区。

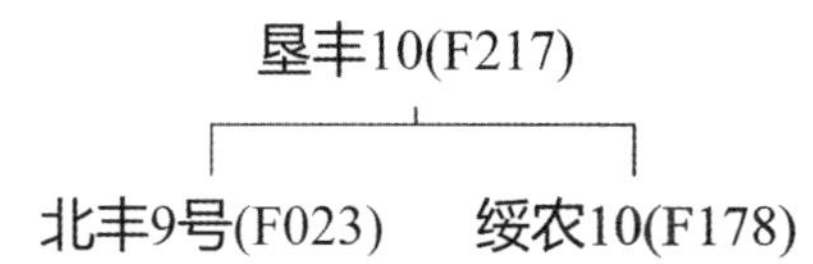

## 218. 垦丰 16

**品种来源：**黑龙江农垦科学院农作物开发研究所 1990 年以黑农 34 为母本、垦农 5 号为父本，进行有性杂交，采用系谱法选育而成。原品系号：垦 95-3438。2006 年经黑龙江省农作物品种审定委员会审定推广。审定编号：黑审豆 2006015。

**产量表现：**2005 年生产试验，平均产量 3 150.5 kg/hm²，较对照品种绥农 10 增产 14.4%。

**特征特性：**亚有限结荚习性。株高 65 cm 左右。底荚高 13 cm。尖叶，白花，灰茸毛。主茎结荚为主，3、4 粒荚较多，荚褐色，呈弯镰形。种子圆形，种皮黄色有光泽，脐黄色，百粒重 18 g 左右。蛋白质含量 40.50%，脂肪含量 19.57%。抗灰斑病。在适宜区域出苗至成熟生育日数 120 d 左右，需≥10 ℃活动积温 2 450 ℃·d。

**栽培要点：**适宜 5 月上旬播种。选择中等以上肥力种植，适宜“垄三”栽培或窄行密植种植。保苗：“垄三”栽培 25 万 ~ 32 万株 /hm²，大垄密或小垄密种植 37.5 万 ~ 42.0 万株 /hm²，30 cm 平播种植为 45 万株 /hm²。

**适宜区域：**黑龙江省第二积温带。

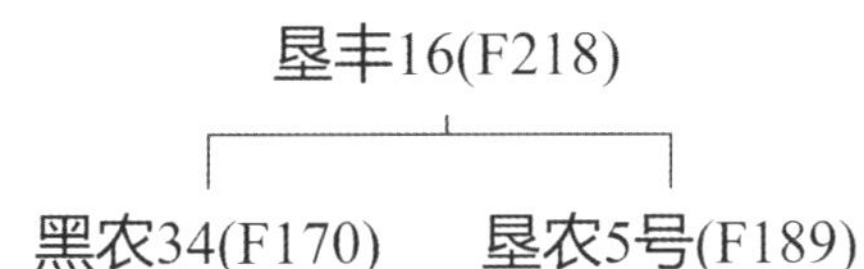


## 219. 绥农 34

**品种来源：**黑龙江省农业科学院绥化分院、黑龙江省龙科种业集团有限公司以绥农 28 为母本、黑农 44 为父本，进行有性杂交，采用系谱法选育而成。原品系号：绥 06-8794。2012 年经黑龙江省农作物品种审定委员会审定推广。审定编号：黑审豆 2012006。

**产量表现：**2011 年生产试验，平均产量 2 369.1 kg/hm²，较对照品种合丰 55 增产 9.1%。

**特征特性：**亚有限结荚习性。株高 80 cm 左右，有分枝。圆叶，白花，灰色茸毛。荚微弯镰形，成熟时呈褐色。种子圆形，种皮黄色无光泽，种脐浅黄色，百粒重 20 g 左右。蛋白质含量 37.72%，脂肪含量 22.41%。抗病接种鉴定结果：在适宜区域出苗至成熟生育日数 120 d 左右，需≥10 ℃活动积温 2 450 ℃·d 左右。

**栽培要点：**在适宜区域 5 月上旬播种，选择中等以上肥水条件地块种植，垄作栽培，播种量 60 ~ 65 kg/hm²，保苗 24 万株 /hm² 左右。

**适宜区域：**黑龙江省第二积温带。

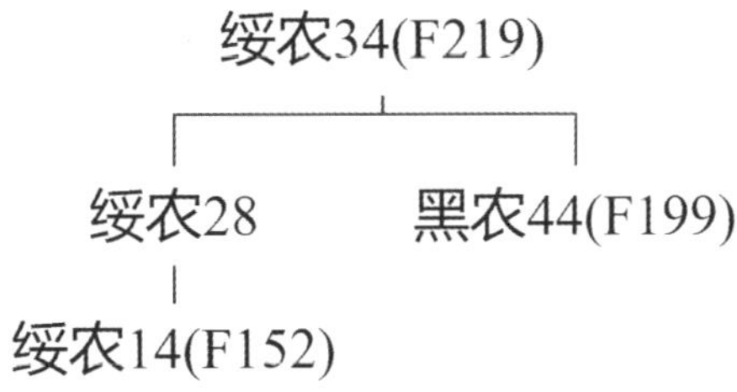

## 220. 黑农 11

**品种来源：**黑龙江省农业科学院大豆研究所于 1960 年以东农 4 号为母本，荆山朴、紫花 4 号和东农 10 为父本的混合花粉进行授粉杂交，采用系谱法选育而成。原品系号：哈 64-8634。1971 年经黑龙江省农作物品种区域试验会议审查，确定在黑龙江省推广。

**产量表现：**在肥沃土壤种植表现丰产性高，一般产量 2 625 kg/hm$^2$ 左右，比对照品种东农 4 号、合交 6 号平均增产 8.0%。1970 年在绥化北林区 1 500 亩地，产量 3 037.5 kg/hm$^2$。

**特征特性：**无限结荚习性。株高 70 ~ 80 cm，主茎发达，分枝中等，一般 3 ~ 4 个，主茎节数 16 个，节间短。结荚分布均匀，3、4 粒荚多，平均每荚 2.5 粒，荚呈褐色。披针叶，白花，灰色茸毛。种子椭圆形，种皮黄色有光泽，种脐黄色，百粒重 17 ~ 18 g。蛋白质含量 39%，脂肪含量 22.1%。耐肥水，秆强不倒伏。在适宜区域出苗至成熟生育日数 130 d 左右。

**栽培要点：**适宜肥沃土壤种植，4 月下旬至 5 月上旬播种，播种量 60 ~ 70 kg/hm$^2$，保苗 24 万 ~ 30 万株 /hm$^2$。

**适宜区域：**适宜黑龙江省中南部平原地区的宾县、阿城、双城、巴彦、通河、绥化北林区、明水、庆安、宝清、勃利、密山等地种植。

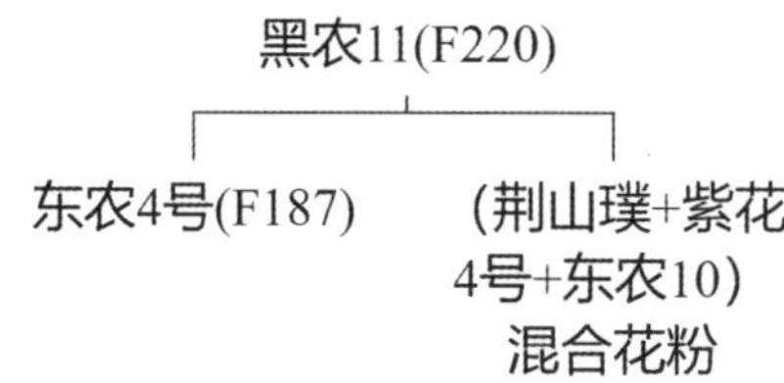




## 221. 东农 52

**品种来源：**东北农业大学大豆研究所以吉 5412 为母本、黑农 40 为父本，进行有性杂交，采用系谱法选育而成。原代号：东农 02-8635。审定编号：黑审豆 2008002。

**产量表现：**2007 年生产试验，平均产量 2 437.1 kg/hm$^2$，较对照品种黑农 37 增产 12.3%。

**特征特性：**无限结荚习性。株高 120 cm 左右，有分枝。尖叶，紫花，灰色茸毛。荚弯镰形，成熟时为灰褐色。种皮黄色，种脐无色，百粒重 21 g 左右。蛋白质含量 40.52%，脂肪含量 19.51%。中抗灰斑病。在适宜区域出苗至成熟生育日数 123 d 左右，需≥10 ℃活动积温 2 500 ℃·d 左右。

**栽培要点：**在适宜区域一般在 4 月末至 5 月初播种，9 月中旬收获。适合垄距 60 ~ 65 cm，垄上双行种植，保苗 25.5 万株 /hm$^2$ 左右。生育期间发现蚜虫要及时防治。

**适宜区域：**黑龙江省第一积温带上限。

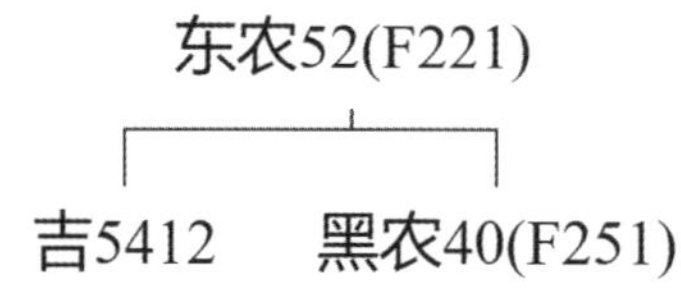

## 222. 垦豆 26

**品种来源：**黑龙江省农垦科学院农作物开发研究所于 1999 年以垦丰 16 为母本、合丰 35 为父本，进行有性杂交，采用系谱法选育而成。原代号：垦 03-956。2010 年经黑龙江省农垦总局农作物品种审定委员会审定推广。审定编号：黑垦审豆 2010001。

**产量表现：**2009 年生产试验，平均产量 2 923.4 kg/hm$^2$，较对照品种绥农 28 平均增产 6.8%。

**特征特性：**亚有限结荚习性。株高 80 cm 左右，无分枝。尖叶，白花，灰色茸毛，荚弯镰形，成熟时呈褐色。种子圆形，种皮黄色有光泽，种脐黄色，百粒重 17 g 左右。蛋白质含量 40.12%，脂肪含量 20.26%。三年抗病接种鉴定结果：抗灰斑病。在适宜区域出苗至成熟生育日数 117 d 左右，需≥10 ℃活动积温 2 350 ℃·d 左右。

**栽培要点：**4 月下旬至 5 月上旬播种，适宜肥沃土壤种植，播种量 60 ~ 70 kg/hm$^2$，保苗 24 万 ~ 30 万株 /hm$^2$。

**适宜区域：**适宜在黑龙江省第二积温带垦区东部和东南部地区种植。

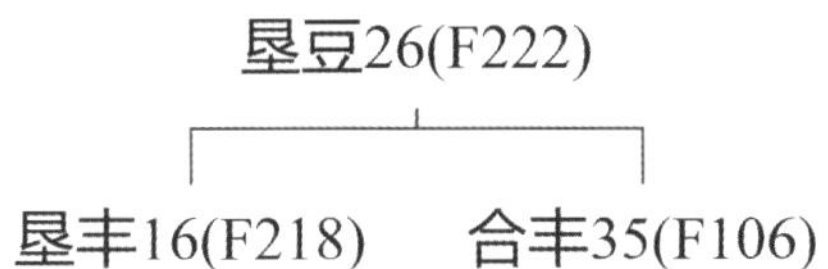


## 223. 绥农 26

**品种来源：**黑龙江省农业科学院绥化分院以绥农 15 为母本、绥 96-81029 为父本，进行有性杂交，采用系谱法选育而成。原品系号：绥 99-3213。2008 年经黑龙江省农作物品种审定委员会审定推广。审定编号：黑审豆 2008013。

**产量表现：**2007 年生产试验，平均产量 2 718.5 kg/hm$^2$，较对照品种合丰 25 增产 9.7%。

**特征特性：**无限结荚习性。株高 100 cm 左右，有分枝。长叶，紫花，灰色茸毛。荚微弯镰形，成熟时呈褐色。种子圆球形，种皮黄色无光泽，种脐浅黄色，百粒重 21 g 左右。蛋白质含量 38.80%，脂肪含量 21.59%。中抗灰斑病。在适宜区域出苗至成熟生育日数 120 d 左右，需≥10 ℃

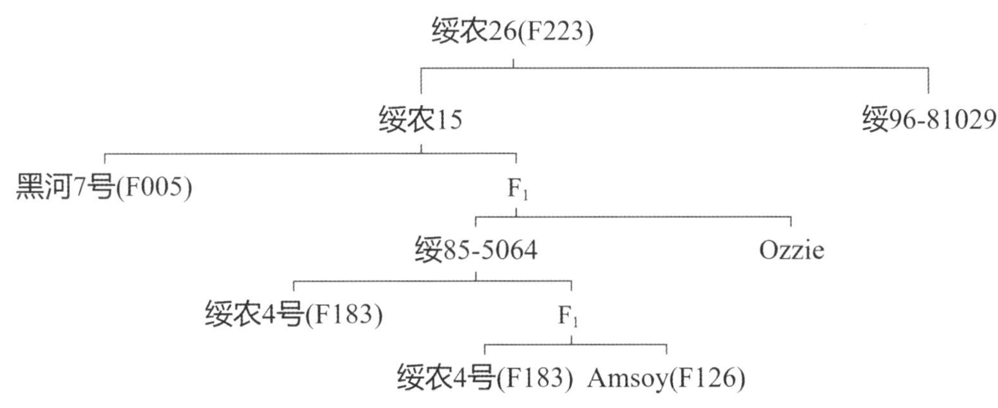

活动积温 2 400 ℃·d 左右。

**栽培要点：** 在适宜区域 5 月上旬播种，选择中等以上肥水条件地块种植，采用大垄栽培方式，保苗 24 万株 /hm² 左右。采用精量点播机垄底侧深施肥方法，施大豆复合肥 240 kg/hm² 左右。及时铲蹚，遇旱灌水，防治病虫害，适时收获。

**适宜区域：** 黑龙江省第二积温带。

## 224. 黑农 33

**品种来源：** 黑龙江省农业科学院大豆研究所以宾县引入的（绥农 3 号 × 克拉克 63）杂交后代，采用系谱法选育而成。原品系号：哈 81-8303-2。1988 年经黑龙江省农作物品种审定委员会审定推广。

**产量表现：** 1987 年生产试验，平均产量 2 670 kg/hm²，较对照品种黑农 29 增产 19.2%。

**特征特性：** 无限结荚习性，株高 100 ~ 120 cm，株型收敛，分枝 1 个左右，茎秆粗壮，主茎节数 18 ~ 20 节。4 粒荚多达 19.6%，平均每荚 2.48 粒，荚暗褐色。披针叶，白花，灰色茸毛。种子椭圆形，种皮黄色有光泽，种脐淡褐色，百粒重 20 g 左右，蛋白质含量 40.3%，脂肪含量 22.2%。耐肥秆强，抗逆力强，高抗灰斑病，对霜霉病也有一定的抗性，种子极少发生霜霉病。在适宜区域出苗至成熟生育日数 125 d 左右，需≥10 ℃活动积温 2 498.8 ℃·d。

**栽培要点：** 适宜一般土壤或肥沃土壤地块种植，4 月下旬至 5 月上旬播种，保苗 22.5 万株/hm² 左右。

**适宜区域：** 适宜黑龙江省的哈尔滨、绥化，吉林省北部的榆树、舒兰以及内蒙古自治区的兴安盟等地种植。



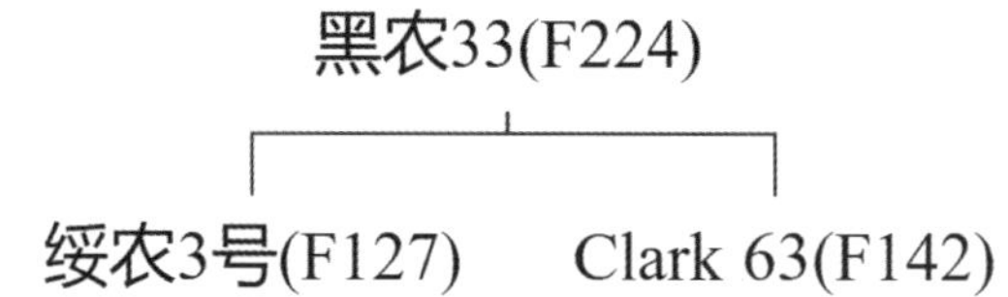


## 225. 垦鉴豆 7 号

**品种来源：** 黑龙江八一农垦大学 1988 年以黑农 37 为母本、钢 8307-2 为父本，进行有性杂交，采用系谱法选育而成。原代号：农大 5088。1999 年经黑龙江省农垦总局农作物品种审定委员会审定推广。

**产量表现：** 1998 年参加黑龙江省农垦总局生产试验，平均产量为 2 534.5 kg/hm²，较对照品种垦农 4 号增产 14.0%。

**特征特性：** 亚有限结荚习性。株高 80 ~ 90 cm，有短分枝 1 ~ 2 个，分枝紧凑收敛。以主茎结荚为主，节短荚密，3、4 粒荚多。尖叶，白花，灰色茸毛。种子圆形，种皮黄色，种脐无色，百粒重 20 g 左右。蛋白质含量 39.26%，脂肪含量 21.16%。秆强抗倒伏。经黑龙江省农科院合江农业科学研究所 1997—1998 年人工接种综合小种鉴定为抗大豆灰斑病。在适宜区域出苗至成熟生育日数 120 d，需≥10 ℃活动积温 2 400 ℃·d。

**栽培要点**：适宜中等或中等以上肥力地块种植，在高肥水条件下增产潜力更大。5月上旬播种，采用“垄三”栽培法，栽培密度为30万～33万株/hm$^2$，采用垄作窄行密植栽培模式，栽培密度为40万～45万株/hm$^2$。

**适宜区域**：适宜在黑龙江省第一至三积温带（农垦总局建三江、宝泉岭、红兴隆和牡丹江分局所属农场）。

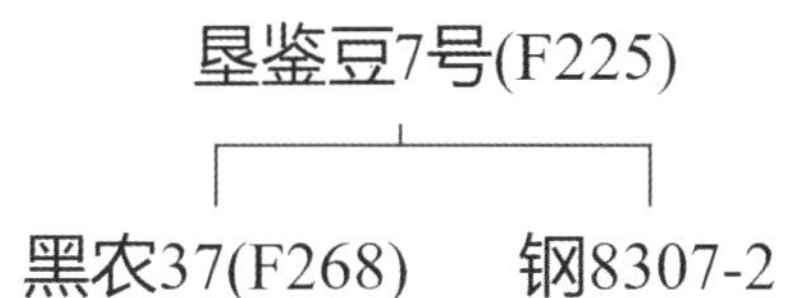


## 226. 黑农16

**品种来源**：黑龙江省农业科学院大豆研究所于1962年采用$^{60}$Co-γ 射线2.58 C/kg照射哈5913组合（五顶珠×荆山璞）$F_2$，进行有性杂交，采用系谱法选育而成。原品系号：哈65-5135。1969年和1970年确定在哈尔滨和绥化推广。

**产量表现**：黑龙江省农业科学院大豆研究所1970年在所内区域结果产量为2 670 kg/hm$^2$，比对照品种黑农5号增产7.9%。

**特征特性**：无限结荚习性。株高80～90 cm，主茎发达，分枝2～3个，株型收敛，主茎节数16个，节间短。3、4粒荚多。披针叶，白花，灰色茸毛。百粒重17～18 g。耐肥，抗旱性较强。在适宜区域出苗至成熟生育日数130 d。

**栽培要点**：4月下旬至5月上旬播种，对土壤肥力要求不严，保苗25万～30万株/hm$^2$。

**适宜区域**：适宜哈尔滨及绥化的黑土地区和轻盐碱土地区种植。

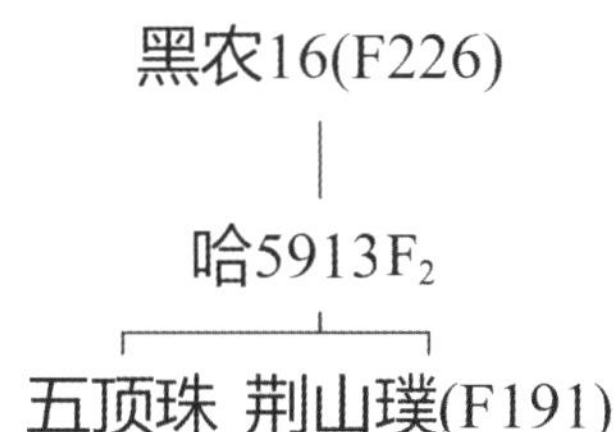


## 227. 抗线2号

**品种来源**：黑龙江省农业科学院盐碱地作物育种研究所以嫩丰9号为母本、（嫩丰10×Frenklin）$F_1$为父本，进行杂交，后代在病圃连作，采用系谱法选育而成。原品系号：富裕8201-205。1995年经黑龙江省农作物品种审定委员会审定推广。审定编号：黑审豆1995004。

**产量表现**：1993—1994年生产试验，平均产量2 334.3 kg/hm$^2$，比对照品种嫩丰14增产12%，比对照品种合丰25增产44.6%。

**特征特性**：无限结荚习性。株高95 cm左右，分枝1～2个。圆叶，白花，灰色茸毛。荚褐色，多 3 粒荚。种子椭圆形，种皮黄色，种脐褐色，百粒重 18 g 左右。蛋白质含量 38%，脂肪含量 20.54%。高抗大豆胞囊线虫（3 号生理小种）；抗灰斑病性能为：1993 年 3 级，1994 年 4 级；耐盐碱，抗干旱性较强。在适宜区域出苗至成熟生育日数 122 d 左右，需≥10 ℃活动积温 2 530 ℃·d 左右。

**栽培要点：**5 月初播种，保苗 22.5 万株 /hm² 左右（肥地宜稀）。

**适宜区域：**适宜黑龙江省西部第一积温带、第二积温带上限，胞囊线虫发病区种植。

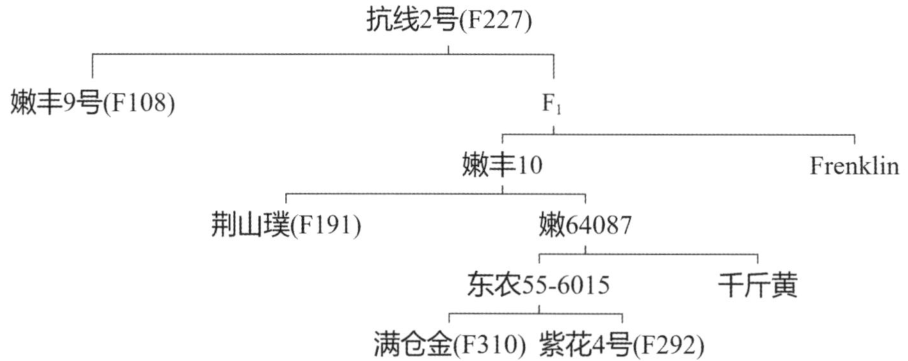


## 228. 吉育 87

**品种来源：**吉林省农业科学院大豆研究中心 1998 年以吉育 57 为母本、公交 89100–18 为父本，进行有性杂交，采用系谱法选育而成。原品系号：公交 DY2003–5。2006 年经吉林省农作物品种审定委员会审定推广。审定编号：吉审豆 2006005。

**产量表现：**2005 年吉林省生产试验，5 点平均产量 3 042.2 kg/hm²，比对照品种黑农 38 增产 1.8%。

**特征特性：**亚有限结荚习性。株高 90 cm，主茎型，节间短。结荚均匀，荚密集，4 粒荚多，荚熟呈褐色。尖叶，紫花，灰色茸毛。种子椭圆形，种皮黄色有光泽，种脐黄色，百粒重 22.0 g。蛋白质含量 40.28%，脂肪含量 22.64%。2005 年，吉林农业科学院植物保护研究所（吉林省抗病虫指定单位）鉴定，人工接种时，抗大豆花叶病毒混合株系、抗大豆灰斑病；田间自然条件下，抗大豆花叶病、灰斑病、褐斑病、霜霉病和细菌性斑点病。在适宜区域出苗至成熟生育日数 122 ~ 125 d，需≥10 ℃活动积温 2 550 ℃·d。

**栽培要点：**4 月 25 日—5 月 5 日 0 ~ 5 cm 土层内温度稳定通过 7 ~ 8 ℃时播种。大垄采用 60 ~ 65 cm 垄距，垄上双行或单行精量点播或条播。小垄采用 45 ~ 50 cm 垄距，采用条播或穴播（穴距 15 cm）。应用单体播种机或人工播种，一次保全苗。大垄栽培保苗 22 万 ~ 27 万株 /hm²，小垄栽培保苗 30 万 ~ 33 万株 /hm²。

**适宜区域：**适宜在吉林省延边、通化、白山等地区及长春部分地区的中上等肥力地块种植。

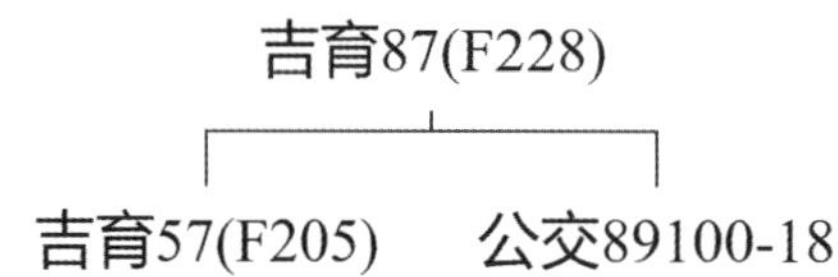

## 229. 垦农 23

**品种来源：**黑龙江八一农垦大学以红丰 10 为母本、垦农 5 号为父本，进行有性杂交，采用系谱法选育而成。2013 年经黑龙江省农作物品种审定委员会审定推广。审定编号：黑审豆 2013008。

**产量表现：**2011—2012 年生产试验，平均产量 2 533.1 kg/hm$^2$，较对照品种绥农 28 增产 6.6%。

**特征特性：**亚有限结荚习性。株高 75 cm 左右，有分枝。尖叶，紫花，灰色茸毛。荚弯镰形，成熟时呈浅褐色。种子圆形，种皮黄色有光泽，种脐无色，百粒重 21 g。蛋白质含量 39.41%，脂肪含量 21.46%。在适宜区域出苗至成熟生育日数 118 d 左右，需≥10 ℃活动积温 2 400 ℃·d 左右。

**栽培要点：**在适宜区域 5 月上旬播种，选择中等肥力地块种植，采用"垄三"栽培方式，保苗 33 万株 /hm$^2$。

**适宜区域：**适宜在黑龙江省第二积温带种植。

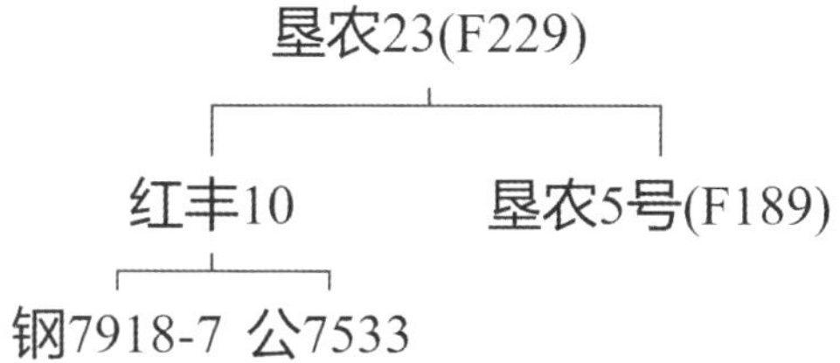


## 230. 抗线 6 号

**品种来源：**黑龙江省农业科学院大庆分院以海南海滩豆的总 DNA 为供体，以抗线 2 号为受体，通过花粉管直接导入，采用系谱法选育而成。原品系号：安 D205-8。2007 年经黑龙江省农作物品种审定委员会审定推广。审定编号：黑审豆 2007009。

**产量表现：**2002 年、2005 年生产试验，平均产量 2 053.6 kg/hm$^2$，较对照品种增产 11.9%。

**特征特性：**无限结荚习性。株高 85 cm 左右，有分枝。圆叶，白花，灰色茸毛。种子圆形，种皮黄色有光泽，种脐褐色，百粒重 20 g 左右。蛋白质含量 38.17%，脂肪含量 22.06%。抗胞囊线虫病。在适宜区域出苗至成熟生育日数 121 d，需≥10 ℃活动积温 2 500 ℃·d 左右。

**栽培要点：**在适宜区域 5 月上中旬播种，选择肥力中上等地块种植，保苗株数 22.5 万株 /hm$^2$。

**适宜区域：**黑龙江省第一积温带西部干旱区。

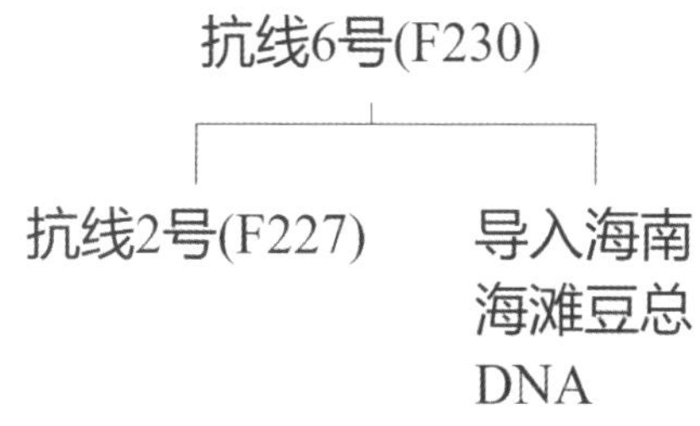

## 231. 绥农 31

**品种来源**：黑龙江省农科院绥化分院 1997 年以绥农 4 号为母本、（农大 05687 × 绥农 4 号）$F_2$ 为父本，进行有性杂交，采用系谱法选育而成。原品系号：绥 00–1193。2009 年经国家农作物品种审定委员会审定推广。审定编号：国审豆 2009004。

**产量表现**：2008 年全国北方春大豆（中早熟组）生产试验，6 个点试平均产量 2 754 kg/hm$^2$，比对照品种绥农 14 增产 8.2%。

**特征特性**：无限结荚习性。株高 77.5 cm，有效分枝 0.9 个，单株有效荚数 32.6 个。长叶，紫花，灰毛，成熟时个别年份个别承试点轻度裂荚和落叶差。种子圆形，黄皮，黄脐，百粒重 21.1 g。粗蛋白质含量 39.74%，粗脂肪含量 21.84%。在适宜区域出苗至成熟生育日数 121 d，需活动积温 2 400 ℃·d 左右。

**栽培要点**：5 月 5—10 日开始播种，保苗 30 万株 /hm$^2$。

**适宜区域**：适宜全国北方春大豆中早熟（黑龙江省第二积温带、内蒙古自治区呼伦贝尔市、吉林省东北部地区、新疆维吾尔自治区奇台县周围地区）地区种植。

## 232. 东农 47

**品种来源**：东北农业大学大豆科学研究所 1987 年以东农 80–277 为母本、东农 6636–69 为父本，进行有性杂交，采用系谱法选育而成。原品系号：东农 163。2004 年经黑龙江省农作物品种审定委员会审定推广。审定编号：黑审豆 2004006。

**产量表现**：2002 年生产试验，平均产量 2 339.1 kg/hm$^2$，较对照品种合丰 25 增产 6.3%。

**特征特性**：无限结荚习性。株高 80 cm 左右，有分枝。长叶，白花，灰色茸毛。荚熟为黄褐色。种子圆形，种皮黄色有光泽，脐淡褐色，百粒重 21 ~ 22 g。蛋白质含量 38.44%，脂肪含量 22.93%。中抗灰斑病。在适宜区域出苗至成熟生育日数 115 d，需活动积温 2 400 ℃·d 左右。

**栽培要点**：5 月初播种，适宜垄距 65 cm 垄上双行或单行种植，保苗 25 万株 /hm$^2$。

**适宜区域**：黑龙江省第二积温带。

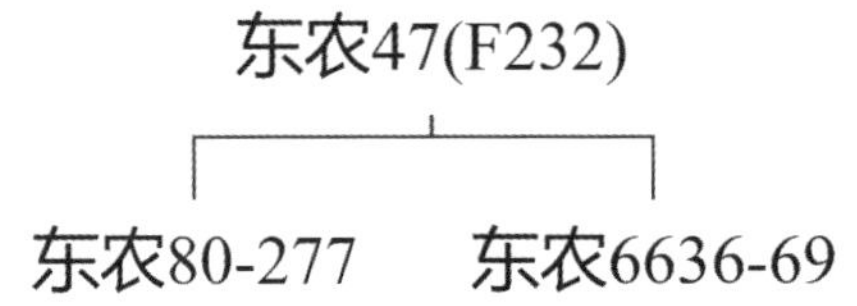

## 233. 东农 42

**品种来源：**东北农业大学农学院 1981 年以东农 79-5 为母本、绥农 4 号为父本，进行有性杂交，采用系谱法选育而成。原品系号：东农 86-432。1992 年经黑龙江省农作物品种审定委员会审定推广。审定编号：黑审豆 1992002。

**产量表现：**1991 年生产试验，平均产量 2 438.6 kg/hm²，较对照品种黑农 33 增产 18%。

**特征特性：**无限结荚习性。株高 100 cm 左右，分枝较少，节数较多。结荚较匀，荚为褐色。长叶，紫花，灰色茸毛。种子圆形，种皮光亮，种脐无色，百粒重 22.5 g。蛋白质含量 45.2%，脂肪含量 19.38%。抗病：1989—1991 年三年 14 点次灰斑级等级 1 级（抗病），对大豆花叶病 SMV Ⅰ号株系中抗，褐斑粒率极少。在适宜区域出苗至成熟生育日数 125 d 左右，需≥10 ℃活动积温 2 300 ~ 2 500 ℃·d。

**栽培要点：**适宜较肥沃地块种植。垄作保留 24 万 ~ 27 万株 /hm²。

**适宜区域：**适宜黑龙江省第一、二积温带广大地区种植。

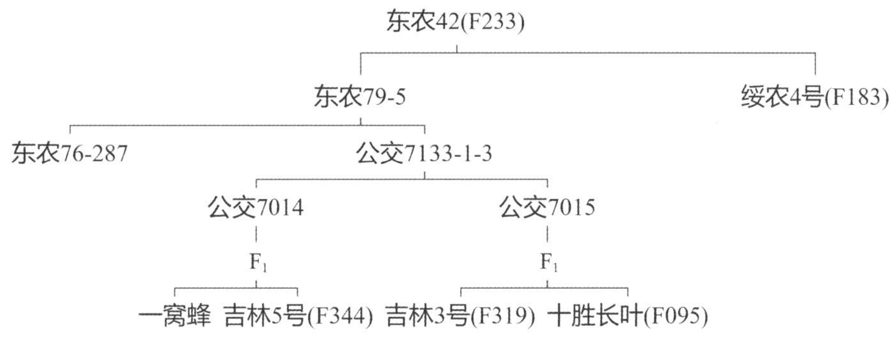




## 234. 黑农 47

**品种来源：**黑龙江省农业科学院大豆研究所 1995 年以黑农 40（哈 90-6719）为母本、哈 92-2463 为父本，进行有性杂交，采用系谱法选育而成。原品系号：哈 98-2291。2004 年经黑龙江省农作物品种审定委员会审定推广。审定编号：黑审豆 2004001。

**产量表现：**2003 年生产试验，平均产量 2 956.4 kg/hm²，较对照品种黑农 37 增产 14.3%。

**特征特性：**无限结荚习性。株高 100 cm 左右，主茎 20 ~ 22 节，有分枝。长叶，紫花，灰白色茸毛，荚熟为褐色。种子圆形，种皮黄色有光泽，脐黄色，百粒重 20 g 左右。蛋白质含量 40.17%，脂肪含量 20.00%。抗大豆花叶病毒病，中抗灰斑病。在适宜区域出苗至成熟生育日数 126 d，需活动积温 2 600 ℃·d 左右。

**栽培要点：**适宜 5 月上旬播种，采用种衣剂拌种，垄作栽培，65 ~ 70 cm 垄距，垄上双条播或穴播，保苗 20 万 ~ 22 万株 /hm²，播量 50 kg/hm² 左右。

**适宜区域：**黑龙江省第一积温带。

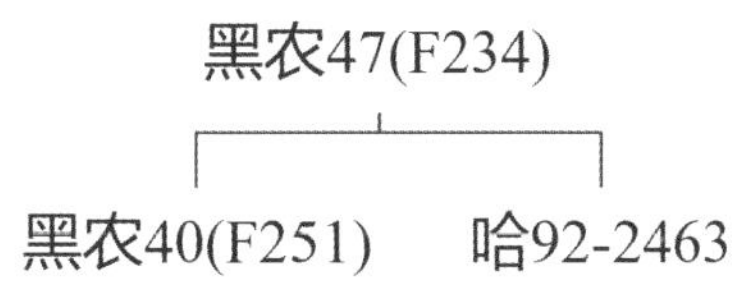

## 235. 黑农 53

**品种来源：**黑龙江省农业科学院大豆研究所 1997 年以合丰 35 为母本、哈 519 为父本，进行有性杂交，采用系谱法选育而成。原品系号：哈交 20–5489。2007 年经黑龙江省农作物品种审定委员会审定推广。审定编号：黑审豆 2007004。

**产量表现：**2006 年生产试验，平均产量 2 780 kg/hm²，较对照品种黑农 37 增产 13.2%。

**特征特性：**无限结荚习性。株高 115 cm 左右。尖叶，紫花，灰色茸毛。秆强，节间短，成熟荚皮黑褐色。种子圆形，种皮有光泽，种脐无色，百粒重 24 g 左右。蛋白质含量 42.29%，脂肪含量 19.43%。中抗大豆灰斑病，抗大豆病毒病。在适宜区域出苗至成熟生育日数 124 d 左右，需≥10 ℃活动积温 2 600 ℃·d 左右。

**栽培要点：**5 月上旬播种，播种前用大豆种衣剂拌种，可防止大豆苗期病虫害。精量点播，垄上双条，保苗 25 万 ~ 30 万株 /hm²。及时防治病虫害，特别是要防治大豆食心虫。

**适宜区域：**黑龙江省第一积温带。

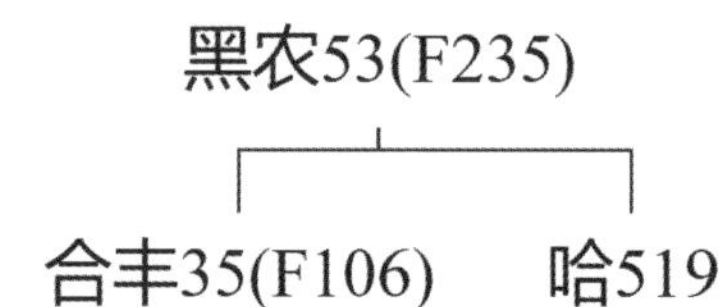


## 236. 垦丰 9 号

**品种来源：**黑龙江省农垦科学院农作物开发研究所于 1991 年以绥农 10 为母本、合丰 35 为父本，经有性杂交，采用系谱法选育而成。原品系号：垦 95–3245。2002 年经黑龙江省农作物品种审定委员会审定推广。审定编号：黑审豆 2002006。

**产量表现：**2001 年生产试验，平均产量 2 119.2 kg/hm²，比对照品种合丰 25 平均增产 8.7%。

**特征特性：**无限结荚习性。株高平均 81.3 cm，有 3 ~ 4 个分枝，分枝收敛，茎粗中等。叶披针形，白花，灰茸毛。节多，荚密，3、4 粒荚多，荚熟后呈黄色，底荚高 12.4 cm。种子圆形，种皮淡黄色有光泽，脐黄色，百粒重 18.2 g。秆韧性强。蛋白质含量 38.57%，脂肪含量 22.81%。中抗灰斑病。在适宜区域出苗至成熟生育日数 118 d 左右，需活动积温 2 397.3 ℃·d。

**栽培要点：**一般中等肥力保苗 23 万 ~ 25 万株 /hm²，肥沃土地保苗 20 万株 /hm² 为宜，5 月上旬播种。

**适宜地区：**黑龙江省第二积温带完达山丘陵温和半湿润区。

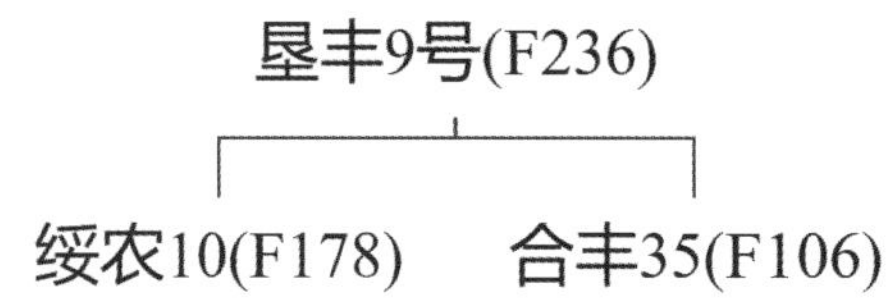

## 237. 牡丰 7 号

**品种来源：**黑龙江省农业科学院牡丹江农业科学研究所选择合丰 25 生产田中的优良变异株，经系统选育而成。2007 年经黑龙江省农作物品种审定委员会审定推广。审定编号：黑审豆 2007020。

**产量表现：**2005—2006 年生产试验，平均产量 2 658 kg/hm²，较对照品种合丰 25 增产 14.8%。

**特征特性：**亚有限结荚习性。株高 90 cm 左右，有分枝。尖叶，白花，灰白色茸毛。种子圆形，种皮鲜黄色有光泽，种脐无色，百粒重 21 g 左右。蛋白质含量 41.67%，脂肪含量 20.31%。中抗灰斑病。在适宜区域出苗至成熟生育日数 125 d 左右，需≥10 ℃活动积温 2 500 ℃·d 左右。

**栽培要点：**5 月初播种，选择中上等肥力地块，采用“垄三”栽培方式，保苗 25 万 ~ 28 万株 /hm²。

**适宜区域：**黑龙江省第二积温带。

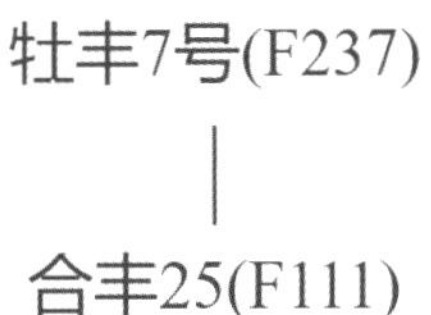


## 238. 嫩丰 20

**品种来源：**黑龙江省农业科学院嫩江农业科学研究所以合丰 25 为母本、安 7811-277 为父本，进行有性杂交，采用系谱法选育而成。原品系号：嫩 9702-2。2008 年经黑龙江省农作物品种审定委员会审定推广。审定编号：黑审豆 2008004。

**产量表现：**2007 年生产试验，平均产量 2 207.4 kg/hm²，较对照品种嫩丰 14 增产 7.8%。

**特征特性：**亚有限结荚习性。株高 88 cm 左右，有分枝。圆叶，白花，灰色茸毛。荚弯镰形，成熟时呈褐色。种子圆形，种皮黄色有光泽，种脐淡褐色，百粒重 21.7 g 左右。蛋白质含量 41.72%，脂肪含量 19.82%。接种鉴定抗胞囊线虫病。在适宜区域出苗至成熟生育日数 118 d 左右，需≥10 ℃活动积温 2 500 ℃·d 左右。

**栽培要点：**在适宜区域 5 月上旬播种，选择中上等土壤肥力地块种植，采用“垄三”大垄栽培方式，保苗 25 万 ~ 28 万株 /hm²。适时播种、铲蹚，及时防治病虫、灌水，及时收获。垄体要深松，防治大豆食心虫。

**适宜区域：**黑龙江省第一积温带西部干旱区。

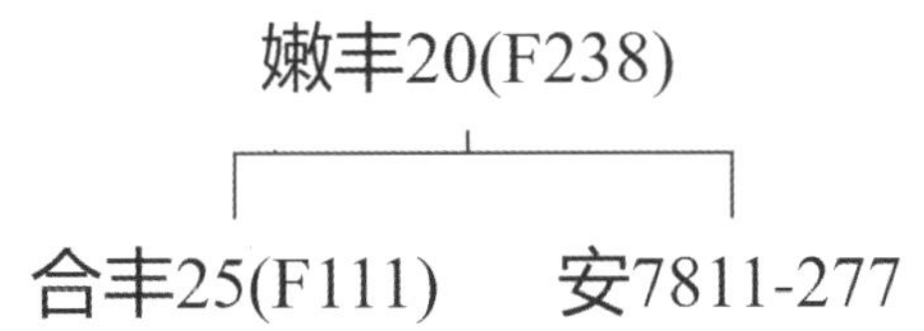

## 239. 绥农 29

**品种来源：**黑龙江省农业科学院绥化分院以绥农 10 为母本、绥农 14 为父本，进行有性杂交，采用系谱法选育而成。原品系号：绥 02–282。2009 年经黑龙江省农作物品种审定委员会审定推广。审定编号：黑审豆 2009008。

**产量表现：**2008 年生产试验，平均产量 2 734.7 kg/hm$^2$，较对照品种合丰 45 增产 10.3%。

**特征特性：**无限结荚习性。株高 100 cm 左右，有分枝。尖叶，白花，灰色茸毛。荚微弯镰形，成熟时呈褐色。种子圆形，种皮黄色无光泽，种脐浅黄色，百粒重 21 g 左右。蛋白质含量 41.92%，脂肪含量 21.28%。中抗灰斑病。在适宜区域出苗至成熟生育日数 120 d 左右，需≥10 ℃活动积温 2 400 ℃·d 左右。

**栽培要点：**5 月上旬播种，选择中等以上肥水条件地块种植，采用大垄栽培方式，保苗 24 万株 /hm$^2$ 左右。

**适宜区域：**黑龙江省第二积温带。

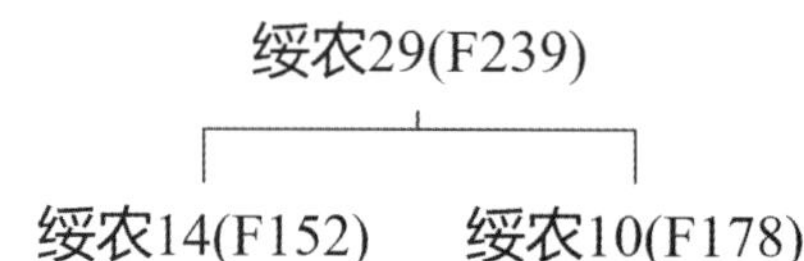


## 240. 吉育 58

**品种来源：**吉林省农业科学院 1991 年以公交 8631–85 为核心母本，以合丰 23、合丰 25、黑河 9 号、黑交 83–89、哈 87–1087、公交 8945$F_2$–1 等为父本组，经随机有性杂交后采用系谱法选育而成。原品系号：公交 9404A–3。2001 年经吉林省农作物品种审定委员会审定推广。

**产量表现：**1999—2000 年生产试验，平均产量 2 401.9 kg/hm$^2$，比对照品种绥农 8 号平均增产 6.8%。

**特征特性：**亚有限结荚习性。株高 80 ~ 90 cm，主茎发达，植株收敛。结荚均匀，3、4 粒荚多，荚熟呈褐色。尖叶，紫花，灰色茸毛。种子椭圆形，种皮黄色有光泽，种脐黄色，百粒重 18 g。蛋白质含量 37.9%，脂肪含量 22.4%。中抗大豆花叶病毒病、灰斑病、抗大豆霜霉病、细菌性斑点病，较抗大豆食心虫。在适宜区域出苗至成熟生育日数 115 d 左右，需有效积温 2 400 ℃·d 左右。

**栽培要点：**5 月初播种，适宜中上等肥力土壤种植，播种 65 ~ 75 kg/hm$^2$，保苗 25 万株 /hm$^2$。

**适宜区域：**适宜吉林省延边、通化、白山早熟区及黑龙江省部分地区种植。

吉育58(F240)

公交8631-85

海交8008

辽豆3号(F336)

合丰23、合丰25、黑河9号、黑交83-89、哈87-1087、公交8945$F_2$-1

## 241. 合丰 48

**品种来源：** 黑龙江省农业科学院合江农业科学研究所 1993 年辐射处理合 9226（合丰 35 × 吉林 27）$F_2$ 代材料，采用系谱法选育而成。原品系号：合辐 93155–6。2005 年经黑龙江省农作物品种审定委员会审定推广。审定编号：黑审豆 2005003。

**产量表现：** 2004 年生产试验，平均产量 2 289.7 kg/hm²，较对照品种合丰 35 平均增产 12.6%。

**特征特性：** 亚有限结荚习性。植株高 80 ~ 85 cm，节间短。结荚密，3 粒荚多，荚熟褐色，顶荚丰富。圆叶，紫花，灰白色茸毛。种子圆形，种皮黄色有光泽，种脐浅黄色，百粒重 22 ~ 25 g。蛋白质含量 38.7%，脂肪含量 22.67%。抗灰斑病，中抗花叶病毒病 SMV Ⅰ号株系。在适宜区域出苗至成熟生育日数 117 d，需≥10 ℃活动积温 2 350 ℃·d 左右。

**栽培要点：** 一般 5 月上中旬播种，要求选择中上等肥力的地块种植，尽量种正茬或迎茬，避免重茬，要播前对种子进行包衣处理，保苗 23 万 ~ 25 万株 /hm²。

**适宜区域：** 黑龙江省第二积温带。

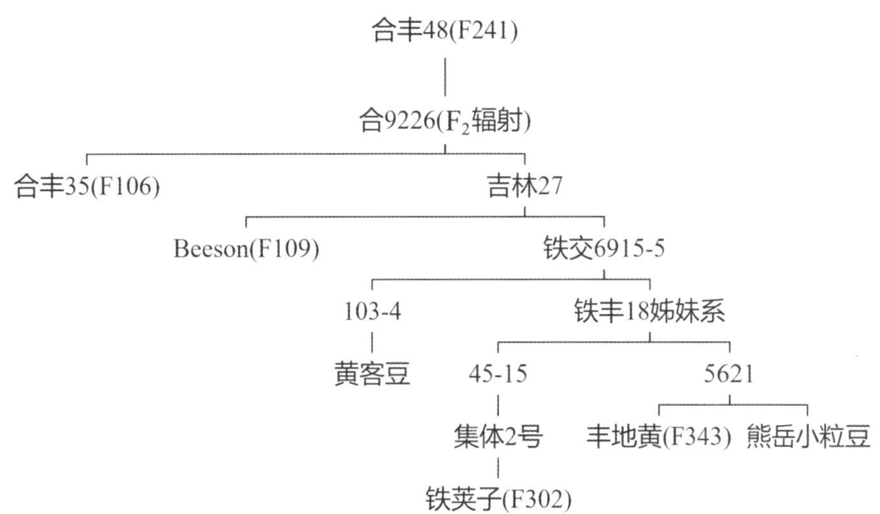


## 242. 黑农 54

**品种来源：** 黑龙江省农业科学院大豆研究所 1995 年以黑农 40 为母本、绥 90–5888 为父本，进行有性杂交，采用系谱法选育而成。原代号为哈 98–3964。2007 年经黑龙江省农作物品种审定委员会审定推广。审定编号：黑审豆 2007005。

**产量表现：** 2006 年生产试验，平均产量 2 992.1 kg/hm²，较对照品种绥农 14 增产 12.4%。

**特征特性：** 属高蛋白质类型品种。亚有限结荚习性。株高 80 ~ 90 cm，株型收敛。长叶，紫花，灰毛。幼苗下胚轴为紫色，根系发达。结荚以主茎为主，荚熟色为褐色。种子圆形，种皮黄色有光泽，脐黄色，百粒重 22 g 左右。蛋白质含量 44.23%，脂肪含量 19.03%。中抗大豆灰斑病，高抗大豆花叶病毒病Ⅰ号株系。在适宜区域出苗至成熟生育日数 120 d 左右，需≥10 ℃活动积温 2 400 ℃·d 左右。

**栽培要点：** 适宜播期为 5 月上旬，穴播，保苗 22 万 ~ 25 万株 /hm²。

**适宜区域：** 黑龙江省第二积温带。

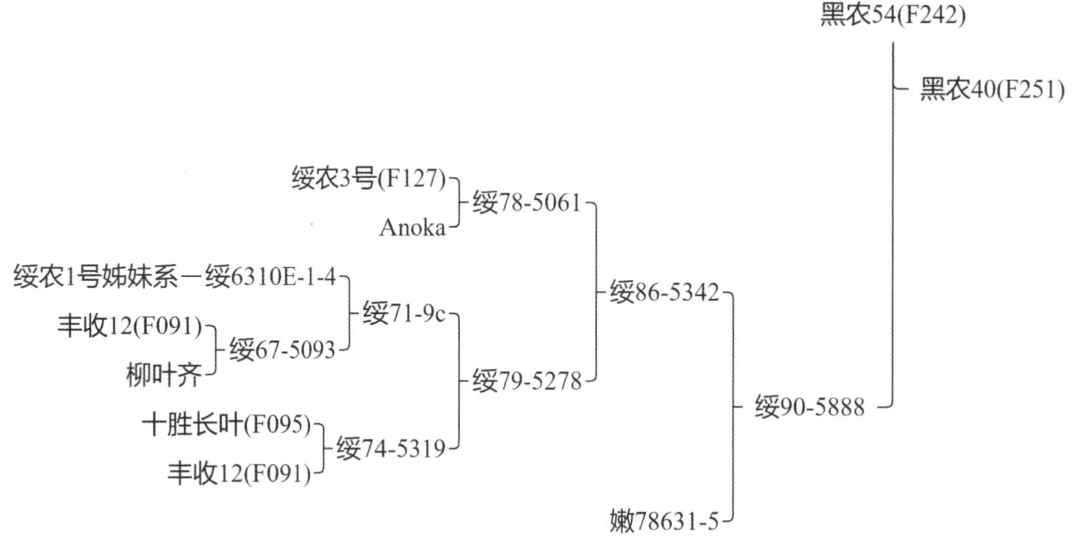


## 243. 黑农 48

**品种来源：**黑龙江省农业科学院大豆研究所 1995 年以哈 90-6719 为母本、绥 90-5888 为父本，进行有性杂交，采用系谱法选育而成，原品系号：哈 98-3958。2004 年经黑龙江省农作物品种审定委员会审定推广。审定编号：黑审豆 2004002。

**产量表现：**2003 年生产试验，平均产量 2 600.0 kg/hm$^2$，较对照品种绥农 14 增产 12.0%。

**特征特性：**亚有限结荚习性。株高 80～95 cm，主茎 17 节，有分枝。长叶，紫花，灰色茸毛。荚熟为浅褐色。种子圆形，种皮黄色有光泽，脐黄色，百粒重 22～25 g。蛋白质含量 44.71%，脂肪含量 19.05%。中抗大豆花叶病毒病和灰斑病。在适宜区域出苗至成熟生育日数 118 d，需活动积温 2 350 ℃·d 左右。

**栽培要点：**播种期为 5 月上旬。垄作双行拐子苗，保苗 28 万株 /hm$^2$。穴播，穴距 15～18 cm，每穴 3 株，保苗 24 万～28 万株 /hm$^2$。

**适宜区域：**黑龙江省第二积温带。

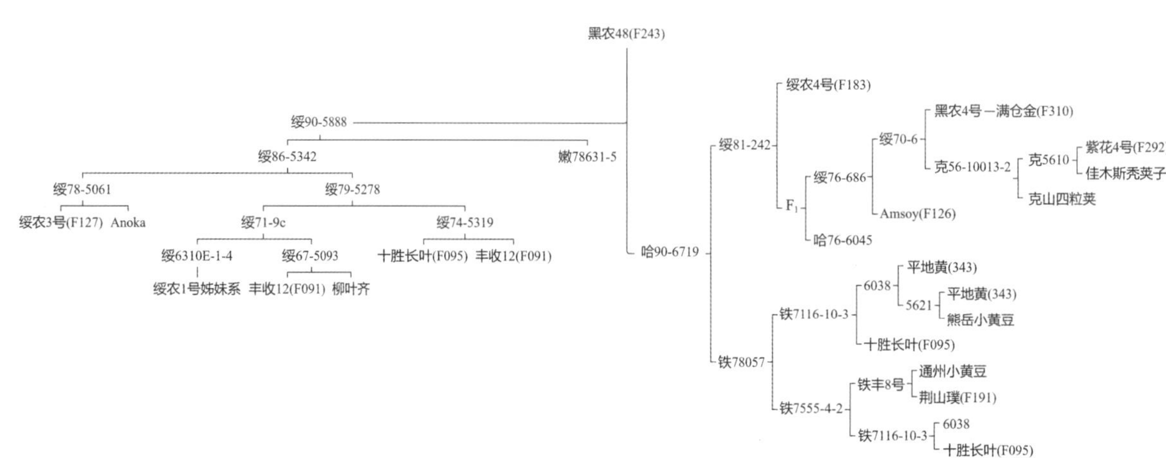

## 244. 垦豆 28

**品种来源：**黑龙江省农垦科学院农作物开发研究所于 1999 年以垦丰 16 为母本、垦交 9947 为父本，进行有性杂交，采用系谱法选育而成。原品系号：垦 04-9019。2011 年经黑龙江省农垦总局农作物品种审定委员会审定推广。审定编号：黑垦审豆 2011001。

**产量表现：**2010 年参加生产试验，6 个承试点，去掉极值，4 个承试点平均产量 2 610.6 kg/hm$^2$，较对照品种绥农 28 平均增产 6.9%。

**特征特性：**亚有限结荚习性。株高 90 cm 左右，无分枝。尖叶，白花，灰色茸毛。荚成熟时呈褐色。种子圆形，种皮黄色有光泽，种脐黄色，百粒重 19 g 左右。蛋白质含量 40.66%，脂肪含量 20.46%。高抗大豆灰斑病。在适宜区域出苗至成熟生育日数 118 d 左右，需≥10 ℃活动积温 2 400 ℃·d 左右。

**栽培要点：**5 月上中旬播种。用垄上双条精量点播机播种，保苗株数 23 万 ~ 28 万株 /hm$^2$。

**适宜区域：**黑龙江省第二积温带垦区东部地区。

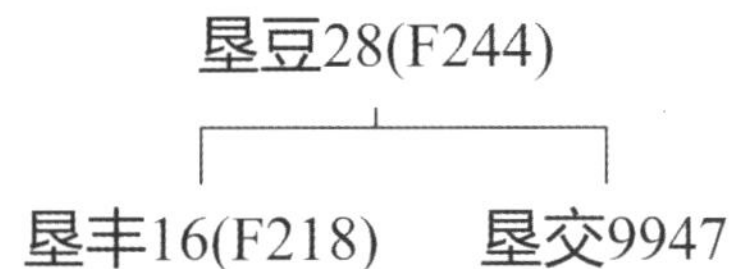


## 245. 黑农 61

**品种来源：**黑龙江省农业科学院大豆研究所以合 97-793 为母本、绥农 14 为父本，进行有性杂交，采用系谱法选育而成。原品系号：哈 97-793。2010 年经黑龙江省农作物品种审定委员会审定推广。审定编号：黑审豆 2010001。

**产量表现：**2009 年生产试验，平均产量 2 823.8 kg/hm$^2$，较对照品种黑农 51 增产 9.4%。

**特征特性：**亚有限结荚习性。株高 90 cm 左右，分枝少。尖叶，紫花，灰色茸毛。荚微弯镰形，成熟时呈褐色。种子圆形，种皮黄色，百粒重 23 g 左右。蛋白质含量 40.92%，脂肪含量 20.40%。在适宜区域出苗至成熟生育日数 125 d 左右，需≥10 ℃活动积温 2 600 ℃·d 左右。

**栽培要点：**在适宜区域 5 月上旬播种，选择中等肥力地块种植，采用穴播或条播栽培方式，保苗 20 万 ~ 22 万株 /hm$^2$。

**适宜区域：**黑龙江省第一积温带。

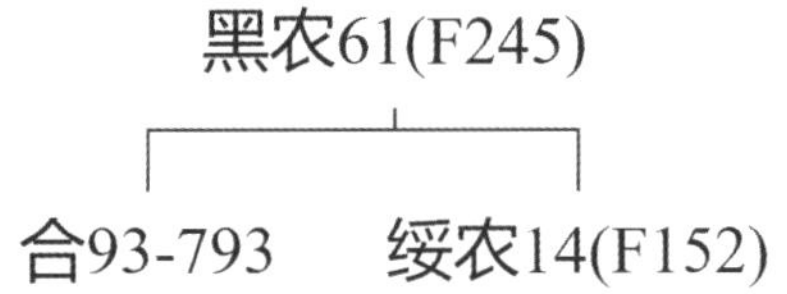

## 246. 吉科豆 1 号

**品种来源：**吉林省农业科学院 1990 年将鹰嘴豆 DNA 通过花粉管通道法导入吉林 20 品种中，从后代选出变异株培育而成。原品系号：D2011。2001 年经吉林省农作物品种审定委员会审定推广。

**产量表现：**1997—1999 年生产试验，平均产量 3 506.0 kg/hm²，比对照品种吉林 20 增产 20.0%。

**特征特性：**无限结荚习性。株高 75 ~ 90 cm，主茎节数 16 ~ 18 节，分枝少。平均每荚2.4 粒，荚淡褐色。披针叶，紫花，灰色茸毛。种子圆形，种皮淡黄色有微光泽，种脐浅黄色，百粒重 22 ~ 24 g。蛋白质含量 39.0%，脂肪含量 22.0%。中抗大豆花叶病毒病混合株系，中抗大豆灰斑病。在适宜区域出苗至成熟生育日数 120 d 左右。

**栽培要点：**适宜中上等肥力土壤种植，播种量 75 ~ 80 kg/hm²，保苗 26 万 ~ 30 万株 /hm²。

**适宜区域：**适宜吉林省辽源、长春等中早熟地区种植。

吉科豆1号(F246)
|
吉林20(F276)
鹰嘴豆DNA导入

## 247. 四粒黄（吉林）

**品种来源：**吉林省中北部栽培已久的地方品种。因四粒荚多，生长整齐而得名。东北农科所（现吉林省农业科学院）1951 年从榆树县搜集。品种登记号为公第 1104。

**产量表现：**常年 1 200 ~ 1 350 kg/ hm²，吉林省农科院小区试验，1 500 kg/hm² 左右。

**特征特性：**该品种为无限结荚习性，株高 90 cm 左右，主茎粗壮，分枝 1 ~ 2 个。主茎节数 17 ~ 18 节，每节着生 1 ~ 3 个荚，4 粒荚较多，平均每荚 2.4 粒，荚呈暗褐色。白花，圆叶，灰色茸毛。种子圆形，种皮浓黄色有光泽，种脐淡褐色，百粒重 22 ~ 25 g。生育日数 136 d。抗旱性差。对病虫害抵抗力弱，食心虫害重，虫食粒率 10% ~ 15%，严重时 20%以上。常感染斑点病和霜霉病。

**栽培要点：**适于平川沿河低洼肥沃土地，不宜种在岗坡地及瘠薄土地。播种期以 4 月下旬至 5 月上旬为宜。

**适宜区域：**吉林省中北部榆树、德惠、舒兰、扶余、九台等地。

## 248. 抗线 8 号

**品种来源：**黑龙江省农业科学院大庆分院以东农 60 为母本、安 95-1409 为父本，进行有性杂交，采用系谱法选育而成。原品系号：安 02-686。2008 年经黑龙江省农作物品种审定委员会审定推广。审定编号：黑审豆 2008003。

**产量表现：**2007 年生产试验，平均产量 2 530.0 kg/hm²，较对照品种抗线 2 号增产 20.2%。

**特征特性：**亚有限结荚习性。株高 85 cm 左右，有弱分枝。圆叶，白花，灰色茸毛。荚微弯镰形，成熟时呈草黄色。种子圆形，种皮黄色有光泽，种脐褐色，百粒重 21 g 左右。蛋白质含量 40.35%，脂肪含量 20.37%。高抗胞囊线虫病。在适宜区域出苗至成熟生育日数 120 d 左右，需≥10 ℃活动积温 2 500 ℃·d 左右。

**栽培要点：**在适宜区域 5 月上中旬播种，保苗 22.5 万株 /hm²，肥地宜稀。秋整地，深翻 18 ~ 22 cm。对大豆胞囊线虫以外的病虫害要及时防治。

**适宜区域：**黑龙江省第一积温带西部干旱区。

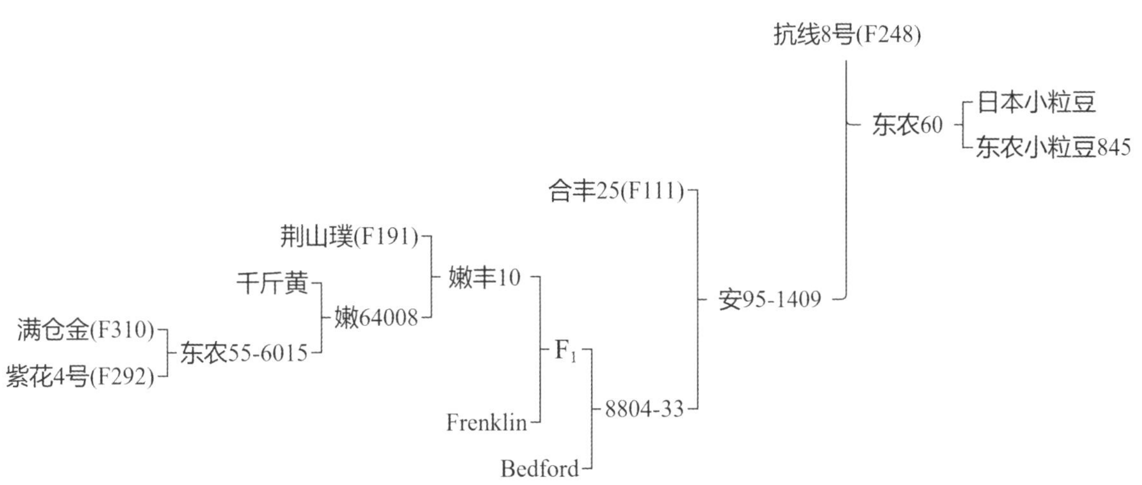


## 249. 垦丰 18

**品种来源：**黑龙江省农垦科学院农作物开发研究所以北丰 11 为母本、黑农 40 为父本，进行杂交，采用系谱法经 5 代定向选择育成。原品系号：垦 01–6651。2010 年经黑龙江省农垦总局农作物品种审定委员会审定推广。审定编号：黑垦审豆 2007006。

**产量表现：**2006 年生产试验，平均产量 2 650.7 kg/hm²，较对照品种绥农 14 平均增产 7.4%。

**特征特性：**无限结荚习性。株高 90 ~ 100 cm，有分枝。尖叶，紫花，灰茸毛。3、4 粒荚多，荚为褐色。种子圆形，种皮黄色有光泽，黄色脐，百粒重 20 g 左右。抗灰斑病。粗蛋白质含量 39.41%，粗脂肪含量 21.18%。秆强不倒，植株后期脱水快。在适宜区域出苗至成熟生育日数 118 d 左右。需活动积温 2 350 ℃·d 左右。

**栽培要点：**适宜播期 5 月上中旬，密度 25 万 ~ 28 万株 /hm²，肥沃土地 22.5 万 ~ 25.0 万株/hm²。

**适宜地区：**适宜黑龙江省第二积温带和第三积温带上限种植。

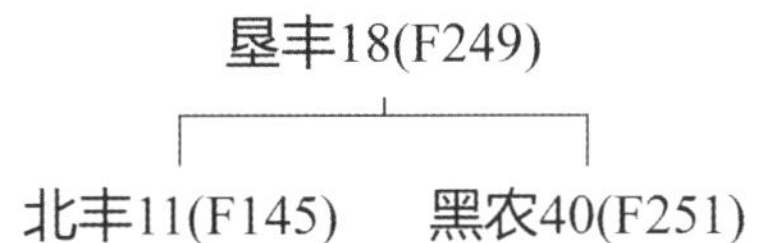


## 250. 牡豆 8 号

**品种来源：**黑龙江省农业科学院牡丹江分院以垦农 19 为母本、滴 2003 为父本，进行有性杂交，采用系谱法经多年鉴定选育而成，原品系号：牡 310。2012 年经黑龙江省农作物品种审定委员会审定推广。审定编号：黑审豆 2012005。

**产量表现：**2011 年黑龙江省 5 点区域试验，平均产量 2 519.3 kg/hm²，比对照品种合丰 55 平均增产 12.5%。

**特征特性：**亚有限结荚习性。株高 100 cm 左右，有分枝。尖叶，紫花，灰色茸毛。荚弯镰形，成熟时呈褐色。高油高产品种。种子圆形，种皮黄色有光泽，种脐黄色，商品性好，百粒重 21 g 左右。蛋白质含量 37.56%，脂肪含量 21.24%。在适宜区域出苗至成熟生育日数 120 d 左右，需≥10 ℃活动积温 2 450 ℃·d 左右。

**栽培要点：**在适宜区域 5 月上旬播种，选择中等肥力地块种植，采用"垄三"栽培方式，保苗 23 万株 /hm²。

**适宜区域：**黑龙江省第二积温带。

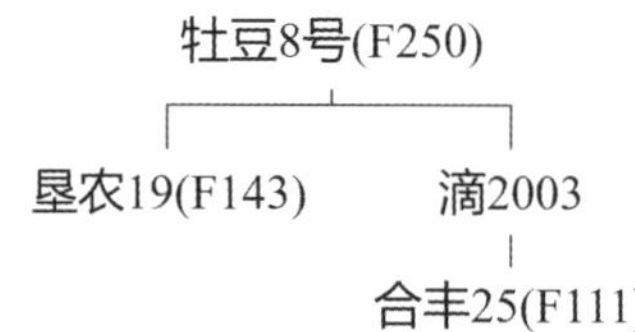


## 251. 黑农 40

**品种来源：**黑龙江省农业科学院大豆研究所以绥 81-242 为母本、铁 78057 为父本，进行有性杂交，采用系谱法选育而成。原品系号：哈 90-6719。1996 年经黑龙江省农作物品种审定委员会审定推广。审定编号：黑审豆 1996008。

**产量表现：**1995 年生产试验，平均产量 2 636.9 kg/hm²，较对照品种黑农 3 号增产 8.4%。

**特征特性：**无限结荚习性。株高 100 cm 左右，0 ~ 1 个分枝。披针叶形，紫色，灰毛。3 粒荚多。种子圆形，种皮黄色有光泽，脐黄色，百粒重 22 g 左右。蛋白质含量 40.94%，脂肪含量 20.37%。在适宜区域出苗至成熟生育日数 125 ~ 128 d，需≥10 ℃活动积温 2 680 ℃·d。



**栽培要点：**4 月末至 5 月上旬播种，一般保苗 22 万 ~ 25 万株 /hm²。

**适宜区域：**黑龙江省第一积温带。

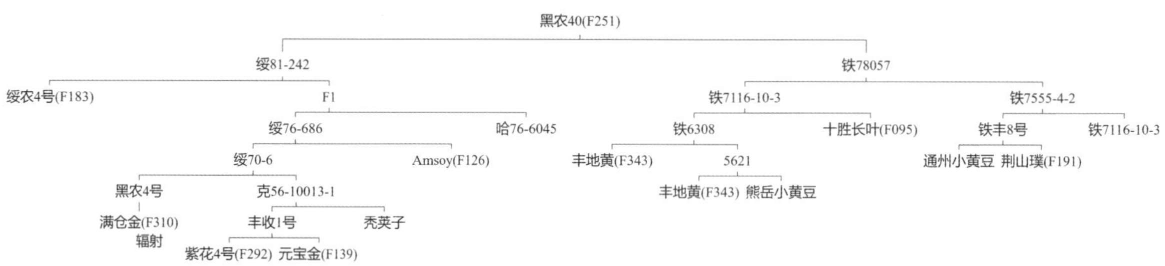


## 252. 吉育 64

**品种来源：**吉林省农业科学院 1994 年以公交 8328-29 为母本、吉林 35 为父本，进行有性杂交，采用系谱法选育而成。原品系号：公交 98 选早。2002 年吉林省农作物品种审定委员会审定推广。

**产量表现：**2001 年生产试验，平均产量 2 074.8 kg/hm²，比对照品种白农 9 号增产 7.9%。

**特征特性：**亚有限结荚习性。株高 75 ~ 80 cm，主茎发达，少分枝，株型收敛。主茎结荚较密，3 粒荚多，荚成熟时呈浅褐色。圆叶，白花，灰色茸毛。种子圆形，种皮、种脐黄色，百粒重 18 g。粗蛋白质含量 37.79%，粗脂肪含量 22.14%。在适宜区域出苗至成熟生育日数 120 d 左右，需≥10 ℃活动积温 2 550 ~ 2 650 ℃·d。

**栽培要点：**4 月下旬至 5 月上旬播种，适宜中上等肥力地块种植，一般保苗 20 万 ~ 24 万株/hm²。

**适宜区域：**适宜吉林省白城、松原等中熟地区种植。

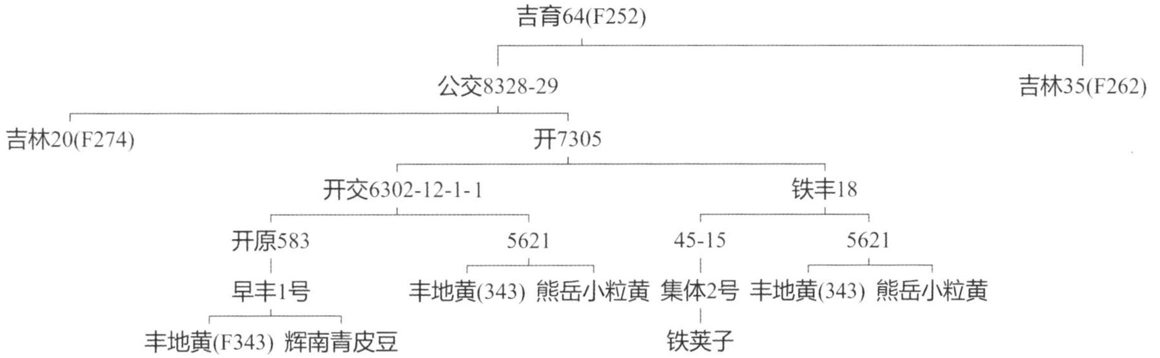


## 253. 黑农 67

**品种来源：**黑龙江省农业科学院大豆研究所以垦农 18 为母本、黑农 45 为父本，进行有性杂交，采用系谱法选育而成。原品系号：哈交 05-9415。2011 年经黑龙江省农作物品种审定委员会审定推广。审定编号：黑审豆 2011007。

**产量表现：**2010 年生产试验，平均产量 2 776.3 kg/hm²，较对照品种绥农 28 增产 13.3%。

**特征特性：**无限结荚习性。株高 94 cm 左右，有分枝。尖叶，紫花，种皮黄色，种脐黄色有光泽，百粒重 23 g 左右。蛋白质含量 40.0%，脂肪含量 21.2%。抗灰斑病。在适宜区域出苗至成熟生育日数 118 d 左右，需≥10 ℃活动积温 2 325 ℃·d 左右。

**栽培要点：**在适宜区域 5 月上旬播种，选择无重迎茬地块种植，采用“垄三”栽培方式，保苗 32 万 ~ 35 万株 /hm²。

**适宜区域：**黑龙江省第二积温带。

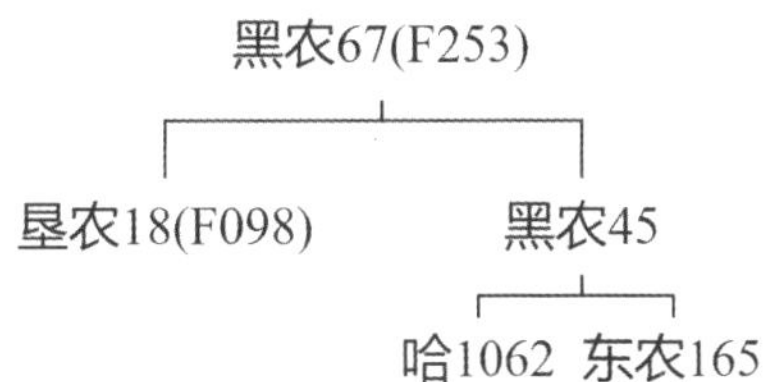


## 254. 吉育 67

**品种来源：**吉林省农业科学院 1995 年以公交 9159-7 为母本、东农 42 为父本，进行有性杂交，采用系谱法选育而成。原品系号：公交 9558-3。2002 年经吉林省农作物品种审定委员会审定推广。

**产量表现：**2001 年生产试验，平均产量 2 678.2 kg/hm²，比对照品种延农 8 号增产 9.5%。

**特征特性：**无限结荚习性。株高 80 cm，分枝型，秆强不倒伏。结荚密集，4 粒荚多，荚熟呈浅褐色。尖叶，白花，灰色茸毛。种子椭圆形，种皮黄色有光泽，种脐黄色，百粒重 21 g，蛋白质含量 39.43%，脂肪含量 23.61%。在适宜区域出苗至成熟生育日数 115 d，需≥10 ℃活动积温 2 400 ~ 2 450 ℃·d。

**栽培要点：**一般 5 月上旬播种，播种量 65 ~ 75 kg/hm²，宜等距点播。保苗 25 万 ~ 30 万株/hm²。

**适宜区域：**适宜吉林省延边、白山地区及吉林、通化部分地区种植。

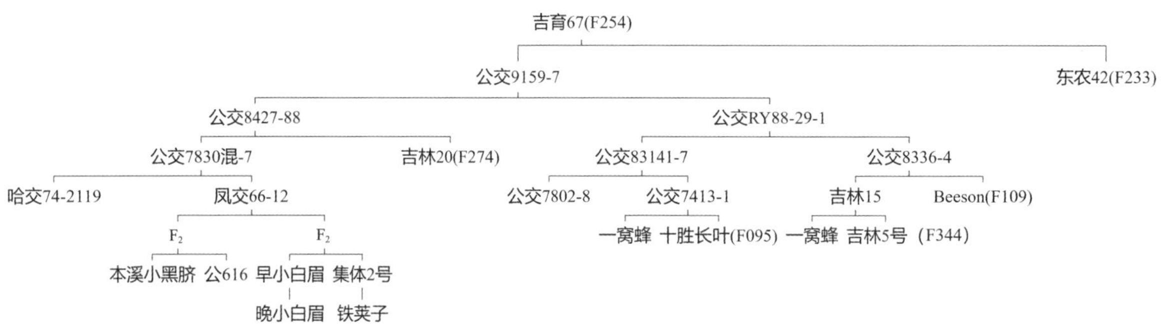


## 255. 吉林 43

**品种来源：**吉林省农业科学院于 1991 年以公交 8427-88 为母本、公交 RY8829-1 为父本，进行有性杂交，采用系谱法选育而成。原品系号：公交 94-1337，1998 年经吉林省农作物品种审定委员会审定推广。

**产量表现：**1996—1997 年生产试验，平均产量 2 246.0 kg/hm²，比对照品种绥农 8 号增产 10.1%。

**特征特性：**亚有限结荚习性。株高 55 ~ 60 cm，主茎节数 14 ~ 15 个，分枝少。披针叶，紫花，灰色茸毛。种子圆形，种皮黄色有光泽，种脐黄色，百粒重 20 g 左右。蛋白质含量 39.79%，脂肪含量 20.74%。人工接种鉴定，抗（R）大豆花叶病吉林省流行株系、中抗（MR）大豆灰斑病 1-7 号生理小种。在适宜区域出苗至成熟生育日数 116 d，需≥10℃活动积温。

**栽培要点：**适宜中上等肥力土壤种植，播种量 65 ~ 65 kg/hm²，保苗 23 万 ~ 25 万株 /hm²。

**适宜区域：**适宜吉林省延边、吉林、白山等早熟区种植。

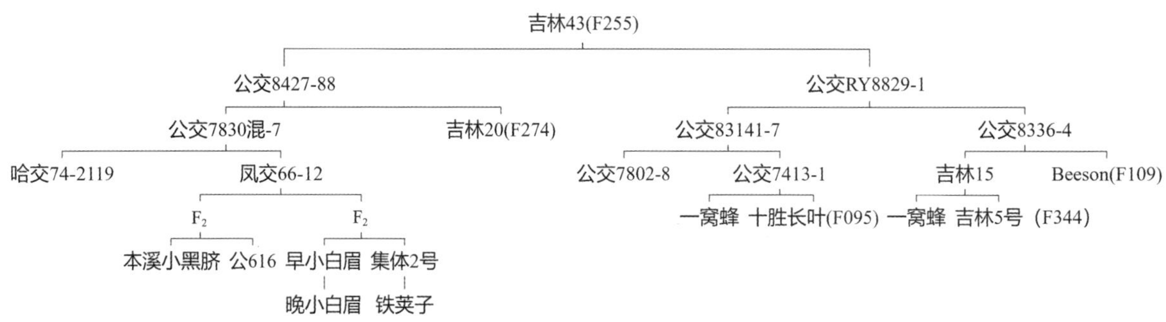

## 256. 铁豆 42

**品种来源：**辽宁省铁岭市农业科学院和辽宁铁研种业科技有限公司于 1996 年以铁 89012-3-4 为母本、铁 89078-7 为父本，进行有性杂交，采用系谱法选育而成。原品系号：铁 96001-2。2007 年经辽宁省农作物品种审定委员会审定推广。审定编号：辽审豆［2007］94 号。

**产量表现：**2006 年参加生产试验，平均产量 3 210.15 kg/hm$^2$，比对照品种铁丰 33 增产 18.09%。

**特征特性：**有限结荚习性。平均株高 84.9 cm，株型收敛，分枝数 3.4 个，主茎节数 15.3 个。荚熟淡褐色，单株荚数 59.8 个，单荚粒数 2 ~ 3 个。椭圆叶，紫花，茸毛灰色。种子圆形，种皮黄色有光泽，黄脐，百粒重 25.4 g。蛋白质含量 43.02%，粗脂肪含量 19.65%。经 2005 年室内人工接种鉴定，抗大豆花叶病毒病。辽宁省春播生育日数 129 d 左右，比对照品种铁 31、铁丰 33 早3 d。

**栽培要点：**适宜在辽宁春播地区中等肥力以上地块种植，适宜密度为 13.5 万 ~ 19.5 万株 /hm$^2$。

**适宜区域：**适宜辽宁省沈阳、辽阳、海城、锦州等活动积温在 3 000 ℃·d 以上的中熟大豆区种植。

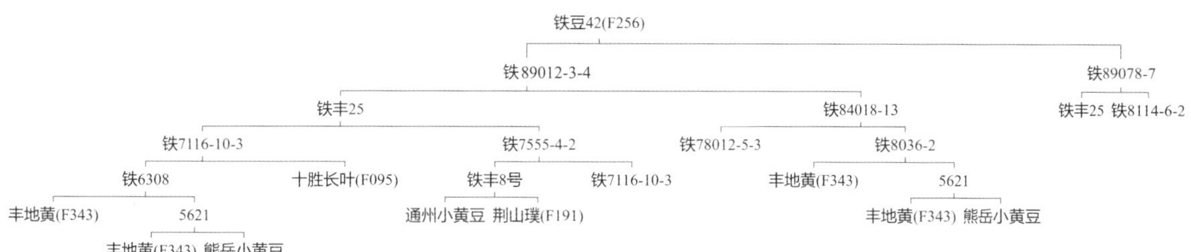


## 257. 抗线 3 号

**品种来源：**黑龙江省农业科学院盐碱地作物育种研究所以抗线 2 号为母本、8314-122 为父本，进行有性杂交，后代在大豆胞囊线虫圃连续种植鉴定，采用系谱法选育而成。品种代号：安 8804-631。1999 年经黑龙江省农作物品种审定委员会审定推广。审定编号：黑审豆 19990002。

**产量表现：**1998 年生产试验，平均产量为 2 292.9 kg/hm$^2$，比对照品种嫩丰 14 增产 15.3%。

**特征特性：**无限结荚习性。株高 95 cm 左右，分枝 1 ~ 2 个。圆叶，白花，顶 2 ~ 3 节变为小椭圆形，灰色茸毛。多 3 粒荚。种子圆形，种皮黄色，种脐褐色，百粒重 18 ~ 20 g。蛋白质含量 37.77%，脂肪含量 21.77%。高抗大豆胞囊线虫病（3 号小种），抗旱、耐盐碱性均较强。在适宜区域出苗至成熟生育日数在黑龙江西部为 122 d 左右，需≥10 ℃活动积温 2 550 ℃·d 左右。

**栽培要点：**在黑龙江西部适时早播，5 月上旬播种（0 ~ 5 cm 土层稳定通过 8 ℃），密度以 22.5 万 ~ 30.0 万株 /hm$^2$ 为宜，肥地宜稀。

**适宜地区：**黑龙江西部的风沙盐碱干旱地带及大豆胞囊线虫重病区。

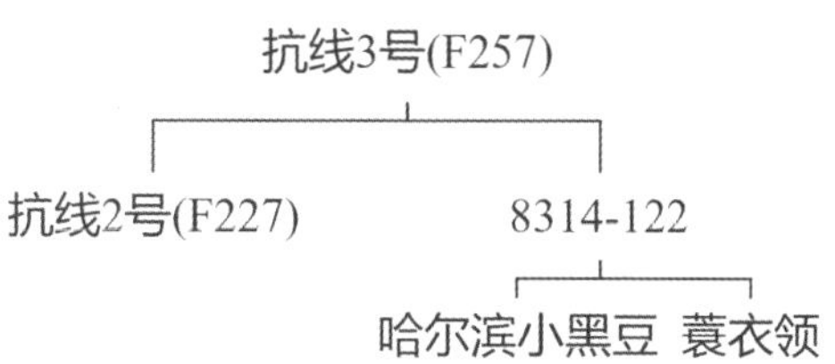

## 258. 吉育 84

**品种来源：**吉林省农业科学院大豆研究所 1998 年以吉育 58 为母本、公交 9563-18-17 为父本，进行有性杂交，采用系谱法选育而成。原品系号：公交 DY2003-3。2006 年经吉林省农作物品种审定委员会审定推广。审定编号：吉审豆 2006004。

**产量表现：**2005 年参加吉林省生产试验，平均产量 2 801.7 kg/hm$^2$，比对照品种白农 6 号增产 17.2%。

**特征特性：**亚有限结荚习性。株高 90 cm，主茎型，节间短。结荚均匀，荚密集，3、4 粒荚多，荚熟呈褐色。圆叶，紫花，灰色茸毛。种子椭圆形，种皮黄色有光泽，种脐黄色，百粒重 21.5 g。蛋白质含量 40.16%，脂肪含量 23.22%。吉林省抗病虫指定单位鉴定：人工接种抗大豆花叶病毒混合株系、抗大豆灰斑病；田间自然发生条件下抗大豆花叶病、灰斑病、褐斑病、霜霉病和细菌性斑点病。在适宜区域出苗至成熟生育日数 122 ~ 125 d，需≥10 ℃活动积温 2 550 ℃·d。

**栽培要点：**在 0 ~ 5 cm 土层温度稳定通过 7 ℃时播种，4 月 25 日至 5 月 5 日为最佳播期。大垄采用 60 ~ 65 cm 垄距，垄上双行或单行精量点播或条播；小垄采用 45 ~ 50 cm 垄距，采用条播或穴播（穴距 15 cm）。应用单体播种机或人工播种，一次保全苗。大垄栽培保苗 22 万 ~ 27 万株 /hm$^2$；小垄栽培保苗 30 万 ~ 33 万株 /hm$^2$。

**适宜区域：**适宜吉林省白城、松原地区，吉林、长春部分地区的中上等地块种植。

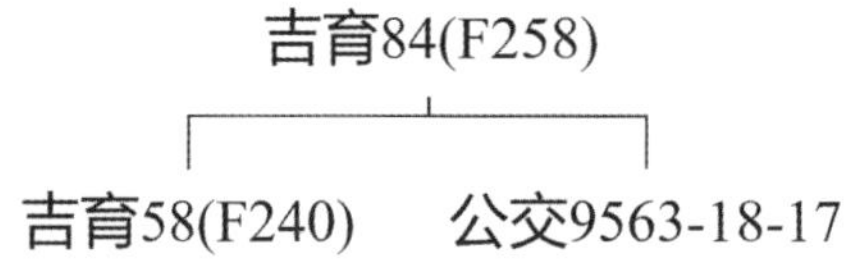


## 259. 吉育 59

**品种来源：**吉林省农业科学院 1990 年以公野 85104-11 为母本、吉林 27 为父本，进行有性杂交，采用系谱法选育而成。原品系号：GY29。2001 年经吉林省农作物品种审定委员会审定推广。

**产量表现：**1999—2000 年生产试验，平均产量 2 320 kg/hm$^2$，比对照品种吉林 33 增产 3.1%。

**特征特性：**亚有限结荚习性。株高 85 cm。披针叶，白花，灰色茸毛。结荚均匀，3、4 粒荚多。种子圆形，种皮黄色有光泽，种脐黄色，百粒重 19.5 g。蛋白质含量为 44.52%，脂肪含量为 19.24%；人工接种鉴定结果：抗 SMVⅠ、大豆食心虫，中抗 SMVⅡ、SMVⅢ、大豆灰斑病；田间鉴定结果：抗大豆花叶病、大豆霜霉病、大豆灰斑病、大豆食心虫。在适宜区域出苗至成熟生育日数 120 d，需≥10 ℃活动积温 2 400 ℃·d。

**栽培要点：**播期为 4 月 25 日至 5 月 5 日。播量 55 ~ 60 kg/hm$^2$，保苗 20 万 ~ 22 万株 /hm$^2$。

**适宜区域：**适宜吉林省白城、松原地区及吉林、长春地区的中早熟区。

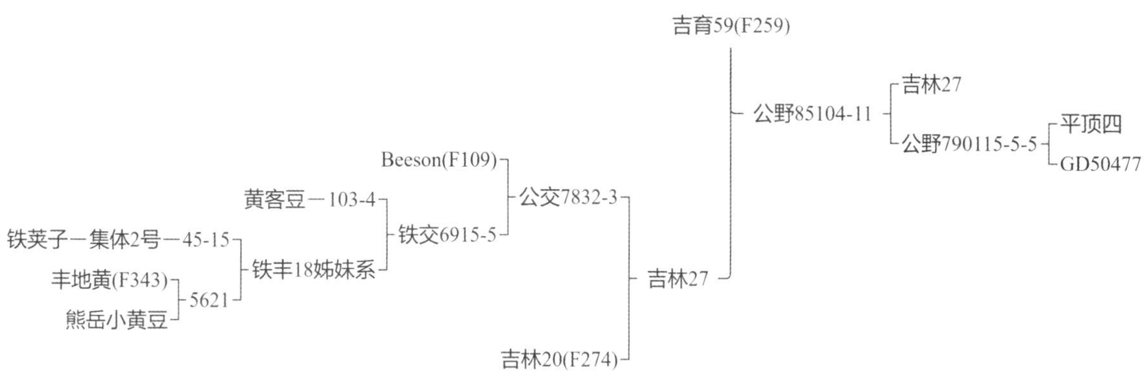


## 260. 嫩丰 15

**品种来源：**黑龙江省农业科学院嫩江农业科学研究所以美国 CN210 为母本、黑河 3 号为父本，进行有性杂交，采用系谱法选育而成。原品系号：嫩抗 8408–6。1994 年经黑龙江省农作物品种审定委员会审定推广。审定编号：ZDD22652。

**产量表现：**1993 年生产试验，平均产量 2 243.7 kg/hm²，比对照品种合丰 25 增产 50.9%。

**特征特性：**无限结荚习性。株高 80 ~ 90 cm，节间较短，分枝力强，一般 2 ~ 3 个。秆弹性好，不易倒伏。圆叶，紫花，灰色茸毛。种子中圆，种皮黄色，种脐浅褐色，百粒重 18 ~ 20 g。成熟时荚皮为棕色。蛋白质含量 40.28%，脂肪含量 19.97%。高抗大豆胞囊线虫病，对根蛆也有一定的抵抗能力。在适宜区域出苗至成熟生育日数 116 d，需≥10 ℃活动积温 2 400 ℃·d。

**栽培要点：**黑龙江省第二积温带 5 月上中旬播种为宜，在第三积温带上限以 5 月上旬播种为宜，第一积温带播期可延至 5 月下旬。保苗 25.5 万 ~ 30.0 万株 /hm²。适宜排水良好中上等土壤肥力栽培。

**适宜区域：**适宜黑龙江省西部第一、二积温带种植。

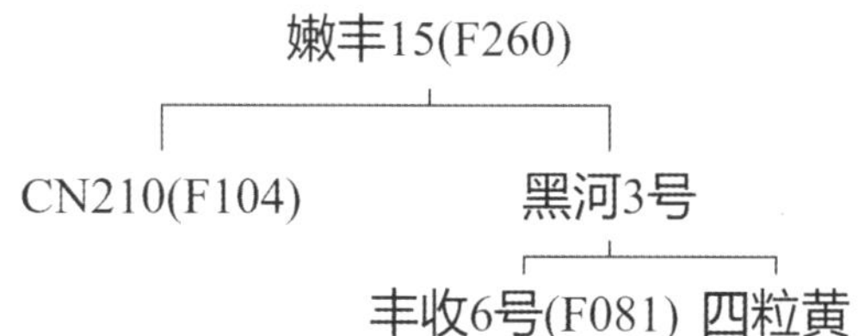


## 261. 黑农 32

**品种来源：**黑龙江省农业科学院大豆研究所 1974 年以热中子照射［哈 70–5072（黑农 6 × 吉林 1 号）× 哈 53］的杂种后代，采用系谱法选育而成。原品系号：哈 77–7578。1987 年经北方春大豆品种区域试验确定在吉林省和黑龙江省部分地区推广。

**产量表现：**1986 年生产试验，平均产量 2 625 kg/hm²，较对照品种吉林 20、白农 1 号增产 14.3%。

**特征特性：**亚有限结荚习性。株高 70 ~ 80 cm，分枝 1 个左右，主茎节数 13 ~ 14 节。3 粒荚多，平均每荚 2.26 粒，荚褐色。圆叶，白花，灰色茸毛。种子圆形，种皮黄色有强光泽，种脐淡褐色，百粒重 18 ~ 20 g。蛋白质含量 40.8%，脂肪含量 22.9%。耐旱性较强，中抗花叶病毒病。在适宜区域出苗至成熟生育日数 121 ~ 125 d。

**栽培要点：**适宜平川或岗地中等土壤肥力地块种植，4 月下旬至 5 月上旬播种，保苗 19.5 万 ~ 24.0 万株 /hm²。

**适宜区域：**适宜吉林省白城及黑龙江省泰来、肇源、双城、宾县、巴彦、木兰等地种植。

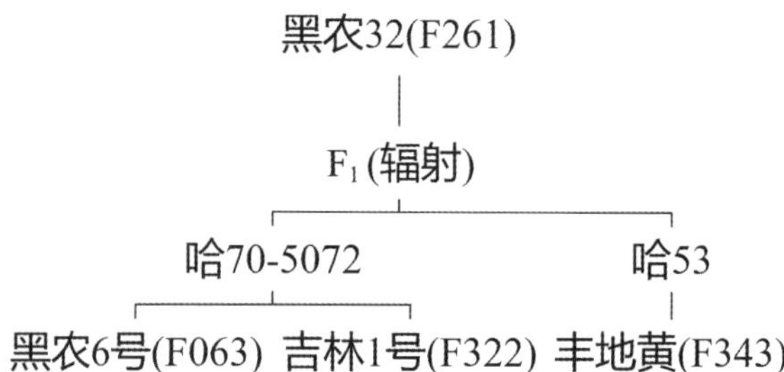


## 262. 吉林 35

**品种来源：**吉林省农业科学院大豆研究所于 1985 年以吉林 20 为母本、辽豆 3 号为父本，进行有性杂交，采用系谱法选育而成。1995 年经吉林省农作物品种审定委员会审定推广。

**产量表现：**1993—1994 年参加吉林省生产试验，平均产量为 2 636.2 kg/hm²。比对照品种长农 5 号增产 10.6%。

**特征特性：**亚有限结荚习性。一般株高 85 cm 左右，主茎发达，分枝较少，短分枝 1 ~ 2 个。结荚较密，3 粒荚多，荚成熟呈浅褐色。圆叶，紫花，灰色茸毛。种子圆形，种皮黄色有光泽，种脐无色，百粒重 20 g 左右。蛋白质含量 39.9%，脂肪含量达 22.1%。抗大豆花叶病毒Ⅰ、Ⅱ、Ⅲ号株系，抗灰斑病和细菌斑点病。在适宜区域出苗至成熟生育日数 126 d 左右，需≥10 ℃活动积温 2 600 ℃·d。

**栽培要点：**一般播种期 4 月末至 5 月初，在中等肥力条件下保苗 20 万 ~ 22 万株 /hm²，在中上等肥力条件下保苗 18 万 ~ 20 万株 /hm²。

**适宜区域：**适宜吉林省长春、吉林、通化及延边地区的平原、半山区种植。

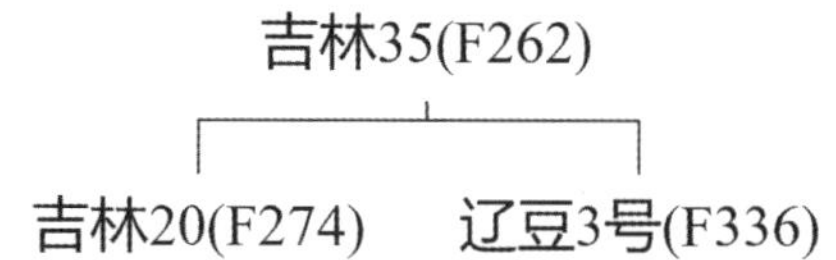


## 263. 吉林 44

**品种来源：**吉林省农业科学院 1988 年以公交 8314-1-2 为母本、辽 81-5017 为父本，1989 年又以该品杂交种（$F_1$）为母本、辽 81-5017 为父本，进行改良性回交，采用系谱法选育而成。原品系号：公交 8966-25。1999 年经吉林省农作物品种审定委员会审定推广。

**产量表现**：1995—1998 年生产试验，平均产量 2 208.3 kg/hm$^2$，比对照品种吉林 33 增产 9.1%。

**特征特性**：亚有限结荚习性。株高 90 ~ 100 cm，主茎节数 18 ~ 19 节，分枝 1 ~ 2 个。平均每荚 2.3 粒，荚淡褐色。圆叶，紫花，灰色茸毛。种子圆形，种皮黄色有光泽，种脐黄色，百粒重 23 ~ 25 g。蛋白质含量 41.9%，脂肪含量 21.5%。人工接种鉴定，中抗大豆花叶病毒病混合株系，中抗大豆灰斑病。在适宜区域出苗至成熟生育日数 118 ~ 120 d。

**栽培要点**：适宜中上等肥力土壤种植，播种量 75 kg/hm$^2$，保苗 23 万 ~ 24 万株 /hm$^2$。

**适宜区域**：适宜吉林省白城、松源等中早熟地区种植。

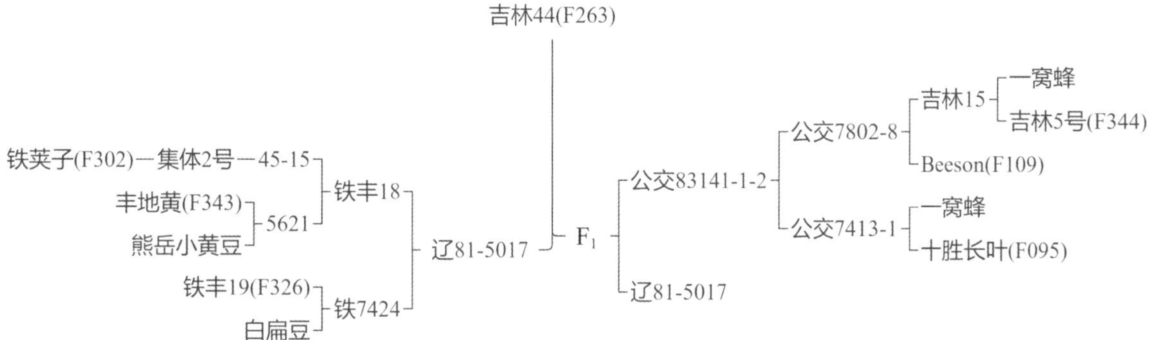


## 264. 长农 20

**品种来源**：吉林省长春市农业科学院大豆研究所在 1996 年以东农 93-86 为母本、黑农 36 为父本，进行有性杂交，采用系谱法选育而成。原品系号：长 B2003-52。2007 年经吉林省农作物品种审定委员会审定推广。审定编号：吉审豆 2007003。

**产量表现**：2006 年生产试验，平均产量 3 067.1 kg/hm$^2$，比对照品种黑农 38 增产 4.9%。

**特征特性**：亚有限结荚习性。平均株高 99 cm，主茎 17 节，1 ~ 2 个分枝，株形收敛。4 粒荚多，荚熟时呈褐色。尖叶，白花，灰毛。种子圆形，种皮黄色有光泽，脐浅黄色，百粒重 17 g 左右。蛋白质含量 37.86%，脂肪含量 22.46%。田间自然诱发大豆病虫害抗性鉴定结果：中抗大豆花叶病毒病、大豆褐斑病高、抗大豆灰斑病、大豆霜霉病、细菌性斑点病；人工接种鉴定：中感大豆花叶病毒病混合株系，网室内抗大豆花叶病毒病Ⅰ号株系，感Ⅱ号株系，中感Ⅲ号株系；人工喷雾接种鉴定：中感大豆灰斑病。抗倒伏能力较强。属中早熟品种，在适宜区域出苗至成熟生育日数 118 ~ 122 d，需≥10 ℃活动积温 2 500 ℃·d 以上。

**栽培要点**：4 月下旬至 5 月上旬播种。保苗 22 万株 /hm$^2$。施有机肥 30 000 kg/hm$^2$，磷酸二铵 150 kg/hm$^2$。及时防治蚜虫，8 月中旬防治大豆食心虫。

**适宜区域**：适宜吉林省白城、松原等中早熟地区种植。

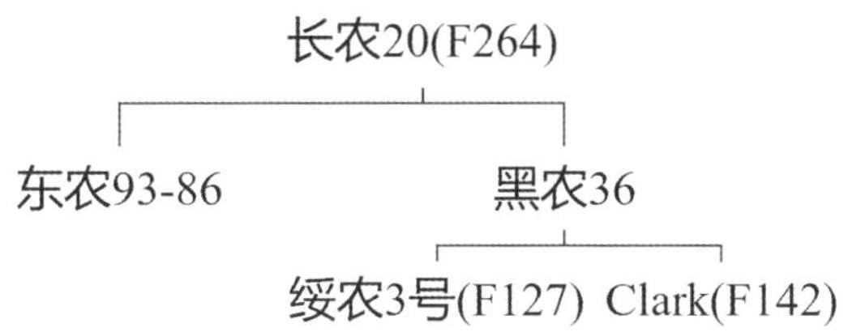

## 265. 抗线 9 号

**品种来源：**黑龙江省农业科学院大庆分院以黑农 37 为母本、安 95-1409 为父本，进行有性杂交，采用系谱法选育而成。原品系号：安 01-1423。2009 年经黑龙江省农作物品种审定委员会审定推广。审定编号：黑审豆 2009003。

**产量表现：**2008 年生产试验，平均产量 2 106.8 kg/hm²，较对照品种抗线 3 号增产 11.3%。

**特征特性：**亚有限结荚习性。株高 85 cm 左右，有 1 个分枝。圆叶，白花，灰色茸毛。荚微镰形，成熟时呈褐色。种子圆形，种皮黄色有光泽，种脐褐色，百粒重 20 g 左右。蛋白质含量 40.09%，脂肪含量 21.22%。中抗胞囊线虫病。在适宜区域出苗至成熟生育日数 121 d 左右，需≥10 ℃活动积温 2 500 ℃·d 左右。

**栽培要点：**在 5 月上中旬播种，选择地势平坦、肥力中上等地种植，采用普通高产栽培方式，保苗 22.5 万株 /hm²。

**适宜区域：**黑龙江省第一积温带。

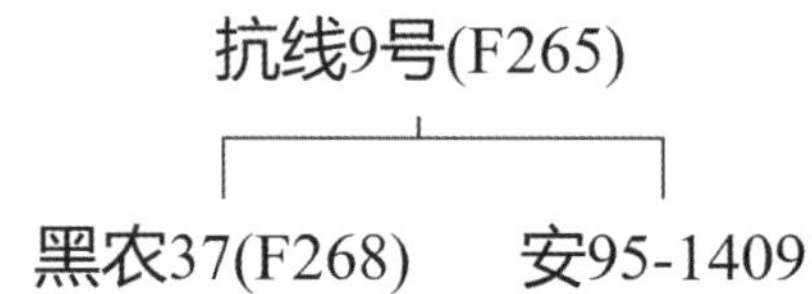


## 266. 黑农 39

**品种来源：**黑龙江省农业科学院大豆研究所以绥农 4 号为母本、铁 7518 为父本，进行有性杂交，采用系谱法选育而成。原品系号：哈 88-7704。1994 年经黑龙江省农作物品种审定委员会审定推广。审定编号：黑审豆 1994008。

**产量表现：**1993 年生产试验，平均产量 2 628.4 kg/hm²，较对照品种黑农 33 增产 19.1%。

**特征特性：**无限结荚习性。株高 100 cm 左右，株型收敛，秆强有韧性，分枝 0 ~ 2 个。着荚均匀，平均每荚 2.4 粒。圆叶，白花，灰色茸毛。种子圆形，种皮黄色有光泽，种脐黄色，百粒重 17 g 左右。蛋白质含量 42.26%，脂肪含量 20.39%。高抗大豆花叶病毒病 Ⅰ 号株系，抗种皮斑驳。在适宜区域出苗至成熟生育日数 123 d，需≥10 ℃活动积温 2 550 ℃·d。

**栽培要点：**适宜平川较肥沃地块种植，4 月下旬至 5 月上旬播种，保苗 22.5 万 ~ 28.0 万株 /hm²。

**适宜区域：**适宜黑龙江省第一积温带地区栽培。

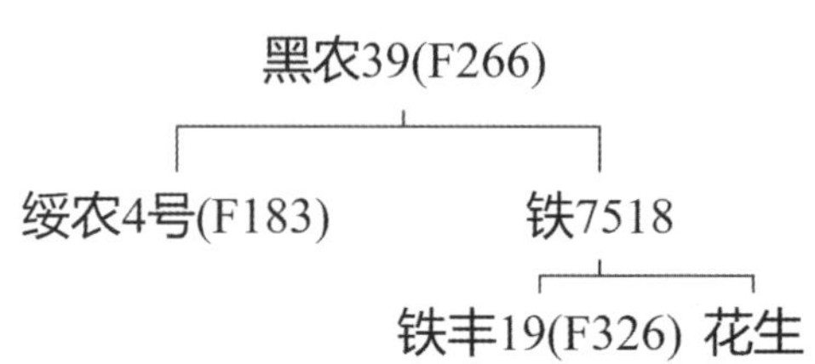

# 267. 黑农 58

**品种来源**：黑龙江省农业科学院大豆研究所以哈 94–1101 为母本、黑农 35 为父本，进行有性杂交，采用系谱法选育而成。原品系号：哈 02–3812。2008 年经黑龙江省农作物品种审定委员会审定推广。审定编号：黑审豆 2008005。

**产量表现**：2007 年生产试验，平均产量 2 384.1 kg/hm²，较对照品种绥农 10 增产 13.0%。

**特征特性**：亚有限结荚习性。株高 80 cm 左右，有分枝。圆叶，白花，灰色茸毛。荚微弯镰形，成熟时呈灰褐色。种子椭圆形，种皮黄色有光泽，种脐黄色，百粒重 22 g 左右。蛋白质含量 39.43%，脂肪含量 21.08%。中抗大豆灰斑病、花叶病毒病。在适宜区域出苗至成熟生育日数 118 d 左右，需≥10 ℃活动积温 2 400 ℃·d 左右。

**栽培要点**：5 月上旬播种，采用种衣剂拌种，垄作栽培，垄距 65 ~ 70 cm，垄上双条播或穴播。穴距 20 cm，每穴 3 株，保苗 20 万 ~ 22 万株 /hm²，播量 50 kg/hm²，施磷酸二铵 150 kg/hm²、钾肥 40 kg/hm²。化学除草或三铲三蹚。施该品种植株较繁茂，不宜密植。

**适宜区域**：黑龙江省第二积温带上限。

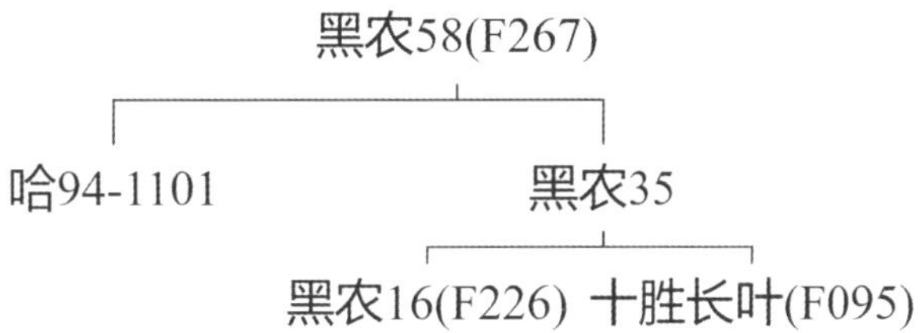


# 268. 黑农 37

**品种来源**：黑龙江省农业科学院大豆研究所 1983 年以热中子照射［黑农 28 × 哈 78–8391（合江 69–219 × 哈 71–1514）］的杂种后代，经系谱法选育而成。原品系号：哈 85–6437。1992 年经黑龙江省农作物品种审定委员会审定推广。

**产量表现**：1991 年生产试验，平均产量 2 478 kg/hm²，较对照品种黑农 33 增产 15.6%。

**特征特性**：亚有限结荚习性。株高 80 ~ 90 cm，茎秆粗壮，分枝 1 ~ 2 个，主茎节数 17 节。3 粒荚多，少数 4 粒荚，平均每荚 2.4 粒，荚褐色。圆叶，白花，灰色茸毛。种子圆形，种皮黄色有强光泽，种脐黄色，百粒重 18 ~ 20 g。蛋白质含量 38.0%，脂肪含量 21.6%。耐肥，秆强。抗旱性中等，抗病性较强，经原黑龙江省农科院合江所接种灰斑病鉴定为中抗灰斑病类型；又经黑龙江省农科院大豆所两年接种大豆花叶病毒病鉴定为中抗花叶病毒病，褐斑粒极轻。在适宜区域出苗至成熟生育日数 124 d，需≥10 ℃活动积温 2 578 ℃·d。

**栽培要点**：适宜中上等土壤肥力地块种植，4 月下旬至 5 月上旬播种，保苗 19.5 万 ~ 22.5 万株 /hm²。

**适宜区域**：适宜黑龙江省双城、五常、宾县、阿城、呼兰和木兰等地种植。

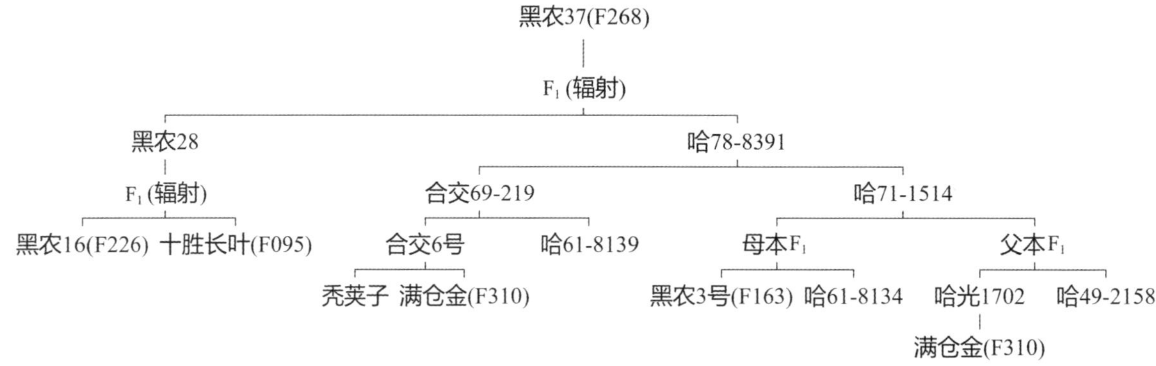


## 269. 吉育 72

**品种来源**：吉林省农业科学院 1997 年以公交 9169–41 为母本、公交 9397–30 为父本，进行有性杂交，采用系谱法选育而成。原品系号：公交 98B–568 。2004 年经吉林省农作物品种审定委员会审定推广。审定编号：吉审豆 2004008。

**产量表现**：2003 年中晚熟组生产试验，平均产量 3 344.5 kg/hm$^2$，比对照品种吉林 30 增产 20.3%。

**特征特性**：亚有限结荚习性。株高 100 cm，主茎发达，节间短。结荚均匀、密集，4 粒荚多，荚熟呈褐色。圆叶，紫花，灰色茸毛。种子圆形，种皮黄色有光泽，种脐黄色，百粒重 22 g。蛋白质含量 41.15%，脂肪含量 22.38%。抗大豆花叶病毒病、霜霉病、细菌性斑点病、灰斑病及大豆食心虫。在适宜区域出苗至成熟生育日数 135 d。

**栽培要点**：4 月 25 日至 5 月 5 日播种，宜采用等距点播，株距 8 cm，保苗 18 万 ~ 20 万株 /hm$^2$。

**适宜区域**：适宜在吉林省中部地区及辽宁省、内蒙古自治区部分地区种植。

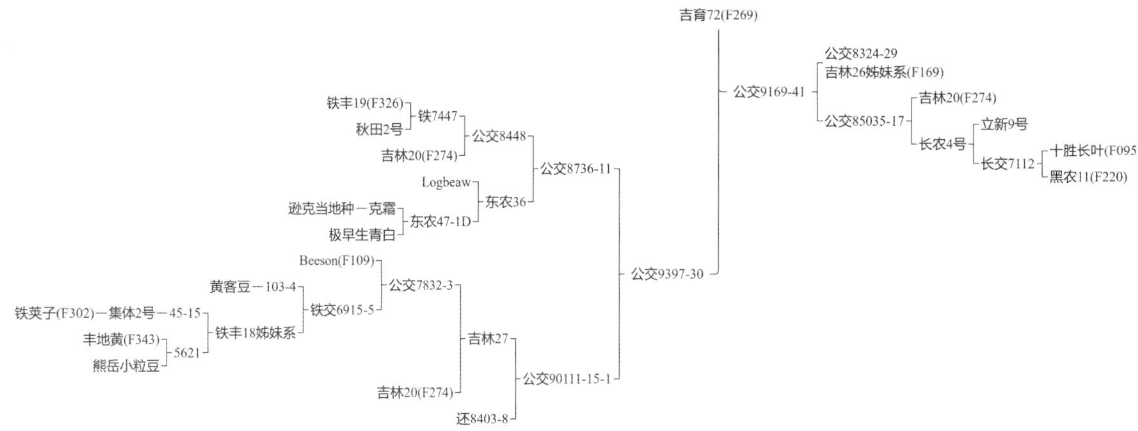


## 270. 东农 53

**品种来源**：东北农业大学大豆研究所以绥农 10 为母本、东农 L200087 为父本，经有性杂交，采用系谱法选育而成。原品系号：东农 01–1215。2008 年经黑龙江省农作物品种审定委员会审定推广。审定编号：黑审豆 2008012。

**产量表现**：2007 年生产试验，产量 2 566.8 kg/hm$^2$，较对照品种合丰 47 增产 18.1%。

**特征特性：**亚有限结荚习性。株高 85 cm 左右，有分枝。长叶，紫花，灰白色茸毛。荚弯镰形，成熟时呈褐色。种子圆形，种皮黄色有光泽，种脐黄色，百粒重 18 g 左右。蛋白质含量 39.30%，脂肪含量 21.68%，异黄酮含量 4.28‰。中抗灰斑病、病毒病。在适宜区域出苗至成熟生育日数 116 d 左右，需≥10 ℃活动积温 2 350 ℃·d 左右。

**栽培要点：**在适宜区域 5 月上中旬播种，选择中等肥力地块种植，采用垄作栽培方式，保苗 30 万株 /hm² 左右。

**适宜区域：**黑龙江省第二积温带。

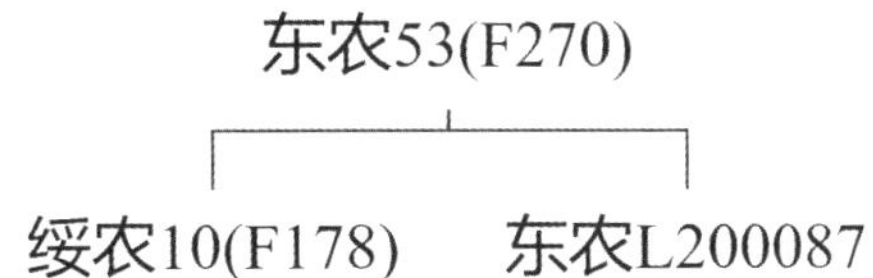


## 271. 吉育 47

**品种来源：**吉林省农业科学院大豆研究所 1990 年以海交 8403–74 为母本、[合丰 25 × （吉林 20 × 鲁豆 4 号）] $F_1$ 为父本，经有性杂交后采用系谱法选育而成。原品系号：公交 9013–27。1999 年经吉林省农作物品种审定委员会审定推广。

**产量表现：**1997—1998 年生产试验，平均产量 2 510.0 kg/hm²，比对照品种绥农 8 号增产 14.0%。

**特征特性：**亚有限结荚习性。株高 100 cm 左右，株型收敛，主茎发达，主茎节数 20 ~ 23 节，节间短，分枝少，秆强。结荚均匀、密集，2、3 粒荚多，荚成熟时褐色。圆叶，白花，灰色茸毛。种子椭圆形，种皮黄色有光泽，种脐黄色，百粒重 20 g。蛋白质含量 39.48%，脂肪含量 21.75%。抗大豆花叶病毒病、细菌性斑点病、灰斑病、霜霉病，较抗大豆食心虫。在适宜区域出苗至成熟生育日数 125 d，需≥10 ℃活动积温 2 600 ~ 2 700 ℃·d。

**栽培要点：**5 月初播种，宜等距点播。保苗 22 万 ~ 23 万株 /hm²。

**适宜区域：**吉林省白城、松原、延边、吉林、通化、长春等大豆中熟区。

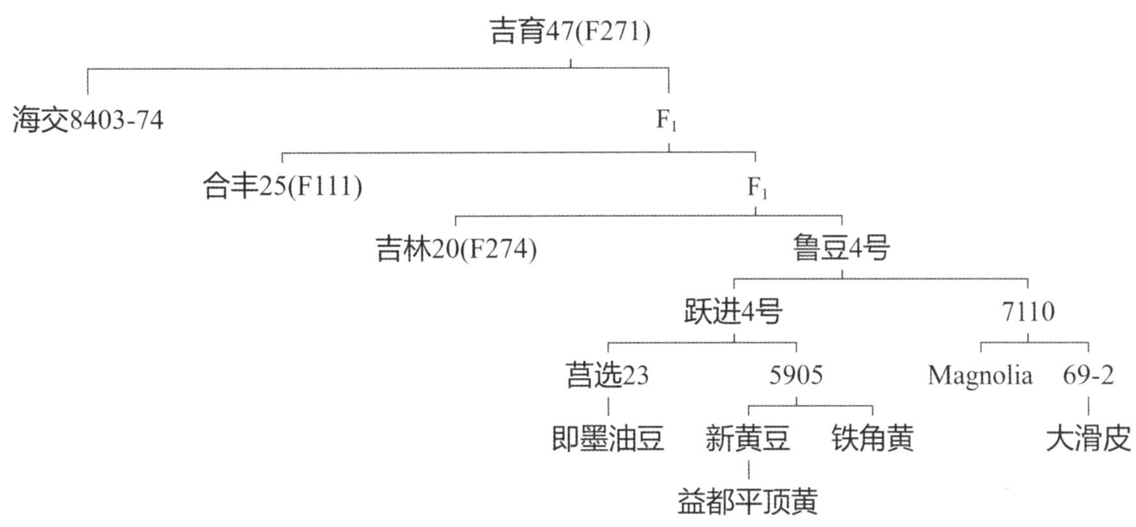

## 272. 吉林 36

**品种来源：**吉林省农业科学院大豆研究所，以公交 8488 为母本、东农 38 为父本，进行有性杂交，采用系谱法选育而成。原品系号：公交 8736-11。1996 年经吉林省农作物品种审定委员会审定推广。

**产量表现：**一般产量 2 600 ~ 3 000 kg/hm²，最高产量 3 300 kg/hm² 以上。

**特征特性：**亚有限结荚习性。株高 90 cm，主茎发达，1 ~ 2 个分枝。成熟时荚皮浅褐色。圆叶，紫花。种皮黄色有光泽，百粒重 18 ~ 19 g。蛋白质含量 39.06%，脂肪含量 21.26%。在适宜区域出苗至成熟生育日数 126 d。

**栽培要点：**播种量 65 kg/hm²，保苗 23 万株 /hm²。

**适宜区域：**适宜吉林省中南部区域种植。

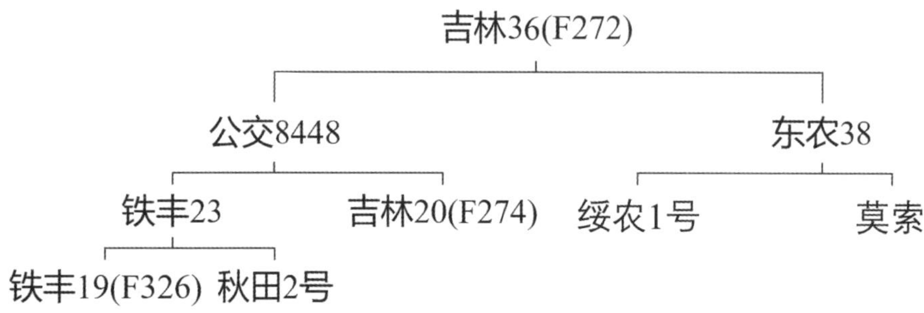




## 273. 黑农 52

**品种来源：**黑龙江省农业科学院大豆研究所 1996 年以黑农 37 为母本、绥农 14 为父本，进行杂交，采用系谱法选育而成。原品系号：哈 01-1116。2007 年经黑龙江省农作物品种审定委员会审定推广。审定编号：黑审豆 2007003。

**产量表现：**2006 年生产试验，平均产量为 2 996.5 kg/hm²，较对照品种黑农 37 增产 11.4%。

**特征特性：**亚有限结荚习性。株高 100 cm 左右，以主茎结荚为主，分枝较少，节间短。圆叶，紫花，灰白色茸毛。种子圆形，种皮黄色有光泽，脐黄色，百粒重 20 g 左右。蛋白质含量 40.67%，脂肪含量 19.29%。中抗灰斑病。在适宜区域出苗至成熟生育日数 124 d 左右，需≥10 ℃活动积温 2 550 ℃·d 左右。

**栽培要点：**适宜 5 月上旬播种。垄作栽培，垄距 70 cm，垄上双条播或穴播。保苗 18 万 ~ 20 万株 /hm²。不宜密植。

**适宜区域：**黑龙江省第一积温带。

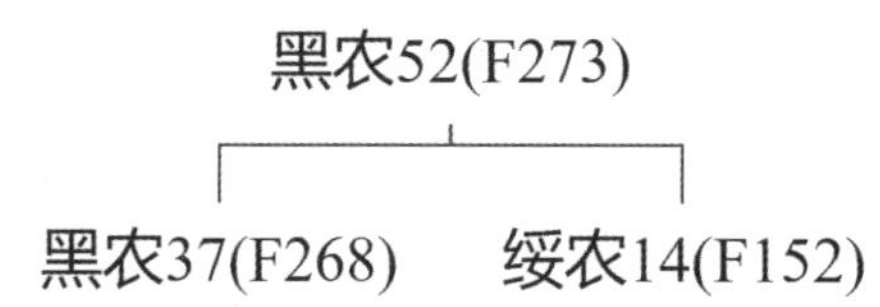

## 274. 吉林 20

**品种来源：**吉林省农科院大豆研究所 1974 年以公交 7014-3 为母本、公交 6612-3 为父本，进行有性杂交，采用系谱法选育而成。原品系号：公交 7407-5。1985 年经吉林省农作物品种审定委员会审定，1990 年经全国农作物品种审定委员会审定。

**产量表现：**1981—1983 年区域试验，平均产量 2 404.5 kg/hm$^2$，比对照品种九农 9 号增产 12.7%。

**特征特性：**亚有限结荚习性。株高 80 ~ 100 cm，主茎节数 18 ~ 19 个，分枝少。披针叶，紫花，灰色茸毛。种子圆形，种皮黄色有光泽，种脐黄色，百粒重 19 g 左右。蛋白质含量 39.2%，脂肪含量20.6%。较抗大豆花叶毒病，一般为 0 ~ 1 级。对霜霉病、细菌性斑点病也有较好的抗性。在适宜区域出苗至成熟生育日数 121 ~ 125 d。

**栽培要点：**中上等肥力保苗 22.5 万株 /hm$^2$ 左右为适宜，在薄地保苗应在 22.5 万株 /hm$^2$ 以上。

**适宜区域：**适宜吉林省通化、长春、吉林、延边及四平地区东南部中熟或略偏早地区种植。

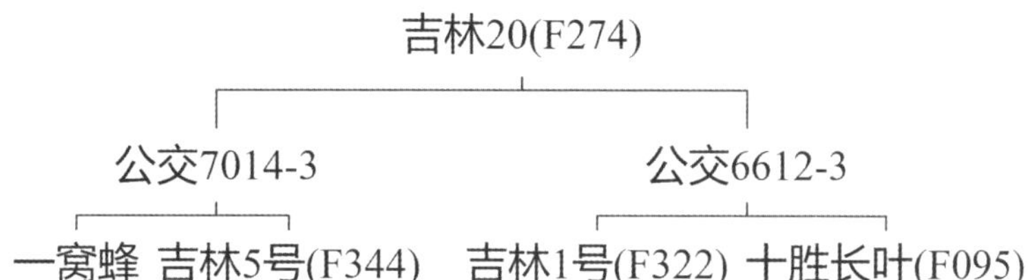


## 275. 吉育 43

**品种来源：**吉林省农业科学院大豆研究所 1991 年以公交 8427-88 为母本、公交 RY88-29-1 为父本，进行有性杂交，经系谱法选育而成。原品系号：公交 94-1337。1998 年经吉林省农作物品种审定委员会审定推广。

**特征特性：**亚有限结荚习性。株高 70 cm，株型收敛，节间短，抗倒伏。4 粒荚多。尖叶，紫花，灰毛。种子圆形，种皮黄色有光泽，百粒重 21 g。蛋白质含量 39.65%，脂肪含量 21.42%。在适宜区域出苗至成熟生育日数 120 d。

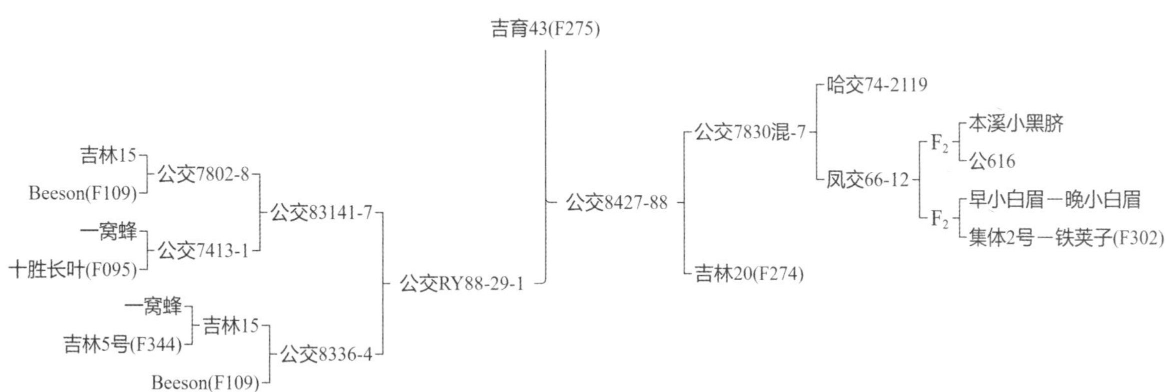

**产量情况：** 一般产量 2 800 ~ 3 000 kg/hm$^2$，最高产量 3 800 kg/hm$^2$ 以上。

**栽培要点：** 播种量 65 kg/hm$^2$，保苗株数 28 万株 /hm$^2$。

**适宜区域：** 适宜吉林省长春、吉林、通化、四平、辽源等部分区域种植。

## 276. 吉育 85

**品种来源：** 吉林省农业科学院大豆研究所 1995 年以公交 89RD109 为母本、哈 89–5896 为父本，进行有性杂交，采用系谱法选育而成。原品系代号：公交 9513–3。2006 年经吉林省农作物品种审定委员会审定推广。审定编号：吉审豆 2006002。

**产量表现：** 2005 年生产试验，平均产量 2 691.8 kg/hm$^2$，比对照品种延农 8 号增产 4.7%。

**特征特性：** 亚有限结荚习性。株高 95 cm 左右，有效分枝少，植株较收敛，主茎节数 16 个。结荚均匀，荚熟呈黑色。尖叶，紫花，灰色茸毛。种子圆形，种皮黄色有光泽，种脐黄色，百粒重 20.2 g。蛋白质含量 37.76%，脂肪含量 20.88%。在适宜区域出苗至成熟生育日数 118 ~ 120 d，需≥10 ℃活动积温 2 400 ~ 2 450 ℃·d。

**栽培要点：** 4 月下旬至 5 月中旬播种，瘠薄地保苗 25 万株 /hm$^2$，肥地保苗 22 万株 /hm$^2$。

**适宜区域：** 适宜吉林省早熟区种植。

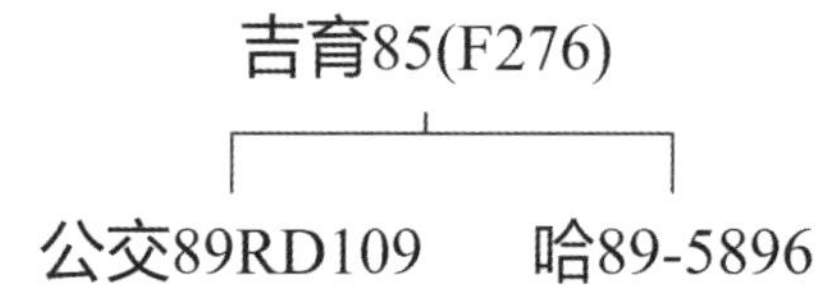




## 277. 黑农 69

**品种来源：** 黑龙江省农业科学院大豆研究所、黑龙江菽锦科技有限责任公司以黑农 44 为母本、垦农 19 为父本，进行有性杂交，采用系谱法选育而成。原品系号：哈 06–1939。2012 年经黑龙江省农作物品种审定委员会审定推广。审定编号：黑审豆 2012001。

**产量表现：** 2011 年生产试验，平均产量 3 043.7 kg/hm$^2$，较对照品种黑农 53 增产 10.8%。

**特征特性：** 亚有限结荚习性。株高 90 cm 左右，有分枝。尖叶，紫花，灰色茸毛。荚微弯镰形，成熟时呈褐色。种子椭圆形，种皮黄色有光泽，种脐黄色，百粒重 20 g 左右。蛋白质含量 40.63%，脂肪含量 21.94%。在适宜区域出苗至成熟生育日数 125 d 左右，需≥10 ℃活动积温 2 600 ℃·d 左右。

**栽培要点：** 在适宜区域 5 月上旬播种，选择中等肥力地块种植，穴播或条播栽培，保苗 20 万 ~ 22 万株 /hm$^2$。

**适宜区域：** 黑龙江省第一积温带。

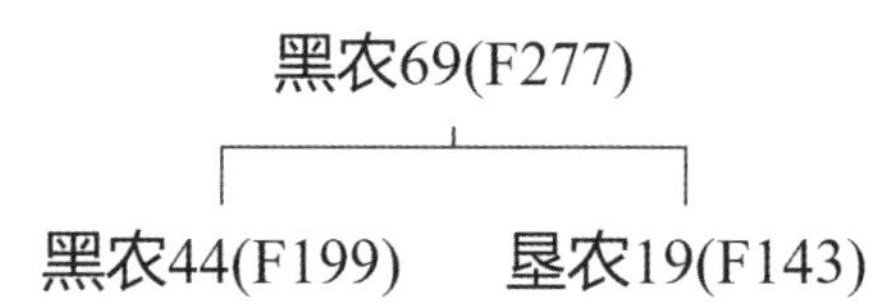

## 278. 长农 21

**品种来源**：吉林省长春市农业科学院 1991 年以公交 83145-10 为母本、生 85183-3 为父本，进行有性杂交，采用系谱法选育而成。原品系号：长 B2003-54。2007 年经吉林省农作物品种审定委员会审定推广。审定编号：吉审豆 2007004。

**产量表现**：2005—2006 年生产试验，平均产量 2 404.7 kg/hm$^2$，比对照品种白农 6 号增产 1.4%。

**特征特性**：亚有限结荚习性。主茎发达，1 ~ 2 个分枝，平均株高 97.2 cm，主茎 17 节。3 粒荚多，成熟时荚呈深褐色。圆叶，白花，灰毛。种子圆形，种皮黄色微光泽，脐浅黄色，百粒重 16 ~ 21 g。蛋白质含量 35.62%，脂肪含量 22.76%。属中早熟品种，在适宜区域出苗至成熟生育日数 122 d 左右，需≥10 ℃有效积温 2 500 ℃·d 以上。

**栽培要点**：4 月下旬至 5 月上旬播种，保苗 22 万株 /hm$^2$。施有机肥 20 000 ~ 30 000 kg/hm$^2$，磷酸二铵 150 kg/hm$^2$。及时防治蚜虫，8 月中旬防治大豆食心虫。

**适宜区域**：吉林省大豆中早熟区。

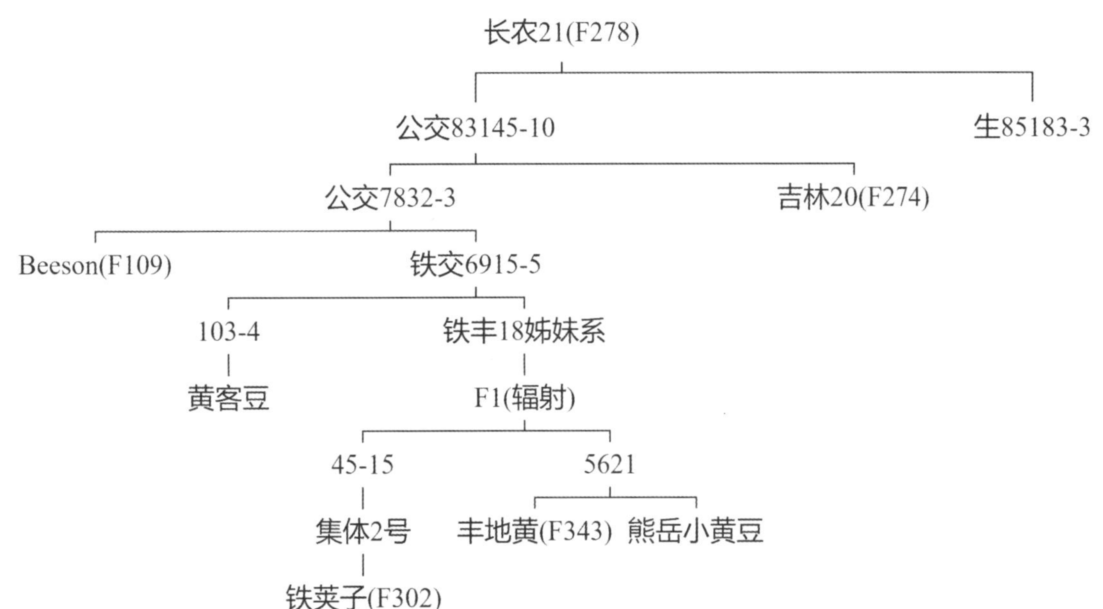


## 279. 四粒荚

**品种来源**：1956 年黑龙江省农业科学院从延寿县平安乡万宝村搜集。

**产量表现**：1958 年区域试验，产量 2 115 kg/hm$^2$。

**特征特性**：无限结荚习性。株高 80 ~ 90 cm，2 ~ 3 个分枝。披针形叶，紫花，灰毛。平均每荚 2.8 粒，荚深褐色。种子椭圆形，种皮黄色有光泽，脐黄色，百粒重 20 ~ 23 g。蛋白质含量 39.4%，脂肪含量 19.6%。在适宜区域出苗至成熟生育日数 135 d。

**栽培要点**：5 月上旬播种，一般保苗 30 万 ~ 45 万株 /hm$^2$。

**适宜区域**：黑龙江省中部或南部。

## 280. 黑农 62

**品种来源：**黑龙江省农业科学院大豆研究所以哈 97–6526 为母本、绥 96–81075 为父本，进行有性杂交，采用系谱法选育而成。原品系号：哈 04–2149。审定编号：黑审豆 2010002。

**产量表现：** 2009 年生产试验，平均产量 2 847.5 kg/hm²，比对照品种黑农 51 增产 10.3%。

**特征特性：**无限结荚习性。株高 80 ~ 90 cm。圆叶，白花，灰毛。种子椭圆形，种皮黄色，种脐黄色，百粒重 22 g 左右。蛋白质含量 40.36%，脂肪含量 20.73%。抗大豆灰斑病、中抗病毒病。在适宜区域出苗至成熟生育日数 125 d，需≥10 ℃活动积温 2 510 ℃·d。

**栽培要点：**对土壤要求不严，中上等土壤肥力条件更能发挥增产潜力。5 月上旬播种，选择平川中等肥力地块种植，采用穴播或条播栽培方式，保苗 20 万 ~ 25 万株 /hm²。

**适宜区域：**黑龙江省第一、二积温带。

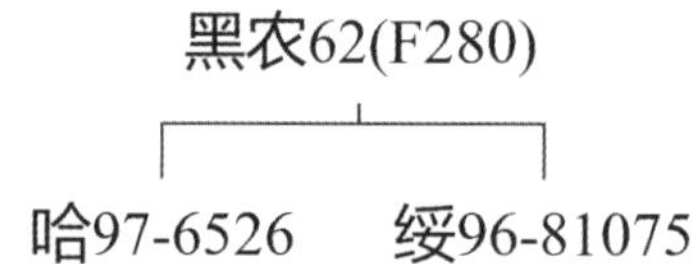


## 281. 吉育 73

**品种来源：**吉林省农业科学院大豆研究所 1997 年以吉育 58 为母本、公交 9532–7 为父本，进行有性杂交，采用系谱法选育而成。原品系号：公交 9757–33。2005 年经吉林省农作物品种审定委员会审定推广。审定编号：吉审豆 2005003。

**产量表现：**2003 年参加吉林省早熟组生产试验，5 点次平均产量 2 602.9 kg/hm²，比对照品种延农 8 号增产 7.4%。

**特征特性：**亚有限结荚习性。株高 90cm，主茎型，节间短。结荚均匀，荚密集，4 粒荚多，荚

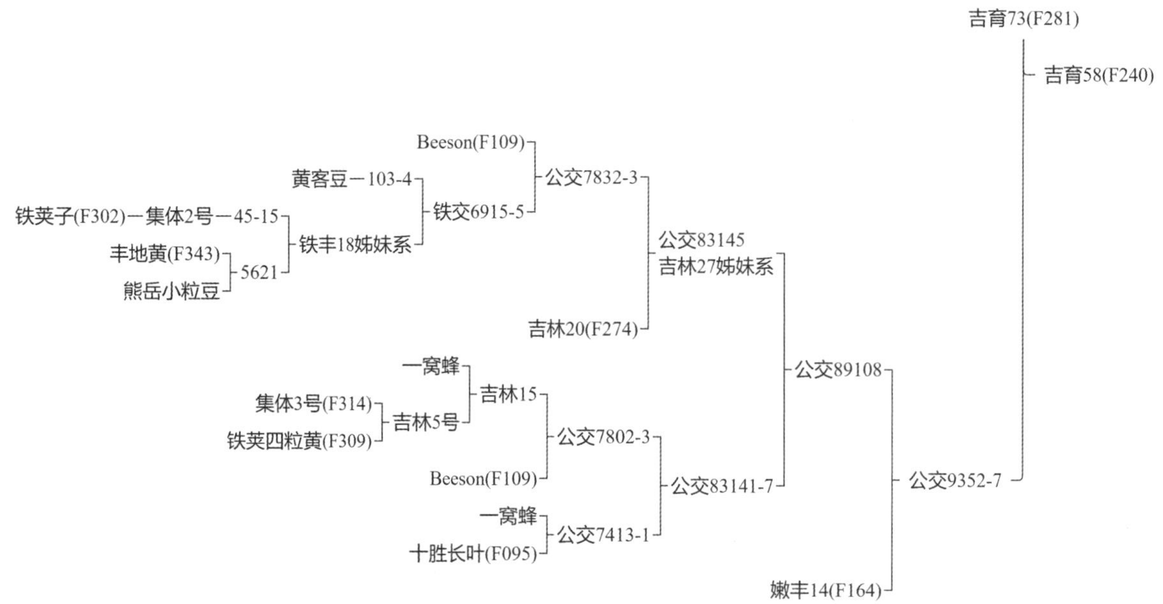

熟呈褐色。尖叶，紫花，灰色茸毛。种子椭圆形，种皮黄色有光泽，脐黄色，百粒重 20.0 g。蛋白质含量 39.30%，脂肪含量 22.46%。经吉林省农业科学院植物保护研究所抗病虫鉴定结果表明：人工接种抗大豆花叶病毒病混合株系、抗大豆灰斑病；田间自然发生抗大豆花叶病，高抗大豆灰斑病、褐斑病、大豆霜霉病、细菌性斑点病。在适宜区域出苗至成熟生育日数 122 ~ 125 d，需≥10 ℃活动积温 2 650 ℃·d。

**栽培要点：**5 月初至 6 月上旬播种，选择中等以上肥力的地块种植。播种量 60 kg/hm$^2$，保苗 20 万 ~ 22 万株 /hm$^2$。

**适宜区域：**吉林省大豆中早熟地区。

## 282. 吉科豆 3 号

**品种来源：**吉林省农业科学院 1993 年以公交 8861 为母本、公交 89149–13 为父本，进行有性杂交，采用系谱法选育而成。原品系号：公交 93184–26。2002 年经吉林省农作物品种审定委员会审定推广。

**产量表现：**2001 年生产试验，平均产量 2 108.5 kg/hm$^2$，比对照品种白农 6 号增产 9.5%。

**特征特性：**亚有限结荚习性。株高 70 ~ 80 cm，主茎节数 16 ~ 18 节，分枝 1 ~ 2 个。平均每荚 2.3 粒，荚淡褐色。披针叶，白花，灰色茸毛。种子圆形，种皮淡黄色有光泽，种脐浅黄色，百粒重 20 g。蛋白质含量 40.03%，脂肪含量 20.08%。人工接种鉴定，中抗大豆花叶病毒病混合株系，中抗大豆灰斑病。在适宜区域出苗至成熟生育日数 120 d。

**栽培要点：**适宜中上等肥力土壤种植，播种量 60 ~ 65 kg/hm$^2$，保苗 22 万株 /hm$^2$ 左右。

**适宜区域：**适宜吉林省白城、松原等中早熟地区种植。

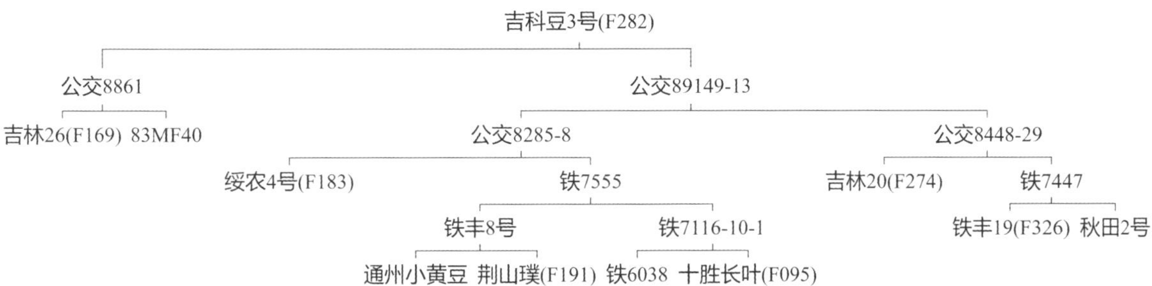


## 283. 九农 12

**品种来源：**吉林省吉林市农科所 1971 年用九交 6113–1 为母本、九农 3 号为父本，进行有性杂交，于 1981 年育成。原品系号：九交 7103。1982 年经吉林省农作物品种审定委员会审定推广。

**产量表现：**一般产量 2 025 ~ 2 550 kg/hm$^2$。

**特征特性：**亚有限结荚习性，株高 70 ~ 90 cm，主茎发达，分枝少，节多。叶片中等大小、椭圆形，白花，灰色茸毛。平均每荚 2.4 粒，荚褐色。种子椭圆形，种皮黄色有光泽，脐浅黄色，百粒重 20 g。蛋白质含量 42.5%，脂肪含量 21.0%。在适宜区域出苗至成熟生育日数 115 ~ 118 d。

**栽培要点：**5 月上旬播种，一般保苗 21.0 万 ~ 25.5 万株 /hm$^2$。

**适宜区域：**吉林省吉林地区。

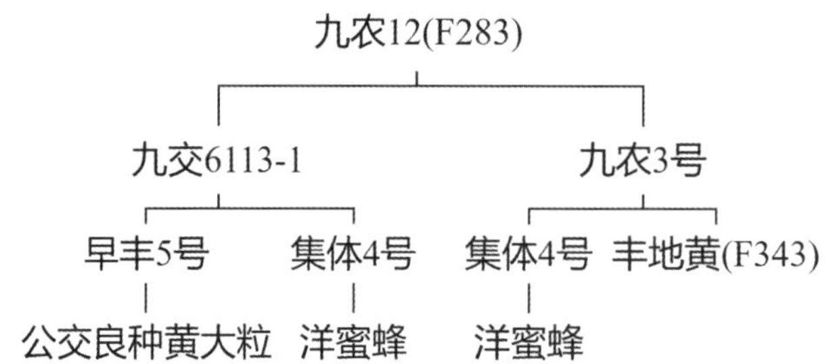


## 284. 吉林 39

**品种来源：**吉林省农业科学院 1985 年以吉林 20 为母本、辽 77-3072-M4 为父本，进行有性杂交，采用系谱法选育而成。原品系号：B92-2。1998 年经吉林省农作物品种审定委员会审定推广。

**产量表现：**1995—1997 年生产试验，平均产量 2 674.9 kg/hm²，比对照品种长农 5 号增产 8.4%。

**特征特性：**亚有限结荚习性。株高 90 cm，分枝 2 ~ 3 个。圆叶，紫花，灰色茸毛。荚皮呈浅褐色。种子圆形，种皮淡黄色有光泽，种脐浅黄色，百粒重 19 g。蛋白质含量 37.8%，脂肪含量 22.1%。人工接种鉴定，中抗大豆花叶病毒病混合株系。在适宜区域出苗至成熟生育日数 128 d。

**栽培要点：**适宜中上等肥力土壤种植，播种量 55 ~ 60 kg/hm²，保苗 20 万 ~ 23 万株 /hm²。

**适宜区域：**适宜吉林省的长春、吉林、通化等中熟区域种植。



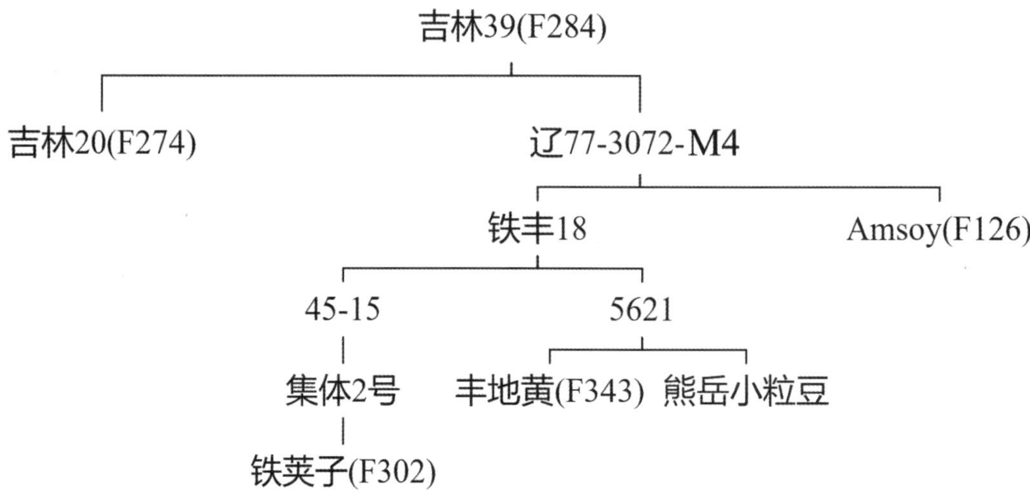


## 285. 长农 19

**品种来源：**吉林省长春市农业科学院大豆所 1991 年以公交 83145-10 为母本、生 85183-3 为父本，进行有性杂交，采用系谱法选育而成。原品系号：B2002-51。2005 年经吉林省农作物品种审定委员会审定推广。审定编号：吉审豆 2005002。

**产量表现：**2004 年生产试验，平均产量 2 813 kg/hm²，比对照品种延农 8 号增产 7.0%。

**特征特性：**亚有限结荚习性。平均株高 97 cm，主茎 19 节，1 ~ 2 个分枝，株型收敛。圆叶，白花色，灰色茸毛。荚熟时呈草黄色。种子椭圆形，种皮浅黄色，脐浅黄色，百粒重 20 g 左右。高抗大豆灰斑病、霜霉病、细菌性斑点病，中抗大豆褐斑病、大豆食心虫，抗大豆花叶病毒病，抗倒伏能力较强。早熟品种，出苗至成熟 118 ~ 123 d，需≥10 ℃积温 2 450 ℃·d 以上。

**栽培要点**：4 月下旬至 5 月上旬播种，一般保苗 20 万 ~ 22 万株 /hm$^2$，种肥用磷酸二铵 150 kg/hm$^2$。生育期间适时防治蚜虫和食心虫。

**适宜区域**：吉林省早熟区。

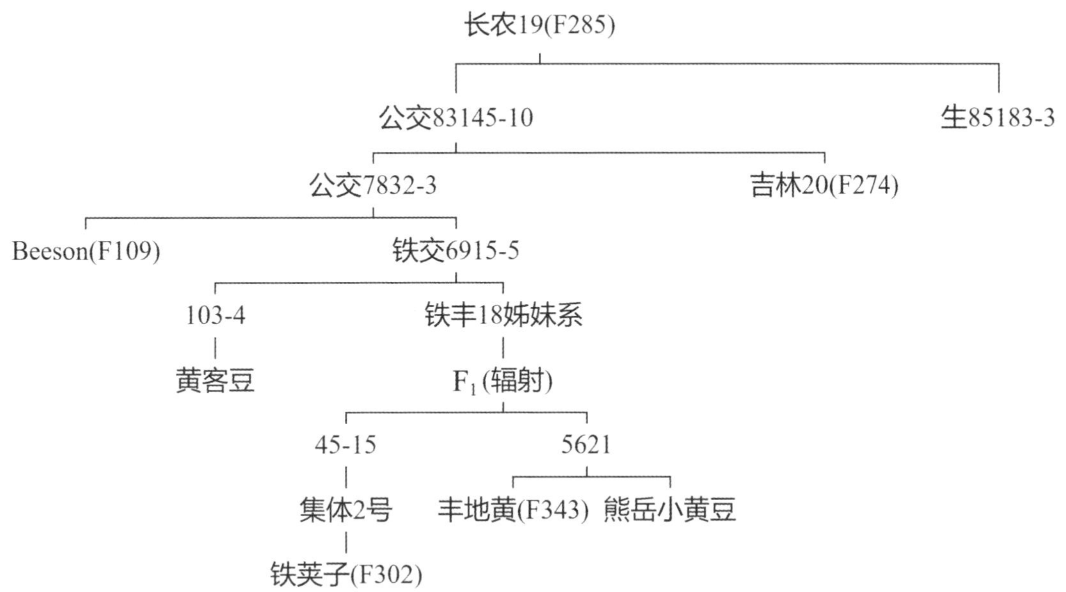






## 286. 九农 31

**品种来源**：吉林省吉林市农业科学院大豆所于 1996 年以吉林 30 为母本、绥农 14 为父本，进行有性杂交，采用系谱法选育而成。原品系号：九交 9638–7。2005 年经吉林省农作物品种审定委员会审定推广。审定编号：吉审豆 2005006。

**产量表现**：2004 年吉林省大豆品种生产试验，平均产量 2 476.0 kg/hm$^2$，平均比对照品种白农 6 号增产 5.9%。

**特征特性**：亚有限结荚习性。株高 93 cm 左右，主茎型。荚熟褐色。尖叶，白花，种子圆形，种皮黄色有光泽，脐黄色，百粒重 16 g。蛋白质含量 42.30%，脂肪含量 19.56%。属中早熟品种，在适宜区域出苗至成熟生育日数 126 d，需活动积温 2 500 ~ 2 550 ℃·d。

**栽培要点**：一般 4 月末至 5 月初播种，播种量 60 kg/hm$^2$ 左右，保苗 20 万株 /hm$^2$。

**适宜区域**：吉林省中早熟地区。

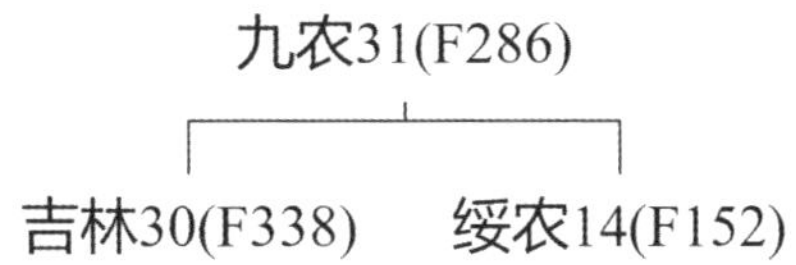

## 287. 东农 37

**品种来源**：东北农学院 1971 年以黑河 3 号为母本、丰收 12 为父本，进行有性杂交，采用系谱法选育而成。1984 年经黑龙江省农作物品种审定委员会审定推广。

**产量表现**：1982—1983 年生产试验，平均产量 1 584 kg/hm²，较对照品种丰收 10 增产 6.6%。

**特征特性**：无限结荚习性。株高 70 ~ 100 cm，2 ~ 3 分枝，主茎 18 节左右。叶披针形，色浓绿，叶片较大，紫花，灰毛。平均每荚 2.28 粒，荚褐色。种子圆形，种皮黄色有光泽，脐黄色，百粒重 20 g 左右。蛋白质含量 43.7%，脂肪含量 21.3%。在适宜区域出苗至成熟生育日数 110 d，需≥10 ℃活动积温 2 178 ℃·d。

**栽培要点**：5 月上旬播种，一般保苗 30 万株 /hm²。

**适宜区域**：适宜黑龙江省第三积温带种植。

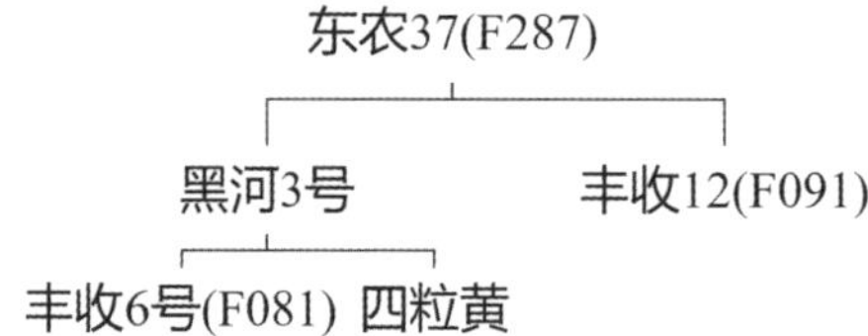


## 288. 黑农 51

**品种来源**：黑龙江省农业科学院大豆研究所 1996 年以黑农 37 为母本、合 93-1538 为父本，进行杂交，采用系谱法选育而成。原品系号：哈 -5307。2007 年经黑龙江省农作物品种审定委员会审定推广。审定编号：2007002。

**产量表现**：2005 年生产试验，平均产量为 2 996.5 kg/hm²，较对照品种黑农 37 增产 11.4%。

**特征特性**：亚有限结荚习性。株高 100 ~ 110 cm，以主茎结荚为主，分枝较少，主茎 20 ~ 22 节，节间短。尖叶，白花，茸毛灰白色。荚熟为褐色。种子圆形，种皮黄色有光泽，脐黄色，百粒重 18 ~ 20 g。蛋白质含量 41.37%，脂肪含量 19.74%、灰斑病、大豆花叶病毒病（SMV Ⅰ号）。在适宜区域出苗至成熟生育日数 126 d 左右，需≥10 ℃活动积温 2 600 ℃·d 左右。

**栽培要点**：适宜 5 月上旬播种。垄作栽培，垄距 70 cm，垄上双条播或穴播，保苗 18 万 ~ 20万株 /hm²，播种量 45 ~ 50 kg/hm²。不宜密植。

**适宜区域**：黑龙江省第一积温带。

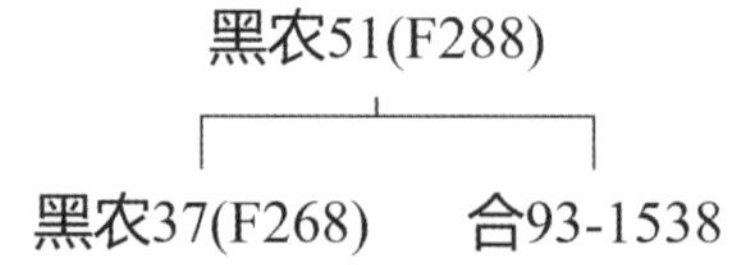


## 289. 九农 28

**品种来源**：吉林省吉林市农业科学所 1995 年以九交 7714-1-12 为母本、九交 8909-16-3 为父本，进行有性杂交，采用系谱法选育而成。原品系号：九交 9568-4。2003 年经吉林省农作物品种审定委员会审定推广。

**产量表现**：2002 年吉林省生产试验，平均产量 2 537.0 kg/hm²，比对照品种白农 6 号增产 15.2%。

**特征特性**：亚有限结荚习性。株高 80 cm 左右，主茎型，主茎节数 16 ~ 17 节。结荚较密，3、4 粒荚较多，荚褐色。圆叶，白花，茸毛灰色。种子椭圆形，种皮黄色有光泽，脐无色，百粒重 20 g 左右。蛋白质含量 38.95%，脂肪含量 22.82%。在适宜区域出苗至成熟生育日数 124 d 左右。

**栽培要点**：4 月 25 日至 5 月 1 日播种，保苗 20 ~ 22 万株 /hm²，播种量 60 kg/hm² 左右。

**适宜区域**：适宜吉林省中早熟区种植。

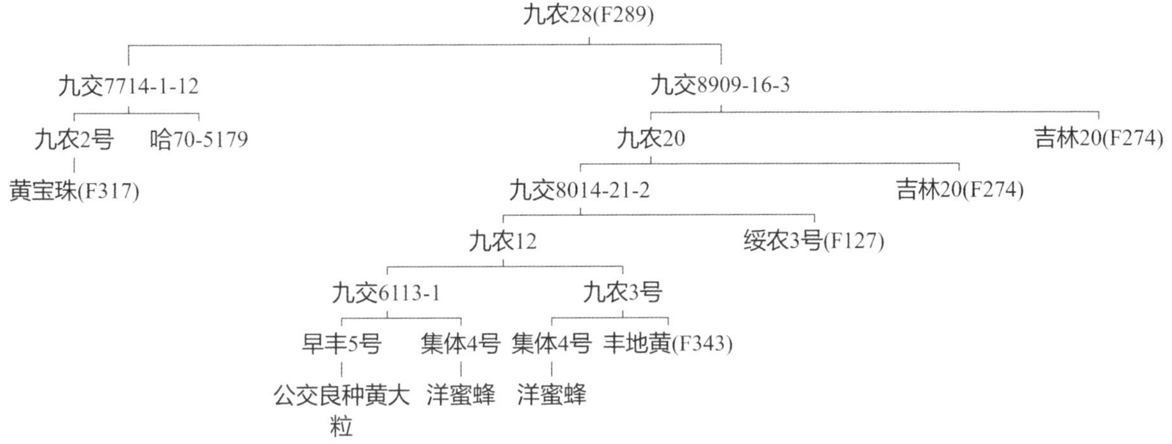


## 290. 吉育 92

**品种来源**：吉林省农业科学院大豆研究中心 1999 年以 Olympus 为母本、小粒豆 1 号为父本，进行有性杂交，采用系谱法选育而成。原品系号：公交 99176–16。2007 年经吉林省农作物品种审定委员会审定推广。审定编号：吉审豆 2007016。

**产量表现**：2006 年生产试验，平均产量 3 335.8 kg/hm²，比对照品种吉林 30 增产 22.9%。

**特征特性**：亚有限结荚习性。株高 110 cm，分枝型品种，有效分枝 2 ~ 3 个。单株结荚 50 ~ 60 个，3 粒荚多，荚熟时呈棕色。圆叶，紫花。棕色茸毛。种子圆形，种皮黄色有光泽，种脐黑色，百粒重 17.5 g 左右。蛋白质含量 35.50%，脂肪含量 22.77%。人工磨擦接种大豆花叶病毒病鉴定，中抗大豆花叶病毒病混合株系；网室内抗大豆花叶病毒病 Ⅰ 号株系、中抗 Ⅱ 、Ⅲ 号株系。

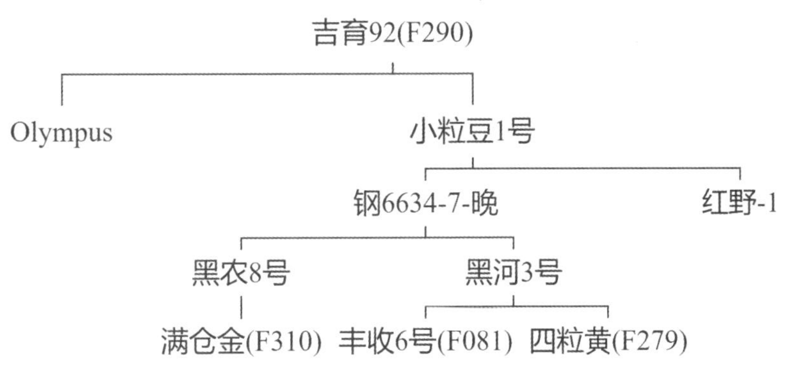

在适宜区域出苗至成熟生育日数 131 d 左右，需≥10 ℃活动积温 2 800 ℃·d 以上。

**栽培要点：**在吉林省中晚熟区中上等肥力土地种植，4 月末播种，播种量 55 kg/hm$^2$，保苗 18 万株 /hm$^2$ 左右。

**适宜区域：**适宜吉林省四平、通化、辽源、长春、吉林等中晚熟区域种植。

## 291. 抗线 7 号

**品种来源：**黑龙江省农业科学院大庆分院以合丰 36 为母本、抗线 3 号为父本，经有性杂交，采用系谱法选育而成。原品系号：安 01–715。2007 年经黑龙江省农作物品种审定委员会审定推广。审定编号：黑审豆 2007010。

**产量表现：**2006 年生产试验，平均产量 2 090.3 kg/hm$^2$，比对照品种增产 15.6%。

**特征特性：**无限结荚习性。株高 85 cm 左右，有分枝。圆叶，白花，灰色茸毛。种子圆形，种皮黄色有光泽，种脐褐色，百粒重 20 g 左右。蛋白质含量 38.97%，脂肪含量 19.98%。接种鉴定，抗胞囊线虫病。在适宜区域出苗至成熟生育日数 112 d，需≥10 ℃活动积温 2 500 ℃·d 左右。

**栽培要点：**在适宜区域 5 月上中旬，地温稳定通过 8 ℃时播种，保苗 22.5 万株 /hm$^2$。及时预防大豆胞囊线虫以外的病虫害。

**适宜区域：**黑龙江省第一积温带西部干旱区。

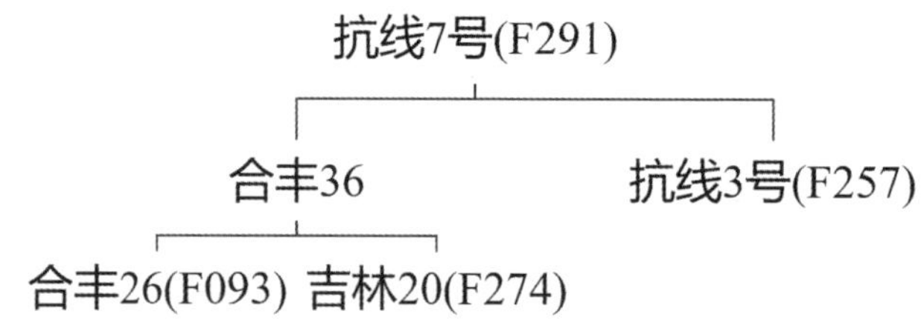


## 292. 紫花 4 号

**品种来源：**克山农试场从地方品种白眉中用系统选种法选育而成。

**产量表现：**丰产性好，克山 1951—1957 年试验，产量 997.5 ~ 1 500.0 kg/hm$^2$，高产可达 2 250 kg/hm$^2$。

**特征特性：**无限结荚习性。株高 60 ~ 70 cm，茎秆粗壮，株型收敛，分枝节多，平均 3 ~ 4 个。2、3 粒荚多，平均每荚 2 粒左右，荚呈淡褐色。圆叶，紫花，灰色茸毛。种子椭圆形，种皮黄色有光泽，种脐黄白色，百粒重 17 ~ 20 g。蛋白质含量 43%，脂肪含量 20.7%。喜肥耐湿，秆强，不倒伏，苗期生长缓慢。在适宜区域出苗至成熟生育日数 130 d。

**栽培要点：**适宜肥力中等以上的土地种植，而不适宜瘠薄土地种植。保苗克山以南为 22.5 万 ~ 30.0 万株 /hm$^2$。

**适宜区域：**适宜黑龙江省克山、讷河、克东、依安、北安、铁力、庆安、富裕、明水、林甸等地；内蒙古自治区呼伦贝尔市的莫力达瓦旗、阿荣旗，赤峰市的克什克腾旗、林西，以及巴彦淖尔市的临河、巴彦高勒种植。

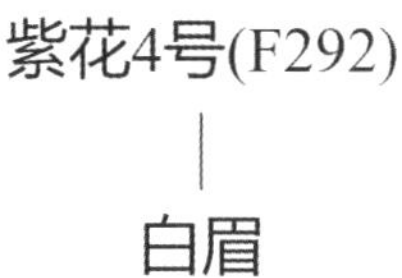


## 293. 长农 15

**品种来源**：吉林省长春市农业科学院大豆研究所 1990 年以公交 8347-27 为母本、长农 5 号为父本，杂交选育而成。原品系号：B97-93。2002 年经吉林省农作物品种审定委员会审定推广。

**产量表现**：2001 年生产试验，平均产量 2 505.8 kg/hm$^2$，比对照品种九农 21 增产 8.6%。

**特征特性**：亚有限结荚习性。株高 85 ~ 95 cm，主茎 19 节，分枝 2 ~ 3 个。尖叶，紫花，灰茸毛。种子圆形，种皮黄色有光泽，种肤浅黄色，百粒重 22 g 左右。抗大豆花叶病、灰斑病，中抗大豆食心虫。中熟品种，在适宜区域出苗至成熟生育日数 130 d，需≥10 ℃活动积温 2 650 ℃·d。

**栽培要点**：一般 4 月下旬至 5 月初播种，播种量 60 kg/hm$^2$ 左右，保苗 20 万株 /hm$^2$ 左右。

**适宜区域**：吉林省长春、吉林、延边、通化等中熟地区。

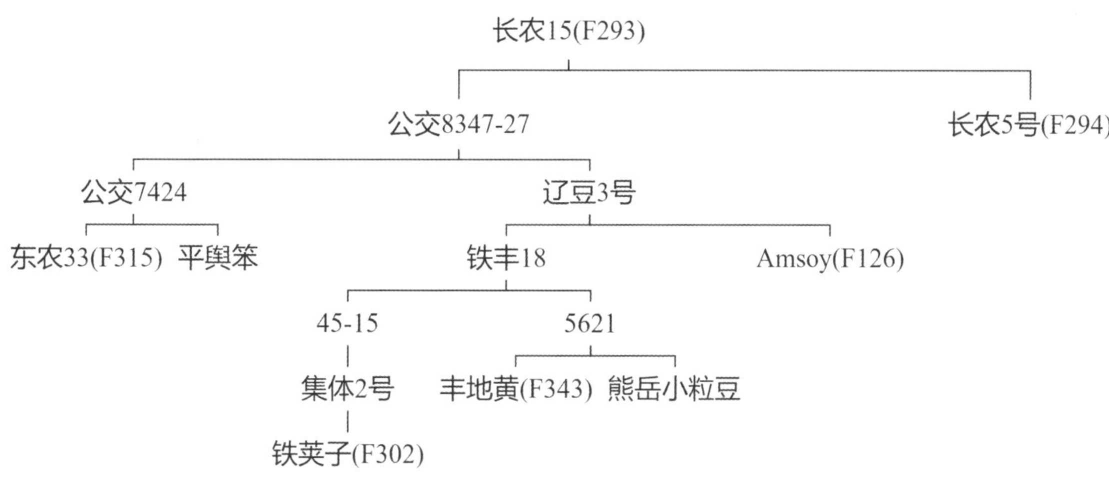


## 294. 长农 5 号

**品种来源**：吉林省长春市农科所于 1982 年以长农 4 号为母本、吉林 20 为父本，经有性杂交，采用系谱法选育而成。原品系号：长交 8210-2。1990 年经吉林省农作物品种审定委员会审定推广。

**产量表现**：1988—1989 年生产试验，平均产量 2 601 kg/hm$^2$，比对照品种吉林 20 增产13.9%。

**特征特性**：亚有限结荚习性。株高 81 ~ 90 cm，茎秆结荚为主，分枝较少。荚呈弯镰状，荚褐色。尖叶，紫花，灰色茸毛。种子圆形，种皮黄色有光泽，种脐淡黄色，百粒重 20 ~ 22 g。蛋白质含量 40.2%，脂肪含量 19.9%。秆强，抗倒伏。较抗大豆花叶病毒病、斑点病、灰斑病和霜霉病。褐斑病率、虫食粒率低，完全粒率高。在适宜区域出苗至成熟生育日数 125 d。

**栽培要点**：适宜肥力中等以上的土地种植，保苗 21.0 万 ~ 25.5 万株 /hm$^2$。

**适宜区域**：适宜吉林省长春地区中熟区种植。

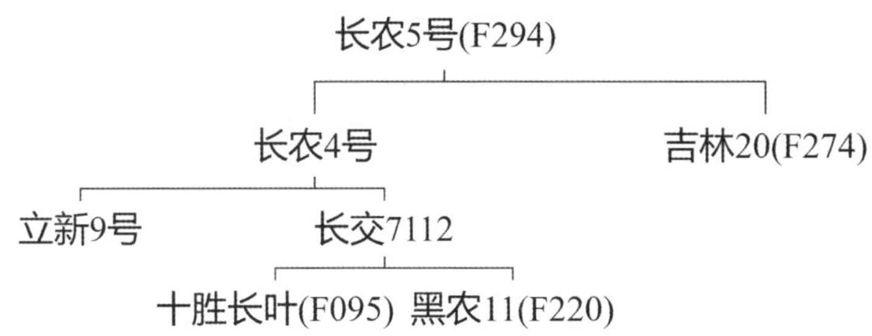


## 295. 长农 13

**品种来源：**吉林省长春市农业科学院大豆所以 8508–8–6 为母本、8503–1–5 为父本，经杂交育成。原品系号：B96–41。2001 年经吉林省农作物品种审定委员会审定推广。

**产量表现：**2000 年生产试验，平均产量 2 722.5 kg/hm$^2$，比对照品种长农 5 号增产 15.2%。

**特征特性：**亚有限结荚习性。株高 95 ~ 105 cm，主茎 19 节，分枝 2 ~ 3 个。圆叶，紫花，灰茸毛。种子圆形，种皮黄色有光泽，种脐浅褐色，百粒重 20 g。含蛋白质含量 39.26%，脂肪含量 22.31%。完全粒率 95.7%，虫食粒率 1.8%，褐斑粒率 0.23%。接种鉴定，中抗大豆花叶病毒 I、II 号株系，中抗灰斑病；田间表现，抗大豆花叶病、灰斑病、霜霉病，中抗大豆食心虫。中熟品种，在适宜区域出苗至成熟生育日数 130 d，需活动积温≥2 650 ℃·d。

**栽培要点：**4 月下旬至 5 月初播种，播量 60.0 kg/hm$^2$，保苗 19.6 万株 /hm$^2$。

**适宜区域：**适宜吉林省中熟地区种植。



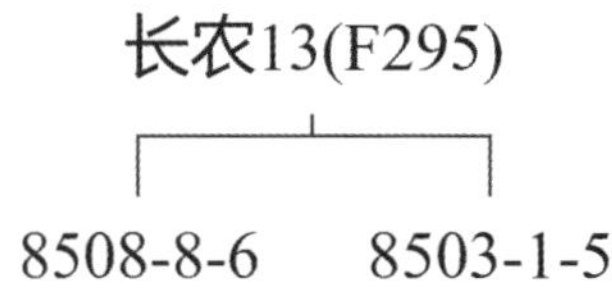


## 296. 长农 16

**品种来源：**吉林省长春市农业科学院 1991 年以公 83145–10 为母本、生 85183–3–5 为父本，进行有性杂交，采用系谱法选育而成。审定编号：Bh99–1。2003 年经吉林省农作物品种审定委员会审定推广。审定编号：吉审豆 2003003。

**产量表现：**2002 年生产试验，平均产量 3 052.2 kg/hm$^2$，比对照品种九农 21 增产 12.5%。

**特征特性：**亚有限结荚习性。圆叶，白花，茸毛灰色，株高 85 ~ 95 cm，主茎 19 节，1 ~ 3 个分枝，株型收敛。主茎型结荚，3 粒荚多，荚熟时褐色。种子圆形，种皮黄色，脐黄色，百粒重 21 g 左右。蛋白质含量 38.54%，脂肪含量 23.44%。中熟品种，在适宜区域出苗至成熟生育日数 126 ~ 130 d，需≥10 ℃活动积温 2 650 ℃·d。

**栽培要点：**4 月下旬至 5 月上旬播种，播种量 55 kg/hm$^2$ 左右；一般保苗 18 万 ~ 20 万株 /hm$^2$。

**适宜区域：**吉林省中熟区。

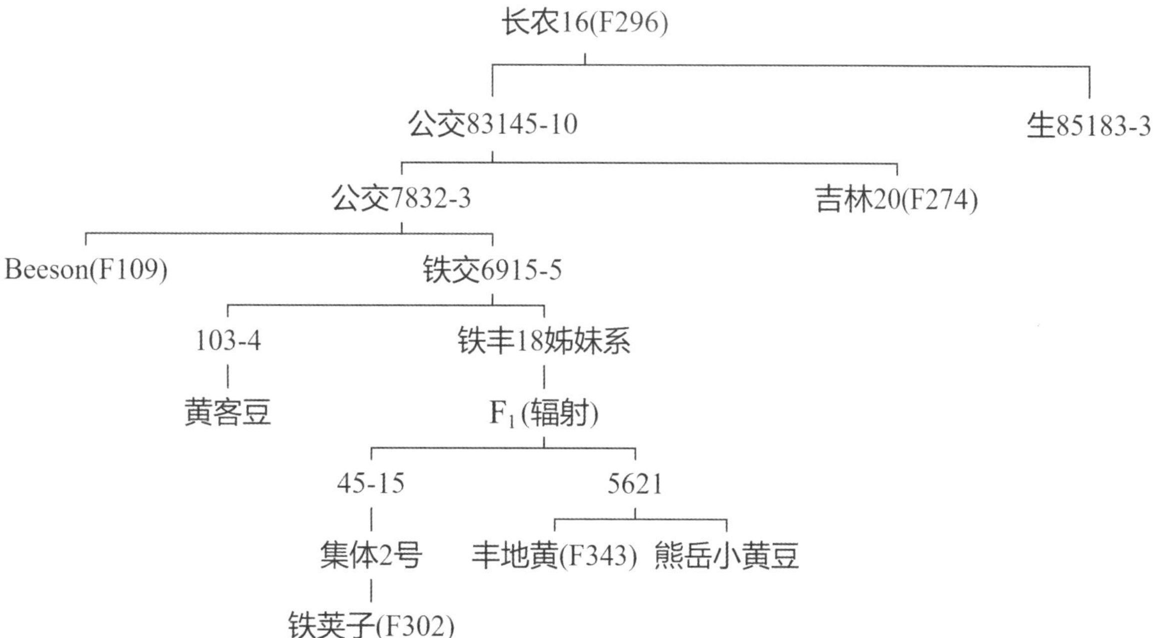


## 297. 九农 9 号

**品种来源：**吉林省吉林市农科所于 1963 年以黄宝珠 2-2 为母本、荆山璞为父本，经有性杂交，采用系谱法选育而成。原品系号：九交 6309-3-1-1。1976 年经吉林省大豆育种会议审查，确定推广。

**产量表现：**6 年试验，一般产量 2 250 ~ 3 750 kg/hm$^2$，最高产量 3 450 kg/hm$^2$，比对照品种吉林 3 号、群选 1 号均增产 10%以上。

**特征特性：**亚有限结荚习性。株高 70 ~ 80 cm，主茎发达，分枝较少，1 ~ 2 个，株型收敛。结荚密，3、4 粒荚多，平均每荚 2.5 粒，荚褐色。披针叶，白花，灰色茸毛。种子椭圆形，种皮黄色有光泽，种脐褐色，百粒重 18 g 左右。耐肥喜水，秆强不倒。在适宜区域出苗至成熟生育日数 140 d。

**栽培要点：**适宜肥沃土壤种植，4 月下旬播种，保苗 24 万 ~ 30 万株 /hm$^2$。

**适宜区域：**适宜吉林省较肥沃的土地种植。

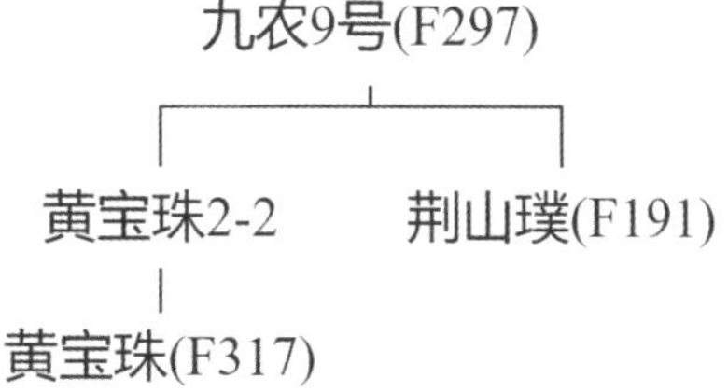

## 298. 长农 17

**品种来源：** 吉林省长春市农业科学院 1991 年以公交 83145-10 为母本、生 85183-3-5 为父本，经有性杂交，多年选育而成。审定编号：B2000-79A。2003 年经吉林省农作物品种审定委员会审定推广。审定编号：吉审豆 2003004。

**产量表现：** 2002 年生产试验，平均产量 2 491.3 kg/hm²，比对照品种白农 6 号增产 14.1%。

**特征特性：** 亚有限结荚习性。株高 83 cm，主茎 17 节，1 ~ 3 个分枝，株型收敛。主茎型结荚，3 粒荚多，荚熟时褐色。圆叶，白花，茸毛灰色。种子圆形，种皮黄色，脐黄色，百粒重 18 g。蛋白质含量 37.53%，脂肪含量 22.34%。中熟品种。在适宜区域出苗至成熟生育日数 120 ~ 123 d，需≥10 ℃活动积温 2 500 ℃·d。

**栽培要点：** 4 月下旬至 5 月上旬播种，播种量 55 kg/hm² 左右；一般保苗 20 万 ~ 22 万株 /hm²；种肥用磷酸二胺 150 kg/hm²；生育期间适时防治蚜虫和食心虫。

**适宜区域：** 吉林省中早熟区。

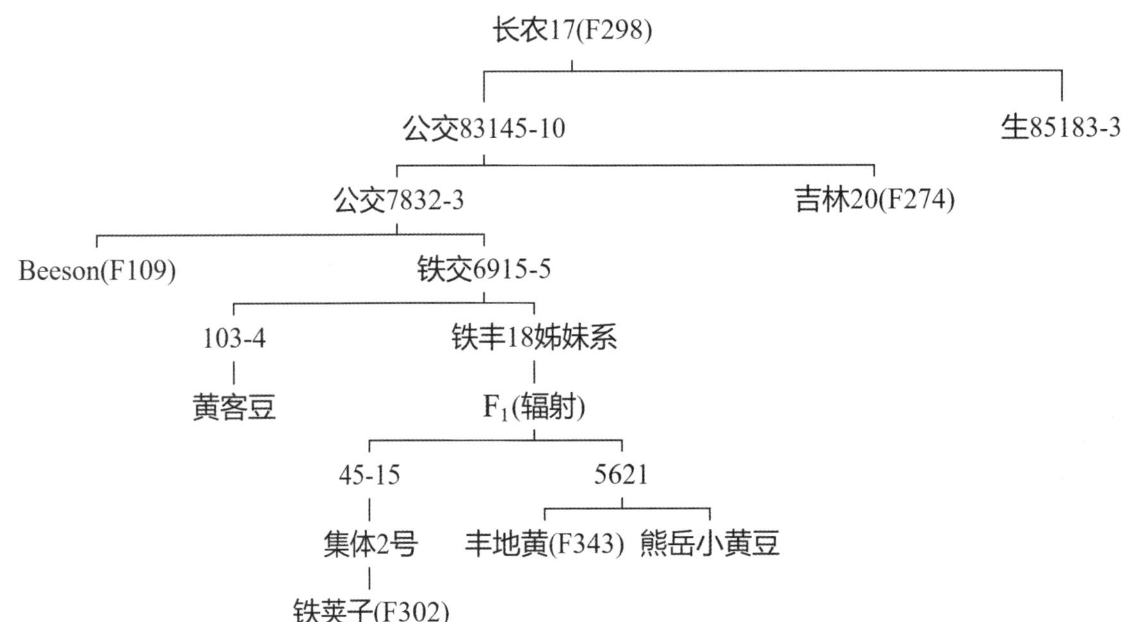


## 299. 通农 4 号

**品种来源：** 吉林省通化地区农科所于 1963 年以讷河紫花四粒为母本、白花矬子为父本，经有性杂交后采用系谱法选育而成。原品系号：通交 6303-10。

**产量表现：** 1981 年种植面积达 2.2 万亩，一般产量 2 250 kg/hm² 左右。

**特征特性：** 无限结荚习性。株高 85 ~ 90 cm，主茎发达，分枝中等，节多。4 粒荚多，荚深褐色。尖叶，白花，灰色茸毛。种子近圆形，种皮黄色有光泽，种脐黄色，百粒重 18 ~ 20 g。蛋白质含量 42.9%，脂肪含量 19.8%。较耐瘠薄，较抗大豆花叶病毒病，无褐斑粒，虫食粒率稍高。在适宜区域出苗至成熟生育日数 125 d。

**栽培要点：** 岗坡土种植，保苗 19.5 万 ~ 22.5 万株 /hm²。

**适宜区域：** 适宜吉林省通化东部山区、半山区的抚松、靖宇、辉南等地种植。

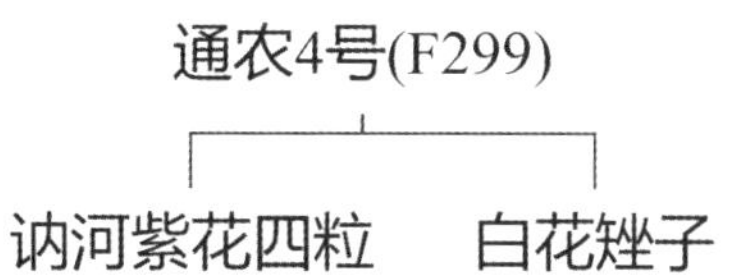


## 300. 吉育 48

**品种来源：** 吉林省农业科学院大豆研究所以铁 7514 为母本、吉林 29 为父本，经有性杂交，选育而成。2000 年经吉林省农作物品种审定委员会审定推广。

**产量表现：** 1998—1999 年生产试验，平均产量 2 404.3 kg/hm$^2$，比对照品种绥农 8 号增产 10.7%。

**特征特性：** 亚有限结荚习性。株高 100 cm 左右，主茎型。主茎结荚较密，4 粒荚较多。圆叶，紫花，灰毛。种子圆形，种皮黄色有光泽，脐黄色，种子外观品质优良，百粒重18.3 g。粗蛋白质含量 39.86%，粗脂肪含量 22.25%。在适宜区域出苗至成熟生育日数 115 d 左右。

**栽培要点：** 播种期以 4 月末至 5 月初为宜，播种量 50 ~ 60 kg/hm$^2$，保苗 20 ~ 23 万株 /hm$^2$。

**适宜区域：** 适宜吉林省的白城、通化、延边等早熟区种植。

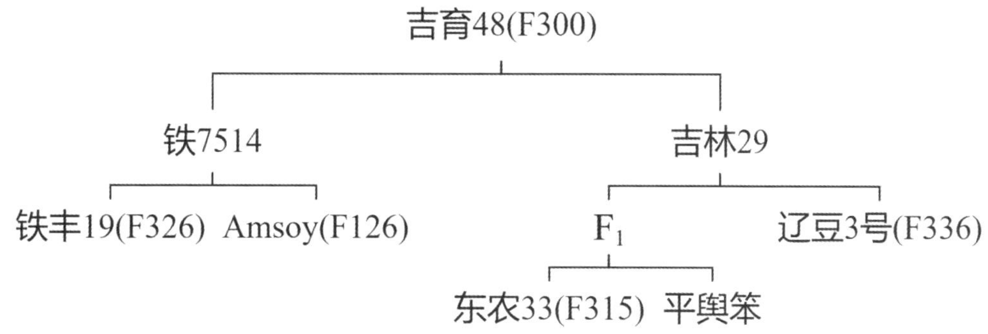


## 301. 杂交豆 3 号

**品种来源：** 吉林省农业科学院以不育系 JLCM8A 为母本、恢复系 JLR9 为父本，配制杂交组合选育而成。原代号为 H02-87。2009 年经吉林省农作物品种审定委员会审定推广。审定编号：吉审豆 2009009。

**产量表现：** 2008 生产试验，平均产量 3 188.8 kg/hm$^2$，比对照品种黑农 38 平均增产 2.8%。

**特征特性：** 亚有限结荚习性。株高 95 cm，分枝 2 ~ 3 个。3 粒荚多，荚褐色。圆叶，紫花，灰色茸毛。种子圆形，种皮黄色微光泽，脐淡褐色，百粒重 20 g。蛋白质含量 40.54%，脂肪含量 20.84%。在适宜区域出苗至成熟生育日数 120 d，需≥10 ℃积温 2 500 ℃·d 左右。

**栽培要点：** 4 月下旬至 5 月初播种。保苗 20 万株 /hm$^2$ 左右。

**适宜区域：** 吉林省中早熟区。

杂交豆3号(F301)

JLCM8A　JLR9

## 302. 铁荚子

**品种来源：**为辽宁省辽西义县的地方品种之一。1954—1955 年锦州农科所通过调查、整理和鉴定，确定推广的地方品种。品种编号：辽 185。

**产量表现：**丰产稳定，常年产量 1 500～1 875 kg/hm$^2$。

**特征特性：**有限结荚习性，株高 80～90 cm，3～4 分枝，株型半开张。2 粒荚多，荚褐色。叶椭圆形，浓绿色，白花，灰毛。种子椭圆形，种皮黄色有光泽，脐褐色，百粒重 14～16 g。蛋白质含量 40.9%，脂肪含量 20%。在适宜区域出苗至成熟生育日数 135 d。

**栽培要点：**5 月上旬播种，一般保苗 18 万～21 万株 /hm$^2$。适宜平原较肥沃土地种植。

**适宜区域：**因适应性强，从平原到山区均有种植，主要分布在辽宁省义县中部平原肥沃土地上。

## 303. 吉育 89

**品种来源：**吉林省农业科学院大豆研究所于 1991 年以 JY9216 为母本、(吉林 1 号 × 野生大豆 GD50112) × 吉林 3 号后代品系为父本，进行杂交，采用系谱法选育而成。原品系号：公野 03-Y1。2007 年经吉林省农作物品种审定委员会审定推广。审定编号：吉审豆 2007010。

**产量表现：**2006 年生产试验，平均产量 3 350.3 kg/hm$^2$，比对照品种吉林 30 增产 23.4%。

**特征特性：**亚有限结荚习性。株高 100 cm。圆叶，紫花，棕色茸毛。种子圆形，种皮黄色有光泽，种脐黑色，百粒重 16.8 g。蛋白质含量 35.37%，脂肪含量 24.61%。圃中田间自然诱发鉴定，高抗霜霉病（O HR）、细菌性斑点病（OMR）。在适宜区域出苗至成熟生育日数 129 d，需 ≥10 ℃活动积温 2 600 ℃·d。

**栽培要点：**4 月末至 5 月初播种，播种量 55～60 kg/hm$^2$，保苗 20 万～22 万株 /hm$^2$。

**适宜区域：**适宜吉林省的吉林、长春、四平、辽源及辽宁省、黑龙江省、内蒙古自治区有效积温 2 600 ℃·d 以上的中上等地块种植。

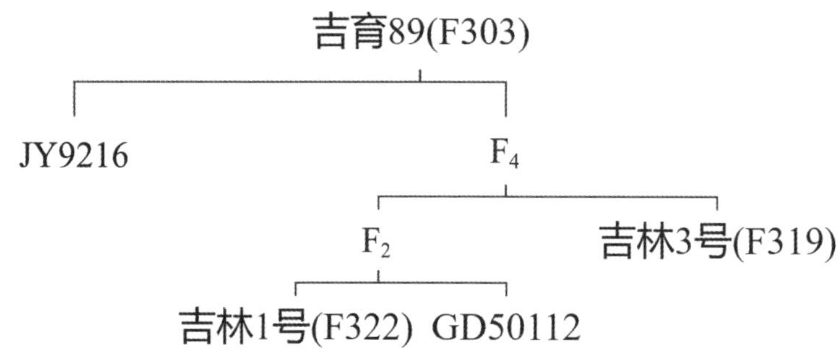

## 304. 吉林 34

**品种来源：**吉林省农业科学院大豆研究所以铁 7514 为母本、吉林 20 为父本，经有性杂交，选育而成。原品系号：公交 90C–1810。1996 年经吉林省农作物品种审定委员会审定推广。

**产量表现：**1994—1995 年生产试验，平均产量 2 513.0 kg/hm$^2$，比对照品种长农 5 号增产 10.6%。

**特征特性：**亚有限结荚习性。株高 95 cm。尖叶，白花，灰毛。百粒重 20.91 g，蛋白含量 40.58%，脂肪含量 21.98%。中抗或抗大豆花叶病毒Ⅰ、Ⅱ、Ⅲ号株系，中抗霜霉病和灰斑病，抗细菌性斑点病。秆强、抗倒伏。在适宜区域出苗至成熟生育日数 123 d。

**栽培要点：**适宜中上等肥力土壤种植，播种量 55 ~ 60 kg/hm$^2$，保苗 17 万 ~ 18 万株 /hm$^2$。

**适宜区域：**适宜吉林省中熟地区种植。

## 305. 九农 30

**品种来源：**吉林省吉林市农科院 1996 年以吉林 30 为母本、绥农 14 为父本，进行杂交，采用系谱法选育而成。原品系号：九交 9638–7。2004 年经吉林省农作物品种审定委员会审定推广。审定编号：吉审豆 2004006。

**特征特性：**亚有限结荚习性。株高 96 cm 左右，主茎型。披针叶，白花，茸毛灰白色。荚熟褐色。种子椭圆形，种皮黄色有光泽，脐黄色，百粒重 21 g 左右。蛋白质含量 40.14%，脂肪含量 20.47%。在适宜区域出苗至成熟生育日数 130 d 左右。抗病毒病、霜霉病、灰斑病、大豆食心虫，具有高产、稳产等优点。

**栽培要点：**4 月末至 5 月初播种为宜，适宜中上等肥力地块种植。播种量 60 kg/hm$^2$，保苗 20 万株 /hm$^2$。

**适宜区域：**适宜吉林省中晚熟区域种植。

九农30(F305)

吉林30(F338)　绥农14(F152)

## 306. 长农 23

**品种来源：**吉林省长春市农业科学院 1998 年以吉林 30 为母本、吉林 35 为父本杂交，采用系谱法选育而成。原品系号：长 B2004–88。2009 年经吉林省农作物品种审定委员会审定推广。审定编号：吉审豆 2009006。

**产量表现：**2007 年生产试验，平均产量 2 829.3 kg/hm$^2$，比对照品种九农 21 增产 6.5%。

**特征特性：**亚有限结荚习性。株高 99 cm，主茎节数 20 个。圆叶，紫花，灰毛。主茎型结荚，3 粒荚多，荚熟时呈褐色。种子圆形，种皮黄色有光泽，脐黄色，百粒重 20 g 左右。蛋白质含量 38.30%，脂肪含量 21.49%。在适宜区域出苗至成熟生育日数 128 d，需≥10 ℃活动积温 2 650 ℃·d。

**栽培要点：**4 月下旬播种，播种量 60 kg/hm$^2$，保苗 18 万 ~ 20 万株 /hm$^2$。

**适宜区域：**吉林省中早熟地区。

## 307. 吉林 39

**品种来源：**吉林省农业科学院 1985 年以吉林 20 为母本、辽 77–3072–M4 为父本，经有性杂交后采用系谱法选育而成。原品系号：生 B92–2。1998 年经吉林省农作物品种审定委员会审定推广。

**产量表现：**1995—1997 年生产试验，平均产量 2 674.9 kg/hm$^2$，比对照品种长农 5 号增产 8.4%。

**特征特性：**亚有限结荚习性。株高 90 cm，主茎发达，短分枝 2 ~ 3 个。结荚较密，3 粒荚多，荚浅褐色。圆叶，紫花，灰色茸毛。种子圆形，种皮黄色有光泽，百粒重 19 ~ 20 g。蛋白质含量 37.8%，脂肪含量 22.1%。抗病性强，对大豆花叶病毒病、灰斑病、霜霉病和细菌性斑点均有良好抗性，虫食率、褐病粒率较低，商品品质优良。在适宜区域出苗至成熟生育日数 128 d。

**栽培要点：**适宜中上等肥力土地种植，4 月下旬至 5 月初播种，播种量为 60 ~ 65 kg/hm$^2$，保苗 20 万 ~ 25 万株 /hm$^2$。

**适宜区域：**适宜吉林省中熟区种植。

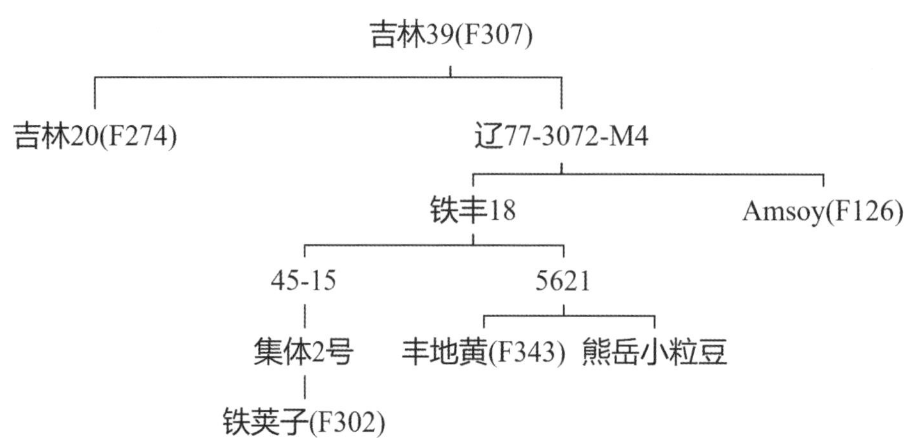

## 308. 铁丰 3 号

**品种来源：**辽宁省锦州农科所于 1957 年以集体 1 号为母本、铁荚四粒黄为父本，进行有性杂交，采用系谱法选育而成。原品系号：5708-2-6-1。1967 年大面积推广。

**产量表现：**丰产稳定，常年产量 1 500 ~ 2 250 kg/hm²，最高产量达 3 000 kg /hm²。

**特征特性：**无限结荚习性。株高 90 ~ 100 cm，分枝少，一般 1 ~ 2 个，株型半开张，主茎节数 20 个。3 粒荚多，荚暗褐色。披针叶，白花，灰色茸毛。种子圆形，种皮浓黄色有强光泽，种脐淡褐色，百粒重 17 ~ 20 g。蛋白质含量 42.7%，脂肪含量 21.6%。适应性强，较耐肥。食心虫害较轻，很少发生褐斑。在适宜区域出苗至成熟生育日数 129 d。

**栽培要点：**一般地块均可种植，肥地保苗 18.0 万 ~ 22.5 万株 /hm²；薄地保苗 25.5 万 ~ 30.0 万株/hm²。

**适宜区域：**适宜辽宁省昌图、开原、铁岭、法库、西丰、清原、新宾、桓仁、抚顺、沈阳、新民、辽中、辽阳、海城、盖州、朝阳、建平、凌源、喀左、阜新、彰武等地种植。

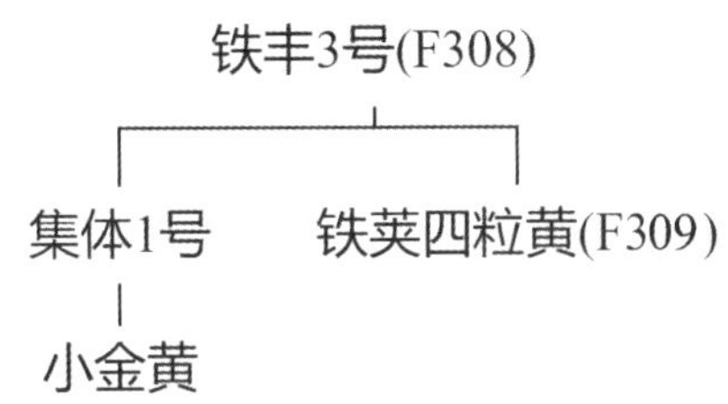


## 309. 铁荚四粒黄

**品种来源：**吉林省中南部半山区的地方品种，栽培已有 50 ~ 60 年之久。因荚熟呈黑色，荚皮坚硬，4 粒荚多而得名。东北农科所 1951 年从东辽县搜集，品种登记号为公第 829。

**产量表现：**产量较高而稳定，1959—1962 年在柳河、浑江试验结果比当地嘟噜豆增产 20% 以上。

**特征特性：**无限结荚习性。株高 90 ~ 100 cm，主茎发达，分枝少，一般 1 ~ 2 个，株型收敛，主茎节数 19 ~ 20 节。结荚分布均匀，每节着生 2 ~ 3 个荚，3、4 粒荚多，平均每荚 2.5 粒以上，荚皮硬，荚熟呈黑色。百粒重 16 ~ 18 g。蛋白质含量 40.9%，脂肪含量 20%。喜肥耐湿，耐瘠性强，薄地生长良好。肥地不倒，即有倒伏，恢复力亦强。具有抗食心虫的特点。在适宜区域出苗至成熟生育日数 140 d。

**栽培要点：**对土地条件要求不严，不论平地、山地、低洼地或薄岗地均能种植。5 月上旬播种，肥沃土地保苗 22.5 万株 /hm²，薄地或山地保苗 30 万株 /hm² 以上。

**适宜区域：**适宜吉林省中南部半山区的东辽、东丰、海龙、辉南、磐石、伊通、双阳、永吉，中部平原地区的九台、怀德、梨树等地，以及辽宁省北部的西丰、清原等地种植。

## 310. 满仓金

**品种来源：**公主岭试验场 1927 年以黄宝珠为母本、金元为父本，经有性杂交后采用系谱法选育而成。原品系号：黄金 4-2-1-3-2。1941 年确定推广。1949 年后在黑龙江省大面积推广，1958 年以前占种植区域大豆栽培面积的 80%左右。

**产量表现：**1951—1954 年黑龙江省哈尔滨、双城、宁安、密山、富锦、宾县、佳木斯、齐齐哈尔等地试验，平均产量 1 912.5 kg/hm$^2$，较当地四粒黄、小金黄等品种增产 8% ~ 16%。

**特征特性：**无限结荚习性。株高 90 ~ 100 cm，茎粗中等，分枝 3 ~ 4 个，株型收敛，主茎节数 18 ~ 19 节，节间稍长。每节着生 2 ~ 3 个荚，3 粒荚多，平均每荚 2.5 粒，荚暗褐色。圆叶，白花，灰色茸毛。种子椭圆形，种皮鲜黄色有强光泽，种脐淡褐色，百粒重 18 ~ 20 g。蛋白质含量 40%，脂肪含量 21% ~ 23%。抗蚜虫力较强，较耐盐碱。不易发生褐斑粒，耐肥性较差，食心虫害重。在适宜区域出苗至成熟生育日数 135 d，需≥10 ℃活动积温℃。

**栽培要点：**适宜肥力中等土地及较瘠薄土地种植，黑龙江省中等肥力土地保苗 19.5 万 ~ 24.0 万株 /hm$^2$。吉林省表现稍早熟，适当密植保苗 24 万 ~ 30 万株 /hm$^2$。

**适宜区域：**适宜黑龙江省中南部和东部，以及吉林省中北部地区种植。

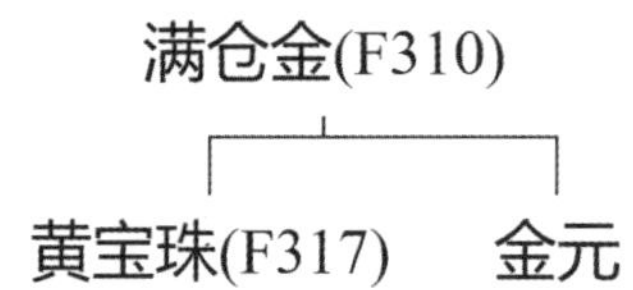




## 311. 小金黄 1 号

**品种来源：**公主岭试验场 1928 年以吉林省九台县当地小金黄为基本种，经系统选育而成。系统号：公 561。

**产量表现：**丰产稳定，单株生产力强。常年产量 1 500 ~ 1 875 kg/hm$^2$。

**特征特性：**亚有限结荚习性。株高 70 ~ 80 cm，分枝力强，一般 2 ~ 3 个，分枝和主茎均较粗，分枝长度与主茎相等，株型收敛，主茎节数 17 ~ 18 节，节间较短。一般每节着生 2 ~ 4 个荚，3 粒荚多，平均每荚 2.4 粒，荚黑褐色。圆叶，白花，灰色茸毛。种子椭圆形，种皮鲜黄色有强光泽，百粒重 16 g。蛋白质含量 40.3%，脂肪含量 22.3%。耐旱性较强，喜肥耐湿性中等。食心虫害较重，对蚜虫抵抗力较强。在适宜区域出苗至成熟生育日数 140 d。

**栽培要点：**对土地条件要求不严，以排水良好的土壤为宜。4 月中旬至 5 月上旬播种，保苗 21.0 万 ~ 25.5 万株 /hm$^2$。

**适宜区域：**适宜吉林省中部及辽宁省西北部种植。

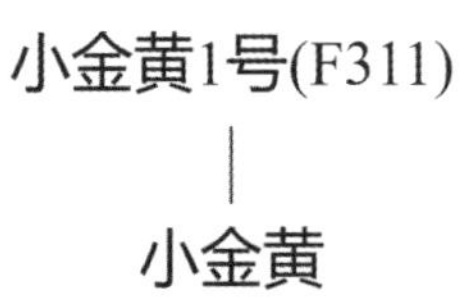

## 312. 吉林 24

**品种来源：**吉林省农业科学院于 1981 年以吉林 16 为母本、Marshall（美国品种马歇尔）为父本，进行有性杂交，采用系谱法选育而成。原编号：伊交 81-22-7。1990 年经吉林省农作物品种审定委员会审定推广。

**产量表现：**1988—1989 年生产试验，平均产量 2 052 kg/hm²，比对照品种吉林 20 增产 13.5%。

**特征特性：**无限结荚习性。株高 100 cm 以上，有分枝，节多，结荚均匀。尖叶，紫花，灰色茸毛。种子椭圆形，种皮淡黄色无光泽，种脐褐色，百粒重 22 g 左右。蛋白质含量 42.9%，脂肪含量 20.7%。经几年田间或网室内用 SMV 混合株系和Ⅰ、Ⅱ、Ⅲ号株系人工接种鉴定抗病结果，抗Ⅰ号株系，中抗Ⅱ号株系和混合株系，感Ⅲ号株系，高抗种子褐斑病，对霜霉病、灰斑病及大豆食心虫均有较好的抗性。在适宜区域出苗至成熟生育日数 130 d。

**栽培要点：**耐肥水，在较好的地块、雨水充足条件下，秆强不倒伏，可获得高产；在瘠薄干旱的地块，也可获得比其他品种增产的效果。条播或点播，肥地保苗 18 万株 /hm² 左右，瘠薄地保苗 22.5 万株 /hm² 左右。

**适宜区域：**适宜吉林省东部、东南部中熟区种植。

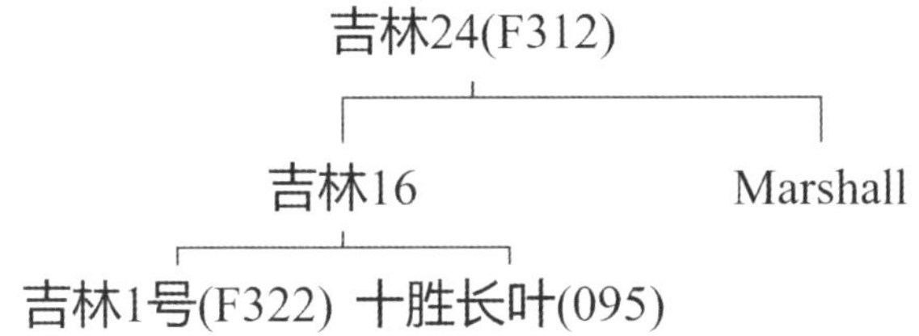


## 313. 吉农 15

**品种来源：**吉林农业大学 1992 年以公交 8609-74 为母本、公交 8301-6 为父本，经有性杂交后采用系谱法选育而成。原品系号：吉农 9228-22。2004 年经吉林省农作物品种审定委员会审定推广。审定编号：吉审豆 2004009。

**产量表现：**2003 年生产试验，平均产量为 3 271.2 kg/hm²，比对照品种吉林 30 增产 8.2%。

**特征特性：**亚有限结荚习性。株高 86 cm，主茎发达，少有分枝，株型收敛。主茎结荚较密，3 粒荚多，荚熟时呈暗褐色。圆叶，紫花，灰色茸毛。种子圆形，黄种皮，种脐褐色，百粒重 23 g。蛋白质含量 39.14%，脂肪含量 20.56%。据吉林省农科院植保所鉴定，表现中抗大豆花叶病毒病（病级 2），高抗大豆灰斑病（病级 1）、大豆褐斑病（病级 1）、大豆细菌性斑点病（病级 1），抗大豆霜霉病（病级 2）、大豆食心虫（虫食率 2.8%），抗倒伏。在适宜区域出苗至成熟生育日数 131 d，需≥10 ℃有效积温 2 700 ~ 2 750 ℃·d。

**栽培要点：**适宜中上等肥力土壤种植，播种量 60 kg/hm²，保苗 18 万 ~ 20 万株 /hm²。

**适宜区域：**适宜吉林省长春、吉林、通化、辽源、松原、延边地区种植。

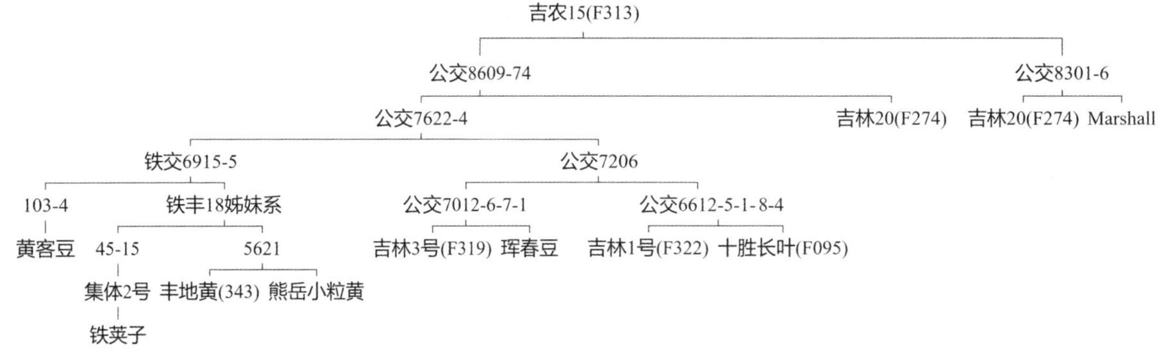


## 314. 集体 3 号

**品种来源**：东北农科所 1951 年以吉林省东丰县地方品种四粒黄为基本种，经一次混合选种育成。品种编号：公 841。

**产量表现**：1955 年生产试验，平均产量 1 830 kg/hm$^2$，比对照品种嘟噜豆增产 10.5%。

**特征特性**：无限结荚习性。株高 90 ~ 100 cm，主茎发达，分枝 2 ~ 3 个，株型收敛，主茎节数 18 ~ 20 个。每节 2 ~ 3 个荚，3、4 粒荚多，荚呈暗褐色。披针叶，白花，灰色茸毛。种子圆形，种皮金黄色有强光泽，种脐淡褐色，百粒重 22 ~ 24 g。蛋白质含量 42.1%，脂肪含量20.3%。抗蚜力强，食心虫害轻，不易发生褐斑，抗斑点病力弱。在适宜区域出苗至成熟生育日数 140 ~ 145 d。

**栽培要点**：适宜肥力中等或肥力较薄的平地，5 月上旬播种，播种量 67.5 ~ 70.0 kg/hm$^2$，保苗 19.5 万 ~ 24.0 万株 /hm$^2$。

**适宜区域**：适宜吉林省东南部梅河口、柳河、通化、集安、浑江、抚松、辉南等地，中南部四平、东丰、辽源及延边地区延吉、和龙、珲春等地种植。

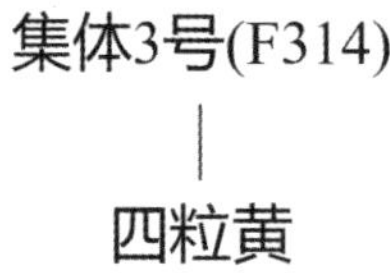


## 315. 东农 33

**品种来源**：东北农业大学育成品系，亲本不详。

**特征特性**：亚有限结荚习性，在适宜区域出苗至成熟生育日数 116 d 左右，株高 70 cm 左右。圆叶，白花，灰色茸毛。种皮黄色有光泽，成熟时荚皮褐色，百粒重 18 g。蛋白质含量 39.38%，脂肪含量 20.20%。

## 316. 天鹅蛋

**品种来源：**辽宁省东南部山区栽培已久的地方品种。1952 年凤城农试场从凤城市草河、大堡一带搜集。品种编号：凤 3032。

**产量表现：**产量较低，一般 1 250 ~ 1 500 kg/hm$^2$。

**特征特性：**无限结荚习性，株高 75 ~ 85 cm，茎较粗，分枝 3 ~ 5 个，株型较收敛，主茎节数 20 ~ 22 个。平均每荚 1.8 粒左右，荚淡褐色。紫花，灰色茸毛。种子椭圆形，种皮暗黄色微有光泽，种脐褐色，百粒重 18 ~ 22 g。蛋白质含量 44.4%，脂肪含量 18.3%。为北方春大豆极晚熟品种，在适宜区域出苗至成熟生育日数 160 d。

**栽培要点：**适宜在较肥沃土壤上单作。5 月上旬播种。保苗 12 万 ~ 15 万株 /hm$^2$。

**适宜区域：**适宜辽宁省东部地区种植。

## 317. 黄宝珠

**品种来源：**公主岭试验场 1916 年以吉林省公主岭盖家屯地方品种四粒黄为基本种，进行系统选育而成。系统号：公 4 号，编号：公 529。1923 年育成并确定推广。

**产量表现：**吉林省农科院 1956 年繁殖区产量 1 995 kg/hm$^2$，1957 年大豆生育后期低温多湿，病害严重，产量仅 1 275 kg/hm$^2$，产量不稳定。

**特征特性：**无限结荚习性。株高 70 ~ 80 cm，主茎较粗，分枝细长，上部呈波状卷曲，株型半开张，主茎节数 18 ~ 19 节，每节着生 1 ~ 3 个荚。3、4 粒荚多，平均每荚 2.4 粒以上，荚大饱满皮薄，荚暗褐色。圆叶，白花，灰色茸毛。种子圆形，种皮浓黄色有微光泽，种脐淡褐色，百粒重 20 ~ 25 g。蛋白质含量 42.00%，脂肪含量 21.10%。虫食粒多，臭豆子、病斑粒亦多，完全粒率低。在适宜区域出苗至成熟生育日数 140 d 左右。

**栽培要点：**适宜平川肥沃土地种植，不适宜薄地及山坡地种植，在干旱条件下生长极为不良，由于结荚部位低、分枝软弱，倒伏凌乱，不利于机械化栽培。5 月上旬播种，保苗 19.5 万 ~ 22.5 万株 /hm$^2$。

**适宜区域：**适宜吉林省中部平原种植。

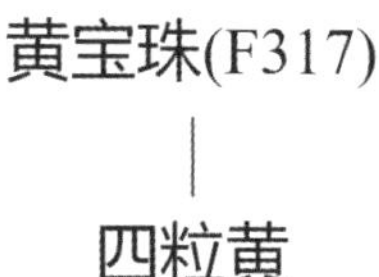


## 318. 长农 14

**品种来源：**吉林省长春市农业科学院大豆研究所 1997 年由多个早熟杂交组合后代混合群体系选而成。原品系号：长 B99-78。2002 年经吉林省农作物品种审定委员会审定推广。审定编号:吉审豆 2002001。

**产量表现：**2001 年生产试验，平均产量 2 531.7 kg/hm$^2$，比对照品种延农 8 号增产 6.3%。

**特征特性：**亚有限结荚习性。株高 95 ~ 105 cm，主茎 19 节，分枝 2 ~ 3 个。圆叶，紫花，灰茸毛。种子圆形，种皮黄色有光泽，种脐浅黄色，百粒重 23 g 左右。蛋白质含量 41.10%，脂肪含量 22.51%。在适宜区域出苗至成熟生育日数 120 d，需≥10 ℃活动积温 2 450 ℃·d。

**栽培要点：**一般 4 月下旬至 5 月初播种，播种量 65 kg/hm²，保苗 22 万株 /hm² 左右。

**适宜区域：**吉林省早熟地区。

长农14(F318)

由多个早熟杂交
组合混合系选

## 319. 吉林 3 号

**品种来源：**吉林省农科院于 1952 年以金元 1 号为母本、铁荚四粒黄为父本，经有性杂交后采用系谱法选育而成。原系统号：公交 5201–21。1963 年经吉林省大豆品种区域试验总结会议审查，确定推广。

**产量表现：**产量高而稳定。一般比小金黄 1 号增产 10% ~ 20%。

**特征特性：**无限结荚习性。株高 90 ~ 100 cm，主茎发达，分枝少，株型收敛，主茎节数 19 ~ 20 个，节间短。3、4 粒荚多，荚呈淡褐色。披针叶，白花，灰色茸毛。种子圆形，种皮黄色有光泽，种脐褐色，百粒重 15 g 左右。脂肪含量 21.3%，蛋白质含量 40.0%。喜肥耐湿性强，秆强不倒，抗食心虫。在适宜区域出苗至成熟生育日数 135 d。

**栽培要点：**适宜中等肥力以上土壤种植，保苗 22.5 万 ~ 30.0 万株 /hm²。

**适宜区域：**吉林省中部平原地区及东部半山区和西部偏东地区。

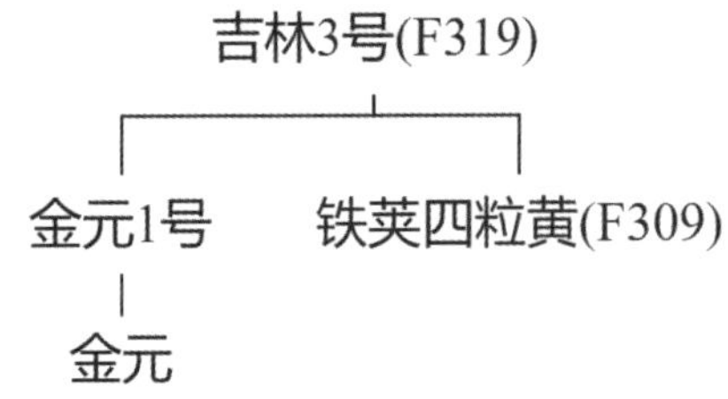


## 320. 吉育 93

**品种来源：**吉林省农业科学院大豆研究所以吉林 30 号为母本、九交 8659 为父本，进行有性杂交，采用系谱法选育而成。原品系号：公交 97168–1。2008 年经吉林省农作物品种审定委员会审定推广。吉审豆 2008002。

**产量表现：**2007 年参加吉林省中熟组大豆品种生产试验，平均产量 2 971.4 kg/hm²，较对照品种九农 21 平均增产 11.8%。

**特征特性：**亚有限结荚习性。株高 93 cm 左右，主茎型，主茎节数 16 ~ 18 个，株型收敛。主茎结荚 50～55 个，3 粒荚多，荚熟时呈褐色。圆叶，紫花，灰色茸毛。种子圆形，种皮黄色有光泽，种脐黑色，百粒重 20.4 g 左右。人工接种鉴定，抗大豆花叶病毒病混合株系；网室内抗大豆花叶病毒Ⅰ号株系，抗Ⅱ号株系，中感Ⅲ号株系；人工接菌鉴定中抗大豆灰斑病；田间自然诱发鉴定结果，抗大豆霜霉病，中感细菌性斑点病，抗大豆食心虫。蛋白质含量 38.86%，脂肪含量 21.45%。在适宜区域出苗至成熟生育日数 128 d，需≥10 ℃活动积温 2 600 ℃·d 以上。

**栽培要点：**4 月末播种。一般播种量 55 kg/hm²，保苗 18 万～20 万株 /hm²。在现有种植条件下，可采用 60 cm 垄上双行拐子苗，或大垄双行播种。

**适宜区域：**适宜吉林省吉林、长春、辽源、通化、延边等中熟区域种植。

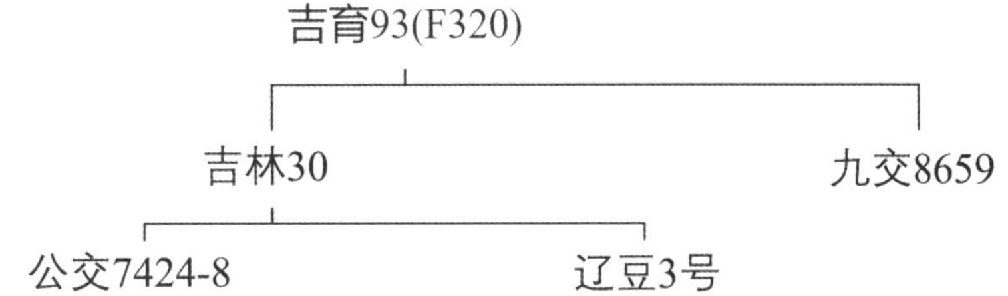


## 321. 吉育 101

**品种来源：**吉林省农业科学院大豆研究所 1993 年以公野 8503 为母本、吉林 28 为父本，进行杂交，采用系谱法选育而成。原品系号：公野 02-5288。2007 年经吉林省农作物品种审定委员会审定推广。审定编号：吉审豆 2007019。

**产量表现：**2005—2006 年生产试验，平均产量 2 484.0 kg/hm²，比对照品种吉林小粒 4 号增产 11.8%。

**特征特性：**亚有限结荚习性。株高 90 cm。结荚密集，3、4 粒荚多。披针叶，紫花，灰色茸毛。种子圆形，种皮黄色有光泽，种脐黄色，百粒重 8.9 g。蛋白质含量 47.94%，脂肪含量 17.30%。在适宜区域出苗至成熟生育日数 125 d。

**栽培技术：**4 月末至 5 月初播种，播量为 20～25 kg/hm²，保苗为 18 万～20 万株 /hm²，遵照肥地宜稀、薄地宜密的原则。

**适宜区域：**适宜吉林省中早熟区种植。

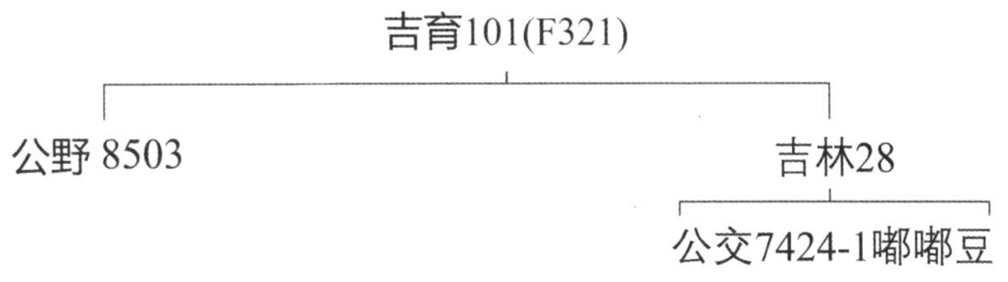

## 322. 吉林 1 号

**品种来源**：吉林省农科院于 1952 年以金元 1 号为母本、铁荚四粒黄为父本，经有性杂交后采用系谱法选育而成。原系统号：公交 5201–16。1963 年经吉林省大豆品种区域试验总结会议审查，确定推广。

**产量表现**：1962 年生产试验，公主岭产量 2 160 kg/hm$^2$，梨树产量 2 122.5 kg/hm$^2$，东丰良种场产量 2 317.5 kg/hm$^2$。

**特征特性**：无限结荚习性。株高 100 cm 左右，主茎发达，分枝少，株型收敛。圆叶，白花，灰色茸毛。种子椭圆形，种皮黄色有光泽，种脐褐色，百粒重 16 ~ 18 g。蛋白质含量 41.4%，脂肪含量 23.2%。对病虫害抵抗力强，抗蚜虫，食心虫斑点病极轻微，褐斑粒很少发生。在适宜区域出苗至成熟生育日数 140 d。

**栽培要点**：适宜中等肥力及肥沃的平地和岗坡地种植，5 月上旬播种，保苗 22.5 万株 /hm$^2$ 左右。

**适宜区域**：适宜吉林省中部平原、西部地区种植。

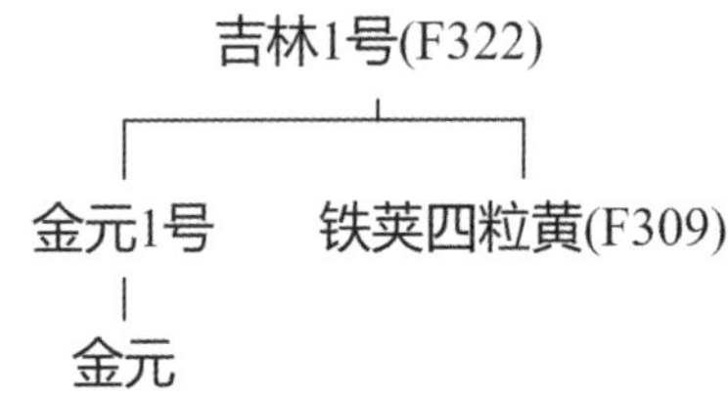


## 323. 通农 9 号

**品种来源**：吉林省通化地区农科所于 1976 年以通农 5 号为母本、通交 6304–7–5 为父本，进行有性杂交，经集团混合选育而成。原编号：通交 81–1155。1987 年经吉林省农作物品种审定委员会审定推广。

**产量表现**：1984—1986 年区域试验，产量与吉林 18 和九农 12 相仿。

**特征特性**：有限结荚习性。株高 80 cm 左右，短分枝多，株型收敛。3、4 粒荚多，荚深褐色。尖叶，白花，灰色茸毛。种子圆形，种皮淡黄色有微光泽，种脐黄色，百粒重 19 ~ 23 g。蛋白质含量 44.7%，脂肪含量 18.3%。喜肥水，耐涝，抗霜霉病，不抗花叶病毒病。在适宜区域出苗至成熟生育日数 125 ~ 128 d。

**栽培要点**：在肥水充足的地块，保苗 12.0 万 ~ 13.5 万株 /hm$^2$。在中等肥力地块，保苗 18 万株 /hm$^2$。

**适宜区域**：适宜吉林省通化地区及辽宁省东北部地区中熟区域种植。

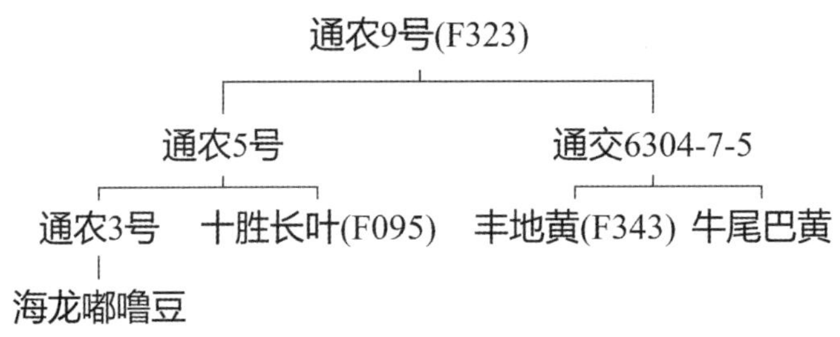

## 324. 吉育 88

**品种来源**：吉林省农业科学院大豆研究中心 1996 年以吉林 30 为母本、九交 8659 为父本，进行有性杂交，采用系谱法、集团法选育而成。原品系号：公交 03-1212。2007 年经吉林省农作物品种审定委员会审定推广。审定编号：吉审豆 2007009。

**产量表现**：2005 年生产试验，平均产量 2 846.5 kg /hm²，比对照品种吉林 30 增产 11.5%。

**特征特性**：无限结荚习性。株高 85 cm 左右，秆强抗倒伏，分枝较多，3 粒荚多，尖叶，紫花，灰色茸毛。种子圆形，种皮黄色，种脐无色，百粒重 20 g 左右。蛋白质含量 39.81%，脂肪含量 19.55%。抗大豆病毒病，高抗大豆灰斑病，抗大豆食心虫。在适宜区域出苗至成熟生育日数 128 d 左右，需≥10 ℃有效积温 2 600 ℃·d 以上。

**栽培要点**：吉林省适宜在 4 月末 5 月初播种，采用机械精量垄上双行播种，播种量 50kg/hm² 左右，保苗 20 万～25 万株 /hm²。

**适宜区域**：适宜在吉林省中南部及辽宁省北部地区种植。

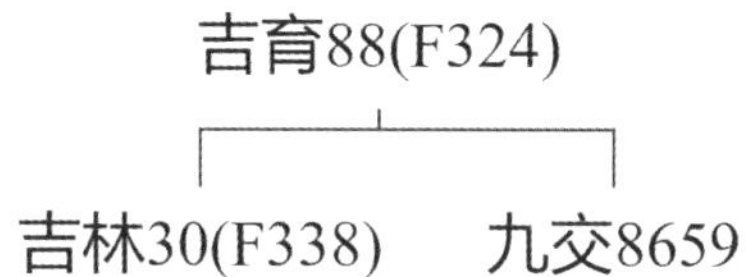


## 325. 吉育 91

**品种来源**：吉林省农业科学院大豆研究所以公交 91144-31 为母本、吉丰 2 号为父本，进行有性杂交，采用系谱法选育而成。原品系号：公交 9610。2007 年经吉林省农作物品种审定委员会审定推广。审定编号：吉审豆 2007017。

**产量表现**：2006 年中晚熟组生产试验，平均产量 3 209.4 kg/hm²，比对照品种吉林 30 增产 18.2%。

**特征特性**：亚有限结荚习性。株高 103.3 cm，茎发达，秆强，分枝 1～2 个。圆叶，白花，灰毛。主茎结荚较密，荚褐色。种子圆形，种皮黄色有微亮光泽，种脐黄色，百粒重 22.2 g。蛋白质含量 38.01%，脂肪含量 20.91%。经吉林省农业科学院植保所人工接种鉴定，中抗大豆花叶病毒

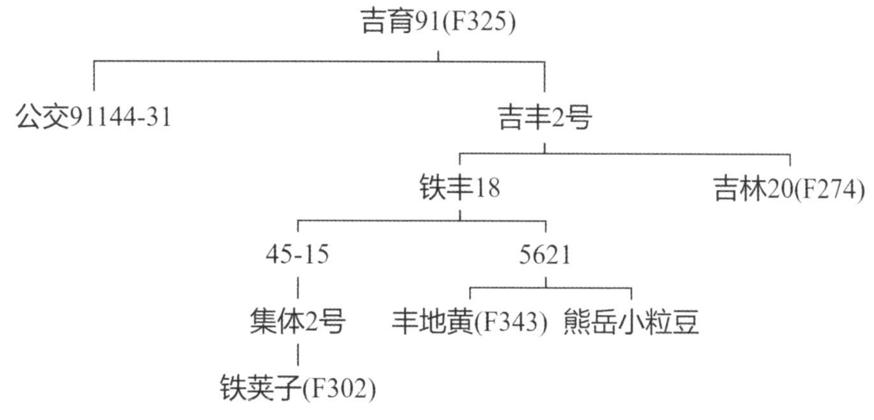

混合株系，中抗大豆灰斑病；网室内抗大豆花叶病毒Ⅰ、Ⅱ、Ⅲ号株系；田间高抗大豆灰斑病，抗大豆花叶病毒病、大豆褐斑病、霜霉病、细菌性斑点病，中抗大豆食心虫。在适宜区域出苗至成熟生育日数 131 d。

**栽培要点：**播种期以 4 月末至 5 月初为宜，适宜中上等肥力土地种植，实行等距点播，株距 7 ~ 9 cm。播种量 60 kg/hm$^2$，保苗 18 万 ~ 20 万株 /hm$^2$。

**适宜区域：**适宜吉林省的四平、松原的南部等地区种植。

## 326. 铁丰 19

**品种来源：**辽宁省铁岭地区农科所于 1964 年以铁丰 3 号为母本、5621 为父本，杂交育成。原品系号：6410-4-3-1。1973 年确定推广。

**产量表现：**丰产稳定，常年产量 1 875 ~ 2 250 kg/hm$^2$，最高产量达 3 000 kg/hm$^2$ 以上。

**特征特性：**无限结荚习性。株高 90 ~ 100 cm，分枝 2 ~ 3 个，株型半开张，主茎节数 20 ~ 22 个。3、4 粒荚多，荚灰褐色。披针叶，白花，灰色茸毛。种子圆形，种皮黄色有强光泽，种脐淡褐色，百粒重 17 ~ 18 g。蛋白质含量 39.8%，脂肪含量 20.6%。喜肥性中等，较耐旱。食心虫害较轻，褐斑亦轻。在适宜区域出苗至成熟生育日数 128 d。

**栽培要点：**适宜中等或较瘠薄地种植。保苗 19.5 万 ~ 22.5 万株 /hm$^2$。

**适宜区域：**适宜辽宁省西丰、昌图、开原、铁岭、法库、抚顺、清原、辽阳、海城、盖州、朝阳等地种植。



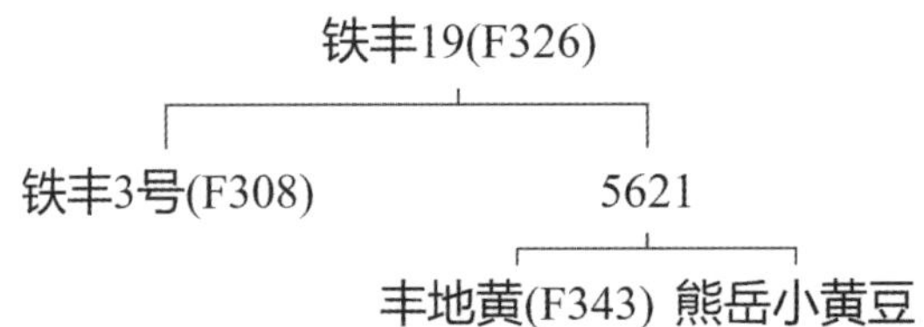


## 327. 九农 26

**品种来源：**吉林省吉林市农业科学院在 1993 年以九交 8704-2-1 为母本、九交 8604- 混 -2 为父本，进行有性杂交，采用系谱法选育而成。原品系号：九交 9344-3。2002 年经吉林省农作物品种审定委员会审定推广。审定编号：吉审豆 2002016。

**产量表现：**2000—2001 年生产试验，平均产量 2 688.3 kg/hm$^2$，比对照品种吉林 30 增产 5.6%。

**特征特性：**亚有限结荚习性。株高 90 cm 左右，主茎型，主茎节数 18.0 节。圆叶，白花，灰白色茸毛。结荚密集，3、4 粒荚多，荚熟褐色。种子圆形，种皮黄色有光泽，脐无色，百粒重 20 g 左右。蛋白质含量 38.48%，脂肪含量 22.17%。在适宜区域出苗至成熟生育日数 132 d，需≥10 ℃活动积温 2 800 ℃·d。

**栽培要点：**选中等肥力以上地块种植，一般于 4 月末至 5 月初播种，播种量 50 ~ 60 kg/hm$^2$，保苗 16 万 ~ 20 万株 /hm$^2$。

**适宜区域：**吉林省大豆中晚熟区。

## 328. 吉育 86

**品种来源**：吉林省农业科学院大豆研究所以公交 93142B-28 为母本、九农 25 为父本，进行有性杂交，采用系谱法选育而成。原品系号：公交 20126-13。2009 年经国家农作物品种审定委员会审定。审定编号：国审豆 2009007。

**产量表现**：2008 年生产试验，平均产量 3 579.0 kg/hm$^2$，比对照品种九农 21 增产 6.7%。

**特征特性**：亚有限结荚习性。株高 91.4 cm，主茎 17.3 节，有效分枝 0.4 个。单株有效荚数 42.3 个，单株粒数 108.0 粒，单株粒重 22.4 g，荚褐色。长叶，紫花，灰色茸毛。种子椭圆形，种皮黄色，种脐黄色，百粒重 21.3 g。粗蛋白质含量 39.63%，粗脂肪含量 21.22%。病圃鉴定中感胞囊线虫病；接种鉴定，中抗花叶病毒病Ⅰ号株系，中感花叶病毒病Ⅲ号株系。在适宜区域出苗至成熟生育日数 128 d。

**栽培要点**：适宜中等肥力以上地块种植，4 月底至 5 月初播种，播种量 55 kg/hm$^2$，保苗 20 万～22 万株 /hm$^2$。

**适宜区域**：适宜在吉林省中部、辽宁省抚顺、内蒙古自治区赤峰、新疆维吾尔自治区石河子地区种植。

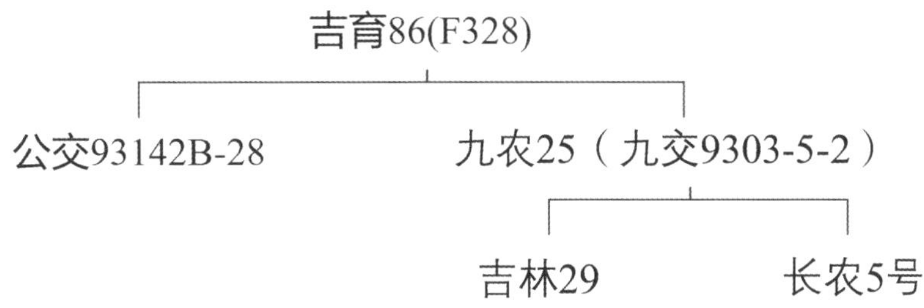


## 329. 九农 33

**品种来源**：吉林省吉林市农业科学院大豆研究所以九农 24 为母本、九农 20 为父本，进行有性杂交，采用系谱法选育而成，原品系号：九交 97102-10-1。2005 年经吉林省农作物品种审定委员会审定推广。审定编号：吉审豆 2005016，ZDD24511。

**产量表现**：2004 年吉林省大豆生产试验，平均产量 3 178.3 kg/hm$^2$，比对照品种吉林 30 增产 6.8%。

**特征特性：**无限结荚习性。株高 115 cm 左右，主茎发达，根系粗壮，抗倒伏性强，耐瘠薄。紫花，圆叶，茸毛灰色。荚褐色，3、4 粒荚多。种子圆形且较大，粒形饱满，种皮黄色有光泽，脐黄色，百粒重 27 g 左右。蛋白质含量 40.97%，脂肪含量 19.40%。出苗至成熟 132 d，需≥10 ℃以上有效积温 2 800 ℃·d 左右。

**栽培要点：**一般于 4 月末到 5 月初播种，播种量 50 ~ 60 kg/hm²，适宜密度为 20 万株 /hm²。

**适宜区域：**适于吉林省中东部、辽宁省东北部中晚熟区及河北省唐山地区春播、夏播区域种植。

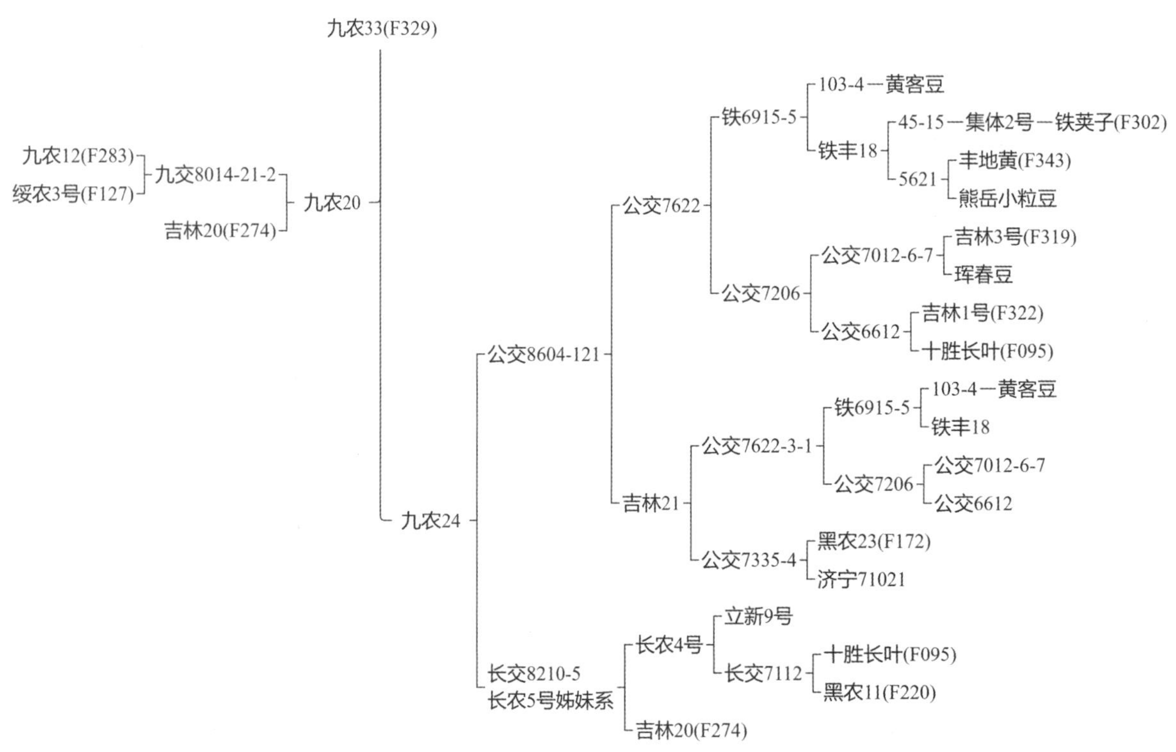


## 330. 长农 18

**品种来源：**吉林省长春市农业科学院 1995 年以生 9204-1-3 为母本、吉林 30 为父本，进行有性杂交，采用系谱法选育而成。原品系号：B2000-25。2005 年经吉林省农作物品种审定委员会审定推广。审定编号：吉审豆 2005013。

**产量表现：**2004 年生产试验，平均产量 3 308 kg/hm，比对照品种九农 21 增产 9.1%。

**特征特性：**亚有限结荚习性。株高 97 ~ 113 cm，株型收敛，主茎 19 节，1 ~ 2 个分枝。尖叶，白花，灰色茸毛。4 粒荚多，荚褐色。种子椭圆形，种皮浅黄色，脐浅黄色，百粒重 21 ~ 23 g。蛋白质含量 37.13%，脂肪含量 21.90%。在适宜区域出苗至成熟生育日数 130 ~ 135 d，需≥10 ℃活动积温 2 700 ℃·d。

**栽培要点：**4 月下旬至 5 月上旬播种，一般保苗 18 万 ~ 20 万株 /hm²，种肥：磷酸二铵 150 kg/hm²，生育期间适时防治蚜虫和食心虫。

**适宜区域：**适宜吉林省中熟区种植。

长农18(F330)

生9204-1-3 吉林30(F338)

## 331. 吉育 90

**品种来源：**吉林省农业科学院大豆研究所以公交 9169-41 为母本、吉育 57 为父本，进行有性杂交，采用系谱法选育而成。原品系号：公交 DY2003-1。2007 年经吉林省农作物品种审定委员会审定推广。审定编号：吉审豆 2007011。

**产量表现：**2006 年生产试验，平均产量 3 305.6 kg/hm$^2$，比对照品种吉林 30 增产 21.7%。

**特征特性：**亚有限结荚习性。株高 115 cm，主茎型，节间短。结荚均匀，荚密集，3 粒荚多，荚褐色。圆叶，紫花，灰色茸毛。种子椭圆形，种皮黄色有光泽，种脐黄色，百粒重 21.0 g。蛋白质含量 38.07%，脂肪含量 22.28%。在适宜区域出苗至成熟生育日数 130 d，需≥10 ℃活动积温 2 700 ℃·d。

**栽培要点：**4 月 25 日至 5 月 5 日在 0～5 cm 土层内温度稳定通过 7～8 ℃时播种。大垄采用 60～65 cm 垄距，垄上双行或单行精量点播或条播；小垄采用 45～50 cm 垄距，采用条播或穴播(穴距 15 cm)。大垄栽培保苗 20 万～25 万株 /hm$^2$，小垄栽培保苗 29 万～32 万株 /hm$^2$。

**适宜区域：**适宜吉林省四平、辽源地区及长春、松原、通化部分地区种植。

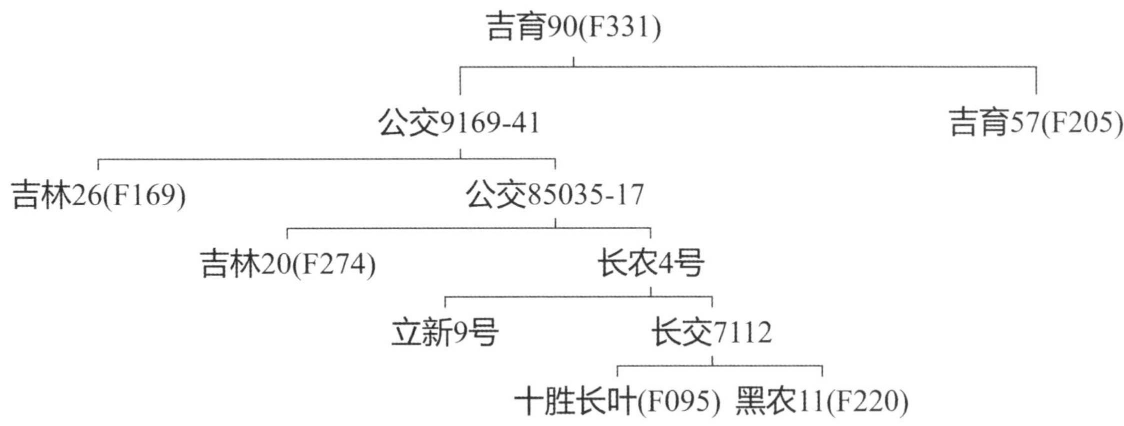


## 332. 通农 13

**品种来源：**吉林省通化市农业科学院 1987 年以通交 86-959 为母本、长农 4 号为父本，进行有性杂交，采用系谱法选育而成。原品系号：通交 92-1653。2001 年经吉林省农作物品种审定委员会审定推广。审定编号：吉审豆 2001010。

**产量表现：**2000 年生产试验，平均产量 2 804.7 kg/hm$^2$，比对照品种长农 5 号增产 18.1%。

**特征特性：**亚有限结荚习性。株高 100 cm 左右，植株塔型。3 粒荚多，荚褐色，完全粒率 93%，虫食粒率 4.6%，褐斑粒率 0.3%。种子圆形，白花，灰毛。种皮黄色，脐无色，百粒重 28 g

左右。蛋白质含量 45.47%，脂肪含量 19.36%。中抗 SMV Ⅰ、Ⅱ株系。在适宜区域出苗至成熟生育日数 126～130 d，需有效积温 2 650 ℃·d。

**栽培要点：**适宜中上等肥力土壤种植，一般 5 月上旬播种，播种量 50 kg/hm$^2$，保苗 12 万～14 万株 /hm$^2$。

**适宜区域：**适宜吉林省中东部地区种植。

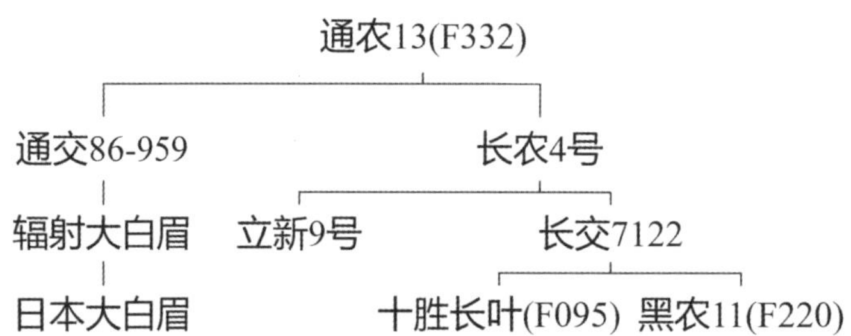


## 333. 吉育 75

**品种来源：**吉林省农业科学院大豆研究所 1995 年以公交 90RD56 为母本、绥农 8 号为父本，进行有性杂交，采用系谱法选育而成。原品系号：公交 9509-8。2005 年经吉林省农作物品种审定委员会审定推广。审定编号：吉审豆 2005012。

**产量表现：**2004 年生产试验，平均产量 3 118.6 kg/hm$^2$，比对照品种九农 21 增产 8.8%。

**特征特性：**亚有限结荚习性。株高 90 cm 左右，植株收敛，秆强耐密。尖叶，紫花，灰色茸毛。结荚均匀，4 粒荚多，荚皮黑色。种子圆形，黄色种皮，种脐黄色，百粒重 20.7 g。蛋白质含量 42.52%，脂肪含量 18.68%。人工接种鉴定，高抗大豆花叶病毒Ⅰ号株系，抗Ⅱ、Ⅲ号株系，中抗大豆灰斑病；田间自然诱发鉴定，抗大豆花叶病毒病、褐斑病中抗灰斑病、霜霉病，感大豆食心虫。在适宜区域出苗至成熟生育日数 125 d 左右，需≥10 ℃活动积温 2 600 ℃·d 以上。

**栽培要点：**4 月末至 5 月初播种，播种量为 60～65 kg/hm$^2$，保苗为 22 万～25 万株 /hm$^2$。

**适宜区域：**吉林省长春、吉林、通化、四平等中熟区。

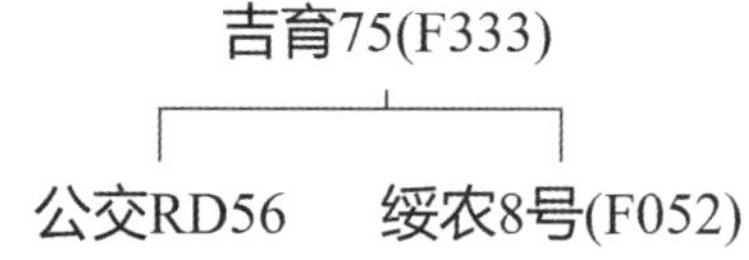


## 334. 吉育 71

**品种来源：**吉林省农业科学院 1993 年以公交 8883-34-3 为母本、公交 9049A 为父本，经有性杂交，采用系谱法选育而成。原品系号：公交 9309-1。2003 年经吉林省农作物品种审定委员会审定推广。审定编号：吉审豆 2003015。

**产量表现：**2002 年生产试验，平均产量 3 113.2 kg/hm$^2$，比对照品种九农 21 增产 14.5%。

**特征特性**：亚有限结荚习性。株高 90 cm 左右，主茎发达，1 ~ 2 个有效分枝，植株较收敛，秆强不倒伏，主茎节数 16 ~ 18 个。结荚均匀，3 粒荚，荚褐色。圆叶，白花，灰色茸毛。种子圆形，种皮黄色有光泽，种脐黄色，百粒重 24.3 g。蛋白质含量 41.88%，脂肪含量 19.53%。中抗大豆花叶病毒病。在适宜区域出苗至成熟生育日数 128 d，需≥10 ℃活动积温 2 600 ~ 2 800 ℃·d。

**栽培要点**：5 月初播种，播种量 60 ~ 65 kg/hm$^2$，保苗 20 万 ~ 22 万株 /hm$^2$。

**适宜区域**：适宜吉林省的长春、吉林、通化等中熟区域种植。

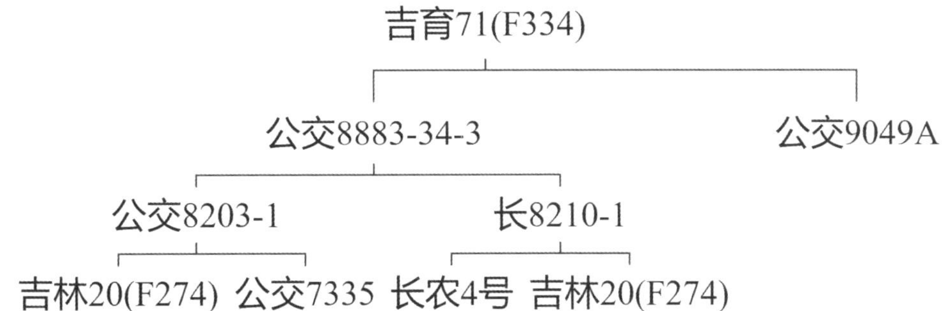


## 335. 九农 39

**品种来源**：吉林省吉林市农业科学院 2001 年以哈 96–29 为母本、长 B96–41 为父本，配制杂交组合，采用系谱法经多年鉴定选育而成。审定编号：吉审豆 2011007。

**产量表现**：2010 年生产试验，平均产量 3 299.8 kg/hm$^2$，比对照品种吉育 72 增产 7.6%。

**特征特性**：亚有限结荚习性。株高 105 cm，主茎型结荚，主茎节数 21 个。3 粒荚多，荚褐色。圆叶，紫花，灰毛。种子圆形，种皮黄色有光泽，种脐黄色，百粒重 18 g 左右。蛋白质含量 38.96%，脂肪含量 22.29%。在适宜区域出苗至成熟生育日数 132 d，需≥10 ℃活动积温 2 780 ℃·d 左右。

**栽培要点**：一般 4 月下旬播种，播种量 55 ~ 60 kg/hm$^2$，保苗 20 万株 /hm$^2$。

**适宜区域**：吉林省长春、四平等大豆中晚熟区。

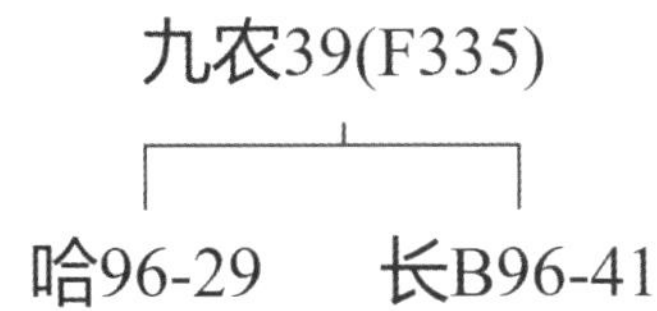


## 336. 辽豆 3 号

**品种来源**：辽宁省农业科学院原子能所 1973 年以铁丰 18 为母本、美国品种阿姆索为父本，进行有性杂交，采用系谱法选育而成。原品系号：辽 77–3072。1983 年经辽宁省农作物品种审定委员会审定推广。

**产量表现**：1981—1982 年生产试验，较对照品种铁丰 18 增产 15.5%。

**特征特性：**亚有限结荚习性。株高 100 cm 左右，分枝 1 ~ 2 个，主茎 20 节左右。荚褐色。圆叶，紫花，灰色茸毛。种子圆形，种皮黄色有微光泽，种脐淡褐色，百粒重 18 ~ 20 g。蛋白质含量 42.0%，脂肪含量 20.6%。喜肥水，茎秆韧性强，抗倒伏，抗大豆花叶病毒病和霜霉病能力强，但易感染紫斑病。在适宜区域出苗至成熟生育日数 128 d。

**栽培要点：**适宜平川肥沃土壤地块种植，5 月上旬播种，保苗 16.5 万 ~ 19.5 万株 /hm²。

**适宜区域：**适宜辽宁省中部、中南部和东部地区的铁岭、鞍山、营口、丹东、大连种植。

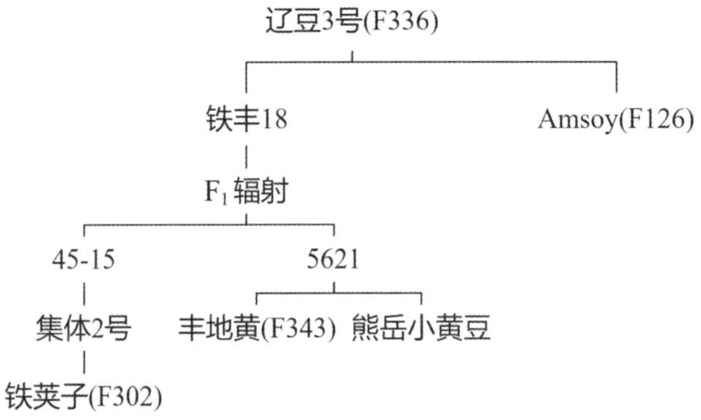


## 337. 铁丰 28

**品种来源：**辽宁省铁岭大豆科学研究所 1986 年以铁 84059-14 为母本、铁 8114-7-4 为父本，进行有性杂交，采用系谱法选育而成。原品系号：铁 86162-28。1996 年经辽宁省农作物品种审定委员会审定推广。审定编号：辽审豆［1996］46 号。

**产量表现：**1993—1994 年生产试验，平均产量 2 616.0 kg/hm²，比对照品种增产 17.6%。

**特征特性：**有限结荚习性。株高 75.4 cm，分枝 2.4 个，主茎节数 15.5 个。椭圆叶，叶片大小适中，紫花，灰毛，荚褐色。种子圆形，种皮黄色，黄脐，百粒重 24.6 g，蛋白质含量 44.52%，脂肪含量 18.82%。在适宜区域出苗至成熟生育日数 133 d。

**栽培要点：**4 月下旬至 5 月上旬为宜，播种量 60 ~ 65 kg/hm²，保苗 10.5 万 ~ 13.5 万株 /hm²。

**适宜区域：**适宜辽宁省铁岭以南的平肥地均可种植。

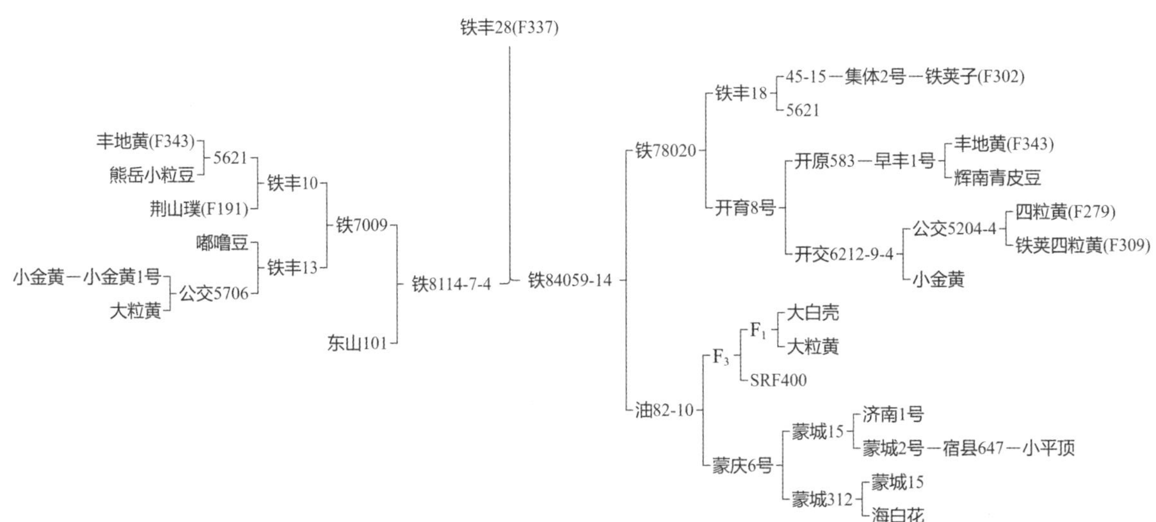

## 338. 吉林 30

**品种来源：**吉林省农业科学院大豆研究所 1983 年以公交 7424–8 为母本、辽豆 3 号为父本，进行有性杂交，采用系谱法选育而成。原品系号：公交 8347–4。1995 年经吉林省农作物品种审定委员会审定推广。

**产量表现：**1991—1992 年生产试验，平均产量 2 481.0 kg/hm²，比对照品种长农 4 号平均增产 12.2%。

**特征特性：**亚有限结荚习性。株高 100 ~ 110 cm，主茎发达，分枝 1 ~ 2 个，株型收敛。尖叶，白花，灰色茸毛。结荚均匀，4 粒荚多。种子圆形，种皮黄色有光泽，种脐黄色，百粒重 19 g。蛋白质含量 42.3%，脂肪含量 19.3%。秆极强，耐肥水，抗倒伏。人工接种鉴定中抗大豆花叶病毒病混合株系、大豆灰斑病。在适宜区域出苗至成熟生育日数 132 ~ 134 d。

**栽培要点：**适宜中上等肥力土壤种植，播种量 55 ~ 60 kg/hm²，保苗 18 万 ~ 20 万株 /hm²。

**适宜区域：**适宜吉林省中南部地区种植。

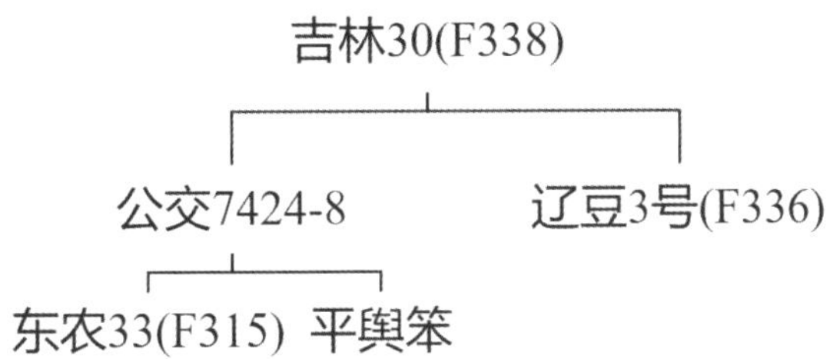


## 339. 长农 22

**品种来源：**吉林省长春市农业科学院大豆所 1995 年以吉林 30 为母本，公交 89164–19 为父本，进行有性杂交，经多年选育而成。原代号：长 B2003–1。2007 年经吉林省农作物品种审定委员会审定推广。审定编号：吉审豆 2007012。

**产量表现：**2006 年生产试验，平均产量 3 056.6 kg/hm²，比对照品种吉林 30 增产 12.6%。

**特征特性：**亚有限结荚习性。平均株高 116 cm，主茎 20 节，1 ~ 2 个分枝，株型收敛。4 粒

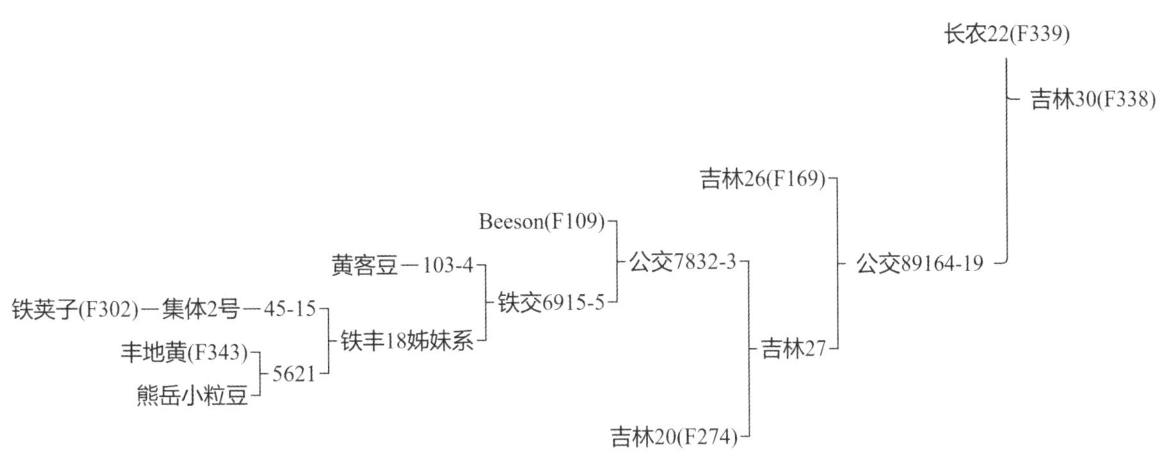

荚多，荚熟时呈褐色。尖叶，白花，灰毛。种子圆形，种皮浅黄色有光泽，脐浅黄色，百粒重 20 g 左右。蛋白质含量 39.11%，脂肪含量 19.52%。属中晚熟品种，在适宜区域出苗至成熟生育日数 130 ~ 135 d，需≥10 ℃活动积温 2 700 ℃·d 以上。

**栽培要点：** 4 月下旬至 5 月上旬播种，保苗 20 万株 /hm²。施有机肥 20 000 ~ 30 000 kg/hm²、磷酸二铵 150 kg/hm²。及时防治蚜虫， 8 月中旬防治大豆食心虫。

**适宜区域：** 吉林省中熟地区。

## 340. 吉农 9 号

**品种来源：** 吉林农业大学于 1992 年以集安地方品种山城豆为受体亲本、花生“吉花引 1 号”为供体亲本，采用花粉管通道技术，将供体的总 DNA 导入受体，经系统选育而成。原品系号：吉农 D9513。2001 年经吉林省农作物品种审定委员会审定推广。审定编号：吉审豆 2001018。

**产量表现：** 2000 年生产试验，平均产量 3 175.0 kg/hm²，比对照品种吉林 30 增产 14.1%。

**特征特性：** 亚有限结荚习性。株高 90 cm 左右，主茎节数 16 ~ 17 个，分枝 1 ~ 2 个。平均每荚 2.3 粒，荚褐色。圆叶，白花，灰色茸毛。种子圆形，种皮黄色有光泽，种脐黄色，百粒重 22 g 左右。蛋白质含量 42.02%，脂肪含量 21.15%。中抗大豆花叶病毒病混合株系、大豆灰斑病。在适宜区域出苗至成熟生育日数 131 d。

**栽培要点：** 适宜中上等肥力土壤种植，播种量 60 kg/hm²，保苗 18 万株 /hm²。

**适宜区域：** 适宜吉林省四平、辽源等中晚熟地区种植。

吉农9号(F340)
用花粉管技术将供体
DNA导入受体

山城豆(受体)　　花生“吉花引1号”(供体)

## 341. 九农 36

**品种来源：** 吉林省吉林市农业科学院 1998 年以九交 9194-22-1 为母本、九交 94100-2 为父本，进行有性杂交，采用系谱法经多年选育而成。原代号：九交 9895-8。2009 年经吉林省农作物品种审定委员会审定推广。审定编号：吉审豆 2009004。

**产量表现：** 2007 年生产试验，平均产量 3 039.4 kg/hm²，比对照品种吉林 30 增产 5.2%。

**特征特性：** 亚有限结荚习性。株高 90 cm，主茎型，节数 22 个，株型收敛。3 粒荚多，荚褐色。圆叶，紫花，灰色茸毛。种子圆形，种皮黄色有光泽，种脐黄色，百粒重 22.1 g。蛋白质含量 38.54%，脂肪含量 20.49%。在适宜区域出苗至成熟生育日数 132 d，需≥10 ℃积温 2 700 ℃·d。

**栽培要点：** 4 月下旬至 5 月初播种，播种量 60 kg/hm²，一般保苗 20 万株 /hm² 左右。

**适宜区域：** 适宜在吉林省中部、内蒙古自治区赤峰和新疆维吾尔自治区石河子地区春播种植。

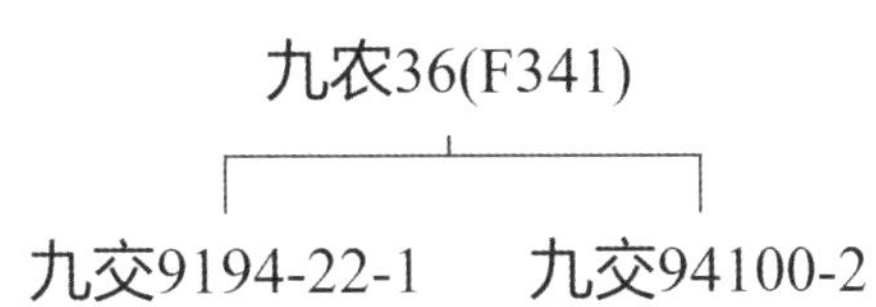


## 342. 九农 34

**品种来源：**吉林省吉林市农业科学院以九交 8799 为父本、Century-2 为母本，进行有性杂交，采用系谱法经多年选育而成。原品系号：公交 L2175。2007 年经吉林省农作物品种审定委员会审定推广。审定编号：吉审豆 2007018。

**产量表现：**2005 年生产试验，平均产量 3 139.6 kg/hm$^2$，比对照品种吉林 30 增产 14.1%。

**特征特性：**亚有限结荚习性。株高 90 cm 左右，分枝型，有 2～3 个分枝。圆叶，白花，荚熟褐色。种子圆形，种皮黄色有光泽，脐褐色，百粒重 18 g 左右。种子品质优良，蛋白质含量 38.53%，脂肪含量 21.85%，抗倒伏。抗大豆花叶病毒病、灰斑病、大豆褐斑病，高抗细菌性斑点病，中抗大豆霜霉病。在适宜区域出苗至成熟生育日数 131 d。

**栽培要点：**4 月下旬至 5 月上旬播种，保苗 18 万株 /hm$^2$，施有机肥 15 000 kg/hm$^2$、磷酸二铵 150 kg/hm$^2$。及时防治蚜虫，8 月中旬防治大豆食心虫。

**适宜区域：**适宜吉林无霜期在 131 d 以上的平原和无霜期较长的半山区种植。

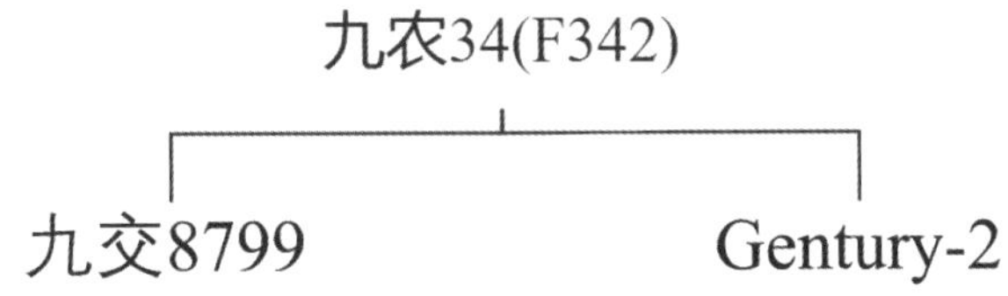


## 343. 丰地黄

**品种来源：**前公主岭农试场于 1940 年用吉林省永吉县的地方品种嘟噜豆为基本种，经系统选种育成。

**产量表现：**1955 年生产试验，在辽宁省铁岭产量 1 980 kg/hm$^2$，比当地嘟噜豆增产 27.4%。

**特征特性：**有限结荚习性。株高 60～70 cm，植株呈平顶，茎秆粗壮，分枝多而较短，一般 3～5 个，株型收敛，主茎节数 16～17 个，节间短而均匀。每节着生 3～5 荚，2 粒荚多，平均每荚 1.8～2.0 粒，荚呈褐色。白花，花轴长，每穗 8～12 朵花，多者达 16 朵以上，开花成串，结荚成嘟噜。圆叶，肥大，厚而多汁，浓绿，叶柄长，茎生长全被遮住。灰色茸毛。种子圆形，种皮淡黄色有微光泽，种脐黄色，百粒重 18～20 g。脂肪含量 19.9%，蛋白质含量 40.8%。生育茁壮，秆强不倒，耐瘠薄耐旱性差，种在薄地或遇干旱条件下植株较矮小，产量低。在适宜区域出苗至成熟生育日数 135～145 d。

**栽培要点：**对土地条件要求严苛，适宜水位充足的土地，不适宜瘠薄或干燥易旱的土地种植，不宜过密，保苗一般 15 万～18 万株 /hm$^2$。

**适宜区域：**适宜吉林省中南部和东部及辽宁省东北部种植。

丰地黄(F343)

嘟噜豆

## 344. 吉林 5 号

**品种来源：**吉林省农科院于 1952 年以集体 3 号为母本、铁荚四粒黄为父本，经有性杂交后采用系谱法选育而成。原系统号：公交 5204-4。1963 年 3 月经吉林省大豆品种区域试验总结会议审查确定推广。

**产量表现：**1960—1962 年吉林省东丰平均产量 2 227.5 kg/hm²，比对照品种丰地黄增产 6.1%；1962 年在桦甸产量 2 662.5 kg/hm²，比对照品种蓝脐增产 12.5%。

**特征特性：**无限结荚习性。株高 100 cm 左右，主茎发达，分枝少，株型收敛。主茎节数 20 个，节间较长。结荚分布均匀，3、4 粒荚多，荚呈暗褐色。披针叶，白花，灰色茸毛。种子椭圆形，种皮黄色有光泽，种脐褐色，百粒重 20 g 左右。蛋白质含量 40.3%，脂肪含量 21.6%。抗食心虫力强，虫食粒率低。在适宜区域出苗至成熟生育日数 145 d。

**栽培要点：**对土地无特殊要求，平地、岗坡地和山地均适宜种植，不适宜过肥及低洼湿地栽培。保苗 22.5 万株 /hm² 左右。

**适宜区域：**适宜吉林省中部偏南半山区及东南部山区种植。

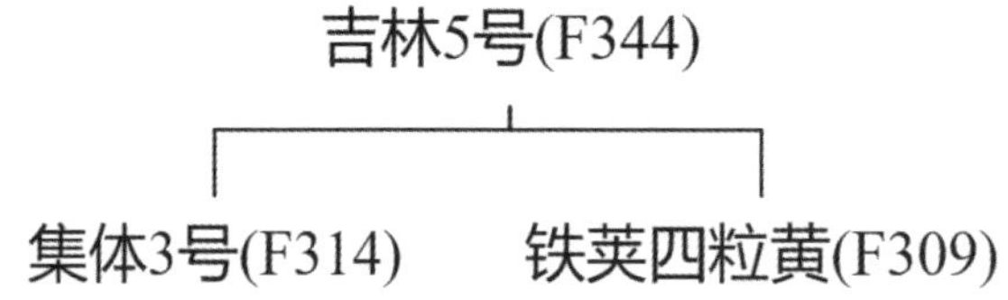


## 345. 吉农 22

**品种来源：**吉林农业大学 1998 年以长农 5 号为母本、美引 1 号为父本，进行有性杂交，采用系谱法选育而成。原品系号：吉农 9803-1-1。2007 年经吉林省农作物品种审定委员会审定推广。审定编号：吉审豆 2007014。

**产量表现：**2006 年生产试验，平均产量 3 323. 2 kg/hm²，比对照品种吉林 30 增产 22.4%。

**特征特性：**无限结荚习性。株高 100 cm，主茎发达，有 1 ~ 2 个分枝，节间短，节多。荚密，结荚均匀，3 粒荚多。椭圆叶，紫花，灰色茸毛。种皮黄色，种脐黄色，百粒重 18 g 左右。蛋白质含量 37.33%，脂肪含量 19.93%。在适宜区域出苗至成熟生育日数 130 d。

**栽培要点：**4 月下旬播种，播种量 60 kg/hm²，保苗 18 万 ~ 20 万株 /hm²。施磷酸二铵 150 kg/hm² 做种肥，如有条件，施有机肥 30 000 kg/hm² 做底肥可获得更高的产量。

**适宜区域：**吉林省中晚熟区。

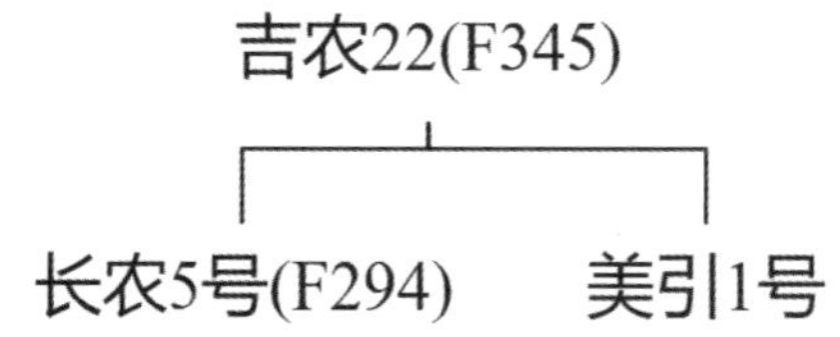

## 346. 通化平顶香

**特征特性：**无限结荚习性。株高 85 cm 左右，有 2～3 个分枝。尖叶，紫花，灰色茸毛，成熟时荚皮褐色。种子近圆形，百粒重 16 g 左右。蛋白质含量 44.0%，脂肪含量 39.0%。在适宜区域出苗至成熟生育日数 115 d 左右。

## 347. 辽豆 4 号

**品种来源：**辽宁省铁岭市农科所 1975 年以铁丰 8 号为母本、铁 7116-10-3 为父本，经有性杂交后采用系谱法选育而成。原品系号：辽 81—5052。1989 年经辽宁省农作物品种审定委员会审定推广。

**产量表现：**二年生产试验，平均产量 2 866.5 kg/hm²，较对照品种铁丰 18 增产 23.2%。

**特征特性：**有限结荚习性。株高 100 cm 左右，茎秆粗壮，分枝 3～4 个。主茎 16～18 节，荚深褐色。披针叶，白花，棕色茸毛。种子椭圆形，种皮黄色有光泽，种脐褐色，百粒重 20～22 g。蛋白质含量 40.4%，脂肪含量 19.1%。秆强，抗倒伏，抗病性和耐旱性较强。在适宜区域出苗至成熟生育日数 131 d。

**栽培要点：**适宜一般肥力地块种植，在中等肥力以上土地种植，保苗 15.0 万～16.5 万株/hm²；在薄地上种植，保苗 18.0 万～19.5 万株 /hm²。

**适宜区域：**适宜辽宁省西部、山西省忻州和陕西省延安种植。

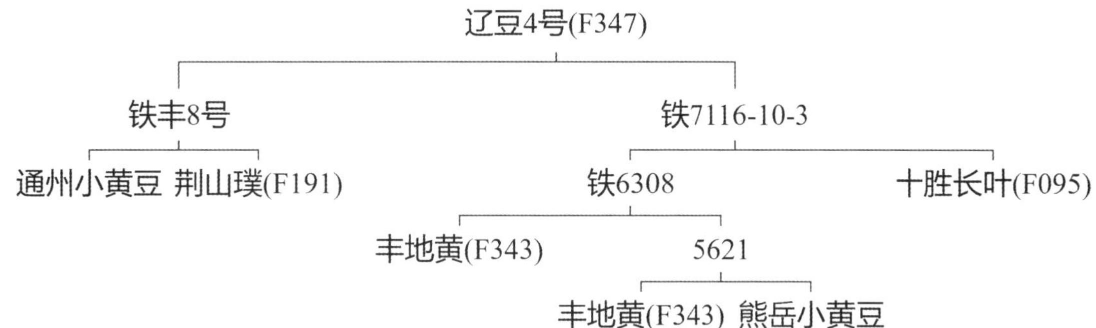


## 348. 辽豆 14

**品种来源：**辽宁省农业科学院作物研究所于 1991 年以辽 86-5453 为母本、Mecury 为父本，进行有性杂交，采用系谱法选育而成。原品系号：辽 21051。2003 年通过国家品种审定委员会审定。审定编号：国审豆［2003］013 号。

**产量表现：**2001 年生产试验，平均产量 3 128 kg/hm²，较对照品种铁丰 27 和开育 10（CK2）分别增产 8.2%和 16.2%。

**特征特性：**亚有限结荚习性。株高约 89 cm，分枝 3～5 个，株型收敛，根系发达，主茎韧性较强，抗倒伏。主茎节数 21～23 个，荚分布均匀，单株有效荚数 55.4 个，荚熟时呈褐色。白花，灰毛。种子圆形，种皮黄色有光泽，脐黑色，百粒重 16.8 g。种子整齐，完全粒率高达95.4%，虫食粒率 2.2%，褐斑粒率 0.1%，紫斑粒率 0.3%。蛋白含质含量 37.48%，脂肪含量22.04%。在适宜区域出苗至成熟生育日数 131 d。

**栽培要点：**适宜播期为 4 月下旬至 5 月上旬，保苗 22.5 万 ~ 25.5 万株 /hm²。

**适宜区域：**适宜新疆、陕西、宁夏、甘肃及山西等地区种植。也适宜辽宁中部、南部、北部地区种植。

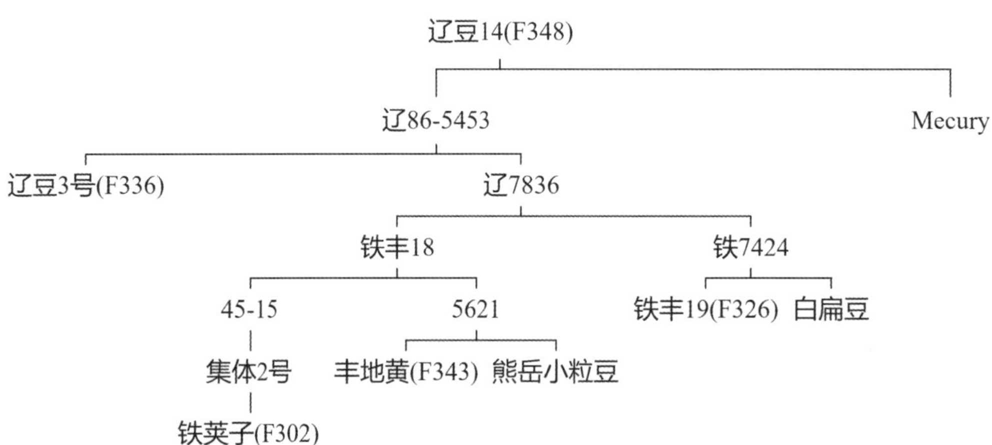


## 349. 辽豆 15

**品种来源：**辽宁省农业科学院作物研究所 1988 年以辽 85062 为母本、郑州长叶 18 为父本，进行有性杂交，采用系谱法选育而成。原品系号：辽 8864。2003 年经国家农作物品种审定委员会审定。审定编号：2DD23821。

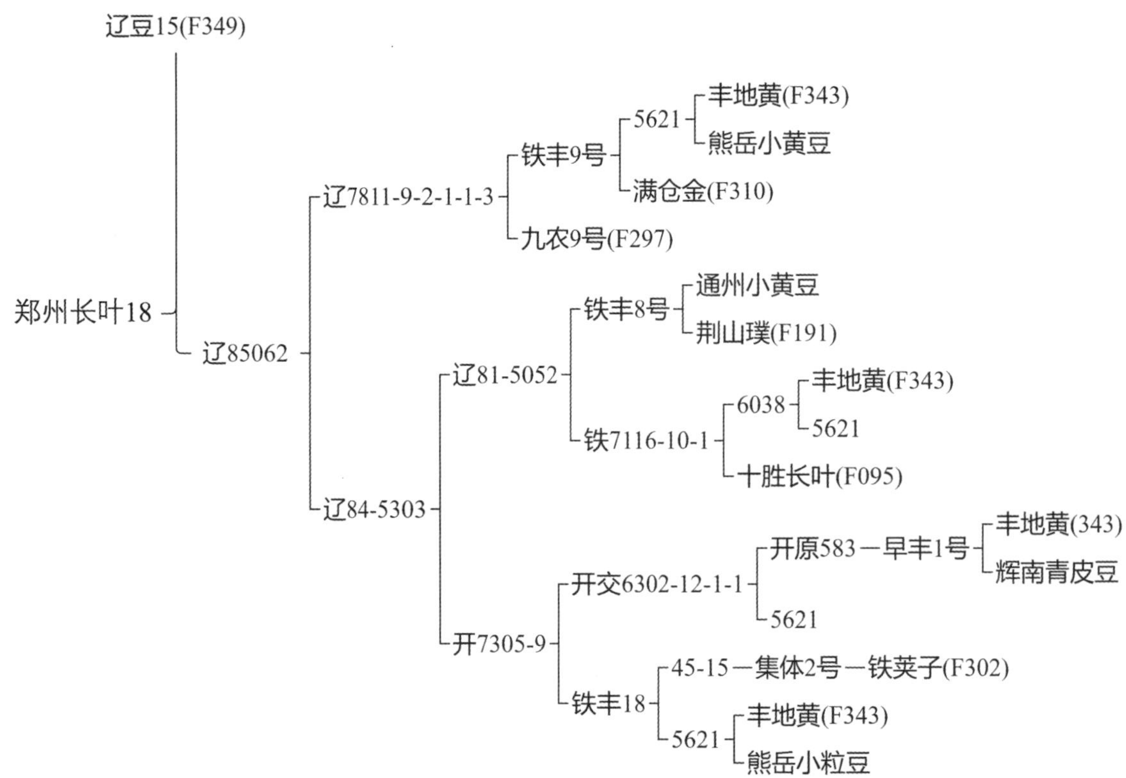

**产量表现**：2001 年生产试验，平均产量 2 719.95 kg/hm²，比对照品种晋豆 19 增产 8.82%。

**特征特性**：有限结荚习性。平均株高 86.6 cm，分枝 3 ~ 4 个，主茎节数 18 ~ 20 个，单株有效荚数 37.2 个。圆叶，紫花，茸毛灰色。种子圆形，种皮黄色，无色脐，百粒重 24.3 g。蛋白质含量 42.07%，脂肪含量 20.49%。较抗病，抗倒性较好。在适宜区域出苗至成熟生育日数 144.5 d。

**栽培要点**：适宜播种期为 4 月下旬至 5 月上旬，合理密植，肥地种植密度 15.0 万 ~ 16.5 万株 /hm²，中等肥力土壤的种植密度 16.5 万 ~ 18.0 万株 /hm²。

**适宜区域**：适宜辽宁省各地及我国西北（新疆、甘肃、宁夏、陕北）地区种植。

## 350. 辽豆 17

**品种来源**：辽宁省农业科学院作物研究所在 1993 年以辽豆 3 号为母本、辽 92-2738M 为父本，进行有性杂交，采用系谱法选育而成。原品系号：辽 99-27。2003 年经辽宁省农作物品种审定委员会审定推广。审定编号：辽审豆［2003］61 号。

**产量表现**：2001 年生产试验，平均产量 2 563.5 kg/hm²，比对照品种增产 12.9%。

**特征特性**：有限结荚习性，株型收敛，平均株高 60.3 cm，主茎节数 15.4 个，分枝 3.4 个。椭圆叶，紫花，灰毛。种子圆形，种皮黄色有光泽，黄脐，百粒重 23.5 g。蛋白质含量 44.46%，脂肪含量 20.40%。完整粒率 94%，虫食粒率 2.6%，褐斑粒率 0.2%，紫斑粒率 0.9%，霜霉粒率 0.3%，未熟粒率 2.4%。抗病鉴定结果该品种中抗大豆花叶病毒强株系。在适宜区域出苗至成熟生育日数 125 d，属中熟品种。

**栽培要点**：适宜播种期为 4 月下旬至 5 月上旬，合理密植，肥地种植密度 13.5 万 ~ 15.0 万株/hm²，中等肥力土壤的种植密度 15.0 万 ~ 16.5 万株 /hm²。

**适宜区域**：适宜在辽宁省生育日数 125 d 以上各地种植。

## 351. 辽豆 20

**品种来源**：辽宁省农业科学院作物研究所于 1995 年以新豆 1 号为母本、辽 91005-6-2 为父本，进行有性杂交，采用系统选育而成。原品系号：辽 95273。2005 年经辽宁省农作物品种审定委员会审定推广。审定编号：辽审豆［2005］71 号。

**产量表现**：2003 年生产试验，平均产量 2 452.95 kg/hm²，比对品种照铁丰 27 增产 9.07%。

**特征特性**：亚有限结荚习性。平均株高 87.5 cm，主茎节数 18.2 个，分枝 2.2 个。椭圆叶，紫花，灰毛。种子圆形，种皮黄色有光泽，黄脐，百粒重 27.3 g。粗蛋白质含量 45.65%，粗脂肪含量 20.21%。完整粒率 86.8%，虫食粒率 10.5%，褐斑粒率 0.2%，紫斑粒率 0.9%，霜霉粒率 0.5%，未熟粒率 1.7%。人工接种中抗大豆花叶病毒病。在适宜区域出苗至成熟生育日数 130 d，属中晚熟品种。

**栽培要点：**适宜播种期为 4 月下旬至 5 月上旬，合理密植，肥地的种植密度 15.0 万 ~ 16.5 万株 /hm²，中等肥力土壤的种植密度 16.5 万 ~ 18.0 万株 /hm²。

**适宜区域：**适宜辽宁省大部分地区种植。

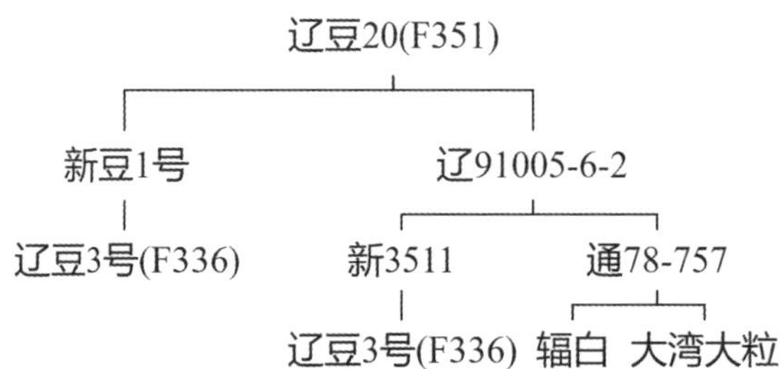


## 352. 辽豆 22

**品种来源：**辽宁省农业科学院作物研究所以辽 8878–13–9–5 为母本、辽 93010–1 为父本，经有性杂交，采用系谱法选育而成。2006 年经国家农作物品种审定委员会审定。审定编号：国审豆 2006013。

**产量表现：**2005 年生产试验，平均产量 2 607 kg/hm²，比对照品种增产 12.3%。

**特征特性：**亚有限结荚习性。株高 96.8 cm，单株有效荚数 42.1 个，百粒重 21.4 g。圆叶，紫花。种子椭圆形，种皮黄色，黄脐。粗蛋白质平均含量 41.29%，粗脂肪含量 21.66%。为抗大豆花叶病毒病 I 号株系，感Ⅲ号株系，中抗大豆胞囊线虫病。在适宜区域出苗至成熟生育日数 130 d。

**栽培要点：**适宜中等肥力以上的地块种植，保苗 15.0 万 ~ 19.5 万株 /hm²。

**适宜区域：**适宜在河北北部、辽宁中南部、甘肃中部、宁夏中北部、陕西关中平原地区春播种植。

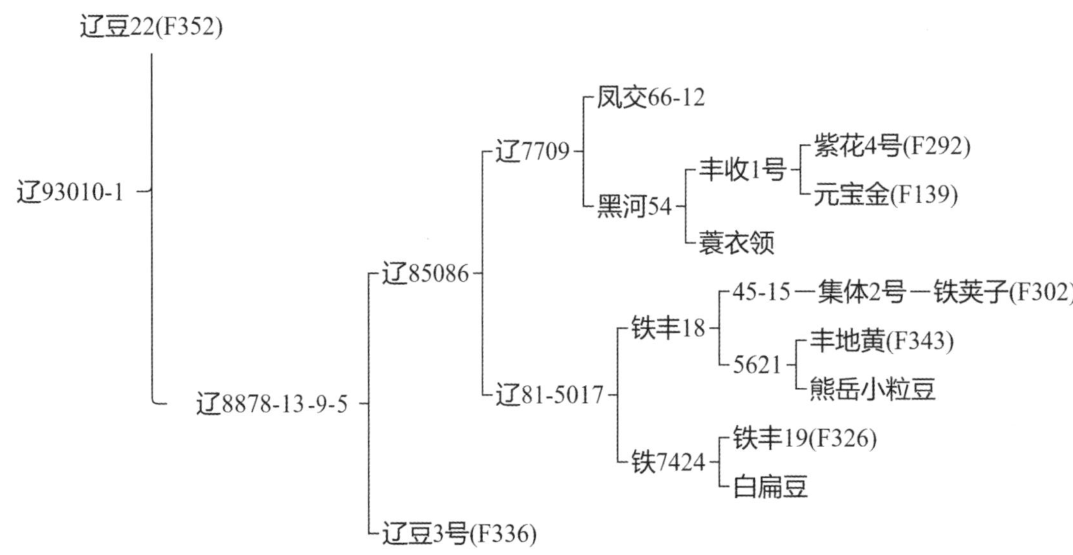

## 353. 辽豆 23

**品种来源：**辽宁省农业科学院作物研究所 1994 年以辽豆 10 为母本、辽 91086–18–1 为父本，进行有性杂交，经系谱法选育而成。2006 年通过辽宁省农作物品种审定委员会审定推广。审定编号：辽审豆［2006］83 号。

**产量表现：**2005 年参加生产试验，平均产量 2 804.7 kg /hm²，比对照品种增产 8.27%。

**特征特性：**有限结荚习性。平均株高 73.9 cm，主茎节数 15.6 个，分枝 3.9 个，单株荚数 57.8 个。椭圆叶，紫花，灰毛。种子圆形，黄色脐有光泽，百粒重 22.7 g。完整粒率 92.4%，虫食粒率 2.1%，褐斑粒率 0.1%，紫斑粒率 2.0 %，霜霉粒率 1.0%，未熟粒率 1.8%，其他粒率 1.8%。在适宜区域出苗至成熟生育日数 130 d 左右。

**栽培要点：**中等地力条件下，保苗 15 万株 /hm² 左右，采取等距穴播，播种量 67.5 kg/hm² 左右。播期在 4 月 25 日至 5 月 10 日，施足底肥，保证追肥，生育期间注意管理，及时防治病虫害。

**适宜地区：**适宜在辽宁省大部分地区种植。

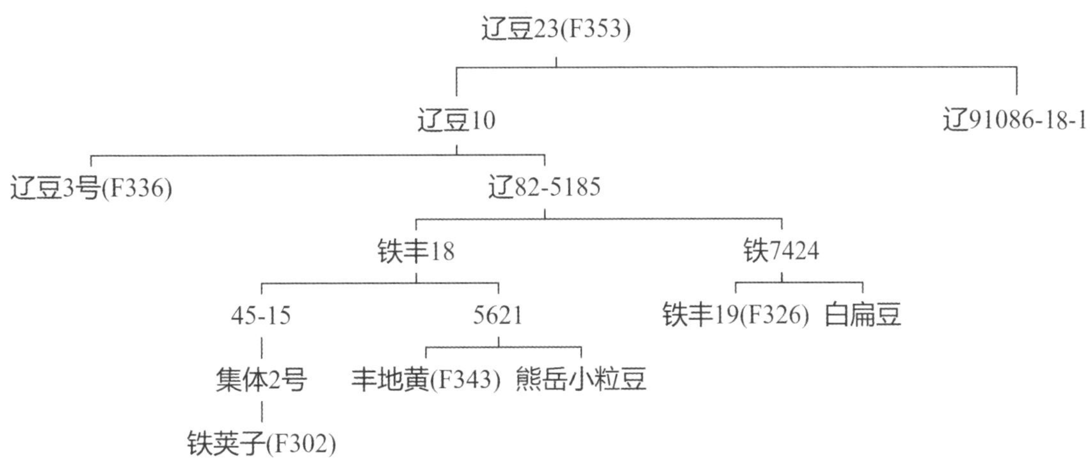


## 354. 辽豆 24

**品种来源：**辽宁省农业科学院作物研究所以辽豆 3 号为母本、异品种为父本，进行有性杂交，采用系谱法选育而成。原品系号：辽 98072。2007 年经国家农作物品种审定委员会审定。审定编号：国审豆 2007030。

**产量表现：**2006 年参加北方春大豆晚熟组品种生产试验，产量 2 743.5 kg/hm²，比对照品种增产 8.9%。

**特征特性：**亚有限结荚习性。株高 93.0 cm，单株有效荚数 48.2 个。圆叶，紫花，灰毛。种子圆形，种皮黄色，淡脐，百粒重 20.4 g。蛋白质含量 39.86%，脂肪含量 20.91%。接种鉴定，中抗大豆灰斑病、SMVⅠ号株系和SMVⅢ号株系。在适宜区域出苗至成熟生育日数 129 d。

**栽培要点：**选择中等肥力地块种植，磷酸二铵 15 kg/hm² 做底肥；适宜播期为 4 月中旬至 5 月上旬；保苗 15.0 万 ~ 19.5 万株 /hm²。

**适宜区域：**适宜在辽宁锦州、瓦房店和沈阳地区，宁夏中部和中北部春播种植。

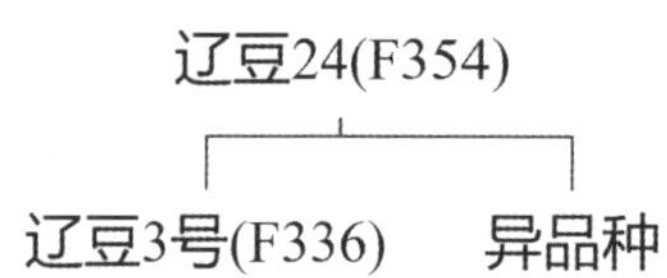


## 355. 辽豆 26

**品种来源**：辽宁省农业科学院作物研究所于 1998 年以辽 8880（辽 85094-1B-4×辽豆 10）为母本、IOA22（引自美国）为父本，进行有性杂交，采用系谱法选育而成。2008 年经辽宁省农作物品种审定委员会审定。审定编号：辽审豆［2008］107 号。

**产量表现**：2007 年生产试验，平均产量 2 743.5 kg/hm$^2$，比对照品种丹豆 11 增产 8.9%。

**特征特性**：亚有限结荚习性。株高 93.0 cm，单株有效荚数 48.2 个。圆叶，紫花。种子圆形，种皮黄色，淡脐，百粒重 20.4 g。接种鉴定，中抗大豆灰斑病、SMV Ⅰ号株系和 SMV Ⅲ号株系。粗蛋白质含量 39.86%，粗脂肪含量 20.91%。在适宜区域出苗至成熟生育日数 129 d。

**栽培要点**：适宜播期为 4 月中旬至 5 月上旬，保苗 15.0 万 ~ 19.5 万株 /hm$^2$。

**适宜区域**：适宜辽宁省大部分地区均可种植。

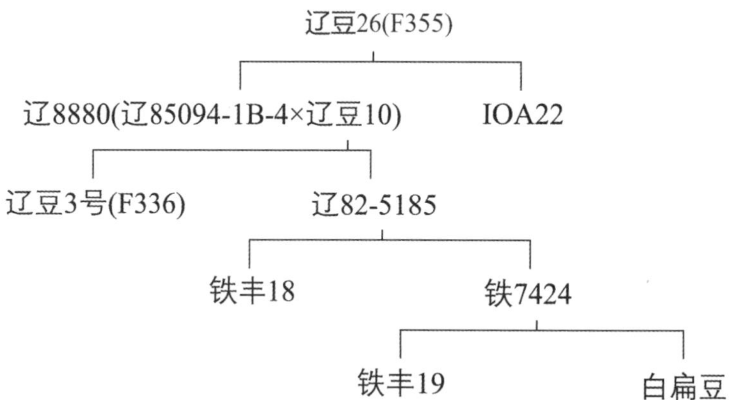


## 356. 铁丰 22

**品种来源**：辽宁省铁岭市农科所于 1970 年以铁丰 10 为母本、铁丰 13 为父本，经有性杂交，系谱法选育而成。原品系号：铁 7009-22。1986 年经辽宁省农作物品种审定委员会审定推广。审定编号：ZDD7652。

**产量表现**：三年生产试验，平均产量 2 854.5 kg/hm$^2$，比对照品种铁丰 18 增产 19.6%。

**特征特性**：有限结荚习性。株高 60 ~ 80 cm，分枝 2 ~ 3 个，主茎节数 16 ~ 18 个，荚灰褐色。

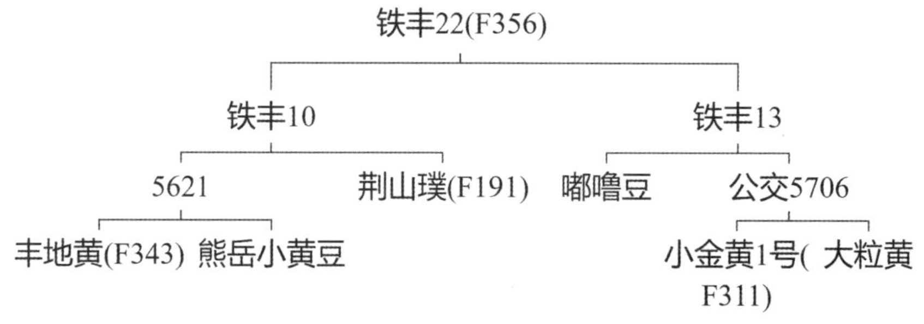

圆叶，白花，灰色茸毛。种子圆形，种皮黄色有光泽，种脐黄色，百粒重 18 ~ 19 g。蛋白质含量 41.3%，脂肪含量 22.6%。耐旱性较强。在适宜区域出苗至成熟生育日数 125 d。

**栽培要点：** 4 月下旬至 5 月上旬播种，保苗 15.0 万 ~ 19.5 万株 /hm²。

**适宜区域：** 适宜辽宁省西部较干旱地区的锦州、朝阳、阜新地区种植。





## 357. 铁丰 24

**品种来源：** 辽宁省铁岭市农科所于 1978 年以铁丰 18 为母本、开育 8 号为父本，经有性杂交后采用系谱法选育而成。原品系号：铁 78020–27A。1988 年经辽宁省农作物品种审定委员会审定推广，1991 年经国家农作物品种审定委员会审定推广。

**产量表现：** 二年生产试验，平均产量 2 617.5 kg/hm²，比对照品种铁丰 18 增产 20.3%。全国北方春大豆区域试验中比对照品种铁丰 18 增产 21.2%。

**特征特性：** 有限结荚习性。株高 80 ~ 90 cm，主茎节数 17 ~ 18 个，荚灰褐色。圆叶，白花，灰色茸毛。种子圆形，种皮黄色有微光泽，种脐黄色，百粒重 21 ~ 23 g。蛋白质含量 40.9%，脂肪含量 20.6%。喜肥水，较抗倒伏。在适宜区域出苗至成熟生育日数 131 ~ 135 d。

**栽培要点：** 4 月下旬至 5 月上旬播种，保苗 13.5 万 ~ 16.5 万株 /hm²。

**适宜区域：** 适宜辽宁省开原以南、抚顺以西的铁岭、沈阳、辽阳、鞍山、营口、大连、阜新、锦州、葫芦岛、朝阳各市适合铁丰 18 的地区种植。

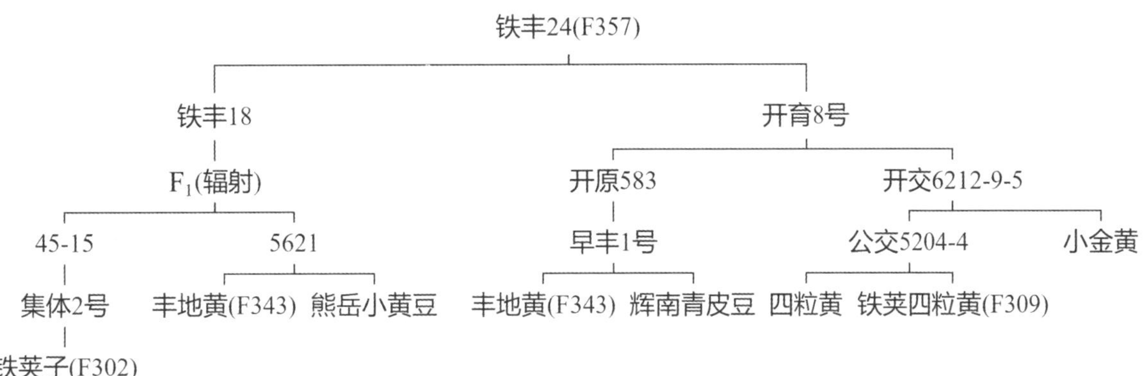


## 358. 铁丰 29

**品种来源：** 辽宁省铁岭大豆科学研究所于 1987 年以铁 8114–7–4 为母本、铁 84059–13–8 为父本，进行有性杂交，采用系谱法选育而成。1997 年通过辽宁省农作物品种审定委员会审定。审定编号：辽审豆［1997］49 号。

**产量表现：** 1994—1995 年生产试验，平均单产 2752.5 kg/hm²，比对照品种铁丰 24 增产 23.3%。

**特征特性：** 有限结荚习性。平均株高 68.0 cm，分枝 2.7 个，主茎节数 15.4 个荚黄褐色。椭圆叶，叶片大小适中，紫花，灰毛。百粒重 23.5 g。蛋白质含量 45.02%，脂肪含量 19.11%。在适宜区域出苗至成熟生育日数 130 ~ 133 d。

**栽培特点：** 4 月下旬至 5 月上旬播种，宜穴播，每穴 2 株，保苗 12.0 万 ~ 16.5 万株 /hm²。

**适宜区域：** 辽宁省除昌图、抚顺、新宾等冷凉山区外，大部分地区均可种植。

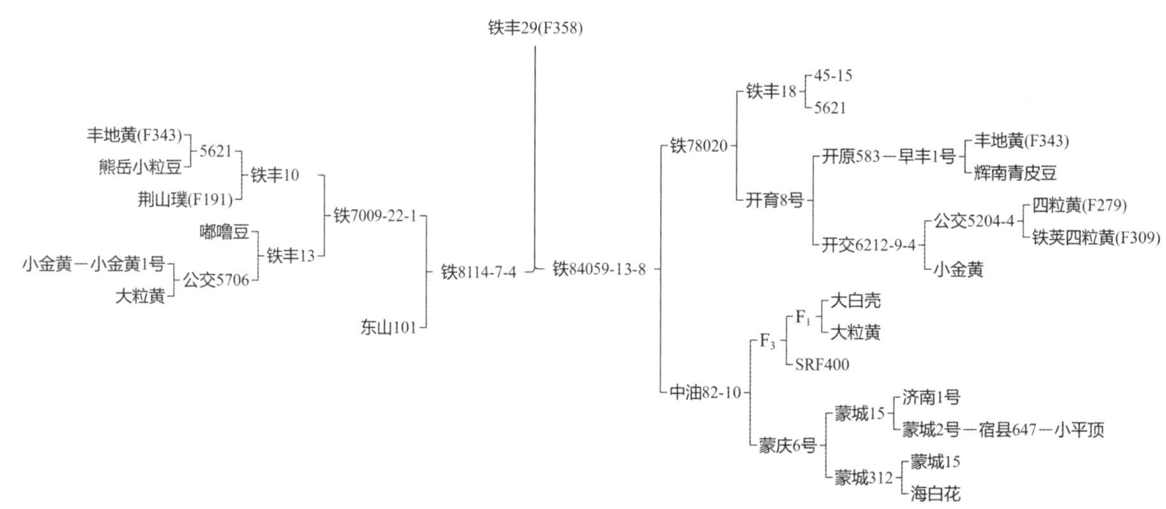


## 359. 铁丰 31

**品种来源：**辽宁省铁岭大豆科学研究所 1992 年以新 3511 为母本、瑞斯尼克（Resnic）为父本，进行有性杂交，采用系谱法选育而成。原品系号：铁 92022–8。2001 年经辽宁省农作物品种审定委员会审定推广。审定编号：辽审豆［2001］54 号。2004 年经北京市农作物品种审定委员会审定。审定编号：京审豆［2004］003 号。

**产量表现：**1999—2000 年生产试验，平均单产产量 3 160.5 kg/hm$^2$，比对照品种平均增产 19.5%。

**特征特性：**亚有限结荚习性。株高 85.7 cm，株型收敛，分枝 1.7 个，主茎节数 19.3 个。荚褐色，单株结荚 55.5 个，3 粒荚居多。紫花，棕毛，小椭圆叶，通透性好。种子椭圆形，种皮黄色有光泽，黑脐，百粒重 18.0 ~ 20.0 g。蛋白质含量 42.2%，脂肪含量 21.3%。在适宜区域出苗至成熟生育日数 133 d 左右。

**栽培要点：**4 月下旬至 5 月上旬，中上等肥力土壤种植，保苗 16.5 万 ~ 19.5 万株 /hm$^2$。

**适宜地区：**除在辽宁省除昌图北部、抚顺、本溪东部山区无霜期较短不能种植外，其他地区均可种植。

铁丰31(F359)

新3511　　Resnic

## 360. 铁丰 34

**品种来源：**辽宁省铁岭大豆科学研究所 1994 年以铁 89012–3–4 为母本、铁 90009–4 为父本，经有性杂交，采用系谱法选育而成。原品系号：铁 94026。2005 年经辽宁省农作物品种审定委员会审定推广。审定编号：辽审豆[2005]74 号。

**产量表现：**2003 年参加生产试验，平均产量 2 896.1 kg/hm$^2$，比对照品种平均增产 21.96%。

**特征特性**：有限结荚习性。平均株高 76.9 cm，株型收敛，分枝 4 个，主茎节数 16 个。荚褐色，单株结荚 57 个，3 粒荚居多。椭圆叶，白花，棕毛。种子圆形，种皮黄色有光泽，黄脐，百粒重 24 g，完整粒率 93.4%。蛋白质含量 41.07%，脂肪含量 20.51%。在适宜区域出苗至成熟生育日数 133 d 左右，属于晚熟品种。

**栽培要点**：4 月中旬至 5 月上旬为宜；穴播，穴留苗 2 株，保苗 15.0 万 ~ 19.5 万株/hm$^2$。

**适宜区域**：除辽宁省除昌图北部及抚顺、本溪东部山区无霜期较短不能种植外，其他地区均可种植。

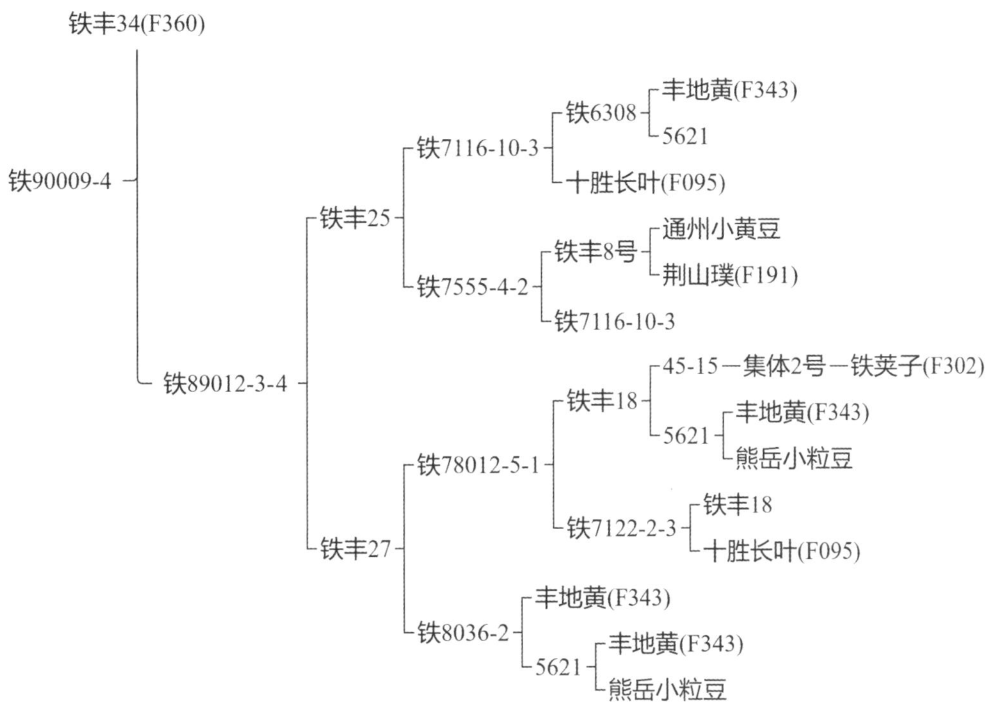


## 361. 铁豆 39

**品种来源**：辽宁省铁岭市农业科学院和辽宁铁研种业科技有限公司于 1996 年以铁 89012–3–4 为母本、铁 89078–7 为父本，进行有性杂交，经过多年选育而成。品种审定编号：辽审豆［2006］84 号。

**产量表现**：2004—2005 两年辽宁省区试，12 点次增产，1 点次减产，平均产量 3 003.3kg/ hm$^2$，比对照增产 12.64%；2005 年参加生产试验，平均产量 2 990.1kg/ hm$^2$，比对照品种增产 19.50%。

**特征特性**：有限结荚习性。平均株高 81.8cm，主茎节数 15 个，分枝 3 个。单株荚数 53 个，3 粒荚居多。椭圆叶，紫花，灰毛。种子椭圆形，种皮黄色有光泽，黄脐，百粒重 23 g。完整粒率 94.5%，虫食粒率 2.2%，褐斑粒率 0.1%，紫斑粒率 0.4%，霜霉粒率 0.2%，未熟粒率 2.1%，其他粒率 1.4%。2005 年经农业部谷物及制品质量监督检验测试中心（哈尔滨）测定，种子粗蛋白质含量 43.44%，粗脂肪含量 20.67%。人工接种鉴定，抗大豆花叶病毒 SMV Ⅰ号Ⅲ号混合株系。生育期 128 d 左右，属中熟品种。

**栽培要点**：4 月中旬至 5 月上旬为宜；穴播，每穴留苗 2 株，保苗 15.0 万 ~19.5 万株 / hm$^2$。

**适宜区域：**辽宁省除昌图以北及东部山区因无霜期较短不能种植外，其他地区均可种植。

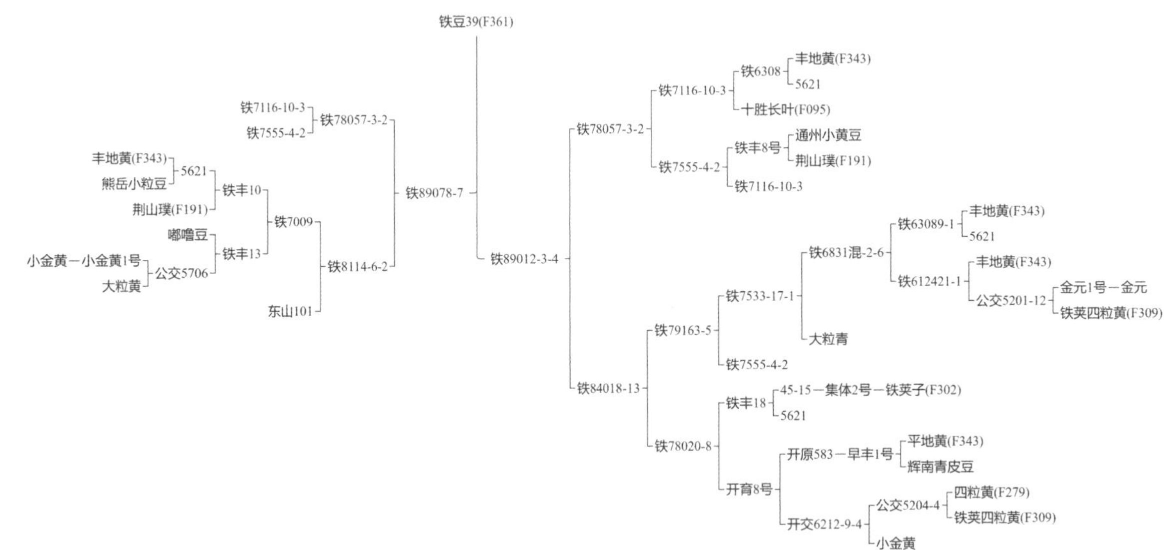

# 全书概要

《中国东北栽培大豆种质资源群体的生态遗传与育种贡献》是重新征集东北栽培大豆种质资源后，于2012—2014年在东北四省（区）9个地点进行了3年的前期联合试验，前后历经10年的研究总结，因而本书是一部研究结果的专门著作。

中国东北栽培大豆种质资源之所以重要，不仅是因为中国的主要大豆生产用品种是以东北栽培大豆种质资源为基础的，而且目前全世界90%左右的大豆生产用品种都和东北栽培大豆种质资源有关。中国东北栽培大豆种质资源传到美洲，并全面走向世界，所以深入研究中国东北栽培大豆种质资源具有重要意义。

以往对于东北栽培大豆资源群体的形成、扩展与遗传分化缺乏系统归纳，有些误解。本书经系统查考东北由游牧发展到农耕的历史，明确了东北大豆最初仅限于辽河流域，迅速发展是在“闯关东”后的19世纪后期至20世纪初期。由此在向高寒地区扩展中产生分化，逐步形成了东北栽培大豆种质资源群体。大豆生产在东北快速发展，随着大品种的推广，小品种有所流失，再加上以往对种质资源缺乏科学的保持政策，到研究东北大豆种质资源时便发现短缺了。为此，本研究开展了东北大豆种质资源的再收集，获得了361份宝贵资源。

研究大豆种质资源群体的进化发展，首先考虑的性状是与地理条件密切相关的生育期，然后才考虑到产量、品质、耐逆性等。高纬度地区的日长和温度是品种分化的最重要生态因子，相应的生育期长短是东北最重要的生态性状。品种熟期组的划分是东北最重要的品种生态分类，比对全世界13个熟期组（MG000～MGⅩ）的划分，东北大豆资源群体归入了MG000～MGⅢ共6个熟期组。在山海关外的一个局部区域内有这么多熟期组类型，说明单个熟期组类型适宜的南北地理距离较为狭窄，东北地区需要培育多种类型熟期组的品种。

要掌握东北大豆种质资源群体并用于品种改良，首先必须掌握其表型特征，包括在不同环境条件下的表型特征。全部361个材料在4个生态亚区9个地点2～3年的表型试验，提供了每个材料在每个环境的表型信息（平均数信息和基因型×环境互作信息）。精确的遗传构成检测必须以精确的表型鉴定为基础，由不同环境下性状的表型可以解析出不同环境下表达出来的性状遗传构成信息。有了这些信息，育种家便能在不同环境下有依据地使用这批资源。性状表型信息是性状遗传构成知识的基础。将遗传结构与生态条件综合考虑，或者说研究不同生态条件下的遗传构成称之为生态遗传，因而本书题名中用了“生态遗传”的概念，目的在于研究东北栽培大豆种质资源群体在不同生态环境下表达出来的遗传构成，以便为育种家提供更为贴切的、适合当地的群体和个体（材料）遗传构成的信息。

要正确解析种质资源群体的遗传构成信息，必须有相应的遗传分析方法。目前，种质资源群体遗传解析常用的方法是性状QTL的全基因组关联分析法（genome - wide association analysis）。鉴于资源群体经过长期的人工和自然进化，每个QTL位点可能存在不同数量的复等位变异（multiple alleles)，育种工作要求性状全基因组优化，因而要将性状涉及的 QTL 尽可能多地鉴别出来，从而在 QTL 总体上设计优化基因型，这就要求关联分析方法对假阳性和假阴性都能实现最佳控制。经过多方面的比较，作者提出的限制性二阶段多位点模型全基因组关联分析方法（RTM－GWAS)，最适合自花授粉作物种质资源群体的遗传分析。该方法使用 SNP 构成的具有复等位变异的 SNPLDB 标记，采用多位点模型将 QTL 贡献控制在性状遗传率范围之内，采用两阶段分析先将标记初选后再进行 QTL 精确分析，并采用小区原始数据分析以降低试验误差，提高 QTL 测验的精确性。

本研究采用 RTM－GWAS 方法对生育期性状（生育前期、生育后期、全生育期、生育期结构)，籽粒性状（百粒重、蛋白质含量、脂肪含量、蛋脂总量)，株型性状（株高、主茎节数、分枝数、倒伏性)，产量性状（地上部生物量、小区产量、表观收获指数、主茎节数)，耐盐碱性（耐盐性、耐碱性）等做了 QTL 关联分析，解析其 QTL 位点及其相应的等位变异效应值。由于资源材料的适应范围有所不同，有些材料在一些地区不能成熟甚至不能正常生长，所获数据并不完全均衡。有的性状可以做全区综合 QTL 检测，有的可以做几个点的 QTL 综合检测，有的只能做个别点的检测。所有 QTL 定位结果都按所涉及的环境分别列出。作者的理念是在特定环境检出的 QTL－allele 是该环境下表达出来的遗传构成，各种环境下检出的 QTL－allele 总体代表了该资源群体的 QTL－allele 总体可能构成。不同亚群有不同的 QTL－allele 构成，不同环境下定位的同一个 QTL－allele 可能有不同的效应。文中一一列出了各性状、各亚群体的 QTL－allele 信息，供读者从不同角度去分析和应用。

从 RTM－GWAS 获得性状 QTL－allele 的全部信息，可以将各品种各位点上的等位变异归成一个矩阵，称为 QTL－allele 矩阵。由这个矩阵可以做全部可能组合的性状遗传组成预测，从而得到基因型优化组合的预测/设计。因而 QTL－allele 矩阵为基因型设计育种提供了一个可行的途径。单个性状组合优化设计的结果，发现传统的“优×优”组合选配经验存在局限性，最佳的后代不一定出自“优×优”组合，有可能出自“优×中”，甚至“中×中”组合，依两个亲本等位基因间重组的具体情况而定。这说明了亲本群体遗传解析在基因型设计育种中的重要性。优良品种选育要求获得综合性状优良的基因型。由单一性状的优化组合设计可以延伸到综合性状的优化组合设计。本书对综合优化设计做了试探，结果有待依据各地要求扩展，并有待育种实践的验证。鉴于本研究所用材料覆盖了东北地区主要的大豆种质资源，试验范围覆盖了东北地区各个生态亚区，所获得数据大致包含了东北地区资源性状 QTL－allele 的表型和基因型信息，可以为东北广大地区育种家使用。为便于读者查考，本研究中东北大豆种质资源群体各材料、各性状、各试验点 2013 年、2014 年两年的平均数列在附表Ⅰ（附表Ⅰ－1～附表Ⅰ－18)；群体各材料的 SNPLDB 及其等位变异构成列在附表Ⅱ；群体各材料、各性状 QTL 定位信息列在附表Ⅲ（附表Ⅲ－1～附表Ⅲ－18)，各性状 QTL 等位变异效应的信息可参见在各性状 QTL 定位研究的章节。东北地区的育种家可以利用所在区域相关的数据做单个性状或多个性状的优化组合设计。此外，从东北大豆种质资源群体性状 QTL－allele 的信息已经做了各性状位点的候选基因估计，以此为基础可以进一步研究大豆各性状的基因网络体系。

在介绍东北种质资源群体性状 QTL－allele 解析及其基因型设计育种的基础上，本书回顾了东北大豆育种的经验，发现东北近 50 年来的育种进展与种质基础的拓宽有关。引进的国外/外区种质资源，即便原基础是东北资源，但经改良后，国外的资源也带来了新的遗传潜力。从东北资源群体生态进化的动力分析，以开花期为例，从 MGⅠ～Ⅲ进化到 MG0、MG00、MG000，开花期新生的等位变异极少，337 个开花期等位变异中，MG0～000 新生了 4 个等位变异（MG0 出现 4 个，MG00 和 MG000 便未再出现新生等位变异），进化动力主要表现在老等位变异的大量汰除（MG0～MG000 总共汰除 139 个等位变异）以及大量汰除后的等位变异重新组合。回顾东北大豆育种的进步与遗传多样性理论具有相符性。QTL－allele 全基因组解析为综合性状的重组育种提供了坚实的依据。鉴于优良基因在选择条件下常相互关联形成区块的特点，从全基因组优化组合延伸到了分子模块育种的概念。大豆育种的首要任务还在于产量突破，产量的实质在于高效率的光能利用，因此进一步讨论了高光效育种的策略问题。提高单位面积光能利用效率的育种称高光效育种。单位面积光能利用效率涉及两个方面的利用效率：单位面积光能截取的效率和所截取的光能转化为光合产物的效率。后者又主要涉及光合途径（$C_4$ 途径比 $C_3$ 途径效率高）和光合作用速率。作物育种家首先考虑从直观的单位面积光能截取效率来介入高光效育种，生理学家则首先考虑根本性的改变光合途径，将大豆从 $C_3$ 途径变为 $C_4$ 途径，同时再提高光合速率。目前需要对高光效育种的性状组成做出判断，然后可以按本书的方法进行 QTL－allele 的解析，从而进行高光效综合性状的优化组合预测。

本书最后系统回顾并归纳了东北栽培大豆种质资源群体中优异品种对大豆生产的贡献，东北栽培大豆种质资源群体为不同亚区育种提供的优异供体亲本，利用东北栽培大豆种质资源群体育成的品种及产生的衍生品种（系），归纳出东北栽培大豆种质资源中衍生品种（系）最多的材料，利用东北栽培大豆种质资源育成的新品种和新种质，包括由东北栽培大豆种质资源群体衍生的群体种质（不完全双列杂交群体及 *ms*1 雄性不育合成基因库群体），最后就进一步拓宽东北大豆品种遗传基础做了前瞻性讨论。



书末汇编了大豆种质资源群体各材料的品种来源、产量表现、特征特性、形态特征、栽培要点和适宜区域，给出了各材料的特征特性以及亲本系谱图。为便于读者查考表型和 QTL－allele 数据，用以进行各自的基因型设计育种，各材料、各性状、各试验点 2013 年及 2014 年两年的平均数列在附表Ⅰ；群体各材料的 SNPLDB 及其等位变异构成列在附表Ⅱ；群体各材料、各性状 QTL 定位信息列在附表Ⅲ。通过试验数据共享以发挥本研究的最大效益。

# 参考文献

[1] HARTMAN G L, WEST E D, HERMAN T K. Crops that feed the World 2. Soybean—worldwide production, use, and constraints caused by pathogens and pests [J]. Food Security, 2011, 3 (1): 5 –17.

[2] AGARWAL D K, BILLORE S D, SHARMA A N, et al. Soybean: Introduction, Improvement, and utilization in India—problems and prospects [J]. Agricultural Research, 2013, 2 (4): 293 –300.

[3] WATANABE S, HARADA K, ABE J. Genetic and molecular bases of photoperiod responses of flowering in soybean [J]. Breeding Science, 2012, 61 (5): 531 –543.

[4] JIA H, JIANG B, WU C, et al. Maturity group classification and maturity locus genotyping of early – maturing soybean varieties from high – latitude cold regions [J]. PLOS ONE, 2014, 9 (4): e94139.

[5] GONG Z. Flowering phenology as a core domestication trait in soybean [J]. Journal of Integrative Plant Biology, 2020, 62 (5): 546 –549.

[6] KIM M Y, VAN K, KANG Y J, et al. Tracing soybean domestication history: From nucleotide to genome [J]. Breeding Science, 2012, 61 (5): 445 –452.

[7] 石慧，王思明. 大豆在中国的历史变迁及其动因探究 [J]. 农业考古，2019 (03): 32 –39.

[8] 孙永刚. 栽培大豆起源的考古学探索 [J]. 中国农史，2013, 32 (05): 3 –8.

[9] LEE G A, CRAWFORD G W, LIU L, et al. Archaeological soybean ( *Glycine max* ) in East Asia: Does size matter? [J]. PLOS ONE, 2011, 6 (11): e26720.

[10] SEDIVY E J, WU F, HANZAWA Y. Soybean domestication: the origin, genetic architecture and molecular bases [J]. New Phytologist, 2017, 214 (2): 539 –553.

[11] ZHOU Z, JIANG Y, WANG Z, et al. Resequencing 302 wild and cultivated accessions identifies genes related to domestication and improvement in soybean [J]. Nature Biotechnology, 2015, 33 (4): 408.

[12] HAN Y, ZHAO X, LIU D, et al. Domestication footprints anchor genomic regions of agronomic importance in soybeans [J]. New Phytologist, 2016, 209 (2): 871 –884.

[13] 郭文韬. 略论中国栽培大豆的起源 [J]. 南京农业大学学报（社会科学版），2004 (01): 60 –69.

[14] FUKUDA Y. Cytogenetical studies on the wild and cultivated Manchurian soybeans ( *Glycine* L. ) [J]. Japanese Journal of Botany, 1933, 6: 489 –506.

[15] 李福山. 大豆起源及其演化研究 [J]. 大豆科学，1994 (01): 61 –66.

[16] 常汝镇. 关于栽培大豆起源的研究 [J]. 中国油料, 1989 (01): 3 -9.

[17] 刘启振, 张小玉, 王思明. "一带一路" 视域下栽培大豆的起源和传播 [J]. 中国野生植物资源, 2017, 36 (03): 1 -6.

[18] 崔德卿. 对于荏菽和戎菽的再讨论: 中国大豆的起源相关联 [J]. 中国农史, 2017, 36 (04): 15 -33.

[19] HYMOWITZ T. On the domestication of the soybean [J]. Economic Botany, 1970, 24 (4): 408 -421.

[20] DONG Y S, ZHAO L M, LIU B, et al. The genetic diversity of cultivated soybean grown in China [J]. Theoretical & Applied Genetics, 2004, 108 (5): 931 -936.

[21] LI Y H, LI W, ZHANG C, et al. Genetic diversity in domesticated soybean (*Glycine max*) and its wild progenitor (*Glycine soja*) for simple sequence repeat and single - nucleotide polymorphism loci [J]. New Phytologist, 2010, 188 (1): 242 -253.

[22] ZHAO Z. Floatation: A paleobotanic method in field archaeology... [J]. Archaeology, 2004 (3): 80 -87.

[23] SHIMAMOTO Y, ABE J, ZHONG G, et al. Characterizing the cytoplasmic diversity and phyletic relationship of Chinese landraces of soybean, *Glycine max*, based on RFLPs of chloroplast and mitochondrial DNA [J]. Genetic Resources & Crop Evolution, 2000, 47 (6): 611 -617.

[24] GUO J, WANG Y S, SONG C, et al. A single origin and moderate bottleneck during domestication of soybean (*Glycine max*): implications from microsatellites and nucleotide sequences [J]. Annals of Botany, 2010, 106 (3): 505.

[25] ZHANG Z, ZENG W, CAI Z, et al. Differentiation and evolution among geographic and seasonal eco - populations of soybean germplasm in Southern China [J]. Crop and Pasture Science, 2019, 70 (2): 121.

[26] STUPAR R M, SPECHT J E. Insights from the soybean (*Glycine max* and *glycine soja*) Genome. past, present, and future [J]. Advances in Agronomy, 2013, 118: 177 -204.

[27] HYMOWITZ T. The history of the soybean [J]. Soybeans, 2008: 1 -31.

[28] JUNG Y S, RHA C S, BAIK M Y, et al. A brief history and spectroscopic analysis of soy isoflavones. [J]. Food Science and Biotechnology, 2020, 29 (12): 1605 -1617.

[29] HYMOWITZ T, HARLAN J R. Introduction of soybean to North America by Samuel Bowen in 1765 [J]. Economic Botany, 1983, 37 (4): 371 -379.

[30] MOUNTS T, WOLF W, MARTINEZ W. Processing and Utilization [M]. Wisconsin: American Society of Agronomy Madison, 1987.

[31] BERNARD R L, JUVIK G A, HARTWIG E E, et al. Origins and pedigrees of public soybean varieties in the United States and Canada [R]. Technical Bulletin United States Department of Agriculture, 1988.

[32] SINGH R J. Botany and Cytogenetics of Soybean [M] //NGUYEN H T, BHATTACHARYYA M K. The Soybean Genome. Cham: Springer International Publishing, 2017: 11 -40.

[33] LANGTHALER E. Broadening and deepening: Soy expansions in a world - historical perspective [J]. Historia Ambiental Latinoamericana y Caribeña (HALAC) revista de la Solcha, 2020, 10 (1): 244 - 277.

[34] SHURTLEFF W, AOYAGI A. History of soybeans and soyfoods in Africa (1857 - 2009): extensively annotated bibliography and sourcebook [M]. Lafayette: Soyinfo Center, 2009.

[35] 刘学勤. 世界的地理分化、遗传解析及演化关系的研究 [D]. 南京: 南京农业大学, 2015.

[36] LIU X, HE J, WANG Y, et al. Geographic differentiation and phylogeographic relationships among world soybean populations [J]. The Crop Journal, 2020, 8 (02): 260 - 272.

[37] 宋湛庆. 我国古代的大豆 [J]. 中国农史, 1987 (03): 50 - 57.

[38] 杨光震. 清末到1931年东北大豆生产发展的基本趋势 [J]. 中国农史, 1982 (01): 80 - 86.

[39] 杨树果. 产业链视角下的中国大豆产业经济研究 [D]. 北京: 中国农业大学, 2014.

[40] CHANG W S, LEE H I, HUNGRIA M. Soybean Production in the Americas [M] // LUGTENBERG B. Principles of Plant - Microbe Interactions. Cham: Springer Inter national Publishing, 2015: 393 - 400.

[41] 农业农村部农业贸易促进中心. 世界大豆生产和贸易演变 [J]. 农产品市场, 2019 (15): 63.

[42] 石慧, 王思明. 从引种到繁盛: 大豆在美国的历史追溯 [J]. 自然辩证法研究, 2019, 35 (03): 69 - 75.

[43] 蒋慕东. 二十世纪中国大豆改良、生产与利用研究 [D]. 南京: 南京农业大学, 2006.

[44] 郭天宝. 中国大豆生产困境与出路研究 [D]. 长春: 吉林农业大学, 2017.

[45] 原梓涵, 邵娜. 大豆振兴计划实施背景下中国大豆市场分析及未来展望 [J]. 农业展望, 2019, 15 (06): 4 - 9.

[46] 国家大豆产业技术体系. 中国现代农业产业可持续发展战略研究 · 大豆分册 [M]. 北京: 中国农业出版社, 2016.

[47] 翟涛, 吴玲. 开放视角下中国大豆产业发展态势与振兴策略研究 [J]. 大豆科学, 2020, 39 (03): 472 - 478.

[48] 姚林. 中美贸易摩擦下的中国大豆产业现状与发展趋势 [J]. 中国油脂, 2020, 45 (02): 10 - 14.

[49] 杨丹, 朱满德. 我国大豆生产格局与区域比较优势演变探析 [J]. 国土与自然资源研究, 2020 (01): 58 - 64.

[50] 潘晓卉. 东北地区大豆生产布局变化及影响因素分析 [D]. 长春: 中国科学院大学 (中国科学院东北地理与农业生态研究所), 2019.

[51] 王禹, 李干琼, 喻闻, 等. 中国大豆生产现状与前景展望 [J]. 湖北农业科学, 2020, 59 (21): 201 - 207.

[52] HYMOWITZ T, NEWELL C A. Taxonomy of the genus Glycine, domestication and uses of

soybeans [J]. Economic Botany, 1981, 35 (3): 272 -288.

[53] SKVORTZOW B W. The soybean - wild and cultivated in Eastern Asia [J]. Proceedings of Manchurian Research Society, Natural History Section Publication Series A, 1927, 22: 1 -8.

[54] QIU L J, CHEN P Y, LIU Z X, et al. The worldwide utilization of the Chinese soybean germplasm collection [J]. Plant Genetic Resources, 2011, 9 (01): 109 -122.

[55] 王克晶, 李向华. 国家基因库野生大豆 (*Glycine soja*) 资源最近十年考察与研究 [J]. 植物遗传资源学报, 2012 (04): 507 -514.

[56] 刘洋. *Soja* 亚属遗传多样性及性状类型间的遗传差异分析 [D]. 北京: 中国农业科学院, 2010.

[57] 王金陵. 大豆的进化与其分类栽培及育种的关系 [J]. 中国农业科学, 1962 (01): 11 -15.

[58] 赵团结, 盖钧镒. 栽培大豆起源与演化研究进展 [J]. 中国农业科学, 2004 (07): 954 -962.

[59] 盖钧镒, 熊冬金, 赵团结. 中国大豆育成品种系谱与种质基础 (1923 -2005) [M]. 北京: 中国农业出版社, 2015.

[60] 崔宁波, 张正岩. 转基因大豆研究及应用进展 [J]. 西北农业学报, 2016 (08): 1111 -1124.

[61] ISAAA. Global status of commercialized Biotech /GM crops in 2019: Biotech Crops Drive Socio - Economic Development and Sustainable Environment in New Frontier [J]. ISAAA Brief, No. 55, 2019.

[62] 高鸿烨, 冉耴丙, 胡昕, 等. CRISPR/Cas 介导的非转基因植物基因组编辑 [J]. 科学通报, 2021, 66 (12): 1408 -1422.

[63] HUANG S, WEIGEL D, BEACHY R N, et al. A proposed regulatory framework for genome - edited crops [J]. Nature Genetics, 2016, 48 (2): 109 -111.

[64] 侯文胜, 林抗雪, 陈普, 等. 大豆规模化转基因技术体系的构建及其应用 [J]. 中国农业科学, 2014 (21): 4198 -4210.

[65] CAI Y, CHEN L, ZHANG Y, et al. Target base editing in soybean using a modified CRISPR/Cas9 system [J]. Plant Biotechnol Journal, 2020, 18 (10): 1996 -1998.

[66] 文自翔. 中国栽培和野生大豆的遗传多样性、群体分化和演化及其育种性状 QTL 的关联分析 [D]. 南京: 南京农业大学, 2008.

[67] SMÝKAL P, COYNE C J, AMBROSE M J, et al. Legume crops phylogeny and genetic diversity for science and breeding [J]. Critical Reviews in Plant Sciences, 2014, 34 (1 -3): 43 -104.

[68] 邱丽娟, 常汝镇, 袁翠平, 等. 国外大豆种质资源的基因挖掘利用现状与展望 [J]. 植物遗传资源学报, 2006 (01): 1 -6.

[69] 熊冬金. 中国大豆育成品种 (1923—2005) 基于系谱和 SSR 标记的遗传基础研究 [D]. 南京: 南京农业大学, 2009.

[70] 吕祝章. 野生大豆对中国大豆育成品种遗传贡献的分子印证 [J]. 福建农林大学学报

(自然科学版), 2017 (04): 379 - 386.

[71] 孙寰, 赵丽梅, 黄梅. 大豆质 - 核互作不育系研究 [J]. 科学通报, 1993 (16): 1535 - 1536.

[72] 冯献忠, 刘宝辉, 杨素欣. 大豆分子设计育种研究进展与展望 [J]. 土壤与作物, 2014, 3 (04): 123 - 131.

[73] 王建康, 李慧慧, 张学才, 等. 中国作物分子设计育种 [J]. 作物学报, 2011, 37 (02): 191 - 201.

[74] 罗晶, 赖锦盛, 高铭宇, 等. “主要农作物产量性状的遗传网络解析” 重大研究计划中期综述 [J]. 中国科学基金, 2019, 33 (05): 458 - 466.

[75] 徐福海, 何友, 王元慧, 等. 作物种质资源开发与分子生物技术利用 [J]. 种子世界, 2013 (12): 22 - 24.

[76] 王金陵. 大豆生态类型 [M]. 北京: 中国农业出版社, 1991.

[77] 卜慕华, 潘铁夫. 中国大豆栽培区域探讨 [J]. 大豆科学, 1982 (2): 105 - 121.

[78] 吕世霖, 程舜华, 程创基, 等. 我国大豆栽培区划的研讨 [J]. 山西农业大学学报 (自然科学版), 1981 (01): 10 - 17.

[79] 吉林省农业科学院. 中国大豆育种与栽培 [M]. 北京: 中国农业出版社, 1987.

[80] 盖钧镒, 汪越胜. 中国大豆品种生态区域划分的研究 [J]. 中国农业科学, 2001 (02): 139 - 145.

[81] 盖钧镒, 汪越胜, 张孟臣, 等. 中国大豆品种熟期组划分的研究 [J]. 作物学报, 2001 (03): 286 - 292.

[82] 王金陵, 武镛祥, 吴和礼, 等. 中国南北地区大豆光照生态类型的分析 [J]. 农业科学, 1956, 7 (2): 169 - 180.

[83] 王国勋. 中国栽培大豆品种的生态分类研究 [J]. 中国农业科学, 1981 (03): 39 - 46.

[84] 郝耕, 陈杏娟, 卜慕华. 中国大豆品种生育期组的划分 [J]. 作物学报, 1992 (04): 275 - 281.

[85] 汪越胜, 马宏惠. 美国的大豆熟期划分及其影响 [J]. 安徽农学通报, 2000 (04): 28 - 29.

[86] NORMAN A G. Soybean physiology, agronomy, and utilization [M]. New York: Academic Press, 1978.

[87] 宋雯雯. 中国大豆品种生育期组的精细划分与应用 [D]. 哈尔滨: 中国科学院研究生院 (东北地理与农业生态研究所), 2016.

[88] 汪越胜. 中国大豆品种的熟期组、生态区域及光温反应遗传特性研究 [D]. 南京: 南京农业大学, 1999.

[89] 汪越胜, 盖钧镒. 中国各省大豆品种的熟期组分布 [J]. 中国种业, 1999 (04): 5.

[90] HYMOWITZ T. Dorsett-morse soybean collection trip to East Asia: 50 year retrospective [J]. Economic Botany, 1984, 38 (4): 378 - 388.

[91] WOLFGANG G, AN Y C. Genetic separation of southern and northern soybean breeding pro-

grams in North America and their associated allelic variation at four maturity loci [J]. Molecular Breeding, 2017, 37 (1): 8.

[92] FAOSTAT. http://faostat. fao. org/default. aspx [Online].

[93] 盖钧镒，章元明，王建康. 植物数量性状遗传体系 [M]. 北京：科学出版社，2003.

[94] 汤在祥，徐辰武. 复杂性状遗传分析策略和方法研究进展 [J]. 中国农业科学，2008，41 (5): 1255 - 1266.

[95] MACKAY I, POWELL W. Methods for linkage disequilibrium mapping in crops [J]. Trends Plant Science, 2007, 12 (2): 57 - 63.

[96] 张海英，许勇，王永健. 基因组图谱综述 [J]. 分子植物育种，2003 (Z1): 741 - 745.

[97] 苏成付. 大豆 QTL 准确定位技术和策略的研究 [D]. 南京：南京农业大学，2009.

[98] GAUT B S, LONG A D. The lowdown on linkage disequilibrium [J]. Plant Cell, 2003, 15 (7): 1502 - 1506.

[99] WEIR B S. Linkage Disequilibrium and association mapping [J]. Annual Review of Genomics & Human Genetics, 2008, 9 (1): 129.

[100] YU J, BUCKLER E S. Genetic association mapping and genome organization of maize [J]. Current Opinion in Biotechnology, 2006, 17 (2): 155.

[101] 金亮，包劲松. 植物性状 - 标记关联分析研究进展 [J]. 分子植物育种，2009，7 (6): 1048 - 1063.

[102] ALTSHULER D, DALY M J, LANDER E S. Genetic mapping in human disease [J]. Science, 2008, 322 (5903): 881.

[103] BURTON P R, CLAYTON D G, CARDON L R, et al. Genome-wide association study of 14, 000 cases of seven common diseases and 3, 000 shared controls [J]. Nature, 2007, 447 (7145): 661 - 678.

[104] DEAN M. Approaches to identify genes for complex human diseases: lessons from Mendelian disorders [J]. Human Mutation, 2003, 22 (4): 261.

[105] RISCH N, MERIKANGAS K. The future of genetic studies of complex human diseases [J]. Science, 1996, 273 (3): 350 - 354.

[106] ATWELL S, HUANG Y S, VILHJáLMSSON B J, et al. Genome-wide association study of 107 phenotypes in Arabidopsis thaliana inbred lines [J]. Nature, 2010, 465 (7298): 627 - 631.

[107] RAFALSKI J A. Association genetics in crop improvement [J]. Current Opinion in Plant Biology, 2010, 13 (2): 174 - 180.

[108] THORNSBERRY J M, GOODMAN M M, DOEBLEY J, et al. Dwarf8 polymorphisms associate with variation in flowering time [J]. Nature Genetics, 2001, 28 (3): 286 - 289.

[109] LARSSON S J, LIPKA A E, BUCKLER E S. Lessons from Dwarf8 on the strengths and weaknesses of structured association mapping [J]. PLOS Genetics, 2013, 9 (2): e1003246.

[110] CARDON L R, PALMER L J. Population stratification and spurious allelic association [J]. Lancet, 2003, 361 (9357): 598 - 604.

[111] LANDER E, KRUGLYAK L. Genetic dissection of complex traits: guidelines for interpreting and reporting linkage results [J]. Nature Genetics, 1995, 11 (3): 241 –247.

[112] PRICE A L, ZAITLEN N A, REICH D, et al. New approaches to population stratification in genome-wide association studies [J]. Nature Reviews Genetics, 2010, 11 (7): 459 –463.

[113] DEVLIN B, ROEDER K. Genomic control for association studies [J]. Biometrics, 1999, 55 (4): 997 –1004.

[114] PRITCHARD J K, STEPHENS M, ROSENBERG N A, et al. Association mapping in structured populations [J]. American Journal of Human Genetics, 2000, 67 (1): 170 –181.

[115] FALUSH D, STEPHENS M, PRITCHARD J K. Inference of population structure using multilocus genotype data: linked loci and correlated allele frequencies [J]. Genetics, 2003, 164 (4): 1567 –1587.

[116] YU J, PRESSOIR G, BRIGGS W H, et al. A unified mixed – model method for association mapping that accounts for multiple levels of relatedness [J]. Nature Genetics, 2006, 38 (2): 203 –208.

[117] PATTERSON N, PRICE A L, REICH D. Population structure and eigenanalysis [J]. PLOS Genetics, 2006, 2 (12): e190.

[118] RAKITSCH B, LIPPERT C, STEGLE O, et al. A Lasso multi – marker mixed model for association mapping with population structure correction [J]. Bioinformatics, 2013, 29 (2): 206 –214.

[119] VINCENT S, VILHJáLMSSON B J, ALEXANDER P, et al. An efficient multi-locus mixed model approach for genome – wide association studies in structured populations [J]. Nature Genetics, 2012, 44 (7): 825 –830.

[120] WANG S B, FENG J Y, REN W L, et al. Improving power and accuracy of genome-wide association studies via a multi-locus mixed linear model methodology [J]. Scientific Reports, 2016, 6: 19444.

[121] HE J, MENG S, ZHAO T, et al. An innovative procedure of genome – wide association analysis fits studies on germplasm population and plant breeding [J]. Theoretical and Applied Genetics, 2017, 130 (11): 2327 –2343.

[122] ZHANG Y, HE J, WANG Y, et al. Establishment of a 100-seed weight quantitative trait locus – allele matrix of the germplasm population for optimal recombination design in soybean breeding programmes [J]. Journal of Experimental Botany, 2015, 66 (20): 6311 –6325.

[123] MENG S, HE J, ZHAO T, et al. Detecting the QTL – allele system of seed isoflavone content in Chinese soybean landrace population for optimal cross design and gene system exploration [J]. Theoretical and Applied Genetics, 2016, 129 (8): 1557 –1576.

[124] LI S, CAO Y, HE J, et al. Detecting the QTL – allele system conferring flowering date in a nested association mapping population of soybean using a novel procedure [J]. Theoretical and Applied Genetics, 2017, 130 (11): 2297 –2314.

[125] SCHMUTZ J, CANNON S B, SCHLUETER J, et al. Genome sequence of the palaeopolyploid

soybean [J]. Nature, 2010, 463 (7278): 178 - 183.

[126] SHEN Y, LIU J, GENG H, et al. De novo assembly of a Chinese soybean genome [J]. Science China Life Sciences, 2018, 61 (8): 871 - 884.

[127] LI Y H, ZHOU G, MA J, et al. De novo assembly of soybean wild relatives for pan-genome analysis of diversity and agronomic traits [J]. Nature Biotechnology, 2014, 32 (10): 1045 - 1054.

[128] LIU Y, DU H, LI P, et al. Pan-Genome of wild and cultivated soybeans [J]. Cell, 2020, 182 (1): 162 - 176.

[129] KEIM P, DIERS B W, OLSON T C, et al. RFLP mapping in soybean: association between marker loci and variation in quantitative traits [J]. Genetics, 1990, 126 (3): 735 - 742.

[130] LIANG Y, LIU H J, YAN J, et al. Natural variation in crops: realized understanding, continuing promise [J]. Annual Review of Plant Biology, 2021, 72: 357 - 385.

[131] SATOSHI W, KYUYA H, JUN A. Genetic and molecular bases of photoperiod responses of flowering in soybean [J]. Breeding Science, 2012, 61 (5): 531.

[132] BERNARD R L. Two major genes for time of flowering and maturity in soybeans 1 [J]. Crop Science, 1971, 11 (2): 242 - 244.

[133] BUZZELL R I. Inheritance of a soybean flowering response to fluorescent-daylength conditions [J]. Canadian Journal of Genetics & Cytology, 1971, 13 (4): 703 - 707.

[134] BUZZELL R I, VOLDENG H D. Inheritance of insensitivity to long daylength [J]. Soybean Genetics Newsletter, 1980, 7: 26 - 29.

[135] MCBLAIN B A, BERNARD R L. A new gene affecting the time of flowering and maturity in soybeans [J]. Journal of Heredity, 1987, 78 (3): 160 - 162.

[136] BONATO E R, VELLO N A. E6, a dominant gene conditioning early flowering and maturity in soybeans [J]. Genetics & Molecular Biology, 1999, 22 (2): 229 - 232.

[137] COBER E R, VOLDENG H D. A new soybean maturity and photoperiod-sensitivity locus linked to *E*1 and *T* [J]. Crop Science, 2001, 41 (3): 698 - 701.

[138] COBER E R, MOLNAR S J, CHARETTE M, et al. A new locus for early maturity in soybean [J]. Crop Science, 2010, 50 (2): 524 - 527.

[139] KONG F, NAN H, CAO D, et al. A new dominant gene *E*9 conditions early flowering and maturity in soybean [J]. Crop Science, 2014, 54 (6): 2529 - 2535.

[140] SAMANFAR B, MOLNAR S J, CHARETTE M, et al. Mapping and identification of a potential candidate gene for a novel maturity locus, *E*10, in soybean [J]. Theoretical and Applied Genetics, 2017, 130 (2): 377 - 390.

[141] RAY J D, HINSON K, MANKONO J E B, et al. Genetic control of a long-juvenile trait in soybean [J]. Crop Science, 1995, 35 (4): 1001 - 1006.

[142] SAMANFAR B, MOLNAR S J, CHARETTE M, et al. Mapping and identification of a potential candidate gene for a novel maturity locus, *E*10, in soybean [J]. Theoretical Applied Genetics, 2017, 130 (2): 377 - 390.

[143] LIU B, WATANABE S, UCHIYAMA T, et al. The soybean stem growth habit gene *Dt*1 is an ortholog of Arabidopsis *TERMINAL FLOWER*1 [J]. Plant Physiology, 2010, 153 (1): 198 - 210.

[144] KONG F, LIU B, XIA Z, et al. Two coordinately regulated homologs of *FLOWERING LOCUS T* are involved in the control of photoperiodic flowering in soybean [J]. Plant Physiology, 2010, 154 (3): 1220 - 1231.

[145] ZHAI H, LU S, WU H, et al. Diurnal expression pattern, allelic variation, and association analysis reveal functional features of the *E*1 gene in control of photoperiodic flowering in soybean [J]. PLOS ONE, 2015, 10 (8): e0135909.

[146] XIA Z, WATANABE S, YAMADA T, et al. Positional cloning and characterization reveal the molecular basis for soybean maturity locus *E*1 that regulates photoperiodic flowering [J]. Proceedings of the Naional Academy of Science of the USA, 2012, 109 (32): E2155 - 2164.

[147] 夏正俊. 大豆光周期反应与生育期基因研究进展 [J]. 作物学报, 2013 (04): 571 - 579.

[148] XU M, YAMAGISHI N, ZHAO C, et al. The soybean-specific maturity gene *E*1 family of floral repressors controls night-break responses through down-regulation of *FLOWERING LOCUS T* orthologs [J]. Plant Physiology, 2015, 168 (4): 1735 - 1746.

[149] WATANABE S, XIA Z, HIDESHIMA R, et al. A map-based cloning strategy employing a residual heterozygous line reveals that the *GIGANTEA* gene is involved in soybean maturity and flowering [J]. Genetics, 2011, 188 (2): 395 - 407.

[150] TSUBOKURA Y, WATANABE S, XIA Z, et al. Natural variation in the genes responsible for maturity loci *E*1, *E*2, *E*3 and *E*4 in soybean [J]. Annals of Botany, 2014, 113 (3): 429 - 441.

[151] COBER E R, TANNER J W, VOLDENG H D. Soybean photoperiod-sensitivity loci respond differentially to light quality [J]. Crop Science, 1996, 36 (3): 606 - 610.

[152] LIU B, KANAZAWA A, MATSUMURA H, et al. Genetic redundancy in soybean photoresponses associated with duplication of the phytochrome *A* gene [J]. Genetics, 2008, 180 (2): 995 - 1007.

[153] WATANABE S, HIDESHIMA R, XIA Z, et al. Map-based cloning of the gene associated with the soybean maturity locus *E*3 [J]. Genetics, 2009, 182 (4): 1251 - 1262.

[154] CAO D, TAKESHIMA R, ZHAO C, et al. Molecular mechanisms of flowering under long days and stem growth habit in soybean [J]. Journal of Experimental Botany, 2017, 68 (8): 1873 - 1884.

[155] LU S, LI Y, WANG J, et al. QTL mapping for flowering time in different latitude in soybean [J]. Euphytica, 2015, 206 (3): 725 - 736.

[156] DISSANAYAKA A, RODRIGUEZ T O, DI S, et al. Quantitative trait locus mapping of soybean maturity gene *E*5 [J]. Breeding Science, 2016, 66 (3): 407 - 415.

[157] ZHAO C, TAKESHIMA R, ZHU J, et al. A recessive allele for delayed flowering at the soybean maturity locus *E*9 is a leaky allele of *FT*2*a*, *a FLOWERING LOCUS T* ortholog [J]. BMC Plant Bi-

ology, 2016, 16 (1): 20.

[158] LU S, ZHAO X, HU Y, et al. Natural variation at the soybean *J* locus improves adaptation to the tropics and enhances yield [J]. Nature Genetics, 2017, 49 (5): 773 – 779.

[159] YUE Y, LIU N, JIANG B, et al. A single nucleotide deletion in *J* encoding *GmELF*3 confers long juvenility and is associated with adaption of tropic soybean [J]. Molecular Plant, 2017, 10 (4): 656 – 658.

[160] 李艳，盖钧镒. 大豆向热带地区发展的遗传基础 [J]. 植物学报, 2017 (04): 389 – 393.

[161] LU S, DONG L, FANG C, et al. Stepwise selection on homeologous *PRR* genes controlling flowering and maturity during soybean domestication [J]. Nature Genetics, 2020, 52 (4): 428 – 436.

[162] ZHANG J, SONG Q, CREGAN P B, et al. Genome-wide association study for flowering time, maturity dates and plant height in early maturing soybean (*Glycine max*) germplasm [J]. BMC Genomics, 2015, 16: 217.

[163] CONTRERAS-SOTO R I, MORA F, LAZZARI F, et al. Genome-wide association mapping for flowering and maturity in tropical soybean: implications for breeding strategies [J]. Breeding Science, 2017, 67 (5): 435 – 449.

[164] ZATYBEKOV A, ABUGALIEVA S, DIDORENKO S, et al. *GWAS* of agronomic traits in soybean collection included in breeding pool in Kazakhstan [J]. BMC Plant Biology, 2017, 17 (Suppl 1): 179.

[165] YAN L, HOFMANN N, LI S, et al. Identification of QTL with large effect on seed weight in a selective population of soybean with genome-wide association and fixation index analyses [J]. BMC Genomics, 2017, 18 (1): 529.

[166] BANDILLO N, JARQUIN D, SONG Q, et al. A population structure and genome-wide association analysis on the USDA Soybean Germplasm Collection [J]. The Plant Genome, 2015, 8 (3): 1 – 13.

[167] 杜维广，盖钧镒. 大豆超高产育种研究进展的讨论 [J]. 土壤与作物, 2014 (03): 81 – 92.

[168] 韩晓增，乔云发，张秋英，等. 不同土壤水分条件对大豆产量的影响 [J]. 大豆科学, 2003 (04): 269 – 272.

[169] 邹文秀，韩晓增，江恒，等. 黑土区不同水分处理对大豆产量和水分利用效率的影响 [J]. 干旱地区农业研究, 2012 (06): 68 – 73.

[170] 刘晓冰，HERBERT S J，金剑，等. 增加光照及其与改变源库互作对大豆产量构成因素的影响 [J]. 大豆科学, 2006 (01): 6 – 10.

[171] 于晓秋，郭玉. 气象因子对大豆产量的影响 [J]. 黑龙江气象, 2002 (02): 3 – 4.

[172] 刘景利，杨扬，梁涛，等. 气象要素对大豆产量的影响分析 [J]. 气象与环境学报, 2013 (05): 136 – 139.

[173] 姬景红，李玉影，刘双全，等. 平衡施肥对大豆产量及土壤 – 作物系统养分收支平衡的

影响［J］. 大豆科学，2009（04）：678－682.

［174］赵双进，张孟臣，杨春燕，等. 栽培因子对大豆生长发育及群体产量的影响——Ⅰ．播期、密度、行株距（配置方式）对产量的影响［J］. 中国油料作物学报，2002（04）：31－34.

［175］张瑞朋，付连舜，佟斌，等. 密度及行距对不同大豆品种农艺性状及产量的影响［J］. 大豆科学，2015（01）：52－55.

［176］盖钧镒. 我国大豆遗传改良和种质研究［M］. 北京：高等教育出版社，2002.

［177］杜维广，郝廼斌，满为群. 大豆高光效育种［M］. 北京：中国农业出版社，2007.

［178］吕景良，吴百灵，尹爱萍. 吉林省大豆品种资源研究——Ⅲ. 株型分类与株型育种［J］. 吉林农业科学，1987（03）：22－27.

［179］赵团结，盖钧镒，李海旺，等. 超高产大豆育种研究的进展与讨论［J］. 中国农业科学，2006（01）：29－37.

［180］ZHANG H，HAO D，SITOE H M，et al. Genetic dissection of the relationship between plant architecture and yield component traits in soybean（*Glycine max*）by association analysis across multiple environments［J］. Plant Breeding，2015，134（5）：564－572.

［181］CONTRERAS-SOTO R I，MORA F，DE OLIVEIRA M A，et al. A genome-wide association study for agronomic traits in soybean using SNP markers and SNP-based haplotype analysis［J］. PLOS ONE，2017，12（2）：e0171105.

［182］SONAH H，O'DONOUGHUE L，COBER E，et al. Identification of loci governing eight agronomic traits using a GBS－GWAS approach and validation by QTL mapping in soya bean［J］. Plant Biotechnol Journal，2015，13（2）：211－221.

［183］FANG C，MA Y，WU S，et al. Genome-wide association studies dissect the genetic networks underlying agronomical traits in soybean［J］. Genome Biology，2017，18（1）：161.

［184］王彬如. 东北地区（包括内蒙古）春大豆品种区划［J］. 黑龙江农业科学，1991（05）：31－34.

［185］潘铁夫，张德荣，张文广. 东北地区大豆气候区划的研究［J］. 大豆科学，1983（01）：1－13.

［186］马庆文，赵永泉. 内蒙古呼伦贝尔盟（大）农业区划的探讨［J］. 内蒙古草业，1992（03）：6－13.

［187］FEHR W R，CAVINESS C E. Stages of Soybean Development.［R］. Ames：Iowa State University，1977.

［188］邱丽娟，常汝镇. 大豆种质资源描述规范和数据标准［M］. 北京：中国农业出版社，2006.

［189］MURRAY M G，THOMPSON W F. Rapid isolation of high molecular weight plant DNA［J］. Nucleic Acids Research，1980，8（19）：4321－4325.

［190］ANDOLFATTO P，DAVISON D，EREZYILMAZ D，et al. Multiplexed shotgun genotyping for rapid and efficient genetic mapping［J］. Genome Research，2011，21（4）：610－617.

［191］LI R，YU C，LI Y，et al. *SOAP*2：an improved ultrafast tool for short read alignment［J］.

Bioinformatics, 2009, 25 (15): 1966 - 1967.

[192] YI X, LIANG Y, HUERTA-SANCHEZ E, et al. Sequencing of 50 human exomes reveals adaptation to high altitude [J]. Science, 2010, 329 (5987): 75 - 78.

[193] PAUL SCHEET M S. A fast and flexible statistical model for large-scale population genotype data: applications to inferring missing genotypes and haplotypic phase [J]. American Journal of Human Genetics, 2006, 78 (4): 629 - 644.

[194] BARRETT J C, FRY B, MALLER J, et al. Haploview: analysis and visualization of LD and haplotype maps [J]. Bioinformatics, 2005, 21 (2): 263 - 265.

[195] WALL J D, PRITCHARD J K. Haplotype blocks and linkage disequilibrium in the human genome [J]. Nature Reviews Genetics, 2003, 4 (8): 587 - 597.

[196] 常汝镇. 关于栽培大豆起源的研究 [J]. 中国油料, 1989 (01): 3 - 9.

[197] 黄相芬, 周妍. 简述近代我国东北地区土地开发的历程 [J]. 黑龙江史志, 1999 (03): 21 - 22.

[198] 刘壮壮. 二十世纪以来的辽金农牧业史研究综述 [J]. 中国社会经济史研究, 2018 (02): 81 - 99.

[199] 赵小龙. 气候和农业经济因素下后金(清)的崛起 [D]. 西安: 陕西师范大学, 2016.

[200] 徐婷. 铁路与近代东北区域经济变迁 (1898 - 1931) [D]. 长春: 吉林大学, 2015.

[201] 杨娜. 东北沦陷时期大豆生产及其贸易状况研究 (1931 - 1945) [D]. 长春: 东北师范大学, 2010.

[202] 中华人民共和国农业部. 新中国农业六十年统计资料 [M]. 北京: 中国农业出版社, 2009.

[203] CHINA N B O S O T P S R O. http: //www. stats. gov. cn/ [EB/OL].

[204] 崔章林, 盖钧镒, 邱家训, 等. 中国大豆育成品种及其系谱分析 (1923—1995) [M]. 北京: 中国农业出版社, 1998.

[205] TAMURA K, STECHER G, PETERSON D, et al. *MEGA*6: molecular evolutionary genetics analysis version 6.0 [J]. Molecular Biology and Evolution, 2013, 30 (12): 2725 - 2729.

[206] CUI Z, CARTER T E, BURTON J W. Genetic base of 651 Chinese soybean cultivars released during 1923 to 1995 [J]. Crop Science, 2000, 40 (5): 1470 - 1481.

[207] WYSMIERSKI P T, VELLO N A. The genetic base of Brazilian soybean cultivars: evolution over time and breeding implications [J]. Genetics & Molecular Biology, 2013, 36 (4): 547 - 555.

[208] FEARNHEAD P, DONNELLY P. Estimating recombination rates from population genetic data [J]. Genetics, 2001, 159 (3): 1299 - 1318.

[209] HUDSON R R, KAPLAN N L. Statistical properties of the number of recombination events in the history of a sample of DNA sequences [J]. Genetics, 1985, 111 (1): 147 - 164.

[210] KUHNER M K, YAMATO J, FELSENSTEIN J. Maximum likelihood estimation of recombination rates from population data [J]. Genetics, 2000, 156 (3): 1393.

[211] FENG G, CHEN M, HU W, et al. New software for the fast estimation of population recombination rates (FastEPRR) in the genomic era [J]. G3-Genes Genomes Genetics, 2016, 6 (6): 1563 - 1571.

[212] LIN K, FUTSCHIK A, LI H. A fast estimate for the population recombination rate based on regression [J]. Genetics, 2013, 194 (2): 473 - 484.

[213] 马云龙, 张勤, 丁向东. 利用高密度 SNP 检测不同猪品种间 X 染色体选择信号 [J]. 遗传, 2012 (10): 33 - 42.

[214] GROSSMAN S R, SHYLAKHTER I, KARLSSON E K, et al. A composite of multiple signals distinguishes causal variants in regions of positive selection [J]. Science, 2010, 327 (5967): 883 - 886.

[215] 段乃彬. 栽培苹果起源、演化及驯化机理的基因组学研究 [D]. 济南: 山东农业大学, 2017.

[216] LI M, TIAN S, JIN L, et al. Genomic analyses identify distinct patterns of selection in domesticated pigs and Tibetan wild boars [J]. Nature Genetics, 2013, 45 (12): 1431 - 1438.

[217] DANECEK P, AUTON A, ABECASIS G, et al. The variant call format and VCF tools [J]. Bioinformatics, 2011, 27 (15): 2156 - 2158.

[218] TAJIMA F. EVOLUTIONARY RELATIONSHIP OF DNA SEQUENCES IN FINITE POPULATIONS [J]. Genetics, 1983, 105 (2): 437 - 460.

[219] WEIR B S, COCKERHAM C C. Estimating f-statistics for the analysis of population structure [J]. Evolution: international journal of organic evolution, 1984, 38 (6): 1358.

[220] TAJIMA F. Statistical method for testing the neutral mutation hypothesis by DNA polymorphism [J]. Genetics, 1989, 123 (3): 585 - 595.

[221] LIU K, MUSE S V. Power marker: an integrated analysis environment for genetic marker analysis [J]. Bioinformatics, 2005, 21 (9): 2128 - 2129.

[222] BOTSTEIN D, WHITE R L, SKOLNICK M, et al. Construction of a genetic linkage map in man using restriction fragment length polymorphisms [J]. American Journal of Human Genetics, 1980, 32 (3): 314.

[223] ZHANG Q, LI H, LI R, et al. Association of the circadian rhythmic expression of *GmCRY1a* with a latitudinal cline in photoperiodic flowering of soybean [J]. Proceedings of the National Academy of Science of the USA, 2008, 105 (52): 21028 - 21033.

[224] XIA Z J. Research progress on photoperiodic flowering and maturity genes in soybean (*Glycerine max* Merr.) [J]. Acta Agronomica Sinica, 2013, 39 (4): 571 - 579.

[225] YANG G Z. The basic trends of soybean production and development in the Northeast China from late Qing dynasty to 1931 [J]. Agricultural History of China 1982, 01: 80 - 86.

[226] NELSON R, SPECHT J, SLEPER D. Genetic improvement of U. S. soybean in maturity Groups Ⅱ, Ⅲ, and Ⅳ [J]. Crop Science, 2014, 54 (4): 1419 - 1432.

[227] GAI J Y, XIONG D J, ZHAO T J. The pedigree and germplasm based of soybean cultivars re-

leased in China (1923—2005) [M]. Beijing: China Agriculture Press, 2015.

[228] BROWNGUEDIRA G L, THOMPSON J A, NELSON R L, et al. Evaluation of genetic diversity of soybean introductions and North American ancestors using RAPD and SSR markers [J]. Crop Science, 2000, 40 (3): 815 – 823.

[229] CABALLERO A, GARCIA-DORADO A. Allelic diversity and its implications for the rate of adaptation [J]. Genetics, 2013, 195 (4): 1373 – 1384.

[230] VILAS A, PEREZ-FIGUEROA A, QUESADA H, et al. Allelic diversity for neutral markers retains a higher adaptive potential for quantitative traits than expected heterozygosity [J]. Molecular Ecology, 2015, 24 (17): 4419 – 4432.

[231] FU Y-B. Understanding crop genetic diversity under modern plant breeding [J]. Theoretical and Applied Genetics, 2015, 128 (11): 2131 – 2142.

[232] FU Y-B. Impact of plant breeding on genetic diversity of agricultural crops: searching for molecular evidence [J]. Plant Genetic Resources: Characterization and Utilization, 2007, 4 (01): 71 – 78.

[233] 蒋慕本. 二十世纪的中国大豆改良、生产与利用研究 [D] 南京: 南京农业大学, 2006.

[234] ZANG L X, CHEN Y Z, WU C X, et al. Comparison of soybean variety trial systems and procedures in the USA and China [J]. Crop Management, 2010, 9 (1): 1 – 13.

[235] 贾鸿昌. 东北北部高寒地区大豆品种生育期组的划分 [D]. 北京: 中国农业科学院, 2012.

[236] 吴存祥, 李继存, 沙爱华, 等. 国家大豆品种区域试验对照品种的生育期组归属 [J]. 作物学报, 2012 (11): 1977 – 1987.

[237] 黑龙江省农作物品种积温区划 [J]. 黑龙江农业科学, 2011, (02): 56 + 62 + 100 + 122.

[238] 韩天富, 盖钧镒, 陈风云, 等. 生育期结构不同的大豆品种的光周期反应和农艺性状 [J]. 作物学报, 1998 (05): 550 – 557.

[239] 刘璐. 我国特用大豆种植情况及产业分析 [D]. 南京: 南京农业大学, 2014.

[240] 宁海龙, 杨庆凯. 环境条件对大豆化学品质影响的研究进展 [J]. 东北农业大学学报, 2003 (01): 81 – 85.

[241] 王新风, 富健, 孟凡钢, 等. 影响大豆籽粒蛋白质含量因素及其改良途径 [J]. 大豆科学, 2008 (03): 515 – 520.

[242] MARK E, SCHUSSLER J R. Effect of water deficits on seed development in soybean [J]. Plant Physiology, 1989, 91: 1980 – 1985.

[243] 张国栋, 王金陵. 黑龙江省大豆种子蛋白质和油分含量生态区划 [J]. 中国农业科学, 1995 (S1): 115 – 121.

[244] 田志刚, 范杰英, 康立宁, 等. 我国东北地区大豆品种油脂与蛋白质含量现状分析 [J]. 吉林农业科学, 2009 (05): 7 – 9.

[245] 李为喜，朱志华，刘三才，等. 中国大豆（*Glycine max*）品种及种质资源主要品质状况分析［J］. 植物遗传资源学报，2004（02）：185－192.

[246] 万超文，邵桂花，吴存祥，等. 中国大豆育成品种品质性状的演变［J］. 大豆科学，2004（04）：289－295.

[247] 刘忠堂. 黑龙江省大豆推广品种脂肪、蛋白质含量地理分布的研究［J］. 大豆科学，2002（04）：250－254.

[248] HWANG E Y，SONG Q，JIA G，et al. A genome-wide association study of seed protein and oil content in soybean［J］. BMC Genomics，2014，15（1）：1－12.

[249] 宁海龙，张大勇，胡国华，等. 东北三省大豆蛋白质和油分含量生态区划［J］. 大豆科学，2007（04）：511－516.

[250] 农业部种植业管理司. 中国大豆品质区划［M］. 北京：中国农业出版社，2003.

[251] 王金陵，杨庆凯，吴宗璞. 中国东北大豆［M］. 哈尔滨：黑龙江科学技术出版社，1999.

[252] 张大勇. 东北地区大豆蛋白质及油分含量的生态差异及品质区域初步划分［D］. 哈尔滨：东北农业大学，2003.

[253] 王曙明，孟凡凡，郑宇宏，等. 大豆高产育种研究进展［J］. 中国农学通报，2010（09）：162－166.

[254] 宋书宏，王文斌，吕桂兰，等. 北方春大豆超高产技术研究［J］. 中国油料作物学报，2001（04）：49－51.

[255] TURUSPEKOV Y，BAIBULATOVA A，YERMEKBAYEV K，et al. GWAS for plant growth stages and yield components in spring wheat（*Triticum aestivum* L.）harvested in three regions of Kazakhstan［J］. BMC Plant Biology，2017，17（Suppl 1）：190.

[256] JIA G，HUANG X，ZHI H，et al. A haplotype map of genomic variations and genome-wide association studies of agronomic traits in foxtail millet（*Setaria italica*）［J］. Nature Genetics，2013，45（8）：957－961.

[257] KORTE A，FARLOW A. The advantages and limitations of trait analysis with GWAS：a review［J］. Plant Methods，2013，9（1）：1－9.

[258] ANDERSON J T，WAGNER M R，RUSHWORTH C A，et al. The evolution of quantitative traits in complex environments［J］. Heredity（Edinb），2014，112（1）：4－12.

[259] DITTMAR E L，OAKLEY C G，AGREN J，et al. Flowering time QTL in natural populations of *Arabidopsis thaliana* and implications for their adaptive value［J］. Molecular Ecology，2014，23（17）：4291－4303.

[260] OAKLEY C G，AGREN J，ATCHISON R A，et al. QTL mapping of freezing tolerance：links to fitness and adaptive trade-offs［J］. Molecular Ecology，2014，23（17）：4304－4315.

[261] THE ARABIDOPSIS GENOME INITIATIVE. Analysis of the genome sequence of the flowering plant *Arabidopsis thaliana*［J］. Nature，2000，408（6814）：796－815.

[262] WANG N，CHEN B，XU K，et al. Association mapping of flowering time QTLs and insight

into their contributions to rapeseed growth habits [J]. Front Plant Science, 2016, 7: 338.

[263] OKI N, TAKAGI K, ISHIMOTO M, et al. Evaluation of the resistance effect of QTLs derived from wild soybean (*Glycine soja*) to common cutworm (*Spodoptera litura* Fabricius) [J]. Breeding Science, 2019, 69 (3): 529 –535.

[264] VISSCHER P M, WRAY N R, ZHANG Q, et al. 10 Years of GWAS discovery: biology, function, and translation [J]. American Journal of Human Genetics, 2017, 101 (1): 5 –22.

[265] MAO T, LI J, WEN Z, et al. Association mapping of loci controlling genetic and environmental interaction of soybean flowering time under various photo-thermal conditions [J]. BMC Genomics, 2017, 18 (1): 415.

[266] JUNYI G. Segregation analysis on genetic system of quantitative traits in plants [J]. Frontiers of Biology in China, 2006, 1 (1): 85 –92.

[267] 汪越胜, 盖钧镒. 中国大豆品种光温综合反应与短光照反应的关系 [J]. 中国油料作物学报, 2001 (02): 41 –45.

[268] LANGEWISCH T, LENIS J, JIANG G-L, et al. The development and use of a molecular model for soybean maturity groups [J]. BMC Plant Biology, 2017, 17 (1): 1 –13.

[269] LIU X, WU J A, REN H, et al. Genetic variation of world soybean maturity date and geographic distribution of maturity groups [J]. Breeding Science, 2017, 67 (3): 221 –232.

[270] WANG L, XU Q, YU H, et al. Strigolactone and karrikin signaling pathways elicit ubiquitination and proteolysis of SMXL2 to regulate hypocotyl elongation in *Arabidopsis* [J]. Plant Cell, 2020, 32 (7): 2251 –2270.

[271] PATIL G, MIAN R, VUONG T, et al. Molecular mapping and genomics of soybean seed protein: a review and perspective for the future [J]. Theoretical and Applied Genetics, 2017, 130 (10): 1975 –1991.

[272] 张霞, 谭冰, 郭勇, 等. 大豆品种分枝数分级标准探索 [J]. 植物遗传资源学报, 2018, 19 (03): 510 –516.

[273] 姚荣江, 杨劲松, 刘广明. 东北地区盐碱土特征及其农业生物治理 [J]. 土壤, 2006 (03): 256 –262.

[274] 王春裕, 王汝镛, 李建东. 中国东北地区盐渍土的生态分区 [J]. 土壤通报, 1999 (05): 193 –196.

[275] 林汉明, 常汝镇, 邵桂花, 等. 中国大豆耐逆研究 [M]. 北京: 中国农业出版社, 2009.

[276] 常汝镇, 陈一舞, 邵桂花, 等. 盐对大豆农艺性状及籽粒品质的影响 [J]. 大豆科学, 1994 (02): 101 –105.

[277] 邵桂花, 闫淑荣, 常汝镇, 等. 大豆耐盐性遗传的研究 [J]. 作物学报, 1994 (06): 721 –726.

[278] ABEL G H. Inheritance of the capacity for chloride inclusion and chloride exclusion by soybeans 1 [J]. Crop Science, 1969, 9 (6): 697 –698.

[279] WEIL R R, KHALIL N. Salinity tolerance of winged bean as compared to that of soybean 1 [J]. Agronomy journal, 1986, 78 (1): 67 – 70.

[280] PARKER M, GAINES T, HOOK J, et al. Chloride and water stress effects on soybean in pot culture [J]. Journal of Plant Nutrition, 1987, 10 (5): 517 – 538.

[281] 邵桂花，常汝镇，陈一舞. 大豆耐盐性研究进展 [J]. 大豆科学，1993 (03): 244 – 248.

[282] 罗庆云，於丙军，刘友良，等. 栽培大豆耐盐性的主基因 + 多基因混合遗传分析 [J]. 大豆科学，2004，23 (4): 239.

[283] LEE G, BOERMA H, VILLAGARCIA M, et al. A major QTL conditioning salt tolerance in S – 100 soybean and descendent cultivars [J]. Theoretical Applied Genetics, 2004, 109 (8): 1610 – 1619.

[284] HAMWIEH A, XU D. Conserved salt tolerance quantitative trait locus (QTL) in wild and cultivated soybeans [J]. Breeding Science, 2008, 58 (4): 355 – 359.

[285] HAMWIEH A, TUYEN D D, CONG H, et al. Identification and validation of a major QTL for salt tolerance in soybean [J]. Euphytica, 2011, 179 (3): 451 – 459.

[286] HA B-K, VUONG T D, VELUSAMY V, et al. Genetic mapping of quantitative trait loci conditioning salt tolerance in wild soybean (*Glycine soja*) PI 483463 [J]. Euphytica, 2013, 193 (1): 79 – 88.

[287] GUAN R, QU Y, GUO Y, et al. Salinity tolerance in soybean is modulated by natural variation in *GmSALT*3 [J]. The Plant Journal, 2014, 80 (6): 937 – 950.

[288] CHEN H, CUI S, FU S, et al. Identification of quantitative trait loci associated with salt tolerance during seedling growth in soybean (*Glycine max* L.) [J]. Australian Journal of Agricultural Research, 2008, 59 (12): 1086 – 1091.

[289] 姜静涵. 大豆苗期耐盐机理研究及耐盐基因定位 [D]. 北京：中国农业科学院，2013.

[290] DO T D, VUONG T D, DUNN D, et al. Mapping and confirmation of loci for salt tolerance in a novel soybean germplasm, Fiskeby Ⅲ [J]. Theoretical Applied Genetics, 2018, 131 (3): 513 – 524.

[291] 刘谢香. 大豆苗期耐盐基因 *GmSALT*3 标记开发利用及出苗期耐盐 QTL 发掘 [D]. 北京：中国农业科学院，2019.

[292] ZHANG W, LIAO X, CUI Y, et al. A cation diffusion facilitator, *GmCDF*1, negatively regulates salt tolerance in soybean [J]. PLOS genetics, 2019, 15 (1): e1007798.

[293] QI X, LI M W, XIE M, et al. Identification of a novel salt tolerance gene in wild soybean by whole-genome sequencing [J]. Nature communications, 2014, 5 (1): 1 – 11.

[294] 许德春，王连铮，王培英，等. 大豆突变系龙辐 73 – 8955 耐盐碱特性研究 [J]. 黑龙江农业科学，1985，4 (6): 37 – 40.

[295] 杜维广，盖钧镒. 大豆超高产育种研究进展的讨论 [J]. 土壤与作物，2014，3 (03): 81 – 92.

[296] WAN J M. Perspectives of molecular design breeding in crops [J]. Acta Agronomica Sinica, 2006: 455 - 462.

[297] WANG J, WAN X, CROSSA J, et al. QTL mapping of grain length in rice (*Oryza sativa* L.) using chromosome segment substitution lines [J]. Genetics Research, 2006, 88 (2): 93 - 104.

[298] GAI J, CHEN L, ZHANG Y, et al. Genome-wide genetic dissection of germplasm resources and implications for breeding by design in soybean [J]. Breeding Science, 2012, 61 (5): 495 - 510.

[299] 楚乐乐, 罗成科, 田蕾, 等. 植物对碱胁迫适应机制的研究进展 [J]. 植物遗传资源学报, 2019, 20 (4): 836 - 844.

[300] GUO R, SHI L, YANG Y. Germination, growth, osmotic adjustment and ionic balance of wheat in response to saline and alkaline stresses [J]. Soil Science and Plant Nutrition, 2009, 55 (5): 667 - 679.

[301] GUO R, YANG Z, LI F, et al. Comparative metabolic responses and adaptive strategies of wheat (*Triticum aestivum*) to salt and alkali stress [J]. BMC Plant Biology, 2015, 15 (1): 1 - 13.

[302] 葛瑛, 朱延明, 吕德康, 等. 野生大豆碱胁迫反应的研究 [J]. 草业科学, 2009, 26 (002): 47 - 52.

[303] DO T D, CHEN H, HIEN V T T, et al. Ncl synchronously regulates $Na^+$, $K^+$ and $Cl^-$ in soybean and greatly increases the grain yield in saline field conditions [J]. Scientific Reports, 2016, 6 (1): 19147.

[304] 肖鑫辉, 李向华, 刘洋, 等. 野生大豆 (*Glycine soja*) 耐高盐碱土壤种质的鉴定与评价 [J]. 植物遗传资源学报, 2009, 10 (3): 392 - 398.

[305] 邵桂花, 宋景芝, 刘惠令. 大豆种质资源耐盐性鉴定初报 [J]. 中国农业科学, 1986, 6: 30 - 35.

[306] KAN G, ZHANG W, YANG W, et al. Association mapping of soybean seed germination under salt stress [J]. Molecular Genetics Genomics, 2015, 290 (6): 2147 - 2162.

[307] 陈超, 端木慧子, 朱丹, 等. 大豆 CML 家族基因的生物信息学分析 [J]. 大豆科学, 2015, 034 (006): 957 - 963.

[308] 张晓美. 大豆 *GmCKR* 基因的分离及功能验证 [D]. 长春: 吉林农业大学, 2012.

[309] 柯丹霞, 彭昆鹏, 张孟珂, 等. 大豆 *GmHDL*57 基因的克隆及抗盐功能鉴定 [J]. 作物学报, 2018, 44 (09): 89 - 98.

[310] 柏锡, 魏彬, 赵静, 等. 大豆 *GmRLP*19 基因克隆及胁迫应答模式分析 [J]. 东北农业大学学报, 2019, 050 (004): 11 - 18.

[311] 成舒飞, 端木慧子, 陈超, 等. 大豆 MYB 转录因子的全基因组鉴定及生物信息学分析 [J]. 大豆科学, 2016, 35 (1): 52 - 57.

[312] 朱延明, 杜建英, 陈超, 等. 碱胁迫应答基因 *GsSnRK*1. 1 与上游调控因子 *GsGRIK*1 互作功能分析 [J]. 东北农业大学学报, 2018, 49 (6): 1 - 11.

[313] ELLEGREN H, GALTIER N. Determinants of genetic diversity [J]. Nature Reviews Genetics, 2016, 17 (7): 422 - 433.

[314] 段云. 中国麦红吸浆虫不同地理种群的遗传结构及遗传多样性研究 [D]. 北京: 中国农业科学院, 2013.

[315] SILVA-JUNIOR O B, GRATTAPAGLIA D. Genome-wide patterns of recombination, linkage disequilibrium and nucleotide diversity from pooled resequencing and single nucleotide polymorphism genotyping unlock the evolutionary history of *Eucalyptus grandis* [J]. New Phytologist, 2015, 208 (3): 830-845.

[316] ULLAH K, KHAN S J, MUHAMMAD S, et al. Genotypic and phenotypic variability, heritability and genetic diversity for yield components in bread wheat (*Triticum aestivum* L.) germplasm [J]. African Journal of Agricultural Research, 2011, 6 (23): 5204-5207.

[317] 王润华. 作物遗传基础知识（四）——遗传进度与选择指数 [J]. 广东农业科学, 1981 (04): 44-48.

[318] GIZLICE Z, CARTER T E, BURTON J W. Genetic base for North American public soybean cultivars released between 1947 and 1988 [J]. Crop Science, 1994, 34 (5): 1143-1151.

[319] MIKEL M A, KOLB F L. Genetic diversity of contemporary North American barley [J]. Crop Science, 2008, 48 (4): 1399-1407.

[320] DAVILA J A, SANCHEZ L H, LOARCE Y, et al. The use of random amplified microsatellite polymorphic DNA and coefficients of parentage to determine genetic relationships in barley [J]. Genome, 2011, 41 (4): 477-486.

[321] LAMARA M, ZHANG L Y, MARCHAND S, et al. Comparative analysis of genetic diversity in Canadian barley assessed by SSR, DarT, and pedigree data [J]. 2013, 56 (6): 351-358.

[322] SOLEIMANI V D, BAUM B R, JOHNSON D A. Analysis of genetic diversity in barley cultivars reveals incongruence between S-SAP, SNP and pedigree data [J]. Genetic Resources and Crop Evolution, 2007, 54 (1): 83-97.

[323] CUI Z, CARTER T E, BURTON J W. Genetic diversity patterns in Chinese soybean cultivars based on coefficient of parentage [J]. Crop Science, 2000, 40 (6): 1780-1793.

[324] PRIOLLI R H G, PINHEIRO J B, ZUCCHI M I, et al. Genetic diversity among Brazilian soybean cultivars based on SSR loci and pedigree data [J]. Brazilian Archives of Biology & Technology, 2010, 53 (3): 519-531.

[325] ZHOU X L, CARTER T E, CUI Z L, et al. Genetic base of Japanese soybean cultivars released during 1950 to 1988 [J]. Crop Science, 2000, 40 (6): 1794-1802.

[326] DELANNAY X, RODGERS D M, PALMER R G. Relative genetic contributions amog ancester lines to North American soybean cultivars [J]. Crop Science, 1983, 23 (5): 944-949.

[327] COX T S, KIANG Y T, GORMAN M B, et al. Relationship between coefficient of parentage and genetic similarity indices in the soybean1 [J]. Crop Science, 1985, 25 (3): 529-532.

[328] CUI Z L, GAI J Y, THOMAS E, et al. The released Chinese soybean cultivars and their pedigree analysis (1923—1995) [M]. BEIJING: China Agriculture Press, 1998.

[329] VAN BECELAERE G, LUBBERS E L, PATERSON A H, et al. Pedigree - vs. DNA marker -

based genetic similarity estimates in cotton [J]. Crop Science, 2005, 45 (6): 2281 - 2287.

[330] VAN INGHELANDT D, MELCHINGER A E, LEBRETON C, et al. Population structure and genetic diversity in a commercial maize breeding program assessed with SSR and SNP markers [J]. Theoretical Applied Genetics, 2010, 120 (7): 1289 - 1299.

[331] CORBELLINI M, PERENZIN M, ACCERBI M, et al. Genetic diversity in bread wheat, as revealed by coefficient of parentage and molecular markers, and its relationship to hybrid performance [J]. Euphytica, 2002, 123 (2): 273 - 285.

[332] BERNARDO R, ROMEROSEVERSON J, ZIEGLE J, et al. Parental contribution and coefficient of coancestry among maize inbreds: pedigree, RFLP, and SSR data [J]. Theoretical and Applied Genetics, 2000, 100 (3): 552 - 556.

[333] 张国栋. 黑龙江省大豆品种系谱分析 [J]. 大豆科学, 1983 (03): 184 - 193.

[334] 王彩洁, 孙石, 吴宝美, 等. 20 世纪 40 年代以来中国大面积种植大豆品种的系谱分析 [J]. 中国油料作物学报, 2013 (03): 246 - 252.

[335] 孙志强, 田佩占, 王继安. 东北地区大豆品种血缘组成分析 [J]. 大豆科学, 1990 (02): 112 - 120.

[336] 刘晓冬, 王英男, 齐广勋, 等. 大豆花色研究进展 [J]. 东北农业科学, 2017 (06): 53 - 57.

[337] HENRY R J. Molecular Markers in Plants [M]. New Jersey: Wiley-BlackWell, 2013.

[338] LATEEF D D. DNA Marker Technologies in Plants and Applications for Crop Improvements [J]. Journal of Biosciences and Medicines, 2015, 03 (05): 7 - 18.

[339] 贾继增. 分子标记种质资源鉴定和分子标记育种 [J]. 中国农业科学, 1996 (04): 2 - 11.

[340] 杨敬军, 金春香, 马海财. 传统杂交育种亲本选配考虑的因素及现代育种技术的运用 [J]. 甘肃农业科技, 2015 (01): 61 - 64.

[341] 赵琳, 宋亮, 詹生华, 等. 大豆育种进展与前景展望 [J]. 大豆科技, 2014 (03): 36 - 39.

[342] DESTA Z A, ORTIZ R. Genomic selection: genome - wide prediction in plant improvement [J]. Trends in Plant Science, 2014, 19 (9): 592 - 601.

[343] HEFFNER E L, SORRELLS M E, JANNINK J - L. Genomic selection for crop improvement [J]. Crop Science, 2009, 49 (1): 1.

[344] ELLIOTL H, AARONJ L, JEANLU J, et al. Plant breeding with genomic selection: gain per unit time and cost [J]. Crop Science, 2010, 50 (5): 1681 - 1690.

[345] 冯献忠, 刘宝辉, 杨素欣. 大豆分子设计育种研究进展与展望 [J]. 土壤与作物, 2014, (04): 123 - 131.

[346] 薛勇彪, 种康, 韩斌, 等. 开启中国设计育种新篇章——"分子模块设计育种创新体系"战略性先导科技专项进展 [J]. 中国科学院院刊, 2015 (03): 282, 393 - 402.

[347] 薛勇彪, 王道文, 段子渊. 分子设计育种研究进展 [J]. 中国科学院院刊, 2007, 22

(6): 486 - 490.

[348] 李卫华，卢庆陶，郝乃斌，等. 大豆叶片 C 循环途径酶 [J]. 植物学报，2001，8：805 - 808.

[349] 薛勇彪，段子渊，种康，等. 面向未来的新一代生物育种技术——分子模块设计育种 [J]. 中国科学院院刊，2013，28 (03)：308 - 314.

[350] 薛勇彪，种康，韩斌，等. 创新分子育种科技 支撑我国种业发展 [J]. 中国科学院院刊，2018，33 (09)：887 - 888 + 893 - 899.

[351] 戈巧英，张其德，郝乃斌，等. 高光效大豆光合特性的研究——V. 不同大豆品种光合作用的光抑制 [J]. 大豆科学，1994，1：85 - 91.

[352] 杜维广，张桂茹，满为群，等. 大豆高光效品种 (种质) 选育及高光效育种再探讨 [J]. 大豆科学，2001，20 (002)：110 - 115.

[353] SASAKI A, ASHIKARI M, UEGUCHI - TANAKA M, et al. A mutant gibberellin-synthesis gene in rice [J]. Nature, 2002, 416 (6882): 701 - 702.

[354] 盖钧镒，游明安，邱家驯，等. 大豆高产理想型群体生理基础的探讨 [M] //盖钧镒. 大豆育种应用基础和技术研究进展. 南京：江苏科学技术出版社，1990：3 - 12.

[355] 匡廷云. 作物光能利用效率与调控 [M]. 济南：山东科学技术出版社，2004.

[356] 卢江杰. 大豆 Soja 亚属基因组变异与人工进化特征研究 [D]. 南京：南京农业大学，2014.

[357] CONCIBIDO V, LA VALLEE B, MCLAIRD P, et al. Introgression of a quantitative trait locus for yield from *Glycine soja* into commercial soybean cultivars [J]. Theoretical Applied Genetics, 2003, 106 (4): 575 - 582.

[358] 宗春美，任海祥，潘相文，等. 高脂肪高产大豆品种东生 79 的选育及系谱分析 [J]. 大豆科学，2020，39 (01)：39 - 44.

[359] CUI Z L, CARTER T E, BURTON J W, et al. Phenotypic diversity of modern Chinese and North American soybean cultivars [J]. Crop Science, 2001, 41 (6): 1954 - 1967.

[360] 刘广阳. 优异种质资源克 4430 - 20 在黑龙江省大豆育种中的应用 [J]. 植物遗传资源学报，2005 (03)：326 - 329.

[361] 王连铮，郭庆元. 现代中国大豆 [M]. 北京：金盾出版社，2007.

[362] 郭娟娟，常汝镇，章建新，等. 日本大豆种质十胜长叶对我国大豆育成品种的遗传贡献分析 [J]. 大豆科学，2007 (06)：807 - 812 + 819.

[363] 宋豫红，白艳凤，包荣军，等. 东北大豆种质群体生态性状在北安地区的表现及其潜在的育种意义 [J]. 大豆科学，2018，37 (06)：829 - 838.

[364] 张勇，傅蒙蒙，杨兴勇，等. 东北大豆种质群体在克山的表现及其潜在的育种意义 [J]. 大豆科学，2016 (06)：881 - 890.

[365] 田中艳，宗春美，杨柳，等. 东北大豆种质群体在大庆的表现及其育种意义 [J]. 植物遗传资源学报，2018，19 (04)：694 - 704.

[366] 王树宇，宗春美，刘德恒，等. 东北大豆种质群体生态性状在铁岭地区的表现及育种潜

势研究［J］. 土壤与作物，2018，7（02）：148－159.

［367］蒲艳艳，宫永超，李娜娜，等. 中国大豆种质资源遗传多样性研究进展［J］. 大豆科学，2018，37（02）：315－321.

［368］秦君，李英慧，刘章雄，等. 黑龙江省大豆种质遗传结构及遗传多样性分析［J］. 作物学报，2009，35（02）：228－238.

［369］杨琪. 大豆遗传基础拓宽问题［J］. 大豆科学，1993（01）：75－80.

［370］盖钧镒，赵团结，崔章林，等. 中国大豆育成品种中不同地理来源种质的遗传贡献［J］. 中国农业科学，1998，（05）：35－43.

［371］王彩洁，孙石，金素娟，等. 中国大豆主产区不同年代大面积种植品种的遗传多样性分析［J］. 作物学报，2013，39（11）：1917－1926.

［372］赵艳杰，冯艳芳，黄思思，等. 182 份东北地区受保护大豆品种 DNA 指纹库的构建及分析［J］. 中国种业，2019（11）：43－47.

［373］林春雨，梁晓宇，赵慧艳，等. 黑龙江省主栽大豆品种遗传多样性和群体结构分析［J］. 作物杂志，2019（02）：78－83.

［374］熊冬金，王吴彬，赵团结，等. 中国大豆育成品种 10 个重要家族的遗传相似性和特异性［J］. 作物学报，2014，40（06）：951－964.

［375］DELANNAY X，RODGERS D，PALMER R. Relative genetic contributions among ancestral lines to North American soybean cultivars 1［J］. Crop Science，1983，23（5）：944－949.

［376］LI Z，QIU L，THOMPSON J A，et al. Molecular genetic analysis of US and Chinese soybean ancestral lines［J］. Crop Science，2001，41（4）：1330－1336.

［377］ABE J，XU D，SUZUKI Y，et al. Soybean germplasm pools in Asia revealed by nuclear SSRs［J］. Theoretical Applied Genetics，2003，106（3）：445－453.

［378］王连铮，吴和礼，姚振纯，等. 黑龙江省野生大豆的考察和研究［J］. 植物研究，1983（03）：116－130.

［379］徐豹，赵述文，邹淑华，等. 中国野生大豆（*G. soja*）种子蛋白的电泳分析：*Ti* 和 *Sp*1 各等位基因频率、地理分布与大豆起源地问题［J］. 大豆科学，1985（01）：7－13.

［380］林红，姚振纯. 黑龙江省野生大豆资源的评价和利用［J］. 中国油料，1989（04）：20－22.

［381］傅连舜，吴冈梵，卜雅山. 辽宁省野生大豆搜集评价及利用的研究［J］. 辽宁农业科学，1993（06）：6－9.

［382］李福山. 中国野生大豆资源的地理分布及生态分化研究［J］. 中国农业科学，1993（02）：47－55.

［383］杨光宇，纪锋. 中国野生大豆（*G. soja*）蛋白质含量及其氨基酸组成的研究进展［J］. 大豆科学，1999（01）：58－62.

［384］姚振纯，林红. 蛋白、脂肪含量 66% 以上的大豆新种质龙品 8807［J］. 作物品种资源，1996（02）：29.

［385］吕祝章，张娜，邱丽娟. 野生种质拓宽中国大豆遗传基础的 SSR 标记分析［J］. 四川农

业大学学报, 2017, 35 (01): 10-16.

[386] 孟祥勋. 春大豆×春大豆与春大豆×夏大豆两类组合主要性状遗传变异差异的初步分析 [J]. 吉林农业科学, 1983 (01): 30-39.

[387] 田佩占, 王继安. 夏大豆在东北春大豆育种中的利用研究 Ⅰ. 亲本产量及其配合力的比较 [J]. 大豆科学, 1986 (04): 277-282.

[388] 田佩占, 王继安. 夏大豆在东北春大豆育种中的利用研究 Ⅱ 以东北春大豆为轮回亲本的回交效应 [J]. 大豆科学, 1986 (02): 131-138.

[389] 田佩占, 王继安, 孙志强. 夏大豆在东北春大豆育种中的利用研究——Ⅲ. 高产品种 (系) 的选育 [J]. 东北农业科学, 1987 (03): 15-21.

# 附表一 部分科研院所新旧名称对照表

| 序号 | 原名称 | 名称 | 备注 |
| --- | --- | --- | --- |
| 1 | 大兴安岭农科所 | 大兴安岭地区农业林业研究院 | |
| 2 | 东北农科所 | 吉林省农业科学院 | |
| 3 | 东北农学院 | 东北农业大学 | |
| 4 | 东北农业大学大豆研究所 | 东北农业大学大豆科学研究所 | |
| 5 | 公主岭农试场 | | 解放前 |
| 6 | 公主岭试验场 | | 解放前 |
| 7 | 合江地区农科所 | 黑龙江省农业科学院佳木斯分院 | |
| 8 | 合江地区农业科学研究所 | 黑龙江省农业科学院佳木斯分院 | |
| 9 | 黑河农业科学研究所 | 黑龙江省农业科学院黑河分院 | |
| 10 | 黑龙江省农科院合江农科所 | 黑龙江省农业科学院佳木斯分院 | |
| 12 | 黑龙江省农科院合江农科所大豆室 | 黑龙江省农业科学院佳木斯分院大豆研究所 | |
| 13 | 黑龙江省农科院黑河农科所 | 黑龙江省农业科学院黑河分院 | |
| 14 | 黑龙江省农科院克山农科所 | 黑龙江省农业科学院克山分院 | |
| 15 | 黑龙江省农科院克山农业研究所 | 黑龙江省农业科学院克山分院 | |
| 16 | 黑龙江省农科院牡丹江农科所 | 黑龙江省农业科学院牡丹江分院 | |
| 17 | 黑龙江省农科院嫩江农科所 | 黑龙江省农业科学院齐齐哈尔分院 | |
| 18 | 黑龙江省农科院生物技术研究中心 | 黑龙江省农科院生物技术研究所 | |
| 19 | 黑龙江省农科院绥化农科所 | 黑龙江省农业科学院绥化分院 | |
| 20 | 黑龙江省农科院盐碱地作物育种研究所 | 黑龙江省农业科学院大庆分院 | |
| 21 | 黑龙江省农科院盐碱土所 | 黑龙江省农业科学院大庆分院 | |
| 22 | 黑龙江省农业科学院合江农科所 | 黑龙江省农业科学院佳木斯分院 | |
| 23 | 黑龙江省农业科学院合江农业科学研究所 | 黑龙江省农业科学院佳木斯分院 | |
| 24 | 黑龙江省农业科学院黑河农科所 | 黑龙江省农业科学院黑河分院 | |
| 25 | 黑龙江省农业科学院黑河农业科学研究所 | 黑龙江省农业科学院黑河分院 | |
| 26 | 黑龙江省农业科学院克山农科所 | 黑龙江省农业科学院克山分院 | |
| 27 | 黑龙江省农业科学院克山农业科学研究所 | 黑龙江省农业科学院克山分院 | |
| 28 | 黑龙江省农业科学院牡丹江农科所 | 黑龙江省农业科学院牡丹江分院 | |
| 29 | 黑龙江省农业科学院牡丹江农业科学研究所 | 黑龙江省农业科学院牡丹江分院 | |
| 30 | 黑龙江省农业科学院嫩江农科所 | 黑龙江省农业科学院齐齐哈尔分院 | |
| 31 | 黑龙江省农业科学院嫩江农业科学研究所 | 黑龙江省农业科学院齐齐哈尔分院 | |

续表

| 序号 | 原名称 | 名称 | 备注 |
|---|---|---|---|
| 32 | 黑龙江省农业科学院嫩江农业科学研究所 | 黑龙江省农业科学院齐齐哈尔分院 | |
| 33 | 黑龙江省农业科学院绥化农科所 | 黑龙江省农业科学院绥化分院 | |
| 34 | 黑龙江省农业科学院绥化农业科学研究所 | 黑龙江省农业科学院绥化分院 | |
| 35 | 黑龙江省农业科学院盐碱地作物研究所 | 黑龙江省农业科学院大庆分院 | |
| 36 | 黑龙江省生物科技职业学院 | 黑龙江农业工程职业学院 | |
| 37 | 吉林省吉林市农科所 | 吉林市农业科学院 | |
| 38 | 吉林省吉林市农业科学所 | 吉林市农业科学院 | |
| 39 | 吉林省农科院大豆研究中心 | 吉林省农业科学院大豆国家工程研究中心 | |
| 40 | 吉林市农科所 | 吉林市农业科学院 | |
| 41 | 吉林市农业科学所 | 吉林市农业科学院 | |
| 42 | 锦州农科所 | 锦州市农业科学院 | |
| 43 | 克山农科所 | 黑龙江省农业科学院克山分院 | |
| 44 | 克山农试场 | | 解放前 |
| 45 | 克山农业试验站 | 黑龙江省克山农场农业科学实验站 | |
| 46 | 克山小麦所 | 黑龙江省农业科学院克山分院小麦研究所 | |
| 47 | 牡丹江地区农科所 | 黑龙江省农业科学院牡丹江分院 | |
| 48 | 嫩江地区农科所 | 黑龙江省农业科学院齐齐哈尔分院 | |
| 49 | 绥化地区农科所 | 黑龙江省农业科学院绥化分院 | |
| 50 | 铁岭大豆科学研究所 | 铁岭市农业科学院大豆研究所 | |
| 51 | 铁岭地区农科所 | 铁岭市农业科学院 | |
| 52 | 铁岭农科所 | 铁岭市农业科学院 | |
| 53 | 铁岭市大豆研究所 | 铁岭市农业科学院大豆研究所 | |
| 54 | 铁岭市农科所 | 铁岭市农业科学院 | |
| 55 | 通化地区农科所 | 通化市农业科学研究院 | |
| 56 | 长春市农科所 | 长春市农业科学院大豆研究所 | |

# 附表二　部分科研院所简称全称对照表

| 简称 | 全称 |
|---|---|
| 北安农管局科研所 | 黑龙江省农垦总局北安农业科学研究所 |
| 东北农业大学大豆所 | 东北农业大学大豆科学研究所 |
| 东北农业大学大豆研究所 | 东北农业大学大豆科学研究所 |
| 黑龙江八一农垦大学科研所 | 黑龙江八一农垦大学农业科学研究所 |
| 黑龙江省北安农管局科研所 | 黑龙江省农垦总局北安农业科学研究所 |
| 黑龙江省红兴隆科研所 | 黑龙江省农垦总局红兴隆农业科学研究所 |
| 黑龙江省红兴隆农管局科研所 | 黑龙江省农垦总局红兴隆农业科学研究所 |
| 黑龙江省农场总局九三管理局农科所 | 黑龙江省农垦总局九三管理局科学研究所 |
| 黑龙江省农科院大豆所 | 黑龙江省农业科学院大豆研究所 |
| 黑龙江省农科院绥化分院 | 黑龙江省农业科学院绥化分院 |
| 黑龙江省农垦科学院作物所 | 黑龙江省农垦科学院农作物开发研究所 |
| 黑龙江省农垦科研育种中心华疆科研所 | 黑龙江省农垦科研育种中心华疆科学研究所 |
| 黑龙江省农垦总局北安分局科学研究所 | 黑龙江省农垦总局北安农业科学研究所 |
| 黑龙江省农垦总局红兴隆科研所 | 黑龙江省农垦总局红兴隆农业科学研究所 |
| 黑龙江省农垦总局九三科研所 | 黑龙江省农垦总局九三管理局科学研究所 |
| 黑龙江省农业科学院大豆所 | 黑龙江省农业科学院大豆研究所 |
| 呼伦贝尔市农业科学研究所 | 内蒙古自治区呼伦贝尔市农业科学研究所 |
| 呼盟农业科学研究所 | 内蒙古自治区呼伦贝尔市农业科学研究所 |
| 吉林省农科院 | 吉林省农业科学院 |
| 吉林省农科院大豆所 | 吉林省农业科学院大豆研究所 |
| 吉林省农科院大豆研究所 | 吉林省农业科学院大豆研究所 |
| 吉林省农业科学院大豆中心 | 吉林省农业科学院大豆研究中心 |
| 吉林市农科院 | 吉林省农业科学院 |
| 吉林市农业科学院大豆所 | 吉林市农业科学院大豆研究所 |
| 辽宁省农科院原子能所 | 辽宁省农科院原子能利用研究所 |
| 辽宁省农科院作物所 | 辽宁省农业科学院作物研究所 |
| 辽宁省农科院作物研究所 | 辽宁省农业科学院作物研究所 |
| 内蒙古呼伦贝尔市农业科学研究所 | 内蒙古自治区呼伦贝尔市农业科学研究所 |
| 农垦北安科研所 | 黑龙江省农垦总局北安农业科学研究所 |
| 农垦科学院作物所 | 黑龙江省农垦科学院农作物开发研究所 |
| 农垦科研育种中心 | 黑龙江省农垦科研育种中心 |
| 省农垦总局建三江农业科学研究所 | 黑龙江省农垦总局建三江农业科学研究所 |
| 长春市农科院大豆所 | 长春市农业科学院大豆研究所 |
| 长春市农业科学院大豆所 | 长春市农业科学院大豆研究所 |

# 跋

这部由盖钧镒等著的具有重要学术价值的研究专著——《中国东北栽培大豆种质资源群体的生态遗传与育种贡献》，凝聚着东北大豆资源研究合作组集体的汗水和智慧，由国家出版基金资助出版。

我拜读这部著作书稿时，脑海立即浮现出往日的时光。按盖老师的顶层设计和指导，我和任海祥在各育种单位支持下，对东北大豆种质资源进行重新整理收集，最终获得了361份材料，这是本项研究的基石。我和任海祥每年陪同盖老师到北安、克山、长春和牡丹江等9个不同生态区试验点考察和指导试验。在3年的田间试验过程中，盖老师的足迹踏遍试验地。盖老师渊博的学识、严谨的科研态度、宽广的学术视野让我们永生难忘。他呕心沥血，心系黑土地，为我国大豆产业发展做出了卓越贡献。

这部研究专著，展示了重新收集到的361份东北春大豆种质资源群体在东北9个有代表性的生态区进行3年重复内分组试验设计（4次重复）的试验结果。正如盖老师阐述的那样，这一研究明确了东北栽培大豆种质资源群体的形成历史、重要祖先亲本及其对世界大豆的贡献；揭示了东北栽培大豆的生态区域分化、熟期组生态进化与全基因组变异；做出了东北栽培大豆种质资源群体早熟性QTL-等位变异构成和优化潜力预测；做出了东北栽培大豆种质资源群体籽粒性状QTL-等位变异构成和优化潜力预测；做出了东北栽培大豆种质资源群体株型和耐逆性状QTL-等位变异构成和优化潜力预测；明确了东北栽培大豆种质资源群体的育种贡献等原始创新成果。

这是一部在盖老师领导下，汇集了由9个单位组成的东北大豆资源研究合作组十年科研成果的研究专著；这是一部对东北栽培大豆种质资源研究做出了新贡献的研究专著；这是一部为作物种质资源研究提出了新理念和新思路的研究专著。国家出版基金委员会对这部著作给予高度评价，认为这部著作是反映（农业）科学研究前沿，着力解决影响制约国家发展全局和长远利益的重大科技问题的优秀著作。

这是一部值得一读的著作，我有幸参与这部著作的撰写，为这部著作撰写“跋”更让我感到无比的荣幸。

谨以我对这部著作的肤浅感悟代之为跋。

杜维广

2022年9月

**杜维广研究员向盖钧镒院士一行介绍理想株型创制试验**

王吴彬（左一），王燕平（左四），盖钧镒（右四），杜维广（右一）

2018 年，黑龙江省农业科学院牡丹江分院大豆育种试验基地

**黑龙江省农业科学院党组书记刘娣与盖钧镒院士交流合影**

2018 年，黑龙江省农业科学院牡丹江分院办公楼前

**盖钧镒院士检查指导双列杂交大豆资源精准表型鉴定试验**

任海祥（左一），李文华（左二），盖钧镒（左三），张太忠（右三）

2015 年，黑龙江省农业科学院牡丹江分院大豆育种试验基地

**盖钧镒院士检查指导 361 份大豆资源精准表型鉴定试验**

邢邯（左一），赵晋铭（左二），盖钧镒（左三），傅蒙蒙（右三），柴永山（右二）

2016 年，黑龙江省农业科学院牡丹江分院大豆育种试验基地

**盖钧镒院士检查指导361份大豆资源精准表型鉴定试验**

杜维广（左四），张太忠（右三），盖钧镒（右一）

2017年，黑龙江省农业科学院牡丹江分院大豆育种试验基地

**杜维广研究员向盖老师汇报资源群体试验情况**

杨波（左一），张太忠（左二），杜维广（左四），盖钧镒（右三），董清山（右二）

2017年，黑龙江省农业科学院牡丹江分院大豆育种试验基地

**盖钧镒院士检查指导 361 份大豆资源精准表型鉴定试验**

杨兴勇（左一），盖钧镒（左二），邵立刚（左三），赵晋铭（右二），邱家驯（右一）

2013 年，黑龙江省农业科学院克山分院大豆育种试验基地

**盖钧镒院士检查指导大豆资源精准表型鉴定试验**

程延喜（左二），盖钧镒（左三），任海祥（左四），杜维广（右三），智海剑（右四）

2014 年，长春市农科院大豆育种试验基地

**主要农作物品种**
**审定证书**

**审定编号：** 黑审豆 20190016
**品种名称：** 牡豆 15
**品种来源：** 以黑农 48 为母本，龙品 8807 为父本，经有性杂交，系谱法选育而成。
**申 请 者：** 黑龙江省农业科学院牡丹江分院
**育 种 者：** 黑龙江省农业科学院牡丹江分院
**审定意见：** 该品种符合黑龙江省大豆品种审定标准，通过审定。适宜在黑龙江省≥10℃活动积温 2600℃区域种植。
**公 告 号：** 黑龙江省农业农村厅通告（2019 第 013 号）
**证书编号：** 2019-1-0143

2019 年 05 月 09 日

牡豆 15

**主要农作物品种**
**审定证书**

**审定编号：** 黑审豆 20200012
**品种名称：** 牡试 6 号
**品种来源：** 以黑农 48 为母本，龙品 8807 为父本，经有性杂交，系谱法选择育成。
**申 请 者：** 南京农业大学、黑龙江省农业科学院牡丹江分院
**育 种 者：** 南京农业大学、黑龙江省农业科学院牡丹江分院
**审定意见：** 该品种符合黑龙江省大豆品种审定标准，通过审定。适宜在黑龙江省第二积温带南部区，≥10℃活动积温 2550℃区域种植。
**公 告 号：** 黑龙江省农业农村厅通告第 18 号
**证书编号：** 2020-1-0254

2020 年 [illegible] 月 15 日

牡试 6 号

主要农作物品种
审定证书

**审定编号：** 黑审豆 20190019

**品种名称：** 牡豆 11

**品种来源：** 以黑农 51 为母本，绥农 31 为父本，经有性杂交，系谱法选育而成。

**申 请 者：** 黑龙江省农业科学院牡丹江分院

**育 种 者：** 黑龙江省农业科学院牡丹江分院

**审定意见：** 该品种符合黑龙江省大豆品种审定标准，通过审定，适宜在黑龙江省≥10℃活动积温 2450℃区域种植。

**公 告 号：** 黑龙江省农业农村厅通告（2019 第 013 号）

**证书编号：** 2019-1-0146

2019 年 05 月 09 日

牡豆 11

主要农作物品种
审定证书

**审定编号：** 黑审豆 2018013

**品种名称：** 东生 79

**品种来源：** 以哈 04-1824 为母本，绥 02-282 为父本，经有性杂交，系谱法选育而成。

**申 请 者：** 中国科学院东北地理与农业生态研究所、黑龙江省农业科学院牡丹江分院

**育 种 者：** 中国科学院东北地理与农业生态研究所、黑龙江省农业科学院牡丹江分院

**审定意见：** 该品种符合黑龙江省大豆品种审定标准，通过审定，适宜在黑龙江省≥10℃活动积温 2500℃区域种植。

**公 告 号：** 黑龙江省农业委员会通告（2018 第 007 号）

**证书编号：** 2018-1-0121

2018 年 04 月 25 日

东生 79